中国气候与生态环境演变评估报告

秦大河　总主编

丁永建　翟盘茂　宋连春　姜克隽　副总主编

中国科学院科技服务网络计划项目："中国气候与环境演变：2021"（KFJ-STS-ZDTP-052）
中国气象局气候变化专项："中国气候与生态环境演变"
联合资助

中国气候与生态环境演变：2021

第一卷　科学基础

秦大河　翟盘茂　主编

丁一汇　主审

科 学 出 版 社

北　京

内 容 简 介

本书共13章，在回顾前三次报告中有关中国气候与环境演变的发展和认知的基础上，主要从大气圈、水圈、冰冻圈、生物圈等多个圈层出发，评估了各圈层变化的最新结论。本书系统阐述了中国气候与生态环境演变特征、大气成分与大气环境变化、极端天气气候事件变化、东亚季风演变、人为活动驱动和未来气候变化预估等方面的最新研究进展和未来发展趋势。本书是认识气候与生态环境变化的科学基础，也为第二卷、第三卷评估气候与生态环境变化影响、适应与应对措施奠定科学支撑。

本书可供气象、地理、地质、环境、水文、生态、农业、社会科学等相关领域的科研人员、政府管理部门有关人员及高校师生参考。

审图号：GS (2021) 4892 号

图书在版编目 (CIP) 数据

中国气候与生态环境演变.2021 第一卷 科学基础/秦大河，翟盘茂主编. —北京: 科学出版社，2021.9
（中国气候与生态环境演变评估报告/秦大河总主编）
ISBN 978-7-03-069779-0

Ⅰ.①中… Ⅱ.①秦…②翟… Ⅲ.①气候变化—中国 ②生态环境—中国 Ⅳ.①P468.2 ②X321.2

中国版本图书馆CIP数据核字（2021）第187562号

责任编辑：朱 丽 郭允允 赵 晶/责任校对：何艳萍
责任印制：肖 兴/封面设计：蓝正设计

科 学 出 版 社 出版
北京东黄城根北街 16 号
邮政编码：100717
http://www.sciencep.com

北京九天鸿程印刷有限责任公司 印刷
科学出版社发行 各地新华书店经销
*
2021年9月第 一 版 开本：787×1092 1/16
2021年9月第一次印刷 印张：40
字数：944 000
定价：428.00元
（如有印装质量问题，我社负责调换）

丛书编委会

总 主 编：秦大河

副总主编：丁永建（常务）　翟盘茂　宋连春　姜克隽

编　　委：（按姓氏汉语拼音排序）

白 泉　蔡庆华　蔡闻佳　巢清尘　陈 莎　陈 文　陈 曦　陈 迎
陈发虎　陈诗一　陈显尧　陈亚宁　崔胜辉　代春艳　邓 伟　丁一汇
董红敏　董文杰　董文娟　杜德斌　段茂盛　方创琳　冯升波　傅 莎
傅伯杰　高 荣　高 翔　高 云　高清竹　高庆先　高学杰　宫 鹏
龚道溢　何大明　黄 磊　黄 耀　黄存瑞　姜 彤　姜大膀　居 辉
康利平　康世昌　李 迅　李春兰　李新荣　李永祺　李玉娥　李占斌
李振宇　廖 宏　林而达　林光辉　刘国彬　刘国华　刘洪滨　刘起勇
刘绍臣　龙丽娟　罗 勇　罗亚丽　欧训民　潘学标　潘志华　彭 琛
朴世龙　任贾文　邵雪梅　宋长春　苏布达　孙 松　孙 颖　孙福宝
孙建奇　孙振清　谭显春　滕 飞　田智宇　王 军　王 克　王澄海
王春乙　王东晓　王根绪　王国复　王国庆　王江山　王文军　王晓明
王雪梅　王志立　温家洪　温宗国　吴吉东　吴建国　吴青柏　吴绍洪
吴通华　吴统文　夏 军　效存德　徐 影　徐新武　许建初　严登华
杨 秀　杨芯岩　尹志聪　于贵瑞　余克服　俞永强　俞志明　禹 湘
袁家海　张 华　张 强　张建国　张建云　张人禾　张宪洲　张小曳
张寅生　张勇传　张志强　赵春雨　郑 艳　郑景云　周 胜　周波涛
周大地　周广胜　周天军　朱 蓉　朱建华　朱立平　朱松丽　朱永官
庄贵阳　左军成　左志燕

秘 书 组：王生霞　徐新武　闫宇平　魏 超　王 荣　王文华　王世金

技术支持：余 荣　周蓝月　黄建斌　魏 超　刘影影　朱 磊　王生霞

本卷编写组

组　　长：秦大河

副 组 长：翟盘茂　丁一汇

成　　员：（按姓氏汉语拼音排序）

陈　文　陈　曦　陈显尧　董文杰　高学杰　龚道溢　黄　磊　姜大膀

李新荣　廖　宏　林光辉　罗亚丽　朴世龙　任贾文　邵雪梅　苏布达

孙　颖　孙建奇　王东晓　吴通华　吴统文　效存德　徐　影　余克服

俞永强　俞志明　张　华　张人禾　张小曳　张寅生　郑景云　周波涛

周广胜　周天军　左志燕

技术支持：余　荣　周蓝月

总序一

气候变化及其影响的研究已成为国际关注的热点。以联合国政府间气候变化专门委员会（IPCC）为代表的全球气候变化评估结果，已成为国际社会认识气候变化过程、判识影响程度、寻求减缓途径的重要科学依据。气候变化不仅仅是气候自身的变化，而且是气候系统五大圈层，即大气圈、水圈、冰冻圈、生物圈和岩石圈（陆地表层圈层）整体的变化，因此其对人类生存环境与可持续发展影响巨大，与社会经济、政治外交和国家安全息息相关。

从科学的角度来看，气候变化研究就是要认识规律、揭示机理、阐明影响机制，为人类适应和减缓气候变化提供科学依据。但由于气候系统的复杂性，气候变化涉及自然和社会科学的方方面面，研究者从各自的学科、视角开展研究，每年均有大量有关气候系统变化的最新成果发表。尤其是近 10 年来，发表的有关气候变化的最新成果大量增加，在气候变化影响方面的研究进展更令人瞩目。面对复杂的气候系统及爆炸性增长的文献信息，如何在大量的文献中总结出气候系统变化的规律性成果，凝练出重大共识性结论，指导气候变化适应与减缓，是各国、各界关注的科学问题。基于上述原因，由联合国发起，世界气象组织 (WMO) 和联合国环境规划署 (UNEP) 组织实施的 IPCC 对全球气候变化的评估报告引起了高度关注。IPCC 的科学结论与工作模式也得到了普遍认同。

中国地处东亚、延至内陆腹地，不仅受季风气候和西风系统的双重影响，而且受青藏高原、西伯利亚等区域天气、气候系统的影响，北极海冰、欧亚积雪等也对中国天气、气候影响巨大。在与全球气候变化一致的大背景下，中国气候变化也表现出显著的区域差异性。同时，在全球气候变化影响下，中国极端天气气候事件频发，带来的灾害损失不断增多。针对中国实际情况，参照 IPCC 的工作模式，以大量已有中国气候与环境变化的研究成果为依托，结合最新发展动态，借鉴国际研究规范，组织有关自然科学、社会科学等多学科力量，结合国家构建和谐社会和实施"一带一路"倡议的实际需求，对气候系统变化中我国所面临的生态与环境问题、区域脆弱性与适宜性及其对区域社会经济发展的影响和保障程度等方面进行综合评估，形成科学依据充分、具有权威性，并与国际接轨的高水平评估报告，其在科学上具有重要意义。

　　中国科学院对气候变化研究高度重视，与中国气象局联合组织了多次中国气候变化评估工作。此次在中国科学院和中国气象局的共同资助下，由秦大河院士牵头实施的"中国气候与生态环境演变：2021"评估研究，组织国内上百名相关领域的骨干专家，历时3年完成了《中国气候与生态环境演变：2021（第一卷　科学基础）》《中国气候与生态环境演变：2021（第二卷上　领域和行业影响、脆弱性与适应）》《中国气候与生态环境演变：2021（第二卷下　区域影响、脆弱性与适应）》《中国气候与生态环境演变：2021（第三卷　减缓）》及《中国气候与生态环境演变：2021（综合卷）》（中、英文版）等评估报告，系统地评估了中国过去及未来气候与生态变化事实、带来的各种影响、应采取的适应和减缓对策。在当前中国提出碳中和重大宣示的背景下，这一报告的出版不仅对认识气候变化具有重要的科学意义，也对各行各业制定相应的碳中和政策具有积极的参考价值，同时也可作为全面检阅中国气候变化研究科学水平的重要标尺。在此，我对参与这次评估工作的广大科技人员表示衷心的感谢！期待中国气候与生态环境变化研究以此为契机，在未来的研究中更上一层楼。

中国科学院院长、中国科学院院士

2021 年 6 月 30 日

总序二

近百年来，全球气候变暖已是不争的事实。2020年全球气候系统变暖趋势进一步加剧，全球平均温度较工业化前水平（1850~1900年平均值）高出约1.2℃，是有记录以来的三个最暖年之一。世界经济论坛2021年发布《全球风险报告》，连续五年把极端天气、气候变化减缓与适应措施失败列为未来十年出现频率最多和影响程度最大的环境风险。国际社会已深刻认识到应对气候变化是当前全球面临的最严峻挑战，采取积极措施应对气候变化已成为各国的共同意愿和紧迫需求。我国天气气候复杂多变，是全球气候变化的敏感区，气候变化导致极端天气气候事件趋多趋强，气象灾害损失增多，气候风险加大，对粮食安全、水资源安全、生态安全、环境安全、能源安全、重大工程安全、经济安全等领域均产生严重威胁。

2020年9月，国家主席习近平在第七十五届联合国大会一般性辩论上郑重宣布，我国将力争于2030年前实现碳达峰、2060年前实现碳中和，这是中国基于推动构建人类命运共同体的责任担当和实现可持续发展的内在要求做出的重大战略决策。2021年4月，习近平主席在领导人气候峰会上提出了"六个坚持"，强烈呼吁面对全球环境治理前所未有的困难，国际社会要以前所未有的雄心和行动，勇于担当，勠力同心，共同构建人与自然生命共同体。这不但展示了我国极力推动全球可持续发展的责任担当，也为全球实现绿色可持续发展提供了切实可行的中国方案。

中国气象局作为IPCC评估报告的国内牵头单位，是专业从事气候和气候变化研究、业务和服务的机构，曾先后两次联合中国科学院组织实施了"中国气候与环境演变"评估。本轮评估组织了国内多部门近200位自然和社会科学领域的相关专家，围绕"生态文明""一带一路""粤港澳大湾区""长江经济带""雄安新区"等国家建设，综合分析评估了气候系统变化的基本事实，区域气候环境的脆弱性及气候变化应对等，归纳和提出了我国科学家的最新研究成果和观点，从现有科学认知水平上加强了应对气候变化形势分析和研判，同时进一步厘清了应对气候生态环境变化的科学任务。

我国气象部门立足定位和职责，充分发挥了在气候变化科学、影响评估和决策支撑上的优势，为国家应对气候变化提供了全链条科学支撑。可以预见，未来十年将是社会转型发展和科技变革的十年。科学应对气候变化，有效降低不同时间尺度气候变化所引发的潜在风险，需要在国家国土空间规划和建设中充分考虑气候变化因素，推动开展基于自然的解决方案，通过主动适应气候变化减少气候风险；需要高度重视气候变化对我国不同区域、不同生态环境的影响，加强对气候变化背景下环境污染、生态系统退化、生物多样性减少、资源环境与生态恶化等问题的监测和评估，加快研发相应的风险评估技术和防御技术，建立气候变化风险早期监测预警评估系统。

"十四五"开局之年出版本报告具有十分重要的意义，对碳中和目标下的防灾减灾救灾、应对气候变化和生态文明建设具有重要的参考价值。中国气象局愿与社会各界同仁携起手来，为实现我国经济社会发展的既定战略目标砥砺奋进、开拓创新，为全人类福祉和中华民族的伟大复兴做出应有的贡献。

中国气象局党组书记、局长

2021 年 4 月 26 日

总序三

当前，气候变化已经成为国际广泛关注的话题，从科学家到企业家、从政府首脑到普通大众，气候变化问题犹如持续上升的温度，成为国际重大热点议题。对气候变化问题的广泛关注，源自工业革命以来人类大量排放温室气体造成气候系统快速变暖、并由此引发的一系列让人类猝不及防的严重后果。气候系统涉及大气圈、水圈、冰冻圈、生物圈和岩石圈五大圈层，各圈层之间既相互依存又相互作用，因此，气候变化的内在机制十分复杂。气候变化研究还涉及自然和人文的方方面面，自然科学和社会科学各领域科学家从不同方向和不同视角开展着广泛的研究。如何把握现阶段海量研究文献中对气候变化研究的整体认识水平和研究程度，深入理解气候变化及其影响机制，趋利避害地适应气候变化影响，有效减缓气候变化，开展气候变化科学评估成为重要手段。

国际上以 IPCC 为代表开展的全球气候变化评估，不仅是理解全球气候变化的权威科学，而且也是国际社会制定应对全球气候变化政策的科学依据。在此基础上，以发达国家为主的区域（欧盟）和国家（美国、加拿大、澳大利亚等）的评估，为制定区域／国家的气候政策起到了重要科学支撑作用。中国气候与环境评估起始于 2000 年中国科学院西部行动计划重大项目"西部生态环境演变规律与水土资源可持续利用研究"，在此项目中设置了"中国西部环境演变评估"课题，对西部气候和环境变化进行了系统评估，于 2002 年完成了《中国西部环境演变评估》报告（三卷及综合卷），该报告为西部大开发国家战略实施起到了较好作用，也引起科学界广泛好评。在此基础上，2003 年由中国科学院、中国气象局和科技部联合组织实施了第一次全国性的"中国气候与环境演变"评估工作，出版了《中国气候与环境演变》（上、下卷）评估报告，该报告为随后的国家气候变化评估报告奠定了科学认识基础。基于第一次全国评估的成功经验，2008 年由中国科学院和中国气象局联合组织实施了"中国气候与环境演变：2012"评估研究，出版了一套系列评估专著，即《中国气候与环境演变：2012（第一卷科学基础）》《中国气候与环境演变：2012（第二卷 影响与脆弱性）》《中国气候与环境演变：2012（第三卷 减缓与适应）》和由上述三卷核心结论提炼而成的《中国气候与环境演变：2012（综合卷）》。这也是既参照国际评估范式，又结合中国实际，从科学基础、影响与脆弱性、适应与减缓三方面开展的系统性科学评估工作。

时至今日，距第二次全国评估报告过去已近十年。十年来，不仅针对中国气候与环境变化的研究有了快速发展，而且气候变化与环境科学和国际形势也发生了巨大变化。基于科学研究新认识、依据国家发展新情况、结合国际新形势，再次开展全国气候与环境变化评估就成了迫切的任务。为此，中国科学院和中国气象局联合，于2018年启动了"中国气候与生态环境演变：2021"评估工作。本次评估共组织国内17个部门、45个单位近200位自然和社会科学领域的相关专家，针对气候变化的事实、影响与脆弱性、适应与减缓等三方面开展了系统的科学评估，完成了《中国气候与生态环境演变：2021（第一卷　科学基础）》《中国气候与生态环境演变：2021（第二卷上　领域和行业的影响、脆弱性与适应）》《中国气候与生态环境演变：2021（第二卷下　区域影响、脆弱性与适应）》《中国气候与生态环境演变：2021（第三卷　减缓）》《中国气候与生态环境演变：2021（综合卷）》（中、英文版）等系列评估报告。评估报告出版之际，我对各位参与本次评估的广大科技人员表示由衷的感谢！

中国气候与生态环境演变评估工作走过了近20年历程，这20年也是中国社会经济快速发展、科技实力整体大幅提升的阶段，从评估中也深切地感受到中国科学研究的快速进步。在第一次全国气候与环境评估时，科学基础部分的研究文献占绝大多数，而有关影响与脆弱性及适应与减缓方面的文献少之又少，以至于在对这些方面的评估中，只能借鉴国际文献对国外的相关评估结果，定性指出中国可能存在的相应问题。由于文献所限第一次全国气候评估报告只出版了上、下两卷，上卷为科学基础，下卷为影响、适应与减缓，且下卷篇幅只有上卷的三分之二。到2008年开展第二次全国气候与环境评估时，这一情况已有改观，发表的相关文献足以支撑分别完成影响与脆弱性、适应与减缓的评估工作，且关注点已经开始向影响和适应方面转移。本次评估发生了根本性变化，有关影响、脆弱性、适应与减缓研究的文献已经大量增加，评估重心已经转向重视影响和适应。本次评估报告的第二卷分上、下两部分出版，上部分是针对领域和行业的影响、脆弱性与适应评估，下部分是针对重点区域的影响、脆弱性与适应评估，由此可见一斑。对气候和生态环境变化引发的影响、带来的脆弱性以及如何适应，这也是各国关注的重点。从中国评估气候与生态环境变化评估成果来看，反映出中国科学家近20年所做出的努力和所取得的丰硕成果。中国已经向世界郑重宣布，努力争取2060年前实现碳中和，中国科学家也正为此开展广泛研究。相信在下次评估时，碳中和将会成为重点内容之一。

回想近三年的评估工作，为组织好一支近200人，来自不同部门和不同领域，既有从事自然科学、又有从事社会科学研究的队伍高效地开展气候和生态变化的系统评估，共召开了 8 次全体主笔会议、3 次全体作者会议，各卷还分别多次召开卷、章作者会议，在充分交流、讨论及三次内审的基础上，数易其稿，并邀请上百位专家进行了评审，提出了 1000 多条修改建议。针对评审意见，又对各章进行了修改和意见答复，形成了部门送审稿，并送国家十余个部门进行了部门审稿，共收到部门修改意见 683 条，在此基础上，最终形成了出版稿。

参加报告评审的部门有科技部、工业和信息化部、自然资源部、生态环境部、住房和城乡建设部、交通运输部、农业农村部、文化和旅游部、国家卫生健康委员会、中国科学院、中国社会科学院、国家能源局、国家林业和草原局等；参加报告第一卷评审的专家有蔡榕硕、陈文、陈正洪、胡永云、马柱国、宋金明、王斌、王开存、王守荣、许小峰、严中伟、余锦华、翟惟东、赵传峰、赵宗慈、周顺武、朱江等；参加报告第二卷评审的专家有陈大可、陈海山、崔鹏、崔雪峰、方修琦、封国林、李双成、刘鸿雁、刘晓东、任福民、王浩、王乃昂、王忠静、许吟隆、杨晓光、张强、郑大玮等；参加报告第三卷评审的专家有卞勇、陈邵锋、崔宜筠、邓祥征、冯金磊、耿涌、黄全胜、康艳兵、李国庆、李俊峰、牛桂敏、乔岳、苏晓晖、王遥、徐鹤、余莎、张树伟、赵胜川、周楠、周冯琦等；参加报告综合卷评审的专家有卞勇、蔡榕硕、巢清尘、陈活泼、陈邵锋、邓祥征、方创琳、葛全胜、耿涌、黄建平、李俊峰、李庆祥、孙颖、王颖、王金南、王守荣、许小峰、张树伟、赵胜川、赵宗慈、郑大玮等。在此对各部门和各位专家的认真评审、建设性的意见和建议表示真诚的感谢！

评估报告的完成来之不易，在此对秘书组高效的组织工作表达感谢！特别对全面负责本次评估报告秘书组成员王生霞、魏超、王文华、闫宇平、徐新武、王荣、王世金，以及各卷技术支持余荣和周蓝月（第一卷）、黄建斌（第二卷上）、魏超（第二卷下）、刘影影和朱磊（第三卷）、王生霞（综合卷）表达诚挚谢意，他们为协调各卷工作、组织评估会议、联络评估专家、汇集评审意见、沟通出版事宜等方面做出了很大努力，给予了巨大的付出，为确保本次评估顺利完成做出了重要贡献。

由于评估涉及自然和社会广泛领域，评估工作难免存在不当之处，在报告即将出版之际，怀着惴惴不安的心情，殷切期待着广大读者的批评指正。

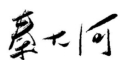

中国科学院院士

2021 年 4 月 20 日

前　言

　　人类活动引起的气候变化正在深刻地影响着自然生态系统和人类经济社会。近几十年来，气候变化科学得到了迅速发展：IPCC 开展了六次气候变化科学评估，对全球气候变化及其影响的认识更加深入；2015 年底《联合国气候变化框架公约》（UNFCCC）缔约方签署了《巴黎协定》，明确了"把全球温升幅度控制在不超过工业革命前水平 2℃之内，并力争不超过 1.5℃"的应对气候变化的行动目标，开启了全球气候治理的新阶段。近年来，中国政府正在积极推动构建人类命运共同体的理念，大力实施加快生态文明建设和积极应对气候变化的战略。近期，中国政府又宣布将提高国家自主贡献力度，采取更加有力的政策和措施，二氧化碳排放力争于 2030 年前达到峰值，努力争取在 2060 年前实现碳中和。在此背景下，于 2018 年启动了"中国气候与生态环境演变评估报告"（2021）的编写工作，并紧扣国家需求进行了进一步的修改和完善。

　　在国际气候变化科学蓬勃发展的背景下，得益于更丰富、更系统、更准确的观测数据的积累和全球以及区域气候模式的发展，中国气候变化与环境演变规律、成因和归因研究方面取得了大量的新成果。在中国区域气候与生态环境演变的检测与归因方面，越来越多的证据揭示了气候系统多圈层各个要素均发生显著变化，人类活动引起的气候和生态环境演变存在着密切的协同变化和相互作用。"中国气候与环境演变"系列旨在全面系统地评估中国气候、生态环境与人类经济社会相关信息，客观全面地反映中国在气候与生态环境演变方面取得的最新成果。而"中国气候与生态环境演变：2021"进一步突出了气候变化与生态环境演变的联系，并结合 IPCC 第六次评估报告（AR6）和其他相关国际重大活动，围绕中国在气候与生态环境演变领域最新研究成果开展了评估。本书针对气候变化对中国气候与生态环境变化及其归因，以及人类活动驱动下未来气候变化预估的最新研究成果开展了系统性评估研究。

　　此次评估工作在中国科学院和中国气象局的共同资助下，由秦大河院士牵头实施"中国气候与生态环境演变：2021"评估研究，组织了国内近 200 名相关领域的骨干队伍，历时 3 年完成了《中国气候与生态环境演变：2021（第一卷　科学基础）》《中国气候与生态环境演变：2021（第二卷上　领域和行业影响、脆弱性与适应）》《中国气候与生态环境演变：2021（第二卷下　区域影响、脆弱性与适应）》《中国气候与生态环境演变：2021（第三卷　减缓）》《中国气候与生态环境演变：2021（综合卷）》（中、英文版）等评估报告。本书为第一卷，主要从气候系统多圈层、陆地海洋生态、极端天气气候事件和区域气候变化与归因多个方面评估了中国气候与生态环境变化，评估了人类活动驱动下未来变化预估成果，为第二、第三卷评估气候与生态环境变化影响、适应与应对措施奠定了科学基础。

本书根据已有文献和科学认识的程度，并参照 IPCC 评估报告编写的有关原则和要求，力求全面、客观、平衡地反映关于在这一领域从 2012 年以来的最新科学成果。相对于早期的评估报告，本书新的科学进展和亮点涉及各个圈层，并有些重要结论具有较高的信度。例如，1900 年以来中国平均地面气温上升明显，近 50 年来中国近海海温呈明显增暖趋势，北方河冰和青藏高原湖冰整体变化显著，中国陆地植被覆盖增加，近海富营养化问题加剧等。有些信度不高的结论和研究不足的方面仍需要在未来的研究中深化科学认识。

参加本书评估工作的有来自中国科学院、中国气象局、教育部、水利部、自然资源部等部门所属的 34 个科研院所和高校共 80 多名科研人员。本书由秦大河和翟盘茂任主编，丁一汇为主审；余荣和周蓝月为技术支持。第 1 章为总论，秦大河、翟盘茂为主要作者协调人，丁一汇编审，周波涛、朴世龙为主要作者；第 2 章为过去的气候与环境变化，姜大膀、郑景云为主要作者协调人，邵雪梅编审，方修琦、郝志新、燕青、闻新宇为主要作者；第 3 章为观测的大气圈的变化，翟盘茂、黄磊为主要作者协调人，龚道溢编审，江志红、李庆祥、陈阳、王朋岭为主要作者；第 4 章为陆地水循环变化，苏布达、张寅生为主要作者协调人，陈曦编审，鲍振鑫、王国杰、张增信、孙赫敏为主要作者；第 5 章为海洋变化，陈显尧、俞永强为主要作者协调人，王东晓编审，杜岩为主要作者；第 6 章为冰冻圈变化，效存德、吴通华为主要作者协调人，任贾文编审，马丽娟、窦挺峰、郭万钦、姚晓军、杨佼为主要作者；第 7 章为陆地生态系统变化，朴世龙、周广胜为主要作者协调人，李新荣编审，朱教君、张宪洲、姜明、袁文平为主要作者；第 8 章为海洋生态系统与环境，俞志明、余克服为主要作者协调人，林光辉编审，黄良民、李超伦、陈建芳、刘东艳为主要作者；第 9 章为大气成分与气候变化的相互作用，张小曳、廖宏为主要作者协调人，吴统义编审，工志立、方双喜、安林昌为主要作者；第 10 章为极端天气气候事件变化，周波涛、孙建奇为主要作者协调人，罗亚丽编审，高荣、张耀存、黎伟标、尹志聪为主要作者；第 11 章为全球变暖背景下东亚季风变异及其与中国气候的关系，陈文、左志燕为主要作者协调人，张人禾编审，杨崧、刘飞、贾晓静、冯娟为主要作者；第 12 章为人为驱动力及其对气候变化的影响，孙颖、张华为主要作者协调人，周天军编审，董思言、缪驰远、王体健、谢冰为主要作者；第 13 章为未来气候系统变化的预估，由高学杰、徐影为主要作者协调人，董文杰编审，陈海山、王淑瑜、韩振宇、邹立维为主要作者。

　　本书分别由部门和专家进行评审，参加评审的部门有科技部、工业和信息化部、自然资源部、生态环境部、住房和城乡建设部、交通运输部、农业农村部、文化和旅游部、国家卫生健康委员会、中国科学院、中国社会科学院、国家能源局、国家林业和草原局等；参加评审的专家有蔡榕硕、陈文、陈正洪、胡永云、马柱国、宋金明、王斌、王开存、王守荣、许小峰、严中伟、余锦华、翟惟东、赵传峰、赵宗慈、周顺武、朱江等。不同部门和各位评审专家对本书完成提出了许多具有建设性的意见，各章作者根据评审意见也进行了认真修改。正是有了这些评审意见和修改建议，本书的质量才得到提升和保证。在此，对参加评审的部门和各位评审专家表示衷心感谢！

　　在本次评估过程中，来自不同部门、不同单位、不同领域的专家辛勤耕耘，共同研讨，反复修改，付出了巨大努力，在此对各位专家的辛勤工作和无私贡献表示衷心感谢，对为本书承担繁重秘书及技术支持工作的余荣和周蓝月表示由衷感谢！在评估报告即将出版之际，特别对全面负责本次评估报告秘书及技术支持工作的王生霞博士表达诚挚谢意，她为协调各卷工作、组织评估会议、联络评估专家、汇集评审意见、沟通出版事宜等付出了很多，确保了本次评估顺利完成。

　　由于时间有限，不当之处有所难免，恳请广大读者批评指正。

秦大河　中国科学院院士

翟盘茂　中国气象科学研究院研究员

2021 年 4 月 12 日

目　录

第1章 总 论

主要作者协调人：秦大河、翟盘茂
编　　　　审：丁一汇
主　要　作　者：周波涛、朴世龙
贡　献　作　者：余荣、黄磊

- **执行摘要**

　　自《中国气候与环境演变：2012》出版以来，观测数据和证据日益丰富，其进一步明确了近百年全球变暖背景下中国气候和环境变化的评估结论，更加确认了人类活动是 20 世纪后期以来中国气候变暖和环境变化的主因（高信度）。随着全球和区域气候系统模式的不断发展，中国区域有关气候系统和生态环境变化的研究能力有所提升，气候变化预估不确定性（高信度）有所减小。同时，随着气候到气候系统的评估理念不断完善，冰冻圈和海洋等气候变化研究得到了快速发展。在气候系统和生态环境变化下，不同环境因素的协同变化与相互作用方面也取得了重大进展，而这将是未来的重要研究方向。

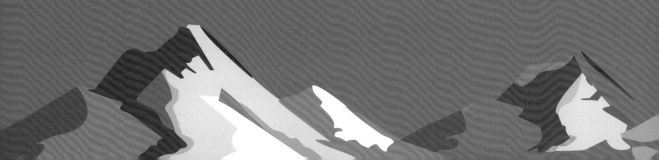

1.1　引　　言

由人类活动引起的气候变化正在深刻影响着自然生态系统和经济社会。在联合国政府间气候变化专门委员会（Intergovernmental Panel on Climate Change，IPCC）开展气候变化评估 30 年之后，在全世界大力推进联合国可持续发展目标（SDGs）、《巴黎协定》落实的背景下，在国内实施生态文明建设、积极应对气候变化国家战略和推动构建人类命运共同体的形势下，2019 年启动了《中国气候与生态环境演变：2021》评估报告的编写工作。

从 2002 年发布《中国西部环境演变评估》（秦大河，2002）以来，2005 年出版了《中国气候与环境演变》（秦大河等，2005），2012 年第二次出版了《中国气候与环境演变：2012》（秦大河，2012），已经形成中国独特的系列性的气候变化与生态环境演变科学评估报告。中国气候与环境演变评估报告系列始终从气候系统角度出发，参考 IPCC 评估报告的评估方法，全面系统地评估了中国气候、生态环境变化与人类经济社会相关信息，客观全面地反映了中国在气候与环境演变方面取得的最新成果；同时该评估报告系列在国家决策咨询和中长期规划，IPCC 第四、第五次评估报告[①]编写，以及推动气候系统科学发展和气候变化人才培养方面做出了重要贡献。

《中国气候与生态环境演变：2021》评估报告参照 IPCC 评估报告编写的有关原则和要求，力求全面、客观、平衡地反映这一领域从 2012 年以来的最新科学成果。《中国气候与生态环境演变：2021》进一步突出气候变化与生态环境演变的联系，结合 IPCC AR6 和其他相关国际重大活动，围绕中国在气候与生态环境演变领域最新研究成果开展评估。第一卷主要从气候系统多圈层、陆地海洋生态、极端事件和区域气候变化与归因多个方面评估中国气候与生态环境变化，评估人类活动驱动下中国气候与生态环境未来变化预估成果，为第二、第三卷评估中国气候与生态环境变化影响、适应与应对措施奠定科学基础。

本章首先评估了从 2002 年发布的《中国西部环境演变评估》开始到 2005 年第一次从西部转向全国发布的《中国气候与环境演变》、2012 年发布的《中国气候与环境演变：2012》这三次科学评估报告系列（简称前三次评估报告）的发展。其次，评估了前三次评估报告对国家中长期规划、学科发展和人才培养等方面的贡献。最后，在回顾当前国际有关热点活动的基础上，介绍了本卷的总体框架设计和关键评估结论。

1.2　前三次评估报告的发展

1.2.1　第一次评估报告：《中国西部环境演变评估》

2002 年发布的《中国西部环境演变评估》作为中国首次发布的气候与环境演变评估报告，第一次比较系统地评估了中国西部气候、生态、环境特征及其演变与成因，

---

① IPCC 第四、第五次评估报告即 IPCC AR4、AR5，余同。

人类活动对西部环境的影响、未来环境变化预测、历史经验与承载力等，许多关键的评估结论经受了考验。该报告评估得到 20 世纪气温处于波动上升趋势，1998 年为有观测记录以来的最高温度年份，青藏高原是全球温度变化最敏感的地区之一；中国西北及新疆降水量增加，呈现暖湿化趋势，干旱化的整体格局没有转变；随着温度普遍升高和人类活动影响，西部地区环境总体上处于恶化趋势。同时，该报告提出了环境承载力等概念；给出了西部大开发和重大工程实施中，应提前进行灾害综合考察和山地稳定性评估，以防患于未然等建议（秦大河，2002）。这些结论经历了近 20 年，在气候环境演变及其影响中得到了进一步的证实，新疆地区暖湿化、气候与环境承载力问题也越来越多地受到关注。

1.2.2 第二次评估报告：《中国气候与环境演变》

2005 年发布的《中国气候与环境演变》紧密结合 IPCC 第一次至第三次评估报告（FAR、SAR、TAR），在《中国西部环境演变评估》的基础上，将范围拓展到了全国，结合中国突出的气候与环境演变问题，重点针对中国气候、冰冻圈与陆地水环境、陆地生态与环境、近海与海岸带、海洋与陆面以及青藏高原影响、季风、人类活动作用以及未来预估等，完整地从气候系统的各个方面评估了中国区域的气候变化科学问题。

《中国气候与环境演变》是第一部全面评估中国气候与环境演变基本科学事实、预估未来变化趋势、综合分析其社会经济影响、探寻适应与减缓对策的专著，较全面地反映了地球科学、可持续发展以及环境等领域在气候与环境变化研究方面的最新成果。同时，该报告还为中国科学家参与 IPCC AR4 的编写提供了重要素材。

《中国气候与环境演变》定量评估了百年温度变化幅度，较系统地评估了过去 50 年中国极端事件的变化；论述了中国冰冻圈的变化，自然资源、水环境污染势态，空气污染与大气环境趋势等。《中国气候与环境演变》对我国应对气候变化、保护环境具有重要意义，对实现人与自然和谐相处、构建和谐社会产生了积极的影响。该报告在充分和深刻地掌握理解国际最新的关于全球气候历史演变和近代气候变化成果的基础上，对中国不同区域的气候演变与今后全球气候变化将带来的影响进行了详细的评估，其中对中国有特殊意义的海陆差异、青藏高原、人类活动干扰和重大工程对气候与环境的影响等都有充分的表述；气候、环境变化对中国经济、社会和主要生态系统的影响评价与对策建议也很具有针对性。另外，客观地评估了中国气候与环境演变领域研究中的不足之处，这对后续加强气候与环境研究具有重要的指导意义。《中国气候与环境演变》的出版标志着中国气候与环境演变科学评估的框架已基本形成。

1.2.3 第三次评估报告：《中国气候与环境演变：2012》

《中国气候与环境演变：2012》第一卷主要从过去时期的气候变化、观测的中国气候和东亚大气环流变化、冰冻圈变化、海洋与海平面变化、极端天气气候变化、全球与中国气候变化的联系、大气成分及生物地球化学循环、全球气候系统模式评估与预估及中国区域气候预估等方面对中国气候变化的事实、特点、趋势等进行了评估，是认识气候变化的科学基础。《中国气候与环境演变：2012》分析了 IPCC AR5 关注的重点，在《中国气候与环境演变》内容的基础上，其更加突出了冰冻圈、海洋、土地利用与覆盖、极端天气气候、大气成分等内容。《中国气候与环境演变：2012》对于培养与支持中国青年科学家参加 IPCC 科学评估活动、促进地球科学与环境科学的进一步发展起到了重要的作用。

1.2.4 科学认知进展

（1）通过更丰富的观测数据和证据确认了全球变暖背景下近百年中国气候和环境变化的评估结论。从 2002 年发布的《中国西部环境演变评估》到 2012 年发布的《中国气候与环境演变：2012》，随着卫星遥感技术的发展和观测站点设置、观测频次的调整，观测仪器性能的改善和精度不断提高，科研人员获得的资料数量和质量显著提高，延伸了观测时段，扩大了观测内容，提高了观测精度，使气候系统各圈层变化的信息量大大增加，为深入认识和理解中国气候与环境变化提供了重要证据，有关全球变暖背景下我国观测到的气候与环境变化的评估结论不断得到深化与确认，包括我国近百年温度变化趋势等评估结论不确定性范围逐渐缩小。

（2）进一步确认了人类活动是 20 世纪后期以来中国气候变暖和环境变化的主因。随着观测资料的增加、检测归因方法和技术的完善，以及气候模式的不断发展，国际对气候变化原因的认识逐渐深化。"人类活动是造成观测到的 20 世纪中叶以来中国气候变暖的主要原因"这一结论的信度从 IPCC TAR 的 66% 以上提高到 IPCC AR4 的 90% 以上。到 IPCC AR5，信度进一步提升至 95% 以上。在我国，20 世纪后期以来，在人类活动的影响下，中国气候与环境的变化也逐步得到确认。

（3）气候系统模式的不断发展为气候变化研究和预估奠定了基础。气候系统模式是根据一套描述气候系统中存在的各种物理、化学和生物过程及其相互作用的数学方程组而建立的。自 IPCC SAR 提出以来，随着对气候系统中各种物理、化学、生态过程和它们之间相互作用的认识与理解程度的不断深化，以及计算机运算能力的不断提升，气候系统模式的发展取得了长足的进步，也变得越来越庞大和复杂。气候系统模式已从 20 世纪 70 年代简单的大气环流模式发展到如今耦合了大气、海洋、陆面、海冰、气溶胶、碳循环等多个模块的复杂气候系统模式。这些模式无论是在物理过程还是在模式的分辨率上都较以前的模式有了显著的改进，这些改进提升了气候变化的研究能力，有助于减小气候变化预估的不确定性。我国在气候系统模式研发方面取得了显著进展。在 IPCC SAR 中，我国仅有中国科学院大气物理研究所的一个模式参加，到 IPCC AR5 时，我国有来自国家气候中心、中国科学院大气物理研究所等四个单位的五个气候系统模式参加，这些模式的复杂程度不断提高，其性能也不断得到改进。

（4）冰冻圈和海洋气候变化研究得到了快速发展。2002 年发布的《中国西部环境演变评估》在第 3 章生态环境演变（上）中，做了距今 1 万年和小冰期以来中国冰川长期变化和末次冰盛期中国多年冻土的扩张、全新世多年冻土退缩与扩张的趋势预估评估；在第 14 章专门设立了冰冻圈变化趋势预估，对冰川变化未来趋势、青藏高原及其西部山地多年冻土变化趋势以及积雪对气候变化的响应与长期变化趋势进行了预估。在《中国气候与环境演变：2012》中，从全球和中国冰冻圈组成与分布、冰川、冻土、积雪、海河湖冰直到固态降水变化，已经把有关气候变化的内容涵盖到冰冻圈的方方面面。从国际上看，在IPCC AR4中才开始把观测到的雪、冰和冻土单独成章；直到IPCC AR5才把观测到的冰冻圈变化与大气及其地表的变化、海洋的变化等气候系统圈层的变化并列单独成章。可见，我国在冰冻圈气候变化研究与评估方面比国际上的评估工作更具超前性。在海洋气候变化研究与评估方面，虽然《中国西部环境演变评估》无法涵盖，但在2005年发布的《中国气候与环境演变》第5~6章中专门阐述了中国近海气候、生态与环境变化以及海洋和陆面过程在中国气候变化中的作用；在《中国气候与环境演变：2012》中把海洋与海平面变化作为一个整体，在全球海洋与西太平洋变化背景下，对中国近海温盐和海洋环流变化、物理环境变化、海平面变化、海洋生物地球化学特征变化以及近海海岸带变化进行了科学评估。可以看到，中国气候与环境评估报告以我国近海海洋变化为重点，很早就涉及海洋变化的各个领域。对照2019年IPCC发布的《气候变化中的海洋和冰冻圈特别报告》，国内、国际两份科学评估内容涉及气候系统多圈层，都突出了气候系统中海洋、冰冻圈两大重要分量，而且涉及物理、生态、环境等变化。

1.3　前三次评估报告对国家的贡献

1.3.1　对国家决策咨询和中长期规划的贡献

《中国西部环境演变评估》有专门提供给决策者和有关部门的"对策报告"，就水资源合理利用、生态建设与环境治理等提出了建议；《中国气候与环境演变》分析了应对气候与环境变化的途径，并针对中国七大行政区各自面临的环境问题特点，提出具有针对性的对策和建议；《中国气候与环境演变：2012》给出了适应和减缓气候与环境变化的对策建议。

前三次评估报告始终以评估人类活动影响下的气候与环境变化问题为主线，以坚持人与自然和谐相处、保护生态环境为主要观点；跨越从西部大开发到生态文明建设国家战略决策的重大转变；区域气候变化应对、水土流失、海平面上升、环境承载力等方面评估成果在国家气候环境变化决策咨询和2020年中长期规划中发挥了重要作用，如在实施《中国应对气候变化国家方案》《国家适应气候变化战略》《国家应对气候变化规划（2014—2020年）》中的科学基础地位和在编制《全国生态功能区划》《中国落实2030年可持续发展议程国别方案》等重要政策、规划和方案制定中起到了科技支撑作用。

1.3.2　对科学发展的贡献

中国气候与环境演变评估报告系列紧密结合国际气候变化研究与评估动态，促进了中国在气候与环境变化研究中的不断拓展与深入，为推动地球科学发展做出了积极的贡献。通过评估，加强了对中国区域气候变化及其影响的认识，同时促进了冰冻圈科学、海洋科学的发展，推进了气候变化与生态环境、社会经济学科的交融结合，加快了气候系统科学、地球系统科学的发展。

通过一批资深科学家与青年科学家的结合，通过中国气候与环境演变评估工作，锻炼与培养了一批气候变化领域的科技人才和学术带头人，为参与 IPCC 气候变化评估工作、促进中国科学家成果被引用、提升国际影响力做出了重要贡献（图1-1）。自1988年 IPCC 成立以来，中国便组织相关专家积极参与 IPCC 的各项活动，并在报告中反映中国科学家的研究成果。同时，中国相关领域专家也参与 IPCC 历次报告开展的专家和政府评审，向 IPCC 反馈中国专家和政府的评审意见。此外，IPCC 也为中国进一步推动适应气候变化、管理极端天气气候事件和灾害风险提供了有益的参考（秦大河，2015）。

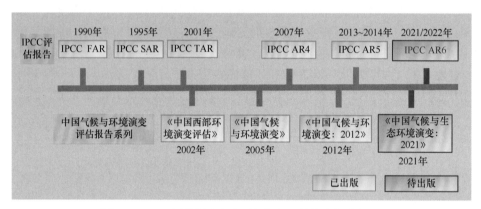

图1-1 IPCC 评估报告和中国气候与环境演变评估报告

中国专家在 IPCC 评估工作中发挥了重要作用，在 IPCC 历次评估报告中担任主要作者的人数大幅增加，从 IPCC FAR 的 9 人上升到 IPCC AR5 的 43 人，在参与国家显著增加、总人数减少的情况下，IPCC AR6 仍有 39 名中国专家参加，他们来自中国的高等院校、科研院所和相关部委。而从 IPCC FAR 到 IPCC AR6，分别有 2 位、4 位、16 位、25 位、32 位和 33 位具有中国气候与环境演变评估工作经验的专家参与其中。值得一提的是，邹竞蒙作为时任世界气象组织（WMO）主席，是 IPCC 的缔造者之一；丁一汇在 IPCC TAR 担任第一工作组联合主席；秦大河分别在 IPCC AR4 和 IPCC AR5 担任第一工作组联合主席；翟盘茂为 IPCC AR6 第一工作组联合主席；这三位联合主席均参与了前三次和此次中国气候与环境演变评估工作。最终，国际和国内的评估报告既把握国际气候变化科学发展态势，又熟悉中国实际，做到了前沿引领与国家战略的有机结合。

1.4 当前国际关注要点

1.4.1 IPCC 第一工作组有关评估报告

自 1988 年 IPCC 成立以来，每份评估报告都直接反映在国际气候决策中。1990 年，IPCC FAR 强调了气候变化在全球影响方面的重要性，并需要开展国际合作。此次报告后，联合国决定建立《联合国气候变化框架公约》（UNFCCC），将其作为减少全球变暖和应对气候变化的关键国际条约。IPCC SAR 于 1995 年发布，为各国政府在 1997 年通过《京都议定书》之前提供了重要材料。IPCC TAR（2001 年）将注意力集中在气候变化的影响和适应的需要上。2007 年发布的 IPCC AR4 为后京都协议的工作奠定了基础，重点将温升控制在 2℃。IPCC AR5 于 2013~2014 年完成。它从多视角进一步证实和支持了 IPCC AR4 第一工作组有关人类活动影响的结论，认为近百年人类活动导致全球气候变暖毋庸置疑。同时，它首次给出了 2℃ 条件下的累计排放量。IPCC AR5 为签署《巴黎协定》提供了科学基础。

通过回顾 IPCC AR5 的重要发现和知识缺陷，在 IPCC AR6 周期中，IPCC 将重点整合风险，基于解决方案的框架，融合多学科和跨学科领域，加强区域问题研究，以及促进科学传播。IPCC 第一工作组将通过严谨、透明、全面和稳健的语言，评估 IPCC AR5 以来与气候变化有关的物理基础方面的新的重大发现，为第二和第三工作组开展风险管理、适应和减缓措施方面的研究提供关键的科学信息。同时，IPCC 第一工作组将在未来的社会经济情景、温室气体排放途径、辐射强迫以及全球气候预估方面加强与第三工作组的紧密合作，将在具体区域和行业相关气候信息的综合评估上与第二工作组联系起来，更好地为决策者服务。

IPCC AR6 第一工作组的内容框架较 IPCC AR5 进行了改善（图 1-2）。IPCC AR5 按照观测、物理过程、模式和综合分析的思路来进行陈述，而 IPCC AR6 按照大尺度的气候变化、气候过程、区域信息的思路进行评估。IPCC AR6 气候过程方面将部分内容和第三工作组相关联，而区域信息方面将和第二工作组相关联，这样充分地加强了 IPCC AR6 工作组之间的衔接和一致性。当然，在此次评估周期内，第一工作组将会面临很多交叉问题，包括区域气候预估、海平面上升等，需要重视并加强对交叉问题方面的协调。

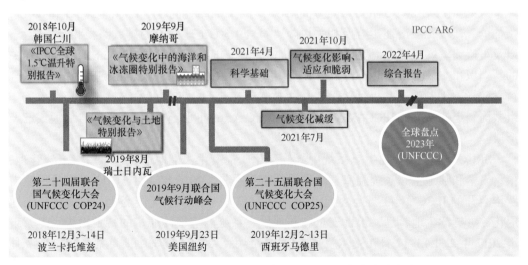

图 1-2　IPCC AR6 周期内的评估报告和相关的气候变化大会

受到新型冠状病毒肺炎疫情影响，IPCC AR6 发布时间将推后

在 IPCC AR6 周期内，围绕《2030 年可持续发展议程》《巴黎协定》《2015—2030

年仙台减轻灾害风险框架》、城市新日程和区域问题等，IPCC 第一工作组以解决问题为导向，还完成了三份特别报告。特别报告是基于 IPCC AR5 以来正在发生的变化，且在 IPCC AR5 中被列为重要不确定性方面和知识缺陷或者是新出现的知识领域给出的。第一份特别报告，即《全球升温 1.5℃：IPCC 在加强全球应对气候变化威胁、可持续发展和努力消除贫困的背景下，关于全球升温高于工业化前水平 1.5℃的影响和相关全球温室气体排放路径的特别报告》（简称《IPCC 全球 1.5℃温升特别报告》）（IPCC SR1.5）（IPCC，2018），是世界各国政府根据《巴黎协定》提出的，已于 2018 年 10 月得到全会通过。第二份特别报告为《气候变化与土地：IPCC 关于气候变化、荒漠化、土地退化、可持续土地管理、粮食安全及陆地生态系统温室气体通量的特别报告》（简称《气候变化与土地特别报告》）（SRCCL）（IPCC，2019a），已于 2019 年 8 月得到全会通过。第三份特别报告为《气候变化中的海洋和冰冻圈特别报告》（SROCC）（IPCC，2019b），已于 2019 年 9 月得到全会通过。

IPCC SR1.5 是在加强全球应对气候变化响应、可持续发展和努力消除贫困的背景下，给出关于全球升温 1.5℃水平的影响和相关全球温室气体排放路径的报告。UNFCCC 缔约方大会（COP）在法国巴黎举行的第 21 届会议上，邀请 IPCC 提供关于全球变暖 1.5℃以及相关全球温室气体排放路径影响的特别报告。2016 年 4 月 11~13 日在肯尼亚内罗毕召开的 IPCC 第 43 届全会上，IPCC 专家组接受了 UNFCCC 的邀请。编写 IPCC SR1.5 大纲草案的范围界定会议于 2016 年 8 月 15~18 日在瑞士日内瓦举行。2016 年 10 月 17~20 日在泰国曼谷召开的 IPCC 第 44 届全会上，专家组批准了 IPCC SR1.5 的大纲草案。最后，于 2018 年 10 月 1~5 日在韩国仁川召开的 IPCC 第 48 届全会上，IPCC SR1.5 得到了政府代表的通过。IPCC SR1.5 由来自 44 个国家的 91 名科学家共同完成，评估了 6000 多篇已发表的文章，回应和采纳了 42001 条政府或专家的评审意见。IPCC SR1.5 主要从四方面给出了 1.5℃的相关内容：1.5℃全球升温的认识，预估的气候变化、潜在影响及相关风险，符合 1.5℃全球升温的排放路径和经济转型，以及可持续发展和努力消除贫困背景下加强全球响应。目前，与 IPCC SR1.5 主题相关的新知识和文献已在全世界制作和出版。它是在 IPCC 第一、第二和第三工作组的联合科学领导下编制的，并得到第一工作组技术支撑小组（TSU）的支持。这是三个工作组共同制定的第一份 IPCC 报告，标志着 IPCC AR6 期间工作组之间新的合作模式已经形成。

SRCCL 是关于陆地生态系统中气候变化、荒漠化、土地退化、可持续土地管理、粮食安全和陆地生态系统温室气体通量的特别报告。2016 年 4 月 11~13 日在肯尼亚内罗毕召开的 IPCC 第 43 届全会上，IPCC 决定编写一份关于气候变化、荒漠化、土地退化、可持续土地管理、粮食安全和陆地生态系统温室气体通量的特别报告。专家组于 2017 年 2 月 13~17 日在爱尔兰都柏林举行会议，为报告编写纲要草案。2017 年 3 月 28~31 日在墨西哥瓜达拉哈拉举行的 IPCC 第 45 届全会上，SRCCL 的大纲草案得到了批准。该报告已于 2019 年 8 月 2~6 日在瑞士日内瓦召开的 IPCC 第 50 届全会上得到了通过。SRCCL 由来自 52 个国家的 107 名科学家共同完成，评估了 7000 多篇已发表的文章，回应或采纳了 28275 条专家和政府的评审意见。该报告反映了关于气候变化、荒漠化、土地退化、可持续土地管理、粮食安全和陆地生态系统温室气体通量方面的最新科学认知，并探讨了如何进行更加可持续性的土地利用和管理，以应对与土地相关的气候变化问题。它是在 IPCC 第一、二、三工作组和"国家温室气体清单"工作组的联合科学领导下编制的，并得到第三工作组 TSU 的支持。

SROCC 是针对海洋和冰冻圈的特别报告。2016 年 4 月 11~13 日在肯尼亚内罗毕召开的 IPCC 第 43 届全会上决定编写一份关于海洋和冰冻圈的特别报告。编写该报告大纲草案的会议于 2016 年 12 月 6~9 日在摩纳哥举行。2017 年 3 月 28~31 日在墨西哥瓜达拉哈拉举行的 IPCC 第 45 届全会期间，IPCC 专家组批准了 SROCC 的大纲。该报告已于 2019 年 9 月 20~23 日在摩纳哥召开的 IPCC 第 51 届全会上得到了通过。SROCC 由来自 36 个国家的 104 名科学家共同完成，评估了 6981 篇已发表的文章，回应或采纳了 31176 条专家和政府的评审意见。该报告评估了有关海洋和冰冻圈的最新科学认识，讨论了气候变化下海洋、沿海、极地和高山地区生态系统和人类群落的影响、脆弱性和适应能力，并提供了实现气候恢复型发展途径的不同方案。它是在 IPCC 第二工作组 TSU 的支持下，在第一和第二工作组的联合科学领导下编制完成的。

1.4.2　未来地球计划

近半个多世纪以来，随着世界经济和人口的迅速增长，人类社会面临着全球环境变化带来的严峻挑战。为了更好地应对挑战，为了给全球可持续发展提供必要的理论知识、研究手段和方法，在 2012 年 6 月召开的"里约 +20"峰会上"未来地球计划"（Future Earth，FE）正式设立，全球环境变化研究也由此掀开了全新的一页。

"未来地球计划"是一项为期十年的国际研究计划（2014~2023 年），主要针对全球环境变化，为社会发展提供科学认识，明确未来发展面临的环境挑战，并确定可持续发展途径。它强调自然科学与社会科学的紧密沟通与合作，全面应用自然科学、社会科学与工程学和人文科学等不同学科观点和研究方法，综合视角、多维思考，加强来自不同地域的科学家、管理者、资助者、企业、社团和媒体等利益相关方的联合攻关和协同创新，以催生深入认识行星地球动态的科学突破，以及重大环境与发展问题的解决方案。"未来地球计划"重组现有的国际科研项目与资助体制，旨在打破目前的学科壁垒，填补全球变化在科学研究与社会实践之间的鸿沟，使科学家的研究成果能更好地为可持续发展服务。基于过去的经验和对未来挑战的重视，"未来地球计划"对其工作重点进行了全新设计和重新定位，原有的全球变化研究计划将停止或部分停止，一些全球性和区域性的研究工作将被移植到新的工作框架中，一系列致力于动态行星地球、环境与发展问题、可持续性转型战略与对策等新的研究工作依次有序启动。

"未来地球计划"的宗旨是创新知识、提出解决方案，以实现未来环境、社会和经济的综合福祉，具体目标为：协调集中国际研究，以有效使用人力和财力资源；建立并继续实施解决关键的全球环境变化问题的国际合作项目；使不同领域的研究人员参与；吸引各利益相关方参与，以解决日益严重的全球环境变化问题和可持续发展问题；

促进科学、政策和实践相互连接的重大转变，促进服务、交流和能力建设的重大转变；为全球可持续发展研究提供一个牢固的全球平台和区域节点。"未来地球计划"将回答下列几个基本问题：全球环境如何及为什么发生变化？未来可能的变化有哪些？这些变化对人类发展和地球生物多样性的影响是什么？为此，"未来地球计划"设置了三个研究主题，包括动态地球（dynamic planet）、全球发展（global development）和向可持续发展的转变（transition to sustainability）。在这三个研究主题的基础上，"未来地球计划"提出了八个关键的交叉领域，涉及地球观测系统、数据共享系统、地球系统模型、发展地球科学理论、综合与评估、能力建设与教育、信息交流、科学与政策的沟通与平台等方面。

"未来地球计划"于 2014 年下半年完成了中期战略研究议程和 2025 年远期议程的制定工作。《战略研究议程 2014》（Strategic Research Agenda 2014）指出，目前全球可持续发展面临着来自八大领域的挑战，这八大领域的挑战分别如下：

（1）满足全球对水、能源和食物的需求，建立水、能源与食物之间的协同和补偿管理，理解这些相互作用如何受到环境、经济、社会和政治变化的影响。

（2）实现社会经济系统去碳化以稳定气候，促进技术、经济、社会、政治和行为向可持续性转型，同时构建气候变化影响，以及人类和生态系统适应响应的知识体系。

（3）保护支撑人类福祉的陆地、淡水和海洋自然资源，了解生物多样性、生态系统功能和服务之间的关系，制定有效的评估和管理方法。

（4）建设健康发展、复原力强、生产力旺盛的城市，探索既改善城市环境和生活，又降低资源消耗的创新性实践，提供可以抵御灾害的高效服务与基础设施。

（5）促进生物多样性、资源和气候变化的大背景下农村未来的可持续发展，以满足人类日益增长的需求，研究土地使用、粮食系统和生态系统的其他发展途径、识别制度和管理需求。

（6）改善人类健康，阐明环境变化、污染、病原、疾病传播媒介、生态系统服务和人们生活、营养及福祉之间复杂的相互作用，找到应对措施。

（7）鼓励可持续的、公平的消费和生产模式，理解资源消耗的社会和环境影响，认识增进人类福祉过程中资源使用脱钩的机会，探索可持续发展之路及相关的人类行为转型。

（8）建立适应性治理系统，提高社会应对未来威胁的恢复力，设立全球及相关阈值和风险预警的早期预警，建立有效、可靠、透明的可持续性转型机制。

为充分利用国际资源、协同国内各方面力量以启动"未来地球计划"在中国的组织实施，中国科学技术协会组建了"未来地球计划"中国国家委员会（CNC-FE），秦大河院士担任该委员会主席。"未来地球计划"中国国家委员会成立大会于 2014 年 3 月在北京举行。会议讨论确定了"未来地球计划"中国国家委员会的工作办法及工作计划。会议认为，参与"未来地球计划"的中国科学家应在做好中国环境问题研究的基础上，广泛参与到"未来地球计划"国际环境问题的研究中去，在国际上积极发声，引导国际学术界和社会舆论导向。"未来地球计划"将与此相关的自然科学领域和社会科学领域的学科联合在一起，体现了大联合、大交叉的理念，各领域的科学家协同设计、共同产出、共享成果，更好地开展"未来地球计划"工作。会议确认了在国际"未来地球计划"框架下中国需要开展的重点研究领域，其涉及大气、水和土壤环境与污染防治、城镇化、水资源安全、食品安全、能源安全、自然生态系统保护、地区生态发展和产业转型、自然灾害防御和应对、亚洲传统文化对全球变化适应对策的贡献、极区可持续性发展、地球系统观测、地球系统模式等方面。"未来地球计划"强调自然科学和社会科学的紧密结合，向社会普及知识，为决策者提供依据，促进全球可持续发展。它的理念和中国气候与环境演变评估的目标具有同向性。"未来地球计划"中国国家委员会的成立及其确定的关键科学领域为在评估工作中体现中国区域特色和提供解决案例提供了参考。

1.4.3　地球委员会

2019 年 1 月，"未来地球计划"宣布将与世界自然保护联盟（International Union for the Conservation of Nature）联合成立地球委员会（Earth Commission），召集全世界顶尖的科学家开展对地球系统的评估，为地球生命支持系统（如水资源、陆地、海洋、生物多样性等）设定类似于《巴黎协定》规定的"为全球温升不超过工业化前 2℃并为不超过 1.5℃而努力"的科学目标，以确保地球系统处于稳定并具有恢复力的安全状态。2019 年 4 月，"未来地球计划"启动了地球委员会成员遴选程序，"未来地球计划"中国国家委员会主席秦大河院士被推选为地球委员会联合主席（co-chair）。根据相关工作安排，"未来地球计划"于 2019 年下半年正式宣布地球委员会成立，地球委员会成员任期三年，其间将至少召开三次面对面会议和多次电话会议。"未来地球计划"将联合德国波茨坦气候影响研究所（Potsdam Institute for Climate Impact Research，PIK）和奥地利维也纳国际应用系统分析研究所（International Institute for Applied Systems Analysis，IIASA）共同设立地球委员会科学秘书处，以协调地球委员会的日常工作。

中国积极参与"未来地球计划"可为中国生态文明建设提供科学支持和政策咨询，在充分利用国际资源的同时，多方协同国内各方面力量，在全球环境变化与可持续性发展研究领域彰显中国的软实力。中国"未来地球计划"研究在首先确认国际"未来地球计划"框架下中国需要开展的重点研究领域的基础上，借鉴国际经验和国际项目运作方式，围绕重点领域协同设计、共同产出、共享成果，实现科学以知识的形式向社会和向包括政策制定者在内的用户端的转变，以科学应对可持续发展所面临的环境挑战，促进经济与社会的稳步健康发展。

1.5　本卷评估报告框架与重要科学进展

1.5.1　本卷章节内容

本卷共有 13 章，从大气圈、水圈、冰冻圈、生物圈等多个圈层出发，系统阐述了中国气候和生态环境演变特征、大气成分与大气环境变化、极端天气气候事件变化、东亚季风演变、人为活动驱动和未来气候变化预估等方面的最新研究进展和未来发展趋势。具体而言，第 1 章是总论，回顾了前三次报告中有关中国气候与环境演变的发展和认知、对国家决策和学科发展的贡献以及当前国内外关注的热点问题，并梳理了本卷报告的评估内容和框架。第 2 章是过去的气候与环境变化，阐述了全新世和过去千年中国气候和生态环境的变化特征，并揭示其成因。第 3~ 第 12 章是本卷评估报告的核心部分，重点评估当代中国气候和生态环境变化特征及其归因。其中，第 3 章是观测的大气圈的变化，基于温度、降水、湿度、辐射等气候要素和对大气环流的观测，以及通过与其他地区的对比研究，分析了大气圈的变化特征。第 4 章是陆地水循环变化，总结了过去 50 余年来大气水汽变化以及各大流域蒸散发、地表径流、陆地储水量等水循环相关过程和要素的时空变化特征。第 5 章是海洋变化，在描述全球海洋海温、海平面、海冰以及酸度等变化的同时，侧重揭示气候变化背景下中国近海及临近海域的变化及其关键过程。第 6 章是冰冻圈变化，介绍了全球冰冻圈的变化趋势，并重点分析了中国冰冻圈的变化特点、归因和驱动机制。第 7 章是陆地生态系统变化，从生态系统结构和功能两个角度分别揭示了气候变化背景下中国陆地生态系统的变化趋势及其特征，评估了气候变化和生态系统恢复重建等重大工程对中国陆地生态系统变化的贡献。第 8 章是海洋生态系统与环境，从营养盐、生物群落、污染物、生态灾害等角度介绍了中国近海生态系统与污染现状、特点和变化趋势。第 9 章是大气成分与气候变化的相互作用，评估了气候变化对中国大气成分和大气环境的影响机制，以及应对气候变化与大气污染防治产生的协同气候效应。第 10 章是极端天气气候事件变化，揭示了中国极端天气气候事件的变化规律（如频率、强度、区域差异等），并评估了气候系统内部变率对极端天气气候事件的影响和物理机制。第 11 章是全球变暖背景下东亚季风变异及其与中国气候的关系，阐明了东亚季风变异特征及其与近 10 年中国气候变化的关系，并在不同时间尺度上评估了亚洲季风变异的驱动机制。第 12 章是人为驱动力及其对气候变化的影响，包括 CO_2 排放等人类活动影响中国气候变化的量化归因，以及人类活动和自然变率对中国重大极端天气气候事件的影响。第 13 章是未来气候系统变化的预估，评估了全球和区域气候模式在中国区域气候变化应用中的模拟和预估结果。

1.5.2 新的科学进展

得益于更丰富、更系统、更准确的观测数据的积累，以及全球和区域气候模式的发展，自 2012 年《中国气候与环境演变：2012》评估报告发布以来，中国气候变化与环境演变研究不断取得新的研究成果和重要进展。尤其是在中国区域气候与环境变化的检测与归因方面，越来越多的证据揭示地表多圈层各个要素均发生了显著变化，并实现了对平均和极端气温变化等关键变量的量化归因，同时，在人类活动引起的气候和生态环境变化以及不同环境因素的协同变化与相互作用方面也取得了重大进展。相比早期的评估报告，本次报告概括了新的科学进展和亮点。

大气圈：展示了近百年来中国不同地区气温变化的趋势，突出了 1998 年以来的气温变化新特征，包括全球增暖停滞期（hiatus）及之后的快速升温变化。相比于全球平均水平，近 30 多年中国平均地面气温，特别是超大城市的地面气温上升更加明显（高信度）；进入 21 世纪后，高温极值纪录站数显著增多，极端高温破纪录事件频繁发生（高信度）；与中国大气污染联系紧密的各种大气成分的浓度不断增加（高信度）。归因分析表明，人类活动是过去 30 年中国区域气候快速变暖以及高温热浪发生频率增加的主要原因（高信度）；气候年代际变暖对中国区域大气污染变化有影响但并非主导因素，其年际变化的影响更明显（中等信度）。

季风：南海夏季风在 1993 年后的暴发提前和 2006 年后的撤退偏晚导致南海夏季风盛行期出现延长的趋势（高信度）；东亚夏季风强度自 20 世纪 90 年代以来有所增强（中等信度），这很可能与全球变暖相关，但这一期间季风年代际变化仍未改变其 70 年代后的减弱趋势；东亚冬季风在 2005 年后出现年代际变化偏强趋势，这可能是气候系统的内部变率所致（高信度）。

陆地水循环：过去 50 余年来，陆地水循环发生显著变化，并表现出显著的时空分异。进入 21 世纪以来，中国区域水汽收支略有增加，降水量变化不大，蒸散发形成的降水有所增加，水文内循环较之前活跃；西北地区水汽含量自 20 世纪 80 年代中期以来增加趋势明显（中等信度），且西北多数出山口径流呈增加趋势（高信度）；干旱与高温并发事件明显增多，长江中下游流域春旱、东北[①]夏旱、华南秋旱形势加剧，华北和西南持续性干旱事件的发生频次增加。

海洋：Argo 浮标观测网已拥有近 4000 个浮标，且维持了 15 年的连续温度、盐度观测。近 50 年来，中国近海海温呈明显增暖趋势，变暖幅度大于全球平均值和北半球平均值（高信度）；1980~2018 年，中国沿海地区海平面上升速率为 3.3mm/a，近海极端海平面事件发生频率呈上升趋势；2006~2018 年，中国近海台风风暴潮发生次数以平均每年 0.73 次增加。

冰冻圈：中国很可能是近 50 年来中低纬度冰川变化最为缓慢的区域，但青藏高原是近 20 年来全球多年冻土退化速率最快的地区；冰川跃动和冰崩、冻融灾害等冰冻圈灾害发生的频率呈显著增加趋势。自 21 世纪以来，总体积雪日数有增加趋势，但空间和季节变率增大；北方河冰和青藏高原湖冰整体呈冻结日期推迟、消融日期提前、封冻期缩短和厚度减薄趋势（高信度）。

陆地生态系统：20 世纪 80 年代初以来，中国陆地植被覆盖增加、生长季延长、生产力显著提高（高信度）。尤其是 2000 年以来，中国植被叶面积增加约 18%，其增加量位居世界第一；中国主要生态系统（森林、灌丛、草地和农田）碳储量显著增加，表现为大气 CO_2 的一个汇（高信度），这与重大生态保护和恢复工程的实施密切相关。

海洋生态系统：相比于早期的评估，本卷报告突出了中国近海生态系统和环境的变化趋势。研究表明，近海富营养化、低氧和酸化等问题加剧（高信度），海洋生态系统群落结构发生显著变化（高信度），非硅藻的优势地位与往年相比日趋明显，生态灾害防控形势依然严峻。

---

① 本书中东北指东北三省，即辽宁、吉林、黑龙江。

名词解释

不确定性处理方法：

本卷报告采用 IPCC AR5 给主要作者的不确定性的规范处理指导说明，基于两个方面来给出作者团队评估基础科学的重要发现的确定性程度，即定性表述的信度和用概率来量化表述的可能性。某一发现有效性信度的基础是证据的类型、数量、质量和一致性（如对机理的认识、理论、数据、模式、专家判断）及证据的一致性程度。某一发现不确定性概率的定量估计是基于观测或者模式结果的统计分析或者专家判断。在合适的情况下，对作为事实陈述的某些发现，不使用不确定性语言。详细说明请查阅相关文献（Mastrandrea et al.，2010；孙颖等，2012）。

本卷报告中对于证据的有效性使用："有限"、"中等"或"确凿"来描述；对于证据的一致性程度使用："低"、"中"或"高"来描述。对于某一成果或结果的信度水平使用："低"、"中等"和"高"来描述。对于某一给定的证据，可以赋予不同的信度水平。随着证据增多、一致性程度提高，相应的信度水平也增加。

本卷报告中，对于某一成果或者结果的可能性使用：几乎确定（99%~100%的概率）、很可能（90%~100%的概率）、可能（66%~100%的概率）、或许可能（33%~66%的概率）、不可能（0%~33%的概率）、很不可能（0%~10%的概率）、几乎不可能（0%~1%的概率）来描述，还可酌情使用其他术语：极可能（95%~100%的概率）、多半可能（50%~100%的概率），以及极不可能（0%~5%的概率）来描述。

人类活动：

UNFCCC 定义气候变化为"在可比时期内所观测到的在自然气候变率之外的直接或间接归因于人类活动改变全球大气成分所导致的气候变化"。IPCC 认为，工业化时代人类活动影响气候变化的方式主要有两种：一种是化石燃料的使用，向大气中排放温室气体、气溶胶和其他污染物，增加了大气圈内温室气体的浓度，同时污染了环境。另一种是土地利用和土地覆盖及其变化，改变了地表反照率、粗糙度等地表特征，导致地气之间能量、动量和水分传输的变化。这两种人类活动方式导致了全球气候变化。

IPCC AR5（IPCC，2013）指出，相对于 1750 年，2011 年人类活动引起的总的人为辐射强迫值为 2.29 [1.13~3.33]W/m^2，导致了气候系统的能量吸收。自1970 年以来，辐射强迫增加速率比之前的各个年代都快。对总辐射强迫的最大贡献来自 1750 年以来的大气 CO_2 浓度的增加。

■ 参考文献

秦大河 . 2002. 中国西部环境演变评估 . 北京：科学出版社 .

秦大河 . 2012. 中国气候与环境演变：2012. 北京：气象出版社 .

秦大河 . 2015. 中国极端天气气候事件和灾害风险管理与适应国家评估报告 . 北京：科学出版社 .

秦大河，陈宜瑜，李学勇 . 2005. 中国气候与环境演变 . 北京：科学出版社 .

孙颖，秦大河，刘洪滨 . 2012. IPCC 第五次评估报告不确定性处理方法的介绍 . 气候变化研究进展，
8（2）：150-153.

IPCC. 2013. Climate Change 2013: the Physical Science Basis. Cambridge: Cambridge University Press.

IPCC. 2018. Global Warming of 1.5℃. An IPCC Special Report on the Impacts of Global Warming of 1.5℃ above
Pre-industrial Levels and Related Global Greenhouse Gas Emission Pathways，in the Context of Strengthening the
Global Response to the Threat of Climate Change，Sustainable Development，and Efforts to Eradicate
Poverty. Geneva: Intergovernmental Panel on Climate Change.

IPCC. 2019a. Climate Change and Land: an IPCC Special Report on Climate Change，Desertification，Land
Degradation，Sustainable Land Management，Food Security，and Greenhouse Gas Fluxes in Terrestrial
Ecosystems. Geneva: Intergovernmental Panel on Climate Change.

IPCC. 2019b. IPCC Special Report on the Ocean and Cryosphere in a Changing Climate. Geneva:
Intergovernmental Panel on Climate Change.

第2章 过去的气候与环境变化

主要作者协调人：姜大膀、郑景云

编　　　审：邵雪梅

主　要　作　者：方修琦、郝志新、燕青、闻新宇

▪ 执行摘要

过去 2000 年，中国 10~13 世纪相对温暖、15~19 世纪寒冷，1850 年以来升温且其速率达过去 2000 年最大（中等信度）；温暖时段中国东部干湿多呈自南向北的华南旱—长江中下游涝—黄淮旱分布（中等信度）；中国地表环境受人类活动影响不断加强，主要农耕区从公元初的黄河流域扩展至 20 世纪后期的全国范围，耕地面积从公元初的约 5 亿亩（1 亩≈666.7m²）增至 15 世纪后期的约 10 亿亩、20 世纪后期的约 20 亿亩（中等信度）；森林覆盖率从 1700 年的 25.8%降至 1949 年的 11.4%，东部平原天然湖泊总体呈逐渐萎缩趋势；冰川、冻土、沙地、海平面等变化可能主要受气候变化影响（中等信度）。

2.1 引　言

　　约 6500 万年前的新生代以来，在构造时间尺度上全球气候从两极无冰的炎热气候逐渐演化至两极有冰的寒冷气候，其间伴随着全球大气 CO_2 浓度从早始新世的 1000 ppm[①]以上减少至工业革命前的 280 ppm 左右。进入 20 世纪后，人类活动所引起的温室气体排放显著增加，地球大气中的 CO_2 浓度上升，超出了过去 83 万年自然波动的最大值，全球气温变化趋势也由受轨道等自然因子主控的长期下降反转为显著增暖，这标志着人类影响地球"自然"演变的时代——"人类世"已经到来。新生代中国古气候格局从古新世的行星风系主控型向中新世的季风主导型转变（Guo et al.，2002），其中青藏高原隆升、古特提斯海退缩和全球变冷是主要的驱动因子（Zhang R et al.，2018；Zhang et al.，2007a，2007b）。随着北半球冰盖形成，多源地质证据表明第四纪中国气候表现出明显的冰期 – 间冰期循环特征（Cheng et al.，2016；Hao et al.，2012）；冰期中国气候以冷干为主，东亚夏季风偏弱，间冰期则以暖湿为主，东亚夏季风偏强。

　　《中国气候与环境演变：2012》评估报告指出，在轨道时间尺度上东亚季风变化有明显的岁差周期，1.29~1.15 万年前的新仙女木事件在中国南北方同时发生且突变速率与格陵兰冰芯记录的相当。全新世中国干湿格局演化存在空间差异，其间东部季风区和西北内陆干旱区的干湿变化不同，早期季风区湿润而干旱区偏干，晚期则季风区偏干而干旱区相对湿润。在全新世最暖期，中国气温至少较 20 世纪后期高 0.5℃。最近 2000 年，中国东部有 4 个暖时段和 3 个冷时段，中世纪偏暖期发生于 11 世纪 30 年代至 15 世纪初，温度距平为 0.18℃，小冰期发生于 15 世纪 20 年代至 20 世纪初，温度距平为 –0.39℃；西北和青藏高原的冷、暖时段与东部有位相差异。模拟与重建的末次冰盛期、中全新世和过去千年气候显示，两者在低频变化上有较好的一致性，但在高频变化上往往有明显差异；在不同时间尺度上，气候变化的主要外强迫因子不同。

　　近年来，古气候研究的主要亮点是高分辨率定量重建和气候变化归因研究，旨在揭示过去气候变化的时空格局和驱动因子。例如，最新的定量重建表明，全新世以来北美和欧洲温度总体上升，解决了记录与模拟在全新世温度变化趋势上的分歧（Marsicek et al.，2018）；中全新世中国年均温度比 20 世纪高约 0.7℃，年降水增加230mm，但中国区域的资料重建和气候模拟结果尚有分歧（吴海斌等，2017；Jiang et al.，2012）；过去千年不同冷暖期中国降水格局存在明显差异，在多数暖期长江北侧偏干（Hao et al.，2016）。就动力学机制而言，在轨道尺度上东亚冬季风与夏季风同位相变化，但在千年尺度上北大西洋淡水注入使得两者之间呈反位相变化（Wen et al.，2016）；过去千年中国东部季风区和西北内陆干旱区降水的反位相变化主要受热带太平洋海温模态的调控（Shi et al.，2016）。

　　以《中国气候与环境演变：2012》为基础，根据最新发表的定量气候重建和数值模拟研究，本章重点评估：①全新世气候适宜期中国温度和降水变化的幅度与空间格局，地理环境格局演变特征，千年尺度突变事件特征、机制及影响；②过去两千年中国温

[①] 1ppm=10^{-6}。

度和干湿变化、小冰期至 20 世纪升温与主要极端事件变化特征；③过去两千年中国农耕区、森林、冰川等主要地表环境要素变化特征等。本卷报告旨在深入辨识全新世以来不同时间尺度上中国气候变化的时空格局和驱动因子，加深对现代升温过程的自然变率背景、历史地位和机理等问题的理解，进而准确预估未来气候变化。

2.2　中国全新世气候适宜期及千年尺度气候突变的特征

2.2.1　中国温度变化幅度、干湿格局和区域差异

多源地质证据表明，中国全新世气候适宜期气温比 20 世纪高出 1℃以上，最暖时段发生在 8~6.4 ka B.P.[①]，气温高出现代 1.5℃（图 2-1）。中国全新世气候适宜期增温幅度与北半球中高纬地区相仿，远大于热带（Marcott et al.，2013）。与此同时，中国全新世气候适宜期温度变化（相比于现代）具有显著的区域和季节差异，升温主要集中在中国东部，尤其是东北，而西北温度有所下降，并且最冷月温度增温明显大于最热月温度增幅（Lin et al.，2019）。需要指出的是，由于代用数据或重建方法不同，重建气温在升降幅度、甚至变化方向方面仍存在分歧，特别是在中国西部和青藏高原。例如，沙丘沉积指标显示中全新世中国西北较现代偏暖（Li and Fan，2011），但植被反演方法指出该地区普遍偏冷（Lin et al.，2019）。早期研究表明中全新世青藏高原升温幅度可达 3.0~5.0℃（相比于现代）（Shi et al.，1993），而最新湖泊孢粉记录指示该地区较现代升温 1.0~2.0℃（Li M J et al.，2018）。

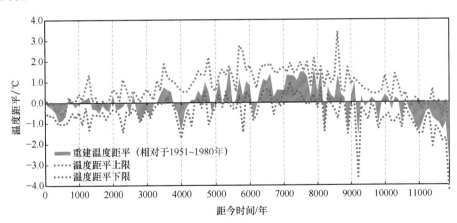

图 2-1　中国全新世温度集成序列（相对于 1951~1980 年）（方修琦和侯光良，2011）

在多模式试验集合平均结果中，中全新世中国年平均温度相比现代偏低，并有明显的季节和区域差异。其中，冬、春季温度相对于现代普遍偏低，尤其是中国西部，而夏、秋季温度相对于现代普遍偏高，特别是中国西部和东北（Tian and Jiang，2015；Jiang et al.，2012）。北半球陆地气温变化也呈现类似的季节差异（Liu et al.，2014），

---

① ka B.P. 表示距 1950 年以前千年。

这与地球轨道参数变化所引起的太阳辐射变化一致（Tian and Jiang，2015）。然而，数值模拟和代用数据存在着分歧：模拟显示中全新世中国相对于现代偏冷，而重建数据中大多为偏暖（Lin et al.，2019；Jiang et al.，2012）。如此分歧也出现在北半球温度变化上，其可能归结于模式和代用数据两个方面。在气候模式方面，模拟的不确定性可能主要与模式对轨道强迫的敏感度以及某些气候反馈作用在模式中缺失或者描述不足有关；在代用数据方面，重建的不确定性主要在于孢粉/冰川遗迹记录可能偏向于指示暖季温度且降水的影响无法完全排除（Liu et al.，2014；Jiang et al.，2012）。

地质证据和数值模拟一致表明中国全新世气候适宜期相对于现代整体偏湿、季风区北扩、东亚夏季风增强（Lin et al.，2019；Jiang et al.，2013；方修琦等，2011）。中国全新世气候适宜期降水绝对增幅（相对于现代）以长江中下游地区最大，向南北递减，而相对增幅从东南沿海向西北内陆递增（方修琦等，2011）。另外，中国西部干旱区与东亚季风区降水呈现相反的变化（Lin et al.，2019；Routson et al.，2019），这种区域差异可能与主导环流系统不同有关（中国东部为季风主控、西部为西风主导）。同时，中全新世中国降水变化具有明显的季节特征：夏、秋季降水相对于现代增加，其主要归因于东亚夏季风增强；冬、春季降水相对于现代减少，其主要归因于东亚冬季风加强（Jiang et al.，2013；Tian and Jiang，2018）。此外，中全新世北半球季风区面积相对于现代整体扩张，季风降水增强，但南半球季风有所减弱（Jiang et al.，2015）。

尽管中国全新世气候适宜期相对于现代整体偏湿，但全新世气候适宜期在中国并不是同步发生的。目前，有三种可能的演变模式。第一，从南向北推进型（Zhou et al.，2016）：全新世气候适宜期在南方出现在大约 10 ka B.P.，而在东北则出现在大约 6 ka B.P.。第二，从北向南逐步推进型（Herzschuh et al.，2019；An et al.，2000）：全新世气候适宜期最早在中国东北出现（10~8 ka B.P.），而后出现在长江中下游（7~5 ka B.P.），最后出现在中国南方（约 3 ka B.P.）。第三，南北一致型（Ran and Feng，2013）：全新世气候适宜期在北方和南方出现时间大致相近（9.5~5 ka B.P. 和 11~4 ka B.P.），但全新世气候适宜期在青藏高原出现在约 11 ka B.P.，而在新疆则出现在现代。总之，在全新世中国气候的整体演变方面，目前的认识还存在很大的不确定性，这亟待地质记录和数值模拟两方面工作的有效融合才能有所突破。

2.2.2 中国地理环境格局变化

全新世气候适宜期中国植被格局相对于现代发生显著改变，以木本植物增加和植被带整体北移为主要特征。其间，中国东部森林北移 200~500km，冷温带落叶阔叶林被常绿针叶林代替，中北部地区草原–森林界线西推 200~300km，青藏高原温带干旱灌丛、草原和荒漠覆盖增加，树线比现今高 300~500m（Dallmeyer et al.，2017；陈瑜和倪健，2008）。同时，全新世中国植被演变也具有明显的区域特征。在中国南方，早全新世（约 9 ka B.P.）大部分区域由北向南依次分布北亚热带常绿落叶阔叶混交林亚带、中亚热带典型常绿阔叶林亚带、南亚热带季风常绿阔叶林亚带/热带季雨林和雨林带；中全新世（约 6 ka B.P.）植被格局与全新世早期相比变化不大，但各植被带的北缘略有北移（王伟铭等，2019，2010）。在华北平原，全新世暖期南部山地发育落叶阔叶林或落叶常绿阔叶混交林，北部山地生长落叶阔叶林；平原森林面积相对增加，但平原腹地草本植物仍占优势（李曼玥等，2019）。在东北，中全新世，温带针阔叶混交林和寒温带针叶林向北方扩张，落叶阔叶林的分布中心向南迁移至长白山南部和辽东半岛；松嫩平原草原区岛状林地增加，辽河平原草甸草原植被扩张（Li Y P et al.，2019）。

全新世气候适宜期中国沙漠化面积相对于现代明显减小、沙地沙丘固定。中国东部沙区的毛乌素沙漠、科尔沁沙地和呼伦贝尔沙地在全新世气候适宜期基本消失，西部沙漠的流沙面积减小了 5%~20%，腾格里沙漠、巴丹吉林沙漠和古尔班通古特沙漠面积明显减小，中部沙地基本被植被覆盖、流沙固定（鹿化煜和郭正堂，2015；吴海斌和郭正堂，2000）。全新世气候适宜期中国北方沙漠化面积最小、沙丘固定（弋双文等，2013），浑善达克沙地流沙南界向北退缩约 200km（杨小平等，2019；周亚利等，2013）。与此同时，在早、中全新世，撒哈拉降水相对于现代增加，沙漠面积显著减小（Tierney et al.，2017）。

全新世气候适宜期中国多年冻土发生大规模退化，其面积相对于现代减小 50%。青藏高原多年冻土大面积退化，呈岛状分布，多年冻土下界比现今要高 300~500 m；在天山、祁连山和阿尔泰山等西部山区，多年冻土仅残留在一些高山的顶部或中上部；中国高纬度多年冻土区退出内蒙古东部、新疆东部和华北，东北多年冻土大部分消失（金会军等，2018）。同时，数值模拟的中全新世中国和北半球多年冻土面积相对于现代整体减小（Liu and Jiang，2018，2016）。全新世青藏高原冰川有 5 次显著的前进事件分别发生于 11.5~9.5 ka B.P.、8.8~7.7 ka B.P.、7.0~3.2 ka B.P.、2.3~1.0 ka B.P. 和 <1.0 ka B.P.（Saha et al.，2019）。在 11.5~9.5 ka B.P.，冰川前进主要发生于青藏高原西北部、帕米尔高原和天山，冰川平衡线相比于现代下降了 300~600m，其可能与充足的水汽输送和辐射冷却效应有关。在 8.8~7.7 ka B.P.，冰川前进主要发生于青藏高原西北部和喜马拉雅山脉，冰川平衡线相比于现代分别下降了 50~400m 和 90~200m，其可能与 8.2 ka B.P. 事件相关。在 7.0~3.2 ka B.P.，最显著的冰川前进主要发生在喜马拉雅山脉，冰川平衡线相比于现代下降了 60~400m，而青藏高原西部冰川前进最不明显，冰川平衡线相比于现代下降了 81m 左右。在 2.3~1.0 ka B.P.，青藏高原冰川前进的规模均较小，冰川平衡线相比于现代下降了 21~222m。在 <1.0 ka B.P.，冰川前进主要发生于青藏高原西部，冰川平衡线相比于现代下降了 100~150m。此外，地质证据和数据模拟均表明全新世适宜期青藏高原冰川变化具有较强的区域性：青藏高原北部和西部冰川由于升温而显著退缩，而青藏高原南部冰川（即喜马拉雅山脉）由于降水增多而前进（Yan et al.，2020；Blomdin et al.，2016；Dorth et al.，2013）。

2.2.3　千年尺度气候突变事件的特征、机制及影响

8.2 ka B.P. 事件是中国全新世以来最强的一次冷事件，也是一次半球性的气候突变事件（Morrill et al.，2013）。古气候与古环境资料表明，8.2 ka B.P. 时中国大部分地区较同期平均气候普遍偏冷，其中青藏高原降温最高可达 7.8~10℃（Song et al.，2017；Wang R et al.，2015；Miao et al.，2014；Dietze et al.，2013；Huang et al.，2013）。与现代相比，在 8.2 ka B.P. 左右，中国中部明显偏干，年平均降水减少了 200mm

（Liu and Hu，2016；Liu et al.，2013）；新疆博斯腾湖水位偏低，表明当时气候偏干
（Wünnemann et al.，2006）；青藏高原植被生长显著减缓，且在1500年后才恢复到前期
正常水平（Miao et al.，2014）。同时，大量代用数据显示东亚夏季风在8.2 ka B.P.左右明
显减弱（Li et al.，2017；Deng et al.，2013；Liu et al.，2013），这是中国东部降水减少的
主要原因。然而，不同代用数据记录的8.2 ka B.P.事件的开始和持续时间存在不同。

地质证据显示4.2 ka B.P.事件也是一次中国大范围的变冷事件（万智巍等，2018；
牛蕊等，2017；段克勤等，2012），但降水变化有显著的区域差异。在4.2 ka B.P.左右，
内蒙古呼伦湖和黄土高原降水较同期平均气候显著减少且东北浑善达克沙地经历了极
端干旱（Scuderi et al.，2019；Xiao et al.，2018；Dong et al.，2015），然而中国东南地
区降水显著增多且长江中游偏湿（Zhao et al.，2017；Dong et al.，2010）。综合多源代
用数据，4.2 ka B.P.事件时期中国北方降水相比4.5~3.6 ka B.P.时期总体减少、南方降
水增多，这可能与东亚夏季风减弱有关（图2-2）。此外，4.2 ka B.P.事件的冷、干气候
在北半球其他地区也有所体现（Bini et al.，2019；Kathayat et al.，2018），但区域/局
地差异仍然明显存在。

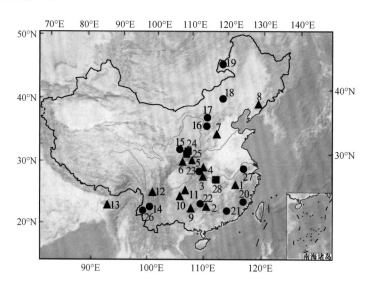

图 2-2　4.2 ka B.P.事件时期中国东部干湿分布（相对4.5~3.6 ka B.P.）（Zhang H et al.，2018a）

黑色和蓝色分别表示4.2 ka B.P.事件时期干旱和湿润的气候条件。圆形代表石笋沉积记录；方形代表湖泊/泥炭沉积
记录；三角形代表古洪水沉积记录。1.江西神农宫溶洞；2.广西响水洞；3.湖北和尚洞；4.神农架三宝洞；5.陕西
九仙洞；6.陕西祥龙洞；7.山西莲花洞；8.辽宁暖和洞；9.贵州董哥洞；10.贵州黑洞；11.贵州石膏洞；12.云南
仙人洞；13.印度Mawmluh洞；14.云南洱海；15.六盘山天池；16.山西公海；17.内蒙古岱海；18.内蒙古达里湖；
19.内蒙古呼伦湖；20.福建藏云山泥炭；21.江西大湖泥炭；22.湖南大坪泥炭；23.湖北大九湖泥炭；24.陕西程家川
剖面；25.陕西浒西庄剖面；26.云南腾冲青海；27.太湖高淳剖面；28.湖北钟桥剖面

8.2 ka B.P.事件与北美残留冰川湖水释放后注入北大西洋有关，而4.2 ka B.P.事件
可能与气候系统自然变率有关。8.2 ka B.P.左右北美东北部劳伦泰冰盖残留冰川湖水
释放，导致大量淡水注入北大西洋，造成北大西洋热盐环流减弱，对应着热带向北的
热量输送减少，最终引起北半球普遍降温。陆地降温较海洋更为剧烈，使得夏季海陆

热力差异减小，造成东亚夏季风减弱、降水减少（Hoffman et al.，2012；LeGrande and Schmidt，2008）。对于 4.2 ka B.P. 事件而言，4.2 ka B.P. 左右北大西洋涛动（NAO）为负异常，导致北大西洋呈现一个负位相的类大西洋多年代际振荡（AMO）模态且副极地环流减弱，这进一步激发出一个环全球遥相关波列，从而造成北半球普遍降温和大面积干旱（Yan and Liu，2019；Klus et al.，2018）。

4.2 ka B.P. 事件影响了中国人类文明演化。4.2 ka B.P. 左右中国经历了几次明显的洪水 / 干旱事件且气候波动显著增大，在这种极端气候条件下农业生产力显著下降，进而造成新石器时代晚期定居点被遗弃（Huang et al.，2010），严重制约了文明发展（Jin and Liu，2002），导致新石器文化的衰落（Liu and Feng，2012）以及龙山文化和石家河文化的消亡（Wu et al.，2017；Zhang et al.，2010）。同时，4.2 ka B.P. 事件对北半球其他地区人类文明演化也造成了巨大的影响（Staubwasser and Weiss，2006）。

2.3　过去 2000 年中国气候变化及 20 世纪变暖

2.3.1　温度阶段性变化及区域差异

2012 年以来，有数个研究团队利用各种代用资料对过去千年中国温度变化进行了集成重建，研究对象包括年平均和暖季（5~9 月）温度两类（Zhang Q et al.，2018；Shi et al.，2015；Ge et al.，2013）；但不同重建结果之间尚存在一定差异。其中，最新的年平均温度重建显示，中国在公元 1~200 年、551~760 年、941~1300 年及 20 世纪气候相对温暖，其他时段则相对寒冷（图 2-3）。这一冷暖阶段性变化特征（Ge et al.，2013）与同期北半球百年际温度变化（PAGES 2k Consortium，2013）基本一致：中国公元 1~200 年和 941~1300 年的温暖期分别与罗马暖期和中世纪气候异常期（MCA）对应；201~550 年和 1301~1900 年的寒冷期分别与黑暗时代冷期前半段和小冰期（LIA）大致对应；中国 551~760 年的温暖期与黑暗时代冷期后期的相对温暖期一致（Yan et al.，2015）；值得注意的是，各阶段的起讫年代存在一定差异（Hao et al.，2020a），这可能是不同代用资料的定年误差不同所致（Ge et al.，2017）。另外，暖季温度的重建却显示，在公元初至 1400 年，中国温度以小幅的波动为主要特征；1400~1820 年波动下降，此后至 20 世纪末则波动上升，即除 1400~1850 年显著寒冷和 1850 年变暖外，其他时段的温度变化并不显著。这一特征与新近重建的过去 2000 年全球平均的暖季温度变化（PAGES 2k Consortium，2019）特征基本吻合。

从整个 2000 年变化过程看，不论是年平均还是暖季温度，10~13 世纪是持续时间最长的显著暖期。其中，年平均温度重建显示，950~1250 年中国温度较 900~1900 年均值（即含 MCA 和 LIA 的千年）约高 0.3℃，较其后 1450~1850 年的 LIA 均值约高 0.5℃，且这一温暖气候大致持续至 1300 年才终止（以平均温度为基准）；其中最暖的两个百年出现在 1020~1120 年和 1190~1290 年，且与 20 世纪平均值基本相当；其间最暖的 30 年为 1080~1110 年和 1230~1260 年，也与 20 世纪最暖的 30 年（1970~2000 年）的温暖程度相当（Ge et al.，2017，2013），但低于最近 30 年（1989~2019 年）

的均值。暖季温度重建表明，950~1250 年较 900~1900 年均值略约高 0.05℃，较
其后 1450~1850 年的 LIA 均值约高 0.1℃；其中最暖的百年出现在 1080~1180 年和
1320~1420 年，但均较 20 世纪均值约低 0.15℃。

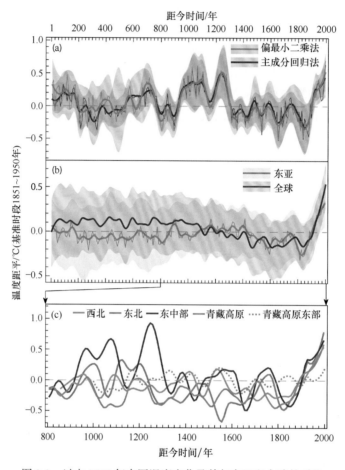

图 2-3　过去 2000 年中国温度变化及其与东亚和全球的对比

所有序列中，细线为 10 年分辨率的重建结果，粗线为 30 年快速傅里叶变化（FFT）低通滤波结果，彩色区为信度 95%
的不确定性区间。

（a）集成重建的过去 2000 年中国年温度变化序列，两种颜色分别代表两种方法的重建结果（Ge et al.，2013）；（b）集
成重建的过去 2000 年东亚地区（主要代表中国）暖季（5~9 月）温度变化序列（绿色）（Zhang Q et al.，2018）和全球
温度（主要代表暖季）变化序列（PAGES 2k Consortium，2019）；（c）集成重建的中国 5 个区域 800 年以来的年温度变
化（Hao et al.，2020a）

同时，年平均和暖季温度重建均证明：14~19 世纪是过去 2000 年最显著的冷期。
其中，年平均温度重建显示，最冷的两个百年分别出现在 1620~1720 年和 1780~1880
年，其间温度分别较 20 世纪值低 0.67℃和 0.65℃；最冷的 30 年为 1650~1680 年和
1810~1840 年，分别较 20 世纪平均值低 1.07℃和 1.13℃。暖季温度重建表明，最寒
冷的两个百年为 1560~1660 年和 1780~1880 年，其间温度分别较 20 世纪平均值约低
0.3℃和 0.4℃；1580~1610 年和 1810~1840 年是最冷的 30 年，其温度分别较 20 世纪平

均值约低 0.4℃和 0.5℃。

从区域差异看，MCA 期间，在准 30 年尺度上，中国各区域在 950~1130 年温度波动位相基本同步，但在 1130~1250 年温度波动幅度变小，且存在位相差异。在准百年尺度上，各区域均自 10 世纪前期起显著转暖，在 MCA 总体温暖背景下，出现两次冷波动；但除西北与东中部在整个 MCA 间的百年尺度温度变化基本同步外（Li Y K et al.，2019），东北和青藏高原在 MCA 间与其他区域存在显著的波动位相差异，且温暖气候结束时间也较西北与东中部早 40~50 年。在百年以上尺度的趋势变化上，东北部和东中部均显示 MCA 间的温度显著高于其后出现的 LIA，而西北和青藏高原 MCA 和 LIA 的阶段温度差别不大（Hao et al.，2020a）。LIA 期间，尽管多数区域冷谷出现在 16 世纪前半叶、17 世纪和 19 世纪，但其间青藏高原却并没有显著变冷。

与此同时，上述所有重建均证明：自 1850 年前后起，中国各地均在波动中变暖，其速率为过去 2000 年最大，从而也导致中国亚热带北界自 20 世纪末起出现了显著北移，其中总体移动幅度达 1 个纬度以上，最大处接近 2 个纬度，这与中国过去 2000 年该界线曾经出现的最北位置相仿（卞娟娟等，2013）。

不过，对已有的重建结果对比评估显示，虽然上述重建均指示了 10~13 世纪温暖，15~19 世纪寒冷和 1850 年以来升温，但由于代用证据有限，上述重建仍存在不同程度的不确定性（Wang et al.，2018）。因此，目前对中国过去 2000 年温度及 20 世纪温度在其中地位的认识仅有中等信度。

2.3.2 干湿多尺度变化及格局差异

（1）东部季风区：对新建的中国东中部及华北、江淮和江南地区过去 2000 年干湿指数序列及其对应的功率谱分析显示，干湿年际变化率显著，且存在显著的准 22 年、32 年、45 年与 70~80 年及 120 年的周期；但不同尺度信号在各地不完全同步（图 2-4）（郑景云等，2020a）。在 20~35 年尺度上，华北的周期信号在 700~800 年、840~900 年、980~1500 年和 20 世纪后均显著偏弱；江淮的在 500~680 年、750~850 年、1130~1170 年、1370~1440 年、1650~1700 年和 1850 年之后也较弱；江南则是在 500~550 年、800~1050 年、1350~1440 年、1500~1650 年较弱。在 50~85 年尺度上，760~870 年、1180~1390 年、1490~1650 年和 1730 年之后，华北和江南降水呈现反向的对应关系；而在 1800 年之后，华北和江淮降水在 50~85 年的周期信号显著增强。诊断显示，这种多尺度变化特征可能与气候系统的大尺度环流内部变率模态（特别是 ENSO[①]、PDO[②]）变化有关。其中，在年际尺度上，在发生厄尔尼诺事件的当年与次年，华北有 73% 的年份降水偏少，长江流域则多数年份梅雨显著偏多（Hao et al.，2018）。在年代际尺度上，在 1800 年以来 PDO 变幅显著增大后，当 PDO 呈暖位相时，华北和华南往往偏旱，江淮则偏涝；冷位相时则相反，且对江南的影响也相对减弱（Zheng et al.，2017；裴琳等，2015）。

---

① ENSO 指厄尔尼诺 – 南方涛动（El Niño-Southern Oscillation）。
② PDO 指太平洋年代际振荡（Pacific Decadal Oscillation）。

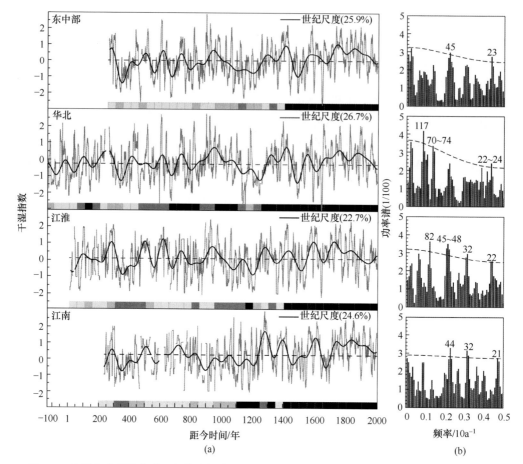

图 2-4　中国东中部及华北、江淮和江南地区过去 2000 年干湿指数序列（郑景云等，2020b）

（a）中黑平滑线为 100 年 FFT 低通滤波，指示世纪尺度变化，括号中的数字为其占序列变化的方差解释量；各图中虚线为序列覆盖时段的均值（a）及其对应的功率谱（b）；各图中的下方横柱表示每个 50 年的重建结果信度，颜色从深到浅分别表示高信度、中等信度、低信度三个信度等级

（2）西北干旱 – 半干旱区：利用黄土高原、祁连山北坡和新疆中北部等地树轮重建的干湿序列对比评估显示，这些地区干湿变化均存在显著的年际（如 2~3 年、3~5 年等）、年代际（如准 22 年、50~80 年等）和百年尺度（80~120 年）变率，其中尤以 2~3 年和准 60 年的周期特征为各地所共有。对比诊断还显示，黄土高原及其周边地区干湿的年际和年代际变率分别与 ENSO 和 PDO 显著相关；ENSO 和 PDO 位于暖位相时，降水偏少、气候偏干；这一关联特征也与上述的华北干湿变化同 ENSO 和 PDO 的联系基本相似。但在新疆各地，其干湿变化可能主要受大气环流准两年振荡和北大西洋涛动影响，且也与太阳活动的准 11 年周期变化有关，而受 ENSO 和 PDO 等的影响可能相对较弱（郑景云等，2020a）。

（3）青藏高原：青藏高原东北部已重建了多条千年以上的降水或干湿变化序列（图 2-5）。对比评估显示，这些序列所指示的年代际变化过程（特别是年代尺度的持续偏干及显著偏湿事件）基本一致，且多数序列均可检测出 2~3 年、3.5~4.5 年、5~6

年、8~9 年、25~35 年、65~80 年、110~130 年和 180~200 年等多种尺度的周期。从百年际波动看，20 世纪正处在一个自 1800 年前后开始的波动转湿阶段，是过去 1600 多年（其中 3 个达约 3000 年）中最湿的世纪之一。对比诊断显示，这一地区干湿变化的年际尺度变率可能受印度洋偶极子（IOD）和 ENSO 影响，年代际尺度变率则可能受 PDO 和 NAO 的共同作用（Fang et al.，2013；Peng and Liu，2013；Huang and Shao，2005），且还与太阳活动的阶段变化密切相关。特别是在过去千年的 5 个太阳黑子极小期中，沃尔夫极小期（Wolf minimum，1280~1350 年）、斯普雷尔极小期（Spörer minimum，1460~1550 年）、蒙德极小期（Maunder minimum，1645~1715 年）和道顿极小期（Dalton minimum，1795~1823 年）4 个极小期均对应这一地区显著的持续性干旱；奥尔特极小期（Oort minimum，1010~1050 年）也对应一个年代际偏干事件。

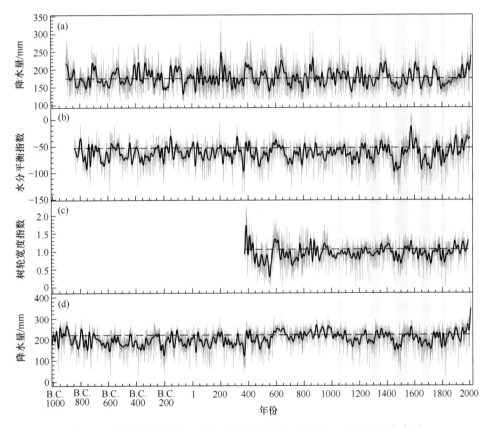

图 2-5　利用青藏高原北部树轮重建的各地过去 3000 年干湿变化序列

（a）诺木洪年（上年 7 月至当年 6 月）降水量（Wang et al.，2019）；（b）德令哈 1~6 月水分平衡指数（Yin et al.，2016）；（c）都兰树轮宽度指数（Sheppard et al.，2004）；（d）青藏高原东北部年（上年 7 月至当年 6 月）降水量（Yang et al.，2014）。图中浅灰柱为过去千年太阳黑子极小期。虚线：1850~1950 年均值

　　位于唐古拉山以南的青藏高原中南部也利用多个地点的树轮重建了干湿变化序列；其中最长者达近 1000 年。在多数序列中，青藏高原中南部在 20 世纪初相对偏湿；20 世纪前、中期在波动中逐渐趋干，20 世纪后期则在波动中快速转湿，至 21 世纪初又显著偏湿。多窗谱分析显示，近千年青藏高原中南部年降水变化存在显著的 2~3 年周

期和百年尺度波动，但年代际波动的周期信号则不稳定，这可能与这一地区地形复杂、气候类型多样有关。

（4）干湿格局的多尺度变化：集成利用多种代用资料的干湿及降水变化重建结果，中国在近年来开展了 MCA 与 LIA、过去千年百年冷暖阶段变化和冷暖年代等多种尺度的干湿格局差异研究（Zhou et al.，2019；Hao et al.，2016；Chen et al.，2015）。综合评估这些研究（郝志新等，2020）发现，尽管在过去千年，不同冷暖阶段的中国干湿格局存在差异，但集合平均显示，不论是年代还是百年尺度的相对温暖时段，中国东部干湿均大致呈自南向北的"旱（华南）—涝（长江中下游）—旱（黄淮地区）"的分布格局；而在相对寒冷时段，则主要呈东湿西干的东西分异格局；气候由寒冷转为温暖可能会导致黄淮地区相对转干，江南（特别是湘、赣流域）相对转湿（图 2-6）。这表明在当前气候增暖背景下，中国东部自 20 世纪 70 年代以来所发生的南涝北旱可能是过去千年中国冷暖与干湿格局变化配置特征的重现。不过从更长尺度的阶段差异看，MCA 中国干湿大致呈"西部干旱 – 半干旱区偏干、西南—华北—东北偏湿、东南又偏干"的特征，LIA 则大体相反（Chen et al.，2015）。这既表明中国干湿格局对不同尺度冷暖变化响应的机制可能极为复杂，又说明现有重建结果尚存在不确定性。

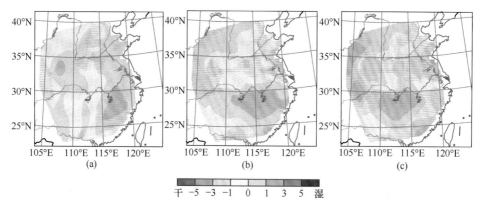

图 2-6　重建的 5 个寒冷时段（440~540 年、780~920 年、1390~1460 年、1600~1700 年和 1800~1900 年）（a）和 4 个温暖时段（650~750 年、1000~1100 年、1190~1290 年和 1900~2000 年）中国局部干湿格局集合平均结果（b）及差异（c）（Hao et al.，2016）

2.3.3　小冰期至 20 世纪的变暖

自 1850 年前后 LIA 结束起，北半球各地均进入了一个升温期（PAGES 2k Consortium，2019，2013）。集成重建的过去千年中国温度变化序列表明，在年代 – 多年代尺度上，1850 年前后是整个 LIA 的最后一个多年代际冷谷（Zhang Q et al.，2018；Ge et al.，2013），这与北半球千年温度重建序列一致（IPCC，2013）。尽管气候重建过程的方差缩减会显著低估温度上升趋势和变幅，但重建仍显示，以世纪尺度计，19 世纪是过去 2000 年中最寒冷的世纪之一，温度较 20 世纪均值低 0.5~0.6℃；以年代尺度计，20 世纪 40 年代是 20 世纪第一个暖峰年代；此后的 50~70 年代中国温度虽略有下降，但其后又再次出现显著持续上升，使得最后 10 年（20 世纪 90 年代）的温度较

19 世纪均值高 1.0℃以上。根据 2000 年温度重建结果计算的增温趋势表明，19 世纪 30 年代至 20 世纪 90 年代中国温度的上升趋势达 0.55~0.60℃/100a，其中 1850 年至 20 世纪 40 年代的温度上升趋势为 0.87~0.92℃/100a，是过去 2000 年中增暖趋势最显著的百年。

对中国境内 LIA 以来的各区已有温度代用数据包络分析表明，东北部约从 19 世纪 10 年代起就出现增暖趋势，自 LIA 至 20 世纪的快速升温出现时间最早。与 20 世纪 10 年代（即 LIA 的最后一个年代际冷谷）相比，20 世纪第一个暖峰年代（40 年代）的温度较其约高 1.5℃；最后 10 年（90 年代）的温度更是较其高 2.0℃以上。19 世纪 10 年代至 20 世纪 90 年代的温度上升趋势为 0.70~0.75℃/100a；其中 19 世纪 50 年代至 20 世纪 40 年代的温度上升趋势更是高达 1.0℃/100a 以上，也是过去 1500 年以来增暖趋势最显著的百年。而同为中国北方的西北部地区则约从 19 世纪 40 年代起才开始出现升温趋势。其中，利用祁连山北坡中段多个样点（99.67°~99.70°E，38.69°~38.72°N）树轮重建的长达 1300 年序列（Zhang et al.，2014）显示，1840~2012 年 1~8 月最低气温上升趋势高达 1.4℃/100a，是过去 1300 年增暖趋势最显著的百年。甘肃苍岭山（103.68°E，37.45°N）树轮重建的过去 300 年温度变化序列（Chen et al.，2014）显示，1840~2008 年 3~6 月平均气温上升趋势为 0.53℃/100a，其间 20 世纪的上升趋势为 0.71℃/100a，且呈加速特征；同期新疆西天山（84.74°~84.85°E，43.20°~43.41°N）树轮重建的结果显示类似特征（Yu et al.，2013）。集成 1850 年以来新疆各地近 20 个地点树轮重建的结果显示，1850~2001 年新疆年平均气温上升趋势也达 0.48℃/100a，其中 20 世纪的上升趋势更为迅速，达 0.85℃/100a（Zheng et al.，2015）。

青藏高原有山地冰芯、湖泊沉积及树轮等多种自然代用证据，但地理环境复杂，利用不同类型代用资料重建的 LIA 以来各地温度变化结果也不一致。其中，根据青藏高原四根冰芯重建的过去 2000 年温度变化序列显示，尽管在 16 世纪、17 世纪和 19 世纪存在三次冷事件，但从千年温度变化过程看，LIA 并未显著寒冷；而利用多地树轮重建的温度序列则显示，LIA（特别是 17~18 世纪）却显著寒冷（Wang J L et al.，2015；Zhu et al.，2011）。集成冰芯、树轮及湖泊沉积等多种证据评估表明，青藏高原约自 19 世纪 50 年代起呈现变暖趋势，19 世纪 50 年代至 20 世纪 90 年代的百年温度上升趋势达 0.6℃/100a 以上，其中 1920 年以后增暖更为迅速，上升趋势达 0.9℃/100a 左右，均略高于同期的全国平均水平（Ge et al.，2017）。

东中部地区已利用历史文献的自然物候及异常冷暖记录重建了多个地点（区）分辨率为 10 年且长达 500 年以上的温度变化序列，对这些序列的评估表明，尽管 1850 年前后这一地区气温已有回暖，但 19 世纪仍是过去 2000 年中最冷的世纪之一；这一地区自 19 世纪 70 年代起呈现升温趋势，19 世纪 70 年代至 20 世纪 90 年代的温度上升趋势约为 0.8℃/100a，其中 20 世纪最后 30 年的温度则较 1850~1880 年约高 0.8℃，20 世纪最暖的 90 年代较 19 世纪最冷的 70 年代温度约高 1.5℃（Ge et al.，2013）；新近重建的华北和长江中下游 2 个地区的年分辨率温度变化序列也再次确认了这一结论（Ge et al.，2017）。华南是中国 20 世纪增暖幅度最小的区域，数据包络分析表明，这一地区也自 19 世纪 70 年代起呈现升温趋势，但其温度上升趋势仅为 0.4~0.5℃/100a（Ge et al., 2013）。而据最近重建的 1850~2009 年华南年分辨率的温度序列估计，1871~2009 年华南升温率为 0.47℃/100a（Liu et al., 2017a），与数据包络分析结果基本一致；不过其中冬季的升温率则更大一些，达 0.56℃/100a（Zheng et al., 2018）。

2.3.4　主要极端气候事件变化

中国历史时期的极端气候事件通常利用历史文献所记录事件的严重程度、发生范围等代用数据或重建的温度与降水序列，通过与根据器测资料定义的极端事件严重程度对比来定义或辨识；至今为止，极端气候事件主要集中在极端炎夏、极端严冬、极端大旱与极端大涝事件等方面。

（1）极端炎夏：历史时期极端炎夏记录相对匮乏，但对历史文献记录的 19 个案例分析表明，在工业革命前的自然背景下，中国在过去 1000 年中可能曾发生过范围和程度均超过 20 世纪极端记录的炎夏事件（Ge et al., 2016）。其中，1215 年的炎夏至少在河南、安徽、江苏、湖南等省份发生。1743 年的炎夏至少地跨北京、天津、河北、山东、山西，且其炎热程度更为罕见。根据当时的宫廷天气记录、旅居北京的外国教士对炎夏酷暑情景的目击报告和 Reaumor 制式温度计观测的气温记录，1743 年 7 月 25 日北京的最高气温高达 44.4℃，超过了 20 世纪的极端记录（张德二和 Demaree, 2004）。

（2）极端严冬：历史时期极端严冬记录丰富；受 LIA 寒冷气候的影响，1500~1950 年中国共发生极端严冬 76 年，且具有连发或隔年再发特征。其中，1550~1599 年、1650~1699 年、1800~1849 年及 1850~1899 年是过去 500 年中国发生极端严冬事件最为频繁的 4 个 50 年，其发生次数分别为 11 次、11 次、10 次和 11 次，均达 20 世纪后半叶（1950~1999 年）的 2 倍以上；1500~1549 年、1600~1649 年及 1900~1949 年则较 20 世纪后半叶稍多，分别发生 8 次、7 次和 8 次；而 18 世纪的上下半叶发生次数均与 20 世纪后半叶相当（Ge et al., 2016）。在这些年份中，多数事件的严重程度较 1950 年以后最严重事件更为显著（Zheng et al., 2012），造成中国东部，特别是南方出现大范围、持续性的严重雨雪冰冻灾害，使江淮地区的大河、大湖（如淮河、汉水、洞庭湖、鄱阳湖、太湖等）及长江以南河湖出现冻结，并造成大范围柑橘及其他亚热带、热带果蔬发生严重冻害；1654 年、1670 年、1892 年冬季在中国东部海区还出现了大范围海冰（Fei et al., 2013；张德二和梁有叶, 2017, 2014）。此外，821 年、903 年、1453 年和 1493 年冬季中国东部海区也出现了大范围海冰，冬季也极为寒冷（Fei et al., 2013）。

220~580 年是过去 2000 年另一个极端严冬多发时段。重建的中国东中部地区冬半年温度距平序列显示，在 220~580 年的 56 个异常严冬年中，有 40 个冬季的温度较 1951~2000 年的极端严冬温度低。其中，300~349 年和 450~499 年分别发生 6 次和 7 次极端严冬事件，发生频率较 20 世纪后半叶略高；最严重的 500~549 年共发生 12 次，发生频率达 20 世纪后半叶的 2 倍以上。最寒冷的 481~482 年，其冬半年温度较 1954~1955 年（中国 1951~2000 年最寒冷的冬季）还低 3.0℃以上（Ge et al., 2016）。

（3）极端大旱与大涝：中国历史文献中旱涝记录丰富，并据此先后重建了多套逐年旱涝等级序列（Ge et al., 2017）。已有评估表明，在过去 1000 年间，中国东部发生持续 3 年以上且至少覆盖 4 个省份的重大连旱事件高达 15 次，且均出现在 20 世纪之前（秦大河等，2012）。其中，最严重的事件发生在 1637~1643 年（史称"崇祯大旱"），当时全国 15 个省（区）因此相继遭受严重旱灾。特别是少雨中心连年持续出现在华北，河北、河南、山西、陕西、山东连旱 5 年以上，最严重的河南连旱 7 年之久，其受旱范围之大，为 20 世纪所未见（Zheng et al.，2014）。

以"1951 年以后旱、涝事件发生概率 ≤ 10%"为标准重建的过去 2000 年中国华北、江淮、江南及东部地区的极端旱涝事件年表（表 2-1）显示，中国东部公元 1~2000 年极端大旱发生 209 次（其中 1951~2000 年发生 4 次）、极端大涝发生 195 次（其中 1951~2000 年发生 5 次），极端大旱与大涝并发 23 次（其中 1951~2000 年发生 1 次，出现在 1999 年，该年中国东部雨带北跳失常，导致江南大涝，而江淮和华北大旱），分别占总年数的 10.50%、9.80% 和 1.10%（表 2-1）。其中，301~400 年、751~800 年、1051~1150 年、1501~1550 年 和 1601~1650 年等时段中国东部多发极端大旱；101~150 年、251~300 年、951~1000 年、1701~1750 年、1801~1850 年 和 1901~1950 年等时段多发极端大涝；而 1551~1600 年既多发极端大旱，又多发极端大涝（Ge et al.，2016）。

表 2-1　过去 2000 年中国华北、江淮、江南及东部地区的极端旱涝事件年表（秦大河等，2015）

区域 / 时段	极端事件	发生年数 / 年	占总年数 /%	平均每 50 年发生年数 / 年	其中 1951~2000 年的发生年数 / 年
华北地区 / 公元前 137~ 公元 2000 年	极端大旱	227	10.60	5.30	6
	极端大涝	190	8.90	4.45	4
江淮地区 / 公元 1~2000 年	极端大旱	142	7.10	3.55	5
	极端大涝	174	8.70	4.35	6
江南地区 /101~2000 年	极端大旱	127	6.60	3.30	4
	极端大涝	159	8.40	4.20	5
东部地区 / 公元 1~2000 年	极端大旱	209	10.50	5.25	4
	极端大涝	195	9.80	4.90	5
	极端大旱与大涝并发	23	1.10	0.55	1

从过去 2000 年中国东部极端旱涝发生频率的区域差异看，华北地区 551~600 年、751~800 年、1051~1100 年 和 1601~1650 年极端大旱发生频率达 20% 以上，101~200 年、251~300 年、601~650 年、701~800 年、951~1000 年、1751~1800 年 及 1851~1900 年极端大涝发生频率达 16% 以上（Hao et al.，2020b）。另外，重建的过去 300 年雄安新区涝灾年表显示，洪涝灾害发生频繁且灾情严重；其中即使在 5 年一遇的偏涝年份，区域内滨临河湖、地势低洼地段（占全区面积的 20%~30%）也容易被淹没；而在百年一遇的特大洪涝年份，除了容城地势较高之处，区内其他约 80% 的面积可能被淹没（郝志新等，2018）。江淮地区 301~400 年和 1901~1950 年的极端大旱及 451~500 年、1701~1750 年和 1801~1850 年的极端大涝发生频率均达 20% 以上。江南地区 301~400 年和 1101~1150 年的极端大旱及 1150~1200 年、1801~1850 年和 1901~1950 年的极端大涝发生频率分别超过 16% 和 18%，均约达各区域 20 世纪后半叶的 2 倍（Ge et al.，

2016）。此外有研究显示，位于华南地区的珠江流域中下游最近 100 年雨涝灾害有显著增加特征（Zhang H et al.，2018b）；但这可能与历史文献记载距今越近、记录越多有关。

2006~2013 年，西南地区的重庆、四川、云南等旱灾频发。然而，对过去千年重庆及其周边地区的干旱记录分析表明，类似 2006 年的特大干旱虽极为少见，但在历史上同样发生过。对于 5~9 月降水量较多年平均偏少 40% 以上的大旱而言，过去 500 年重庆大旱的发生频率约为 5%。其中，重庆 1930 年、1936 年和 1939 年 5~9 月的降水减少程度就与 2006 年几乎相当，且干旱范围也与 2006 年类似。而在 20 世纪之前的1811~1814 年和 1646~1649 年还发生过连年大旱，其波及范围较 2006 年更广（Ge et al.，2016）。

此外，还有许多研究利用树轮资料分析了季风区以外的局地季节性极端干旱长期变化特征，揭示在内蒙古东部（Bao et al.，2014）、中部（Liu et al.，2017b），黄土高原西部（Fang et al.，2017），祁连山东部与河西走廊（Yang et al.，2019），新疆的西天山（Chen et al.，2013），青藏高原东北部（Yin et al.，2016；Yang et al.，2014）、北部（Zhang et al.，2015），横断山（Zhao et al.，2019），以及云南北部（Bi et al.，2015）等地，在 1950 年以前均存在多次干旱程度较 20 世纪后期最干事件更严重的极端事件。

综上，尽管在过去千年，上述多种代用资料均发现 1950 年之前曾存在严重程度达到或超过 1950~2000 年的区域性极端炎夏、极端严冬和极端旱涝等极端事件，但受代用资料与器测资料的定量化程度差异所限，并不能证明 20 世纪后半叶的极端气候事件（特别是极值）未超过其前的自然变率范围。

2.4　过去两千年中国地表环境变化

2.4.1　农耕区范围与垦殖率变化

中国大规模的农业开发主要发生在铁器与牛耕技术条件下的传统农业时期（公元前 500~ 公元 1950 年）。在空间上其先后经历了三次大规模扩张：第一次在汉代，农耕主要范围从黄河中下游扩展到长江以北，但长江以南大部分地区开发程度低；第二次在唐宋时期，主要表现为南方地区耕地垦殖范围扩大，从平原低地扩展到丘陵山地；第三次在清中叶以来，主要表现为东北、西北和西南等边疆地区的拓垦和山地的开发，至 20 世纪 80 年代达到了最大垦殖范围（方修琦等，2019）。

尽管各朝代疆域不同、政区差异使得历史耕地记录的地域范围及耕地面积重建的地域范围无法完全统一，但重建表明，中国耕地面积自春秋（公元前 770~ 前 476 年）以来呈总体增加趋势。其中，春秋战国时期约为 2.3 亿亩，公元初年突破 5 亿亩，8 世纪前期突破 6 亿亩，11 世纪后半叶达近 8 亿亩，16 世纪后半叶突破 10 亿亩，19 世纪上半叶超过 12 亿亩，1953 年突破 16 亿亩，1980 年突破 20 亿亩，2009 年达 20.31 亿亩（第二次全国土地调查数据）（图 2-7）（方修琦等，2021）。不过受朝代更替、农耕政策、经济兴衰、社会治乱和气候变化（特别是冷暖和干湿的多年代至百年尺度波动可造成农耕范围的盈缩及农牧交错带的农耕比重变化）等多种因素的共同影响，其间出现多次不同程度的波动，特别是魏晋南北朝、唐末至五代再至北宋初、两宋交替、元朝等时段，耕地面积的最大减少幅度（前一时期的最高值至该时期的最低值）均达 10% 以上。

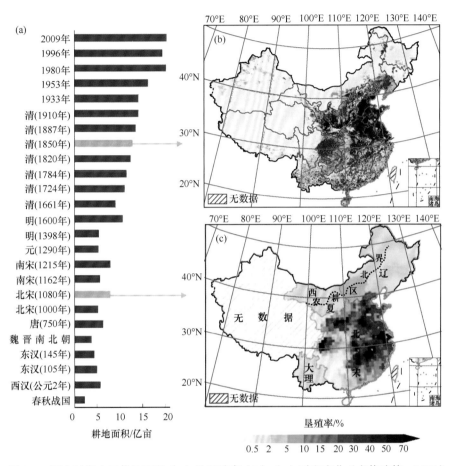

图 2-7　历史时期中国耕地面积（a）及垦殖率（b）（c）时空变化（方修琦等，2021）

近千年耕地时空变化重建显示，11 世纪前后，中国耕地分布的主体格局已基本奠定。11 世纪后期，宋辽境内耕地总面积为 7.74 亿亩，农耕区内的垦殖率达到 11.5%；其中，北宋境内约 7.32 亿亩，垦殖率 16.9%，特别是南方地区垦殖强度显著增大，耕地明显增加。当时在北宋境内，除北方的黄淮海、关中平原等垦殖率达 30% 以上外，南方的太湖流域、江南地区、两湖平原和四川盆地等，垦殖率也基本达 30% 左右，东南沿海及四川盆地周边河谷山地等也达 5% 以上（图 2-7）（何凡能等，2016；He et al.，2012）。辽管辖的今中国境内区域（约包括东北三省，内蒙古大部，河北、山西、陕西北部及北京、天津），其垦殖率虽总体仅 2.0% 左右，但其中南京道（约今北京、天津和河北北部）的垦殖率已近 15%（Li Y et al.，2018）。此外，位于西北及西南边疆的西夏和大理当时也兴农耕，导致耕地大幅增加；其中西夏的垦殖率从初期（延祚七年，1044 年）的约 0.9% 增至鼎盛时期（天盛年间，11 世纪 60 年代前后）的约 1.7%；大理末期（天定二年，1254 年）的垦殖率约 0.7%（方修琦等，2021）。

其后的数百年间，中国主要农耕区虽在北界有所进退，但范围变化不大，而垦殖强度则显著增加，且边疆地区的农耕发展也更为迅速。至 1850 年前后，黄淮海地区、山西、陕西、甘肃东部、四川盆地、两湖平原、鄱阳湖流域及长江三角洲地区等的垦殖率均超过 30%，其中 2/3 以上地区甚至超过 50%，最高者超过 70%。西南的云、贵与长江以南各省虽受地形高起伏等限制垦殖率总体较低，但在其中的河谷、丘陵地带，垦殖率通常也达 10% 以上。仅东北的吉林、黑龙江及内蒙古东部等受当时的"封禁"限制未形成大规模垦殖，新疆及青藏高原受干旱与高寒等气候条件限制耕地总量有限，因此这些省、区的垦殖率除局部地区外，均低于 2.0%（图 2-7）（方修琦等，2021；Wei et al.，2019；Li S C et al.，2016）。

对比评估（Fang et al.，2020；Wei et al.，2019；Li Y et al.，2018；何凡能等，2016）还发现，目前国际上根据人口数量、土地宜垦性等指标重建的全球土地利用与土地覆盖变化（LUCC）格网化数据集，如 HYDE（Klein Goldewijk et al.，2017，2011）、SAGE（Ramankutty et al.，2010）等格网耕地数据，对中国历史耕地的估算均存在显著偏差。即使是吸收了中国过去 300 年耕地总量重建结果的 HYDE3.2 数据集（Klein Goldewijk et al.，2017），在省区和格网尺度上的估算结果也仍存在显著偏差（Wei et al.，2019；Li Y et al.，2018）。而上述中国学者重建的过去千年中国耕地变化数据主要源于各类文献中的耕地及农业开发记载，且均对记载中所存在的主要问题（如历史"田亩"记录多为赋税单位，且存在部分隐匿现象、亩制差异等）进行了仔细考订和校准（方修琦等，2019；Wei et al.，2019；Li M J et al.，2018），因而也较 HYDE3.2、PJ08、KK10、SAGE 等全球 LUCC 格网数据集在中国范围的耕地数据具有更高的精度和信度。不过到目前为止，中国历史耕地变化重建研究工作仍较为有限，因而上述对过去千年中国耕时空变化特征的认识仅有中等信度。

2.4.2　森林、草地及沙地分布范围变化

1）森林

中国森林分布受控于季风降水，成规模的森林分布难以逾越胡焕庸线（约对应于 400mm 等雨量线）（刘鸿雁，2019）。相对于中全新世暖期环境，晚全新世中国气候变冷变干，各森林带的分布界线随之发生了不同程度的南移，在山地同时发生林带的下移（Cheng et al.，2018；施雅风等，1993），从而形成现代自然植被的分布格局。根据孢粉重建结果，中国东部和中部发生森林带南移或下移的时间在距今 2000 年前后，青藏高原发生在距今 3000~2000 年前（Cheng et al.，2018）。但各地现代植被特征的出现时间可能有所差别，东北最北部的大兴安岭北部，以落叶松和桦为主的寒温带针阔叶混交林在 2500 年前取代了暖温型针阔叶混交林，在 500 年前之后，云杉林进一步衰退，最终形成现今的植被格局（赵超等，2016）；在今暖温带，北京地区晚全新世（过去 2000 年以来）从针阔混交林转为森林草地和 / 或针叶树占主导的针阔混交林（谢淦等，2016）；在今亚热带地区，浙南植被类型向现代的转变发生在 2100~1800 年前，地带性植被由常绿阔叶针叶混交林转变为常绿针叶林、落叶阔叶林、草本及蕨类植物，

亚高山地区从中世纪暖期的落叶、常绿阔叶林转变为 LIA 的常绿针阔叶混交林，其中过去 1100 年以来的人类活动加强，对该区域植被改变的影响极为显著（温振明等，2018；顾延生等，2016）；广西桂林在 1990 年前由其前的亚热带常绿落叶阔叶林和少许针叶林转变为亚热带常绿落叶阔叶、针叶混交林（周建超等，2015）。

中国历史文献中缺乏对森林覆盖情况的直接定量记载，且至今对清代之前的森林覆盖变化研究较少，仅对过去 300 年有定量重建（杨帆等，2019）。综合现有研究表明，历史时期中国森林覆盖率总体呈持续下降趋势。其中，秦汉时期的中国森林覆盖率为 41%~46%，明代降至 21%~26%（陈业新，2012）。1700~1949 年，全国森林覆盖率从 25.8% 下降至 11.4%，其中，东北、西南和东南是过去 300 年森林面积缩减最为显著的区域，大部分省区的森林覆盖率下降超过 20 个百分点（图 2-8）（He et al.，2015）。但至今对这一问题的定量研究很少，因而这一认识仅及中等信度。不过，与中国 1700~2000 年森林覆盖率分布的现有重建结果对比，国际上的全球 LUCC 格网数据集，如 HYDE（Klein Goldewijk et al.，2011，2017）、PJ08（Pongratz et al.，2008）、KK10（Kaplan et al.，2012）、SAGE（Ramankutty et al.，2010），均明显高估了 1700 年以来中国的森林面积，且其空间分布格局更不合理（杨帆等，2019）。

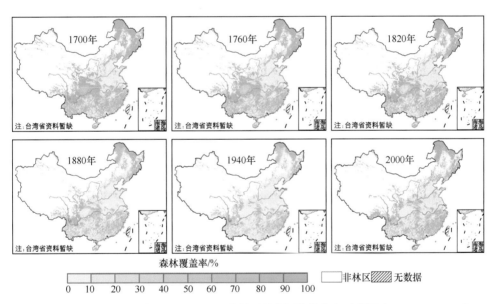

图 2-8　中国 1700~2000 年 10km×10km 森林覆盖率网格化分布示意图（He et al.，2015）

2）草地

受晚全新世气候变化和人类活动影响，中国温带草原分布范围较中全新世暖期明显向东南方向扩展（Cheng et al.，2018；施雅风等，1993）。根据孢粉重建结果，在中部 35°~45°N 的地区，自距今 2000 年以来森林植被逐步被温带旱生灌丛和温带草原植被所替代，在距今 1000 年前后高海拔地区退化的森林被温带旱生灌丛和温带草原所替代（Cheng et al.，2018），上述变化主要归因于人类活动。东北和北方农牧交错带地区的草原植被则随着历史时期土地开垦强度的增加而转化为被耕地覆盖（郑景云等，

2020b；方修琦等，2019）。在青藏高原，晚全新世期间荒漠、草原和苔原成为高原上水平地带植被的主体，在距今 2000~1000 年以来成为青藏高原垂直带的主体（Cheng et al.，2018）。

3）沙地

在中国东部季风区与西北干旱区过渡带上的北方东部沙地边缘，沙漠化的强弱变化与草原植被的盛衰此消彼长，主要表现为指示植被繁盛的埋藏古土壤和指示风沙活动的风沙层交替出现（杨小平等，2019）。贺兰山以东全新世暖期已被全面固化的东部沙地，其风沙活动在过去 3500 年以来重新加强（杨小平等，2019），经历了多次沙丘固定与活化。其中，科尔沁沙地 2.5 ka B.P. 以来风沙层和古土壤层交替出现，自 1.5 ka B.P. 起沙化趋势增强，风沙层出现频率加大（弋双文等，2013）。毛乌素沙地沙化增强与湖泊退缩同步发生，距今最近一次沙丘活化出现在明末清初，发生现代沙丘堆积（黄银洲等，2013）。在西北干旱区，风沙活动在相对湿润期明显减弱。北疆艾比湖滨在 3~2.1 ka B.P. 和 1.45~0.6 ka B.P. 的相对冷湿时期风沙活动相对较弱，形成灌丛沙丘（靳建辉等，2013）。罗布泊自楼兰消亡后，其环境演化的总趋势是雅丹荒漠化；但在 1260~1450 年的湿润期，却生长出大量的绿洲植被，且元明时期楼兰还因此又存在一定规模的人类活动（李康康等，2018）。在河西，过去 1000 年较大规模的沙漠化发生在 0.91 ka B.P.、0.74 ka B.P.、0.68 ka B.P.、0.44 ka B.P.、0.32 ka B.P.、0.24 ka B.P.、0.18~0.12 ka B.P. 和 <0.1 ka B.P. 等时段，其中 0.32 ka B.P. 前后的沙漠化对应降水偏少期（马俊等，2018）。相对于 MCA，LIA 期间青藏高原上已（半）固定的沙丘表面也重新活化，地表沙（漠）化又趋严重（金会军等，2018）。在柴达木盆地，灌丛沙堆在 1.9~1.7 ka B.P. 和 0.5 ka B.P. 以来发生了沙丘固定（于禄鹏等，2013）。

2.4.3 重点区域的冰川、冻土变化

陆地冰冻圈包括冰川（含冰盖）、冻土（多年冻土、季节冻土）、积雪、河冰和湖冰等。冰冻圈变化在表观上主要体现为形态、体积和质量的变化，如冰川面积、厚度及末端或边缘变化，冻土面积或范围、厚度变化，积雪范围和雪水当量变化，河冰、湖冰封冻和解冻日期，以及冻结日数、厚度的变化等（秦大河等，2020）。中国迄今对过去千年陆地冰冻圈要素的研究主要集中在区域层面上的冰川、冻土变化方面。其中，对冰川变化的研究主要集中在青藏高原（特别是藏南和祁连山地）与天山山地，对冻土变化的研究主要集中在青藏高原北部。

1）青藏高原与天山的冰川变化

在藏南，根据枪勇冰川冰前湖泊沉积物与同层位古孢粉年代之间的差异（古孢粉效应）推断，过去 2500 年在公元前 520~前 300 年、400~600 年和 1250~1850 年存在三次百年尺度的冰川前进，分别对应于铁器时代冷期、黑暗时代冷期和 LIA；而在公元前 200~前 50 年、600~1250 年和 1850 年至今发生 3 次冰川后退（强烈消融），分别对应于罗马暖期、MCA 和 20 世纪暖期，且 20 世纪冰川消融强度超过了历史上其前的两个暖期（Zhang et al.，2017）。基于树木年轮重建的 LIA 以来藏东南冰川变化研究表明，1500 年前后冰川显著前进；1650~1740 年总体上以前进为主，其间仅出现若干短

暂的轻度后退；19 世纪以来则总体退缩，仅在 1800~1820 年和 1880~1920 年出现过两次前进（Loibl et al.，2015）。

在祁连山区，距今 300~400 年的 LIA 盛期，冰进持续时间长、冰川规模大。但 LIA 结束以来，冰川显著退缩；其中摆浪河 14 号和 16 号冰川面积分别减少了 23.4% 和 28.2%，厚度分别减薄了 4.52 m 和 5.31 m（吴家章等，2015）。

在新疆天山山地，利用放射性同位素方法辨识出过去 1000 年东天山至少存在 3 次冰川前进，分别发生在 790±300 a B.P.、430±100 a B.P. 和 270±55 a B.P.；其中 430±100 a B.P. 冰川前进幅度最大，其与气候转冷转湿有关（Li Y et al.，2016）。LIA 以来的冰川退缩使天山地区的冰川平衡线高度上升了 60~70m（肖菁等，2018）；其中，中天山的冰川平衡线上升了约 100m，冰川面积减少了约 43.3%（Li Y and Li Y K，2014）；东天山的冰川后退了 700~900m，冰川平衡线高度上升了 40~60m（Li Y et al.，2016）。相对于 LIA 最盛期，乌鲁木齐河流域冰川面积退缩了 64.84%，总长度缩短了 49.83%，其中海拔 3400~4000m 的冰川退缩最明显，导致海拔 3400~3600m 的冰川消失（蒙彦聪等，2016）。

2）青藏高原的冻土变化

历史时期青藏高原多年冻土的变化与气候变化的阶段性基本对应。1000~500a B.P.，青藏高原高海拔地区的多年冻土下界比现代高 150~250m，多年冻土南界较现代偏北 1°~2°，总面积比现代（1.59×10⁶km²）约少 20%。其中，青藏高原的楚玛尔河高平原和风火山地区该时期多年冻土上限的深度为 7.5~9.0m，约为全新世暖期的一半。15~19 世纪的 LIA，青藏高原多年冻土下界降低了 150~200m，多年冻土范围比现在大 15%~20%，多年冻土厚度增加，并在边缘地区新生成一些多年冻土岛。但 20 世纪以来，随着全球气候变暖，这一区域的多年冻土持续退化，尤其是 21 世纪以来呈加速退化状态，多年冻土范围缩减至目前的 1.59×10⁶km²（金会军等，2018）。

2.4.4　海平面与重点区域海岸线和湖泊湿地变化

1）重点区域的海平面与海岸线变化

过去 2000 年中国东部海面波动与气候变化存在冷低暖高的对应关系，在千年尺度上可划分为公元前 50~ 公元 300 年和 650~1400 年两个高海面期。300~650 年和 1400~1900 年两个低海面期在百年尺度上可进一步划分为 21 个高海面阶段和低海面阶段（谢志仁和袁林旺，2012）。在 MCA，中国东部海平面升高，导致太湖地区涨水，以及苏北、杭州湾南北两岸等海岸线后退，各地为抵抗日趋严重的海潮危害而大量修筑海塘工程（满志敏，2014）。1128~1855 年黄河南徙夺淮由苏北入海，带来大量泥沙淤积于河口及沿岸，使海岸线向海推进，形成范公堤之外的滨海平原；1855 年黄河北流后，废黄河三角洲海岸线遭受侵蚀而后退。渤海湾西岸的成陆过程在 1 ka B.P. 前后基本完成，0.9 ka B.P. 形成的贝壳堤位于现代岸线位置附近（商志文等，2018）；海岸线的显著向海推进主要发生在 1855 年后形成的现代黄河三角洲。

南海北部在 1.7~1.5 ka B.P. 和 1.4~1.2 ka B.P. 为相对高海面，在 1.5 ka B.P. 左右为相对低海面（余克服，2012）。珠江三角洲的各子三角洲在 4~2.5 ka B.P. 基本出露成形，

2000 年前广州七星岗、松岗和石榴岗一带仍为浅海，1500 年前成陆并发展农耕（赵焕庭，2017），其中七星岗古海岸遗迹离现代岸线已有 100 多千米。

2）重点区域的湖泊湿地变化

中国湖泊湿地在历史上的生消与规模变化频繁，其具体变化过程与主控因素因时因地而异。总体上，中国东部平原历史时期湖泊演变受气候变化影响，冷干气候时期湖泊表现为明显的退缩，过去千年大规模高强度的人类影响往往叠加在气候变化引起的湖泊自然变化的基础上，且在部分地区的特定时段，历史上围垦的高潮期与寒冷期湖泊退缩一致，而退田还湖、疏浚河道、修闸筑堤等又往往与暖期湖泊高水位一致（沈吉，2012），因而使得湖泊变化极为复杂。

华北平原的白洋淀是中全新世（7.5~3.0 ka B.P.）暖湿气候条件下形成的白洋淀 - 文安洼古湖解体后的残留湖泊（沈吉，2012）。过去千年，白洋淀 - 文安洼地区的湖泊湿地就因受气候变化、人类活动、河道变迁等因素的共同影响，生消变化极为频繁。北宋时期，受中世纪暖期海平面上升和相对多雨气候的影响，在白洋淀—文安洼—七里海一线低地形成了一个狭长的湖沼带。而为进行军事防御，北宋朝廷又将湖淀塘泊逐一沟通，形成了从太行山至渤海湾绵延八百里[①]、宽度在数千米至数十千米不等的塘泺体系，其中现代的白洋淀（时称"白羊淀"）就是位于该湖沼带西段的湖群之一（梁松涛和姜姗，2017；满志敏，2014）。金代以后，白洋淀淀群的军事防御功能消失，堤堰年久失修，加之受气候变化、河流改道和战事影响，这一塘泺体系又逐步解体，蜕变为彼此独立的湖沼群，一些淀泊或淤积或干涸，至明中叶，白洋淀一度干涸成牧马场（梁松涛和姜姗，2017）；但明正德二年（1507 年）杨村河（今潴龙河）北决，又使一度干枯的白洋淀再度得以扩展。现代的白洋淀 - 文安洼地区湖沼由清代的湖沼体系发展演化而来，受河道治理工程和耕地开垦影响极大。清初，该区域的湖泊湿地可以指名辨识的有 40 余处，以雄县张青口（今文安县舍兴西北）为界分为东淀与西淀 2 个湖沼系统。西淀系统中以白洋淀最为著名，其在大清河系中下游中发挥着重要的缓洪、滞洪作用。清代通过一系列"清浊分治"水利工程，将东淀湖群与白洋淀分离，把泥沙含量高的滹沱河与大清河水系彻底分离，将以大王店为核心的安新、雄县、容城、徐水等低洼蓄水区从白洋淀分离，使入淀之河安流，防止漫溢，使白洋淀湖沼群维持至今，但面积总体呈现减少趋势（王建革，2001）。东淀湖沼群以三角淀、文安洼为核心，其主要湖泊在明代中后期就已经存在。康熙三十九年（1700 年）至雍正四年（1726 年）因永定河人工改道南流，东淀的湖泊数量和分布范围达到鼎盛，在苏家桥至杨芬港之间迅速形成一片由数十个湖泊组成的湖泊群，东西连绵 70 多千米，并与下游的三角淀沟通；乾隆时期东淀水域面积仍明显大于西淀；但乾隆中后期以后，东淀湖群逐渐淤积缩小，加之沿湖居民的围垦活动，到清末光绪年间（约 19 世纪末）则基本消亡（邓辉和李羿，2018）。清代以来，白洋淀 - 文安洼地区淤积的河道和消亡的湖沼大都被开垦为耕地（李俊等，2019；梁松涛和姜姗，2017），使洪水调节能力不断降低，每遇流域性暴雨洪水，低洼地区就会出现严重洪灾（叶瑜等，2014；骆承正和乐

---

① 1 里 =500m。

驾祥，1996）。有研究发现，在百年一遇的特大洪涝年份，今雄安新区除了容城地势较高之处，约 80% 的面积可能被淹没（郝志新等，2018）。

此外，长江中游的洞庭湖在秦汉晋时期尚属河网交错的平原景观，至 4 世纪以后成湖并扩展到最大规模；但至 19 世纪中叶以后，其受泥沙淤积和围垦影响而发生显著萎缩（邹逸麟等，2013）。特别是自明代以来至 1980 年，洞庭湖区约有 9703km² 湿地被围垦为垸田，其中约 51% 发生在 19 世纪中叶至 1949 年，26% 发生在 1949 年以后，两者合计占 77%（Li X et al.，2019）。长江三角洲地区太湖的湖泊湿地在两宋时期受暖期海平面上升的影响而扩张，因入海河流排水不畅、濒湖低地相继积水而形成新的湖群，且湖群范围不断扩大，大量农田和聚落被湖水淹没，因为在东太湖新形成湖泊的湖底，有多处被淹没的古水井、灰坑等指示陆地人类活动环境的考古遗迹（满志敏，2014）。

▪ 参考文献

卞娟娟，郝志新，郑景云，等 . 2013. 1951—2010 年中国主要气候区划界线的移动 . 地理研究，32（7）：1179-1187.

陈业新 . 2012. 中国历史时期的环境变迁及其原因初探 . 江汉论坛，10：62-68.

陈瑜，倪健 . 2008. 利用孢粉记录定量重建大尺度古植被格局 . 植物生态学报，32（5）：1201-1212.

邓辉，李羿 . 2018. 人地关系视角下明清时期京津冀平原东淀湖泊群的时空变化 . 首都师范大学学报（社会科学版），（4）：95-106.

段克勤，姚檀栋，王宁练，等 . 2012. 青藏高原中部全新世气候不稳定性的高分辨率冰芯记录 . 中国科学：地球科学，42（9）：1441-1449.

方修琦，何凡能，吴致蕾，等 . 2021. 过去 2000 年中国农耕区拓展与垦殖率变化的基本特征 . 地理学报，76（7）. DOI: 10.11821/dlxb202107012.

方修琦，侯光良 . 2011. 中国全新世气温序列的集成重建 . 地理科学，31（4）：385-393.

方修琦，刘翠华，侯光良 . 2011. 中国全新世暖期降水格局的集成重建 . 地理科学，31（11）：1287-1295.

方修琦，叶瑜，张成鹏，等 . 2019. 中国历史耕地变化及其对自然环境的影响 . 古地理学报，21（1）：162-176.

顾延生，唐倩倩，刘红叶，等 . 2016. 浙江景宁亚高山湿地群形成环境探究 . 湿地科学，14（3）：302-310.

郝志新，吴茂炜，张学珍，等 . 2020. 过去千年中国年代和百年尺度冷暖阶段的干湿格局变化研究 . 地球科学进展，35（1）：18-25.

郝志新，熊丹阳，葛全胜 . 2018. 过去 300 年雄安新区涝灾年表重建及特征分析 . 科学通报，63：2302-2310.

何凡能，李美娇，刘浩龙 . 2016. 北宋路域耕地面积重建及时空特征分析 . 地理学报，71（11）：1967-1978.

黄银洲，王乃昂，程弘毅，等 . 2013. 毛乌素沙地历史时期沙漠化——基于北大池湖泊周边沉积剖面粒度的研究 . 中国沙漠，33（2）：426-432.

金会军，金晓颖，何瑞霞，等 . 2018. 两万年来的中国多年冻土形成演化 . 中国科学：地球科学，49（8）：1197-1212.

靳建辉，曹相东，李志忠，等 . 2013. 艾比湖周边灌丛沙堆风沙沉积记录的气候环境演化 . 中国沙漠，33（5）：1314-1323.

李俊，叶瑜，魏学琼 . 2019. 过去 300 a 大清河上游南部流域耕地变化重建 . 地理科学进展，38（6）：883-895.

李康康，秦小光，张磊，等 . 2018. 罗布泊（楼兰）地区 1260—1450A.D. 期间的绿洲环境和人类活动 . 第四纪研究，38（3）：720-731.

李曼玥，张生瑞，许清海，等 . 2019. 华北平原末次冰盛期以来典型时段古环境格局 . 中国科学：地球科学，49：1269-1277.

梁松涛，姜姗 . 2017. 白洋淀淀群水资源治理开发的历史考察 . 河北大学学报（哲学社会科学版），42（3）：105-111.

刘鸿雁 . 2019. 中国大规模造林变绿难以越过胡焕庸线 . 中国科学：地球科学，49：1831-1832.

鹿化煜，郭正堂 . 2015. 末次盛冰期以来气候变化和人类活动对我国沙漠和沙地环境的影响 . 中国基础科学，2：3-8.

骆承正，乐嘉祥 . 1996. 中国大洪水——灾害性洪水述要 . 北京：中国书店 .

马俊，牟雪松，王永达，等 . 2018. 近 1 ka 以来河西地区的沙漠化及对高强度人类活动的响应分析 . 干旱区地理，41（5）：1043-1052.

满志敏 . 2014. 典型温暖期东太湖地区水环境演变 . 历史地理（第三十辑），（2）：1-9.

蒙彦聪，李忠勤，徐春海，等 . 2016. 中国西部冰川小冰期以来的变化——以天山乌鲁木齐河流域为例 . 干旱区地理，39（3）：486-494.

牛蕊，周立旻，孟庆浩，等 . 2017. 贵州草海南屯泥炭记录的中全新世以来的气候变化 . 第四纪研究，37（6）：1357-1369.

裴琳，严中伟，杨辉 . 2015. 400 多年来中国东部旱涝型变化与太平洋年代际振荡关系 . 科学通报，60（1）：97-108.

秦大河，罗勇，董文杰 . 2012. 中国气候与环境演变：2012（第一卷：科学基础）. 北京：气象出版社 .

秦大河，姚檀栋，丁永建，等 . 2020. 冰冻圈科学体系的建立及其意义 . 中国科学院院刊，35（4）：394-406.

秦大河，张建云，闪淳昌，等 . 2015. 中国极端天气气候事件和灾害风险管理与适应国家评估报告 . 北京：科学出版社 .

商志文，王宏，李建芬，等 . 2018. 渤海湾沧桑巨变：渤海湾 1.1 万年来的海陆演化过程 . 中国矿业，27（S2）：286 289.

沈吉 . 2012. 末次盛冰期以来中国湖泊时空演变及驱动机制研究综述：来自湖泊沉积的证据 . 科学通报，57（34）：3228-3242.

施雅风，孔昭宸，王苏民，等 . 1993. 中国全新世大暖期鼎盛阶段的气候与环境 . 中国科学：B 辑，23（8）：865-873.

万智巍，贾玉连，蒋梅鑫．2018. 华南北热带 11.5—2.5 ka B.P. 温度集成重建与特征分析．热带地理，38（5）：641-650.

王建革．2001. 清浊分流：环境变迁与清代大清河下游治水特点．清史研究，（2）：33-42.

王伟铭，李春海，舒军武，等．2019. 中国南方植被的变化．中国科学：地球科学，49：1308-1320.

王伟铭，舒军武，陈炜，等．2010. 长江三角洲地区全新世环境变化与人类活动的影响．第四纪研究，30（2）：233-244.

温振明，叶玮，马春梅，等．2018. 浙江南部望东垟孢粉记录的中晚全新世植被演化历史与气候变化．微体古生物学报，35（3）：260-272.

吴海斌，郭正堂．2000. 末次盛冰期以来中国北方干旱区演化及短尺度干旱事件．第四季研究，20(6)：548-558.

吴海斌，李琴，于严严，等．2017. 全新世中期中国气候格局定量重建．第四纪研究，37（5）：982-998.

吴家章，易朝路，许向科，等．2015. 祁连山摆浪河全新世冰量变化初探．冰川冻土，37（3）：595-603.

肖菁，刘耕年，聂振宇，等．2018. 天山末次冰期以来干旱化过程的冰川证据．冰川冻土，40（3）：434-447.

谢淦，白加德，徐景先，等．2016. 北京地区全新世植被和气候变化研究进展．植物学报，51（6）：872-881.

谢志仁，袁林旺．2012. 略论全新世海面变化的波动性及其环境意义．第四纪研究，32（6）：1065-1077.

杨帆，何凡能，李美娇，等．2019. 全球历史森林数据中国区域的可靠性评估．地理学报，74（5）：923-934.

杨小平，梁鹏，张德国，等．2019. 中国东部沙漠 / 沙地全新世地层序列及其古环境．中国科学：地球科学，49（8）：1293-1307.

叶瑜，徐雨帆，梁珂，等．2014. 1801 年永定河水灾救灾响应复原与分析．中国历史地理论丛，29（4）：13-19.

弋双文，鹿化煜，曾琳，等．2013. 末次盛冰期以来科尔沁沙地古气候变化及其边界重建．第四纪研究，33（2）：206-217.

于禄鹏，赖忠平，安萍．2013. 柴达木盆地中部与西南部古沙丘的光释光年代学研究．中国沙漠，33（2）：453-462.

余克服．2012. 南海珊瑚礁及其对全新世环境变化的记录与响应．中国科学：地球科学，42（8）：1160-1172.

张德二，Demaree G. 2004. 1743 年华北夏季极端高温：相对温暖气候背景下的历史炎夏事件研究．科学通报，49（21）：2204-2210.

张德二，梁有叶．2014. 历史极端寒冬事件研究——1892/93 年中国的寒冬．第四纪研究，36（4）：1176-1185.

张德二，梁有叶．2017. 历史寒冬极端气候事件的复原研究——1670/1671 年冬季严寒事件．气候变化研究进展，13（1）：25-30.

赵超，李小强，周新郢，等．2016. 北大兴安岭地区全新世植被演替及气候响应．中国科学：地球科学，46：870-880.

赵焕庭. 2017. 广州七星岗古海岸遗迹的发现及其科学意义. 热带地理，37（4）：610-619.

郑景云，文彦君，方修琦. 2020a. 过去 2000 年黄河中下游气候与土地覆被变化的若干特征. 资源科学，42（1）：3-19.

郑景云，张学珍，刘洋，等. 2020b. 过去千年中国不同区域干湿的多尺度变化特征评估. 地理学报，75：1432-1450.

周建超，覃军干，张强，等. 2015. 广西桂林岩溶区中全新世以来的植被、气候及沉积环境变化. 科学通报，60：1197-1206.

周尚哲，赵井东，王杰，等. 2020. 第四纪冰冻圈——全球变化长尺度研究. 中国科学院院刊，（4）：475-483.

周亚利，鹿化煜，张小艳，等. 2013. 末次盛冰期和全新世大暖期浑善达克沙地边界的变化. 第四纪研究，33（2）：228-242.

邹逸麟，张修桂，王守春. 2013. 中国历史自然地理. 北京：科学出版社.

An Z，Porter S C，Kutzbach J E，et al. 2000. Asynchronous Holocene optimum of the East Asian monsoon. Quaternary Science Reviews，19（8）：743-762.

Bao G，Liu Y，Liu N，et al. 2014. Drought variability in eastern Mongolian Plateau and its linkages to the large-scale climate forcing. Climate Dynamics，44（3-4）：717-733.

Bi Y F，Xu J C，Gebrekirstos A，et al. 2015. Assessing drought variability since 1650 AD from tree-rings on the Jade Dragon Snow Mountain，southwest China. International Journal of Climatology，35（14）：4057-4065.

Bini M，Zanchetta G，Perşoiu A，et al. 2019. The 4.2 ka BP Event in the Mediterranean region：an overview. Climate of the Past，15：555-577.

Blomdin A P，Stroeven J M，Harbor N A，et al. 2016. Evaluating the timing of former glacier expansions in the Tian Shan：a key step towards robust spatial correlations. Quarternary Science Review，153：78-96.

Chen F，Yuan Y J，Chen F H，et al. 2013. A 426-year drought history for Western Tian Shan，Central Asia，inferred from tree rings and linkages to the North Atlantic and Indo-West Pacific Oceans. The Holocene，23（8）：1095-1104.

Chen F，Yuan Y J，Chen F H，et al. 2014. Reconstruction of spring temperature on the southern edge of the Gobi Desert，Asia，reveals recent climatic warming. Palaeogeography，Palaeoclimatology，Palaeoecology，409（145-152）：145-152.

Chen J H，Chen F H，Feng S，et al. 2015. Hydroclimatic changes in China and surroundings during the Medieval Climate Anomaly and Little Ice Age：spatial patterns and possible mechanisms. Quaternary Science Review，119：157-158.

Cheng H，Edwards R L，Sinha A，et al. 2016. The Asian monsoon over the past 640，000 years and ice age terminations. Nature，534（7609）：640-646.

Cheng Y，Liu H，Wang H，et al. 2018. Differentiated climate-driven Holocene biome migration in western and eastern China as mediated by topography. Earth-Science Reviews，182：174-185.

Dallmeyer A，Claussen M，Ni J，et al. 2017. Biome changes in Asia since the mid-Holocene—an analysis of different transient Earth system model simulations. Climate of the Past，13（2）：107-134.

Deng C，Wang Y，Liu D，et al. 2013. The Asian monsoon variability around 8.2 ka B.P. recorded by an annually-laminated stalagmite from Mt. Shennongjia，Central China. Quaternary Sciences，33（5）：945-953.

Dietze E，Wünnemann B，Hartmann K，et al. 2013. Early to mid-Holocene lake high-stand sediments at Lake Donggi Cona，northeastern Tibetan Plateau，China. Quaternary Research，79（3）：325-336.

Dong J，Shen C C，Kong X，et al. 2015. Reconciliation of hydroclimate sequences from the Chinese Loess Plateau and low-latitude East Asian summer monsoon regions over the past 14，500 years. Palaeogeography，Palaeoclimatology，Palaeoecology，435：127-135.

Dong J，Wang Y，Cheng H. 2010. A high-resolution stalagmite record of the Holocene East Asian monsoon from Mt Shennongjia，central China. The Holocene，20（2）：257-264.

Dortch J M，Owen L A，Caffee M W. 2013. Timing and climatic drivers for glaciation across semi-arid western Himalayan-Tibetan orogen. Quaternary Science Review，78：188-208.

Fang K，Frank D，Gou X，et al. 2013. Precipitation over the past four centuries in the Dieshan Mountains as inferred from tree rings：an introduction to an HHT-based method. Global and Planetary Change，107：109-118.

Fang K，Guo Z，Chen D，et al. 2017. Drought variation of western Chinese Loess Plateau since 1568 and its linkages with droughts in western North America. Climate Dynamics，49（11-12）：3839-3850.

Fang X Q，Zhao W Y，Zhang C P，et al. 2020. Methodology for credibility assessment of historical global LUCC datasets. Science China Earth Sciences，63：1013-1025.

Fei J，Lai Z P，Zhang D D，et al. 2013. Extreme sea ice events in the Chinese marginal seas during the past 2000 years. Climatic Research，57（2）：123-132.

Ge Q S，Hao X Z，Zheng J Y，et al. 2013. Temperature changes over the past 2000 yr in China and comparison with the Northern Hemisphere. Climate of the Past，9（3）：1153-1160.

Ge Q S，Liu H L，Ma X，et al. 2017. Characteristics of temperature change in China over the last 2000 years and spatial patterns of dryness/wetness during cold and warm periods. Advances in Atmospheric Sciences，34（8）：941-951.

Ge Q S，Zheng J Y，Hao Z X，et al. 2016. Recent advances on reconstruction of climate and extreme events in China for the past 2000 years. Journal of Geographical Sciences，26（7）：827-854.

Guo Z T，Ruddiman W F，Hao Q Z，et al. 2002. Onset of Asian desertification by 22 Myr ago inferred from loess deposits in China. Nature，416：159-163.

Hao Q，Wang L，Oldfield F，et al. 2012. Delayed build-up of Arctic ice sheets during 400，000-year minima in insolation variability. Nature，490：393-396.

Hao Z X，Wu M W，Liu Y，et al. 2020a. Multi-scale temperature variations and their regional differences in China during the Medieval Climate Anomaly. Journal of Geographical Sciences，30（1）：119-130.

Hao Z X，Wu M W，Zheng J Y，et al. 2020b. Patterns in data of extreme droughts/floods and harvest grades derived from historical documents in Eastern China during 801—1910. Climate of the Past，16：101-116.

Hao Z X, Yu Y Z, Ge Q S, et al. 2018. Reconstruction of high-resolution climate data over China from rainfall and snowfall in the Qing Dynasty. WIRES Climate Change, 9（3）: e517.

Hao Z X, Zheng J Y, Zhang X Z, et al. 2016. Spatial patterns of precipitation anomalies in eastern China during centennial cold and warm periods of the past 2000 years. International Journal of Climatology, 36（1）: 467-475.

He F N, Li S C, Zhang X Z. 2012. Reconstruction of cropland area and spatial distribution in the mid-Northern Song Dynasty（AD1004—1085）. Journal of Geographical Sciences, 22（2）: 359-370.

He F N, Li S C, Zhang X Z. 2015. A spatially explicit reconstruction of forest cover in China over 1700—2000. Global and Planetary Change, 131: 73-81.

Herzschuh U, Cao X, Laepple T, et al. 2019. Position and orientation of the westerly jet determined Holocene rainfall patterns in China. Nature Communications, 10（1）: 2376.

Hoffman J S, Carlson A E, Winsor K, et al. 2012. Linking the 8.2 ka event and its freshwater forcing in the Labrador Sea. Geophysical Research Letters, 39（18）: L18703.

Huang C C, Pang J, Zha X, et al. 2010. Extraordinary floods of 4100—4000 a BP recorded at the Late Neolithic ruins in the Jinghe River gorges, Middle Reach of the Yellow River, China. Palaeogeography, Palaeoclimatology, Palaeoecology, 289（1-4）: 1-9.

Huang L, Shao X. 2005. Precipitation variation in Delingha, Qinghai and solar activity over the last 400 years. Quaternary Sciences, 25（2）: 184-192.

Huang T, Cheng S, Mao X, et al. 2013. Humification degree of peat and its implications for Holocene climate change in Hani peatland, Northeast China. Chinese Journal of Geochemistry, 32（4）: 406-412.

IPCC. 2013. Climate Change 2013: The Physical Science Basis. Cambridge: Cambridge University Press.

Jiang D, Lang X, Tian Z, et al. 2012. Considerable model-data mismatch in temperature over China during the mid-Holocene: results of PMIP simulations. Journal of Climate, 25（12）: 4135-4153.

Jiang D, Tian Z, Lang X. 2013. Mid-Holocene net precipitation changes over China: model-data comparison. Quaternary Science Reviews, 82: 104-120.

Jiang D, Tian Z, Lang X. 2015. Mid-Holocene global monsoon area and precipitation from PMIP simulations. Climate Dynamics, 44（9-10）: 2493-2512.

Jin G, Liu D. 2002. Mid-Holocene climate change in North China, and the effect on cultural development. Chinese Science Bulletin, 47（5）: 408-413.

Kaplan J O, Krumhardt K M, Zimmermann N E. 2012. The effects of land use and climate change on the carbon cycle of Europe over the past 500 years. Global Change Biology, 18（3）: 902-914.

Kathayat G, Cheng H, Sinha A, et al. 2018. Evaluating the timing and structure of the 4.2ka event in the Indian summer monsoon domain from an annually resolved speleothem record from Northeast India. Climate of the Past, 14: 1869-1879.

Klein Goldewijk K, Beusen A, Doelman J, et al. 2017. Anthropogenic land use estimates for the Holocene-HYDE 3.2. Earth System Science Data, 9（2）: 927-953.

Klein Goldewijk K, Beusen A, van Drecht G, et al. 2011. The HYDE 3.1 spatially explicit database of human-induced global land-use change over the past 12,000 years. Global Ecology Biogeography, 20:

73-86.

Klus A，Prange M，Varma V，et al. 2018. Abrupt cold events in the North Atlantic Ocean in a transient Holocene simulation. Climate of the Past，14（8）：1165-1178.

LeGrande A N，Schmidt G A. 2008. Ensemble，water isotope-enabled，coupled general circulation modeling insights into the 8.2 ka event. Paleoceanography and Paleoclimatology，23（3）：PA3207.

Li M J，He F N，Li S C，et al. 2018. Reconstruction of the cropland cover changes in eastern China between the 10th century and 13th century using historical documents. Scientific Reports，8（1）：13552.

Li N，Chambers F M，Yang J，et al. 2017. Records of East Asian monsoon activities in Northeastern China since 15.6 ka，based on grain size analysis of peaty sediments in the Changbai Mountains. Quaternary International，447：158-169.

Li S C，He F N，Zhang X Z. 2016. A spatially explicit reconstruction of cropland cover in China from 1661 to 1996. Regional Environmental Change，16（2）：417-428.

Li S H，Fan A. 2011. OSL chronology of sand deposits and climate change of last 18 ka in Gurbantunggut Desert，northwest China. Journal of Quaternary Science，26（8）：813-818.

Li X，Zhao C，Zhou X. 2019. Vegetation pattern of northeast China during the special periods since the Last Glacial Maximum. Science China Earth Sciences，62：1224-1240.

Li Y，Li Y K. 2014. Topographic and geometric controls on glacier changes in the central Tien Shan，China，since the Little Ice Age. Annals of Glaciology，55（66）：177-186.

Li Y，Li Y K，Harbor J，et al. 2016. Cosmogenic 10Be constraints on Little Ice Age glacial advances in the eastern Tian Shan，China. Quaternary Science Reviews，138：105-118.

Li Y，Liu Y，Ye W，et al. 2018. A new assessment of modern climate change，China-An approach based on paleo-climate. Earth-Science Reviews，177：458-477.

Li Y K，Ye Y，Zhang C P，et al. 2019. A spatially explicit reconstruction of cropland based on expansion of polders in the Dongting Plain in China during 1750-1985. Regional Environmental Change，19（8）：2507-2519.

Li Y P，Ge Q S，Wang H J，et al. 2019. Relationships between climate change，agricultural development and social stability in the Hexi Corridor over the last 2000 years. Science China Earth Sciences，62（9）：1453-1460.

Lin Y，Ramstein G，Wu H，et al. 2019. Mid-Holocene climate change over China：model-data discrepancy. Climate of the Past，15（4）：1223-1249.

Liu F，Feng Z. 2012. A dramatic climatic transition at -4000 cal. yr BP and its cultural responses in Chinese cultural domains. The Holocene，22（10）：1181-1197.

Liu Y，Hu C. 2016. Quantification of southwest China rainfall during the 8.2 ka B.P. event with response to North Atlantic cooling. Climate of the Past，12（7）：1583-1590.

Liu Y，Jiang D. 2016. Mid-Holocene permafrost：results from CMIP5 simulations. Journal of Geophysical Research：Atmospheres，121：221-240.

Liu Y，Jiang D. 2018. Mid-Holocene frozen ground in China from PMIP3 simulations. Boreas，47（2）：498-509.

Liu Y, Zhang X J, Song H M, et al. 2017a. Tree-ring-width-based PDSI reconstruction for central Inner Mongolia, China over the past 333 years. Climate Dynamics, 48（3-4）: 867-879.

Liu Y, Zheng J Y, Hao Z X, et al. 2017b. Unprecedented warming revealed from multi-proxy reconstruction of temperature in southern China for the past 160 years. Advances in Atmospheric Sciences, 34（8）: 977-982.

Liu Y H, Henderson G M, Hu C Y, et al. 2013. Links between the East Asian monsoon and North Atlantic climate during the 8, 200 year event. Nature Geoscience, 6（2）: 117-120.

Liu Z, Zhu J, Rosenthal Y, et al. 2014. The Holocene temperature conundrum. Proceedings of the National Academy of Sciences of the United States of America, 111（34）: E3501-E3505.

Loibl D, Hochreuther P, Schulte P, et al. 2015. Toward a late Holocene glacial chronology for the eastern Nyainqêntanglha Range, southeastern Tibet. Quaternary Science Reviews, 107: 243-259.

Marcott S A, Shakun J D, Clark P U, et al. 2013. A reconstruction of regional and global temperature for the past 11, 300 years. Science, 339（6124）: 1198-1201.

Marsicek J, Shuman B N, Bartlein P J, et al. 2018. Reconciling divergent trends and millennial variations in Holocene temperatures. Nature, 554（7690）: 92.

Miao Y, Jin H, Liu B, et al. 2014. Natural ecosystem response and recovery after the 8.2 ka cold event: evidence from slope sediments on the northeastern Tibetan Plateau. Journal of Arid Environments, 104: 17-22.

Morrill C, Anderson D M, Bauer B A, et al. 2013. Proxy benchmarks for intercomparison of 8.2 ka simulations. Climate of the Past, 9（1）: 423-432.

PAGES 2k Consortium. 2013. Continental-scale temperature variability during the last two millennia. Nature Geoscience, 6（6）: 339-346.

PAGES 2k Consortium. 2019. Consistent multidecadal variability in global temperature reconstructions and simulations over the Common Era. Nature Geoscience, 12: 643-649.

Peng J, Liu Y. 2013. Reconstructed droughts for the northeastern Tibetan Plateau since AD 1411 and its linkages to the Pacific, Indian and Atlantic Oceans. Quaternary international, 283: 98-106.

Pongratz J, Reick C, Raddatz T, et al. 2008. A reconstruction of global agricultural areas and land cover for the last millennium. Global Biogeochemical Cycles, 22: GB3018.

Ramankutty N, Foley J A, Hall F G, et al. 2010. ISLSCP II historical croplands cover, 1700—1992. Oak Ridge: ORNL DAAC.

Ran M, Feng Z. 2013. Holocene moisture variations across China and driving mechanisms: a synthesis of climatic records. Quaternary International, 313-314: 179-193.

Routson C C, McKay N P, Kaufman D S, et al. 2019. Mid-latitude net precipitation decreased with Arctic warming during the Holocene. Nature, 568（7750）: 83-87.

Saha S, Owen L A, Orr E N, et al. 2019. High-frequency Holocene glacier fluctuations in the Himalayan-Tibetan orogen. Quaternary Science Reviews, 220: 372-400.

Scuderi L A, Yang X, Ascoli S E, et al. 2019. The 4.2 ka B.P. event in northeastern China: a geospatial perspective. Climate of the Past, 15（1）: 367-375.

Sheppard P R, Tarasov P E, Graumlich L J, et al. 2004. Annual precipitation since 515 BC reconstructed from living and fossil juniper growth of northeastern Qinghai Province, China. Climate Dynamics, 23: 869-881.

Shi F, Ge Q, Yang B, et al. 2015. A multi-proxy reconstruction of spatial and temporal variations in Asian summer temperature over the last millennium. Climatic Change, 131 (4): 663-676.

Shi J, Yan Q, Jiang D, et al. 2016. Precipitation variation over eastern China and arid central Asia during the past millennium and its possible mechanism: perspectives from PMIP3 experiments. Journal of Geophysical Research: Atmospheres, 121 (20): 11-989.

Shi Y, Kong Z, Wang S, et al. 1993. Mid-holocene climates and environments in China. Global and Planetary Change, 7 (1-3): 219-233.

Song B, Li Z, Lu H, et al. 2017. Pollen record of the centennial climate changes during 9—7 cal ka B.P. in the Changjiang (Yangtze) River Delta plain, China. Quaternary Research, 87 (2): 275-287.

Staubwasser M, Weiss H. 2006. Holocene climate and cultural evolution in late prehistoric-early historic West Asia. Quaternary Research, 66 (3): 372-387.

Tian Z, Jiang D. 2015. Revisiting mid-Holocene temperature over China using PMIP3 simulations. Atmospheric and Oceanic Science Letters, 8 (6): 358-364.

Tian Z, Jiang D. 2018. Strengthening of the East Asian winter monsoon during the mid-Holocene. The Holocene, 28(9): 1443-1451.

Tierney J E, Pausata F S, deMenocal P B. 2017. Rainfall regimes of the Green Sahara. Science Advances, 3 (1): e1601503.

Wang H, Shao X, Li M. 2019. A 2917-year tree-ring-based reconstruction of precipitation for the Buerhanbuda Mts., Southeastern Qaidam Basin, China. Dendrochronologia, 55: 80-92.

Wang J L, Yang B, Ljungqvist F C. 2015. A millennial summer temperature reconstruction for the eastern Tibetan Plateau from tree-ring width. Journal of Climate, 28 (13): 5289-5304.

Wang J L, Yang B, Timothy J O, et al. 2018. Causes of East Asian temperature multidecadal variability since AD 850. Geophysical Research Letters, 45 (24): 13485-13494.

Wang R, Zhang Y, Wünnemann B, et al. 2015. Linkages between Quaternary climate change and sedimentary processes in Hala Lake, northern Tibetan Plateau, China. Journal of Asian Earth Sciences, 107: 140-150.

Wei X Q, Ye Y, Zhang Q, et al. 2019. Reconstruction of cropland change in North China Plain Area over the past 300 years. Global and Planetary Change, 176: 60-70.

Wen X, Liu Z, Wang S, et al. 2016. Correlation and anti-correlation of the East Asian summer and winter monsoons during the last 21, 000 years. Nature Communications, 7: 11999.

Wu L, Zhu C, Ma C, et al. 2017. Mid-Holocene palaeoflood events recorded at the Zhongqiao Neolithic cultural site in the Jianghan Plain, middle Yangtze River Valley, China. Quaternary Science Reviews, 173: 145-160.

Wünnemann B, Mischke S, Chen F. 2006. A Holocene sedimentary record from Bosten lake, China. Palaeogeography, Palaeoclimatology, Palaeoecology, 234 (2-4): 223-238.

Xiao J, Zhang S, Fan J, et al. 2018. The 4.2 ka B.P. event: multi-proxy records from a closed lake in the northern margin of the East Asian summer monsoon. Climate of the Past, 14（10）: 1417-1425.

Yan M, Liu J. 2019. Physical processes of cooling and mega-drought during the 4.2 ka B.P. event: results from TraCE-21ka simulations. Climate of the Past, 15（1）: 265-277.

Yan Q, Owen L, Wang H, et al. 2020. Deciphering the evolution and forcing mechanisms of glaciation over the orogen during the past 20, 000 years. Earth and Planetary Science Letters, 541: 116295.

Yan Q, Zhang Z, Wang H, et al. 2015. Simulated warm periods of climate over China during the last two millennia: the Sui-Tang warm period versus the Song-Yuan warm period. Journal of Geophysical Research: Atmospheres, 120: 2229-2241.

Yang B, Qin C, Wang J L, et al. 2014. A 3500-year tree-ring record of annual precipitation on the northeastern Tibetan Plateau. Proceedings of the National Academy of Sciences of the United States of America, 111（8）: 2903-2908.

Yang B, Wang J, Liu J. 2019. A 1556-year-long early summer moisture reconstruction for the Hexi Corridor, Northwestern China. Science China Earth Sciences, 62（6）: 953-963.

Ye Y, Fang X Q, Ren Y Y, et al. 2009. Cropland cover change in Northeast China during the past 300 years. Science China Earth Sciences, 52（8）: 1172-1182.

Yin Z Y, Zhu H F, Huang L, et al. 2016. Reconstruction of biological drought conditions during the past 2847 years in an alpine environment of the northeastern Tibetan Plateau, China, and possible linkages to solar forcing. Global and Planetary Change, 143: 214-227.

Yu S L, Yuan Y J, Wei W S, et al. 2013. A 352-year record of summer temperature reconstruction in the western Tianshan Mountains, China, as deduced from tree-ring density. Quaternary Research, 80（2）: 158-166.

Zhang G, Zhu C, Wang J, et al. 2010. Environmental archaeology on Longshan Culture（4500—4000a B.P.）at Yuhuicun site in Bengbu, Anhui Province. Journal of Geographical Sciences, 20（3）: 455-468.

Zhang H, Cheng H, Cai Y, et al. 2018a. Hydroclimatic variations in southeastern China during the 4.2 ka event reflected by stalagmite records. Climate of the Past, 14（11）: 1805-1817.

Zhang H, Werner J P, García-Bustamante E, et al. 2018b. East Asian warm season temperature variations over the past two millennia. Scientific Reports, 8（1）: 7702.

Zhang J F, Xu B Q, Turner F, et al. 2017. Long-term glacier melt fluctuations over the past 2500 yr in monsoonal high Asia revealed by radiocarbon-dated lacustrine pollen concentrates. Geology, 45（4）: 359-362.

Zhang Q, Gu X H, Singh V P, et al. 2018. More frequent flooding? Changes in flood frequency in the Pearl River basin, China, since 1951 and over the past 1000 years. Hydrology and Earth System Sciences, 22（5）: 2637-2653.

Zhang Q B, Evans M N, Lyu L. 2015. Moisture dipole over the Tibetan Plateau during the past five and a half centuries. Nature Communications, 6: 8062.

Zhang R, Zhang Z, Jiang D. 2018. Global cooling contributed to the establishment of a modern-like East Asian monsoon climate by the early Miocene. Geophysical Research Letters, 45（21）: 11941-11948.

Zhang Y, Shao X M, Yin Z Y, et al. 2014. Millennial minimum temperature variations in the Qilian Mountains, China: evidence from tree rings. Climate of the Past, 10 (5): 1763-1778.

Zhang Z, Wang H, Guo Z, et al. 2007a. Impacts of tectonic changes on the reorganization of the Cenozoic paleoclimatic patterns in China. Earth and Planetary Science Letters, 257 (3-4): 622-634.

Zhang Z, Wang H, Guo Z, et al. 2007b. What triggers the transition of palaeoenvironmental patterns in China, the Tibetan Plateau uplift or the Paratethys Sea retreat? Palaeogeography, Palaeoclimatology, Palaeoecology, 245 (3-4): 317-331.

Zhao F, Fan Z X, Su T, et al. 2019. Tree-ring δ^{18}O inferred spring drought variability over the past 200 years in the Hengduan Mountains, southwest China. Palaeogeography, Palaeoclimatology, Palaeoecology, 518: 22-33.

Zhao L, Ma C, Leipe C, et al. 2017. Holocene vegetation dynamics in response to climate change and human activities derived from pollen and charcoal records from southeastern China. Palaeogeography, Palaeoclimatology, Palaeoecology, 485: 644-660.

Zheng J Y, Ding L L, Hao Z X, et al. 2012. Extreme cold winter events in southern China during AD 1650—2000. Boreas, 41: 1-12.

Zheng J Y, Liu Y, Hao Z X. 2015. Annual temperature reconstruction by signal decomposition and synthesis from multi-proxies in Xinjiang, China, from 1850 to 2001. PLoS One, 10 (12): e0144210.

Zheng J Y, Liu Y, Hao Z X, et al. 2018. Winter temperatures of southern China reconstructed from phenological cold/warm events recorded in historical documents over the past 500 years. Quaternary International, 479: 42-47.

Zheng J Y, Wu M W, Ge Q S, et al. 2017. Observed, reconstructed, and simulated decadal variability of summer precipitation over eastern China. Journal of Meteorological Research, 31 (1): 49-60.

Zheng J Y, Xiao L B, Fang X Q, et al. 2014. How climate change impacted the collapse of the Ming Dynasty. Climatic Change, 127 (2): 169-182.

Zhou X, Jiang D, Lang X. 2019. A multi-model analysis of 'Little Ice Age' climate over China. The Holocene, 29 (4): 592-605.

Zhou X, Sun L, Zhan T, et al. 2016. Time-transgressive onset of the Holocene Optimum in the East Asian monsoon region. Earth and Planetary Science Letters, 456: 39-46.

Zhu H F, Shao X M, Yin Z Y, et al. 2011. August temperature variability in the southeastern Tibetan Plateau since AD 1385 inferred from tree rings. Palaeogeography, Palaeoclimatology, Palaeoecology, 305 (1-4): 84-92.

第3章　观测的大气圈的变化

主要作者协调人：翟盘茂、黄　磊
编　　　　审：龚道溢
主　要　作　者：江志红、李庆祥、陈　阳、王朋岭
贡　献　作　者：郭艳君、余　荣

▪ 执行摘要

近百年来全球气候变暖已是不争的事实，中国近地面气温以每百年1.3~1.7℃的趋势明显上升，且变化趋势大于同期全球地表平均气温变化水平（高信度）。与全球和中国地表气温增暖趋势一致，1961年以来中国高空对流层气温也呈显著上升趋势，但平流层低层气温下降（高信度）。

虽然中国近百年降水不存在显著的趋势变化，但1961年以来中国降水量的变化具有明显的季节性以及地域性差异，降水增加的区域主要位于我国包括新疆在内的西北大部、青藏高原、长江及其以南地区；但在胡焕庸线附近区域，东北南部、华北到西南地区降水减少。同时，我国东部季风区雨日数明显减少，降水强度显著增强（高信度）。

20 世纪 70 年代末以来，我国大部分地区的大气可降水量呈显著增加趋势（高信度）。1961 年以来，我国平均总云量总体呈现减少趋势，总云量的减少主要是高云的减少导致的。1961 年以来，我国地面太阳总辐射整体呈下降趋势，但经历了"先变暗后变亮"的阶段性变化过程（高信度）。1961 年以来，我国平均年日照时数呈显著的减少趋势，但存在明显的区域差异（高信度）。

3.1　引　言

对大气圈的长时间观测是气候变化的重要基础资料，也是气候模式发展的必要支撑，其对提高气候变化及其可预测性的认识、开展气候变化影响评估、制定减缓和适应气候变化的政策措施都具有十分重要的作用。

对大气圈的观测主要包括实地观测和遥感观测两种手段。实地观测主要指在某一地点对气候系统要素直接获取观测结果；遥感观测主要指通过卫星遥感获得辐射、云量等要素的变化信息，其也是当代气候系统观测的重要手段，为研究海洋、沙漠、高山等气象台站稀少地区气候变化提供了新途径。从国际上看，对气候系统各个要素的观测主要通过全球气候观测系统（GCOS）进行，GCOS 强调将气候系统作为一个整体开展观测，分大气、海洋、陆地三个子系统，利用实地和空基观测技术，获取大气、海洋、陆地关于气候变化的物理、化学和生物学特征参数。

本章主要评估观测到的大气圈变化，包括温度、降水、湿度、云量、辐射、日照等核心气候要素变化及大气环流特征变化，重点关注自 2011 年以来大气圈变化出现的新特点，在评估区域上与本次评估报告第二卷（下）尽量保持一致，在趋势、年代际变化计算时参考 IPCC AR6 评估时段标准，并在各部分评估中关注对不确定性的处理及与全球气候变化的联系。本章最后一节对比了中国与全球和"一带一路"地区温度、降水等气候要素的变化特征，评估了在全球气候变暖背景下不同区域的气候变化特征及其对全球变暖的响应。

3.2　大气温度变化

本节主要评估观测的地面气温、平均最高 / 最低气温、高层大气温度、气温日较差的变化，评估范围为中国和中国不同区域。

3.2.1　地面气温

1. 主要的中国区域气温变化序列

近百年来全球气候变暖已是不争的事实，中国近地面气温也明显上升，并且其变化趋势大于同期全球气温变化水平。我国科学家在中国百年序列研究方面的成果较多，但由于在基准气候数据分析方面存在瓶颈，近百年中国气温变化序列以及变暖长期趋势的估计长期存在较大分歧（图 3-1）（赵宗慈等，2005；Li et al.，2017；Soon et al.，

2018；Li and Yang，2019）。近年来，我国发展了一系列均一化的中国长期逐月气温序列集（李庆祥等，2010；Cao et al.，2017；Li et al.，2017），提高了中国区域气温变化序列研究精度。李庆祥等（2010）系统地对我国近 200 个台站气温序列进行了均一性研究，利用周边国家的站点序列对中国西部地区的数据进行了抽样纠偏，建立了新的序列；Wang 等（2014）基于该数据集，发展了最优无偏的统计方法，构建了新的全国气温变化序列，二者显示出了前所未有的一致性，即 20 世纪 10~40 年代异常偏暖得以部分订正，但 40 年代仍是 50 年代之前的最暖期；Li 等（2017）进一步对全国近百年的均一化气温数据集进行了更新和完善，并分别建立了中国东部、西部气温序列和全国序列；Cao 等（2017）分别选取中国东部、西部若干个长序列台站气温序列进行了统计插补以及均一化调整，形成了一套新的数据集，并基于这些站点距平序列的算术平均建立百年尺度中国气温序列，相比前者其 20 世纪前期的气温距平进一步变低。

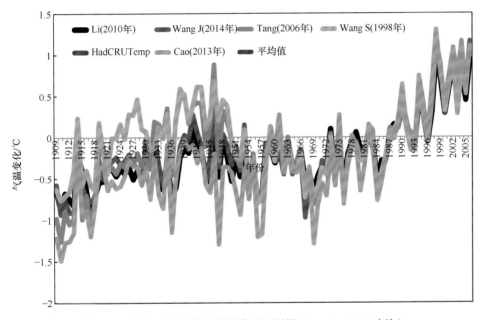

图 3-1　近百年来中国气温变化序列（根据 Li et al.，2017 改绘）

2. 中国区域气温变化

20 世纪以来，中国区域气温变化呈现波动上升趋势，20 世纪初到 40 年代气温呈缓慢升温趋势，1946 年达到 50 年代以前的最高值；50 年代一直到 70 年代增温速度明显放缓，此后进入快速增暖阶段；1998 年后从增暖趋势上看明显回落，但此后近 20 年一直为明显偏暖距平。具体而言，中国北方地区气温增暖速度明显高于南方地区（秦大河，2012）；中国东部地区气温变化类似于全国变化特征，西部地区气温自 30 年代以来也与东部地区变化较为一致，只是在个别年份略有差异（Li et al.，2017）。一些专家对我国青藏高原气温变化趋势随高度的变化进行了一定的研究，但结论仍然存在一定的差异（Liu and Chen，2000；You et al.，2010；Guo D et al.，2019）。由于城市站点选取的指标和数据差异等，城市化贡献检测存在一定的不确定性（储鹏等，2016；Li et al.，2013）；虽然一些大城市（如北京、哈尔滨、上海、广州、香港）气温变化趋势明显高于区域或全国平均气温，但总体来看，城市化发展对中国区域气温增暖贡献较小（Zhao et al.，2014；Wang et al.，2015），与之相对应的是，近期一些研究发现，城市化对某些区域的极端温度变化的影响程度可以达到相当比重（Li Q X et al.，2014；Ren and Zhou，2014；Luo and Lau，2017；Wang Y et al.，2017）。

3. 近百年、20世纪50年代以来气温变化的趋势

由于20世纪50年代之前的数据差异，最近不同研究者所得的近百年中国增暖趋势仍然有所不同。基于近期一些研究小组的计算结果，近百年中国气温长期趋势介于0.09~1.21℃/100a（Wang et al.，2014；Zhai et al.，2016；Li et al.，2017）（图3-1）；而Zhao等（2014）、Cao等（2017）利用插补和均一化的站点序列，计算全国气温的变化趋势略高，分别达到1.52℃/100a和1.65℃/100a。根据中国多条气温序列，最新的评估结果表明，1900~2018年，中国气温的升高趋势为1.3~1.7℃/100a（Yan et al.，2020）。

气候界曾于1997/1998年超强厄尔尼诺事件后的十多年里，就气候变暖是否"中断"或"减缓"进行激烈辩论（Karl et al.，2015；Lewandowsky et al.，2016；Fyfe et al.，2016）。前些年的研究表明，以往全球表面温度观测数据集的分析结果低估了1998~2012年的近期变暖趋势（Cowtan and Way，2013；Huang et al.，2017；Xu et al.，2013；Yun et al.，2019）。具体到中国区域，1998年以来的气温变化呈现出新的年代际特点，即年均气温的趋势放缓，呈现出统计非显著水平，但夏季最高气温略有上升，而冬季最低气温则有所下降，呈现出极端化倾向，并且这种变化仍然由自然因素所主导（Li et al.，2015；Duan and Xiao，2015；Shi et al.，2016）。但需要指出的是，2012年之后气候变暖趋势很快反弹（Zhai et al.，2016）。

3.2.2 平均最高、最低气温和日较差

1. 1951年以来的中国年平均最高气温变化特征及趋势

几乎全国的年平均最高气温都趋于变暖（表3-1），其中约有65%的台站年平均最高气温呈显著增温趋势，并且大多数站点分布在95°E以西35°N以北地区；在95°E以东35°以南地区，除长江中下游及东南沿海等发达地区呈现显著增温趋势外，其他地区主要表现为不显著的增温趋势，只有四川、云南等局部山区有少数几个台站呈现降温趋势，但均不显著。总体而言，近60年来我国平均最高气温的变化特征为：北部、西部及东南部沿海发达地区增暖明显，南部增暖趋势不显著，西南局部地区呈现不显著的降温趋势。从季节来看，冬季最高气温增温趋势最明显，只有少数几个台站呈不显著降温趋势。秋季最高气温变化趋势的空间分布与冬季类似，但增温幅度小于冬季。夏季最高气温增温趋势最不显著，增温区主要位于北部、西部及南部沿海地区，长江

至黄河流域一带以降温趋势为主。春季时显著增温区主要位于东北、内蒙古东部以及长江黄河流域，降温区域主要集中在西南地区及东南沿海局部地区，但不显著（Xu et al.，2013；Li et al.，2015；Fang et al.，2017）。

表 3-1　1961~2012 年全国年、季平均最高、最低气温及日较差趋势（Li et al.，2015）

（单位：℃/10a）

项目	春季	夏季	秋季	冬季	年
日较差	−0.15*	−0.15*	−0.13*	−0.24*	−0.17*
最高气温	0.22*	0.18*	0.22*	0.26*	0.22*
最低气温	0.38*	0.32*	0.36*	0.50*	0.38*

* 表示在 5% 水平下具有显著意义。

2. 1951 年以来的中国年平均最低气温变化特征及趋势

最低气温在全国普遍呈增温趋势，在增温幅度上北方较大、南方略小。全国约有92% 的台站年平均最低气温呈显著增温趋势，东北、华北、西部、黄河及长江中下游地区显著增温达 0.15~0.89℃/10a；全国只有少数几个台站呈降温趋势，但均不显著。季节上，在冬季和秋季，全国表现出一致的增温趋势，但冬季的增温明显更高。冬季全国仅 1 个台站呈不显著降温趋势，约有 93% 的台站呈显著增温趋势，西北、华北、东北等纬度较高的地区最低温度增温趋势高达 0.9℃/10a 以上。秋季全国只有少数几个台站呈不显著降温趋势，约有 78% 的台站呈显著增温趋势。春季约有 74% 的台站呈显著增温趋势，主要分布在华北、东北、内蒙古东部、西部及黄河至长江之间的东部地区，长江以南地区增温趋势不显著。夏季全国约有 75.5% 的台站呈显著增温趋势，主要分布在东北、华北、西部及东南部地区，约有 5% 的台站呈现降温趋势（其中个别台站呈显著降温趋势）（Xu et al.，2013；Li et al.，2015；Fang et al.，2017）。

3. 观测到的中国区域气温日较差变化

我国年平均日较差总体呈下降趋势，全国约有 48% 的台站年平均日较差呈显著下降趋势，下降幅度较大的地区主要在东北、华北东北部、新疆北部及江淮地区，下降幅度多在 0.1~0.6℃/10a，对比最高最低气温变化趋势的空间分布可以得到，这些地区日较差呈下降趋势主要是由于最低气温变暖幅度高于最高气温变暖幅度；全国约有 3.5% 的台站年平均日较差呈显著升高趋势，主要分布在东北、内蒙古东部、黄河至长江之间中部以及东南沿海等局部地区，这主要源于个别站点最低气温变暖幅度低于最高气温变暖幅度。季节上，冬季日较差下降趋势特征最为明显，降幅较大的站点主要分布在东北、华北、新疆北部及江淮部分地区。春季日较差下降趋势特征最弱，全国约有 35% 的台站春季日较差呈显著下降趋势，主要分布在东北、内蒙古、新疆北部、青藏高原及云南地区；8% 的台站春季日较差呈显著上升趋势，主要分布在江淮及长江中下游地区。夏季全国约有 41% 的台站日较差呈显著下降趋势，下降较大的站点主要分布在 95°E 以东 35°N 以南地区，对比最高最低气温夏季变化趋势的空间分布可以得到，这些地区夏季日较差呈下降趋势主要是由于最低气温变暖的同时最高气温降温。秋季绝大多数站点日较差变化趋势不明显，呈不显著的上升和下降趋势，日较差显著下降的站点主要分布在东北、内蒙古及新疆北部（Xu et al., 2013；Li et al., 2015）。

3.2.3 高层大气温度

与全球和中国地表气温增暖趋势一致，1961 年以来中国高空对流层气温也呈显著上升趋势，但不同来源气温资料在趋势变化幅度上仍具有一定差别。高空气温资料主要来自探空和卫星观测及再分析模式产品，三者应用于气候变化研究时各具优点和不足。探空观测气温始于 20 世纪 50 年代，具有历史序列长和垂直层次多的优点，但在海洋、极地和高原等特殊地区测站较少。卫星微波观测高空气温始于 70 年代后期，优点是具有全球覆盖性，但较探空序列短且垂直分辨率低。探空和卫星观测高空气温的历史序列均存在观测系统、仪器和方法变化导致的非均一性问题，应用于气候变化研究时必须进行均一化处理。再分析资料兼具探空时间序列长和卫星空间覆盖全的优点，但其为模式产品，并非独立资料源，应用于气候变化研究时需评估其描述大气真实状态的准确程度。中国高空温度变化研究多基于均一化探空气温，并结合卫星和再分析资料开展不确定性分析。翟盘茂（1997）最早指出中国探空气温序列中的非均一性问题；Guo 等（2008）与 Guo 和 Ding（2009，2011）基于较早版本的均一化资料得到 1958~2005 年中国平均 850~500hPa 气温趋于上升、400~100hPa 气温趋于下降。2013 年国家气象信息中心发布《中国高空月平均温度均一化数据集》（陈哲和杨溯，2014），其对 21 世纪初中国探空系统升级和仪器换型导致的非均一性问题进行了较大幅度订正，订正后中国平均对流层中上层气温上升趋势明显增强，平流层下层气温下降趋势明显减弱。

基于最新版本中国均一化探空气温资料，得到 1958~2017 年中国平均探空气温在对流层 850~150hPa 总体呈显著上升趋势（0.03~0.15℃/10a），1979~2017 年趋势较 1958~2017 年更为显著（0.10~0.25℃/10a），300hPa 升温幅度最为显著（1958~2017 年和 1979~2017 年分别为 0.15℃/10a 和 0.25℃/10a），其次是 850hPa（1958~2017 年和 1979~2017 年为 0.14℃/10a 和 0.25℃/10a）。1958~2017 年中国平均平流层下层（100hPa）呈下降趋势（−0.18℃/10a）；1979~2017 年下降趋势则有所减弱（−0.13℃/10a）[图 3-2（a）]。各季相比冬季对流层升温趋势较为显著，夏季平流层下层降温趋势较为显著。1979~2017 年各季对流层气温上升趋势均较 1958~2017 年明显增强 [图 3-2（b），图 3-2（c）]。中国北方和高原地区对流层中低层（850~500hPa）升温较东南大部地区显著，长江以南大部分地区对流层上层 300hPa 升温较其余地区显著。

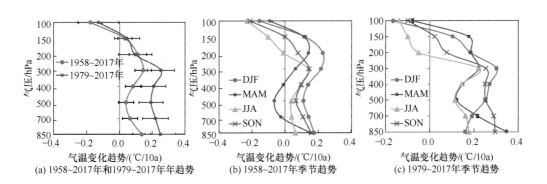

图 3-2 中国平均 850~100hPa 均一化气温变化趋势廓线

DJF，冬季；MAM，春季；JJA，夏季；SON，秋季

对比中国均一化探空观测与三套卫星微波（RSS、UAH 和 STAR）和多套再分析（ERA-Interim、JRA55、MERRA、CFSR、NCEP 和 20CR 等）高空气温，得到 1979~2018 年中国平均对流层气温均呈显著上升趋势、平流层下层气温均呈显著下降趋势（图 3-3~ 图 3-5），其变化趋势幅度的差异与探空和卫星气温序列中残余的非均一性问题和不同再分析模式及同化方法的差异有关。未来仍需开展不同来源高空气温资料的相互验证（郭艳君等，2016；Guo Y et al.，2019）。

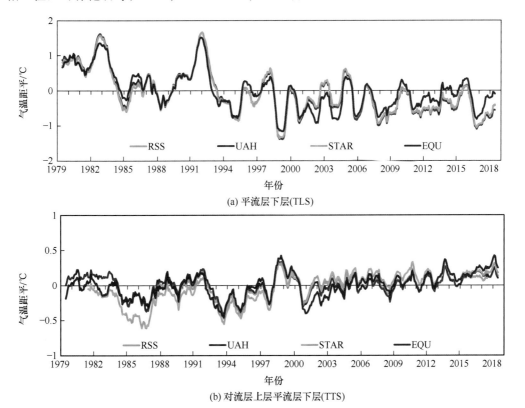

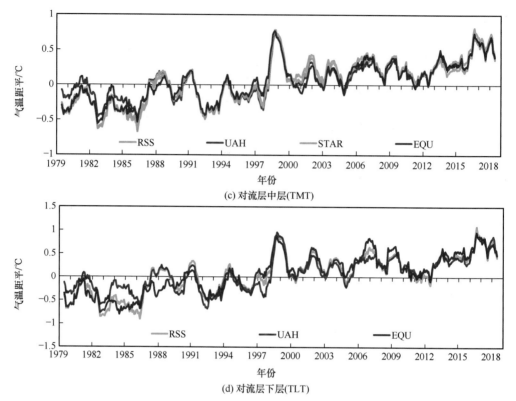

图 3-3 基于卫星微波（RSS、UAH 和 STAR）和中国探空观测（EQU）不同厚度层气温 1979~2018
年逐月距平（Guo Y et al.，2019）

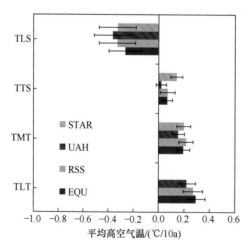

图 3-4 基于卫星微波（RSS、UAH、STAR）和中国探空观测（EQU）中国平均高空气温 1979~2018
年变化趋势比较（Guo Y et al.，2019）

TLS，平流层下层；TTS，对流层上层平流层下层；TMT，对流层中层；TLT，对流层下层

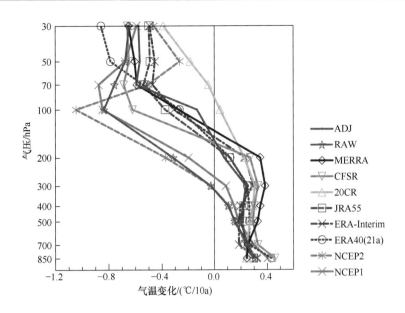

图 3-5　探空和再分析中国平均 850~30hPa 气温 1981~2010 年变化趋势廓线（郭艳君等，2016）

3.3　降水变化

降水变化是气候变化最重要的指标之一，且直接影响着工农业生产，其与人类和社会经济发展密切相关。本节主要评估中国区域降水量、降水日数、降水强度及持续性变化等方面的研究进展。

3.3.1　降水量

1. 百年降水序列

近百年中国降水变化的研究始于 20 世纪 80 年代后期，屠其璞（1987）、施能等（2001）、王绍武等（2000，2002）先后基于中国百年观测的台站资料及史料，构建了我国近百年的降水序列，并指出近百年我国降水无明显的趋势变化特征，但我国东部降水的年际、年代际变化明显。

近年来，李庆祥等（2012）使用中国大陆 1900 年 1 月 ~2009 年 12 月所有气象观测站的逐月降水量数据，引入美国国家海洋和大气管理局（NOAA）研制的全球历史气候网数据集 GHCN 中中国范围内的个别站点作为补充，通过均一化订正，形成了中国区域 1900~2009 年逐月（$5° \times 5°$）/（$2° \times 2°$）网格气候数据集（李庆祥等，2012），Sun 等（2014）对比多套全球再分析资料的中国区域降水序列，发现不同数据的一致性在 1950 年前后存在明显差异，这可能与不同序列包含的观测站点差异有关。1950年前，CRU、UDEL 和 GPCC 的年平均降水振幅相似，但变化趋势不同，变率分别为 3.107mm/10a、–10.998mm/10a 和 –13.773mm/10a。而 1950 年后，数据集的一致性增强，其中 1962~2006 年 UDEL 的变率最大，为 2mm/10a，EA 和 APHRO 分别呈现出最高与最低年降水变化。

2. 降水量长期变化及趋势

基于中国近百年的降水序列，李庆祥等（2012）发现重建的近百年 5°×5° 插补、5°×5° 和 2°×2° 降水量变化线性趋势分别为 –6.48mm/100a、–7.48mm/100a 和 –4.8mm/100a，均未达到统计显著的标准。但降水量的变化趋势具有明显的季节性以及地域性差异，春夏季略增加，秋冬季略减少，以秋季的降水量减少最为明显。中国大部分地区降水趋势变化不明显，降水增加的区域主要位于我国西北、华北以及内蒙古北部。对我国不同区域具有百年降水观测记录的台站资料分析发现，东北地区哈尔滨、长春以及沈阳三站中仅有长春站表现出了显著增加趋势，而其余两个百年台站没有显著的趋势变化。上海近百年降水（1873~2008 年）有微弱增加趋势，但以短时间尺度的周期振荡为主要变化规律（申倩倩等，2011）。近百年澳门降水量呈增加趋势，增加趋势约为 47mm/10a（冯瑞权等，2010）。西南地区重庆近百年汛期降水量线性变化趋势不明显，但存在明显的阶段性变化（张天宇等，2012）。

1961 年以来，中国降水量的变化具有明显的地域性差异，降水增加的区域主要位于我国包括新疆在内的西北大部、青藏高原、长江下游及其以南地区。从降水量变化来看，东南部地区降水量增加趋势较大，但相对而言，西部地区降水增加更明显。值得注意的是，大约在胡焕庸线附近区域，东北南部、华北到西南地区降水减少（图 3-6）。

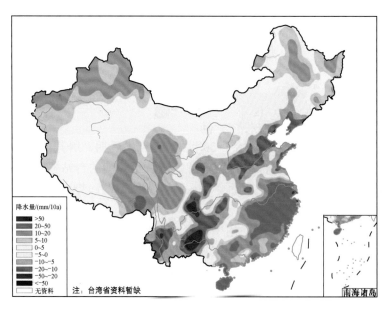

图 3-6 1961~2018 年中国降水量变化趋势分布

3. 降水量年代际变化

虽然我国近百年降水变化趋势显著，但中国东部降水的年际以及年代际变化特征明显。我国东部夏季降水主要表现为 3 类雨型：Ⅰ 类雨型为南北涝中间旱（＋－＋）、Ⅱ 类雨型为中间涝南北旱（－＋－）、Ⅲ 类雨型为南涝北旱。吕俊梅等（2014）研究表明，我国东部夏季降水在过去一百多年以 Ⅲ 类雨型为主。20 世纪 50 年代后中国东部雨季雨型分别于 20 世纪 70 年代中后期和 90 年代初期发生过两次显著变化（Ding et al.，2008；邓伟涛等，2009；吕俊梅等，2014；Ren et al.，2017）。70 年代中后期之前雨带偏北，为 Ⅰ 类雨型；70 年代中后期之后主雨带逐渐南移，呈现 Ⅱ 类雨型；直到 90 年代初期之后，Ⅲ 类雨型占据主导，北方干旱化加剧。近 60 年，中国东南部降水的增加趋势也与上述雨型的变化有关。

中国东部雨型的年代际变化与东亚夏季风的年代际变化密切相关（丁一汇等，2013；Si and Ding.，2016；Zhu et al.，2012；黄荣辉等，2013），其中 PDO 与 AMO 的协同作用是造成东亚夏季风周期振荡的主要原因。此外，印度洋海温异常（贾小龙和李崇银，2005）、北极海冰（Wu et al.，2009）以及青藏高原积雪（Ding et al.，2009）对于我国东部雨型的年代际变化也有调制作用。

3.3.2　降水日数

我国众多学者分析了近几十年来中国区域降水日数的变化特征（任国玉等，2015；Ma et al.，2015；Huang and Wen，2013）。发现 20 世纪 60 年代以来我国雨日数存在明显减少的趋势，达到 3.18%/10a，雨日数的变化实际上与不同等级雨日的变化密切相关（吴福婷和符淙斌，2013；Huang and Wen，2013；Jiang et al.，2014）。总体而言，我国小雨到中雨日数明显减少，如 1960~2013 年，小雨日数（0.1mm ≤ 日降水量 < 10mm）减少趋势为 3.85%/10a，中雨日数（10mm ≤ 日降水量 < 25mm）减少趋势为 1.17%/10a（Ma et al.，2015）。可见，我国降水日数的显著降低与小雨和中雨日数的大幅减少有关。降水日数的变化趋势也存在明显的区域差异，我国东部华北、长江流域以及华南降水日数减少最为明显，减少趋势分别为 4.32%/10a、4.14%/10a 和 3.7%/10a；而西部地区（100°E 以西）则明显增加，如西北干旱区和高原地区的增加分别为 1.92%/10a 和 0.77%/10a（Wu G X et al.，2016），西部雨日数增加与总降水量增加密切相关。

针对我国东部季风区降水日数变化的成因（Li et al.，2011；Huang and Wen，2013），发现在全球变暖背景下，我国小雨存在向大雨转移的特征（吴福婷和符淙斌，2013；Jiang et al.，2014；Ma et al.，2017），并且小雨减少多发生在增暖更明显的区域，且很可能是增暖引起的大气静力稳定度的改变导致的（Huang and Wen，2013）。也有不少研究提出我国降水日数减少可能与近期大气中气溶胶浓度的显著增加有关（Li et al.，2011；Tao et al.，2012；Fan et al.，2012；Fu and Dan，2014；Guo D et al.，2017）。

3.3.3　降水强度和持续性

降水强度的变化与降水量、雨日数的变化密切相关，伴随着近年来我国平均降水日数的减少，平均日降水强度呈显著的增强趋势，1956~2013 年中国区域平均的日降水强度增强趋势为 0.17mm/（d·10a）。近 60 年（1961~2017 年），降水强度呈显著增强趋势的测站占全部测站的 15.2%（Li and Chen，2021）。从降水强度趋势变化的空间分布来看，除黄河中上游、东北中西部以及西北中部区域外，我国大部分区域降水强度呈增强趋势，其中长江流域以南地区降水强度显著增强（图 3-7）。

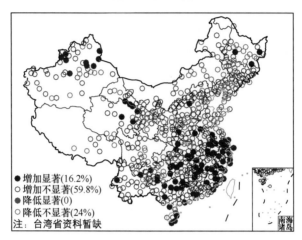

图 3-7　中国区域降水强度趋势变化空间分布（Li and Chen，2021）

除降水总量和强度外，持续性降水也是衡量降水变化的一个重要特征。有关降水持续性变化的研究表明（Zhang et al.，2011；Chen and Zhai，2014；翟盘茂等，2017），我国年持续性降水无明显变化特征，但冬季和夏季降水持续性变化特征较为明显，冬季的持续性降水在增加，由 20 世纪 60~80 年代持续 8 天以下的降水，增加至 90 年代后持续时间大于 13 天。夏季降水的持续时间则从 70 年代中期的 8~10 天，减小到 90 年代中期的 2~3 天，之后开始增加（Zhang et al.，2011）。

持续性降水变化的空间差异也较为明显。中国西南（Chen and Zhai，2014）以及长江流域（Zhang et al.，2014；李明刚等，2016）长持续性降水（≥3 天）发生频次在减少，而短持续性降水（<3 天）发生频次在增加（图 3-8）。但华南地区长持续时间的降水过程呈增多趋势，短持续时间的降水过程则呈减少趋势（李慧等，2018）。

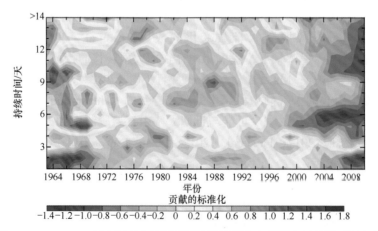

图 3-8　1961~2012 年中国西南地区不同持续性降水占总降水贡献的时间变化
（Chen and Zhai，2014）

时间序列进行了标准化以及 5 年滑动平均；红色表示正趋势；蓝色表示负趋势

综上研究表明，近百年我国降水量无明显的趋势变化，但存在显著的空间差异，西部地区变湿的特征非常明显，而我国东部降水存在非常显著的年际以及年代际变化特征，特别是东部夏季降水雨型呈现三类雨型的年代际转变。1961 年以来我国东部季风区雨日数明显减少，降水强度显著增强，长江中下游及其以南地区尤为明显。在降水持续性特征方面，虽然年持续性降水无明显趋势变化，但我国冬季降水的持续性增加明显，西南以及长江流域长持续性降水（≥ 3 天）发生频次减少，短持续性降水（< 3 天）发生频次呈增加趋势。

3.4　大气湿度和云量变化

本节主要评估观测的中国地面和大气湿度变化、观测的云量变化（包括总云量、低云量等）。

3.4.1　地面和大气湿度

1. 1961 年以来观测到的中国区域相对湿度变化

相对湿度是描述空气中的水汽含量和潮湿程度的物理量。相对湿度的高低对降雨、降雪（Harpold et al.，2017）、夏季闷热天气（Sherwood，2018）、冬季雾霾的发生和加剧（吴萍等，2016）及人体健康的影响都具有一定的指示意义。但相较于温度和降水而言，对相对湿度的长期变化分析明显不足，得到的结论差异性较大。

IPCC AR5 指出，随着全球变暖，全球陆地近地表相对湿度已经出现了大范围的下降趋势，并且这种趋势将会随着全球继续增暖而加速。利用我国地面观测站得到的相对湿度观测数据，大部分研究的结果显示，中国年平均相对湿度的变化与全球大部分地区的变化规律相似，即 20 世纪 60 年代至今呈现出下降的趋势（Simmons et al.，2010；Song et al.，2014；符传博等，2019）。这种下降趋势在湿润地区（如我国东南地区）的夏季表现得尤为明显（Song et al.，2014；Chen and Li，2017；Luo and Lau，2017；马悦等，2014）。而在我国西北部分地区，相对湿度在夏季则呈现出显著的增加趋势。

在大部分针对相对湿度长期变化的研究中，对相对湿度观测数据的均一性关注程度不够，仅对数据的缺测、迁站等方面做了相应的处理。而对观测数据非均一性的另一个重要来源——观测方式的改变，即从人工观测改为自动观测考虑得非常不足。有研究指出，这种由人工观测改为自动观测会造成相对湿度观测的系统性偏干，即自动观测值偏低，二者的差异在高温、高湿的环境下更为明显（余君和牟容，2008；苑跃等，2010；朱亚妮等，2015）。而大多数研究中得出的相对湿度下降的趋势恰恰是 20 世纪 90 年代末和 21 世纪初观测方式的改变导致的相对湿度的骤降所引起的（Song et al.，2014；符传博等，2019）。将这个干偏差订正后，全国年平均的相对湿度自 1961 年以来没有明显的增减趋势（朱亚妮等，2015）。就空间分布来看，数据经过均一化订正后，我国大部分地区的相对湿度自 1961 年以来呈现出不显著的减小趋势（变干），但在长江流域、四川西部、西藏、新疆地区都呈现出相对湿度增加的趋势（朱亚妮等，2015）。考虑到目前相对湿度观测数据中存在的明显的非均一性及均一化方法本身的不确定性，这一结论的信度不超过中等水平。

对于某一特定地区而言，其相对湿度的长期变化趋势还同时受到局地人类活动的影响，如华北地区的灌溉（Kang and Eltahir，2018）和东部地区的城市化（Yang P et al.，2017）。相关方面的高质量研究非常不足，仍有待加强分析。

2. 中国区域地面和大气湿度阶段性变化特征及趋势

大气的水汽主要集中在对流层中低层，通常用比湿这一特征量来表征。经均一化后的探空观测以及多套再分析资料一致表明，自1961年以来，中国年平均比湿在地表及对流层低层呈现出显著上升的趋势（高信度）（张思齐等，2018；Zhao et al.，2012；Wang and Gaffen，2001；Dai et al.，2011），这种上升趋势在我国西北地区尤为突出（Wang and Gaffen，2001；郭艳君和丁一汇，2014；Peng and Zhou，2017），夏季相较于冬季更为明显（郭艳君和丁一汇，2014；贾蓓西等，2014）。

进一步分时段来看，1979年以前，对流层低层的比湿实际上是呈下降趋势的，而1979年以后对流层低层的比湿呈显著上升趋势，且这种上升趋势较整个时段的趋势而言更强，到近一二十年又有变干的趋势（郭艳君和丁一汇，2014）。对流层中高层比湿的变化探空观测和再分析资料呈现出相反的特征。即便基于均一化的探空资料，不同时段的变化趋势也可能呈现相反的特征，如张思齐等（2018）研究得出1979~2015年对流层中高层比湿上升，而郭艳君和丁一汇（2014）则指出1958~2005年对流层中高层的比湿以下降为主。这可能与后者的序列中包括1958~1979年这一较湿润的时段有关，若关注1979年至今的时段，我国上空对流层中高层的比湿较为一致地呈现弱的上升趋势（中等信度）。

除每一层的相对湿度外，还可以用大气可降水量（PW）来表征整层大气中的水汽含量。时间较长的PW序列通常由无线电探空站或者地面全球定位系统（GPS）探测的各层大气湿度从地表到300hPa的整层积分得来（Wong et al.，2015）。基于均一化的探空观测资料，有研究揭示了中国地区年平均的PW自20世纪70年代末以来呈显著增加的趋势，表征中国上空整层大气正在变湿，这种变湿的趋势在我国华北、东北、东南部、中东部和西北部地区尤为明显（Zhao et al.，2014；Wong et al.，2015；Wang Y et al.，2017）。从季节差异上来看，这种变湿的趋势在夏季最强（Xie et al.，2011）。一些研究将观测时段以2000年作为分界点，可以发现变湿的时段主要出现在2000年以前，而2000年以来我国大部分地区的PW呈现出减小的趋势，尤其是在冬季和春季的北方地区（Wong et al.，2015；Wang Y et al.，2017）。但另一些研究则发现即便选择2000年以后作为研究时段，我国部分地区的PW仍然呈现出较强的增加趋势（Zhang et al.，2017；Wang Y et al.，2017；Zhang W et al.，2018）。造成这种差异的原因主要是采用的PW观测数据来源不同，数据的均一性不同以及PW计算（或者反演方案）的差异。基于以上评估，我们认为自20世纪70年代末以来我国大部分地区的大气可降水量呈显著增长趋势，这一趋势具有高信度，这也与"大气变暖能够承载更多的水汽"这一基本理论相一致，但关于各个子时段的变化趋势的结论信度低。

3.4.2 云

1. 1961 年以来观测到的中国区域云量变化

云的变化直接影响到达地表的辐射的变化，进而影响地表温度。同时，云的变化也与降水的变化密切相关。但目前由于观测资料质量的局限，对云的长期变化的理解不确定性极大（Norris et al.，2016）。云量的观测数据通常包括观测员的人工观测和卫星观测。其中，人工观测的云量数据主观性较强，依赖于观测员的经验判断。目前，我国的云量资料尚未经过系统性的均一化处理（Xia，2010）。尽管如此，当地面观测资料与卫星资料观测得到的结论较为一致时，我们认为结论具有高信度。

从长期趋势来看，1961 年至今，人工观测和卫星资料一致地显示我国平均总云量总体呈现减少趋势（Liu et al.，2016；徐兴奎，2012；Xia，2010；Norris et al.，2016；符传博等，2019）。这种减少趋势在东北地区最为明显（Liu et al.，2016）。但卫星资料与地表观测资料在冬季的一致性较差（Ma et al.，2015）。除中部平原地区外，低云量在我国大部分地区都呈现显著增多的趋势（Li et al.，2011；Zhao et al.，2014；Liu et al.，2016；徐兴奎，2012；Xia，2010；Eastman and Warren，2013）。因此，总云量的减少是由高云的减少主导的（Zhao et al.，2014）。各个季节的云量与上述云量的年变化规律基本一致（Liu et al.，2016；Zhao et al.，2014；Xia，2010）。

2. 中国区域云量阶段性变化特征及趋势

除了上述的长期趋势外，我国云量的阶段性变化特征非常明显，分界点为 20 世纪末到 21 世纪初。2000 年以前，我国大部分地区总云量表现为显著减少趋势，晴空天气增多（高信度）（Kaiser，1998，2000；Qian et al.，2006；Duan and Wu，2006；刘洪利等，2003；Endo and Yasunari，2006）。2000 年之后，我国总云量的变化特征呈现出波动增多的态势（中等信度）（Zhao et al.，2014；Liu et al.，2016；Chen et al.，2015）。低云量的阶段性变化特征不明显，各个时段较为一致地呈现出增多趋势。

3.5 辐射、日照变化

3.5.1 太阳辐射

太阳辐射是地球气候系统最主要的能量来源，是天气、气候形成和演变的基本动力，也是影响生态环境变化的主要因子。地球大气上界的太阳辐射长期变化非常小，但太阳辐射在到达地球表面的过程中受大气成分、云量、大气中的水汽含量及大气悬浮物等的影响，从而造成到达地面的太阳辐射发生变化。地面太阳辐射变化（包括直接辐射和散射辐射两部分）影响着地表的大气温度、蒸发和水循环、碳循环以及整个生态系统和人类生存环境，并产生较为深远的综合效应（石广玉，2007；Wild et al.，2017）。

20世纪60年代以来，我国地面太阳总辐射整体呈下降趋势，且与全球地面太阳总辐射变化相一致，都经历"先变暗后变亮"的阶段性变化过程，该结论2012年以来得到地面台站观测、卫星遥感反演资料和模式模拟研究的进一步证实（马金玉等，2012；齐月等，2014；Wang et al.，2016；Qin et al.，2018；Yang et al.，2018），具有高信度。但不同研究对中国地面太阳总辐射的变化幅度、季节变化特征、由"变暗"到"变亮"的转折期及辐射变化的可能驱动因子等方面的认识仍有较大的差异和不一致性。Wang S等（2017）在剔除1990~1993年可能受人为影响的站点后，重新评估结果显示，1961~1989年中国地面太阳总辐射呈一致性显著下降趋势，平均每10年减少8.3W/m²，东南地区尤其是长江流域下降幅度最大，夏季下降最为突出；而1989~2013年中国地面太阳总辐射平均每10年增加2.1 W/m²，以春季增加最为明显，且"变亮"主要出现在南方地区，而北方地区仍维持"变暗"。Zhou等（2018）重新估算我国地面年和季节太阳总辐射的变化趋势，指出受人类活动气溶胶排放和日照时数变化影响，20世纪60年代初以来绝大多数台站呈显著减少趋势，且冬季降幅最大、春季降幅最小；但东北地区东部、西南地区西南部部分台站（张万诚等，2013）表现为增加趋势。Yang等（2018）利用台站更为密集的日照时数作为参照序列，对全国119个台站的地面太阳总辐射观测资料进行了均一化订正后，认为由"变暗"到"变亮"的转折期为2005年（图3-9）：20世纪90年代之前，全国年平均太阳总辐射量呈快速下降趋势，1991~2005年"变暗"减弱，2005年以来表现为显著的"变亮"趋势（中等信度）。

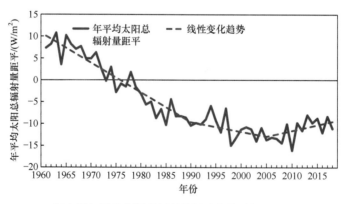

图3-9 1961~2018年中国年平均太阳总辐射量距平变化（据Yang et al.，2018改绘）

散射辐射变化对于农业生产和植被光合作用至关重要。Feng和Li（2018）对我国地面太阳总辐射、直接辐射和散射辐射时空变化分析表明，20世纪90年代以来中东部地区散射辐射增加可能与大气污染物排放密切相关，而西北和青藏地区直接辐射和太阳总辐射明显增加。而对我国47个站点的晴空散射辐射比例研究也显示，绝大部分站点散射辐射比例呈显著上升趋势，40°N以南、100°E以东的中东部地区上升最为显著，而大气污染加剧可能是导致散射辐射增加的主要原因之一，散射辐射比例已发生明显变化（符传博和丹利，2018）。

3.5.2　日照时数

日照时数是指地面观测点受到太阳直接辐射辐照度 ≥ 120W/m^2 的累积时间，其为表征太阳直接辐射的最常用物理量之一，且相对于地面辐射观测，我国日照时数观测资料更为完备、站网密度更优（Li et al.，2016），同时也由于日照时数和总辐射的高相关性，日照时数经常被用来作为太阳辐射数据校准的参照（鞠晓慧等，2007；Wang S et al.，2017；Yang et al.，2018）。

从日照时数的长期趋势来看，20 世纪 60 年代以来，中国平均年日照时数呈显著的减少趋势，平均每 10 年减少 1.4%（图 3-10）（中国气象局气候变化中心，2019），且阶段性变化特征明显：20 世纪 60~90 年代初，日照时数快速减少，平均每 10 年减少 1.8%；90 年代初以来，日照时数总体趋于平稳，主要表现为小幅年际波动（Wang et al.，2014）。

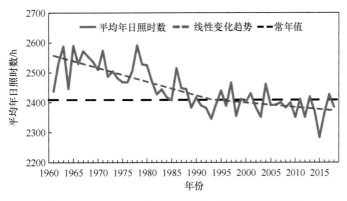

图 3-10　1961~2018 年中国平均年日照时数距平变化
（据中国气象局气候变化中心，2019 改绘）

20 世纪 60 年代以来，我国年日照时数变化趋势区域间差异明显。东北地区中东部、京津冀地区、黄淮、江淮、长江中下游地区和珠江三角洲地区日照时数减少幅度最大，河北西南部和河南大部平均每 10 年减少超过 100h，人类活动导致气溶胶浓度增大是上述地区日照时数显著减少的主要原因（符传博和丹利，2018）。而内蒙古东部至东北地区北部、内蒙古西部至西北地区西部、新疆南部及青藏高原部分地区日照时数则表现为增加趋势，这可能与 20 世纪 60 年代以来北方地区沙尘天气减少、粉尘气溶胶影响减弱有关。同时，对于 20 世纪 90 年代初以来，中国日照时数趋于平稳的主要成因机制（Wang Y et al.，2017），及其与云量、地表反照率、水汽含量、风速间的关系仍有待于进一步的深入研究。

3.6 大气环流的变化

本节主要评估观测到的风和气压变化、影响中国气候变异的关键大气环流系统和主要模态的变化等。

3.6.1 欧亚气压场

1. 1961 年以来观测到的气压场变化

海平面气压的空间分布反映了大气质量的堆积，也是自由大气中的环流在地面的表征。海平面气压资料是由大陆上的气象站气压计观测和海面上的船只测量得到的。总体来说，海平面气压资料质量较好，但在观测较为稀疏的地区数据质量仍有待提高。

IPCC（2013）AR5 的评估结果表明，1979~2011 年欧亚大陆大部分地区海平面气压场变化不明显，大部分地区呈现显著下降的趋势。Smoliak 和 Wallace（2013）的研究结论支持这一观点。但欧亚海平面气压变化的结论严重依赖于所关注的时段和季节。若改为关注 20 世纪 50 年代以来的时段，则冬季海平面气压在欧亚大陆北侧表现为整体一致的下降，南侧则表现为上升；而夏季则表现为整个欧亚大陆海平面气压上升（Bhend and Whetton，2015；Gillett et al.，2013；Colfescu et al.，2013）。关注 20 世纪 80 年代以来的时段发现，近 30 多年来冬季欧亚大陆北侧的海平面气压有上升的趋势（Wu et al.，2013；Schmidt and Grise，2017；IPCC，2013）。

2. 区域气压场变化的特征及机制

在海平面气压场上，对欧亚大陆的天气气候具有明显调制作用的系统之一为西伯利亚高压，本小节将重点评估该半永久性大气活动中心的变化特征。

西伯利亚高压是欧亚地区冬季最强盛的气压中心。长期来看（1961 年以来），西伯利亚高压的强度并没有明显的趋势性变化，而是表现为明显的年代际 – 多年代际振荡的特征（高信度）（IPCC，2013；Chernokulsky et al.，2013；Jeong et al.，2011；Smoliak and Wallace，2013）。多套再分析数据和观测数据一致表明，20 世纪 70~90 年代初，西伯利亚高压呈现出减弱的趋势，而后至今强度在逐渐增强，这也导致了近一二十年来我国冬季风有增强的趋势，冷事件频发（高信度）（Panagiotopoulos et al.，2005；Jeong et al.，2011；Zhang et al.，2012；Sun et al.，2014；Wang and Chen，2014；Ye et al.，2018；Yun et al.，2019），如给我国造成重大影响的 2008 年我国南方冰冻雨雪以及 2016 年我国东部大范围寒潮均发生在西伯利亚高压增强期（Wu et al.，2011；Ma and Zhu，2019）。

造成近期西伯利亚高压增强的原因目前尚未达成一致，可能与北极海冰的减少（Wu G X et al.，2016；Sun et al.，2014；Zhao et al.，2014）、热带海洋变暖（Wu et al.，2018）、大气内部变率（Ogawa et al.，2018）、欧亚大陆积雪增多及大气的反馈（Jeong et al.，2011），以及气溶胶和臭氧的影响有关（Gillett et al.，2013）。特别是北极海冰对欧亚大陆气压场（环流场）及欧亚大陆冬季天气气候的影响是目前国际研究的热点问题，其结论分歧明显，亟须更多研究加深对这方面的认识。

3.6.2　地面风场

1. 1961 年以来观测到的中国区域风速变化

基于气象台站观测记录，很多研究分析了中国区域近地面平均风速的变化，根据分析所用站点数目的多少以及时段的长短差异，得出风速的下降趋势有所不同，如 Chen 等（2013）对全国 540 个气象站点 1971~2007 年的资料的分析发现，风速趋势为 –0.17m/（s·10a），其中春季风速以及风速高百分位的下降幅度更明显。Lin 等（2013）基于 472 个站 1960~2009 年的资料得出风速趋势为 –0.10m/（s·10a）。站数增加到 653 个和 741 个的分析结果也大体相近，在 1979~2011 年和 1966~2011 年趋势分别为 –0.15m/（s·10a）和 –0.16m/（s·10a）（Liu et al.，2014；Zha et al.，2017）。不同地区风速趋势存在差别，西南地区 110 个站 1969~2009 年的趋势达到 –0.24m/（s·10a）（Yang et al.，2012）；东北地区 71 个站 1971~2010 年的趋势为 –0.23m/（s·10a），其中春季风速的下降最显著，冬季次之，夏季最弱（金巍等，2012）；西北地区 125 个站统计，1960~2006 年的趋势为 –0.12m/（s·10a）（田莉和奚晓霞，2011）；青藏高原 139 个站显示，1970~2012 年有 –0.20m/（s·10a）的趋势，而且海拔越高风速下降越明显（Guo X et al.，2017）。整个东部平原区 1980~2011 年平均风速以每 10 年 –0.13m/s 的趋势在下降（Wu L et al.，2017）。中国近地面风速的下降与全球陆地表面风速普遍下降的特征是一致的，其中大风的频次和风速下降较为突出（McVicar et al.，2012；Azorin-Molina et al.，2017；Wu et al.，2018）。21 世纪初以来，全球及中国平均风速有增加的迹象（Li X et al.，2018；Wu et al.，2018；Zeng et al.，2019），这是否意味着其趋势的转变，有待更长观测资料的支持。

2. 中国区域风速显著下降的特征及机制

风速的变化可由诸多气候及非气候因素导致。亚洲冬、夏季风强度的减弱可导致包括我国在内的东亚大范围风速相应下降（王会军和范可，2013；Jiang et al.，2013）。我国东部地区的土地利用/覆盖变化也可能影响风速的长期趋势（陶寅等，2016；Li Z et al.，2018）。Wu G X 等（2017）利用摩擦风模型定量评估了中国东部平原地区土地利用/覆盖变化对 10m 高度风速的影响，结果表明，当该地区的城市化率升高 10% 时会导致风速下降 0.24m/s，其中土地利用/覆盖变化造成拖曳系数的增加是风速减小的重要原因。吸收性气溶胶增强边界层大气的稳定性，削弱动量下传和抑制对流，不利于近地面风速的增加（Yang et al.，2013）。另外，气溶胶与边界层的相互作用也可能导致边界层大气的不稳定，影响近地面风速（Dong et al.，2017）。此外，风电场、测风仪器的更换、台站的迁移、观测站周围环境的变化等也可能造成观测风速的下降（赵宗慈等，2011）。

总之，近 60 年中国近地面风速下降的总体趋势仍然没有改变（高信度），21 世纪初以来风速有增加的迹象。风速的长期下降与季风环流、地表覆盖变化、气溶胶等因子有关，但是定量解析各因素的贡献仍有较大不确定性。

3.6.3 西太平洋副热带高压

1. 观测到的西太平洋副热带高压变化

西太平洋副热带高压对我国四季气候异常以及极端温度和极端降水的变化有重要影响，在夏季尤为突出。因此，大部分研究关注夏季西太平洋副热带高压的变化特征。其对全球变暖的响应表现在位置和强度两个方面。早期的研究结果认为，20 世纪 70 年代末西太平洋副热带高压相较于 70 年代中期以前位置偏西、强度偏强，即西伸加强（Lu and Dong，2001；Sui et al.，2007；Zhou et al.，2018；Matsumura and Horinouchi，2016）；而近年来一些研究则得出了完全相反的结论，认为西太平洋副热带高压自 70 年代末以来正在减弱并且位置偏东（Huang et al.，2015；Wu and Wang，2015）。造成二者的差异在于两种观点所采用的表征副热带高压西边界的指数不同。较早的工作大部分直接采用 500hPa 位势高度来表征副热带高压的异常，但在全球变暖背景下，西太平洋地区的位势高度会表现为纬向较为均匀的升高，使得以高度场为基础的指数对副热带高压强度和位置的长期变化的表征出现偏差；近年来的工作更多地提倡采用去除了纬向均匀升高部分之后的扰动位势高度来刻画副热带高压的活动，进而得出了副热带高压变弱东撤的结论（Wu and Wang，2015；He et al.，2018）。在未来继续变暖的背景下，这种变化趋势也将延续（He et al.，2018）。此外，基于一种动态识别副热带高压西界的指数，Yang P 等（2017）指出副热带高压在 70 年代末以来在东西位置上并无明显变化。鉴于所采用指数的多样性以及各指数不同的侧重点，关于夏季西太平洋副热带高压东西位置变化的结论为低信度水平。

2. 西太平洋副热带高压的变化特征、气候影响及机制分析

西太平洋副热带高压位置和强度变化的成因复杂。关于其西伸的原因，有研究表明，20 世纪 70 年代末以来赤道印度洋 – 海洋性大陆海表温度的持续升高导致该地区对流旺盛，异常的对流凝结潜热会激发局地大气环流的响应和调整，有利于副热带高压的西伸（Lu and Dong，2001；Zhou et al.，2018）。PDO 相关的海温异常可以造成副热带急流的南北位置异常，进而通过高低层环流的动力耦合影响到副热带高压的东西位置以及强度（Matsumura and Horinouchi，2016）。此外，多个关键海区海温异常模态的协同作用也可对副热带高压的活动起到调制作用（Zhang Z et al.，2018）。而从对人类活动的响应角度，气候变化会加剧海陆热力差异，有助于西太平洋副热带高压的加强。进一步通过细分人类活动中温室气体和气溶胶的贡献可以发现，二者均可引起太平洋热带海温的非均匀增暖，进而调制海 - 气反馈过程，影响副热带高压的强度和位置异常（Tian et al.，2018）。但气溶胶的辐射效应引起印度洋海温的变冷，其有利于副热带

高压位置偏东（Wang et al.，2019）。鉴于副热带高压变化的复杂性及目前机理分析的多样性和不一致性，目前很难对副热带高压变化的原因给出普遍接受的结论。

20 世纪 70 年代末以来我国的"南涝北旱"现象被认为是副热带高压西伸增强的结果（Cherchi et al.，2018）。同时，西伸的副热带高压有利于我国南方地区夏季极端高温事件频发。但近年来副热带高压东退的研究则得出东退的副热带高压不利于水汽向北输送，易形成北旱，而降水的南涝是孟加拉湾水汽输送异常增强引起的（Huang et al.，2015）。

3.6.4 南亚高压

1. 观测到的南亚高压变化

南亚高压是北半球夏季对流层上层强大的反气旋，常用 100hPa、150hPa 或者 200hPa 等压面特定闭合的位势高度等值线来刻画其强度、位置、范围等特征。近年来的研究广泛使用现代再分析资料，不同的再分析资料计算的南亚高压强度的长期变化趋势的正负方向和幅度均存在明显的差别（Yang et al.，2016；Guo X et al.，2017；Wu G X et al.，2017；Shi et al.，2018）。总体上看，基于位势高度计算的南亚高压强度普遍存在上升趋势。如果考虑全球变暖对流层等压面长期抬升的影响，去掉高度场的纬圈平均值或者北半球平均值后，则多套再分析资料（MERRA、MERRA2、ERA-Interim，JRA55）都显示南亚高压的强度在 1979~2015 年没有上升的趋势，散度和涡度的长期变化也如此（Wu G X et al.，2017）。根据青藏高原地区有限的探空资料估计，1979~2000 年南亚高压呈减弱趋势，而 2001~2014 年则呈增强趋势（Shi et al.，2018）。近 30 来年，南亚高压的位置变化也很明显，其中青藏高原上空的高压中心位置显著北移，同时伊朗高原的高压中心显著向南移动（Wu L et al.，2017）。南亚高压年际尺度上位置的东西向摆动是一个突出的特征。

2. 南亚高压的变化特征、气候影响及机制分析

陆面和大气非绝热加热是影响南亚高压的重要因子（Wu G X et al.，2016）。青藏高原地区 5 套再分析资料（NCEP1、NCEP2、JRA25、CFSR、ERA40）、两套陆面模式结果（G2_Noah、YSiB2）以及 76 个台站观测估算值显示，夏季感热气候值差别明显，最高的相差超过 20W/m^2，不过其年际变率有较好的一致性，1980~2006 年长期趋势除 CFSR 有轻微增加趋势外，其他资料均显示下降趋势 $[-3.95~-1.75W/(m^2 \cdot 10a)]$（Zhu et al.，2012）。综合 1984~2007 年的台站、再分析及卫星遥感数据的分析也表明，青藏高原地区感热呈现明显的下降趋势（Shi and Liang，2014）。更新资料显示，2001~2012 年青藏高原地区感热总体仍然是下降的（Han et al.，2017）。青藏高原地区夏季感热通量的长期下降可能与地面风速的减弱（Guo X et al.，2017；Li Z et al.，2018）、地表植被绿度增加影响能量平衡（Li T et al.，2014）、低云量的增加（Wu et al.，2015）等因子有关。6 月南亚高压位置西北 – 东南向的年际移动与青藏高原的感热

显著相关（Zhang H X et al., 2019）。

最近的研究表明，南亚高压的多尺度变化还与其他因子有关，其中热带太平洋海表面温度（SST）（Peng et al., 2018）、印度洋 SST（Yang et al., 2016）、北大西洋 SST（Cui et al., 2015），可通过波列、降水等途径，影响南亚高压强度年代际或年际尺度变化。区域性的季风降水潜热异常，是影响南亚高压位置变化的重要因素。年际尺度上季风降水导致的非绝热加热对南亚高压有反馈作用，青藏高原东部到长江流域异常偏多的降水可在对流层上层产生局地的异常反气旋以及西传的 Rossby 波，导致南亚高压向东扩展（Zhang et al., 2016；Yang and Li, 2016）。南亚夏季风降水偏多时，异常加热可导致南亚高压向西移动、伊朗高原上空中心强度加强和青藏高原东部地区气压下降（Wei et al., 2014）。在人为温室强迫变暖情况下，孟加拉湾及赤道西太平洋地区降水增加，可导致南亚高压位置的南移（Qu et al., 2015）。次季节尺度上南海和西太平洋地区热带异常降水，可导致南亚高压范围的向东扩展（Ren et al., 2015）。

总之，不同的再分析资料以及分析方法得到的南亚高压强度的变化存在明显差异，青藏高原地区地面感热通量在持续下降（中等信度），区域性季风降水异常对其位置的年际及季节波动有显著影响。综合多种证据，20 世纪 80 年代以来南亚高压强度的趋势可能不明显（低信度）。

3.6.5 东亚急流

1. 观测到的急流变化

东亚急流指中心位于 100°~130°E 地区的对流层高层的强西风带。东亚急流中西风的风速在冬季要明显强于夏季，冬季急流轴位置相对于夏季偏南（Manney and Hegglin, 2018；Rikus, 2018）。东亚急流的强度和位置异常对我国温度和降水能够造成显著影响。IPCC AR4、AR5 对于急流变化特征的表述较为一致，认为在近 50 年来（20 世纪 70 年代末以来），北半球大部分地区的副热带急流呈现出向北移动的特征（Fu and Lin, 2011；Archer and Caldeira, 2008）。但东亚急流呈现出了与北半球其他地区不同的特征，具体表现为东亚急流轴在夏季明显南移，而冬季的径向位置变化并不明显或略南移（Li et al., 2010；Zhang and Huang, 2011；陆日宇等，2013；Manney and Hegglin, 2018）。

对于急流强度而言，20 世纪 70 年代末以来年平均的东亚急流没有明显的变化趋势，或呈现出不显著的减弱趋势（Archer and Caldeira, 2008）。夏季的东亚急流强度未表现出明显的变化趋势，而在冬季东亚急流有加强的趋势（Zhang and Huang, 2011；Archer and Caldeira, 2008；Manney and Hegglin, 2018）。而 Abish 等（2015）的研究发现，东亚急流无论是在冬季还是在夏季均呈现出增强的趋势。造成这种结论差异的原因在于不同研究采用的再分析数据不同、分析的时段不同（Pena-Ortiz et al., 2013）。综上所述，自 20 世纪 70 年代末以来，东亚急流在冬季表现为增强的趋势这一结论具有高信度。

2. 急流变化特征、气候影响及机制分析

从大气运动的动力 – 热力学本质来看，急流的南北移动以及强度变化是由大气的温度梯度的变化决定的（Zhang Y Z et al.，2019）。Abish 等（2015）将发现的东亚急流增强归因于东亚地区气溶胶导致的大气温度下降、副热带地区南北温度梯度增强，这与 Yu 和 Zhou（2007）的发现是一致的。除了受到大气非均匀变暖的影响，近年来哈得来环流圈（Hadley cell）的向极地扩张也使得位于其北界的副热带急流轴有向北移动的倾向（Hu et al.，2011）。东亚地区大尺度大气遥相关的活动通过影响高度场的异常可以影响到急流的强度和位置变化，而大尺度大气遥相关又往往与热带地区的海洋热力强迫及其引起的对流凝结潜热异常有关（陆日宇等，2013；Feldstein and Lee，2014；Du et al.，2016）。

当急流强度较强且位置偏北时，东亚夏季风较强，易造成华北多雨；当急流强度较弱且位置偏南时，东亚夏季风较弱，雨带多停留在江淮流域（Huang et al.，2015；Wang et al.，2016；Li and Lu，2017；Wang and Zuo，2016）。但急流对降水的影响在夏季的不同阶段，如初夏和盛夏略有差异（Wang et al.，2016；Wang and Zuo，2016）。除了对夏季汛期降水的影响外，急流位置和强度的变化通过引发高层的辐合辐散异常，进而对其下方的干 – 热天气起到一定的调制作用（Wang et al.，2013）。例如，近几十年华北的干旱被认为与急流位置异常引发的下沉运动有关（Zhang et al.，2015）；东南地区的热浪增多也有急流轴南移的贡献（Wang et al.，2013；Luo and Lau，2017）。在冬季，在急流强度较弱的时段内，华北地区容易出现持久的雾霾天气（Li et al.，2016；Wu J et al.，2017）。

3.7 中国气候变化与全球及"一带一路"地区的对比

根据 WMO 发布的全球气候状况公报，全球气候系统的变暖趋势进一步持续：2018 年全球平均温度较工业化前水平约高出 1.0℃，全球平均海平面再创历史新高。全球气候变化对自然生态系统和经济社会的影响正在加速。在全球气候变化的大背景下，近百年来中国也出现了显著的气候变暖，但气候变化的区域差异明显，青藏地区暖湿化特征显著。

2018 年全球地表平均温度较工业化前水平（1850~1900 年平均值）约高出 1.0℃，为有完整气象观测记录以来的第四个最暖年份（图 3-11）。2014~2018 年是有完整气象观测记录以来最暖的五个年份；有现代气象观测记录以来的 20 个最暖年份均出现在过去 22 年中，表明全球变暖趋势仍在进一步持续。

2018 年 10 月，IPCC 发布的《IPCC 全球 1.5℃温升特别报告》指出，2006~2015 年全球地表平均温度比 1850~1900 年的均值升高了 0.87℃，并以 0.2℃/10a 的速率继续上升；如果维持当前温升速率，全球温升将在 2030~2052 年超过 1.5℃，即便立刻停止全球温室气体排放，工业化时代以来的人为温室气体排放仍将在百年到千年尺度上继续影响气候系统的变化，如造成海平面持续上升等。2019 年 9 月，WMO 在联合国气候变化首脑峰会前夕发布的评估报告指出，2015~2019 年的全球地表平均温度比工业化前升高了 1.1℃，比 2011~2015 年升高了 0.2℃。当前全球地表平均温度的上升速度已大大超出 IPCC 评估报告"每 10 年上升 0.2℃"的范围。

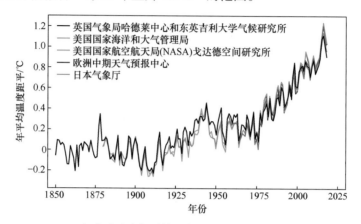

图 3-11　1850~2018 年全球地表年平均温度距平（相对于 1850~1900 年平均值）
（据 WMO《2018 年全球气候状况声明》改绘）

"一带一路"沿线国家（包括中国、蒙古国、东盟 10 国、南亚 8 国、西亚 18 国、中亚 5 国、独联体 7 国、中东欧 16 国等国家和地区）气候类型复杂多样，气候地带性分布特征明显。IPCC AR5 认为，自 1950 年以来大多数陆地区域暖昼和暖夜数量增加，欧洲、亚洲和澳大利亚大部分地区高温热浪事件频次增多；强降水事件数量增加的区域可能要多于减少的区域；部分区域经历了更强和持续时间更长的干旱，特别是在欧洲南部和非洲西部。在全球变暖背景下，"一带一路"沿线国家极端天气气候事件频发，且强度增强，并对沿线国家人民的生命财产安全、基础设施建设和生态环境等产生严重影响。"丝绸之路经济带"沿线地区高温热浪、暴雨洪涝、暴风雪、寒潮、区域性气象干旱等灾害频繁、影响大。

20 世纪中叶以来，"一带一路"沿线国家及毗邻地区总体表现为一致性的升温趋势，中高纬地区变暖的幅度明显高于副热带和热带地区。1951~2018 年，欧亚大陆 40°N 以北地区升温速率普遍高于 0.20℃/10a（图 3-12），高于相同时段内全球陆地的平均水平；中国内蒙古中部和新疆西北部、蒙古国、俄罗斯大部、欧洲东部及东非西北部地区升温速率超过 0.30℃/10a，俄罗斯中北部部分地区甚至超过 0.40℃/10a；而中国西南部地区、东南亚大部、南亚北部地区升温速率最小，低于 0.10℃/10a；西亚大部分地区、欧洲南部和西部、东非印度洋沿岸地区及北非环地中海地区升温速率为 0.10~0.20℃/10a。

20 世纪中叶以来，"一带一路"沿线国家冬、夏两季气温变化差异明显。1951~2018 年，欧亚大陆中高纬度地区冬季升温速率为 0.30~0.50℃/10a，升温幅度明显高于夏季和年平均气温，尤其中国北疆地区和俄罗斯东北部部分地区甚至超过 0.50℃/10a；而欧洲南部环地中海地区、北非、西亚和中亚南部地区夏季升温速率略高于冬季；同期，南亚大部和东南亚热带地区冬、春季升温速率均相对偏小，且无明显季节差异。

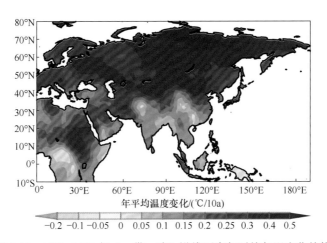

图 3-12　1951~2018 年"一带一路"沿线国家年平均气温变化趋势
（观测数据源自东英吉利大学气候研究所[①]）

　　20 世纪中叶以来，"一带一路"沿线局部地区表现为降温趋势。受海陆位置、地形地貌及人类活动等共同作用的影响，冬季欧洲东南部地中海沿岸地区和北非西北部地中海沿岸部分地区、南亚西北部部分地区表现为弱的降温趋势；同时，夏季中国西南部部分地区和南亚西北部部分地区也呈降温趋势。

　　20 世纪中叶以来，"一带一路"沿线国家及毗邻地区降水变化的区域差异显著。1951~2018 年，欧洲中北部至北亚大部、中国西部—中亚南部—南亚西北部、中国华东地区、中南半岛东部、菲律宾、马来西亚年降水量呈增多趋势（图 3-13）；而蒙古国大部、中国东北 – 华北 – 华中 – 西南地区、中南半岛西部、南亚东北部、西亚大部、欧洲南部和北非环地中海地区、东非肯尼亚和吉布提年降水量则表现为减少趋势，尤其

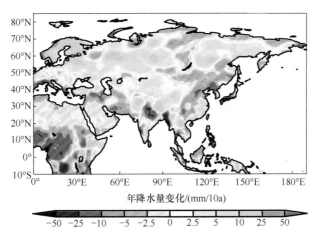

图 3-13　1951~2018 年"一带一路"沿线国家及毗邻地区年降水量变化趋势
（观测数据源自东英吉利大学气候研究所[①]）

[①]　https://crudata.uea.ac.uk/cru/data/hrg。

印度东北部、中南半岛西部、中国华北和东北东部部分地区、蒙古国北部部分地区、伊拉克北部至伊朗西北部、希腊大部年降水量平均每 10 年减少 10~50mm，缅甸西南部年降水量平均每 10 年减少超过 50mm。

在全球气候变暖背景下，"一带一路"沿线国家极端天气气候事件频发，极端事件强度趋强，沿线国家气候风险普遍偏高、气候相关灾害损失重，已经并将继续对沿线国家的粮食安全、人体健康、重大工程安全运行、水资源和生态环境构成严重威胁。

▪ 参考文献

陈冬冬，戴永久．2009.近五十年我国西北地区降水强度变化特征．大气科学，33（5）：923-935.

陈哲，杨溯．2014.1979—2012 年中国探空温度资料中非均一性问题的检验与分析．气象学报，72（4）：794-804.

储鹏，江志红，李庆祥，等．2016.城市分类对中国城市化影响评估的不确定性分析．大气科学学报，39（5）：661-671.

邓伟涛，孙照渤，曾刚，等．2009.中国东部夏季降水型的年代际变化及其与北太平洋海温的关系．大气科学，33（4）：835-846.

丁一汇，司东，柳艳菊，等．2018.论东亚夏季风的特征、驱动力与年代际变化．大气科学，42（3）：533-558.

丁一汇，孙颖，刘芸芸，等．2013.亚洲夏季风的年际和年代际变化及其未来预测．大气科学，37（2）：253-280.

冯瑞权，吴池胜，王婷，等．2010.澳门近百年气候变化的多时间尺度特征．热带气象学报，26（4）：452-462.

符传博，丹利．2018.大气污染加剧对中国区域散射辐射比例的影响．科学通报，63（25）：2655-2665.

符传博，丹利，冯锦明，等．2019.1960~2012 年中国地区总云量时空变化及其与气温和水汽的关系．大气科学，43（1）：87-98.

郭艳君，丁一汇．2014.1958~2005 年中国高空大气比湿变化．大气科学，38（1）：1-12.

郭艳君，张思齐，颜京辉，等．2016.中国探空观测与多套再分析资料气温序列的对比研究．气象学报，74（2）：271-284.

黄荣辉，刘永，冯涛．2013.20 世纪 90 年代末中国东部夏季降水和环流的年代际变化特征及其内动力成因．科学通报，58（8）：617-628.

贾蓓西，徐海明，安月改．2014.中国区域再分析湿度资料与均一化探空湿度资料的对比分析．气象，40（9）：1123-1131.

贾小龙，李崇银．2005.南印度洋海温偶极子型振荡及其气候影响．地球物理学报，48（6）：1238-1249.

金巍，任国玉，曲岩，等．2012.1971—2010 年东北三省平均地面风速变化．干旱区研究，29（4）：648-653.

鞠晓慧，屠其璞，李庆祥．2006.我国太阳总辐射月总量资料的均一性检验及订正．南京气象学院学报，29（3）：336-341.

李慧, 周顺武, 陆尔, 等. 2018. 1961—2010 年中国华南地区夏季降水结构变化分析. 气候变化研究进展, 14 (3): 247-256.

李明刚, 管兆勇, 梅士龙. 2016. 夏季长江中下游地区降水持续性年 (代) 际变异及其与环流和 Rossby 波活动的联系. 大气科学, 40 (6): 1199-1214.

李庆祥, 董文杰, 李伟, 等, 2010, 近百年中国气温变化的不确定性, 科学通报, 55: 1974-1982.

李庆祥, 彭嘉栋, 沈艳. 2012. 1900—2009 年中国均一化逐月降水数据集研制. 地理学报, 67 (3): 301-311.

刘洪利, 朱文琴, 宜树华. 2003. 中国地区云的气候特征分析. 气象学报, 61: 466-475.

陆日宇, 林中达, 张耀存. 2013. 夏季东亚高空急流的变化及其对东亚季风的影响. 大气科学, 37 (2): 331-340.

吕俊梅, 祝从文, 琚建华, 等. 2014. 近百年中国东部夏季降水年代际变化特征及其原因. 大气科学, 38 (4): 782-794.

马金玉, 罗勇, 申彦波, 等. 2012. 近 50 年中国太阳总辐射长期变化趋势. 科学通报, 42 (10): 1597-1608.

马悦, 周顺武, 丁锋, 等. 2014. 中国东部地区冬夏季相对湿度变化特征. 气象与环境科学, 37 (4): 1-7.

马柱国, 符淙斌, 杨庆, 等. 2018. 关于我国北方干旱化及其转折性变化. 大气科学, 42 (4): 951-961.

齐月, 房世波, 周文佐. 2014. 近 50 年来中国地面太阳辐射变化及其空间分布. 生态学报, 34 (24): 7444-7453.

秦大河. 2012. 中国气候与环境演变: 2012. 北京: 气象出版社.

任国玉, 任玉玉, 战云健, 等. 2015. 中国大陆降水时空变异规律——Ⅱ. 现代变化趋势. 水科学进展, 26 (4): 451-465.

申倩倩, 束炯, 王行恒. 2011. 上海地区近 136 年气温和降水量变化的多尺度分析. 自然资源学报, 26 (4): 644-654.

施能, 杨永胜, 陈辉. 2001. 我国东部夏季降水百年雨型的多时间尺度变化特征研究. 气象科学, (3): 316-325.

石广玉. 2007. 大气辐射学. 北京: 科学出版社.

孙继松, 舒文军. 2007. 北京城市热岛效应对冬夏季降水的影响研究. 大气科学, 31 (2): 311-320.

陶寅, 黄勇, 杨元建, 等. 2016. 城市化进程对安徽省风速的影响. 气候变化研究进展, 12 (6): 519-526.

田莉, 奚晓霞. 2011. 近 50 年西北地区风速的气候变化特征. 安徽农业科学, 39 (32): 20065-20068.

屠其璞. 1987. 近百年来我国降水量的变化. 南京气象学院学报, (2): 177-187.

王会军, 范可. 2013. 东亚季风近几十年来的主要变化特征. 大气科学, 37 (2): 313-318.

王绍武, 蔡静宁, 朱锦红, 等. 2002. 19 世纪 80 年代到 20 世纪 90 年代中国年降水量的年代际变化. 气象学报, (5): 637-639, 641.

王绍武, 龚道溢, 叶瑾琳, 等. 2000. 1880 年以来中国东部四季降水量序列及其变率. 地理学报, (3): 281-293.

吴福婷, 符淙斌. 2013. 全球变暖背景下不同空间尺度降水谱的变化. 科学通报, 58 (8): 664-673.

吴国雄, 李占清, 符淙斌, 等. 2015. 气溶胶与东亚季风相互影响的研究进展. 中国科学: 地球科学,

45（11）：1609-1627.

吴萍，丁一汇，柳艳菊，等 . 2016. 中国中东部冬季霾日的形成与东亚冬季风和大气湿度的关系 . 气象学报，74（3）：352-366.

徐新创，张学珍，戴尔阜，等 . 2014.1961—2010 年中国降水强度变化趋势及其对降水量影响分析 . 地理研究，33（7）：1335-1347.

徐兴奎 . 2012. 中国区域总云量和低云量分布变化 . 气象，38（1）：90-95.

姚世博，姜大膀，范广洲 . 2017. 中国降水的季节性 . 大气科学，6（6）：1191-1203.

余君，牟容，2008. 自动站与人工站相对湿度观测结果的差异及原因分析 . 气象，34（12）：96-102.

苑跃，赵晓莉，王小兰，等 . 2010. 相对湿度自动与人工观测的差异分析 . 气象，36（2）：102-108.

翟盘茂 . 1997. 中国历史探空资料中的一些过失误差及偏差问题 . 气象学报，55（5）：563-572.

翟盘茂，廖圳，陈阳，等 . 2017. 气候变暖背景下降水持续性与相态变化的研究综述 . 气象学报，75（4）：527-538.

张思齐，郭艳君，王国复 . 2018. 中国探空观测与第 3 代再分析大气湿度资料的对比研究 . 气象学报，76（2）：289-303.

张天宇，唐红玉，程炳岩，等 . 2012. 近百年重庆主城区汛期降水及其集中期的变化特征 . 长江流域资源与环境，21（S1）：153-159.

张万诚，郑建萌，马涛 . 2013. 1961—2010 年云南日照资源的时空分布及年代际变化研究 . 资源科学，35（11）：2281-2288.

赵宗慈，罗勇，江滢 . 2011. 风电场对气候变化影响研究进展 . 气候变化研究进展，7（6）：400-406.

赵宗慈，王绍武，徐影，等 . 2005. 近百年我国地表气温趋势变化的可能原因 . 气候与环境研究，10（4）：808-817.

中国气象局气候变化中心 . 2019. 中国气候变化蓝皮书（2019）. 北京：中国气象局 .

朱亚妮，曹丽娟，唐国利，等 . 2015. 中国地面相对湿度非均一性检验及订正 . 气候变化研究进展，11（6）：379-386.

Abish B, Joseph P V, Johannessen O M. 2015. Climate change in the subtropical jetstream during 1950—2009. Advances in Atmosphere Sciences, 32（1）：140-148.

Archer C L, Caldeira K. 2008. Historical trends in the jet streams. Geophysical Research Letters, 35: L08803.

Azorin-Molina C, Dun R J H, Mears C A, et al. 2017. State of the climate in 2016. Bulletin of the American Meteorological Society, 98（8）：S37-S39.

Bhend J, Whetton P. 2015. Consistency of simulated and observed regional changes in temperature, sea level pressure and precipitation. Climatic Change, 118：799-810.

Cao L J, Yan Z W, Zhao P, et al. 2017. Climatic warming in China during 1901—2015 based on an extended dataset of instrumental temperature records. Environmental Research Letters, （12）：064005.

Chen J, Wu X, Yin Y. 2015. Characteristics of heat sources and clouds over Eastern China and the Tibetan Plateau in boreal summer. Journal of Climate, 28：7219-7236.

Chen L, Li D, Pryor S C. 2013.Wind speed trends over China：quantifying the magnitude and assessing causality. International Journal of Climatology, 33（11）：2579-2590.

Chen Y, Li Y. 2017. An inter-comparison of three heat wave types in China during 1961—2010: observed basic features and linear trends. Scientific Reports, 7: 45619.

Chen Y, Zhai P. 2014. Changing structure of wet periods across southwest china during 1961—2012. Climate Research, 61（2）: 123-131.

Cherchi A, Ambrizzi T, Behera S, et al. 2018. The response of subtropical highs to climate change. Current Climate Change Reports, 4（4）: 371-382.

Chernokulsky A, Mokhov I, Nikitina N. 2013. Winter cloudiness variability over Northern Eurasia related to the Siberian High during 1966-2010. Environmental Research Letters, 8: 045012.

Colfescu I, Schneider E K, Chen H. 2013. Consistency of 20th century sea level pressure trends as simulated by a coupled and uncoupled GCM. Geophysical Research Letters, 40: 3276-3280.

Cowtan K, Way R. 2013. Coverage bias in the HadCRUT4 temperature series and its impact on recent temperature trends. Quarterly Journal of the Royal Meteorological Society, 140（683）: 1935-1944.

Cui Y, Duan A, Liu Y, et al. 2015. Inter-annual variability of the spring atmospheric heat source over the Tibetan Plateau forced by the North Atlantic SSTA. Climate Dynamics, 45: 1617-1634.

Dai A, Wang J, Thorne P, et al. 2011. A new approach to homogenize daily radiosonde humidity data. Journal of Climate, 24: 965-991.

Ding Y H, Sun Y, Wang Z Y, et al. 2009. Inter-decadal variation of the summer precipitation in China and its association with decreasing Asian summer monsoon Part II: possible causes. International Journal of Climatology, 29（13）: 1926-1944.

Ding Y H, Wang Z Y, Sun Y. 2008. Inter-decadal variation of the summer precipitation in East China and its association with decreasing Asian summer monsoon. Part I: observed evidences. International Journal of Climatology, 28(9): 1139-1161.

Dong Z, Li Z, Yu X, et al. 2017. Opposite long-term trends in aerosols between low and high altitudes: a testimony to the aerosol–PBL feedback. Atmospheric Chemistry and Physics, 17（12）: 7997-8009.

Du Y, Li T, Xie Z, et al. 2016. Interannual variability of the Asian subtropical westerly jet in boreal summer and associated with circulation and SST anomalies. Climate Dynamics, 46（7-8）: 2673-2688.

Duan A, Wu G. 2006. Change of cloud amount and the climate warming on the Tibetan Plateau. Geophysical Research Letters, 33: L22704.

Duan A, Xiao Z. 2015. Does the climate warming hiatus exist over the Tibetan Plateau? Scientific Reports, 5: 13711.

Eastman R, Warren S G. 2013. A 39-yr survey of cloud changes from land stations worldwide 1971—2009: long-term trends, relation to aerosols, and expansion of the tropical belt. Journal of Climate, 26: 1286-1303.

Endo N, Yasunari T. 2006. Changes in Low Cloudiness over China between 1971 and 1996. Journal of Climate, 19: 1204-1213.

Fan J W, Leung L R, Li Z Q, et al. 2012. Aerosol impacts on clouds and precipitation in eastern China: results from bin and bulk microphysics. Journal of Geophysical Research: Atmospheres, 117（D2）: 16537-16557.

Fang S B，Qi Y，Yu W G，et al. 2017. Change in temperature extremes and its correlation with mean temperature in mainland China from 1960 to 2015. International Journal of Climatology，37（10）：3910-3918.

Feldstein S B，Lee S . 2014. Intraseasonal and interdecadal jet shifts in the Northern Hemisphere: the role of warm pool tropical convection and sea ice. Journal of Climate，27（17）：6497-6518.

Feng Y，Li Y. 2018. Estimated spatiotemporal variability of total，direct and diffuse solar radiation across China during 1958—2016. International Journal of Climatology，28（12）：4395-4404.

Fu C，Dan L. 2014. Trends in the different grades of precipitation over South China during 1960—2010 and the possible link with anthropogenic aerosols. Advances in Atmospheric Sciences，31（2）：480-491.

Fu Q，Lin P. 2011. Poleward shift of subtropical jets inferred from satellite-observed lower-stratospheric temperatures. Journal of Climate，24（21）：5597-5603.

Fyfe J C，Meehl G A，England M H，et al. 2016. Making sense of the early-2000s warming slowdown. Nature Climate Change，6：224-228.

Gillett N P，Fyfe J C，Parker D E. 2013. Attribution of observed sea level pressure trends to greenhouse gas，aerosol，and ozone changes. Geophysical Research Letters，40：2302-2306.

Guo D，Su Y C，Zhou X J，et al. 2017. Evaluation of the trend uncertainty in summer ozone valley over the Tibetan Plateau in three reanalysis datasets. Journal of Meteorological Research，31（2）：431-437.

Guo D，Sun J，Yang K，et al. 2019. Revisiting recent elevation-dependent warming on the Tibetan Plateau using satellite-based datasets. Journal of Geophysical Research：Atmospheres，124：8511-8521.

Guo J，Su T，Li Z，et al. 2017. Declining frequency of summertime local-scale precipitation over eastern China from 1970 to 2010 and its potential link to aerosols. Geophysical Research Letters，44（11）：5700-5708.

Guo X，Wang L，Tian L，et al. 2017. Elevation-dependent reductions in wind speed over and around the Tibetan Plateau. International Journal of Climatology，37：1117-1126.

Guo Y，Ding Y. 2009. Long-term free-atmosphere temperature trends in China derived from homogenized in situ radiosonde temperature series. Journal of Climate，22（4）：1037-1051.

Guo Y，Ding Y. 2011. Impacts of reference time series on the homogenization of radiosonde temperature. Advances in Atmospheric Sciences，28（5）：1011-1022.

Guo Y，Thorne P W，McCarthy M P，et al. 2008. Radiosonde temperature trends and their uncertainties over eastern China. International Journal of Climatology，28（10）：1269-1281.

Guo Y，Zou C，Zhai P，et al. 2019. An analysis of discontinuity in Chinese radiosonde temperatures using satellite observation as a reference. Journal of Meteorological Research，33：289-306.

Han C，Ma Y，Chen X，et al. 2017. Trends of land surface heat fluxes on the Tibetan Plateau from 2001—2012. International Journal of Climatology，37：4757-4767.

Harpold A A，Rajagopal S，Crews J B，et al. 2017. Relative humidity has uneven effects on shifts from snow to rain over the western U.S. Geophysical Research Letters，44: 9742-9750.

He C，Lin A，Gu D，et al. 2018. Using eddy geopotential height to measure the western North Pacific subtropical high in a warming climate. Theoretical and Applied Climatology，131:681-691.

Hu Y Y, Zhou C, Liu J P. 2011. Observational evidence for the poleward expansion of the Hadley circulation. Advances in Atmosphere Sciences, 28（1）: 33-44.

Huang D Q, Zhu J, Zhang Y C, et al. 2015.The impact of the East Asian subtropical jet and polar front jet on the frequency of spring persistent rainfall over Southern China in 1997—2011. Journal of Climate, 28: 6054-6066.

Huang G, Wen G. 2013. Spatial and temporal variations of light rain events over China and the mid-high latitudes of the Northern Hemisphere. Chinese Science Bulletin, 58（12）: 1402-1411.

Huang J B, Zhang X D, Zhang Q Y, et al. 2017. Recently amplified arctic warming has contributed to a continual global warming trend. Nature Climate Change, 7: 875-879.

Huang Y, Wang H, Fan K, et al. 2015. The western Pacific subtropical high after the 1970s: westward or eastward shift? Climate Dynamics, 44（7-8）: 2035-2047.

IPCC. 2013. Climate Change 2013. The Physical Science Basis. Contribution of Working Group I to the Fifth Assessment Report of the Intergovernmental Panel on Climate Change. Cambridge: Cambridge University Press.

Jeong J H, Ou T, Linderholm H W, et al. 2011. Recent recovery of the Siberian High intensity. Journal of Geophysical Research: Atmospheres, 116: D23102.

Jiang Y, Luo Y, Zhao Z C. 2013. Maximum wind speed changes over China. Acta Meteorologica Sinica, 27（1）: 63-74.

Jiang Z H, Huo F, Ma H Y, et al. 2017. Impact of Chinese urbanization and aerosol emissions on the East Asian summer monsoon. Journal of Climate, 30（3）: 1019-1039.

Jiang Z H, Shen Y, Ma T, et al. 2014. Changes of precipitation intensity spectra in different regions of mainland China during 1961—2006. Journal of Meteorological Research, 28（6）: 1085-1098.

Kaiser D P. 1998. Analysis of total cloud amount over China, 1951—1994. Geophysical Research Letters, 19: 3599-3602.

Kaiser D P. 2000. Decreasing cloudiness over China: an updated analysis examining additional variables. Geophysical Research Letters, 15: 2193-2196.

Kang S, Eltahir E. 2018. North China Plain threatened by deadly heatwaves due to climate change and irrigation. Nature Communications, 9: 2894.

Karl T R, Arguez A, Huang B Y, et al. 2015. Possible artifacts of data biases in the recent global surface warming hiatus. Science, 348: 1469-1472.

Lewandowsky S, Risbey J, Oreskes N. 2016. The "pause" in global warming: turning a routine fluctuation into a problem for science. Bulletin of the American Meteorological Society, 97: 723-733.

Li J, Liu R, Liu S C, et al. 2016. Trends in aerosol optical depth in Northern China retrieved from sunshine duration data. Geophysical Research Letters, 43: 431-439.

Li J, Wu Z, Jiang Z, et al. 2010. Can global warming strengthen the East Asian summer monsoon? Journal of Climate, 23（24）: 6696-6705.

Li Q X, Huang J Y, Jiang Z H, et al. 2014. Detection of urbanization signals in extreme winter minimum temperatures change over northern China. Climatic Change, 122: 595-608.

Li Q X, Yang S, Xu W, et al. 2015. China experiencing the recent warming hiatus. Geophysical Research Letters, 42: 889-898.

Li Q X, Yang Y J. 2019. Comments on "Comparing the current and early 20th century warm periods in China". Earth-Science Reviews, 198: 102886.

Li Q X, Zhang L, Xu W H, et al. 2017. Comparisons of time series of annual mean surface air temperature for China since the 1900s: observations, model simulations, and extended reanalysis. Bulletin of the American Meteorological Society, 98（4）: 699-711.

Li T, Zhang Y, Zhu J. 2014. Decreased surface albedo driven by denser vegetation on the Tibetan Plateau. Environmental Research Letters, 9: 104001.

Li W, Chen Y. 2021. Detectability of the trend in precipitation characteristics over China from 1961 to 2017. International Journal of Climatology, 41: E1980-E1991.

Li X, Gao Y, Pan Y, et al. 2018. Evaluation of near-surface wind speed simulations over the Tibetan Plateau from three dynamical downscalings based on WRF model. Theoretical and Applied Climatology, 134: 1399-1411.

Li X, Lu R. 2017. Extratropical factors affecting the variability in summer precipitation over the Yangtze River Basin, China. Journal of Climate, 30（20）: 8357-8374.

Li Y, Zhu L, Zhao X, et al. 2013. Urbanization impact on temperature change in China with emphasis on land cover change and human activity. Journal of Climate, 26（22）: 8765-8780.

Li Y P, Chen Y N, Li Z, et al. 2018. Recent recovery of surface wind speed in northwest China. International Journal of Climatology, 38（8）: 4445-4458.

Li Y Z, Wang L, Zhou H X, et al. 2019. Urbanization effects on changes in the observed air temperatures during 1977—2014 in China. International Journal of Climatology, 39（2）: 251-265.

Li Z, Feng N, Fan J, et al. 2011. Long-term impacts of aerosols on the vertical development of clouds and precipitation. Nature Geoscience, 4（12）: 888-894.

Li Z, Song L, Ma H, et al. 2018. Observed surface wind speed declining induced by urbanization in East China. Climate Dynamics, 50（3-4）: 735-749.

Liang P, Ding Y H. 2017. The long-term variation of extreme heavy precipitation and its link to urbanization effects in Shanghai during 1916—2014. Advances in Atmospheric Sciences, 34: 321-334.

Lin C, Yang K, Qin J, et al. 2013. Observed coherent trends of surface and upper-air wind speed over China since 1960. Journal of Climate, 26（9）: 2891-2903.

Liu X, Chen B. 2000. Climatic warming in the Tibetan Plateau during recent decades. International Journal of Climatology, 20: 1729-1742.

Liu X, Zhang X J, Tang Q, et al. 2014. Effects of surface wind speed decline on modeled hydrological conditions in China. Hydrology and Earth System Sciences, 18（8）: 2803-2813.

Liu Y, Wang N, Wang L, et al. 2016. Variation of cloud amount over China and the relationship with ENSO from 1951 to 2014. International Journal of Climatology, 36: 2931-2941.

Lu R, Dong B. 2001. Westward extension of North Pacific subtropical high in summer. Journal of the Meteorological Society of Japan, 79(6): 1229-1241.

Luo M, Lau N C. 2017. Heat waves in southern China synoptic behavior, long-term change, and urbanization effects. Journal of Climate, 30: 703-720.

Ma J，Wu H，Wang C，et al.2014. Multiyear satellite and surface observations of cloud fraction over China，Journal of Geophysical Research: Atmospheres，119: 7655-7666.

Ma S，Zhou T，Stone D A，et al.2017. Detectable anthropogenic shift toward heavy precipitation over eastern China. Journal of Climate，30（4）: 1381-1396.

Ma S，Zhou T. 2015. Observed trends in the timing of wet and dry season in China and the associated changes in frequency and duration of daily precipitation. International Journal of Climatology，35（15）: 4631-4641.

Ma S，Zhou T，Dai A，et al. 2015. Observed changes in the distributions of daily precipitation frequency and amount over china from 1960-2013. Journal of Climate，28（17）: 6960-6978.

Ma S，Zhu C. 2019. Extreme cold wave over East Asia in January 2016: a possible response to the larger internal atmospheric variability induced by arctic warming. Journal of Climate，32: 1203-1216.

Manney G L，Hegglin M. 2018. Seasonal and regional variations of long-term changes in upper-tropospheric jets from reanalyses. Journal of Climate，31:423-453.

Matsumura S，Horinouchi T. 2016. Pacific Ocean decadal forcing of long-term changes in the western Pacific subtropical high. Scientific Reports，6: 37765.

McVicar T R，Roderick M L，Donohue R J，et al. 2012. Global review and synthesis of trends in observed terrestrial near-surface wind speeds: implications for evaporation. Journal of Hydrology，416（3）: 182-205.

Norris J，Allen R，Evan A，et al. 2016. Evidence for climate change in the satellite cloud record. Nature，536: 72-75.

Ogawa F，Keenlyside N，Gao Y，et al. 2018. Evaluating impacts of recent Arctic sea ice loss on the northern Hemisphere winter climate change. Geophysical Research Letters，45: 3255-3263.

Panagiotopoulos F，Shahgedanova M，Hannachi A，et al. 2005. Observed trends and teleconnections of the Siberian High: a recently declining center of action. Journal of Climate，18: 1141-1152.

Pena-Ortiz C，Gallego D，Ribera P，et al. 2013. Observed trends in the global jet stream characteristics during the second half of the 20th century. Journal of Geophysical Research: Atmospheres，118:2702-2713.

Peng D，Zhou T. 2017. Why was the arid and semiarid northwest China getting wetter in the recent decades? Journal of Geophysical Research: Atmospheres，122: 9060-9075.

Peng L X，Zhu W J，Li Z X，et al. 2018. The interdecadal variation of the South Asian High and its association with the sea surface temperature of tropical and subtropical regions. Journal of Tropical Meteorology，24（1）: 111-122.

Qian Y，Kaiser D P，Leung L R，et al. 2006. More frequent cloud-free sky and less surface sola radiation in China from 1955 to 2000. Geophysical Research Letters，33: L01812.

Qin W，Wang L，Lin A，et al. 2018. Comparison of deterministic and data-driven models for solar radiation estimation in China. Renewable and Sustainable Energy Reviews，81: 579-594.

Qu X，Huang G，Hu K，et al. 2015. Equatorward shift of the South Asian High in response to anthropogenic forcing. Theoretical and Applied Climatology，119: 113-122.

Ren G Y，Zhou Y Q. 2014. Urbanization effect on trends of extreme temperature indices of national stations over Mainland China，1961-2008. Journal of Climate，27: 2340-2360.

Ren X J, Yang D J, Yang X Q. 2015. Characteristics and mechanisms of the subseasonal eastward extension of the South Asian High. Journal of Climate, 28: 6799-6822.

Ren Y, Song L, Wang Z, et al. 2017. A possible abrupt change in summer precipitation over eastern China around 2009. Journal of Meteorological Research, 31 (2): 397-408.

Rikus L. 2018. A simple climatology of westerly jet streams in global reanalysis datasets part 1: mid-latitude upper tropospheric jets. Climate Dynamics, 50 (7-8): 2285-2310.

Schmidt D F, Grise K M. 2017. The response of local precipitation and sea level pressure to Hadley cell expansion. Geophysical Research Letters, 44: 10573-10582.

Sherwood S C. 2018. How important is humidity in heat stress? Journal of Geophysical Research: Atmospheres, 123: 1-3.

Shi C, Huang Y, Guo D, et al. 2018. Comparison of trends and abrupt changes of the South Asia high from 1979 to 2014 in reanalysis and radiosonde datasets. Journla of Atmospheric and Solar-Terrestrial Physics, 170: 48-54.

Shi Q, Liang S. 2014. Surface-sensible and latent heat fluxes over the Tibetan Plateau from ground measurements, reanalysis, and satellite data. Atmospheric Chemistry and Physics, 14: 5659-5677.

Shi Y, Zhai P M, Jiang Z H. 2016. Multi-sliding time windows based changing trend of mean temperature and its association with the global-warming hiatus. Journal of Meteorological Research, 30 (2): 232-241.

Si D, Ding Y H. 2016. Oceanic forcings of the interdecadal variability in East Asian summer rainfall. Journal of Climate, 29(21): 7633-7649.

Simmons A J, Willett K M, Jones P D, et al. 2010. Low-frequency variations in surface atmospheric humidity, temperature, and precipitation: inferences from reanalyses and monthly gridded observational data sets. Journal of Geophysical Research: Atmospheres, 115: D01110.

Smoliak B, Wallace J. 2013. On the leading patterns of northern hemisphere sea level pressure variability. Journal of the Atmospheric Sciences, 72: 3469-3485.

Song X M, Zhang J Y, AghaKouchak A, et al. 2014. Rapid urbanization and changes in spatiotemporal characteristics of precipitation in Beijing metropolitan area. Journal of Geophysical Research: Atmospheres, 119 (19): 11250-11271.

Soon W H, Connolly R, Connolly M, et al. 2018. Comparing the current and early 20th century warm periods in China. Earth-Science Reviews, 185: 80-101.

Sui C H, Chung P H, Li T. 2007. Interannual and interdecadal variability of the summertime western North Pacific subtropical high. Geophysical Research Letters, 34 (11): 93-104.

Sun Q H, Miao C Y, Duan Q Y, et al. 2014. Would the 'real' observed dataset stand up? A critical examination of eight observed gridded climate datasets for China. Environmental Research Letters, 9(1): 15001-15095.

Tao W K, Chen J P, Li Z, et al. 2012. Impact of aerosols on convective clouds and precipitation. Reviews of Geophysics, 50 (2): 2001.

Tian F, Dong B, Robson J, et al. 2018. Forced decadal changes in the East Asian summer monsoon: the roles of greenhouse gases and anthropogenic aerosols. Climate Dynamics, 51: 3699-3715.

Wang F, Ge Q S, Wang S W, et al. 2015. A new estimation of urbanization's contribution to the warming trend in China. Journal of Climate, 28（22）: 8923-8938.

Wang H, Xie S, Kosaka Y. 2019. Dynamics of Asian summer monsoon response to anthropogenic aerosol forcing. Journal of Climate, 32: 843-858.

Wang J, Gaffen D. 2001. Late-twentieth-century climatology and trends of surface humidity and temperature in China. Journal of Climate, 14: 2833-2845.

Wang J, Yan Z W, Quan X W, et al. 2017. Urban warming in the 2013 summer heat wave in eastern China. Climate Dynamics, 48: 3015-3033.

Wang J F, Xu C D, Hu M G, et al. 2014. A new estimate of the China temperature anomaly series and uncertainty assessment in 1900—2006. Journal of Geophysical Research: Atmospheres, 119（1）: 1-9.

Wang L, Chen W. 2014. The East Asian winter monsoon: re-amplification in the mid-2000s. Chinese Science Bulletin, 59（4）: 430-436.

Wang S, Zuo H. 2016. Effect of the East Asian westerly jet's intensity on summer rainfall in the Yangtze River valley and its mechanism. Journal of Climate, 29: 2395-2406.

Wang S, Zuo H, Zhao S, et al. 2017. How East Asian westerly jet's meridional position affects the summer rainfall in Yangtze-Huaihe River Valley? Climate Dynamics, 51（22）: 1-13.

Wang W, Zhou W, Wang X, et al. 2013. Summer high temperature extremes in Southeast China associated with the East Asian jet stream and circumglobal teleconnection. Journal of Geophysical Research: Atmospheres, 118: 8306-8319.

Wang X L, Swail V R. 2001. Changes of extreme waves heights in Northern Hemisphere oceans and related atmospheric circulation regimes. Journal of Climate, 14: 2204-2221.

Wang Y, Wild M. 2016. A new look at solar dimming and brightening in China. Geophysical Research Letters, 43: 11777-11785.

Wang Y, Wild M, Sanchez-Lorenzo A, et al. 2017. Urbanization effect on trends in sunshine duration in China. Annales Geophysicae, 35（4）: 839-851.

Wang Y, Yang Y, Han S, et al. 2016. Sunshine dimming and brightening in Chinese cities（1955—2011）was driven by air pollution rather than clouds. Climate Research, 56: 11-20.

Wei W, Zhang R, Wen M, et al. 2014. Impact of Indian summer monsoon on the South Asian High and its influence on summer rainfall over China. Climate Dynamics, 43: 1257-1269.

Wild M, Folini D, Schar C, et al. 2017. The global energy balance from a surface perspective. Climate Dynamics, 40（11-12）: 3107-3134.

WMO. 2019. WMO Statement on the State of the Global Climate in 2018. https://library.wmo.int/doc_num.php?explnum_id=5789. [2019-12-31].

Wong S M, Jin X M, Liu Z, et al. 2015. Multi-sensors study of precipitable water vapour over mainland China. International Journal of Climatology, 35: 3146-3159.

Wu B, Handorf D, Dethloff K. 2013. Winter weather patterns over Northern Eurasia and Arctic sea ice loss. Journal of Climate, 141:3786-3800.

Wu B, Zhang R, Wang B. 2009. On the association between spring Arctic sea ice concentration and Chinese summer rainfall: a further study. Advances in Atmospheric Sciences, 26（4）: 666-678.

Wu G X, He B, Duan A M, et al. 2017. Formation and variation of the atmospheric heat source over the Tibetan Plateau and its climate effects. Advances in Atmospheric Sciences, 34（10）: 1169-1184.

Wu G X, Zhuo H F, Wang Z Q, et al. 2016. Two types of summertime heating over the Asian large-scale orography and excitation of potential-vorticity forcing I. Over Tibetan Plateau. Science China Earth Sciences, 59（10）: 1996-2008.

Wu H, Yang K, Niu X L, et al. 2015.The role of cloud height and warming in the decadal weakening of atmospheric heat source over the Tibetan Plateau. Science China Earth Sciences, 58（3）: 395-403.

Wu J, Zha J, Zhao D, et al. 2018. Changes in terrestrial near-surface wind speed and their possible causes: an overview. Climate Dynamics, 51（5-6）: 2039-2078.

Wu J, Zha J, Zhao D. 2017. Evaluating the effects of land use and cover change on the decrease of surface wind speed over China in recent 30 years using a statistical downscaling method. Climate Dynamics, 48（1-2）: 131-149.

Wu L, Feng X, Liang M. 2017. Insensitivity of the summer South Asian high intensity to a warming Tibetan Plateau in modern reanalysis datasets. Journal of Climate, 30: 3009-3024.

Wu L, Wang C. 2015. Has the Western Pacific subtropical high extended westward since the late 1970s? Journal of Climate, 28（13）: 5406-5413.

Wu P, Ding Y H, Liu Y J. 2017. Atmospheric circulation and dynamic mechanism for persistent haze events in the Beijing-Tianjin-Hebei region. Advances in Atmospheric Sciences, 34（4）: 429-440.

Wu Y, Wu S Y, Wen J, et al. 2016. Changing characteristics of precipitation in china during 1960—2012. International Journal of Climatology, 36（3）: 1387-1402.

Wu Z, Li J, Jiang Z, et al. 2011. Predictable climate dynamics of abnormal East Asian winter monsoon: once-in-a-century snowstorms in 2007/2008 winter. Climate Dynamics, 37: 1661-1669.

Xia X. 2010. Spatiotemporal changes in sunshine duration and cloud amount as well as their relationship in China during 1954—2005. Journal of Geophysical Research: Atmospheres, 115: D00K06.

Xie B, Zhang Q, Ying Y. 2011. Trends in precipitable water and relative humidity in China: 1979—2005. Journal of Applied Meteorology and Climatology, 50: 1985-1994.

Xu W H, Li Q X, Wang X L, et al. 2013. Homogenization of Chinese daily surface air temperatures and analysis of trends in the extreme temperature indices. Journal of Geophysical Research: Atmospheres, 118（17）: 9708-9720.

Yan Z W, Ding Y H, Zhai P M, et al. 2020: re-assessing climatic warming in China since 1900. Journal of Meteorological Research, 34（2）: 1-9.

Yang G, Li C Y, Tan Y K. 2016. Interdecadal variation of the intensity of south Asian High. Journal of Tropical Meteorology, 22（1）: 19-29.

Yang P, Ren G Y, Hou W. 2017. Temporal-spatial patterns of relative humidity and the urban dryness island effect in Beijing City. Journal of Applied Meteorology and Climatology, 56: 2221-2237.

Yang R, Xie Z, Cao J. 2017. A dynamic index for the westward ridge point variability of the Western Pacific subtropical high during summer. Journal of Climate, 30（9）: 3325-3341.

Yang S，Li T. 2016. Zonal shift of the South Asian High on the subseasonal time-scale and its relation to the summer rainfall anomaly in China. Quarterly Journal of the Royal Meteorological Society，142：2324-2335.

Yang S，Wang X，Wild M. 2018. Homogenization and trend analysis of the 1958—2016 in situ surface solar radiation records in China. Journal of Climatology，31（1）：3529-4541.

Yang X，Ferrat M，Li Z. 2013. New evidence of orographic precipitation suppression by aerosols in central China. Meteorology and Atmospheric Physics，119（1-2）：17-29.

Yang X，Li Z，Feng Q，et al. 2012. The decreasing wind speed in southwestern China during 1969—2009，and possible causes. Quaternary International，263（3）：71-84.

Ye K，Jung T，Semmler T. 2018. The influences of the Arctic troposphere on the midlatitude climate variability and the recent Eurasian cooling. Journal of Geophysical Research: Atmospheres，123（18）：10162-10184.

Yin H，Sun Y. 2018. Characteristics of extreme temperature and precipitation in China in 2017 based on ETCCDI indices. Advances in Climate Change Research，9（4）：218-226.

You Q，Kang S，Pepin，et al. 2010. Relationship between temperature trend magnitude，elevation and mean temperature in the Tibetan Plateau from homogenized surface stations and reanalysis data. Global and Planetary Change，71：124-133.

Yu R，Zhou T. 2007 . Seasonality and three-dimensional structure of interdecadal change in the East Asian monsoon. Journal of Climate，20（21）：5344-5355.

Yun X，Huang B Y，Cheng J Y，et al. 2019. A new merge of global surface temperature datasets since the start of the 20th Century. Earth System Science Data，11（4）：1629-1643.

Zeng Z，Ziegler A D，Searchinger T，et al. 2019. A reversal in global terrestrial stilling and its implications for wind energy production. Nature Climate Change，9: 979-985.

Zha J，Wu J，Zhao D，et al. 2017. Changes of the probabilities in different ranges of near-surface wind speed in China during the period for 1970—2011. Journal of Wind Engineering and Industrial Aerodynamics，169：156-167.

Zhai P M，Yu R，Guo Y J，et al. 2016. The strong El Niño of 2015/16 and its domi-nant impacts on global and China's climate. Journal of Meteorological Research，30（3）：283.

Zhang H X，Li W P，Li W J. 2019. Influence of late springtime surface sensible heat flux anomalies over the Tibetan and Iranian plateaus on the location of the South Asian High in early summer. Advances in Atmospheric Sciences，36（1）：93-103.

Zhang J，Li L，Wu Z，et al. 2015. Prolonged dry spells in recent decades over north-central China and their association with a northward shift in planetary waves. International Journal of Climatology，35：4829-4842.

Zhang P，Liu Y，He B. 2016. Impact of East Asian Summer Monsoon heating on the interannual variation of the South Asian High. Journal of Climate，29：159-173.

Zhang Q，Peng J，Xu C Y. 2014. Spatiotemporal variations of precipitation regimes across Yangtze River Basin，China. Theoretical & Applied Climatology，115（3-4）：703-712.

Zhang Q，Singh V P，Li J F，et al. 2011. Analysis of the periods of maximum consecutive wet days in China. Journal of Geophysical Research：Atmospheres，116（D23）：16088.

Zhang Q, Singh V P, Peng J T, et al. 2012. Spatial temportal changes of precipitation structure across the Pearl River basin, China. Journal of Hydrologic Engineering, 440-441: 113-122.

Zhang W, Lou Y, Haase J, et al. 2017. The use of ground-based GPS precipitable water measurements over China to assess radiosonde and ERA-Interim moisture trends and errors from 1999 to 2015. Journal of Climate, 30: 7643-7667.

Zhang W, Lou Y, Huang J, et al. 2018. Multiscale variations of precipitable water over China based on 1999-2015 ground-based GPS observations and evaluations of reanalysis products. Journal of Climate, 31: 945-962.

Zhang Y C, Huang D Q. 2011. Has the East Asian westerly jet experienced a poleward displacement in recent decades? Advances in Atmosphere Sciences, 28 (6): 1259-1265.

Zhang Y Z, Yan P W, Liao Z J, et al. 2019.The winter concurrent meridional shift of the East Asian jet streams and the associated thermal conditions. Journal of Climate, 32: 2075-2088.

Zhang Z, Sun X, Yang X Q . 2018. Understanding the interdecadal variability of East Asian summer monsoon precipitation: joint influence of three oceanic signals. Journal of Climate, 31: 5845-5866.

Zhao P, Jones P D, Cao L J, et al. 2014. Trend of surface air temperature in eastern China and associated large-scale climate variability over the last 100 years. Journal of Climate, 27 (12): 4693-4703.

Zhao T B, Dai A G, Wang J. 2012. Trends in tropospheric humidity from 1970 to 2008 over China from a homogenized radiosonde dataset. Journal of Climate, 25: 4549-4567.

Zhou Z, Wang L, Lin A, et al. 2018. Innovative trend analysis of solar radiation in China during 1962—2015. Renewable Energy, 119: 675-689.

Zhu X Y, Liu Y M, Wu G X. 2012. An assessment of summer sensible heat flux on the Tibetan Plateau from eight data sets. Science China Earth Science, 55: 779-786.

第4章　陆地水循环变化

主要作者协调人：苏布达、张寅生

编　　　审：陈　曦

主要作者：鲍振鑫、王国杰、张增信、孙赫敏

- **执行摘要**

　　1961年以来中国区域水循环呈现明显变化。东部季风区北方地表径流主要呈减少趋势而南方流域变化不显著，西北多数出山口径流呈增加趋势，青藏高原区除长江源径流显著增加以外，其余流域径流变化不显著（高信度）；1979~2018年东部季风区、印度季风区和西风区大气水汽含量均呈增加趋势（中等信度）；20世纪80年代以来东北和西部地区蒸散发以增加为主，特别是青藏高原、新疆南部、内蒙古西部增加趋势较为明显（中等信度）；中国的土壤湿度存在一个自东北、华北至西南的干旱化带（中等信度）；冰冻圈水储量明显减少（高信度），青藏高原地区多数湖泊的水储量显著增加，而东部地区大部分湖泊的水储量显著减少（中等信度）；21世纪以来，中国区域降水量变化不大，但蒸散发形成的降水有所增加，水文内循环较之前活跃。

4.1 引　言

水循环是气候系统各子系统相互作用过程中一个最活跃且最重要的枢纽，可分为海上水循环和陆地水循环。根据全球水循环各种通量的多年平均，洋面蒸发和降水分别是陆地的 6 倍和 3 倍左右，海洋向陆地输送的水汽量基本等于由陆地流向海洋的径流量。对于大陆，年径流、蒸散发及降水之间的比值大致为 1 : 2 : 3（Trenberth et al.，2007）。受气候变化和下垫面人类活动的共同影响，全球水汽、蒸散发、降水及土壤湿度和径流的分布、强度和极值都发生了一定程度的变化。根据克拉珀龙 - 克劳修斯方程，饱和水汽压会随气温的上升而增加，大气中的水汽含量也会随着全球温度的上升而增加。区域水循环对全球增暖的响应方面，一种观点认为多雨地区的降水会增多，湿润地区会更加湿润，湿季也会变得更湿，而干旱地区则会更加干旱，干季也会变得更干（Polson et al.，2016；Wu and Lau，2016；Chou et al.，2013；Marvel and Bonfils，2013）；另一种观点则认为海温增暖幅度较大的区域将会是降水增多的集中区。全球变暖，海表温度增加，明显高于热带平均增暖的区域，降水会显著增加，而增暖较小区较弱区降水会减少（Ma and Xie，2013；Xie et al.，2010）。运用 CMIP5 数值模式研究发现，前一种机制的作用主要体现在季降水量的变化方面；后一种机制主要在年降水量的变化中发挥作用，在海表温度增暖最强的赤道地区，对流增强导致降水增加，赤道两侧地区，气流下沉增暖使得大气变干，致使降水减少（Eicker et al.，2016）。

由于全球变化的区域响应各异，以及监测网络在空间和时间覆盖范围方面的限制，水循环研究存在较大不确定性。在中国，基于探空资料和再分析资料估算的水汽年净输入量为 2.7 万亿~3.7 万亿 m^3，径流量为 2.3 万亿~2.7 万亿 m^3，蒸散发为 3.5 万亿~4.1 万亿 m^3，降水量为 5.9 万亿~6.2 万亿 m^3，年径流、蒸散发及降水之间的比值大致为 1 : 1.5 : 2.4（罗勇等，2017；刘国纬和汪静萍，1997）。1961~2013 年，中国大气水汽收支呈下降趋势；实际蒸散发在西北地区呈上升趋势，而在东南地区则有所下降；径流量除了在东南诸河、西南诸河和西北诸河增加外，在其余流域均表现为减少（丁一汇等，2013）。本章将在已有认识的基础上，根据大气水汽来源和区域气候变化特征，重点评估过去 50 余年来中国东部季风区、印度季风区和西风区的大气水汽，以及各大流域地表径流、蒸散发、陆地储水量等水循环相关过程和要素的时空变化特征。

4.2　大气水汽

根据克拉珀龙 - 克劳修斯方程，饱和水汽压会随气温的上升而增加，大气中的水汽含量也会随着全球温度的上升而增加。探空、卫星以及定位系统观测到，全球对流层水汽 1970 年以来极可能增加了 3.5% 左右（Allan and Soden，2008；Trenberth et al.，2007；Held and Soden，2006；Allen and Ingram，2002）。区域尺度上，地表气温与水汽的长期变化具有较好的一致性，观测的水汽距平百分率与地表气温相关系数达 0.65（Zhang and Zhao，2019；赵天保和符淙斌，2006）。

由于观测资料不足，区域大气水汽含量变化趋势仍存在很大争议（王雨等，2015）。NCEP/NCAR、NCEP/DOE、ERA-I、JRA-55 和 JRA-25 等多套再分析资料显示，1979~2013 年中国区域年大气水汽含量表现为减少趋势，但均一化探空资料显示弱增加趋势（罗勇等，2017；Zhao et al.，2015；赵天保等，2010）。利用 ECMWF 的 ERA-Interim、NASA 的 MERRA，以及 NCEP 的 CFSR 等多套第三代再分析资料开展的趋势研究表明，1979~2018 年中国区域水汽分布呈增加趋势，均在 2016 年达到最大值（图4-1）。对比再分析资料与探空观测资料（obs.），再分析相对湿度较探空观测偏湿，造成不一致的原因可能在于再分析资料没有准确地同化区域水循环过程参数。多套再分析资料均显示，1979~2018 年青藏高原及周边地区大气水汽含量显著增加；MERRA2、JRA-55 和 MME 显示西北地区大气水汽含量显著增加，但 ERA-Interim 呈减少趋势；根据 ERA-Interim、ERA5 和 JRA-55 在内的多套再分析资料，东部季风区部分地区大气水汽含量呈减少趋势（图 4-2）。

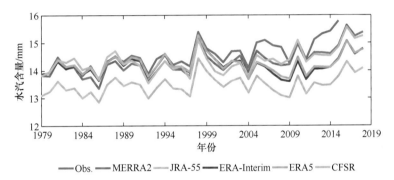

图 4-1　1979~2018 年中国区域大气水汽含量变化

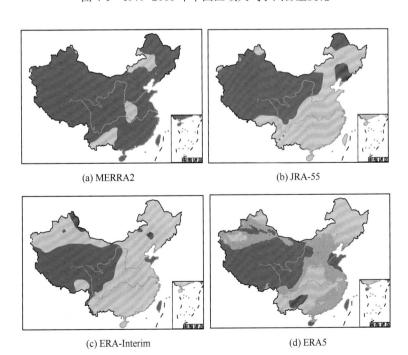

(a) MERRA2　　　　　　　　　　　(b) JRA-55

(c) ERA-Interim　　　　　　　　　(d) ERA5

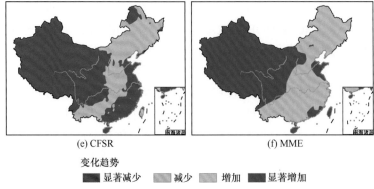

(e) CFSR   (f) MME

变化趋势

■ 显著减少   ▨ 减少   ▨ 增加   ■ 显著增加

图 4-2   1979~2018 年中国区域大气水汽含量变化空间分布示意图

中国大陆存在三支气流：第一支为来自孟加拉湾和印度洋的西南气流；第二支沿太平洋高压西缘从南海和西太平洋进入中国大陆，它们还有丰沛的水汽，这两支气流在贵阳、芷江一带上空汇合后，朝东偏北方向越过东部海岸流向日本；第三支为冬季盛行、夏季已退缩到 35°N 以北的西北气流。这种环流形势和湿度场的配置，使中国南部边界成为水汽输入的主要通道，而东部边界成为水汽输出的主要通道，并表现出以经向输入为主和纬向输出为主的特点。

按照大气水汽分布特征及来源，本节重点评估中国东部季风区（主要包括东北、华北、华中、华南和华东地区）、印度季风区（主要指西南地区）和西风区（主要指西北地区）三大区域的大气水汽时空分布特征及演变规律。

4.2.1   东部季风区大气水汽时空变化

1）大气水汽含量时空变化

东部季风区地处北半球中纬度地带，北靠欧亚大陆，面向太平洋，冬季受西伯利亚高压控制，强冷空气活动频繁，降水较少；夏季受太平洋暖湿空气影响，雨量丰沛。年降水量为 200~2200mm，总体呈由东南沿海向内陆递减的趋势。华南地区濒临热带海洋，水汽来源充分，雨量最为丰沛，多数地区年降水量为 1400~2000mm；长江中下游地区年降水量一般为 800~1600mm；华北地区年降水量为 600~900mm；东北地区年降水量相对稀少，为 200~800mm（丁一汇，2016；Zhang G Q et al.，2011；柳鉴容等，2009）。

根据 MERRA2、JRA-55、ERA-Interim、ERA5 和 CFSR 再分析资料，1979~2018年中国东部季风区大气水汽含量总体表现出明显的增加趋势（图 4-3）。东北地区的松花江及辽河 20 世纪 90 年代有增加趋势，21 世纪初有所减少，2010 年以后增加明显，总体上呈增加趋势。淮河和黄河在 1979~2018 年大气水汽含量呈增加趋势。海河和长江 20 世纪 80 年代和 90 年代呈增加趋势，21 世纪初减少明显，2010 年后增加显著，总体也呈增加趋势。南海季风区的水汽输送与东海、黄渤海季风区有着较大区别。南海北部季风暴发前后，大气动力场变化快速而明显，引起温度、湿度场的改变，直接导致南海对流的快速发展，并伴随剧烈的热量与水汽垂直输送和转化（丁一汇，2016；

何跃等，2009）。东南诸河和珠江大气水汽含量 2000 年前变化趋势不明显，2000 年后开始出现显著减少趋势（罗勇等，2017；廖爱民等，2013）。盛夏后期，京津冀地区南风水汽输送减少，水汽辐散加强，西北通道和东南通道的水汽输送条件较差，大气中水汽含量减少；相反地，后期初秋时节，东南通道输送水汽的条件较好，来自西北太平洋的水汽输送加强，为中国东部提供了充足的水汽条件（梁苏洁等，2014）。

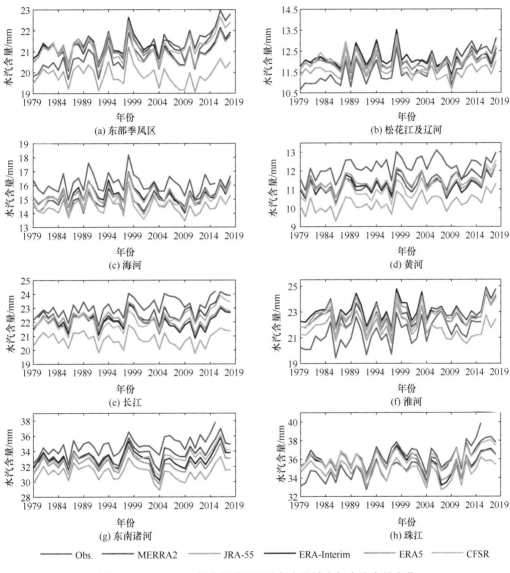

图 4-3　1979~2018 年东部季风区及各大流域大气水汽含量变化

对大气水汽含量垂直分层的研究表明，中国东部季风区大气水汽主要集中在 500 hPa 以下气层中，最大值出现在 850~700hPa 气层，且该层水汽含量的年际变化明显高于更低层水汽含量的变化（柏睿等，2019；李秀珍等，2010）。1958~2005 年东部季风区对流层低层大气水汽含量呈增加趋势，对流层中层、高层以及平流层下层呈减少趋势；其中，1979~2005 年对流层低层增加趋势和对流层高层减少趋势均明显强于整个时段（郭艳君和丁一汇，2014）。1979~2015 年中国 118 个探空站观测资料和 ERA-Interim、JRA-55、MERRA 和 CFSR 四套第 3 代再分析资料一致显示，中国东部季风区大气水汽含量在对流层低层呈增加趋势（张思齐等，2017）。

2）水汽通量和水汽收支变化

中国东部季风区不同季节水汽通量差异较大。春季，20 世纪 80 年代末之前，南方地区来自西北太平洋和孟加拉湾的水汽输送偏强，北方地区受偏西风的影响水汽输送较强；80 年代末之后，偏南风及偏西风水汽输送减弱。夏季，70 年代中期之前，来自东亚季风的水汽输送偏强，输送到中高纬的水汽偏多，70 年代中期之后显著减弱。秋季，70 年代中期之前，东亚季风水汽输送偏强，70 年代中期之后显著减弱。冬季，80 年代中期之前，偏北风水汽输送偏强，80 年代中期之后，北方地区偏北风水汽输送减弱，低纬偏东风水汽输送增强（Zhang et al., 2015；梁苏洁等，2014；李进等，2012；黄荣辉和陈际龙，2010；张增信等，2008）。

1961~2013 年，中国东部地区多年平均水汽收支为 $4.15 \times 10^{12} \mathrm{m}^3/\mathrm{a}$。东边界的西风输出大于西边界的西风输入；南边界水汽输入量为最大，北边界为弱的水汽输入边界，但经向水汽输送量要小于纬向水汽输送量，区域全年平均为水汽辐合区（陈明亚等，2014；康红文等，2004；丁一汇和胡国权，2003）。东部季风区多年平均气候状态下的水汽收支，全年为净水汽收入，且四季也一样，以夏季和春季水汽输入比例最大（廖荣伟和赵平，2010）。

空间上，东北地区水汽收支 20 世纪 70 年代偏少，80 年代增加，90 年代后有所减少，但 1998 年水汽总收支最大，发生了特大洪涝灾害，而 2007 年水汽总收支最少，发生了严重干旱（顾正强等，2013）。1961~2013 年，黄河和长江的水汽输入量、水汽输出量和水汽收支均呈减少趋势。

1961~2013 年，东部季风区整层降水转化率都呈微弱上升趋势，从 0.11% 波动上升到 0.14%。其中，东南诸河和长江的上升趋势较明显，从 0.13% 波动上升到 0.17%；其余流域没有显著变化。辽河、海河和淮河大气水汽含量减少趋势最大，但三个流域的降水转化率并没有减小，反而有微弱的上升趋势（罗勇等，2017）。

4.2.2 印度季风区大气水汽时空变化

1）大气水汽含量时空变化

印度季风区受西南季风、东南季风以及高原季风的三重影响，降水的水汽来源及影响降水的因素非常复杂。该地区的水汽通道汇南海、孟加拉湾、印度洋、阿拉伯海以及赤道气流之水汽，向长江中下游和东亚输送，其强烈地影响着这些地区的季风降水。印度季风区东部水汽输送主要有两条途径：一条主要来自青藏高原转向孟加拉湾经缅甸、云南进入印度季风区东部；另一条水汽经由孟加拉湾南部，向东输送至中南半岛及南海，与南海越赤道气流所挟带的水汽汇合后转向印度季风区东部（李永华等，2010）。

20 世纪 70 年代中期印度季风区水汽含量趋于平稳，90 年代有轻微增加趋势，21

世纪初有明显减少趋势。四季水汽含量变化与年水汽含量变化相似，均呈减少趋势。其中，春季水汽含量的减少趋势最为明显，变化率达到 0.38mm/10a，夏季和秋季次之，而冬季水汽含量近 50 年减少趋势不明显，变化率为 0.08mm/10a（范思睿等，2014）。多套再分析资料最新结果则表明，印度季风区大气水汽含量在 1979~2018 年呈增加趋势（图 4-4），具体表现为 20 世纪 80 年代初期水汽含量较少，后出现缓慢增加，在 1998 年达到最大后出现减少，2010 年后又开始快速增加，特别是近 3 年增加显著，总体呈增加趋势。

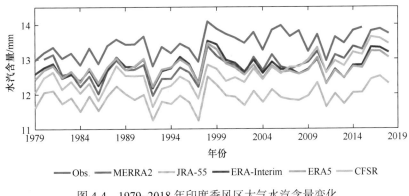

图 4-4 　1979~2018 年印度季风区大气水汽含量变化

2）水汽通量和水汽收支变化

印度季风区夏季降水与纬向的水汽输送通道强度变化关系密切，而与经向的水汽输送通道强度变化关系不明显（李永华等，2010；蒋兴文等，2007）。1961~2013 年，印度季风区各边界的水汽输送量均有减少趋势。其中，东、西、南边界的水汽收支减少趋势接近，北边界水汽输出的减少趋势略缓；纬向水汽净收支的年际波动在 20 世纪 60~70 年代较大，其后年际波动变幅减小，南边界和经向水汽收支在 20 世纪 60~90 年代减少较明显。印度季风区水汽总输入量与总输出量较为接近，水汽输入、输出在 1986~2013 年相较于 1961~1985 年都有一定的减少，其中输入减少值略大于输出减少值，印度季风区的水汽收支在 1961~2013 年呈减少趋势（罗勇等，2017）。

2009~2013 年的中国西南地区严重干旱同印度季风关系密切。干旱年份的秋、冬季，大部分印度季风区受下沉气流影响，孟加拉湾暖湿空气难以输送到该地区；受强反气旋环流控制，经向水汽通量呈负距平，缺少充足的水汽输入，使印度季风区上空大气含水量较常年同期异常偏少（王嘉媛等，2015；胡学平等，2014；李长顺等，2012）。

4.2.3　西风区大气水汽时空变化

1）大气水汽含量时空变化

中国西风区大部分年水汽含量为 12~30mm，水汽分布与降水分布具有一致性，最大值位于陕西南部地区，达 27~30mm，而水汽含量最少的地方位于南疆东部及新疆、青海和甘肃交界地带，年平均水汽含量仅有 9~12mm（巩宁刚等，2017；王可丽等，

2005）。西风区的陆 – 气系统中，地面气温升高，促使地面蒸散发剧烈，导致中、低云量增多，能够上升形成高云的水汽减少（李江林等，2012；靳立亚等，2006；Yu et al.，2004；俞亚勋等，2003）。1958~2005 年西风区对流层低层比湿上升趋势明显，20 世纪 80 年代中期之后，夏季对流层低层比湿上升最显著（郭艳君和丁一汇，2014）。

西风区大气水汽含量 20 世纪 50~80 年代中期呈明显减少趋势，自 80 年代后期开始出现暖湿化的强劲信号（刘玉芝等，2018）。1990~2009 年水汽变化振幅较大，虽然在 1990~1993 年、2004~2008 年水汽相对减少，但总体趋势为波动增多（王凯等，2018；张杨等，2018；宋松涛等，2013）。多套再分析资料一致显示，1979~2018 年西风区大气水汽含量显著增加（图 4-5）。祁连山地区也出现类似结果，1979~2016 年大气水汽含量呈显著增加趋势（巩宁刚等，2017）。

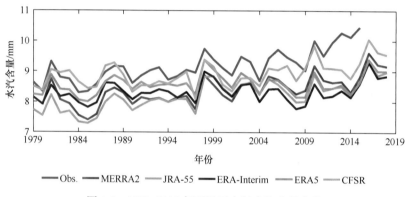

图 4-5　1979~2018 年西风区大气水汽含量变化

2）水汽通量和水汽收支变化

纬向水汽通量对西风区水汽收支起决定作用（蔡英等，2015；冯芳等，2013）。20 世纪 80 年代以来，虽然大气水汽含量明显增加，但西风区水汽收支和降水再循环变化并不一致（王凯等，2018；赵光平等，2017；刘蕊等，2010）。1956~2013 年西风区水汽收支具有较显著的增加趋势，主要由东边界输出明显减少和南边界输入一定程度增加所引起，西边界水汽输入变化并不大（任国玉等，2016；姚俊强等，2016，2012）。各边界水汽输送量变化趋势有明显的年代际变化特征，80 年代以前减少较显著，80 年代以后变化趋势不明显；其中纬向水汽收支的减少趋势主要取决于东边界水汽输出的显著减少，经向水汽收支的减少趋势主要取决于北边界水汽输入的显著减少。总的来看，西风区的水汽输入量、水汽输出量在 1961~2013 年都呈显著减少趋势，其中输出的减少趋势大于输入的减少趋势，导致水汽收支呈显著的增加趋势，但降水转换率变化趋势不明显（罗勇等，2017）。观测资料也显示，1961 年以来西风区夏季降水呈显著增加趋势并主要集中在西北西部，热力因子（水汽变化）和动力因子（环流变化）均对西风区变湿有正面贡献，且前者贡献更大。一方面，西风区大气向下的长波辐射增加，致使地表获取的向下大气辐射通量增加，有利于蒸发增强、大气水汽含量升高，以及降水增加；另一方面，近几十年来亚洲夏季副热带西风急流位置发生了显著的南移，致使西风区上空出现正涡度平流异常，引发局地上升运动增强，为降水的增多提供了有力的动力环境（Peng and Zhou，2017）。区域实际蒸散发可能随时间在变化，并对大气水汽含量变化具有较大贡献。仅考虑水汽循环和降水的关系难以说明问题，温度（热量）的影响也必须要考虑，目前这方面的研究虽然不多，但已为后续的研究指明了方向。未来还需改进统计方法和参照序列，提高均一化湿度序列的信度，并引入卫星遥感资料，深入开展多源水汽资料的比较研究（张思齐等，2017）。

4.3 蒸 散 发

地表蒸散发是气候系统能量和水分循环的关键要素。全球陆地降水的60%以地表蒸散发的形式返回大气（Oki and Kanae，2006）；陆气间潜热释放约消耗地表吸收的太阳辐射的50%（Trenberth et al.，2009）。作为地表蒸散发的组分之一，植被蒸腾的速率是决定生态系统初级生产力的关键因素（Fisher et al.，2017）。精确估算地表蒸散发是揭示区域水循环如何响应气候变化的关键内容。然而，受多种环境和生物物理因素的影响，地表蒸散发的模拟一直以来都是水文气象学领域的研究难点。

4.3.1 实际蒸散发时空变化

1）蒸散发的年际变化

由于蒸散发定位观测的空间代表性有限（约几米至几百米），大空间尺度的地表蒸散发估算仍然多依赖于模拟，包括基于有限点尺度观测的地统计方法、陆面过程模式、遥感蒸散发模型、互补蒸散发模型以及数据同化等手段（Wang and Dickinson，2012）。目前，全球多种多样的蒸散发遥感产品主要是结合多源遥感数据，利用能量平衡原理获取的。这些蒸散发产品由于所用模型的区别，时空尺度和分辨率均有差异。不同产品得到的中国区域平均年蒸散发气候态介于350~600mm（Sun et al.，2017；Mo et al.，2015；Su et al.，2015；Chen et al.，2014；Li et al.，2014）。需要指出，现阶段不同蒸散发产品依然存在较大不确定性。不同蒸散发产品的评估表明，再分析资料的蒸散发数值明显高于其他产品（Ma et al.，2019；Liu et al.，2016）。尽管 GLEAM 和 CLSM 具有较高的空间分辨率，但显著高估了中国湿润区的蒸散发量（Bai and Liu，2018）。

互补蒸散发产品经过点尺度涡度相关系统的通量结果与流域尺度水量平衡检验，可以发现其具有较好的精度和空间分辨率（Ma et al.，2019）。中国地表蒸散发的空间分布呈从东南到西北递减的态势（图4-6）。1982~2012年，年蒸散发最高值出现在海南岛，可达 1200mm 以上；最低值则出现在新疆南部的塔克拉玛干以及内蒙古西部地区，不足 100mm。由于水热条件充足，植被蒸腾旺盛，相对高值出现在中国东南部和南部沿海地区，年蒸散发普遍在 1000mm 以上；华南和西南部分地区，包括福建、广东、贵州和云南，年蒸散发可达 667~854mm；长江中游和华北平原的年蒸散发介于400~650mm；东北地区为 350~500mm；蒸散发低值主要分布在寒冷干燥的西北部和北部，包括新疆、甘肃、宁夏和内蒙古。在内蒙古大部，年蒸散发低于 300mm。就青藏高原地区而言，其年蒸散发也呈现从高原东南部向高原西北部递减的态势，在藏东南的部分地区接近1000mm，而在羌塘高原腹地则降至300~400mm。青藏高原西部的改则、狮泉河地区年蒸散发一般不足200mm。就中国年蒸散发的变异系数而言，在较为干旱的西北地区较大，可达0.5以上；在较为湿润的中国东部和南部较小，普遍在0.2以下（Ma et al.，2019）。

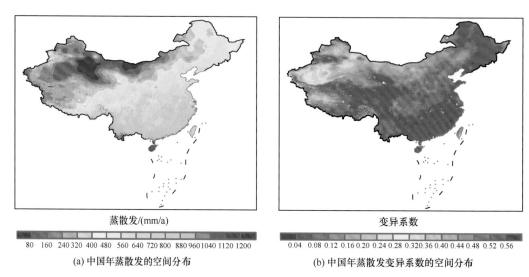

蒸散发/(mm/a)

80　160　240 320　400 480　560 640　720 800　880 960 1040 1120 1200

(a) 中国年蒸散发的空间分布

变异系数

0.04　0.08 0.12　0.16 0.20　0.24 0.28 0.32 0.36　0.40 0.44 0.48 0.52 0.56

(b) 中国年蒸散发变异系数的空间分布

图4-6　中国地表多年平均的年蒸散发和年蒸散发变异系数的空间分布（Ma et al.，2019）

图4-7展示了基于6种主流蒸散发产品的中国平均年蒸散发在1982~2015年的变化。可见，不同产品在年蒸散发的量级方面存在较大差异。就变化趋势而言，到20世纪90年代末期，不同蒸散发产品趋势比较一致，均略有增大。而21世纪初以来，尽管Noah（Rodell et al.，2004）、GLEAM（Martens et al.，2017）和JRA-55（Kobayashi et al.，2015）的蒸散发继续增加、FLUXNET-MTE（Jung et al.，2010）保持平稳，但ERA-Interim（Dee et al.，2011）和CR（Ma et al.，2019）产品呈微弱减小趋势。

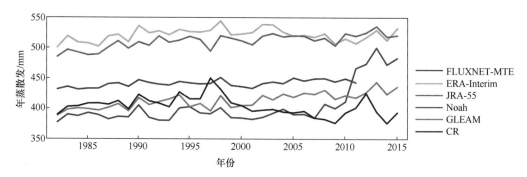

图4-7　基于不同产品的1982~2015年中国平均年蒸散发

蒸散发的变化趋势在空间分布上具有差异性。1982~2012年，地表蒸散发在中国西部以增加为主，特别是在青藏高原、新疆南部、内蒙古西部增加趋势较为明显，速率普遍在2~5mm/a。东北地区、黄河中游和长江中游，年蒸散发也呈增加之势，但增加速率略小于中国西部，一般不足 3mm/a。华南大部呈现显著的减少趋势，速率约 3mm/a（Ma et al.，2019；Mo et al.，2015；Han et al.，2014）。值得注意的是，暖湿化背景下青藏高原地区蒸散发的显著增加对中国整体蒸散发的变化起关键作用（Mo et al.，2015；Gao et al.，2007）。

2）季蒸散发的变化

蒸散发季节性波动及其空间变异性反映气候条件的控制效应。如图 4-8 所示，华南大部地区以及云南由于春季气候温和湿润，植被生长期多始于早春至中春，实际蒸散发较高。雅鲁藏布江地区在充足的降水与较高的气温和辐射条件下，蒸散发值也较高。相比之下，春季的低温导致中国北方地区蒸散发普遍较低，而在中国的东南部，春季蒸散发可达 120~210mm。此外，华北平原的春季蒸散发略大于其周边地区，这主要与冬小麦的灌溉生长有关。夏季，由于植被稀疏和降水不足，西北地区、青藏高原和内蒙古草原持续出现相对较低的蒸散发值，而东北地区植被生长茂盛，蒸散发值

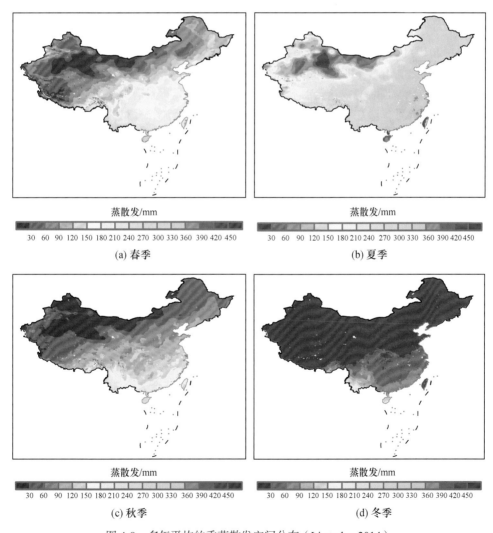

图 4-8　多年平均的季蒸散发空间分布（Li et al.，2014）

远高于春季；由于降水和日照均较为充分，中国东南地区的夏季蒸散发可达 400mm 以上。秋季，东南地区的蒸散发普遍不足 200mm。对于同一个地区而言，秋季蒸散发一般略低于春季。冬季，大多数生态系统的冠层处于休眠状态，中国大部分地区的光合作用甚微（Ma et al., 2019；Li et al., 2014）。整体而言，中国各区域地表蒸散发具有相似的季节变化，即夏季最大，可占全年蒸散发的 50% 之多；春秋次之，而冬季仅占 10% 甚至更少（Mo et al., 2015）。

1982~2009 年，中国蒸散发四季变化差异较大（Ma et al., 2019；Li et al., 2014）。夏季蒸散发变化的空间分布与年蒸散发的格局较为一致，青藏高原以及西北地区和东北地区以增加为主，而南方地区减少；秋季蒸散发的变化趋势也与夏季蒸散发较为类似，但变化速率较小；与夏秋不同，春季蒸散发除了云南、西藏西部以及海河和淮河的部分地区呈减少趋势外，其余地区均呈增加之势；冬季蒸散发也呈整体增加之势，但变化速率明显小于其他季节。

4.3.2 流域尺度蒸散发变化特征

2004~2012 年，流域尺度的年蒸散发以东南诸河和珠江最大，可达 700mm 以上；淮河和长江次之，介于 500~600mm；海河和西南诸河年蒸散发介于 400~450mm；最小年蒸散发位于西北诸河，这与其普遍较为干旱的气候背景有关。就流域尺度水量平衡而言，东南诸河、珠江和西南诸河年蒸散发远小于径流，蒸散发占当地降水的比例低于 50%；长江蒸散发和径流约各占当地降水的一半。其他 6 个流域（松花江、辽河、海河、黄河、淮河和西北诸河）蒸散发远大于径流，有一半以上的降水以蒸散发的形式返回大气。特别是西北诸河，约 80% 的当地降水会被蒸发（Ma et al., 2019；Li et al., 2014）。

就中国十大流域蒸散发的年内分布而言，各流域蒸散发均以夏季最大，春秋次之，冬季最小。所有流域月蒸散发最大值均出现在 7 月。松花江、辽河、海河和黄河最大月蒸散发约为 90mm，而淮河、长江、东南诸河和珠江最大月蒸散发介于 110~140mm。月蒸散发的最大与最小值之差，在珠江、东南诸河达 120mm，而在西北诸河仅为 45mm（Ma et al., 2019）。

1982~2012 年，海河、淮河、东南诸河和珠江蒸散发均呈显著减小趋势，减小速率分别为 2.3mm/a、2.3mm/a、1.0mm/a 和 2.6mm/a。而在黄河、辽河、长江和西南诸河，蒸散发变化并不明显。在松花江和西北诸河，实际蒸散发则分别以 0.3mm/a 和 0.2mm/a 的速率呈弱增加趋势。除珠江和东南诸河外，其余 8 个流域蒸散发均在 20 世纪 90 年代末期以前逐渐增大，而 90 年代末期以后蒸散发呈逐渐减小之势。1982~1997 年，松花江、辽河、黄河、西南诸河和西北诸河年蒸散发分别以 2.5mm/a、2.4mm/a、3.1mm/a、4.4mm/a 和 2.2mm/a 的速率显著增大，淮河和长江也呈不显著的增大之势；而在 1998~2012 年，海河、淮河和长江则分别以 4.5mm/a、5.0mm/a 和 2.9mm/a 的速率显著减小，辽河、黄河、西南诸河和西北诸河也略有减小。而珠江蒸散发在两个时段内均呈减小之势（李修仓等，2014；Li et al., 2013）。

蒸散发的空间异质性及其诸多控制因素（气候、植物、土壤和地形）使其成为水循环过程最难准确估算的要素。研究表明，相对湿度、净辐射和温度是影响中国陆地蒸散发变异的主要因素，1982~2009 年年蒸散发与三者的相关系数分别可达 0.91、0.80 和 0.65（Li et al.，2014）。净辐射和温度在湿润地区与蒸散发具有最强的相关性，而在干旱地区相关系数较低。控制干旱区蒸散发长期变化的主导因素是下垫面供水。气候变暖和下垫面人类活动导致的冰雪融水增加是蒸散发增加的主要原因，降雨也是影响蒸散发变化的重要因素；而在湿润地区蒸散发变化主要受太阳辐射变化的控制，其对温度变化敏感（Feng et al.，2018；Wang et al.，2010）。

中国实际蒸散发变化趋势的驱动因素因区域和季节而异。干旱地区，不同季节蒸散发的气候影响因素差异很大，年蒸散发与降水量相关性高，且相关系数在夏季最高、冬季最低。此外，太阳辐射也是该地区实际蒸散发变化的主要因素，尤其在秋冬季表现明显。半干旱地区，年实际蒸散发与净太阳辐射、降水量显著相关，然而在秋冬季，蒸散发变化的主要影响因素是平均温度和云量。半湿润区，温度是冬季实际蒸散发变化的主要驱动因素（Feng et al.，2018）。而位于湿润区的珠江蒸散发的减小除了受太阳辐射下降的影响外，风速的降低可能也是其实际蒸散发减小的原因之一（李修仓等，2014；Li et al.，2013）。以塔里木河为代表的西北诸河，其实际蒸散发的增大则主要与近几十年来西北地区下垫面供水增多有直接关系。温度、风速、相对湿度和总云量是导致松花江实际蒸散发增大的气象因子（韦小丽和管丽丽，2015）。

实际蒸散发的时空格局不仅受到气候条件的影响，还与植被覆盖类型紧密相关。常绿阔叶林、多树和稀树草原、永久湿地和混交林的蒸散发相对较大，年蒸散发可达 620~910mm。落叶阔叶林的年蒸散发最大可达 566mm，而混交林和针叶林年蒸散发分别为 510mm 和 333mm 左右。各植被类型区的蒸散发季节变化均为夏季最大、冬季最小，其中，落叶针叶林、落叶阔叶林和热带稀树草原的实际蒸散发季节变化最大，封闭的灌木丛、农田和木本热带稀树草原年内变异性次之。相比之下，常绿阔叶林表现出较弱的季节性蒸散发（Li et al.，2014）。

4.3.3 潜在蒸散发时空变化

潜在蒸散发作为实际蒸散发的理论上限值，主要表征大气蒸散发能力，是评价水资源利用状况、气候干湿程度的重要指标，可为农业部门制定合理的灌溉制度和需水计划提供基本依据（Liu et al.，2012）。

1961~2015 年，中国年潜在蒸散发整体呈现南部和西北地区高、东北和中部以及青藏高原东部地区低的空间格局，年均值为 1043mm。干旱区年潜在蒸散发最高，可达 1164mm，半湿润区最低，小于 960mm。潜在蒸散发高值区主要分布于湿润区南部和干旱区中西部，最高值出现在内蒙古西部，约 1733mm，低值区则分布在湿润区的中北部、半干旱区和半湿润区的中西部及东北部地区，最低值出现在黑龙江漠河，只有 621mm（吴霞等，2017；Yin et al.，2010）。

中国潜在蒸散发最高的季节为夏季（410mm），占全年潜在蒸散发的 39%，最低值出现在冬季（108mm），仅为全年潜在蒸散发的 10%，春季和秋季分别为 309mm 和

216mm。春季潜在蒸散发呈现由东南向西北地区减小的空间格局，干旱区中部及东部、湿润区西南部潜在蒸散发较高，超过 400mm，而湿润区中部、半湿润区西南部及东北部潜在蒸散发低于 300mm；夏季潜在蒸散发高值区主要分布在西北干旱区，高于 450mm，低值区则主要位于湿润区西部、半湿润区西南部和东北部分地区，不足 400mm；秋季潜在蒸散发自西北 – 东南向中部减小，华南部分地区高于 300mm；冬季潜在蒸散发整体呈自南向北减小的趋势，只有湿润区的南部和西南部高于 200mm，而西北和东北地区低于 100mm（吴霞等，2017；Yin et al.，2010）。

1961~2015 年，中国年潜在蒸散发以 0.52mm/a 的速率减小。十大流域对气象因子的敏感性存在区域分异。其中，西南诸河对太阳辐射最敏感，东南诸河、黄河、海河、长江、淮河和珠江的潜在蒸散发对最高气温最为敏感，而西北诸河、辽河和松花江对水汽压最为敏感。年内，7 月潜在蒸散发对最高气温和太阳辐射最敏感，1 月则对最低气温、风速和水汽压最敏感（Liu et al.，2012）。潜在蒸散发的变化影响中国陆表生态与环境。在西北地区，夏季潜在蒸散发因风速降低而减小，从而提高了该地区的湿润度，促进了牧草生长；而东南地区潜在蒸散发随日照时数减少而减小，虽然有利于优化水分条件，但同步减少了热量资源（Yin et al.，2010）。

20 世纪 90 年代以来，青藏高原和西北地区年潜在蒸散发降低，其主要原因是风速的减小，风速在夏季影响范围较小，仅在西北地区，但秋冬季可影响中国大部分地区。中国亚热带和热带地区年潜在蒸散发也呈减小趋势，但其主要原因则是日照时数缩短。相对湿度作为高敏感因子，虽然其变化显著影响潜在蒸散发，但由于变化趋势不明显，并不是潜在蒸散发变化的主要原因。温度的升高虽然导致潜在蒸散发增加，但是贡献程度并不高，并没有体现出气候变暖致使潜在蒸散发明显增加的特征（Yin et al.，2010）。

一般认为，温度升高将使地球表面的空气变干，从而增加陆面水体的蒸发量。然而大量观测事实证明，过去 50 年蒸发皿蒸发量持续减少。这种预期值与观测值的相悖现象称为"蒸发悖论"（Peterson et al.，1995）。"蒸发悖论"现象得到了世界多地观测资料的验证，包括中国南部、东部、中部以及西北部的资料（Cong et al.，2009）。蒸发皿蒸发量是多个环境因子共同非线性相互作用的结果，不同气候要素对"蒸发悖论"的影响在不同时空尺度上可能存在变化（左洪超等，2006）。研究表明，太阳总辐射减少和饱和差减少是中国蒸发皿蒸发量明显减少的主要原因（祁添垚等，2015；Cong et al.，2009；曾燕，2007）。另外，气温日较差和风速变化也是蒸发皿蒸发量明显减少的影响要素（刘敏等，2009）。严格意义上，蒸发皿蒸发量代表一个地区蒸发能力，而不能代表实际下垫面水分变化，这一点在干旱和半干旱地区表现得尤为明显。而陆地表面的实际蒸散发才是衡量水分变化的客观变量，两者虽有联系，但不能相互替代。

4.4　地 表 径 流

中国幅员辽阔，南北气候差异大，河流水文情势具有明显的区域性特征（王国庆等，2011）。根据中国水资源及其开发利用调查评价（水利部水利水电规划设计总院，2014），1956~2000 年中国地表水资源总量为 27388 亿 m^3，折合年径流深 288.1mm，其中，山丘区多年平均地表水资源量占 92.7%，年径流深 371.4mm，平原区占 7.3%，年径流深 74.7mm（图 4-9）。最新研究成果表明，1956~2018 年在年代际尺度上，中国地表水资源总量的变化不大，但各水资源一级区的地表水资源变化较为明显，特别是北方地区的水资源变化十分显著（张建云等，2020），见表 4-1。

图 4-9　中国多年平均年径流深分布示意图（单位：mm）

中国主要江河流域径流的年内不均匀性较大，其中海河、淮河、松花江和辽河的不均匀性最大。1980 年后，淮河和松花江的径流年内不均匀性有微弱增加，其他流域有降低趋势（李东龙等，2011）。气温、降水和蒸散发等气候要素的时空特征，以及土地利用变化、取用水、水利工程调节等下垫面人类活动影响着径流的形成和演变。东部季风区、青藏高原区和西北干旱区的径流演变特征截然不同（Liu et al., 2019）。

表 4-1 中国水资源一级区地表水资源量的年代际变化

（张建云等，2020；水利部水利水电规划设计总院，2014） （单位：亿 m³）

区域	1956~1959年	1960~1969年	1970~1979年	1980~1989年	1990~2000年	1956~1979年	1980~2000年	2001~2018年
松花江区	1595	1361	946	1410	1342	1227	1374	1216
辽河区	427	461	385	387	393	424	390	340
海河区	337	249	231	150	190	256	171	118
黄河区	637	684	585	645	513	635	576	524
淮河区	790	750	649	630	637	715	633	679
长江区	9185	9648	9572	10057	10371	9538	10219	9605
东南诸河区	2053	1815	1955	1972	2166	1913	2073	2043
珠江区	4394	4440	4965	4553	4973	4651	4773	4781
西南诸河区	5331	6068	5727	5479	5983	5803	5743	5548
西北诸河区	1201	1181	1124	1151	1224	1160	1189	1312
中国	25950	26657	26139	26434	27792	26322	27141	26166

4.4.1 东部季风区径流变化

中国最重要的江河水系大部分分布在东部季风区，包括长江、黄河、淮河、海河、辽河、松花江、东南诸河和珠江等。在气候变化、土地利用变化、取用水、水利工程调蓄等因子的共同作用下，该区域径流演变特征复杂。实测资料表明，20世纪50年代以来，东部季风区径流主要呈减少趋势，但不同流域径流具有不同的阶段性变化特征，具有较高的信度（图 4-10）（夏军等，2016）。北部径流减少特征较明显，而南部径流变化复杂、趋势不明显（张建云等，2020，2013；Liu et al.，2019）。

1956~2014 年，松花江多年平均径流深为 138.6mm，地表水资源量约 1296 亿 m³。流域的径流量年际变化很大，经常出现连续丰水年和连续枯水年的情况，尤其是支流洮儿河和霍林河径流极值比非常大。松花江干支流径流量均有下降的趋势，其中嫩江、松花江干流、洮儿河和霍林河下降趋势较为明显，而西流松花江径流量下降趋势相对不显著。嫩江径流变化的突变点有两个，分别在 1963 年和 1991 年；西流松花江没有突变点；松花江干流有两个突变点，分别在 1967 年和 1990 年；洮儿河的突变点在 1971 年和 1995 年；霍林河的突变点在 1964 年（汪雪格等，2017）。

辽河多年平均径流深为 129.9mm，地表水资源量约 408 亿 m³，年径流存在明显的阶段性演变特征，径流系数总体呈减小趋势（马龙等，2015；胡海英等，2013）。流域径流深于 75~200mm，最大值在东部、最小值在西部，年径流变差系数为 0.5~0.7（郭松，2016）。近年来，辽河干流年径流总量有下降趋势，但趋势不显著，年代际上经历了多—少—正常—偏多四个阶段。辽河中上游径流呈显著的减少趋势，径流年际变化大，径流量在 21 世纪初最小。

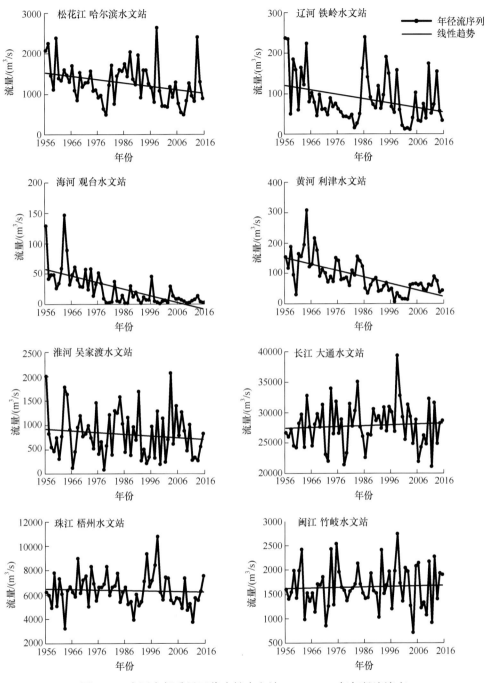

图 4-10　中国东部季风区代表性水文站 1956~2016 年年径流演变

　　作为受人类活动严重影响的地区，海河的地表水资源耗水量总体呈现先增加后稳定略减的变化特征。20 世纪 50 年代以来，海河内的河川径流量、入海水量、水资源总量和地表水资源量都呈现显著的减少趋势（杨永辉等，2018；张利茹等，2017；鲍振鑫等，2014）。空间上，滦河、海河北系和海河南系的入海水量、水资源总量和地表水资源量均呈现显著的下降趋势，而徒骇马颊河的变化趋势不明显（Bao et al.，2012）。

黄河多年平均径流深为 76.4mm，地表水资源量约 607 亿 m³。1956~2016 年，黄河除源头区年径流变化趋势不显著以外，其余河段的径流呈显著的下降趋势。从上游到下游，河川径流下降幅度越来越大，趋势越来越显著。1980~2000 年和 2001~2016 年的多年平均入海径流比 1956~1979 年分别减少了 50.1% 和 59.7%。径流演变呈 3 个阶段，20 世纪 50~60 年代属于丰水期，70~90 年代径流持续下降，2000 年以后径流有所回升。黄河源头区人烟稀少，径流的年际和年代际变化主要受降水和冰川融雪的影响，下垫面人类活动的影响较小，径流变化趋势不显著。上游区下段径流受河道取用水影响程度大，随着经济社会的发展，径流呈现显著的下降趋势。黄河中游径流变化影响因素较多，成因十分复杂：一是受上游来水减少的影响；二是受中游降水减少的影响；三是中游修建了大量的梯田、淤地坝等，拦蓄了部分水量；四是中游植被覆盖增加，导致蒸散发和蓄水能力增强，径流减少；五是随着社会经济发展，河道取水增加，径流减少。黄河下游汇水区极小，来水主要受小浪底出库径流调节，同时河道取水量较大，径流下降程度最大（鲍振鑫等，2019；Bao et al.，2019）。

淮河多年平均径流深为 205.1mm，地表水资源量约 677 亿 m³。由于区域取调水情况复杂，流域径流变化空间差异性较大。中上游径流量主要集中于 5~9 月，约占年径流总量的 70.4%，变差系数介于 0.16~0.85；径流年际变化剧烈，极值比介于 1.7~23.9。1956 年以来，除上游表现为不显著的上升趋势外，流域大部分地区径流呈下降趋势，其中中游以北地区与沂沭泗水系表现出显著的下降趋势；季节上，淮河水系径流量在春季（尤其 4~5 月）表现出大幅度的下降趋势，沂沭泗水系径流量在夏季表现出大幅下降趋势，且通过显著性检验（孙鹏等，2018；潘扎荣等，2017；刘睿和夏军，2013）。

长江范围广阔，以直门达水文站为代表的源头区年径流 1956~2016 年呈显著上升趋势；径流系列在 2004 年发生突变，具有 23~24 年和 42~43 年的显著周期，42~43 年的周期项具有最大波动能量；降水量是径流变化的主导因素，水面蒸发量是径流变化的重要影响因素，但气温变化对径流的影响不显著（李其江，2018）。根据上游寸滩水文站、上中游分界的宜昌水文站、中游的汉口水文站和下游的大通水文站 4 个代表性水文站，1956~2015 年长江干流径流量年际变化相对平稳，其中寸滩水文站和宜昌水文站的径流量呈下降趋势，下降速率分别为 0.37 亿 m³/a 和 0.53 亿 m³/a；汉口水文站和大通水文站的径流量表现为小幅上升趋势，上升速率分别为 0.09 亿 m³/a 和 0.36 亿 m³/a，4 个水文站年径流序列的变化趋势均未通过显著性检验。4 个水文站的年径流量在 1968 年前后和 21 世纪初期发生了突变。取用水和工程调蓄等人类活动对 1969~2002 年径流变化的贡献率为 31.98%~70.04%，对 2003~2015 年径流变化的贡献率为 59.75%~80.04%，显示下垫面人类活动的作用强度在增大（彭涛等，2018）。

珠江多年平均径流深为 815.7mm，地表水资源量约 4723 亿 m³，大部地区径流呈减少趋势，但空间差异性比较明显。1981~2013 年中上游地区年径流呈下降趋势，西江马口水文站的径流量 1983 年之后也呈减少趋势，北江的三水水文站径流量在 1993 年之后则呈大幅增加趋势（李天生和夏军，2018；袁菲等，2017）。

与珠江类似，东南诸河年径流的变化也表现出明显的区域差异性。其中，钱塘江年径流有增加趋势，径流序列的变异时间为 20 世纪 70~80 年代（王翠柏等，2013）。南流江年径流量呈下降趋势，降水基本处于动态平衡。闽江的年径流量呈现微弱的上升趋势（郭晓英等，2016；王跃峰等，2013）。韩江年径流量则在 1980 年发生突变，开始稳步上升，但汛期径流缓慢下降（缪连华，2013）。

东部季风区径流的减少主要受降水变率的影响，其中北方径流的敏感性明显大于南方。气候变化对松花江径流变化的贡献较大，1975~1989 年气候变化导致嫩江下游区径流深增加了 19mm。辽河降水与径流相关性较好，天然降水的减少，以及水利工程拦蓄水、水资源取用量的增加是该流域径流减少的主要原因（胡海英等，2013；梁红等，2012）。近年来，土地利用变化、取用水和工程调蓄等下垫面人类活动对径流的影响增大，特别是对人口密集的黄淮海地区影响较大（杨永辉等，2018）。海河径流发生突变的年份在 1970 年前后，这与植树种草、修建水利工程和开采地下水等大规模的人类活动有密切关系（张利茹等，2017）。除了源区，下垫面人类活动对黄河大部地区径流变化的影响在持续加强（李二辉等，2014），特别是 21 世纪以来相同降水下的产流明显减少。淮河径流变化成因复杂，1986~1999 年上游径流减少的主要原因是下垫面的人类活动，而 2000~2010 年上游径流增加的主要原因是气候变化（李小雨等，2015）。长江上游干流宜昌水文站和寸滩水文站径流下降主要受降水减少的影响，而下垫面人类活动和洞庭湖的调蓄作用是中游螺山水文站年径流下降的主要原因。珠江降雨减少是径流减少的主导因素，但珠江三角洲西水东调等水利工程对该流域径流变化也有显著影响（涂新军等，2016）。

4.4.2　青藏高原区径流变化

青藏高原有"亚洲水塔"之称，区域内冰川、积雪、冻土分布广泛，水资源量相当丰富，长江、黄河、澜沧江、雅鲁藏布江、怒江发源于此。在全球变暖背景下，青藏高原增温幅度明显高于全球平均水平，其是气候变化的敏感区。温度升高使得冰雪融水增加，径流增加；同时，温度升高陆面蒸发增强，使得径流减少；另外，下垫面人类活动也引起径流发生相应变化。

青藏高原的积雪自 1980 年以来呈现先增后减的趋势，以 20 世纪 90 年代末为转折点；青藏高原冰川自 1980 年以来普遍呈退缩的状态。青藏高原区径流量的长期变化趋势并不一致，即使是同一条河流的不同河段或支流也不一致（Lan et al.，2014）。

三江源区位于中国的西部、青藏高原的腹地，是长江、黄河和澜沧江的源头汇水区。长江总水量的 1.2%、黄河总水量的 40% 和澜沧江总水量的 15% 都来自三江源区（吕爱锋等，2009）。三江源区径流深以澜沧江源区最大，其年径流的变差系数以及径流的年际波动相对于长江和黄河源区均不明显。1956 年以来，澜沧江源区和黄河源区径流变化不显著，长江源区径流显著增加。澜沧江源区年径流在过去 60 年来呈弱增加趋势，除 7~9 月径流呈微弱减少外，其他月份径流均呈增加趋势，以 3 月径流增加最显著（张岩等，2017）；黄河源区内部差异很大，大部分区域径流量无显著变化趋势，局部有显著减少或增加趋势。黄河源区气候变化对径流的贡献率达到 70%，而下垫面人类活动的影响仅有 30%；长江源区绝大部分河段降水量和径流量均呈显著增加趋势，说明径流量变化的主因可能是降水量。有研究表明，降水量对长江径流变化的贡献率在 88% 以上，气温变化所导致的冰川融水和蒸发量变化的影响比较小（Qian et al.，2012）。总体来看，降水量对三江源区径流量具有重要影响，贡献率约占 70%（Zhang et al.，2013）。此外，根据第一次全国水利普查青海省水土保持情况普查成果，三江源区有小型蓄水保土工程 510 个，水土流失治理面积 2660km²，对径流量的影响也不容忽视。

雅鲁藏布江干流年径流量在长期的变化中存在多时间尺度的特征，具有 3 年、8~10 年、15 年尺度的周期变化。中游地区多年平均降水量约为 412.7mm，由东向西逐渐减少，且降水年内分布不均，主要集中在 6~9 月。雅鲁藏布江多年平均产流量约为 255.2 亿 m³，水资源充沛。20 世纪 50 年代是径流较少的年代，60 年代水量偏丰，70 年代和 80 年代径流逐渐减少，而 90 年代水量相对较丰，但不及 60 年代径流量大（徐克兵，2014）。1960 年以来，雅鲁藏布江干流径流没有出现显著的变化趋势。雅鲁藏布江年径流量的变化趋势与降水量呈高度一致，径流量的变化对流域降水量具有极强的响应关系，二者相关系数达 0.89，说明降水量变化是雅鲁藏布江径流变化的最主要因素。径流与气温呈不显著的负相关，气温升高对干流年径流产生的影响不显著。除气候因素外，下垫面人类活动对径流的影响较小，未对径流产生明显的作用（王欣等，2016）。此外，流域中下游径流呈现不显著的减少趋势，这可能与印度季风减弱有关（王秀娟，2015）。

4.4.3　西北干旱区径流变化

西北干旱区是气候变化的敏感区，也是水资源匮乏的生态脆弱区，其在水资源形成、时空分布、水源补给转化等方面具有鲜明的区域特点。西北诸河水资源主要来源于山区天然降水和高山冰雪融水，高山区的冰（川）雪融水、中山带的森林降水和低山带的基岩裂隙水等共同构成了复杂的干旱区地表水资源。径流为西北干旱区水资源的重要组成部分，冰川和积雪融水在总径流中的比重可以达到 45%（沈永平等，2013）。西北诸河多年平均径流深 34.9mm，地表水资源量 1174 亿 m³，约占全国地表水资源量的 4.3%。全球气候变暖加速了山区冰川的消融和退缩，改变了水资源的构成，加剧了水资源的波动性和不确定性，使西北干旱区的水资源系统更为脆弱。

石羊河径流的补给形式由西向东从依靠冰雪和降水补给逐步过渡到完全依靠降水补给。20 世纪 50 年代以来，石羊河径流量总体上呈减少趋势（徐存东等，2014）。流域下游河川径流量的波动在 1968 年之前主要是气候变化的结果，而 1968 年之后则是气候变化与土地利用变化共同作用的结果。近 30 年来，气候变化的贡献率约为 4.1%，而土地利用变化，尤其是耕地面积变化的贡献率约为 88.8%（周俊菊等，2015）。

黑河位于祁连山中段，发源于祁连山南部腹地，是西北地区第二大内陆河。20 世纪 60 年代以来，黑河出山口年径流呈显著增加趋势，其变化率为 0.636 亿 m³/10a；径流的年际变化相对较小，年径流变差系数小于 0.2（张晓晓等，2014）。黑河上游径流量增大、中游径流量减小，气候变化和下垫面人类活动的贡献率分别为 59.7% 和

40.3%、25.2% 和 74.8%（何旭强等，2012）。

疏勒河出山口径流量 1958~2015 年总体呈增长趋势，速率为 0.91 亿 m³/10a。年代际上，20 世纪 90 年代以前出山口径流量在波动中缓慢增加，但低于多年平均值 9.89 亿 m³；90 年代后，径流快速增加，2000 年高达 12.95 亿 m³，2010 年达到 16.97 亿 m³（杨春利等，2017）。疏勒河出山口径流多集中在夏半年，约占全年的 80%，冬半年则明显偏少。冬季流量比较稳定，河流补给主要依靠山区深层地下水源；4 月、5 月气温回升后，融雪和解冻使得径流量逐渐增加；7 月、8 月随着降水增多，加上冰雪融水，出山径流量达到最大值；10 月以后随着气温降低以及暖湿气流影响减弱，径流量逐渐减小（李培都等，2018）。

塔里木河 80% 以上的水资源形成于中高山区，出山口径流主要来自山区降水、冰雪融水和地下水的混合补给，径流变化与气温、降水具有较好的同步性。由于山区降水量比较稳定，地表水资源受到山区冰川积雪的调节作用，河川径流量年际变化幅度总体较小，但径流量的年内分配很不均匀，径流量多集中在汛期（5~9 月）。1956~2016 年塔里木河的三条源头区中，阿克苏河和叶尔羌河径流量增加趋势明显，和田河径流量呈微弱增加趋势。年际尺度上，阿克苏河具有明显的 3 年和 5 年准周期，叶尔羌河与和田河的 3 年准周期较为明显；年代际尺度上，三源流的主要周期分别为准 31 年、准 24 年和准 25 年（刘静等，2019）。随着气温升高，冰川和积雪消融加剧，塔里木河河流出山口径流明显增加，但干流中下游的径流量呈显著减少趋势（艾克热木·阿布拉等，2019）。尤其随着人口增长、工业化进程加快、开荒用水和农业灌溉水量增多，中上游用水量猛增，导致诸多的干流河道断流，并且断流点有上移表现，下游生态退化极为严重。

伊犁河年径流量相对稳定，地表水资源量变化较小。1960~2010 年，伊犁河流域气温和降水变化趋势不明显，只影响径流量的年内分配，对变化趋势的影响较小（王宪宝和塔伊·阿不都卡德尔，2016）。

4.5　陆地水储量

陆地水储量指地表垂直剖面所有形态的水分，除了地表径流，还包括土壤水、地下水、湖泊、冰川、积雪和冻土等。陆地水储量是表征陆地水资源变化的重要参数之一，其受到降水、蒸散发、冰雪消融、地下水开采等多种自然要素和人类活动影响（徐子君等，2018；华珊珊和郑春苗，2018）。气候变暖导致气温和降水的时空格局发生深刻变化，进而对土壤湿度、湖泊、冰川、积雪、冻土等产生显著的影响，从而带来严峻的水危机和水资源安全问题（许民等，2013）。

4.5.1　土壤湿度变化

土壤湿度并非常规气象观测要素，其历史数据较少。20 世纪 80 年代开始，中国气象局布设了农业气象观测网络，每 10 天进行一次人工采样。根据资料状况较好的 1990~2000 年的观测数据，东北、华东地区比较湿润，华北地区较为干燥（丁旭等，

2016；孙丞虎等，2005）。由于地面观测数据的缺失，目前基于微波遥感和再分析资料的土壤湿度数据是陆地水循环长期变化研究的主要数据来源。ERA、NCEP、CLM 和 GSWP2 等资料也显示，东北地区湿、华北地区干，土壤湿度基本由西北向东北和东南呈梯度增加（张文君等，2008）。

利用有限的土壤湿度观测资料对多套长序列微波遥感和再分析土壤湿度产品的评估表明，虽然各套数据的绝对量存在较大差异，但多数数据能够较好地反映土壤湿度的时间演变特征（刘丽伟等，2019；马思源等，2016；沈润平等，2016）。研究表明，1979~2010 年中国的土壤湿度存在一个自东北、华北地区至西南地区的干旱化带，东北与华北地区的干旱化现象尤为严重，而青藏高原、南疆、华东和华南局部地区则表现为明显的湿润化特点（图 4-11）（Chen et al.，2016；Lu and Shi，2012；Dorigo et al.，2012）。这与基于地面观测资料的分析结论基本一致（张人禾等，2016；张蕾等，2016；王磊等，2008）。

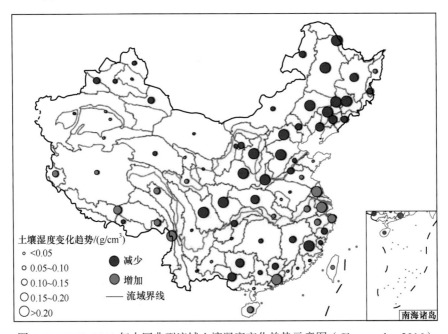

图 4-11　1979~2010 年中国典型流域土壤湿度变化趋势示意图（Chen et al.，2016）

土壤湿度的长期变化具有季节性差异。例如，20 世纪 80 年代以来，华南地区冬季湿润化趋势显著（Dorigo et al.，2012），长江中下游部分地区和黄河流域的夏季存在明显的干旱化现象（王国杰等，2018；Lou et al.，2018）。

土壤湿度的时空变化主要受到气温和降水等气象要素的影响（Nie et al.，2008）。大气降水是土壤湿度的重要补给来源，而气温升高则会增强蒸散发过程，导致土壤湿度降低。研究表明，中国东北、华北等半干旱半湿润地区土壤湿度的年际变化与降水呈正相关关系，而与气温呈负相关关系（马柱国等，2000）。在干旱地区，大气降水也对土壤湿度年际变化起主要作用（Lou et al.，2018；Piao et al.，2009；Nie et al.，2008），塔里木河流域 1988~2013 年土壤湿度显著增加的原因与该地区降水量和冰雪融水量增多有关（Su et al.，2016；丁旭等，2016；Zhou et al.，2012；Tao et al.，2011）。青藏高原地区土壤湿度变化趋势与降水量的变化趋势在空间分布上比较吻合，表明大气降水是该地区土壤湿度长期变化的主要影响因素（刘强等，2013）。

4.5.2 湖泊水储量变化

湖泊对气候变化较为敏感，同时又是流域物质的储存库，能够反映湖区不同时间尺度气候变化和人类活动的信息，是揭示全球气候变化与区域响应的重要信息载体（Ma et al.，2011）。遥感技术的快速发展为评估湖泊水储量变化提供了一种快速有效的方法。现有多数研究均将卫星遥感确定的水域面积与卫星高度计测量的水位结合起来，来估计湖泊水储量的变化（Fang et al.，2019）。

中国现有大于 $1km^2$ 的天然湖泊（不含水库）2693 个，总面积 81414.6 km^2，其中 1~10 km^2 的湖泊 2000 个，10~50 km^2 的 456 个，50~100 km^2 的 101 个，100~500 km^2 的 109 个，500~1000 km^2 的 17 个以及大于 1000 km^2 的 10 个。西藏和内蒙古，以及黑龙江的湖泊数量较多，江苏、安徽和江西的湖泊面积较大（Ma et al.，2011）。20 世纪 60 年代至 2015 年，中国大于 $1km^2$ 的湖泊总面积增加了 5858.06 km^2，但是呈现出较强的空间异质性：青藏高原和新疆湖泊面积显著增加，分别增加了 5676.75 km^2 和 1417.15 km^2；内蒙古地区的湖泊面积则减少了 1223.76 km^2；西部干旱地区新增湖泊 141 个，而东部湿润地区消失湖泊 333 个（Zhang et al.，2019）。青藏高原 38 个大型湖泊水位在 2003~2009 年呈显著增加趋势；而东部地区 18 个大型湖泊水位呈显著下降趋势（Wang et al.，2013）。中国 760 个湖泊的水储量变化的研究表明，1985~2015 年，湖泊水储量总体上呈增加趋势，增加速率为 1.7Gt/a；其中，2005~2009 年湖泊总水储量显著下降，下降速率为 20.6Gt/a；而 2009~2015 年总水储量显著增加，增加速率为 21.3Gt/a。湖泊水储量的长期变化呈现明显的区域差异。青藏高原地区多数湖泊的水储量显著增加，而东部地区大部分湖泊的水储量显著减少、少量湖泊水储量增加（Fang et al.，2019）（图 4-12）。

1）青藏高原湖泊

青藏高原是中国湖泊数量最多和面积最大的区域，也是对气候变化最为敏感的区域。20 世纪 70 年代青藏高原共有湖泊（大于 $1km^2$）1081 个，面积为 40126 ± 1022 km^2；2010 年湖泊个数增至 1236 个，湖泊面积增至 47366 ± 486 km^2（Zhang et al.，2014）。但是，70 年代以来青藏高原湖泊面积变化具有明显的阶段性特征：70 年代至 1990 年青藏高原大部分湖泊经历了严重的萎缩，总湖泊储水量减少了 23.69Gt；但 1990 年以来大部分湖泊呈现出显著的扩张趋势，1990~2013 年增加了 140.8Gt（图 4-13）（Qiao et al.，2019；Song et al.，2013）。70 年代至 1990 年，降水减少是湖泊萎缩的主要原因；1990~2013 年，冰雪融水对湖泊扩张的贡献率增大，与降水贡献率较为接近；尤其在青藏高原西部的部分区域，湖泊扩展主要由冰雪融水引起（Qiao et al.，2017；Qiao and Zhu，2017；Song and Sheng，2016；Lei et al.，2013；Zhang Z et al.，2011）。

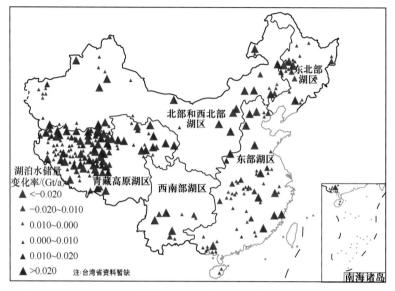

图 4-12　1985~2015 年湖泊水储量变化率示意图（Fang et al.，2019）

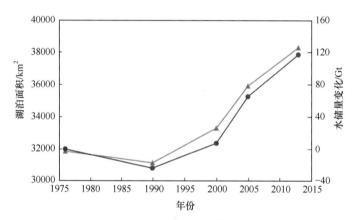

图 4-13　1976~2013 年青藏高原湖泊面积与水储量变化（Qiao et al.，2019）

2）长江流域湖泊

长江流域是人类活动强烈的经济发达区域，湖泊水储量既受气候变化的影响，也受下垫面人类活动的强烈影响。2000~2015 年长江流域湖泊的总面积略有增加趋势，但单个水体的变化特征有显著差异（Rao et al.，2018）。受气候变化和三峡工程双重影响，1993~2010 年洞庭湖水域面积由 1993 年的 1600km² 减少到 2010 年的 330km²（成功等，2015；崔亮等，2015；袁敏等，2014）。而在降水量增加和退林还湖政策的共同影响下，太湖流域的水域面积和水储量均呈现微弱增加趋势（岳辉和刘英，2017）。长江中下游地区降水量较多，而该地区消失的小型湖泊的个数占整个中国消失的湖泊的 40%，这与土地开垦、湖岸城市的发展等下垫面人类活动有关（张国庆等，2013）。

3）东北地区湖泊

21 世纪以来，东北地区的湖泊面积以减少为主要特征。2000~2010 年，东北地区湖泊面积由 12234.02km² 减少至 11307.58km²，2005~2010 年湖泊萎缩尤其剧烈，且萎缩程度以东南部最为明显（李宁等，2014）。研究表明，松嫩平原 1989~2001 年的水体面积也显著减少，年均减少率为 3.81%；2000 年后下降趋势更为显著（李晶晶等，2009；林年丰和汤洁，2005）。松嫩沙地湖泊群在 1990~2015 年总面积由 3493.64km² 减少为 1505.52km²（杜会石等，2018）。

4）西北地区湖泊

西北地区湖泊面积在 2000 年以前以萎缩为主，2000 年后以增加为主（李晖等，2010）。2000~2014 年西北地区湖泊面积由 15800km² 增加到 17400km²，但空间差异明显。新疆北部为湖泊面积稳定区；塔里木盆地为湖泊面积扩张区；由准噶尔盆地和吐鲁番盆地组成的北疆中部地区与喀喇昆仑山北坡山区为湖泊萎缩区（李晓峰等，2018；陈栋栋和赵军，2017）。以青海湖为例，1974~2016 年湖泊面积经历了先减后增的变化特点，1999 年面积达到最小值，1999~2009 年面积小幅增加；2000~2016 年整体扩张 187.9km²，水位上升 1.15m（张洪源等，2018；曹银璇，2017）。

4.5.3　冰冻圈水储量变化

当前，针对冻土冰储量和积雪水储量变化的研究极少，无法形成有效结论；而针对冰川冰储量则有较多研究。中国西部地区冰川整体处于萎缩状态，面积从 20 世纪 60~70 年代的 23982km² 减小到 21 世纪初的 21893km²，年均变化率为 0.3%（张明军等，2011）。如图 4-14 所示，1956~2010 年丝绸之路经济带中国境内冰川面积共减少 4527.43km²，有 3114 条冰川消失，冰川面积变化百分率为 20.88%；冰川冰储量损失约 419.35km³，损失率为 100km³/10a。冰川减少速率整体上自西南向东北加快，在所有山

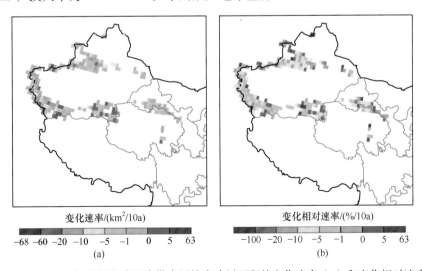

图 4-14　1956~2010 年丝绸之路经济带中国境内冰川面积的变化速率（a）和变化相对速率（b）
（李龙等，2019）

系中穆斯套岭冰川面积变化最快，减少速率为37.0%/10a；祁连山、帕米尔高原和天山面积变化也较快，减少速率为6.0%/10a左右；阿尔金山较慢，减少速率为2.7%/10a；羌塘高原、喀喇昆仑山和昆仑山最慢，减少速率为0.4%/10 a左右（李龙等，2019）。

IPCC AR5指出，喜马拉雅山冰川20世纪60年代以后呈明显的消融趋势，1995年以后萎缩速度明显加快（IPCC，2014）。但喀喇昆仑山和喜马拉雅山西部一些冰川质量表现为增加趋势，通常被称为"喀喇昆仑异常"。研究表明，冬季冻雨会对该地区的冰川产生保护作用，西风扰动也使得该地区冰川质量增加，这一异常未来可能会持续（Krishnan et al.，2018；Forsythe et al.，2017；Kääb et al.，2015；Kapnick et al.，2014）。

中国稳定积雪区有青藏高原、北疆和天山、东北和内蒙古东北部等地区。观测资料表明，1961~2014年青藏高原中东部地区冬春季雪深表现为先增后减的非均一化演变特征：1961~1998年随着降水增多，雪深增加；1998~2014年气温上升和降水减少共同导致了雪深显著下降（沈鎏澄等，2019）。基于微波遥感积雪产品的研究也表明，21世纪以来青藏高原中东部地区积雪减少趋势尤为显著（唐志光等，2016；巴桑等，2012）。20世纪60年代以来，新疆天山地区气温是积雪变化的主导因素，积雪深度随着气温升高而显著下降（李雪梅等，2016），21世纪以来尤为显著（王宏伟等，2104）。微波遥感反演的雪深数据显示，1979~2014年东北地区雪深总体呈下降趋势，速率为0.084cm/10a；其中，春季雪深下降速率最大，为0.19cm/10a；而秋季雪深下降速率最小，仅为0.05cm/10a（路倩等，2018）。与气温突变年份较为吻合，1986年东北地区积雪深度发生突变，开始出现显著下降的趋势（刘世博等，2018）。总之，1992~2010年中国三大主要积雪区积雪日数都有显著减少趋势，主要是气温上升所引起。但青藏高原西北局部地区，积雪日数有显著增多趋势，主要是降水增多所引起（钟镇涛等，2018）。

20世纪70年代以来，中国多年冻土面积的时空分布发生了显著的变化，由70年代的$2.15 \times 10^6 km^2$减少到2006年的$1.75 \times 10^6 km^2$（Wang，2006）。新疆地区最大冻土深度出现了较为明显的减少，高海拔区域与低海拔区域年最大冻土深度的减少速率分别达15.65cm/10a和9.48cm/10a（符传博等，2013）。天山北坡乌鲁木齐河源区多年冻土正在发生自下而上的迅速退化（赵林等，2010）。2004年较1996年，祁连山景阳岭与鄂博岭段多年冻土下界均有大幅上升，两垭口南坡多年冻土均已消失（吴吉春等，2007）。1961~2010年，甘肃石羊河流域年最大冻土深度呈显著减少趋势，减少速率为4.54cm/10a（杨晓玲等，2013）。青藏公路沿线活动层厚度近年来呈现出增大的趋势，21世纪前10年比20世纪90年代增大了19cm（李韧等，2012；Wu et al.，2012；赵林等，2010）。宁夏多年极端最大冻土深度为1~1.6m，近50年来最大冻土深度呈逐年减少趋势（冯瑞萍等，2012）。当前，冻土地下冰储量是学术界感兴趣的问题，有学者提出了冻土层地下冰储量的定量估算方法（王生廷等，2018；赵林等，2010）。

4.6　水　循　环

4.6.1　中国区域水循环

通常将外来水汽形成的降水占区域总降水量的百分比称为水文外循环系数，区域蒸散发形成的降水的比重称为水文内循环系数。本小节从内外水循环的角度讨论 1961~2018 年中国及十大一级水资源分区的水循环变化。

基于 1973~1982 年探空站数据和地面观测资料，中国陆地上空整层大气水汽含量约为 0.14 万亿 m³，折合水深 15.1mm，水汽年总输入量为 1909.4mm，输出量为 1625.3mm，水汽收支为 284.1mm；降水量为 648.4mm，蒸散发量为 364.3mm，地表水资源量为 284.1mm（图 4-15）。输入水汽约 30.7% 形成降水，69.3% 为过境水汽（刘国纬和汪静萍，1997）。根据 1961~2018 年的再分析数据、降水和径流观测数据以及蒸散发互补相关理论推算，中国多年平均整层大气水汽含量约为 0.13 万亿 m³，折合水深 13.9mm，水汽年总输入量为 1684.3mm，输出量为 1295.3mm，水汽收支为 389.0mm；降水量为 616.4mm，蒸散发量为 388.7mm，地表水资源量为 272.8mm。输入水汽约 33% 形成降水，67% 为过境水汽（罗勇等，2017；丁一汇，2016）。可见，中国区域 17% 的蒸散发通过内循环过程重新形成降水，83% 随气流输出；降水 90% 由输入水汽形成，10% 由区域内部蒸发的水汽形成。

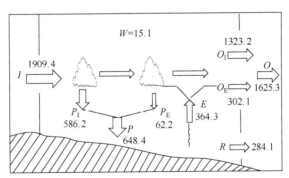

图 4-15　1973~1982 年中国区域水循环框图（单位：mm）（刘国纬和汪静萍，1997）

W，水汽含量（折合水深）；I，输入水汽量；O，输出水汽量；O_I，输入水汽中的过境水汽量；O_E，区域蒸散发随大气输出的水汽量；P，总降水量；P_I，输入水汽形成的降水；P_E，区域蒸散发形成的降水；E，蒸散发量；R，地表水资源量

全球变暖背景下，近几十年中国区域水循环发生了一定的变化。整体而言，1961~2018 年中国区域降水量和蒸散发量无明显变化，地表总径流量呈减少趋势。由于观测资料不足，大气水汽的变化趋势存在较大不确定性。相对于 1961~2000 年，2001~2018 年水汽输入和输出均有所减少，但水汽收支略有上升（图 4-16）。21 世纪以来，区域蒸散发形成的降水增加 11%，中国区域水文内循环较之前活跃（姜彤等，2020）。

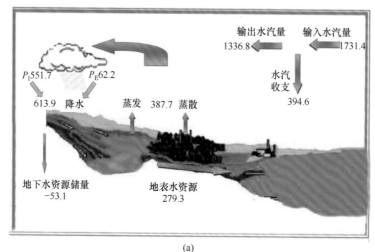

(a)

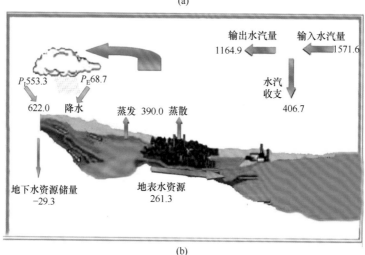

(b)

图 4-16　中国区域 1961~2000 年（a）及 2001~2018 年（b）水循环框图（单位：mm）

4.6.2　流域尺度水循环

与全球水循环相比，中国水循环具有较明显的区域特征。20 世纪 80 年代前中国东部地区来自西北太平洋、南海和孟加拉湾的水汽输送偏强，80 年代之后显著减弱，这与 80 年代中期以来东亚夏季风年代际减弱的变化特征一致。由于输送到中高纬地区的水汽明显减少，华北地区降水偏少，南方降水偏多。2000 年之后，松花江、辽河、海河、黄河和淮河的降水和径流相对于 1981~2000 年均有所增加或下降趋势减缓，水汽收支均较 2000 年前的下降趋势减缓或转为增加趋势；而珠江和西南诸河的降水和径流则有所减少。另外，全球变暖导致中国干旱区和湿润区极端事件显著增加，使水循环变化更为复杂（罗勇等，2017；丁一汇，2016；苏涛等，2014；梁苏洁等，2014）。

相对于 1961~1980 年，1981~2000 年东部季风区的松花江、长江和东南诸河降水偏多，流域的外循环和内循环都比较活跃，蒸散发形成的降水的增加比重大于外界输入水汽形成的降水的增加比重。辽河和珠江降水变化不大，虽然流域内循环较活跃，但外界输入水汽形成的降水略有减少。海河、黄河和淮河由蒸散发形成的降水增加，但输入流域的水汽及其转化的降水减少较多，外循环较弱，流域降水偏少 [图 4-17（a）]。2001~2018 年，辽河、海河、黄河、长江和珠江由蒸散发形成的降水增加，但输入流域的水汽及其转化的降水减少，流域外循环偏弱，导致总降水变化不大或略有减少；松花江、淮河和东南诸河降水增多，流域的外循环和内循环都比较活跃，由输入水汽形成和蒸散发形成的降水均较 1961~1980 年有所增加 [图 4-17（b）]。

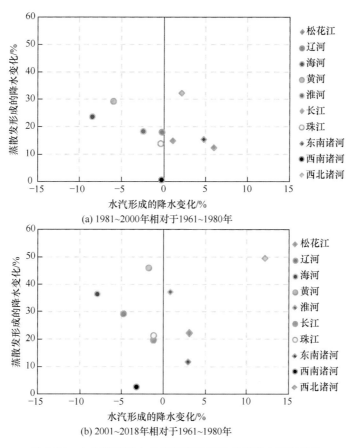

图 4-17 十大流域输入水汽和蒸散发形成的降水相对变化

　　相对于 1961~1980 年，1981~2000 年西南诸河的外循环和内循环都较稳定，输入水汽和区域蒸散发形成的降水基本没有变化 [图 4-17(a)]。2001~2018 年输入水汽偏少，由输入水汽形成的降水也偏少，虽然区域蒸散发形成的降水增加，但流域整体降水量减少 [图 4-17（b）]。

　　相对于 1961~1980 年，1981~2000 年西北诸河降水增加，流域的外循环和内循环都比较活跃，输入水汽和区域蒸散发形成的降水均有所增加，其中区域蒸散发形成的降水增幅达 32%[图 4-17（a）]。2001~2018 年，流域的外循环和内循环都比较活跃，输入水汽形成的降水明显偏多 [图 4-17（b）]。

> **知识窗**
>
> ## 蒸 发 悖 论
>
> 　　全球变暖背景下，气温的升高可使地球表面的大气变得更干，引起陆地上水体蒸发量的增加。然而，Peterson 等（1995）却报道了 1950~1990 年美国和苏联的蒸发皿蒸发量呈显著减少趋势。Roderick 和 Farquhar（2002）将这种气温升高而蒸发皿蒸发量却减少的现象称为"蒸发悖论"（evaporation paradox）。除个别地区有特例外，"蒸发悖论"现象在澳大利亚、新西兰、加拿大、印度以及中国等世界各地皆有广泛报道。
>
> 　　关于"蒸发悖论"的机理，目前尚无明确结论。可能的原因主要包括：①云量和气溶胶的增加，引起太阳辐射减少；②空气湿度增加，引起饱和水汽压差减小；③大气环流和地表粗糙度的变化引起近地面风速下降。

▪ 参考文献

艾克热木·阿布拉，王月健，凌红波，等．2019．塔里木河流域水资源变化趋势及用水效率分析．石河子大学学报（自然科学版），37（1）：112-120.

巴桑，杨秀海，拉珍，等．2012．基于多源数据的西藏地区积雪变化趋势分析．冰川冻土，34（5）：1023-1030.

柏睿，李韧，吴通华，等．2019．1979—2016 年我国东北地区空中水汽状况及变化趋势分析．冰川冻土，41（2）：1-7.

鲍振鑫，严小林，王国庆，等．2019．1956—2016 年黄河流域河川径流演变规律．水资源与水工程学报，30（5）：52-57.

鲍振鑫，张建云，严小林，等．2014．环境变化背景下海河流域水文特征演变规律．水电能源科学，32（10）：1-5.

蔡英，宋敏红，钱正安，等．2015．西北干旱区夏季强干、湿事件降水环流及水汽输送的再分析．高原气象，34（3）：597-610.

曹银璇．2017．1974—2016 年青海湖水面面积变化遥感监测．湖泊科学，29（5）：1245-1253.

陈栋栋，赵军．2017．我国西北干旱区湖泊变化时空特征．遥感技术与应用，32（6）：1114-1125.

陈明亚，汤燕冰，郭巧慧．2014．我国东部持续性暴雨水汽输送特征的比较分析．浙江大学学报（理学版），41（3）：338-347.

成功，邓罡，王冬军．2015．基于 MNDWI 的洞庭湖水域面积遥感监测．水资源研究，4：234-239.

崔亮，李永平，黄国和，等．2015．基于 Landsat-TM 影像的洞庭湖水面动态变化．南水北调与水利科技，13（1）：63-66.

丁旭，赖欣，范广洲 . 2016. 中国不同气候区土壤湿度特征及其气候响应 . 高原山地气象研究，36（4）：
　　28-35.

丁一汇 . 2016. 中国的气候变化及其预测 . 北京：气象出版社 .

丁一汇，胡国权 . 2003. 1998 年中国大洪水时期的水汽收支研究 . 气象学报，2：129-145.

丁一汇，孙颖，刘芸芸，等 . 2013. 亚洲夏季风的年际和年代际变化及其未来预测 . 大气科学，37（2）：
　　253-280.

杜会石，王良玉，陈智文，等 . 2018. 1980 年以来 5 个时期松嫩沙地湖泊群分布及其变化研究 . 湿地
　　科学，3：2-5.

范思睿，王维佳，刘东升，等 . 2014. 基于再分析资料的西南区域近 50a 空中水资源的气候特征 . 暴雨
　　灾害，33（1）：65-72.

冯芳，李忠勤，金爽，等 . 2013. 天山乌鲁木齐河流域山区降水 $\delta^{18}O$ 和 δD 特征及水汽来源分析 . 水
　　科学进展，24（5）：634-641.

冯瑞萍，张学艺，舒志亮，等 . 2012. 宁夏季节性最大冻土深度的分布和变化特征 . 宁夏大学学报（自
　　然科学版），33（3）：314-318.

符传博，丹利，吴涧，等 . 2013. 全球变暖背景下新疆地区近 45a 来最大冻土深度变化及其突变分析 .
　　冰川冻土，35（6）：1410-1418.

巩宁刚，孙美平，闫露霞，等 . 2017. 1979—2016 年祁连山地区大气水汽含量时空特征及其与降水的
　　关系 . 干旱区地理，40（4）：762-771.

顾正强，巩远发，龚强，等 . 2013. 东北区域水汽收支的变化及其与降水的关系 . 成都信息工程学院学
　　报，28（6）：651-658.

郭松 . 2016. 辽河流域水文特性分析 . 水科学与工程技术，3：29-30.

郭晓英，陈兴伟，陈莹，等 . 2016. 气候变化与人类活动对闽江流域径流变化的影响 . 中国水土保持科
　　学，14（2）：88-94.

郭艳君，丁一汇 . 2014. 1958—2005 年中国高空大气比湿变化 . 大气科学，38（1）：1-12.

何旭强，张勃，孙力炜，等 . 2012. 气候变化和人类活动对黑河上中游径流量变化的贡献率 . 生态学杂
　　志，31（11）：2884-2890.

何跃，管兆勇，林永辉 . 2009. 强弱南海夏季风年水汽输送路径特征分析 . 南京信息工程大学学报（自
　　然科学版），1（1）：32-37.

胡海英，黄国如，黄华茂 . 2013. 辽河流域铁岭站径流变化及其影响因素分析 . 水土保持研究，20（2）：
　　98-102.

胡学平，王式功，许平平，等 . 2014. 2009—2013 年中国西南地区连续干旱的成因分析 . 气象，40
　　（10）：1216-1229.

华珊珊，郑春苗 . 2018. 城市化和气候变化情境下中国陆地水储量动态变化研究 // 中国环境科学学会
　　科学技术年会论文集 . 北京：中国环境科学学会：478-484.

黄荣辉，陈际龙 . 2010. 我国东西部夏季水汽输送特征及其差异 . 大气科学，34（6）：1035-1045.

姜彤，孙赫敏，李修仓，等 . 2020. 气候变化对水文循环的影响 . 气象，46（3）：289-300.

蒋兴文，李跃清，李春，等 . 2007. 四川盆地夏季水汽输送特征及其对旱涝的影响 . 高原气象，26（3）：
　　476-484.

靳立亚，符娇兰，陈发虎 . 2006. 西北地区空中水汽输送时变特征及其与降水的关系 . 兰州大学学报，1：1-6.

康红文，谷湘潜，祝从文，等 . 2004. 我国中部和南部地区降水再循环率评估 . 大气科学，6：892-900.

李长顺，唐德才，宋平 . 2012. 水汽输送异常对中国西南地区的影响研究 . 灾害学，27（4）：28-33.

李东龙，王文圣，李跃清 . 2011. 中国主要江河年径流变化特性分析 . 水电能源科学，29（11）：1-5.

李二辉，穆兴民，赵广举 . 2014. 1919—2010 年黄河上中游区径流量变化分析 . 水科学进展，25（2）：155-163.

李晖，肖鹏峰，冯学智，等 . 2010. 近 30 年三江源地区湖泊变化图谱与面积变化 . 湖泊科学，22（6）：862-873.

李江林，李照荣，杨建才，等 . 2012. 近 10 年夏季西北地区水汽空间分布和时间变化分析 . 高原气象，31（6）：1574-1581.

李进，李栋梁，张杰 . 2012. 黄河流域冬、夏季水汽输送及收支特征 . 高原气象，31（2）：342-345.

李晶晶，贾建华，郝景研 . 2009. 基于 RS 的松嫩平原大安湖泊群面积提取与动态变化分析 . 遥感应用，3：44-53.

李龙，姚晓军，刘时银，等 . 2019. 近 50 年丝绸之路经济带中国境内冰川变化 . 自然资源学报，34（7）：1506-1520.

李宁，刘吉平，王宗明 . 2014. 2000—2010 年东北地区湖泊动态变化及驱动力分析 . 湖泊科学，26（4）：545-551.

李培都，司建华，冯起，等 . 2018. 疏勒河年径流量变化特征分析及模拟 . 水资源保护，34（2）：52-60.

李其江 . 2018. 长江源径流演变及原因分析 . 长江科学院院报，35（8）：1-5，16.

李韧，赵林，丁永建 . 2012. 青藏公路沿线多年冻土区活动层动态变化及区域差异特征 . 科学通报，57（30）：2864-2871.

李天生，夏军 . 2018. 基于 Budyko 理论分析珠江流域中上游地区气候与植被变化对径流的影响 . 地球科学进展，33（12）：1248-1258.

李小雨，余钟波，杨传国，等 . 2015. 淮河流域历史覆被变化及其对水文过程的影响 . 水资源与水工程学报，26（1）：37-42.

李晓锋，姚晓军，孙美平，等 . 2018. 2000—2014 年我国西北地区湖泊面积的时空变化 . 生态学报，38（1）：96-104.

李修仓，姜彤，温姗姗，等 . 2014. 珠江流域实际蒸散发的时空变化及影响要素分析 . 热带气象学报，30：483-494.

李秀珍，梁卫，温之平 . 2010. 华南秋、冬、春季水汽输送特征及其与降水异常的联系 . 热带气象学报，26（5）：626-632.

李雪梅，高培，李倩，等 . 2016. 中国天山积雪对气候变化响应的多通径分析 . 气候变化研究进展，12（4）：303-312.

李永华，徐海明，高阳华，等 . 2010. 西南地区东部夏季旱涝的水汽输送特征 . 气象学报，6（68）：932-943.

梁红，孙凤华，隋东 . 2012. 1961—2009 年辽河流域水文气象要素变化特征 . 气象与环境学报，28（1）：59-64.

梁苏洁, 丁一汇, 赵南, 等. 2014. 近 50 年中国大陆冬季气温和区域环流的年代际变化研究. 大气科学, 38（5）: 974-992.

廖爱民, 刘九夫, 周国良. 2013. 1979—2010 年中国流域水汽含量变化. 水科学进展, 24（5）: 626-633.

廖荣伟, 赵平. 2010. 东亚季风湿润区水分收支的气候特征. 应用气象学报, 21（6）: 649-658.

林年丰, 汤洁. 2005. 松嫩平原环境演变与土地盐碱化、荒漠化的成因分析. 第四纪研究, 25（4）: 474-483.

刘国纬, 汪静萍. 1997. 中国陆地 – 大气系统水分循环研究. 水科学进展, 8（2）: 99-107.

刘静, 龙爱华, 李江, 等. 2019. 近 60 年塔里木河三源流径流演变规律与趋势分析. 水利水电技术, 50（12）: 10-17.

刘丽伟, 魏栋, 王小巍, 等. 2019. 多种土壤湿度资料在中国地区的对比分析. 干旱气象, 37（1）: 40-47.

刘敏, 沈彦俊, 曾燕, 等. 2009. 近 50 年中国蒸发皿蒸发量变化趋势及原因. 地理学报, 64（3）: 259-269.

刘强, 杜今阳, 施建成, 等. 2013. 青藏高原表层土壤湿度遥感反演及其空间分布和多年变化趋势分析. 中国科学: 地球科学, 43（10）: 1677-1690.

刘蕊, 杨青, 王敏仲. 2010. 再分析资料与经验关系计算的新疆地区大气水汽含量比较分析. 干旱区资源与环境, 24（4）: 77-85.

刘睿, 夏军. 2013. 气候变化和人类活动对淮河上游径流影响分析. 人民黄河, 35（9）: 30-33.

刘世博, 臧淑英, 张丽娟, 等. 2018. 东北冻土区积雪深度时空变化遥感分析. 冰川冻土, 40（2）: 261-269.

刘玉芝, 常姝婷, 华珊, 等. 2018. 东亚干旱半干旱区空中水资源研究进展. 气象学报, 76（3）: 485-492.

柳鉴容, 宋献方, 袁国富, 等. 2009. 中国东部季风区大气降水 $\delta^{18}O$ 的特征及水汽来源. 科学通报, 54（22）: 3521-3531.

路倩, 李宝富, 王志慧, 等. 2018. 1979—2014 年东北地区雪深时空变化与大气环流的关系. 冰川冻土, 40（5）: 907-915.

罗勇, 姜彤, 夏军, 等. 2017. 中国陆地水循环演变与成因. 北京: 科学出版社.

吕爱锋, 贾绍凤, 燕华云, 等. 2009. 三江源地区融雪径流时间变化特征与趋势分析. 资源科学, 31（10）: 1704-1709.

马龙, 刘廷玺, 马丽, 等. 2015. 气候变化和人类活动对辽河中上游径流变化的贡献. 冰川冻土, 37（2）: 470-479.

马思源, 朱克云, 李明星, 等. 2016. 中国区域多源土壤湿度数据的比较研究. 气候与环境研究, 21（2）: 121-133.

马柱国, 魏和林, 符淙斌. 2000. 中国东部区域土壤湿度的变化及其与气候变率的关系. 气象学报, 58（3）: 278-287.

缪连华. 2013. 韩江流域径流变化规律研究. 广东水利水电, 5: 41-42.

潘扎荣, 郭东阳, 唐世南. 2017. 淮河流域径流时空变化特征分析. 水资源与水工程学报, 28（5）: 8-14.

彭涛，田慧，秦振雄，等 . 2018. 气候变化和人类活动对长江径流泥沙的影响研究 . 泥沙研究，43（6）：54-60.

祁添垚，张强，王月，等 . 2015. 1960—2005 年中国蒸发皿蒸发量变化趋势及其影响因素分析 . 地理科学，35（12）：1599-1606.

任国玉，柳艳菊，孙秀宝，等 . 2016. 中国大陆降水时空变异规律（Ⅲ）：趋势变化原因 . 水科学进展，27（3）：327-348.

沈鎏澄，吴涛，游庆龙，等 . 2019. 青藏高原中东部积雪深度时空变化特征及其成因分析 . 冰川冻土，41（5）：1150-1161.

沈润平，张悦，师春香，等 . 2016. 长时间序列多源土壤湿度产品在中国地区的比较分析 . 气象科技，44（6）：867-874.

沈永平，苏宏超，王国亚，等 . 2013. 新疆冰川、积雪对气候变化的响应（Ⅰ）：水文效应 . 冰川冻土，35（3）：513-527.

水利部水利水电规划设计总院 . 2014. 中国水资源及其开发利用调查评价 . 北京：中国水利水电出版社 .

宋松涛，张武，陈艳，等 . 2013. 中国西北地区近 20 年云水路径时空分布特征 . 兰州大学学报（自然科学版），49（6）：787-793.

苏涛，卢震宇，周杰，等 . 2014. 全球水汽再循环率的空间分布及其季节变化特征 . 物理学报，63（9）：457-466.

孙丞虎，李维京，张祖强，等 . 2005. 淮河流域土壤湿度异常的时空分布特征及其与气候异常关系的初步研究 . 应用气象学报，16（2）：129-138.

孙鹏，孙玉燕，张强，等 . 2018. 淮河流域径流过程变化时空特征及成因 . 湖泊科学，30（2）：497-508.

唐志光，李弘毅，王建，等 . 2016. 基于多源数据的青藏高原雪深重建 . 地球信息科学学报，18（7）：941-950.

涂新军，陈晓宏，刁振举，等 . 2016. 珠江三角洲 Copula 径流模型及西水东调缺水风险分析 . 农业工程学报，32（18）：162-168.

汪雪格，胡俊，吕军，等 . 2017. 松花江流域 1956—2014 年径流量变化特征分析 . 中国水土保持，10：61-65，72.

王翠柏，梁小俊，楼章华，等 . 2013. 钱塘江上游径流时序变化的多时间尺度分析 . 人民黄河，35（3）：30-32.

王国杰，娄丹，谭龚，等 . 2018. 长江中下游地区 1988—2010 年遥感土壤湿度的时空变化 . 大气科学学报，41（2）：228-238.

王国庆，张建云，刘九夫，等 . 2011. 中国不同气候区河川径流对气候变化的敏感性 . 水科学进展，22（3）：307-314.

王宏伟，黄春林，郝晓华，等 . 2014. 北疆地区积雪时空变化的影响因素分析 . 冰川冻土，36（3）：508-516.

王嘉媛，胡学平，许平平，等 . 2015. 西南地区 2 次秋冬春季持续严重干旱气候成因对比 . 干旱气象，33（2）：202-212.

王凯，孙美平，巩宁刚 . 2018. 西北地区大气水汽含量时空分布及其输送研究 . 干旱区地理，41（2）：290-297.

王可丽，江灏，赵红岩 . 2005. 西风带与季风对中国西北地区的水汽输送 . 水科学进展，3：432-438.

王磊，文军，韦志刚，等 . 2008. 中国西北区西部土壤湿度及其气候响应 . 高原气象，27（6）：1257-1266.

王生廷，盛煜，吴吉春，等 . 2018. 基于地貌分类对祁连山大通河源区多年冻土地下冰储量估算 . 冰川冻土，40（3）:661-669.

王宪宝，塔伊·阿不都卡德尔 . 2016. 浅析伊犁河干流北山区径流量变化趋势 . 陕西水利，4：169-171.

王欣，覃光华，李红霞 . 2016. 雅鲁藏布江干流年径流变化趋势及特性分析 . 人民长江，47（1）：23-26.

王秀娟 . 2015. 雅鲁藏布江流域水循环时空变化特性研究 . 西藏科技，7：8-12.

王雨，张颖，傅云飞，等 . 2015. 第三代再分析水汽资料的气候态比较 . 中国科学：地球科学，45（12）：1895-1906.

王跃峰，陈莹，陈兴伟 . 2013. 基于 TFPW-MK 法的闽江流域径流趋势研究 . 中国水土保持科学，11（5）：96-102.

韦小丽，管丽丽 . 2015. 第二松花江流域蒸发量的变化趋势和影响因子分析 . 气象灾害防御，22：40-43.

吴吉春，盛煜，于晖 . 2007. 祁连山中东部的冻土特征（Ⅱ）：多年冻土特征 . 冰川冻土，29（3）：426-432.

吴霞，王培娟，霍治国，等 . 2017. 1961—2015 年中国潜在蒸散时空变化特征与成因 . 资源科学，39：964-977.

夏军，刘春蓁，刘志雨，等 . 2016. 气候变化对中国东部季风区水循环及水资源影响与适应对策 . 自然杂志，38（3）：167-176.

徐存东，谢利云，翟东辉，等 . 2014. 石羊河流域径流变化规律和趋势分析 . 科学技术与工程，14（11）：134-137.

徐克兵 . 2014. 雅鲁藏布江干流河川径流变化的小波分析 . 东北水利水电，32（1）：38-40.

徐子君，尹立河，胡伏生，等 . 2018. 2002—2015 年西北地区陆地水储量时空变化特征 . 中国水利水电科学研究院学报，16（4）：76-82.

许民，叶柏生，赵求东 . 2013. 2002—2010 年长江流域 GRACE 水储量时空变化特征 . 地理科学进展，32（1）：68-77.

杨春利，蓝永超，王宁练，等 . 2017. 1958—2015 年疏勒河上游出山径流变化及其气候因素分析 . 地理科学，37（12）：1894-1899.

杨晓玲，马中华，马玉山，等 . 2013. 石羊河流域季节性冻土的时空分布及对气温变化的响应 . 资源科学，35（10）：2104-2111.

杨永辉，任丹丹，杨艳敏，等 . 2018. 海河流域水资源演变与驱动机制 . 中国生态农业学报，26（10）：1443-1453.

姚俊强，杨青，韩雪云，等 . 2012. 天山及周边地区空中水资源的稳定性及可开发性研究 . 沙漠与绿洲气象，6（1）：31-35.

姚俊强，杨青，伍立坤，等 . 2016. 天山地区水汽再循环量化研究 . 沙漠与绿洲气象，10（5）：37-43.

俞亚勋，王劲松，李青燕 . 2003. 西北地区空中水汽时空分布及变化趋势分析 . 冰川冻土，25（2）：149-156.

袁菲，卢陈，何用，等 . 2017. 近 50 年来西北江干流径流变化特征及其发展趋势预测 . 人民珠江，38（4）：8-11.

袁敏，李忠武，谢更新，等 . 2014. 三峡工程调节作用对洞庭湖水面面积（2000—2010 年）的影响 . 湖泊科学，26（1）：37-45.

岳辉，刘英 . 2017. 基于 Landsat 及 ICESat 和 Hydroweb 的太湖容积变化监测 . 水利水电技术，48（9）：77-83.

曾燕，邱新法，刘昌明，等 . 2007. 1960—2000 年中国蒸发皿蒸发量的气候变化特征 . 水科学进展，18（3）：311-318.

张国庆，Xie H J，姚檀栋，等 . 2013. 基于 ICESat 和 Landsat 的中国十大湖泊水量平衡估算 . 科学通报，58（26）：2664-2678.

张洪源，吴艳红，刘衍君，等 . 2018. 近 20 年青海湖水量变化遥感分析 . 地理科学进展，37（6）：823-832.

张建云，贺瑞敏，齐晶，等 . 2013. 关于中国北方水资源问题的再认识 . 水科学进展，24（3）：303-310.

张建云，王国庆，金君良，等 . 2020. 1956—2018 年中国江河径流演变及其变化特征 . 水科学进展，31（2）：153-161.

张蕾，吕厚荃，王良宇，等 . 2016. 中国土壤湿度的时空变化特征 . 地理学报，71（9）：1494-1508.

张利茹，贺永会，唐跃平，等 . 2017. 海河流域径流变化趋势及其归因分析 . 水利水运工程学报，4：59-62.

张明军，王圣杰，李忠勤，等 . 2011. 近 50 年气候变化背景下中国冰川面积状况分析 . 地理学报，66（9）：1155-1165.

张人禾，刘栗，左志燕 . 2016. 中国土壤湿度的变异及其对中国气候的影响 . 自然杂志，38（5）：313-319.

张思齐，郭艳君，王国复 . 2017. 中国探空观测与第三代再分析高空大气水汽资料的对比研究 . 郑州：第 34 届中国气象学会年会 .

张文君，周天军，宇如聪 . 2008. 中国土壤湿度的分布与变化 Ⅰ . 多种资料间的比较 . 大气科学，32（3）：581-597.

张晓晓，张钰，徐浩杰，等 . 2014. 河西走廊三大内陆河流域出山径流变化特征及其影响因素分析 . 干旱区资源与环境，28（4）：66-72.

张岩，张建军，张艳得，等 . 2017. 三江源区径流长期变化趋势对降水响应的空间差异 . 环境科学研究，30（1）：40-50.

张扬，李宝富，陈亚宁 . 2018. 1970—2013 年西北干旱区空中水汽含量时空变化与降水量的关系 . 自然资源学报，33（6）：1043-1055.

张增信，姜彤，张金池，等 . 2008. 长江流域水汽收支的时空变化与环流特征 . 湖泊科学，（6）：733-740.

赵光平，姜兵，王勇，等 . 2017. 西北地区东部夏季水汽输送特征及其与降水的关系 . 干旱区地理，40（2）：239-247.

赵林，丁永建，刘广岳，等 . 2010. 青藏高原多年冻土层中地下冰储量估算及评价 . 冰川冻土，32（1）：1-9.

赵天保，符淙斌 . 2006. 中国区域 ERA-40、NCEP-2 再分析资料与观测资料的初步比较与分析 . 气候与环境研究，1：14-32.

赵天保，符淙斌，柯宗建，等 . 2010. 全球大气再分析资料的研究现状与进展 . 地球科学进展，25（3）：242-254.

钟镇涛，黎夏，许晓聪，等 . 2018. 1992—2010 年中国积雪时空变化分析 . 科学通报，63（25）：2641-2654.

周俊菊，雷莉，石培基，等 . 2015. 石羊河流域河川径流对气候与土地利用变化的响应 . 生态学报，35（11）：3788-3796.

左洪超，鲍艳，张存杰，等 . 2006. 蒸发皿蒸发量的物理意义、近 40 年变化趋势的分析和数值试验研究 . 地球物理学报，49（3）：680-688.

Allan R P，Soden B J. 2008. Atmospheric warming and the amplification of precipitation extremes. Science，321（5895）：1481-1484.

Allen M，Ingram W. 2002. Constraints on future changes in climate and the hydrologic cycle. Nature，419：224-232.

Bai P，Liu X. 2018. Intercomparison and evaluation of three global high-resolution evapotranspiration products across China. Journal of Hydrology，566：743-755.

Bao Z X，Zhang J Y，Wang G Q，et al. 2012. Attribution for decreasing streamflow of the Haihe River basin，northern China：climate variability or human activities? Journal of Hydrology，460-461：117-129.

Bao Z X，Zhang J Y，Wang G Q，et al. 2019. The impact of climate variability and land use/cover change on the water balance in the Middle Yellow River Basin，China. Journal of Hydrology，577：123942.

Chen X Z，Su Y X，Liao J S，et al. 2016. Detecting significant decreasing trends of land surface soil moisture in eastern China during the past three decades（1979—2010）. Journal of Geophysical Research：Atmospheres，121（10）：5177-5192.

Chen Y，Xia J，Liang S，et al. 2014. Comparison of satellite-based evapotranspiration models over terrestrial ecosystems in China. Remote Sensing of Environment，140：279-293.

Chou C，Chiang J C，Lan C W，et al. 2013. Increase in the range between wet and dry season precipitation. Nature Geoscience，6（4）：263.

Cong Z，Yang D，Ni G. 2009. Does evaporation paradox exist in China? Hydrology and Earth System Sciences，13：357-366.

Dee D P，Uppala S M，Simmons A J，et al. 2011. The ERA-Interim reanalysis：configuration and performance of the data assimilation system. Quarterly Journal of the Royal Meteorological Society，137（656）：553-597.

Dorigo W A，de Jeu R A M，Chuang D，et al. 2012. Evaluating global trends（1988—2010）in harmonized multi-satellite surface soil moisture. Geophysical Research Letters，39：L18405.

Eicker A，Forootan E，Springer A，et al. 2016. Does GRACE see the terrestrial water cycle intensifying? Journal of Geophysical Research：Atmospheres，121（2）：733-745.

Fang Y，Li H，Wan W，et al. 2019. Assessment of water storage change in China's lakes and reservoirs over the last three decades. Remote Sensing，11（12）：1467.

Feng T, Su T, Ji F, et al. 2018. Temporal characteristics of actual evapotranspiration over China under global warming. Journal of Geophysical Research: Atmospheres, 123 (11): 5845-5858.

Fisher J, Melton F, Middleton E, et al. 2017. The future of evapotranspiration: global requirements for ecosystem functioning, carbon and climate feedbacks, agricultural management, and water resources. Water Resources Research, 53 (4): 2618-2626.

Forsythe N, Fowler H J, Li X F, et al. 2017. Karakoram temperature and glacial melt driven by regional atmospheric circulation variability. Nature Climate Change, 7: 664-670.

Gao G, Chen D, Xu C, et al. 2007. Trend of estimated actual evapotranspiration over China during 1960—2002. Journal of Geophysical Research, 112: D11120.

Han S, Tian F, Hu H. 2014. Positive or negative correlation between actual and potential evaporation? Evaluating using a nonlinear complementary relationship model. Water Resources Research, 50: 1322-1336.

Held I M, Soden B J. 2006. Robust responses of the hydrological cycle to global warming. Journal of Climate, 19 (21): 5686-5699.

IPCC. 2014. Climate Change 2014: impacts, adaptation, and vulnerability//Field C B, Barros V R, Dokken D J, et al. Part A: Global and Sectoral Aspects. Contribution of Working Group II to the Fifth Assessment Report of the Intergovernmental Panel on Climate Change. Cambridge: Cambridge University Press: 1132.

Jung M, Reichstein M, Ciais P, et al. 2010. Recent decline in the global land evapotranspiration trend due to limited moisture supply. Nature, 467 (7318): 951-954.

Kääb A, Treichler D, Nuth C, et al. 2015. Brief Communication: contending estimates of 2003—2008 glacier mass balance over the Pamir-Karakoram-Himalaya. The Cryosphere, 9 (2): 557-564.

Kapnick S B, Delworth T L, Ashfaq M, et al. 2014. Snowfall less sensitive to warming in Karakoram than in Himalayas due to a unique seasonal cycle. Nature Geoscience, 7 (11): 834-840.

Kobayashi S, Ota Y, Harada Y, et al. 2015. The JRA-55 reanalysis: general specifications and basic characteristics. Journal of the Meteorological Society of Japan, 93 (1): 5-48.

Krishnan R, Sabin T P, Ranade M, et al. 2018. Non-monsoonal precipitation response over the Western Himalayas to climate change. Climate Dynamics, 52: 4091-4109.

Lan C, Zhang Y X, Zhu F X, et al. 2014. Characteristics and changes of streamflow on the Tibetan Plateau: a review. Journal of Hydrology: Regional Studies, 2: 49-68.

Lei Y B, Yao T D, Bird B W, et al. 2013. Coherent lake growth on the central Tibetan Plateau since the 1970s: haracterization and attribution. Hydrology, 483: 61-67.

Li X, Liang S, Yuan W, et al. 2014. Estimation of evapotranspiration over the terrestrial ecosystems in China. Ecohydrology, 7: 139-149.

Li X C, Gemmer M, Zhai J Q, et al. 2013. Spatio-temporal variation of actual evapotranspiration in the Haihe River Basin of the past 50 years. Quaternary International, 304: 133-141.

Liu C, Zhang D, Liu X, et al. 2012. Spatial and temporal change in the potential evapotranspiration sensitivity to meteorological factors in China (1960—2007). Journal of Geographical Sciences, 22: 3-14.

Liu W，Wang L，Zhou J，et al. 2016. A worldwide evaluation of basin-scale evapotranspiration estimates against the water balance method. Journal of Hydrology，538：82-95.

Liu X C，Liu W F，Yang H，et al. 2019. Multimodel assessments of human and climate impacts on mean annual streamflow in China. Hydrology and Earth System Sciences，23：1245-1261.

Lou D，Wang G，Shan C，et al. 2018. Changes of Soil Moisture from Multiple Sources during 1988—2010 in the Yellow River Basin，China. Advances in Meteorology，2018：1-14.

Lu H，Shi J. 2012. Reconstruction and analysis of temporal and spatial variations in surface soil moisture in China using remote sensing. Chinese Science Bulletin，57（22）：2824-2834.

Ma J，Xie S P. 2013. Regional patterns of sea surface temperature change：a source of uncertainty in future projections of precipitation and atmospheric circulation. Journal of the Climate，26（8）：2482-2501.

Ma N，Szilagyi J，Zhang Y，et al. 2019. Complementary-relationship-based modeling of terrestrial evapotranspiration across China during 1982—2012：validations and spatiotemporal analyses. Journal of Geophysical Research：Atmospheres，124：4326-4351.

Ma R H，Yang G S，Duan H T，et al. 2011. China's lakes at present：number，area and spatial distribution. Science China Earth Sciences，54（2）：283-289.

Martens B，Miralles D G，Lievens H，et al. 2017. GLEAM v3：satellite-based land evaporation and root-zone soil moisture. Geoscientific Model Development，10（5）：1903-1925.

Marvel K，Bonfils C. 2013. Identifying external influences on global precipitation. Proceedings of the National Academy of Sciences of the United States of America，110（48）：19301-19306.

Mo X，Liu S，Lin Z，et al. 2015. Trends in land surface evapotranspiration across China with remotely sensed NDVI and climatological data for 1981—2010. Hydrological Sciences Journal，60：2163-2177.

Nie S P，Luo Y，Zhu J. 2008. Trends and scales of observed soil moisture variations in China. Advances in Atmospheric Sciences，25（1）：43-58.

Oki T，Kanae S. 2006. Global hydrological cycles and world water resources. Sciences，313：1068-1072.

Peng D D，Zhou T J. 2017. Why was the arid and semiarid northwest China getting wetter in the recent decades? Wetting trend in northwest China. Journal of Geophysical Research，122（7）：9060-9075.

Peterson T C，Golubev V S，Groisman P Y. 1995. Evaporation losing its strength. Nature，377：687-688.

Piao S L，Yin L，Wang X H，et al. 2009. Summer soil moisture regulated by precipitation frequency in China. Environmental Research Letters，4（4）：044012.

Polson D，Hegerl G C，Solomon S. 2016. Precipitation sensitivity to warming estimated from long island records. Environmental Research Letters，11（7）：074024.

Qian K Z，Wan L，Wang X S，et al. 2012. Periodical characteristics of baseflow in the source region of the Yangtze River. Journal of Arid Land，4（2）：113-122.

Qiao B J，Zhu L P. 2017. Differences and cause analysis of changes in lakes of different supply types in the northwestern Tibetan Plateau：difference and cause analysis of lakes change. Hydrological Processes，31（15）：2752-2763.

Qiao B J，Zhu L P，Wang J B，et al. 2017. Estimation of lakes water storage and their changes on the northwestern Tibetan Plateau based on bathymetric and Landsat data and driving force analyses. Quaternary

International，454：56-67.

Qiao B J，Zhu L P，Yang R M. 2019. Temporal-spatial differences in lake water storage changes and their links to climate change throughout the Tibetan Plateau. Remote Sensing of Environment，222：232-243.

Rao P Z，Jiang W G，Hou Y K，et al. 2018. Dynamic change analysis of surface water in the Yangtze River Basin based on MODIS products. Remote Sensing，10（7）：1025-1044.

Rodell M，Houser P R，Jambor U，et al. 2004. The global land data assimilation system. Bulletin of the American Meteorological Society，85（3）：381-394.

Roderick M L，Farquhar G D. 2002. The cause of decreased pan evaporation over the past 50 years. Science，298（15）：1410 -1411.

Song C Q，Huang B，Ke L H. 2013. Modeling and analysis of lake water storage changes on the Tibetan Plateau using multi-mission satellite data. Remote Sensing of Environment，135（4）：25-35.

Song C Q，Sheng Y W. 2016. Contrasting evolution patterns between glacier-fed and non-glacier-fed lakes in the Tanggula Mountains and climate cause analysis. Climatic Change，135（3-4）：493-507.

Su B D，Wang A Q，Wang G J，et al. 2016. Spatiotemporal variations of soil moisture in the Tarim River basin，China. International Journal of Applied Earth Observations & Geoinformation，48：122-130.

Su T，Feng T，Feng G. 2015. Evaporation variability under climate warming in five reanalyses and its association with pan evaporation over China. Journal of Geophysical Research：Atmospheres，120（16）：8080-8098.

Sun S，Chen B，Shao Q，et al. 2017. Modeling evapotranspiration over China's landmass from 1979 to 2012 using multiple land surface models：evaluations and analyses. Journal of Hydrometeorology，18：1185-1203.

Tao H，Gemmer M，Bai Y，et al. 2011. Trends of streamflow in the Tarim River Basin during the past 50 years：human impacts or climate change. Journal of Hydrology，400（1-2）：1-9.

Trenberth K E，Fasullo J T，Kiehl J. 2009. Earth's global energy budget. Bulletin of the American Meteorological Society，90：311-323.

Trenberth K E，Smith L，Qian T T，et al. 2007. Estimates of the global water budget and its annual cycle using observational and model data. Journal of Hydrometeorology，8（4）：758-769.

Wang K，Dickinson R E. 2012. A review of global terrestrial evapotranspiration：observation，modeling，climatology，and climatic variability. Reviews of Geophysics，50：373-426.

Wang K，Dickinson R E，Wild M，et al. 2010. Evidence for decadal variation in global terrestrial evapo-transpiration between 1982 and 2002：2.Results. Journal of Geophysical Research：Atmospheres，115：20113.

Wang T. 2006. Map of Glaciers，Frozen Ground and Deserts in China，and Illustrations. Beijing：Science Press.

Wang X，Gong P，Zhao Y，et al. 2013. Water-level changes in China's large lakes determined from ICESat/GLAS data. Remote Sensing of Environment，132：131-144.

Wu H T J，Lau W K M. 2016. Detecting climate signals in precipitation extremes from TRMM（1998—2013）：increasing contrast between wet and dry extremes during the "global warming hiatus"．

Geophysical Research Letters，43（3）：1340-1348.

Wu Q，Zhang T，Liu Y. 2012. Thermal state of the active layer and permafrost along the Qinghai-Xizang（Tibet）Railway from 2006 to 2010. Cryosphere，6：607-612.

Xie S P，Clara D，Gavriel A，et al. 2010. Global warming pattern formation：sea surface temperature and rainfall. Journal of Climate，23：966-986.

Yin Y，Wu S，Chen G，et al. 2010. Attribution analyses of potential evapotranspiration changes in China since the 1960s. Theoretical and Applied Climatology，101：19-28.

Yu R C，Wang B，Zhou T J. 2004. Tropospheric cooling and summer monsoon weakening trend over East Asia. Geophysical Research Letters，31（22）：22212.

Zhang G Q，Xie H J，Kang S C，et al. 2011. Monitoring lake level changes on the Tibetan Plateau using ICESat altimetry data（2003—2009）. Remote Sensing of Environment，115（7）：1733-1742.

Zhang G Q，Yao T D，Chen W F，et al. 2019. Regional differences of lake evolution across China during 1960—2015 and its natural and anthropogenic causes. Remote Sensing of Environment，221：386-404.

Zhang G Q，Yao T D，Xie H J，et al. 2014. Lakes state and abundance across the Tibetan Plateau. Chinese Science Bulletin，59（24）：3010-3021.

Zhang J，Zhao T. 2019. Historical and future changes of atmospheric precipitable water over China simulated by CMIP5 models. Climate Dynamics，52（11）：6969-6988.

Zhang L L，Su F G，Yang D Q，et al. 2013. Discharge regime and simulation for the upstream of major rivers over Tibetan Plateau. Journal of Geophysical Research：Atmospheres，118（15）：8500-8518.

Zhang Z，Chen X，Xu J C，et al. 2015. Examining the influence of river-lake interaction on the drought and water resources in the Poyang Lake basin. Journal of Hydrology，522：510-521.

Zhang Z，Zhang Q，Chen X，et al. 2011. Statistical properties of moisture transport in East Asia and their impacts on wetness/dryness variations in North China. Theoretical and Applied Climatology，104（3-4）：337-347.

Zhao T，Wang J，Dai A. 2015. Evaluation of atmospheric precipitable water from reanalysis products using homogenized radiosonde observations over China. Journal of Geophysical Research：Atmospheres，120（20）：710703-710727.

Zhou H，Zhang X，Xu H，et al. 2012. Influences of climate change andhuman activities on Tarim River runoffs in China over the past half century. Environmental Earth Sciences，67（1）：231-241.

第5章　海洋变化

主要作者协调人：陈显尧、俞永强
编　　　　审：王东晓
主　要　作　者：杜岩

▪ 执行摘要

1950 年以来，全球海洋在持续增暖（几乎确定）。1958~2017 年全球海洋上层 2000m 热含量变化线性趋势为 0.34 ± 0.12W/m²，海洋变暖在 20 世纪 90 年代之后显著加速（高信度）。1991~2017 年海洋上 2000m 变暖速率为 0.55~0.68 W/m²。1998~2012 年，全球表面温度出现近十五年的上升速率减缓，但是海洋变暖一直持续；大西洋、南大洋和太平洋海洋 – 大气系统的内部变率是这次气候变暖"减缓"的主要原因（高信度）。1993 年以来，全球平均海平面加速上升；相较于 1993~2010 年的统计数据（IPCC，2013），格陵兰冰盖损失引起的海平面上升已由 0.33mm/a 上升到 0.61mm/a，格陵兰冰盖的加速融化是 1993 年以来全球平均海平面加速上升的主要原因（高信度）。在 RCP2.6 和 RCP8.5 情景下，未来海洋将持续增暖（高信度）。在全球变暖背景下，绝大多数 CMIP5 模式都显示极端 El Niño 和 La Niña 事件的发生频率可能会显著增加（中等信度）。1979~2018 年，北极持续快速变暖，变暖幅度是全球气候变暖的 2~3 倍；北极海冰快速融化，年平均海冰密集度下降速率约为 0.05 × 10⁶km²；相对于 1979 年，2018 年北极海冰覆盖面积已减少超过 2.1 × 10⁶km²（高信度）。在快速变暖背景下，西北冰洋酸化水体正以每年 1.5% 的速率扩张；北冰洋将在很长一段时间内受到海洋酸化的不可恢复性的影响。

1981 年以来，中国海洋呈现变暖趋势，1981~2017 年中国近海平均海表面温度上升速率为 0.029℃/a，变暖幅度大于全球平均值和北半球平均值（高信度）。快速变暖导致 2010 年以来，中国近海发生了持续时间超过 100 天的热浪事件。中国沿海海平面变化总体呈波动上升趋势，1980~2018 年，沿海地区海平面上升速率为 3.3mm/a，高于同期全球海平面上升速率 3.27mm/a（高信度）。中国近海极端海平面事件发生频率出现上升趋势；2006~2018 年，中国近海台风风暴潮次数以平均每年 0.73 次的速率增加。

5.1 引　言

在全球变暖背景下，海洋快速增暖，海平面快速上升，海洋吸收了更多的二氧化碳，pH 显著降低，海洋酸化现象显著。全球海洋与气候变化对中国近海海洋环境也产生了深刻影响，近海海温持续变暖，并出现持续较长时间的海洋热浪现象，近海海平面上升速率超过全球平均值，由此导致近海风暴潮灾害等海洋极端事件的发生概率显著增大。

本章通过分析上述现象，评估了全球以及中国近海海洋的变化，重点评估了 2012 年以来，对全球海洋变化与中国近海海洋变化的最新认识。主要评估内容分为全球海洋变化、对中国气候影响显著的海域的海洋变化与中国近海海洋变化三个主要部分。5.2 节重点评估了全球海洋的主要变化特征，包括全球海表面温度、全球海洋热含量、全球海平面、全球海浪和全球海洋酸化。5.3 节重点评估了与中国气候、中国近海海洋变化紧密联系的北冰洋、太平洋和印度洋的变化特征。5.4 节是本章的重点，包含了渤海、黄海、东海与南海海洋温度、盐度和环流变化，以及对中国近海海平面、海浪变化的评估。与《中国气候与环境演变：2012》相比，本章增加了对中国近海上升流区及其变化、近海极值水位、风暴潮和近海海洋热浪等海洋极端事件的评估，为进一步了解全球变暖背景下中国近海海洋环境变化与极端过程对社会经济活动的影响提供了必要的支撑。

5.2　全球海洋变化

5.2.1　全球海表面温度（SST）

自工业革命以来，温室气体排放量大量增加，温室效应导致地球气候系统吸收与反射的热量不平衡，形成到达地球表面的净热辐射通量，从而引起全球气候变暖。由于海洋的热容量是大气热容量的 1000 倍，因此，海洋吸收了净热辐射通量产生的绝大多数热量。自 1850 年以来，全球海洋持续变暖，其中 SST 上升速率约为 0.09℃/10a（高信度）（Levitus et al.，2012）。与此同时，海洋与大气的相互作用以及海洋环流的变异等过程，导致 SST 变化存在年际、年代际和多年代际等各种时间尺度上的自然变率。观测显示，SST 的变化具有 ENSO、PDO 和 AMO 等多种时间尺度振荡特征。图 5-1 给出了自有器测数据以来全球年平均 SST 以及全球年平均海陆温度 [可以理解为全球年平均表面温度（ST）] 的长期变暖趋势，以及叠加在此趋势上的不同时间尺度的变异。

1998~2012 年，在温室气体的浓度持续上升的背景下，全球平均 SST 出现了上升速率减缓的特征，即所谓的 "全球变暖减缓"。在此期间，全球平均 SST 的升温趋势为 0.05[–0.05 ± 0.15]℃/10a，远低于 1979 年以来全球气候的快速变暖趋势（IPCC，2013）。变暖减缓期间，太平洋和大西洋区域出现了强烈的温度异常信号（Trenberth et al.，2014），其中赤道东太平洋出现显著的降温趋势（几乎确定），而北大西洋呈现变暖趋势。

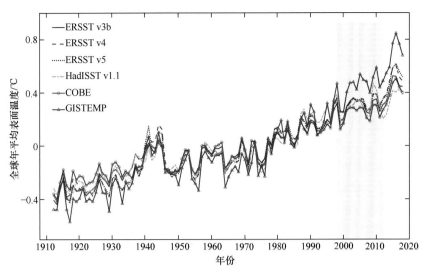

图 5-1　全球海洋及海陆的年平均表面温度距平的变化

前 5 条曲线分别为 ERSST v3b、ERSST v4、ERSST v5、HadISST v1.1 和 COBE，均为全球年平均 SST 距平变化曲线；
GISTEMP 为全球年平均海陆气温（250km 平滑）距平变化曲线；距平的背景时间段为 1910~2018 年。灰色阴影部分为
1998~2012 年全球变暖"减缓"期间；数据源自 ERSST、HadISST、COBE 和 GISTEMP 网站，通过计算全球表面温度
距平的年平均值获得

表 5-1 比较了多组全球年平均 SST 和 ST 观测数据在最近一次快速变暖期
（1976~1999 年）和变暖减缓期（1997~2014 年、1998~2012 年）的线性变化趋势。虽
然 ERSST v4 和 ERSST v5 显示的全球变暖减缓的特征不如其余几组数据明显，但是多
组数据集均显现出 1998~2012 年全球平均 SST 出现上升速率减缓的特征，而变暖减缓
的现象在陆地上也存在。

表 5-1　1976~1999 年、1997~2014 年、1998~2012 年全球年平均表面温度距平 10 年变化趋势

（单位：℃ /10a）

变暖趋势数据	变暖期：1976~1999 年	变暖减缓期：1997~2014 年	变暖减缓期：1998~2012 年
ERSST v3b	0.116 ± 0.078	0.036 ± 0.018	0.018 ± 0.007
ERSST v4	0.103 ± 0.069	0.088 ± 0.043	0.075 ± 0.030
ERSST v5	0.094 ± 0.063	0.081 ± 0.040	0.071 ± 0.029
HadISST v1.1	0.178 ± 0.119	0.002 ± 0.001	0.033 ± 0.013
COBE	0.099 ± 0.066	0.042 ± 0.021	0.022 ± 0.009
GISTEMP	0.276 ± 0.184	0.223 ± 0.110	0.199 ± 0.081

注：趋势计算源数据分别为 ERSST v3b、ERSST v4、ERSST v5、HadISST v1.1、COBE 和 GISTEMP。数据源自
ERSST、HadISST、COBE 和 GISTEMP 网站，通过计算 1976~1999 年、1997~2014 年、1998~2012 年的全球表面温度距
平变化获得。

这种年代际时间尺度上的温度上升速率减缓现象首先可以归因于到达地表的净热
辐射通量的减少。2000 年以来，平流层水汽变化（Fyfe et al.，2013；Solomon et al.，
2011）、火山爆发（Benjamin et al.，2014）、温室气体排放等过程会导致气候系统所吸

收的净热辐射通量减少，从而导致全球 SST 和 ST 上升速率减缓。但是这一机制不能解释 1998~2012 年全球海洋热含量持续上升、海洋变暖并未出现停滞的现象。

SST 年代际时间尺度上的上升速率减缓很可能是气候系统自然变率的结果（Kosaka and Xie，2013；Chen and Tung，2014；England et al.，2014）。首先，2001 年以来，太平洋年代际涛动（IPO）处于负位相，太平洋信风增强，增强了热带中东太平洋的上升流，使混合层变厚、表层温度降低，并增强了温跃层的吸热能力。与此同时，在遥相关作用下，全球其他区域也出现进一步降温。异常信风带来的 0.1~0.2℃的负效应部分解释了全球变暖减缓的现象（England et al.，2014）。IPO 负位相期间的海气相互作用现象描述了全球变暖减缓期间海洋表层的特征。

除了 IPO 负位相 – 太平洋信风增强 – 混合层变厚 – 变暖减缓的机制外，Chen 和 Tung（2014）通过分析海洋中的能量平衡，发现大西洋和南大洋的中深层海洋的热量和盐度在变暖减缓期间均出现了显著的正异常，同时对应着大西洋经向翻转环流（AMOC）的多年代际变异的正位相。AMOC 增强导致更多的热量通过下沉存储到北大西洋的中深层海洋，解释了变暖减缓期间气候系统的热量平衡。

截至目前，关于全球变暖减缓的成因和具体的动力学机制仍存在争议，但是已经非常确定全球变暖减缓是源于气候系统的内部变率。

变暖停滞期之后（2012 年以来），全球表面升温趋势恢复（图 5-1）。这可能是强 El Niño（England et al.，2014）或 AMOC 减缓（Chen and Tung，2018a）的贡献。对于上一个停滞期之后的长期地表温度变化趋势还需要未来更长时间的观测来确认。CMIP5 模式未来实验发现变暖减缓通常呈现多于 15 年的长期趋势（Meehl et al.，2013），当强的 El Niño 的影响逐步消散之后，减缓的趋势还可能会延续。此外，AMOC 亦可通过调节全球海洋热含量来影响瞬态气候变化的速率（Kostov et al.，2014）。因此，1998~2012 年出现的变暖停滞有可能会再次出现。图 5-2 显示，2006 年后各模式均出现了长达 15 年以上的变暖停滞期。2006~2024 年，GFDL-ESM2M、GFDL-ESM2G 等模式呈现了明显的全球变暖减缓，而 2080 年后多数模式进入变暖停滞期（中等信度）。

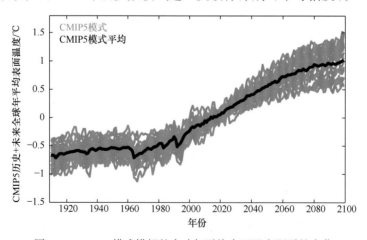

图 5-2　CMIP5 模式模拟的全球年平均表面温度距平的变化

距平的背景时间段为 1910~2100 年；数据源自 CMIP5 网站，通过计算全球表面温度距平的年平均值获得

5.2.2　全球海洋热含量

海洋热含量是描述海洋水体热量变化的一个重要指标。海水比热容较大，对于同样的温升幅度，海洋相比大气和陆地可储存更多的能量。20 世纪以来，温室气体不断排放并积累在大气中，导致地球表面出现能量收支不平衡，地球表面的净热辐射通量使得气候系统有净的能量摄入。这些能量的 90% 以上存储在海洋中，表现为海洋热含量的增加（Rhein，2013；Hansen et al.，2011）。海洋热含量的增加导致海水体积膨胀、海平面上升（Levitus et al.，2012）。同时，海洋变暖也可通过海表热通量的形式与大气相互作用，影响区域与全球气候变化（Trenberth et al.，2018）。海洋热含量的变化是全球气候变化最核心和稳健的指标之一。

20 世纪 50 年代以来，全球海洋显示出稳健的变暖趋势（图 5-3）（几乎确定）。虽然不同的观测数据集给出海洋变暖的趋势估计存在差别，但是所有的观测数据一致地给出 1950 年以来全球海洋热含量的上升趋势。IPCC AR5 给出了 1971~2010 年的五个独立的海洋热含量估计，据此得到的上层 2000m 热含量趋势为 0.24~0.36 W/m²（Rhein，2013）。依据 IPCC AR5 五个独立估计中最高的估算，1971~2010 年海洋吸收了大约 235 ZJ[①] 的热量，相当于海洋上层 2000m 海水平均升温 0.10℃。

海洋观测数据的质量控制、误差校准、观测系统演变所产生的系统误差以及缺测区域的统计与动力填充方法等因素会形成对海洋变暖趋势估计的不确定性（知识窗），最新的数据给出的估算显示，1971~2010 年同期全球海洋上层 2000m 的变暖速率可以达到 0.36~0.39 W/m²，比 IPCC AR5 的估算更强（可能）。

全球上层海洋 2000m 变暖在 20 世纪 90 年代后出现加速趋势（很可能）：1993~2017 年全球海洋上层 2000m 变暖速率为 0.63 ± 0.16 W/m²，而 1969~1993 年上层 2000m 变暖速率仅为 0.26 ± 0.14 W/m²（Cheng et al.，2019a；IPCC，2019）。因此，自 1993 年以来海洋变暖速率至少是 1993 年之前的 2.3 倍。随着 Argo 计划的实施，海洋数据的观测范围和数据质量都有了较大的提升，各种数据集之间的偏差显著减小，基于观测数据估算全球海洋上层 2000m 的热含量在 2005~2017 年上升速率为 0.64~0.68 W/m²（图 5-3）。此外，过去 5（10）年是有现代记录以来海洋最暖的 5（10）年；2017 年、2018 年均为海洋最热的两年（Cheng et al.，2019b；Cheng and Zhu，2018）。

海洋热含量的变化存在丰富的空间分布形态。在垂向上，由于受到风搅拌作用，全球海洋上混合层（大约 100m 以浅）的热含量变化基本与 SST 变化趋势一致（Trenberth et al.，2016；Roemmich et al.，2015），呈现振荡上升的趋势，其中也同样出现了 1998~2012 年上升趋势减缓以及随后的加速变暖的现象。但是 100~2000m 的全球海洋热含量持续上升，体现了海洋吸收气候系统中的热量逐渐变暖的长期趋势。在水平分布上，1950 年以来全球绝大部分海域上层海洋变暖，其中大西洋（35°S~65°N）和南大洋（35°~70°S）区域变暖最为显著，而整个太平洋和印度洋海盆（35°S~65°N）

---

① 1ZJ = 10²¹J。

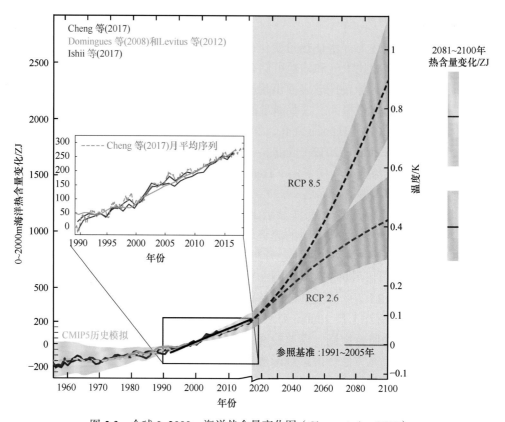

图 5-3　全球 0~2000m 海洋热含量变化图（Cheng et al., 2018）

变暖程度相对较弱。其中 1970~2017 年，大西洋与南大洋所吸收的热量分别占上层 2000m 海洋变暖总量的 25%~33% 和 35%~43%（图 5-4）（IPCC，2019；Cheng et al., 2019a；Ishii et al., 2017）（很可能）。

由于 Argo 浮标不能观测 2000m 以下的海洋，因此深层海洋的变化趋势仍然依赖于有限的船载观测数据。基于有限的观测数据，可以初步确定 1991 年以来，2000~5500m 的全球深层海洋出现了不同程度的增暖趋势，平均增暖速率为 0.39 ± 0.17m/（℃·a）（Desbruyères et al., 2016），展现出从海表面向下延伸的变暖过程；而在水平空间结构上，全球 2000m 以下海洋的增暖趋势空间分布并不均匀，在南极大陆附近最强，向北逐渐减弱。南大洋 2000m 以下深海的平均增暖速率为 2.17 ± 0.70m/（℃·a），对全球海洋增暖的贡献最大（图 5-5），主要体现在下层环极地深层水和南极底层水在其源区附近显著增暖，其中威德尔海底层水在 1990 年温度升高（Fahrbach et al., 2004），罗斯海底层水在 1970~1990 年增暖趋势约为 0.01℃/a（Jacobs et al., 2002）。这种变暖特征也随着经向翻转环流向北延伸，导致 20 世纪 80 年代以来南印度洋（Johnson，2008）、太平洋（Johnson et al., 2007；Kawano et al., 2006；Fukasawa et al., 2004）、南大西洋西部海域（Zenk and Morozov，2007；Johnson and Doney，2006；Coles et al., 1996），甚至大西洋赤道海区（Andrié et al., 2003；Hall et al., 1997）的深海海盆都呈现出不同的增暖趋势。

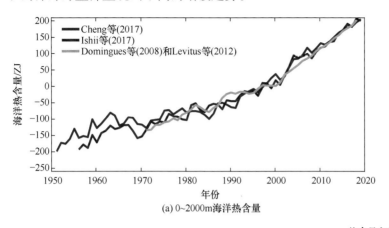

(a) 0~2000m海洋热含量

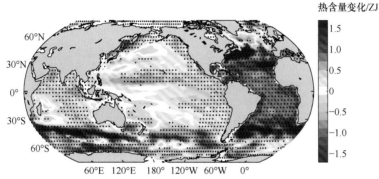

(b) 1955~2018年海洋0~2000m热含量变化趋势

图 5-4 海洋 0~2000m 热含量变化趋势（a）与空间分布（b）

　　海洋长期变暖的趋势主要是人类活动排放的二氧化碳等温室气体导致的（Bindoff et al., 2013）。温室气体的不断累积，使得到达地球表面的净辐射通量不断增加，而海洋吸收了绝大部分热量而逐渐增暖。与此同时，气溶胶起到了相反的作用。火山喷发会向平流层排放大量的气溶胶，这些气溶胶将更多的太阳辐射反射回太空，对整个地球气候系统起到冷却作用，海洋热含量也会随之降低（Maher et al., 2014；Santer et al., 2014；Gregory et al., 2013）。观测显示，自 1955 年以来三次主要的火山爆发年（1964 年、1982 年、1991 年），海洋热含量均出现显著降低趋势 [图 5-4（a）]。

　　净热辐射通量加热海洋主要发生在海洋表面，而后，在风、海浪、潮汐、内波等过程中所产生的混合作用以及在海洋环流变异的驱动下，海洋表面所吸收的热量逐渐向海洋内部输送。因此，海洋上层变暖速率相对较快，而次表层与深海变暖速率较慢。热量向深海的输送主要发生在中高纬度区域，其一方面来自 AMOC 的热量输送（Kuhlbrodt et al., 2007），另一方面则与南半球副热带流涡的南移和南大洋等密度面的强混合有关（Sheen et al., 2013；Wu et al., 2012；Gille, 2008）。从全球海洋热含量的变化趋势可以看到，1998~2012 年，虽然海洋上混合层出现类似于地表和 SST 的

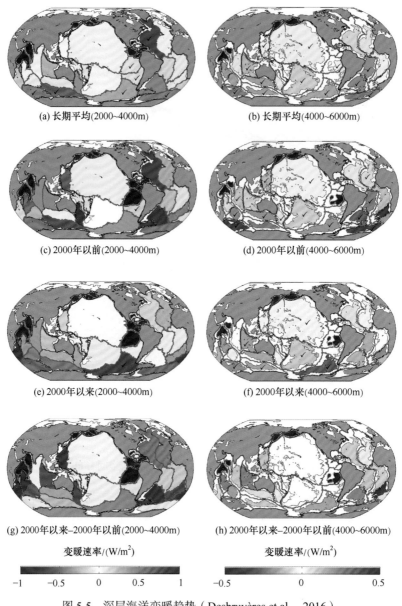

(a) 长期平均(2000~4000m)　　　　　(b) 长期平均(4000~6000m)

(c) 2000年以前(2000~4000m)　　　　(d) 2000年以前(4000~6000m)

(e) 2000年以来(2000~4000m)　　　　(f) 2000年以来(4000~6000m)

(g) 2000年以来–2000年以前(2000~4000m)　　(h) 2000年以来–2000年以前(4000~6000m)

变暖速率/(W/m²)　　　　　　变暖速率/(W/m²)

图 5-5　深层海洋变暖趋势（Desbruyères et al.，2016）

年代际时间尺度上的变暖减缓现象，但是整个上层海洋（2000m 以上）持续增暖。因此，从地球气候系统的能量收支角度出发，全球气候并没有出现变暖停滞，底层大气和 SST 出现的年代际时间尺度上的增暖减缓反映了地球气候系统能量分配对人类能够感知到的气候变化的影响作用，其中能量在海洋中的分配与输送起到了重要的调制作用（图 5-6）（Chen and Tung，2018a，2014）。

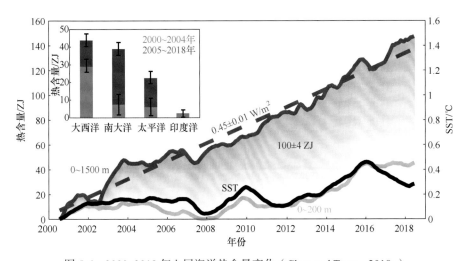

图 5-6　2000~2018 年上层海洋热含量变化（Chen and Tung，2018a）

红线表示 0~1500m 海洋热含量，橙色线表示 0~200m 海洋热含量，黑色线表示全球平均 SST

　　CMIP5 耦合气候模式模拟的海洋上层 2000m 变暖速率为 0.39 W/m^2（1971~2010年），与观测数据比较一致（Cheng et al.，2019a；Gleckler et al.，2016）。在不同排放情景下，CMIP5 气候模式预估未来 20 年（2020~2040 年）海洋热含量的变化差异较小。但是进入 21 世纪后半叶，不同情景下热含量增加的幅度差异逐渐加大：在 RCP8.5 情景下，2081~2100 年，整个上层 2000m 海洋将平均变暖 0.78℃（相对于 1991~2005 年的气候状态），而在 RCP2.6 情景下，2081~2100 年海洋上层 2000m 将平均变暖 0.4℃。这意味着，在 RCP8.5 情景下，海洋很可能要比 RCP2.6 情景下多吸收近 2 倍的热量。2015~2100 年海洋总的变暖幅度将是 1970~2017 年的 3 倍（RCP2.6）和 6 倍（RCP8.5）（IPCC，2019）。

　　海洋巨大的热容量以及深层海洋对表面辐射强迫作用的滞后响应特征说明即使在 RCP2.6 情景下（假设未来气候政策可以接近或达到《巴黎协定》目标），海洋也会持续变暖（Collins et al.，2013）。因此，几乎可以肯定的是，海洋在整个 21 世纪都会持续变暖，但变暖速率将取决于我们接下来所选择的气候政策与排放路径。

> **知识窗**
>
> 　　对海洋变暖的监测依赖于多种仪器组成的海洋温度观测系统。图 5-7 统计了不同类型温度观测系统自 1900 年以来的观测仪器数量、水平空间和不同水深的覆盖率。图 5-8 给出了不同类型温度观测系统在不同时期和不同深度的覆盖率。20 世纪 50 年代之前，海洋温度观测主要采用采水瓶采水的方式。50 年代末开始大量使用船载的机械式温深测量仪（mechanical bathythermography，MBT），1970 年以来，船载抛弃式探温仪（expendable bathythermography，XBT）的发明使用是海洋观测系统的第一次革命（Abraham et al.，2013）。由于操作简单并且可以在商船上使用，海洋观测在北半球以及全球主要商业航线上有了非常高的覆

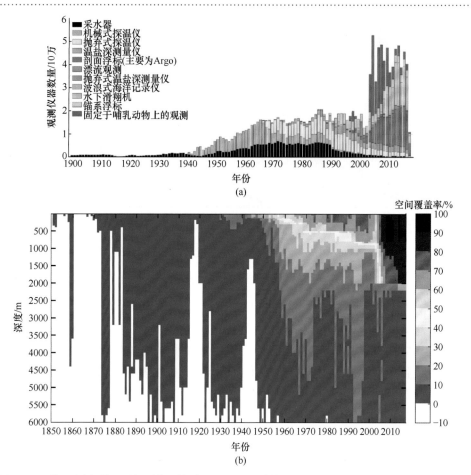

图 5-7　历年不同海洋观测仪器数量统计（a）和温度数据年均空间覆盖率（3°×3°网格）（b）
（Meyssignac et al.，2019；IPCC，2019）

盖率（Goni et al.，2019；Cheng L J et al.，2016）。但是，由于全球商业航线主要集中在北半球，XBT 的海洋观测存在观测系统上的偏差。与 XBT 观测的同期，船载温度、盐度、深度观测仪（conductivity，temperature，depth，CTD）开始用于海洋科学考察。CTD 可以下放至 5000~6000m 水深，为我们提供大量深层海洋的观测数据。上述观测设备都是船载设备，需要使用科考船或者商船，观测成本非常高，也限制了海洋观测的规模和时空分辨率。进入 21 世纪以来，全球海洋观测系统有了第二次革命性的进展：海洋自动剖面观测浮标（Argo）被广泛使用。Argo 浮标自 1998 年开始投入使用，于 2007 年 11 月首次实现全球 3000 个浮标同时实时观测的目标。截至目前，海洋 Argo 浮标观测网已经在全球开阔海域维持了 15 年的连续温度、盐度观测（Riser et al.，2016），极大地弥补了船载观测在南半球、商业航线以外、750m（绝大多数 XBT 的最大观测深度）以深以及冬季和极端天气海况区域的缺失。需要注意的是，由于印度尼西亚海复杂的地形，Argo 浮标无法在此区域获得高质量的观测数据，而热带西太平洋在 2005

年至今恰处于快速变暖时期（太平洋年代际振荡的负位相时期），仅仅基于 Argo
浮标的数据估计可能会低估 2005~2017 年全球海洋变暖的趋势（von Schuckmann
and Le Traon，2011）。

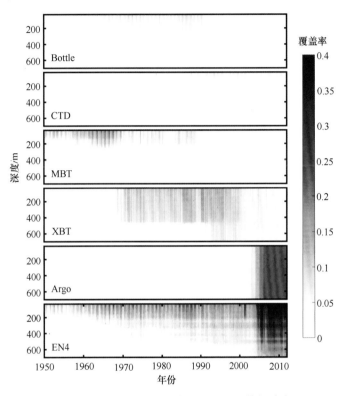

图 5-8　海洋温度观测设备演变与观测数据分布

数据源自 WOD 网站，AOML、BODC、CSIRO 等 Argo 网站，EN4 网站，通过计算全球表面温度距平的年平均值获得

　　截至目前，海洋观测已经形成了以船载观测（XBT、CTD 等）、不间断的
水下滑翔机（glider）、海洋动物携带的传感器和 Argo 浮标等系统为主的综合观
测体系，在上层 2000m 已接近覆盖全球主要开阔海的状态（Riser et al.，2016；
Roemmich et al.，2015）。从图 5-7 可以看到，温度观测的空间覆盖率在 0~1200m
能达到 80% 以上，而 1200~2000m 也高于 70%（Meyssignac et al.，2019）。随着观
测技术的不断革新，Argo 浮标也开始对海冰覆盖的海域进行季节性探测（Wong
and Riser，2013，2011），并且探测深度可达到 4000~6000m（Johnson et al.，
2015），这将极大地改进在南北极区域的海洋观测。

　　在观测系统不断发展的同时，数据处理方法和技术的进步也使得历史海洋
数据质量有了较大的提升。IPCC AR5 后，国际上就如何订正传统 XBT 观测数
据中的系统性偏差达成了一致意见，提出新的更准确的 XBT 偏差订正方案，使
得 1966~2001 年的海洋数据质量有了极大的提高（Goni et al.，2019；Boyer et al.，

2016；Cheng et al.，2015，2014）。新的研究表明，传统的全球海洋热含量估算方法中的空间插值方案（一般称为 mapping 方法）存在系统性偏差，因此 IPCC AR5 中给出的几个国际上的热含量估计均低估了 1970 以来的海洋变暖速率（Cheng et al.，2019b；Durack et al.，2014；Cheng and Zhu，2014）。基于此，近期国际上（Cheng et al.，2018，2017；Ishii et al.，2017）提出了几个新的空间插值方法或对以往方法进行了修正，海洋热含量的估算也得到了进一步的改进。

5.2.3 全球海平面

20 世纪以来，全球海平面呈上升趋势（高信度）。20 世纪全球平均海平面上升幅度约为 14cm，超过了过去 2800 年间的任一世纪（USGCRP，2017；Kopp et al.，2016；Kemp et al.，2011）。IPCC（2013）给出了全球海平面上升的监测结果：根据验潮站资料计算的 1901~2010 年全球海平面上升速率为 1.7 ± 0.2mm/a（IPCC，2013），其中 1901~1990 年、1971~2010 年、1993~2010 年上升速率分别为 1.5 ± 0.2mm/a、2.0 ± 0.3mm/a 和 2.8 ± 0.5mm/a，而根据卫星高度计资料计算的 1993~2010 年全球海平面上升速率为 3.2 ± 0.4mm/a（IPCC，2013；Church and White，2011；Nerem et al.，2010）。

20 世纪以来，全球海平面上升也呈现加速趋势（高信度）。其中，1900~2010 年全球海平面上升加速度为 $0.000~0.013$mm/a^2（IPCC，2013；Church and White，2011；Ray and Douglas，2011；Jevrejeva et al.，2012），1958~2014 年为 0.07 ± 0.02mm/a^2（Frederikse et al.，2018）。

海平面的长期变化中叠加有明显的年际和年代际波动，年际/年代际波动在某个时段内会减缓或加速海平面的上升趋势（Royston et al.，2018；Nerem et al.，2018；Jorda，2014）。研究结果显示，全球很多验潮站的海平面数据存在 60 年左右的周期信号（Chambers et al.，2012）。海平面的年际/年代际变化与 ENSO、PDO、IOD、AO、AAO 等低频海洋水文气象现象相关，并且呈现的相关性存在区域性差异。太平洋海平面存在很强的年际和年代际变化，这主要与 ENSO 和 PDO 有关，且会对一定时期内的海平面变化趋势产生影响（Royston et al.，2018；Hamlington et al.，2016；Zhang and Church，2012），研究认为 2010/2011 年的强 La Niña 信号和 2015/2016 年的强 El Niño 信号掩盖了太平洋海平面"跷跷板"变化的转换信号（Royston et al.，2018；Hamlington et al.，2016）。

自有卫星高度计以来（1993 年），观测数据显示全球海平面上升速率高于过去百年。1993~2015/2016 年全球海平面上升速率为 $3.3~3.4$mm/a（USGCRP，2017；WMO，2017；Blunden et al.，2018）。在大约 0.3mm 的误差范围内，验潮站重建的全球平均海平面与卫星观测的估计保持一致。需要注意的是，验潮站所在位置容易受到地壳运动产生的垂直位移影响，这一方面会影响利用验潮站重建的全球平均海平面的数据质量，另一方面也会影响依据验潮站观测对卫星高度计观测的校准，形成卫星观测数据的系统误差（Chen L et al.，2017；Dieng et al.，2017；Beckley et al.，2017；Watson et al.，2015）。这种系统误差主要出现在 TOPEX 卫星时期（1993~1999 年），如果校准这一误差对卫星观测平均海平面估计的影响后，1993~1999 年全球平均海平面上升速率比未校准前减小 1.5±0.5mm（Chen L et al.，2017；Dieng et al.，2017；Watson et al.，2015）。

1993~2014 年全球平均海平面加速上升，由 1993 年初的平均每年上升 2.2±0.3mm 增加到 2014 年的平均每年上升 3.3±0.3mm，其中格陵兰冰盖融化对整个海平面上升的贡献由最初的 5%（平均每年 0.1mm）增加到 2014 年的 25%（平均每年 0.85mm），其是导致全球平均海平面加速融化的关键物理过程（图 5-9）。而在此期间，海洋受热膨胀导致海平面上升的速率基本保持不变，为 0.94±0.16mm/a（Chen L et al.，2017）。一般情况下，强火山爆发会导致平均海平面迅速下降而后慢慢恢复（Church et al.，2005）。在 TOPEX 卫星高度计发射前，Pinatubo 火山于 1991 年爆发导致海平面迅速下降，并在之后大约两年的时间内慢慢恢复至火山爆发前的平均上升速率。如果考虑这一因素的影响，并去除过去 25 年间 ENSO 的年际和年代际变异对海平面变化的贡献，1993~2017 年全球平均海平面上升加速度为 0.084±0.025mm/a^2（Nerem et al.，2018）。

关于卫星观测时期全球海平面上升加速度的估计存在较大的不确定性，主要原因是观测数据长度较短，较强的年际和年代际变率会显著影响加速度的估值（Nerem et al.，2018；Chen X et al.，2017）。但是，在卫星高度计观测期间，全球平均海平面加速上升的概率超过 99%。

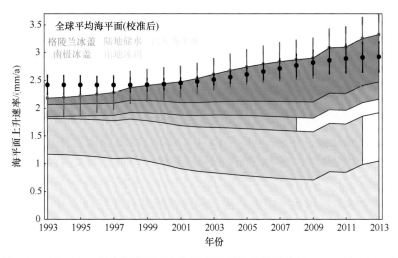

图 5-9　1993~2013 年全球海平面上升速率及其收支关系（Chen L et al.，2017）

如果全球海平面保持这种加速度持续上升，那么到 21 世纪末 2100 年全球海平面将上升 65±12cm，是海平面维持匀速上升状态到 21 世纪末上升高度的一倍以上（Nerem et al.，2018b）。但是，这一简单的外推估计需要更长的观测数据来检验。卫星高度计时期，气候系统的低频振荡对海平面变化的影响作用还未完全确定，其中太平洋年代际变异（Zhang and Church，2012）和北大西洋经向翻转环流变异向中深层海洋的热输送（Chen and Tung，2018b）都会改变海洋热含量的变化，导致全球比容海平面的变化，北大西洋涛动对格陵兰岛冰盖融化速率的影响会改变年际甚至年代际时间尺度上海洋的质量（Ruan et al.，2019）。未来海平面上升速率的预估还需要进一步确认这些自然过程的影响作用。

5.2.4　全球海浪

海浪是人们最早认识的海洋现象之一，它是发生在海洋表面的一种波动现象，通常是指海洋中由风产生的波浪，主要包括风浪、涌浪，其周期为秒到数十秒，波长为几十厘米到几百米，波高从厘米到十几米，最高可达30m以上。海浪与人类的生产、生活有着紧密的联系，如海浪影响航海运输、渔业捕捞、海洋开发、海洋工程和国防安全等。有记录以来，全球已有100多万艘船舶沉没于惊涛骇浪之中；在大洋中，海浪是海上船舶和石油平台需承受的主要环境载荷之一；在近岸，海浪驱使泥沙输运进而造成海岸冲淤和侵蚀。

海浪在气候变化中起到重要作用。海浪作为海气界面上的一个关键过程，可通过改变海洋反照率、海表粗糙度及海洋上层垂向混合等方式影响海洋与大气间的热量通量、动量通量和物质通量等（Hemer et al.，2012），进而影响大气环流、海洋环流、海气相互作用以及气候演变。

全球海浪的分布与海表风场有关。从全球表层风场的分布来看，风速有南强北弱且赤道外海域大于赤道附近海域的特征，全球表层风速最大的区域位于南大洋，低值区位于大洋西岸靠近大陆的地方。全球海浪场受表层风场影响，最显著的特征是纬向变化：高纬度地区的有效波高高，而靠近赤道地区，有效波高逐渐降低。南极绕极流区域形成了一条明显的平均波高大于3.5m的高值区，并向北沿纬向呈带状递减分布，但到达30°N时，南大洋的波高呈"弓"状向北弯曲，而大洋两侧的区域分别朝东西向大陆区域递减，靠近大陆边缘波高达到最低（Casas-Prat et al.，2018；张婕，2010）。

在全球气候变暖背景下，海浪也发生了较为明显的变化（图5-10）。越来越多的证据表明，随着全球变暖，1986~2005年相对于1850~1869年南大洋西风带区域有效波高显著增高；整个大西洋，有效波高呈现降低趋势，特别是北大西洋海域；在太平洋，北纬40°N以北，表现为有效波高增高 [图5-10（a）和图5-10（f）]。1985~2018年观测数据表明，全球表层风速有增强趋势，但这种趋势存在空间差异，南大洋的增强趋势 [0.02m/（s·a）] 最为显著，太平洋和大西洋赤道南侧各有一条海域带也有明显的增强趋势，北大西洋表层风速以约0.01m/（s·a）的速率增强，此外全球其他海域表层风速变化趋势不显著；相比风速，平均有效波高的变化趋势相对不太显著，但在太平洋和大西洋以南的南大洋海域存在0.003m/a的增强趋势，在北太平洋存在0.005m/a的减弱趋势；在赤道地区，有效波高主要是由远处产生的涌浪决定的，有效波高变化与表层风速变化的对应关系并不明显（Young and Ribal.，2019）。而对于北极地区，全球变暖和SST升高导致北极地区海冰夏季融化加快和局地表层风场增强，从而使北冰洋大部分海域的有效波高有不同程度的增长。卫星观测资料研究表明，1996~2015 年北冰洋海域有效波高有较大改变：楚科奇海、波弗特海（阿拉斯加北部附近）和拉普捷夫海有效波高以 0.01~0.03m/a 的速率增加，而格陵兰岛周边海域和巴伦支海的有效波高变化趋势较小。且除风场外，北极震荡和北极偶极子异常对北冰洋有效波高的变化也有明显影响（Liu et al.，2016；Khon et al.，2014）。

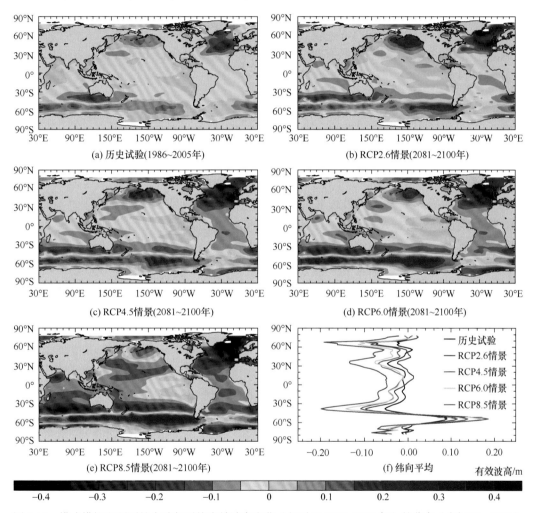

图 5-10　模式模拟和预测的全球年平均有效波高变化（相对于 1850~1869 年）的分布（宋振亚，2020）

地球系统模式 FIO-ESM v1.0 的数值模式结果表明，到 2100 年，在四个 RCP 情景下 [图 5-10（b）~ 图 5-10（e）]，模式预测的有效波高变化表现为在增大海区继续增高、在减小海区继续降低，在西风带以北 30°S 出现一条显著的有效波高降低带。从纬向平均来看，在以 60°S 为中心、有效波高增高的情景下，CO_2 浓度越高，有效波高增高越多；在其他纬度，纬向平均有效波高均表现为降低趋势，CO_2 浓度越高，有效波高降低的也越多 [图 5-10（f）]（宋振亚，2020）。

随着气候变化，全球有效波高的极值也发生相应的变化。1985~2018年，极端波高已呈现增高的趋势，且高于有效波高的增高趋势，其主要出现在高纬度地区，而在赤道地区，这种趋势并不明显。10% 大风速在南大洋海域的增强趋势能达到 0.05m/(s·a)，北大西洋约为 0.04m/(s·a)，在北太平洋和印度洋的增加趋势也较为明显 [0.02m/(s·a)]。与表层风速类似，海浪极值波高变化趋势比平均波高变化趋势也更为显著，更多的海域存在极值波高增高趋势，10% 的波高在南大洋存在 0.01m/a 的增高趋势，在北大西洋的增高趋势约为 0.008m/a（Young and Ribal，2019）。对于北冰洋而言，由于海冰融化加剧和表层风速增大，有效波高极大值也会随之增大（Casas-Prat et al.，2018；Khon et al.，2014）。

5.2.5 全球海洋酸化

1750~2019年，工业和农业活动释放的 CO_2 导致全球大气 CO_2 体积分数从 278 ppm 增加到 410 ppm[①]。目前，大气中的 CO_2 浓度超过了过去 80 万年以来的变化幅度增速。工业革命以来海洋从大气中吸收了约 1/3 的 CO_2（Doney et al.，2009）。这种自然的吸收过程显著地减少了大气中的温室气体水平，并把全球变暖的一些影响降到最低。然而，海洋吸收 CO_2 对海水的化学性质有重大影响。海洋对 CO_2 的吸收通过 CO_2 与海水的热力学平衡改变了海水的酸碱平衡。CO_2 溶解形成弱酸（H_2CO_3），并且随着海水中 CO_2 的增加，海水的 pH、碳酸根离子（CO_3^{2-}）和碳酸钙（$CaCO_3$）的饱和度降低，而碳酸氢根离子（HCO_3^-）则增加（图 5-11）。在开阔的海洋中，表层水的平均 pH 为 7.8~8.4，因此，目前海洋仍处于弱碱性（pH> 7）（Feely et al.，2009）。海洋吸收 CO_2 会导致海水逐渐酸化；这一过程称为海洋酸化（Caldeira and Wickett，2003）。自工业化时代开始以来，观测到的海洋 pH 降低 0.1，相当于海水中氢离子浓度增加了 26%（Feely et al.，2009）。目前，pH、CO_3^{2-} 变化的结果和 $CaCO_3$ 矿物的饱和状态的变化对于海洋生物和生态系统的影响才刚刚开始为人们所理解。

全球海洋代表性时间序列站位上的直接测量结果表明，pH 以 –0.0024~–0.0014a^{-1} 的速率下降（表 5-2）（Bates et al.，2014）。1991~2006 年，在夏威夷和阿拉斯加之间的北太平洋中部的重复断面观测到的表层混合层 pH 的差异表明，pH 在 1991~2006 年下降速率为 –0.0017a^{-1}，这与时间序列观测结果一致（Byrne et al.，2010）。由于缺乏长时间序列观测，南大洋与北冰洋表层水 pH 变化的不确定性较高，但是船载观测收集的 $p\text{CO}_2$ 测量结果显示出南大洋与其他大洋相似的 pH 下降速率（Takahashi et al.，2014），在西北冰洋重复观测区域的混合层 pH 的差异表明，1994~2010 年，pH 呈现出较高的下降速率（图 5-12）（Qi et al.，2017）。

[①]　https://www.esrl.noaa.gov/gmd/ccgg/trends/。

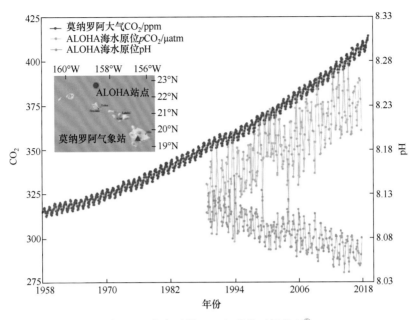

图 5-11　北太平洋 CO₂ 与酸化时间序列[1]

北太平洋亚热带海洋观测站时间序列：1958 年至今大气 pCO₂ 数据来自夏威夷莫纳罗阿（Mauna Loa）气象站（红色）。
1988 年至今表层海水 pCO₂（绿色）和 pH（蓝色）的长期变化趋势数据来自夏威夷海洋时间序列 ALOHA 站观测（寡营
养生境长期评估；22°45′ N，158°00′ W；橙色）

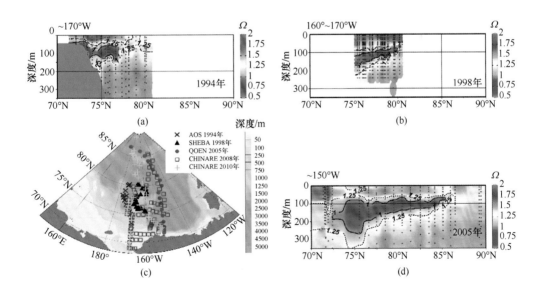

①　NOAA PMEL 碳项目：www.pmel.noaa.gov/co2/。

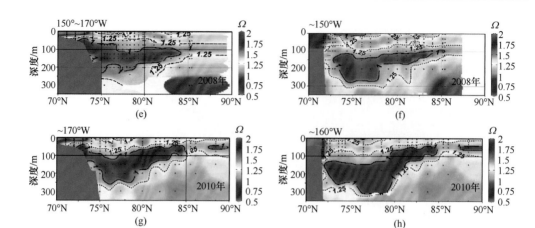

图 5-12 1994~2010 年航次调查所获取的西北冰洋低碳酸钙饱和度（Ω）纬向分布和各航次位置（c）

（Qi et al.，2017）

表 5-2 全球大洋七个时间序列观测站表层海水 CO_2 碳酸盐化学的长期变化趋势与标准偏差

（Bate et al.，2014）

时间序列观测站	DIC/[μmol/（kg·a）]	nDIC/[μmol/（kg·a）]	pCO_2/（μatm/a）	缓冲因子 RF	pH	Ω
A. 海洋碳循环时间序列趋势						
冰岛海	1.22 ± 0.27	0.93 ± 0.24	1.29 ± 0.36	0.019 ± 0.001	−0.0014 ± 0.0005	−0.0018 ± 0.0027
伊尔明格海	1.62 ± 0.35	1.49 ± 0.35	2.37 ± 0.49	0.030 ± 0.0012	−0.0026 ± 0.0006	−0.0080 ± 0.0040
BATS	1.37 ± 0.07	1.12 ± 0.04	1.69 ± 0.11	0.014 ± 0.001	0.0017 ± 0.0001	−0.0095 ± 0.0007
ESTOC	1.09 ± 0.10	1.08 ± 0.08	1.92 ± 0.24	0.019 ± 0.002	0.0018 ± 0.0002	−0.0115 ± 0.0023
HOT	1.78 ± 0.12	1.05 ± 0.05	1.72 ± 0.09	0.014 ± 0.001	0.0016 ± 0.0001	−0.0084 ± 0.0011
卡里亚科海盆	0.64 ± 0.40	1.89 ± 0.45	2.95 ± 0.43	0.011 ± 0.003	0.0025 ± 0.0004	−0.0066 ± 0.0028
Munida 海	0.88 ± 0.30	0.78 ± 0.30	1.28 ± 0.33	0.028 ± 0.008	0.0013 ± 0.0003	−0.0085 ± 0.0026
B. 以上趋势的统计（R^2，n，以及 * 表示统计学上的 P 值 < 0.01）						
冰岛海	0.18（91）*	0.23（91）*	0.14（84）*	0.06（83）*	0.09（83）*	0.05（83）*
伊尔明格海	0.18（101）*	0.15（101）*	0.21（87）*	0.07（83）*	0.18（82）*	0.05（83）*
BATS	**0.55（373）***	**0.64（373）***	**0.39（378）***	**0.44（378）***	**0.35（378）***	**0.35（378）***
ESTOC	**0.46（152）***	**0.55（152）***	**0.30（152）***	**0.51（152）***	**0.30（152）***	**0.43（152）***
HOT	**0.49（232）***	**0.62（232）***	**0.62（232）***	**0.51（232）***	**0.55（232）***	**0.39（232）***
卡里亚科海盆	<0.05（159）	0.10（153）	0.24（153）	0.06（153）	0.20（153）	0.04（153）
Munida 海	0.10（79）*	0.08（79）*	0.17（79）*	0.13（79）*	0.19（78）*	0.12（79）*

人为 CO_2 的吸收是表层水观测到碳酸盐化学变化的主要原因（Doney et al.，2009）。次表层水碳酸盐化学的变化也反映了当地物理、生物的变异性。北大西洋混合层 pH 的变化仅可以通过与大气 CO_2 达到平衡来解释，而 1989~2014 年，在介于混合层与 1000 m 之间，pH 降低则归因于大约相当的人为和自然变化（Woosley et al.，2016）。图 5-13 展示了表层水与 1000 m 水 pH 的差异只与人为 CO_2 有关。1983~2014 年，海水的 pH 和低碳酸钙饱和度（Ω）分别以 0.0014~0.0026a^{-1} 和 0.0018~0.0115a^{-1} 的

速率降低（表 5-2）。在长时间尺度上，人为因素造成海洋化学的变化被认为比物理、生物因素引起的变化更加突出。

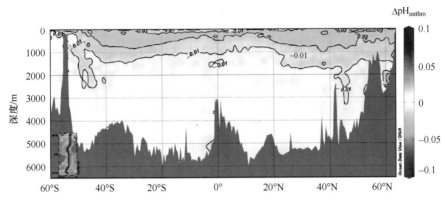

图 5-13　1989~2014 年，在大西洋海水吸收大气中人类排放的 CO_2 引起的 pH 的变化
（Woosley et al.，2016）

全球大洋七个时间序列观测站包括：1983 年至今的百慕大大西洋时间序列研究（BATS）和水文站位；1988 年至今的 ALOHA 站的夏威夷海洋时间序列（HOT）（长期寡营养栖息地评估）；1994 年至今的欧洲海洋时间序列（ESTOC，29°10′ N，15°30′ W）；1983 年至今的冰岛海（Iceland Sea）和伊尔明格海（Irminger Sea）；1998 年至今的新西兰 Munida 海洋与 1995 年至今的卡里亚科（Cariaco）海盆时间序列。

这些观测结果一致表明，表层水 pH 降低是由于海洋从大气中吸收了人为产生的 CO_2。有充分的理由相信（高信度），自工业化时代以来，海洋发生了快速酸化，pH 下降了 0.1。海水的酸化可能影响珊瑚、浮游生物和贝类等海洋动物的壳的形成。在未来的几十年中，这一过程可能会影响海洋的基本生物和化学过程（Doney et al.，2009；Fabry et al.，2008）。

气候变化和人为引起海洋酸化并非独立运作。尽管海洋吸收的二氧化碳对温室效应没有贡献，但海洋变暖降低了二氧化碳在海水中的溶解度，从而减少了海洋吸收大气中的二氧化碳的量。在工业化前二氧化碳浓度翻倍、温度升高 2℃ 的情景下，海水吸收的二氧化碳比没有升温的情况约减少 10%（总碳减少 10%），但 pH 几乎保持不变（IPCC，2013）。因此，较温暖的海洋对大气中 CO_2 的去除能力较低，但仍会经历海洋酸化，其原因是碳酸氢盐在温暖的海洋中转化为碳酸盐，释放 CO_2，也释放氢离子，从而稳定 pH（Takahashi et al.，2014）。

5.3　对中国气候影响显著的海域的海洋变化

5.3.1　北冰洋变化

自 1979 年有卫星观测以来，北冰洋海冰密集度出现显著的下降趋势。1979~2018 年，北极年平均海冰密集度已下降约 $2.1 \times 10^6 km^2$，其中海冰密集度最小的 9 月的下降趋势约为 83000km²/a，相当于每十年减少 13%（相对于 1981~2010 年气候态）；而在海冰密集度最大的 3 月的下降趋势为 47000km²/a，相当于每十年减少 2.7%（Onarheim et al.，2018）。与利用早期卫星、船只、飞行器观测、海冰边缘线和鲸鱼活动记录等数据重建的 1850 年以来的北冰洋海冰覆盖率数据相比，1996~2016 年，北冰洋海冰融化速率很有可能是 1850 年以来最快的（Walsh et al.，2017）。自有卫星记录以来，北冰洋海冰已融化约 75%（Schweiger et al.，2011），海冰范围的最低值出现在 2012 年 9 月 16 日，为 $3.41 \times 10^6 km^2$，相对于 1979~2000 年的平均值约减少了 45%，减小达 $2.73 \times 10^6 km^2$（Parkinson and Comiso，2013）。自 2007 年以来，每年夏季北极海冰范围的最小值均小于 2007 年以前的观测值。

与海冰快速减退相对应的是北极地区表面气温快速升高。1979 以来，北极地区表面气温升高速率是全球的 2~3 倍。由于海冰大范围快速融化，大量太阳辐射能被海洋吸收，储存的热量在秋冬季结冰时释放出来加热大气，这种海冰—反照率正反馈作用是导致北极地区表面气温升高速率增加的主要原因（Screen and Simmonds，2010）。

亚极区的太平洋暖水和大西洋暖水向北冰洋的输入对其上层海洋热收支有重要影响。其中通过白令海峡进入的太平洋入流，在夏季直接影响到楚科奇海的海冰融化（赵进平等，2003），在冬季则成为保留在北极海冰之下的一个次表层海洋热源（Woodgate et al.，2010）。1990~2015 年太平洋入流流量平均以 ~0.01Sv/a 的速率增加，其为北冰洋带来了大量的淡水和热量，对其未来变化产生了深远影响（Woodgate，2018）。而大西洋暖水释放热量后潜入北冰洋的中层，过去由于强盐跃层的存在，其对上层海洋的直接热贡献很有限（Aagaard et al.，1981）。然而，2004 年以来，由于欧亚海盆盐跃层的退化，大西洋暖水所释放的热量对海冰的融化作用已不容忽视（Ivanov et al.，2012）。最新的观测结果揭示，由于大西洋暖水更多地向北冰洋内部入侵以及盐跃层的退化，大西洋暖水对海冰的融化作用已等同于气温升高对海冰的融化作用，这使得北冰洋欧亚海盆区域变得更暖、海冰覆盖的持续时间更短，这很可能是该区域出现气温快速升高的主要原因之一（Polyakov et al.，2017）。从当前的发展态势来看，未来北冰洋上层海洋的增暖将维持或持续（Timmermans et al.，2018），这不仅对海洋环流产生深远影响，还将对海水的水文、生化性质产生决定性作用。

随着北冰洋海冰快速减退，北冰洋也同时出现了快速酸化现象，其酸化速率是其他世界大洋的 4 倍以上。观测显示，在太平洋一侧的西北冰洋海域，包括加拿大海盆表层海水和大陆坡区域（Qi et al.，2017；Yamamoto-Kawai et al.，2009；Bates et al.，2014）、楚科奇海大陆架底层水（Bates et al.，2014）、东西伯利亚海底层水（Semiletov et al.，2016）、波弗特海大陆架区域（Mathis et al.，2011；Chierici and Fransson，2009）、加拿大北极群岛（Yamamoto-Kawai et al.，2013；Chierici and Fransson，2009）、巴芬湾等区域，都出现了较高的海洋酸化速率。相比之下，在大西洋入流水影响的海域，包括格陵兰海、巴伦支海、喀拉海和拉普捷夫海的外大陆架深水海域等的海洋酸化较为缓慢（Luo et al.，2012；Popova et al.，2013）。

在西北冰洋，表层海水快速酸化是海冰快速融化出现大量开阔海域、次表层海水在表面风场与环流作用下上涌等过程导致海洋大量吸收大气中的 CO_2 所造成的（祁第等，2018；陈立奇等，2016；Robbins et al.，2017；Mathis et al.，2012；Yamamoto-Kawai et al.，2009；Bates et al.，2006）；次表层海水的酸化则主要来源于太平洋入流水挟带的"腐蚀性"的酸化冬季水（Yamamoto-Kawai et al.，2009）；而北冰洋中层水的酸化主要是由挟带着高含量 CO_2 的北大西洋入流下沉所致。观测与数值模拟分析显示，过去 20 年来北冰洋海洋酸化面积在快速扩大，250m 的上层酸化水体从 1994 年只占总面积的 5% 一直扩张到 2010 年的 31%。北冰洋酸化水体面积以每年 1.5% 的速率增加（Qi et al.，2017）。

气候模式预估北极海冰将持续减退（尽管多数气候模式低估了近期北极海冰减退的速率），如果在温室气体持续保持排放速率的情景下，北极将可能于 2039~2049 年出现夏季（7~9 月）无冰的情况（Screen and Deser，2019），但是北极出现完全无冰的夏季的可能性较低（Barnhart et al.，2016）。同时，按照北冰洋海洋酸化的增长速率（约 1.5%/a）发展，到 21 世纪中叶整个北冰洋将被酸化水体所覆盖，而预测进一步表明，北冰洋深部的碳酸钙会在 2140 年左右完全处于不饱和状态并持续千年；以上结论表明北冰洋将在长时间大尺度上受到海洋酸化的不可恢复性影响（Qi et al.，2017）。

北极海冰的快速减退和北极地区表面气温的快速升温不仅影响了北极的气候与生态环境，而且也通过复杂的相互作用和反馈过程，调制着中低纬度区域的天气和气候变化（图 5-14）。

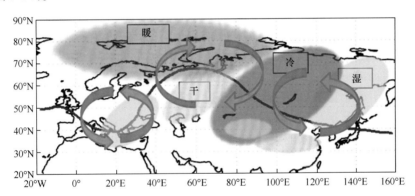

图 5-14　北极海冰异常偏少如何影响冬季欧亚大陆对流层低层盛行天气型以及表面气温和降水趋势
（Wu et al.，2013）

其中，弯曲的箭头表示与冬季欧亚大陆三极子型的负位相相对应的异常气旋和反气旋的空间分布，褐色线表示 500hPa 等高线，黄色和绿色区域分别表示冬季降水偏少和偏多区域，红色和紫色区域分别表示正、负表面气温异常

北极巴伦支海－喀拉海是影响冬季气候变化的关键海域，该海域冬季海冰变化与 500 hPa 欧亚大陆遥相关型有密切联系，该海域海冰异常偏多（少），则东亚大槽偏弱（强），冬季西伯利亚高压偏弱（强），东亚冬季风偏弱（强），入侵中国的冷空气偏少（多）（Inoue et al.，2012；Wu et al.，2011，1999；Petoukhov and Semenov，2010）。数值模拟试验结果表明，冬季巴伦支海－喀拉海海冰密集度减少，该海域和欧亚大陆北部边缘海域反气旋活动盛行，导致欧亚大陆出现冷冬（Inoue et al.，2012；Petoukhov and Semenov，2010）。上述研究结果表明，秋冬季北极海冰异常偏少很可能是预测后期冬季东亚气温异常的潜在先兆因子。

夏末秋初北极海冰异常偏少也与后期冬季大气环流变化有密切关系（Wu and Zhang，2010；Francis et al.，2009；Honda et al.，2009）。Francis 等（2009）指出，这种滞后联系的主要机制与大气行星边界层的加深有关，对流层低层的增暖和不稳定性加强增加了云量，导致 1000~500hPa 大气厚度经向梯度的减弱，进而减弱了大气极夜急流。在远东地区，初冬的显著冷异常和晚冬从欧洲至远东地区纬向分布的冷异常，均与前期 9 月北极海冰减少有关，后者能够加强西伯利亚高压（Honda et al.，2009）。而夏、秋季节北极海冰偏少与后期冬季类似北极涛动负位相的大气环流异常有显著的统计关系（Wu and Zhang，2010）。

北极海冰异常偏少对中纬度区域天气与气候的影响作用存在很大的不确定性（Screen et al.，2014；Peings and Magnusdottir，2014；Walsh，2014），其中海冰异常偏少也对应着冬季西伯利亚高压的正常值或偏低值（Wu et al.，2011），说明除北极海冰以外，尚有诸多其他因素影响冬季西伯利亚高压，其中包括欧亚大陆辐射冷作用、对流层高层的大气扰动、北极涛动（北大西洋涛动）和热带太平洋海温等。利用北极海冰异常偏少这一单一因子不能很好地预测截然不同的冬季大气环流型。

北极海冰的快速减退和地表温度的快速上升也对我国气候产生了显著影响。20 世纪 80 年代后期以来，秋季北极海冰减少以及北冰洋和北大西洋海温升高，欧亚大陆北部冬季表面气温呈现降温趋势，虽与全球变暖趋势不一致（Cohen.，2016；Wu et al.，2013，2011；Cohen et al.，2012），但与冬季西伯利亚高压的加强（或恢复）趋势吻合。2000 年以来，秋、冬季节北极海冰的异常偏少，不仅导致近年来欧亚大陆冷冬频繁出现，而且可能加剧极端天气气候灾害的发生。其中包括 2008 年初我国南方出现的历史上罕见的雨雪冰冻灾害；2008 年 12 月至 2009 年初的严重旱灾；2010 年秋、冬季节，我国华北大部、黄淮及江淮北部降水量普遍较常年同期异常偏少，冬小麦受旱面积超过 1 亿亩，致使几十万人畜饮水困难；2012 年 1 月 17 日~2 月 1 日，亚洲大陆经历了罕见的严寒过程，并导致欧亚大陆超过 700 人被冻死；2012 年 12 月中下旬，俄罗斯遭遇自 1938 年以来最强的寒流，西伯利亚地区气温降到 –50℃，12 月 24 日莫斯科气温低至 –25℃，同期我国东北、华北平均气温为过去 27 年同期的最低值；2016 年 1 月 20~25 日，我国自北向南陆续出现大风降温天气，22~25 日，我国出现了一次大范围的寒潮过程。秋、冬季节北大西洋海温持续偏高以及北极海冰持续偏少很可能通过改变冬季大气环流异常、加强西伯利亚高压的变化导致中国的极端天气事件增多。但是，直接建立海冰异常偏少与极端事件个例之间的联系仍存在困难（Wu et al.，2011）。

近 20 年来，夏季北极对流层中、低层的冷异常与 2005 年以后东亚夏季频繁发生的高温热浪事件有直接的关系（如 2006 年、2010 年、2013 年及 2016 年等），北半球对流层纬向西风异常的空间分布成为连接北极冷异常和东亚高温事件的纽带（Wu and Francis，2019）。观测显示，夏季加强的北极西风与欧亚大陆中、低纬度区域减弱的西风同时并存（图 5-15）。后者有利于包括青藏高原在内的亚洲中、低纬度区域空气堆积滞留，从而在对流层中、低层形成高气压异常，这不仅抑制了对流活动，而且有利于地表对太阳短波辐射吸收，导致高温和热浪事件频繁发生。对于北极区域，加强的对流层西风，一方面增强了北极区域的气旋活动，有利于北极对流层中、低层冷却；另一方面，阻隔了北极与低纬度之间的热量交换。对于青藏高原和东亚中、低纬度区域，对流层西风的减弱则不利于天气尺度气旋活动。可以预期，在未来一段时期，北极和我国中、低纬度区域夏季纬向西风将频繁出现反向变化关系，进而影响我国低纬度区域的夏季高温热浪事件。

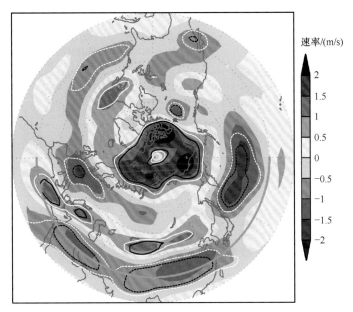

图 5-15　欧亚大陆中、低纬度区域，减弱的对流层西风引导气流（300 hPa）把东亚夏季高温热浪与北极冷异常联系起来（Wu and Francis，2019）

图中阴影区域是与夏季北极对流层中、低层冷异常相对应的 300 hPa 纬向风异常。白色和黑色等值线表示西风异常超过
95% 和 99% 显著性水平。绿线表示 0°~180°E 沿 30°N

5.3.2　太平洋变化

1. 大尺度平均环流变化

随着海洋观测和再分析数据集的不断完善和丰富，以及数值模式的发展和改进，近年来对于太平洋大尺度平均海洋环流形成和演变的观测事实和机理的认识也更加深入。基于现场观测、海洋再分析数据及其数值模拟试验的分析表明，20 世纪 70 年代以来太平洋副热带大涡出现增强的趋势，如在黑潮源头地区其输送量过去半个世纪增加了大约 10%，同时黑潮附近的海温也出现更强的增暖趋势（Wu et al.，2012），副热带大涡的变化主要是由风场驱动引起的。很多研究指出，温室气体增加可以导致 Hadley 环流和中纬度西风带向极地扩张，进而使得西边界流增强，因此上述变化有可能是人类活动所引起的。CMIP5 多模式气候历史变化数值模拟试验也显示出类似的西边界流加速现象，而且在未来全球变暖背景下，多模式 RCP8.5 气候变化预估试验对黑潮的变化也显示出较为一致的结果（图 5-16）（Hu et al.，2015）。但是考虑到 CMIP5 模拟试验和再分析资料采用中的海洋模式分辨率在 100km 左右，理论上无法准确地刻画西边

界流，因此上述结论具有低信度。为了提高海洋模式对海洋西边界流和中尺度涡旋的模拟能力，最新的 CMIP6 模式比较计划中，专门设计了一组高分辨率耦合模式比较计划，预期可以更好地模拟西边界流及其中尺度海洋涡旋。除了黑潮之外，观测和模式预估的北赤道流（NEC）、棉兰老流（MC）和印度尼西亚贯穿流（ITF）等在 20 世纪 70 年代以来也出现了一些显著变化，其动力机制还需要进一步研究。

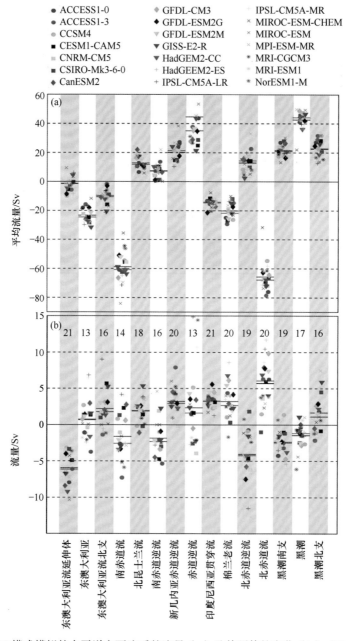

图 5-16　CMIP5 模式模拟的太平洋主要流系的流量（a）及其预估的变化（b）（Hu et al., 2015）

图（b）上方的数字表示预估流量变化符号相同的耦合模式的个数，模式总数为 21 个

2. ENSO 与 IPO 模态及其变化

ENSO 和 IPO 分别是太平洋海区最显著的年际和年代际变率，对全球气候具有重要的影响。观测分析表明，与 1901~1950 年相比，1951~2000 年 ENSO 的振幅和频率都显著增大（Roxy et al., 2014; Lee and McPhaden, 2010），而且中太平洋 El Niño 事件在 1990 年之后更容易发生（Lee and McPhaden, 2010），这主要是由 Walker 环流减弱和温跃层梯度变化造成的（Capotondi et al., 2015）。目前大多数耦合模式都可以模拟出类似 ENSO 的年际变化特征，但是在 ENSO 振幅、频率、遥相关和动力反馈机制方面存在明显误差，而且这些模拟偏差对模式的参数化过程、分辨率和平均态非常敏感（Hua et al., 2018; Li et al., 2018; Li A et al., 2015; Yeh et al., 2018; Lu and Ren, 2016; Xiang et al., 2012），因此不同模式之间的离散度也非常大（Ren et al., 2016; Bellenger et al., 2014; Chen et al., 2013）。总体而言，CMIP5 对 ENSO 的模拟能力相对于 CMIP3 有所改进（Bellenger et al., 2014; Kim and Jin, 2011; Jin et al., 2006）。鉴于当前耦合模式对于 ENSO 有限的模拟能力，CMIP5 的气候变化模拟试验还无法确定观测到的 ENSO 特征的长期变化，这是由内部变率和外强迫引起的（Yeh et al., 2018; Watanabe et al., 2012）。而且，对于未来全球变暖背景下预估的 ENSO 振幅和频率变化，不同模式给出的结果也截然不同（Yeh et al., 2018; Chen X et al., 2017; Stevenson et al., 2012; Stevenson, 2012; Collins et al., 2010），因此模式对于 ENSO 振幅和频率变化的预估具有低信度。对于类似 1997~1998 年和 2015~2016 年的极端 ENSO 事件，图 5-17 指出在全球变暖背景下绝大多数 CMIP5 模式都显示极端 ENSO 事件发生频率会显著增加（中等信度）（Cai et al., 2015, 2014）。

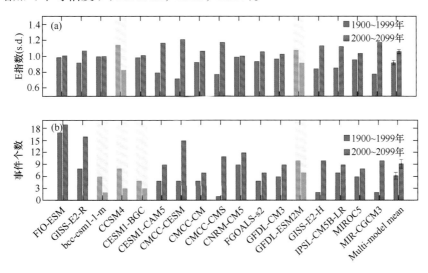

图 5-17 东太平洋型厄尔尼诺变化（Cai et al., 2018）

IPO 的空间模态可以表示为经过年代际滤波的 SST 的第一个 EOF（Parker et al., 2007），在北太平洋区域 IPO 的空间形态与 PDO 十分接近（Mantua et al., 1997），因此通常也称为 IPO/PDO 模态。IPO/PDO 形成的物理机制目前尚有争议：①海洋动力过程和热带外海气相互作用决定了其特征时间尺度（McPhaden and Zhang，2002；Gu and Philander，1997；Latif and Barnett，1996）；②与 ENSO 不对称性及其非线性整流效应有关（McGregor et al.，2014；Sun et al.，2014；Rodgers et al.，2004）；③来自印度洋和大西洋的强迫（McGregor et al.，2014；Luo et al.，2012；Kucharski et al.，2011）。当前耦合模式可以模拟出 IPO/PDO 模态的基本特征，但是振幅和空间形态尚存在一定偏差（Meehl et al.，2009；Power et al.，2006；Power and Colman，2006）。许多数值试验还表明，尽管 IPO/PDO 是气候系统的内部模态，但是人为或者火山气溶胶辐射强迫都有可能激发 IPO/PDO 类型的响应（Song and Yu，2015；Meehl et al.，2013；Wang et al.，2012）。

3. 中尺度涡旋与中尺度海气相互作用

海洋环流能量频谱显示，最大的动能峰值在中尺度（50~200km）附近，中尺度涡旋在海洋环流和海气相互作用过程中具有重要作用。但是长期以来，受到观测手段和计算能力的限制，与中尺度涡旋相关的动力过程和海气相互作用过程一直是海洋环流模式的不确定性根源之一，直接影响到对海洋环流变化的归因和预估结果的可靠性。近年来，随着观测手段的发展和数值模式分辨率的提高，对于中尺度涡旋和中尺度海气相互作用的认识不断深入。最新的观测和数值模拟结果显示，中尺度涡旋的能量主要来自斜压和正压不稳定机制，而能量的耗散过程主要与亚中尺度和海气相互作用过程有关（Zhang et al.，2016）。此外，中尺度海气相互作用与大尺度海气相互作用过程存在显著区别，对于后者海洋主要是被动地响应海表通量的强迫，但是对于前者中尺度涡旋不仅可以显著地影响大气环流的变化，而且还可以通过多尺度相互作用影响海洋西边界流的强度和位置，进而产生气候效应（Ma et al.，2016）。

5.3.3 印度洋变化

印度洋 - 太平洋暖池之上横亘着跨越海盆的"大气桥"——Walker 环流和 Hadley 环流（Han et al.，2010）。通过以上大气通道，ENSO 事件以"齿轮式"的大气 - 海洋耦合的形式触发，即异常纬向风首先出现在赤道印度洋，然后逐渐向东发展到太平洋中部和东部（高信度）（Xie et al.，2009）。因此，印度洋和西太平洋海盆 SST 往往表现出一致的年际变化。此外，印度洋 - 太平洋海盆之间也通过印度尼西亚海这一海洋通道紧密连接。一方面，印度尼西亚贯穿流（Indonesian through flow，ITF）直接将太平洋暖而淡的海水注入印度洋，成为低纬度海洋物质的输送纽带，也构成全球大洋热盐环流的重要一环；另一方面，印度尼西亚群岛间的复杂海域也促使孕育在热带太平洋的大尺度海洋波动传播至东南印度洋，从而维持了洋盆间的能量平衡（Wijffels and Meyers，2004；Clarke and Liu，1993）。

1. 洋盆间的平流输送和波导传播

印度尼西亚海是印度洋 - 太平洋海盆之间平流输送的直接通道，热带太平洋的庞大水体经此处流入东印度洋，形成全球低纬度海洋最强的海流之一——ITF。印度尼西亚海的连绵岛礁使 ITF 的通路变得曲折而复杂。ITF 的上层分支主要通过望加锡海峡向南流入爪哇海和班达海，并通过龙目海峡、翁拜海峡和帝汶海峡流出（Gordon and Fine，1996）；中深层分支经苏拉威西东南部的马鲁古海（Gordon and Fine，1996），而最深层分支则处于大洋千米层，连通了班达海和南印度洋。

ITF 输送对印度洋 – 太平洋海盆的热量、盐度和水团的再分配起着至关重要的作用（高信度）（Lee et al.，2002）。在水交换过程中，来自太平洋的暖水首先受到印度尼西亚海局地降水的调制，其汇入印度洋后受到潮汐混合和 Ekman 抽吸的影响，成为印度洋温跃层中一个相对较冷、较淡的核心水团（Song and Gordon，2014）。ITF 将印度尼西亚海的淡水输送到东南印度洋之后，部分汇入南赤道流，使低盐水得以继续输入西南印度洋，此过程促进了印度洋的盐度平衡（Song et al.，2014；Murtugudde and Busalacchi，1999）。而其余 ITF 水则进入厄加勒斯暖流和利文流，最终流入大西洋和南大洋。除水交换过程外，ITF 还将巨大的热能输送到印度洋（Gordon，2012）。通过观测估计的热量传输约为 0.5 PW（证据量有限，一致性低），而通过模式的估计值会更高（范围为 0.4~1.2PW）（证据量充分，一致性中等）。

行星波导作为海洋斜压调整的一种重要形式，通常表现为海平面的瞬时起伏（Chelton and Schlax，1996）。在长时间尺度上，高频波动的累积效应导致了温跃层的持续性变化，同时在波动的下游，波动能量的积累增加了海水的重力势能，抬高了海平面（Qiu and Chen，2012）。以往的研究表明，澳大利亚西北海岸的海面高度变化与热带太平洋、所罗门群岛沿海、南海、苏禄海、苏拉威西海、爪哇海、班达海和帝汶海的变化均呈现出高度的统计相关性。这些高相关区域似乎指明了印度洋 – 太平洋海盆间波导的传播通道（图 5-18）：通道一源于热带太平洋中部，沿 5°~15°N 低纬度带延伸至棉兰老岛东部，然后穿过苏拉威西海、马鲁古海和班达海到达澳大利亚海岸，最后沿 10°~25°S 纬度带在马达加斯加东部穿过南印度洋；另一条波导通道从热带南太平洋开始，沿着新几内亚和所罗门群岛的海岸延伸，并在马鲁古海的北部汇入通道一。当 ENSO 导致的西传罗斯贝波传播至棉兰老岛和新几内亚的东海岸时，又会重新转换 / 激发出波速更快的岸界开尔文波，并继续传播至印度尼西亚海（Wijffels and Meyers，2004；Clarke and Liu，1993）。

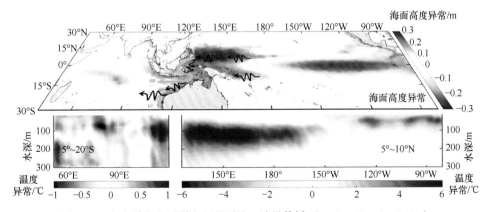

图 5-18　印度洋与太平洋之间的平流、波导传播（Sprintall et al.，2020）

背景填色图表征拉尼娜事件和厄尔尼诺事件合成后的 AVISO 海面高度异常（上平面）和 Argo 温度剖面

2. 洋盆间交互过程对气候变化的响应

洋盆间的平流输送和波导传播在一定程度上受到印度 – 太平洋海盆多时间尺度的气候变化，如 ENSO、IOD、IOB（图 5-19）和 PDO 的影响（高信度）。

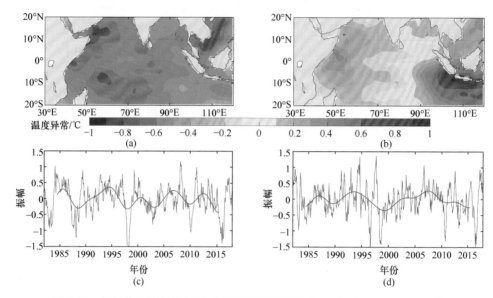

图 5-19　印度洋海盆模态（IOB）和印度洋偶极子（IOD）（Du et al.，2019）

IOB 和 IOD 分别为热带印度洋海区（30°~120°E，20°N~20°S）月平均 SST 的经验正交函数（EOF）分解后的第一模态（a）和第二模态（b），方差贡献率分别为 38% 和 17%；（c）和（d）分别对应第一模态和第二模态的时间序列；SST 数据来自 OISST 数据集，时间跨度为 1982~2017 年

在年际尺度上，ITF 的变化相对于热带太平洋 ENSO 信号存在 7~8 个月的滞后响应（Liu et al.，2015），其流量在拉尼娜阶段增强，而在厄尔尼诺期间减弱（Gordon and Fine，1996；Meyers，1996）。这是由于厄尔尼诺期间，来自太平洋的暖水仅能在深层流入马卡萨海峡，而上层却受到了苏禄海表层淡水的阻碍。拉尼娜期间则不同，由于此时苏禄海本身淡水储备少，太平洋暖水可以更顺利地在浅层流入马卡萨海峡。ITF 以出口不同（龙目海峡、翁拜海峡和帝汶海峡）而划分成三个主要分支，受 ENSO 的影响上层水体运输量各不相同（Sprintall and Révelard，2014）：在帝汶海峡分支，厄尔尼诺期间上层运输量显著减少，而拉尼娜期间上层运输量增加；在龙目海峡分支，厄尔尼诺期间的上层运输量减少，与帝汶海峡分支类似，但在拉尼娜期间几乎没有运输变化；而在翁拜海峡分支，上层运输量的变化并不显著（Sprintall and Révelard，2014）（证据量有限，一致性中等）。而 IOD 对 ITF 的调控作用可以简单地描述为上述 ENSO 的影响在一定程度上会被 IOD 诱发的印度洋局地风异常所抵消（Liu et al.，2015）（证据量有限，一致性高）。

ITF 热量输送与 ENSO 的相关性在观测和模式结果中均有体现（England and Huang，2005）。近 20 年来，由于一系列持续时间较长的拉尼娜事件使得 ITF 的热量传输增加，加之没有强厄尔尼诺事件的干扰，最终导致印度洋的快速升温。此外，ITF

的热量运输变化同时反馈于 ENSO。最新研究表明，在 2015/2016 年的强厄尔尼诺事件下，ITF 热量传输的空前减少导致了热带太平洋的热含量增加了 9.6 ± 1.7ZJ，这与 1997/1998 年厄尔尼诺事件时热带太平洋的热含量减少 11.5 ± 2.9ZJ 形成了鲜明的对比（Mayer et al.，2018）（证据量有限，一致性中等）。盐度运输是 ITF 物质运输的重要一环，其过程也受制于 ENSO（Hu et al.，2015）。拉尼娜期间，在异常东风的强迫下，暖而淡的海水在西太平洋汇集（Wijffels and Meyers，2004；Meyers，1996）。同时，海洋大陆的降水量增加致使 ITF 的水进一步淡化，加剧了东南印度洋的淡水汇入（Feng F et al.，2015；Du et al.，2015）（证据量中等，一致性高）。

印度洋 – 太平洋海盆之间的波导传播也受到 ENSO 过程的调控（Wijffels and Meyers，2004；Clarke and Liu，1994）。受到厄尔尼诺（拉尼娜）事件影响，信风减弱（增强），这会在赤道附近激发上升（下沉）的罗斯贝波并向西传播，从而使得热带西太平洋区域的海面高度出现强的年际变化。随着波导的向西传播，年际异常信号最终传递至南印度洋，平衡了印度 – 太平洋暖池区域的海平面变化。

另外，近一二十年来海洋大陆降水量增加，并伴随着 Walker 环流增强（Du et al.，2009）（几乎确定），这可能与 PDO 的负位相有关（Dong and Dai，2015）（证据量中等，一致性中等）。这使得热带印度和太平洋地区的海面盐度趋势出现明显的海盆差异，即东南印度洋的海水变淡，而西太平洋海水变咸（Du et al.，2015）。海盆间盐度梯度在一定程度上增强了盐度运输。同时，洋盆间的波导源于西太平洋，其强迫风场受到 PDO 的调控，因此印度洋 – 太平洋洋盆间交互过程与 PDO 密不可分（证据量有限，一致性中等）。

5.4 中国近海海洋变化

5.4.1 中国近海海洋温盐与环流

中国近海主要分为渤海、黄海、东海与南海。渤海和黄海为半封闭陆架浅海，环流主要受到季风、潮汐和黑潮分支等外海环流的影响（图 5-20）。东海陆架环流受季风、潮汐、黑潮入侵以及长江径流共同影响（Gan et al.，2016）。南海，地处于亚 – 澳季风区，是我国夏季风的主要水汽源与水汽通道，也是印太区域主要的对流辐合中心，受到黑潮、西太平洋海洋环流和季风等多种作用影响，存在复杂的海洋环流过程。

中国沿海入海径流众多，其中长江、珠江、黄河是中国最主要的三大径流。长江冲淡水进入东海大陆架后沿岸扩展，影响黄、东海的环流和温盐分布，也是近年来黄、东海增温的重要来源之一（Park et al.，2015）（图 5-21）。黄河径流入海后，主要影响渤海的环流和盐度分布。珠江径流是南海北部大陆架最重要的淡水输入，珠江冲淡水沿岸扩展，显著影响南海北部大陆架的盐度分布。黑潮是渤、黄、东海的主要外来入侵水体和热量的输送来源（Gan et al.，2016），其强度和热量输送调控中国近海对气候变化的响应过程，对渤、黄、东海的环流和温盐变化等都有重要影响。同时，黑潮挟带西太平洋水通过吕宋海峡进入南海，对南海温盐分布，流场变化和中尺度涡生消都有重要影响。根据 NOAA/AVHRR SST 的数据，中国近海（渤、黄、东、南海）平均变暖速率在 1981~2017 年为 0.029℃/a。

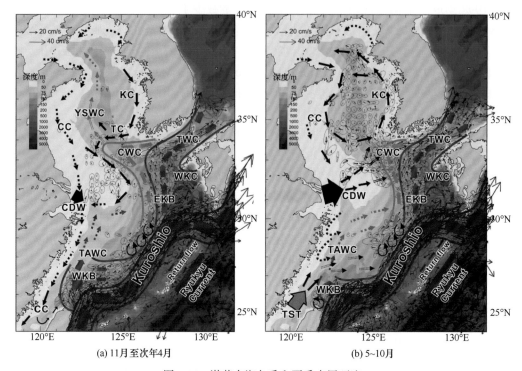

(a) 11月至次年4月 　　　　　　　　　　(b) 5~10月

图 5-20　渤黄东海冬季和夏季表层环流

CC：中国沿岸流，CDW：长江冲淡水，CWC：济州岛暖流，EKB：黑潮东部分支，KC：朝鲜沿岸流，TAWC：台湾暖流，TC：黄海横向流，TWC：对马暖流，WKB：黑潮西部分支，WKC：九州西侧沿岸流，YSWC：黄海暖流，Kuroshio：黑潮，Return flow：回流，Ryukyu Current：琉球海，TST：台湾海峡贯穿流

1. 渤海

渤海，作为我国唯一的内海，是我国进行海洋科学研究最为密集的海区之一。它三面环陆，仅通过东面的渤海海峡与黄海相沟通，平均水深只有 18m，渤海在自然环境和动力学特征上具有独特性，也更容易受到外界改变和人类活动的影响。

渤海冬季表层和底层温度年际变化分为三种时空模态：开阔海型、黄河口型和辽河口型。开阔海型模态是对冬季气温变暖的响应，1978~2012 年，存在显著线性升高趋势和跃变升高；黄河口型模态是对冬季西北季风强度逐渐减弱的响应，1978~2012 年，呈现线性降低趋势；辽河口型模态是对局地海冰年际变化的响应，1978~2012 年，没有明显的变化趋势（石强，2013a，2013b）。渤海夏季径向风应力强度是夏季温度年际变化的主要影响因素，夏季风应力强度逐年减弱使得夏季水温的季节增温减弱，并且抵消了夏季气温逐年升高对水温增温的影响，温度模态大部分分量出现显著线性降温趋势；夏季大尺度海洋温度、气温年际变化是夏季温度年际变化的次要影响因素（石强，2013a）。另外，根据 NOAA/AVHRR SST 的数据，渤海平均变暖速率在 1981~2017 年为 0.029℃/a。

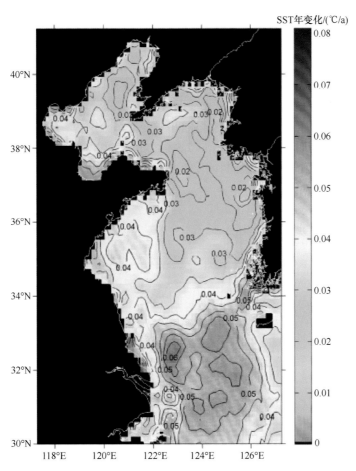

图 5-21　渤、黄、东海 1981~2009 年 NOAA/AVHRR SST 的年变化趋势（Park et al., 2015）

　　渤海冬季表层和底层盐度年际变化分为两种时空模态：黄河口型和辽东湾型。黄河口年径流量是影响渤海冬季盐度年际变化的主要因素，1978~2012 年，黄河口型模态与黄河口年径流量滞后 5 年显著负线性相关，该模态有显著线性升高趋势和跃变；辽东湾型模态与黄河口年径流量滞后 7 年显著负线性相关，也与滞后 2 年显著非线性相关，该模态年际变化为准平衡形态（石强，2013a）。渤海夏季盐度主要有两种时空模态：第一种模态是对辽河口入海径流量、夏季降水量和夏季风应力强度的响应；第二种模态是对黄河口年径流量和夏季风应力强度的响应。夏季盐度模态年际变化呈现准平衡态周期变化和 10 年尺度跃变，黄河口、辽河口入海年径流量与夏季降水量是盐度年际变化的主要影响因素，夏季风应力强度是次要影响因素（石强，2013b）。近几十年来，渤海大部分海域冬季表底层平均海水盐度年际变化呈现显著线性升高趋势（石强，2013b），而实际上由于黄河年径流量的减小和季风强度的变化，20 世纪 50 年代至今，渤海冬、夏季盐度均呈整体上升趋势（石强，2013b）。

　　自 20 世纪 80 年代以来，渤海的盐度格局发生了显著的变化。黄河下游利津站 1952~2015 年实测径流量数据显示，黄河年平均径流量呈现显著的下降趋势（图5-22）。受黄河径流量持续减少的影响，渤海和北黄海区域表层盐度呈上升趋势，盐度的水平梯度减小，渤海内部盐度由明显低于海峡区向普遍高于海峡区转变。渤海密度流在冬季较弱，对总环流的贡献较小，而在夏季较强，并在总环流中占优。夏季，渤海密度流随盐度变异有所改变，在90年代后环流系统在海区中部、渤海湾以及莱州湾呈现出局部差异，流动明显减弱；相对于20世纪50年代，夏季渤海海峡断面、辽东湾口断面、渤海湾口断面和莱州湾口断面等重要断面的密度流流量和盐通量值整体上呈减小趋势，1990~2007年这4个断面水交换量的相对变化率分别为–9.7%、–10.3%、–23.4%和–38.8%，盐通量相对变化了–8.8%、–7.5%、–14.5%和–34.5%。这说明渤海与外海水交换能力在减弱，渤海变得更加封闭，不利于污染物的稀释扩散。

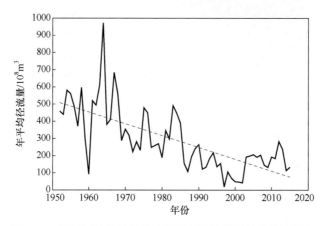

图 5-22 黄河年平均径流量（根据利津站实测径流量绘制）

黑线代表黄河利津站 1952~2015 年的年平均径流量变化，红线代表线性变化趋势

高分辨率数值模拟表明，风场对渤海冬季流场存在的年际变化起到重要作用，风向的偏转对环流年际特征的影响强于风速变化，冬、夏季渤海垂直环流显著线性减弱以及水平环流准平衡态年际变化是平均风生流速度势和流函数年际变化的主要分量。

根据以上研究工作可以得知，经向风应力强度是影响渤海温度年际变化的最可能因素；渤海沿岸入海径流（黄河、辽河）量和夏季降水量很可能是造成渤海盐度逐年升高的原因；由于温盐场和季风的改变以及季风风向的转变，渤海中部海区、渤海湾和莱州湾的环流强度则可能减弱。

2. 黄海

黄海西北面连接渤海，南面连接东海，东南面与对马海峡相连，是一个典型的大陆架海域。传统上以山东半岛的成山头至朝鲜半岛的长山串之间的连线（37°N）为界将黄海分为南黄海和北黄海，整个黄海面积约为 380000km²，平均水深约为 40m。南黄海则主要指成山头至长山串连线以南、长江口至济州岛以北连线以北的海域，是沿海经济、沿海养殖、海洋渔业、军事活动非常发达的海域，面积约为 300000km²，平均水深约为 45m，最大水深位于南黄海东南部，水深约为 140m。黄海暖流和南黄海冷水团是黄海南部的两个突出特征。近年来黄海表层温度呈现升高趋势，根据 NOAA/AVHRR SST 的数据，黄海平均变暖速率在 1981~2009 年为 0.031℃ /a。

黄海暖流是季节性海流，其来源与黑潮向陆入侵和北向风密切相关。年平均状态下对马暖流在济州岛东南存在向西入侵的趋势，其入侵存在明显的季节变化：秋季最强，冬、春季开始减弱，夏季最弱。济州岛西侧，约在 33°30′N、125°30′E 处存在一支伸向西北的高盐舌，该高盐舌盐度同样具有明显的季节变化：冬季最强，春季开始减弱，夏季降至最低，秋季盐度开始缓慢回升。黄海区盐度的变化要滞后于对马暖流区盐度变化。冬季朝鲜沿岸水南下入侵程度最强，能到达 34°N 以南的位置。黄海暖流水消亡的时间存在年际变化，在 5~7 月完全消失；而指向青岛外海的黄海暖流的西北分支，因所处的空间尺度小，4 月或 4 月之前暖流和暖水舌已经消失，只留下盐度舌的痕迹。

黄海冷水团发生在夏季黄海中部，其主要是由冬季残留水形成的，一般在春季开始形成，夏季成熟，每年秋季逐渐消失。海气热通量是影响黄海冷水团强度的主导因素，占 50m 深度下黄海冷水团平均水温差异的 80% 左右，而前一个冬季的海气热通量具有决定性作用，占黄海冷水团强弱年份差异的 50% 以上。观测与数值模拟结果都表明，受海流入侵、黄海北部蒸发降水通量和冬季季风强度的影响，1976~2006 年以来，北黄海冷水团及其北部锋面强度存在明显的年际变化特征，北黄海冷水团中心最低温度具有升温趋势，北部锋面强度具有减弱趋势。北黄海冷水团中心的平均盐度略有下降趋势，与高盐度中心不一致；北黄海冷水团的南部盐度前缘和盐跃层都显示出减弱趋势，这表明其与沿海水域之间的差异在减小（Li L et al.，2015）。

此外，在黄海西南部，有一个低盐度和浑浊的沿岸水，即苏北沿岸水域。观测和数值模拟结果表明，该苏北沿岸水域的盐度变化主要与长江流量的变化密切相关。苏北沿岸水域的淡水来源主要是苏北沿岸的入海径流水，约占总量的 65%；次之是降水/蒸发量通量和长江冲淡水沿江苏沿岸的北向扩展流量之和。在夏季，苏北沿岸水域的盐度变化与长江流量峰值存在 2 个月的滞后，在冬季和秋季，苏北沿岸水域内部的低盐度是前一季节到来的残留长江冲淡水。

1979~2012 年，南黄海年平均的风速增强，尤其是长江口外海区域（Liu et al.，2016）。风场的高频变化对海洋上层环流和热量输送都有重要的贡献。与此同时，渤、黄海冬季大风过程呈现出减少的趋势（宫攀，2013），不过这一分析基于再分析数据，存在较大的不确定性。

由以上分析可见，前一个冬季的海气热通量的变化很可能是导致北黄海冷水团中心最低温度产生上升趋势的主导因素；而北黄海冷水团中心的平均盐度略有下降趋势，其与沿岸水域之间的差异在逐渐减小，这可能与黄海西侧近岸低盐水跨越大陆架黄海中部输送有密切关系；海流入侵、蒸发降水通量及冬季季风强度则可能是北黄海冷水团锋面强度减弱的原因。由于黄海区域环流跟黑潮入侵和北风密切相关，因此冬季季风平均风速的增强很可能加强黄海西侧的鲁北沿岸流和黄海东侧的朝鲜沿岸流，并可能增强北上的黄海暖流的强度；而黄海寒潮大风等天气尺度过程的减少则有可能使济州岛暖流的西北向入侵分支减弱，并极有可能减弱渤海和北黄海通过渤海海峡的水量交换；黑潮强度和温度增强也在很大程度上会影响黄海的环流系统，如济州岛暖流和冬季黄海暖流可能出现一定程度的增强。

3. 东海

20 世纪以来，黑潮相对于全球增温过程出现 2~3 倍加速增温趋势（Wu et al.，2012），黑潮强度表现出明显加速趋势（Chen et al.，2015）。1956~2003 年，黑潮热传输存在一个长期线性上升趋势，增幅为 $0.65 \times 10^{15} W$。这种显著加速增温趋势主要取决于西北太平洋亚热带大洋环流系统的整体北移和增强（Hu et al.，2015），以及上游的北赤道流在菲律宾东岸表层分岔点南移的驱动作用（Zhai et al.，2014）。黑潮的东北向体积运输对东海黑潮热传输横穿整个 PN 断面（横切东海中部黑潮主轴的标准断面，自东海西北角长江口到东南角琉球群岛呈西北、东南走向，具体位置为西北起 $30°30'N$、$124°30'E$，东至 $27°30'N$、$128°15'E$，与纬线成 37° 交角）产生了大于海温的贡献。黑潮的热传输也呈现 2 年、5.4 年和 22 年周期的年际间和年代际间变化，黑潮区和南海南部地区的经向风异常是造成东海黑潮热传输年际变化的原因，即当南风异常加强时，东海黑潮热传输增加，反之将减弱。在 1976 年、1977 年前后，黑潮经向热传输有明显的跃变，冬、夏季黑潮的热传输分别增加了约 8.0% 和 8.5%；黑潮经向热传输发生跃变后，冬季东海冷涡则没有明显变化，而夏季东海冷涡则明显增强，除了冷涡中心的温度显著降低外，气旋式环流也显著加强（蔡榕硕等，2015）。

长江冲淡水是影响东海海洋环流的主要因素之一。长江大通站逐日平均流量数据显示，1950~2009 年，长江入海径流量在 1~3 月表现为显著上升趋势，这可能与近 50 年全球气候变暖有关；6~8 月长江平均入海径流量的变化趋势并不显著；而 10~11 月平均入海径流量表现为下降趋势（刘嘉琦等，2013）。除了气候变化，人类活动，如扩流域调水工程也会改变长江的径流量。跨流域调水活动在一定程度上可能会减少长江的入海径流量，并且这种影响有可能会随着未来调水量的增加而增大。

中国近海的温度变化趋势与全球平均地表温度变化一致，整个中国海呈现变暖趋势，并且变暖幅度大于全球平均值和北半球平均值（谭红建等，2016），东海的增暖幅度在四个边缘海中最大，根据 NOAA/AVHRR SST 的数据，东海平均变暖速率在 1981~2009 年为 0.033℃/a；东海温度变化速率和幅度明显大于全球平均和其他关键区，而东亚季风和黑潮可能是 PDO 影响中国近海 SST 变异的重要途径。过去的 30 年里，整个中国海增暖速率减慢（谭红建等，2016）。其中，黄海和东海海表温度在 20 世纪 90 年代升温达到顶峰后表现出冷却趋势，这很可能是东亚冬季风加强，带来了大量的冷空气并伴随大风天气，导致海温降低（Kim et al.，2018）。Cai 等（2017）从观测事实、热力和动力学理论分析等角度出发开展的系统性研究表明，中国近海尤其是东中国海升温变暖的主要原因是 Ekman 效应导致年代际尺度上东亚冬季风减弱，进而使得黑潮分支入侵东海大陆架增强；此外海气热通量起次要作用。

东海底层盐度在近年来表现出降低趋势且从近岸往外海盐度异常，呈现先降低再升高的趋势（苗庆生等，2016）。长江冲淡水对黄东海盐度的影响有着明显的地域差异，东海盐度变化在很大程度上取决于长江冲淡水扩展的范围（严棋等，2015）。夏季风减弱，冲淡水向东北方向扩展的强度可能减弱；冬季风增强，另外冬季长江径流量有增加的趋势，因此冲淡水沿中国沿岸向南扩展的范围很可能增大，低盐水控制区域范围很可能扩大，进而对黄、东海的盐度分布产生影响。

长江入海径流量改变很可能会显著影响长江河口盐水入侵，强化东海冬季的浙闽沿岸流的强度。而夏季径流量的减少，则很可能降低长江口以北近岸的冲淡水和水位，从而加强季风驱动的夏季北向流。另外，由于黑潮水一部分为冬季台湾暖流水提供来源，冬季台湾暖流也很可能随黑潮变化而出现增强的趋势。

4. 南海

大量观测数据表明，南海上层热含量呈现显著的年代际变化特征（Xiao et al.，2019；Song et al.，2014）。整个南海在 1968~1981 年和 1993~2003 年处于暖位相阶段，而在 1982~1992 年处于冷位相阶段。其中，南海上层热含量在 1997、1998 年发生了一次显著的年代际增加过程 [图 5-23（a）和图 5-23（b）]。

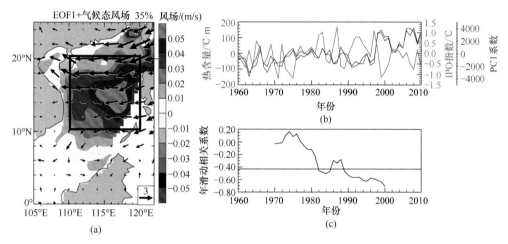

图 5-23　（a）1960~2010 年南海上层热含量年均值 EOF1 模态分布和气候态海表面风场；（b）EOF1 对应的时间系数（蓝色），黑框区域平均热含量序列（红色），以及 IPO 指数（绿色）；（c）IPO 和南海上层热含量 21 年滑动相关系数（Xiao et al.，2020）

在年代际尺度上，海洋环流变化引起的热量输送是决定上层热含量变异的主要因子。南海上层环流异常主要表现为北部（南部）反气旋（气旋）环流异常，同时南海西边界流也是异常向北；其次由于茶壶效应（Sheremet，2001），黑潮增强会导致入侵南海减弱（Xiao et al.，2018）。IPO 由正位相转为负位相导致南海局地反气旋式风场异常增强是南海上层热含量年代际增加的主要原因：首先，南海平均风场是东北风向，其年代际风场异常是西南风向，1998~2010 年南海风场较 1975~1996 年风场是减弱的，减弱的北风会减少海洋向大气的湍流热输送，使得海洋增暖，但贡献非常小（约占 2%）；其次，异常的反气旋式环流对应的正风应力旋度异常是导致反气旋式海洋环流异常的原因，海盆尺度的反气旋环流异常通过海洋平流作用使南海中北部增暖（占 52%~72%）；最后，黑潮的增强会导致吕宋海峡输运减弱（Xiao et al.，2019），促使南海北部海洋增暖（约占 20% 贡献）。进一步研究显示，过去 30 年 IPO 对南海的影响显著加强 [图 5-23（c）]，主要是赤道太平洋信风在近 30 年显著增宽增强，再通过海洋流系和"大气桥"过程将 IPO 同南海上层热含量连接起来（Xiao et al.，2020）。

南海水团在垂向上可以分为四个典型水团：南海表层水团，位于 0~50m，位势密度小于 23.5kg/m³，高温低盐；南海次表层水团，位于 50~250m，位势密度介于 23.5~25.5kg/m³，是盐度极大值层；南海中层水团，位于 300~700m，位势密度介于 26.4~27.0kg/m³，是盐度极小值层；南海深层水，处于 1000m 以深，位势密度大于 27.0kg/m³，是相对低温高盐的水团。

过去 20 年中，西北太平洋（包括黑潮、黑潮延伸体和黑潮回流区）表层和次表层盐度存在淡化趋势（Nan et al.，2015），同时黑潮入侵南海也表现为减弱趋势（Nan et al.，2013）。黑潮入侵南海的西太平洋水淡化导致南海盐度淡化。再分析资料显示，20 世纪 90 年代初南海上层盐度加速淡化，并且在 1993~2012 年南海 100m 以上平均盐度减小了 0.24psu[①]，淡化速率为 –0.012psu/a。淡化大值中心主要分布在吕宋海峡以西，并且自东北向西南和自表层向深层递减。南海盐度变化主要归因于黑潮入侵南海变弱（决定性因素）、西太平洋盐度淡化、南海海气淡水通量等。基于 GODAS 模式结果，吕宋海峡 100m 以上输运量 1993~2012 年减小速率为 –0.12Sv/a，导致南海盐度淡化速率为 –0.011psu/a，这对南海盐度淡化具有决定性贡献（Nan et al.，2016）。自 20 世纪 90 年代初开始，黑潮入侵南海减弱则主要归因于 PDO 由暖位相向冷位相的转变，导致赤道东风加强，北赤道流分叉点向南移。

南海次表层水团低频变化特征明显（Zeng et al.，2016a），南海的次表层盐度在 20 世纪 60 年代开始淡化（–0.0076psu/a），1975 年转为增盐阶段（0.0100psu/a），1993 年后再次进入淡化阶段（–0.0078psu/a）。其低频变化主要归因于水平平流输运和垂向混合，尤其是经吕宋海峡的盐度输运和混合层底的垂向混合的调控。

赵德平等（2014）基于 1941~2012 年南海 18°N 断面的历史观测研究南海北部中层水的年代际变化。1965~1977 年至 1979~1990 年南海北部中层水表现为增盐，之后在 1991~2012 年表现为淡化，振幅在 0.01psu 左右。20 世纪 60 年代中层水平均盐度约 34.43psu，而在 80 年代，中层水平均盐度是该研究中有效数据区间内中层水盐度最高的时期，其平均盐度约 34.44 psu，因此 60~80 年代中层水呈增盐趋势。

但对整个南海来讲，20 世纪 80~90 年代的中层水盐度呈淡化趋势，而自 90 年代起，中层水呈现急剧淡化趋势，从 34.45psu 降至 34.415psu，在 1997 年达到最低。2002~2012 年与 1991~2001 年南海中层水的平均盐度接近，但是却表现出不同的年际变化特征。在年代际尺度变异调制的基础上，南海中层水平均盐度的年际变化振幅要远大于年代际振幅。1990~2001 年以 1997 年为界，可分为两个时段：1997 年之前中层水盐度单调降低，而之后则单调上升（Liu et al.，2012）。综上可知，南海季风的减弱以及黑潮入侵南海减弱能使南海增暖。以南海贯穿流主导的海峡水交换、净淡水通量以及河口淡水出流是影响南海盐度的主要因子，其中黑潮入侵引起的海峡水交换可能起到决定性作用；而黑潮水入侵则主要是由 PDO 控制，PDO 位相转变能够调制赤道东风强度，进而影响北赤道流分叉点，最终影响黑潮入侵南海强度。

---

① psu 为盐度单位。

5.4.2 中国近海海洋上升流

海洋上升流指的是海水的向上运动，其将海洋下层丰富的营养盐输送到海洋上层，一般具有海表低温度和高叶绿素浓度的特征。在上升流区，真光层内增强的营养盐为渔场形成提供了重要条件，因此具有显著的生态、社会经济及气候效应（Hu and Wang，2016；Wang et al.，2015；Liu et al.，2013；Su et al.，2013；Xie et al.，2003）。

中国近海（包括南海、台湾海峡、东海、黄海、渤海）普遍存在上升流现象，这也是中国近海一些著名渔场形成的重要条件，如浙江东部的温台渔场、闽南 - 台湾浅滩渔场等。一些研究显示，中国近海有 12 个主要的上升流区（图 5-24）（Hu and Wang，2016），包括海南岛东部、南海北部大陆架、台湾海峡西岸和东海。

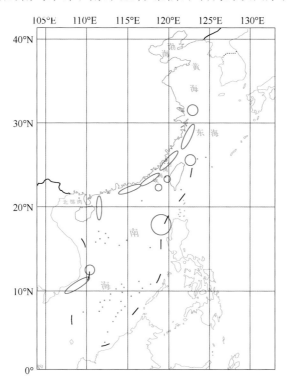

图 5-24　中国近海主要上升流分布（Hu and Wang，2016）

根据 1968~2017 年北美渔业环境资源实验室（PFEL）提供的风场资料，可以分析过去 50 年中国近海风生上升流强度的时空变化。图 5-25（a）给出气候态（1968~2017年）的风生上升流强度（红实线；m²/s）及其年积分（蓝实线；m²/s）随纬度的变化。由图 5-25（a）可见，风生上升流强度在海南岛南部、东部以及雷州半岛东部最大；然后，随着纬度的增加，上升流强度逐渐减弱，粤西、粤东的上升流强度较小；福建、浙江、江苏、山东沿岸的上升流强度较大。上升流强度年积分随纬度的变化也是在海南岛南部和东部最大，在粤西、粤东降到最小，然后从福建沿岸到浙江沿岸逐渐增大，江苏、山东沿岸略有下降。图 5-25 还显示海南岛南部和东部以及浙江东部上升流强度具有最大的 1 倍标准差，对应着上升流强度年积分更显著的 1 倍标准差。而从风生上升流强度持续时间随纬度的变化 [图 5-25（b）] 看，其持续时间在海南岛南部和东部沿岸约为 4 个月；在广东、福建沿岸约为 2 个月；从浙江到山东沿岸，逐渐从 3 个月增加到 6 个月。

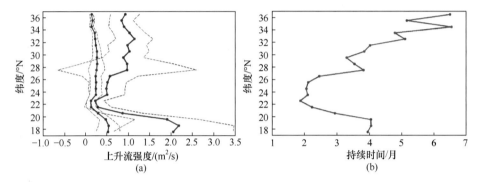

图 5-25 上升流强度及其年积分随纬度变化（a）和上升流持续时间随纬度变化（b）

（Hu and Wang，2016）

（a）图中红色实线是气候态（1968~2017 年）的上升流强度随纬度的变化，蓝色实线是气候态的上升流强度年积分随纬度的变化。虚线表示 1 倍标准差的范围

中国近海上升流区主要处于东亚季风的控制区。上升流具有季节内到多年代际的长期变化，并且因热带气旋的影响而具有短期变化特征；这些变化与 ENSO 和局地的海洋环境变化密切相关，并对海洋生物地球化学有明显的响应（Hu and Wang，2016）。

过去 50 年中国近海风生上升流强度夏季平均值（6~8 月）的时空变化显示，1968~2017 年，海南岛东南部、湛江、闽南和浙江沿岸的上升流逐年增加，而其他区域的上升流都出现了减小的趋势（图 5-26）。但是，中国近海各主要上升流区不仅受制于风场的显著影响，还可能对全球气候变化有明显的响应（例如，有的海区上升流强度有增强的趋势，但有的海区反而有减弱的趋势），因此，要准确预估各上升流区的长期变化趋势，还需要更多的资料积累和更深入的机制与过程研究。

5.4.3 中国近海海平面变化

海平面的器测数据表明，中国沿海海平面变化总体呈波动上升趋势。1980~2018 年，中国沿海地区海平面上升速率为 33mm/10a，高于同期全球平均水平（高信度）（图 5-27）（《2018 年中国海平面公报》）。其中，2012~2018 年是 1980 年以来中国沿海海平面最高的七个年份，海平面从高到低依次为 2016 年、2012 年、2014 年、2017 年、2013 年、2018 年和 2015 年。卫星高度计资料表明（图 5-28），1992~2018 年，渤海海平面上升速率为 30~47mm/10a，黄海海平面上升速率为 20~69mm/10a，东海海平面上升速率为 16~57mm/10a，南海海平面上升速率为 22~60mm/10a（高信度）。在中国近海海平面变化趋势的判断上，验潮站数据和卫星高度计资料较为一致，但结果还存在不确定性。这是由于验潮站的空间采样较稀疏，用验潮站的平均来表征整个海域的状态存在一定的问题；同时，验潮站地表升降会对海平面上升速率的计算产生影响（盛芳等，2016）。不同学者利用验潮站和卫星高度计等资料研究得到的中国海平面上升速率，见表 5-3。

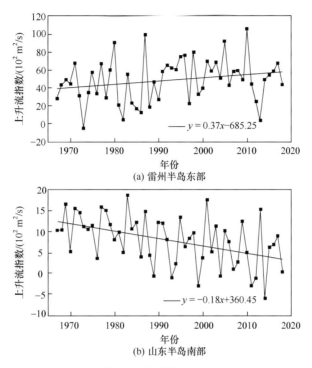

图 5-26　上升流指数的变化趋势（Hu and Wang，2016）

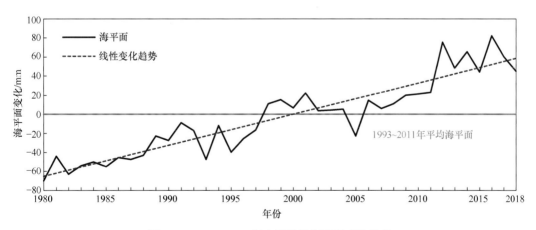

图 5-27　1980~2018 年中国沿海海平面变化趋势
（引自《2018 年中国海平面公报》）

中国渤海、黄海、东海和南海四个海区海平面上升存在明显的空间差异。根据《2018 年中国海平面公报》，2018 年中国沿海海平面较常年（1993~2011 年）平均值高 48mm，其中渤海、黄海、东海和南海沿海海平面较常年分别高 55mm、28mm、50mm

和 56mm。1970~2013 年，南中国海与东中国海海平面上升速率差别不大，分别为 2.4±1.0mm/a 和 2.5±0.8mm/a（盛芳等，2016）。1993 年以来南海海平面上升速率高于其他海区（高信度），其中 1993~2013 年两者分别为 4.8±0.1mm/a、3.1±0.7mm/a（常乐等，2017；盛芳等，2016；张静和方明强，2015；郭金运等，2015）。

图 5-28　1992~2018 年中国沿海海平面上升速率

AVISO，https://www.aviso.altimetry.fr/en/data.html

表 5-3　中国海平面上升速率

参考文献	数据来源	研究时段/年	研究海域	上升速率/（mm/10a）
吴中鼎等（2003）	验潮站	1950~1999	中国近海	13
《2018 年中国海平面公报》	验潮站	1980~2018	中国沿海	33
刘雪源等（2009）	AVISO	1992~2007	渤海及北黄海	33
			南黄海	25
詹金刚等（2009）	AVISO SLA	1993~2007	黄海	39
			东海	43
			南海	35
冯伟等（2012）	AVISO/GRACE 验潮站、数模	1993~2009	南海	55
王国栋等（2011）	T/P	1992~2009	东海	39
Xu 等（2016）	AVISO、验潮站	1993~2010	南海	50
王龙（2013）	AVISO SLA	1993~2011	黄、渤海	31
			东海	33
			南海	49

续表

参考文献	数据来源	研究时段 / 年	研究海域	上升速率 / (mm/10a)
张静和方明强（2015）	AVISO	1993~2012	渤海	31
			黄海	29
			东海	30
			南海	46
郭金运等（2015）	T/P、Jason-1、Jason-2	1993~2012	渤海	44
			黄海	23
			东海	30
			南海	42
常乐等（2017）	GRACE AVISO Ishii	1993~2014	渤海	31
			黄海	26
			东海	24
			南海	47
盛芳等（2016）	验潮站	1993~2013	渤、黄、东海	38
			南海	47
	AVISO		渤、黄、东海	27
			南海	49

中国沿海海平面变化区域特征明显（图 5-29），粤港澳大湾区是海平面上升速率较高的地区（高信度）。根据《2018 年中国海平面公报》，渤海湾、珠江口和海南西部沿海 2018 年海平面较高，比常年（1993~2011 年）升高超过 80mm。浙江温州沿海海平面 1971~2008 年上升速率为 3.1mm/a（韩小燕等，2011）。福建沿海海平面 1960~2013 年上升速率为 2.0mm/a（袁方超等，2016）。广东沿海海平面 1925~2010 年、1970~2010 年和 1993~2010 年的上升速率分别为 2.1mm/a、2.5mm/a 和 3.2mm/a，存在加速上升趋势（游大伟等，2012）。沈东芳等（2010）研究认为，粤东海平面 1970~2009 年呈波动加速上升趋势，自 1987 年以后上升趋势更加明显。珠江三角洲沿海海平面 1959~2011 年上升速率为 4.1mm/a（He et al.，2014）。香港维多利亚港海平面 1954~2017 年上升速率为 3.2mm/a[《中国气候变化蓝皮书（2018）》]，2017 年海平面较常年（1993~2011年）高 60mm，上升幅度高于中国沿海平均值（48mm）。澳门海平面 1925~2010 年、1970~2010 年上升速率分别为 1.3mm/a、4.2mm/a，存在加速上升趋势，预计未来上升速率将比全球平均高 20%，到 2100 年海平面上升幅度最高可达 118cm（相对于 1986~2005 年）（Wang and Zhou，2017；Wang et al.，2016）。

根据 2008~2018 年《中国海平面公报》，中国沿海海平面存在加速上升趋势（高信度）。1979~2008 年和 1980~2018 年的中国沿海海平面上升速率分别为 2.6mm/a 和 3.3mm/a，上升速率有增大趋势。盛芳等（2016）研究认为，中国近海海平面 1993~2013 年的上升速率显著大于 1970~2013 年，其中渤、黄、东海两个时段的海平面上升速率分别为 3.2 ± 1.2mm/a 和 2.5 ± 0.8 mm/a，南海两个时段的海平面上升速率分别为 3.9 ± 2.2mm/a 和

2.4±1.0mm/a。1950~1999 年中国近海海平面上升速率大于 1901~1949 年，而 1901~2008 年中国近海海平面上升加速度大于 0.02mm/a^2（Wenzel and Schröter，2014）。其中，1950~2013 年渤海海平面上升加速度为 0.085±0.020mm/a^2，1959~2013 年东海海平面上升加速度为 0.074±0.032 mm/a^2（Cheng X H et al.，2016）。虽然很多研究认为中国海平面有加速上升趋势，但受长期观测不足和多年代际变化等影响，其加速度存在不确定性；此外，在世纪或更长的时间尺度上，中国海平面是否存在加速上升趋势，仍有待研究。

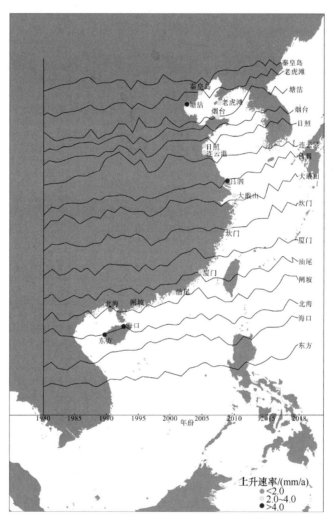

图 5-29　1980~2018 年中国沿海主要海洋站海平面变化
（《2018 年中国海平面公报》）

中国近海海平面季节变化特征明显，在冬春季达到最低值，而在夏秋季达到最高值，这一季节变化很可能与海水比容变化有关。具有高信度的是，中国近海海平面年较差从北到南依次递减，海平面变化位相从北到南依次滞后。1993~2011 年，渤海、黄海、东海、南海平均海平面年较差分别为 55cm、45cm、31cm 和 24cm；2012~2018 年则分别为 54cm、44cm、32cm、27cm[《中国海平面公报》(2011~2018 年)]。可能的是，中国近海海平面年较差南北差异在缩小。中国近海海平面季节变化呈现区域性特点，很可能是受近海动力过程影响，如季风、径流、环流等。

中国近海海平面可能存在 2~3 年、3~7 年、9 年、11 年和 19 年的年际/年代际准周期变化 (王慧等，2014)。其中，2~3 年的准周期变化为中国近海海洋过程中常见的变化周期，3~7 年的准周期变化是海平面对厄尔尼诺现象、黑潮大湾区和中国近海气候变化的综合响应，11 年的准周期变化反映出海平面变化受太阳黑子的影响，9 年和 19 年的准周期变化是反映了月球赤纬的变化。较为可信的是，南海海平面变化受 ENSO 影响程度最大，黄海、东海次之，渤海的海平面变化受到 ENSO 的影响相对较小 (王慧等，2018；左军成等，2015；沈春等，2013)。ENSO 通过大气环流过程对渤海、黄海海域的风场产生影响，局地风场通过风应力对渤海、黄海的海平面变化产生影响 (左军成等，2015)。ENSO 通过大气环流和黑潮引起的水体输送变异以及比容海平面变化等影响东海海平面变化 (王龙等，2014)。ENSO 通过大气环流影响南海海平面变化 (沈春等，2013)，在厄尔尼诺期间，Hadley 环流的加强使得南海东部和赤道西太平洋水交换加强，水温的降低和海水的流失使南海海平面下降，Walker 环流结构和强度的变化则进一步促进了南海海平面高度下降。因此，厄尔尼诺期间南海海平面高度会较常年偏低。此外，南海海平面年代际变化振幅高值区位于吕宋岛以西海域，与 PDO 显著相关；当 PDO 处于负位相时，赤道信风增强，进而导致西太平洋海平面上升，西太平洋海平面上升信号通过苏禄海传入南海并驱动南海海域海平面上升 (Cheng L J et al.，2016)。

随着全球海平面的不断变化，近几十年中国近海潮汐均呈现出区域性的变化。但是，由于围填海等人类活动改变了自然岸线，亦会导致潮汐变化，且这一影响要大于海平面变化对潮汐的影响。因此，海平面上升对潮汐的影响，只能通过数值模拟的方式进行评估。基于海平面上升的观测事实，利用数值模拟分析不同海平面上升情景下的潮汐变化。

迟角的模拟结果显示，当海平面上升 0.1~0.9m 后，同潮时线相对于现有的同潮时线发生逆时针偏转：相对于潮波的传播方向，无潮点左侧的分潮迟角减小，而右侧的分潮迟角增加。M_2 分潮的迟角变化较大的海域位于连云港外海至无潮点附近、琉球群岛–台湾海峡岛链以东海域，近岸海域的变化幅度较小。K_1 分潮的迟角变化在莱州湾、渤海湾以及辽东湾半日潮无潮点的西侧海域减小，减小的核心区在沿岸区域 (杜凌，2005)。

振幅的模拟结果显示，海平面上升 0.6m 后，中国大部分海域分潮振幅的变化与海平面的变化相同，但长江口及北海海域分潮振幅随海平面上升而减小；福建及浙江沿岸的 M_2 分潮的振幅最大上升 0.15m；连云港外海全日无潮点附近、渤海中蓬莱北部全日无潮点附近以及成山头西南侧的 K_1 分潮的振幅最大上升 0.5cm (杜凌，2005)。海平面上升 0.9m 以后，西北太平洋到东海杭州湾—吕宋海峡一带分潮的振幅减小，而台湾海峡、杭州湾和长江口海区 M_2 分潮的振幅显著增加，增幅可达 0.12~0.20m。M_2 和 K_1 无潮点北侧的振幅增加，而南侧振幅减小 (章卫胜等，2013)。海平面上升 2.0m，中国沿海 M_2 分潮振幅约增加 0.20m，S_2 分潮振幅约增加 0.05m，全日分潮振幅在北部湾的增幅较为显著，K_1 分潮振幅约增加 0.05m，O_1 分潮振幅约增加 0.08m (Pickering et al.，2017)。

天文潮潮位的模拟结果显示，海平面上升 0.1m 后，中国近海部分海区天文最高潮位增高 0.10~0.16m。海平面上升 0.9m 以后，辽东湾、渤海湾顶、辽东半岛海域、海州湾至鲁南沿海、苏北沿海、台湾海峡至浙东沿海以及整个南海海域的平均潮差增大；其中台湾海峡至浙东沿海的潮差变化幅度最大，最大幅度约 0.40m。苏北辐射沙洲海域的潮差增值为 0.20m，辽东湾振幅和南海海域潮差振幅分别为 0.10m 和 0.02m。潮差减小的区域主要位于长江口、杭州湾至对马海峡、朝鲜西海岸和莱州湾海域，其中长江口外潮差减幅最明显，最大振幅约 0.20m（章卫胜等，2013）。海平面上升 2.0m 后，中国东部沿海大部分地区以及南海北部湾海区平均高潮位上升达到 0.10m（Pickering et al.，2017）。

综上所述，随着海平面上升，开阔深水海域的各分潮振幅和迟角变化幅度较小，而近岸浅水海域的变化幅度较大。海平面上升引起中国近岸部分海域的潮差明显增大，而潮差的变化则是对潮波传播能量变化的响应，必然引起高潮位上升。

5.4.4　中国近海海浪

从气候平均态上来看，中国近海的海浪场与海表风场具有较好的一致性，尤其是在冬季，有效波高和风场的对应关系为全年最好（李训强等，2012），有效波高普遍较小（大多在 1.5m 以下），且受季风、SST 等影响较大，与 ENSO 等大气遥相关过程也有一定的对应关系（Zheng and Li，2014）。

对于我国近海的不同海域而言，海域特征及海峡地形各不相同，有效波高和波浪能密度也有较大的区别 [图 5-30（a）和图 5-30（b）]。渤海海域水深较浅，风区较小，以平均有效波高在 0.5~1.0m 的风浪为主，季节变化不大。但由于渤海海峡狭窄且相对较深，有足够长的风区，因此当有偏东或偏西风向的大风吹过时，由于狭管效应易形成较大的风浪，历年的最大有效波高在 5.0~7.5m，渤海南部略高于北部海域（彭翼等，2013）；黄海海域主要受东亚季风系统的控制，夏季盛行偏南的夏季风，冬季盛行偏北的冬季风（刘子洲等，2016），平均有效波高在 0.5~2.0m，变化幅度比渤海大些，黄海北部海域有效波高较低，而在中部由于海洋深度增加，有效波高相应增加，有效波高的极值在 5.0~9.0m，一般出现在台风和强冷空气活动期。东海海域由于和太平洋相通，水深浪大，因此平均有效波高较大，在 1.0~2.5m，且地域差异明显，由北往南有效波高随纬度的递减而增大，东海海域的有效波高极值在 5.0~12.5m，其中中东部海域的有效波高较大，而北部和台湾海峡地区的有效波高较小。南海海域面积广阔，具有大洋海浪的特征，是我国灾害性海浪出现频率最高的地方，这里的有效波高比我国其他海域都要大，平均在 0.6~2.7m，而最大有效波高在 2.0~9.5m（孙湘平，2006）。

数值模拟结果表明，1988~2011 年，中国近海有效波高（1.52cm/a）[图 5-30（c）]和波浪能密度 [0.2012kW/（m·a）][图 5-30（d）] 呈现出显著的增长趋势，尤其是在近些年，上升趋势更加明显，特别是琉球群岛、台湾海峡和南海北部、东沙群岛等海域有很强的上升趋势。同时，中国近海的有效波高和波浪能密度也有很显著的季节差异：冬季和春季的有效波高增长趋势明显高于夏季和秋季，而波浪能密度的增长趋势则在冬天最为明显（Zheng and Li，2014）。从有效波高极值来看，中国海极值风速、极值波高的大值区分布于渤海中部海域、琉球群岛附近海域和台湾以东广阔洋面、台湾海峡、东沙群岛附近海域、北部湾海域、中沙群岛南部等海域（李训强等，2012）。随着海表SST的增高和海表风速的增快，极端有效波高的发生频率将随之增大（彭翼等，2013）。

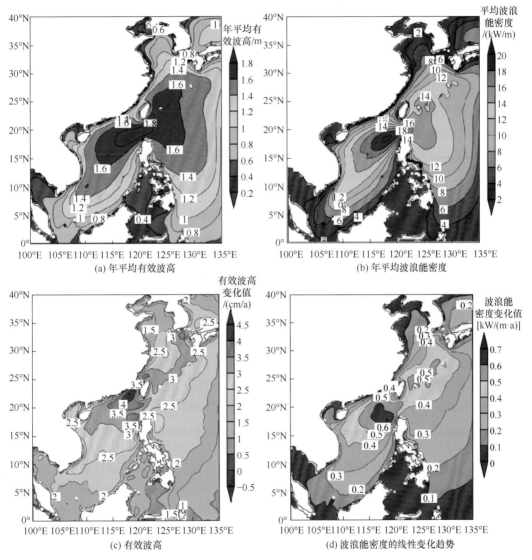

图 5-30 中国近海多年（1988~2011 年）（Zheng and Li，2014）

5.4.5 中国近海海洋极端事件

1. 极值水位（风暴潮）

极值水位是指在一定时间段内水位的极大值或极小值，本节则指一年内水位的极大值，其产生原因包括海平面变化、潮汐波动和风暴增水等。20 世纪 50 年代以来，中国近海大部分海域极值水位呈现增大趋势（高信度）。沿海 20 个验潮站的逐时资料显示，1954~2012 年中国沿海极值水位增大速率为 2.0~14.1mm/a（Feng and Tsimplis，2014）。1954~2013 年，基隆、厦门和香港的极值水位增大速率为 1.5~6.0mm/a（Feng M et al.，2015），香港和厦门 50 年一遇极值水位分别增大了 22cm 和 12cm（Feng and Jiang，2015）。长江口极值潮位在 1915~1985 年有明显的上升趋势，其中 1950 年以后有加速上升趋势（陈沈良和王宝灿，1993）。1951~2008 年，浙江沿海超警戒风暴潮、较大风暴增水、极值水位等都呈现增大趋势（孙志林等，2014）。天津沿海 1980~2012 年最高潮位明显高于 1950~1979 年（马筱迪等，2016）。1980~2016 年，渤海沿岸极值水位虽呈增大趋势，但其速率小于中国沿海其他地区（Feng et al.，2018）。1950~2013 年，整个中国近海风暴增水呈显著增大趋势，增大速率约为 6mm/a，主要增大趋势发生在 1982~2013 年，而 1950~1981 年增大趋势不明显（Oey and Chou，2016）。

极值水位的长期变化趋势主要受海平面上升影响，同时风暴潮、潮汐和区域气候变化对极值水位的长期变化趋势和年际/年代际变化也有一定影响，而目前的研究以海平面上升影响为主（Feng J L et al.，2015；Woodworth and Menéndez，2015；Feng and Tsimplis，2014；Weisse et al.，2014；Menéndez and Woodworth，2010；Woodworth and Blackman，2004）。陈沈良和王宝灿（1993）计算了海平面上升 0.5m、1m、2m 后长江口极值水位重现期的变化，发现极值水位重现期明显缩短，千年一遇缩短为百年一遇。Feng 等（2014）考虑未来海平面和 SST 变化情景，评估了青岛沿海可能达到的最大风暴潮情况，结果显示，气候变化情景下青岛沿海风暴潮明显增强。此外，有研究发现在海平面变化影响下，台风过程造成的风暴增水或减水变化有显著的空间分布特征（Li et al.，2011；Gao et al.，2008）。未来海平面上升将明显影响中国沿海地区的极值水位，在海平面上升和风暴潮的共同作用下，沿海低洼地区淹没面积增加、损失增大（Yin et al.，2017；张平等，2017；Kang et al.，2016；李杰等，2014；Chen et al.，2014；Zuo et al.，2013）。

高海平面抬升风暴增水的基础水位，增加行洪排涝难度，加大风暴潮致灾程度；反之，低海平面使风暴潮致灾程度相对减弱。根据中国气象局的长期记录，中国近海平均每十年有 54 个风暴潮会造成 1m 以上的增水（Needham et al.，2015）。台风强度越大，海平面变化对风暴潮增水强度的影响可能越明显（李杰等，2014）。海平面上升背景下，沿海地区很有可能会出现风暴潮增水水位上升、增水时刻提前、增水时段延长等现象（Liu and Huang，2019；Feng F et al.，2015；谢洋，2015）。同时，海平面上升有可能会缩减风暴潮的重现期，如天津地区风暴潮灾害的发生频率已由历史时期的 8 年一次，上升到地面沉降发展时期的 5 年一次（李杰等，2014；陈聚忠等，2014）。2006~2018 年，中国近海台风风暴潮次数以平均 0.73 次/年增加（图 5-31，R^2=0.571）[《中国海洋灾害公报》（2006~2018 年）]，而这一数据在 1989~2018 年只有 0.36 次（图 5-31，R^2=0.534）[《中国海洋灾害公报》（2006~2018 年）]（谢丽和张振克，2010），表明中国近海极值水位事件发生频率在加快。验潮站数据亦表明，中国沿海部分地区的极值水位呈现增加趋势（Feng and Tsimplis，2014）。可能的是，中国近海极端水位事件发生频率呈现上升趋势，其长期变化依赖于平均海平面的变化（马筱迪等，2016；Feng F et al.，2015；Feng and Tsimplis，2014；孙志林等，2014；），由此引发的风暴潮灾害加剧已成为沿海的重要自然灾害。

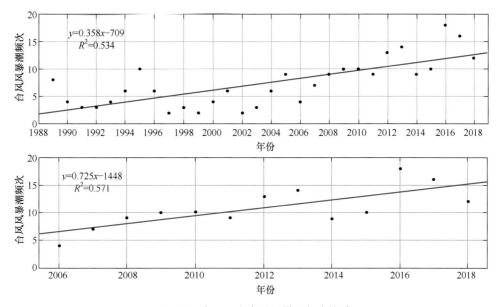

图 5-31　中国近海台风风暴潮频次统计

资料来源：《中国海洋灾害公报》（2006~2018 年）；谢丽和张振克，2010

地面沉降是地层压密或变形而引起的地面标高降低，是一种不可补偿的永久性环境和资源损失，是地质环境系统破坏所致的结果（袁铭等，2016；李有坤等，2012）。地面沉降具有生成缓慢、持续时间长、影响范围广、成因机制复杂和防治难度大等特点，是一种对资源利用、环境保护、经济发展、城市建设和人民生活构成威胁的地质灾害（李有坤等，2012）。地面沉降会加大相对海平面上升值，是影响相对海平面上升诸多因子中重要的影响因子，沿海地区地面沉降由人类活动和自然变化共同作用和反馈所致，并且在很大程度上受制于人类活动的影响，抽汲地下水引起土层压缩是地面沉降的主导因素。地面沉降叠加海平面上升的影响，使得河北、天津、上海等地面沉降速率快的地区将面临更为严重的灾害威胁。监测结果显示，现代黄河水下三角洲沉积速度快，具有含水量高、密度低的特点，极易因固结压实产生沉降，从而导致地形变化，平均沉降速率为 6.5~8.5cm/10a（刘杰，2014）。1959~2011 年，天津滨海新区最大累计沉降量为 3.401m，地面高程已低于平均海平面 1.061m；2012~2016 年，天津滨海新区仍在以平均 226mm/10a 的速度沉降 [《中国海平面公报》（2013~2017年）]。1921~2016 年，上海平均地面沉降量为 14.6mm/10a（高信度）(《2017 年中国海平面公报》)。2009~2016 年，椒江沿线和瓯江沿线的平均地面沉降量分别 10.7mm/a 和11.1mm/a（沈慧珍等，2017）。1994~2000 年，香港验潮站所处的地面存在 4.5mm/a 的沉降（胡志博等，2014）。可能的是，我国近海地面沉降速率存在北快南慢的分布特征。

2. 中国近海海洋热浪

海洋极端温度现象，即海洋"热浪"现象和"寒潮"现象的总称，被定义为 SST 在一段较长的时间内高于或低于某一阈值温度的异常升温/降温现象。在确定某一基准气候态（表征某海域长期的平均海温状态）的情况下，一次完整的海洋热浪/海洋寒流（MHW/MCS）事件需要满足 SST 连续 5 天或以上高于/低于基准态时间段内 SST 的 90/10 百分位数，且间断不超过 2 天（Hobday et al., 2016）。

基于 NOAA OISST v2 卫星遥感 SST 数据，以 1983~2012 年作为定义 MHW/MCS 事件的基准气候态时段，分析中国近海 1982~2018 年发生的所有 MHW 和 MCS 事件，即平均发生频率（每年发生 MHW/MCS 事件的个数）、平均持续时间（平均每次 MHW/MCS 事件的持续天数）和平均强度（MHW/MCS 事件平均 SST 异常值），可以发现中国近海的 MHW 事件的频率、持续时间和强度均呈现显著的上升趋势（+0.8/10a、+1.6d/10a、+0.056℃/10a），对应的 MCS 的频率、持续时间和强度均呈现显著的下降趋势（−0.7/10a、−0.2d/10a、−0.02℃/10a），中国近海 MHW 事件在增多增强，而 MCS 事件在减少减弱，二者呈现相反的变化趋势。

从空间分布上看，中国近海 MHW/MCS 事件发生频率上升/下降最快的海域在闽浙和广东沿岸（图 5-32），这与 SST 趋势较为吻合，说明 SST 的变化可能在很大程度

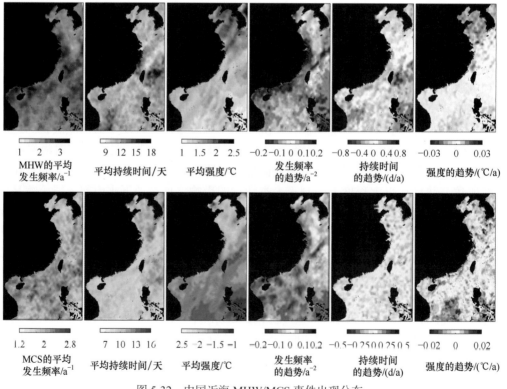

图 5-32　中国近海 MHW/MCS 事件出现分布

资料来源：美国国家海洋和大气管理局最优插值海表面温度数据（NOAA-OISST），空间分辨率为 0.25°×0.25°，时间分辨率为日平均

上决定 MHW/MCS 事件发生频率的变化趋势，MHW/MCS 事件的平均强度及其趋势则与 SST 方差及其趋势较为吻合。2010~2018 年，渤海、黄海出现两次持续时间相对较长的 MHW 事件：①渤海，2017 年 3~7 月，持续近 120 天，最大强度达到 6.53℃；②黄海，2017 年 1~7 月，持续超过 200 天，最大强度达到 6.25℃。

　　如果去除平均变暖信号，可以明显地看到近些年 MHW 事件的平均发生频率和平均持续时间显著减少，对应 MCS 事件的平均发生频率和平均持续时间显著增加，而二者的平均强度则没有特别明显的变化，说明全球变暖效应对中国近海极端海温现象 MHW/MCS 事件的发生频率起到很大的促进 / 抑制作用。随着全球变暖的进行，极端热事件的发生正变得越来越频繁，而极端冷事件则越来越稀少。

■ 参考文献

蔡榕硕，张俊鹏，颜秀花 . 2015. 东海冷涡对黑潮热输运年代际跃变的响应 . 应用海洋学学报，34（3）：302-309.

常乐，钱安，易爽，等 . 2017. 基于卫星重力、卫星测高和温盐度综合数据的中国近海各区域海平面变化 . 中国科学院大学学报，34（3）：371-379.

陈聚忠，刘侠，郑智江，等 . 2014. 地面沉降对风暴潮灾害的增强作用 . 上海国土资源，35（4）：134-150.

陈立奇 . 2009. 极区海洋碳池变化性和脆弱性及其探测工程技术 . 中国工程科学，11（10）：79-85.

陈立奇，祁第，高众勇，等 . 2016. 快速融冰背景下北冰洋夏季表层海水 CO_2 分压的变异假设 . 科学通报，61（21）：2419-2425.

陈沈良，王宝灿 . 1993. 长江河口水位极值分析 . 华东师范大学学报，3：75-83.

杜凌 . 2005. 全球海平面变化规律及中国海特定海域潮波研究 . 青岛：中国海洋大学 .

冯伟，钟敏，许厚泽 . 2012. 联合卫星重力、卫星测高和海洋资料研究中国南海海平面变化 . 中国科学：地球科学，42（3）：313-319.

宫攀 . 2013. 黄海大风长期气候变化特征研究 . 青岛：中国海洋大学 .

关帅，林颖妍，刘祖发 . 2017. 数值分析海平面上升对磨刀门水道咸潮上溯的影响 . 人民珠江，38（8）：1-6.

郭金运，王建波，胡志博，等 . 2015. 由 TOPEX/Poseidon 和 Jason-1/2 探测的 1993—2012 中国海海平面时空变化 . 地球物理学报，58（9）：3103-3120.

国家海洋局 . 2018. 2009—2017 年中国海洋灾害公报 . 北京：国家海洋局 .

韩小燕，潘晓东，马林芳，等 . 2011. 温州沿岸平均海平面变化特征分析 . 海洋预报，28（1）：66-71.

何用，卢陈，涂向阳，等 . 2012. 磨刀门咸潮物理模型试验——Ⅳ 海平面上升对咸潮上溯的影响 . 人民珠江，33（S1）：40-44.

胡志博，郭金运，谭争光，等 . 2014. 由 TOPEX/Poseidon 和验潮站监测香港海平面变化 . 大地测量与地球动力学，34（4）：56-59.

李杰，杜凌，张守文，等 . 2014. A1B 气候情景下海平面变化对东中国海风暴潮的影响 . 海洋预报，31（5）：20-29.

李训强，郑崇伟，苏勤，等 . 2012. 1988—2009 年中国海波候、风候统计分析 . 中国海洋大学学报，42（S1）：1-9.

李有坤，徐勇，聂德久 . 2012. 地面沉降经济损失探讨 . 科技信息，(21)：43-44.

林峰竹，王慧，张建立 . 2015. 中国沿海海岸侵蚀与海平面上升探析 . 海洋开发与管理，32（6）：16-21.

刘嘉琦，龚政，张长宽 . 2013. 长江入海径流量突变性和趋势性分析 . 人民长江，44（7）：6-10.

刘杰 . 2014. 现代黄河三角洲固结沉降及其对三角洲地形变化的贡献研究 . 青岛：中国海洋大学 .

刘雪源，刘玉光，郭琳，等 . 2009. 渤黄海海平面的变化及其与 ENSO 的关系 . 海洋通报，28（5）：34-42.

刘子洲，陈国光，陆雪 . 2016. 黄海海浪天气时间尺度变化的数值模拟研究 . 海洋科学，41（10）：77-85.

马筱迪，张光宇，袁德奎，等 . 2016. 基于历史数据的天津沿岸风暴潮特性分析 . 海洋科学进展，34（4）：516-522.

苗庆生，杨锦坤，杨扬，等 . 2016. 东海 30°N 断面冬季温盐分布及年际变化特征分析 . 中国海洋大学学报（自然科学版），46（6）：1-7.

彭翼，陶爱峰，齐可仁 . 2013. 近十年中国海浪灾害特性分析 // 第十六届中国海洋（岸）工程学术讨论会论文集 . 北京：海洋出版社：805-808.

祁第，陈立奇，蔡卫君，等 . 2018. 北冰洋海洋酸化和碳循环的研究进展 . 科学通报，63（22）：13-25.

沈春，杜凌，左军成，等 . 2013. 南海海面高度异常与厄尔尼诺和大气环流的关系 . 海洋预报，30(2)：14-21.

沈东芳，龚政，程泽梅，等 . 2010. 1970—2009 年粤东（汕尾）沿海海平面变化研究 . 热带地理，30（5）：461-465.

沈慧珍，吴孟杰，陈远法，等 . 2017. 地面沉降与海平面上升的叠加作用分析 // 防治地灾 除险安居——浙江省地质学会 2017 年学术年会论文集 . 杭州：浙江省科学技术协会：584-587.

盛芳，智海，刘海龙，等 . 2016. 中国近海海平面变化趋势的对比分析 . 气候与环境研究，21（3）：346-356.

石强 . 2013a. 渤海温盐场季节循环时空参数模型 . 海洋通报，32（2）：152-159.

石强 . 2013b. 渤海冬季温盐年际变化时空模态与气候响应 . 海洋通报，32（5）：505-513.

宋振亚 . 2020. 耦合海浪的地球系统模式 FIO-ESM. 气候变化研究快报，9（1）：26-39.

孙湘平 . 2006. 中国近海区域海洋 . 北京：海洋出版社 .

孙志林，李光辉，许丹，等 . 2017. 海平面上升对钱塘江河口盐水入侵影响的预测研究 . 中国环境科学，37（10）：3882-3890.

孙志林，卢美，聂会，等 . 2014. 气候变化对浙江沿海风暴潮的影响 . 浙江大学学报，41（1）：90-94.

谭红建，蔡榕硕，黄荣辉 . 2016. 中国近海海表温度对气候变暖及暂缓的显著响应 . 气候变化研究进展，12（6）：500-507.

王国栋，康建成，刘超，等 . 2011. 中国东海海平面变化多尺度周期分析与预测 . 地球科学进展，26（6）：678-684.

王慧，刘克修，张琪，等 . 2014. 中国近海海平面变化与 ENSO 的关系 . 海洋学报，36（9）：65-74.

王慧，刘秋林，李欢，等 . 2018. 海平面变化研究进展 . 海洋信息，3（5）：19-26.

王龙 . 2013. 基于 19 年卫星测高数据的中国海平面变化及其影响因素研究 . 青岛：中国海洋大学 .

王龙，王晶，杨俊钢 . 2014. 东海海平面变化的综合分析 . 海洋学报，36（1）：28-37.

吴中鼎，李占桥，赵明才 . 2003. 中国近海近 50 年海平面变化速度及预测 . 海洋测绘，23（2）：17-19.

谢丽，张振克 . 2010. 近 20 年中国沿海风暴潮强度、时空分布与灾害损失 . 海洋通报，29（6）：690-696.

谢洋 . 2015. 海平面上升对珠江口风暴潮增水和波浪的影响研究 . 南京：东南大学 .

严棋，吴辉，朱建荣 . 2015. 中国主要入海河流冲淡水扩展特性联合数值模拟研究 . 华东师范大学学报
（自然科学版），4：87-96.

游大伟，汤超莲，陈特固，等 . 2012. 近百年广东沿海海平面变化趋势 . 热带地理，32（1）：1-5.

袁方超，张文舟，杨金湘，等 . 2016. 福建近海海平面变化研究 . 应用海洋学学报，35（1）：20-32.

袁铭，白俊武，秦永宽 . 2016. 国内外地面沉降研究综述 . 苏州科技学院学报（自然科学版），33（1）：
1-5.

詹金刚，王勇，程永寿 . 2009. 中国近海海平面变化特征分析 . 地球物理学报，52（7）：1725-1733.

张婕 . 2010. 风 – 浪要素的全球分布特征研究 . 青岛：中国海洋大学 .

张静，方明强 . 2015. 1993—2012 年中国海海平面上升趋势 . 中国海洋大学学报（自然科学版），45
（1）：121-126.

张平，孔昊，王代锋，等 . 2017. 海平面上升叠加风暴潮对 2050 年中国海洋经济的影响研究 . 海洋环
境科学，36（1）：129-135.

章卫胜，张金善，林瑞栋，等 . 2013. 中国近海潮汐变化对外海海平面上升的响应 . 水科学进展，24
（2）：243-250.

赵德平，王卫强，覃慧玲，等 . 2014. 南海 18°N 断面中层水的年代际变化 . 海洋学报，36（9）：56-64.

赵进平，史久新，矫玉田 . 2003. 夏季北冰洋海冰边缘区海水温盐结构及其形成机理 . 海洋与湖沼，34
（4）：375-388.

中国气象局 . 2018. 中国气候变化蓝皮书 . 北京：中国气象局 .

左军成，左常圣，李娟，等 . 2015. 近十年我国海平面变化研究进展 . 河海大学学报（自然科学版），
43（5）：442-449.

Aagaard K，Coachman L K，Carmack E. 1981. On the halocline of the Arctic Ocean. Deep Sea Research
Part A：Oceanographic Research Papers，28（6）：529-545.

Abraham J P，Baringer M，Bindoff N L，et al. 2013. A review of global ocean temperature observations:
implications for ocean heat content estimates and climate change. Reviews of Geophysics，51（3）：450-
483.

Andrié C，Gouriou Y，Bourlès B，et al. 2003. Variability of AABW properties in the equatorial channel at
35°W. Geophysical Research Letters，30（5）：1-4.

Armour K C，Marshall J，Scott J R，et al. 2016. Southern Ocean warming delayed by circumpolar
upwelling and equatorward transport. Nature Geoscience，9（7）：549-554.

Barnhart K R，Miller C R，Overeem I，et al. 2016. Mapping the future expansion of Arctic open water.
Nature Climate Change，6（3）：280.

Bates N R，Astor Y M，Church M J，et al. 2014. A time-series view of Changing surface ocean chemistry due to ocean uptake of anthropogenic CO_2 and ocean acidification. Oceanography，27（1）：126-141.

Bates N R，Moran S B，Hansell D A，et al. 2006. An increasing CO_2 sink in the Arctic Ocean due to sea-ice loss. Geophysical Research Letters，33：L23609.

Beckley B D，Callahan P S，Hancock D W，et al. 2017. On the "Cal-Mode" correction to TOPEX satellite altimetry and its effect on the global mean sea level time series. Journal of Geophysical Research：Oceans，122（11）：8371-8384.

Bellenger H，Guilyardi E，Leloup J，et al. 2014. ENSO representation in climate models：from CMIP3 to CMIP5. Climate Dynamics，42（7-8）：1999-2018.

Belova A，Mills D，Hall R，et al. 2017. Impacts of increasing temperature on the future incidence of west Nile neuroinvasive disease in the United States. American Journal of Climate Change，6（1）：166-216.

Benjamin D S，Céline B，Jeffrey F，et al. 2014. Volcanic contribution to decadal changes in tropospheric temperature. Nature Geoscience，7（5）：185-189.

Bindoff N L，Stott P A，AchutaRao K M，et al. 2013. Detection and attribution of climate change：from global to regional//Climate Change 2013：the Physical Science Basis. IPCC Working Group I Contribution to AR5. Cambridge：Cambridge University Press：867-952.

Bintanja R，van Oldenborgh G J，Drijfhout S S，et al. 2013. Important role for ocean warming and increased ice-shelf melt in Antarctic sea-ice expansion. Nature Geoscience，6（5）：376-379.

Blunden J D，Arndt D S，Hartfield G. 2018. State of the climate in 2017. Bulletin of the American Meteorological Society，99（8）：S1-S332.

Boyer T，Domingues C M，Good S A，et al. 2016. Sensitivity of global upper-ocean heat content estimates to mapping methods，XBT bias corrections，and baseline climatologies. Journal of Climate，29（13）：4817-4842.

Byrne R H，Mecking S，Feely R A，et al. 2010. Direct observations of basin-wide acidification of the North Pacific Ocean. Geophysical Research Letters，37：L02601.

Cai R，Tan H，Kontoyiannis H. 2017. Robust surface warming in offshore China seas and its relationship to the East Asian monsoon wind field and ocean forcing on inter-decadal time scales. Journal of Climate，30（22）：8987-9004.

Cai W，Borlace S，Lengaigne M，et al. 2014. Increasing frequency of extreme El Niño events due to greenhouse warming. Nature Climate Change，4（2）：111-116.

Cai W，Wang G，Santoso A，et al. 2015. Increased frequency of extreme La Niña events under greenhouse warming. Nature Climate Change，5（2）：132-137.

Cai W J，Wang G J，Dewitte B，et al. 2018. Increased variability of eastern Pacific El Niño under greenhouse warming. Nature，564（7735）：201-206.

Caldeira K，Wickett M E. 2003. Anthropogenic carbon and ocean pH. Nature，425（6956）：365.

Capotondi A，Wittenberg A T，Newman M，et al. 2015. Understanding ENSO diversity. Bulletin of the American Meteorological Society，96（6）：921-938.

Casas-Prat M，Wang X L，Swart N. 2018. CMIP5-based global wave climate projections including the entire Arctic Ocean. Ocean Modelling，123：66-85.

Chambers L，Hobday A，Arnould J，et al. 2012. Seabird and marine mammal management options in the face of climate change//NCCARF/CSIRO 2012：Sharing Knowledge to Adapt：Proceedings of Climate Adaptation in Action 2012. Griffith，Australia：National Climate Change Adaptation Research Facility：85.

Chelton D B，Schlax M G. 1996. Global observations of oceanic rossby waves. Science，272：234.

Chen L，Li T，Yu Y，et al. 2017. A possible explanation for the divergent projection of ENSO amplitude change under global warming. Climate Dynamics，49（11-12）：3799-3811.

Chen L，Yu Y，Sun D Z. 2013. Cloud and water vapor feedbacks to the El Niño warming：are they still biased in CMIP5 models? Journal of Climate，26（14）：4947-4961.

Chen X，Tung K K. 2014. Varying planetary heat sink led to global warming slowdown and acceleration. Science，345（6199）：897-903.

Chen X，Tung K K. 2018a. Global surface warming enhanced by weak Atlantic overturning circulation. Nature，559（7714）：387-391.

Chen X，Tung K K. 2018b. Global-mean surface temperature variability：space-time perspective from rotated EOFs. Climate Dynamics，51（5-6）：1719-1732.

Chen X，Zhang X，Church J A，et al. 2017. The increasing rate of global mean sea-level rise during 1993—2014. Nature Climate Change，7：492-495.

Chen Y M，Huang W R，Xu S D. 2014. Frequency analysis of extreme water levels affected by sea level rise and southeast coasts of China. Journal of Coastal Research，68（sp1）：105-112.

Chen Z H，Wu L X，Qiu B，et al. 2015. Strengthening Kuroshio observed at its origin during November 2010 to October 2012. Journal of Geophysical Research：Oceans，120（4）：2460-2470.

Cheng L J，Abraham J，Goni G，et al. 2016. XBT Science：assessment of instrumental biases and errors. Bulletin of the American Meteorological Society，97（6）：924-933.

Cheng L J，Abraham J，Hausfather Z，et al. 2019a. How fast are the oceans warming? Science，363（6423）：128-129.

Cheng L J，Kevin E T，Fasullo J，et al. 2017. Improved estimates of ocean heat content from 1960 to 2015. Science Advances，3（3）：e1601545.

Cheng L J，Wang G J，Abraham J P，et al. 2018. Decadel ocean heat redistribution since the late 1990s and its association with key climate modes. Climate，6（4）：91.

Cheng L J，Zhu J. 2014. Artifacts in variations of ocean heat content induced by the observation system changes. Geophysical Research Letters，41（20）：7276-7283.

Cheng L J，Zhu J. 2016. Benefits of CMIP5 multimodel ensemble in reconstructing historical ocean subsurface temperature variations. Journal of Climate，29（15）：5393-5416.

Cheng L J，Zhu J. 2018. 2017 was the warmest year on record for the global ocean. Advances in Atmospheric Science，35（3）：261-263.

Cheng L J，Zhu J，Abraham J. 2015. Global upper ocean heat content estimation：recent progress and the remaining challenges. Atmospheric and Oceanic Science Letters, 8（6）: 333-338.

Cheng L J, Zhu J, Abraham J, et al. 2019b. 2018 continues record global ocean warming. Advances in Atmospheric Sciences, 36（3）: 249-252.

Cheng L J, Zhu J, Cowley R, et al. 2014. Time, probe type, and temperature variable bias corrections to historical expendable bathythermograph observations. Journal of Atmospheric and Oceanic Technology, 31（8）: 1793-1825.

Cheng X H, Xie S P, Du Y, et al. 2016. Interannual-to-decadal variability and trends of sea level in the South China Sea. Climate Dynamics, 46（9-10）: 3113-3126.

Cheng Y C, Ezer T, Hamlington B D. 2016. Sea level acceleration in the China Seas. Water, 8（7）: 293.

Chierici M, Fransson A. 2009. Calcium carbonate saturation in the surface water of the Arctic Ocean: undersaturation in freshwater influenced shelves. Biogeosciences, 6（61）: 2421-2431.

Church J A, White N J. 2011. Sea-level rise from the late 19th to the early 21st century. Surveys in Geophysics, 32（4-5）: 585-602.

Church J A, White N J, Arblaster J M. 2005. Significant decadal-scale impact of volcanic eruptions on sea level and ocean heat content. Nature, 438: 74-77.

Clarke A J, Liu X. 1993. Observations and dynamics of semiannual and annual sea levels near the eastern equatorial indian ocean boundary. Journal of Physical Oceanography, 23（2）: 386-399.

Clarke A J, Liu X. 1994. Interannual sea level in the northern and eastern Indian Ocean. Journal of Physical Oceanography, 24（6）: 1224-1235.

Cohen J. 2016. An observational analysis: tropical relative to Arctic influence on midlatitude weather in the era of Arctic amplification. Geophysical Research Letters, 43（10）: 5287-5294.

Cohen J L, Furtado J C, Barlow M A, et al. 2012. Arctic warming, increasing snow cover and widespread boreal winter cooling. Environmental Research Letters, 7（1）: 014007.

Coles V J, McCartney M S, Olson D B, et al. 1996. Changes in Antarctic Bottom Water properties in the western South Atlantic in the late 1980s. Journal of Geophysical Research: Earth Surface, 101(C4): 8957-8970.

Collins M, An S I, Cai W, et al. 2010. The impact of global warming on the tropical Pacific Ocean and El Niño. Nature Geoscience, 3（6）: 391-397.

Collins M, Knutti R, Arblaster J, et al. 2013. Long-term climate change: projections, commitments and irreversibility//Climate Change 2013: the Physical Science Basis: Contribution of Working Group I to the Fifth Assessment Report of the Intergovernmental Panel on Climate Change. Cambridge: Cambridge University Press: 1029-1136.

Desbruyères D G, Purkey S G, McDonagh E L, et al. 2016. Deep and abyssal ocean warming from 35 years of repeat hydrography. Geophysical Research Letters, 43（19）: 10356-10365.

Dieng H B, Cazenave A, Meyssignac B, et al. 2017. New estimate of the current rate of sea level rise from a sea level budget approach. Geophysical Research Letters, 44（8）: 3744-3751.

Domingues C M, Church J A, White N J, et al. 2008. Improved estimates of upper-ocean warming and multi-decadal sea-level rise. Nature，453（7198）：1090-1093.

Doney S C，Fabry V J，Feely R A，et al. 2009. Ocean acidification：the other CO_2 problem. Annual Review of Marine Science，1：169-192.

Dong B，Dai A. 2015. The influence of the interdecadal pacific oscillation on temperature and precipitation over the globe. Climate Dynamics，45（9-10）：2667-2681.

Du Y，Xie S P，Huang G，et al. 2009. Role of air-sea interaction in the long persistence of El Niño-induced North Indian Ocean warming. Journal of Climate，22（8）：2023-2038.

Du Y，Zhang L Y，Zhang Y H. 2019. Review of the tropical gyre in the Indian Ocean with its impact on heat and salt transport and regional climate modes. Advances in Earth Science，34（3）：243-254.

Du Y，Zhang Y，Feng M，et al. 2015. Decadal trends of the upper ocean salinity in the tropical Indo-Pacific since mid-1990s. Scitific Reports，5（1）：16050.

Durack P J，Gleckler P J，Landerer F W，et al. 2014. Quantifying underestimates of long-term upper-ocean warming. Nature Climate Change，4（11）：999-1005.

England M H，Huang F. 2005. On the interannual variability of the Indonesian throughflow and its linkage with ENSO. Journal of Climate，18（9）：1435-1444.

England M H，McGregor S，Spence P，et al. 2014. Recent intensification of wind-driven circulation in the Pacific and the ongoing warming hiatus. Nature Climate Change，4（3）：222-227.

Fabry V J，Seibel B A，Feely R A，et al. 2008. Impacts of ocean acidification on marine fauna and ecosystem processes. ICES Journal of Marine Science，65（3）：414-432.

Fahrbach E，Hoppema M，Rohardt G，et al. 2004. Decadal-scale variations of water mass properties in the deep Weddell Sea. Ocean Dynamics，54（1）：77-91.

Feely R A，Doney S C，Cooley S R. 2009. Ocean acidification：present conditions and future changes in a high-CO_2 world. Oceanography，22（4）：36-47.

Feng F，Storch H V，Jiang W，et al. 2015. Assessing changes in extreme sea levels along the coast of China. Journal of Geophysical Research：Oceans，120（2）：8039-8051.

Feng J L，Jiang W S. 2015. Extreme water level analysis at three stations on the coast of the Northwestern Pacific Ocean. Ocean Dynamics，65（11）：1383-1397.

Feng J L，Jiang W S，Bian C W. 2014. Numerical prediction of storm surge in the Qingdao area under the impact of climate change. Journal of Ocean University of China，13（4）：539-551.

Feng J L，Li D L，Wang H，et al. 2018. Analysis on the extreme sea levels changes along the coastline of Bohai Sea，China. Atmosphere，9（8）：324.

Feng J L，von Storch H，Jiang W S，et al. 2015. Assessing changes in extreme sea levels along the coast of China. Journal of Geophysical Research：Oceans，120（12）：8039-8051.

Feng M，Hendon H H，Xie S P，et al. 2015. Decadal increase in Ningaloo Niño since the late 1990s. Geophysical Research Letters，42（1）：104-112.

Feng X，Tsimplis M N. 2014. Sea level extremes at the coasts of China. Journal of Geophysical Research：Oceans，119（3）：1593-1608.

Francis J A, Chan W, Leathers D J, et al. 2009. Winter Northern Hemisphere weather patterns remember summer Arctic sea-ice extent. Geophysical Research Letters, 36（7）: L07503.

Frederikse T, Jevrejeva S, Riva R E, et al. 2018. A consistent sea-level reconstruction and its budget on basin and global scales over 1958—2014. Journal of Climate, 31（3）: 1267-1280.

Fukasawa M, Freeland H, Perkin R, et al. 2004. Bottom water warming in the North Pacific Ocean. Nature, 427（6977）: 825-827.

Fyfe J C, von Salzen K, Cole J N S, et al. 2013. Surface response to stratospheric aerosol changes in a coupled atmosphere-ocean model. Geophysical Research Letter, 40（3）: 584-588.

Gan J P, Liu Z Q, Liang L L. 2016. Numerical modeling of intrinsically and extrinsically forced seasonal circulation in the China Seas: a kinematic study. Journal of Geophysical Research: Oceans, 121（7）: 4697-4715.

Gao Z G, Han S Z, Liu K X, et al. 2008. Numerical simulation of the influence of mean sea level rise on typhoon storm surge in the East China Sea. Marine Science Bulletin, 10（2）: 36-49.

Gille S T. 2008. Decadal-scale temperature trends in the Southern Hemisphere ocean. Journal of Climate, 21（18）: 4749-4765.

Gleckler P J, Durack P J, Stouffer R J, et al. 2016. Industrial-era global ocean heat uptake doubles in recent decades. Nature Climate Change, 6（4）: 394-398.

Goni G J, Sprintall J, Bringas F, et al. 2019. More than 50 years of successful continuous temperature section measurements by the Global Expendable Bathythermograph Network, its integrability, societal benefits, and future. Frontiers in Marine Science, 6: 452.

Gordon A L. 2005. The indonesian seas. Oceanography, 18（4）: 14.

Gordon A L. 2012. Interocean exchange of thermocline water. Journal of Geophysical Research Oceans, 91（C4）: 5037-5046.

Gordon A L, Fine R A. 1996. Pathways of water between the Pacific and Indian oceans in the Indonesian seas. Nature, 379（6561）: 146-149.

Gordon A L, Huber B A, Metzger E J, et al. 2012. South China Sea throughflow impact on the Indonesian. Geophysical Research Oceans, 39（11）: L11602.

Gregory J M, Bi D, Collier M A, et al. 2013. Climate models without preindustrial volcanic forcing underestimate historical ocean thermal expansion. Geophysical Research Letters, 40（8）: 1600-1604.

Gu D, Philander S G. 1997. Interdecadal climate fluctuations that depend on exchanges between the tropics and extratropics. Science, 275（5301）: 805-807.

Hall M M, McCartney M, Whitehead J A. 1997. Antarctic bottom water flux in the equatorial western Atlantic. Journal of Physical Oceanography, 27（9）: 1903-1926.

Hamlington B D, Cheon S H, Thompson P R, et al. 2016. An ongoing shift in Pacific Ocean sea level. Journal of Geophysical Research: Oceans, 121（7）: 5084-5097.

Han W, Meehl G A, Rajagopalan B, et al. 2010. Patterns of Indian Ocean sea-level change in a warming climate. Nature Geoscience, 3（8）: 546-550.

Hansen J，Sato M，Kharecha P，et al. 2011. Earth's energy imbalance and implications. Atmospheric Chemistry and Physics，11（24）：13421-13449.

He L，Li G S，Li K，et al. 2014. Estimation of regional sea level change in the Pearl River Delta from tide gauge and satellite altimetry data. Estuarine，Coastal and Shelf Science，141：69-77.

Hemer M A，Wang X L，Weisse R，et al. 2012. Advancing wind-waves climate science：the COWCLIP project. Bulletin of the American Meteorological Society，93：791-796.

Heung J L，Cheol H C. 2016. Seasonal circulation patterns of the Yellow and East China Seas derived from satellite-tracked drifter trajectories and hydrographic observations. Progress in Oceanography，146：121-141.

Hobday A J，Alexander L V，Perkins S E，et al. 2016. A hierarchical approach to defining marine heatwaves. Progress in Oceanography，141：227-238.

Honda M，Inous J，Yamane S. 2009. Influence of low Arctic sea-ice minima on anomalously cold Eurasian winters. Geophysical Research Letters，36：L08707.

Hu D X，Wu L X，Cai W J，et al. 2015. Pacific western boundary currents and their roles in climate. Nature，522（7556）：299-308.

Hu J Y，Wang X H. 2016. Progress on upwelling studies in the China seas. Reviews of Geophysics，54（3）：653-673.

Hu S，Sprintall J. 2016. Interannual variability of the Indonesian throughflow：the salinity effect. Journal of Geophysical Research：Oceans，121（4）：2596-2615.

Hua L，Chen L，Rong X，et al. 2018. Impact of atmospheric model resolution on simulation of ENSO feedback processes：a coupled model study. Climate Dynamics，51：3077-3092.

Huang G，Hu K M，Xie S P. 2010. Strengthening of tropical Indian Ocean teleconnection to the northwest Pacific since the mid-1970s：an atmospheric GCM study. Journal of Climate，23（19）：5294-5304.

Inoue J，Hori M，Takaya K. 2012. The role of Barents Sea ice in the wintertime cyclone track and emergence of a Warm-Arctic Cold-Siberian anomaly. Journal of Climate，25（7）：2561-2568.

IPCC. 2013. Climate Change 2013：the Physical Science Basis. Contribution of Working Group I 2013. Cambridge：Cambridge University Press.

IPCC. 2019. Climate Change 2019：Special Report on the Ocean and Cryosphere in a Changing Climate. Cambridge：Cambridge University Press.

Irving D B，Wijffels S，Church J A. 2019. Anthropogenic aerosols，greenhouse gases，and the uptake，transport，and storage of excess heat in the climate system. Geophysical Research Letters，46（9）：4894-4903.

Ishii M，Fukuda Y，Hirahara S，et al. 2017. Accuracy of global upper ocean heat content estimation expected from present observational data sets. Sola，13：163-167.

Ivanov V V，Alexeev V A，Repina I，et al. 2012. Tracing Atlantic water signature in the Arctic sea ice cover east of Svalbard. Advances in Meteorology，2012：11.

Jacobs S S，Giulivi C F，Mele P A. 2002. Freshening of the Ross Sea during the late 20th century. Science，

297（5580）：386-389.

Jevrejeva S，Moore J C，Grinsted A. 2012. Sea level projections to AD2500 with a new generation of climate change scenarios. Global and Planetary Change，80：14-20.

Jin F F，Kim S T，Bejarano L. 2006. A coupled-stability index for ENSO. Geophysical Research Letters，33（23）：L23708.

Johnson D M，Ferreira A，Kenchington E. 2018. Climate change is likely to severely limit the effectiveness of deep-sea ABMTs in the North Atlantic. Marine Policy，87：111-122.

Johnson G C. 2008. Quantifying antarctic bottom water and North Atlantic deep water volumes. Journal of Geophysical Research：Earth Surface，113（C5）：C05027.

Johnson G C，Doney S C. 2006. Recent western South Atlantic bottom water warming. Geophysical Research Letters，33（14）：L14614.

Johnson G C，Mecking S，Sloyan B M，et al. 2007. Recent bottom water warming in the Pacific Ocean. Journal of Climate，20（21）：5365-5375.

Johnson G C，Lyman J M，Boyer T，et al. 2018. [Global oceans] Ocean heat content [in "state of the climate in 2017"]. Bulletin of the American Meteorological Society，99（8）：S72-S76.

Johnson G C，Lyman J M，Purkey S G. 2015. Informing deep Argo array design using Argo and full-depth hydrographic section data. Journal of Atmospheric and Oceanic Technology，32（11）：2187-2198.

Jorda G. 2014. Detection time for global and regional sea level trends and accelerations. Journal of Geophysical Research：Oceans，119（10）：7164-7174.

Jordá-Vilaplana A，Fombuena V，García-García D，et al. 2014. Surface modification of polylactic acid （PLA）by air atmospheric plasma treatment. European Polymer Journal，58：23-33.

Kang L，Ma L，Liu Y. 2016. Evaluation of farmland losses from sea level rise and storm surges in the Pearl River Delta region under global climate change. Journal of Geographical Sciences，26（4）：439-456.

Karl T R，Arguez A，Huang B，et al. 2015. Possible artifacts of data biases in the recent global surface warming hiatus. Science，348（6242）：1469-1472.

Kawano T，Fukasawa M，Kouketsu S，et al. 2006. Bottom water warming along the pathway of lower circumpolar deep water in the Pacific Ocean. Geophysical Research Letters，33（23）：L23613.

Kemp A C，Horton B，Donnelly J P，et al. 2011. Climate related sea level variations over the past two millennia. Proceedings of the National Academy of Sciences of the United States of America，108（27）：11017-11022.

Khon V C，Mokhov I I，Pogarskiy F A，et al. 2014. Wave heights in the 21st century Arctic Ocean simulated with a regional climate mode. Geophysical Research Letter，41（8）：2956-2961.

Kim S T，Jin F F. 2011. An ENSO stability analysis. Part II：results from the twentieth and twenty-first century simulations of the CMIP3 models. Climate Dynamics，36（7-8）：1609-1627.

Kim Y S，Jang C J，Yeh S W. 2018. Recent surface cooling in the Yellow and East China Seas and the associated North Pacific climate regime shift. Continental Shelf Research，156：43-54.

Kopp R E，Kemp A C，Bittermann K，et al. 2016. Temperature-driven global sea-level variability in the

Common Era. Proceedings of the National Academy of Sciences of the United States of America，113（11）：E1434-E1441.

Kosaka Y，Xie S P. 2013. Recent global-warming hiatus tied to equatorial Pacific surface cooling. Nature，501（7467）：403-407.

Kostov Y，Armour K C，Marshall J. 2014. Impact of the Atlantic meridional overturning circulation on ocean heat storage and transient climate change. Geophysical Research Letters，41（6）：2108-2116.

Kucharski F，Kang I S S，Farneti R，et al. 2011. Tropical Pacific response to 20th century Atlantic warming. Geophysical Research Letters，38（3）：L03702.

Kuhlbrodt T，Griesel A，Montoya M，et al. 2007. On the driving processes of the Atlantic meridional overturning circulation. Reviews of Geophysics，45（2）：RG 2001.

Latif M，Barnett T P. 1996. Decadal climate variability over the North Pacific and North America：dynamics and predictability. Journal of Climate，9（10）：2407-2423.

Lee T，Fukumori I，Menemenlis D，et al. 2002. Effects of the Indonesian throughflow on the Pacific and Indian Oceans. Journal of Physical Oceanography，32（5）：1404-1429.

Lee T，McPhaden M J. 2010. Increasing intensity of El Niño in the central-equatorial Pacific. Geophysical Research Letters，37（14）：L14603.

Levitus S，Antonov J I，Boyer T P，et al. 2012. World ocean heat content and thermosteric sea level change（0—2000m），1955—2010. Geophysical Research Letters，39（10）：L10603.

Li A，Yu F，Diao X. 2015. Interannual salinity variability of the Northern Yellow Sea Cold Water Mass. Chinese Journal of Oceanology and Limnology，33（3）：779-789.

Li D，von Storch H，Geyer B. 2016. High-resolution wind hindcast over the Bohai Sea and the Yellow Sea in East Asia：evaluation and wind climatology analysis. Journal of Geophysical Research：Atmosphrere，121（1）：111-129.

Li J，Du L，Zuo J C，et al. 2011. Effect of the sea level variation on storm surge in the East China Sea. ISOPE Conference，3：829-834.

Li L，Wang B，Zhang G J. 2015. The role of moist processes in shortwave radiative feedback during ENSO in the CMIP5 models. Journal of Climate，28（24）：9892-9908.

Li J L F，Suhas E，Richardson M，et al. 2018. The impacts of bias in cloud-radiation-dynamics interactions on central Pacific seasonal and El Niño simulations in contemporary GCMs. Earth and Space Science，5（2）：50-60.

Lie H J，Cho C H. 2016. Seasonal circulation patterns of the Yellow and East China Seas derived from satellite-tracked drifter trajectories and hydrographic observations. Progress in Oceanography，146：121-141.

Liu C J，Wang D X，Chen J，et al. 2012. Freshening of the intermediate water of the South China Sea between the 1960s and the 1980s. Chinese Journal of Oceanology and Limnology，30（6）：1010-1015.

Liu Q，Babanin A V，Zieger S，et al. 2016. Wind and wave climate in the Arctic Ocean as observed by altimeters. Journal of Climate，29（22）：1957-1975.

Liu Q Y, Feng M, Wang D, et al. 2015. Interannual variability of the Indonesian throughflow transport: a revisit based on 30 year expendable bathythermograph data. Journal of Geophysical Research: Oceans, 120 (12): 8270-8282.

Liu W, Huang W. 2019. Influences of sea level rise on tides and storm surges around the Taiwan coast. Continental Shelf Research, 173 (1): 56-72.

Liu Y, Peng Z C, Shen C C, et al. 2013. Recent 121-year variability of western boundary upwelling in the northern South China Sea. Geophysical Research Letters, 40 (12): 3180-3183.

Lu B, Ren H L. 2016. Improving ENSO periodicity simulation by adjusting cumulus entrainment in BCC_CSMs. Dynamics of Atmospheres and Oceans, 76: 127-140.

Luo J J, Sasaki W, Masumoto Y. 2012. Indian Ocean warming modulates Pacific climate change. Proceedings of the National Academy of Sciences of the United States of America, 109 (46): 18701-18706.

Ma X, Jing Z, Chang P, et al. 2016. Western boundary currents regulated by interaction between ocean eddies and the atmosphere. Nature, 535 (7613): 533-537.

Maher N, Gupta A S, England M H. 2014. Drivers of decadal hiatus periods in the 20th and 21st centuries. Geophysical Research Letters, 41 (16): 5978-5986.

Mantua N J, Hare S R, Zhang Y, et al. 1997. A Pacific interdecadal climate oscillation with impacts on salmon production. Bulletin of the American Meteorological Society, 78 (6): 1069-1079.

Mathis J T, Cross J N, Bates N R. 2011. The role of ocean acidification in systemic carbonate mineral suppression in the Bering Sea. Geophysical Research Letters, 38: L19602.

Mathis J T, Pickart R S, Byrne R H, et al. 2012. Storm-induced upwelling of high pCO$_2$ waters onto the continental shelf of the western Arctic Ocean and implications for carbonate mineral saturation states. Geophysical Research Letters, 39: L07606.

Mayer M, Alonso Balmaseda M, Haimberger L. 2018. Unprecedented 2015/2016 Indo-Pacific heat transfer speeds up Tropical Pacific heat recharge. Geophysical Research Letters, 45 (7): 3274-3284.

McGregor S, Timmermann A, Stuecker M F, et al. 2014. Recent Walker circulation strengthening and Pacific cooling amplified by Atlantic warming. Nature Climate Change, 4 (10): 888-892.

McPhaden M J, Zhang D. 2002. Slowdown of the meridional overturning circulation in the upper Pacific Ocean. Nature, 415 (6872): 603-608.

Meehl G A, Goddard L, Murphy J, et al. 2009. Decadal prediction. Bulletin of the American Meteorological Society, 90 (10): 1467-1486.

Meehl G A, Hu A, Arblaster J M, et al. 2013. Externally forced and internally generated decadal climate variability associated with the interdecadal Pacific Oscillation. Journal of Climate, 26 (18): 7298-7310.

Menéndez M, Woodworth P L. 2010. Changes in extreme high water levels based on a quasi-global tide gauge dataset. Journal of Geophysical Research, 115: C10011.

Met Office. 2013. The Recent Pause in Global Warming (2): What are the Potential Causes? Devon: Met Office.

Meyers G. 1996. Variation of indonesian throughflow and the El Niño-Southern Oscillation. Journal Geophysical Research: Oceans, 101（C5）: 12, 255-263.

Meyssignac B, Boyer T, Zhao Z X, et al. 2019. Measuring global ocean heat content to estimate the earth energy imbalance. Frontiers in Marine Science, 6: 437.

Midorikawa T, Ishii M, Saito S, et al. 2010. Decreasing pH trend estimated from 25-yr time series of carbonate parameters in the western North Pacific. Tellus Series B: Chemical and Physical Meteorology, 62（5）: 649-659.

Murtugudde R, Busalacchi A J.1999. Interannual variability of the dynamics and thermodynamics of the tropical Indian Ocean. Journal of Climate, 12（8）: 2300-2326.

Nan F, Xue H, Chai F, et al. 2013. Weakening of the Kuroshio intrusion into the South China Sea over the past two decades. Journal of Climate, 26（20）: 8097-8110.

Nan F, Yu F, Xue H, et al. 2015. Ocean salinity changes in the northwest Pacific subtropical gyre: the quasi-decadal oscillation and the freshening trend.Journal of Geophysical Research: Oceans, 120（3）: 2179-2192.

Nan F, Yu F, Xue H, et al. 2016. Freshening of the upper ocean in the South China Sea since the early 1990s. Deep Sea Research Part I Oceanographic Research Papers, 118: 20-29.

Needham H F, Keim B D, Sathiaraj D. 2015. A review of tropical cyclone-generated storm surges: global data sources, observations and impacts: a review of tropical storm surges. Reviews of Geophysics, 53（2）: 545-591.

Nerem R S, Beckley B D, Fasullo J, et al. 2018. Climate change driven accelerated sea level rise detected in the alimeter era. Proceedings of the National Academy of Sciences of the United States of America, 115: 2022-2025.

Nerem R S, Chambers D P, Choe C, et al. 2010. Estimating mean sea level change from the TOPEX and Jason altimeter missions. Marine Geodesy, 33（sup1）: 435-446.

Oey L Y, Chang M C, Chang Y L, et al. 2013. Decadal warming of coastal China Seas and coupling with winter monsoon and currents. Geophysical Research Letters, 40（23）: 6288-6292.

Oey L Y, Chou S. 2016. Evidence of rising and poleward shift of storm surge in western North Pacific in recent decades. Journal of Geophysical Research: Oceans, 121: 5181-5192.

Onarheim I H, Eldevik T, Smedsrud L H, et al. 2018. Seasonal and regional manifestation of Arctic sea ice loss. Journal of Climate, 31（12）: 4917-4932.

Orr J C, Fabry V J, Aumont O, et al. 2005. Anthropogenic ocean acidification over the twenty-first century and its impact on calcifying organisms. Nature, 437（7059）: 681-686.

Park K A, Lee E Y, Chang E, et al. 2015. Spatial and temporal variability of sea surface temperature and warming trends in the Yellow Sea. Journal of Marine Systems, 143: 24-38.

Parker D, Folland C, Scaife A, et al. 2007. Decadal to multidecadal variability and the climate change background. Journal of Geophysical Research, 112（D18）: D18115.

Parkinson C L, Comiso J C. 2013. On the 2012 record low Arctic sea ice cover: combined impact of preconditioning and an August storm. Geophysical Research Letters, 40 (7): 1356-1361.

Peings Y, Magnusdottir G. 2014. Response of the wintertime Northern Hemisphere atmospheric circulation to current and projected Arctic sea ice decline: a numerical study with CAM5. Journal of Climate, 27(1): 244-264.

Petoukhov V, Semenov V A. 2010. A link between reduced Barents-Kara sea ice and cold winter extremes over northern continents. Journal of Geophysical Research: Atmospheres, 115: D21.

Pickering M D. 2014. The impact of future sea-level rise on the global tides. Continental Shelf Research, 142 (15): 50-68.

Pickering M D, Horsburgh K J, Blundell J R, et al. 2017. The impact of future sea-level rise on the global tides. Continental Shelf Research, 142: 50-68.

Polyakov I V, Pnyushkov A V, Alkire M B, et al. 2017. Greater role for Atlantic inflows on seaice loss in the Eurasian Basin of the Arctic Ocean. Science, 356 (6335): 285-291.

Popova E E, Yool A, Aksenov Y, et al. 2013. Role of advection in Arctic Ocean lower trophic dynamics: a modeling perspective. Journal of Geophysical Research, 118 (3): 1571-1586.

Power S, Colman R. 2006. Multi-year predictability in a coupled general circulation model. Climate Dynamics, 26 (2-3): 247-272.

Power S B, Haylock M, Colman R, et al. 2006. The predictability of interdecadal changes in ENSO activity and ENSO teleconnections. Journal of Climate, 19 (19): 4755-4771.

Qi D, Chen L Q, Chen B S, et al. 2017. Increase in acidifying water in the western Arctic Ocean. Nature Climate Change, 7 (3): 195-199.

Qiu B, Chen S M. 2012. Multidecadal sea level and gyre circulation variability in the northwestern tropical Pacific Ocean. Journal of Physical Oceanography, 42 (1): 193-206.

Ray R D, Douglas B C. 2011. Experiments in reconstructing twentieth-century sea levels. Progress in Oceanography, 91 (4): 496-515.

Ren H L, Zuo J, Jin F F, et al. 2016. ENSO and annual cycle interaction: the combination mode representation in CMIP5 models. Climate Dynamics, 46 (11-12): 3753-3765.

Rhein M. 2013. Observations: Ocean in Climate Change 2013: the Physical Science Basis. Working Group I Contribution to the Fifth Assessment Report of the Intergovernmental Panel on Climate Change. Cambridge: Cambridge Press.

Riser S C, Freeland H J, Roemmich D, et al. 2016. Fifteen years of ocean observations with the global Argo array. Nature Climate Change, 6 (2): 145-153.

Robbins L L, Wynn J G, Lisle J T, et al. 2017. Baseline monitoring of the western Arctic Ocean estimates 20% of Canadian basin surface waters are undersaturated with respect to aragonite. PLoS ONE, 8 (9): e73796.

Rodgers K B, Friederichs P, Latif M. 2004. Tropical Pacific decadal variability and its relation to decadal modulations of ENSO. Journal of Climate, 17 (19): 3761-3774.

Roemmich D, Church J, Gilson J, et al. 2015. Unabated planetary warming and its ocean structure since

2006. Nature Climate Change，5（3）：240-245.

Roxy M K，Ritika K，Terray P，et al. 2014. The curious case of Indian Ocean warming. Journal of Climate，27（22）：8501-8509.

Royston S，Watson C S，Legresy B，et al. 2018. Sea level trend uncertainty with Pacific climatic variability and temporally correlated noise. Journal of Geophysical Research: Oceans，123（3）：1978-1993.

Ruan R M，Chen X Y，Jing Z，et al. 2019. Decelerated greenland ice sheet melt driven by positive summer North Atlantic oscillation. Journal of Geophysical Research: Atmospheres，124：7633-7646.

Santer B D，Bonfils C，Painter J F，et al. 2014. Volcanic contribution to decadal changes in tropospheric temperature. Nature Geoscience，7（3）：185-189.

Schweiger A，Lindsay R，Zhang J，et al. 2011. Uncertainty in modeled Arctic sea ice volume. Journal of Geophysical Research：Oceans，116（C8）：C00D06.

Screen J，Simmonds I. 2010. The central role of diminishing sea ice in recent Arctic temperature amplification. Nature，464（7293）：1334-1337.

Screen J A，Deser C. 2019. Pacific Ocean variability influences the time of emergence of a seasonally ice-free Arctic Ocean. Geophysical Research Letters，46（4）：2222-2231.

Screen J A，Deser C，Simmonds I，et al. 2014. Atmospheric impacts of Arctic sea-ice loss，1979—2009：separating forced change from atmospheric internal variability. Climate Dynamics，43（1-2）：333-344.

Semiletov I，Pipko I，Gustafsson Ö，et al. 2016. Acidification of East Siberian Arctic Shelf waters through addition of freshwater and terrestrial carbon. Nature Geoscience，9（5）：361-365.

Sheen K L，Brealey J A，Naveira Garabato A C，et al. 2013. Rates and mechanisms of turbulent dissipation and mixing in the Southern Ocean：results from the diapycnal and isopycnal mixing experiment in the Southern Ocean（DIMES）. Journal of Geophysical Research：Oceans，118（6）：2774-2792.

Sheremet V A. 2001. Hysteresis of a western boundary current leaping across a gap. Journal of Physical Oceanography，31：1247-1259.

Shi J R，Xie S P，Talley L D. 2018. Evolving relative importance of the Southern Ocean and north Atlantic in anthropogenic ocean heat uptake. Journal of Climate，31（8）：7459-7479.

Solomon S，Daniel J S，Neely III R R，et al. 2011. The persistently variable "background" stratospheric aerosol layer and global climate change. Science，333（6044）：866-870.

Song Q，Gordon A L. 2004. Significance of the vertical profile of the indonesian throughflow transport to the indian ocean. Geophysical Research Letters，31（16）：329-337.

Song W，Lan J，Liu Q，et al. 2014. Decadal variability of heat content in the South China Sea inferred from observation data and an ocean data assimilation product. Ocean Science，10：135-139.

Song Y，Yu Y. 2015. Impacts of external forcing on the decadal climate variability in CMIP5 simulations. Journal of Climate，28（13）：5389-5405.

Sprintall J，Cravatte S，Dewitte B，et al. 2020. ENSO oceanic teleconnections//McPhaden M J，Santoso A，Cai W. El Niño Southern Oscillation in a Changing Climate. Washington DC：American Geophysical Union：337-359.

Sprintall J，Révelard A. 2014. The Indonesian throughflow response to Indo-Pacific climate variability. Journal of Geophysical Research：Oceans，119（2）：1161-1175.

Stevenson S，Fox-Kemper B，Jochum M，et al. 2012. Will there be a significant change to El Niño in the twenty-first century? Journal of Climate，25（6）：2129-2145.

Stevenson S L. 2012. Significant changes to ENSO strength and impacts in the twenty-first century：results from CMIP5. Geophysical Research Letters，39（17）：17703-17707.

Su J，Xu M Q，Pohlmann T，et al. 2013. A western boundary upwelling system response to recent climate variation（1960—2006）. Continental Shelf Research，57：3-9.

Sun D Z，Zhang T，Sun Y，et al. 2014. Rectification of El Niño-Southern Oscillation into climate anomalies of decadal and longer time scales：results from forced ocean GCM experiments. Journal of Climate，27（7）：2545-2561.

Swart N C，Gille S T，Fyfe J C，et al. 2018. Recent Southern Ocean warming and freshening driven by greenhouse gas emissions and ozone depletion. Nature Geoscience，11（11）：836-841.

Takahashi T，Sutherland S C，Chipman D W，et al. 2014. Climatological distributions of pH，pCO_2，total CO_2，alkalinity，and $CaCO_3$ saturation in the global surface ocean，and temporal changes at selected locations. Marine Chemistry，164：95-125.

Timmermans M L，Toole J，Krishfield R. 2018. Warming of the interior Arctic Ocean linked to sea ice losses at the basin margins. Science Advances，4（8）：eaat6773.

Trenberth K E，Cheng L，Jacobs P，et al. 2018. Hurricane Harvey links to ocean heat content and climate change adaptation. Earth's Future，6（5）：730-744.

Trenberth K E，Fasullo J T，Branstator G，et al. 2014. Seasonal aspects of the recent pause in surface warming. Nature Climate Change，4（10）：911-916.

Trenberth K E，Fasullo J T，von Schuckmann K，et al. 2016. Insights into earth's energy imbalance from multiple sources. Journal of Climate，29（20）：7495-7505.

USGCRP. 2017. Climate Science Special Report: Fourth National Climate Assessment（volume I）. Washington DC: U.S. Global Change Research Program.

von Schuckmann K，Le Traon P Y. 2011. How well can we derive Global Ocean Indicators from Argo data? Ocean Science，7(35):783-791.

Walsh J E. 2014. Intensified warming of the Arctic：causes and impacts on middle latitudes. Global and Planetary Change，117：52-63.

Walsh J E，Fetterer F，Scott Stewart J，et al. 2017. A database for depicting Arctic sea ice variations back to 1850. Geographical Review，107（1）：89-107.

Wang D W，Gouhier T C，Menge B A，et al. 2015. Intensification and spatial homogenization of coastal upwelling under climate change. Nature，518（7539）：390-394

Wang L，Huang G，Zhou W，et al. 2016. Historical change and future scenarios of sea level rise in Macau and adjacent waters. Advances in Atmospheric Sciences，33：462-475.

Wang T，Ottera O H，Gao Y，et al. 2012. The response of the North Pacific Decadal Variability to strong tropical volcanic eruptions. Climate Dynamics, 39（12）: 2917-2936.

Wang W W, Zhou W. 2017. Statistical modeling and trend detection of extreme sea level records in the Pearl River Estuary. Advances in Atmospheric Sciences, 34: 383-396.

Wang X L, Feng Y, Swail V R. 2014. Changes in global ocean wave heights as projected using multimodel CMIP5 simulations. Geophysical Research Letters, 41（3）: 1026-1034.

Watanabe M, Kug J S, Jin F F, et al. 2012. Uncertainty in the ENSO amplitude change from the past to the future. Geophysical Research Letters, 39（20）: 185-206.

Watson C S, White N J, Church J A, et al. 2015. Unabated global mean sea-level rise over the satellite altimeter era. Nature Climate Change, 5（6）: 565-568.

Weisse R, Bellafiore D, Menéndez M, et al. 2014. Changing extreme sea levels along European coasts. Coastal Engineering, 87: 4-14.

Wenzel M, Schröter J. 2014. Global and regional sea level change during the 20th century. Journal of Geophysical Research: Oceans, 119（11）: 7493-7508.

Wijffels S, Meyers G. 2004. An intersection of oceanic waveguides: variability in the Indonesian Throughflow region. Journal of Physical Oceanography, 34（5）: 1232-1253.

WMO. 2017. Statement on the State of the Global Climate in 2016. Geneva: World Meteorological Organization.

Wong A P S, Riser S C. 2011. Profiling float observations of the upper ocean under sea ice off the Wilkes Land coast of Antarctica. Journal of Physical Oceanography, 41（6）: 1102-1115.

Wong A P S, Riser S C. 2013. Modified shelf water on the continental slope north of Mac Robertson Land, East Antarctica. Geophysical Research Letters, 40（23）: 6186-6190.

Woodgate R A. 2018. Increases in the Pacific inflow to the Arctic from 1990 to 2015, and insights into seasonal trends and driving mechanisms from year-round Bering Strait mooring data. Progress in Oceanography, 160: 124-154.

Woodgate R A, Weingartner T, Lindsay R. 2010. The 2007 Bering Strait oceanic heat flux and anomalous Arctic sea-ice retreat. Geophysical Research Letters, 37: L01602.

Woodworth P L, Blackman D L. 2004. Evidence for systematic changes in extreme high waters since the mid-1970s. Journal of Climate, 17(6): 1190-1197.

Woodworth P L, Menéndez M. 2015. Changes in the mesoscale variability and in extreme sea levels over two decades as observed by statellite altimetry. Journal of Geophysical Research: Oceans, 120（1）: 64-77.

Woosley R J, Millero F J, Wanninkhof R. 2016. Rapid anthropogenic changes in CO_2 and pH in the Atlantic Ocean: 2003—2014. Global Biogeochemical Cycles, 30（1）: 70-90.

Wu B Y, Francis J A. 2019. Summer Arctic cold anomaly dynamically linked to east Asian heat waves. Journal of Climate, 32（4）: 1137-1150.

Wu B Y, Handorf D, Dethloff K, et al. 2013. Winter weather patterns over northern Eurasia and Arctic sea ice loss. Monthly Weather Review, 141（11）: 3786-3800.

Wu B Y, Huang R H, Gao D Y. 1999. Effects of variation of winter sea-ice area in Kara and Barents seas on East Asian winter monsoon. Acta Meteorologica Sinica, 13（2）: 141-153.

Wu B Y, Su J, Zhang R. 2011. Effects of autumn-winter arctic sea ice on winter Siberian High. Chinese Science Bulletin, 56（30）: 3220-3228.

Wu L X, Cai W J, Zhang L P, et al. 2012. Enhanced warming over the global subtropical western boundary currents. Nature Climate Change, 2（3）: 161-166.

Wu Q, Zhang X. 2010. Observed forcing-feedback processes between Northern Hemisphere atmospheric circulation and Arctic sea ice coverage. Journal of Geophysical Research, 115: D14119.

Xiang B, Wang B, Ding Q, et al. 2012. Reduction of the thermocline feedback associated with mean SST bias in ENSO simulation. Climate Dynamics, 39（6）: 1413-1430.

Xiao F, Wang D, Yang L. 2020. Can tropical Pacific winds enhance the footprint of the interdecadal Pacific oscillation on the upper-ocean heat content in the South China Sea? Journal of Climate, 33（10）: 4419-4437.

Xiao F, Wang D, Zeng L, et al. 2019. Contrasting changes in the sea surface temperature and upper ocean heat content in the South China Sea during recent decades. Climate Dynamics, 53（3-4）: 1597-1612.

Xiao F, Zeng L, Liu Q Y, et al. 2018. Extreme subsurface warm events in the South China Sea during 1998/99 and 2006/07: observations and mechanisms. Climate Dynamics, 50（1-2）: 115-128.

Xie S P, Hu K, Hafner J, et al. 2009. Indian Ocean capacitor effect on Indo-western Pacific climate during the summer following El Niño. Journal of Climate, 22（3）: 730-747.

Xie S P, Xie Q, Wang D X, et al. 2003. Summer upwelling in the South China Sea and its role in regional climate variations. Journal of Geophysical Research, 108（C8）: 3261.

Xu Y, Lin M, Zheng Q, et al. 2016. A study of sea level variability and its long-term trend in the South China Sea. Acta Oceanologica Sinica, 35（9）: 22-33.

Xu Y, Ramanathan V, Victor D G. 2018. Global warming will happen faster than we think. Nature, 564（7734）: 30-32.

Yamamoto-Kawai M, McLaughlin F A, Carmack E C. 2013. Ocean acidification in the three oceans surrounding northern North America. Journal of Geophysical Research: Oceans, 118（11）: 6274-6284.

Yamamoto-Kawai M, McLaughlin F A, Carmack E C, et al. 2009. Aragonite undersaturation in the Arctic Ocean: effects of ocean acidification and sea ice melt. Science, 326（5956）: 1098-1100.

Yeh S W, Cai W, Min S K, et al. 2018. ENSO atmospheric teleconnections and their response to greenhouse gas forcing. Reviews of Geophysics, 56（1）: 185-206.

Yin K, Xu S, Huang W, et al. 2017. Effects of sea level rise and typhoon intensity on storm surge and waves in Pearl River Estuary. Ocean Engineering, 136: 80-93.

Young I, Ribal A. 2019. Multiplatform evaluation of global trends in wind speed and wave height. Science, 364（6440）: 548-552.

Zeng L, Wang D, Chen J, et al. 2016a. SCSPOD14, a South China Sea physical oceanographic dataset derived from in situ measurements during 1919—2014. Scientific Data, 3: 160029.

Zeng L，Wang D，Xiu P，et al. 2016b. Decadal variation and trends in subsurface salinity from 1960 to 2012 in the northern South China Sea. Geophysical Research Letter，43（23）：12181-12189.

Zenk W，Morozov E. 2007. Decadal warming of the coldest Antarctic Bottom Water flow through the Vema Channel. Geophysical Research Letters，34（14）：L14607.

Zhai F G，Hu D X，Wang Q Y，et al. 2014. Long-term trend of Pacific South Equatorial Current bifurcation over 1950—2010. Geophysical Research Letters，41（9）：3172-3180.

Zhang X，Church J A. 2012. Sea level trends，interannual and decadal variability in the Pacific Ocean. Geophysical Research Letters，39（21）：21701-21708.

Zhang Z，Tian J，Qiu B，et al. 2016. Observed 3D structure，generation，and dissipation of oceanic mesoscale eddies in the South China Sea. Scientific Reports，6（1）：24349.

Zheng C W，Li C Y. 2014. Variation of the wave energy and significant wave height in the China Sea and adjacent waters. Renewable and Sustainable Energy Reviews，43：381-387.

Zilberman N. 2017. Deep Argo-sampling the total ocean volume. Bulletin of the American Meteorological Society，State of the Climate in 2016 Report，8（98）：73-74.

Zuo J，Yang Y，Zhang J，et al. 2013. Prediction of China's submerged coastal areas by sea level rise due to climate change. Journal of Ocean University of China，12（3）：327-334.

第6章　冰冻圈变化

主要作者协调人：效存德、吴通华
编　　　　审：任贾文
主　要　作　者：马丽娟、窦挺峰、郭万钦、姚晓军、杨　佼

- ## 执行摘要

　　冰冻圈是指地球表层具有一定厚度且连续分布的负温圈层。根据冰冻圈形成发育的动力、热力条件和地理分布，冰冻圈可以分为陆地冰冻圈、海洋冰冻圈和大气冰冻圈。冰冻圈的组成要素包括冰川（含冰盖）、冻土（包括多年冻土和季节冻土）、积雪、河冰和湖冰、海冰、冰架、冰山和海底多年冻土，以及大气圈对流层和平流层内的冻结状水体。冰冻圈的变化不仅直接影响全球气候和海平面、地表水文水资源的变化，同时还会对生态与环境及人类活动产生影响。

　　中国冰冻圈主要由陆地冰冻圈（冰川、冻土、积雪、河冰和湖冰）、海洋冰冻圈（海冰）和大气冰冻圈（降雪）组成。在气候变暖的背景下，中国陆地冰冻圈与全球陆地冰冻圈变化的态势相比，已经发生了显著变化（高信度）。中国山地冰川与全球主要参照冰川物质平衡年际变化趋势和速率基本一致，但中国冰川的累积物质平衡减小速率相对较慢，消融速率较小（中等信度）；20世纪80年代以来，北半球多年冻土面积正快速减少，高海拔多年冻土退化速率快于高纬度多年冻土，青藏高原多年冻土退化速率最快（高信度）；中国年积雪日数和平均雪深总体呈不显著增加趋势，其中新疆和青藏高原部分地区显著下降（高信度）。据统计，中国西部的冰川面积在过去几十年间整体萎缩了约18%，但冰川温度的升高导致冰川稳定性降低，冰川跃动、冰崩等灾害事件频率呈显著增加趋势，预估结果表明，未来中国冰川物质损失将会加速，冰川面积也会不断萎缩；我国季节冻土的变化趋势主要表现为季节冻结深度减小，冻结日期推迟，融化日期提前，冻结持续期缩短；多年冻土呈现出区域性退化的趋势，多年冻土地温显著升

高，活动层增厚速率较 2010 年之前有加快趋势，热融滑塌和热融沉陷等冻融灾害事件频繁出现（高信度），预估结果也表明我国未来多年冻土分布面积将显著减少。我国北方河冰物候特征总体呈现封河日期推迟、开河日期提前、封冻日数减少的趋势。青藏高原地区湖冰变化整体上呈现冻结日期推迟、消融日期提前、封冻期缩短和厚度减薄的趋势。中国积雪分布和变化存在显著区域差异、季节差异、年际差异和年代际差异。21 世纪以来，东北大、小兴安岭和长白山地区，以及三江源地区冬、春季积雪日数和平均雪深均明显增加，而新疆大部、青藏高原北部和中西部均显著减少。到 21 世纪末，中国积雪日数和雪水当量均以减少为主，高排放（RCP8.5）较中等排放（RCP4.5）情景下的减少更为显著，且青藏高原地区的下降趋势明显大于全国平均。中国降雪季长度总体上表现出缩短的趋势，其中青藏高原降雪季长度 / 降雪显著缩短 / 减少（高信度），不同等级的降雪日数和降雪减少程度不同；中国其他区域除新疆北部大雪等级的降雪日数和降雪显著增加外，其余变化均不显著（高信度）。未来全球中低纬山区降雪普遍减少，但包括喜马拉雅山脉西北部山区在内的全球个别山区降雪却增加。中国近海海冰面积自 20 世纪中期以来呈缓慢减小趋势（中等信度），在 20 世纪 80 年代至 21 世纪初显著减小且重冰年较少（高信度），但在 2000 年之后海冰面积缓慢增加且重冰年增多（高信度）。相较于 1978~2008 年平均值，预估未来 30 年中黄、渤海结冰面积将很有可能减少 24%，结冰范围衰减 19%，持续天数缩短 10%。在气候持续变暖的情景下，中国冰冻圈主要要素冰川、冻土、积雪及河、湖冰均将发生不同程度的退缩。

6.1 全球与中国冰冻圈变化特征

6.1.1 全球冰冻圈变化态势

地表气温观测表明，全球主要山地冰冻圈区——亚洲高海拔地区、北美洲西部和欧洲阿尔卑斯山区近几十年来正在以平均 0.3 ± 0.2℃/10a 的速率变暖，高于全球平均变暖速率 0.2 ± 0.1℃/10a（Hock et al.，2019）。

图 6-1 给出了基于观测的全球山区变暖趋势。结果表明，同一地区变暖速率在不同季节差异很大。例如，在欧洲阿尔卑斯山区，夏季和春季变暖更为显著（Auer et al.，2007；Ceppi et al.，2012），但青藏高原冬季变暖幅度最大（Liu et al.，2009；You et al.，2010）。相比全球低海拔地区，海平面 500m 以上的高海拔地区变暖速率更大（Wang et al.，2016）。但是，在区域和局地尺度上，不同高度带的变暖速率并不与海拔呈正相关关系。在青藏高原，结合实地观测、遥感和模型模拟手段评估表明，

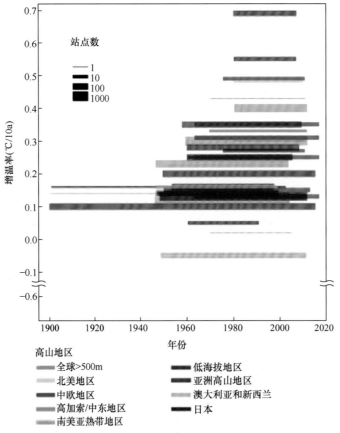

图 6-1　全球山区年平均地表气温的趋势汇总（Hock et al.，2019）

基于全球 4672 个台站观测数据和 19 项研究中的 38 套数据集；每条线代表一项研究成果中的变暖速率，在相应研究时段内取平均值；线条颜色代表不同山区，线宽表示使用的观测站数量

变暖在海拔 4000m 左右高度区间增强，但在 5000m 以上高度不再增强（Qin et al.，2018）；意大利阿尔卑斯山（Tudoroiu et al.，2016）和喜马拉雅山南部（Nepal，2016）的研究结果也显示在较低海拔地区气温升高幅度最大；西北美洲和南美洲的情况相反，另外在其他地区，评估变暖是否随海拔变化的证据尚且不足。总体而言，变暖在不同高度带存在差异（中等信度）。另外，观测到的变化还与气温指标类型有关，日平均、最低和最高气温变化幅度在不同区域、季节和海拔存在明显差异。

1）全球冰川变化

Randolph 全球冰川编目计划将全球冰川分为 19 个大区来监测冰川变化。2017 年 6 月的最新编目结果表明，全球共有冰川 215547 条，总面积为 705738.793km²，总体积约 324.2mm 海平面当量（sea-level equivalent，SLE）（图 6-2）。由各区冰川面积和冰量可以看出，全球冰川主要集中分布在南、北极和高亚洲地区。而且除高亚洲地区和格陵兰岛外围外，各地区冰川面积与体积之间具有很好的相关性。

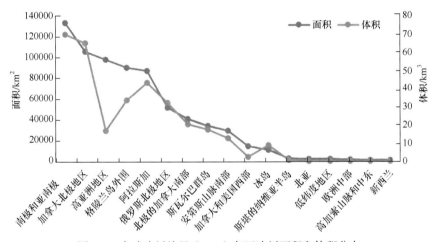

图 6-2　全球冰川编目（RGI）各区冰川面积和体积分布

2006~2015 年全球冰量平均损失速率为 278 ± 113Gt/a，约折合 0.77 ± 0.31mm/a 海平面当量。其中，北极地区包括阿拉斯加、冰岛、斯堪的纳维亚半岛、加拿大北极地区、俄罗斯北极地区和斯瓦尔巴群岛 6 个分区，冰量平均损失速率最大，为 –213 ± 29Gt/a，折合海平面当量为 –0.59 ± 0.08Gt/a；其次为高山地区，包括阿拉斯加、加拿大和美国西部、冰岛、斯堪的纳维亚半岛、欧洲中部、高加索山脉和中东、北亚、高亚洲地区、低海拔地区、安第斯山脉南部和新西兰 11 个分区，平均损失速率为 –11 ± 108Gt/a，折合海平面当量 0.34 ± 0.07mm/a；南极冰量减少最少，仅为 –11 ± 108Gt/a，即 0.03 ± 0.3mm/a 海平面当量。

就高山地区而言，冰量平均损失速率从大到小依次为阿拉斯加（–60 ± 16Gt/a，0.17 ± 0.04mm/a）、安第斯山脉南部（–25 ± 4Gt/a，0.07 ± 0.01mm/a）、高亚洲地区（–16 ± 4Gt/a，0.04 ± 0.01mm/a）、加拿大和美国西部（–8 ± 13Gt/a，0.02 ± 0.04mm/a）、冰岛（–7 ± 3Gt/a，0.02 ± 0.01mm/a）、欧洲中部（–2Gt/a，0.01mm/a）、斯堪的纳维亚半岛（–2 ± 1Gt/a，0.01 ± 0.00mm/a）、低纬度地区（–2 ± 2Gt/a，0.01mm/a）、高加索山脉

和中东（–1 ± 1Gt/a）、新西兰（–1 ± 1Gt/a）和北亚（–1 ± 1Gt/a）。

2）北半球多年冻土变化

近几十年来，北半球（如阿尔卑斯山、斯堪的纳维亚半岛、加拿大、蒙古国、天山和青藏高原等地区）多年冻土明显退化、地下冰融化、液态水含量增加、退化显著（高信度）。最近一项研究对阿尔卑斯山、斯堪的纳维亚半岛、加拿大、高亚洲地区和北亚等区域的 28 个站点多年冻土变化进行了分析，结果表明，该地区多年冻土变暖速率在 2007~2016 年平均为 0.19 ± 0.05 ℃/10a（图 6-3）（Biskaborn et al.，2019）。在更长时期内，阿尔卑斯山、斯堪的纳维亚半岛、蒙古国、天山和青藏高原的观测结果表明多年冻土也在普遍变暖，而且一些观测点的多年冻土已发生退化（Phillips et al.，2009）。一般来说，接近 0℃的多年冻土比温度更低的多年冻土变暖幅度低，因为地下冰融化吸收了部分热量。相似地，因为基岩相比碎石或土壤含冰量低，所以变暖幅度更大。例如，欧洲几个基岩观测点在过去 20 年中迅速升温，速率高达 1℃/10a。通过集合不同深度的热梯度，推测 20 世纪下半叶欧洲基岩下多年冻土总变暖速率为 0.5~0.8℃（Isaksen et al.，2001；Harris et al.，2003）。近 10 年来，斯堪的纳维亚半岛（Isaksen et al.，2007）和全球山区（Biskaborn et al.，2019）站点监测表明多年冻土变暖加速。研究结果也表明，近年来欧洲阿尔卑斯山和斯堪的纳维亚半岛的多年冻土变暖速率高于 20 世纪后期。通过模型预估发现，全球地表温度升高 1.5℃的情况下，到 2023 年多年冻土南界将向北移动 1°~3.5°，尤其是中西伯利亚高原南部；与 1986~2005 年相比，RCP2.6、RCP4.5 和 RCP8.5 的冻土面积将减少 3.43×10⁶km²（21.12%）、3.91×10⁶km²（24.1%）和 4.15×10⁶km²（25.55%）（Kong and Wang，2017）。

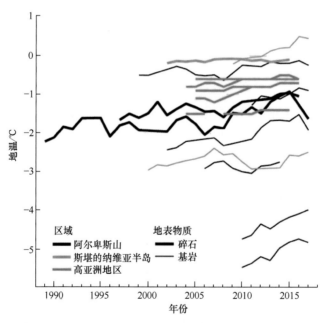

图 6-3 欧洲阿尔卑斯山、斯堪的纳维亚半岛和高亚洲地区碎石和基岩下钻孔的年平均地温
（Blunden et al.，2018；Biskaborn et al.，2019）

3）北半球积雪变化

地球表面存在时间不超过一年的雪层，即季节性积雪，简称积雪。积雪变化深刻影响着地表能量收支、地下热稳态和淡水收支。积雪也与植被相互作用，进而对生物地球化学活动、动植物栖息地和生态系统服务产生影响。

自 1967 年卫星观测以来，北极（陆地 60°N 以北）春季积雪范围显著减小（Estilow et al.，2015），其中 1981~2018 年 5 月和 6 月减少速率分别为 –3.5%±1.9% 和 –13.4%±5.4%。基于地表观测、卫星数据和模型方法分析发现，春季积雪范围减少主要与积雪期变短有关（高信度）。覆盖时长范围 –3.9~–0.7d/10a，不同地区和不同时间段存在明显差异。多源数据分析表明，积雪范围和时长在秋季也在减小，介于 –1.4~–0.6d/10a（高信度）。

俄罗斯北极地区天气台站观测表明，1966~2014 年最大降雪深度呈现减少趋势（Bulygina et al.，2010；Osokin and Sosnovsky，2015）；北美北极地区季节最大积雪深度变化在统计上并不显著，最大积雪深度出现时间则明显提前，速率约为 2.7d/10a，但亚欧大陆尚无此类研究。格点数据和陆表模型模拟结果表明，欧亚大陆和北美北极地区雪水当量也呈减少趋势（中等信度）（Brown and Robinson，2011）。

4）全球河、湖冰变化

北半球约 60% 的河流受到河冰的显著影响（Ionita et al.，2018）。我国北方地区河流（如黑龙江、松花江、黄河等）在冬季冰情严重，容易发生冰凌灾害（黄国兵等，2019；杨开林，2018）。在气候变暖背景下，我国北方河冰物候特征总体呈现封河日期推迟、开河日期提前、封冻日数减少、河冰厚度减薄趋势。

湖冰变化整体上呈现冻结日期推迟、消融日期提前、封冻期缩短和厚度减薄趋势。2000~2015 年青藏高原湖冰物候并没有一致趋势（高信度）。1983~2015 年青海湖最大、最小湖冰厚度总体上呈现出波动减小的趋势，最大和最小湖冰厚度变化速率分别为 –0.30cm/a 和 –0.24cm/a（高信度）。在升温情景下，每年持续冻结湖泊（annual ice-covered lake）数量不断减少，而间歇冻结湖泊（intermittent ice-covered lake）数量将呈指数增长，且受北极气温放大效应影响，高纬地区的湖泊更易于转换为间歇冻结湖泊。

5）全球海冰变化

无论在年平均还是在季节平均变化上，北极海冰范围自 1979 年以来总体呈持续减退趋势。北极多年冰在显著减薄，多年冰海区逐渐向一年冰转化。21 世纪 10 年代是自 1850 年以来北极海冰范围最小的十年。1979 年以来北极海冰的减小有一半以上归因于人类活动。预计 2050 年前，北极海冰在盛夏将出现短暂无冰洋面。南极海冰范围无明显长期趋势，但自 2016 年以来海冰范围略有缩小。南极海冰同时受大尺度环流和中小尺度涡流等多因素影响，年际变率大而长期趋势小，对其未来变化预估的信度尚低。

6）全球降雪变化

近几十年来北半球温度明显上升，特别是冬季变暖导致降雪时间减少，但另外冬季降水增加和温度升高可导致短时内降雪增加。降雪的形成需要低温，所以北方降雪长期明显减少，进一步导致积雪减少。预计在未来气温增加的情景下，降雪和积雪面积将进一步减少，导致地面反射辐射减少，进一步促进气温升高，如此循环，致使降雪越来越少。但未来极端降雪仍将呈频发趋势。

6.1.2　中国冰冻圈的变化特征

1. 冰冻圈变化的基本特征及区域分异

我国是中低纬度冰冻圈最为发育的国家，冰冻圈主体为冰川、冻土和积雪三大要素，分布范围广泛（图 6-4），不仅具有重要的气候效应，还是维系干旱区绿洲经济发展和确保寒区生态系统稳定的重要水源保障（秦大河和丁永建，2009）。受气候变化的影响，全球冰冻圈发生了显著变化，冰冻圈变化的气候效应、环境效应、资源效应和生态效应正日趋显著（Bibi et al.，2018）。我国冰冻圈对气候变化的响应表现出独特的地域差异，作为冰冻圈发育大国，对冰川、冻土和积雪的深入研究不仅具有科学上的重要性，而且在国家战略需求上具有紧迫性（丁永建和秦大河，2009）。

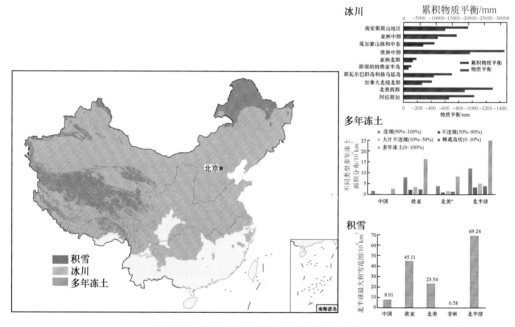

图 6-4　中国冰冻圈主体要素分布示意图

对全球参照冰川的监测数据研究发现，当前大部分冰川呈现加速亏损的趋势，特别是在 2000 年以后，主要表现在小冰川的数量减少、大冰川的面积缩减、物质平衡出现显著亏损、厚度减薄和末端退缩等方面。对比全球其他参照冰川，我国乌鲁木齐河源 1 号冰川以及境内山地冰川的消融速率相对较小，这与全球参照冰川多为海洋性冰川有关（Yao et al.，2018；李忠勤等，2019）。基于卫星影像的研究发现，近几十年来，中国西部 80.8% 的冰川呈现退缩状态，其中，玉龙雪山等海洋性冰川的退缩最为显著，其次是大陆性冰川，而极大陆性冰川的退缩相对缓慢（姚檀栋等，2013）。总体而言，中国境内的冰川自小冰期结束以来一直处在退缩状态，20 世纪 70 年代出现过短暂的稳定或前进，之后又开始逐渐退缩（施雅风等，2006），目前退缩速率达到历史最快。其主要原因是冰川表面反照率降低、正积温增大、冰体温度升高和冰川的破碎化导致冰川加速消融。

中国是继俄罗斯、加拿大之后，全球第三大冻土国（周幼吾等，2000），多年冻土总面积约 $1.3 \times 10^6 km^2$，占北半球多年冻土总面积的 10%（Obu et al.，2019），其中青藏高原高海拔多年冻土面积为 $1.06 \times 10^6 km^2$（Zou et al.，2017），东北高纬度地区为 $0.17 \times 10^6 km^2$（Zhang X et al.，2018）。1979~2009 年，北半球多年冻土面积正快速退缩，总的来说，高海拔多年冻土退化速率快于高纬度多年冻土，青藏高原融化速率最快，其次是阿拉斯加、俄罗斯和加拿大（Guo and Wang，2016）。全球陆地冻土网络（GTN-P）的结果表明，国际极地年以来（2007~2016 年），冻土温度在全球范围内呈现出增加的趋势。受北极气温放大效应的影响，连续多年冻土 10 年间增加了 $0.39 \pm 0.15℃$；受积雪厚度增加的影响，非连续多年冻土温度增加了 $0.20 \pm 0.10℃$。在此期间，以青藏高原为代表的高海拔冻土区的温度上升了 $0.19 \pm 0.05℃$（Biskaborn et al.，2019）。

全球约有 98% 的季节性积雪位于北半球，北半球陆地最大积雪范围为 $47.2 \times 10^6 km^2$，约占北半球陆地面积的 50%。模拟发现，随着气候变暖，整个北半球融雪速度将逐渐减缓（Wu X et al.，2018a）。北半球积雪主要分布在欧亚大陆，冬季积雪占北半球积雪总量的 60%~65%（张廷军和钟歆玥，2014），降雪具有明显的纬度地带性，纬度每增加 1°，降雪约增加 4.57mm。而中国积雪的研究多集中在青藏高原、新疆北部和东北 – 内蒙古这 3 个主要的积雪区。在全球变化的大背景下，中国年积雪日数和平均雪深总体呈现增加的趋势；年平均积雪覆盖面积无明显变化趋势。总体而言，我国积雪变化的区域差异较大，年际振荡较为明显（Huang et al.，2016）。

2. 冰川变化的区域特征

利用最新的 RG 6.0 冰川数据集中在全球范围选取用于表征全球 10 个冰川区的 40 条参照冰川的长时间序列监测数据，结合现有不同区域冰川变化的研究结果，发现当前全球大部分冰川呈现加速亏损的趋势，特别是在 2000 年以后，主要表现在小冰川的数量减少、大冰川的面积缩减、物质平衡出现显著亏损、厚度减薄和末端显著退缩等方面。这主要是冰川表面反照率降低、正积温增大、冰体温度升高和冰川的破碎化导致冰川加速消融；与全球其他参照冰川相比，乌鲁木齐河源 1 号冰川等中国境内山地冰川的消融速率相对较小，这种差异在一定程度上与全球参照冰川多为海洋性冰川有关（Yao et al.，2018；李忠勤等，2019）。以下先概述中国冰川的分布，并从物质平衡和末端变化等方面阐述中国冰川变化的区域特征。

1）不同面积等级冰川的数量和面积

在世界冰川监测服务处（WGMS）划分的 19 个典型冰川区中，中国的冰川主要分布在亚洲中部、西南部和东南部 3 个区域，如图 6-5 所示，这三个区域的冰川数量均以面积不足 1km² 的小冰川为主，其中，亚洲中部和西南部这一类型的冰川数量接近，均为 84% 左右，而亚洲东南部的这一类型的冰川发育相对稀少，比例为 79%；面积介于 1~10km² 的冰川数量相对较少，占区域冰川数量的 15%~20%；大于 10km² 的冰川数量更少，总比例不超过 2%。面积小于 1km² 的小冰川尽管在数量上占据绝对优势，但其面积占比并不是最高的。其中，面积介于 1~10km² 的冰川累积面积相对最大，占区域总面积 33.5%~45.7%；其次是面积介于 10~100km² 的冰川，占区域总面积的 26.4%~31.7%，面积小于 1km² 的冰川占区域总面积不超过 25%。值得注意的是，在亚洲西南部，面积大于 100km² 的冰川面积占比能达到 21.4%，明显高于亚洲中部（8.3%）和西南部（2%）[图 6-5（b）]，即冰川数量与冰川面积并不一定成正比。

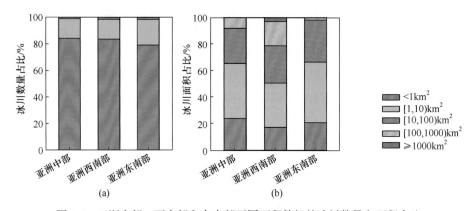

图 6-5　亚洲中部、西南部和东南部不同面积等级的冰川数量和面积占比

2）冰川物质平衡变化的区域特征

将中国与国外其他参照冰川的物质平衡数据进行对比可见，中国与全球其他典型冰川的年物质平衡变化趋势和速率基本一致（图 6-6），均呈现亏损趋势，但中国冰川的累积物质平衡减小速率相对较慢（表 6-1）。具体来看，以上 10 个冰川典型区在 1984~2016 年的物质平衡和累积物质平衡均以不同的速率呈现下降趋势，不同区域的平均物质平衡介于 -973.1~-77.1mm w.e，均值为 -488.5mm w.e，累积物质平衡介于 -31363.3~-2534.9mm w.e，均值为 15829.7mm w.e。欧洲中部的冰川亏损最为快速和显著，其次是北美西部、阿拉斯加和南安第斯山地区，亏损速率相对最慢的是斯瓦尔巴群岛和扬马延岛（表 6-1）。从物质平衡和累积物质平衡的年际变化特征来看，阿拉斯加和南安第斯山地区分别在 1988 年和 2009 年之后呈现加速亏损的态势（梁鹏斌等，2018）。以乌鲁木齐河源 1 号冰川为参照冰川的亚洲中部区域的亏损状况同样显著，物质平衡和累积物质平衡的减小速率分别达到 -5.7mm w.e/a 和 -491.1mm w.e/a（Che et al., 2017）。基于 Terra ASTER 和 Landsat TM/ETM+ 数字影像发现，近几十年来，中国西部 80.8% 的冰川呈现退缩的状态，其中，玉龙雪山等海洋性冰川的退缩最为显著，其次是大陆性冰川，而极大陆性冰川的退缩相对缓慢（姚檀栋等，2013）。

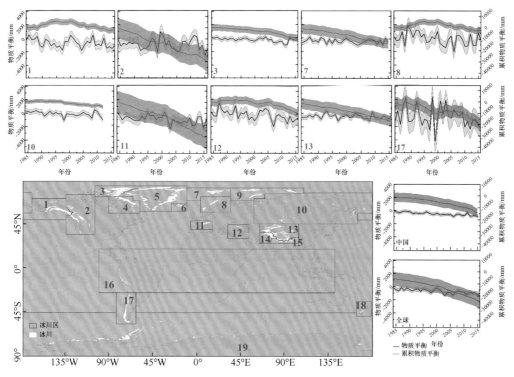

图 6-6　全球典型冰川区的分布和物质平衡年际变化

1. 阿拉斯加；2. 北美西部；3. 加拿大北极北部；4. 加拿大北极南部；5. 格陵兰岛边缘；6. 冰岛；7. 斯瓦尔巴群岛和扬马延岛；
8. 斯堪的纳维亚半岛；9. 俄罗斯北极；10. 亚洲北部；11. 欧洲中部；12. 高加索山脉和中东；13. 亚洲中部；14. 亚洲西南部；
15. 亚洲东南部；16. 低纬度区；17. 南安第斯山地区；18. 新西兰；19. 南极周边岛屿

表 6-1　中国、全球和全球典型冰川区的物质平衡、累积物质平衡的平均值和倾向率比较

编号	区域	时间序列 / 年	物质平衡		累积物质平衡	
			平均值 /mm	倾向率 / (mm w.e/a)	平均值 /mm w.e	倾向率 / (mm w.e/a)
—	中国	1984~2015	−398.2	−21.9***	−4977.1	−385.1***
—	全球	1984~2016	−563.3	−22.3***	−12475.9	−580.0***
1	阿拉斯加	1984~2016	−669.3	−27.19*	−22085	−713.18***
2	北美西部	1984~2016	−897.4	−9.92	−27823	−902.67***
3	加拿大北极北部	1984 ~2016	−276.6	−13.77**	−8890.5	−253.6***
7	斯瓦尔巴群岛和扬马延岛	1984 ~2015	−444.5	−4.74	−15092.5	−458.86***
8	斯堪的纳维亚半岛	1984~2016	−77.1	−29.53	−2534.9	−149.57*
10	亚洲北部	1984~2012	−141	−23.93**	−4093.3	−190.07***
11	欧洲中部	1984~2016	−973.1	−32.25**	−31363.3	−977.48***
12	高加索山脉和中东	1984~2016	−293	−39.42**	−9660	−282.07***
13	亚洲中部	1984~2016	−502	−5.7	−16580.5	−491.3***
17	南安第斯山地区	1984~2016	−611	−31.77	−20174	−493.65***

*、** 和 *** 分别代表通过了 0.05、0.01 和 0.001 的显著性检验水平。

3）冰川末端变化特征

基于世界冰川监测服务处（WGMS）冰川末端变化数据库，绘制了全球 19 个冰川区 1535~2015 年冰川末端变化情况（图 6-7）。以 1950 年的冰川末端位置为参考（假定为 0km），横坐标代表冰川从 2.5km 的末端最大前进量（深蓝色）到 –1.6km 的最大退缩量（深红色）的最大变化范围，可以看出，末端累积变化存在明显的阶段性特征，从 16 世纪中期到 20 世纪初，全球范围内冰川末端普遍前进，但之后开始逐渐退缩，并在 21 世纪初达到了有记录以来的最大退缩量 [图 6-7（a）]。欧洲阿尔卑斯山 1965~1985 年统计的前进冰川比例为 32%~70%。20 世纪 90 年代，斯堪的纳维亚半岛前进冰川比例为 42%~66%。由于冰川末端变化存在对气候变化响应的滞后，因而在同一年内个别冰川并没有表现出再次前进的迹象。1850 年之前（大约 30% 的前进冰川发生在 19 世纪 30 年代及 40 年代）和 1975 年左右出现了全球范围内的冰川前进，相比较而言，20 世纪 30 年代及 40 年代和 21 世纪初前进冰川比例则只有 10% 左右。研究表明，低纬度地区自 17 世纪晚期以来就出现了持续的冰川退缩，直到 20 世纪初也一直没有观测到前进冰川 [图 6-7（b）]。

中国境内的冰川总体上自小冰期结束以来一直处在退缩状态，20 世纪 70 年代出现过短暂的稳定或前进，之后又开始逐渐退缩（施雅风等，2006），目前退缩速率达到历史最快。中国境内的阿尔泰山、天山、祁连山、横断山脉和青藏高原等不同地区的冰川末端退缩速率存在显著的差异，尽管不同冰川末端退缩速率的数据时间序列存在一定的差异，但仍具备一定的代表性。其中，横断山脉和阿尔泰山的冰川退缩速率相对最快，其次是天山地区，相比之下，祁连山地区冰川末端年平均变化累积量最小、退缩速率最慢。值得注意的是，冰川表面有无表碛覆盖会显著影响冰川末端的变化速率，由于表碛覆盖区的地表反照率（相对于冰雪面）降低，增加了地面辐射热量的吸收，以临界厚度为准，小于它时能够促进冰面消融，反之抑制冰面消融。例如，天山青冰滩 72 号冰川和 74 号冰川在表碛覆盖的影响下，末端年均退缩速率达到 40m/a，甚至超过庙儿沟平顶冰川退缩速率的 10 倍以上。

3. 冻土变化的区域特征

冻土包括短时冻土（冻结时间在数小时、数日以至半月）、季节冻土（冻结时间在半个月至数月）和多年冻土（冻结时间持续两年及以上）。对于短时冻土和季节冻土，不同年份之间的分布范围和冻结时间、冻结深度差异都比较大，且观测资料较少，因此对这两类冻土在气候带上进行了划分，研究主要关注的是冻结天数和深度的变化。相对于短时冻土和季节冻土而言，有关多年冻土的研究更多。根据全球各地区多年冻土地温观测的结果，多年冻土区地温在 20 世纪 80 年代以来就观测到明显的退化趋势，具体表现为多年冻土地温升高、活动层厚度增加、多年冻土厚度变薄、多年冻土分布面积减小、地下冰融化形成热喀斯特地貌等。这些结果都是基于观测点的研究，不同区域的气象条件、多年冻土热状况、含冰量差异大，因此多年冻土升温、活动层厚度

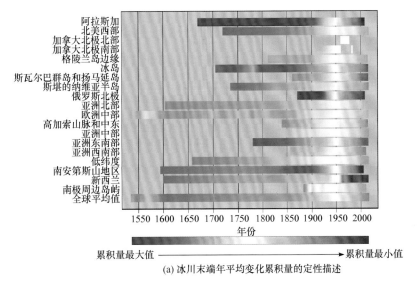

(a) 冰川末端年平均变化累积量的定性描述

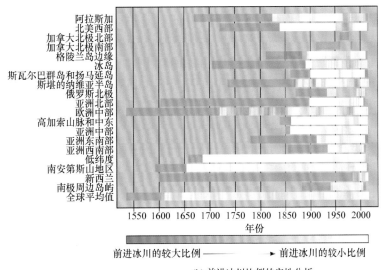

(b) 前进冰川比例的定性分析

图 6-7　1535~2015 年全球典型冰川末端变化

冰川变化数据来源于 WGMS（*Global Glacier Change Bulletin*）

变化等结果也难以直接进行比较。对于多年冻土分布范围，因为多年冻土实际的本底分布面积不清楚，则也难以做出定量分析。因此，总体上，目前世界各地的多年冻土观测结果都表明，多年冻土从 20 世纪 80 年代以来就出现了明显退化，但是分区域退化速率还缺乏具体分析。

　　我国多年冻土主要分布于青藏高原和东北地区。受气候变暖和人类活动的影响，这两个区域的多年冻土退化明显。青藏高原主要表现为冻土面积缩减，冻土分布南界北移、下限升高，年平均地温升高，活动层厚度增加，季节融化深度减薄，热融湖塘发育等。中国东北多年冻土呈现自南向北的区域性退化趋势，多年冻土区南部表现为南界的北移、融区的扩大和多年冻土的消失，而北部表现为多年冻土下限的上移、活动层厚度增大及地温升高等（陈珊珊等，2018）。

总体上，我国青藏高原多年冻土属中低纬度多年冻土，东北多年冻土属于全球高纬度南界区域的多年冻土区，与北极地区相比，这些多年冻土都有地温高、厚度薄的特点，对全球变暖更为敏感。虽然从绝对的升温幅度方面来说，我国多年冻土的升温速率可能不是最快的，但是由于其温度高，有些地方接近 0℃。例如，青藏高原地区约 76.1% 的多年冻土温度大于 −3℃，其中，22.9% 的多年冻土温度位于 −0.5~0.5℃（赵林等，2019）。因此，温度增高会很容易导致这部分多年冻土从冻结状态转变成融化状态，从而产生一系列的变化。因此，可以说，相对于全球多年冻土而言，我国的多年冻土对气候变化更为敏感，多年冻土退化的风险也更高。

4. 积雪变化的区域特征

近年来，北半球积雪面积呈减少趋势（1979~2013 年），同时北半球的最大和最小积雪范围也均呈下降趋势（Wang Y S et al.，2018），从年内变化上看，北美和欧亚大陆的积雪面积在春季出现下降趋势，秋季则出现增加趋势（1972~2006 年）（任艳群和刘苏峡，2018）。通过多源遥感数据融合得到的 2000 年 12 月 ~2014 年 11 月的积雪产品结果表明，近 14 年来年平均积雪覆盖面积无明显变化趋势。夏季、冬季的平均积雪覆盖面积呈现出减少的趋势，春季和秋季的平均积雪覆盖面积则呈现出增加的趋势（邓婕，2016）。而 2002~2018 年卫星监测结果表明，中国平均积雪覆盖率呈微弱的下降趋势，年际振荡明显。2018 年全国整体积雪覆盖率比 2002~2017 年平均值偏高 0.8%。中国积雪主要分布在青藏高原、新疆、东北、内蒙古等高海拔或高纬度地区，而在西部的塔里木盆地中心和中国东南部几乎常年没有积雪产生（钟镇涛等，2018）。中国积雪的大值区主要分布在青藏高原、新疆北部和东北 – 内蒙古这 3 个区域。在全球变化的大背景下，积雪分布面积、厚度、雪水当量、积雪日数等特征指标均发生较大变化。在中国三大积雪区中，青藏高原地区稳定积雪面积最大（$168 \times 10^4 \text{km}^2$），东北 – 内蒙古地区次之（$10^5 \times 10^4 \text{km}^2$），新疆地区稳定积雪面积最小（$63 \times 10^4 \text{km}^2$）。中国稳定积雪面积除年际波动较大以外，并无显著的增长或减少趋势，且变化波动与青藏高原稳定积雪面积变化基本一致（钟镇涛等，2018）。

5. 河湖冰变化的区域特征

自 21 世纪初以来，北半球河流与湖泊封冻期（湖泊完全封冻至完全消融天数）呈现减少趋势，完全消融日期和完全封冻日期则分别呈提前和推迟趋势，除完全封冻日期外，其他两个河湖冰物候特征变化趋势随着纬度上升更加明显（Du et al.，2017）。但是，受研究时段较短影响，这些变化趋势在统计意义上并不显著（$P \geqslant 0.05$）。其中，北半球湖冰消融日期提前与长期气候变化密切相关，但从短期来看，湖冰物候年内变化与 NAO 和太平洋 – 北美型遥相关（PNA）密切相关，与 ENSO 呈弱相关

（Schmidt et al.，2019）。

中国境内河冰变化在空间上整体随着纬度的升高呈现封冻日期早、消融日期晚的趋势，但受人类活动（如水库、桥梁等设施建设）影响，河流上中下游不同部位河流的封冻消融时间及冰厚并无一致性规律。湖冰受纬度、海拔、盐度、气温变化等因素的影响，部分湖泊在年内并未完全封冻，并在空间上呈现一定的差异性（图 6-8）。在青藏高原上，东北、西北、西南和东南湖泊集中分布区的湖冰封冻期和完全封冻期及其变化差异明显（Kropáček et al.，2013），其中东北和西北地区湖泊封冻期超过 180天，而西南地区和东南地区则分别为 127.7 天和 140.4 天，湖泊封冻期南北呈相反趋势（图 6-9），东北和西北地区湖泊封冻期表现为增加趋势（分别为 3.0d/a 和 1.0d/a），而西南和东南地区湖泊封冻期表现为减少趋势（分别为 –1.1d/a 和 –2.0d/a）。

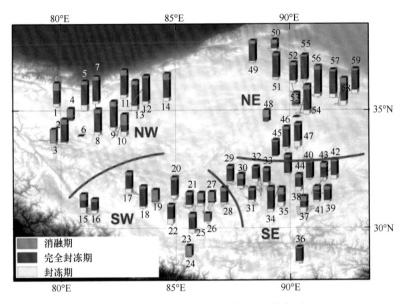

图 6-8　青藏高原湖泊封冻期、完全封冻期和消融期空间分布（Kropáček et al.，2013）

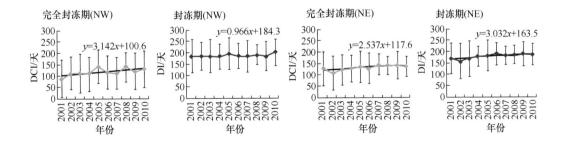

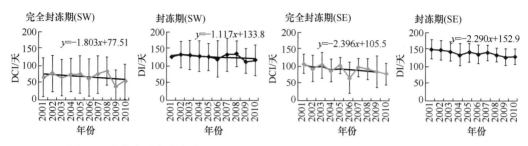

图 6-9　青藏高原湖泊完全封冻期和封冻期变化趋势（Kropáček et al.，2013）

DCI，duration of complete ice cover，完全封冻期；DI，duration of ice cover，封冻期

6.2　陆地冰冻圈变化

6.2.1　冰川与冰湖变化

中国西部冰川的融水对下游地区，尤其是干旱区的生态环境具有重要意义。近年来受全球变暖的影响，西部部分流域的冰川径流有显著的增加趋势（高信度），特别是冰川覆盖率较高并以大冰川为主的流域。同时，随着气温的升高，冰川内部结构的稳定性也在逐渐下降，冰川失稳导致的冰川跃动、冰崩和冰湖溃决等灾害事件的发生频率也在不断增加（高信度），对区域生态和社会安全也造成了显著的影响。

1. 冰川最新分布特征

1）中国西部各流域和省/自治区的冰川分布特征

根据 2014 年发布的中国第二次冰川编目数据集（Guo et al.，2015；刘时银等，2015），中国西部现有冰川总计 48571 条，总面积 51766.08km²，约占全国国土面积的 0.54%，冰川储量 $4.3 \times 10^3 \sim 4.7 \times 10^3 km^3$。从一级流域的冰川分布来看（表 6-2），东亚内流区（5Y，包括准噶尔盆地、塔里木盆地、柴达木盆地、河西内流盆地等内陆流域）分布的冰川面积和条数均超过中国西部冰川总量的 2/5（面积占比 43.3%，数量占比 42.03%），而中国境内两条大河（黄河和长江）流域内分布的冰川均较少（条数分别为 164 条和 1528 条，占比分别为 0.34% 和 3.15%；面积分别为 126.72km² 和 1674.69km²，占比分别为 0.24% 和 3.24%）。此外，从行政区划分布来看（表 6-3），西藏和新疆分布有中国近 90% 的冰川，两个自治区的冰川数量和面积均超过全国总量的 40%（面积比例分别为 45.97% 和 43.70%，数量比例分别为 45.01% 和 42.61%），其他冰川分布于青海、甘肃、四川和云南，其中云南分布的冰川数量最少和面积最小（62 条，60.45km²，对应比例分别仅为 0.13% 和 0.12%）。

表 6-2　中国西部各流域冰川的数量和面积（刘时银等，2015）

项目		外流区							内流区			总计
一级流域		鄂毕河	黄河	长江	湄公河	萨尔温江	恒河	印度河	中亚内流区	东亚内流区	青藏高原内流区	
流域编码		5A	5J	5K	5L	5N	5O	5Q	5X	5Y	5Z	
数量	条数	279	164	1528	469	2177	12641	2401	2122	20412	6378	48571
	比例/%	0.57	0.34	3.15	0.97	4.48	26.03	4.94	4.37	42.03	13.13	100.00
面积	面积/km^2	186.12	126.72	1674.69	231.32	1479.09	15718.65	1106.91	1554.70	22414.58	7273.30	51766.08
	比例/%	0.36	0.24	3.24	0.45	2.86	30.36	2.14	3.00	43.3	14.05	100.00

表 6-3　中国西部各省（自治区）冰川的数量和面积（刘时银等，2015）

项目		西藏	新疆	青海	甘肃	四川	云南	总计
数量	条数	21863	20695	3802	1538	611	62	48571
	比例/%	45.01	42.61	7.83	3.17	1.26	0.13	100.00
面积	面积/km^2	23795.78	22623.82	3935.81	801.10	549.12	60.45	51766.08
	比例/%	45.97	43.70	7.60	1.55	1.06	0.12	100.00

2）中国西部各山系的冰川及其海拔和地形分布特征

中国第二次冰川编目数据的结果显示，在中国西部 14 个主要山系中（表 6-4），昆仑山脉分布有中国面积最大和数量最多的冰川，两者比例分别达到 22.26% 和 18.37%。念青唐古拉山脉分布的冰川面积次之，面积和数量比例分别达到 18.47% 和 14.12%。

表 6-4　中国西部各山系冰川的数量和面积（刘时银等，2015）

项目		阿尔泰山	穆斯套岭	天山	喀喇昆仑山	帕米尔高原	昆仑山	阿尔金山	祁连山	唐古拉山	羌塘高原	冈底斯山	喜马拉雅山	念青唐古拉山	横断山脉	总计
数量	条数	273	12	7934	5316	1612	8922	466	2683	1595	1162	3703	6072	6860	1961	48571
	比例/%	0.56	0.02	16.33	10.94	3.32	18.37	0.96	5.52	3.28	2.39	7.62	12.50	14.12	4.04	100.00
面积	面积/km^2	178.79	8.96	7179.77	5988.67	2159.62	11524.13	295.11	1597.81	1843.91	1917.74	1296.33	6820.98	9559.20	1395.06	51766.08
	比例/%	0.35	0.02	13.87	11.57	4.17	22.26	0.57	3.09	3.56	3.70	2.50	13.18	18.47	2.69	100.00

从冰川的海拔分布来看（图 6-10），中国西部冰川平均中值面积高度约为 5360m，其中 57% 的冰川面积分布于海拔 5000~6000m，26% 位于 5000m 以下，只有 17% 的冰川面积位于 6000m 以上（Guo et al.，2015）（高信度）。同时，不同山系冰川在高程向的分布具有明显的纬度地带性特征，同时受到青藏高原南北山脉分布的显著影响（图 6-10）（Guo et al.，2015；刘时银等，2017）。其中，最南部喜马拉雅山平均中值面积高度约 5800 m，冈底斯山达到最高（约 5920m），往北到唐古拉山、羌塘高原和昆仑山总

体缓慢降低，至阿尔泰山达到最低值（约 3130m）。相对于青藏高原主体地区来说，青藏高原东部念青唐古拉山、横断山脉和西北部帕米尔高原的冰川平均海拔均较低，但总体也维持在 5100~5300m。

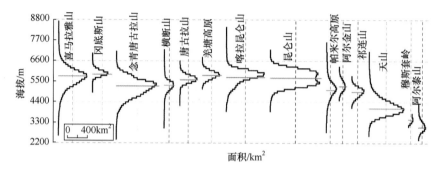

图 6-10 中国西部各山系冰川面积沿海拔的分布（刘时银等，2017）

从冰川在坡度上的分布来看（图 6-11），中国西部所有冰川的平均坡度为 19.9°。帕米尔高原、祁连山以及阿尔金山冰川分布区的地形最为陡峭，2/3 的冰川面积分布于大于 15° 的地形上。相比而言，青藏高原主体的羌塘高原和唐古拉山冰川分布区的地形最为平缓，两个山系约 60% 的冰川面积分布于小于 15° 的地形上。冰川的坡向分布也显示出明显的空间差异，中国西部所有冰川平均坡向为 24.3°。朝北向（315°~45°）和朝东向（45°~135°）的冰川面积比例分别达到 39% 和 28%（高信度）。穆斯套岭、祁连山、阿尔金山和冈底斯山的冰川具有非常明显的朝北向分布的特征，朝北分布的冰川面积超过整个冰川面积的 50%（高信度）。相对而言，喀喇昆仑山、羌塘高原和横断

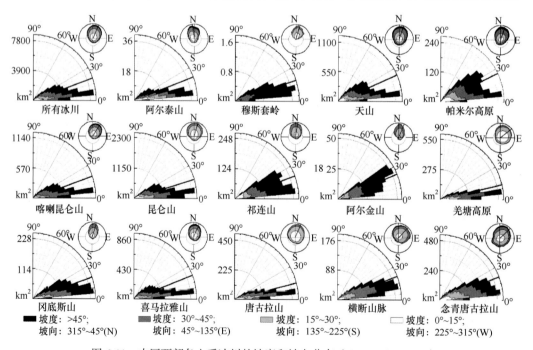

图 6-11 中国西部各山系冰川的坡度和坡向分布（Guo et al.，2015）

山脉的冰川则展现出朝东北向分布的特征，朝北和朝东分布的冰川面积均超过 30%（高信度）。不同大小冰川朝向的分布显示，小冰川（<2km^2）的主体（面积比例 56%）为朝北向分布，而朝东向的冰川面积仅为所有面积的 1/5。而对于面积大于 2km^2 的冰川，分布在朝东向的冰川面积比例达到了 1/3（高信度）。

3）中国西部的表碛覆盖冰川及其分布

依据中国第二次冰川编目的成果，中国西部有 1723 条冰川被表碛所覆盖，表碛区总面积为 1493.7km^2，平均表碛覆盖率达到 12%（Guo et al.，2015）。根据这一结果，西部表碛覆盖冰川总体集中分布于五个地区 / 山脉，即天山托木尔峰、东帕米尔高原、喀喇昆仑山、喜马拉雅山和岗日嘎布山地区。托木尔峰地区是西部最大的表碛覆盖冰川分布中心，分布有西部 29%（430km^2）的冰川表碛区面积，其中托木尔冰川和土格别里齐冰川是中国最大的两条表碛覆盖冰川，表碛覆盖区面积分别达到 63km^2 和 39km^2（覆盖率分别约为 17% 和 13%）。喜马拉雅山是中国西部第二大表碛覆盖冰川分布区，该区的表碛覆盖冰川主要分布在珠穆朗玛峰北坡、拉布吉康峰和希夏邦马峰等地区（表碛覆盖区面积为喜马拉雅山地区表碛覆盖区总面积的 70%）。中国西部第三大表碛覆盖冰川分布区——东帕米尔高原的冰川表碛覆盖区总面积为 207km^2，该区的表碛覆盖冰川主要分布在公格尔山和慕士塔格峰地区（表碛覆盖面积为该地区表碛覆盖冰川总面积的 65%）。

2. 中国冰川的变化特征

1）中国西部冰川面积的变化

依据中国两次冰川编目提取的中国西部冰川变化结果显示，中国西部的冰川面积在过去几十年间整体性萎缩了约 18%（高信度）。冰川变化的空间分布特征（图 6-12）显示出中国西部冰川的面积萎缩率有以青藏高原北部为中心，向外围不断加速的特征（刘时银等，2017）。其中，青藏高原西北部羌塘高原及西昆仑山等地区的冰川年变化率最小，仅为 –0.4%～–0.2%（高信度）。青藏高原南部区域则冰川年变化率急剧增加，其中喜马拉雅山中段和冈底斯山地区以及西部印度河部分流域地区的冰川面积萎缩率为整个中国西部最大，达到了 2.2%/a（高信度）。青藏高原东南部地区的冰川面积损失率也较高，最高达到 1.8%/a（高信度）。此外，伊犁河流域、天山东部地区和祁连山东部部分区域也有较大的冰川物质损失率，最高分别达到 2.0%/a、1.6%/a 和 1.8%/a（高信度）。西部其他地区的冰川面积萎缩率居中。

2）中国西部不同时期的冰川面积变化特征

现有研究结果表明，20 世纪 60 年代以来，中国西部冰川的面积萎缩率在不同时段具有不同的变化特征（表 6-5）。其中，青藏高原南部地区的冰川萎缩率在 70 年代以来有不断加速的特征（赵瑞等，2016），青藏高原中部地区基本持平甚至在 2010 年以后萎缩速率有所减缓（胡凡盛等，2018；李振林等，2018）。祁连山地区冰川萎缩率总体呈现出先加速再减速的特征（李振林等，2018；王晶等，2017；Yu et al.，2015），而天山地区冰川萎缩速率则总体不断加速（蒙彦聪等，2016；徐春海等，2016；张慧等，2017）。帕米尔地区慕士塔格峰的冰川面积在 2009 年之后则表现出轻微的扩张（Holzer et al.，2015）。

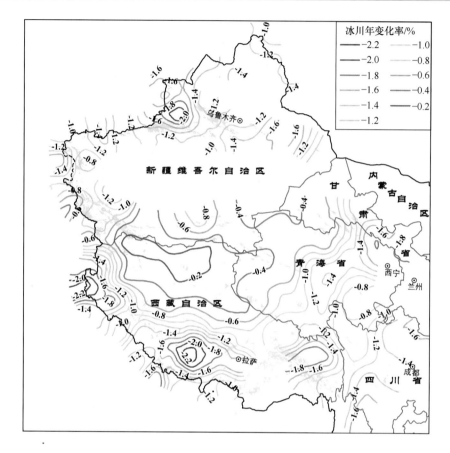

图 6-12　基于两次冰川编目的中国西部冰川变化空间分布特征（刘时银等，2017）

表 6-5　中国西部不同时段的冰川变化　　　　　　　　　　（单位：%）

区域/流域名称	阶段 1/ 年变化率	阶段 2/ 年变化率	阶段 3/ 年变化率	文献来源	信度
佩枯错流域	1991~2000 年 /-1.43	2000~2009 年 /-2.13	2009~2014 年 /-2.57	赵瑞等（2016）	中等信度
念青唐古拉山主峰	1976~2009 年 /-0.30	2001~2009 年 /-0.50		Bolch 等（2010）	高信度
木孜塔格山地区	1972~1999 年 /-0.03	1999~2011 年 /-0.02		蒋宗立等（2019）	高信度
布喀达坂峰地区	1990~2000 年 /-0.06	2000~2010 年 /-0.10	2010~2015 年 /-0.02	胡凡盛等（2018）	中等信度
冷龙岭	1972~2004 年 /-1.38	2004~2011 年 /-3.10	2011~2015 年 /-0.72	李振林等（2018）	高信度
大雪山地区	2004~2008 年 /-0.46	2008~2015 年 /-0.51		王晶等（2017）	高信度
阿尔金山西段	1972~1990 年 /-0.01	1990~2000 年 /-0.11	2000~2010 年 /-0.06	Yu 等（2015）	中等信度
慕士塔格峰	1973~2000 年 /-0.02	2000~2009 年 /-0.01	2009~2013 年 /+0.02	Holzer 等（2015）	高信度
乌鲁木齐河流域	1964~1989 年 /-1.22	1989~2005 年 /-1.29	2005~2014 年 /-1.99	蒙彦聪等（2016）	高信度
玛纳斯河流域	1972~2000 年 /-0.63	2000~2013 年 /-0.65		徐春海等（2016）	高信度
奎屯河流域	1964~2000 年 /-0.60	2000~2015 年 /-0.80		张慧等（2017）	高信度

3）中国西部冰川的冰量变化

中国科学院遥感与数字地球研究所研究得到冰川物质损失空间分布特征表现出与冰川变化类似的空间特征。2000 年以来，西昆仑山、帕米尔高原和喀喇昆仑山地区保持稳定甚至轻微的正平衡状态（Gardelle et al.，2013；Bao et al.，2015；Ke et al.，2015）（高信度），而天山 [（−0.51 ± 0.36）~（−0.35 ± 0.15）m w.e.[①]/a]（Pieczonka and Bolch，2015；Pieczonka et al.，2013）（高信度）、祁连山 [（−0.38 ± 0.05）~（−0.21 ± 0.04）m w.e./a]（Xu et al.，2013；Zhang X et al.，2018）（高信度）、喜马拉雅山 [（−0.45 ± 0.13）~（−0.22 ± 0.12）m w.e./a]（Gardelle et al.，2013）（高信度）、念青唐古拉山（−0.76 ± 0.22m w.e./a）（Wu X et al.，2018a）（高信度）等地区呈现出冰川物质损失也依次向外围逐渐加剧的态势（高信度）。

大尺度遥感方法（GRACE、ICESat 等）所开展的区域性冰量损失的研究显示，兴都库什 - 喜马拉雅地区 2003~2008 年的总体冰量损失达到了 12.8 ± 3.5Gt/a（Kääb et al.，2012）（中等信度），天山地区在 2003~2014 年的总体冰量损失达到 4.0 ± 0.7Gt/a（Yi et al.，2016）（中等信度）。整个高亚洲地区冰川的平均冰川物质总损失量为 16.3 ± 3.5Gt/a（2000~2016 年）（Brun et al.，2017）（高信度）到 26 ± 12Gt/a（2003~2009 年）（Gardner et al.，2013）（中等信度）。

4）中国冰川的未来变化预估

在气候变暖的持续影响下，未来中国冰川物质损失将会加速，冰川面积也会不断萎缩（高信度）。对于面积较小的冰川，冰川物质平衡线将在未来 20~30 年超过冰川顶部，导致冰川积累区减小乃至消失，冰川补给大幅下降，面积快速萎缩（高信度）。较大的冰川则会在物质平衡线大幅度抬升、冰川面积大幅度萎缩之后，进入新的面积较小的准平衡状态（高信度）。根据 Radic 等（2014）的研究，在 RCP4.5 情景下，中国及其周边区域（即 RGI 分区南亚东部、南亚西部和中亚地区）冰川物质在 2081~2100 年将相对于 2003~2022 年分别减少 −64 ± 31m w.e.、−66 ± 43m w.e. 和 −71 ± 44m w.e.（中等信度）。对阿尔泰山地区未来冰川变化的预估（Zhang et al.，2016）表明，在 RCP4.5 情景下，2100 年阿尔泰地区冰川总面积将萎缩为 2005 年面积的 26% ± 10%，而在 RCP8.5 情景下将萎缩 60% ± 15%（中等信度）。一项关于祁连山七一冰川和唐古拉山小冬克玛底冰川物质平衡线高度的研究表明（段克勤等，2017），在 RCP2.6 情景下，两条的物质平衡线将在 2040 年接近冰川顶部，积累区大幅度缩小，而在 RCP4.5 和 RCP8.5 情景下，两条冰川的物质平衡线将分别在 2045 年和 2035 年超过顶端，冰川快速萎缩直至消失。天山乌鲁木齐河源 1 号冰川也将在 2040 年以后进入快速退缩阶段并最终萎缩为冰斗冰川（段克勤等，2012）。

3. 气候变化背景下的冰川异常变化

1）中国西部跃动冰川的分布特征

最新的 Randolph 全球冰川编目（5.0 以后版本）（RGI_Consortium，2017）对全球

---

① w.e. 指水当量，water equivalent。

跃动冰川进行了统计。根据这一统计，我国境内具有不同跃动可能性的跃动冰川总数为 1659 条（图 6-13），但其中只有 11 条的等级为有一定概率（possible and probable）和有观测支持的跃动冰川，其他均为疑似跃动冰川。这些跃动冰川主要分布在喀喇昆仑山、帕米尔高原和西昆仑山等地区，青藏高原部分区域及其周边地区也分布有跃动冰川。但依据中国两次冰川编目数据发现，中国西部确定分布有远大于 11 条具有跃动历史和跃动迹象的冰川（高信度）。

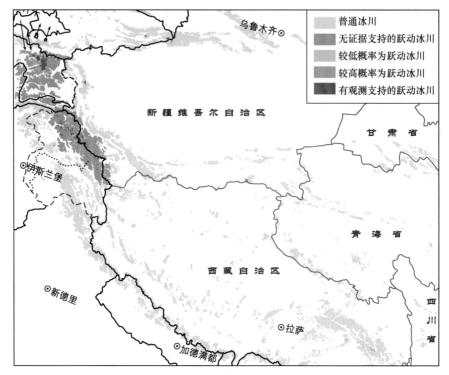

图 6-13　RGI 6.0 中国西部及周边地区具有不同等级的跃动冰川分布（RGI_Consortium，2017）

2）中国西部冰川跃动和灾害事件的变化

2015 年以来我国冰川跃动灾害事件的发生频率有明显升高迹象。2015 年 5 月新疆公格尔山九别峰北坡克拉亚伊拉克冰川发生跃动，导致多间牧民房屋被毁，上万亩草场被毁（Shangguan et al.，2016）（高信度）。2016 年西藏阿里地区日土县阿汝错西岸的两条冰川在三个月内先后跃动而导致大面积冰崩（图 6-14），掩埋了大面积草场和牲畜，其中第一次冰崩造成了当地 9 名牧民死亡（高信度）（Kääb et al.，2018）。2016 年 10 月，青海阿尼玛卿山西坡青龙沟的一条冰川也因跃动而导致崩塌，造成新修道路、桥梁被破坏和大面积草场被掩埋，并且这次冰崩是该条冰川在 2000 年以来发生的第三次冰崩（Paul，2019）（高信度）。

4. 中国西部冰湖的最新分布特征

冰湖是发育在冰川末端或附近，与冰川和冰川作用有关，并由冰川融水提供水量

图 6-14　2016 年西藏阿里阿汝错流域两条冰川跃动造成的冰崩（Kääb et al.，2018）

补给的湖泊。冰湖的变化与气候变化密切相关，因而也被作为气候变化的指示器之一。冰湖特别是冰碛湖所处的特殊地形在特定条件下会因坝体失稳而导致冰湖的溃决，形成冰湖溃决洪水，对下游地区造成危害。此外，冰湖也因其储存有一定量级的淡水而成为冰川水资源的一个重要组成部分。

1）青藏高原地区的冰湖

根据 Zhang 等（2015）的研究结果，2010 年前后青藏高原第三极地区面积大于 3000m² 的冰湖共有 5701 个，总面积 682.4 ± 110km²（高信度），主要分布于喜马拉雅山、念青唐古拉山、冈底斯山、喀喇昆仑山和帕米尔高原等地区，其中约 74%（504.7 ± 82.4km²）的冰湖分布于青藏高原南部和西部的印度河、恒河和雅鲁藏布江流域，另有约 12%（82.7 ± 12.9km²）湖泊分布于青藏高原内部内陆流域和东部的长江、黄河、怒江等河流上游地区。另一项针对整个天山山脉冰湖的研究表明（Wang et al.，2013），2010 年前后整个天山山脉分布有冰湖 1667 个，总面积 96.5 ± 14.23km²，其中约 65%（69.87 ± 9.38km²）分布在我国和吉尔吉斯斯坦境内的中天山以及我国境内东天山地区，另有约 1/4（19.53 ± 3.43km²）分布于我国和哈萨克斯坦接壤区的北天山。

2）中国西部其他地区冰湖的分布特征

如上所述，中国是高亚洲地区冰湖分布最为集中的区域。中国境内冰湖最新分布的研究表明，2015 年左右中国西部面积大于 3600m² 的冰湖共有 17300 个，总面积 1132.82 ± 147.50km²（高信度）（杨成德等，2019）。其中，约 85% 的冰湖（总面积

$992.7 \pm 127.26 km^2$）分布于青藏高原内陆及其周边雅鲁藏布江、长江、怒江、黄河等外流流域，另有约 12%（总面积 $107.65 \pm 14.80 km^2$）分布于塔里木盆地、天山南北和祁连山等中亚和东亚内陆流域（图 6-15 和表 6-6）。近半数的冰湖面积为 $2^{-7}\sim2^{-5} km^2$（7895 个，数量占比约 46%），但总面积较小。面积大于 $1 km^2$ 的冰湖虽然仅有 133 个，但其总面积约占全部冰湖面积的 1/4。

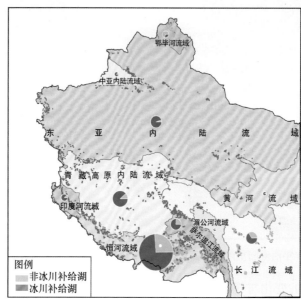

图 6-15　2015 年中国西部冰湖分布图（杨成德等，2019）

表 6-6　2015 年中国西部各主要流域冰湖分布（杨成德等，2019）

流域分区	流域代码	流域名称	面积 /km^2	数量 / 个
内流区	5X	中亚内陆流域	15.39 ± 2.73	410
	5Y	东亚内陆流域	92.26 ± 12.07	1602
	5Z	青藏高原内陆流域	148.23 ± 19.65	2466
		合计	255.88 ± 34.45	4478
外流区	5A	鄂毕河流域	32.47 ± 5.44	658
	5J	黄河流域	11.37 ± 1.17	159
	5K	长江流域	91.09 ± 13.66	1985
	5L	湄公河流域	8.85 ± 1.53	211
	5N	萨尔温江流域	77.68 ± 11.45	1437
	5O	恒河 – 雅鲁藏布江流域	622.42 ± 75.55	7898
	5Q	印度河流域	33.06 ± 4.25	474
		合计	876.94 ± 113.05	12822
总计			1132.82 ± 147.50	17300

中国西部冰湖的海拔分布与冰川有类似的特征，主要分布在海拔 4500~5500m（高信度），分布范围从喜马拉雅山（海拔中值 5000m）向北至冈底斯山（海拔中值 5500m）先升高，然后向青藏高原内陆和北部区域依次降低，至阿尔泰山地区达到最低（中值分布高度约 2500m），同时从青藏高原西部（冈底斯山）向东部（念青唐古拉山，海拔中值 4800m；横断山脉，海拔中值 4750m）缓慢降低（图 6-16）。

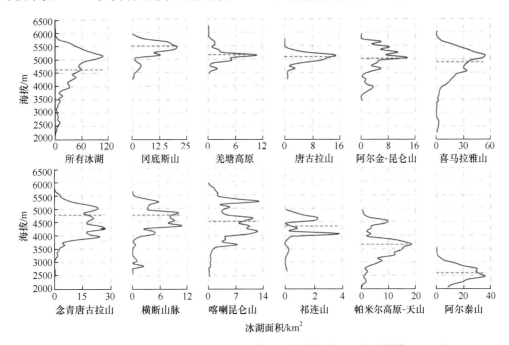

图 6-16　2015 年中国西部不同山系冰湖的海拔分布特征（杨成德等，2019）

5. 中国西部冰湖面积、数量与储水量的变化

在全球气温不断升高、冰川加速消融的背景下，中国西部地区冰湖数目和面积持续增加。根据 Zhang 等（2015）和 Wang 等（2013）的研究，1990~2010 年第三极地区和天山山脉的冰湖数目分别从 4602 个和 1361 个增加到 5701 个和 1667 个（高信度），分别增长了约 24% 和 22%。冰湖总面积也分别从 554.1 ± 89.0km² 和 82.8 ± 11.9km² 增加到 682.0 ± 110.7km² 和 96.6 ± 14.2km²（高信度）（表 6-7）。

表 6-7　中国西部及其周边地区 1990~2010 年冰湖变化（Wang et al., 2013；Zhang et al., 2015）

区域/流域名称	1990 年		1990~2000 年变化			2000 年		2000~2010 年变化			2010 年		1990~2010 年变化		
	数量/个	面积/km²	数量/个	面积/km²	变化率/%	数量/个	面积/km²	数量/个	面积/km²	变化率/%	数量/个	面积/km²	数量/个	面积/km²	变化率/%
阿姆河流域	500	54.0 ± 8.9	56	4.8	8.9	556	58.8 ± 10.0	38	7	11.9	594	65.8 ± 10.9	94	11.8	21.9
塔里木河流域	82	11.4 ± 1.6	7	−0.1	−0.9	89	11.3 ± 1.7	34	5.6	49.6	123	16.9 ± 2.5	41	5.5	48.2

续表

区域/流域名称	1990年		1990~2000年变化			2000年		2000~2010年变化			2010年		1990~2010年变化		
	数量/个	面积/km²	数量/个	面积/km²	变化率/%	数量/个	面积/km²	数量/个	面积/km²	变化率/%	数量/个	面积/km²	数量/个	面积/km²	变化率/%
印度河流域	1295	111.7±20.9	235	18.4	16.5	1530	130.1±24.9	77	11.5	8.8	1607	141.6±26.4	312	29.9	26.8
高原内陆流域	275	28.9±4.6	25	2.5	8.7	300	31.4±5.0	52	6.9	22.0	352	38.3±6.1	77	9.4	32.5
柴达木内陆流域	16	1.4±0.3	7	0.8	57.1	23	2.2±0.4	8	0.9	40.9	31	3.1±0.6	15	1.7	121.4
河西内陆流域	9	1.4±0.2	1	0.2	14.3	10	1.6±0.2	1	0.4	25.0	11	2.0±0.3	2	0.6	42.9
黄河流域	13	2.8±0.4	2	0	0.0	15	2.8±0.4	0	0.2	7.1	15	3.0±0.4	2	0.2	7.1
长江流域	146	19.3±3.0	−6	−1.1	−5.7	140	18.2±2.9	52	4.2	23.1	192	22.4±3.7	46	3.1	16.1
湄公河/澜沧江流域	28	3.3±0.6	3	0.3	9.1	31	3.6±0.7	3	0.2	5.6	34	3.8±0.7	6	0.5	15.2
萨尔温江/怒江流域	81	17.2±2.2	10	0.8	4.7	91	18.0±2.4	40	4	22.2	131	22.0±3.1	50	4.8	27.9
雅鲁藏布江流域	1863	272.4±41.1	39	−7	−2.6	1902	265.4±41.1	345	51.9	19.6	2247	317.3±48.7	384	44.9	16.5
恒河流域	294	30.3±5.2	0	6	19.8	294	36.3±5.9	70	9.5	26.2	364	45.8±7.3	70	15.5	51.2
合 计	4602	554.1±89.0	379	25.6	4.6	4981	579.7±95.6	720	102.3	17.6	5701	682.0±110.7	1099	127.9	23.1
西天山	125	7.4±1.1	32	1.4	19.0	157	8.8±1.4	7	0.4	4.3	164	9.2±1.4	39	1.8	24.2
北天山	353	15.9±2.9	44	2.1	13.3	397	18.0±3.2	28	1.5	8.4	425	19.5±3.4	72	3.6	22.9
中央天山	512	37.4±4.7	24	−1.3	−3.4	536	36.1±4.7	21	3.0	8.2	557	39.1±5.0	45	1.7	4.5
东天山	371	22.1±3.2	74	3.0	13.5	445	25.1±3.7	76	3.7	14.9	521	28.8±4.4	150	6.7	30.4
合 计	1361	82.8±11.9	174	5.2	6.3	1535	88.0±13.0	132	8.6	9.8	1667	96.6±14.2	306	13.8	16.7
总 计	5963	636.9±100.9	553	30.8	4.8	6516	667.7±108.6	852	110.9	16.6	7368	778.6±124.9	1405	141.7	22.2

注：变化率为面积变化率。由于数值修约所致误差，下同。

不同流域和区域冰湖的变化差异很大，大部分地区的冰湖增加是以数量为主（高信度）。1990~2010年，我国境内的内陆流域柴达木盆地冰湖的数量和面积增加速度最快，分别增加了约94%和121%（高信度），同时期塔里木河流域的冰湖数量和面积分别增加了约 50% 和 48%（高信度），东天山的冰湖数量和面积也分别增加了约 40% 和 30%（高信度）。雅鲁藏布江和主体分布于我国境内的印度河流域因原有冰湖数量和面积均较大，虽然相对增长率较低，但其绝对增长量为各流域最高。1990~2010 年，两流域冰湖数量分别增长了 384 个和 312 个（高信度），分别占中国西部地区同时期冰湖数量绝对增长量的 27% 和 22%；冰湖面积分别增长了 44.9km^2 和 29.9km^2（高信度），占高亚洲冰湖面积绝对增长量的 32% 和 21%。

6.2.2　冻土变化

1. 中国冻土的分布特征

1）季节冻土和短时冻土

中国是世界第三大冻土国，冻土（包括多年冻土、季节冻土和短时冻土）占全国总面积的 92.6%（图 6-17）。其中，季节冻土遍布大部分国土，包括贺兰山至哀牢山以西的广大地区以及此线以东、秦岭淮河以北的地区，面积约为 5.35×10^{6}km^2；短时冻土分布在秦淮线与岭南线之间的地区，冻结时间短（数小时、数日以至半月）。在西部地区，受海拔的影响，季节冻土的南界基本上与 25°N 的纬度线吻合。季节冻土的厚度变化较大，在华北平原、黄土高原、塔里木盆地以及南方高海拔山区，季节冻土厚度一般只有十几厘米或几十厘米，而在北方地区，特别是东北、内蒙古高原及天山北部地区，季节冻土的厚度在 1m 以上，部分地区厚度超过 2m（Ran et al., 2012）。

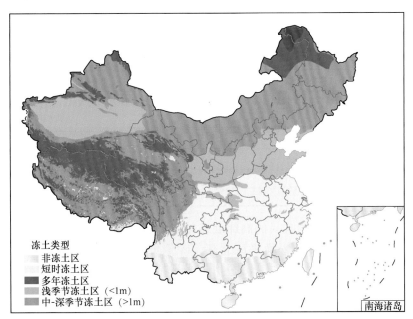

冻土类型
非冻土区
短时冻土区
多年冻土区
浅季节冻土区（<1m）
中-深季节冻土区（>1m）

南海诸岛

图 6-17　中国冻土空间分布（Li et al., 2008；Zou et al., 2017）

2）多年冻土

多年冻土主要分布在青藏高原、东北地区以及西北高山区，总面积约 $130 \times 10^4 km^2$，占全国国土面积的 13.5%。青藏高原是中国最大的多年冻土分布区，也是世界最大的中纬度、高海拔多年冻土区，多年冻土面积约为 $106 \times 10^4 km^2$（Zou et al.，2017），占青藏高原总面积的 42.4%。藏北高原是青藏高原多年冻土最发育的地区（周幼吾等，2000），冻土温度低、厚度大、活动层浅、地下冰厚、连续性高。由此向周边地区，多年冻土及其特征参数的分布具有明显的经度、纬度和海拔三向地带性规律。青藏高原多年冻土年平均地温（MAGT）整体相对较高，约44.7%的多年冻土温度大于 –1.5℃（高信度）（赵林等，2019），平均为 –1.3℃（中国气象局气候变化中心，2019）。温度较低的多年冻土一般出现在纬度和海拔较高且位置偏西的地区，如喀喇昆仑山、阿尔金山、可可西里无人区等地。温度较高的多年冻土常见于地势较低的河流湖泊周边，如楚玛尔河高平原、沱沱河盆地等（表6-8）（赵林等，2019）。多年冻土平均厚度受纬度和海拔的影响，区域差异很大，实测资料显示在8~137m。空间上，多年冻土厚度以羌塘高原和昆仑山为中心，随着海拔的降低，多年冻土由厚变薄，且北部高于南部、西部高于东部。青藏高原冻土区活动层较厚，平均为2.27m（中国气象局气候变化中心，2019），整体上以羌塘高原为中心向四周增加（姚檀栋等，2013）。青藏高原东部地区的活动层整体较薄，且变化范围小。西部地区的活动层厚度差异较大，山区薄于平原地区、腹地薄于四周。活动层在冰川附近较薄，在过渡性冻土地区较厚（Wu et al.，2018b）。青藏高原地下冰储量丰富，可达 $12.7 \times 10^3 km^3$（赵林等，2019），其中，高原中北部湖泊周围多年冻土含冰量较高（Wu et al.，2018b）。

表 6-8　青藏高原不同类型多年冻土的面积占比及其典型区域

类型	年平均地温 /℃	面积 /$10^6 km^2$（占比 /%）	典型区域
极稳定型	MAGT < –5.0	0.059（5.8）	喀喇昆仑山、阿尔金山
稳定型	–5.0 ≤ MAGT < –3.0	0.195（19.2）	可可西里无人区、唐古拉山、桃儿九山、风火山
亚稳定型	–3.0 ≤ MAGT < –1.5	0.308（30.3）	昆仑山垭口、可可西里低山丘陵
过渡型	–1.5 ≤ MAGT < –0.5	0.224（22.1）	楚玛尔河高平原、北麓河盆地、开心岭
不稳定型	–0.5 ≤ MAGT < 0.5	0.229（22.6）	西大滩谷地、沱沱河盆地、通天河盆地、布曲河谷地、温泉盆地、安多盆地

东北多年冻土区是我国唯一的高纬度多年冻土区，也是我国第二大多年冻土区，主要分布于大、小兴安岭，松嫩平原北部，呼伦贝尔高原以及长白山地区（Cheng and Jin，2013），面积约为 $17.07 \times 10^4 km^2$（Zhang X et al.，2018）。该地区森林密布、积雪深厚，局地因子如逆温层、地形坡向、植被、松散层厚度及地表沼泽化对冻土的发育程度和地温分布情况影响显著，导致区域内冻土特征差异较大，没有明显的规律性（Chang et al.，2013），与俄罗斯外贝加尔地区一道形成与极地和高海拔冻土截然不同的"兴安 – 贝加尔型多年冻土"（常晓丽等，2013）。该地区为北半球多年冻土南界，冻土温度较高，厚度较薄（Zhang et al.，2019），大兴安岭北部的监测结果显示，该地区多年冻土温度为 –3.3~–0.1℃，平均为 –1.1℃，冻土厚度为几十米（Chang et al.，2013）。

西部高山多年冻土区总面积约 $7.4 \times 10^4 \mathrm{km}^2$，主要分布在阿尔泰山、天山等地区，年平均地温在 $-5\sim0℃$ 变化，天山多年平均活动层厚度约为 1.55m（赵林和盛煜，2015）。研究表明，高山区内，由多年冻土下界往高处，冻土温度降低，厚度也随之增大，冻土分布连续性逐渐增加，表现出明显的垂直带性分布特征。同时，山地多年冻土下界也呈现出纬度变化，中国境内的阿尔泰山多年冻土下界低于南部的天山。

受气候变化和人类活动的影响，青藏高原多年冻土退化明显，主要表现为冻土面积缩减，冻土分布南界北移、下限升高，年平均地温升高，活动层厚度增加，季节融化深度减薄，热融湖塘发育等。20 世纪 60 年代至 21 世纪初，多年冻土退化明显，75.2% 的极稳定型冻土、89.6% 的稳定型冻土、90.3% 的亚稳定型冻土、92.3% 的过渡型冻土、32.8% 的不稳定型冻土的热稳定性退化到较低水平（中等信度）（Ran et al.，2018）。活动层厚度变化率随冻土温度的升高而加快（Ding et al.，2019），但气温升高并未改变青藏高原活动层的空间分布特征，整体上依然呈现出羌塘高原薄、四周厚的特点（张中琼和吴青柏，2012）。中国东北多年冻土呈现自南向北的区域性退化趋势，多年冻土区南部表现为南界的北移、融区的扩大和多年冻土的消失，而北部表现为多年冻土下限上移、活动层厚度增大及地温升高等（陈珊珊等，2018）。

2. 中国冻土变化的区域特征

1）中国季节冻土区域变化特征

近几十年来，我国季节冻土的季节最大冻结深度和土壤冻融状态区域时空变化差异较大，其变化趋势主要表现为最大冻土深度减小，冻结日期推迟，融化日期提前，冻结持续期缩短。季节冻土快速变化的转折期发生在 20 世纪 80 年代中期。

我国季节冻土的季节最大冻结深度 >2.0m 的区域主要分布在东北、西北和青藏高原地区，冻结深度 <1.0m 的区域主要分布在华南和青藏高原东南缘（Wang et al.，2019）。在时间尺度上，冻结深度总体表现出减小趋势，其中，青藏高原（0.47cm/a）的减小速度明显高于我国东部（0.41cm/a）和西部地区（0.34cm/a）（中等信度）。从地理位置角度看，冻结深度减小趋势最大的区域依次为东北地区（0.55cm/a）、内蒙古地区、新疆北部地区（0.35cm/a）以及西藏中东部地区（0.66cm/a）（中等信度），但柴达木盆地北部、青海省东南部和内蒙古中西部的部分地区呈增加趋势（Wang et al.，2001；陈博和李建平，2008）。西藏中部、东部和西北地区季节最大冻结深度呈阶段性年际波动减小的变化特征，20 世纪 80 年代之后进入转折期，呈现出显著减小趋势（杨小利和王劲松，2008）。但 2018 年东北地区季节冻土最大冻结深度较常年值偏大 10.9cm（高信度）（中国气象局气候变化中心，2019）。

与我国东部和西北地区相比，青藏高原区土壤冻融状态具有季节冻结深度较深、冻结始日较早、冻结终日较晚、持续时间较长的特点。同时，冻结状态的空间分布与地理特征密切相关，表现出东部地区具有明显的纬向格局，青藏高原和西部地区则与高程相关。三者相比，西北冻结始日显著推迟，东部冻结终日显著提前，青藏高原持续时间显著缩短（Wang Y S et al.，2018）。冻结始日和终日的年代变化转折时间比最大冻土深度晚，一般出现在20世纪80年代末期。年际尺度上，冻结终日中国东部地区和西北地区有正负震荡下降趋势，青藏高原表现为递减趋势（杨淑华等，2018）。

2）中国多年冻土面积变化的区域特征

我国多年冻土主要分布在青藏高原，大、小兴安岭，天山和阿尔泰山等地区（图6-18）。表6-9显示，20世纪80年代以来青藏高原多年冻土面积从80年代的 $139 \times 10^4 km^2$ 减少到21世纪10年代的 $126 \times 10^4 km^2$，变化率约为 $3.25 \times 10^4 km^2/10a$（高信度）（Wang et al.，2019）。东北地区在20世纪80年代至21世纪10年代多年冻土面积减少了 $2.7 \times 10^4 km^2$，变化率为 $-4.55\%/10a$（高信度）（Zhang X et al.，2018）。在气候变暖的背景下，青藏高原等地区气温不断升高，多年冻土呈现出区域性退化的趋势。在冻土制图的基础上模拟 RCP2.6、RCP4.5、RCP6.0、RCP8.5 气候条件时发现，青藏高原多年冻土 2011~2040 年的退缩速率分别为 17.17%、18.07%、12.95% 和 15.56%；2041~2070 年在 RCP8.5 情景下退缩速率最大（41.42%）（中等信度），2071~2099 年在 RCP8.5 情景下冻土分布减少 64.31%（中等信度）（Lu et al.，2017）；与 1986~2005 年相比，到 2023 年青藏高原多年冻土面积分别减少 $0.15 \times 10^6 km^2$（7.28%）、$0.18 \times 10^6 km^2$（8.74%）和 $0.17 \times 10^6 km^2$（8.25%）（Kong and Wang，2017）。

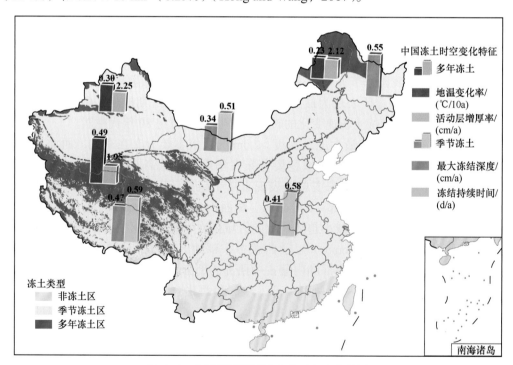

图 6-18 中国不同区域冻土的时空变化特征

资料来源：Li et al.，2008；Zou et al.，2017。多年冻土要素：中国气象局气候变化中心，2019；Liu et al.，2015；常晓丽等，2013；Jin et al.，2007。季节冻土要素：Wang Y S et al.，2018；气象局气候变化中心，2019

表 6-9　中国不同类型多年冻土面积及其变化率统计

冻土类型	地区	时间	面积 /10^4km^2	面积变化率 /（%/10a）	参考文献
高海拔	青藏高原	20 世纪 80 年代	139		Wang et al.，2019
		20 世纪 90 年代	135	−2.9	
		21 世纪 10 年代	126	−6.7	
	西北高山	21 世纪 10 年代	7.4		赵林和盛煜，2015
高纬度	东北地区	20 世纪 80 年代	19.77		Zhang Z et al.，2018
		21 世纪 10 年代	17.07	−4.55	

3）中国多年冻土地温变化特征

青藏高原多年冻土区年平均地温（MAGT）呈现升高的趋势。1996~2006 年 6m 深处升高了 0.12~0.67℃，约 0.43℃/10a（Wu and Zhang，2008）；2004~2018 年活动层底部温度也呈现出明显的上升趋势，平均升温 0.49℃/10a（中国气象局气候变化中心，2019）；低温多年冻土（MAGT<−1.0℃）升温速率高于高温多年冻土（MAGT>−1.0℃）（Wu et al.，2012）。天山北部多年冻土温度从 1992 年的 −1.7℃ 上升到 2011 年的 −1.1℃，增温 0.30℃/10a（Liu et al.，2015）；1974~2009 年 10~15m 处增温速率 0.10℃/10a（Zhao et al.，2010）。东北北部多年冻土 1984~2010 年 13m 处钻孔地温升高 0.6℃，升温率 0.2℃/10a（常晓丽等，2013）。

4）中国多年冻土活动层厚度变化特征

青藏高原活动层增厚趋势明显，2010 年以来增速有加剧的趋势。1981~2018 年青藏公路沿线平均增速 1.95cm/a（中国气象局气候变化中心，2019）。观测数据显示（图 6-19），2010 年之前青藏公路沿线活动层厚度平均增幅约为 1.72cm/a，2010~2018 年平均增幅达 2.43cm/a，2018 年青藏公路沿线多年冻土区平均活动层厚度达到 245cm，为 1981 年以来的最大值。相比较而言，中国天山北部和东北地区活动层厚度变化更为明显（Jin et al.，2007；Li et al.，2008）。天山北部多年冻土从 1992 的 1.25m 增厚到 2011 年的 1.70m，增速达 2.25cm/a（高信度）（Liu et al.，2015）；东北地区在 20 世纪 60~70 年代大兴安岭湿地的活动层厚度为 50~70cm，到 20 世纪 90 年代增加到 90~120cm 或更大（中等信度）。

5）中国多年冻土区热喀斯特发展特征

青藏高原多年冻土区地下冰融化后地表沉降，形成热融湖塘。利用遥感影像和实际监测发现，青藏高原中部北麓河地区热融湖塘面积在 1969~1999 年平均每年增长速率为 0.35%，而 1999~2006 年增长速率为 0.42%，2006~2008 年增长速率为 0.44%，2008~2010 年增长速率为 0.49%。同时，热融湖塘的湖岸后退现象明显，2007 年 8 月 ~2010 年 10 月，监测的热融湖塘湖岸最大后退了 3.2m，最小也有 0.6m（王慧妮，2013）。青藏高原热融湖塘的形成和扩张可能会影响到多年冻土区的工程，如铁路和公路的安全运营和维护管理。

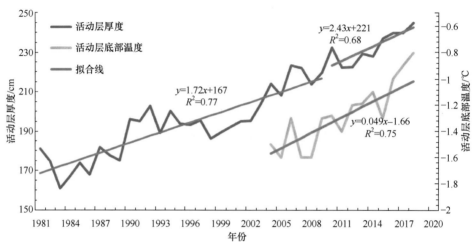

图 6-19　青藏公路沿线多年冻土区活动层厚度和底部温度变化

活动层资料来源：中国科学院冰冻圈科学国家重点实验室

可见，自 20 世纪 80 年代以来，我国多年冻土出现了明显的退化，表现为面积减小、地温升高、活动层增加、热融湖塘扩张等现象，且这种退化呈加速趋势。季节冻土区也出现了冻结时间缩短、冻结深度减小的现象。冻土的退化将对我国水资源、生态和冻土区工程建筑造成不利影响。

6.2.3　积雪变化

1. 中国积雪变化的基本特征

1）积雪日数

20 世纪 60 年代初至 21 世纪 10 年代末，中国年积雪日数总体呈不显著增加趋势，冬季东北北部和新疆大部增加显著，春季新疆北部和青藏高原西北部减少显著，其他则为不显著变化（王春学和李栋梁，2012）。进入 21 世纪，这种总体不显著增加趋势持续，但区域变化差异显著，其中青藏高原显著下降（车涛等，2019）。2001~2014年，冬、春季积雪日数显著增加和减少的区域较为一致，增加主要位于东北大、小兴安岭和长白山地区，以及三江源地区，减少主要位于青藏高原中西部和北部，以及新疆大部地区（图 6-20）。然而，从不同的时间段看，这种区域变化差异又不尽相同，如1992~2010 年，东北积雪大值区、天山地区、青藏高原中东部的年积雪日数显著减少，青藏高原西北部显著增加（钟镇涛等，2018）。可见，较为一致的是西北地区积雪日数持续减少。

1961~2008 年，东北林区积雪初日以平均 1.8d/10a 的速率显著推迟，积雪终日以平均 1.9d/10a 的速率显著提前，积雪期平均每 10 年缩短 3.5 天（高信度）（严晓瑜等，

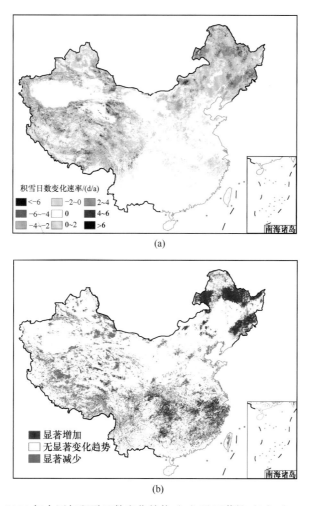

图 6-20　2001~2014 年中国年积雪日数变化趋势（a）及显著性（b）（Huang et al.，2016）

2015）。1979~2016 年东北地区积雪日数呈增加趋势，速率为 0.6d/10a（高信度）（张晓闻等，2018），但 1992~2010 年东北地区积雪日数显著减少（钟镇涛等，2018）。1960~2015 年，吉林积雪初日和终日总体变化趋势不明显，但阶段性特征显著，积雪初日和终日分别在 1983 年和 1991 年前后发生显著突变（傅帅等，2017）。1960~2015 年，内蒙古地区积雪日数总体呈增加趋势，但积雪期在进入 21 世纪后总体缩短，积雪期缩短在内蒙古东部和中部具有突变特征（张峰等，2018）。1971~2015 年，内蒙古中部锡林郭勒地区积雪日数变化波动较明显，总体呈微弱减少趋势（左合君等，2018）。

　　1961~2010 年，西北干旱区冬季积雪日数呈增加趋势，其中内蒙古高原地区变化较大，其他各区基本无变化（马荣，2018）。1992~2010 年新疆地区积雪日数总体显著减少（钟镇涛等，2018），但区域分异性明显。2002~2014 年，天山绝大部分地区年积雪日变化趋势较为稳定，稳定区约占天山总面积的 83.9%（赵文宇等，2016）。2001~2013 年开都河流域上游积雪日数变化趋势并不明显，海拔 2000~2900 m 区域以增加趋势为主，而海拔 1098~2000m、海拔 2900~4794m 区域以减少趋势为主。

20 世纪 80 年代初以来，青藏高原地区积雪日数呈减少趋势（张若楠等，2014；车涛等，2019），空间上呈中西部减少、东南部增加的趋势（Wang et al.，2017）；90 年代末期以来高原积雪日数显著减少（车涛等，2019），1991~2005 年冬季青藏高原中东部每十年约减少 1.59 天（You et al.，2011），但 2001~2014 年三江源地区积雪日数显著增加，尤其是春季和秋季（Huang et al.，2016）。1979~2013 年青海年积雪日数总体上逐渐减少，且温度上升越明显的地区，积雪日数减少得也越明显，各海拔区间内的积雪日数均呈不显著减少趋势，基本上海拔越高，积雪日数减少的速度越快（黄桂玲，2018）。2000~2014 年西藏雅鲁藏布江流域积雪日数总体呈显著减少趋势，但下游积雪日数变化剧烈（刘金平等，2018）。

未来中国积雪日数以减少为主，高排放（RCP8.5）较中等排放（RCP4.5）情景下的减少更为显著，且青藏高原地区的下降趋势明显大于全国平均值；RCP8.5 情景下，中国和青藏高原积雪日数的下降趋势分别为 3.7d/10a 和 2d/10a（Ji and Kang，2013；张人禾等，2015）。相对于 1961~1990 年，近期（现今至 2050 年）和远期（2051~2100 年）青藏高原积雪日数将分别减少 10~14 天和 10~43 天（图 6-21）。空间上，中国大部分地区积雪日数减少，主要集中在东北和内蒙古地区、北疆和青藏高原东部地区，且以青藏高原地区的减少为最；与 1986~2005 年基准期相比，21 世纪中期和末期分别缩短 10~20 天和 20~40 天，21 世纪末期三江源和青藏高原南部部分地区积雪日数的减少将达 30 天以上（Ji and Kang，2013）。

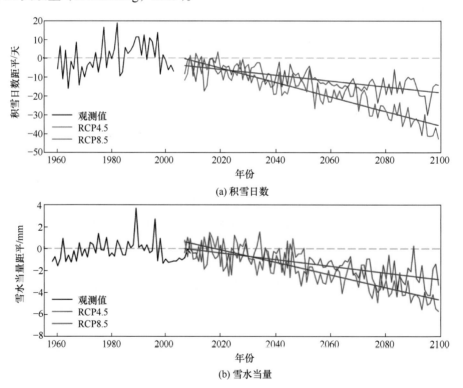

(a) 积雪日数

(b) 雪水当量

图 6-21　青藏高原积雪日数（a）和雪水当量（b）变化与预估（陈德亮等，2015）

基准期为 1961~1990 年

2）积雪深度和雪水当量

2001~2014 年，中国年平均积雪深度增加和减少趋势的空间分布与年积雪日数具有较高的一致性，显著增加区域主要位于大、小兴安岭和长白山地区，以及三江源地区；各季节积雪日数和平均积雪深度变化趋势的空间分布也具有较高的一致性，青藏高原西部和西南边缘冬、春季积雪深度的显著增加特征较积雪日数更为突出，而秋季三江源地区积雪深度显著增加特征不如积雪日数突出（Huang et al.，2016）。

1979~2006 年，东北 - 内蒙古地区的积雪深度呈增加趋势，其中边缘山区的雪水当量呈减少趋势（张若楠等，2014），但 1979~2014 年东北冻土区年平均积雪深度变化则以减少为主，减少速率为 0.07cm/10a（高信度），且 1986 年后减少更为明显（刘世博等，2018）。1961~2012 年东北 - 内蒙古地区积雪深度增幅达 1.31cm/10a（高信度）（钟镇涛等，2018），但区域差异显著。其中，1960~2015 年内蒙古东部与中部地区积雪深度总体呈增加趋势，西部则略有下降；东部地区积雪深度的突变增加发生在 20 世纪 70 年代，而中部和西部地区积雪深度变化没有突变特征（张峰等，2018）。此外，1961~2008 年，东北林区年最大积雪深度随时间变化呈不显著增加趋势（严晓瑜等，2015）。

1961~2012 年新疆北部平均积雪深度增幅达 2.3cm/10a（高信度）（钟镇涛等，2018），其中 1979~2006 年，新疆和东北 - 内蒙古地区的积雪深度呈增加趋势，而其中边缘山区的雪水当量呈减少趋势。20 世纪 60 年代初至 21 世纪 10 年代末，东北北部和北疆最大积雪深度显著增加（王春学和李栋梁，2012），天山山区只有小部分区域显著增加，其余地区变化不显著（李雪梅等，2016）；其中阿勒泰地区在 20 世纪 80 年代中期之前最大积雪深度呈下降趋势，最大积雪深度总体较小，且变化较为稳定，之后则显著增加，最大积雪深度总体较大且年际波动较大（贺英，2018）。

青藏高原积雪的变化具有明显的年代际变化特征。1961~2012 年青藏高原平均积雪深度显著减少（张若楠等，2014），其中 1980~2018 年亦呈总体下降趋势，且 2000 年之前变化的波动性较大，自 2000 年开始，积雪深度明显下降且波动较小（车涛等，2019）。2001~2014 年平均积雪深度呈现青藏高原腹地显著减少，而包括中东部在内的周边地区显著增加的特征，这种区域特征在冬、春季尤为突出（Huang et al.，2016）。自 1979~2014 年青藏高原冬季积雪呈现"少—多—少"的变化趋势已经得到大量研究证实，分别在 20 世纪 80 年代末和 90 年代末发生两次突变；而青藏高原春季积雪在 1977 年出现了由少到多的突变，并在 2002 年左右又由多转少。1998 年以前，青藏高原冬季增温过程较弱，此时冬季积雪深度和日降雪都有显著增长；1998 年后温度剧烈上升，冬季积雪深度和降雪不再增长，而是随温度上升而显著减小，且减小最为显著的区域位于高原中部，与升温幅度最显著的区域一致。这主要是由于高原地区升温具有海拔依赖性，而高原中部站点海拔均较高（段安民等，2016）。

1981~2010 年，青藏高原区域平均最大积雪深度呈显著减少趋势，减幅达 0.55cm/10a（高信度），1997 年前后高原积雪深度出现了由大到小的气候突变。其中，春季平均最大积雪深度下降趋势非常显著，下降幅度为 0.47cm/10a（高信度），且在 1998 年出现了由大到小的气候突变；夏季高原积雪分布极为有限，但减少趋势同样显著；秋、冬季高原平均最大积雪深度减少趋势不明显（除多等，2018）。然而，1979~2010 年西藏积雪深度呈显著增加趋势，气候倾向率为 0.26cm/10a（高信度），其中 1999 年以后呈下降趋势（白淑英等，2014）。

未来中国雪水当量以减少为主，高排放（RCP8.5）较中等排放（RCP4.5）情景下的减少更为显著，且青藏高原地区的下降趋势明显高于全国平均。2002~2050 年，CMIP3 模式模拟中、低温室气体排放浓度情景下，新疆北部地区积雪总体呈减薄趋势，高排放情景下除天山附近呈加深趋势外，其余地区呈减薄趋势（王澄海等，2010）。未来青藏高原雪水当量呈减少趋势，RCP4.5 和 RCP8.5 排放情景下雪水当量的下降趋势分别为 0.3mm/10a 和 0.5mm/10a（Ji and Kang，2013；张人禾等，2015）。相对于 1961~1990 年，近期（现今至 2050 年）和远期（2051~2100 年）青藏高原雪水当量将分别减少 0.03~2.06mm 和 3.33~5.71mm[图 6-21（b）]。空间上，到 21 世纪中期，青藏高原雪水当量减少的最大区域在高原的东部和南部，减少量可达 10mm，但在高原中部略有增加，增加的幅度为 0.1~1mm，到 21 世纪末期，雪水当量的空间分布与 21 世纪中期类似，减少的幅度略有增加（Jin and Kang，2013）。与 20 世纪后 30 年相比，2011~2040 年长江流域上游平均积雪深度将减小 35%~40%，季节最大积雪深度将减小 33%~37%（陆桂华等，2014）。

3）积雪范围

1992~2010 年中国稳定积雪区范围无显著变化趋势（钟镇涛等，2018），其中 2002~2018 年中国平均积雪覆盖率呈弱的下降趋势，但年际振荡明显（图 6-22），且季节差异显著。2001~2014 年，中国年积雪范围亦无明显趋势，呈冬、夏季减少，而春、秋季增加的趋势，但均不显著（邓婕，2016）。1979~2006 年，东北 – 内蒙古地区积雪覆盖率呈增加趋势（张若楠等，2014）。2003~2012 年，黑龙江流域 5 月、6 月的积雪范围呈减少趋势，与该区域降水量增加和气温升高密切相关（于灵雪等，2014）。

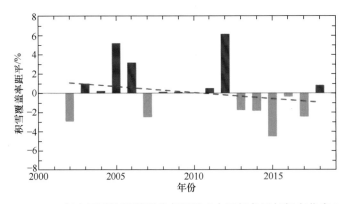

图 6-22　2002~2018 年中国平均积雪覆盖率距平（中国气象局气候变化中心，2019）

2001~2014 年新疆阿尔泰地区积雪范围呈减少趋势，其中春、冬两季减少，秋季显著增加，但年际变化幅度则是春、秋两季较大，冬季次之；该区域积雪范围的减少主要由阿尔泰山南部平原及流域下游地区积雪范围明显减小导致（陈丽萍，2017）。

1994~2014 年天山山区积雪范围总体呈波动减少趋势（任艳群等，2015）。2002~2016 年，天山山区平均积雪范围呈略微减少趋势，年际波动明显（侯小刚等，2017）。2000 年以来塔里木河源区托什干河流域积雪范围呈微弱增加趋势，相对于其他季节，冬季增加更为明显，相对于其他高度带，作为主要积雪覆盖区的海拔 3000~4000m 的高度带积雪增加更为明显（李晶等，2014）。2001~2017 年祁连山积雪范围总体呈减小趋势，但年际波动较大，多年平均积雪范围约为 $5 \times 10^4 km^2$，占祁连山总面积的 25.9%；其中海拔介于 3000~4000m 和 4000~5000m 的区域积雪范围年际波动较大，海拔 2000~3000m 和 5000m 以上区域积雪范围年际变化相对平稳（梁鹏斌等，2019）。2000~2016 年，开都河流域积雪覆盖率无明显变化趋势（向燕芸等，2018），其中 2001~2013 年流域上游春季积雪范围减少速率明显高于其他季节，秋季海拔 2000~2900m 地区的积雪范围显著增加，而其他海拔地区呈不显著减小趋势（李斐等，2016）。

2000~2014 年，总体上，西藏高原地形坡度越高则积雪覆盖率越高。不同坡向中，北坡积雪覆盖率最高，南坡最低，年内分布呈双峰形，而无坡向的平地积雪覆盖率要小于有坡向的山地，其年内变化呈单峰形分布特点。海拔 2km 以下积雪覆盖率不足 4%，海拔 6km 以上覆盖率达 75%；海拔 4km 以下年内积雪覆盖呈单峰形分布特点，海拔越高，单峰形越明显；而海拔 4km 以上则为双峰形，海拔越高，双峰形越明显。海拔 6km 以下积雪覆盖率最低值出现在夏季，而 6km 以上则出现在冬季（除多等，2017）。

1979~2006 年，青藏高原地区积雪覆盖率呈减少趋势（张若楠等，2014），2000 年以来，积雪范围总体呈缓慢波动减少趋势（白淑英等，2014），积雪面积较前期减少显著（车涛等，2019）。1978~2010 年，青藏高原不同区域积雪范围的变化差异较大，藏东南地区积雪减少，而藏西北地区积雪增加；低海拔地区总体增加，高海拔地区变化不大，而其他地区呈现减少趋势；低海拔地区冬季积雪范围略有增加，而春秋季节减少；高海拔地区秋冬略有增加，春季减少；其他海拔地区秋冬变化不大，而春季减小明显（王宁练等，2015）。2002--2015 年西藏雅鲁藏布江流域积雪范围变化波动较大，与气温和地表温度呈显著反相关，受降水量影响小（拉巴卓玛等，2018）。

4）融雪期

在全球变暖的背景下，阿尔泰地区增温显著，山区气温上升明显，1961~2015 年阿勒泰地区的积雪消融有提前的趋势（陈丽萍，2017；贺英，2018）。1972~2016 年，开都河流域春季融雪期约提前了 10.4 天（高信度）（向燕芸等，2018），其中后 20 年融雪期开始时间提前速率大幅增加，1990~2013 年平均每 10 年约提前 3.4 天，此期间融雪期结束时间以每 10 年 1.2 天的速度推迟（高信度）（李斐等，2016）。黑河流域上游莺落峡站和札马什克站自 20 世纪 70 年代至 2008 年，融雪径流开始时间提前，而祁连站自 80 年代起融雪径流开始时间提前（党素珍等，2012）。

1983~2012 年，青藏高原融雪开始日期与积雪开始日期的变化趋势相反（Wang et al.，2017）。2000~2014 年西藏雅鲁藏布江流域气温对积雪终日的影响明显高于对积雪初日的影响，积雪消融期液态降水的增多促进了积雪的消融（刘金平等，2018）。

地形与植被均是影响春季融雪速率的关键因素。黑龙江小兴安岭腹地凉水沟流域内，植被对融雪过程的影响远大于地形的影响。仅考虑地形的影响时，平均融雪速率为 1.91mm/d，与空旷平地融雪速率 1.95mm/d 相近，而仅考虑植被影响时，融雪速率为 1.26mm/d，仅为空旷平地融雪速率的 64.6%。此外，Musselman 等（2017）在美国西北部的观测表明，积雪越浅融化越早，但与融化较晚的较厚积雪相比，其融化速率也越慢。正是由于融雪开始时间提前，融雪期偏向于能量尚不充足的早春阶段，使得美国西北部 64% 的积雪覆盖区在融雪初期并没有充足的热量消融积雪，从而导致融雪率下降。中国积雪融化速率演变的研究尚有待加强，这对管理以及有效利用以积雪融水补给的河流径流至关重要。

与 20 世纪后 30 年相比，2011~2040 年长江流域上游年内积雪达到最深的日期与基准期基本相同，而融雪开始时间略有延后（陆桂华等，2014）。对 2021~2050 年春季塔里木河源区托什干河流域年内融雪径流变化的预估表明，4 月之后流域径流峰值增大显著，但径流峰值日期无明显变化，且不同气候情景对融雪径流变化的影响并无明显差别（李晶等，2014）。

2. 积雪分类和分布特征变化

长期以来，对中国积雪类型的划分沿用李培基和米德生（1983）提出的以年累计积雪天数为标准的划分方法。何丽烨和李栋梁（2011）采用相同方法，对 1951~2004 年中国西部各类型积雪分布范围进行了分析，其中北疆、天山和青藏高原东部地区多年平均累计积雪日数大于 60 天，为稳定积雪区；南疆盆地中心、四川盆地和云南南部无积雪；其他地区为不稳定积雪区。与 1951~1980 年相比，北疆、天山、河西走廊，以及成都、昆明一线广大地区积雪类型稳定少变，但分布范围有所改变，主要表现为稳定积雪区范围增大，其中青藏高原东部稳定积雪已覆盖了唐古拉山至念青唐古拉山之间的广大地区，原巴颜喀拉山地区的稳定积雪范围增大且向东延伸。此外，与 20 世纪 80 年代前相比，80 年代之后有雪区和无雪区的南北分界线已略北移。何丽烨和李栋梁（2012）在原有积雪类型分区方法的基础之上，又利用积雪年际变率将中国西部积雪类型划分为 3 类。其中，稳定积雪区主要包括北疆、天山和青藏高原东部高海拔山区，年周期性不稳定积雪区包括南疆和东疆盆地周边、河西走廊、青海北部、青藏高原中西部、藏南谷地以及青藏高原东南缘；其他积雪区均为非年周期性不稳定积雪区。

为了更好地反映积雪的稳态特性，张廷军和钟歆钥（2014）以连续积雪天数为标准，将欧亚大陆积雪区重新划分为稳定积雪区、周期性不稳定积雪区、非周期性不稳定积雪区和无积雪区。中国的稳定积雪区主要集中在两个区域：一个是北疆至天山山脉地区；另一个是东北平原大部和内蒙古高原东北部地区，并呈"倒 U"形分布。不稳定积雪区面积较大，最南端延至 25°~26°N 一带。其中，周期性不稳定积雪区所占面积相对较小，主要分布于塔里木盆地和吐鲁番盆地以北地区、塔里木盆地西部、喜马拉雅山、唐古拉山中段、青藏高原东部、祁连山以北大部分区域、黄土高原大部、内蒙古高原中部，以及辽河流域大部分地区至黄土高原北部。非周期性不稳定积雪区在中国的分布范围最广，主要位于 40°N 以南的大部分地区，以及东北平原西南部部分地区。无积雪区主要分布于 25°N 以南大部分区域。与用累计积雪天数进行积雪类型划分相比，以连续积雪天数划分的中国各类型积雪区的分布差异显著，尤其是周期性和非周期性不稳定积雪区的分布主要表现为稳定积雪区明显缩减，青藏高原无稳定积雪区，中国大部分地区为非周期性不稳定积雪区。连续积雪天数划分方法更能体现积雪累积的连续性和持久性，更符合对稳定积雪和不稳定积雪的划分标准。此外，积雪类型的分布范围也与使用的数据来源有关。台站资料的划分结果很大程度上受积雪持续时间的影响，而在卫星遥感结果中，积雪年际变率则是影响类型划分的主要因素（何丽烨和李栋梁，2012）。

6.2.4　河、湖冰变化

1. 河冰变化

河冰是在特定气象条件、地形河势和水力作用下产生的自然现象。热带地区以外的大江大河在冷季都被冰雪覆盖，尤其是北半球约 60% 的河流受到河冰的显著影响（Ionita et al.，2018）。我国北方地区河流（如黑龙江、松花江、黄河等）在冬季冰情严重，容易发生冰凌灾害（黄国兵等，2019；杨开林，2018）。

1）河冰物候

河冰物候特征是指河流的封河日期、开河日期和封冻天数。河冰物候特征具有明显的纬度地带性特征，即纬度越高，封河日期越早，开河日期越迟，封冻天数越长。例如，黄河内蒙古段（巴彦高勒站、三湖河口站和头道拐站）（表 6-10）通常在 11 月下旬至 12 月中旬封河，3 月中旬开河，平均封冻天数约 95 天（朱钦博，2015）；西流松花江一般在 11 月封冻，翌年 4 月解冻，封冻期长达 130~160 天（齐文彪等，2018）；而黑龙江（漠河站和哈尔滨站）（表 6-11）则在 11 月中下旬封河，4 月下旬开河，平均封冻天数约 150 大（丁雪慧等，2016）。在气候变暖背景下，我国北方河冰物候特征总体呈现封河日期推迟、开河日期提前、封冻天数减少的趋势。1990 年后与 1990 年前相比，漠河站的封河日期平均值推迟了 6 天，哈尔滨站的封河日期平均值推迟了 2 天；而漠河站的开河日期平均值提前了 2 天，哈尔滨站的开河日期平均值提前了 1 天（高信度）；两个站点的封河日期都明显随时间的推迟而变短（图 6-23）。相较于漠河站因温度升高导致封河日期延后、开河日期提前，哈尔滨站的趋势相反，人类活动（如修建公路桥梁）对冰情变化趋势的影响较大（丁雪慧等，2016）。1959~2013 年黄河内蒙古段河冰物候特征变化可分为两个阶段：1968 年小浪底水库运行后至 1987 年气温突变前，封河和开河日期较基准期均推后，封冻持续时间基本不变；1987 年后封河日期推后，开河日期提前，封冻期缩短（高信度）（朱钦博，2015）。

表 6-10　黄河内蒙古段封河与开河日期及封冻天数统计

项目		巴彦高勒	三湖河口	头道拐
封河日期	最早	11 月 23 日	11 月 20 日	11 月 21 日
	最晚	1 月 13 日	1 月 1 日	1 月 11 日
	平均	12 月 18 日	12 月 8 日	12 月 11 日
开河日期	最早	2 月 24 日	3 月 6 日	3 月 4 日
	最晚	3 月 28 日	4 月 5 日	4 月 1 日
	平均	3 月 14 日	3 月 22 日	3 月 21 日
封冻天数 / 天	最少	52	78	52
	最多	124	128	126
	平均	89	104	99

表 6-11　黑龙江封河与开河日期统计

站点	冰情	最早（年－月－日）		最晚（年－月－日）		平均（月－日）	
		1990 年前	1990 年后	1990 年前	1990 年后	1990 年前	1990 年后
漠河站	封河日期	1986-10-31	2003-11-01	1958-11-22	2004-12-21	11-11	11-17
	开河日期	1985-04-18	1990-04-21	1983-05-09	1999-05-06	04-30	04-28
哈尔滨站	封河日期	1976-11-08	2010-11-15	1958-12-12	1991-12-06	11-23	11-25
	开河日期	1959-03-25	2002-03-31	1956-04-16	2013-04-19	04-09	04-08

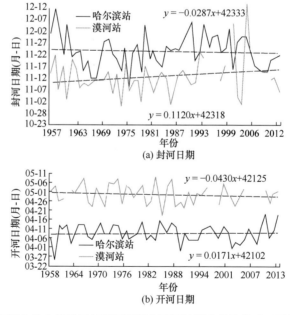

图 6-23　漠河站和哈尔滨站历年封河日期和开河日期变化趋势（丁雪慧等，2016）

2）河冰厚度

河冰厚度与负积温存在着显著关系，通常纬度越高河冰厚度越大，呈现明显的纬度地带性规律。据黄河内蒙古段巴彦高勒站、三湖河口站和头道拐站的监测，最大冰厚 0.55~0.8m（朱钦博，2015）；头道松花江干流多年平均最大冰厚为 1.03m，二道松花江干流多年平均最大冰厚为 0.78m（齐文彪等，2018）；黑龙江上游地区在封冻期河冰厚度可达 1.3~1.5m，根据漠河站 2015~2016 年的观测资料，河冰厚度从 1 月 8 日的 63cm 逐渐增大到 3 月 4 日的 94cm，此后冰层厚度直至 3 月 21 日都保持稳定（郝彦升，2018）。受气温上升和水库运行等因素的影响，我国北方河流冰厚呈减薄趋势。例如，小浪底水库建库前期，黄河内蒙古段各站最大冰厚均在 0.8m 左右，1987 年之前各站最大冰厚有 0.4~1m 的差距，之后最大冰厚均在 0.55m 左右，即水库运行对水温的影响和气温升高二者共同导致最大冰厚的减薄（朱钦博，2015）。受水流、冰花堆积等影响，黄河冰晶体结构既有柱状冰又有粒状冰，且在一些位置冰层内柱状冰和粒状冰可以交替出现（闫利辉，2017）。温度在 –15~–3℃范围内，河冰的劈拉强度随着温度的降低逐渐增大，断裂韧度随着温度的降低先减小而后逐渐增大（郜国明等，2018）。松花江不同位置的冰厚变化具有一定的差异性，如头道松花江干流多年平均最大冰厚为 1.03m，最大冰厚呈显著上升趋势，以 1998 年为突变年，前后差异明显；二道松花江干流多年平均最大冰厚为 0.78m，最大冰厚呈显著下降趋势，1956~2013 年平均最大冰厚约减少 10cm（高信度），2000 年后最大冰厚显著减少（图 6-24）。流量、负积温和风速是与最大冰厚显著相关又相互独立的因素，它们对头道松花江最大冰层的厚度大小起主要作用，负积温和风速对二道松花江最大冰厚的大小起主要作用（齐文彪等，2018）。

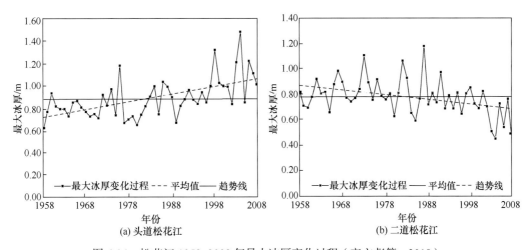

图 6-24　松花江 1958~2008 年最大冰厚变化过程（齐文彪等，2018）

3）河冰冰情预测

河冰冰情预测是利用历史和现在的水文、气象资料及河渠结冰、封冻和解冻的发展规律预测未来冰情的水利科学。当前河流解冻预报方法可分为经验相关法、回归分析法和预报模型法（如神经网络模型）等几类（张璐等，2017）。河冰物候特征及冰厚的主要影响因素包括负积温、风速、流量自然要素以及水库建设等人类活动。例如，头、二道松花江干流最大冰层的厚度与负积温具有较强的相关性，汉阳屯站均在 0.01 水平上显著相关，且累计负积温越低，河槽冰层的最大厚度越大，同时二者突变年份比较吻合。头道松花江流量作为影响最大冰厚的动力因素，其与冰层的冰厚相关关系较好，从多年变化看流量与最大冰厚呈正相关。二道松花江汉阳屯站流量与最大冰厚的动力因素的相关关系较弱。流量、负积温和风速是与最大冰厚显著相关又相互独立的因素，对头道松花江最大冰层的厚度大小起主要作用，负积温和风速对二道松花江最大冰厚的大小起主要作用（齐文彪等，2018）。

2. 湖冰变化

湖冰是湖泊表面在冷季冻结而成的季节性冰体。湖冰演化与气候变化存在密切联系，其冻结时间、消融时间和厚度被视作区域气候变化的良好指示器（Weber et al.，2016）。作为冰冻圈的重要组成部分，湖冰的生消将改变湖泊表面的反照率，其时空变化不仅影响区域年内热量和能量收支平衡，而且具有重要的生态价值和经济价值（秦大河等，2012）。

1）湖冰物候

湖冰的形成与消失受诸多要素影响，如气温、降水、积雪、云量、太阳辐射、风速、海拔、湖泊面积和水深及湖岸线复杂程度等（Sharma et al.，2019；Nõges P and Nõges T，2014）。湖冰物候反映了湖冰的季节循环特征，包括湖冰封冻期、消融期及封冻天数（Duguay et al.，2014）。其中，封冻期是指湖冰从开始形成到完全覆盖湖面的时间间隔，消融期是指湖冰开始消融至完全消失的时间间隔。湖冰物候被视作气候变化的灵敏指示器，并影响着湖–气能量交互和湖泊水文及生态过程，同时对人造污染物（如全氟化合物、PFCs）的扩散有着重要影响（Wrona et al.，2016；Benson et al.，2012；Veillette et al.，2012）。

基于 MODIS 的三种产品数据（MOD09、MYD10A2 和 MOD11A1），Guo 等（2018）对青藏高原 32 个湖泊 2000~2015 年湖冰物候变化趋势进行分析，研究表明，青藏高原湖冰物候并没有一致趋势。其中，13 个湖泊开始冻结日期和完全冻结日期呈推迟趋势，7 个湖泊则呈相反趋势，且开始冻结和完全冻结越迟的湖泊其开始消融日期和完全消融日期呈提前趋势，反之亦然，这导致湖泊封冻期减少或增多（高信度）（图 6-25）。青藏高原湖冰物候特征不同变化趋势与气候变化和其他环境要素密切相关，其中气候要素起着关键作用，具体表现为大多数湖泊的开始冻结日期和完全冻结日期与气温、气压、降水呈正相关，而开始消融日期、完全消融日期、冻结期等则与这些要素呈负相关（图 6-26）。对于个别湖泊而言（如阿牙克库木湖），开始消融日期和完全消融日期与太阳辐射和风速呈负相关。

除从宏观尺度认识青藏高原湖泊湖冰物候特征变化趋势外，部分学者对可可西里地区、青海湖和纳木错的湖冰物候开展了详细研究。例如，Yao 等（2016）对可可西里地区 22 个面积大于 100km² 的湖泊湖冰物候特征研究发现，2000~2011 年可可西里地区湖冰物候特征发生了显著变化，湖泊开始冻结和完全冻结时间推迟，湖冰开始消融和完全消融时间提前，湖泊完全封冻期和封冻期持续时间普遍缩短，平均变化速率分别为 –2.21d/a 和 –1.91d/a（高信度）（图 6-27）。气温、湖泊面积、湖水矿化度和湖泊形态是影响这一区域湖冰物候特征的主要因素，而湖泊热储量、地质构造等因素对湖冰演化的作用亦不可忽视。Cai 等（2017）基于 SMMR 和 SSM/I 被动微波数据对青海湖 1979~2016 年的湖冰物候特征分析发现，开始冻结日期和完全冻结日期分别推迟6.16 天和 2.27 天，开始消融日期和完全消融日期则分别提前 11.24 天和 14.09 天（图6-28），且湖泊封冻期与冬季平均气温呈显著负相关（高信度）。祁苗苗等（2018）分析了 2000~2016 年青海湖湖冰物候特征变化及其对气候变化的响应，结果表明，近 16年间青海湖湖冰物候特征各时间节点变化呈现较大的差异性，具体表现为湖泊开始冻结日期变化相对较小，完全冻结日期呈先提前后推迟的波动趋势，开始消融日期呈先推迟后提前的波动趋势，完全消融日期在 2012~2016 年呈明显提前趋势；青海湖封冻期在 2000~2005 年和 2010~2016 年呈缩短趋势，但减少速率慢于青藏高原腹地的湖泊；冬半年负积温大小是影响青海湖封冻期的关键要素，但风速和降水对青海湖湖冰的形成和消融亦发挥着重要作用（高信度）。对纳木错湖冰物候遥感监测发现，湖泊开始冻

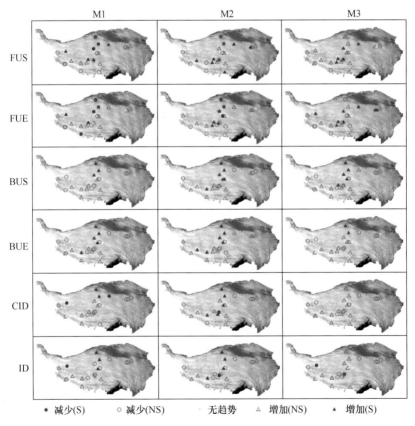

图 6-25　2000~2015 年青藏高原湖冰物候特征变化趋势（Guo et al.，2018）

S 表示变化趋势通过了 0.05 的显著性检验，NS 表示变化趋势未通过 0.05 的显著性检验；FUS、FUE、BUS、BUE、CID 和 ID 分别表示开始冻结、完全冻结、开始消融、完全消融、完全封冻期和封冻期，下同

结日期延迟和完全消融日期提前使湖冰存在期显著缩短（2.8d/a）、湖冰冻结期增长、湖冰消融期缩短，其中消融期变化最为明显，平均每年缩短3.1天；2000年后纳木错湖冰冻结困难，消融加速，稳定性减弱；纳木错湖冰变化主要受湖面温度、辐射亮温、气温和风速变化的影响（高信度）（Gou et al.，2017；勾鹏等，2015）。

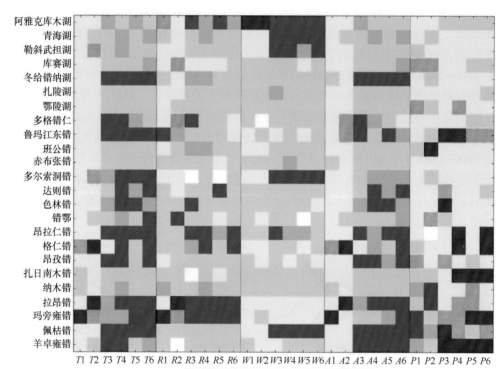

图 6-26　青藏高原湖冰物候特征与气候要素相关系数热力图（Guo et al.，2018）

T、R、W、A 和 P 分别表示气温、辐射、风速、气压和降水

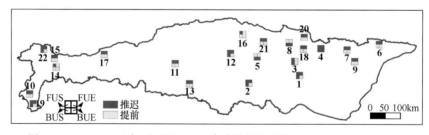

图 6-27　2000~2011年可可西里地区湖冰物候变化特征（Yao et al.，2016）

1.乌兰乌拉湖；2.多格错仁；3.西金乌兰湖；4.可可西里湖；5.多格错仁强错；6.库赛湖；7.卓乃湖；8.勒斜武担湖；9.加德仁错；10.美马错；11.玛尔盖茶卡；12.若拉错；13.错尼；14.拜惹布错；15.碱水湖；16.玉液湖；17.羊湖；18.饮马湖；19.阿鲁错；20.太阳湖；21.向阳湖；22.黑石北湖

2）湖冰厚度

据青海湖下设水文站观测资料，1983~2015 年青海湖平均最大湖冰厚度为 59cm，最小湖冰厚度为 6cm；1 月平均湖冰厚度为 50cm，2 月平均湖冰厚度为 59cm，3 月平均湖冰厚度为 52cm。青海湖平均湖冰厚度为 28.5cm，湖冰厚度在 2 月达到最大。1983~2015 年青海湖最大、最小湖冰厚度总体上呈现出波动减少的趋势，最大和最小湖冰厚度变化速率分别为 –0.30cm/a 和 –0.24cm/a（高信度）。在青海湖封冻期，各月湖冰厚度均有所减少且变化速率差异较大，如 1 月最大和最小湖冰厚度变化速率分别为 –0.17cm/a 和 –0.10cm/a，2 月最大和最小湖冰厚度变化速率分别为 –0.25cm/a 和 –0.24cm/a，3 月最大和最小湖冰厚度变化速率分别为 –0.39cm/a 和 –0.31cm/a（高信度）。

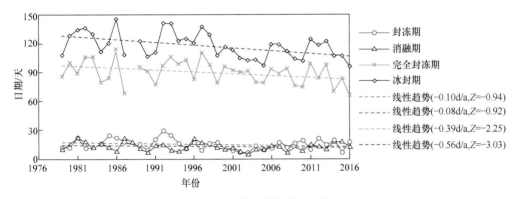

图 6-28　1979~2016 年青海湖湖冰物候特征变化（Cai et al., 2017）

3）湖冰冰情

综上所述，湖冰变化整体上呈现冻结日期推迟、消融日期提前、封冻期缩短和厚度减薄趋势。不同升温情景下的湖冰物候和水温模拟亦表明，每年持续冻结湖泊数量不断减少，而间歇冻结湖泊数量将呈指数增长趋势，且受北极气温放大效应影响，高纬地区的湖泊更易于转换为间歇冻结湖泊（Sharma et al., 2019）。同时，在低温室气体浓度情景（RCP 2.6）和中高温室气体浓度情景（RCP 6.0）下，模拟结果显示，2080~2100 年湖冰冻结期呈减少趋势，其中在 RCP2.6 情景下封冻期平均减少 15 ± 5 天；在 RCP6.0 情景下封冻期平均减少 29 ± 8 天，极端情况下减少日数超过 60 天（高信度）。到 21 世纪末，24% ± 5% 的湖泊将不会发生湖泊冻结现象，在 RCP2.6 和 RCP6.0 情景下湖泊年平均温度预计分别上升 $1.1 \pm 0.4℃$ 和 $2.3 \pm 0.6℃$，极端情况下升温幅度可达 $5.4 \pm 1.1℃$（高信度）（Woolway and Merchant, 2019）。

6.3　海洋冰冻圈与大气冰冻圈变化

6.3.1　海洋冰冻圈变化

中国近海海冰主要分布在渤海湾北部靠近辽东半岛一侧，渤海湾西部靠近天津、秦皇岛一侧和黄海北部靠近丹东和朝鲜一侧，是北半球纬度最低的季节性海冰，多存在于 1~3 月，其中渤海湾北部海冰密集度最高、冰期最长。渤海海冰灾害为我国海洋灾害之一，其对海上运输、油气勘探和生产等活动均有不同程度的影响。近年来，渤海海冰已引起我国海洋和大气科学家的重视与关注，他们在海冰的形成、变化和预测方法等方面开展了越来越多的研究。

以 MODIS 和 Landsat 系列卫星为数据源建立的 1973~2016 年海冰时间序列显示，近 50 年来渤海海冰发展趋势表现为自 1973 年以来，渤海海冰最小结冰面积长期保持不变，最大结冰区域面积呈增大趋势，1997 年开始以 8 年左右为周期呈现规律性变化（庞海洋，2018）。应用 NOAA 卫星反演的高分辨率海冰密集度资料分析了 1981~2011 年中国近海海冰的时空变化特征，研究发现，1981~1986 年海冰面积变化平稳；1987~2005 年海冰面积明显偏少；2006~2011 年近海海冰明显增多，且年际变率大，受东亚冬季风的影响显著，呈正相关关系（高信度）（梁军等，2016）。基于卫星观测资料和气象数据反演的 1958~2015 年渤海海冰面积变化结果发现 1958~1980 年渤海海冰面积平稳变化，1981~1995 年显著减少，1996~2015 年缓慢增加（Yan et al.，2020），但 2000 年后海冰厚度和范围变化（图 6-29）并不显著（Ouyang et al.，2019）。对海冰极端事件研究表明，1996~2011 年冬季渤海海冰单日海冰面积最大出现在 2001 年、2010 年和 2011 年，日最大冰面积均超过 3000km^2；单日海冰面积最小出现在 1999 年、2002 年和 2007 年，日最大冰面积均不超过 1000km^2（王萌等，2016）。

黄、渤海海冰在 20 世纪 70~80 年代发生一次由重到轻的气候跃变，1981~2010 年的冰情等级比 1951~1980 年下降了 0.6 级（刘煜等，2013），2000 年后渤海重冰年又呈增多的趋势（周须文等，2015）。研究人员利用 MODIS 和 Landsat 系列卫星等数据源（庞海洋，2018）对 1980~2016 年渤海海冰冰情分级统计分析发现，渤海内部冰情等级存在极大的区域差异和年际变化，其中冰情等级以莱州湾最为严重，存在 5 个重冰年（1985/1986 年、2008/2009 年、2009/2010 年、2010/2011 年和 2012/2013 年），渤海湾有 4 个重冰年（1984/1985 年、2000/2001 年、2009/2010 年和 2010/2011 年），辽东湾也有 4 个重冰年（1984/1985 年、1986/1987 年、2000/2001 年和 2009/2010 年），渤海海冰冰情分级结果见表 6-12，不同冰情结冰范围如图 6-30 所示。研究表明，渤海海冰冰情的年际变化受局地气候影响显著，大连、营口、天津和潍坊的气温对渤海海冰的生成和发展均有重要影响：当气温偏低时，渤海海冰冰情将偏重；反之则偏轻（郑冬梅等，2015）。除此之外，还受到诸如西太平洋副热带高压、极涡和欧亚环流等的共同影响。例如，当春季 ENSO 指数为负（正）、冬季副高面积变小（大）、强度减弱（增强）、欧亚和亚洲经向环流增强（减弱）时，渤海海冰可能处于偏重（轻）时期。西伯利亚高压的变化在季节内和年际尺度上同时影响渤海海冰，北大西洋涛动和北极涛动则很有可能通过大气环流的北极－亚洲遥相关模态对渤海海冰范围的年际变化产生影响（Yan et al.，2017；药蕾和苏洁，2018）。

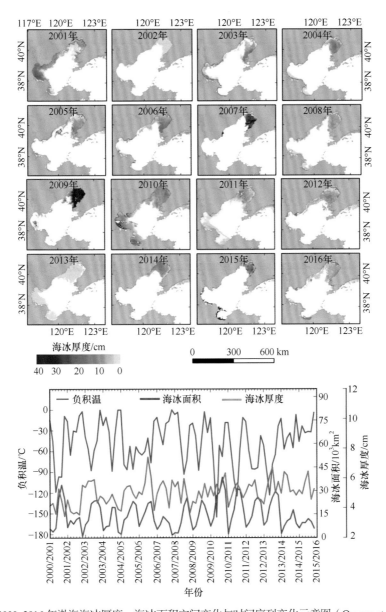

图 6-29 2000~2016 年渤海海冰厚度、海冰面积空间变化与时间序列变化示意图（Ouyang et al., 2019）

表 6-12 渤海海冰冰情统计（庞海洋，2018）

年份	初冰日 （年－月－日）	终冰日 （年－月－日）	渤海结冰面积 /km²	冰情等级		
				辽东湾	渤海湾	莱州湾
1980/1981	1980-12-6	1981-3-13	23493.95	常冰年	轻冰年	偏重冰年
1981/1982	1981-12-17	1982-2-1	13002.95	轻冰年	轻冰年	偏轻冰年
1982/1983	1982-12-17	1983-3-3	9857.636	轻冰年	轻冰年	轻冰年
1984/1985	1984-12-24	1985-3-23	39149.53	重冰年	重冰年	偏轻冰年

续表

年份	初冰日 （年－月－日）	终冰日 （年－月－日）	渤海结冰面积 /km²	冰情等级		
				辽东湾	渤海湾	莱州湾
1985/1986	1985-12-2	1986-3-10	36099.88	偏重冰年	偏重冰年	重冰年
1986/1987	1986-11-28	1987-3-13	24748.21	重冰年	轻冰年	轻冰年
1987/1988	1987-12-1	1988-3-8	18003.34	轻冰年	常冰年	常冰年
1988/1989	1988-12-12	1989-2-23	17217.01	偏轻冰年	轻冰年	偏轻冰年
1989/1990	1989-12-8	1990-3-5	28504.22	常冰年	轻冰年	偏重冰年
1990/1991	1990-12-11	1991-3-1	12324.44	轻冰年	轻冰年	轻冰年
1991/1992	1991-12-5	1992-3-10	15249.92	轻冰年	轻冰年	偏重冰年
1992/1993	1992-12-14	1993-3-20	16845.73	轻冰年	轻冰年	轻冰年
1993/1994	1993-11-24	1994-3-9	19885.21	轻冰年	轻冰年	偏轻冰年
1994/1995	1994-12-4	1995-2-22	11713.67	轻冰年	轻冰年	轻冰年
1995/1996	1995-12-7	1996-3-5	21661.38	常冰年	轻冰年	偏轻冰年
1996/1997	1996-12-11	1997-3-6	21071.67	轻冰年	偏轻冰年	偏重冰年
1997/1998	1997-12-5	1998-2-23	27164.85	轻冰年	常冰年	偏重冰年
1998/1999	1998-11-25	1999-3-5	9907.15	轻冰年	轻冰年	轻冰年
1999/2000	1999-12-9	2000-3-6	35649.04	常冰年	偏重冰年	偏重冰年
2000/2001	2000-12-10	2001-3-10	47814.55	重冰年	重冰年	常冰年
2001/2002	2001-12-13	2002-2-18	134595.70	轻冰年	轻冰年	偏轻冰年
2002/2003	2002-12-8	2003-3-15	34565.71	常冰年	常冰年	偏重冰年
2003/2004	2003-12-6	2004-2-24	26696.71	偏轻冰年	常冰年	偏重冰年
2004/2005	2004-12-20	2005-3-7	28487.12	常冰年	偏轻冰年	偏轻冰年
2005/2006	2005-12-6	2006-3-18	32900.04	常冰年	偏轻冰年	偏重冰年
2006/2007	2006-12-14	2007-2-13	11309.58	轻冰年	轻冰年	轻冰年
2007/2008	2007-12-18	2008-2-26	24456.13	偏轻冰年	轻冰年	偏轻冰年
2008/2009	2008-12-14	2009-2-30	29995.3	偏轻冰年	常冰年	重冰年
2009/2010	2009-12-5	2010-3-2	51718.31	重冰年	重冰年	重冰年
2010/2011	2010-12-13	2011-3-6	46005.56	偏重冰年	重冰年	重冰年
2011/2012	2011-12-8	2012-3-10	34376.03	偏重冰年	常冰年	常冰年
2012/2013	2012-12-9	2013-3-16	39297.33	偏重冰年	偏重冰年	重冰年
2013/2014	2013-12-13	2014-3-5	17084.3	常冰年	轻冰年	轻冰年
2014/2015	2014-12-5	2015-2-18	11035.82	轻冰年	轻冰年	轻冰年
2015/2016	2015-12-4	2016-3-8	40284.03	常冰年	偏重冰年	偏重冰年

注：1983/1984 年度由于数据缺失，未做统计。

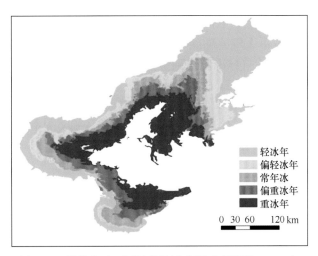

图 6-30　渤海海冰不同冰情结冰范围（庞海洋，2018）

基于 CMIP5 全球气候预估数据和动力降尺度方法，对黄、渤海的海冰变化特征进行预估的结果显示，在 RCP2.6、RCP4.5、RCP6.0 和 RCP8.5 四种排放情景下，辽东湾、渤海湾、莱州湾和黄海北部 4 个海湾的海冰在未来 30 年将均呈现显著减少的趋势。各排放情景下海冰指标等权重平均的预估结果表明，相较于 1978~2008 年的平均值，未来 30 年整个黄、渤海区域的结冰面积将由 2728km² 减少至 2062km²（–24.4%），结冰范围将由 135n mile[①]减少至 110n mile（–18.5%），持续天数将由 73 天缩短至 66 天（–9.6%）（祖子清等，2016；凌铁军等，2017）。

6.3.2　大气冰冻圈变化

大气冰冻圈包括温度低于冰点（0℃）的大气对流层和平流层，该空间存在固态水体，主要包括降雪、冰雹、霰等。本节首先阐述大气冰冻圈范围，然后对大气冰冻圈要素的时空变化进行阐述。目前针对大气冰冻圈要素的研究较少，且主要集中在对降雪的研究，因此本节将以降雪为例阐述大气冰冻圈变化，包括降雪季长度、降雪日数、降雪量、降雪强度、极端降雪事件等的变化特征。

1. 大气冰冻圈范围

根据定义，大气冰冻圈的范围应在地球垂直大气空间上具有一定的厚度，考虑到对流层大气特点，即垂直高度越高则气温越低，所以《中国冰冻圈全图》上以地面 2m 气温的多年平均 0℃等温线表达大气冰冻圈映射在地面上的范围廓线。

在北半球，每年秋季，随着气温的不断降低，2m 气温 0℃等温线位置逐渐南移；直至隆冬季节，该线南移至最南纬度，即大气冰冻圈的最大范围线；此后，随着太阳高度角不断加大，大地回暖，0℃等温线不断北移，直至盛夏移至最北纬度，即大气冰冻圈的最小范围线。中国地处北半球中纬度，0℃等温线于春夏之交北移出中国，全国

---

① 1n mile=1.852km。

各地日平均气温均在0℃以上，因而不存在大气冰冻圈最小范围线。因此，以多年平均0℃等温线的最南位置表示大气冰冻圈在中国境内的最大范围；将多年平均0℃等温线最南位置出现的日期定为大气冰冻圈达到最大范围的日期。

根据中国2000多个站点的日平均气温数据，逐日绘制隆冬季节中国1981~2010年平均气温分布图，并标识出0℃等温线的位置。根据0℃等温线的逐日移动，确定该线到达最南位置的日期为1月13日，即中国大气冰冻圈达到最大范围的日期。

2. 降雪变化

中国降雪在空间上主要分布在青藏高原、东北以及新疆天山以北地区；中国大部分地区降雪以小雪等级为主，华中地区以暴雪等级的降雪为主（表6-13）。

表6-13 中国不同区域降雪要素不同等级占相应总量的百分比（张志富等，2015）（单位：%）

地区	暴雪	大雪	中雪	小雪
青藏高原	11	21	27	41
东北和内蒙古东北部	14	21	25	40
新疆北部	11	24	28	37
华北	13	26	28	33
华中	33	29	20	18

1）降雪季长度和降雪日数的变化

1961~2012年，青藏高原、东北和新疆北部区域的降雪季长度均呈缩短趋势，但只有青藏高原地区降雪季长度显著缩减，达6.8d/10a（高信度）。新疆北部地区降雪季长度的缩减主要是由于降雪开始日期大幅推后（推后幅度达3.8d/10a），青藏高原则主要是由于降雪结束日期大幅提前（提前幅度达4d/10a），而东北和内蒙古东北部降雪季缩短的原因中，降雪开始日期滞后和降雪结束日期提前各占一半（张志富等，2015）。

中国各区域降雪日数均以小雪等级为主，占84%左右。1961~2012年新疆北部地区降雪日数有增加趋势，增长率为0.12d/10a，其中大雪等级的降雪日数有显著增加趋势（张志富等，2015），冬季各等级降雪日数均呈显著增加趋势（高信度）（白松竹等，2014）。同期，河西走廊东部冬季降雪日数呈增加趋势（李玲萍，2014），但祁连山地区降雪日数呈减少趋势，其中小雪和大到暴雪的降雪日数呈减少趋势，中雪呈增加趋势（豆青芳等，2017）。

1961~2012年东北和内蒙古东北部地区降雪日数有减少趋势，递减率为0.14d/10a，各等级的降雪日数无显著变化趋势（高信度）（张志富等，2015）。其间，辽宁年降雪日数显著减少，主要为微量降雪日数和小雪日数减少，尤其是微量降雪日数的减少（周晓宇等，2017）。同期，大连地区降雪初日呈推迟趋势，而降雪终日呈显著提前趋势，降雪季长度和降雪日数均明显减少（王丽娜等，2015）。

1961~2012年青藏高原地区降雪日数线性递减率为0.25d/10a，但具有明显的先增后减特征，在1980年左右达到最大，其中暴雪和小雪等级的降雪日数均有显著减少趋势（高信度）（张志富等，2015）。同期，三江源大部分地区的降雪开始日期逐渐推迟，而降雪结束日期有所提前，3 月、4 月和 10 月的降雪日数较多，且以小雪和中雪为主，但均以不同速率（1~3d/10a）在减少（高信度）（朱小凡等，2014）。

2）降雪量和降雪强度的变化

1961~2012 年，新疆北部地区降雪量呈增加趋势，增长率为 0.15mm/10a，其中大雪等级的降雪量显著增加（高信度）（张志富等，2015）。同期，新疆阿勒泰地区冬季降雪量呈显著增加趋势，其中小雪频率及贡献率最大，小雪频率是大到暴雪频率的近 20 倍，小雪频率在 20 世纪 90 年代中后期发生了由多到少的转型，而中雪、大到暴雪频率基本呈单调上升趋势（庄晓翠等，2014），暴雪强度增大，降雪强度增强（白松竹等，2014）。阿勒泰地区冬季大到暴雪频率及贡献率的变化是造成该地区冬季降雪量发生变化的内在因素（庄晓翠等，2014）。同期，南疆西部年平均降雪量呈增加趋势，小雪贡献率显著减少，中雪贡献率趋于稳定，而大雪贡献率显著增加，说明年降雪量的这种变化主要由大雪雪量增加所致，即冬半年降雪量具有极端化趋势，易发雪灾（努尔比亚·吐尼牙孜等，2016）。与此同时，河西走廊东部冬季降雪量呈增加趋势（李玲萍，2014），祁连山地区小雪到中雪的降雪量减少，中雪和大到暴雪的降雪量增加，降雪强度增强。冬半年祁连山总降雪量和平均降雪强度均呈波动增加趋势，小雪和大到暴雪降雪量呈减少趋势，中雪降雪量呈增加趋势，小雪平均降雪强度均呈波动增加趋势，中雪和大到暴雪的平均降雪强度呈现减小趋势（豆青芳等，2017）。

1961~2012 年，东北和内蒙古东北部地区的降雪量无显著变化，各等级降雪量也无显著变化趋势（张志富等，2015）。同期，黑龙江年降雪量以 1.6mm/10a 的倾向率增加，但 20 世纪 70~90 年代一直减小，21 世纪初增大较多且达到最大值；春季和秋季降雪量呈减少趋势，冬季降雪量呈增加趋势，为 2.6mm/10a（高信度）（郝振纯等，2016）。吉林降雪期降雪量呈上升趋势，为 6.5mm/10a。20 世纪 70 年代和 80 年代为降雪偏少的时段，21 世纪中期之后吉林降雪处于明显偏多的时段（高信度）（李嵩等，2014）。辽宁年降雪量增加，20 世纪 60~70 年代为降雪偏多时段，90 年代以来降雪量增加；除辽东地区以外，其他区域均以暴雪降雪量最大；辽西地区降雪变率要大于辽东地区，小雪降雪量的贡献率呈下降趋势，其他不同等级降雪贡献率均呈上升趋势，暴雪强度增大，降雪强度显著增大（周晓宇等，2017）。大连地区降雪量总体呈下降趋势，但波动幅度显著增大，特别是 21 世纪以来，降雪量多次达到历史同期极值（王丽娜等，2015）。

青藏高原东部降雪空间分布差异明显，多雪区集中在唐古拉山东段、巴颜喀拉山、喜马拉雅山南部、川西高原西北部及青藏高原东南缘，少雪区集中在柴达木盆地、藏南谷地及川西高原东部。秋季降雪表现出中间多、周边少的特征，冬季降雪表现出由东南向西北递减的特征，春季降雪的空间分布与年降雪基本一致（胡豪然和梁玲，2014）。1961~2012 年，青藏高原降雪量总体呈显著减少趋势，线性递减率为 0.22mm/10a（张志富等，2015），但具有明显年代际变化特征，表现为先增后减，20 世纪 70 年代中期达到最大（高信度）（张志富等，2015；王杰等，2017）。青藏高原暴雪、大雪和小雪等级的降雪量均呈显著减少趋势（张志富等，2015）；夏、秋两个季节降雪量均呈显著减少趋势，而春季和冬季则均呈不显著增加趋势（王杰等，2017）。

1971~2010 年，青藏高原冬季降雪量相对变率基本以 30°N 为界存在南北反向的变化趋势，即北部降雪量有所增加而南部有所减少（蒋文轩等，2016）。

对二氧化碳加倍情景下的降雪预估研究表明，未来全球降雪普遍减少，降雪占总降水的比例也普遍减小，尽管未来中低纬山区降雪普遍减少，但高分辨率模式模拟表明，包括喜马拉雅山脉西北部山区在内的全球个别山区降雪量却增加（Kapnick and Delworth，2013）。研究表明，喀喇昆仑山区的季节循环由非季风期的冬季降水控制，这使得 21 世纪该区域年降雪量在普遍增暖的情况下不降反升（Kapnick et al.，2014）。

3）极端降雪事件的变化

1961~2011 年新疆阿勒泰地区冬季极端降雪事件发生频次和强度均呈正趋势，且大部分站通过了显著性检验，各站 30 年一遇冬季极端降水极值为 11~24mm。冬季极端降雪事件强度与发生频次的中心不重合，二者呈反持续性，表明阿勒泰地区各站未来冬季极端降雪事件频次会减少，强度会减弱（高信度）（张林梅等，2014）。

21 世纪以来，内蒙古中东部地区达到或超过历史极值的极端降雪事件频发，地域分布特征和极端性突出（冯晓晶等，2018）。

1961~2017 年三江源地区冬半年降雪量呈显著增加趋势，极端降雪阈值为 2.6~7.8mm，频数为 1.6~3.8 天，呈自西北向东南增大增多的特征；极端降雪量以 2.2mm/10 a 的趋势显著增加；极端降雪集中在 4 月和 10 月（高信度）（王玉娟等，2018）。1980~2012 年西藏强降雪次数呈增加趋势，达 0.38 次 /10a，强降雪事件发生频次远远大于强降雨事件发生频次（高信度）（杨丽敏等，2018）。1961~2012 年，川西高原地区大雪、暴雪频次均呈增加趋势，增加倾向率分别为 0.93 次 /10a 和 0.51 次 /10a，且具有显著空间差异，总体呈北多南少态势（高信度）（杜华明等，2015）。

3. 雨雪比的变化

随着气候变暖，中国各地不仅气温和降水量发生了变化，总降水量中的雨雪比也随之变化。1961~2013 年，新疆降雪量和降雨量呈普遍增加趋势，但降雪量增加趋势明显弱于降雨量，所以雨雪比呈显著下降趋势，幅度为 0.01/a。新疆雨雪比变化具有一定的空间分布差异，其中天山以北主要呈增加趋势，在天山以及天山以南主要呈减少趋势（王杰等，2017）。Guo 和 Li（2015）研究指出，天山地区降雪占总降水的比例存在减小的趋势，并且趋势的显著性随海拔的变化存在明显的差异，在海拔 1500~2500m 的地区减小趋势最显著，3500 m 以上地区由于气温较低，没有明显的变化趋势。

青藏高原降雪比率总体呈减少趋势，但具有年代际波动。21 世纪以前呈增加趋势，21 世纪以后基本呈减少趋势。从距平值看，约 1990 年以前降雪比率基本高于平均值，此后降雪比率低于平均值（王杰等，2017）。1979~2013 年西藏地区雪雨天数比例在春季和秋季下降最为显著，且高海拔地区（> 4500m）的卜降速率明显高于低海拔地区（王超等，2017）。对冻土区降水位相变化的分析显示，多年冻土区月平均降雨 - 总降水比率显著低于季节冻土区，而年平均降雨 - 总降水比率在过去几十年间在多年冻土和季节冻土区均呈增加趋势（Zhu et al.，2017）。这些站点资料覆盖了青藏高原东部地区、南部地区和西部少部分地区，对整个青藏高原地区降水变化具有一定的代表性。进一步分析显示，降雨－总降水比率在夏季最高，冬季最低；而降雨－总降水比率在过去50多年的增加趋势在春秋两季比冬夏季更为显著。特别是在青藏高原边缘地区，降雨－总降水比率与气温和海拔存在密切的联系。随着气温升高，降雨－总降水比率呈明显的增加趋势，而随着海拔的升高，其呈相反的变化趋势，但是这种变化趋势存在显著的季节差异。在3000~4000 m高海拔地区，降雨－总降水比率的变化最为显著，特别是在春季和夏季。冬季3000 m以上没有明显的变化趋势。青藏高原雨雪比随海拔的变化情况与新疆地区存在一定的差别。

6.4 知识差距与不足

6.4.1 冰川变化

众所周知，在气候变暖的影响下，全球绝大多数冰川处于持续甚至加速萎缩的状态。已有分析表明，不同大小的冰川具有差异巨大的退缩速率，即小冰川的退缩幅度普遍大于大冰川。同时，不同地形条件（海拔、坡度、坡向等）上的冰川变化也具有较大差异，如北半球朝南的冰川通常具有更大的萎缩速率，坡度较陡的冰川也一般具有较大的退缩幅度。

然而，冰川变化本身具有极大的个体差异，不同区域、不同冰川间的变化差异巨大，同时即便位于同一区域，具有相同规模和相同坡度、坡向等地形条件的冰川其变化幅度也不尽相同。分析这些差异的具体原因，不仅需要从冰川动力学角度进行深入分析，而且需要考虑冰川积累和消融特性、冰川基底岩性，以及冰川内部结构对冰川消融和动力过程的影响等多个方面，但目前对这些领域的认识还很不足，从而给冰川变化的准确预估带来很大的不确定性。

在流域和区域尺度冰川变化方面，由于缺乏可靠的能量物质平衡模型或度日因子模型所需的观测参数，我国在这方面的研究与国际相比还有较大差距。然而，流域尺度冰川变化与径流预估的关系往往比单条冰川密切得多，必须加强攻关，才能对冰川融水资源及其影响开展更可靠的评估。

在冰川变化造成的灾害方面，已知的冰川灾害类型包括冰湖溃决、冰川跃动和冰崩等。对于冰川变化引起的冰湖变化及其灾害效应的研究，目前大多局限在于冰湖面积和数量的变化，其溃决风险方面的分析大多还停留在统计学定性分析，而对冰湖溃决的冰碛坝失稳方面的研究目前开展得很少，缺乏有效的模型模拟研究结果。同时，溃决洪水影响范围和灾害等级方面的研究也严重不足，距离对冰湖溃决洪水灾害的准确预测和防范还有较大的空白，急需投入相关的科研力量进行深入研究。冰冻圈灾害的影响方面详见中卷，即影响部分。

对于近年来频繁出现的冰崩灾害，目前的认识是其一般由冰川跃动引发。前人的研究结果表明，冰川跃动是周期性出现的，并与气候变化和地震等外在诱因关联较小的一种异常的冰川运动现象。然而，对于形成跃动冰川的控制因素的研究目前还有很大不足，对于全球变暖的影响下跃动冰川的分布和跃动特征方面可能发生的变化也都没有很深入的认识。同时，对于何种跃动冰川会形成较大规模的失稳和垮塌灾害等方面的问题，现有的知识水平很难回答，对这一灾害类型未来发展态势的预测存在很大困难。

近年来，冰川极端变化呈频发态势，冰川崩塌即是一类。目前对冰川失稳的绝大多数研究只是采用遥感数据分析方法还原事件发生前后的变化，而较少对冰川失稳的过程和机制进行模拟研究，主要是因为缺乏实测冰下资料、历史气候序列、冰川物质平衡和冰川运动速度等数据，到目前为止仅有 Kääb 等（2018）和 Gilbert 等（2018）采用热 – 力耦合模型分析了阿汝冰川崩塌的机制。

冰川崩塌（见知识窗）的发生不是受单一因子的诱发，而是在长时间范围内受一系列因子的影响，包括冰床岩性、冰川热结构、冰川表面形态、冰裂隙、冰内冰下水系和降水，并在短时间内达到崩塌的临界阈值而突然爆发。例如，西藏阿里地区阿汝冰川冰床类型为软性的底碛，而不是坚硬的岩石，底碛主要由黏土、泥岩、沙和砾石混合组成，它使冰川底部运动取决于底碛的变形，并使冰床具有低粗糙度，减小冰川与冰床之间的摩擦。阿汝冰川为多温型热结构，在冰川中段的底部有温冰区，而在其他区域为冷冰，即冰川底部处于冻结状态。阿汝冰川崩塌的因果链为冰川融水和大量降雨进入冰川底部，导致底碛充水，降低了底碛的极限抗剪强度，当底碛内的剪切力达到抗剪强度时，底碛就遭到破坏诱发冰川快速运动。同时，冰川表面形态受气候变化影响而变得陡峭，而且冰川末端处于冻结状态，冰川形态无法快速调整，这使得驱应力大大增加，冰川底部摩擦无法平衡驱应力，最终导致冰川失稳，并快速前进。

在气候变化背景下，阿汝冰川崩塌向我们展示了一个新型的极端灾难性冰川运动事件。它是在一定的空间和时间范围内由一系列复杂动态因素所引起的，既受到区域气候变化和区域地质状况的控制，也受到冰川自身形态、热状况和流动状况的影响。阿汝冰川崩塌事件也警醒我们亟须对冰川崩塌风险进行评估，建立中国西部地区冰川快速运动的预警机制，以减少灾害损失。阿汝冰川崩塌的物理机制给了我们很大的启示，在未来要重点关注冰川高海拔处物质平衡出现正值、岩性状况偏软、表碛物大量覆盖、冰裂隙快速发育、冰川区夏季发生大量降雨的区域，这些地区的冰川极易发生快速运动。

6.4.2　冻土变化

目前冻土的研究主要是基于观测点和遥感数据，并结合模型模拟分析得到的结果进行的。与冰冻圈其他要素不同，多年冻土深埋地下，遥感资料并不能直接获取其分布信息，因此，目前对冻土，特别是多年冻土的认识方面仍存在以下不足。

1）分布范围

在全球或区域尺度上，人们根据气候带特征（如经纬度、海拔）划分多年冻土和季节冻土的空间分布范围。对于多年冻土而言，有多年冻土带（permafrost zone）、多年冻土区（permafrost region）和实际多年冻土分布范围这三个概念。多年冻土带和多年冻土区这两个概念并不十分明确，但目前学术界普遍的共识是指大范围内可能有多年冻土分布的区域，而多年冻土区则精度更高，通常给定了多年冻土分布的边界区。实际多年冻土分布范围是指多年冻土区内去除了融区、湖泊、冰川、河流在内的实际有多年冻土的范围。目前人们讨论的多年冻土区分布，通常是指多年冻土区和实际多年冻土分布范围这两个概念，也只有明确这两个概念，才能对多年冻土分布范围进行比较。

我国东部多年冻土区研究还缺乏区域上的综合分析，因此关于其空间分析所知甚少。对于青藏高原，我国学者在不同时期制定了一系列的多年冻土图件，基本原则是在前人研究基础上，结合新的调查资料或研究成果进行修正（周幼吾等，2000）。显然，早期的调查资料较少，空间资料也较为缺乏，结果的精确性就较差。根据最新的调查结果，青藏高原多年冻土和季节冻土的面积分别为 $1.06 \times 10^6 km^2$ 和 $1.45 \times 10^6 km^2$（不包括冰川和湖泊），分别占青藏高原总面积的 40.2% 和 56.0%（Zou et al.，2017）。与之前的结果综合对比，并通过交叉验证，结果表明这是目前精度最高的多年冻土分布图。但是，这一分布图的精度还有待于进一步提高。尤其需要注意的是，不同时期获得的数据资料所用的方法不同，对有关多年冻土面积资料比较时需谨慎处理。

2）多年冻土水热特征

多年冻土的温度是其热稳定性和工程稳定性分类的重要指标，通过对典型区区域及其断面的调查，目前给出了青藏高原多年冻土地温的空间分布状态，并给出了多年冻土热稳定性的分类及其空间分布，这为相关的工程提供了参考，但是多年冻土的活动层和多年冻土层的温度仍不清楚。目前已经有很多模型可以用来计算活动层厚度和温度，但这些模型需要的土壤属性数据在空间上仍然比较缺乏。

青藏高原多年冻土区含有大量的地下冰。根据钻孔的含冰量和多年冻土厚度资料，目前估算青藏高原地下冰储量约为 $1.27 \times 10^4 km^3$ 水当量，相当于中国冰川水储量的两倍多。在青藏高原大片连续多年冻土区，地下冰含量呈现自东向西、自南向北增加的趋势。地下冰储量的计算结果取决于地下冰含量和多年冻土的厚度资料，而目前这两部分资料都还有很大的不确定性，因此，对地下冰储量的认识还有待于进一步提高。

3）多年冻土退化速率

目前大量的观测和模型结果都表明，多年冻土在气候变化背景下呈快速退化趋势。模拟结果表明多年冻土范围发生了大规模的萎缩，甚至有模拟结果表明在 RCP8.5 情景下，青藏高原不会再有多年冻土存在（Guo and Wang，2016）；但也有研究表明对于 RCP2.6、RCP4.5 和 RCP8.5 三种情景下预估的多年冻土面积变化的差异非常小，2020~2030 年 10 年间的变化量为 23.58%~25.55%，到 2046 年左右多年冻土面积缩减量可达北半球多年冻土总面积的 1/3（Wang et al.，2019）。可见，不同研究获得的模拟结果差异非常大，但多年冻土温度、活动层厚度的变化不仅与气温、降水的变化有关，还与水热参数以及地表辐射平衡有密切关系；多年冻土内部的水热平衡与气候系统之间远非简单的线性关系可以描述，这导致了以往大多模拟都高估了多年冻土对气候变化的响应。目前的大多数模型和模式对地下冰的影响考虑较少（Wang et al.，2019）。近期研究结果表明，在充分考虑多年冻土深层地温、地下冰及地热梯度等因素后，对青藏高原多年冻土地温模拟的结果显示，即使是在 RCP8.5 情景下，到 2040 年多年冻土活动层厚度的增加并不显著，到 2100 年，目前厚度仅仅 30 m 的多年冻土也不能完全消失（Sun et al.，2020）。因此，青藏高原多年冻土温度升高虽然较快，但是冻土消失的速度可能较慢。

4）多年冻土退化的生态和水文效应

多年冻土退化是气候变暖的结果。目前人们普遍认为，青藏高原多年冻土退化会降低土壤水分，加速多年冻土区土壤有机碳的分解，并导致植被退化。但也有观点认为，寒区生态系统气候变暖会促进植被生长，从而导致多年冻土区植被碳汇能力增强。因此，气候变化背景下多年冻土区的植被生长情况究竟如何尚不清楚。

青藏高原多年冻土区冻土退化导致地下冰融化后，地下冰融水是否会对径流量有所贡献？多年冻土退化后对地表径流的年分配有何影响？要回答这些问题，首先应明确地下冰融化的产汇流机制及长短期冻融过程变化对水文过程的影响机理。然而，到目前为止，多年冻土区的水文观测资料仍然缺乏，观测站稀疏且分布不均，数据的时间和空间分辨率都不够，加之其他水循环过程，如降水、植被、土壤的空间异质性，目前对水资源各成分的变化机制、相互之间的关联及其对下游的影响等仍认识不清。

因此，受限于空间实测资料和已有模型，目前对于我国多年冻土的实际分布范围、多年冻土的水热特征、多年冻土变化的生态和水文过程的影响方面的认识都还有很多不确定性，进一步加强野外实际调查，开发相关的生态和水文模型是提高对多年冻土变化影响认识的重要手段。

6.4.3　积雪变化

如本章 6.2.3 节所述，中国积雪分布和变化存在显著的区域差异、季节差异、年际差异和年代际差异。这种通过统计方法甄别出的差异一方面源自积雪本身变化的不一致性，另一方面也源自数据的不一致性，以及统计时段不同带来的不一致性。目前，地面观测数据和遥感反演数据在东北－内蒙古地区和新疆地区所反映的积雪变化的一致性较好，但在中国西部，卫星遥感比地面台站观测的积雪日数总体偏多，尤其在高海拔山区和河西走廊（何丽烨和李栋梁，2011），这使得我们对青藏高原，尤其是地面观测缺失的青藏高原腹地积雪特征及变化认知不足。

地面观测和卫星反演数据所反映的积雪变化特征之所以差异较大，一是卫星轨道问题带来的系统偏差，二是可见光或微波在不同特性积雪层中信号传递本身的固有缺陷，三是反演算法缺乏可靠且长期有效的地面验证数据。复杂下垫面地区的观测网络布设较为稀疏、观测原理与方法不尽相同，且数据共享仍存障碍，它们共同导致卫星反演的高山区积雪数据无法准确地反映真实的积雪变化。

此外，对积雪变化认知不足还表现在模式对积雪变化的模拟能力的不足上。包含在全球耦合气候模型中的积雪模块，其复杂程度不尽相同，从描述积雪物理属性的非常简单的单板模型，到更复杂的或多或少描述积雪压实过程、液态水渗流过程、植被拦截和卸载过程，以及微观结构的多层模型（Krinner et al.，2018）。模式中积雪参数化方案往往决定了模式对积雪的模拟能力。为了优化模式参数化方案，需要对积雪层内部物理特性长期有效的观测数据进行校正。然而，目前对积雪层物理特性的观测仍依赖于野外的积雪路线调查，缺乏长期有效的观测机制，以及统一的观测规范和标准。而且，人们对积雪变化的影响因子的认识尚不全面，如表层积雪在风驱动下发生的物理搬运、堆积等过程，尤其在上坡和山脊上（Mott et al.，2018），对这些过程认知的不足进一步导致模式对其描述的欠缺。这都使得模式对积雪的模拟能力提高缓慢，尤其是复杂下垫面下的积雪变化模拟。

最后，模式分辨率不足亦为全球和区域气候模式无法准确模拟下垫面复杂的山区积雪变化的关键。与低分辨率模式相比，高分辨率模式尽管在模拟全球降雪形式上的优势不明显，但它可以更好地表征山区降雪大小及其地理分布，尤其是高海拔山区降雪的变化趋势。高海拔地区足够寒冷，降雪变化受降水的影响超过受温度的影响，而高分辨率模式的优势便是可以较准确地模拟高海拔山区降水的增加，从而模拟诸如喀喇昆仑山区降雪增加的特点（Kapnick and Delworth，2013）。

知识窗

冰 川 崩 塌

冰川崩塌是指山地冰川受到内外因素的影响而失去稳定性，并突然快速运动而直接或者间接造成极大危害的事件。其内在因素包括冰川几何形态、流动状况、热状况、冰内和冰下水文状况，外在因素包括气候、地震和地质等状况。它的流动物质可以是冰川冰，也可以是冰川冰与冰碛物、雪、岩石的混合物，它的流动速度可以达到 10~100km/h 的量级，远远超过冰川跃动的速度（$10^2 \sim 10^3$m/a 量级）。正是它极快的运动速度，才会吞没沿冰川运动方向的物体，从而直接对生命财产和基础设施造成危害，也会通过阻塞河流或者激起湖泊涌浪而间接造成巨大险情。这种类型的冰川灾害在全世界不多见，2016 年西藏阿里地区阿汝错湖区发生了两起冰川崩塌事件，流动物质主要为冰川冰。2018 年西藏林芝市米林县发生了冰川快速运动堵塞雅鲁藏布江事件，它的流动体为冰川冰和冰碛物的混合物。这些事件的出现使我们不得不思考这些山地冰川极端灾害是否成为一种新常态灾害类型，以及导致这类灾害出现的诱因有哪些。

近几年，中国西部地区陆续发生了冰川崩塌事件，如 2014 年 9 月喀喇昆仑山 Kyagar 冰川跃动阻塞上游河流形成堰塞湖；2015 年 5 月 15 日新疆公格尔山 Karayaylak 冰川跃动破坏大量牧场（Shangguan et al.，2016）；2016 年 7 月 17 日和 9 月 21 日西藏阿里地区阿汝错湖区接连发生两起冰川崩塌，直接造成九人和数百头牲畜死亡（Kääb et al.，2018；Gilbert et al.，2018；Zhang Z et al.，2018）；2018 年 10 月 17 日西藏林芝市米林县加拉村发生冰碛快速流动，堵塞雅鲁藏布江造成巨大险情。这些极端灾害事件造成了人民群众生命和财产损失，引起了公众和冰川学家的极大关注。

在发生的一系列冰川快速运动事件中，西藏阿里地区阿汝冰川崩塌是一种极为罕见的冰川失稳类型。阿汝错湖区的气温自20世纪60年代以来显著上升，降水自90年代中期以来呈现增加趋势，并在2013年、2015年和2016年出现了大量降水。自70年代至冰川崩塌之前，阿汝两条相邻冰川（简称北冰川和南冰川）分别退缩了520m和460m，然而自2000年以来，得益于降水增加，阿汝冰川的物质平衡为正值，高海拔处冰川厚度增加，但在低海拔处仍表现为减薄和退缩，这造成了陡峭的冰川表面形态，使坡度达到5°~6°。在阿汝冰川崩塌之前的数周内，两条冰川都发育了大量冰裂隙，尤其是在冰川崩塌的顶端位置和侧边缘。2015年7月，北冰川开始前进，在崩塌之前向前运动了大约200m，然而南冰川末端在崩塌之前几乎保持稳定。

2016年在两个月的时间内，北冰川和南冰川的消融区几乎全部崩塌，冰崩体积分别为 $6.8 \times 10^7 m^3$ 和 $8.3 \times 10^7 m^3$，其中北冰川运动距离达到7km，运动速度可达200km/h（Kääb et al., 2018）（图6-14）。该类型事件不仅第一次出现在青藏高原，从世界范围看，也只有2002年高加索山区Kolka冰川发生过类似规模的崩塌。阿汝冰川崩塌是在气候变暖背景下出现的一种新的冰川失稳类型，它具有以下特殊性：①两条相邻冰川在短期内接连发生崩塌；②崩塌涉及冰川的全部消融区；③在较低的坡度条件下发生崩塌，区别于悬冰川失稳类型；④冰川崩塌体几乎全部是冰川冰，区别于冰－岩石－冰碛物混合的物质运动。

除了加强布设观测系统和开展机理研究外，应该对冰川崩塌高风险区进行预判和初步制图，此外，还应对高风险区的社会经济暴露度进行研究，以便有针对性地开展预警和灾害防治工作。

■ 参考文献

白淑英, 史建桥, 沈渭寿, 等. 2014. 卫星遥感西藏高原积雪时空变化及影响因子分析. 遥感技术与应用, 29（6）: 954-962.

白松竹, 胡磊, 庄晓翠, 等. 2014. 新疆阿勒泰地区冬季各级降雪的气候变化特征. 干旱区资源与环境, 28（8）: 99-104.

常晓丽, 金会军, 何瑞霞, 等. 2013. 大兴安岭北部多年冻土监测进展. 冰川冻土, 35（1）: 93-100.

车涛, 郝晓华, 戴礼云, 等. 2019. 青藏高原积雪变化及其影响. 中国科学院院刊, 34（11）: 1247-1253.

陈博, 李建平. 2008. 近50年来中国季节性冻土与短时冻土的时空变化特征. 大气科学, 32（3）: 432-443.

陈德亮, 徐柏青, 姚檀栋, 等. 2015. 青藏高原环境变化科学评估: 过去、现在与未来. 科学通报, 60（32）: 3025-3035.

陈丽萍. 2017. 2001—2014 年新疆阿尔泰地区积雪时空分布特征分析与研究. 兰州：西北师范大学.

陈珊珊，臧淑英，孙丽. 2018. 东北多年冻土退化及环境效应研究现状与展望. 冰川冻土，40（2）：298-306.

除多，达珍，拉巴卓玛. 2017. 西藏高原积雪覆盖空间分布及地形影响. 地球信息科学学报，19（5）：635-645.

除多，洛桑曲珍，林志强，等. 2018. 近 30 年青藏高原雪深时空变化特征分析. 气象，44（2）：233-243.

党素珍，刘昌明，王中根，等. 2012. 黑河流域上游融雪径流时间变化特征及成因分析. 冰川冻土，34（4）：920-926.

邓婕. 2016. 基于多源遥感资料的中国积雪制图及其时空变化研究. 兰州：兰州大学.

丁雪慧，郝振纯，鞠琴，等. 2016. 黑龙江冰情分析与预报研究. 水电能源科学，34（10）：9-13.

丁永建，秦大河. 2009. 冰冻圈变化与全球变暖：我国面临的影响与挑战. 中国基础科学，11（3）：4-10.

豆青芳，索生睿，石明章，等. 2017. 1961—2014 年祁连山地区冬半年不同等级降水变化特征分析. 现代农业科技，170（23）：165-167.

杜华明，延军平，杨蓉，等. 2015. 川西高原雪灾时空分布特征及风险评价. 水土保持通报，35（3）：261-266.

段安民，肖志祥，吴国雄. 2016. 1979—2014 年全球变暖背景下青藏高原气候变化特征. 气候变化研究进展，12（5）：374-381.

段克勤，姚檀栋，石培宏，等. 2017. 青藏高原东部冰川平衡线高度的模拟和预测. 中国科学：地球科学，47（1）：104-113.

段克勤，姚檀栋，王宁练，等. 2012. 天山乌鲁木齐河源 1 号冰川变化的数值模拟及其对气候变化的响应分析. 科学通报，57（36）：3511-3515.

冯晓晶，高志国，刘新. 2018. 1961—2016 年内蒙古极端降雪事件特征分析. 内蒙古气象，238（5）：22-25.

傅帅，蒋勇，徐士琦，等. 2017. 1960—2015 年吉林省积雪初、终日期变化特征及其与气温和降水的关系. 干旱气象，35（4）：567-574.

郜国明，邓宇，李书霞. 2018. 黄河封冻期河冰的劈裂性能试验研究. 人民黄河，40（9）：28-30.

勾鹏，叶庆华，魏秋方. 2015. 2000—2013 年西藏纳木错湖冰变化及其影响因素. 地理科学进展，34（10）：1241-1249.

郝彦升. 2018. 黑龙江漠河江段冰层热力学参数检测与冰厚模型优化研究. 太原：太原理工大学.

郝振纯，宋俊博，邢若飞，等. 2016. 黑龙江省气象要素变化特征分析. 重庆交通大学学报（自然科学版），35（2）：93-99.

何丽烨，李栋梁. 2011. 中国西部积雪日数类型划分及与卫星遥感结果的比较. 冰川冻土，33（2）：237-245.

何丽烨，李栋梁. 2012. 中国西部积雪类型划分. 气象学报，70（6）：1292-1301.

贺英. 2018. 1961—2015 年阿勒泰地区积雪变化特征研究. 陕西水利，（2）：38-39.

侯小刚，李帅，张旭，等. 2017. 基于 MODIS 积雪产品的中国天山山区积雪时空分布特征研究. 沙漠与绿洲气象，11（3）：9-16.

胡凡盛，杨太保，冀琴，等 . 2018. 近 25a 布喀达坂峰冰川变化与气候的响应 . 干旱区地理，41（1）：66-73.

胡豪然，梁玲 . 2014. 近 50 年青藏高原东部降雪的时空演变 . 地理学报，69（7）：1002-1012.

黄桂玲，王晓雄，丁立善 . 2018. 青海近 35 年积雪量变化特征研究 . 青海气象，（3）：5-9.

黄国兵，杨金波，段文刚 . 2019. 典型长距离调水工程冬季冰凌危害调查及分析 . 南水北调与水利科技，17（1）：144-149.

蒋文轩，假拉，肖天贵，等 . 2016. 1971—2010 年青藏高原冬季降雪气候变化及空间分布 . 冰川冻土，38（5）：1211-1218.

蒋宗立，张俊丽，张震，等 . 2019. 1972—2011 年东昆仑山木孜塔格峰冰川面积变化与物质平衡遥感监测 . 国土资源遥感，31（4）：128-136.

拉巴卓玛，次珍，普布次仁，等 . 2018. 2002—2015 年西藏雅鲁藏布江流域积雪变化及影响因子分析研究 . 遥感技术与应用，33（3）：508-519.

李斐，刘苗苗，王水献 . 2016. 2001—2013 年开都河流域上游积雪时空分布特征及其对气象因子的响应 . 资源科学，38（6）：1160-1168.

李晶，刘时银，魏俊锋，等 . 2014. 塔里木河源区托什干河流域积雪动态及融雪径流模拟与预估 . 冰川冻土，36（6）：1508-1516.

李玲萍 . 2014. 河西走廊东部极端气温和降水趋势变化研究 . 兰州：兰州大学 .

李培基，米德生 . 1983. 中国积雪的分布 . 冰川冻土，5（4）：12-18.

李嵩，高庆九，王冀，等 . 2014. 吉林省降雪期降雪集中度和集中期变化特征 . 气象灾害防御，（2）：11-16.

李雪梅，高培，李倩，等 . 2016. 中国天山积雪对气候变化响应的多通径分析 . 气候变化研究进展，12（4）：303-312.

李振林，秦翔，王晶，等 . 2018. 2004—2015 年祁连山脉东部冷龙岭冰川遥感监测 . 测绘科学，43（6）：45-57.

李忠勤，等 . 2019. 山地冰川物质平衡和动力过程模拟 . 北京：科学出版社 .

梁军，陈长胜，秦玉琳，等 . 2016. 1981—2011 年中国近海海冰变化特征及其与东亚冬季风的关系 . 气象灾害防御，23（3）：1-5.

梁鹏斌，李忠勤，张慧 . 2019. 2001—2017 年祁连山积雪面积时空变化特征 . 干旱区地理，42（1）：56-66.

梁鹏斌，李忠勤，张慧，等 . 2018. 1984—2016 年全球参照冰川物质平衡时空变化特征，冰川冻土，40（3）：415-425.

凌铁军，祖子清，等 . 2017. 气候变化影响与风险：气候变化对海岸带影响与风险研究 . 北京：科学出版社 .

刘金平，张万昌，邓财，等 . 2018. 2000—2014 年西藏雅鲁藏布江流域积雪时空变化分析及对气候的响应研究 . 冰川冻土，40（4）：643-654.

刘时银，姚晓军，郭万钦，等 . 2015. 基于第二次冰川编目的中国冰川现状 . 地理学报，70（1）：3-16.

刘时银，姚晓军，郭万钦，等 . 2017. 冰川分布与变化 . 气候变化影响与风险——气候变化对冰川影响与风险研究 . 北京：科学出版社 .

刘世博, 臧淑英, 张丽娟, 等 . 2018. 东北冻土区积雪深度时空变化遥感分析 . 冰川冻土, 40（2）: 261-269.

刘煜, 刘钦政, 隋俊鹏, 等 . 2013. 渤、黄海冬季海冰对大气环流及气候变化的响应 . 海洋学报, 35（3）: 18-27.

陆桂华, 杨烨, 吴志勇, 等 . 2014. 未来气候情景下长江上游区域积雪时空变化分析——基于 CMIP5 多模式集合数据 . 水科学进展, 25（4）: 484-493.

马荣 . 2018. 1979—2016 年西北干旱区积雪变化特征及其成因分析 . 兰州: 西北师范大学 .

蒙彦聪, 李忠勤, 徐春海, 等 . 2016. 中国西部冰川小冰期以来的变化——以天山乌鲁木齐河流域为例 . 干旱区地理, 39（3）: 486-494.

努尔比亚·吐尼牙孜, 布祖热·买买提明, 张云惠 . 2016. 南疆西部降雪时空分布特征及其突变分析 . 干旱区研究, 33（5）: 934-942.

庞海洋 . 2018. 近 50 年来渤海海冰时空变化与气候因子关系研究 . 烟台: 鲁东大学 .

齐文彪, 丁曼, 于得万 . 2018. 头、二道松花江冰厚特征及其影响因素分析 . 水利规划与设计, 9: 5-10.

祁苗苗, 姚晓军, 李晓锋, 等 . 2018. 2000—2016 年青海湖湖冰物候特征变化 . 地理学报, 73（5）: 932-944.

秦大河, 丁永建 . 2009. 冰冻圈变化及其影响研究——现状、趋势及关键问题 . 气候变化研究进展, 5（4）: 187-195.

秦大河, 丁永建, 穆穆 . 2012. 中国气候与环境演变: 2012. 北京: 气象出版社 .

任艳群, 刘海隆, 包安明, 等 . 2015. 基于 SSM/I 和 MODIS 数据的天山山区积雪深度时空特征分析 . 冰川冻土, 37（5）: 1178-1187.

任艳群, 刘苏峡 . 2018. 北半球积雪 / 海冰面积与温度相关性的差异分析 . 地理研究, 37（5）: 870-882.

施雅风, 刘时银, 上官冬辉, 等 . 2006. 近 30a 青藏高原气候与冰川变化中的两种特殊现象 . 气候变化研究进展, 2（4）: 154-160.

王超, 肖天贵, 假拉, 等 . 2017. 西藏地区降雪降水天数比率（SD/PD）变化特征分析 . 成都信息工程大学学报,（5）: 67-71.

王澄海, 王芝兰, 沈永平 . 2010. 新疆北部地区积雪深度变化特征及未来 50a 的预估 . 冰川冻土, 32（6）: 1059-1065.

王春学, 李栋梁 . 2012. 中国近 50a 积雪日数与最大积雪深度的时空变化规律 . 冰川冻土, 23（2）: 247-256.

王慧妮 . 2013. 基于遥感的青藏高原热融湖塘时空演化监测与趋势分析——以青藏铁路红梁河至风火山沿线为例 . 西安: 长安大学 .

王杰, 张明军, 王圣杰, 等 . 2017. 基于高分辨率格点数据的 1961—2013 年青藏高原雪雨比变化 . 地理学报, 71（1）: 142-152.

王晶, 秦翔, 李振林, 等 . 2017. 2004—2015 年祁连山西段大雪山地区冰川变化 . 遥感技术与应用, 32（3）: 490-498.

王丽娜, 王团团, 祝青林, 等 . 2015. 1961—2013 年大连地区降雪变化及成因分析 . 气象与环境学报,

31（5）：128-133.

王萌，武胜利，郑伟，等．2016.长时间序列卫星遥感渤海海冰时空分布特征及与气温关系分析.气象，42（10）：1237-1244.

王宁练，刘时银，吴青柏，等．2015.北半球冰冻圈变化及其对气候环境的影响.中国基础科学，17（2）：9-14.

王玉娟，刘晓燕，白爱娟，等．2018.1961—2017年三江源地区极端降雪指数变化特征分析.气象与环境学报，34（6）：110-117.

向燕芸，陈亚宁，张齐飞，等．2018.天山开都河流域积雪、径流变化及影响因子分析.资源科学，40（9）：1855-1865.

徐春海，王飞腾，李忠勤，等．2016.1972—2013年新疆玛纳斯河流域冰川变化.干旱区研究，33（3）：625-628.

闫利辉．2017.黄河内蒙段及其附属湖泊冰生消和冰物理调查.大连：大连理工大学.

严晓瑜，赵春雨，猴晓辉，等．2015.东北林区积雪空间分布与变化特征.干旱区资源与环境，29（1）：154-162.

杨成德，王欣，魏俊峰，等．2019.基于3S技术方法的中国冰湖编目.地理学报，74（3）：544-556.

杨开林．2018.河渠冰水力学、冰情观测与预报研究进展.水利学报，49（1）：81-91.

杨丽敏，格央，次仁德吉．2018.西藏夏季强降雨与冬季强降雪分布特征初探.西藏科技，10：60-63，72.

杨淑华，吴通华，李韧，等．2018.青藏高原近地表土壤冻融状况的时空变化特征.高原气象，37（1）：43-53.

杨小利，王劲松．2008.西北地区季节性最大冻土深度的分布和变化特征.土壤通报，39（2）：32-37.

姚檀栋，秦大河，沈永平，等．2013.青藏高原冰冻圈变化及其对区域水循环和生态条件的影响.自然杂志，35（3）：179-186.

药蕾，苏洁．2018.渤海海冰与西伯利亚高压之间的关系及与北大西洋涛动之间的可能联系.中国海洋大学学报（自然科学版），48（6）：4-15.

于灵雪，张树文，贯丛，等．2014.黑龙江流域积雪覆盖时空变化遥感监测.应用生态学报，25（9）：2521-2528.

张峰，甄熙，郑凤杰．2018.内蒙古1960—2015年积雪时空分布变化研究.现代农业，8：82-85.

张慧，李忠勤，牟建新，等．2017.近50年新疆天山奎屯河流域冰川变化及其对水资源的影响.地理科学，37（11）：1771-1777.

张林梅，张建，李建丽．2014.阿勒泰地区冬季极端降雪事件变化特征分析.干旱区资源与环境，28（4）：92-98.

张璐，张生，李超，等．2017.万家寨水库上游的冰情特征分析及预报.水土保持通报，37（1）：196-200.

张人禾，苏凤阁，江志红，等．2015.青藏高原21世纪气候和环境变化预估研究进展.科学通报，60（32）：3036-3047.

张若楠，张人禾，左志燕．2014.中国冬季多种积雪参数的时空特征及差异性.气候与环境研究，19（5）：572-586.

张廷军，钟歆玥．2014.欧亚大陆积雪分布及其类型划分.冰川冻土，36（3）：481-490.

张晓闻，臧淑英，孙丽. 2018. 近40年东北地区积雪日数时空变化特征及其与气候要素的关系. 地球科学进展，33（9）：958-968.

张志富，希爽，刘娜，等. 2015. 1961—2012年中国降雪时空变化特征分析. 资源科学，37（9）：83-91.

张中琼，吴青柏. 2012. 气候变化情景下青藏高原多年冻土活动层厚度变化预测. 冰川冻土，34（3）：505-511.

赵林，盛煜. 2015. 多年冻土调查手册. 北京：科学出版社.

赵林，盛煜，等. 2019. 青藏高原多年冻土及变化. 北京：科学出版社.

赵瑞，叶庆华，宗继彪. 2016. 青藏高原南部佩枯错流域冰川－湖泊变化及其对气候的响应. 干旱区资源与环境，30（2）：147-152.

赵文宇，刘海隆，王辉，等. 2016. 基于MODIS积雪产品的天山年积雪日数空间分布特征研究. 冰川冻土，38（6）：1510-1517.

郑冬梅，王志斌，张书颖，等. 2015. 渤海海冰的年际和年代际变化特征与机理. 海洋学报，37（6）：12-20.

中国气象局气候变化中心. 2019. 中国气候变化蓝皮书（2019）. 北京：中国气象局.

钟镇涛，黎夏，许晓聪，等. 2018. 1992—2010年中国积雪时空变化分析. 科学通报，63（25）：2641-2654.

周晓宇，赵春雨，崔妍，等. 2017. 辽宁省不同等级降雪变化特征. 冰川冻土，39（4）：720-732.

周须文，史印山，车少静，等. 2015. 1960—2013年渤海海冰大气环流异常特征. 气象与环境学报，31（6）：130-134.

周幼吾，郭东信，邱国庆，等. 2000. 中国冻土. 北京：科学出版社.

朱钦博. 2015. 气候变化影响下黄河（内蒙古段）河冰特性研究. 呼和浩特：内蒙古农业大学.

朱小凡，张明军，王圣杰，等. 2014. 1962—2012年青海省降雪初始终止日期和降雪日数时空变化特征. 生态学杂志，33（3）：761-770.

庄晓翠，田忠锋，李博渊. 2014. 新疆阿勒泰地区冬季日降雪特性指标变化分析. 干旱区研究，31（3）：463-471.

祖子清，凌铁军，张蕴斐，等. 2016. 未来中国近海海冰变化特征的预估研究. 海洋预报，33（5）：1-8.

左合君，王嫣娇，刘宝河，等. 2018. 锡林郭勒积雪日数时空分布规律研究. 干旱区地理，41（2）：255-263.

Auer I，Bohm R，Jurkovic A，et al. 2007. HISTALP-historical instrumental climatological surface time series of the Greater Alpine Region. International Journal of Climatology，27：17-46.

Bao W，Liu S，Wei J，et al. 2015. Glacier changes during the past 40 years in the West Kunlun Shan. Journal of Mountain Science，12（2）：344-357.

Benson B，Magnuson J，Jensen O，et al. 2012. Extreme events，trends，and variability in Northern Hemisphere lake-ice phenology（1855—2005）. Climatic Change，112（2）：299-323.

Blunden J，Arndt D S，Hartfeld G. 2018. State of the climate in 2017. Bulletin of the American Meteorological Society，99（8）：S1-S332.

Bibi S，Wang L，Li X，et al. 2018. Climatic and associated cryospheric，biospheric，and hydrological changes on the Tibetan Plateau：a review. International Journal of Climatology，38：1-17.

Biskaborn B K，Smith S L，Noetzli J，et al. 2019. Permafrost is warming at a global scale. Nature Communications，10：264.

Brown R，Robinson D. 2011. Northern Hemisphere spring snow cover variability and change over 1922—2010 including an assessment of uncertainty. The Cryosphere，5（1）：219.

Brun F，Berthier E，Wagnon P，et al. 2017. A spatially resolved estimate of High Mountain Asia glacier mass balances from 2000 to 2016. Nature Geoscience，10（9）：668-680.

Bulygina O N，Groisman P Y，Razuvaev V N，et al. 2010. Snow cover basal ice layer changes over Northern Eurasia since 1966. Environmental Research Letters，5（1）：015004.

Bulygina O N，Groisman P Y，Razuvaev V N，et al. 2011. Changes in snow cover characteristics over Northern Eurasia since 1966. Environmental Research Letters，6（4）：045204.

Cai Y，Ke C，Duan Z. 2017. Monitoring ice variations in Qinghai Lake from 1979 to 2016 using passive microwave remote sensing data. Science of the Total Environment，607-608：120-131.

Ceppi P，Scherrer S C，Fischer A M，et al. 2012. Revisiting Swiss temperature trends 1959—2008. International Journal of Climatology，32：203-213.

Chang X L，Jin H J，He R X，et al. 2013. Review of permafrost monitoring in the Northern Da Hinggan Mountains，northeast China. Journal of Glaciology and Geocryology，35（1）：93-100.

Che Y，Zhang M，Li Z，et al. 2017. Glacier mass-balance and length variation observed in China during the periods 1959—2015 and 1930—2014. Quaternary International，454：68-84.

Cheng G，Jin H. 2013. Permafrost and groundwater on the Qinghai-Tibet Plateau and in northeast China. Hydrogeology Journal，21（1）：5-23.

Ding Y，Zhang S，Zhao L，et al. 2019. Global warming weakening the inherent stability of glaciers and permafrost. Science Bulletin，64：245-253.

Du J，Kimball J，Duguay C，et al. 2017. Satellite microwave assessment of Northern Hemisphere lake ice phenology from 2002 to 2015. The Cryosphere，11（1）：47-63.

Duguay C R，Bernier M，Gauthier Y，et al. 2014. Remote sensing of lake and river ice//Tedesco M. Remote Sensing of the Cryosphere. Chichester：John Wiley & Sons Ltd：277.

Estilow T W，Young A H，Robinson D A. 2015. A long-term Northern Hemisphere snow cover extent data record for climate studies and monitoring. Earth System Science Data，7（1）：137.

Gao Y，Chen F，Lettenmaier D P，et al. 2018. Does elevation-dependent warming hold true above 5000 m elevation? Lessons from the Tibetan Plateau. NPJ Climate and Atmospheric Science，1（1）：1-7.

Gardelle J，Berthier E，Arnaud Y，et al. 2013. Region-wide glacier mass balances over the Pamir-Karakoram-Himalaya during 1999—2011. Cryosphere，7（4）：1263-1286.

Gardner A，Moholdt G，Cogley J，et al. 2013. A reconciled estimate of glacier contributions to sea level rise：2003 to 2009. Science，340（6134）：852-857.

Gilbert A，Leinss S，Kargel J，et al. 2018. Mechanisms leading to the 2016 giant twin glacier collapses，Aru Range，Tibet. Cryosphere，12（9）：2883-2900.

Gou P，Ye Q，Che T，et al. 2017. Lake ice phenology of Nam Co，Central Tibetan Plateau，China，derived from multiple MODIS data products. Journal of Great Lakes Research，43（6）：989-998.

Guo D，Wang H. 2016. CMIP5 permafrost degradation projection: a comparison among different regions. Journal of Geophysical Research: Atmospheres，121（9）: 4499-4517.

Guo L，Li L. 2015. Variation of the proportion of precipitation occurring as snow in the Tian Shan Mountains，China. International Journal of Climatology，35（7）: 1379-1393.

Guo L，Wu Y，Zheng H，et al. 2018. Uncertainty and variation of remotely sensed lake ice phenology across the Tibetan Plateau. Remote Sensing，10: 1534.

Guo W，Liu S，Xu J，et al. 2015. The second Chinese glacier inventory: data，methods and results. Journal of Glaciology，61（226）: 357-372.

Guo W，Xu J，Liu S J，et al. 2014. The Second Glacier Inventory Dataset of China（Version 1.0）. Lanzhou: Cold and Arid Regions Science Data Center at Lanzhou.

Harris C，Daniel V M，Isaksen K，et al. 2003. Warming permafrost in European mountains. Global and Planetary Change，39（3）: 215-225.

Hock R G，Rasul C，Adler B，et al. 2019. High mountain areas//Pörtner H O，Roberts D C，Masson-Delmotte V，et al. IPCC Special Report on the Ocean and Cryosphere in a Changing Climate，Cambridge: Cambridge University Press: 131-202.

Holzer N，Vijay S，Yao T，et al. 2015. Four decades of glacier variations at Muztagh Ata（eastern Pamir）: a multi-sensor study including Hexagon KH-9 and Pleiades data. The Cryosphere，9（6）: 2071-2088.

Huang X，Deng J，Ma X，et al. 2016. Spatiotemporal dynamics of snow cover based on multi-source remote sensing data in China. The Cryosphere，10（5）: 2453-2463.

Ionita M，Badaluta C，Scholz P，et al. 2018. Vanishing river ice cover in the lower part of the Danube basin-signs of a changing climate. Scientific Reports，8（1）: 7948.

Isaksen K，Benestad R，Harris C，et al. 2007. Recent extreme near-surface permafrost temperatures on Svalbard in relation to future climate scenarios. Geophysical Research Letters，34（17）: L17502.

Isaksen K，Holmlund P，Sollid J，et al. 2001. Three deep Alpine-permafrost boreholes in Svalbard and Scandinavia. Permafrost and Periglacial Processes，12（1）: 13-25.

Ji Z，Kang S. 2013. Projection of snow cover changes over China under RCP scenarios. Climate Dynamics，41（3-4）: 589-600.

Jin H，Yu Q，Lü L，et al. 2007. Degradation of permafrost in the Xing'anling Mountains，northeastern China. Permafrost and Periglacial Processes，18（3）: 245-258.

Kääb A，Berthier E，Nuth C，et al. 2012. Contrasting patterns of early twenty-first-century glacier mass change in the Himalayas. Nature，488（7412）: 495-498.

Kääb A，Leinss S，Gilbert A，et al. 2018. Massive collapse of two glaciers in western Tibet in 2016 after surge-like instability. Nature Geoscience，11（2）: 114-120.

Kapnick S B，Delworth T L. 2013. Controls of global snow under a changed climate. Journal of Climate，26（15）: 5537-5562.

Kapnick S B，Delworth T L，Ashfaq M，et al. 2014. Snowfall less sensitive to warming in Karakoram than in Himalayas due to a unique seasonal cycle. Nature Geoscience，7（11）: 834-840.

Ke L，Ding X，Song C. 2015. Heterogeneous changes of glaciers over the western Kunlun Mountains based on ICESat and Landsat-8 derived glacier inventory. Remote Sensing of Environment，168：13-23.

Kong Y，Wang C H. 2017. Responses and changes in the permafrost and snow water equivalent in the Northern Hemisphere under a scenario of 1.5℃ warming. Advances in Climate Change Research，8（4）：235-244.

Krinner G，Derksen C，Essery R. 2018. ESM-SnowMIP: assessing snow models and quantifying snow-related climate feedbacks. Geoscientific Model Development，11: 5027-5049.

Kropáček J，Maussion F，Chen F，et al. 2013. Analysis of ice phenology of lakes on the Tibetan Plateau from MODIS data. The Cryosphere，7（1）：287-301.

Li X，Cheng G，Jin H，et al. 2008. Cryospheric change in China. Global and Planetary Change，62（3）：210-218.

Liu G，Zhao L，Li R，et al. 2015. Permafrost warming in the context of step-wise climate change in the Tien Shan Mountains，China. Permafrost and Periglacial Processes，28（1）：130-139.

Liu X，Cheng Z，Yan L，et al. 2009. Elevation dependency of recent and future minimum surface air temperature trends in the Tibetan Plateau and its surroundings. Global and Planetary Change，68（3）：164-174.

Lu Q，Zhao D，Wu S. 2017. Simulated responses of permafrost distribution to climate change on the Qinghai-Tibet Plateau. Scientific Reports，7（1）：3845.

Mott R，Vionnet V，Grünewald T. 2018. The seasonal snow cover dynamics：review on wind-driven coupling processes. Frontiers Earth Science，6：197.

Musselman K，Clark M，Liu C，et al. 2017. Slower snowmelt in a warmer world. Nature Climate Change，7（3）：214-219.

Nepal S. 2016. Impacts of climate change on the hydrological regime of the Koshi river basin in the Himalayan region. Journal of Hydro-environment Research，10: 76-89.

Nõges P，Nõges T. 2014. Weak trends in ice phenology of Estonian large lakes despite significant warming trends. Hydrobiologia，731（1）：5-18.

Obu J，Westermann S，Bartsch A，et al. 2019. Northern Hemisphere permafrost map based on TTOP modelling for 2000—2016 at 1km^2 scale. Earth-Science Reviews，193：299-316.

Osokin N I，Sosnovsky A V. 2015. Impact of dynamics of air temperature and snow cover thickness on the ground freezing. Earth's Cryosphere，19（1）：99-105.

Ouyang L，Hui F，Zhu L，et al. 2019. The spatiotemporal patterns of sea ice in the Bohai Sea during the winter seasons of 2000—2016. International Journal of Digital Earth，12（8）：893-909.

Paul F. 2019. Repeat glacier collapses and surges in the Amney Machen Mountain range，Tibet，possibly triggered by a developing rock-slope instability. Remote Sensing，11：708.

Phillips M，Zhang J，Shi Q，et al. 2009. Prevalence，treatment，and associated disability of mental disorders in four provinces in China during 2001—2005：an epidemiological survey. Lancet，373（9680）：2041-2053.

Pieczonka T，Bolch T. 2015. Region-wide glacier mass budgets and area changes for the Central Tien Shan between 1975 and 1999 using Hexagon KH-9 imagery. Global and Planetary Change，128：1-13.

Pieczonka T，Bolch T，Wei J，et al. 2013. Heterogeneous mass loss of glaciers in the Aksu-Tarim Catchment（Central Tien Shan）revealed by 1976 KH-9 Hexagon and 2009 SPOT-5 stereo imagery. Remote Sensing of Environment，130：233-244.

Qin D H，Ding Y J，Xiao C，et al. 2018. Cryospheric Science：research framework and disciplinary system. National Science Review，5（2）：141-154.

Radic V，Bliss A，Beedlow A C，et al. 2014. Regional and global projections of twenty-first century glacier mass changes in response to climate scenarios from global climate models. Climate Dynamics，42（1-2）：37-58.

Ran Y，Li X，Cheng G. 2018. Climate warming over the past half century has led to thermal degradation of permafrost on the Qinghai-Tibet Plateau. The Cryosphere，12（2）：595-608.

Ran Y，Li X，Cheng G，et al. 2012. Distribution of permafrost in China：an overview of existing permafrost maps. Permafrost and Periglacial Processes，23（4）：322-333.

RGI_Consortium. 2017. Randolph Glacier Inventory（RGI）—A Dataset of Global Glacier Outlines：Version 6.0. Technical Report. Boulder，USA：Global Land Ice Measurements from Space.

Rokaya P，Budhathoki S，Lindenschmidt K E. 2018. Trends in the timing and magnitude of ice-jam floods in Canada. Scientific Reports，8（1）：5834.

Schmidt D F，Grise K M，Pace M L. 2019. High-frequency climate oscillations drive ice-off variability for Northern Hemisphere lakes and rivers. Climatic Change，152（3）：517-532.

Shangguan D，Liu S，Ding Y，et al. 2016. Characterizing the May 2015 Karayaylak Glacier surge in the eastern Pamir Plateau using remote sensing. Journal of Glaciology，62（235）：944-953.

Sharma S，Blagrave K，Magnuson J，et al. 2019. Widespread loss of lake ice around the Northern Hemisphere in a warming world. Nature Climate Change，9（3）：227-231.

Sun Z，Zhao L，Hu G，et al. 2020. Modeling permafrost changes on the Qinghai-Tibetan plateau from 1966 to 2100：a case study from two boreholes along the Qinghai-Tibet engineering corridor. Permafrost and Periglacial Processes，31（1）：156-171.

Tudoroiu M，Eccel E，Gioli B，et al. 2016. Negative elevation-dependent warming trend in the Eastern Alps. Environmental Research Letters，11（4）：1-12.

Veillette J，Muir D C G，Antonaides D，et al. 2012. Perfluorinated chemicals in Meromictic Lakes on the Northern Coast of Ellesmere Island，High Arctic Canada. Arctic，65（3）：245-256.

Wang C，Dong W，Wei Z. 2001. The feature of seasonal frozen soil in Qinghai-Tibet Plateau. Acta Geographica Sinica，56（5）：525-531.

Wang Q，Fan X，Wang M. 2016. Evidence of high-elevation amplification versus Arctic amplification. Scientific Reports，6（1）：1-8.

Wang S，Wang X，Chen G，et al. 2017. Complex responses of spring alpine vegetation phenology to snow cover dynamics over the Tibetan Plateau，China. Science of the Total Environment，593-594：449-461.

Wang T，Wu T H，Wang P，et al. 2019. Spatial distribution and changes of permafrost on the Qinghai-Tibet Plateau revealed by statistical models during the period of 1980 to 2010. Science of the Total Environment，650：661-670.

Wang X，Chen R，Liu G，et al. 2018. Spatial distributions and temporal variations of the near-surface soil freeze state across China under climate change. Global and Planetary Change，172：150-158.

Wang X，Ding Y，Liu S J，et al. 2013. Changes of glacial lakes and implications in Tian Shan，central Asia，based on remote sensing data from 1990 to 2010. Environmental Research Letters，8（4）：44-52.

Wang Y S，Huang X D，Liang H，et al. 2018. Tracking snow variations in the Northern Hemisphere using multi-source remote sensing data（2000—2015）. Remote Sensing，10（1）：136.

Weber H，Riffler M，Nõges T，et al. 2016. Lake ice phenology from AVHRR data for European lakes：an automated two-step extraction method. Remote Sensing of Environment，174：329-340.

Woolway R I，Merchant C J. 2019. Worldwide alteration of lake mixing regimes in response to climate change. Nature Geoscience，12（4）：271-276.

Wrona F J，Johansson M，Culp J M，et al. 2016. Transitions in Arctic ecosystems：ecological implications of a changing hydrological regime. Journal of Geophysical Research：Biogeosciences，121（3）：650-674.

Wu K，Liu S，Jiang Z J，et al. 2018. Recent glacier mass balance and area changes in the Kangri Karpo Mountains from DEMs and glacier inventories. The Cryosphere，12（1）：103-121.

Wu Q，Zhang T. 2008. Recent permafrost warming on the Qinghai-Tibetan Plateau. Journal of Geophysical Research：Atmospheres，113：D13108.

Wu Q，Zhang T，Liu Y. 2012. Thermal state of the active layer and permafrost along the Qinghai-Xizang（Tibet）Railway from 2006 to 2010. The Cryosphere，6（3）：607-612.

Wu X，Che T，Li X，et al. 2018a. Slower snowmelt in spring along with climate warming across the Northern Hemisphere. Geophysical Research Letters，45（22）：331-339.

Wu X，Nan Z，Zhao S，et al. 2018b. Spatial modeling of permafrost distribution and properties on the Qinghai-Tibet Plateau. Permafrost and Periglacial Processes，29（2）：86-99.

Xu J，Liu S，Zhang S，et al. 2013. Recent changes in glacial area and volume on Tuanjiefeng peak region of Qilian Mountains，China. PLoS One，8（8）：e70574.

Yan Y，Shao D，Gu W，et al. 2017. Multidecadal anomalies of Bohai Sea ice cover and potential climate driving factors during 1988—2015. Environmental Research Letters，12（9）：94-104.

Yan Y，Uotila P，Huang K，et al. 2020. Variability of sea ice area in the Bohai Sea from 1958 to 2015. Science of the Total Environment，709：136-164.

Yao T，Xue Y，Chen D，et al. 2018. Recent Third Pole's rapid warming accompanies cryospheric melt and water cycle intensification and interactions between monsoon and environment：multi-disciplinary approach with observation，modeling and analysis. Bulletin of the American Meteorological Society，100：423-444.

Yao X，Li L，Zhao J，et al. 2016. Spatial-temporal variations of lake ice phenology in the Hoh Xil region from 2000 to 2011. Journal of Geographical Sciences，26（1）：70-82.

Yi S，Wang Q，Chang L，et al. 2016. Changes in mountain glaciers，lake levels，and snow coverage in the Tianshan Monitored by GRACE，ICESat，Altimetry，and MODIS. Remote Sensing，8（10）：798.

You Q，Kang S，Pepin N，et al. 2010. Relationship between temperature trend magnitude，elevation and mean temperature in the Tibetan Plateau from homogenized surface stations and reanalysis data. Global and Planetary Change，71（1）：124-133.

You Q，Kang S，Ren Y，et al. 2011. Observed changes in snow depth and number of snow days in the eastern and central Tibetan Plateau. Climate Research，46：171-183.

Yu X，Lu C，Zhu L P. 2015. Alpine glacier change in the Eastern Altun Mountains of Northwest China during 1972—2010. PLoS One，10（2）：e0117262.

Zhang G，Yao T，Xie H J，et al. 2015. An inventory of glacial lakes in the Third Pole region and their changes in response to global warming. Global and Planetary Change，131：148-157.

Zhang X，Li H，Zhang Z J，et al. 2018. Recent glacier mass balance and area changes from DEMs and Landsat images in upper reach of Shule River Basin，Northeastern Edge of Tibetan Plateau during 2000 to 2015. Water，10（6）：108-121.

Zhang Y，Enomoto H，Ohata T. et al. 2016. Projections of glacier change in the Altai Mountains under twenty-first century climate scenarios. Climate Dynamics，47（9-10）：2935-2953.

Zhang Z，Hou M，Wu Q，et al. 2019. Historical changes in the depth of seasonal freezing of "Xing'anling-Baikal" permafrost in China. Regional Environmental Change，19（2）：451-460.

Zhang Z，Wu Q，Xun X，et al. 2018. Climate change and the distribution of frozen soil in 1980—2010 in northern northeast China. Quaternary International，467：230-241.

Zhao L，Wu Q，Marchenko S，et al. 2010. Thermal state of permafrost and active layer in Central Asia during the international polar year. Permafrost and Periglacial Processes，21（2）：198-207.

Zhu X F，Wu T H，Li R，et al. 2017. Characteristics of the ratios of snow，rain and sleet to precipitation on the Qinghai-Tibet Plateau during 1961—2014. Quaternary International，444：137-150.

Zou D，Zhao L，Sheng Y，et al. 2017. A new map of permafrost distribution on the Tibetan Plateau. The Cryosphere，11（6）：2527-2542.

第7章　陆地生态系统变化

主要作者协调人：朴世龙、周广胜

编　　　　审：李新荣

主　要　作　者：朱教君、张宪洲、姜　明、袁文平

贡　献　作　者：刘永稳、胡中民、高　添、刘　强、王旭辉

- ## 执行摘要

作为生物圈的重要组成部分，陆地生态系统对气候变化非常敏感。20世纪80年代初以来，中国森林和草地面积均增加，而荒漠和湿地面积均减小，陆地植被覆盖总体呈增加趋势（高信度）。遥感数据表明，2000~2017年中国植被叶面积约增加18%，贡献了全球25%的叶面积增加量，位居世界第一位。这主要是由大气 CO_2 浓度升高和重大生态保护与恢复工程实施等所导致。20世纪80年代初以来，植被物候变化特征总体表现为生长季开始时间提前，生长季结束时间推迟（高信度）。升温是物候变化的主要驱动因子，但地理分异明显。中国陆地植被总初级生产力显著增加（高信度），增速为 0.02 ± 0.002 Pg C/a。2000年以来，中国主要生态系统（森林、灌丛、草地和农田）碳储量显著增加（高信度），这与重大生态保护和恢复工程的实施密切相关。

7.1 引　言

随着人类社会的发展，人类活动已经直接和间接地对地球系统各个圈层造成了深刻影响（Barnosky et al.，2012；Ellis，2015）。尤其是工业革命以来，化石燃料燃烧、水泥生产和土地利用变化等人类活动导致大气 CO_2 浓度急剧增加。1750~2017 年，大气 CO_2 浓度从 277ppm 增至 405ppm（Le Quéré et al.，2018）。大气 CO_2 浓度增加导致全球气候变暖。从工业革命前至 2006~2015 年，全球陆地平均气温增加了 1.53℃，约相当于全球（陆地和海洋）平均气温增幅（0.87℃）的两倍（IPCC，2019）。陆地生态系统是地球系统多圈层耦合的重要组成要素，对气候变化非常敏感。不仅如此，陆地生态系统的变化又会对全球和区域气候造成影响。例如，近 30 年 CO_2 浓度升高、气候变暖、氮沉降增加等导致全球陆地植被生长总体增加，而植被覆盖变化又会通过水分和能量交换过程影响地表温度（IPCC，2019）。诸如此类的气候变化和陆地生态系统相互作用越来越受到关注。为此，2019 年，IPCC 发布了《气候变化与土地特别报告》（IPCC，2019）。该报告阐明陆地生态系统对气候变化的响应和适应机制对于准确预估未来气候变化对陆地生态系统的影响至关重要，亦是人类制定应对气候变化方案的基本前提（Altizer et al.，2013）。因此，陆地生态系统结构和功能的变化及其归因是全球变化领域的关键科学问题之一。

中国陆地幅员辽阔、地形复杂、生态系统类型丰富多样，是地球系统多圈层相互作用的典型地理单元，亦是气候变化和人类干扰的敏感区域。20 世纪中叶以来，中国气候、氮沉降、土地利用等均发生了深刻变化。1961~2010 年，中国陆地平均气温以 0.3℃/10a 的速率上升，尤其青藏高原升温幅度高达 1.9℃（Yue et al.，2013）。人为活性氮排放快速增长导致中国氮沉降迅速增加，1980~2010 年中国陆地平均氮沉降增加了 60%，即 8kg N/hm^2（Liu H et al.，2013）。中国政府规划实施了一系列的重大生态保护与恢复工程，如天然林资源保护工程（1998~2010 年）、退耕还林工程（1999~2021 年）、三北防护林体系建设工程（简称三北工程）（2001~2010 年）、长江流域防护林体系工程（2001~2010 年）、速生丰产用材林基地建设工程（2001~2015 年）、野生动植物保护及自然保护区建设工程（2001~2030 年）、退牧还草工程（2003~2007 年）等（高吉喜和杨兆平，2015）。近年来，针对气候变化和人类干扰对中国陆地生态系统的影响，学术界采用地面观测、遥感观测、大气反演和模型模拟等多种手段进行了深入研究，取得了一系列重要研究成果。考虑到农田生态系统主要受人为管理等的影响，本章侧重阐述自然生态系统的变化及其驱动机制。

本章阐明过去 50 余年来中国主要陆地生态系统结构（分布格局、植被覆盖、物候）与功能（生产力以及碳汇功能等）的变化规律（观测事实），评估中国主要陆地生态系统的现状（时空格局），认识中国主要陆地生态系统结构与功能变化的驱动机制（气候变暖、CO_2 浓度变化、降水格局变化、大气氮沉降、土地利用变化），重点评估 2000 年以来退耕还林还草、植树造林、生态系统恢复重建等重大工程的贡献。

7.2 生态系统格局变化

7.2.1 森林

1. 现状

据第九次（2019 年）《中国森林资源报告》显示，中国森林总面积为 2.20 亿 hm², 森林覆盖率为 22.96%，森林总蓄积量为 175.60 亿 m³，总生物量为 183.64 亿 t（国家林业和草原局，2019）。中国森林群落约有 8000 种木本植物，占世界木本植物的 54%，其中乔木树种 2000 余种，包含了诸多世界珍贵树种，如银杏、水杉、红豆杉等（雷加富，2005）。

尽管中国森林面积居世界前列（第五位），但中国森林覆盖率低于世界平均水平（30.07%），人均森林面积仅约为世界平均水平的 1/4。此外，中国森林蓄积量水平偏低，平均蓄积量仅为 94.83m³/hm²，同样低于世界平均水平（129m³/hm²）（Food and Agriculture Organization，2015），即中国用仅占全球 5.5% 的森林面积和 3.3% 的森林蓄积量服务占全球 18.4% 的人口。目前中国天然林大部分为次生林，中国森林生态系统面临巨大的压力（刘世荣等，2015）。为缓解天然林的压力，中国营造了大量人工林。目前，中国人工林面积居世界首位（0.80 亿 hm²），占全国森林面积的 36.1%（国家林业局，2014）。迅速发展的人工林提供了丰富的木材、林产品及生态服务。在中国全面停止天然林商业性采伐的背景下，人工林将肩负起木材供给的重任。中国森林的另一个特点是中、幼龄比例高，二者占总面积的 63.9%。

2. 变化特征

中华人民共和国成立以来，土地利用格局发生了巨大变化。20 世纪 70 年代中期，中国实施了大规模的林业生态工程，使中国森林格局发生了深刻的变化。根据 1950~2018 年十次的森林资源清查资料（含森林资源普查数据），从森林总体状况（面积、覆盖率和蓄积量）、森林起源（天然林与人工林）与森林类别（乔木林、经济林、竹林和灌木林）方面分析了 1950~2018 年中国森林的变化特征，为森林变化驱动力研究提供了基础。

1）森林总体变化

十次森林资源普查（1950~2018 年数据源于普查）和清查结果（图 7-1）显示，森林面积由 1950~1962 年的 0.85 亿 hm² 增加到 2014~2018 年的 2.20 亿 hm²，净增 1.35 亿 hm²。森林蓄积量由 1973~1976 年的 86.56 亿 m³ 增加到 2014~2018 年的 175.60 亿 m³，净增 89.04 亿 m³。

1950~2018 年，中国森林的面积和蓄积量总体均呈显著增加趋势（面积：$R^2=0.9650$，$P<0.01$；蓄积量：$R^2=0.9382$，$P<0.01$），各清查期变化有所不同。第一次森林清查期（1973~1976 年）森林面积较森林普查期（1950~1962 年）增加了 3700 万 hm²，增幅为 43.53%。第二次森林清查期（1977~1981 年）森林面积较第一次森林清

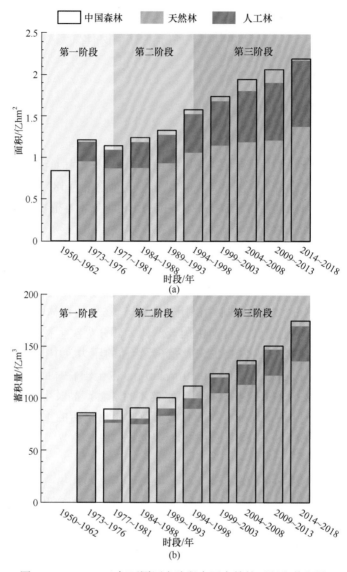

图 7-1 1950~2018 年不同历史阶段中国森林的面积和蓄积量

中国森林面积和蓄积量数据整理自《中国森林资源报告》（国家林业局，2014；国家林业和草原局，2019）；增幅按照
每次清查期末尾年至下次清查期末尾年计算；森林面积统计标准参见《中国森林资源报告》（国家林业局，2014）

查期下降了约 700 万 hm²，降幅为 5.74%。这也是中华人民共和国成立以来森林面积出现的最大降幅，但同期的蓄积量逆势增加了 3.72 亿 m³，增幅为 4.30%。此后，中国森林的面积与蓄积量都进入了快速增长期。1998 年后，森林面积增加速度尤其显著。第五次（1994~1998 年）至第九次（2014~2018 年）森林清查期，中国森林面积增加了 6151 万 hm²，年均增加 308 万 hm²；同期（1998~2018 年）蓄积量增加了 62.93 亿 m³，年均增加 3.15 亿 m³。

2）天然林与人工林的变化

1976~2018 年，中国天然林面积从 0.96 亿 hm² 增至 1.39 亿 hm²，净增 0.43 亿 hm²，

增幅为 44.79%。天然林蓄积量从 83.05 亿 m³ 增至 136.71 亿 m³，净增 53.66 亿 m³，增幅为 64.61%（图 7-1）。人工林面积由 0.24 亿 hm² 增至 0.80 亿 hm²，净增 0.56 亿 hm²，增幅为 233.33%。人工林蓄积量由 1.64 亿 m³ 增至 33.88 亿 m³，净增 32.24 亿 m³，增幅为 1965.85%（图 7-1）。

天然林面积增加趋势显著（R^2=0.8629，P<0.01）。其中，在第二次清查期（1977~1981 年），天然林面积下降了 829 万 hm²，降幅为 8.62%。天然林蓄积量呈显著增加趋势（R^2=0.8811，P<0.01），但在第二次清查期，天然林蓄积量较第一次森林清查期下降了 6.00 亿 m³，降幅为 7.22%。此后，天然林的面积与蓄积量增速较快，尤其在 1998~2018 年增加显著。其中，天然林面积 20 年间增加了 0.32 亿 hm²，增幅为 29.64%；天然林蓄积量 20 年间增加了 45.98 亿 m³，增幅为 50.68%。这表明中国天然林在经历干扰后进入了快速生长期，蓄积量积累速度较快。

中国人工林的面积呈显著增加趋势（R^2=0.9750，P<0.01），除第二次清查期小幅下降外，其余年份中国人工林面积均呈快速增长趋势。其中，人工林面积在第二次清查期（1977~1981 年）后持续增加且增幅明显。1981~2018 年，人工林面积增加了 0.57 亿 hm²，增幅为 258.46%；人工林蓄积量亦呈现显著增加趋势（R^2=0.9337，P<0.01）。值得注意的是，人工林蓄积量占森林总蓄积量的比例由 1973~1976 年的 1.89% 增加到 2014~2018 年的 19.29%。大幅增加的人工林蓄积量缓解了天然林木材采伐的压力。资料显示，第八次清查期（2009~2013 年）人工林采伐量比例为 46%，与第六次清查期（1999~2003 年）相比提高了 18.83%（国家林业局，2009）；人工林面积和蓄积量的增长促进了 2003~2013 年以来天然林的快速恢复。

3）乔木林（林分）、经济林、竹林和灌木林的变化

表 7-1 列出了中国乔木林（林分）、经济林、竹林和灌木林面积的变化。乔木林（林分）在 1977~2018 年呈增加趋势（R^2=0.8960，P<0.01），尤其在 1994~2013 年增加显著，由 1994~1998 年的 13241.00 万 hm² 增加到 2014~2018 年的 17988.85 万 hm²，增加 35.86%，年均增加 237.39 万 hm²。

表 7-1　1977~2018 年中国乔木林（林分）、经济林、竹林和灌木林面积的变化

清查期	乔木林（林分）		经济林		竹林		灌木林	
	面积/ 万 hm²	增幅/ （万 hm²/a）	面积/ 万 hm²	增幅/ （%/a）	面积/ 万 hm²	增幅/ （%/a）	面积/ 万 hm²	增幅/ （万 hm²/a）
1977~1981 年	12350.00	—	1128.00	—	320.00	—	—	—
1984~1988 年	13169.00	117.00	1374.00	35.14	355.00	5.00	—	—
1989~1993 年	13971.00	160.40	1610.00	47.20	379.00	4.80	—	—
1994~1998 年	13241.00	−146.00	2022.00	82.40	421.00	8.40	—	—
1999~2003 年	14279.00	207.60	2139.00	23.40	484.00	12.60	—	—
2004~2008 年	15559.00	256.00	2041.00	−19.60	538.00	10.80	5365.34	—
2009~2013 年	16460.00	180.20	2056.00	3.00	601.00	12.60	5590.00	44.93
2014~2018 年	17988.85	305.77	2094.24	7.65	641.16	8.03	7384.96	358.99

注：森林面积统计标准参见《中国森林资源报告》（国家林业局，2014）。中国森林面积和蓄积量数据整理自《中国森林资源报告》（国家林业局，2014；国家林业和草原局，2019）和郭兆迪等（2013）。

经济林面积在 1977~2018 年呈增加趋势（R^2=0.7657，P<0.01），且保持较高增速。其中，经济林面积在 2003 年前保持高速增长，面积增加了 1011 万 hm^2，增幅为 90%。2003 年后，其增速放缓，其中，经济林面积在第七次清查期（2004~2008 年）较上一个清查期下降了 98 万 hm^2，降幅为 4.58%，之后逐步上升。快速增长的经济林可调整农林业结构、改善生态环境，成为增加农民收入的重要增长点。

竹林面积在 1977~2018 年呈稳步增加趋势（R^2=0.9844，P<0.01），由 1977~1981 年的 320.00 万 hm^2 增加至 2014~2018 年的 641.16 万 hm^2，总计增加 321.16 万 hm^2，增幅为 100.36%，平均年增加 8.68 万 hm^2。其中，竹林面积在 1998 年后进入快速增长期，年平均增幅超过 10%，年均增加 11.01 万 hm^2。中国已成为第一大竹产国，其中竹林用材林占 70% 以上，快速增长的竹林面积提供了丰富的竹质人造板、造纸材料、竹建材料；此外，竹林生长速度快、周期短、产量高，是中国森林不断增加的碳汇（国家林业局，2014）。

灌木林面积由 2004~2008 年的 5365.34hm^2 增加至 2014~2018 年的 7384.96 亿 hm^2，总计增加 2019.62hm^2，增幅达 37.64%。近年来，快速增长的灌木林已经成为中国森林的重要组成部分，其提供了重要的生态服务功能。

3. 驱动机制

1）中国森林管理政策对森林变化的影响

中国森林变化与中国森林管理政策及林业重点工程密切相关。我国森林利用和森林管理政策可分为 3 个阶段（雷加富，2005）。

阶段一：以木材利用为主（1950~1978 年）。中华人民共和国成立之初，由于长期战乱的影响，森林被强烈干扰，覆盖率仅为 8.6%。受诸多因素影响，20 世纪 50 年代初至 70 年代末，森林资源以木材生产为主，被过度消耗。1970~1973 年和 1975 年，中央提出加快绿化步伐，提高造林质量，并在南方 9 省大面积营建速生丰产林，为中国培育大批后备森林资源。总体来看，该阶段中国森林破坏严重，本已被强烈干扰的中国森林失去了近 30 年的宝贵恢复时间（雷加富，2005）。

阶段二：木材生产与生态建设并重（1978~1998 年）。在该阶段，林业行政管理机构逐渐形成，同时颁布了《关于保护森林、制止乱砍滥伐的布告》，严禁毁林开荒，加强木材市场管理等。然而，随着木材市场开放，集体林区一度出现大规模乱砍滥伐的现象。为解决森林资源危机，林业部门制定了森林采伐限额，对保护森林资源发挥了关键作用。另外，为应对我国北方地区风沙危害和水土流失严重的事实，中国政府在三北 13 个省区市全面启动了三北工程，此后又相继启动一系列林业重点工程。在用材林方面，大力发展速生丰产林，缓解了木材供给压力（雷加富，2005）。受上述政策影响，该阶段森林面积与蓄积量稳中有升，分别增加了 0.44 亿 hm^2（增幅为 38.21%）、22.39 亿 m^3（增幅为 24.80%），中国森林覆盖率持续稳步增加，并进入良性发展期。

阶段三：以生态文明建设为主（1998~2018 年）。林业定位逐步发生转变，生态需求成为社会对林业的主导需求。1998 年，长江流域和东北地区发生两次特大洪灾。面对总体恶化的自然环境与人们对林产品多样化的需求，中国政府实施了天然林保护工程（简称天保工程）。随后，一系列重大生态工程，如退耕还林工程、野生动植物保护及自然保护区建设工程、京津风沙源治理工程等相继启动。国务院发布了《全国生态环境建设规划》，明确了我国生态环境建设的总体目标，同时确立了以生态建设为主的林业发展战略。受上述政策影响，中国森林与林业迎来了历史性转变（雷加富，2005）。森林清查数据显示，中国森林面积在 1998~2018 年增加了 0.62 亿 hm²，增幅为38.70%；蓄积量同期增加 62.93 亿 m³，增幅 55.85%。严格的森林保护政策使中国森林得到有效保护，森林质量整体得到改善。

随着中国林业发生历史性转变，中国森林将面临更加多样的需求，提供多种生态系统服务，传统用材林（尤其是北方人工用材林）的经营方式已经不能满足新形势下中国森林管理的需求，需设计以服务生态文明建设为目标，绿水青山的森林经营管理方式。

2）中国林业重点工程

中国实施了一系列重大林业生态工程，包括三北工程、天保工程、退耕还林工程、长江中上游防护林体系建设工程、京津风沙源治理工程和速生丰产用材林基地建设工程等。上述工程对增加森林面积、提高森林质量起到重要作用，是中国森林变化的重要驱动力。因区域性林业生态工程繁多，此处仅论述全国范围内重点林业生态工程。

（1）以三北工程为标志的防护林工程体系。自中华人民共和国成立之初，中国政府即开展大规模的防护林建设。20 世纪六七十年代，以农田防护林为主的建设由北部、西部风沙低产区扩展到华北、中原高产区及江南水网区。黄河中、上游水土保持林、水源涵养林，以及中国北方防沙治沙林、黄土高原水土保持林建设持续发展，积累了丰富的防护林建设经验（朱教君，2013）。1978 年，我国在三北（西北、华北、东北）13 个省区全面启动了三北工程。截至 2018 年，三北工程区森林面积累计增加 0.22 亿hm²，工程区森林覆盖率提高 5.29%，总蓄积约增加 12 亿 m³[①]。

（2）天保工程。天保工程于 1998 年试点实施，以削减天然林木材产量、加强生态公益林建设与保护等为主要目标。天保工程实施了大规模的封山育林、中/幼龄林抚育、无林地/疏林地新封等，有效地增加了天然林的面积与蓄积量。森林清查数据显示，1998~2018 年，中国天然林面积（$R^2=0.9111$，$P<0.05$）、蓄积量（$R^2=0.9769$，$P<0.05$）增加趋势显著，分别增加了 0.32 亿 hm² 和 45.98 亿 m³。而天保工程前，二者变化趋势不明显（面积：$P=0.31$；蓄积量：$P=0.28$）。这表明天保工程对提高天然林面积与蓄积量有重要作用。

（3）退耕还林工程。1999 年，中国政府规划并试点了退耕还林工程。1999~2018 年，退耕还林工程共完成退耕地造林 0.13 亿 hm²、荒山荒地造林和封山育林 0.21 亿 hm²，工程区森林覆盖率平均提高 3%。同期，中国人工林面积提高 0.33 亿 hm²，森林覆盖率提高 6.41%。退耕还林工程对提高人工林面积及森林覆盖率作用显著。

3）土地利用的影响

基于 1980~2015 年 5 期土地利用图（徐新良等，2018），分析与森林相关的土地

---

① 中国科学院、国家林业和草原局 . 2018. 三北防护林体系建设 40 年综合评价报告 .

利用变化格局（表 7-2）。从历年变化来看，有林地与其他林地之间的转化比例最高，该比例在 2000 年前约为 32%，2000~2010 年后达到 60% 左右，2010~2015 年降到约 40%。这说明森林经营（如皆伐、疏伐等）是二级地类转化的重要驱动因素，如采伐降低有林地郁闭度，使其转变为疏林地或其他林地。2000 年前，有林地与农田、草地之间的转化比例较高，说明毁林开荒可能是有林地面积减少的重要因素；另外，农田、草地转入有林地的比例同样较高，表明同期造林与毁林面积基本相当。2000 年后，有林地与农田、草地之间的转化比例下降，表明有林地更倾向于向其他林地类型转化。

表 7-2 1980~2015 年森林相关土地利用变化转移矩阵 （单位：%）

年份	森林相关土地利用变化转移比例				
	有林地→农田	有林地→草地	有林地→其他林地	有林地→建设用地	有林地→其他
1980~1990	31.3	30.5	32.3	1.2	4.7
	农田→有林地	草地→有林地	其他林地→有林地	建设用地→有林地	其他→有林地
	29.9	31.3	32.9	1.1	4.8
1990~2000	有林地→农田	有林地→草地	有林地→其他林地	有林地→建设用地	有林地→其他
	31.5	30.0	32.5	1.2	4.7
	农田→有林地	草地→有林地	其他林地→有林地	建设用地→有林地	其他→有林地
	30.7	30.8	32.7	1.2	4.6
2000~2010	有林地→农田	有林地→草地	有林地→其他林地	有林地→建设用地	有林地→其他
	9.1	10.7	69.8	7.4	3.0
	农田→有林地	草地→有林地	其他林地→有林地	建设用地→有林地	其他→有林地
	15.6	23.5	58.8	0.3	1.8
2010~2015	有林地→农田	有林地→草地	有林地→其他林地	有林地→建设用地	有林地→其他
	11.6	20.2	40.1	24.4	3.8
	农田→有林地	草地→有林地	其他林地→有林地	建设用地→有林地	其他→有林地
	20.4	17.7	40.6	5.7	15.6

注：有林地指郁闭度 >30% 的天然林和人工林，包括用材林、经济林、防护林等成片林地，此处采用有林地近似表征森林（森林包括有林地与特种灌木林）（雷加富，2005）；其他林地包括灌木林、疏林地和其他林地。因遥感解译的土地利用/覆被图与森林清查数据的目的、方法和标准均有较大差异，此处仅从不同土地利用类型转为森林、森林转为其他土地利用类型的比例方面探讨土地利用变化对森林面积变化的影响。

4）气候变化对森林变化的影响

气候变化影响着中国森林的分布，对高纬度与高寒地区的影响尤其明显。1855~2014 年，中国长白山林线推进了 80m，升温是林线变化的重要驱动因子（Du et al.，2018）。此外，升温还增加了高山林线的树木生长（Qi et al.，2015）。青藏高原区水热条件独特，地理坏境复杂，对气候变化敏感。青藏高原东南部的林线树木生长主要受夏季最低温控制（Shi et al.，2019），升温同时影响着该区域的树种组成（Guo et al.，2018）。另外，温度升高也增加了蒸腾作用，降低了土壤湿度，增加了干旱频率和强度（Dib et al.，2014），对中国北方干旱区森林起到负面作用。

全球每年约有 1% 的森林受到火灾的严重影响（刘魏魏等，2016）。中国森林火灾频发且面积大，是影响森林变化的驱动力之一。据统计，1950~2010 年，中国年均发生火灾 12683 次，年均火场面积 67.48 万 hm^2。1988~2010 年蓄积量损失 167.5 万 m^3（苏立娟等，2015）。从空间上看，华东、西南林区火灾次数较多，东北林区火场面积较大（苏立娟等，2015）。模型结果显示，未来寒带发生火灾的频率、范围和强度还可能增大（Westerling et al.，2011），大兴安岭地区将可能面临更大的火灾风险（低信度）。

7.2.2　草地

1. 现状

我国草地面积约 4 亿 hm^2，约占世界草地面积的 8%，约占中国陆地面积的 41%，草地面积在我国陆地植被类型中面积最大（杨婷婷等，2012；樊江文等，2003）。我国草地主要分布在青藏高原、蒙古高原、黄土高原、新疆边陲以及南方草山草坡。

青藏高原草地面积为 1.18 亿 hm^2，占高原植被总覆盖面积的 63.9%，约占全国草原总面积的 32%，青藏高原草地主要包括高寒草甸、高寒草原和温性荒漠草原（中国科学院中国植被图编辑委员会，2001）。西藏约有草地总面积 0.82 亿 hm^2，约占青藏高原草地总面积的 70%。西藏草地主要包括高寒草甸和高寒草原（王建林等，2007）；其中，位于藏北的高寒草地占据主导地位（67.9%）（毛绍娟等，2015）。青藏高原其余大部分草地分布在三江源地区，面积约为 0.16 亿 hm^2，占源区总面积的 65.37%。

内蒙古天然草地面积约为 0.87 亿 hm^2，占全区土地面积的 67.5%，约占全国草地面积的 1/4。内蒙古草原草地类型呈现明显的经度地带性特征：自东向西，随着降水量递减、气温和太阳辐射量递增，依次分布有温带草甸草原、温带典型草原和温带荒漠草原（吴学宏等，2005）。

新疆草原区位于中国西北边陲，其面积约占全国草原总面积的 1/5，约占新疆总土地面积的 34%（张洪江和张云玲，2010）。新疆草地东西长达 1500km，以天山为界，分为南北两部分：北部为准噶尔盆地，南部为塔里木盆地。两盆地均被大山包围，且相较于北疆，南疆更为闭塞，气候干燥，年降水量低于 100mm，因此新疆草地多属于干旱荒漠草原。

我国其余草地主要分布在黄土高原和南方草山草坡。黄土高原草地面积 0.16 亿 hm^2，约占黄土高原总面积的 24%，是除农作物外的区内第二大生态系统类型（王丹云等，2018）。南方草山草坡区分布在中国南方诸省：大片的草山草坡，比比皆是的林间草地，以及大量零星分布的"三边"草地，统称为南方草山草坡区。南方草山草坡总面积约为 0.73 亿 hm^2，一半以上（53.4%）是多树草原面积，典型草原面积占 38.9%，其他为湿地草原、稀疏灌丛和稀树草原。

2. 变化特征

21 世纪初以来，全国草地面积总体呈减少趋势（Wei et al.，2018）。但是，我国北方草地面积呈增加趋势（增速为 19hm^2/a），其中，青海草地面积增量最高（80 万

hm²)，陕西草地面积增量最低（1 万 hm²）（图 7-2）（赵婷等，2018）。利用大气环流模式（GCM）和区域气候模式（RCM）的耦合模拟结果表明，大气 CO_2 浓度倍增后，中国北方草原区稀疏草原面积增加，其余各类草地面积均减少，且大多数草地植被的分布界线都有西退北移的趋势。因此，不同草地生态系统对未来气候变化的响应可能存在差异。

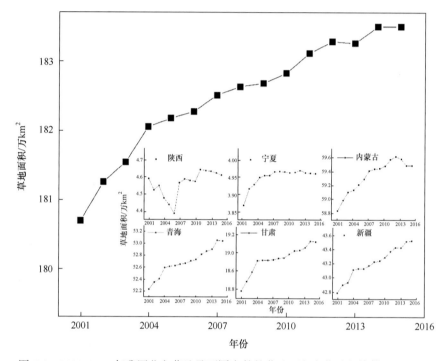

图 7-2　2001~2015 年我国北方草地及不同省份的草地面积变化（赵婷等，2018）

青藏高原草地植被覆盖变化具有明显的时空格局。就青藏高原草地覆盖变化空间分异特征而言，20 世纪 80 年代至 21 世纪初，青藏高原东北部、东中部以及西南部湿润半湿润及部分半干旱地区植被趋于改善，而高原北部、西部半干旱和干旱地区植被呈退化趋势（张戈丽等，2010）。具体来讲，草地覆盖趋于升高的区域主要分布在西藏的北部和新疆的南部；草地覆盖趋于下降的地区主要分布在青海的柴达木盆地、祁连山、共和盆地、江河源地区及川西地区（丁明军等，2010）。就青藏高原草地覆盖时间变化特征而言，可分为两个阶段：20 世纪 70 年代中后期至 21 世纪初、21 世纪初以来。20 世纪 70 年代中后期至 21 世纪初，青藏高原部分地区草地退化较为严重。例如，青海可利用草地面积 31.61 万 km²，占全省土地面积的 43.8%，其中中度以上退化面积达 23.1%（崔庆虎等，2007）；尤其在三江源地区，中度以上退化草场面积达 0.12 亿 hm²，占本区可利用草场面积的 58%（徐新良等，2008）。三江源地区草地生态系统萎缩，草地面积减少了 0.59%，且主要发生在中部和东部地区，呈现由东部向西部扩展、东部变化减弱、中西部变化增强、总体变化逐渐增强的趋势（徐新良等，2008）。21 世纪初以来，随着气候条件的改善（暖湿化），藏北、三江源以及川西地区草地有变好的趋势，稀疏草地和草地面积增加（李波和邵怀勇，2017；张妹婷等，2017）。例如，2001~2012 年，三江源草地总面积增加了 6749km²（张颖等，2017）。

内蒙古草地植被覆盖的时间变化分两个时期：21 世纪初以前整体呈退化趋势，2001~2015 年草地覆盖上呈波动上升趋势（缪丽娟等，2014；穆少杰等，2013）。空间变化上，植被增加趋势最明显的草地主要分布在毛乌素沙地、浑善达克沙地、科尔沁沙地、呼伦贝尔和大兴安岭南麓地区，而下降趋势最明显的草地主要分布在阴山山脉和锡林郭勒盟中部的典型草原区（穆少杰等，2013）。植被退化的区域主要集中在锡林郭勒盟周边地区（缪丽娟等，2014）。

黄土高原草地在 20 世纪末的 20 年里总体呈退化趋势，且后十年退化速率更快（马明国等，2003）。但 2000 年以来，黄土高原草地呈现变好态势（王丹云等，2018）。新疆草地植被覆盖在 1982~2012 年总体上呈增加趋势，但变化趋势也存在明显的阶段性：1998 年前后分别呈增加和减少趋势（杜加强等，2015）。南方草地植被覆盖的变化趋势与北方不同：南方草地植被覆盖于 20 世纪 80 年代初到 90 年代增加趋势较为明显，而 21 世纪初的 10 年里只有四川、云南和青藏高原东南部的部分地区草地植被覆盖呈现增加趋势，其他大部地区呈现减少趋势（孙政国，2013）。

3. 驱动机制

中国草地植被覆盖的时空变异与气候变化（温度和降水量变化）关系密切（Wang Y H et al.，2018），尤其是中国北方草地面积变化受水分条件的控制更为明显（赵婷等，2018）。北方草地主要分布于干旱和半干旱地区，降水的增加能够促进植被生长，而温度升高则可能引起水分蒸散加强，加剧干旱，抑制草地生长。但是，气候因素对草地植被生长的影响具有明显的时空异质性（王常顺等，2013）。就时间尺度而言，植被生长对气温和降水变化的敏感性因季节而异。例如，呼伦贝尔地区，春季草地生长对气温变化更敏感，而夏季和秋季草地生长对降水变化更敏感，尤其以夏季最为明显（张戈丽等，2011）。就空间尺度而言，草地植被年际变化与气温和降水的相关性具有明显的区域差异。例如，全国大部分地区草地生长变化主要受降水驱动，但是对于部分高寒和湿润、半湿润地区以及南方地区，草地生长与温度关系更为密切，且升温促进草地生长（梁爽等，2013）。此外，草地生长对气候因子的响应因草地类型而异。例如，相较于高寒草原，高寒草甸与气候因子变化的相关性更高（张戈丽等，2011）。

重大生态工程的实施对我国草地植被覆盖也造成了重要的影响。21 世纪初期，我国政府在西部 8 个省份开始实施退牧还草和退耕还林重大生态工程，通过草原围栏、补播改良、人工种草以及禁牧、休牧、划区轮牧等草地管理措施来保护草地资源。受国家重大生态工程的影响，我国大部分（88% 的退牧还草区域）草地植被恢复较快。例如，三江源地区自然保护区建立后，草地植被产草量增加了 11.8%，载蓄压力指数明显下降（Zhang et al.，2018），2000~2010 年三江源区草地生态系统质量明显好转（张妹婷等，2017）。川西北地区退化草地实施退牧还草工程后，通过围栏禁牧和休牧，草地得到休养生息，开始不断改善和恢复，物种多样性、草群高度和草地植被覆盖度明显提高（李波和邵怀勇，2017）。但由于青藏高原非常恶劣的环境以及土壤氮和磷的限制，牧区生态系统对干扰（如过度放牧和极端气候事件）非常敏感，植被恢复过程比较缓慢。与此相比，内蒙古区域近年来受退牧还草的影响，东部和西部大部分植被恢复较快（缪丽娟等，2014）。经过退牧还草工程的实施，新疆天然草地生态也得到了较好的恢复，对防止草原生态恶化起到了至关重要的作用（张洪江和张云玲，2010）。同样，政府引导的生态恢复建设工程也在很大程度上造成了黄土高原2000年之后农牧区植被显著趋好（王丹云等，2018）。总之，随着国家生态工程的实施，我国草地生态系统面积基本保持平稳，生态系统宏观结构稳定，但局部区域仍存在草地与农田、湿地和荒漠间的相互转化（张海燕等，2016）。

7.2.3 荒漠

1. 现状

中国荒漠（包括沙地等）面积约占国土面积的24.5%，其主要分布于干旱、半干旱和半湿润地区。具体而言，我国荒漠主要分布在35.4°N以北、106°E以西、年降水量小于250mm的内陆区。荒漠生态系统是我国分布面积较大的陆地生态系统之一，其在防风固沙、水土保持、调控沙暴、缓解全球增温、维系绿洲生态安全和经济发展等方面发挥独特的生态功能。荒漠植被稀疏，除局部山地有斑块状森林分布外，多以荒漠灌木、半灌木、草本、短命植物或类短命植物、肉质植物和隐花植物为主要生活型，其呈点状或斑块状分布、土壤贫瘠、动物稀少，水分是其主要限制因子。受持续增温和降水变化，以及放牧等农业生产的影响，我国荒漠生态系统格局发生了深刻的变化。但是，荒漠生物生产力相对低下，人口稀少，生境广袤而严酷，其变化没有引起我们的足够重视。

2. 变化特征

西北干旱区作为我国荒漠的主要分布区，其荒漠自然植被分布面积于1980~2010年基本没有变化，总体随着降水变化呈现增—减—增的波动趋势（周丹等，2015）。低覆盖度荒漠植被面积呈微弱增长趋势，其变化主要发生在南疆和祁连山地区，多年平均值为448.2万hm^2。高覆盖度荒漠植被面积基本保持不变，主要分布在绿洲边缘和河流沿岸带，多年平均值为234.3万hm^2。

南疆地区荒漠植被面积约占西北干旱区荒漠植被总面积的27%，以低覆盖度荒漠植被为主，多年平均值为123.5万hm^2（周丹等，2015）。低覆盖度荒漠植被面积随时间推移波动幅度较大，20世纪80年代开始呈现增长趋势，到90年代初达到最好覆盖状况，此后又呈现明显的降低趋势，从2000左右开始又呈现增长趋势，这可能与塔里木河干流区输水工程的实施有关。高覆盖度荒漠植被面积时间变化幅度较小，在小范围内呈现上下波动，多年平均值为63.8万hm^2（周丹等，2015）。

北疆地区荒漠植被面积约占西北干旱区荒漠植被总面积的62%，其中低覆盖度荒漠植被面积多年平均值为275.6hm^2；高覆盖度荒漠植被面积为147.0万hm^2。整个新疆地区于 2000~2010 年，草地与灌丛生态系统则大量减少，分别减少了 2.4% 和 5.1%。1999~2010 年西北荒漠区 43.25% 为显著改善地区，而植被显著下降区域面积占比为 14.25%（韦振锋等，2014）；这在徐浩杰和杨太保（2013）对亚洲中部干旱区 2000~2012 年植被变化研究结果中得到印证。

自 20 世纪 50 年代以来，人为因素对荒漠植被改变最为深刻的区域主要是绿洲与荒漠交错带以及内陆河中下游。受影响的荒漠植被的面积较小，但改变程度非常剧烈，主要表现为两大特征：一是绿洲与荒漠交错带植被变窄。特别是，1981~1988 年，塔里木盆地、柴达木盆地和阿拉善地区荒漠面积迅速扩大，直至 1995 年荒漠面积达到最大值，这种趋势持续到 21 世纪才有所减缓（张钛仁等，2010）。二是内陆河中下游植被普遍退化。20 世纪 60 年代以来，特别是 20 世纪 80~90 年代，塔里木河、黑河、石羊河和疏勒河四大内陆河流域在以水资源开发利用为核心的大强度人类经济、社会活动的作用下，自然植被衰退现象普遍，内陆河中下游地区的植被退化和植被带萎缩显著。例如，塔里木河流域胡杨林面积自 20 世纪 50 年代以来缩减严重，90 年代塔里木河流域胡杨林面积比 50 年代减少了 300 多万 hm^2，草场退化 85 万 hm^2。

3. 驱动机制

荒漠生态系统变化与气候变化和农业生产密切相关。气候变化是影响荒漠区自然植被宏观变化的主导因素，而在荒漠区域，农业生产是植被局地尺度变化的主要影响因素。气候因素中，温度和降水变化是导致荒漠生态系统发生改变的根本因素。荒漠植被季节性变化主要受气温和降水的双重影响，而荒漠植被的空间分布和年际动态变化则主要受降水影响。

1）气候因子

降水年际间的波动是荒漠区植被波动变化的主导因素。植被变化与降水变化具有显著的正相关性，特别是荒漠平原区域降水对植被的影响更为显著（韦振锋等，2014）。1981~2001 年西北荒漠区低植被盖度区域（NDVI 介于 0~0.01）面积动态与降水波动有关（张钛仁等，2010）。1982~2010 年柴达木盆地植被生长受生长季可利用降水量影响显著，两者间呈显著正相关性（徐浩杰和杨太保，2013）。一般降水事件的发生会使处于生长季的荒漠植被的 NDVI 有不同程度的增幅，特别是沙质荒漠植被对降水更为敏感，同一降水事件沙质荒漠是砾质荒漠响应值的 2.5 倍。此外，近 30 年来荒漠植被面积变化整体上不大，略有增加的趋势，且荒漠植被面积年际间的动态变化与降水年际变化规律一致，这在新疆尤其明显。

与降水相比，温度变化对植被的影响机制更为复杂。我国大部分荒漠区植被盖度或生产力与温度间的关系以负相关为主，部分区域两者间呈正相关或无相关，但整体上表现为微弱的负相关（Li et al.，2018；戴声佩等，2010）。两者之间关系主要与两种因素有关：一是海拔或地势。在地势低洼区和高海拔地区植被生长与气温变化呈正相关，如天山、阿尔泰山、祁连山、塔里木河盆地绿洲。平原区荒漠植被生长与气温变化呈负相关（张钛仁等，2010）。亚洲中部干旱区，植被变化整体上与年积温呈负相关，且荒漠灌丛和草原这两类植被类型对温度变化的响应较为敏感（徐浩杰等，

2012）。二是季节差异。一般在春秋两季，气温较低时，温度与植被盖度呈正相关。在夏季高温情况下，两者间呈负相关。例如，李娜（2010）对石羊河流域植被变化对气候变化的响应的研究发现，春季气温升高对植被盖度的提高是一种促进作用，而夏季气温升高对植被生长是一种抑制作用。

此外，荒漠面积与其他气候因子（如蒸散发、最低温度和土壤湿度等）也具有较好的耦合关系。从宏观尺度来看，西北干旱区、青藏高寒区和东部季风区的沙漠面积变化都与相对湿度呈正相关；与蒸散发、最低温度和土壤湿度呈负相关（常茜等，2020）。

2）农业生产

20世纪60年代以来，农业生产和生态修复是人类使区域荒漠生态系统发生剧烈变化的主要因素。20世纪50~70年代由于历史政策因素，对绿洲，以及绿洲与荒漠过渡带植被造成了大面积毁灭性破坏。20世纪80年代以来，在我国法律、法规及政策尚不十分完善的情况下，在加速经济发展的驱动下，荒漠生态系统再度受到人为因素的破坏，如盲目垦荒、不合理的水资源开发和利用、粗放的农业经营模式、过度放牧和樵采等。这些人为因素对自然环境的改造和索取已经严重影响到荒漠生态系统植被的盖度、生产力以及生态系统稳定性，并且极大地改变了该区域自然生态系统的分布格局与面貌。这些人为因素导致2000年以前绿洲与荒漠交错带及内陆河流域荒漠植被急剧退化。21世纪以后，一些区域植被退化趋势有所遏制，这主要是由于国家法制增强、对水资源加强管理与调控、大型植被恢复工程等国家生态保护战略的实施。实践证明，受损植被依靠自然恢复过程非常缓慢甚至无法完成；人工促进植被恢复或植被重建是受损植被恢复的切实有效的方法（李新荣等，2014，2013）。

7.2.4　湿地

1. 现状

我国湿地面积位于亚洲第一位、世界第四位，现在呈现减少趋势。依据《中国沼泽图》（1970年）（王化群，2004）和第二次全国湿地资源调查结果，对全国湿地分布面积进行统计。为增强可比性，对第二次全国湿地资源调查结果进行筛选，选择大于100hm^{2}的湿地斑块进行统计。20世纪70年代全国单块面积大于100hm^{2}的沼泽湿地的总斑块数为5989个，总面积为4444.8×10^4hm^2，2010年全国单块面积大于100hm^{2}的沼泽湿地的总斑块数为17181个，总面积为2085.8×10^4hm^2。近50年间全国沼泽湿地呈破碎减少趋势，共减少2359.0×10^4hm^2，减少率为53.1%。

2. 变化规律

分析三江平原、青藏高原和长江中下游流域三个典型湿地区湿地时空变化可知（图7-3），三江平原湿地面积减少率最高，由243.7×10^4hm^{2}减少为2010年的49.3×10^4hm^2，减少率为79.8%；其次为长江中下游流域，沼泽湿地面积由31.8×10^4hm^2

减少为 2010 年的 $12.0 \times 10^4 \mathrm{hm}^2$，减少率为 62.3%；青藏高原的湿地面积减少率较小，沼泽湿地面积由 $763.6 \times 10^4 \mathrm{hm}^2$ 减少为 2010 年的 $609.1 \times 10^4 \mathrm{hm}^2$，减少率为 20.2%。

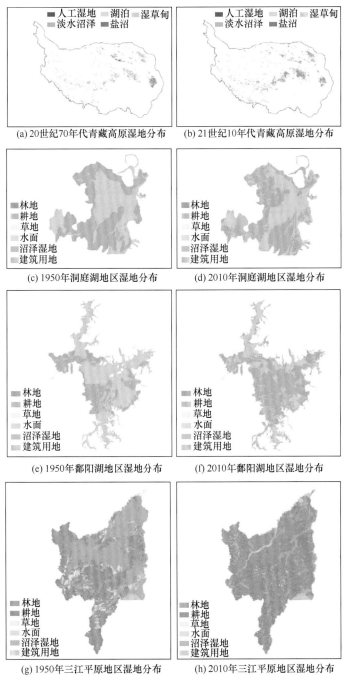

(a) 20世纪70年代青藏高原湿地分布　　(b) 21世纪10年代青藏高原湿地分布

(c) 1950年洞庭湖地区湿地分布　　(d) 2010年洞庭湖地区湿地分布

(e) 1950年鄱阳湖地区湿地分布　　(f) 2010年鄱阳湖地区湿地分布

(g) 1950年三江平原地区湿地分布　　(h) 2010年三江平原地区湿地分布

图 7-3　青藏高原、洞庭湖、鄱阳湖和三江平原地区湿地时空变化

1）青藏高原湿地

20 世纪 70 年代青藏高原湿地总面积为 $1147.9 \times 10^4 hm^2$，占青藏高原总面积的 4.3%，其中，淡水沼泽面积为 $63.0 \times 10^4 hm^2$，湖泊面积为 $384.1 \times 10^4 hm^2$，盐沼面积为 $39.4 \times 10^4 hm^2$，湿草甸面积为 $661.3 \times 10^4 hm^2$。21 世纪 10 年代青藏高原湿地总面积为 $1061.8 \times 10^4 hm^2$，减少率为 7.5%，淡水沼泽面积为 $609.1 \times 10^4 hm^2$，减少率为 20.2%，湖泊面积为 $440.3 \times 10^4 hm^2$，增长了 14.6%，盐沼面积为 $18.6 \times 10^4 hm^2$，减少率为 53.9%，湿草甸面积为 $526.7 \times 10^4 hm^2$，减少率为 15.6%（图 7-3）。柴达木盆地盐沼减少率达到 78.1%。黄河流域和长江流域的淡水沼泽减少率分别为 21.6% 和 82.3%，湿草甸减少率分别为 9.1% 和 6.0%。

青藏高原淡水沼泽的时空分布严格受多年冻土的控制，随着多年冻土的退缩，水位也随之下降，淡水沼泽出现退化（姚檀栋等，2013；张中琼和吴青柏，2012）。融冻泥流、冻胀融沉发育的地区一般是高含冰量冻土区，该冻土区季节性融化层厚度大，冻结速度慢，若有足够的水分补给或储存在细颗粒土上，则产生较大的水分迁移，从而产生严重的冻胀作用，即具有冬季强冻胀、夏季强融沉的特点。其破坏作用强烈，致使植被和土壤受到极大的破坏，季节性冻土的活动层厚度增大，水位下降，致使植被退化、土壤沙化。随着多年冻土活动层厚度的增大，植被逆向演替也就越明显（郭金停等，2017）。研究表明，淡水沼泽发育的地区，季节性冻土的活动层厚度一般都小于 1m，如长江源区淡水沼泽分布面积最广的当曲流域，属低温稳定或基本稳定的多年冻土区，季节性融化层都小于 1m，且存在双向冻结现象，冻结速度快，水分迁移较小，冻胀相对较轻，植被土壤破坏较轻，季节性的活动层较薄，土壤湿润，极有利于高寒沼泽草甸的生长（杜际增等，2015）。近年来气候变暖，造成青藏高原湖泊面积快速增长，20 世纪 70 代至 21 世纪 10 年代共新形成湖泊 474 个，总面积为 $10.56 \times 10^4 hm^2$，其中 75.3% 分布于羌塘高原（Xue et al.，2018）。

2）长江中下游湿地

长江中下游湿地以洞庭湖和鄱阳湖地区湿地为代表进行分析。其中，洞庭湖地区近 60 年土地利用类型空间分布图如图 7-3 所示。60 年间洞庭湖地区的土地利用类型发生了显著变化，沼泽湿地、草地和林地面积逐渐减少。1950 年，洞庭湖湖泊面积为 $12 \times 10^4 hm^2$，沼泽湿地面积为 $10.03 \times 10^4 hm^2$；2010 年，湖泊面积为 $10.09 \times 10^4 hm^2$，沼泽湿地面积为 $4.63 \times 10^4 hm^2$。1950~2010 年，湖泊总面积减少 $1.91 \times 10^4 hm^2$，减少率为 15.92%，沼泽湿地总面积减少了 $5.4 \times 10^4 hm^2$，减少率为 53.84%。过度围湖垦殖成为洞庭湖湖面萎缩的主要原因，围湖垦殖与非气候因素驱动的土地利用变化密切相关（黄维和王为东，2016；贾慧聪等，2014；杨利等，2013）。

鄱阳湖地区 1950~2010 年土地利用类型空间分布图如图 7-3 所示。1950 年，鄱阳湖区湖泊面积为 $30.06 \times 10^4 hm^2$，沼泽湿地面积为 $8.71 \times 10^4 hm^2$；2010 年，湖泊面积为 $18.38 \times 10^4 hm^2$，沼泽湿地面积为 $13.22 \times 10^4 hm^2$。1950~2010 年，湖泊总面积减少 $11.68 \times 10^4 hm^2$，减少率为 38.86%，沼泽湿地总面积增加 $4.51 \times 10^4 hm^2$，增长率为 51.78%。1985~2005 年，水田面积呈现先增加后减少的趋势，这可能与 1998 年后"平垸行洪、退田还湖"工程有关，其导致鄱阳湖蓄洪面积和蓄洪容积大幅增加，使鄱阳湖湖泊面积先减少后增加（胡振鹏等，2015；张萌等，2013）。

3）三江平原湿地

近 60 年三江平原沼泽湿地面积呈持续减少的趋势，1950~2010 年湿地面积减少了 $306.1 \times 10^4 hm^2$，其中 1950~1986 年降幅较大，而 1986~2010 年降幅相对较小。耕地面积增加了 $418.6 \times 10^4 hm^2$，比重由 1950 年的 15.8% 增加到 2010 年的 54.2%，呈持续增长的趋势，其中 1950~1980 年增幅较大，而 1980~2010 年增幅较小。沼泽湿地面积降幅较大的地区主要集中分布在三江平原的东北部和东南部（图 7-3）。农业开垦、湿地排水等非人为影响对沼泽湿地退化起主导作用，不但导致该区已有湿地发生缩减、退化，还干扰新的湿地自然形成与演替（薛振山等，2015）。

3. 驱动机制

气候变化能够显著影响湿地的水文情势，诱发侵蚀并改变湿地沉积速率，导致湿地景观面积的动态变化，其成为控制湿地面积扩张与萎缩的主要因素（孟焕等，2016；张仲胜等，2015）。气候变化通过气温增高、降水量变化对湿地生态系统产生影响。湿地面积一般与气温和降水量分别呈负相关和正相关关系，然而在不同的地区，由于湿地水源补给方式的不同，气候变化对不同地区湿地面积的消长影响迥异。干旱半干旱地区的湿地对全球变暖极为敏感。例如，扎龙湿地，1979~2006 年沼泽湿地面积减小，是在一定程度上对气候向暖干方向发展的响应（李亚芳等，2016；沃晓棠等，2014）。松嫩平原嫩江下游地区的莫莫格湿地，由于 1999~2001 年连续 3 年的干旱，以及上游水库的修建和不合理抽取地下水，湿地地表已经完全干涸，地下水位从 3~5m 下降到 12m 左右，大片的芦苇、苔草湿地退化为碱蓬湿地甚至盐碱地（崔桢等，2016；李惠芳和章光新，2013）。类似的情况也出现在柴达木盆地，中西部湿地萎缩，而边缘地区湿地面积略微增加（张继承等，2007）。全球气候变化通过蒸散、水汽输送、径流等环节引起水资源在时空上的重新分布，导致大气降水的形式和量发生变化，使地表水或地下水位产生波动，从而对湿地水文过程产生深刻的影响，主要表现在两个方面：第一，加速大气环流和水文循环过程，通过干旱、暴风雨、洪水等极端事件的发生影响湿地的水能收支平衡，进而影响湿地的水循环过程；第二，气温升高或因此导致的干旱增加社会和农业的用水需求，从而更多地挤占湿地用水，间接地导致湿地水资源短缺，从而改变湿地的蒸散、水位、周期等水文过程（Dong et al.，2017）。

7.3　陆地植被覆盖

7.3.1　现状

随着对地观测技术的不断发展，卫星遥感技术已经成为研究全球和区域植被覆盖变化的重要研究手段。常用的表征植被生长变化的遥感指数包括：归一化差值植被指数（normalized difference vegetation index，NDVI）、增强型植被指数（enhanced vegetation index，EVI）和叶面积指数（leaf area index，LAI）等。其中，NDVI 定义为近红外波段与可见光红光波段反射率之差和这两个波段反射率之和的比值，是表征植被生长状态和植被空间分布密度较为理想的指示因子（Tucker，1979）。在湿润条件下的高植被覆盖区，EVI 指数比 NDVI 指数更能准确地反映植被的生长变化（Huete et al.，2002）。LAI 是指单位面积上植被总叶面积与地面面积的比值，是描述植被冠层结构最基本的参量（Chen and Cihlar，1996）。

我国陆地生态系统植被 NDVI 介于 0.6~0.8 的区域所占比例高达 48.80%，远高于 NDVI 值介于 0.1~0.3 的区域（20.17%），而值域在 0.3~0.5 的区域共占 25.33%。这种空间分布形式说明我国高植被覆盖与低植被覆盖区域差异显著（刘宪锋等，2015）。在空间格局上，不同的遥感植被指数数据均表明从西向东中国植被的覆盖度逐渐增加（图 7-4）。受温度和降水的综合作用，空间上从南部沿海地区的最大叶面积指数 >5 m²/m² 向内陆西北方向逐渐递减，直到新疆塔里木盆地荒漠植被区达到最低值，整体呈东南和东北高、西北低的空间格局。高值区主要分布在东北地区、华中和华南地区以及东南沿海等地，这些地区整体降水充沛；低值区主要分布在内蒙古中西部、新疆大部分地区以及青藏高原中西部，这些地区气候以干旱或高寒为主（图 7-4）。

中国区域不同植被类型（森林、草地、灌丛、农田、湿地和荒漠）的 LAI 分布密度如图 7-5 所示，森林植被的 LAI 最大（约为 3.2 m²/m²），荒漠植被的 LAI 最小（约为 0.1m²/m²），大致规律为：森林 > 灌丛 > 湿地 > 农田 > 草地 > 荒漠。对于不同的森林类型，针叶林和阔叶林的植被指数相对较为一致，LAI 的平均值约为 2.9 m²/m²。相比之下，混交林的植被指数大于前两者，平均 LAI 约为 3.4 m²/m²。

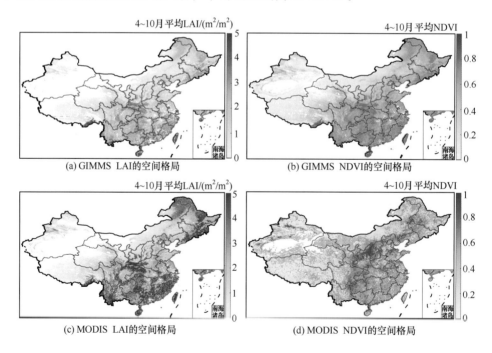

(a) GIMMS LAI的空间格局　　　　　　　(b) GIMMS NDVI的空间格局

(c) MODIS LAI的空间格局　　　　　　　(d) MODIS NDVI的空间格局

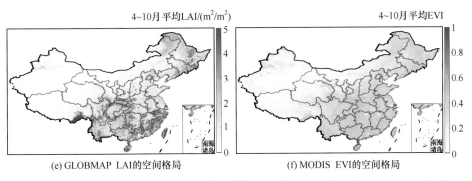

图 7-4 2000~2016 年中国植被生长季（4~10 月）平均 LAI[（a）、（c）、（e）]、NDVI[（b）、（d）] 和 EVI（f）的空间格局

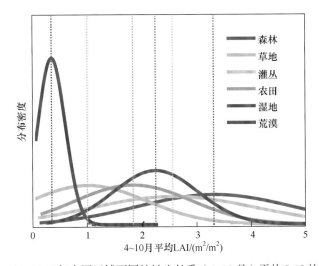

图 7-5 2000~2016 年中国区域不同植被生长季（4~10 月）平均 LAI 的分布密度

7.3.2 变化特征

在国家尺度上，基于全球 LAI 数据研究发现，中国陆地 65.6% 表现为变绿的趋势，远超世界平均面积 34.1%（Chen et al.，2019）。2000~2017 年中国植被叶面积增加 17.8%（约 $1.3 \times 10^6 km^2$），贡献了全球 25% 的叶面积增加量，位居世界第一位（Chen et al.，2019）。不同卫星传感器的多种植被指数产品（LAI、NDVI 和 EVI）结果表明，2000~2016 年中国植被覆盖的增加趋势要大于 1982~1999 年的增加趋势（图 7-6）。这一结果更新了之前对于中国植被覆盖变化的认识，揭示了 2000 年后中国加速变绿这一观测事实。对比 2000 年前后季节植被指数的变化趋势可以发现，生长季前期（4~5 月）和后期（9~10 月）的趋势变化并不明显，然而生长季中期（6~8 月）植被指数的趋势在 2000~2016 年有明显的增大，这也意味着中国植被的最大光合作用能力进一步增加。

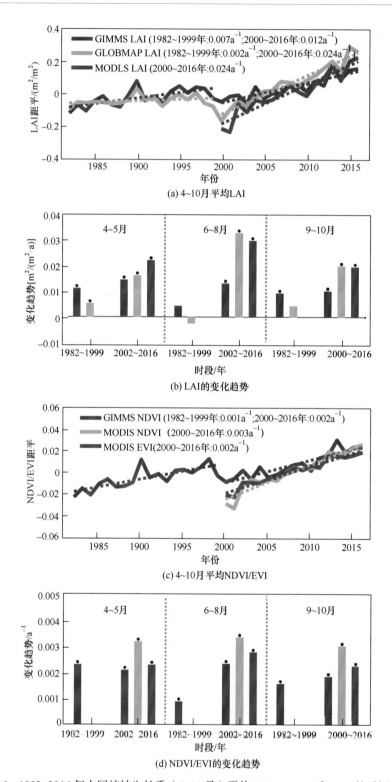

图 7-6　1982~2016 年中国植被生长季（4~10 月）平均 LAI、NDVI 和 EVI 的时间变化

　　中国植被覆盖变化表现出明显的空间差异性。1982 年以来，中国中部、南部、西藏中西部以及新疆准噶尔盆地等地区植被 NDVI 值呈现显著增加趋势，其中，中部和南部平均增速最大，超过 $0.002a^{-1}$（Niu et al.，2019；刘宪锋等，2015；Li et al.，2015；Peng et al.，2011）。而高纬度北方地区（内蒙古东部和东北地区）则基本无变化，这与该区域 20 世纪 90 年代（增加）和 21 世纪初早期（下降）NDVI 相反的趋势抵消有关，总体上该区域 NDVI 平均变化处在 −0.001~0.001（Peng et al.，2011）。LAI 分析结果表明，1982~2009 年中国东部地区的变绿趋势要明显大于西部地区，中国变绿最快的区域主要分布在西南地区和华北平原区，其生长季 LAI 平均增加速率超过 $0.02m^2/（m^2·a）$（Piao et al.，2015b）。青藏高原大部分地区的植被覆盖变化并不显著。而 LAI 显著降低区域主要发生在内蒙古东北部，包括锡林郭勒和大兴安岭部分地区。另外，长江三角洲地区和珠江三角洲地区也都呈现 LAI 降低趋势（Piao et al.，2015b）。

　　对于不同植被类型，1982 年以来，除荒漠地区外，其他主要生态系统，包括常绿阔叶林、常绿针叶林、落叶针叶林、灌木、草地高寒草甸和苔原以及农田系统生长季 NDVI 都呈显著增加趋势。荒漠系统生长季 NDVI 变化在 1993 年发生明显转变，1993 年之前明显增加，之后降低。对于森林生态系统，不同遥感植被指数表明，大部分森林覆盖呈现显著增加趋势，其中针叶林和阔叶林的增加趋势大于混交林的增加趋势，2000~2017 年森林生态系统植被覆盖对中国陆地变绿的贡献超过 42%（Chen et al.，2019）。草地覆盖度总体呈上升趋势，Peng 等（2011）研究表明，1982~1999 年，中国草地 NDVI 平均每年增加 0.0011；但是，1999~2010 年，中国草地 NDVI 的增加趋势不显著（$0.0005a^{-1}$），这表明草地生长的增加趋势在逐渐变缓。不同遥感植被指数数据均表明，2000~2016 年草地植被覆盖的增加趋势相对较小，仅大于荒漠植被（图 7-7）。此外，灌丛和农田地区的植被覆盖在 2000~2016 年基本呈现显著增加趋势，并且其趋势大小要大于其他植被类型，其中农田对中国变绿贡献达 32%（Chen et al.，2019）。

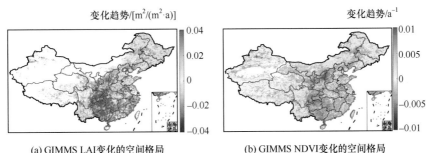

(a) GIMMS LAI变化的空间格局　　　　(b) GIMMS NDVI变化的空间格局

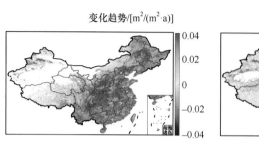

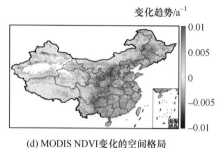

(c) MODIS LAI变化的空间格局   (d) MODIS NDVI变化的空间格局

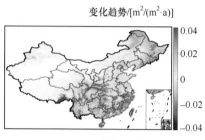

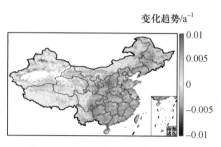

(e) GLOBMAP LAI变化的空间格局   (f) MODIS EVI 变化的空间格局

图 7-7　2000~2016 年中国植被生长季（4~10 月）平均 LAI[（a）、（c）、（e）]、NDVI[（b）、（d）]
和 EVI（f）变化的空间格局

7.3.3　驱动机制

大气 CO_2 浓度升高对中国植被覆盖变化的影响。大气 CO_2 浓度升高是 1982~2009 年中国陆地变绿（即 LAI 升高）的主导因子，其贡献率达 85%（Piao et al.，2015a）。1982~2009 年对全球植被 LAI 变化的驱动机制分析也得到类似结果。例如，在中国东北和中部地区，CO_2 增加是植被变绿的主导因子（Zhu et al.，2016）（图 7-8）。就不同植被类型而言，CO_2 对植被变绿的贡献存在差异，总体规律为：森林 > 灌丛 > 农田 > 草地，CO_2 对草地 LAI 增加贡献较弱的原因可能是草地植被受水分限制最为严重，导致 CO_2 的施肥效果较弱（Zhu et al.，2016）（图 7-8）。

气候变化对中国植被覆盖变化的影响。气候变化是除了大气 CO_2 浓度升高以外影响中国植被覆盖变化的第二大影响因子（Piao et al.，2015b），由气候主导植被覆盖变化的地区有青海、西藏、内蒙古、云南、山东、江苏和安徽。由于水热条件的差异，影响植被覆盖变化的主导因子具有明显的空间异质性。例如，在北方干旱半干旱地区，降水与植被指数的年际波动呈显著正相关，而在中国南方大部分地区，温度则是植被指数变化的主导气候因子（Gao et al.，2017）。由于模型尚存在不确定性，在国家尺度上，不同模型对于气候变化（包括气温升高和降水改变的共同作用）对植被覆盖是正效应还是负效应的模拟结果并不一致。但在华北和内蒙古地区，所有模型均发现过去 30 年气候变化导致该区域植被覆盖度下降，其原因可能是气温增加导致华北与内蒙古地区的干旱程度加剧，从而使植被生长受到抑制。相反，在青藏高原，所有模型模拟结果表明，气候变化促进了该区域植被覆盖度的增加，其原因可能是该区域植物生长

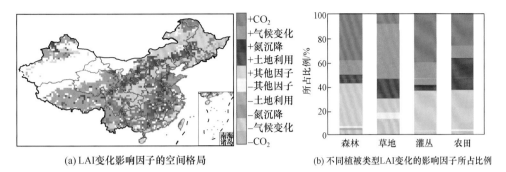

(a) LAI变化影响因子的空间格局　　　　(b) 不同植被类型LAI变化的影响因子所占比例

图 7-8　1982~2009 年中国植被 LAI 变化主要影响因子的空间格局和所占比例（Zhu et al.，2016）

驱动因子的前缀为"+"表示驱动因子变化对植被 LAI 产生正面效应（增加）；驱动因子的前缀为"−"表示驱动因子变化对植被 LAI 产生负面效应（减小）

受到低温的限制，而气温增加则能缓解温度的限制从而促进植物生长。值得指出的是，气候变暖导致青藏高原冻土活动层深度增加和最大冻结深度降低（Li et al.，2019）。青藏高原冻土退化会致使地下水位降低、土壤碳氮含量降低等，因此高寒植被退化潜在风险增加（王根绪等，2006；Chang et al.，2018）。就不同植被类型比较而言，气候变化对森林植被覆盖变化的贡献最大，对草地的贡献最小，总体贡献大小规律为：森林 > 灌丛 > 农田 > 草地。

　　土地利用变化对中国植被覆盖变化的影响。为减少土壤流失、缓解大气污染和气候变化，中国政府在我国北方地区实施了大范围的生态治理工程，主要包括三北工程、退耕还林工程、京津风沙源治理工程以及三江源水土治理工程等。研究表明，自 1999 年以来，中国北方植被叶面积指数、植被覆盖度和生物量显著增加的区域与生态工程的实施区域高度吻合，其中黄土高原地区植被生长增长最为明显（高信度）。从省份来看，陕西、辽宁、山西、河北和北京等地区的植被覆盖度具有较大幅度的增长（Niu et al.，2019）。天然林面积的扩张和植树造林活动使得我国森林面积以每 10 年 19% 的速度在增加（Chen et al.，2019；Tong et al.，2018；Wang Q F et al.，2018），值得关注的是，其中约 1/3（$2.08 \times 10^6 \mathrm{km}^2$）为迅速生长的幼龄林（Zhang et al.，2017），未来这些植被再生长带来的叶面积指数增加仍具有很大的潜力。对于农田生态系统，人为因素是中国主要农田分布区变绿的重要原因，如增加复播（Ray and Foley，2013）和农业集约化（施肥，灌溉）（Lu et al.，2018；Mueller et al.，2012）等。从以上分析可以看出，土地利用变化正在成为地球变绿的直接和主要驱动因子（Park et al.，2016；Vickers et al.，2016；Xu et al.，2013）。值得指出的是，在森林和农田生态系统类型中，有些地区的植被变绿并没有得到解释，这些可能跟模型没有考虑森林再生长、农田复播、施肥灌溉、城市化进程等人为因素的影响有关。

　　大气氮沉降变化对中国植被覆盖变化的影响。研究报道称，中国的氮沉降量在过去 30 年增加了近 60%，是世界上氮沉降最严重的三个地区之一（Liu X J et al.，2013）。氮沉降在中国南方地区对植被生长的施肥效应明显高于北方地区，这与中国氮沉降量的空间分布一致，南方地区在过去 30 年经历了显著的氮沉降，氮沉降速率大于 20kg/

（hm² · a）（Jia et al.，2014），南方地区如此快速的氮沉降量能增加陆地生态系统净碳吸收（Yu et al.，2014）。但是，在国家尺度上，氮沉降变化并不是中国植被覆盖增加的显著贡献因子（Xiao et al.，2015）。

7.4 物　候

7.4.1 现状

中国疆域辽阔、物种丰富，兼具复杂多样的地形与气候条件。这些因素空间分布的异质性使植被物候形成了独特的地理格局。基于地面观测资料的研究结果表明，在中国中部和东部地区，20 世纪 80 年代以来春季主要物候期具有明显的纬度和海拔地带性，平均纬度每向北移动 1°，海拔每上升 100m，春季物候分别推迟 2.8 天和 1.1 天（郑景云等，2003）。然而，地面观测站点数量的不足给中国植被物候及其地理格局的研究带来了一定的挑战。遥感技术的发展为景观或更大尺度上的中国植被物候研究提供了新的视角。基于遥感数据的研究同样发现，中国植被生长季开始日期（start of growing season，SOS）在纬度和海拔方向上具有明显分异。在中国温带地区（北纬 30° 以北地区），植被 SOS 普遍发生在 3 月末到 7 月初之间，自青藏高原向东部地区延伸，随着海拔的下降，植被 SOS 从 5 月提前到了 3 月；而从中国中部向东北部地区延伸，植被 SOS 则随着纬度的上升而延迟（Cong et al.，2012）。基于最新版本的 GIMMS（global inventory modeling and mapping studies）植被指数的研究结果表明，1982~2011 年，中国植被 SOS 较早的地区主要分布在纬度和海拔较低的陕西南部、四川东北部、河南西南部和湖北西部等地区（早于 100 天）；而 SOS 较晚的地区大多位于内蒙古东部、大兴安岭、小兴安岭等高纬度地区（晚于 110 天）以及青藏高原中部和西南部（晚于 150 天）等高海拔地区 [图 7-9（a）]。需要注意的是，青藏高原这一独特地形的存在使中国低纬度地区 SOS 显著晚于高纬度地区，平均纬度每向北移动 1°，SOS 提早 0.81 天 [图 7-9（b）]。这也意味着有限的地面观测难以准确刻画复杂地形条件下植被物候沿纬度方向的分布格局。然而，与郑景云等（2003）的结论一致的是，中国植被 SOS 的空间格局与中国地形的三大阶梯大体上保持一致，自东向西，海拔越高，SOS 越晚 [平均 1d/100m，图 7-9（c）]。

有关中国植被秋季物候空间分布格局的研究相对匮乏，且依赖于遥感数据。中国温带地区植被生长季结束日期（end of growing season，EOS）的空间异质性较 SOS 小，在大部分地区，EOS 发生在 9 月初到 10 月末之间（Liu et al.，2016；Yang et al.，2015）。其中，EOS 较早的地区大多分布在高纬度（如东北部地区）或者高海拔（如青藏高原地区）地区，而 EOS 较晚的地区（仅 5%）零星分布在陕西南部、湖北西北部等地区和天山以北的绿洲 [图 7-9（d）]。总体上，中国温带地区植被 EOS 在低纬度地区明显晚于高纬度地区，纬度每增加 1°，EOS 平均早 0.27 天 [图 7-9（e）]。类似地，海拔越高，EOS 越早，但变化幅度小于 SOS。海拔每上升 100m，EOS 平均早 0.2 天 [图 7-9（c）和图 7-9（f）]。

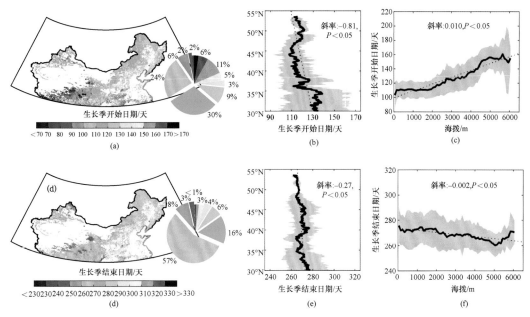

图 7-9　1982~2011 年中国温带地区植被生长季开始和结束日期的空间分布格局

其中，生长季开始和结束日期基于 4 种物候提取算法分别提取自最新版本的 GIMMS 植被指数，并求平均 [据 Liu 等（2016）改编]。（a）~（c）分别表示中国温带地区（北纬 30° 以北地区）植被生长季开始日期（SOS）的空间分布格局、生长季开始日期在纬度和海拔方向上的分布。（d）~（f）与（a）~（c）类似，展示的是植被生长季结束日期（EOS）的分布格局。图中，(b)/(c) 和 (e)/(f) 中的黑色实线表示的是生长季开始和结束日期在纬度 / 海拔方向的平均值，而灰色阴影表示相应的标准差。为了避免受到非植被覆盖和人为管理的干扰，（a）和（d）去掉了多年平均归一化差值植被指数小于 0.1 的地区和耕地 [基于 1 : 1000000 植被类型图 [侯学煜，2001]]

就植被类型而言，中国温带地区草地植被 SOS 普遍晚于森林植被（Cong et al.，2012）。草地植被 SOS 也存在较大的空间变异，内蒙古、青藏高原西南部的草原 SOS 总体上早于青藏高原东部以及零星分布在内蒙古东部、黑龙江和新疆塔里木盆地以北等地区的草甸 [图 7-9（a）]。此外，植被 EOS 在不同类型植被之间的差异较小 [图 7-9（d）]。尽管如此，分布在东北三省和中部地区的落叶针叶林与青藏高原东部地区的草甸 EOS 较早，而内蒙古地区草地 EOS 显著晚于青藏高原（Liu et al.，2016）。

7.4.2　变化特征

国内学者通过站点记录、遥感数据和物候模型等多种手段解读中国植被物候的时间动态，发现 20 世纪 80 年代初以来，中国植被物候表现出与北半球中高纬度地区相似的变化特征，即植被 SOS 显著提前，EOS 总体上延迟（高信度），在空间和植被类型上具有明显分异。

不同的研究在区域和时段上的选择各有侧重，然而它们的结论一致认为植被 SOS 提前是过去 30 年间在中国普遍发生的现象（高信度）。基于遥感数据的研究指出，1982~1999 年，中国温带植被 SOS 显著提前（$P < 0.05$），平均每年提前 0.79 天（Piao et al.，2006）。后续的研究将研究时段拓展到了 2010 年前后，发现中国温带地区（北纬 30° 以北地区）植被 SOS 仍在提前，尽管变化速率有所下降 [0.13 ± 0.06d/a（Cong et al., 2013）；0.14±0.42d/a，图 7-10（a）]。不仅如此，中国植被 SOS 提前这一基于遥感观测的事实还得到了多种观测资料的佐证。例如，Ma 和 Zhou（2012）综合站点观测、荟萃分析、遥感数据和物候模型的研究指出，自 20 世纪 80 年代初期以来，伴随着春季气候变暖，中国植被 SOS 展现出明显的提前趋势（0.29±0.23d/a）。此外，基于国内站点观测的荟萃分析进一步表明中国植被 SOS 提前是一种长期的变化趋势，在更长的时间跨度内（1960~2011 年），绝大部分（90.8%）的春季物候观测序列呈提前趋势，平均每年提前 0.28 天（Ge et al., 2015）。

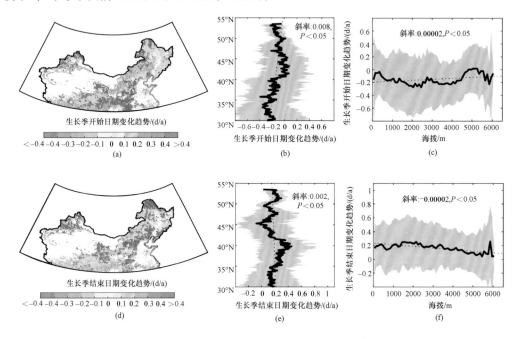

图 7-10　1982~2011 年中国温带地区植被生长季开始和结束日期的变化趋势

其中，生长季开始和结束日期基于 4 种物候提取算法分别提取自最新版本的 GIMMS 植被指数，并求平均 [据 Liu 等（2016）改编]。（a）~（c）分别表示中国温带地区（北纬 30° 以北地区）植被生长季开始日期（SOS）变化趋势的空间分布格局、在纬度和海拔方向上的分布。（d）~（f）与（a）~（c）类似，展示的是植被生长季结束日期（EOS）变化趋势的分布格局。（b）/（c）和（e）/（f）中的黑色实线表示的是生长季开始和结束日期变化趋势在纬度 / 海拔方向的平均值，而灰色阴影表示相应的标准差。（a）和（d）中的黑色点表示在该区域，生长季开始和结束日期的变化趋势在 0.05 水平下显著。此外，为了避免受到非植被覆盖和人为管理的干扰，（a）和（d）去掉了多年平均归一化差值植被指数小于 0.1 的地区和耕地 [基于 1：1000000 植被类型图（侯学煜，2001）]

另外，中国植被春季物候的变化趋势在空间上存在明显差异。1982~2011 年，中国温带地区植被 SOS 在 66% 的地区呈现出提前的趋势 [图 7-10（a）]。其中，显著提前的地区（约 24%，P< 0.05）主要分布在大兴安岭地区、内蒙古东北部、青藏高原的东部、四川西北地区、山西、陕西、湖北西北部以及新疆塔克拉玛干沙漠周围零散的绿洲地区。SOS 推迟的区域占 35%（显著延迟的比例仅为 6%）。尽管黑龙江、吉林、内蒙古东部以及青藏高原西南部地区 SOS 出现推迟，但趋势并不显著（P > 0.05）。总的来说，低纬度地区 SOS 提前的趋势要大于高纬度地区，且随着纬度的增加，SOS 的提

前趋势显著减小 [图 7-10（b）]。另外，SOS 提前的趋势随着海拔的增加而减小，但这种差异很小 [图 7-10（c）]。

中国植被春季物候的变化趋势在植被类型之间不尽相同。整体上，森林植被相对于草地有更为明显的 SOS 提前趋势（Cong et al.，2013；Ma and Zhou，2012）。这与草地植被 SOS 变化趋势的空间异质性有关。内蒙古东北部大兴安岭以西、陕西南部和新疆天山以北地区（占整个草原植被面积的 60%）的草原植被 SOS 提前（约有 21% 显著提前），青藏高原东部和四川西北部地区的草甸植被 SOS 也有大部分（68%）提前。不同的是，内蒙古东南部、青藏高原西南部等地区的草原植被 SOS 则展现出相反的变化趋势 [图 7-10（a）]。

当前的研究较少关注中国植被秋季物候的时间动态。从已有的研究来看，中国植被 EOS 总体上呈延迟趋势（高信度）。20 世纪 80~90 年代，中国温带植被 EOS 显著推迟（0.37d/a，$P < 0.05$），但变化速率不足同时期 SOS 的一半（Piao et al.，2006）。后续研究指出，1982~2011 年，中国温带地区植被 EOS 的延迟趋势约减小到了 0.12 天（Liu et al.，2016；Yang et al.，2015）。此外，基于最新版本 GIMMS 植被指数的研究更新了上述发现，认为 1982~2011 年中国温带地区植被 EOS 平均每年推迟 0.17 ± 0.34 天，这一趋势与同时期 SOS 的变化速率相近 [图 7-10（d）]。

在中国温带地区，1982~2011 年，74% 的地区 EOS 呈延迟趋势。其中，显著延迟的地区占 28%，主要分布在大兴安岭、小兴安岭、长白山地区、河北北部、山西北部、陕西东南部、青藏高原东北部和新疆塔克拉玛干沙漠以北地区。EOS 提前的地区主要分布在内蒙古东南部，其余的零散分布在青藏高原南部和新疆北部等地区，但变化趋势不显著（$P > 0.05$，EOS 显著提前的地区仅占 3%）。与 SOS 类似，EOS 的延迟趋势随着纬度和海拔的增加而显著减小 [图 7-10（e）和图 7-10（f）]。

就植被类型而言，中国植被 EOS 的延迟趋势在温带森林中尤为明显（>73%），特别是分布在东北三省的落叶针叶林和长白山地区的落叶阔叶林 [图 7-10（d）]。总体上，草地 EOS 呈推迟趋势，但在干旱 / 半干旱的内蒙古地区，草地 EOS 表现出了提前的趋势（Liu et al.，2016）。

总的来说，基于遥感数据的结论与基于气象资料（Xia and Yan，2014）和站点记录（Ge et al.，2015）的研究相吻合。这意味着 20 世纪 80 年代初以来中国植被物候的变化趋势在空间和植被类型上存在明显差异，但总体上 SOS 提前、EOS 延迟的趋势是可信的。

7.4.3　驱动机制

温度通常被认为是驱动植被春季物候变化的主导因子，气候变暖会促使春季物候提前（Cleland et al.，2007）。相对于春季物候，前人的研究对植被秋季物候驱动机制的关注较少且不充分（Richardson et al.，2012），除了温度，辐射（Liu et al.，2016）、养分（Estiarte and Peñuelas，2015）、干旱（Xie et al.，2015）等诸多因素都会影响植被秋季休眠的过程。目前，国内的研究大多围绕温度、降水和辐射三个因子来探讨区域尺度上气候变化对中国植被物候的影响。

来自站点记录和遥感数据的研究均认为中国植被春季物候提前与气候变暖密切相关。温度每上升 1℃，中国温带地区植被 SOS 平均提前 7.5 天（Piao et al.，2006）。然而，不同地区和不同类型植被的 SOS 对温度的响应存在明显差异。对应于 1℃增温，中国北方温带森林植被展叶期平均提前 3~4 天（Chen and Xu，2012），而青藏高原草地 SOS 平均提前 4.1 天（Piao et al.，2011b）。在返青期，相较于白天温度，夜间温度年际变化对青藏高原植被 SOS 的影响更明显（Shen et al.，2016）。不同于春季，冬季变暖对青藏高原植被春季物候的影响仍存在争议。有研究表明，21 世纪初以来，青藏高原冬季快速增温导致冬季低温累积量不足，造成春季植被展叶期对积温的需求量上升，进而减弱了春季增温对青藏高原草地 SOS 提前的贡献（Yu et al.，2010）。然而，一些研究对此观点持保留意见，认为 2000 年以来，青藏高原草地 SOS 提前趋势的减缓可能与当地降水减少（Shen et al.，2015）、植被退化和土壤冻融过程（Chen et al.，2011）等诸多因素有关。另有研究认为，青藏高原冬季漫长且温度较低，在冬季变暖的情况下，植被对低温的需求仍有可能得到满足（Cong et al.，2017）。

此外，温度对中国植被 EOS 的影响因地区和植被类型而异。例如，对于中国东北、中部地区的森林和青藏高原东南部的草甸，夏秋两季增温是导致 EOS 推迟的主要原因（Liu et al.，2016）。夏秋两季增温不仅可以增强与光合作用有关的酶的活性、减缓叶片中叶绿素降解的速率（Fracheboud et al.，2009），还可以在一定程度上推迟秋季霜冻天气出现的日期（Schwartz，2003）。然而，在干旱/半干旱的内蒙古草地，夏/秋季高温则会加剧水分亏缺，从而使植被 EOS 提前（陈效逑和李倞，2009）。

除了温度，在一些地区，降水的改变也会对植被物候产生明显的影响。例如，在内蒙古中部和西部干旱/半干旱地区，草地物候变化主要受到水分条件的控制，冬春两季和夏秋两季降水减少造成的水分胁迫分别促使 SOS 延迟（Liu H et al.，2013）、EOS 提前（Liu et al.，2016）。然而，在相对湿润的内蒙古东北部和东部地区，温度则成为草地物候的年际变化的主导因子（陈效逑和李倞，2009）。此外，在青藏高原西南部和高海拔地区，印度季风减弱导致的春季降水下降是该地区 21 世纪初期以来植被 SOS 推迟的主要因素（Shen et al.，2014）。在青藏高原东部和南部，草本植被 SOS 的因子取决于当地的海拔和冬季降雪（Chen et al.，2015）。在低海拔且降雪较少的地区，温度起主导作用，然而在高海拔且降雪较多的地区，春季积雪融化引起土壤水分和温度变化，进而对植被 SOS 产生显著影响。与 SOS 不同的是，青藏高原草原和草甸植被 EOS 与夏秋两季降水的关系较弱，由此可见，降水并不是导致该地区植被 EOS 推迟的主要因素（Liu et al.，2016）。

相对于温度和降水，国内的研究较少关注辐射对植被物候的影响。然而，辐射对于中国温带森林植被 EOS 的影响却不能忽视。据 Liu 等（2016）的研究，对于中国东北的落叶针叶林、落叶阔叶林和针阔混交林而言，夏秋两季辐射增加趋向于使植被 EOS 推迟。特别是对于大兴安岭地区的落叶针叶林，辐射的影响甚至超出了温度，辐射是该类型植被 EOS 变化的主导因子。

7.5　总初级生产力

7.5.1　现状

许多研究利用统计模型、遥感数据驱动的过程模型、生态系统过程模型和机器学习模型对中国陆地生态系统总初级生产力（gross primary productivity，GPP）进行了估算。20 世纪 90 年代初期，我国学者就开始发展和利用统计模型研究陆地 GPP 的空间分布及其环境调控过程。最早利用生态系统过程模型给出整个国家陆地植被 GPP 为 7.31Pg C/a（表 7-3）（Xiao et al.，1998），随后利用统计模型和遥感数据驱动的过程模型得出估算结果分别为 7.44Pg C/a 和 5.29Pg C/a（表 7-3）（孙睿和朱启疆，2000）。之后 20 年来，不同学者利用更新的数据和方法估算中国陆地 GPP，平均值为 6.37 ± 1.93Pg C/a（表 7-3），占全球陆地 GPP 的 4.90%~6.29%（Yuan et al.，2010），单位面积 GPP 平均值为 835 g C/（$m^2 \cdot a$），高于全球平均水平 [659 g C/（$m^2 \cdot a$）]（Li et al.，2013）。

表 7-3　中国陆地生态系统植被总初级生产力估算

模型	GPP/（Pg C/a）	研究时段 / 年	参考文献
统计模型			
Miami	7.44	1992	孙睿和朱启疆，2000[①]
遥感模型			
CASA	5.29	1992	孙睿和朱启疆，2000[①]
CASA	5.22	1982~2010	Liang et al.，2015[①]
MOD17	7.46	2000~2012	Wang et al.，2017
EC-LUE	5.38	2000~2009	Yuan et al.，2010
EC-LUE	6.04	2000~2009	Li et al.，2013
VPM	5.00	2006~2008	Chen et al.，2015
生态系统过程模型			
TEM	7.31	1993~1996	Xiao et al.，1998
Five Models	7.97	1982~2010	Li et al.，2016
TRENDY	4.95~9.65	1982~2015	Yao et al.，2018b
机器学习模型			
Multiple Regression	7.51	2001~2010	Zhu et al.，2014
MTE	6.62	1982~2015	Yao et al.，2018b
平均值	6.37 ± 1.93		

① 研究给出植被净初级生产力（NPP），乘以 2 转换为总初级生产力（GPP）。

在空间分布格局上，受气候、土壤、地形等因素的影响，中国陆地植被 GPP 从东南向西北呈现明显的递减趋势。中国东南部和南部的热带和亚热带地区，如海南、福建、广东、广西、云南、台湾等，由于充沛的降水和热量，主要分布着常绿阔叶林，平均植被 GPP 超过 1500g C/（m² · a）（Li et al.，2013）。在该区域向北和向西的中国中部和东北温带地区，降水和温度逐渐降低，植被 GPP 介于 700~1500g C/（m² · a）。植被 GPP 最低的地区位于中国西北部的干旱和半干旱地区，受水分的限制，植被 GPP 大多低于 700g C/（m² · a）。按照行政区来看，单位面积植被 GPP 最高的省份为台湾、海南和福建等，最低的为新疆、青海和西藏等省份（自治区），最高和最低的两个省份单位植被生产力相差超过 15 倍（Li et al.，2013）。

森林和草地生态系统 GPP 是中国区域植被 GPP 的主体。森林对于整个中国陆地 GPP 的贡献达到 30.79%，单位面积 GPP 是全国平均水平的 1.34 倍（Li et al.，2013）。综合现有的估算结果，中国森林生态系统 GPP 介于 0.72~1.86Pg C/a（Li et al.，2013；Piao et al.，2006），高值区域主要分布在台湾、海南、云南热带和亚热带，以及青藏高原南部等地区。中国草地生态系统受降水和温度的限制，平均 GPP 为 382 g C/（m² · a），是全国平均水平的 45.74%，总 GPP 为 1.42~1.72Pg C/a（Li et al.，2013；Piao et al.，2006）。北方温带草地生态系统是中国草地的主体，从中国东部到西部沿着降水梯度，依次分布着地带性的草甸草原、典型草原、荒漠草原，植被生产力逐渐降低。青藏高原高寒草地生态系统植被 GPP 沿着水分梯度从青藏高原东南向西北逐渐降低，介于 82~1400g C/（m² · a），平均值为 312~360g C/（m² · a）（Ma et al.，2018）。荒漠生态系统植被 GPP 平均值为 73.20g C/（m² · a），是全国平均值的 20%，全国荒漠植被 GPP 为 0.06Pg C/a（Piao et al.，2006）。湿地生态系统植被 GPP 平均值为 1332g C/（m² · a），是全国平均值的 1.59 倍，全国湿地植被 GPP 为 0.07Pg C/a（Li et al.，2013）。

7.5.2 变化特征

1982~2015 年，中国陆地植被 GPP 总体上显著增长（高信度），平均增速为 0.02 ± 0.002Pg C/a（Yao et al.，2018b）[图 7-11（a）]。具体而言，在 89.5% 的地区 GPP 呈现增加的趋势，近 60% 的地区增加趋势显著，增幅介于 0~4g C/（m² · a）（Yao et al.，2018b）[图 7-11（b）]。增加的趋势和强度有明显的空间异质性，东南和东北地区的增加强度高于西北地区，最高的增加幅度出现在云南、青藏高原东南部、东北大兴安岭和台湾岛等森林区域。与此同时，中国陆地 10.5% 的地区植被生产力呈现下降趋势，其中显著下降的地区仅为 1.1%，其零星分布在干旱和半干旱的内蒙古北部地区 [图 7-11（b）]，最高下降幅度达到了 4g C/（m² · a）。

就中国森林植被而言，20 世纪 60~80 年代初，全国平均森林植被生产力以 0.035Pg C/a 的速率降低，之后到 20 世纪末，植被生产力以 0.01Pg C/a 的速率增加（Shang et al.，2018），这与森林植被生物量的变化趋势相一致（Fang et al.，2001）。2000 年之后森林植被生产力保持了继续增加的趋势（Liang et al.，2015）。类似于森林植被生产力，中国草地植被生产力从 20 世纪 60 年代以来也出现了先降低后增加的趋势。草地植被生产力从 20 世纪 60 年代的 1.98Pg C/a 降低到 80 年代初的 1.54Pg C/a，之后上升到 20 世纪末的 1.66Pg C/a（Shang et al.，2018）。青藏高原草地生态系统植被

GPP 在 1982~2013 年显著增加，42.29% 的地区增加趋势显著，仅有 2.37% 的区域显著降低，最强的增加幅度出现在青藏高原东南部地区（Ma et al.，2018）。中国南方草地植被生产力 1982~2012 年呈现显著增加的趋势，从 288g C/（m² · a）增加到 323g C/（m² · a）（Yang et al.，2017）。

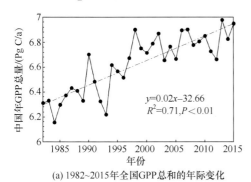
(a) 1982~2015 年全国GPP总和的年际变化

(b) 1982~2015年植被GPP年际变化趋势的空间分布

图 7-11　1982~2015 年中国陆地生态系统植被 GPP 变化趋势（Yao et al.，2018b）.

　　一些研究也发现，从 2000 年左右开始，中国陆地植被生产力的增加趋势减缓，甚至呈现下降的趋势。Li 等（2013）利用 EC-LUE 模型研究后发现，2000~2009 年中国陆地植被 GPP 没有呈现显著的增加趋势。Wang 等（2017）利用 MODIS 植被生产力模型的估算也得出 2000~2012 年，中国陆地植被生产力以 0.004Pg C/a 的速率下降。其中，中国南方地区是 2000 年之后植被生产力下降或停滞增长的主要区域（Wang et al.，2017；Liang et al.，2015）。然而，值得注意的是，关于 2000 年后中国陆地植被生产力增长趋势减缓或下降与同期中国植被覆盖度增加的结论存在一定的矛盾，有必要开展更全面深入的研究，明确中国陆地生态系统在此期间的变化趋势。

7.5.3　驱动机制

　　中国陆地植被生产力长期变化不仅受大气 CO_2 浓度、大气氮沉降、温度、降水、辐射等多种环境因素的影响，同时与林龄、经营方式（如抚育更新等）、生物多样性等生物因子以及土地利用变化密切相关。大气 CO_2 浓度升高所产生的"施肥效应"是过去几十年来植被生产力增加的主要原因。对全球植被生产力的模拟结果表明，大气 CO_2 浓度的升高显著增加了植被生产力，平均每上升 1ppm 导致植被 GPP 增加 0.16%（Piao et al.，2013）。在中国区域的模拟也显示了相近的结果，随着大气 CO_2 浓度上升，植被生产力增加速率介于 0.07%~0.17%（Lu et al.，2012）。此外，中国是大气氮沉降的重要区域之一，20 世纪初大气氮沉降强度急剧上升到目前超过 20kg N /（hm² · a），由此导致植被净初级生产力上升 0.45Pg C/a（Lu et al.，2012），从而进一步促进了陆地生态系统碳汇。

　　气候变化在很大程度上决定着植被生产力的年际波动和长期变化趋势。温度变化在中国陆地 42% 的区域主导了植被生产力的年际变化，降水和辐射分别主导了 31% 和 27% 的区域（Yao et al.，2018b）。温度主导的区域主要分布在华北、华东和西南等地区，这些区域单位植被生产力高，因此就全国平均而言，温度变化解释了全国植被生产力 70% 的年际变化。降水主导的区域主要分布在中国北部和西北干旱和半干旱地区（Yao et al.，2018b）。对于青藏高原高寒草地而言，青藏高原东部的高寒草甸由于水分充沛，其生长主要受制于低温，植被生产力年际变化与温度呈显著正相关关系（Shang et al.，2018），2000~2011 年，气候变暖及其导致的生长季延长促进青藏高原湿地植被 GPP 提高，平均提高速率为 16.32g C/（m^2·a）（Kang et al.，2016）。然而，青藏高原西部和北部降水量少，气候趋于暖干化，水分仍然是决定植被生产力年际变化的主要因素（Wang Q F et al.，2018）。此外，极端干旱事件严重影响中国植被的生产力，如中国东北和华北地区于 1999~2011 年连续 13 年出现了降水低于多年平均值的长期干旱，导致整个区域植被 GPP 降低了 0.05~0.09Pg C/a，其中草地生态系统受到干旱的影响显著高于森林（Yuan et al.，2014）。又如，2013 年 7~8 月中国长江中下游 11 个省市发生了百年一遇的干旱和高温热浪，导致区域植被生产力降低了 0.15Pg C，与同期相比降低了 40.52%（Yuan et al.，2016）。

森林类型属性，如林龄、密度、物种多样性等，也是影响森林植被生产力的重要因素（Zhang et al.，2019）。据第八次全国森林资源清查结果显示，中国人工林面积比例约 33%，并且处于低林龄阶段，生长快速，在同等条件下人工林的植被生物量增长率（即植被净初级生产力）为 5.77Mg/（hm^2·a），是天然林的 2.6 倍（Zhang et al.，2019）。中国政府自 20 世纪 70 年代末开始实施的多个生态保护工程增加了森林面积，促进了森林生长和再生长，其是促进森林植被生产力增加的重要原因之一。中国四个主要的林业重点工程（天然林保护工程、三北工程、退耕还林工程与长江和珠江防护林工程）在 2001~2010 年促进森林植被生物量年增加（即植被净初级生产力）0.11Pg C（Lu et al.，2018）。模型模拟退耕还林对未来植被净初级生产力变化的结果显示，2000~2010 年实施退耕还林工程，在工程实施的开始几年中，由于农田转换为林地时播种幼苗，开始几年林地的植被生产力低于农田，随着树木生长，退耕还林区域的植被生产力整体上于 2020 年稳定保持在 29.22~36.81Tg C，相比于原来种植农田植被生产力增加了近 10 Tg C/a（Liu et al.，2014）。

开垦、放牧、采矿和生态工程等也是导致草地植被生产力变化的主要原因之一。1947~2009 年，内蒙古草地载畜量从 840 万头增加到 9600 万头，到 1999 年有 32% 的草地过度放牧、60% 的草地退化（Lu，2006），直接导致 2009 年的草地植被生产力仅为 1961 年的 47%（Qi et al.，2012）。中国东北三江平原 2000~2005 年植被净初级生产力降低了 2900Gg C，这主要是农田扩张和湿地面积减少所致（Dong et al.，2015）。国家于 2000 年前后采取生态保护政策，如"退耕还草""围栏禁牧"等，这些措施有效地降低了对草地生产力的消极影响。类似地，新疆草地植被生产力在 2000 年之后显著增加，生态保护政策与气候变化具有同等程度的贡献（Zhang et al.，2018）。在青藏高原，得益于国家生态政策，人为保护措施促进草地生产力的增加，并且在一定程度上抵消了气候变化的不利影响。

7.6 碳汇功能

7.6.1 碳储量及其空间分布

21 世纪初以来，我国科学家通过对一万余个样方的调查，系统清查了我国陆地生态系统碳储量。中国陆地生态系统（森林、灌丛、草地、农田和湿地）总碳储量为 96.11 ± 3.20Pg C，其中，森林占比最大（32%），灌丛占比最小（7%）（表 7-4）（Xiao et al.，2019；王万同等，2018；Fang et al.，2018；Tang et al.，2018）。植被碳储量占总碳储量的平均比例为 14%，其中森林植被碳储量最大（10.48PgC），占森林生态系统总碳储量的比例也最大（34%），湿地植被碳储量占总碳储量比例最小，仅占湿地总碳储量的 1.3%。草地生态系统碳储量主要分布在土壤中，占生态系统碳储量的 95%（表 7-4）。不同生态系统的土壤碳储量由高到低分别是：草地＞森林＞湿地＞农田＞灌丛，而土壤碳密度由高到低分别是：湿地＞森林＞农田＞草地＞灌丛。

表 7-4　中国主要生态系统（森林、灌丛、草地、农田和湿地）**碳储量及其变化**

	项目	森林	灌丛	草地	农田	湿地	总计
	面积 /10^6hm²	188.2	74.3	281.3	171.3	53.4	768.5
碳储量 /Pg C	植被	10.48 ± 2.02	0.71 ± 0.23	1.35 ± 0.47	0.55 ± 0.02	0.22 ± 0.06	13.31 ± 2.09
	凋落物	0.37 ± 0.24	0.06 ± 0.04	0.02 ± 0.08	—	—	0.45 ± 0.26
	土壤（0~1m）	19.98 ± 2.41	5.91 ± 0.43	24.03 ± 2.52	15.77 ± 0.57	16.65 ± 2.04	82.34 ± 4.10
	总计	30.83 ± 3.15	6.68 ± 0.49	25.40 ± 2.56	16.32 ± 0.57	16.87 ± 2.04	96.10 ± 4.61
碳储量变化 /（Tg C/a）	植被	116.7	3.5	−0.8	0.0	—	119.4
	凋落物	9.0	0.0	0.0	0.0	—	9.0
	土壤（0~1m）	37.6	13.6	−2.6	24.0[①]	—	72.6
	总计	163.3	17.1	−3.4	24.0[①]	—	201.1

① 土壤表层 20cm。

注：植被类型面积和碳储量数据源自 Tang 等（2018），王万同等（2018），Xiao 等（2019）。碳储量变化数据源自 Piao 等（2009），Fang 等（2001）。

中国生态系统碳密度存在显著的空间差异。就生物量和凋落物碳密度而言，中国东北、南部、东南部和西南部相对较高，而中国北方、西北和青藏高原相对较低。但是，土壤碳密度空间变化较为复杂：土壤碳密度最大的区域在东北地区兴安山脉、青海的祁连山脉和巴彦哈尔山脉、新疆北部的天山山脉和阿尔泰山脉，南部和东南部地区的土壤碳密度次之，新疆盆地、甘肃河西走廊和黄土高原部分地区的土壤碳密度最低。森林生态系统的最大碳密度（163.8 ± 8.4Mg C/hm²）较灌木（89.9 ± 4.4Mg C/hm²）和草地（90.3 ± 5.3Mg C/hm²）的碳密度约高 80%（Tang et al.，2018）。

7.6.2 碳收支及其空间分布

减少和抵消化石燃料排放导致的大气 CO_2 浓度上升是我国应对气候变化挑战的重要课题。关于全球碳循环的研究表明，自工业革命以来，陆地生态系统吸收了人类排放的 CO_2 总量的约 1/3（Le Quéré et al.，2018），然而陆地碳汇的空间分布仍然具有很大的不确定性。厘清中国生态系统碳汇及其驱动机制对全球碳循环研究具有重要贡献。《巴黎协定》中各国对于通过增加生态系统碳汇来减缓气候变化的承诺使得认识中国生态系统碳汇不仅具有重要的科学意义，而且具有重要的政策价值。

陆地生态系统碳收支的评估方法主要包括资源清查法（Pan et al.，2011）和大气反演法（Peylin et al.，2013），以及近年来随着模型开发与校准的完善而被逐渐接受的动态植被模型模拟法（Sitch et al.，2015）和基于机器学习的通量观测数据尺度上演法（Yao et al.，2018a；Jung et al.，2017）。

21世纪初以来，我国学者采用不同的方法对我国陆地生态系统碳收支进行了系统的评估。陆地生态系统碳汇的估计需要在生态系统碳储量变化的基础上考虑伴随木材采伐转移的碳汇（5~9Tg C/a）（Piao et al.，2009；Jiang et al.，2016），以及伴随土壤侵蚀转移埋藏至河流或湖泊沉积或输入海洋的有机碳（43~48Tg C/a）（Jiang et al.，2016；Piao et al.，2011a）。因此，基于清查方法估计的陆地生态系统碳汇为225~258Tg C/a。使用大气 CO_2 浓度观测和大气传输模型对陆地碳收支反演的研究表明，中国陆地区域的碳收支为180~510Tg C/a（Jiang et al.，2013，2016；Le Quéré et al.，2018；Piao et al.，2009；Zhang et al.，2014）。为获得陆地生态系统碳汇，需要从大气反演获得的区域碳收支中增加木材和粮食进口导致的 CO_2 排放（25~26Tg C/a）（Jiang et al.，2016；Piao et al.，2009），同时去除未在中国境内氧化的非 CO_2（如 CO、CH_4 以及 $VOCs$[①]）释放（101~109Tg C/a）（Jiang et al.，2016；Piao et al.，2009），基于大气反演法估计的中国陆地生态系统碳汇为96~435Tg C/a。尽管其不确定性仍然很大，但基于地面清查和大气反演的方法一致认为中国的陆地生态系统是一个重要的碳汇（96~435Tg C/a），抵消了 2000~2009 年中国化石燃料 CO_2 排放的 6%~29%。

基于动态植被模型（He et al.，2019；Le Quéré et al.，2018；Piao et al.，2011a，2009；Tian et al.，2011）或通量观测数据尺度上演法（Yao et al.，2018a；Jung et al.，2011）模拟的中国净生态系统生产力（NEP）为118~1220Tg C/a（中等信度），反映出目前动态植被模型和机器学习尺度上演方法仍然具有很大的不确定性。许多动态植被模型仍然没有包括生态系统对氮沉降和对流层臭氧浓度增加等过程的响应（Le Quéré et al.，2018）。使用动态植被模型估计陆地生态系统碳汇目前仍然具有争议（Keenan and Williams，2018）。清查数据表明，中国生态系统碳汇主要由植被碳汇贡献（59%），而超过 95% 的植被碳汇由森林生态系统所贡献。这与全球陆地碳汇由森林生态系统主导的研究结果相一致（Pan et al.，2011）。由于碳输入的增加，中国的农田生态系统土壤碳储量增加（Zhao et al.，2018；Huang et al.，2010；Jin et al.，

---

① VOCs 指挥发性有机物质。

2008），但农田土壤碳汇强度（单位面积碳汇量）仍然小于森林生态系统。灌丛生态系统的碳汇强度小于森林生态系统而大于农田生态系统。中国的草地生态系统则是碳中性或小的碳源（Fang et al., 2018；Liu et al., 2018；Piao et al., 2009）。

基于清查数据（Lu et al., 2018），动态植被模型（Le Quéré et al., 2018）和大气反演模型结果（Le Quéré et al., 2018）对碳汇在我国 6 个主要区域（东北、北部、西北、西南、南部和华东）的分布进行评估。上述 3 种研究方法一致得出西南地区的碳汇最大（46~73Tg C/a）。然而，不同研究方法获得的碳汇空间分布存在较大的差异。清查数据得出华东地区碳汇最小，动态植被模型得出北部地区碳汇最小，而大气反演模型得出东北地区碳汇最小。清查数据得出北方的碳汇大于南方，而动态植被模型和大气反演模型得出南方的碳汇大于北方。基于通量观测数据尺度上演法也得出我国南方的碳汇大于北方（Yao et al., 2018a）。

7.6.3　驱动机制

大气 CO_2 浓度上升导致的施肥效应，以及气候变化对植被生长的胁迫与促进作用，是全球陆地生态系统碳汇形成的重要原因（Sitch et al., 2015）。根据全球碳计划（Le Quéré et al., 2018）提供的 16 个动态植被模型模拟的结果表明，大气 CO_2 浓度上升和气候变化导致 2000~2017 年中国生态系统年均碳汇为 85~310Tg C/a（Le Quéré et al., 2018）。

氮沉降促进森林生产力的提高，其对树木生长受养分限制的我国南方亚热带森林生态系统碳汇有着显著的贡献（He et al., 2019；Yu et al., 2014；Tian et al., 2011）。基于植被模型的估计表明，氮沉降在 20 世纪 90 年代导致我国森林有 120~270Tg C/a 的碳汇（Gu et al., 2015；Tian et al., 2011）。

过去数十年间，伴随着经济发展和城市化进程的加快，我国土地覆盖和土地利用均发生了显著的变化。1990~2010 年，土地覆盖变化导致土壤有机碳库平均减少约 230Tg C/a（Lai et al., 2016）。然而，保护环境和恢复退化生态系统的国家重大工程的实施使得中国陆地生态系统固碳功能显著增加。20 世纪 70 年代以来，中国实施的旨在保护环境和恢复退化生态系统的 6 个国家重大工程项目 [三北工程、长江和珠江流域防护林体系工程（简称江防林）、天然林保护工程（简称森林保护）、绿色粮食计划工程（即中国坡地保护计划，GGP）、京津风沙源治理工程（简称固沙）和退耕还草工程（简称草地保护）]，在涉及近 16% 的国土面积（包括我国 44.8% 的森林和 23.2% 的草地）上开展了有效的生态保护。六大生态工程增加了森林面积，防止了植被与土壤的碳损失，进而导致生态系统碳储量增加。基于清查数据的研究表明，仅 2001~2010 年，六个国家重大工程项目涉及区域的陆地碳汇达 132Tg C/a，其中一半以上（74Tg C/a，56%）归因于六大生态工程项目的实施（Lu et al., 2018）。

2001~2010 年，天然林保护工程已经实施 13 年、绿色粮食计划工程已实施 11 年、其他 4 个工程已实施 10 年，生态系统碳密度在所有工程区均显著增加（表 7-5）。其中，在退耕还草工程区域草地生物量碳密度增加 1.1Mg C/hm^2，其他 5 个工程区域的森林生物量碳密度增加 6.6~22.0Mg C/hm^2。土壤碳密度在绿色粮食计划工程区域增加 9.7Mg C/hm^2，在天然林保护工程区域增加 5.6Mg C/hm^2，在其他 4 个工程区域增加 1.0~4.5Mg C/hm^2。不同工程区域生态系统碳密度增加 2.1~29.4Mg C/hm^2，最大增加值发生在绿色粮食计划工程区域，而最小增加值发生在退耕还草工程区域。总体而言，六大工程贡献的碳汇十年总计约 770Tg C。其中，26% 归功于绿色粮食计划工程，24% 归功于天然林保护工程，退耕还草工程和三北工程四期各贡献约 15%（表 7-5）。

表 7-5　中国 6 个国家重大工程的面积、生态系统碳密度和碳汇

工程特性、碳密度和固碳	天然林保护工程	退耕还草工程	三北工程四期	京津风沙源治理工程	绿色粮食计划工程	长江和珠江流域防护林体系工程二期
面积 /10^{6}hm^2	72.9	60	5.2	3.3	9.2	2.3
时间 / 年	1998~2010	2003~2010	2001~2010	2001~2010	2000~2010	2001~2010
生物量（碳密度单位：Mg C/m^2）						
工程初始值	43.7 ± 19.3	2.6 ± 1.1	37.3 ± 16.9	3.1 ± 2.9	0[①]	5.9 ± 3.5
2010 年值	50.3 ± 17.4	3.7 ± 1.62	56.6 ± 15.6	16.2 ± 4.5	19.7 ± 5.9	27.9 ± 8.8
增加值	6.6	1.1	19.3	13.1	19.7	22.0
参照点值	↑	2.6 ± 1.8	41.6 ± 18.3	3.5 ± 2.2	0[①]	7.7 ± 2.8
土壤（碳密度单位：Mg C/m^2）						
工程初始值	144.8 ± 42.7	82.5 ± 50.2	44.8 ± 16.3	35.9 ± 7.3	44.0 ± 29.3	63.5 ± 12.2
2010 年值	150.5 ± 25.8	83.5 ± 50.5	49.3 ± 20.1	38.7 ± 10.4	53.7 ± 26.3	66.7 ± 18.9
增加值	5.6	1.0	4.5	2.9	9.7	3.2
参照点值	↑	82.6 ± 50.0	41.4 ± 20.7	30.3 ± 8.9	↑	51.3 ± 41.8
总计（碳密度单位：Mg C/m^2）						
工程初始值	188.5 ± 53.9	85.1 ± 51.3	82.1 ± 28.3	39.0 ± 10.3	44.0 ± 29.3	69.4 ± 13.0
2010 年值	200.7 ± 49.0	87.2 ± 52.2	105.9 ± 31.6	54.8 ± 14.2	73.4 ± 28.0	94.6 ± 19.0
增加值	12.2	2.1	23.8	15.8	29.4	25.3
参照点值	↑	85.2 ± 51.1	83.0 ± 33.0	33.8 ± 9.9	↑	59.0 ± 42.9
总固碳速率 /[Mg C/（hm^2·a）]	0.94	0.26	2.38	1.58	2.67	2.53
十年生态系统碳汇 /Tg C						
生物量	479.6 ± 230.0	63.8 ± 2.4	100.4 ± 18.2	43.1 ± 21.0	181.0 ± 26.1	51.4 ± 10.2
土壤	409.5 ± 386.1	59.9 ± 45.9	23.8 ± 42.0	9.2 ± 20.0	89.7 ± 79.4	7.4 ± 13.3
小计	889.1 ± 449.4	123.7 ± 46.0	124.3 ± 45.8	52.3 ± 29.0	270.8 ± 83.6	58.8 ± 16.7
年生态系统碳汇 /（Tg C/a）	68.4 ± 34.6	15.5 ± 5.8	12.4 ± 4.6	5.2 ± 2.9	24.6 ± 7.6	5.9 ± 1.7

续表

工程特性、碳密度和固碳	天然林保护工程	退耕还草工程	三北工程四期	京津风沙源治理工程	绿色粮食计划工程	长江和珠江流域防护林体系工程二期
工程贡献的碳汇						
十年碳汇 /Tg C	181.7	117.8 ± 47.8	119.7 ± 49.0	69.7 ± 24.4	198.5	83.0 ± 38.2
年碳汇 /（Tg C/a）	14.0	14.7 ± 6.0	12.0 ± 4.9	7.0 ± 2.4	18.0	8.3 ± 3.8

①面积权重平均值 ± 标准差，取自 Lu et al.，2018。

注：由于数值修约所致误差，下同。

　　未来中国生态系统碳汇功能是否持续增加是大家普遍关注的问题。中国森林和草地的平均生物量碳密度分别约 55.7Mg C/hm² 和 4.8Mg C/hm²（Fang et al.，2018；Piao et al.，2009），均低于全球森林（94.2Mg C/hm²）（Pan et al.，2011）和草地（7.2Mg C/hm²）（Watson et al.，2000）的平均值。大面积的幼龄林和广泛放牧可能是中国森林和草地低生物量碳密度较低的主要原因（Fang et al.，2014）。中国森林的平均林龄仅 42.6 年（Zhang et al.，2018），幼龄林和中龄林的生物量碳密度普遍低于 60Mg C/hm²（Fang et al.，2014），远低于我国成熟林（≥ 100 年）的生物量（104.7 ± 30.3Mg C/hm²）和全球森林生物量碳密度平均值。因此，中国森林植被碳汇潜力仍很可观。考虑到林龄影响，且假定森林面积稳定和采用可持续森林管理，中国森林生物碳储量在 2020 年和 2030 年将分别增加 1.19Pg C 和 2.97Pg C（Tang et al.，2018）。森林面积的进一步扩大、退耕还林还草、植被恢复和保护有可能进一步增加中国生态系统碳汇（Liu et al.，2008）。

　　需要指出的是，未来陆地生态系统碳汇功能的潜力还受到气候变化、大气 CO_2 浓度变化以及氮沉降变化等多种因素的影响。例如，随着大气 CO_2 浓度的增加，单位 CO_2 浓度上升导致的施肥效应会逐渐减小直至饱和（Leakey et al.，2009），CO_2 施肥效应导致的碳汇将会减少。在大气氮沉降的影响方面，20 世纪 80 年代至 21 世纪初，中国的大气氮沉降约增长 50%，引起了森林碳汇的显著增加（Gu et al.，2015）。随着大气污染的减少，大气氮沉降速率将下降，其导致的碳汇也将减少。另外，未来极端干旱事件的增加（Wang and Chen，2014）可能不利于生态系统碳汇的增加。近年来，气候极端事件和森林病虫害的增加已经导致森林碳汇下降（Zhang et al.，2015）。总之，保持和增加未来中国生态系统碳汇仍然面临着复杂的挑战。

7.7　结　　论

　　本章阐明中国主要陆地生态系统结构与功能的现状、变化规律（观测事实）及其驱动机制。20 世纪 80 年代初以来，中国陆地植被覆盖总体呈增加趋势（高信度），这主要是由于大气 CO_2 浓度升高和重大生态保护与恢复工程的实施等。2000~2017 年中国植被叶面积约增加 18%，位居世界首位。80 年代初以来，植被物候变化特征总体表现为：生长季开始时间提前，生长季结束时间推迟（高信度）。升温是物候变化的主因，但地理分异明显。中国陆地植被总初级生产力显著增加（高信度）。2000 年以来，中国主要生态系统（森林、灌丛、草地和农田）碳储量显著增加（高信度），与重大生态保护与恢复工程的实施密切相关。

过去十余年以来，科学家们利用从定位观测到遥感和模型模拟等多种研究手段和方法，深入研究了中国生态系统动态变化，取得了丰硕的成果，但仍然存在诸多认识上的不足，很多问题亟待解决。首先，对生态系统多要素、多过程的长期的定位观测数据仍然匮乏。例如，在广袤的中国西部地区，生态系统定位观测的时空覆盖均尤为不足，这在一定程度上限制了学术界更准确地理解我国寒区旱区生态系统对气候变化的响应与适应过程。由于缺乏生物多样性的观测数据，本章基本没有涉及我国陆地生态系统生物多样性空间格局的变化及其驱动机制。其次，遥感观测对生态系统结构和功能的反演能力需要进一步提升。遥感观测数据时间序列长、空间覆盖广，但数据产品的时空分辨率和数据质量仍有待提高。例如，中国高山区分布广泛，且气象条件复杂多变；为深入研究高山区生态系统结构和功能的垂直格局变化机制，迫切需要与垂直带地面观测更有可比性的高时空分辨率的高质量遥感数据产品。最后，模型对中国陆地生态系统过程的刻画仍具有较大不确定性。中国生态系统类型丰富多样，而全球尺度的生态系统模型对我国不同生态系统类型过程考虑不足。例如，青藏高原冻土区广泛分布的高寒生态系统对气候变化非常敏感，但当前模型普遍未考虑冻土过程，以至于对高寒生态系统植被 – 土壤过程的模拟仍具有较大不确定性。结合地面观测和野外控制实验数据，改进模型结构，提升模型对生态过程的刻画能力，对于理解和预测未来气候变化背景下我国陆地生态系统结构和功能的演变至关重要。

▪ 参考文献

常茜, 鹿化煜, 吕娜娜, 等. 2020. 1992—2015 年中国沙漠面积变化的遥感监测与气候影响分析. 中国沙漠, 40 (1): 57-63.

陈效逑, 李倞. 2009. 内蒙古草原羊草物候与气象因子的关系. 生态学报, 29 (10): 5280-5290.

崔庆虎, 蒋志刚, 刘季科, 等. 2007. 青藏高原草地退化原因述评. 草业科学, 24 (5): 20-26.

崔桢, 沈红, 章光新. 2016. 3 个时期莫莫格国家级自然保护区景观格局和湿地水文连通性变化及其驱动因素分析. 湿地科学, 14 (6): 866-873.

戴声佩, 张勃, 王海军, 等. 2010. 中国西北地区植被时空演变特征及其对气候变化的响应. 遥感技术与应用, 25 (1): 69-76.

丁明军, 张镱锂, 刘林山, 等. 2010. 1982—2009 年青藏高原草地覆盖度时空变化特征. 自然资源学报, 25 (12): 2114-2122.

杜际增, 王根绪, 李元寿. 2015. 近 45 年长江黄河源区高寒草地退化特征及成因分析. 草业学报, 24 (6): 5-15.

杜加强, 贾尔恒·阿哈提, 赵晨曦, 等. 2015. 1982—2012 年新疆植被 NDVI 的动态变化及其对气候变化和人类活动的响应 . 应用生态学报，26（12）：3567-3578.

樊江文，钟华平，梁飚，等 .2003. 草地生态系统碳储量及其影响因素 . 中国草地学报，25（6）：52-59.

方精云，郭兆迪，朴世龙，等 .2007.1981~2000 年中国陆地植被碳汇的估算 . 中国科学：地球科学，
　　37（6）：804.

高吉喜，杨兆平 .2015. 生态功能恢复：中国生态恢复的目标与方向 . 生态与农村环境学报，31（1）：
　　1-6.

郭金停，韩风林，胡远满，等 .2017. 大兴安岭北坡多年冻土区植物生态特征及其对冻土退化的响应 .
　　生态学报，37（19）：6552-6561.

郭兆迪，胡会峰，李品，等 .2013.1977—2008 年中国森林生物量碳汇的时空变化 . 中国科学：生命
　　科学，43（5）：421-431.

国家林业局 .2009. 中国森林资源报告（2003—2008）. 北京：中国林业出版社 .

国家林业局 .2014. 中国森林资源报告（2009—2013）. 北京：中国林业出版社 .

国家林业局 .2015. 中国林业发展报告 . 北京：中国林业出版社 .

国家林业和草原局 .2019. 中国森林资源报告（2014—2018）. 北京：中国林业出版社 .

侯学煜 .2001.1：100 万中国植被图集 . 北京：科学出版社 .

胡振鹏，葛刚，刘成林 .2015. 鄱阳湖湿地植被退化原因分析及其预警 . 长江流域资源与环境，24（3）：
　　381-386.

黄维，王为东 .2016. 三峡工程运行后对洞庭湖湿地的影响 . 生态学报，36（20）：6345-6352.

贾慧聪，潘东华，张万昌 .2014. 洞庭湖区近 30 年土地利用 / 覆盖变化对湿地的影响分析 . 中国人口•
　　资源与环境，24（11）：126-128.

雷加富 .2005. 中国森林资源 . 北京：中国林业出版社 .

李波，邵怀勇 .2017. 气候变化与人类活动对川西高原草地变化相对作用的定量评估 . 草业与畜牧，
　　（3）：16-21.

李惠芳，章光新 .2013. 水盐交互作用对莫莫格国家级自然保护区扁秆藨草幼苗生长的影响 . 湿地科
　　学，11（2）：173-177.

李娜 .2010.1999—2006 年石羊河流域植被对气候变化的响应研究 . 兰州：兰州大学 .

李新荣，张志山，黄磊，等 .2013. 我国沙区人工植被系统生态 – 水文过程和互馈机理研究评述 . 科学
　　通报，（5）：397-410.

李新荣，张志山，谭会娟，等 .2014. 我国北方风沙危害区生态重建与恢复：腾格里沙漠土壤水分与
　　植被承载力的探讨 . 中国科学：生命科学，44（3）：257-266.

李亚芳，陈心胜，项文化，等 .2016. 不同高程短尖苔草对水位变化的生长及繁殖响应 . 生态学报，
　　36（7）：1959-1966.

梁爽，彭书时，林鑫，等，2013.1982—2010 年全国草地生长时空变化 . 北京大学学报（自然科学
　　版），49（2）：311-320.

刘世荣，代力民，温远光，等 .2015. 面向生态系统服务的森林生态系统经营：现状、挑战与展望 . 生
　　态学报，35（1）：1-9.

刘魏魏，王效科，逯非，等 .2016. 造林再造林、森林采伐、气候变化、CO_2 浓度升高、火灾和虫害
　　对森林固碳能力的影响 . 生态学报，36（8）：2113-2122.

刘宪锋，朱秀芳，潘耀忠，等 . 2015. 1982—2012 年中国植被覆盖时空变化特征 . 生态学报，35（16）：
5331-5342.

马明国，董立新，王雪梅 . 2003. 过去 21a 中国西北植被覆盖动态监测与模拟 . 冰川冻土，25（2）：
232-236.

毛绍娟，吴启华，祝景彬 . 2015. 藏北高寒草原群落维持性能对封育年限的响应 . 草业学报，24（1）：
21-30.

孟焕，王琳，张仲胜，等 . 2016. 气候变化对中国内陆湿地空间分布和主要生态功能的影响研究 . 湿地
科学，14（5）：710-716.

缪丽娟，蒋冲，何斌，等 . 2014. 近 10 年来蒙古高原植被覆盖变化对气候的响应 . 生态学报，34（5）：
1295-1301.

穆少杰，李建龙，杨红飞，等 . 2013. 内蒙古草地生态系统近 10 年 NPP 时空变化及其与气候的关系 .
草业学报，22（3）：6-15.

苏立娟，何友均，陈绍志 . 2015. 1950—2010 年中国森林火灾时空特征及风险分析 . 林业科学，
51（1）：88-96.

孙睿，朱启疆 . 2000. 中国陆地植被净第一性生产力及季节变化研究 . 地理学报，55（1）：36-45.

孙政国 . 2013. 南方草地生态系统生产力和碳储量初步核算研究 . 南京：南京大学 .

王常顺，孟凡栋，李新娥，等 . 2013. 青藏高原草地生态系统对气候变化的响应 . 生态学杂志，32（6）：
1587-1595.

王丹云，吕世华，韩博 . 2018. 黄土高原春季植被变化分布与变化特征及其对春旱的响应研究 . 高原气
象，37（5）：69-80.

王根绪，李元首，吴青柏，等 . 2006. 青藏高原冻土区冻土与植被的关系及其对高寒生态系统的影响 .
中国科学：地球科学，36（8）：743-754.

王化群 . 2004. 中国 1：400 万沼泽图的编制研究 . 湿地科学，2（1）：15-20.

王建林，常天军，李鹏 . 2007. 西藏草地生态系统植被碳贮量及其空间分布格局 . 生态学报，29（2）：
931-938.

王万同，唐旭利，黄玫 . 2018. 中国森林生态系统碳储量：动态及机制 . 北京：科学出版社 .

韦振锋，王德光，张翀 . 2014. 1999—2010 年中国西北地区植被覆盖对气候变化和人类活动的响应 .
中国沙漠，34（6）：1665-1670.

沃晓棠，孙彦坤，田松岩 . 2014. 扎龙湿地景观格局与气候变化 . 东北林业大学学报，42（3）：55-59.

吴学宏，曹艳芳，陈素华 . 2005. 内蒙古草原生态环境的变化及其对气候因子的动态响应 . 华北农学
报，20（S1）：65-68.

徐浩杰，杨太保 . 2013. 1981—2010 年柴达木盆地气候要素变化特征及湖泊和植被响应 . 地理科学进
展，32（6）：868-879.

徐浩杰，杨太保，曾彪 . 2012. 2000—2010 年祁连山植被 MODIS NDVI 的时空变化及影响因素 . 干旱
区资源与环境，26（11）：87-91.

徐新良，刘纪远，邵全琴，等 . 2008. 30 年来青海三江源生态系统格局和空间结构动态变化 . 地理研
究，27（4）：829-838.

徐新良，刘纪远，张树文，等 . 2018. 中国多时期土地利用土地覆被监测数据集（CNLUCC）. 北京：

中国科学院资源环境科学数据中心 .

薛振山，吕宪国，张仲胜，等 . 2015. 基于生境分布模型的气候因素对三江平原沼泽湿地影响分析 . 湿地科学，13（3）：315-321.

杨利，谢炳庚，秦建新，等 . 2013. 三峡建坝前后洞庭湖区湿地景观格局变化 . 自然资源学报，28（12）：2068-2080.

杨婷婷，吴新宏，王加亭，等 . 2012. 中国草地生态系统碳储量估算 . 干旱区资源与环境，26（3）：127-130.

姚檀栋，秦大河，沈永平，等 . 2013. 青藏高原冰冻圈变化及其对区域水循环和生态条件的影响 . 自然杂志，35（3）：179-186.

张戈丽，欧阳华，张宪洲，等 . 2010. 基于生态地理分区的青藏高原植被覆被变化及其对气候变化的响应 . 地理研究，29（11）：2004-2016.

张戈丽，徐兴良，周才平，等 . 2011. 近 30 年来呼伦贝尔地区草地植被变化对气候变化的响应 . 地理学报，66（1）：47-58.

张海燕，樊江文，邵全琴，等 . 2016. 2000—2010 年中国退牧还草工程区生态系统宏观结构和质量及其动态变化 . 草业学报，25（4）：1-15.

张洪江，张云玲 . 2010. 退牧还草对新疆草地生态恢复的影响 . 新疆畜牧业，（1）：53-57.

张继承，姜琦刚，李远华，等 . 2007. 近 50 年来柴达木盆地湿地变迁及其气候背景分析 . 吉林大学学报（地球科学版），37（4）：752-758.

张妹婷，翟永洪，张志军，等 . 2017. 三江源区草地生态系统质量及其动态变化 . 环境科学研究，30（1）：75-81.

张萌，倪乐意，徐军 . 2013. 鄱阳湖草滩湿地植物群落响应水位变化的周年动态特征分析 . 环境科学研究，26（10）：1057-1063.

张钛仁，张佳华，申彦波，等 . 2010. 1981—2001 年西北地区植被变化特征分析 . 中国农业气象，31（4）：586-590.

张颖，章超斌，王钊齐，等 . 2017. 气候变化与人为活动对三江源草地生产力影响的定量研究 . 草业学报，26（5）：1-14.

张煜星 . 2006. 中国森林资源 1950—2003 年结构变化分析 . 北京林业大学学报，28（6）：80-87.

张中琼，吴青柏 . 2012. 气候变化情景下青藏高原多年冻土活动层厚度变化预测 . 冰川冻土，34（3）：505-511.

张仲胜，薛振山，吕宪国 . 2015. 气候变化对沼泽面积影响的定量分析 . 湿地科学，13（2）：161-165.

赵婷，赵伟，张义，等 . 2018. 2001—2015 年北方草地净初级生产力动态及其与气候因子的关系 . 江苏农业科学，46（10）：243-248.

郑景云，葛全胜，赵会霞 . 2003. 近 40 年中国植物物候对气候变化的响应研究 . 中国农业气象，24（1）：28-32.

中国科学院中国植被图编辑委员会 . 2001. 中国植被图集 . 北京：科学出版社 .

周丹，沈彦俊，陈亚宁，等 . 2015. 西北干旱区荒漠植被生态需水量估算 . 生态学杂志，34（3）：670-680.

朱教君 . 2013. 防护林学研究现状与展望 . 植物生态学报，37（9）：872-888.

Altizer S，Ostfeld R S，Johnson P T，et al. 2013. Climate change and infectious diseases：from evidence to a predictive framework. Science，341（6145）：514-519.

Barnosky A D，Hadly E A，Bascompte J，et al. 2012. Approaching a state shift in Earth's biosphere. Nature，486（7401）：52-58.

Chang J，Ye R，Wang G X. 2018. Progress in permafrost hydrogeology in China. Hydrogeology Journal，26（5）：1387-1399.

Chen C，Park T J，Wang X H，et al. 2019. China and India lead in greening of the world through land-use management. Nature Sustainability，2（2）：122-129.

Chen H，Zhu Q，Wu N，et al. 2011. Delayed spring phenology on the Tibetan Plateau may also be attributable to other factors than winter and spring warming. Proceedings of the National Academy of Sciences of the United States of America，108（19）：E93.

Chen J M，Cihlar J. 1996. Retrieving leaf area index of boreal conifer forests using Landsat TM images. Remote Sensing of Environment，55（2）：153-162.

Chen X Q，An S，Inouye D W，et al. 2015. Temperature and snowfall trigger alpine vegetation green-up on the world's roof. Global Change Biology，21（10）：3635-3646.

Chen X Q，Xu L. 2012. Temperature controls on the spatial pattern of tree phenology in China's temperate zone. Agricultural and Forest Meteorology，154-155：195-202.

Cleland E E，Chuine I，Menzel A，et al. 2007. Shifting plant phenology in response to global change. Trends in Ecology & Evolution，22（7）：357-365.

Cong N，Piao S L，Chen A P，et al. 2012. Spring vegetation green-up date in China inferred from SPOT NDVI data：a multiple model analysis. Agricultural and Forest Meteorology，165：104-113.

Cong N，Shen M G，Piao S L，et al. 2017. Little change in heat requirement for vegetation green-up on the Tibetan Plateau over the warming period of 1998—2012. Agricultural and Forest Meteorology，232：650-658.

Cong N，Wang T，Nan H J，et al. 2013. Changes in satellite-derived spring vegetation green-up date and its linkage to climate in China from 1982 to 2010：a multimethod analysis. Global Change Biology，19（3）：881-891.

Dib A E，Johnson C E，Driscoll C T，et al. 2014. Simulating effects of changing climate and CO_2 emissions on soil carbon pools at the Hubbard Brook experimental forest. Global Change Biology，20（5）：1643-1656.

Dong G T，Bai J，Yang S T，et al. 2015. The impact of land use and land cover change on net primary productivity on China's Sanjiang Plain. Environmental Earth Sciences，74（4）：2907-2917.

Dong L Q，Zhang G X，Cheng X P，et al. 2017. Analysis of the contribution rate of climate change and anthropogenic activity to runoff variation in Nenjiang basin，China. Hydrology，4（58）：1-9.

Du H B，Liu J，Li M H，et al. 2018. Warming-induced upward migration of the alpine treeline in the Changbai Mountains，northeast China. Global Change Biology，24（3）：1256-1266.

Ellis E C. 2015. Ecology in an anthropogenic biosphere. Ecological Monographs，85（3）：287-331.

Estiarte M，Peñuelas J. 2015. Alteration of the phenology of leaf senescence and fall in winter deciduous species by climate change：effects on nutrient proficiency. Global Change Biology，21（3）：1005-1017.

Fang J Y，Chen A P，Peng C H，et al. 2001. Changes in forest biomass carbon storage in China between 1949 and 1998. Science，292（5525）：2320-2322.

Fang J Y，Kato T，Guo Z D，et al. 2014. Evidence for environmentally enhanced forest growth. Proceedings of the National Academy of Sciences of the United States of America，111（26）：9527-9532.

Fang J Y，Yu G，Liu L，et al. 2018. Climate change，human impacts，and carbon sequestration in China. Proceedings of the National Academy of Sciences of the United States of America，115（16）：4015-4020.

Food and Agriculture Organization. 2015. Food and Agriculture Organization Resources Assessment 2015. Rome：Food and Agriculture Organization.

Fracheboud Y，Luquez V，Björkén L，et al. 2009. The control of autumn senescence in European aspen. Plant Physiology，149（4）：1982-1991.

Gao J B，Jiao K W，Wu S H，et al. 2017. Past and future influence of climate change on spatially heterogeneous vegetation activity in China. Earth's Future，5（7）：679-692.

Ge Q，Wang H，Rutishauser T，et al. 2015. Phenological response to climate change in China：a meta-analysis. Global Change Biology，21（1）：265-274.

Gu F X，Zhang Y D，Huang M，et al. 2015. Nitrogen deposition and its effect on carbon storage in Chinese forests during 1981—2010. Atmospheric Environment，123：171-179.

Guo M M，Zhang Y D，Wang X C，et al. 2018. The responses of dominant tree species to climate warming at the treeline on the eastern edge of the Tibetan Plateau. Forest Ecology and Management，425：21-26.

He H L，Wang S Q，Zhang L L，et al. 2019. Altered trends in carbon uptake in China's terrestrial ecosystems under the enhanced summer monsoon and warming hiatus. National Science Review，6（3）：505-514.

Huang Y，Sun W J，Zhang W，et al. 2010. Changes in soil organic carbon of terrestrial ecosystems in China：a mini-review. Science China Life Sciences，53（7）：766-775.

Huete A，Didan K，Miura T，et al. 2002. Overview of the radiometric and biophysical performance of the MODIS vegetation indices. Remote Sensing of Environment，83（1）：195-213.

IPCC. 2019. Climate Change and Land：An IPCC Special Report on Climate Change，Desertification，Land Degradation，Sustainable Land Management，Food Security，and Greenhouse Gas Fluxes in Terrestrial Ecosystems. Geneva：Intergovernmental Panel on Climate Change.

Jia Y L，Yu G R，He N P，et al. 2014. Spatial and decadal variations in inorganic nitrogen wet deposition in China induced by human activity. Scientific Reports，4（4）：3763.

Jiang F，Chen J M，Zhou L，et al. 2016. A comprehensive estimate of recent carbon sinks in China using both top-down and bottom-up approaches. Scientific Reports，6（6）：22130.

Jiang F，Wang H W，Chen J M，et al. 2013. Nested atmospheric inversion for the terrestrial carbon sources and sinks in China. Biogeosciences，10（8）：5311-5324.

Jin L，Li Y E，Gao Q Z. 2008. Estimate of carbon sequestration under cropland management in China. Scientia Agricultura Sinica，41（3）：734-743.

Jung M，Reichstein M，Margolis H A，et al. 2011. Global patterns of land-atmosphere fluxes of carbon dioxide, latent heat, and sensible heat derived from eddy covariance, satellite, and meteorological observations. Journal of Geophysical Research, 116（G3）: 1-16.

Jung M, Reichstein M, Schwalm C R, et al. 2017. Compensatory water effects link yearly global land CO_2 sink changes to temperature. Nature, 541（7638）: 516-520.

Kang X M, Hao Y B, Cui X Y, et al. 2016. Variability and changes in climate, phenology, and gross primary production of an alpine wetland ecosystem. Remote Sensing, 8（5）: 391.

Keenan T F, Williams C A. 2018. The terrestrial carbon sink. Annual Review of Environment and Resources, 43（1）: 219-243.

Lai L, Huang X J, Yang H, et al. 2016. Carbon emissions from land-use change and management in China between 1990 and 2010. Science Advances, 2（11）: e1601063.

Le Quéré C, Andrew R M, Friedlingstein P, et al. 2018. Global Carbon Budget 2018. Earth System Science Data, 10（4）: 2141-2194.

Leakey A D B, Ainsworth E A, Bernacchi C J, et al. 2009. Elevated CO_2 effects on plant carbon, nitrogen, and water relations: six important lessons from FACE. Journal of Experimental Botany, 60（10）: 2859-2876.

Li S S, Yang S N, Liu X F, et al. 2015. NDVI-based analysis on the influence of climate change and human activities on vegetation restoration in the Shaanxi-Gansu-Ningxia Region, Central China. Remote Sensing, 7（9）: 11163-11182.

Li X L, Liang S L, Yu G R, et al. 2013. Estimation of gross primary production over the terrestrial ecosystems in China. Ecological Modelling, 262（1）: 80-92.

Li X R, Jia R L, Zhang Z S, et al. 2018. Hydrological response of biological soil crusts to global warming: a ten-year simulative study. Global Change Biology, 24（10）: 4960-4971.

Li X R, Zhu Z C, Zeng H, et al. 2016. Estimation of gross primary production in China（1982—2010）with multiple ecosystem models. Ecological Modelling, 324: 33-44.

Li Z X, Qi F, Li Z J, et al. 2019. Climate background, fact and hydrological effect of multiphase water transformation in cold regions of the Western China: a review. Earth-Science Reviews, 190: 33-57.

Liang W, Yang Y T, Fan D M, et al. 2015. Analysis of spatial and temporal patterns of net primary production and their climate controls in China from 1982 to 2010. Agricultural and Forest Meteorology, 204: 22-36.

Liu D, Chen Y, Cai W W, et al. 2014. The contribution of China's Grain to Green Program to carbon sequestration. Landscape Ecology, 29（10）: 1675-1688.

Liu H, Tian F Q, Hu H C, et al. 2013. Soil moisture controls on patterns of grass green-up in Inner Mongolia: an index based approach. Hydrology and Earth System Sciences, 17（2）: 805-815.

Liu J, Li S, Ouyang Z, et al. 2008. Ecological and socioeconomic effects of China's policies for ecosystem services. Proceedings of the National Academy of Sciences of the United States of America, 105（28）: 9477-9482.

Liu Q, Fu Y H, Zeng Z Z, et al. 2016. Temperature, precipitation, and insolation effects on autumn vegetation phenology in temperate China. Global Change Biology, 22（2）: 644-655.

Liu S S，Yang Y H，Shen H H，et al. 2018. No significant changes in topsoil carbon in the grasslands of northern China between the 1980s and 2000s. Science of the Total Environment，624：1478-1487.

Liu X J，Zhang Y，Han W X，et al. 2013. Enhanced nitrogen deposition over China. Nature，494（7438）：459-462.

Lu C Q，Tian H Q. 2017. Global nitrogen and phosphorus fertilizer use for agriculture production in the past half century：shifted hot spots and nutrient imbalance. Earth System Science Data，9（1）：1-33.

Lu C Q，Tian H Q，Liu M L，et al. 2012. Effect of nitrogen deposition on China's terrestrial carbon uptake in the context of multifactor environmental changes. Ecological Applications，22（1）：53-75.

Lu F，Hu H F，Sun W J，et al. 2018. Effects of national ecological restoration projects on carbon sequestration in China from 2001 to 2010. Proceedings of the National Academy of Sciences of the United States of America，115（16）：4039-4044.

Lu Y S. 2006. Development strategy for grassland resources protection//Du Q L.Strategy for the Sustainable Development of China's Grass Industry. Beijing：Chinese Agricultural Press：296-301.

Ma M N，Yuan W P，Dong J，et al. 2018. Large-scale estimates of gross primary production on the Qinghai-Tibet plateau based on remote sensing data. International Journal of Digital Earth，11（11）：1166-1183.

Ma T，Zhou C H. 2012. Climate-associated changes in spring plant phenology in China. International Journal of Biometeorology，56（2）：269-275.

Mueller N D，Gerber J S，Johnston M，et al. 2012. Closing yield gaps through nutrient and water management. Nature，490（7419）：254-257.

Niu Q F，Xiao X M，Zhang Y，et al. 2019. Ecological engineering projects increased vegetation cover，production，and biomass in semiarid and subhumid Northern China. Land Degradation & Development，30（13）：1620-1631.

Pan Y D，Birdsey R A，Fang J Y，et al. 2011. A large and persistent carbon sink in the world's forests. Science，333（6045）：988-993.

Park T J，Ganguly S，Tømmervik H，et al. 2016. Changes in growing season duration and productivity of northern vegetation inferred from long-term remote sensing data. Environmental Research Letters，11（8）：084001.

Peng S S，Chen A P，Liang X，et al. 2011. Recent change of vegetation growth trend in China. Environmental Research Letters，6（4）：044027.

Peylin P，Law R M，Gurney K R，et al. 2013. Global atmospheric carbon budget：results from an ensemble of atmospheric CO_2 inversions. Biogeosciences，10（10）：6699-6720.

Piao S L，Ciais P，Lomas M，et al. 2011a. Contribution of climate change and rising CO_2 to terrestrial carbon balance in East Asia：a multi-model analysis. Global and Planetary Change，75：133-142.

Piao S L，Cui M D，Chen A P，et al. 2011b. Altitude and temperature dependence of change in the spring vegetation green-up date from 1982 to 2006 in the Qinghai-Xizang Plateau. Agricultural and Forest Meteorology，151（12）：1599-1608.

Piao S L，Fang J Y，Ciais P，et al. 2009. The carbon balance of terrestrial ecosystems in China. Nature，

458（7241）：1009-1013.

Piao S L，Fang J Y，Zhou L M，et al. 2006. Variations in satellite-derived phenology in China's temperate vegetation. Global Change Biology，12（4）：672-685.

Piao S L，Fang J Y，Zhu B，et al. 2015a. Forest biomass carbon stocks in China over the past 2 decades：estimation based on integrated inventory and satellite data. Journal of Geophysical Research：Biogeosciences，110（G1）：195-221.

Piao S L，Sitch S，Ciais P，et al. 2013. Evaluation of terrestrial carbon cycle models for their response to climate variability and to CO_2 trends. Global Change Biology，19（7）：2117-2132.

Piao S L，Yin G D，Tan J G，et al. 2015b. Detection and attribution of vegetation greening trend in China over the last 30 years. Global Change Biology，21（4）：1601-1609.

Qi J G，Chen J Q，Wan S Q，et al. 2012. Understanding the coupled natural and human systems in Dryland East Asia. Environmental Research Letters，7（1）：015202.

Qi Z H，Liu H Y，Wu X C，et al. 2015. Climate-driven speedup of alpine treeline forest growth in the Tianshan Mountains，Northwestern China. Global Change Biology，21（2）：816-826.

Ray D K，Foley J A. 2013. Increasing global crop harvest frequency：recent trends and future directions. Environmental Research Letters，8（4）：044041.

Richardson A D，Anderson R S，Arain M A，et al. 2012. Terrestrial biosphere models need better representation of vegetation phenology：results from the North American Carbon Program site synthesis. Global Change Biology，18（2）：566-584.

Schwartz M D. 2003. Phenology：An Integrative Environmental Science. Berlin：Springer.

Shang E P，Xu E Q，Zhang H Q，et al. 2018. Analysis of spatiotemporal dynamics of the Chinese vegetation net primary productivity from the 1960s to the 2000s. Remote Sensing，10（6）：860.

Shen M G，Piao S L，Chen X，et al. 2016. Strong impacts of daily minimum temperature on the green-up date and summer greenness of the Tibetan Plateau. Global Change Biology，22（9）：3057-3066.

Shen M G，Piao S L，Dorji T，et al. 2015. Plant phenological responses to climate change on the Tibetan Plateau：research status and challenges. National Science Review，2（4）：454-467.

Shen M G，Zhang G X，Cong N，et al. 2014. Increasing altitudinal gradient of spring vegetation phenology during the last decade on the Qinghai-Tibetan Plateau. Agricultural and Forest Meteorology，189-190：71-80.

Shi C M，Shen M G，Wu X C，et al. 2019. Growth response of alpine treeline forests to a warmer and drier climate on the southeastern Tibetan Plateau. Agricultural and Forest Meteorology，264：73-79.

Sitch S，Friedlingstein P，Gruber N，et al. 2015. Recent trends and drivers of regional sources and sinks of carbon dioxide. Biogeosciences，12：653-679.

Tang X L，Zhao X，Bai Y F，et al. 2018. Carbon pools in China's terrestrial ecosystems：new estimates based on an intensive field survey. Proceedings of the National Academy of Sciences of the United States of America，115（16）：4021-4026.

Tian H Q，Melillo J，Lu C，et al. 2011. China's terrestrial carbon balance：contributions from multiple global change factors. Global Biogeochemical Cycles，25（25）：GB1007-GB1022.

Tong X W，Brandt M，Yue Y M，et al. 2018. Increased vegetation growth and carbon stock in China karst via ecological engineering. Nature Sustainability，1（1）：44-50.

Tucker C J. 1979. Red and photographic infrared linear combinations for monitoring vegetation. Remote Sensing of Environment，8（2）：127-150.

Vickers H，Høgda K A，Solbø S，et al. 2016. Changes in greening in the high Arctic：insights from a 30 year AVHRR max NDVI dataset for Svalbard. Environmental Research Letters，11（10）：105004.

Wang J，Dong J，Yi Y，et al. 2017. Decreasing net primary production due to drought and slight decreases in solar radiation in China from 2000 to 2012. Journal of Geophysical Research：Biogeosciences，122（1）：261-278.

Wang L，Chen W. 2014. A CMIP5 multimodel projection of future temperature，precipitation，and climatological drought in China. International Journal of Climatology，34（6）：2059-2078.

Wang Q F，Zeng J Y，Leng S，et al. 2018. The effects of air temperature and precipitation on the net primary productivity in China during the early 21st century. Frontiers of Earth Science，12（4）：818-833.

Wang Y H，Brandt M，Zhao M F，et al. 2018. Major forest increase on the Loess Plateau，China（2001—2016）. Land Degradation & Development，29（11）：4080-4091.

Watson R T，Noble I R，Bolin B，et al. 2000. Land Use，Land-Use Change and Forestry，Special Report of the International Panel on Climate Change（IPCC）. Cambridge：Cambridge University Press.

Wei B C，Xie Y W，Jia X，et al. 2018. Land use/land cover change and it's impacts on diurnal temperature range over the agricultural pastoral ecotone of Northern China. Land Degradation & Development，29（9）：3009-3020.

Westerling A L，Bryant B P，Preisler H K，et al. 2011. Climate change and growth scenarios for California wildfire. Climatic Change，109（1）：445-463.

Xia J，Yan Z. 2014. Changes in the local growing season in Eastern China during 1909—2012. SOLA，10：163-166.

Xiao D R，Deng L，Kim D G，et al. 2019. Carbon budgets of wetland ecosystems in China. Global Change Biology，25（6）：2061-2076.

Xiao J F，Zhou Y，Zhang L. 2015. Contributions of natural and human factors to increases in vegetation productivity in China. Ecosphere，6（11）：1-20.

Xiao X M，Melillo J M，Kicklighter D W，et al. 1998. Net primary production of terrestrial ecosystems in China and its equilibrium responses to changes in climate and atmospheric CO_2 concentration. Acta Phytoecologica Sinica，22（2）：97-118.

Xie Y Y，Wang X J，Silander J A. 2015. Deciduous forest responses to temperature，precipitation，and drought imply complex climate change impacts. Proceedings of the National Academy of Sciences of the United States of America，112（44）：13585-13590.

Xu L，Myneni R B，Chapin III F S，et al. 2013. Temperature and vegetation seasonality diminishment over northern lands. Nature Climate Change，3（6）：581-586.

Xue Z S，Lyu X G，Chen Z K，et al. 2018. Spatial and temporal changes of wetlands on the Qinghai-Tibetan Plateau from the 1970s to 2010s. Chinese Geographical Science，28（6）：935-945.

Xue Z S，Zhang Z S，Lyu X G，et al. 2014. Predicted areas of potential distributions of alpine wetlands under different scenarios in the Qinghai-Tibetan Plateau，China. Global and Planetary Change，123：77-85.

Yang W B，Lu T，Liu S Y，et al. 2017. Satellite-based estimation of net primary productivity for southern China's grasslands from 1982 to 2012. Climate Research，71（3）：187-201.

Yang Y T，Guan H D，Shen M G，et al. 2015. Changes in autumn vegetation dormancy onset date and the climate controls across temperate ecosystems in China from 1982 to 2010. Global Change Biology，21（2）：652-665.

Yao Y T，Li Z J，Wang T，et al. 2018a. A new estimation of China's net ecosystem productivity based on eddy covariance measurements and a model tree ensemble approach. Agricultural and Forest Meteorology，253-254：84-93.

Yao Y T，Wang X H，Li Y，et al. 2018b. Spatiotemporal pattern of gross primary productivity and its covariation with climate in China over the last thirty years. Global Change Biology，24（1）：184-196.

Yu G R，Chen Z，Piao S L，et al. 2014. High carbon dioxide uptake by subtropical forest ecosystems in the East Asian monsoon region. Proceedings of the National Academy of Sciences of the United States of America，111（13）：4910-4915.

Yu H Y，Luedeling E，Xu J C. 2010. Winter and spring warming result in delayed spring phenology on the Tibetan Plateau. Proceedings of the National Academy of Sciences of the United States of America，107（51）：22151-22156.

Yuan W，Cai W，Chen Y，et al. 2016. Severe summer heatwave and drought strongly reduced carbon uptake in Southern China. Scientific Reports，6：18813.

Yuan W P，Liu D，Dong W J，et al. 2014. Multiyear precipitation reduction strongly decrease carbon uptake over North China. Journal of Geophysical Research：Biogeosciences，119（5）：881-896.

Yuan W P，Liu S G，Yu G R，et al. 2010. Global estimates of evapotranspiration and gross primary production based on MODIS and global meteorology data. Remote Sensing of Environment，114（7）：1416-1431.

Yue T X，Zhao N，Ramsey R D，et al. 2013. Climate change trend in China，with improved accuracy. Climatic Change，120（1-2）：137-151.

Zhang C H，Ju W M，Chen J M，et al. 2015. Disturbance-induced reduction of biomass carbon sinks of China's forests in recent years. Environmental Research Letters，10（11）：114021.

Zhang H，Wang K L，Zeng Z X，et al. 2019. Large-scale patterns in forest growth rates are mainly driven by climatic variables and stand characteristics. Forest Ecology and Management，435：120-127.

Zhang H F，Chen B Z，Laan-Luijkx I T V D，et al. 2014. Net terrestrial CO_2 exchange over China during 2001—2010 estimated with an ensemble data assimilation system for atmospheric CO_2. Journal of Geophysical Research：Atmospheres，119（6）：3500-3515.

Zhang H Y，Fan J W，Wang J B，et al. 2018. Spatial and temporal variability of grassland yield and its response to climate change and anthropogenic activities on the Tibetan Plateau from 1988 to 2013. Ecological Indicators，95：141-151.

Zhang Y，Yao Y T，Wang X H，et al. 2017. Mapping spatial distribution of forest age in China. Earth and Space Science，4（3）：108-116.

Zhao Y C，Wang M Y，Hu S J，et al. 2018. Economics-and policy-driven organic carbon input enhancement dominates soil organic carbon accumulation in Chinese croplands. Proceedings of the National Academy of Sciences of the United States of America，115（16）：4045-4050.

Zhu X J，Yu G R，He H L，et al 2014. Geographical statistical assessments of carbon fluxes in terrestrial ecosystems of China：results from upscaling network observations. Global and Planetary Change，118：52-61.

Zhu Z C，Piao S L，Myneni R B，et al. 2016. Greening of the Earth and its drivers. Nature Climate Change，6：791-795.

第8章　海洋生态系统与环境

主要作者协调人：俞志明、余克服
编　　　　审：林光辉
主　要　作　者：黄良民、李超伦、陈建芳、刘东艳
贡　献　作　者：王　斌、张　芳、陶振铖、吴在兴、周林滨

▪ 执行摘要

　　基于调查数据和文献资料，对中国近海生态环境现状和变化趋势进行了评估。无机氮浓度在渤海、黄海、东海和南海四大海区近岸海水中均呈增加趋势，水体富营养化较为突出（高信度）；四大海区典型近岸海域溶解氧（dissolved oxygen，DO）浓度均出现不同程度的降低趋势，其中夏季低氧区面积不断扩大，2016 年以来夏季的长江口底层甚至出现了近无氧状态（高信度）；季节性的海水酸化现象在渤海、黄海、东海均有发生；2000 年以来，渤海，黄海和东海在春夏季出现硅藻向甲藻的季节性演替，且甲藻的丰度比例和优势逐渐升高（高信度）；黄东海的大型水母继 20 世纪 90 年代末以来出现数量增加和暴发后，在2013~2018 年数量相对下降；2010 年以来，近海赤潮暴发优势种中甲藻逐渐增多，且局部出现了多种藻华灾害（如绿潮、金潮等）并发的现象，从长时间序列来看，2000 年以后我国正处于赤潮暴发的高峰期（高信度）。

8.1 引　言

《中国气候与环境演变：2012》第一卷科学基础关于近海环境的章节着重介绍了中国近海温度、盐度、环流、海平面的状况和变化。其中，在近海生物地球化学特征方面，在分析我国近海不同海区碳、氮、磷、硅等生源要素特征的基础上，指出气候变化可能通过改变降雨径流、海表温度和二氧化碳浓度等而使近海富营养化、低氧和酸化等问题加剧。其列出了目前我国近海存在的一系列较为突出的生态环境问题，但尚未针对渤海、黄海、东海和南海等海区开展较为全面的生态系统与环境现状综合评估和趋势分析，对一些典型生态环境问题，诸如酸化、微塑料、生态灾害等也还未系统、深入地开展现状特点和变化趋势的分析。

本章将重点基于《中国气候与环境演变：2012》之后中国近海生态系统和环境要素的观测事实与文献资料，分海区、分指标开展我国近海生态系统与环境现状和趋势分析，即选取能够代表生态系统和环境状况的化学、生物指标，综合分析和评估气候变化背景下，我国近海生态系统与环境现状、存在的典型生态环境问题及其发展变化趋势。评估海区包括渤海、黄海、东海和南海。相关指标包括指示富营养化、酸化、低氧等生态环境问题的营养盐（氮、磷等）、pH、溶解氧等，以及指示生态学特征的浮游植物、浮游动物、生物多样性和生产力、典型生态问题和生态灾害等。针对目前国际上的一些热点环境问题，其还包括微塑料等反映近海生态系统其他环境污染状况的指标。

本章主要是对观测的客观事实的描述，不过多展开相关机制分析，侧重于为第二卷第 5 章"海洋生态系统"提供事实依据和科学基础。同时，本章注重生态系统和环境要素的协同分析，同时还充分考虑与本卷第 5 章"海洋变化"相关内容的交叉与互补。

本次评估的开展，弥补了以往气候和生态环境评估中未深入研究我国整个近海生态系统评估的不足，将有助于加深我们对全球气候变化背景下我国近海生态系统和环境演变的理解，从而为应对因气候变化因素而加剧的近海生态系统和环境问题制定相应管理决策提供科学依据。

8.2　我国近海生态系统与环境现状

8.2.1　物理、化学环境

1 我国近海溶解氧和 pH 时空分布现状

1）渤海

根据近海海洋综合调查与评价重大专项（"908 专项"）调查渤海海区的资料（2006~2007 年），以及对比历史资料来阐述渤海海区溶解氧的分布特征。根据渤海多年溶解氧特征值统计结果可知其季节性的变化特征主要表现为：①受水体温度影响，春季水体溶解氧平均含量（7.76~12.19mg/L，平均值为 10.49mg/L）、冬季（9.12~13.33mg/L，平均值为 10.76mg/L）要高于夏季（3.95~10.34mg/L，平均值为 7.61mg/L）和秋季（5.82~10.45mg/L，平均值为 7.95mg/L）。②受水体温度跃层影响，夏季表层水体溶解氧含量高于底层，其他季节表底层溶解氧含量和空间变化趋势基本一致；溶解氧含量年最高值出现在 2 月（个别为 3 月），年最低值均出现在 8 月；溶解氧含量年最高值出现在冬季辽东湾，年最低值出现在夏季黄河口附近。21 世纪 10 年代以来，渤海溶解氧的空间分布变化主要体现在底层溶解氧含量呈现降低趋势，以及夏季渤海西北部和北部底层水体中低氧区（溶解氧小于 3mg/L）的形成（Zhai et al.，2012；Zhao et al.，2017；Wei et al.，2019）与该区域受富营养化等的影响等密切相关，相关年际变化详见 8.3.1 节。

在 pH 的时空分布上，夏季表层水体平均 pH 高于底层，其他季节表底层水体平均 pH 和分布趋势基本一致，夏季 pH 在辽东湾和渤海湾顶部及海区中部稍高，秋季辽河、滦河口及莱州湾表层水体平均 pH 较高。在 pH 的季节分布上，秋季 pH 较低（范围为 7.73~8.25，平均值为 8.02），冬季 pH 较高（范围为 7.97~8.42，平均值为 8.23）。21 世纪 10 年代以来，pH 的空间分布变化主要体现在夏季表层水体的 pH 增加和冬季底层水体的 pH 降低的趋势，且在夏季低氧水体观测到低 pH（pH=7.64）（Zhai et al.，2012）和低碳酸钙饱和度（$\Omega<2.0$）的现象（Xu et al.，2018；Zhai et al.，2019）。

2）黄海

根据 1997~1999 年中韩"黄海水循环动力学合作研究"项目以及"908 专项"（2006~2007 年）的调查资料，介绍黄海溶解氧的分布趋势，并对比历史资料来阐述黄海海区溶解氧的空间分布特征。南黄海水体溶解氧的季节变化特征整体上受温度和浮游植物光合作用的影响，溶解氧的主要分布特征为：①表层水体溶解氧含量主要受控于海水温度，因此季节变化顺序由大到小依次为 4 月（浮游植物春季水华期）>2 月（冬季）>5 月（春季）>11 月 >10 月（秋季）>7 月（夏季）。②中层（20~30 m）水体溶解氧含量主要受控于浮游植物的光合作用，季节变化顺序由大到小依次为：4 月 >7 月 >5 月 >10 月 >2 月 >11 月。③底层水体溶解氧含量在有机物分解耗氧过程的影响下，表现为 2~11 月逐步递减。21 世纪 10 年代以来，黄海的溶解氧空间分布变化主要体现在夏季底层水体溶解氧含量的降低（石强，2018）。

在 pH 的空间分布上，黄海表层水体 pH 具有近岸低、远岸高的趋势，特别是黄海西南部 pH<8.15，而中央海域 pH>8.20。夏季底层水体 pH 以南黄海南部较高，黄海冷水团中 pH 较低（pH<8.10）且形成一半封闭区，最低值达到 7.94。秋季表层水体 pH 表现为黄海北部较低（pH<8.15）、中央海域和济州岛以西较高（pH>8.20）。底层则在黄海南部和近岸海域较高（pH>8.15），黄海冷水团中 pH 较低（pH<8.05）且形成一封闭区，最低值达到 7.82。冬季表层水体受陆地径流影响强烈的南黄海西南部和东北部 pH 较低（pH<8.10），受黄海暖流水影响的区域 pH 较高（pH>8.15）。底层水体 pH 分布特征与表层一致。21 世纪 10 年代以来，黄海 pH 的空间分布变化主要表现为黄海冷水团中的低 pH 及低碳酸钙饱和度（$\Omega<1.5$）（Zhai et al.，2014）。

3）东海

根据 2006~2007 年"908-ST04 区块"任务单元在长江口及东海开展的春、夏、秋、冬四季多学科综合调查资料，分析了长江口水体溶解氧的季节变化（李宏亮等，2011）。春季，东海表层水体中溶解氧值为 7.21~12.78mg/L，夏季表层水体溶解氧值为 3.97~13.04mg/L，其最明显的特征是在 122.5°~123.5°E 区域有一个贯穿南北的"高氧带"，溶解氧值可达 8.00~13.00mg/L。长江口外 31°~32°N、122°~123.5°E 区域范围内，底层水体溶解氧值低至 2.00~3.00mg/L，是典型的低氧区，与表层高氧带相比，底层缺氧区的位置稍微偏南。21 世纪 10 年代以来，东海夏季底层缺氧有可能已逐渐严重，最近几年观测的底层溶解氧极小值显著降低（2016 年为 0.08mg/L，2017 年为 0.38mg/L），水体出现接近无氧的状态。秋季表层水体中溶解氧值为 6.12~12.09mg/L，冬季表层水体溶解氧值为 7.00~11.98mg/L，总体上均呈近岸高、外大陆架低的分布趋势。

在 pH 的空间分布上，东海的海水 pH 变化范围为 7.30~8.52，春季和夏季，部分区域受赤潮影响，pH 较高。其中，春季表层变化范围为 7.05~8.19，平均值为 7.96；中层变化范围为 7.10~8.19，平均值为 7.96；底层变化范围为 7.11~8.18，平均值为 7.96，空间分布上具有分带性，表现为近岸低、外海高的趋势，长江冲淡水团的 pH 较低，外海水的 pH 较高。沿岸流水团中的 pH 呈现快速变化的特征，在有赤潮或者高生产力的区域，出现表层 pH 的高值区。而夏季浙江近岸上升流区域观测到的 pH 较低（7.86）（Chou et al.，2013b）。

4）南海

南海的溶解氧的表层分布主要受季风气候和温度等的影响，相对较为均匀。而由于南海属于深海海盆，水深变化较大，因而其垂向的变化较水平的空间变化更为显著。表层水主要受温度和海气交换的影响，台风等过程会促进大气中的氧气溶解进入表层海水，上升流区域的高营养盐输送会促进表层浮游植物生长，从而增加表层的溶解氧。在垂直分布上，南海的溶解氧随着深度增加而下降，在 800~1000m 处溶解氧的浓度降低至极小值，随后随着深度增加又略有上升（Wang A et al.，2018）。珠江口溶解氧的水平和垂直分布特征为：表层水中夏季的溶解氧水平较冬季低，且变化较大。夏季，在盐度小于 12 时，溶解氧呈未饱和状态，在盐度大于 12 时，溶解氧呈饱和状态。而在冬季，整个珠江河口区的溶解氧均呈饱和状态。在次表层（>5m），夏季溶解氧的浓度变化范围为 0.71~6.65mg/L，冬季溶解氧的变化范围为 6.58~8.20mg/L（Li G et al.，2018）。

在 pH 方面，南海表层海水的 pH 受大陆架淡水的影响，分布范围较大，且有盐度越小 pH 越大的趋势，表层海水以下 pH 随深度增加逐渐减小，这一变化在水深 600m 以内较为显著；600m 以下的 pH 变化幅度较小。水深 600~1000m 的 pH 介于 7.65~7.70，在水深 1000m 以下，pH 几乎没有变化。与菲律宾海相比，南海的 pH 约低 0.15；而在 2200m 以下，两个海区的 pH 较为接近。此外，南海在 1000m 的 pH 极小值并不显著，这与南海深层环流中的垂直混合涌升等过程有关。2010 年以来，南海北部海区溶解氧和 pH 的空间分布变化与珠江径流输入有关，珠江口外底层水体中的低溶解氧和低 pH 显然受有机质来源影响，其中陆源有机质对缺氧的贡献为 35% 左右，海源自生有机质贡献为 65%（Su et al.，2017；Qian et al.，2018；Zhao et al.，2019）。在空间上，南海 pH 的空间变化则表现出河口区、沿岸流区和深层海水影响的区域以及近岸海域低，外海表层海水影响的海域以及海洋浮游植物活动强烈的区域高的特征。

2. 我国近海营养盐分布现状

总体来看，渤海、黄海、东海及南海海水营养盐（硝酸盐、铵盐、磷酸盐、硅酸盐等）的空间分布具有近岸高、离岸低的特点。近岸及海湾，如渤海湾、莱州湾、长江口、杭州湾、闽江口以及珠江口等海域都具有较高的营养盐浓度，富营养化问题较为突出；离岸表层海水受低营养盐的外海表层水混合以及海洋浮游植物摄取的影响，其营养盐浓度较低。

1）渤海

渤海属于西太平洋的边缘海，三面环陆，仅渤海海峡与北黄海相通，面积和体积最小，表现为典型的半封闭海湾，水体交换周期最长。在强烈的陆源输入、海水养殖和大气沉降等自然和人为叠加的影响下，水体富营养化持续加剧。模式研究显示，莱州湾半交换期约为 0.5 年，渤海湾半交换期约为 0.8 年，中央海域半交换期约为 1.5 年，辽东湾半交换期约为 3 年（魏皓等，2002；Li et al.，2015）。以"908 专项"调查资料（2006~2007 年）为基础，介绍渤海营养盐的空间分布特点。渤海水体营养盐浓度总体呈现近岸高、外海低的空间分布特点，其中渤海湾及莱州湾硝酸盐超过 20.0µmol/L，亚硝酸盐浓度约为 5.0µmol/L，磷酸盐浓度可达 1.0µmol/L；渤海海区中部受外海水影响，营养盐浓度较低，其中硝酸盐浓度降低至 5.0µmol/L，夏季磷酸盐浓度降低至 0.1~0.2µmol/L。在季节分布上，渤海海域硝酸盐浓度平均值具有夏季低（平均值为 5.85µmol/L）、春季高（平均值为 15.28µmol/L）的特点；亚硝酸盐和铵盐呈现冬季最低（NO_2^- 为 0.24µmol/L，NH_4^+ 为 2.20µmol/L）、夏季最高（NO_2^- 为 1.59µmol/L，NH_4^+ 为 3.88µmol/L）的特点；磷酸盐平均值呈现夏季最低（平均值为 0.25µmol/L）、冬季最高（平均值为 0.75µmol/L）的特点；硅酸盐浓度呈现春季最低（平均值为 15.64µmol/L）、夏季最高（平均值为 30.93µmol/L）的特点。与《中国气候与环境演变：2012》评估报告相比，渤海的富营养化水平有所升高。其中，春季渤海海域的硝酸盐浓度至少增加了 2 倍（从 1.00~10.0µmol/L 到平均值 15.28µmol/L）；磷酸盐的浓度略有升高（从 0.04~0.60µmol/L 到平均值 0.25~0.75µmol/L）；硅酸盐的浓度至少增加了 2 倍，从 1.0~10.0µmol/L 增加到春季平均值的 15.6µmol/L。21 世纪 10 年代以来，渤海营养盐的空间分布变化主要体现在溶解无机氮的升高、磷酸盐和硅酸盐的降低，营养盐结构从 20 世纪 90 年代的氮限制向 21 世纪 10 年代的磷限制转变（Xin et al.，2019；Wang A et al.，2018）。

2）黄海

黄海为陆架边缘海，总面积约为 $38 \times 10^4 km^2$，分为北黄海和南黄海两部分，北黄海位于山东半岛和辽东半岛之间，东邻朝鲜，西接渤海，平均水深 40m。南黄海与东海相邻，二者以长江口与韩国济州岛连线为界，面积约 $30 \times 10^4 km^2$，平均水深 44m，最深处 103m。

以"908专项"调查资料（2006~2007年）为基础，介绍黄海营养盐的空间分布特点。黄海水体营养盐浓度具有近岸高、外海低的分布特点，黄海硝酸盐平均值季节变化具有夏季最低（0.05~8.34μmol/L，平均值为2.89μmol/L）、秋季最高（0.11~42.00μmol/L，平均值为7.44μmol/L）的特点。黄海亚硝酸盐平均值春季最低（0.01~0.67μmol/L，平均值为0.13μmol/L）、秋季最高（0.01~3.68μmol/L，平均值为0.51μmol/L），其中黄海中部海域为亚硝酸盐浓度的低值区（0.10~0.20μmol/L）。黄海铵盐平均值为秋季最低（0.02~6.41μmol/L，平均值为0.42μmol/L）、夏季最高（0.02~6.29μmol/L，平均值为1.39μmol/L）。黄海北部辽东半岛东南沿海海域磷酸盐浓度存在大于1.0μmol/L的高值区，黄海中部海域磷酸盐浓度则可低至0.10μmol，季节分布上呈现夏季最低（0.01~1.24μmol/L，平均值为0.21μmol/L）、冬季最高（0.03~1.22μmol/L，平均值为0.44μmol/L）的特点，其中冬季在江苏南部附近海域存在磷酸盐浓度大于4.0μmol/L的高值区。硅酸盐浓度为夏季最低（0.23~35.96μmol/L，平均值为5.08μmol/L）、冬季最高（13.18~41.79μmol/L，平均值为30.93μmol/L）。与《中国气候与环境演变：2012》评估报告相比，黄海营养盐的空间分布差异仍然较大，硝酸盐浓度范围基本持平，磷酸盐略有升高，硅酸盐的浓度范围则从1.5~20μmol/L增加至0.23~41.79μmol/L，尤其是冬季的硅酸盐浓度升高较为显著，至少增加了2倍。21世纪初以来，黄海营养盐结构的变化主要体现在溶解无机氮和N/P值的增加（Wei Q S et al.，2015；Yang F X et al.，2018）。

3）东海

东海属于西北太平洋边缘海，具有广阔的大陆架区域。东海的营养盐收支和分布特点受控于水文环流控制的物理混合过程以及生物地球化学过程控制的消耗、再生、移除等。自20世纪50年代以来，基于数次国家海洋调查（Wang et al.，1991）以及大量的科学调查航次（Chen，2009；Gong et al.，1996；Wang et al.，2003；Zhang et al.，2007），对东海营养盐时空分布、年代际变化特征有了较丰富的数据积累。

东海营养盐主要源于黑潮、台湾海峡暖水、河流、黄海、大气、沉积物的贡献。从通量上看，黑潮、台湾海峡暖水、河流是东海溶解性无机氮（DIN，包括NO_3^-、NO_2^-和NH_4^+）、溶解性无机磷（DIP）、溶解态硅（DSi）的最主要来源，此外沉积物释放也对东海水体NH_4^+有重要贡献（Zhang et al.，2007）。相比于黑潮和台湾海峡暖水，河流端源（长江和钱塘江等）通常具有较高的营养盐含量，从而造成河口区呈现富营养化状态（Wang A et al.，2018）。从河口区向大陆架开阔水体，随着河流贡献的比例逐渐降低和浮游植物的消耗，表层营养盐逐渐从富营养化转变为寡营养状态（Zhang et al.，2007）。营养盐丰富的长江冲淡水影响区域变化可导致长江口锋面区域营养盐浓度产生强烈的短时间尺度变化（Wang K et al.，2017）。另外，动力机制如台风可强迫冲淡水向南移动，并可能将高营养盐陆源物质带到浙江沿岸（Zhang et al.，2018）。在垂向剖面上，大陆架大部分水体呈现表层低、底层高的特点，主要受控于表层浮游植物的消耗以及颗粒态物质在水柱中的再生过程；但在水深较浅的近岸水体中，垂向混合程度以及咸淡水混合的季节性变化则导致营养盐垂向分布特征发生变化（Zhang et al.，2007）。黑潮与东海之间存在活跃的物质与能量交换，不同水团挟带各种形态的生源要素跨大陆架输运，从而影响东海营养盐的收支情况，进而影响东海生态系统变化。中国台湾东北部陆架边缘海域的冷涡（上升流）是黑潮和东海大陆架溶解态和颗粒态物质交换的一个重要通道，黑潮次表层水在此处常年入侵东海大陆架（Song et al.，2018）。

4）南海

南海是太平洋最大的边缘海，既有宽阔的大陆架，又有大洋特征的海盆。其海盆区域水体与太平洋发生复杂、动态的交换；而其北部大陆架区受珠江等沿岸入海径流输入影响显著，因此南海营养盐分布具有类似大洋又有陆架边缘海的双要素特征（表 8-1）。

表 8-1　南海北部海盆和大陆架区营养盐的浓度　　　　（单位：μmol/L）

水域		硝酸盐	亚硝酸盐	铵盐	磷酸盐	硅酸盐
南海海盆	表层	<0.1	0.01~0.1	0.01	<0.1	0.5~2
	近底层	38.5	0.01~0.1	0.01~0.1	2.8	145
北部大陆架	表层	0.1~100	0.01~5	0.1~6	0.1~1	2~100
	近底层	5~140	0.1~10	0.1~10	1~4	10~160

根据"908 专项"调查资料（2006~2007 年）以及文献资料（Wong et al.，2007；Du et al.，2017），介绍南海营养盐的空间分布特点。在营养盐空间分布格局上，海盆区和北部大陆架区差异较大。南海北部大陆架区受珠江等河流冲淡水、沿岸上升流、沿岸流等影响，水文动力环境复杂，表层营养盐的水平比海盆区高，空间呈现由近岸向陆坡和海盆区递减的趋势。南海北部陆架区营养盐高值区在珠江口附近，其中硝酸盐浓度为 100.0μmol/L，亚硝酸盐浓度大于 4.0μmol/L，磷酸盐浓度大于 1.0μmol/L，硅酸盐浓度超过 100.0μmol/L。外海水影响的台湾海峡和海南岛北部与西部海域是硝酸盐浓度小于 5.0μmol/L 的低值区。南海海盆区上混合层（表层以下几十米以浅）营养盐贫乏，硝酸盐和磷酸盐含量往往低至 nmol/L 级别，水平分布比较均匀，具有热带开阔大洋的特征。受季风影响，混合层的深度会发生改变（其中，北部南海陆架区冬季混合层深度为 70m、夏季为 40m），南海北部海盆区表层营养盐浓度存在显著的季节变化，呈现冬季高于夏季的季节变化特征。混合层以下海水营养盐含量随深度的增加而增加，这主要由有机物降解所致。硝酸盐浓度由表层的 0.1μmol/L 左右迅速增大到 600m 处的 30μmol/L 左右，之后增大速度减缓；磷酸盐的浓度水平从表层的几十个 nmol/L 增大到 1000m 的 2.6μmol/L 左右，到 2000m 深度营养盐浓度达到稳定，硝酸盐和磷酸盐的浓度分别为 38.5μmol/L 和 2.8μmol/L 左右，N/P 值约为 14。硅酸盐由表层的约 2μmol/L 增加到 2000m 处的约 145μmol/L，之后随着水深的增加，浓度基本不变。亚硝酸盐和铵盐浓度整个水柱都很低，处在 nmol/L 量级，在次表层（50~100m）出现极大值层。在深水区域，南海南部的营养盐浓度水平略高于北部，这是因为南海深层水来自 2000m 处的深层水，经巴士海峡，由北往南流，沿途累积了大量的生物排泄物、分泌物及死亡有机物的分解产物。

8.2.2 生物和生产力

1. 渤海

通过文献检索、对国家和各海区的海洋环境状况公报等相关数据的搜集，分析总结渤海 2012~2019 年叶绿素 a、浮游植物、浮游动物、生物多样性、初级生产力等的空间分布现状。

1）浮游植物生物量分布特征

渤海是我国唯一的内海，主要可以划分为渤海湾、莱州湾、辽东湾、渤海中部和渤海海峡五大海区。渤海叶绿素 a 浓度和浮游植物丰度均由近岸向渤海中部递减，在莱州湾、渤海湾、辽东湾相对较高，在渤海中部和渤海海峡相对较低。

2012~2019 年开展和发表的一些航次调查显示，渤海表层叶绿素 a 浓度由渤海湾向渤海中部逐渐减小（王毅波等，2019；张莹等，2016；周艳蕾等，2017）。例如，2012~2014 年渤海湾、莱州湾和渤海中部不同季节的航次调查表明，渤海湾秋季、春季和夏季表层叶绿素 a 浓度分别为 2.26 ± 1.85μg/L、2.16 ± 1.69μg/L 和 6.46 ± 3.92μg/L；莱州湾春季和秋季的表层叶绿素 a 浓度分别为 4.61 ± 2.00μg/L 和 4.35 ± 3.47μg/L；而渤海中部表层叶绿素 a 浓度在春季和夏季分别为 1.66μg/L 和 3.54μg/L（Liu et al.，2019；刘丽雪等，2014；刘西汉，2019；刘西汉等，2020；孙慧慧等，2017；张莹等，2016）。由此可以发现，渤海中部叶绿素 a 浓度相对较低，而在季节变化上，表层叶绿素 a 浓度一般以夏季最高。遥感反演得到的表层叶绿素 a 浓度的空间分布和季节变化结果与航次调查的结果类似，渤海表层叶绿素 a 浓度整体上呈近岸高、中部海域低的分布趋势，同时一般在 5~9 月出现叶绿素 a 浓度高峰（Fu et al.，2016；Zhang H et al.，2017；姜德娟和张华，2018；许士国等，2015）。此外，通过收集整理 2012~2019 年开展和发表的渤海表层叶绿素 a 浓度现场调查和遥感反演的资料 [图 8-1（a）]，同样可以发现渤海海湾的叶绿素 a 浓度（不同季节的均值为 3.39~6.20μg/L）普遍高于渤海中部（不同季节的均值为 2.18~2.67μg/L），同时渤海叶绿素 a 浓度整体上表现为夏季高（夏季不同区域的均值为 2.67~6.20μg/L）、冬季低（冬季不同区域的均值为 2.65~3.85μg/L）的特征。

2012~2019 年开展和发表的一些航次调查表明，渤海表层浮游植物丰度的空间分布和季节变化规律与表层叶绿素 a 浓度基本一致，整体上呈现出"三湾高，渤海中心低"的特征；在季节变化上，浮游植物丰度春夏季高、秋冬季低（Yang G et al.，2018；栾青杉等，2018；孙雪梅等，2016；王毅波等，2019）。无论是网采浮游植物调查数据还是水样镜检的结果均支持以上观点（Liu et al.，2019；刘西汉，2019；刘西汉等，2020；孙慧慧等，2017；王毅波等，2019）。例如，网采浮游植物调查数据显示，渤海夏季浮游植物丰度在莱州湾西南部黄河口附近存在一个相对稳定的高值区，渤海中部浮游植物丰度相对较低且稳定（王毅波等，2019）；而采集表层水样进行镜检的结果显示，渤海湾表层浮游植物丰度在 2014 年夏季为 16.31 × 10⁴cells/L，2014 年春季和 2013 年秋季分别为 0.74 × 10⁴cells/L 和 0.89 × 10⁴cells/L，夏季具有最高的浮游植物丰度（Liu

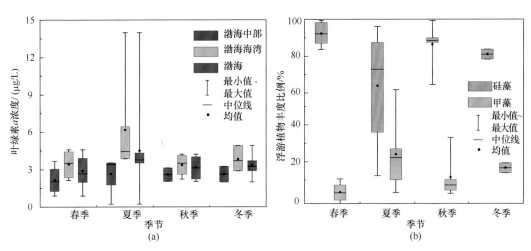

图 8-1　2012~2019 年调查和发表的渤海表层叶绿素 a 浓度（a）和浮游植物丰度（b）季节变化

资料来源见表 8-2

et al.，2019；刘西汉，2019；刘西汉等，2020）。此外，遥感反演的结果也显示渤海浮游植物丰度近岸高而离岸低，与航次调查结果吻合（Sun et al.，2019）。

初级生产力在很大程度上与浮游植物丰度和叶绿素 a 浓度密切相关，对 2003~2016 年渤海初级生产力时空分布的研究表明，在空间分布上，初级生产力高值区为辽东湾、渤海湾、莱州湾和秦皇岛邻近海域，低值区主要为渤海中部，呈现出由近岸向远岸逐步降低的趋势；在季节变化上，表现为夏季>秋季>春季>冬季，其中月均值以 8 月最高，为 5265mg C/（$m^2 \cdot d$），1 月最低，为 677mg C/（$m^2 \cdot d$）（李晓玺等，2017）。

表 8-2　2012~2019 年调查和发表的渤海表层叶绿素 a 浓度和浮游植物丰度的文献来源

叶绿素 a 浓度				浮游植物丰度			
区域	时间	方法	参考文献	区域	时间	方法	参考文献
渤海	2014 年春季	高效液相色谱分析	Sun et al.，2018	渤海	2015 年夏季	网采浮游植物镜检	王毅波等，2019
	2015 年夏季	荧光法	王毅波等，2019		2012 年春季和秋季	网采浮游植物镜检	杨阳等，2016
	2013 年夏季和秋季，2014 年春季	分光光度法	周艳蕾等，2017		2012 年秋季	水样浮游植物镜检	苑明莉等，2014
	2003~2014 年	遥感反演	Fu et al.，2016				
	2000~2012 年	遥感反演	Zhang H et al.，2017				
渤海中部	2015 年春季和夏季	高效液相色谱分析	Lu et al.，2018	渤海中部	2015 春季和夏季	高效液相色谱分析	Lu et al.，2018
	2012 年春季	分光光度法	刘丽雪等，2014		2013 年全年	网采浮游植物镜检	孙雪梅等，2016
	2013 年夏季	分光光度法	张莹等，2016				
辽东湾	2015 年全年	遥感反演	贾越平等，2019				

叶绿素 a 浓度				浮游植物丰度			
区域	时间	方法	参考文献	区域	时间	方法	参考文献
渤海湾	2013 年春季和 2012 年夏季	分光光度法	Qiao et al., 2017	渤海湾	2013 年夏季和 秋季	网采浮游植物 镜检	武丹等，2016
	2013 年秋季、 2014 年春季和 夏季	分光光度法	Liu et al., 2019； 刘西汉，2019； 刘西汉等，2020		2013 年秋季、 2014 年春季和 夏季	水样浮游植物 镜检	Liu et al., 2019； 刘西汉，2019； 刘西汉等，2020

2）浮游植物物种组成特征

渤海浮游植物类群中，硅藻占绝对优势，甲藻次之，各海湾和渤海中部均呈现出此规律；然而，不同季节的浮游植物主要类群存在差异，一般从春季到初夏出现硅藻向甲藻的演替 [图 8-1（b）]；而浮游植物物种多样性指数整体上呈现出近岸高、渤海中部低的特征。

网采和水样采集的浮游植物样品结果均表明，渤海浮游植物生态类型以温带近岸性物种为主（Yang G et al., 2018；孙雪梅等，2016）。硅、甲藻是渤海浮游植物的主要类群（Lu et al., 2018；Yang G et al., 2018；刘西汉，2019；栾青杉等，2018；孙雪梅等，2016；王毅波等，2019；杨阳等，2016），春季、秋季和冬季硅藻一般占据绝对优势，而夏季甲藻的比例会升高甚至超过硅藻，出现硅藻向甲藻的演替（Liu et al., 2019；Lu et al., 2018；栾青杉等，2018；杨阳等，2016）。2012~2019 年开展调查和发表的渤海浮游植物丰度比例的资料 [图 8-1（b）] 显示，春季硅藻是浮游植物的主要类群，占浮游植物总丰度的 80% 以上，其次是甲藻（均值为 6.2%）；夏季硅藻丰度占比降低，平均为 63.5%，而甲藻丰度占比明显升高（均值为 26.6%），甚至在部分调查中超过硅藻；到秋季和冬季浮游植物群落又恢复为硅藻明显占优的结构。另外，整个渤海海域浮游植物优势种同样存在明显的演替（Liu et al., 2019；刘西汉，2019；孙慧慧等，2017；王毅波等，2019）。例如，2014 年春季和夏季渤海湾浮游植物的优势种分别为柔弱伪菱形藻（*Pseudo-nitzschia delicatissima*）和裸甲藻（*Gymnodinium aeruginosum*），2013 年秋季渤海湾的优势种则主要为具槽帕拉藻（*Paralia sulcata*）（Liu et al., 2019；刘西汉，2019；刘西汉等，2020）；2014 年春季莱州湾浮游植物的优势种主要为舟形藻，而秋季则主要为小环藻、圆筛藻和舟形藻（孙慧慧等，2017）。

从空间分布来看，渤海浮游植物物种多样性指数和均匀度指数较高的区域集中在渤海湾口和莱州湾口，渤海中部的物种多样性指数较低（孙慧慧等，2017；孙雪梅等，2016；王毅波等，2019）。例如，2014 年莱州湾航次调查结果表明，春季浮游植物物种多样性指数为 0.4~3.7，湾口与湾中央的物种多样性指数明显高于湾边缘；秋季物种多样性指数为 1.2~4.5，湾中央略高，物种多样性水平高于春季（孙慧慧等，2017）；而渤海中部的调查结果显示，浮游植物物种多样性指数为 0.17~3.01，均匀度指数为 0.02~0.92，并且均呈现出夏季 > 秋季 > 春季 > 冬季的趋势（孙雪梅等，2016）。从年际变化来看，《北海区海洋环境公报》（2012~2017 年）显示，渤海浮游植物物种多样性指数为 1.13~3.75，近年来变化不大。基于渤海 1959~2015 年的网采浮游植物调查资料，渤海浮游植物的物种丰富度指数变动范围为 0.35~1.92，平均值为 1.02；物种多样性指数在各年代际的变化范围为 1.26~3.20，平均值为 2.31；物种均匀度指数变动范围为 0.39~0.79，平均值为 0.66；1959~2015 年，渤海物种多样性水平在 20 世纪逐渐降低，21 世纪则有一定的回升（栾青杉等，2018）。渤海近岸区域由于受陆地输入的影响，嗜氮类的浮游植物类群丰度有增加的趋势，嗜磷类的浮游植物类群丰度有降低的趋势（Song，2010）。

3）浮游动物

渤海浮游动物呈现出典型的近海海湾生态特征。浮游动物优势种具有显著的四季演替现象，浮游动物种类数夏、秋季多于春、冬季。2009~2010 年，利用中型浮游生物网共采集记录到浮游动物 87 种，其中包含浮游幼虫 27 种；利用大型浮游动物网共采集记录到浮游动物 79 种，其中包含浮游幼虫 27 种。浮游动物成体分别隶属于原生动物门、刺胞动物门、栉水母动物门、脊索动物门、节肢动物门和毛颚动物门共 6 个门（王文杰，2011）。甲壳动物和刺胞动物为浮游动物的主要类群，其中浮游甲壳动物的种类数量占到总种类数的一半以上，桡足类为浮游甲壳动物的主要类群。渤海中部海域全年均出现的浮游动物优势种类共 2 种，分别为中华哲水蚤和强壮箭虫。渤海中部海域，春季共鉴定出浮游动物 29 种（含浮游幼虫 6 种），夏季共鉴定出浮游动物 45 种（含浮游幼虫 18 种），秋季出共鉴定浮游动物 42 种（含浮游幼虫 14 种），冬季共鉴定出浮游动物 33 种（含浮游幼虫 12 种）（徐东会等，2016）。另外，渤海的辽东湾、渤海湾、莱州湾、长岛海域、曹妃甸海域和黄海口邻近海域等浮游动物种类组成和丰度分布等均不尽相同，不同海域 / 海湾中影响浮游动物丰度分布和群落结构的主要环境因子各不相同（王秀霞，2014；王红，2015；韦章良等，2015）。

2. 黄海

1）浮游植物生物量分布特征

黄海为中国与韩国之间的陆架海，北接渤海，南连东海，一般分为北黄海和南黄海两部分，此外也可划分为黄海近岸海域和黄海中部海域。黄海叶绿素 a 浓度、浮游植物丰度均呈现近岸高于外海，由北向南递减的趋势，且河口入海近岸水域存在浮游植物丰度、初级生产力的显著高值区。

2012~2019 年开展和发表的一些黄海表层叶绿素 a 浓度现场调查和遥感反演的资料显示 [图 8-2（a）]，黄海近岸叶绿素 a 浓度（不同季节的均值为 2.28~2.82μg/L）普遍高于黄海中部（不同季节的均值为 1.02~1.92μg/L）；北黄海的表层叶绿素 a 浓度一般高于南黄海；北黄海南北岸、南黄海近岸部分地区为表层叶绿素 a 浓度的典型高值区（Li X et al.，2017；Yamaguchi et al.，2013；Zhang et al.，2016；纪昱彤等，2018；郑小慎等，2012）。从季节变化上看，黄海叶绿素 a 浓度整体上春、冬季较高（春季和冬季均值分别为 1.89μg/L 和 2.10μg/L），而夏、秋季较低（夏季和秋季均值分别为 1.54μg/L 和 1.13μg/L），其中黄海中部的这种季节变化更为明显 [图 8-2（a）]。春季，南黄海中部叶绿素 a 浓度达到该区域全年的峰值；夏季，受冷水团影响，跃层加强，阻断了营养盐的向上输送，限制了浮游植物的繁殖和生长，形成夏季叶绿素 a 浓度的低值区（Liu X et al.，2015；文斐等，2012；于非等，2006），卫星遥感也印证了这一现象（Xing et al.，2012；郑小慎等，2012）。而北黄海中部海域叶绿素 a 浓度则呈现双峰分布，峰值出现在 3 月和 10 月（郑小慎等，2012）。黄海近岸海域的季节变化情况与黄海中部存在差异，秋冬季出现表层叶绿素 a 浓度的高值区 [图 8-2（a）]，包括山东半岛南部、海州湾外侧等海域的水柱平均叶绿素 a 浓度也在秋冬季出现相对高值（Fu et al.，2010；郑小慎等，2012）。

黄海浮游植物丰度的空间分布和季节变化规律与表层叶绿素 a 浓度具有一定的一致性。北黄海的浮游植物丰度高于南黄海，且北黄海南北岸、南黄海苏北浅滩南部以及长江口近岸区域的浮游植物丰度相对较高（Yang G et al.，2018；Zhang et al.，2016；郭术津等，2013；纪昱彤等，2018；聂间间等，2014；张健等，2015；郑小慎等，2012）。受营养盐限制，北黄海中部、南黄海海州湾附近，浮游植物丰度全年保持较低水平（Yang G et al.，2018；刘述锡等，2013；聂间间等，2014；郭术津等，2013；张健等，2015）。黄海不同地区的浮游植物丰度还存在一定的季节差异 [图 8-2（b）]：在北黄海，其北部浮游植物丰度的高值出现在夏、冬季（刘述锡等，2015），南部山东半岛浮游植物丰度的高值出现在春季（刘述锡等，2013；聂间间等，2014）；在南黄海，中部海域浮游植物在春季出现爆发性增长，初级生产力可达 900mg C/（m² · d），而该区域浮游植物丰度的低值出现在夏季，初级生产力仅为 700mg C/（m² · d）左右（Liu X et al.，2015；文斐等，2012；于非等，2006）。另外，从垂向上看，冬季南黄海叶绿素 a 浓度和浮游植物丰度均分布均匀；夏季除河口和垂直混合显著的浅海沿岸地区外，叶绿素 a 浓度的最大值带位于水深为 20~30m 的次表层，而浮游植物的最大丰度则主要出现在 0~10m 水层，底部丰度相对较小（Fu et al.，2010；Liu H et al.，2015；Jin et al.，2013；Zhang et al.，2016）。

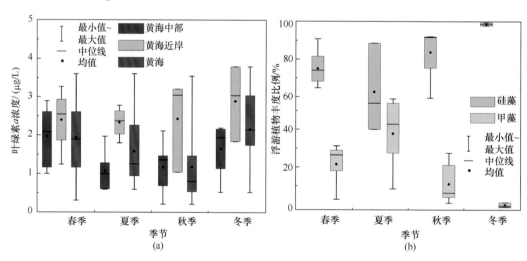

图 8-2　2012~2019 年调查和发表的黄海表层叶绿素 a 浓度（a）和浮游植物丰度（b）的季节变化

资料来源见表 8-3

表 8-3　2012~2019 年调查和发表的黄海表层叶绿素 *a* 浓度和浮游植物丰度的文献来源

叶绿素 *a* 浓度				浮游植物丰度			
区域	时间	方法	参考文献	区域	时间	方法	参考文献
黄海近岸	1998~2012 年	遥感反演	郑小慎等，2012	南黄海	2014 年秋季	水样浮游植物镜检	Li X et al.，2017
	2006 年夏季，2007 年春季、秋季和冬季	荧光法	Fu et al.，2009		2006 年春秋季和 2007 年春夏季	高效液相色素分析	Liu X et al.，2015
	1997~2007 年	遥感反演	Xing et al.，2012		2014 年春季	水样浮游植物镜检	Zhang et al.，2016
	2003 年春季和夏季	荧光法	Zhang et al.，2016		2011 年夏季和秋季	水样浮游植物镜检	Liu H et al.，2015
黄海中部	2006 年夏季，2007 年春季、秋季和冬季	荧光法	Fu et al.，2018		2009 年夏季	水样浮游植物镜检	田伟和孙军，2011
	2016 年夏季	荧光法	Jiang et al.，2018		2006 年冬季	网采浮游植物镜检	杜秀宁和刘光兴，2009
	1997~2007 年	遥感反演	Xing et al.，2012		2011 年秋季	水样浮游植物镜检	郭术津等，2013
	1998~2012 年	遥感反演	郑小慎等，2012	北黄海	2009 全年	网采浮游植物镜检	刘述锡等，2013
黄海	2011 年春季和夏季	荧光法	文斐等，2012		2011 年春季	网采浮游植物镜检	聂间间等，2014
	2011 年夏季、2013 年夏季	荧光法	Fu et al.，2018		2012 秋季	水样浮游植物镜检	苑明莉等，2014
	1997~2007 年	遥感反演	Xing et al.，2012	黄海	2013 年秋季	水样浮游植物镜检	纪昱彤等，2018
	2009 年冬季和夏季	荧光法	Jin et al.，2013				
	2006 年春季和秋季	高效液相色谱分析	Liu X et al.，2015				
	1998~2008 年	卫星遥感	Tan et al.，2011				
	2007~2008 年、2015~2017 年秋季	荧光法	黄备等，2018				

注：数据量较少，小部分文献发表于 2012 年之前。

2）浮游植物物种组成特征

在黄海浮游植物类群中，硅藻占绝对优势，甲藻次之；但不同季节浮游植物主要类群存在差异，夏季出现一定程度的甲藻丰度比例上升、硅藻丰度比例下降的现象［图 8-2（b）］。沿海区域的物种多样性指数高、均匀度指数低，离岸区域则相反。

黄海的生态类群以温带近岸种和广布性种为主，北黄海有少数高盐外海性种和暖水性种（刘述锡等，2013；聂间间等，2014），而南黄海则存在少数冷水种和热带种（Yang G et al.，2018）。硅、甲藻是黄海浮游植物的主要类群，一般情况下硅藻丰度明显高于甲藻，但夏季甲藻的比例会升高甚至超过硅藻，从春季至夏季存在硅藻向甲藻的演替（Fu et al.，2018；Li X et al.，2017；Zhang et al.，2016；张健等，2015）。2012~2019 年开展和发表的关于黄海浮游植物丰度比例的资料［图 8-2（b）］显示，春季硅藻是浮游植物的主要类群，占浮游植物总丰度的 63.7%~90.0%，其次是甲藻（均值为 22.9%）；而夏季硅藻丰度占比降低，平均为 61.6%，而甲藻丰度占比明显升高（均值为 39.3%），甚至在部分调查中超过硅藻；到秋季和冬季浮游植物群落又表现出硅藻明显高于甲藻的现象。黄海浮游植物主要类群不仅存在季节上的演替，还存在空间分布差异：在黄海冷水团区域，甲藻和硅藻是主要的浮游植物类群，金藻等其他浮游植物类群的数量较少；在夏季南黄海近岸，硅藻为浮游植物的主要优势类群，而此时在山东半岛东北部，甲藻则成为优势类群（Fu et al.，2018；Li X et al.，2017；Yang G et al.，2018）。从垂向分布来看，硅藻和蓝藻的丰度在 10m 深时达到最大值；硅藻在各深度分布均匀，而蓝藻在垂直方向上分布非常不均匀，且在不同区域存在差异；甲藻和隐藻在表层水体中丰度最大，随水深的增加丰度逐渐降低（Zhang et al.，2016）。

黄海浮游植物的物种多样性指数存在一定的区域差异性和季节变化特征。沿海区域的物种多样性指数高、均匀度指数低，离岸区域则相反。北黄海 2009 年航次调查数据表明，北黄海全年的浮游植物物种多样性指数范围为 0.069~3.675，平均值为 2.024；均匀度指数为 0.018~0.980，平均值为 0.636（刘述锡等，2013）。南黄海 2011 年航次调查数据表明，浮游植物物种多样性指数为 2.04~2.59，平均值为 2.37；均匀度指数为 0.58~0.72，平均值为 0.65（Gao et al.，2013）。从整体上看，南黄海相对于北黄海具有更高的浮游植物物种多样性指数（Li X et al.，2017；Yang G et al.，2018；Zhang et al.，2016；刘述锡等，2013）。从季节变化上看，山东半岛南、北岸全年的浮游植物物种多样性指数均较高，均匀度指数则较低，这在夏、秋季尤其明显（Li X et al.，2017；张健等，2015）；而南黄海整体的浮游植物物种多样性指数以秋季最高，其次为夏季和冬季，春季最低（Gao et al.，2013）。

3）浮游动物

南黄海和北黄海在浮游动物优势种组成上基本相同，浮游动物的主要类群均为浮游甲壳动物、刺胞动物和浮游幼虫，但是群落组成结构上存在比较明显的差异，浮游动物物种多样性的纬向梯度较小而趋于均匀。2006~2008 年，北黄海浮游动物共鉴定记录浮游动物 156 种（含浮游幼虫 30 种），物种数夏季最多，秋季次之，春季最少（刘光兴等，2011）。2007 年秋季，典型的暖水种小齿海樽在北黄海大量出现并成为浮游动物的优势种，这可能是温带水域的海洋生态系统对全球变暖的响应信号（陈洪举等，2015a）。南黄海共记录到浮游动物 191 种，其中浮游幼虫 34 种，刺胞动物和甲壳动物是浮游动物种类数最多的类群。夏季浮游动物物种多样性指数最低，秋季最高（王晓，2012）。根据浮游动物群落组成和机构，可将黄海浮游动物划分为 4 个群落：北黄海群落，位于北黄海以及山东南岸；黄海中部群落，包括南黄海大部分以及北黄海东部的几个站位，是包含站位最多、生物多样性最高的群落；苏北沿岸群落，位于江苏北部近岸水域，是站位最少、生物多样性最低的群落；南黄海近岸混合水群落，位于黄、东海交汇水域（李雨苑，2014）。根据浮游动物的粒径、摄食习性和营养功能，黄海浮游动物被分为 6 个功能群：大型甲壳类（giant crustacean）功能群、大型桡足类（large copepods）功能群、小型桡足类（small copepods）功能群、毛颚类（chaetognaths）功能群、水母类（medusae）功能群和海樽类（salps）功能群（Sun et al.，2010；时永强，

2015）（图 8-3，图 8-4）。影响黄海浮游动物分布的主要环境因子是海水温度和盐度。黄海冷水团和黄海暖流在黄海浮游动物空间分布模式中起着重要的作用。黄海冷水团是黄海主要浮游动物优势种中华哲水蚤和太平洋磷虾种群度夏的重要场所。

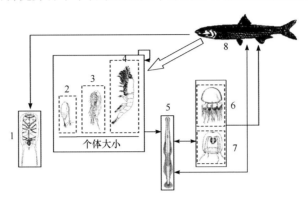

图 8-3　黄海各浮游动物功能群划分、各功能群之间及各功能群与高营养层次之间关系的示意图（Sun et al.，2010）

1.海樽类；2.小型桡足类；3.大型桡足类；4.大型甲壳类；5.小型水母类；6.大型水母类；

7.毛颚类；8.鱼类

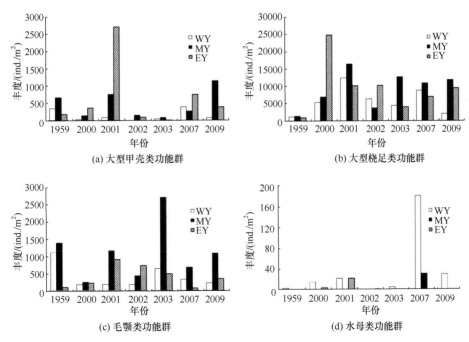

图 8-4　南黄海 1959~2009 年 6 月浮游动物功能群丰度年间变化（时永强，2015）

WY，南黄海西侧海域；MY，南黄海中部海域；EY，南黄海东侧海域

3. 东海

东海主要为陆架海区，长江径流挟带大量营养盐进入该海区，又有黑潮汇入，加上浙江近岸的上升流，其生态环境多样化，有利于生物资源的形成，我国著名的舟山

渔场即位于东海，但每年发生大规模赤潮，对渔业资源影响较大。东海叶绿素 a 浓度秋季最高，初级生产力、浮游植物丰度及浮游动物生物量均以夏季最高、冬季最低。

1) 叶绿素 a 和初级生产力

根据 2008 年春季（5 月）、夏季（8 月）、秋季（11 月）和 2009 年冬季（2 月）的现场调查结果，东海叶绿素 a 浓度秋季＞春季＞夏季＞冬季，分别为 1.61µg/L、1.33µg/L、0.93µg/L 和 0.65µg/L。春季、夏季和秋季最大值均出现在 0~10m 水层，冬季最大值出现在底层。叶绿素 a 浓度外海区季节变化较小，近岸区和垂直分布季节变化较大。初级生产力季节变化明显，表现为夏季＞秋季＞春季＞冬季（张玉荣等，2016）。根据遥感叶绿素 a 浓度月平均数据，东海叶绿素 a 浓度存在明显的季节变化，表现为冬季最低，4~5 月最高，温度和光照是影响东海叶绿素 a 浓度和初级生产力季节变化的重要因素（Ji et al.，2018；Sun et al.，2019；Liu et al.，2016）。

东海叶绿素 a 浓度和初级生产力受多种物理过程影响，如长江冲淡水、黑潮入侵、台风等物理过程对其的影响均与海表温度密切关联。由于海表温度和多种物理海洋过程与 ENSO、PDO 等气候关联，即气候变化引起物理海洋过程和海表温度变化，从而影响东海初级生产和叶绿素 a 浓度分布（Zhang et al.，2018；Chen C C et al.，2017；Wang T et al.，2017；Sun et al.，2016）。遥感数据表明，东海整体叶绿素 a 浓度存在长期增加的趋势（唐森铭等，2017；Ji et al.，2018），但局部海域叶绿素 a 浓度则可能具有降低的趋势（Fu et al.，2019）。

2) 浮游植物

2009 年 7~8 月（夏季）、12 月到翌年 1 月（冬季）、2010 年 11 月（秋季）和 2011 年 4~5 月（春季）的调查结果表明，东海浮游植物主要由硅藻、甲藻组成，共检出浮游植物 299 种。调查区夏季细胞丰度最高，平均为 8659.6cells/L；其次是秋、冬季，春季最低，分别为 4413.7cells/L、421.8cells/L 和 218.5cells/L。硅藻丰度在夏、秋、冬 3 个季节占总平均丰度的 95% 以上。甲藻丰度在春季最高，占总浮游植物丰度的 69%。浮游植物丰度高值区主要集中在长江口海域，并向外海呈递减趋势。物种丰富度自春夏秋冬逐渐升高（刘海娇等，2015）。东海整体浮游植物群落粒径结构组成没有明显的长期变化趋势（Sun et al.，2019）。甲藻所占比例存在季节差异。

长江口水体中的微型浮游植物主要分布在河口羽状锋区，在春季层化水体的上层生物量达到最高。微微型浮游植物（0.2~2µm）冬、春、夏、秋四季对总叶绿素 a 浓度的贡献分别为 21%、34%、38% 和 16%。小型浮游植物（20µm）冬、春、夏、秋四季对总叶绿素 a 浓度的贡献分别为 26%、11%、28% 和 27%，其主要分布于近河口区的最大浑浊带附近，在 122.52°E 以东海域生物量迅速降低。春、夏季浮游植物生物量显著高于秋、冬季。

闽南–台湾浅滩上升流区的浮游植物种类繁多，已报道 298 种，种类组成以暖水种居多，占 60% 以上；甲藻所占比例较高，为 35%，其优势种也多。

3) 浮游动物

2006~2009 年的调查中，东海共记录到浮游动物种类 887 种，其中包括浮游幼虫 37 种。长江口及其邻近海域共记录浮游动物 460 种，隶属于 7 个门，246 属，其中暖水种针刺拟哲水蚤和精致针刺水蚤已成为长江口海域浮游动物的优势种（陈洪举等，

2015b)（图 8-5）。长江口低氧区与邻近海域浮游动物群落结构存在差异，低氧区桡足类物种数明显低于邻近海域。东海浮游动物的物种多样性存在显著的季节变化，浮游动物种类数夏、秋季多于冬、春季（刘镇盛，2012）（表 8-4）。根据 2013 年 5 月（春季）、8 月（夏季）和 12 月（冬季）东海近岸海域 3 个航次调查资料，共鉴定浮游动物 108 种和浮游幼体 14 种，其中桡足类和水母类的种类和数量占绝对优势，桡足类 47 种，占总种数的 43.52%；水母类共 19 种，占总种数的 17.59%。浮游动物种类季节变化较明显，夏季显著高于春、冬季。浮游动物平均丰度与生物量随季节变化较明显，冬季最低，夏季平均生物量最高，春季平均丰度最高（杨杰青等，2018）。

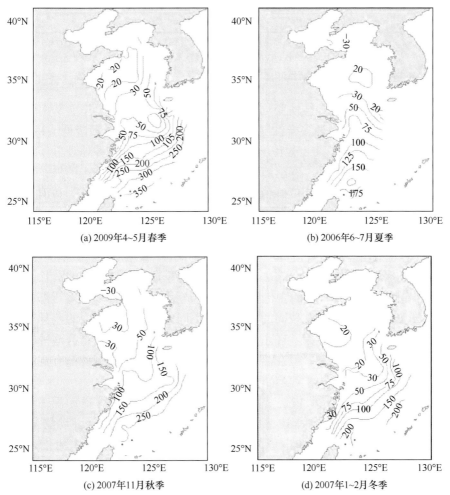

图 8-5　2006~2009 年黄东海浮游动物物种多样性的平面分布（陈洪举等，2015b）

图中数字代表物种个数

表 8-4　2006~2007 年长江口及其邻近海域浮游动物多样性指数的季节变化（刘镇盛，2012）

参数	春季	夏季	秋季	冬季
S	26.4 ± 13.4	37.4 ± 19.5	37.2 ± 24.8	10.1 ± 6.7
d	4.77 ± 2.21	6.65 ± 3.34	7.88 ± 4.020	4.36 ± 2.78
J'	0.595 ± 0.143	0.676 ± 0.120	0.766 ± 0.104	0.732 ± 0.169
H'	1.823 ± 0.473	2.345 ± 0.615	2.515 ± 0.744	1.544 ± 0.550
λ	0.315 ± 0.140	0.191 ± 0.123	0.159 ± 0.134	0.320 ± 0.180
ES(50)	11.049 ± 3.678	14.154 ± 5.599	15.297 ± 8.001	4.579 ± 2.739
ES(100)	14.323 ± 5.642	19.267 ± 8.432	20.408 ± 12.214	4.593 ± 2.741

注：S，每个站位物种总数；d，物种丰富度指数；J'，均匀度指数；H'，物种多样性指数；λ，优势度指数；ES（50）、ES（100），稀疏丰富度。表中四个季节对应的具体时间为夏季（2006 年 7~8 月）、冬季（2006 年 12 月 ~2007 年 2 月）、春季（2007 年 4~5 月）和秋季（2007 年 10~12 月）。

东海浮游动物的物种多样性变化梯度很大，呈现从外海到近岸、从南到北逐渐降低的趋势。浮游动物的物种多样性随黑潮流系影响的减弱而逐渐降低。1959~2009 年的资料表明，东海表层水温出现上升趋势，东海浮游动物温水种地理分布北移；偏冷水型暖温种（如太平洋磷虾）春季地理分布北移，在东海海域基本消失；春季广温型暖温种（如中华哲水蚤）高丰度峰值提前到来（从 6 月提前至 5 月）和消退；偏暖水型暖温种（如平滑真刺水蚤）春季丰度明显减少；亚热带种和热带种的丰度和出现频率明显增加（徐兆礼，2011）。东海的浮游动物群落主要分为长江口群落、东海近岸群落、东海混合水群落和东海外海群落，四个群落在大陆架延伸方向上依次呈带状分布。各浮游动物群落均有其相应的分布区域，但在不同季节随着各水团的消长，浮游动物群落的分布范围也存在季节性的变化和位移（刘光兴等，2011）。东海近海的浮游动物分布格局与水团势力范围呈现较高的契合性，不同水团温盐等要素的差异是影响浮游动物空间分布格局的主要原因。在东海外海的黑潮海域，浮游动物群落种类较多，大多数物种属于亚热带外海种。但在温盐度适应能力上，大部分物种都有宽泛的温、盐度分布区间，且地理分布非常广泛。

东海赤潮高发区浮游动物优势种种群变化与春夏之交暴发赤潮有密切关系。在全球变暖的背景下，如前所述，水温提前上升，使该海区浮游动物某些种类的地理分布北移，主要种群（如中华哲水蚤）、群落演替的时间发生变化；其浮游动物群落对浮游植物的下行控制显著减弱，这可能是东海春季赤潮频发的重要原因之一。

4. 南海

长期以来，对南海的研究多以对河口、海湾、近海大陆架、海盆区、珊瑚礁、红树林、海草床等分区域、分生态类型进行，积累的数据比较分散。为了便于收集资料和对历史变化进行比较，以下主要选择一些有代表性的典型区域，概述其叶绿素 a 和初级生产力、浮游生物、生物多样性、赤潮等的分布变化特征。

1）叶绿素 a 和初级生产力

南海不同海区（珠江口、海湾、南海北部、南海西部、南海南部，岛礁区域等）受东亚季风影响，叶绿素 a 浓度和初级生产力都存在明显的季节变化。南海北部河口、海湾及近岸海区叶绿素 a 浓度和初级生产力表现为春、夏季高，冬季低；而外海开阔海域则表现为冬季高。在空间分布上，总体上表现为河口海湾叶绿素 a 浓度和初级生产力高，向外海至海盆区逐渐降低。开阔海区普遍存在次表层叶绿素 a 浓度和初级生产力最大值层，其高值层位于上温跃层中部，其峰值区深度与营养盐跃层深度相近，多出现在 50 ~75m 水深处（黄良民，1992；柯志新等，2013）。2015~2017 年的调查分析显示，大亚湾初级生产力整体体现为近岸高、湾口低的特征，但随着季节变化，其高值区分布存在差异。春季，大亚湾表层水体固碳速率平均为 16.25 mg C/（m³·h），夏季平均为 39.29 mg C/（m³·h），秋季平均为 8.65 mg C/（m³·h），冬季平均为 5.85 mg C/（m³·h）；大亚湾浮游植物固碳速率普遍处于较低水平，而在湾东北部澳头近岸海域存在明显的高值分布，其固碳速率可超过 30 mg C/（m³·h）；其他海域的差异相对较小（黄小平等，2019）。

根据"908 专项"2006~2007 年调查资料，广东近岸海区不同季节叶绿素 a 浓度介于 0.61~7.08μg/L，季节平均值分别为春季（4~5 月）1.23μg/L，夏季（7~8 月）5.42μg/L，秋季（10~11 月）3.18μg/L，冬季（12 月至翌年 1 月）1.91μg/L。总体上，叶绿素 a 浓度除湛江近岸海区呈现秋季高于夏季、汕头近岸海区呈现春季高于秋季外，其他海区均表现为夏季最高，秋季次之，春季最低（表 8-5）。

表 8-5　广东近岸海区叶绿素 a 浓度的季节变化（黄良民等，2017）　（单位：μg/L）

海区	春季（4~5 月）	夏季（7~8 月）	秋季（10~11 月）	冬季（12 月至翌年 1 月）
汕头近岸海区	1.87	7.08	1.66	1.54
大亚湾 – 汕尾	0.61	3.50	1.71	1.40
阳江近岸海区	0.87	6.42	2.84	1.63
湛江近岸海区	1.55	4.69	6.50	3.06
平均值	1.23	5.42	3.18	1.91

珠江口夏季叶绿素 a 浓度为 0.35~18.73μg/L，冬季平均浓度则只有 1.80±0.59μg/L（Qiu et al.，2019；Li J et al.，2017）。基于 2014~2015 年 4 个季节的现场调查数据表明，表层年平均叶绿素 a 浓度和初级生产力分别为 3.77μg/L（0.77~11.93μg/L）和 27.86mg C/（m³·h），[2.49~124.37mg C/（m³·h）]，季节变化均为春季 > 夏季 > 秋季 > 冬季（刘华健等，2017）。南海东北部表层叶绿素 a 浓度夏季为 0.42~1.57μg/L（徐文龙等，2018），在南海北部表层叶绿素 a 浓度存在显著季节变化。例如，夏季陆坡区和海盆区，表层叶绿素 a 浓度平均值为 0.14μg/L，在冬季则大于 0.55μg/L（Chen et al.，2013）。南海南部夏季、冬季表层叶绿素 a 浓度分别为 0.066±0.022μg/L 和 0.104±0.024μg/L（Zhou et al.，2015b）。

在相同季节，叶绿素 a 浓度与初级生产力空间变化明显。南海北部叶绿素 a 浓度往往从近岸海域到开阔海域递减（柯志新等，2013），有报道显示南海北部冬季近岸海域水柱平均叶绿素 a 浓度为 $3.05 \pm 3.05 \mu g/L$，远高于大陆架（$0.39 \pm 0.09 \mu g/L$）及开阔海域（$0.18 \pm 0.04 \mu g/L$），叶绿素 a 浓度高值区主要位于珠江口及沿岸海域（曾祥茜等，2017）。南海珊瑚礁海区叶绿素 a 浓度与初级生产力空间变化较大，表现为从潟湖向珊瑚礁外部海区递减，黄岩岛潟湖口区域高叶绿素 a 浓度、高营养盐状况很可能反映出人为活动对其的影响（Li K Z et al.，2018；Ke et al.，2018）。

南海叶绿素 a 浓度和初级生产力受多种物理过程影响明显。珠江冲淡水影响的近岸海域往往具有较高的叶绿素 a 浓度和初级生产力（Li Q P et al.，2018）。夏季风盛行期，南海西部越南近岸，南海北部琼东、粤东区域出现较强的上升流，叶绿素 a 浓度和初级生产力较高（Shu et al.，2018；Song et al.，2012；Zhou et al.，2015a）。秋、冬季，东北季风盛行期，中国沿岸流从东海进入南海北部，支持高叶绿素 a 浓度和初级生产力，对南海北部 100m 以浅陆架区域冬季初级生产力的贡献可达 14%~22%（刘甲星等，2016；Han et al.，2013）；吕宋岛西北部和加里曼丹岛西北部出现上升流，支持高叶绿素 a 浓度和初级生产力（Yan et al.，2015；刘宇鹏等，2019；Guo et al.，2017）。南海存在中尺度涡现象，影响叶绿素 a 浓度和初级生产力。在季风转换的春季，南海气旋涡区初级生产力提高 29.5%，反气旋涡区初级生产力降低 16.6%（Hu et al.，2014），但在反气旋涡边缘则可形成高叶绿素 a 浓度和初级生产力（Wang L et al.，2018）。吕宋海峡西部海区是世界上最强的内波产生区域之一，所产生内波对南海北部初级生产力和叶绿素 a 浓度有重要影响，在内波耗散的东沙群岛等区域形成高初级生产力和叶绿素 a 浓度（Li D W et al.，2018；Dong et al.，2015；Li et al.，2013）。黑潮通过吕宋海峡入侵南海，是影响南海北部初级生产力和叶绿素 a 浓度的重要因素（Lui et al.，2018；Li J et al.，2017；Guo et al.，2017）。南海受热带气旋和台风影响频繁，台风过境往往会影响初级生产力和叶绿素 a 浓度（Zhao et al.，2018；Pan et al.，2017；Liu H et al.，2013），台风对南海新生产力的贡献可达 5%~15%（Chen et al.，2015）。

南海叶绿素 a 浓度和初级生产力受 ENSO 影响明显（Siswanto et al.，2017；Xiu et al.，2019）。ENSO 通过影响台风、中尺度涡、东亚季风等过程，来影响南海叶绿素 a 浓度和初级生产力（Chu et al.，2017；He et al.，2016；Liu K K et al.，2013；Guo et al.，2017）。

根据大亚湾实验站的生态网络监测（1991~2004 年）和国家海洋局大亚湾生态监控区的监测（2004~2017 年）资料，大亚湾叶绿素 a 浓度在 4~6 月较高（2013~2014 年），在其他月份较低（图 8-6）；通常叶绿素 a 浓度底层略高于表层。分析 2013~2014 年和 1984~1985 年每月表层和底层叶绿素 a 浓度的差值表明，在东北季风期，2013~2014 年的表层和底层叶绿素 a 浓度均低于 1984~1985 年，而在西南季风和季风转换期，2013~2014 年的叶绿素 a 浓度提高（图 8-6）。2013~2014 年的表层叶绿素 a 浓度平均值为 $1.99 mg/m^3$，略高于 1984~1985 年的表层浓度（$1.76 mg/m^3$），但底层浓度低于 1984~1985 年（黄良民，1989）。

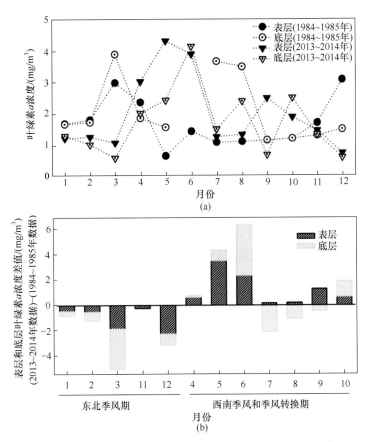

图 8-6　1984~1985 年和 2013~2014 年大亚湾表层和底层叶绿素 a 浓度的周年变化（a）和两周年每月表层和底层叶绿素 a 浓度的各自差值（b）

1984~1985 年数据引自黄良民（1989）；2013~2014 年数据引自国家海洋局大亚湾生态监控区监测资料

2）浮游植物

南海的浮游植物明显属于热带生物区系范畴，其种类以亚热带和热带型为主，其中外海群落与河口群落及沿岸群落有明显不同，群落结构比较稳定，以耐温、盐度变化范围稍宽的热带外海种为主，如硅藻类的短刺角毛藻等，其个体数量少，优势种不突出。外海区网采浮游植物种类和数量以硅藻居多，甲藻次之，甲藻的物种多样性明显高于我国其他海域。在南海南部部分调查航次中，甲藻种类数量接近甚至高于硅藻。浮游植物生物量与相应水体营养盐分布的关系较密切，其数量的季节变化与温跃层及温度的季节性变化有关。浮游植物水平分布常受中尺度涡旋及密度环流等水文因素的影响，其分布特征往往可反映所在水团的特征，如秋季东沙群岛西部的浮游植物密集区与该海域高盐水的涌升现象相对应；在南海南部水域，巴拉巴克海峡至南沙海槽附近的浮游植物数量密集区与该区域受富含营养盐的沿岸水补充有关，其浮游植物优势种也多为近岸种和广分布种。外海区微微型浮游植物对叶绿素 a 浓度及初级生产力的贡献很大（可达 80% 以上），其主要类群包括原绿球藻、聚球藻及微微型真核浮游植物。其中，原绿球藻丰度垂直分布特征与叶绿素 a 次表层最大值分布相吻合。

大亚湾浮游植物群落，在 2002 年四个季节调查共记录 114 种（硅藻 84 种、甲藻 23 种），2011~2012 年调查共鉴定发现浮游植物 93 种（硅藻 55 种、甲藻 33 种），2015 年夏季和冬季鉴定浮游植物 102 种（硅藻 72 种、甲藻 27 种），硅藻种类数和丰度都占绝对优势，甲藻占比有所上升，但在整体上无显著的甲藻比例升高的趋势。夏季优势种为中肋骨条藻、柔弱伪菱形藻和菱形海线藻（孙翠慈等，2006；粟丽等，2019；王朝晖等，2016）。

南海北部，2007 年夏季共鉴定浮游植物 216 种（硅藻 64.8%、甲藻 30.6%），2012 年夏季共鉴定浮游植物 215 种（硅藻 67.4%、甲藻 28.2%），2014 年夏季共鉴定浮游植物 229 种（硅藻 64.2%、甲藻 32.8%），优势种为铁氏束毛藻、中肋骨条藻、拟脆杆藻、短孢角毛藻、菱形海线藻、柔弱伪菱形藻、尖刺伪菱形藻、扁面角毛藻、洛氏角毛藻以及海洋角毛藻，各优势种的分布趋势相似，呈现出近岸高于外海的趋势（Wei et al., 2018；柯志新等，2011；薛冰等，2016）。

南海中南部，2011~2012 年冬季，表层共鉴定浮游植物 132 种，其中硅藻 72 种，甲藻 58 种，各占总种数的 54.5% 和 43.9%。浮游植物优势种主要有根状角毛藻、卡氏前沟藻、多米尼环沟藻、锥状斯氏藻等（王琼等，2014）。

3）浮游动物

南海海域广阔，具有准大洋特征，开阔海域是典型的寡营养海域，表层水的营养盐浓度和浮游植物生物量都很低，并且受到诸多洋流影响，浮游动物的调查研究相对较弱且主要集中在部分典型海域，如北部湾、吕宋海峡、南海北部海域和西沙、南沙群岛周边海域等。2006~2008 年，南海北部海域共记录浮游动物 1203 种（含浮游幼虫 68 种），隶属于 7 门。节肢动物为第一优势门类，共 640 种。物种数第二位的刺胞动物门有 297 种。冬季出现的种类数最多，为 470 种；春季 446 种；夏季和秋季出现种类数相近，各为 381 种和 379 种。总体上，种类数冬、春季高于夏、秋季（王雨等，2014）。其中，南海北部湾北部海域共记录浮游动物 464 种，隶属于 7 门 19 个类群。水螅水母类和桡足类是优势类群。广温广盐类群和近岸低盐类群在该海域占据主导地位，与少数的河口类群及大洋类群形成北部湾北部特有的浮游动物群落组成结构。水深、温度及叶绿素 a 浓度是影响北部湾北部浮游动物丰度分布的主要因素（郑白雯，2014）（图 8-7）。2008 年 8~9 月调查中，南海吕宋海峡海域共记录到浮游动物 257 种和浮游幼虫 12 类，吕宋海峡西部海域浮游动物种类数和多样性比中东部海域的高。吕宋海峡浮游动物可分为两个类群，一类分布于吕宋海峡的中东部，为黑潮水影响的类群；另一类分布于吕宋海峡西部，为受南海水影响的类群。吕宋海峡浮游动物群落结构反映了该海域浮游动物的种类组成和分布受不同性质水团的调控（连喜平等，2013）。南沙群岛西南大陆斜坡海域共记录浮游动物 18 个类群 580 种，浮游动物种类组成垂直变化明显。浮游动物数量的垂直变化主要受温跃层影响，温跃层内浮游动物数量最高，温跃层上方和下方的水层内数量较低（杜飞雁等，2014）（图 8-8）。南海北部海域各季度浮游动物是桡足类和水母类的种类占绝对优势。浮游动物种类具有热带生物区系的特点，以近岸暖水种和近岸暖温种为主，在温度较高的夏、秋季，喜高温高盐的物种繁盛。优势种的季节演替和空间分布变化特征明显，微刺哲水蚤和肥胖软箭虫在四季均为优势种；普通波水蚤在春、夏、秋季丰度高，为主要优势种；异尾宽水蚤仅在春、夏季为优势种（李纯厚等，2004）。台湾浅滩、粤东至珠江口海域以异尾宽水蚤为第一优势种；粤西和琼南海域则以肥胖软箭虫为主要优势种；北部湾海域以针刺真浮萤为主要优势种，精致真刺水蚤次之。

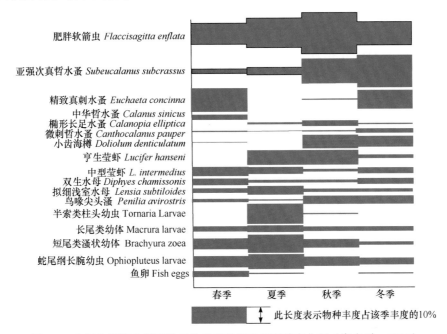

图 8-7　南海北部湾北部浮游动物优势种类季节更替变化图（郑白雯，2014）

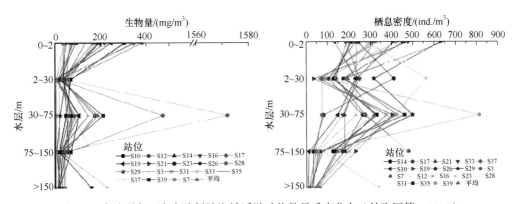

图 8-8　南沙群岛西南大陆斜坡海域浮游动物数量垂直分布（杜飞雁等，2014）

　　南海深海区浮游动物以外海暖水类群为主，种类组成季节变化不大。冬季种类数较少，从种类数的丰富程度来看，桡足类是南海深海海域最具优势的浮游动物类群。此外，常见的优势类群为毛颚类、被囊类、磷虾类、端足类等，其中磷虾类的种数远比我国其他海域的多，特别是在南海中部深水区种类更为丰富。浮游动物群落受低盐水团注入、下层低温高盐水涌升等水文环境因素的影响，海区浮游生物生态类群多样化，但基本属性为热带大洋型，高温高盐类群占绝对的主导地位。南海深海区浮游性幼体数量以甲壳动物的幼体居首位，其他还包括软体动物、腔肠动物以及棘皮动物的部分种类等。从群落的组成来看，种类优势种不突出，常由 10 种左右优势种共同形成优势群体。其数量分布与季节性水动力和化学因素有关，高生物量分布区受水文环境条件和本身生物因素的双重影响。同时，其分布还可能与光照、降水量、季风转换和台风等因素有关。南海在中尺度冷涡范围内经常有较多浮游动物聚集，还可以发现一些较深层种类上升至上层水体。浮游动物对浮游植物现存量及初级生产力的摄食压力平均值分别为 16.88% 和 67.52%。南海南部夏季 100m 以浅水柱浮游动物平均次级生产力为 72.9mg C/（$m^2 \cdot d$），对初级生产力的平均转化效率为 18%，其转化效率高于南海北部海区（11%）（黄良民等，1997；谭烨辉等，2003）。

8.2.3 典型生态问题和生态灾害

近年来，我国近海生态系统灾害频发，对我国近海生态系统的健康和功能造成损害。通过对 2012~2019 年数据资料的搜集，分析总结了一些反映近海生态系统状况的酸化问题，以及赤潮、绿潮、水母等典型生态灾害的发生特点和发展态势。

海洋大量吸收人类排放到大气中的 CO_2，从而破坏了海洋自身碳酸盐的化学平衡，导致海水酸度增加（碱度下降），这种现象被称为海洋酸化。因为关于对海洋酸化的认识时间并不长，我国尚缺乏系统的关于海洋酸化的监测，包括时间上的连续性和长期性、站位的固定性和代表性、测定值的可比性和可靠性等都方面都不完善，所以我国关于海洋酸化的直接证据并不多。已报道的结论多比较单一，仍需要更多的证据来支撑其可信性。我国已有的关于海洋酸化的研究，不论是渤海、黄海、东海还是南海，比较多的是通过实验模拟探讨生物对海洋酸化的响应。这里仅基于非常有限的资料，在通过系统调查资料对近海 pH 大面空间分布特点简单介绍的基础上，从生态问题角度，对我国各个海区海洋生态系统的酸化问题进行详细分析（如具体到各个海湾、测站等），从而为深入的研究和探索提供初步线索。

2012~2017 年国家海洋局发布的《中国海洋灾害公报》《中国海洋环境状况公报》等资料显示，2012~2017 年我国近海 4 个海区的赤潮暴发总次数为 46~73 次，暴发总面积为 2809~7971km²。从赤潮暴发次数来看，东海最多，南海次之，近些年黄海赤潮暴发次数多为个位数，在四个海区中次数最少。从暴发面积来看，渤海和东海赤潮暴发面积较大。东海每年暴发上千平方千米的赤潮，而渤海在 2012~2015 年均暴发了高达上千平方千米的赤潮。每个海区的赤潮灾害状况各有特点。20 世纪 90 年代中后期起，我国的渤海、黄海南部、东海北部出现了大型水母数量增多的现象，因此分海区对其进行陈述。

1. 渤海

1）酸化

为数不多的观测发生于 2011 年 6 月和 8 月，对渤海中央海区及其周边 20~23 个站位的 pH 进行了采样观测，对其中的 19 个测站进行了重复观测，测站在空间上大致均匀分布，水深一般为 15~35m（翟惟东等，2012）。6 月所有测站底层 pH 为 7.82~8.04；8 月在渤海西北部、北部近岸水深 20~35m 的带状区域内出现底层溶解氧显著下降并且酸化的现象，pH 为 7.64~7.68。表观耗氧速率最高和 pH 降幅最大的测站都出现在渤海西北部近岸海域，pH 降幅则高达 0.29。简化的碳酸盐体系与耗氧量耦合分析表明，渤海西北部、北部近岸海域夏季底层酸化环境的形成，与赤潮或者周边养殖业产生的生源颗粒在底层水体矿化分解，以及季节性层化现象阻滞海–气交换等密切相关。从上述分析可以看出，观测到的海洋酸化现象并不完全是大气 CO_2 含量增加的产物，而很可能与局地海洋的利用等人为影响有关。

2）水母

近几十年来，渤海频繁出现不同种类的水母暴发事件。渤海存在四种主要的钵水母，其中包括三种暴发物种——海月水母、霞水母及沙海蜇，另外一种为可食用的水母——海蜇。目前，辽东湾是渤海开展大型致灾水母研究最为系统的区域。辽东湾沙海蜇、霞水母及海月水母种群动力学的相关研究结果表明，辽东湾北部河口可能是沙海蜇的发源地，6 月在辽东湾近岸海域发现了沙海蜇幼水母，其集中分布区出现在双台子河口近海 5m 等深线区域。在双台子河口近海 5m 等深线以内出现沙海蜇幼水母渔获密度高峰，为 667ind./（net·h）。在 7 月，随着沙海蜇个体增大，其数量大幅度减少。7 月初和 7 月中旬到下旬沙海蜇渔获密度分别降低到 5.1ind./（net·h）和 1.8ind./（net·h）。6 月之后，水母丰度最大的区域移动到深水区。8 月中旬，在辽东湾北部5 m 等深线以内的近岸水体中仅发现少数沙海蜇成体水母。成体水母最大密度区域出现在辽东湾北部水深为 10~20m 的区域（王彬等，2013），每年 9~10 月，水温降低到18~20℃时，沙海蜇水母体在此处产卵，产卵后不久就会死亡（董婧等，2013）。

辽东湾 2005~2011 年的数据显示，白色霞水母幼体（伞径小于 5cm）出现在 6 月中旬，在 6 月末平均伞径达到 5~10cm，7 月平均伞径增大到 15~20cm，8 月和 9 月性成熟并产卵，9 月之后死亡。对于辽东湾北部的海月水母来说，5 月末未发现海月水母幼体，海月水母大量出现在 6 月末，7 月初到 7 月末其丰度逐渐下降（董婧等，2013）。

总之，目前已经开展了越来越多针对渤海大型水母暴发的相关研究。然而，水母暴发种的长期及季节变化不同，对不同海域（辽东湾、渤海湾、莱州湾及渤海中部区域）的关注深度不同，而且这些区域相对独立，其理化特性存在差异，使得不同水母暴发原因种的种群动力学也是不一致的。因此，充分考虑整个渤海海区和四个独立的区域对于理解渤海水母暴发的原因和影响至关重要。

3）赤潮

2012~2017 年国家海洋局发布的《中国海洋灾害公报》《中国海洋（生态）环境状况公报》《北海区海洋灾害公报》等资料显示，2012~2017 年渤海赤潮暴发次数为 7~13次。暴发次数相对于东海来说并不多，但明显多于黄海，这与渤海为我国唯一内海、水交换相对差（尤其是渤海各个内湾）有一定关系。在暴发面积上，2012~2015 年在河北秦皇岛等地连续 4 年出现了上千至几千平方千米的抑食金球藻等微微型藻赤潮，其单次暴发面积连续 4 年超过浙江近海最大单次赤潮面积，成为我国整个近海暴发面积最大的赤潮。

在空间分布差异上，2012~2017 年以来，渤海的赤潮主要发生在渤海湾近海、秦皇岛近海和辽东湾近海等近岸海域，这与这些近岸海域较高的营养盐浓度等具有一定的关系 [2012~2017 年《中国海洋（生态）环境状况公报》]。相反，渤海中部开阔海域虽也偶有赤潮发生，但发生次数寥寥无几。在赤潮发生的季节分布上，渤海湾每年的春夏季，尤其 5~8 月是赤潮高发期，可占到全年赤潮的 80%~90%。在尺寸暴发种类方面，微微型藻赤潮 2016 年后逐渐消退，夜光藻、卡盾藻、细柱藻、原甲藻等小规模赤潮逐渐取代微微型藻成为主要赤潮藻。虽然赤潮规模较微微型藻赤潮显著减小，但产毒甲藻赤潮的种类增加，且常常暴发多种赤潮藻同时为优势种的混合型赤潮。

2. 黄海

1）酸化

为数不多的观测发生于 2012 年 5 月和 11 月、2015 年 8 月和 2016 年 1 月。在黄海 20 多个站位调查了不同水深的温度、盐度、溶解氧和碳酸盐体系参数，在此基础上计算得出了海水的 pH 和低碳酸钙饱和度（Ω）。调查时间覆盖了冬、春、夏、秋 4 个季节，调查的水域面积约占黄海总面积的 50%，因此所得结果具有一定的代表性（翟惟东，2018）。根据黄海水体的碳化学特征，笔者分析得出黄海表层以下的冷水团持续积累群落呼吸产生的 CO_2，造成夏、秋季调查区域约 1/3 面积的底层海水 $\Omega<1.5$；不少站位的底层水 pH 从冬、春季的 7.98~8.19 变化至夏季的 7.79~7.98 和秋季的 7.74~7.94。

黄海这种水体 pH 的季节性变化现象实际上在更高时间分辨率的调查中也被发现。例如，在 2011 年 5 月 ~2012 年 5 月，翟惟东等进行了 8 次海上采样观测，时间分别为 5 月（晚春）、6 月（早夏）、7 月（中夏）、8 月（晚夏）、10 月（秋季）、11 月（秋季）和 1 月（冬季）。结果显示，不同月份的底层水 pH 变化大，分别为 8.11 ± 0.03（2011 年 5 月）、8.06 ± 0.04（2011 年 6 月）、8.02 ± 0.04（2011 年 7 月）、7.94 ± 0.04（2011 年 8 月）、7.88 ± 0.06（2011 年 10 月）、7.92 ± 0.07（2011 年 11 月）、7.98 ± 0.06（2012 年 1 月）和 8.11 ± 0.06（2012 年 5 月）（Zhai et al，2014）。这一调查期间，黄海底层水 pH 的最低值（pH<7.90）出现在 10 月，5~10 月底层水的 pH 下降 0.17~0.30；11 月到翌年 1 月，pH 增高，系底层水与表层水混合所致。

总体来看，这种黄海水体 pH 的大幅度季节变化很可能是生物作用的结果。虽然全球变化产生的大量 CO_2 确实导致了海洋酸化，但我国目前的观测系统尚无法提供直接的证据，因此给不出可靠的评估。

2）水母

致灾水母尤其是沙海蜇的野外生活史通常在黄、东海整个海域进行，其野外生活史场所无法单独描述黄海部分和东海部分，因此将黄海、东海两个海区关于水母灾害的空间分布、变化趋势放在一起编写，请参见东海部分。

3）赤潮

据相关资料显示，2013~2017 年黄海赤潮暴发次数为 1~4 次，且多为夜光藻、中肋骨条藻等无毒藻类。黄海海域除 2012 年在南黄海日照海域暴发了 780km² 的夜光藻赤潮外，2013 年以来暴发面积多在十几平方千米，是近些年我国近海赤潮暴发次数最少的海域。从空间分布差异性来看，黄海赤潮主要分布在辽东半岛以东大连湾附近海域，以及山东半岛以南的近岸海域，且都为小规模赤潮。其一般在春、夏季发生，对当地沿海造成的影响有限。但是自 2008 年以来黄海的浒苔绿潮十分严重，最大影响面积可达 29522~57500km²，实际最大覆盖面积可达 267~790km²，给黄海的生态环境及山东半岛等地的沿海造成了较为严重的影响。在季节变化上，浒苔在春季的南黄海零星漂浮，一般在 7~8 月达到影响面积和实际覆盖面积的最高峰，随后逐渐减少、消失。

3. 东海

1）酸化

关于东海酸化的直接监测方面，刘晓辉等（2017）对 2002~2011 年东海沿岸海域（长江口、杭州湾、三门湾和椒江口 4 个海域，共 16 个站位）春、夏、秋 3 个季节的表层海水 pH 监测资料进行了分析，得出东海沿岸海域表层海水的 pH 变化趋势存在明显的季节和区域差异，共有 10 个站点表层海水 pH 呈下降趋势。从区域上看，酸化现象主要集中于长江口和杭州湾海域，而三门湾和椒江口海域则并没有呈现明显的酸化现象。从季节上看，春季的表层海水 pH 呈较明显的下降趋势，而夏季和秋季的变化趋势并不明显。从与一些海水环境因子（温度、盐度、叶绿素 a 浓度）的比较来看，导致东海沿岸海域海水酸化的机制比较复杂，目前尚不清楚。但从海水 pH 变化的不均一性现象可以看出，导致其变化的因素具有区域性，而不像是全球性大气 CO_2 含量变化的产物，即在全球大气 CO_2 含量上升引起海水酸化的背景下，还叠加着一些区域的海洋生物、化学过程，其导致东海海域的酸化机制复杂化。

2）水母

考虑出现率和生物量两个因素，沙海蜇、某洋须水母以及某多管水母为黄海的大型水母优势种类。沙海蜇、某洋须水母科及某多管水母属的分布范围广，生物量大。相比之下，沙海蜇仅出现在东海北部部分区域，白色霞水母是东海的优势种。沙海蜇和霞水母（主要是白色霞水母，下同）是黄东海两种主要的水母暴发原因种。

根据黄海和东海北部沙海蜇最初出现的时间、伞径的增长和衰退过程，得到了该区域沙海蜇浮游阶段季节变化。沙海蜇浮游幼体首先出现在长江口附近海区，该区域可能是黄东海沙海蜇种群主要的发源地。4 月下旬，水温从 12℃上升到 18℃时，沙海蜇的浮游幼体开始出现（Sun et al., 2015）。根据长江口附近海域、辽东湾沙海蜇最初出现时间，总结并绘制了包括渤海、黄海及东海北部海区在内的中国近海沙海蜇分布格局的变化图（图 8-9）。

在每年的 5 月底 6 月初沙海蜇的碟状体、后期碟状体以及幼水母体最早在长江口邻近水域和韩国沿岸水域出现。随着北边海域温度的升高，在济州岛西南水域、韩国西部沿岸、韩国群山近海及渤海辽东湾沿岸陆续出现沙海蜇幼水母体，纬度越高，出现幼水母的时间越晚。随着时间的推移，到 6 月随着沙海蜇伞径增加，其分布格局逐渐扩展到南黄海的 31.5°~36°N，此时在黄海北部没有发现沙海蜇水母体。随后沙海蜇分布范围向北扩展至整个黄海，8 月其分布范围向南到达 30°N。在 10 月，沙海蜇的分布区域开始向北退缩至黄海北部，直到晚秋和冬季沙海蜇个体逐渐死亡并消失。沙海蜇水母体的寿命不超过一年（Sun et al.，2015）。

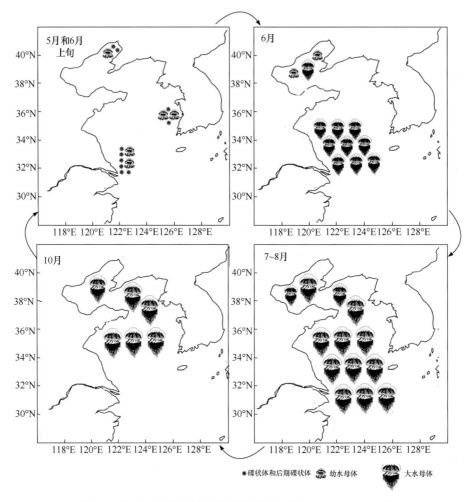

图 8-9　中国近海沙海蜇的分布格局变化图（Sun et al.，2015）

霞水母是东海的优势种类之一。因为东海的纬度偏南，该种类浮游阶段的出现比沙海蜇的出现时间早一个月或更长。霞水母水母体（伞径范围：4~50cm）5 月初在东海出现，而在黄海相同伞径的沙海蜇（伞径范围：4~40cm）在 6 月中旬或下旬出现。虽然在东海没有实测的野外碟状体数据证明以上说法，但根据周永东等（2004）的报道，自 2000 年以来，在 30°~31°N 外海海域，霞水母的幼水母（伞径范围：2~15cm）于 3 月初到 5 月间出现，不同年份它们出现的时间不同。另外，霞水母的浮游阶段在春季初期出现，在 5 月下旬和 6 月初达到最大生物量，然后在 8 月及随后月份降低。丰度最高和消亡时期的时间都比沙海蜇出现的时间要短要早。

3）赤潮

据相关资料显示，2012~2017 年东海赤潮暴发次数为 15~40 次，暴发面积连年高达一千至几千平方千米，其中 2016 年暴发面积达 5714km²。东海赤潮从空间分布上看，浙江沿岸和福建中北部近岸养殖区海域的赤潮多发生在内湾和近岸海域，但对于长江口水域，由于口门内的泥沙和悬浮物浓度很高，形成浑浊带，赤潮偶有发生，因此长江口的赤潮在空间分布上多位于长江口外海区。

在季节分布上，东海的赤潮大多发生在 5~7 月，这与东海赤潮暴发的主要优势种，如东海原甲藻、中肋骨条藻和米氏凯伦藻等赤潮藻的生理学特性及需要的环境条件有一定的关系。其他月份即使偶有赤潮暴发，也难以形成一定规模，危害性较弱。

另外，每年春季从 3 月下旬开始，东海江苏近岸海域开始发现漂浮的绿藻，并在 7~8 月逐渐由东海向黄海移动。除绿潮外，近些年在长江口外海以北和江苏近海还会出现马尾藻金潮，这些大型藻类在漂移进入黄海海域后，在 2017 年度呈现出绿潮、金潮和赤潮同时共发的态势。

4. 南海

1）酸化

南海的面积（约 350 万 km²）在我国几个海域中是最大的，但基于一段较长时间观测的海洋酸化方面的证据同样很少，并且仅有的资料也是近岸珊瑚礁区的，或来自珊瑚骨骼地球化学的反演，并不能真正代表南海水体的情况。这里仍然把这些资料整理出来，为以后的海洋酸化评估提供参考。

利用中国科学院南海海洋研究所三亚生态系统站的常规监测数据（采用 pH 计法获得，共 12 个站点），分析了 2001~2010 年南海北部海南岛南端三亚湾水体 pH 的时空分布特征（杨顶田等，2013），得出三亚湾表层水的 pH 变化范围为 8.01~8.23，底层水为 8.01~8.24，平均为 8.14；季节变化以春季和冬季最高，秋季次之，夏季最低；春季、秋季和冬季在三亚河河口附近出现明显的低值区，可能与三亚河的河水流入有关。观测的 pH 在三亚湾水体的垂直分布特征相当复杂，包括：①上层 pH 小，下层 pH 大；②上层和下层 pH 大，中层 pH 小；③上层和下层 pH 小，中层 pH 大；④上层、中层和下层 pH 出现明显的递减趋势 4 种类型。三亚湾面积约 120km²，水深总体在 20m 以内，是一个典型的开放型热带海湾，在这个小的海湾内部水体 pH 变化的复杂性则表明，导致其变化的因素是复杂的或者是局部的。

基于珊瑚硼同位素探索海水 pH 的变化历史是近 10 多年来珊瑚礁学科领域的一个新的进展。柯婷等（2015）对采自三亚湾的活体滨珊瑚进行了约为月分辨率的 B 同位素组成测试，分析了珊瑚 $\delta^{11}B$ 与海水 pH 的关系。利用珊瑚 $\delta^{11}B$ 重建的海水 pH 变化范围为 7.77~8.37，其呈季节性周期波动。这种大幅度的周期波动与三亚珊瑚礁海水 pH 实测的结果相符，说明利用珊瑚 $\delta^{11}B$ 重建海水 pH 记录是可靠的。但高的 pH 多出现于低温季节，这意味着该珊瑚礁海水短时间尺度的 pH 波动主要不是受海水 CO_2 溶解度所控制，而是与生物活动有密切的关系。

通过对三亚湾珊瑚硼同位素组成变化的测定，定量地重建了 1840 年以来以及距今 1000 年前后该区海水 pH 的变化历史（Liu et al.，2014），发现工业革命以前，海水 pH 维持在中世纪暖期时的高值范围；从 1840 年以后开始出现明显下降，下降速率为 0.0011pH/a；1950 年后下降速率大幅加快，达 0.0029pH/a，快速下降的幅度与大气 CO_2 含量快速增加一致。该研究表明，南海北部三亚海区确实大量吸收了大气 CO_2，海水正在变酸，这种长时间尺度的变化主要由大气 CO_2 含量所控制。但在年代际尺度上，海水 pH 还存在 0.1~0.2 的大幅波动，这种波动主要受控于亚洲冬季风对生物的调控作用。当冬季风偏弱时，珊瑚礁钙化和珊瑚礁生态系统的呼吸作用加强，导致海表水 CO_2 堆积，海水 pH 下降；反之，冬季风偏强，珊瑚礁海水同开放的海水交换加强，同时初级生产力加强导致海表水 CO_2 下降，海水 pH 上升。

基于海南岛东部近 160 年（1853~2011 年）珊瑚年分辨率的 $\delta^{11}B$，重建了近 160 年以来该珊瑚礁海区的 pH 变化历史（Wei G J et al.，2015）。其结果也显示，1850 年至今，海南东岸珊瑚礁区海水 pH 呈下降趋势，下降速率为 0.00039pH/a，近 160 年来共下降了 0.063pH。该珊瑚礁区海水的 pH 也呈现大幅度的波动，并存在明显的年代际变化周期，主要与夏季风驱动的琼东上升流活动密切相关。当夏季风较强时上升流加强，营养盐输入增加，珊瑚礁生物活动加强，海水 pH 升高。研究表明，珊瑚礁区海水 pH 的年代际波动并不线性地响应大气 CO_2 含量的变化，而是明显受到珊瑚礁区生物活动的制约。

总之，上述基于南海近岸珊瑚礁区的资料显示，全球大气 CO_2 含量上升很可能导致海水的酸化。但由于上述研究区域的特殊性，如珊瑚礁区强烈的生物活动、季风驱动的上升流等都对海水 pH 有明显的影响，因此无法判别全球变化对南海海水酸化的贡献，且没有提供海洋酸化的直接证据，需要在更大的范围内开展更多的监测，以了解南海水体 pH 变化的真实情况。

2）水母

对水母灾害的研究多集中于渤海、黄海和东海海域，而在南海较为少见（Dong et al.，2010），尤其是南海海域大型水母的暴发的研究资料相对匮乏。事实上，我国近海暴发的大型水母种类主要为沙海蜇、霞水母、海月水母、多管水母等（Dong et al.，2010；Zhang et al.，2012；Sun et al.，2015），暴发种主要出现于渤海、黄海与东海海域。在南海，岑竞仪等（2012）于 2011 年 5 月在海南八门湾清澜港海域首次观测到鞭腕水母出现暴发现象，暴发期间鞭腕水母密度可达 30ind./m³，并伴随热带骨条藻藻华，水体中大量浮游动物被捕食，该海域浮游生物群落结构发生显著变化。其余大型水母未见有暴发致灾现象的报道。

南海小型水母暴发多见于水螅水母和栉水母，且暴发具有明显的区域性与季节性（刘华雪等，2016），其主要集中于北部湾、珠江口等（李开枝等，2005；郭东晖等，2012；陈颖涵等，2015；黄旭光等，2017），但尚未形成数据上的长期积累，因此在连续时间序列上的报道较少（郭东晖等，2012）。陈颖涵等（2015）于 2006~2007 年对北部湾水母类群调查时发现，夏季水母丰度要显著高于其他季节，最高可达 943ind./m³，且水螅水母成为其旺发的优势群体；弗洲指突水母在春季珠江河口成为水母暴发的主要种群（黄旭光等，2017）。例如，2011 年春季珠江口水母数量高达 1185.07ind./m³，郭东晖等（2012）指出河口半咸淡水种弗洲指突水母和近岸暖水种球型侧腕水母是水母暴发群体的优势种。小型水母暴发同样会大量摄食浮游生物以及鱼卵和幼体，导致生态系统受损。2015 年 11 月珠江口北部水域暴发球形侧腕水母，在其大量出现的海域鱼类资源渔获量极低，笔者推测球形侧腕水母数量剧增，一方面其大量摄食浮游生物，与鱼类产生饵料方面的竞争；另一方面其可能捕食鱼及幼体，造成鱼类资源渔获量的下降（刘华雪等，2016）。

3）赤潮

据相关资料显示，2012~2017 年南海赤潮暴发次数为 6~17 次，在暴发次数上是低于东海位列第二的海区，南海赤潮暴发面积为 141~1048km^2。其中，2017 年广东茂名暴发了 500km^2 的球形棕囊藻赤潮，为近年来暴发规模较大的一次赤潮。在空间分布上，珠江口附近的珠海、深圳近岸海域是南海赤潮发生频率最高的海域。此外，汕头和湛江等近岸海域也是南海赤潮高发区。赤潮一般发生在距离近岸较近的内湾和河口海域，外海开阔海域较少发生。在赤潮暴发的季节分布上，南海海区大部分能形成规模的赤潮大多发生在 1~4 月和 7~8 月，与其他海区在季节上存在一定的差异性。但南海一年中的其他月份都有暴发赤潮的记录。在赤潮发生种类上，近些年南海海域赤潮以甲藻门藻类、夜光藻和球形棕囊藻为主要优势种。

8.2.4 新型特征污染物：海洋微塑料

微塑料（粒径小于 5mm 的塑料颗粒）作为一类新型污染物，可以沿食物链传递、累积，进而影响整个生态系统，近年来其成为全球海洋污染研究的热点（Do Sul and Costa，2014；Law and Thompson，2014）。微塑料问题在 2015 年被列为环境与生态科学领域亟待研究的第二大科学问题。然而，目前我国近海水域微塑料的丰度、种类、分布等数据非常缺乏，对我国不同海域微塑料时空分布格局和变化趋势的认识还很不全面（表 8-6）。

表 8-6 中国近海的微塑料研究

调查区域	调查时间	采样站位数	过滤孔径 / μm	样品类型	鉴定方法	微塑料丰度范围	微塑料丰度均值	微塑料形状	微塑料颜色	微塑料成分	参考文献
渤海	2016 年 8 月	11	330	表层水样	立体显微镜和傅里叶变换红外光谱	0.01~1.23 个 /m^3	0.33 ± 0.34 个 /m^3	以碎片类为主	白色为主	以聚乙烯、聚丙烯为主	Zhang W et al.，2017
	2017 年 5~6 月	5	330	表层水样	傅里叶变换红外光谱	0.07~1.62 个 /m^3	0.68 ± 0.57 个 /m^3	泡沫、线状、碎片类等	ND	以聚乙烯、聚苯乙烯为主	Mai et al.，2018

续表

调查区域	调查时间	采样站位数	过滤孔径/μm	样品类型	鉴定方法	微塑料丰度范围	微塑料丰度均值	微塑料形状	微塑料颜色	微塑料成分	参考文献
渤海	2016年9月	20	5	表层水样	显微镜和傅里叶变换红外光谱	0.4~5.2个/L	2.2±1.4个/L	以纤维类为主，其次是碎片类	ND	聚丙烯、聚乙烯等	Dai et al., 2018
		6		全水层水样		0.2~23.0个/L	4.4±5.0个/L				
		6		表层沉积物样		31.1~256.3个/kg	102.0±73.4个/kg				
渤海	2016年6~7月	22	1	表层沉积物样	立体显微镜和傅里叶变换红外光谱	40.0~340.0个/kg	171.8±55.4个/kg	以纤维类为主	ND	以人造丝为主	Zhao et al., 2018
北黄海		10	1			80.0~280.0个/kg	123.6±71.6个/kg				
南黄海		30				40.0~140.0个/kg	72.0±27.2个/kg				
北黄海	2016年10月	19	30	表层水样	立体显微镜和傅里叶变换红外光谱	ND	545±282个/m³	以薄膜和纤维类为主	以透明为主	以聚乙烯和聚丙烯为主	Zhu et al., 2018
		10		表层沉积物样			37.1±42.7个/kg				
南黄海	2017年8~9月	17	50	表层沉积物样	立体显微镜和傅里叶变换红外光谱	560~4205个/kg	ND	以纤维类为主	以透明为主	以聚丙烯和聚酯为主	Wang et al., 2019a
		3		岩心沉积物样		300~2143个/kg		ND	ND	ND	
江苏近岸海域	2016年9月	12	330	表层水样	显微镜和傅里叶变换红外光谱	0.117~0.506个/m³	0.330±0.278个/m³	以纤维类为主	以彩色和黑色为主	以聚对苯二甲酸乙二醇酯、玻璃纸、聚乙烯为主	Wang T et al., 2018
		1		表层沉积物样		1190~4920个/kg	2580±1140个/kg		以透明为主		
南黄海	2017年3月	8	8	表层沉积物样	数字显微镜和傅里叶变换红外光谱	ND	155±61个/kg	以纤维类为主	以蓝色和透明为主	以玻璃纸、聚乙烯为主	Zhang et al., 2019
东海		17					142±38个/kg	以纤维类为主			
东海近岸	2017年4~9月	5	20	表层水样	立体显微镜和傅里叶变换红外光谱	ND	900个/m³	以碎片和纤维类为主	以蓝色和红色为主	以聚丙烯为主	Luo et al., 2019
长江口	2017年8月	29	70	表层水样	立体显微镜和傅里叶变换红外光谱	ND	231±182个/m³	以纤维类为主	以彩色和黑色为主	以聚乙烯为主	Xu et al., 2018
	2013年7~8月	15	333	表层水样	立体显微镜	0.030~0.455个/m³	0.167±0.138个/m³	以纤维类为主	以彩色和透明为主	ND	Zhao et al., 2014

续表

调查区域	调查时间	采样站位数	过滤孔径/μm	样品类型	鉴定方法	微塑料丰度范围	微塑料丰度均值	微塑料形状	微塑料颜色	微塑料成分	参考文献
长江口	2015 年 9 月	53	1	表层沉积物样	解剖显微镜和傅里叶变换红外光谱	20~340 个 /kg	121 ± 9 个 /kg	以纤维类为主	以透明和蓝色为主	以人造丝和聚酯为主	Peng et al., 2017
茅尾海	ND	9	1.2	表层沉积物样	显微镜和拉曼光谱	520~940 个 /kg	ND	ND	以白色和透明为主	以聚乙烯和聚丙烯为主	Li R et al., 2019
南海	2017 年 3~5 月	19	333	水样	显微镜和傅里叶变换红外光谱	ND	0.045 ± 0.093 个 /m³	ND	ND	烷基化合物和聚己内酯	Cai et al., 2018
		22	40				2569 ± 1770 个 /m³				
香港近岸	2015 年 2 月	15	333	表层水样	立体显微镜和傅里叶变换红外光谱	ND	0.256 ± 0.092 个 /m³	以泡沫为主，碎片类其次	ND	以聚丙烯和聚乙烯为主	Cheung et al., 2018
	2015 年 7 月						6.124 ± 2.121 个 /m³				
南沙群岛	2017 年 8 月	12	160	表层水样	显微镜	0.148~0.842 个 /m³	0.469 ± 0.219 个 /m³	以纤维类为主	ND	ND	Wang et al., 2019b

注：ND 表示未检测到。

1. 渤海

关于渤海微塑料分布情况的首次调查出现在 2016 年 8 月，使用 330μm 的拖网对海水表层漂浮微塑料进行了采样分析，发现不同站位微塑料（330~5000μm）的丰度为 0.01~1.23 个 /m³，平均值为 0.33 ± 0.34 个 /m³，主要聚合物类型为聚乙烯、聚丙烯和聚苯乙烯（Zhang W et al.，2017）。2017 年 5~6 月，利用同样的方法在渤海进行了微塑料的采样调查，发现微塑料（330~5000μm）的丰度为 0.07~1.62 个 /m³，平均值为 0.68 ± 0.57 个 /m³，略高于 2016 年 8 月（Mai et al.，2018）。然而，使用 330μm 的拖网无法确定更微小的塑料颗粒，因此对于微塑料的丰度存在低估。2016 年 9 月的渤海微塑料调查（Dai et al.，2018；Li Y et al.，2018）则使用 5μm 孔径进行过滤，得到全面的微塑料（5~5000μm）丰度结果，发现渤海表层水中微塑料的丰度为 0.4~5.2 个 /L，平均值为 2.2 ± 1.4 个 /L，是大颗粒微塑料（330~5000μm）的 1000 倍左右，表明大多数微塑料粒径较小。在这次调查中，还发现表层海水中的微塑料类型以纤维类为主，其次是碎片类；渤海 3 个海湾（渤海湾、莱州湾和辽东湾）的微塑料丰度相对较高，而渤海中心的微塑料丰度最低；渤海海峡中部的微塑料丰度也相对较高。此外，微塑料丰度在不同深度上也存在差异，小于 300μm 微塑料的比例随深度的增加而增加，且在 5~15m 的深度微塑料的积累量高于表层水。

对渤海沉积物中微塑料分布也进行了调查。2016 年 6~7 月，在渤海、北黄海和南黄海不同采样站位进行了沉积物中微塑料的调查，发现在渤海微塑料的丰度为40.0~340.0 个 /kg 干重沉积物，平均值为 171.8 ± 55.4 个 /kg 干重沉积物。其中，最常见的微塑料类型是纤维类，比例为 90% 左右，而碎片、颗粒和薄膜类只是偶尔被识别。沉积物中的微塑料聚合物类型包括人造丝、聚乙烯、聚对苯二甲酸乙二醇酯、聚丙烯和聚酰胺，其中以人造丝占比最高，达到 60% 左右（Zhao et al.，2018）。

2. 黄海

关于黄海表层水样中微塑料的研究相对较少，其中 2016 年 10 月在北黄海的调查结果显示，表层海水中微塑料的平均丰度为 545 ± 282 个 /m³，并随着粒径的增加，丰度逐渐减小；最常见的微塑料类型是薄膜和纤维类，颜色以透明为主，而聚乙烯、聚丙烯和聚乙二醇－丙烯酸乙酯共聚物是微塑料的主要成分（Zhu et al.，2018）。此外，2016 年 9 月在南黄海的江苏如东县潮下带和近岸海域发现表层海水微塑料丰度为0.117~0.506 个 /m³，平均值为 0.330 ± 0.278 个 /m³（Wang T et al.，2018）。两个区域微塑料丰度相差如此之大，主要是因为采集过筛的孔径不同（分别为 30μm 和 330μm），南黄海的调查结果中缺失了大量小颗粒微塑料。另外，南黄海近岸海域表层海水中的微塑料以纤维类为主，颜色主要为彩色和黑色，主要成分则是聚对苯二甲酸乙二醇酯、玻璃纸、聚乙烯（Wang T et al.，2018）。

相对于表层海水，沉积物中的微塑料研究相对较多。由于不同研究采样过筛尺寸不同，其丰度结果无法进行相互比较。2016 年 6~7 月，在北黄海和南黄海均进行了表层沉积物中微塑料的调查，发现北黄海的丰度为 80.0~280.0 个 /kg 干重沉积物，平均值为 123.6 ± 71.6 个 /kg 干重沉积物；南黄海的丰度则为 40.0~140.0 个 /kg 干重沉积物，平均值为 72.0 ± 27.2 个 /kg 干重沉积物；南黄海的微塑料丰度整体上小于北黄海（Zhao et al.，2018）。这些研究发现黄海表层沉积物中的微塑料一般以纤维类为主，颜色也大多是以透明为主（Wang et al.，2019a；Wang T et al.，2018；Zhang et al.，2019；Zhao et al.，2018；Zhu et al.，2018）。但不同研究、不同区域微塑料的成分则存在明显差异，其中在整个黄海较为常见的主要是聚乙烯和聚丙烯。此外，关于南黄海岩心沉积物中微塑料的研究显示，随着深度的增加，丰度显著降低（Wang et al.，2019a）。

3. 东海

东海关于表层水样中微塑料的研究大多集中在长江口邻近海域，微塑料形状以纤维类为主，成分主要是聚乙烯和聚丙烯，颜色上则不同研究存在差异（Luo et al.，2019；Xu et al.，2018；Zhao et al.，2014）。长江口邻近海域表层水样中微塑料丰度由于不同研究过滤孔径不一，丰度差异很大；当过滤孔径分别为 70μm 和 333μm 时，微塑料丰度可以分别为 231 ± 182 个 /m³ 和 0.167 ± 0.138 个 /m³（Xu et al.，2018；Zhao et al.，2014），相差超过 100 倍，也说明微塑料数量上以小颗粒为主。此外，研究表明，长江口邻近海域的微塑料主要源自河流，并受到水动力的影响，靠近长江口和杭州湾的微塑料丰度较高（Xu et al.，2018；Zhao et al.，2014）。

东海表层沉积物中的微塑料同样以纤维类为主，但颜色上与表层水样存在明显区别，主要为蓝色和透明（Peng et al.，2017；Zhang et al.，2019）。2017 年 3 月东海表层沉积物的微塑料丰度（过滤粒径为 8μm）为 142 ± 38 个 /kg 干重沉积物（Zhang et al.，2019），而 2015 年 9 月长江口表层沉积物的微塑料丰度（过滤粒径为 1μm）则是 121 ± 9 个 /kg 干重沉积物（Peng et al.，2017），两者的结果相差不大。但这两个调查中，东海与长江口表层沉积物的微塑料成分则存在一定差异，长江口以人造丝和聚酯为主，而东海则以玻璃纸、聚乙烯为主（Peng et al.，2017；Zhang et al.，2019）。

4. 南海

2017 年 3~5 月，南海海域关于水体中微塑料的研究发现，采用拖网（330μm）和泵取过滤（40μm）方法测得的海水中微塑料丰度分别为 0.045 ± 0.093 个 /m³ 和 2569 ± 1770 个 /m³；小粒径组分（粒径 <0.3mm）占微塑料总量的 92%（Cai et al.，2018）。南海微塑料主要受珠江陆地输入控制，其中较轻、较小的微塑料不仅集中在沿海地区，而且更有可能随洋流漂向更远的海域；此外，南海微塑料发现了 21 种聚合物类型，其中烷基化合物（22.5%）和聚己内酯（20.9%）几乎占聚合物总含量的一半（Cai et al.，2018）。在香港近岸海域和南沙群岛附近海域也进行了水体中微塑料的研究（Cheung et al.，2018；Wang et al.，2019a）。香港近岸海域的微塑料在雨季的丰度明显高于旱季，西部水域受到河流流量的强烈影响，而东部水域则不受淡水羽流的影响（Cheung et al.，2018）。2017 年 8 月，南海南沙群岛附近水域表层水样中的微塑料由颗粒状海洋涂料（33.0%）和薄膜状合成纤维（29.6%）组成；其多样性随着离岸距离的增加而增加（Wang et al.，2019a）。

关于南海沉积物中微塑料的研究较少，且大多集中在浅湾和沙滩（Fok et al.，2017；Li R et al.，2019；Qiu et al.，2015）。在典型的半封闭式海——茅尾海的研究表明，表层沉积物中的微塑料为 520~940 个 /kg，在河口的丰度远低于湾口；茅尾海表层沉积物中的微塑料以聚乙烯、聚丙烯和聚苯乙烯为主，主要颜色为白色和透明，而小颗粒微塑料（<1mm）是微塑料的主体（Li R et al.，2019）。

目前，关于中国近海的微塑料研究相对较少，而且不同调查得出的微塑料的过滤孔径不一，调查时间和调查方法也存在差异，因此不同研究结果的可比性受到严重限制。根据目前的研究成果，微塑料丰度整体上呈现出渤海 > 黄海 > 东海 > 南海的分布特征，近岸海域的微塑料丰度明显高于外海区域。整个中国近海，微塑料形状以纤维类为主，碎片和泡沫类也经常出现；微塑料最常见的颜色是透明，此外白色、彩色、黑色、蓝色和红色也常有发现；微塑料成分以聚乙烯和聚丙烯为主，聚苯乙烯、人造丝、聚酯和玻璃纸也是微塑料的重要组成成分。对于中国近海微塑料的季节和年际变化，由于现有调查研究在时间和空间覆盖率上还十分欠缺，目前很难得出准确客观的结果。

8.3　我国近海生态系统与环境变化趋势分析

按照渤海、黄海、东海和南海的区域划分，在 8.2 节对我国近海生态系统与环境现状分析的基础上，结合《中国气候与环境演变：2021》的前期评估结果进行变化趋势分析，以期全面评估近年来我国近海生态系统的生态环境变化趋势。

8.3.1 渤海

1. 渤海物理、化学环境的变化趋势

1）渤海溶解氧和 pH 变化趋势

1978~2006 年渤海溶解氧的变化趋势如下：渤海中部断面底层水中的溶解氧呈现降低趋势，大约为 0.84μmol/（kg·a）（图 8-10）（石强等，2014；Wei et al.，2019）；夏季低氧区（溶解氧小于 3mg/L）的面积也呈现逐渐增加的趋势，低氧区主要分布在渤海西北部不同涡流的交汇区，水团呈汇聚效应，不利于水体水平输运和交换（Wei et al.，2019）。层化强度显著影响渤海低氧区的空间分布；富营养化以及伴随的初级生产力增加和有害藻华是引起渤海溶解氧降低和低氧区面积增大的主要原因（Wei et al.，2019）。其中，2011 年 8 月，在渤海西北部、北部近岸水深 20~35m 的带状区域内出现底层溶解氧显著下降的现象，溶解氧最低值为渤海北部近岸的 3.3~3.6mg/L；6~8 月，溶解氧最大降低了 5.6mg/L（翟惟东等，2012）。2014 年 8 月在渤海陆续观测到溶解氧小于 3mg/L 的低氧区面积为 $4.2 \times 10^3 km^2$（张华等，2016）和 756km²（Zhao et al.，2017）。2014 年渤海底层海水溶解氧浓度最低值为 2.53mg/L，2015 年夏季观测到渤海溶解氧最低值为 2.09mg/L，2016 年 8 月观测到底层溶解氧最低值为 2.49mg/L（Zhai et al.，2020）。虽然近几年（2011~2016 年）的研究已经观测到渤海的溶解氧呈现出逐渐降低的趋势，但并没有观测到缺氧现象的阈值（溶解氧小于 2mg/L）。然而，由于与渤海水体交换周期最长，在强烈的陆源输入、海水养殖和大气沉降等自然和人为活动的叠加影响下，水体富营养化持续加剧，赤潮藻华频发，未来渤海海域形成缺氧的形势不容乐观。

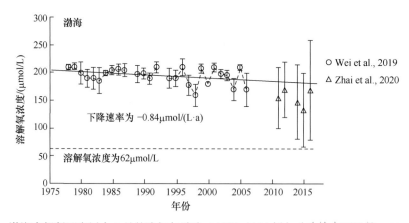

图 8-10　渤海中部断面底层水 8 月的溶解氧浓度（1978~2006 年）（改绘自石强等，2014；Wei et al.，2019；Zhai et al.，2020）

从对海洋酸化监测的时间序列来看，渤海是我国几个海域中最长的。已发表的文献约有 36 年的记录。在 1978~2013 年 pH 的变化趋势上（图 8-11），石强等（2014）

对渤海中心断面 1978~2013 年每年 2 月和 8 月的海水 pH 观测资料进行分析，结果显示，夏季表层海水平均 pH 呈显著增加趋势（0.0018pH/a），冬季底层海水年际变化呈显著降低趋势（–0.0029pH/a），冬季表层和夏季底层海水平均 pH 变化总体呈现降低的趋势。

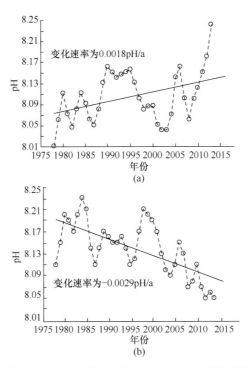

图 8-11　渤海中心断面夏季表层（a）和冬季底层（b）海水 pH 年际趋势变化（1978~2013 年）
（石强等，2014）

　　如前所述，在近几年（2011~2016 年）的航次观测中观测到渤海的海水酸化现象，在渤海西北部和北部的夏季底层低氧区发生明显的季节性酸化现象，两个月内底层水溶解氧下降 5.6mg/L，pH 降幅则高达 0.29（Zhai et al.，2012）。2013 年 6~8 月航次观测中观测到表层水体的低碳酸钙饱和度为 2.0~3.8，次表层的低碳酸钙饱和度小于 2.0（Xu et al.，2018）。2015 年 9 月观测到 pH 为 7.66~7.70，低碳酸钙饱和度低至 1.3（Zhai et al.，2019）。另外，渤海表海水 pH 具有显著的周期性变化特征，如冬季表层平均 pH 具有显著的 4.1 年和 8.8 年的周期，底层为 4.1 年和 7.0 年的周期；夏季表层平均 pH 具有显著的 5.0 年周期，底层为 5.4 年周期（石强等，2013）。黄河入海口的径流量、大气 CO_2 浓度、水温和浮游植物的活性（生物活动因素）等都对渤海海水平均 pH 的季节和年际变化有显著影响。

　　综上所述，自 21 世纪 10 年代以来，受全球变暖、陆源输入、海水养殖和大气沉降等自然和人为活动的叠加影响，水体富营养化持续，渤海中部断面底层水中的溶解氧呈现降低趋势，约为 0.84μmol/（kg·a），尤其是夏季在渤海西北部低氧区（溶解氧 <3mg/L）的面积呈现逐渐增加的趋势，且逐渐向缺氧的趋势发展。与此同时，渤海水

体夏季表层的 pH 呈现增加趋势，冬季底层的 pH 呈现显著降低趋势，表明渤海底层水体中经历季节性酸化过程，而表层很可能受到局地生物活动因素的影响。

2）渤海营养盐变化趋势

在 1978~2014 年近 40 年以来营养盐的变化趋势上，由于农业和工业的快速发展，渤海营养盐发生了剧烈的变化（图 8-12）。在渤海中部（包括黄河口、渤海湾、莱州湾以及辽东湾），夏季底层 DIN 从 20 世纪 90 年代的 2.5μmol/L 增加到 21 世纪初的 5.0μmol/L 以及 2015 年的 9.5μmol/L；磷酸盐则从 20 世纪 80 年代的 0.5μmol/L 逐渐降低到 21 世纪 10 年代的 0.2μmol/L；硅酸盐从 20 世纪 80 年代初期的 15μmol/L 降低至 80 年代中后期的 7μmol/L，并在 1990~2000 年维持在 9μmol/L，而后增加到 21 世纪 10 年代的 11μmol/L。在营养盐比值方面，DIN/DIP 值增加显著，从 20 世纪 90 年代的 10 增加至 21 世纪初的 15，到 2014 年 DIN/DIP 值增加到 40 左右。（Wang A et al.，2018）。营养盐限制从氮限制向磷限制和硅限制转化，其中影响 DIN 的因素包括大气沉降和非点源排放；影响磷酸盐的因素主要为河流的输入和自然变化及非点源排放；河流输入也会影响硅酸盐的变化（Wang T et al.，2019）。

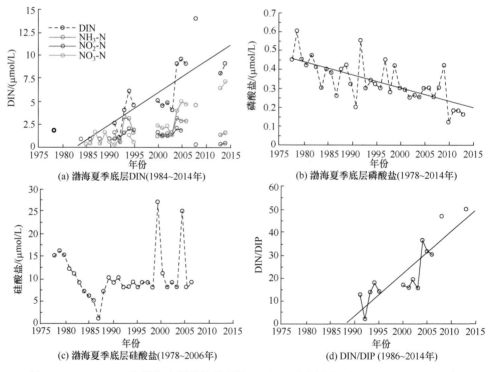

图 8-12　1978~2014 年渤海中部营养盐以及 DIN/DIP 年际变化（Wang A et al.，2018）

2. 渤海浮游生物和生产力的变化趋势

20 世纪 60 年代以来，尤其是 2000~2019 年，渤海浮游植物最明显的变化是群落结构的转变，硅藻和甲藻比值逐渐降低，甲藻的优势地位逐渐升高；而叶绿素 a 和浮游植物丰度存在一定的波动性变化，但两者的变化趋势存在差异，在不同海域表现出不同的变化特征。

遥感反演得到的整个渤海表层叶绿素 *a* 在 2000 年后存在长期的增长趋势，其中渤海中部增幅最大，渤海海峡增幅最小（Fu et al.，2016；Zhang H et al.，2017）。但结合历史资料和 2013~2014 年的现场调查数据发现，渤海湾的叶绿素 *a* 浓度变化有别于整个渤海，总体上呈现出下降的趋势，这也与 2000 年前逐渐增加的趋势有所不同；同时渤海湾的叶绿素 *a* 浓度变化有一定的季节差异，春季和秋季逐渐下降、夏季逐渐上升（Liu et al.，2019；Tang et al.，2003；刘西汉，2019；刘西汉等，2020）。相对于叶绿素 *a*，浮游植物丰度的年际变化表现出明显的差异。整个渤海 1959~2015 年网采浮游植物的丰度水平在 20 世纪逐渐降低，进入 21 世纪则有 1.5 倍的回升（栾青杉等，2018）；而不同海域（渤海湾和莱州湾）的浮游植物丰度又各自具有不同的变化特征：渤海湾的浮游植物丰度变化（20 世纪 90 年代至 21 世纪 10 年代）在总生物量降低的情况下逐渐升高，说明渤海湾存在浮游植物小型化的趋势；相对于渤海湾，莱州湾在 2004~2014 年浮游植物丰度呈现出非常剧烈的年际波动，春季浮游植物丰度经历了先升高后下降的年际变化趋势，在 2011 年达到最高值；秋季丰度明显高于春季，年际变化趋势总体呈现出明显的下降趋势，且 2004 年丰度最高（Jiang et al.，2018；Liu et al.，2019；刘西汉，2019）。此外，对 2003~2016 年渤海初级生产力的研究表明，初级生产力年均值存在一定的波动性变化，且整体呈小幅度上升趋势（李晓玺等，2017）。

渤海浮游植物群落结构的变化主要表现在甲藻的优势地位与往年相比日趋明显（栾青杉等，2018；孙雪梅等，2016；王瑜等，2016；苑明莉等，2014）。例如，基于渤海 1959~2015 年的网采浮游植物调查资料发现，浮游植物群落结构由硅藻主导演替到硅、甲藻共同控制，21 世纪甲、硅藻比的平均水平较 20 世纪升高了近 3 倍；优势种组成同样出现明显的格局转换，20 世纪以角毛藻属（*Chaetoceros*）和圆筛藻属（*Coscinodiscus*）等中心硅藻为主，进入 21 世纪后，具槽帕拉藻（*Paralia sulcata*）、海线藻属（*Thalassionema*）以及甲藻中的夜光藻（*Noctiluca scintillans*）和角藻属（*Ceratium*）开始形成绝对优势种；而浮游植物多样性水平在 20 世纪逐渐降低，进入 21 世纪约有 15.0% 的回升（栾青杉等，2018）。同样，2004~2014 年，莱州湾浮游植物存在明显的优势种演替现象。春季，除 2007 年和 2012~2014 年硅藻为优势种外，其他时间优势种均包含硅藻和甲藻；浮游植物粒径组成也发生了变化，小个体物种如中肋骨条藻（*Skeletonema costatum*）等自 2008 年后优势地位下降，而大个体物种如辐射圆筛藻（*Coscinodiscus radiatus*）等数量增加，成为优势种。秋季浮游植物优势种均以硅藻为主，与春季相同，其群落结构发生明显变化；小型藻的优势地位不断下降，而大型藻的优势地位逐渐上升，这表明浮游植物群落结构或许可能处于逐渐修复的阶段，且向好的方向发展（Jiang et al.，2018）。

对于浮游动物，相对于 1959~1960 年的 510 种、1978~1979 年的 586 种和 1997~2000 年的 709 种，在 2006~2008 年调查中，南海北部海域浮游动物种类总数大幅增加，物种多样性呈明显上升趋势，但种类组成结构基本稳定。南海北部浮游动物总丰度有明显的季节变化：夏季 > 春季 > 秋季 > 冬季，浮游动物丰度明显增加，周年平均丰度比十年前约增加 7 倍，丰度的高值区呈斑块状分布，主要位于广西近岸、雷州半岛东侧、万山群岛东北侧和粤东近岸局部海域（王雨等，2014）。

3. 渤海典型生态问题与生态灾害的新变化和新趋势

自 20 世纪末以来，尽管中国沿海水母数量呈现上升的趋势，但是并没有相关文献指出整个渤海海区的水母丰度上升，已有该区域发生过几次水母暴发事件及渤海部分区域的水母类种群年际变化的相关记录。例如，2004 年辽东湾白色霞水母的暴发带来了巨大灾害，同期海蜇产量降低了近 80%（葛立军和何德民，2004）。2008 年 7 月，海月水母暴发堵塞河北秦皇岛沿岸的发电厂循环水进水网，共清理出超过 4000t 的海月水母（刘旋，2008）。同年 8 月，山东威海沿岸发电厂的进水网处清理出 20~50t 的海月水母。此外，自 20 世纪末以来，辽东湾和渤海几乎连年出现沙海蜇大量聚集的现象。水母暴发给辽东湾的渔业资源结构带来了严重的危害。辽东湾北部沿岸区域霞水母的丰度在 2005~2011 年呈现下降趋势，2004 年出现霞水母大暴发。辽东湾海月水母在南部海域出现较多，2004~2009 年其丰度不高，自 2010 年以来北部近海部分海域海月水母丰度上升（董婧等，2013）。2010~2014 年在渤海湾、秦皇岛沿岸海域以及渤海其他区域开展了致灾水母生物量调查，结果显示，2008~2012 年河北沿岸水母（主要是沙海蜇）生物量连年上升，给渔业和旅游业带来严重的负面影响（郑向荣等，2014）。

同时海蜇是渤海资源种之一，其渔业产量（尤其是可食用海蜇）变化受到人类放流等活动的影响。辽东湾海蜇渔业生产的实际情况以 1984 年开始增养殖海蜇苗为界分为 1984 年前后两个阶段（Dong et al., 2009, 2014）。历史记录显示，1955~1975 年（图 8-13），海蜇的渔获量在 1 万 ~6 万 t 波动，在 1975 年后，由于过度开发，海蜇渔获量锐减（黄鸣夏等，1985；刘海映和王文波，1992），1976~1983 年海蜇每年渔获量持续降低。为了满足海蜇产量增长的需求，1984~2004 年以辽东湾为试点实施了增殖

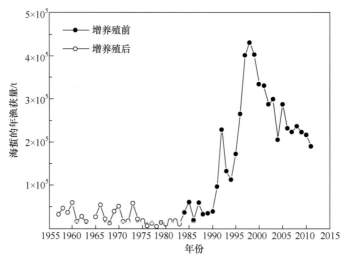

图 8-13　海蜇的年渔获量（Dong et al., 2014）

放流工程（陈介康等，1994）。在辽东湾实行试点方案期间，每年放流海蜇苗数量不超过 1730 万个。2005 年，首次在辽东湾大量放流海蜇幼苗，数量为 1.56 亿个（Dong et al.，2009），自此，尽管 2005~2010 年每年实施海蜇增殖放流工程，但是产生的资源量并不多，海蜇渔业产量仍然下降，即便如此，人工增殖放流对其种群增殖也起到了积极的作用。沙海蜇是海蜇的重要竞争种，其暴发可能造成海蜇产量降低。另外，捕捞努力量和管理策略的变化不利于准确评估人工增殖放流计划对海蜇渔获量增加的贡献。但是，普遍认为，增殖放流计划成功地增加了海蜇总渔获量（Dong et al.，2009，2014）。

对于赤潮而言，据《渤海海洋环境质量公报》等资料显示，2002~2011 年，除了2008 年渤海仅仅暴发了 1 次赤潮之外，其他年份渤海暴发了 10 次左右的赤潮，且暴发了多次 3000~5000km² 的大规模赤潮。而 2012 年之后，渤海每年暴发的赤潮次数依然在 10 次左右，从面积来看仍然暴发了多次一千至几千平方千米的大规模赤潮。2012 年以后赤潮暴发的次数和面积变化并不明显。从赤潮发生区域来看，2012 年以后渤海的赤潮高发区域依然在辽东湾内湾、秦皇岛近海以及渤海湾天津近岸等海域，赤潮发生的空间变化趋势也不明显。较为明显的新变化是抑食金球藻等造成几千平方千米大面积赤潮的微微型藻华逐步消失，取而代之的是一些常见甲藻类赤潮，这些赤潮的暴发面积一般较小，且最近两年的渤海赤潮呈现出多种优势种并发的趋势，有些赤潮的优势种多达 3~4 种（2016 年和 2017 年《北海区海洋环境公报》），这是 2012 年之前渤海赤潮中未曾出现的新特点。值得一提的是，自 2015 年以来，渤海西部秦皇岛等海域也出现了浒苔绿潮，这也是微微型藻赤潮（褐潮）在近几年面积逐渐减小、消失后新出现的大型藻暴发的新特点。

8.3.2 黄海

1. 黄海物理、化学环境的变化趋势

1）黄海溶解氧和 pH 变化趋势

在变化趋势方面，北黄海夏季断面 1976~2015 年历年 8 月监测资料显示，北黄海夏季断面底层月平均溶解氧浓度与表观耗氧量年际变化线性斜率大于渤海夏季断面底层（图 8-14），北黄海夏季断面与渤海夏季断面月平均溶解氧浓度与表观耗氧量呈同步线性或非线性相关的年际变化，并且北黄海夏季断面底层低氧、贫氧线性速率大于渤海。2015 年与 1976 年相比，北黄海夏季断面冷水团平均溶解氧浓度约降低了 22%，断面平均表观耗氧量约升高了 5.3 倍；此外，近 40 年来北黄海断面冷水团夏季从高氧、微贫氧水团向低氧、贫氧水团呈显著线性演变（石强，2018）。

在 pH 的变化趋势上，没有找到长时间序列的证据。如前所述，近年来的研究观测到黄海的季节性酸化现象，且观测到黄海冷水团夏季的次表层和底层水体中聚集了较多的呼吸作用产生的 CO_2，该区域的低碳酸钙饱和度降低到小于 1.5，从而影响当地的钙化生物和底栖生物（Zhai et al.，2014）。Zhai 等（2014）在北黄海的研究结果显示，现场的初级生产产生的有机质降解引起次表层水体中 pH 从 8.02 降低至 7.88，并提

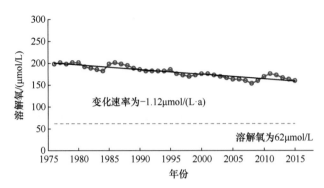

图 8-14　1976~2015 年北黄海夏季断面底层水中溶解氧随时间的变化趋势（改绘自石强，2018）

出北黄海可能是近海受海洋酸化影响最显著和敏感的区域之一。按照 21 世纪中叶大气 CO_2 的预测值（升高至约 500μmol/mol）同步提高黄海底层海水的 CO_2 逸度，计算得出 2050 年前后黄海夏、秋季底层水 Ω <1.5 的区域将分别比现在扩大 55%（夏季）和 33%（秋季），届时黄海可能将有约 50% 的海底面积在夏、秋季被 Ω<1.5 的季节性酸化水体所覆盖，甚至开始出现 Ω < 1.0 的底层海水，相应地，海水 pH 将约为 7.85（夏季）和 7.80（秋季）。

综上所述，黄海的溶解氧呈现下降的趋势，且其下降速率可能比渤海更为显著，尤其在北黄海冷水团区域，缺氧和酸化的现象发生得更为频繁，这可能对该区域的生物生存、生长等产生一定的影响。

2）黄海营养盐变化趋势

在营养盐的变化趋势上，黄海 DIN 和 N/P 在过去的 30 年里呈现增加的趋势（He et al.，2013；Wei Q S et al.，2015；Yang F X et al.，2018），这主要受河流输入和大气沉降的影响。

其中，北黄海冬季的 DIN 从 20 世纪 90 年代的 6μmol/L 逐渐增加至 21 世纪初的 10μmol/L、2006 年前后的 14μmol/L；夏季受河流输入影响，表层水的 DIN 高于底层水；在年际变化上，冬季表层水的 DIN 从 20 世纪 90 年代的 3μmol/L 逐渐升高到 21 世纪初的 4~7μmol/L，2002 年以后到 2006 年前后快速增长至 9μmol/L。冬季磷酸盐浓度基本在 0.3~0.7μmol/L 变化，呈现先降低后增加的缓慢变化趋势；夏季的磷酸盐比冬季普遍高出 0.2μmol/L。硅酸盐呈现先降低后增加的趋势，夏季底层硅酸盐从 20 世纪 80 年代的 9μmol/L 降低到 20 世纪 90 年代的 4μmol/L，后增加至 10μmol/L。N/P 从 20 世纪 90 年代起逐渐增加至 21 世纪初的大于 16，Si/N 的变化较不显著，但都大于 1（Yang G et al.，2018）。

在营养盐的变化趋势上，南黄海的 DIN 从 1985 年的 1.5μmol/L 增加到 2006 年的 10μmol/L。磷酸盐在这三十多年里基本维持在 0.2~0.6μmol/L，有先降低后增加的变化趋势；硅酸盐则从 1975 年的 10μmol/L 降低至 1990 年的 2~6μmol/L，并从 1995 年后逐渐增加至 2005 年的 8~16μmol/L（图 8-15）。南黄海西部的 N/P 从 20 世纪 80 年代的 5 左右增加至 2005 年的 20 左右；而 Si/N 呈现缓慢降低的趋势，但总体仍然大于 1（Wei Q S et al.，2015）。

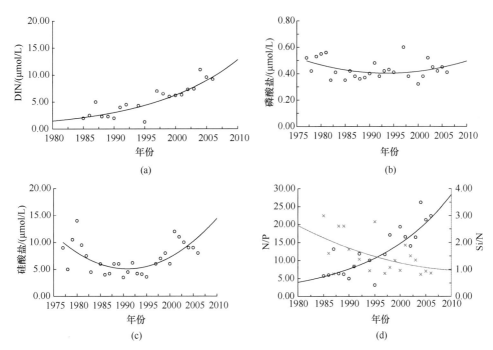

图 8-15　南黄海 36°N 断面 124.5°E 以西底层水中营养盐以及 N/P 和 Si/N 比值的变化趋势
（Wei Q S et al.，2015）

2. 黄海浮游生物和生产力的变化趋势

20 世纪 60 年代以来，尤其是 2000~2019 年，黄海浮游植物较为突出的变化是甲藻在浮游植物群落中的比例逐渐升高，硅藻和甲藻比例逐渐降低；而叶绿素 a 浓度、浮游植物丰度和物种数整体上均出现波动且缓慢增长的现象。

黄海叶绿素 a 浓度和浮游植物丰度的年际变化存在明显的区域性和阶段性特征。北黄海叶绿素 a 浓度在 1998~2006 年呈递增趋势，2006~2010 年则持续波动（郑小慎等，2012）；而在南黄海，叶绿素 a 浓度和初级生产力在 1998~2008 年呈现递减趋势，至 2008 年秋季，叶绿素 a 浓度的年均值为 0.4μg/L，而 2015 年、2016 年和 2017 年秋季叶绿素 a 浓度达 0.69~0.75μg/L，叶绿素 a 浓度有明显的增加趋势（Tan et al.，2011；黄备等，2018）。综合 1982 年、2011 年和 2013 年关于北黄海浮游植物群落的研究结果（中国科学院海洋研究所浮游生物组，1965），北黄海海域浮游植物丰度存在明显的增长趋势（黄备等，2018；郭术津等，2013；黄文祥等，1984；纪昱彤等，2018；聂间间等，2014）。20 世纪 60 年代至 21 世纪 10 年代，春、夏季南黄海的浮游植物丰度同样呈现增长的趋势，而冬季浮游植物丰度则存在一定的波动（Gao et al.，2013）。此外，历年 2011~2017 年《中国海洋（生态）环境状况公报》数据显示，黄海区域 2011 年浮游植物种类数为 162 种，2015 年时增至 286 种，整体存在波动且缓慢上升的趋势。

黄海浮游植物群落结构的变化主要表现为硅藻和甲藻丰度比值逐渐降低；以往一般认为硅藻是黄海浮游植物的优势类群，但近年来发现浮游植物优势种由硅藻转变为甲藻和硅藻共存（Gao et al., 2013；Li X et al., 2017；黄备等, 2018）。此外, 20世纪 60 年代至 21 世纪 10 年代, 黄海浮游植物群落的优势种也发生了明显变化（表8-7）。例如, 2000 年以前, 圆筛藻属（*Coscinodiscus*）是黄海浮游植物秋季的主要藻种, 但现在它逐渐被海链藻属（*Thalassiosira*）、角毛藻属（*Chaetoceros*）和甲藻门（Dinophyta）的浮游植物所取代（Gao et al., 2013；Li X et al., 2017；Zhang et al., 2016；黄备等, 2018；张健和李佳芮, 2014）。

表 8-7 黄海不同年份的优势种

年份	优势种				参考文献
	春季	夏季	秋季	冬季	
1960~1971	笔尖形根管藻（*Rhizosolenia styliformis* var. *styliformis*）, 中国盒形藻（*Biddulphia sinensis*）		圆筛藻属（*Coscinodiscus*）, 骨条藻属（*Skeletonema*）	中国盒形藻（*Biddulphia sinensis*）, 活动盒形藻（*Biddulphia mobiliensis*）	陈清潮等, 1980
1960~1962	旋链角毛藻（*Chaetoceros curvisetus*）, 柔弱角毛藻（*Chaetoceros debilis*）, 窄隙角毛藻（*Chaetoceros affinis*）		圆筛藻属（*Coscinodiscus*）, 中华半管藻（*Hemiaulua sinensis*）	骨条藻属（*Skeletonema*）, 日本星杆藻（*Asterionella japonica*）	Kang, 1986
1984~1985	菱形海线藻（*Thalassionema nitzschioides*）, 爱氏辐环藻（*Actinocyclus ehrenbergii*）		圆筛藻属（*Coscinodiscus*）, 角藻（*Ceratium*）	骨条藻属（*Skeletonema*）	俞建銮和李瑞香, 1993
2001~2002	—	—	短叉角毛藻（*Chaetoceros messanensis*）, 密连角毛藻（*Chaetoceros densus*）, 圆筛藻属（*Coscinodiscus*）, 具槽帕拉藻（*Paralia sulcata*）等		王文涛, 2013
2011~2012	太平洋海链藻（*Thalassiosira pacifica*）, 中肋骨条藻（*Skeletonema costatum*）, 绕孢角毛藻（*Chaetoceros cinctus*）	角毛藻属（*Chaetoceros*）, 大管藻（*Cerataulina daemon*）	旋链海链藻（*Thalassiosira curviseriata*）, 密连角毛藻（*Chaetoceros densus*）, 链状亚历山大藻（*Alexandrium catenella*）, 角藻属（*Ceratium*）	具槽帕拉藻（*Paralia sulcata*）, 盔状舟形藻（*Navicula corymbosa*）, 棕囊藻属（*Phaeocystis*）	Gao et al., 2013
2013~2015	太平洋海链藻（*Thalassiosira pacifica*）, 中肋骨条藻（*Skeletonema costatum*）	小等刺硅鞭藻（*Dictyocha fibula*）, 简单裸甲藻（*Gymnodinium simplex* Lohmann）, 角毛藻属（*Chaetoceros*）	具槽帕拉藻（*Paralia sulcata*）, 裸甲藻（*Gymnodinium aeruginosum*）, 锥状施克里普藻（*Scrippsciella trochoidea*）	—	Li X et al., 2017; Zhang et al., 2016；黄备等, 2018；张健和李佳芮, 2014

3. 黄海典型生态问题与生态灾害的新变化和新趋势

作为生态灾害之一的水母, 其生活史主要在东海、黄海两个海域完成, 因此黄海、东海两个海区关于水母灾害的空间分布、变化和趋势放在一起编写, 请参见东海部分。

对于赤潮而言,《北海区海洋环境状况公报》等资料显示, 2002~2011 年, 黄海赤潮的暴发次数一般不超过 6 次，黄海是我国近海所有海区赤潮暴发次数最少的海区。除了 2011 年发生在北黄海的一次 4000km² 的夜光藻赤潮外，其他年份黄海海域累积赤潮面积不超过 2000km²。2012~2018 年，黄海的赤潮灾害状况有了一定的改善，面积和影响变得十分有限，但浒苔大型绿潮依然十分严重。究其原因，黄海海域在 2008 年以后每年暴发 19600~58000km² 的超大规模的浒苔绿潮事件，在近两年又呈现出绿潮、金潮和赤潮同时共发的态势（孔凡洲等，2018）。黄海赤潮暴发的逐渐减少与水环境的改善有很大关系。从生态系统演替的角度分析，在黄海浒苔绿潮能够漂移到的大片近岸海域，其赤潮的减少也可能与黄海浒苔暴发期和传统黄海近岸赤潮暴发期存在一定时间上的重合有关，从而导致赤潮微藻与其他大型藻类存在一定的种间竞争关系。

8.3.3　东海

1. 东海物理、化学环境的变化趋势

1）东海溶解氧和 pH 变化趋势

在东海外大陆架的研究表明，黑潮次表层水中的溶解氧呈现逐渐以每年（-0.19 ± 0.02）~（-0.11 ± 0.07）$\mu mol/(kg \cdot a)$ 趋势的降低（Lui et al.，2014），这主要与北太平洋中层水的停留时间减少有关，也与有机质的持续耗氧降解有关。此外，在东海缺氧区的研究方面，我国首次对长江口溶解氧现象的调查始于 1958 年的全国海洋普查，在长江口缺氧区出现在夏季 8 月，在 123°E、31.5°N 附近存在一个低氧区，溶解氧最低值为 0.49mg/L，低氧区面积约 1800km²。随后在 1980~1981 年中美合作长江口及其邻近东海水域沉积动力学研究，以及 1981~1983 年的上海海岸带资源调查中，均在 122.5°E、30.83°N 附近发现低氧区（海洋图集编委会，1991）。20 世纪 90 年代末，Li 等（2002）对长江口外低氧区的调查表明，122.5°E、30.8°N 的长江口附近存在一处面积达 137000km² 的底层缺氧区，缺氧区平均厚度达 20m，最低溶解氧小于 1mg/L。自 21 世纪初以来，对长江口低氧现象做进一步观测和分析（Chen et al.，2007；Wang，2009；Wang et al.，2012）发现，长江口低氧区面积有日益扩大的趋势（Zhu et al.，2011），其中在 2013 年 8 月，东海观测到 11500km² 的缺氧区面积（Zhu et al.，2017）；在 2016 年夏季，东海观测到 22800km² 记录的最大缺氧区，以及在 2017 年东海观测到 10071km² 的缺氧区（Chen et al.，2020）。与此同时，溶解氧的极小值也从 2006 年的 27.0μmol/kg 降低到 2016 年观测到的 2.5μmol/kg 和 2017 年夏季观测到的 10.2μmol/kg（Chen et al.，2020）。随着全球 CO_2 排放的增加、全球气候变暖以及富营养化等，中国近海的溶解氧可能也会出现逐渐降低的趋势，从而对海区的生物和生态系统产生影响。

从 pH 变化趋势上看，对比 2002~2011 年东海春、夏、秋三个季节表层海水 pH 的年际变化趋势，春季的表层海水 pH 呈较明显的下降趋势，而夏季和秋季的变化趋势则不明显（刘晓辉等，2017）。Lui 等（2015）根据 1982~2007 年东海外大陆架至冲绳海槽区域 PN 断面的碳化学观测数据计算得到从海洋表层至水深 900m 似乎都存在一定程度的酸化。东海黑潮中层水（Kuroshio intermediate water，KIW）pH 的下降，被认为

不仅仅是海洋大量吸收大气 CO_2 的结果，还与表观耗氧量（apparent oxygen utilization，AOU）的增加有关。其中，表观耗氧量增加对海水酸化的贡献在水深 900m 的冲绳海槽可达 0.000867 ± 0.00017pH/a，在东海大陆架边缘可达 0.000827 ± 0.00057pH/a。这些值相当于假设海–气 CO_2 平衡时的酸化速率 -0.0016pH/a 的 54% 和 51%。另外，台湾南部的南湾观测站的长期结果显示，由于西北太平洋海水入侵和上升流的增强，50m 水深的酸化速率为 -0.0039pH/a，这一速率是开阔大洋酸化速率的 2.2 倍（Lui et al.，2014）。

综上所述，东海外大陆架的溶解氧以 $0.11 \sim 0.19 \mu mol/(kg \cdot a)$ 的速率呈现降低的趋势，内大陆架的溶解氧的变化则主要体现在夏季缺氧区面积的增加和溶解氧最低值的快速降低。从 pH 长时间变化趋势看，东海外大陆架的酸化速率是开阔大洋的 50%，而台湾南部的南湾的酸化速率是开阔大洋的 2.2 倍，东海内部大陆架的酸化速率还没有数据或文献进行趋势分析和评估，但伴随着夏季缺氧区的增大，近岸底层海水的酸化现象也可能呈现出加剧的现象。

2）东海营养盐变化趋势

作为典型的大河流控制的边缘海体系，东海近岸水体营养盐浓度和组成的长时间变化趋势明显受到流域内陆源河流输出通量的影响。在改革开放初期（20 世纪80~90 年代），东海近岸富营养化水体主要集中在长江口、杭州湾附近；进入 21 世纪后，浙闽（浙江、福建）沿岸水体也开始呈现富营养化状态（Wang A et al.，2018）。通过对比 20 世纪 80 年代与 2000 年之后的东海营养盐浓度随盐度的变化趋势，可以看出过去 20~30 年东海 DIN 浓度呈现明显的升高趋势，特别是低盐度（盐度小于 5）水体中 DIN、DIP 浓度分别从 20 世纪 80 年代的小于 $60 \mu mol/L$（DIN）、小于 $0.8 \mu mol/L$（DIP）增加至 21 世纪 10 年代的大于 $100 \mu mol/L$（DIN）、大于 $1.5 \mu mol/L$（DIP），淡水锋（盐度为 31）附近 DIN 浓度则从 $16 \mu mol/L$ 左右增加至 $25 \mu mol/L$ 左右 [图 8-16（a）和图 8-16（b）]。与 DIN、DIP 不同的是，过去近 30 年间东海溶解性硅（DSi）浓度并未表现出显著的年代际变化 [图 8-16（c）]。造成这种差异的主要原因在于长江输出的 DIN、DIP 受到流域内施肥等农业活动的影响，而 DSi 主要来源于硅酸盐的化学风化过程。

在营养盐比值方面，东海大部分水体 DIN/DIP 都要高于 16，特别是在淡水锋（盐度为 31）附近，DIN/DIP 甚至可高达 200[图 8-17（a）]。20 世 80 年代至 21 世纪 10 年代，低盐度（大于 15）水体中的 DIN/DIP 出现下降趋势 [图 8-17（c）]，但仍然表现为 P 相对限制状态。与河流端源不同的是，黑潮次表层水中 DIN/DIP 约为 16，因此这一端源水体向大陆架的入侵将有可能改变东海大陆架上 P 的限制作用。东海大陆架水体中 DIN、DSi 的比例（DIN/DSi）则从 20 世纪 80 年代的约 0.5 逐步增加至 21 世纪 10 年代的 1 左右 [图 8-17（b）和图 8-17（d）]，造成这种变化的主要原因在于河流端源中 DIN 的持续增加（Li et al.，2007；Wang T et al.，2018；Chen et al.，2020）。

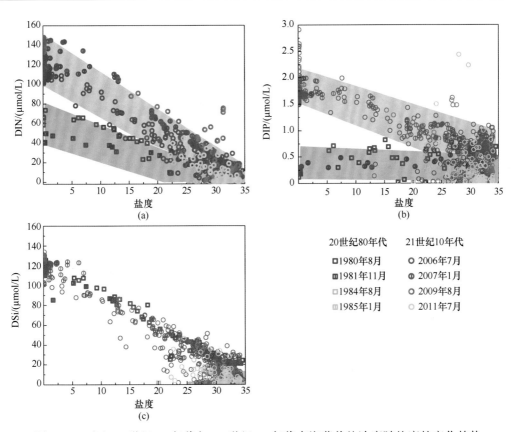

图 8-16　对比 20 世纪 80 年代与 21 世纪 10 年代东海营养盐浓度随盐度的变化趋势

（Edmond et al., 1985；Wang et al., 2012；Chen et al., 2020）

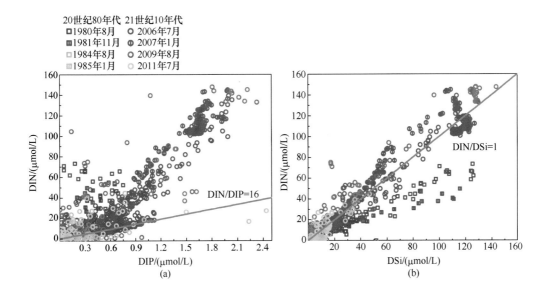

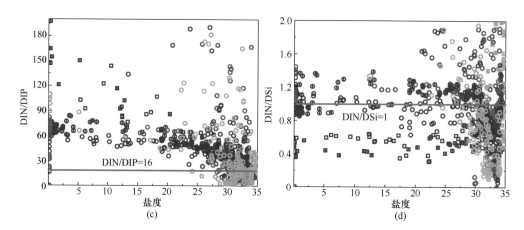

图 8-17 东海水体营养盐比例及其与盐度的关系（Edmond et al.，1985；Wang et al.，2012；Chen et al.，2020）

杭州湾富营养化状况和变化趋势大体与长江口类似（图 8-18）。20 世纪 80 年代至 21 世纪 10 年代，杭州湾水体 DIN 浓度显著升高：低盐度（盐度为 10）水体中 DIN 浓度从 20~80μmol/L 升高至 ~140μmol/L，中盐度（盐度为 10~27）水体中 DIN 浓度也增加了 2~3 倍。杭州湾 DIN 的升高可能受到长江和钱塘江两条河流的影响（Dai et al.，2014；Su and Wang，1989），特别是在低盐度水体（盐度小于 10）中 DIN 浓度达到 ~140μmol/L，甚至高于长江口相同盐度下的 DIN 浓度（~100μmol/L），这很可能是受到钱塘江输出 DIN 的影响。相比之下，杭州湾 DIP 的年代际变化趋势更复杂。大部分调查结果显示，20 世纪 80 年代的杭州湾水体 DIP 要低于 21 世纪 10 年代，但是 1981 年冬季航次 DIP 高值达到 2.5~3.0μmol/L，远高于 21 世纪 10 年代同盐度水体 DIP 浓度。这种变化趋势与 DIP 受到河流输送、沉积物吸附 – 解析过程等多种因素有关。同样地，杭州湾 DSi 浓度并未显示出明显的年代际变化趋势。

综上所述，在 20 世纪 80 年代至 21 世纪 10 年代，东海水体 DIN、DIP 浓度呈现出明显的年代际增长趋势，特别是在受河流输送影响明显的长江口、杭州湾附近。DSi 的分布未出现明显的变化。与此同时，水体营养盐比例也发生变化，表现为 DIN/DIP 降低、DIN/DSi 升高的趋势，整体上呈现为 P 限制的状态。

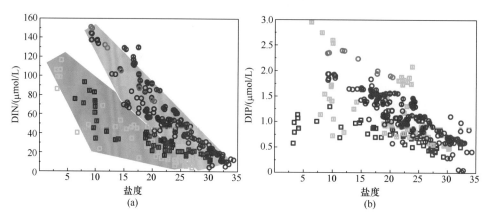

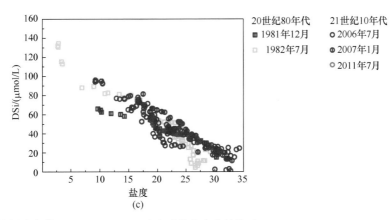

图 8-18　杭州湾水体 DIN、DIP、DSi 浓度随盐度变化趋势（Gao et al.，1993；Tseng et al.，2013；Wu et al.，2020）

2. 东海浮游生物和生产力的变化趋势

2012~2017 年，东海各海域浮游植物、浮游动物生物多样性指数的年度变化趋势不明显。长江口 – 杭州湾海域（$P<0.05$）、浙江中南近岸海域底栖生物多样性指数有增加趋势（$P=0.066$）。东海外海底栖生物多样性指数具有显著降低的趋势（$P<0.01$）（图 8-19）。

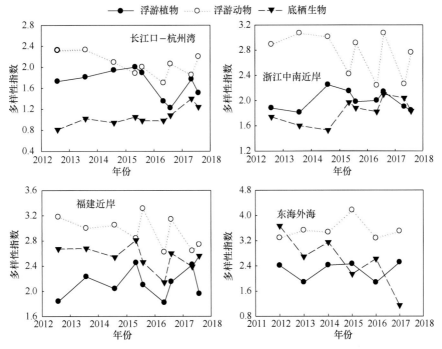

图 8-19　东海生物多样性指数（《东海区海洋环境公报》）

3. 东海典型生态问题和生态灾害的新变化和新趋势

对于水母来说，沙海蜇和霞水母作为黄东海大型水母的优势种类，从 20 世纪 90 年代末起在夏秋季节连年发生大量暴发的现象，并有逐年加重的趋势。尤其是 2003 年水母数量达到高峰，在 2004 年和 2005 年水母暴发强度出现小幅降低（丁峰元和程家骅，2005）。20 世纪 90 年代后期水母暴发频繁发生给中国海域造成严重影响。例如，水母暴发严重影响了黄东海海洋渔业生产，导致渔业产量下降（程家骅等，2004；葛立军和何德民，2004）。2003 年秋季，沙海蜇在东海暴发，平均生物量为 1555kg/hm²，生物量最大值高达 15000kg/hm²，沙海蜇暴发期小黄鱼的渔获量降低了 20%（丁峰元和程家骅，2005，2007）。随后，在 2006 年、2007 年、2009 年、2012 年、2016 年，相对来讲，沙海蜇在黄东海大量出现，而在 2008 年、2010 年、2011 年、2013 年、2014 年、2015 年、2017 年、2018 年黄东海未发生水母暴发事件，2018 年沙海蜇的丰度是 2011 年以来最低的年份。近年来霞水母的丰度越来越少（Sun et al.，2015）。简而言之，自 20 世纪 90 年代末起，虽然中国近海的大型致灾水母整体上出现数量增加甚至暴发的现象，但暴发种类和暴发海域出现明显的年际变化。黄东海的大型水母继 90 年代末出现数量增加后，2013~2018 年整体上出现数量下降的现象，从而增加了对中国近海大型水母数量趋势预估的复杂性。

对于赤潮来说，据《东海区海洋环境公报》等资料显示，2002~2012 年，东海赤潮的暴发次数和面积非常多。其中，暴发次数占到整个中国近海暴发赤潮的 70% 左右，暴发面积更是达到整个中国近海赤潮暴发面积的 80% 以上，这一阶段的东海是中国近海赤潮暴发最为严重的海区。和 2002~2012 年相比，2012~2017 年东海赤潮的暴发次数和面积均一定程度的下降，且基本趋于稳定。

2012~2017 年，赤潮暴发依然集中在长江口外海区、浙江近海和福建北部海域，变化趋势并不明显。随着赤潮暴发次数一定程度的减少，有毒有害赤潮发生的次数也较 2012 年之前有所减少，但有些年份有毒赤潮依然占到暴发总次数的一半以上。2012 年福建近海发生米氏凯伦藻赤潮，其发生在重要养殖区，造成了近 20 亿元的经济损失。近些年，东海赤潮的变化趋势可以概括为虽然面积、次数有减少，但由于海域内湾众多，养殖业较发达，且有毒有害赤潮占总暴发次数的比例依然很高，因此赤潮造成的危害依然较大。

8.3.4 南海

1. 南海物理、化学环境的变化趋势

1）南海溶解氧和 pH 变化趋势

在年际变化上（图 8-20），根据香港环境保护部门的数据，近 25 年以来珠江口底层水中的溶解氧以 $2 \pm 0.9 \mu mol/（kg \cdot a）$ 的速率在降低，同时伴随着 DIN 以 $1.4 \pm 0.3 mmol/（kg \cdot a）$ 的速率在增加，表明珠江口溶解氧的降低与富营养化带来的有机质降解等过

程密切相关（Qian et al.，2018）。根据对一次台风后缺氧事件的分析，65%±16% 的有机质来源于海洋，而 35%±16% 来源于陆源输入的有机质。与长江口的缺氧区相比，珠江口缺氧区陆源输入的有机质贡献也不容忽视（Su et al.，2017），且该区域受风影响的水体稳定度以及淡水径流的输入对其均有所贡献（Qian et al.，2018）。总体而言，1990~2014 年南海的溶解氧变化在珠江口底层水中呈现逐渐降低的趋势，珠江口的缺氧区仍然存在，且可能伴随着富营养化加剧等过程而出现增大的趋势。

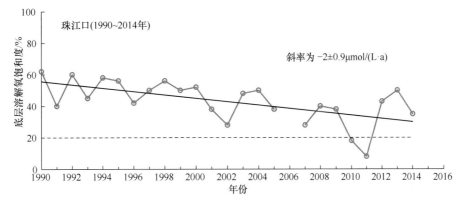

图 8-20　珠江口底层水体溶解氧饱和度随时间的变化趋势（1990~2014 年）（改绘自 Qian et al.，2018）

在 pH 长期变化趋势方面，根据 1975~1984 年南海北部 10 年断面调查资料可知，在 10 年的变化过程中，1980 年、1984 年 pH 较高，而 1981 年、1982 年、1983 年较低。其年际变化的特点表现为具有 3~4 年的周期性，并随温、盐的年际变化而变化，pH 的这一变化可能是海水温度对浮游植物的光合作用过程所致。对于典型海湾而言，2001~2010 年，三亚湾水体 pH 呈现明显的下降趋势，从年平均的 8.30 以上下降到 8.07，明显高于全球平均海水酸化速度（杨顶田等，2013）。在珊瑚礁存在的典型海域 pH 长期变化方面，如前所述，目前通过珊瑚礁同位素记录的反演结果表明，长时间序列上这些海域 pH 存在一定程度的下降，但受到珊瑚礁生物活动的影响可能较为明显。目前同位素反演研究较多，实际观测数据不足，仍需开展长期观测。

2）南海营养盐变化趋势

在营养盐的变化趋势上，南海硝酸盐浓度快速升高主要发生在珠江口及其他近岸海域，南海海盆受外海水影响，表层硝酸盐浓度一直处于较低水平。珠江硝酸盐、磷酸盐和硅酸盐浓度自 20 世纪 90 年代起急剧升高。在 90 年代，珠江磷酸盐浓度仅为 0.5μmol/L，而在 21 世纪初，磷酸盐浓度急剧升高至 1.5μmol/L。珠江羽状锋面区，DIN 的浓度为 0.1~14.2μmol/L，DIP 为 0.02~0.10μmol/L，$Si(OH)_4$ 为 0.2~18.9μmol/L。在外海区，DIN、DIP 和 $Si(OH)_4$ 的浓度分别降至 0.1μmol/L、0.02~0.03μmol/L、2.0μmol/L（Han et al.，2012）。1986~2013 年，大亚湾海水中的 DIN 出现显著增加的趋势，磷酸盐出现降低的趋势，硅酸盐从 1986~1999 年呈现先降低后增加的趋势，基本维持在 10~30μmol/L；在营养盐比例上，N/P 值从 1986 年的 1.55 增加到 1996 年的

15.6、1997 年的大于 16；Si/N 值逐渐降低但仍然大于 1，营养盐结构存在从氮限制向磷限制的趋势转变（Wu et al.，2017）。此外，大气沉降可能贡献了南海新生产力氮源的 20% 左右。这一结果较 20 世纪 90 年代的大气氮沉降的 6%~20% 的贡献有所升高，且预估到 21 世纪 50 年代这一比例会增加到 15%~30%（Kim et al.，2014）。南海固氮作用产生的氮达 20 ± 26mol N/（$m^2 \cdot a$），占全年新生产力的 5%~10%。

综上所述，南海营养盐的增加主要发生在珠江口及其他近岸海域（如大亚湾等），南海海盆受外海水影响变化不显著。此外，南海海盆区表层水的营养盐浓度低，但是大气沉降和生物固氮作用作为较为重要的营养盐输入过程，分别占了南海全年新生产力的 20% 和 10%。

2. 南海浮游生物和生产力的变化趋势

1991~2017 大亚湾叶绿素 a 浓度的长期变化呈现波动状态（图 8-21），其表层和底层的变化范围分别为 1.12~11.92mg/m³ 和 1.50~15.21mg/m³，2010~2017 年平均含量分别为 4.23mg/m³ 和 4.47mg/m³。从 1985 年有记录数据开始，大亚湾整体叶绿素 a 浓度存在长期增加的趋势，与营养盐输入不断增加的趋势相吻合（Wu et al.，2017）。

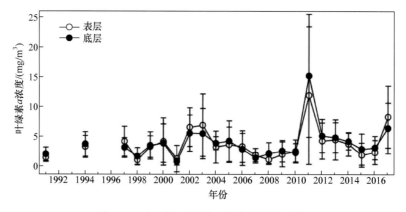

图 8-21　大亚湾叶绿素 a 浓度的长期变化

1997~2012 年，南海北部外海区域表层叶绿素 a 浓度存在显著的季节变化，并发现表层叶绿素 a 浓度异常与 ENSO 指数显著相关（Liu K K et al.，2013）（图 8-22）。近期研究发现，南海北部（110°~119°E，15°~21°N）表层叶绿素 a 浓度年际变化受到 ENSO 相位变化的影响，表现为在拉尼娜年受气旋涡调控，在厄尔尼诺年受垂直混合调控（Xiu et al.，2019；图 8-23）。随着全球变暖，ENSO 相位变化的频率和幅度都会增加，推测南海北部表层叶绿素 a 浓度也将存在类似变化趋势。与海湾叶绿素 a 浓度长期增加的趋势不同，2012 年以来，南海北部表层叶绿素 a 浓度无显著的年际变化规律。整个南海外海区域，表层叶绿素 a 浓度不存在明显的长期变化趋势（高信度）。

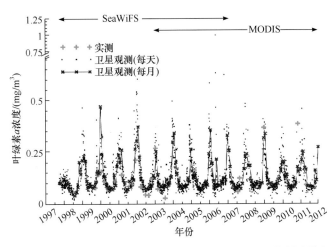

图 8-22 南海北部海表面叶绿素 *a* 时间序列数据（黑点）与实测调查数据（绿色 "+" 形）的比较
（Liu K K et al.，2013）

灰色 "×" 形为融合后的月平均数据

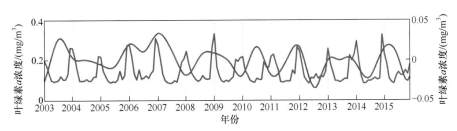

图 8-23 MODIS 卫星观测的南海北部平均表层叶绿素 *a* 浓度（Xiu et al.，2019）

蓝色曲线表示月平均数据，橙色曲线表示过滤季节变化之后的年际变化信号

模型模拟和卫星观测都表明，南海西沙海域初级生产力存在显著的季节变化。然而，该海域初级生产力的年际变化没有明显规律（Chen et al.，2018）（图 8-24）。现场模拟培养实验表明，增温和酸化都可以分别增加南海西部的初级生产力。然而，高温和高 CO_2 结合会产生拮抗作用，从而不会促进初级生产力增加（Zhang et al.，2018）。

南海生物多样性在近岸海区与深海区变化较大。2010 年以来，大亚湾浮游植物多样性指数具有显著降低的趋势（$P<0.001$），浮游动物多样性指数无显著变化趋势，底栖生物多样性指数降低趋势明显（$P<0.005$）。2012~2018 年，大亚湾浮游植物（$P<0.01$）和底栖生物（$P<0.05$）多样性指数具有显著降低的趋势 [图 8-25（a）]。与《南海区海洋环境状况公报》数据相吻合，有证据表明大亚湾网采浮游植物多样性有长期降低的趋势（中等信度）（粟丽等，2019；孙翠慈等，2006；王朝晖等，2016）。

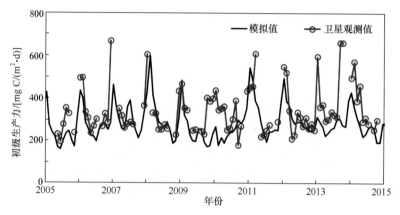

图 8-24　2005 年 1 月～2014 年 12 月模拟与观测西沙海域初级生产力比较（Chen et al.，2018）

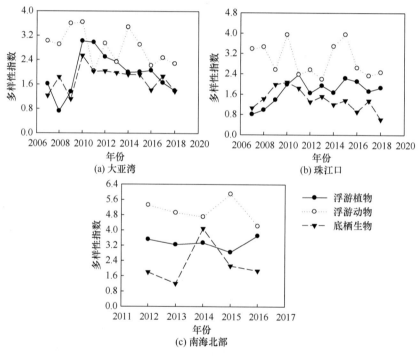

图 8-25　南海近海生物多样性指数变化

资料来源：《南海区海洋环境状况公报》和《中国海洋生态环境状况公报》

2007~2010 年，珠江口浮游植物和底栖生物多样性指数具有显著增加趋势。2010年以来，其底栖生物多样性指数呈显著降低趋势（$P<0.005$），浮游植物和浮游动物多样性指数无明显变化趋势。2012~2017 年，珠江口浮游植物多样性指数变化趋势不明显，浮游动物多样性指数出现先升后降，而底栖生物多样性指数则呈降低趋势 [图8-25（b）]。南海北部浮游植物、浮游动物和底栖生物多样性指数无显著变化趋势 [图8-25（c）]。

3. 南海典型生态问题与生态灾害的新变化和新趋势

对于南海赤潮而言，《南海区海洋环境状况公报》等资料显示，2002 年之后南海每年暴发的赤潮次数为 8~17 次，2012 年之后没有出现明显变化。但是每年赤潮发生的面积从 2008~2011 年开始出现了整体减少趋势，随后赤潮暴发面积在 2012~2017 年又出现了一定的增加趋势。在赤潮的优势种变化方面，2012 年以后主要赤潮优势种的变化并不明显，依然为常见的夜光藻、中肋骨条藻、赤潮异弯藻等无毒种类，以及球形棕囊藻等能产生毒素的种类。此外，南海区赤潮高发区域的空间分布变化趋势也并不明显，赤潮高发区依然在珠江口深圳近海、广东湛江和茂名近海，以及汕尾近海等传统赤潮高发海域（Li L et al.，2019）。总体来看，南海区赤潮的暴发面积在 2012~2017 年出现了一定的增加趋势，但南海区暴发次数和面积整体上相对比较稳定。

对于南海水母而言，自海南八门湾清澜港海域首次观测到鞭腕水母暴发现象后，近年来均有该水母暴发的报道。近年来，球形侧碗水母也呈现增加的趋势。

8.4　小　　结

8.4.1　我国近海生态环境整体现状、特点和变化趋势

渤海、黄海、东海及南海海水营养盐（硝酸盐、磷酸盐、硅酸盐等）的空间分布具有近岸高、离岸低的特点。在近岸及海湾，如渤海湾、莱州湾、长江口、杭州湾、闽江口以及珠江口等海域都具有较高的营养盐浓度，富营养化问题较为突出；离岸表层海水受到低营养盐的外海表层水混合以及海洋浮游植物摄取的双重影响，因而营养盐浓度较低。营养盐的变化特征和趋势主要为：渤海海域营养盐表现为溶解无机氮的升高、磷酸盐和硅酸盐的降低，N/P 比值增加的趋势。黄海营养盐的变化主要体现在溶解无机氮和 N/P 比值的增加。东海水体 DIN、DIP 浓度呈现出明显的年代际增长趋势，特别是在受河流输送影响明显的长江口、杭州湾附近。DSi 的分布未出现明显的变化。营养盐比例的变化表现为 DIN/DIP 降低、DIN/DSi 升高的趋势，整体上呈现为磷限制的状态。南海硝酸盐浓度快速升高主要发生在珠江口及其他近岸海域，南海海盆受外海水影响，表层硝酸盐浓度一直处于较低水平。

在溶解氧方面，四个海域均出现溶解氧浓度呈不同程度逐年降低的趋势，且夏季缺氧有逐渐加剧的趋势，同时也伴随着底层水体的季节性酸化现象。另外，大气 CO_2 和陆源营养元素的输入等因素正在导致以东海大陆架近岸海域为代表的海水酸化速率明显加快。这与近岸人类排放造成的富营养化程度加剧密切相关，也与近年来气候变化引起的全球变暖导致的溶解氧溶解度降低和外海水通风作用减弱有关。而对于近海酸化的研究，目前正处于起步发展阶段。虽然已有一些文献报道了我国近海的水体酸化趋势以及季节性的酸化现象，但对于近海酸化总趋势的全面评估，还需要更长期的数据和研究积累，从而对近海的海水酸化进行科学的评估和预测。

渤海和黄海叶绿素 a 浓度和浮游植物丰度均存在由近岸区域向离岸区域降低的趋

势；在浮游植物类群中，硅藻占绝对优势，甲藻次之，但不同季节的浮游植物主要类群存在差异，一般从春季到初夏出现硅藻向甲藻的演替。2000~2019 年，渤海和黄海浮游植物较为突出的变化是群落结构的转变，硅藻和甲藻比值逐渐降低。东海近岸长江口、杭州湾等典型海域甲藻细胞丰度也在春季达到最高，在总浮游植物细胞丰度中占比最高，甲藻的优势地位逐渐升高。

受到氮的增加等富营养化问题的影响，近年来我国近海赤潮生态灾害频繁发生。虽然近几年我国近海赤潮暴发次数和面积因东海赤潮暴发的相对减少而有所减少，但从长时间序列来看，2000 年以后我国近海总体上正处于赤潮暴发次数的高峰期。另外，有毒有害赤潮暴发比例依然较高，其危害性依然严重，对其防控任重而道远。

对于水母灾害而言，自 20 世纪 90 年代末起，中国近海的大型水母整体上出现数量增加甚至暴发的现象，且暴发种类和暴发海域出现明显的年际变化。黄、东海的大型水母继 90 年代末出现数量增加后，2013~2018 年出现数量相对下降的现象，增加了对中国近海大型水母数量趋势预估的复杂性。水母暴发原因非常复杂，气候变暖和人类干扰可通过直接或间接方式影响水母暴发。气候变化成为水母数量增多或暴发重要的原因之一。在水母暴发的海域中，近年来确实出现由自然变率引起的气候变化影响水母种群大小的证据，极端气候的增多、海洋中鱼类数量的减少、底栖生态系统的破坏和海岸带工程建设等都是导致水母暴发的重要因素。

对于近海微塑料的研究起步较晚，目前缺乏长期的变化趋势分析，但微塑料污染正越来越受到各界的关注。

8.4.2　新认识、新结果、新特点

通过对我国近海生态环境状况和趋势的分析，总结了我国近海生态系统和环境出现的一些突出变化。

（1）中国近海营养盐呈现近岸高、外海逐渐降低的分布趋势，且近岸典型海域（如长江口、珠江口、杭州湾等河口海湾）氮的增加是一项最突出的特征（高信度）。中国近岸海水无机氮浓度的年代际变化主要呈增加趋势，这与人类排放陆源影响和外海输入、混合以及大气沉降等作用有关。

（2）溶解氧方面，4 个海域均出现溶解氧浓度呈不同程度逐年降低的趋势，且夏季缺氧有逐渐加剧的趋势，溶解氧的极小值进一步降低。这个趋势在渤海和长江口尤为显著。2016 年以来夏季的长江口底层甚至出现了近无氧状态（高信度）。

（3）近些年，近岸水体 pH 的大幅度季节变化（即近海的季节性海水酸化现象）被越来越多地观测到，但数据资料非常有限，有待进一步开展全面观测和评估。

（4）2000 年以来，我国近海的季节性硅—甲藻演替现象愈发显著。渤海和黄海一般从春季到初夏出现硅藻向甲藻的演替，东海近岸长江口、杭州湾等典型海域甲藻细胞丰度和占比也在春季达到最高。甲藻的优势地位（丰度比例）逐渐升高（高信度）。

（5）对于生态灾害，2012 年以后近海大规模的赤潮暴发次数较之前有一定程度减少，但是也呈现出较多新特点。例如，赤潮暴发优势种中甲藻逐渐增多。近些年的赤潮暴发往往伴随着多种其他有害藻华灾害并发的情况，如赤潮 - 绿潮 - 金潮等不同有

害藻华种类同时暴发、3~4 种赤潮优势种同时出现等。从长时间序列来看，2000 年以后我国正处于赤潮暴发的高峰期（高信度），赤潮灾害的防控仍然任重而道远。

（6）黄东海的大型水母继 20 世纪 90 年代末出现数量增加后，2013~2018 年出现数量相对下降的现象，从而增加了对中国近海大型水母数量趋势预估的复杂性。

8.4.3　不足与展望

与陆地生态系统不同，海洋生态系统的数据获取难度较大，其数据往往有限。因此，在数据资料收集过程中、分析方法选择过程中、分析结果的总结过程中存在时间序列较短和观测数据不足等问题。需要针对海洋生态系统，逐步建立长期监测机制和使近海观测网络化，建立观测数据共享平台，为近海海洋生态系统与环境评估提供支撑。在未来生态系统和环境评估过程中，一定要坚持对长时间序列演变趋势的把握，并与气候变化的分析相结合，回答气候变化对我国近海生态系统演变过程的影响，从而为在气候变化视角下对我国近海生态系统的恢复、保育提供科学依据。

▪ 参考文献

岑竞仪，欧林坚，吕淑果，等 . 2012. 海南清澜港水母暴发期间浮游生物生态特征研究 . 海洋与湖沼，43（3）: 595-601.

陈洪举 . 2010. 黄、东海浮游动物群落结构和多样性研究 . 青岛：中国海洋大学 .

陈洪举，刘光兴，黄有松 . 2015a. 黄、东海浮游动物物种多样性分布特征 . 中国海洋大学学报（自然科学版），45：46-51.

陈洪举，刘光兴，姜强，等 . 2015b. 北黄海海樽类的种类组成和分布特征 . 中国海洋大学学报（自然科学版），45：39-44.

陈介康，鲁男，刘春洋，等 . 1994. 黄海北部近岸水域海蜇放流增殖的实验研究 . 海洋水产研究，15：175-183.

陈清潮，陈亚瞿，胡雅竹 . 1980. 南黄海和东海浮游生物群落的初步探讨 . 海洋学报（中文版），2(2): 149-157.

陈颖涵，林元烧，郑连明，等 . 2015. 北部湾北部水母类群集结构与数量分布 . 生态学报，35: 3381-3393.

程家骅，李圣法，丁峰元，等 . 2004. 东、黄海大型水母暴发现象及其可能成因浅析 . 现代渔业信息，19（5）: 10-12.

丁峰元，程家骅 . 2005. 东海区夏、秋季大型水母分布区渔业资源特征分析 . 海洋渔业，27（2）: 120-128.

丁峰元，程家骅 . 2007. 东海区沙海蜇的动态分布 . 中国水产科学，14（1）: 83-89.

董婧，姜连新，孙明 . 2013. 渤海与黄海北部大型水母生物学研究 . 北京：海洋出版社 .

杜飞雁，王雪辉，谷阳光，等 . 2014. 南沙群岛西南大陆斜坡海域浮游动物的垂直分布 . 海洋学报（中文版），36：94-103.

杜秀宁，刘光兴 . 2009. 2006 年冬季北黄海网采浮游植物群落结构 . 海洋学报（中文版），31（5）：132-147.

葛立军，何德民 . 2004. 生态危机的标志性信号——霞水母旺发今年辽东湾海蜇大面积减产 . 中国水产，(9): 23-25.

郭东晖，李刚，何静 . 2012. 2007—2011 年春季珠江口中东部水域水母研究 . 海洋与湖沼，3:188-192.

郭术津，孙军，张辉，等 . 2013. 2011 年秋季北黄海浮游植物群落 . 天津科技大学学报，28（1）：22-29.

海洋图集编委会 . 1991. 渤海·黄海·东海海洋图集——海洋化学 . 北京：海洋出版社 .

黄备，魏娜，唐静亮，等 . 2018. 南黄海 2007—2017 年浮游植物群落结构及多样性变化 . 中国环境监测，34（6）：137-148.

黄良民 . 1989. 大亚湾叶绿素 a 的分布及其影响因素 . 海洋学报 (中文版)，11:769-779.

黄良民 . 1992. 南海不同海区叶绿素 a 和海水荧光值的垂向变化 . 热带海洋，11（4）：89-95.

黄良民，陈清潮，林永水 . 1997. 南海北部海区浮游生物生产力分布初探 . 热带海洋研究，5：44-53.

黄良民，沈萍萍，刘春杉，等 . 2017. 广东省近海海洋综合调查与评价总报告 . 北京：海洋出版社

黄鸣夏，胡杰，王永顺，等 . 1985. 杭州湾海蜇生殖习性的研究 . 水产学报，9(3): 239-246.

黄文祥，沈亮夫，朱琳 . 1984. 黄海的浮游植物 . 海洋环境科学，(3)：19-28.

黄小平，黄良民，宋金明，等 . 2019. 营养物质对海湾生态环境影响的过程与机理 . 北京：科学出版社 .

黄旭光，曾阳，黄邦钦 . 2017. 水母暴发与浮游生物群落 . 大自然，1:10-11.

纪昱彤，王宁，陈洪举，等 . 2018. 2013 年秋季渤黄海浮游植物的群落特征 . 中国海洋大学学报（自然科学版），48（S2）：31-41.

贾越平，李微，宋鑫，等 . 2019. 辽东湾表层叶绿素浓度时空变化遥感分析 . 海洋技术学报，38（1）：1-5.

姜德娟，张华 . 2018. 渤海叶绿素浓度时空特征分析及其对赤潮的监测 . 海洋科学，42（5）：23-31.

姜歆，黄良民，谭烨辉，等 . 2017. 南海东北部分粒级叶绿素 a 和超微型光合生物的周日变化 . 海洋通报，36（6）：689-699.

柯婷，韦刚健，刘颖，等 . 2015. 南海北部珊瑚高分辨率硼同位素组成及其对珊瑚礁海水 pH 变化的指示意义 . 地球化学，44（1）：1-8.

柯志新，黄良民，谭烨辉，等 . 2011. 2007 年夏季南海北部浮游植物的物种组成及丰度分布 . 热带海洋学报，30（1）：131-143.

柯志新，黄良民，谭烨辉，等 . 2013. 2008 年夏末南海北部叶绿素 a 的空间分布特征及其影响因素 . 热带海洋学报，32（4）：51-57.

孔凡洲，姜鹏，魏传杰，等 . 2018. 2017 年春、夏季黄海 35°N 共发的绿潮、金潮和赤潮 . 海洋与湖沼，49（5）：1021-1030.

李纯厚，贾晓平，蔡文贵 . 2004. 南海北部浮游动物多样性研究 . 中国水产科学，11（2）：139-146.

李宏亮，陈建芳，卢勇，等 . 2011. 长江口水体溶解氧的季节变化及底层低氧成因分析 . 海洋学研究，29（3）：78-88.

李建生，严利平，李惠玉，等 . 2007. 黄海南部、东海北部夏秋季小黄鱼数量分布及与浮游动物的关系 . 海洋渔业，29(1):31-37.

李开枝，尹健强，黄良民，等 . 2005. 珠江口浮游动物的群落动态及数量变化 . 热带海洋学报，24（5）：60-68.

李晓玺，袁金国，刘夏菁，等 . 2017. 基于 MODIS 数据的渤海净初级生产力时空变化 . 生态环境学报，26（5）：785-793.

李永祺 . 2012. 中国区域海洋学——海洋生态环境学 . 北京：海洋出版社 .

李雨苑 . 2014. 2012 年春、秋季黄海 WP2 型网采浮游动物的群落特征 . 青岛：中国海洋大学 .

连喜平，谭烨辉，刘永宏，等 . 2013. 吕宋海峡浮游动物群落结构的初步研究 . 生物学杂志，30：31-42.

刘光兴，陈洪举，朱延忠，等 . 2011. 黄东海大中型浮游动物群落及浮游桡足类生物多样性的研究 . 厦门：中国甲壳动物学会第十一届年会暨学术研讨会 .

刘海娇，傅文诚，孙军 . 2015. 2009—2011 年东海陆架海域网采浮游植物群落的季节变化 . 海洋学报，37（10）：106-122.

刘海映，王文波 . 1992. 辽宁黄海北部沿海海蜇资源衰败原因的初步探讨 . 水产科学，（10）：26-29.

刘华健，黄良民，谭烨辉，等 . 2017. 珠江口浮游植物叶绿素 a 和初级生产力的季节变化及其影响因素 . 热带海洋学报，36（1）：81-91.

刘华雪，许友伟，陈作志，等 . 2016. 水母旺发对珠江口鱼类资源量的影响 . 热带海洋学报，35（6）：68-73.

刘甲星，周林滨，李刚，等 . 2016. 秋季南海东北部表层水体固氮及其对初级生产力贡献 . 热带海洋学报，35（5）：38-47.

刘丽雪，王玉珏，邸宝平，等 . 2014. 2012 年春季渤海中部及邻近海域叶绿素 a 与环境因子的分布特征 . 海洋科学，38（12）：8-15.

刘述锡，樊景凤，王真良 . 2013. 北黄海浮游植物群落季节变化 . 生态环境学报，22（7）：1173-1181.

刘述锡，隋伟娜，孙淑艳，等 . 2015. 北黄海北部近岸海域网采浮游植物群落结构 . 海洋湖沼通报，（2）：128-138.

刘西汉 . 2019. 渤海湾营养盐与浮游植物群落结构的变化特征及关系分析 . 烟台：中国科学院大学（中国科学院烟台海岸带研究所）.

刘西汉，王玉珏，石雅君，等 . 2020. 曹妃甸海域浮游植物群落及其在围填海前后的变化分析 . 海洋环境科学，39（3）：379-386.

刘晓辉，孙丹青，黄备，等 . 2017. 东海沿岸海域表层海水酸化趋势及影响因素研究 . 海洋与湖沼，48（2）：398-405.

刘旋 . 2008. 当海蜇群汹涌袭来 . 华北电业，（4）：66-69.

刘宇鹏，唐丹玲，吴常霞，等 . 2019. 南海 U 形海疆线的生态环境分区特征 . 海洋学报，41（2）：14-30.

刘镇盛 . 2012. 长江口及其邻近海域浮游动物群落结构和多样性研究 . 青岛：中国海洋大学 .

栾青杉，康元德，王俊 . 2018. 渤海浮游植物群落的长期变化（1959~2015）. 渔业科学进展，39（4）：9-18.

聂间间，刘永健，冯志权，等 . 2014. 春季北黄海浮游植物群落结构及年际变化 . 海洋环境科学，33（2）：182-186，207.

石强 . 2016. 黄海表观耗氧量场季节循环时空模态与机制 . 应用海洋学学报，35：311-328.

石强 . 2018. 北黄海夏季溶解氧与表观耗氧量年际变化时空模态 . 应用海洋学学报，37：9-25.

石强，杨朋金，卜志国 . 2014. 渤海冬季溶解氧与表观耗氧量年际时空变化 . 海洋湖沼通报，（2）：161-168.

石强，杨鹏金，霍素霞，等 . 2013. 近 36 年来渤海海水酸化进程 // 中国环境科学学会 2013 年浦华环保优秀论文集 . 北京：中国环境科学学会：59-66.

时永强 . 2015. 黄海浮游动物功能群年际变化研究 . 青岛：中国科学院大学（中国科学院海洋研究所）.

粟丽，黄梓荣，罗艳 . 2019. 大亚湾夏、冬浮游植物群落结构与环境因子 . 海洋科学进展，37（2）：284-293.

孙翠慈，王友绍，孙松，等 . 2006. 大亚湾浮游植物群落特征 . 生态学报，（12）：3948-3958.

孙慧慧，刘西汉，孙西艳，等 . 2017. 莱州湾浮游植物群落结构与环境因子的时空变化特征研究 . 海洋环境科学，36（5）：662-669.

孙松 . 2012. 中国区域海洋学——生物海洋学 . 北京：海洋出版社 .

孙雪梅，徐东会，夏斌，等 . 2016. 渤海中部网采浮游植物种类组成和季节变化 . 渔业科学进展，37（4）：19-27.

谭烨辉，黄良民，尹健强 . 2003. 南沙海区浮游动物次级生产力及生态效率估算 . 热带海洋学报，22（6）：29-34.

唐森铭，蔡榕硕，郭海峡，等 . 2017. 中国近海区域浮游植物生态对气候变化的响应 . 应用海洋学学报，36（4）：455-465.

田伟，孙军 . 2011. 2009 年晚春黄海南部浮游植物群落 . 海洋科学，35（6）：19-24.

王彬，秦宇博，董婧，等 . 2013. 辽东湾北部近海沙蜇的动态分布 . 生态学报，33（6）：1701-1712.

王朝晖，梁伟标，邵娟 . 2016. 2011~2012 年度大亚湾海域浮游植物群落的季节变化 . 海洋科学，40（3）：53-58.

王红 . 2015. 曹妃甸海域浮游动物群落结构和环境的季节变化研究 . 石家庄：河北师范大学 .

王俊 . 2001. 黄海春季浮游植物的调查研究 . 海洋水产研究，（1）：56-61.

王奎，陈建芳，金海燕，等 . 2011. 长江口及邻近海域营养盐四季分布特征 . 海洋学研究，29（3）：18-35.

王琼，谭烨辉，周林滨，等 . 2014. 南海中南部溶解态铝初探：促进甲藻生长？热带海洋学报，33（2）：78-86.

王文杰 . 2011. 夏、秋季黄河口及其邻近海域中小型浮游动物群落生态学研究 . 青岛：中国海洋大学 .

王文涛 . 2013. 中国东海、黄海和渤海微表层营养盐分布及富集研究 . 青岛：中国海洋大学 .

王晓 . 2012. 南黄海浮游动物群落及环境因子对其分布影响的研究 . 青岛：中国海洋大学 .

王秀霞 . 2014. 莱州湾主要桡足类的数量分布及周年变动 . 上海：上海海洋大学 .

王毅波，孙延瑜，王彩霞，等 . 2019. 夏季渤海网采浮游植物群落和叶绿素 a 分布特征及其对渔业资源的影响 . 渔业科学进展，40（5）：42-51.

王瑜，刘录三，朱延忠，等 . 2016. 渤海湾近岸海域春秋季网采浮游植物群落特征 . 海洋环境科学，35（4）：564-570.

王雨，陈兴群，林茂，等 . 2014. 南海北部浮游动物群落的组成分布与年际变化 . 福州：福建省海洋学会 2014 年学术年会暨福建省科协第十四届学术年会 .

韦章良，柴召阳，石洪华，等 . 2015. 渤海长岛海域浮游动物的种类组成与时空分布 . 上海海洋大学学报，24：550-559.

魏皓，田恬，周峰，等．2002.渤海水交换的数值研究——水质模型对半交换时间的模拟.青岛海洋大学学报，32（4）：519-525.

文斐，孙晓霞，郑珊，等．2012.2011 年春、夏季黄、东海叶绿素 a 和初级生产力的时空变化特征.海洋与湖沼，43（3）：438-444.

武丹，韩龙，梅鹏蔚，等．2016.渤海湾浮游植物群落特征及其环境影响因子.环境科学与技术，39（4）：68-73，113.

徐东会，孙雪梅，陈碧鹃，等．2016.渤海中部浮游动物的生态特征.渔业科学进展，37：7-18.

徐文龙，王桂芬，周雯，等．2018.南海东北部夏季叶绿素 a 浓度垂向变化特征及其对水动力过程的响应.热带海洋学报，37（5）：62-73.

徐兆礼．2011.东海近海浮游动物对全球变暖的响应.厦门：中国甲壳动物学会第十一届年会暨学术研讨会.

许士国，富砚昭，康萍萍．2015.渤海表层叶绿素 a 时空分布及演变特征.海洋环境科学，34（6）：898-903，924.

薛冰，孙军，李婷婷．2016.2014 年夏季南海北部浮游植物群落结构.海洋学报，38（4）：54-65.

杨顶田，单秀娟，刘素敏，等．2013.三亚湾近 10 年 pH 的时空变化特征及对珊瑚礁石影响分析.南方水产科学，9（1）：1-7.

杨杰青，全为民，史赟荣，等．2018.东海近岸海域浮游动物群落时空分布，水产学报，42（7）：1060-1076.

杨阳，孙军，关翔宇，等．2016.渤海网采浮游植物群集的季节变化.海洋通报，35（2）：121-131.

尹翠玲，张秋丰，牛福新，等．2015.渤海湾天津近岸海域初级生产力及网采浮游植物种类组成.海洋学研究，33（2）：82-92.

于非，张志欣，刁新源，等．2006.黄海冷水团演变过程及其与邻近水团关系的分析.海洋学报（中文版），（5）：26-34.

俞建銮，李瑞香．1993.渤海、黄海浮游植物生态的研究.黄渤海海洋，（3）：52-59.

苑明莉，孙军，翟惟东．2014.2012 年秋季渤海和北黄海浮游植物群落.天津科技大学学报，29（6）：56-64.

曾祥茜，乐凤凤，周文礼，等．2017.2009 年冬季南海北部浮游植物粒度分级生物量和初级生产力.海洋学研究，35（3）：67-78.

翟惟东．2018.黄海的季节性酸化现象及其调控.中国科学：地球科学，48（6）：671-682.

翟惟东，赵化德，郑楠，等．2012.2011 年夏季渤海西北部、北部近岸海域的底层耗氧与酸化.科学通报，57（9）：753-758.

张华，李艳芳，唐诚，等．2016.渤海底层低氧区的空间特征与形成机制.科学通报，61：1612-1620.

张健，李佳芮．2014.2013 年夏季南黄海浮游植物群集.浙江海洋学院学报（自然科学版），33（4）：332-336，363.

张健，李佳芮，翟伟康，等．2015.2013 年夏季北黄海浮游植物群集.海洋学研究，33（3）：84-90.

张莹，王玉珏，王跃启，等．2016.2013 年夏季渤海环境因子与叶绿素 a 的空间分布特征及相关性分析.海洋通报，35（5）：571-578.

张玉荣，丁跃平，李铁军，等．2016. 东海区叶绿素 a 和初级生产力季节变化特征．海洋与湖沼，47（1）：261-268.

郑白雯．2014. 北部湾北部浮游生物生态学研究．厦门：厦门大学．

郑向荣，李燕，张海鹏，等．2014. 河北沿海大型水母生物量调查．河北渔业，(1): 15-18.

郑小慎，魏皓，王玉衡．2012. 基于水色遥感的黄、东海叶绿素 a 浓度季节和年际变化特征分析．海洋与湖沼，43（3）：649-654.

周艳蕾，张传松，石晓勇，等．2017. 黄渤海海水中叶绿素 a 的分布特征及其环境影响因素．中国环境科学，37（11）：4259-4265.

周永东，刘子藩，薄治礼，等．2004. 东、黄海大型水母及其调查监测．水产科技情报，31（5）：224-227.

Cai M，He H，Liu M，et al. 2018. Lost but can't be neglected：huge quantities of small microplastics hide in the South China Sea. Science of the Total Environment，633：1206-1216.

Chen B，Zheng L，Huang B，et al. 2013. Seasonal and spatial comparisons of phytoplankton growth and mortality rates due to microzooplankton grazing in the northern South China Sea. Biogeosciences，10（4）：2775-2785.

Chen C C，Gong G C，Chou W C，et al. 2017. The influence of episodic flooding on a pelagic ecosystem in the East China Sea. Biogeosciences，14（10）：2597-2609.

Chen C C，Gong G C，Shiah F K. 2007. Hypoxia in the East China Sea: one of the largest coastal low-oxygen areas in the world. Marine Environmental Research，64（4）：399-408.

Chen C T. 2009. Chemical and physical fronts in the Bohai，Yellow and East China seas. Journal of Marine Systems，78：394-410.

Chen D X，He L，Liu F F，et al. 2017. Effects of typhoon events on chlorophyll and carbon fixation in different regions of the East China Sea. Estuarine Coastal and Shelf Science，194：229-239.

Chen J，Li D，Jin H，et al. 2020. Changing nutrients, oxygen and phytoplankton in the East China Sea// Chen C T A，Guo X. Changing Asia-Pacific Marginal Seas. Singapore: Springer：155-178.

Chen J Y，Pan D L，Liu M L，et al. 2017. Relationships between long-term trend of satellite-derived chlorophyll-a and hypoxia off the Changjiang Estuary. Estuar Coast，40（4）：1055-1065.

Chen X Y，Pan D L，Bai Y，et al. 2015. Estimation of typhoon-enhanced primary production in the South China Sea：a comparison with the Western North Pacific. Continental Shelf Research，111：286-293.

Chen Y C，Wu Z C，Li Q P. 2018. Temporal change of export production at Xisha of the Northern South China Sea. Journal of Geophysical Research：Oceans，123（12）：9305-9319.

Cheung P K，Fok L，Hung P L，et al. 2018. Spatio-temporal comparison of neustonic microplastic density in Hong Kong waters under the influence of the Pearl River Estuary. Science of the Total Environment，628：731-739.

Chi L，Song X，Yuan Y，et al. 2017. Distribution and key influential factors of dissolved oxygen off the Changjiang River Estuary（CRE）and its adjacent waters in China. Marine Pollution Bulletin，125（1）：440-450.

Chou W C，Gong G C，Cai W J，et al. 2013a. Seasonality of CO_2 in coastal oceans altered by increasing anthropogenic nutrient delivery from large rivers: evidence from the Changjiang-East China Sea system. Biogeosciences, 10: 3889-3899.

Chou W C, Gong G C, Hung C C, et al. 2013b. Carbonate mineral saturation states in the East China Sea: present conditions and future scenarios. Biogeosciences, 10: 6453-6467.

Chu X Q, Dong C M, Qi Y Q. 2017. The influence of ENSO on an oceanic eddy pair in the South China Sea. Journal of Geophysical Research: Oceans, 122 (3): 1643-1652.

Dai Z F, Zhang H B, Zhou Q, et al. 2018. Occurrence of microplastics in the water column and sediment in an inland sea affected by intensive anthropogenic activities. Environmental Pollution, 242: 1557-1565.

Dai Z J, Du J Z, Zhang X L, et al. 2010. Variation of riverine material loads and environmental consequences on the Changjiang (Yangtze) estuary in recent decades (1955—2008). Environmental Science & Technology, 45: 223-227.

Dai Z J, Liu J T, Xie H L, et al. 2014. Sedimentation in the outer Hangzhou Bay, China: the influence of Changjiang sediment load. Journal of Coastal Research, 298: 1218-1225.

Do Sul J A I, Costa M F. 2014. The present and future of microplastic pollution in the marine environment. Environmental Pollution, 185: 352-364.

Dong J, Jiang L X, Tan K F, et al. 2009. Stock enhancement of the edible jellyfish (*Rhopilema esculentum* Kishinouye) in Liaodong Bay, China: a review. Hydrobiologia, 616: 113-118.

Dong J H, Zhao W, Chen H T, et al. 2015. Asymmetry of internal waves and its effects on the ecological environment observed in the northern South China Sea. Deep Sea Research Part I: Oceanographic Research Papers, 98: 94-101.

Dong Z, Liu D, Keesing J K. 2010. Jellyfish blooms in China: dominant species, causes and consequences. Marine Pollution Bulletin, 60: 954-963.

Dong Z, Liu D, Keesing J K. 2014. Contrasting trends in populations of *Rhopilema esculentum* and *Aurelia aurita* in Chinese waters//Pitt K A, Lucas C H. Jellyfish Blooms. New York: Springer: 207-218.

Du C, Liu Z, Kao S J, et al. 2017. Diapycnal fluxes of nutrients in an oligotrophic oceanic regime: the South China Sea. Geophysical Research Letters, 44 (11): 510-518.

Edmond J, Spivack A, Grant B, et al. 1985. Chemical dynamics of the Changjiang estuary. Continental Shelf Research, 4: 17-36.

Fok L, Cheung P K, Tang G, et al. 2017. Size distribution of stranded small plastic debris on the coast of Guangdong. South China. Environmental Pollution, 220: 407-412.

Fu J Q, Chen C, Chu Y L. 2019. Spatial-temporal variations of oceanographic parameters in the Zhoushan sea area of the East China Sea based on remote sensing datasets. Regional Studies in Marine Science, 28: 8.

Fu M, Sun P, Wang Z, et al. 2010. Seasonal variations of phytoplankton community size structures in the Huanghai (Yellow) Sea Cold Water Mass area. Acta Oceanologica Sinica, 32 (1): 120-129.

Fu M, Sun P, Wang Z, et al. 2018. Structure, characteristics and possible formation mechanisms of the subsurface chlorophyll maximum in the Yellow Sea Cold Water Mass. Continental Shelf Research, 165: 93-105.

Fu M, Wang Z, Li Y, et al. 2009. Phytoplankton biomass size structure and its regulation in the Southern

Yellow Sea（China）：seasonal variability. Continental Shelf Research，29（18）：2178-2194.

Fu Y，Xu S，Liu J. 2016. Temporal-spatial variations and developing trends of Chlorophyll-*a* in the Bohai Sea，China. Estuarine，Coastal and Shelf Science，173：49-56.

Gao S Q，Yu G H，Wang Y H. 1993. Distributional features and fluxes of dissolved nitrogen，phosphorus and silicon in the Hangzhou Bay. Marine Chemistry，43：65-81.

Gao Y，Jiang Z，Liu J，et al. 2013. Seasonal variations of net-phytoplankton community structure in the southern Yellow Sea. Journal of Ocean University of China，12（4）：557-567.

Gong G C，Lee Chen Y L，Liu K K. 1996. Chemical hydrography and chlorophyll a distribution in the East China Sea in summer：implications in nutrient dynamics. Continental Shelf Research，16：1561-1590.

Guo L，Xiu P，Chai F，et al. 2017. Enhanced chlorophyll concentrations induced by Kuroshio intrusion fronts in the northern South China Sea. Geophysical Research Letters，44（22）：11565-11572.

Han A Q，Dai M H，Kao S J，et al. 2012. Nutrient dynamics and biological consumption in a large continental shelf system under the influence of both a river plume and coastal upwelling. Limnology and Oceanography，57（2）：486-502.

Han A Q，Dai M H，Gan J P，et al. 2013. Inter-shelf nutrient transport from the East China Sea as a major nutrient source supporting winter primary production on the northeast South China Sea shelf. Biogeosciences，10（12）：8159-8170.

He Q Y，Zhan H G，Cai S Q，et al. 2016. Eddy effects on surface chlorophyll in the northern South China Sea：mechanism investigation and temporal variability analysis. Deep Sea Research Part I：Oceanographic Research Papers，112：25-36.

He X，Bai Y，Pan D，et al. 2013. Satellite views of the seasonal and interannual variability of phytoplankton blooms in the eastern China seas over the past 14 yr（1998—2011）. Bio-geosciences，10：4721-4739.

Hu Z，Tan Y，Song X，et al. 2014. Influence of mesoscale eddies on primary production in the South China Sea during spring inter-monsoon period. Acta Oceanologica Sinica，33（3）：118-128.

Jang H K，Kang J，Lee J，et al. 2018. Recent primary production and small phytoplankton contribution in the Yellow Sea during the Summer in 2016. Ocean Science Journal，53（3）：509-519.

Ji C X，Zhang Y Z，Cheng Q M，et al. 2018. Evaluating the impact of sea surface temperature（SST）on spatial distribution of chlorophyll-*a* concentration in the East China Sea. International Journal of Applied Earth Observation and Geoinformation，68：252-261.

Jiang H，Liu D，Song X，et al. 2018. Response of phytoplankton assemblages to nitrogen reduction in the Laizhou Bay，China. Marine Pollution Bulletin，136：524-532.

Jin J，Liu S，Ren J，et al. 2013. Nutrient dynamics and coupling with phytoplankton species composition during the spring blooms in the Yellow Sea. Deep Sea Research Part II：Topical Studies in Oceanography，97：16-32.

Kang Y D. 1986. Ecological characteristics of phytoplankton in the Yellow Sea and their relationship with fishery. Marine Fisheries Research，10（7）：103-107.

Kao S J，Yang T J Y，Liu K K，et al. 2012. Isotope constraints on particulate nitrogen source and dynamics in the upper water column of the oligotrophic South China Sea. Global Biogeochemical Cycles，26：

2033-2047.

Ke Z X，Tan Y H，Huang L M，et al. 2018. Spatial distribution patterns of phytoplankton biomass and primary productivity in six coral atolls in the central South China Sea. Coral Reefs，37（3）：919-927.

Kim T W，Lee K，Duce R，et al. 2014. Impact of atmospheric nitrogen deposition on phytoplankton productivity in the South China Sea. Geophysical. Research Letters，41：3156-3162.

Law K L，Thompson R C. 2014. Microplastics in the seas. Science，345（6193）：144-145.

Li D，Zhang J，Huang D，et al. 2002. Oxygen depletion off the Changjiang（Yangtze River）Estuary. Science China Earth Sciences，45（12）：1137-1146.

Li D H，Zhou M，Zhang Z R，et al. 2018. Intrusions of Kuroshio and shelf waters on northern slope of South China Sea in summer 2015. Journal of Ocean University of China，17（3）：477-486.

Li D W，Chou W C，Shih Y Y，et al. 2018. Elevated particulate organic carbon export flux induced by internal waves in the oligotrophic northern South China Sea. Scientific Reports，8（1）：2042.

Li G，Liu J，Diao Z，et al. 2018. Subsurface low dissolved oxygen occurred at fresh-and saline-water intersection of the Pearl River estuary during the summer period. Marine Pollution Bulletin，126：585-591.

Li J，Jiang X，Li G，et al. 2017. Distribution of picoplankton in the northeastern South China Sea with special reference to the effects of the Kuroshio intrusion and the associated mesoscale eddies. Science of the Total Environment，589：1-10.

Li K Z，Ke Z X，Tan Y H. 2018. Zooplankton in the Huangyan Atoll，South China Sea：a comparison of community structure between the lagoon and seaward reef slope. Journal of Oceanology and Limnology，36（5）：1671-1680.

Li L，Lu S H，Cen J Y. 2019. Spatio-temporal variations of Harmful algal blooms along the coast of Guangdong，Southern China during 1980—2016. Journal of Oceanology and Limnology，37（2）：535-551.

Li M T，Xu K Q，Watanabe M，et al. 2007. Long-term variations in dissolved silicate，nitrogen，and phosphorus flux from the Yangtze River into the East China Sea and impacts on estuarine ecosystem. Estuarine，Coastal and Shelf Science，71：3-12.

Li Q P，Zhou W W，Chen Y C，et al. 2018. Phytoplankton response to a plume front in the northern South China Sea. Biogeosciences，15（8）：2551-2563.

Li R，Zhang L，Xue B，et al. 2019. Abundance and characteristics of microplastics in the mangrove sediment of the semi-enclosed Maowei Sea of the south China sea：new implications for location，rhizosphere，and sediment compositions. Environmental Pollution，244：685-692.

Li X，Feng Y，Leng X，et al. 2017. Phytoplankton species composition of four ecological provinces in Yellow Sea，China. Journal of Ocean University of China，16（6）：1115-1125.

Li X，Jackson C R，Pichel W G. 2013. Internal solitary wave refraction at Dongsha Atoll，South China Sea. Geophysical Research Letters，40（12）：3128-3132.

Li Y，Wolanski E，Dai Z，et al. 2018. Trapping of plastics in semi-enclosed seas：insights from the Bohai Sea，China. Marine Pollution Bulletin，137：509-517.

Li Y F，Wolanski E，Zhang H. 2015.What processes control the net currents through shallow straits? A review with application to the Bohai Strait，China. Estuarine Coast and Shelf Sciences，158：1-11.

Li Z，Bai J，Shi J，et al. 2003. Distributions of inorganic nutrients in the Bohai Sea of China. Journal of Ocean University of China，1（2）：112-116.

Liu H，Hu Z，Huang L，et al. 2013. Biological response to typhoon in northern South China Sea：a case study of "Koppu". Continental Shelf Research，68：123-132.

Liu H，Huang Y，Zhai W，et al. 2015. Phytoplankton communities and its controlling factors in summer and autumn in the southern Yellow Sea，China. Acta Oceanologica Sinica，34（2）：114-123.

Liu K K，Wang L W，Dai M，et al. 2013. Inter-annual variation of chlorophyll in the northern South China Sea observed at the SEATS Station and its asymmetric responses to climate oscillation. Biogeosciences，10（11）：7449-7462.

Liu X，Huang B，Huang Q，et al. 2015. Seasonal phytoplankton response to physical processes in the southern Yellow Sea. Journal of Sea Research，95：45-55.

Liu X，Xiao W P，Landry M R，et al. 2016. Responses of phytoplankton communities to environmental variability in the East China Sea. Ecosystems，19（5）：832-849.

Liu X H，Liu D Y，Wang Y J，et al. 2019. Temporal and spatial variations and impact factors of nutrients in Bohai Bay，China. Marine Pollution Bulletin，140：549-562.

Liu Y，Peng Z，Zhou R，et al. 2014. Acceleration of modern acidification in the South China Sea driven by anthropogenic CO_2. Scientific Reports，4：5148.

Lu L，Jiang T，Xu Y，et al. 2018. Succession of phytoplankton functional groups from spring to early summer in the central Bohai Sea using HPLC-CHEMTAX approaches. Journal of Oceanography，74（4）：381-392.

Lui H K，Chen C T A，Lee J，et al. 2014. Looming hypoxia on outer shelves caused by reduced ventilation in the open oceans：case study of the East China Sea. Estuarine，Coastal and Shelf Science，151：355-360.

Lui H K，Chen C T A，Lee J，et al. 2015. Acidifying intermediate water accelerates the acidification of seawater on shelves：an example of the East China Sea. Continental Shelf Research，111：223-233.

Lui H K，Chen K Y，Chen C T A，et al. 2018. Physical forcing-driven productivity and sediment flux to the deep basin of northern South China Sea：a decadal time series study. Sustainability，10（4）：10.

Luo W，Su L，Craig N J，et al. 2019. Comparison of microplastic pollution in different water bodies from urban creeks to coastal waters. Environmental Pollution，246：174-182.

Mai L，Bao L J，Shi L，et al. 2018. Polycyclic aromatic hydrocarbons affiliated with microplastics in surface waters of Bohai and Huanghai Seas，China. Environmental Pollution，241：834-840.

Ni X，Huang D，Zeng D，et al. 2016. The impact of wind mixing on the variation of bottom dissolved oxygen off the Changjiang Estuary during summer. Journal of Marine Systems，154：122-130.

Ning X，Lin C，Su J，et al. 2011. Long-term changes of dissolved oxygen，hypoxia，and the responses of the ecosystems in the East China Sea from 1975 to 1995. Journal of Physical Oceanography，67（1）：59-75.

Pan G，Chai F，Tang D L，et al. 2017. Marine phytoplankton biomass responses to typhoon events in the South China Sea based on physical-biogeochemical model. Ecological Modelling，356: 38-47.

Peng G，Zhu B，Yang D，et al. 2017. Microplastics in sediments of the Changjiang Estuary，China.

Environmental Pollution, 225：283-290.

Qian W，Gan J，Liu J，et al. 2018. Current status of emerging hypoxia in a eutrophic estuary：the lower reach of the Pearl River Estuary，China，Estuarine. Coastal and Shelf Science，205：58-67.

Qiao Y，Feng J，Cui S，et al. 2017. Long-term changes in nutrients，chlorophyll a and their relationships in a semi-enclosed eutrophic ecosystem，Bohai Bay，China. Marine Pollution Bulletin，117（1-2）：222-228.

Qiu D J，Zhong Y，Chen Y Q，et al. 2019. Short-term phytoplankton dynamics during typhoon season in and near the pearl river estuary，south china sea. Journal of Geophysical Research：Biogeosciences，124（2）：274-292.

Qiu Q，Peng J，Yu，X，et al. 2015. Occurrence of microplastics in the coastal marine environment：first observation on sediment of China. Marine Pollution Bulletin，98（1-2）：274-280.

Shu Y Q，Wang D X，Feng M，et al. 2018. The contribution of local wind and ocean circulation to the interannual variability in coastal upwelling intensity in the northern south china sea. Journal of Geophysical Research：Oceans，123（9）：6766-6778.

Siswanto E，Ye H J，Yamazaki D，et al. 2017. Detailed spatiotemporal impacts of El Niño on phytoplankton biomass in the South China Sea. Journal of Geophysical Research：Oceans，122（4）：2709-2723.

Song J M. 2010. Biogeochemical Processes of Biogenic Elements in China Marginal Seas.Heidelberg：Springer-Verlag GmbH. Hangzhou：Zhejiang University Press.

Song J M，Qu B X，Li X G，et al. 2018. Carbon sinks/sources in the Yellow and East China Seas Air-sea interface exchanges，dissolution in seawater，and burial in sediments. Science China Earth Sciences，61：1583-1593.

Song X Y，Lai Z G，Ji R B，et al. 2012. Summertime primary production in northwest South China Sea：interaction of coastal eddy，upwelling and biological processes. Continental Shelf Research，48：110-121.

Su J，Dai M，He B，et al. 2017. Tracing the origin of the oxygen-consuming organic matter in the hypoxic zone in a large eutrophic estuary：the lower reach of the Pearl River Estuary，China. Biogeosciences，14（18）：4085-4099.

Su J L，Wang K S. 1989. Changjiang river plume and suspended sediment transport in Hangzhou Bay. Continental Shelf Research，9：93-111.

Sun D，Huan Y，Wang S，et al. 2019. Remote sensing of spatial and temporal patterns of phytoplankton assemblages in the Bohai Sea，Yellow Sea，and east China sea. Water Research，157：119-133.

Sun S，Huo Y，Yang B. 2010.Zooplankton functional groups on the continental shelf of the Yellow Sea. Deep Sea Research Part II：Topical Studies in Oceanography，57（11-12）：1006-1016.

Sun S，Zhang F，Li C L，et al. 2015. Breeding places，population dynamics，and distribution of the giant jellyfish *Nemopilema nomurai* (Scyphozoa：Rhizostomeae) in the Yellow Sea and the East China Sea. Hydrobiologia，754(1): 59-74.

Sun X，Shen F，Liu D，et al. 2018. In situ and satellite observations of phytoplankton size classes in the entire continental shelf sea，China. Journal of Geophysical Research：Oceans，123（5）：3523-3544.

Sun Y, Dong C M, He Y, et al. 2016. Seasonal and interannual variability in the wind-driven upwelling along the southern East China Sea coast. IEEE Journal of Selected Topics in Applied Earth Observations and Remote Sensing, 9（11）: 5151-5158.

Tan S C, Shi G Y, Shi J H, et al. 2011. Correlation of Asian Dust with Chlorophyll and primary productivity in the Coastal Seas of China during the period from 1998 to 2008. Journal of Geophysical Research: Biogeosciences, 116: G02029.

Tang Q, Jin X, Wang J, et al. 2003. Decadal-scale variations of ecosystem productivity and control mechanisms in the Bohai Sea. Fisheries Oceanography, 12（4-5）: 223-233.

Tseng Y F, Lin J, Dai M, et al. 2013. Joint effect of freshwater plume and coastal upwelling on phytoplankton growth off the Changjiang River. Biogeosciences, 655（10）: 10363-10397.

Wang A, Du Y, Peng S, et al. 2018. Deep water characteristics and circulation in the South China Sea. Deep Sea Research Part I: Oceanographic Research Papers, 134: 55-63.

Wang B. 2009. Hydromorphological mechanisms leading to hypoxia off the Changjiang estuary. Marine Environmental Research, 67（1）: 53-58.

Wang B, Chen J Y, Jin H Y, et al. 2017. Diatom bloom-derived bottom water hypoxia off the Changjiang estuary, with and without typhoon influence. Limnologg and Oceanography, 62（4）: 1552-1569.

Wang B D, Wang X L, Zhan R. 2003. Nutrient conditions in the Yellow Sea and the East China Sea. Estuarine Coastal & Shelf Science, 58: 127-136.

Wang B D, Wei Q S, Chen J F, et al. 2012. Annual cycle of hypoxia off the Changjiang (Yangtze River) Estuary. Marine Environmental Research, 77: 1-5.

Wang B D, Xin M, Wei Q S, et al. 2018. A historical overview of coastal eutrophication in the China Seas. Marine Pollution Bulletin, 136: 394-400.

Wang H, Dai M, Liu J, et al. 2016. Eutrophication-driven hypoxia in the East China Sea off the Changjiang Estuary. Environmental Science & Technology, 50（5）: 2255-2263.

Wang J, Wang M, Ru S, et al. 2019a. High levels of microplastic pollution in the sediments and benthic organisms of the South Yellow Sea, China. Science of the Total Environment, 651: 1661-1669.

Wang J, Yu Z, Wei Q, et al. 2019b. Long-term nutrient variations in the Bohai Sea over the past 40 years. Journal of Geophysical Research: Oceans, 124: 703-722.

Wang K, Chen J F, Ni X B, et al. 2017. Real-time monitoring of nutrients in the Changjiang Estuary reveals short-term nutrient-algal bloom dynamics. Journal of Geophysical Research: Oceans, 122: 5390-5403.

Wang L, Huang B Q, Laws E A, et al. 2018. Anticyclonic eddy edge effects on phytoplankton communities and particle export in the Northern South China Sea. Journal of Geophysical Research: Oceans, 123（11）: 7632-7650.

Wang T, Liu G P, Gao L, et al. 2017. Biological responses to nine powerful typhoons in the East China Sea. Regional Environmental Change, 17（2）: 465-476.

Wang T, Zou X, Li B, et al. 2018. Microplastics in a wind farm area: a case study at the Rudong Offshore Wind Farm, Yellow Sea, China. Marine Pollution Bulletin, 128: 466-474.

Wang T，Zou X，Li B，et al. 2019. Preliminary study of the source apportionment and diversity of microplastics：taking floating microplastics in the South China Sea as an example. Environmental Pollution，245：965-974.

Wang Y H，Lu S Y，Huang S G，et al. 1991. Marine atlas of Bohai Sea，Yellow Sea，East China Sea：Hydrology. Beijing：China Ocean Press.

Wei G J，Wang Z B，Ke T，et al. 2015. Decadal variability in seawater pH in the West Pacific：evidence from coral δ^{11}B records. Journal of Geophysical Research：Oceans，120：7166-7181.

Wei N，Satheeswaran T，Jenkinsone I R，et al. 2018. Factors driving the spatiotemporal variability in phytoplankton in the Northern South China Sea. Continental Shelf Research，162：48-55.

Wei Q S，Wang B D，Yao Q Z，et al. 2019. Spatiotemporal variations in the summer hypoxia in the Bohai Sea（China）and controlling mechanisms. Marine Pollution Bulletin，138：125-134.

Wei Q S，Yao Q Z，Wang B D，et al. 2015. Long-term variation of nutrients in the southern Yellow Sea. Continental Shelf Research，111：184-196.

Wei Q S，Yu Z G，Wang B D，et al. 2016. Coupling of the spatial-temporal distributions of nutrients and physical conditions in the southern Yellow Sea. Journal of Marine Systems，156：30-45.

Wei Y，Liu H，Zhang X，et al. 2017. Physicochemical conditions in affecting the distribution of spring phytoplankton community. Chinese Journal of Oceanology and Limnology，35（6）：1342-1361.

Wong G T F，Pan X J，Li K Y，et al. 2015. Hydrography and nutrient dynamics in the Northern South China Sea Shelf-sea（NoSoCS）. Deep Sea Research Part II：Topical Studies in Oceanography，117：23-40.

Wong G T F，Tseng C M，Wen L S，et al. 2007. Nutrient dynamics and N-anomaly at the SEATS station. Deep Sea Research Part II：Topical Studies in Oceanography，54（14-15）：1528-1545.

Wu B，Jin H Y，Gao S Q，et al. 2020. Nutrient budgets and recent decadal variations in a highly eutrophic estuary：Hangzhou Bay，China. Journal of Coastal Research，36（1）：63-71.

Wu M L，Wang Y S，Wang Y T，et al. 2017. Scenarios of nutrient alterations and responses of phytoplankton in a changing Daya Bay，South China Sea. Journal of Marine Systems，165：1-12.

Xiao W P，Zeng Y，Liu X，et al. 2019. The impact of giant jellyfish Nemopilema nomurai blooms on plankton T communities in a temperate marginal sea. Marine Pollution Bulletin，149：1-8.

Xin M，Wang B，Xie L，et al. 2019. Long-term changes in nutrient regimes and their ecological effects in the Bohai Sea，China. Marine Pollution Bulletin，146：562-573.

Xing Q，Loisel H，Schmitt F G，et al. 2012. Fluctuations of satellite-derived chlorophyll concentrations and optical indices at the Southern Yellow Sea. Aquatic Ecosystem Health & Management，15（2）：168-175.

Xiu P，Dai M H，Chai F，et al. 2019. On contributions by wind-induced mixing and eddy pumping to interannual chlorophyll variability during different ENSO phases in the northern South China Sea. Limnology and Oceanography，64（2）：503-514.

Xu P，Peng G，Su L，et al. 2018. Microplastic risk assessment in surface waters：a case study in the Changjiang Estuary，China. Marine Pollution Bulletin，133：647-654.

Yamaguchi H，Ishizaka J，Siswanto E，et al. 2013. Seasonal and spring interannual variations in satellite-observed chlorophyll-*a* in the Yellow and East China Seas: new datasets with reduced interference from high concentration of resuspended sediment. Continental Shelf Research, 59: 1-9.

Yan Y W, Ling Z, Chen C L. 2015. Winter coastal upwelling off northwest Borneo in the South China Sea. Acta Oceanologica Sinica, 34 (1): 3-10.

Yang F X, Wei Q S, Chen H T, et al. 2018. Long-term variations and influence factors of nutrients in the western North Yellow Sea, China. Marine Pollution Bulletin, 135: 1026-1034.

Yang G, Wu Z, Song L, et al. 2018. Seasonal variation of environmental variables and phytoplankton community structure and their relationship in Liaodong Bay of Bohai Sea, China. Journal of Ocean University of China, 17 (4): 864-878.

Yang S, Liu X. 2018. Characteristics of phytoplankton assemblages in the southern Yellow Sea, China. Marine Pollution Bulletin, 135: 562-568.

Zhai W D, Zhao H D, Su J L. 2019. Emergence of summertime hypoxia and concurrent carbonate mineral suppression in the central Bohai Sea, China. Journal of Geophysical Research: Biogeosciences, 124: 2768-2785.

Zhai W D, Zhao H D, Zheng N, et al. 2012. Coastal acidification in summer bottom oxygen-depleted waters in northwestern-northern Bohai Sea from June to August in 2011. Chinese Science Bulletin, 57 (9): 1062-1068.

Zhai W D, Zheng L W, Li C L, et al. 2020. Changing nutrients, dissolved oxygen and carbonate system in the Bohai and Yellow Seas, China//Chen C T A, Guo X. Changing Asia-Pacific Marginal Seas. Singapore: Springer: 121-137.

Zhai W D, Zheng N, Huo C, et al. 2014. Subsurface pH and carbonate saturation state of aragonite on the Chinese side of the North Yellow Sea: seasonal variations and controls. Biogeosciences, 11 (4): 1103-1123.

Zhang C, Zhou H, Cui Y, et al. 2019. Microplastics in offshore sediment in the Yellow Sea and East China Sea, China. Environmental Pollution, 244: 827-833.

Zhang F, Li C, Sun S, et al. 2009. Distribution patterns of chlorophyll a in spring and autumn in association with hydrological features in the southern Yellow Sea and Northern East China Sea. Chinese Journal of Oceanology and Limnology, 27 (4): 784.

Zhang F, Sun S, Jin X, et al. 2012. Associations of large jellyfish distributions with temperature and salinity in the Yellow Sea and East China Sea. Hydrobiologia, 690 (1): 81-96.

Zhang H, Qiu Z, Sun D, et al. 2017. Seasonal and interannual variability of satellite-derived chlorophyll-*a* (2000—2012) in the Bohai Sea, China. Remote Sensing, 9 (6): 582.

Zhang J, Liu S M, Ren J L, et al. 2007. Nutrient gradients from the eutrophic Changjiang (Yangtze River) Estuary to the oligotrophic Kuroshio waters and re-evaluation of budgets for the East China Sea Shelf. Progress in Oceanography, 74: 449-478.

Zhang S, Leng X, Feng Y, et al. 2016. Ecological provinces of spring phytoplankton in the Yellow Sea: species composition. Acta Oceanologica Sinica, 35 (8): 114-125.

Zhang W, Zhang S, Wang J, et al. 2017. Microplastic pollution in the surface waters of the Bohai Sea,

China. Environmental Pollution, 231: 541-548.

Zhang Z W, Wu H, Yin X Q, et al. 2018. Dynamical response of Changjiang River Plume to a severe typhoon with the surface wave-induced mixing. Journal of Geophysical Research: Oceans, 123 (12): 9369-9388.

Zhao H, Wang Y Q. 2018. Phytoplankton increases induced by tropical cyclones in the South China Sea during 1998—2015. Journal of Geophysical Research: Oceans, 123 (4): 2903-2920.

Zhao H D, Kao S J, Zhai W D, et al. 2017. Effects of stratification, organic matter remineralization and bathymetry on summertime oxygen distribution in the Bohai Sea, China. Continental Shelf Research, 134: 15-25.

Zhao J, Ran W, Teng J, et al. 2018. Microplastic pollution in sediments from the Bohai Sea and the Yellow Sea, China. Science of the Total Environment, 640: 637-645.

Zhao Q, Zang L, Zhang C, et al. 2012. The seasonal changes of nutrients and interfering factors in the west of the North Yellow Sea (in Chinese). Advances in Marine Science, 30 (1): 69-76.

Zhao S, Zhu L, Wang T, et al. 2014. Suspended microplastics in the surface water of the Yangtze Estuary System, China: first observations on occurrence, distribution. Marine Pollution Bulletin, 86 (1-2): 562-568.

Zhao Y Y, Liu J, Uthaipan K, et al. 2019. Dynamics of inorganic carbon and pH in a large subtropical continental shelf system: interaction between eutrophication, hypoxia and ocean acidification. Limnology and Oceanography, 65 (6): 1359-1379.

Zhou L, Huang L, Tan Y, et al. 2015a. Size-based analysis of a zooplankton community under the influence of the Pearl River plume and coastal upwelling in the northeastern South China Sea. Marine Biology Research, 11 (2): 168-179.

Zhou L, Tan Y, Huang L, et al. 2015b. Seasonal and size-dependent variations in the phytoplankton growth and microzooplankton grazing in the southern South China Sea under the influence of the East Asian monsoon. Biogeosciences, 12 (22): 6809-6822.

Zhu L, Bai H, Chen B, et al. 2018. Microplastic pollution in North Yellow Sea, China: observations on occurrence, distribution and identification. Science of the Total Environment, 636: 20-29.

Zhu Z Y, Wu H, Liu S M, et al. 2017. Hypoxia off the Changjiang (Yangtze River) estuary and in the adjacent East China Sea: quantitative approaches to estimating the tidal impact and nutrient regeneration. Marine Pollution Bulletin, 125 (1): 103-114.

Zhu Z Y, Zhang J, Wu Y, et al. 2011. Hypoxia off the Changjiang (Yangtze River) Estuary: oxygen depletion and organic matter decomposition. Marine Chemistry, 125 (1): 108-116.

主要作者协调人：张小曳、廖　宏

编　　　　审：吴统文

主　要　作　者：王志立、方双喜、安林昌

▪ 执行摘要

大气成分与气候变化的相互作用同时影响空气质量和气候变化两个领域的变化及应对，是认识气候变化人为驱动力及其对人的健康和社会发展影响的一个交叉、新兴和日益重要的领域。大气成分中的多数气溶胶组分，如硫酸盐、硝酸盐、铵盐和碳气溶胶，对流层臭氧和一些反应性气体又是大气中的污染物质，它们过量存在会形成大气污染。

观测到的中国大气成分变化显示，在中国均匀混合的温室气体二氧化碳（CO_2）、甲烷（CH_4）和氧化亚氮（N_2O）的年均浓度仍不断上升。截至 2017 年，中国青藏高原青海瓦里关全球大气本底站观测到的大气 CO_2 浓度为 407.0 ± 0.2ppm，CH_4 和 N_2O 浓度分别为 1912 ± 2ppb（$1ppb=10^{-9}$）和 330.3 ± 0.1ppb，高于全球平均水平（高信度）。2006 年以来京津冀地区近地面气溶胶中主要化学成分冬季峰值浓度在 2006~2010 年总体呈下降趋势、在 2010~2013 年不断上升。2013~2017 年随着《大气污染防治行动计划》（简称"大气十条"）的实施，$PM_{2.5}$ 质量浓度下降明显。剔除气象条件影响后发现，"大气十条"实施五年后减排发挥了污染改善的主导作用；长三角和珠三角区域的气溶胶浓度变化在 2013~2017 年与京津冀地区基本一致（高信度）。

在气候变化对大气污染的影响方面：中国大气气溶胶污染长期变化的主因是不断增加的污染物排放量，气候年代际变暖对中国重点地区大气气溶胶污染长期变化趋势有影响，但没有起到主导作用（中等信度）。在污染变化不大的一段时间（如冬季的3个月），不利气象条件是中国重点地区出现持续性气溶胶重污染的必要外部条件，污染形成并累积后还会显著"恶化"边界层气象条件，形成不利气象条件——污染间显著的双向反馈（中等信度）。气候的年际变化信号，如北极海冰、太平洋海温、厄尔尼诺—南方涛动（ENSO）、大西洋海温、东亚季风等变化非常可能对我国重点地区冬季和夏季大气气溶胶污染有显著影响（中等信度）。基于模式敏感性试验发现，气象条件对华北和华南地面臭氧浓度年际变化的贡献大于人为排放的影响。而在四川盆地人为排放的变化起着较为重要的作用（低信度）。

在大气污染对气候变化影响方面：以能源和产业结构调整为主的各项减排措施减排黑碳气溶胶的同时会减少对气候系统具有冷却效应的其他类型气溶胶，产生额外的增温效应（中等信度）。未来大气气溶胶污染程度下降造成的全球平均表面温度每摄氏度的变化会对极端天气气候事件相较温室气体有数倍以上的影响，特别是对中国东部高污染区极端天气气候事件的影响更大（低信度）。

9.1 引　言

人类活动是通过改变大气成分在大气中的含量，进而影响地 – 气系统的辐射收支而导致气候变化的（IPCC，2013）；反之，气候变化可以影响区域或局地的大气成分浓度和分布，因此气候变化与大气污染有着密切关系。大气成分对气候变化的影响是探讨人类活动影响气候变化的核心研究内容，其相互作用也是气候变化研究领域新兴、重要的研究方向。中国的国土面积与美国或整个欧洲相当，中国人口约 14 亿人，美国仅 3 亿人、欧洲约 7 亿人，中国人类活动使用煤炭的强度在 2013 年约为美国的 9 倍，在如此高强度的人类活动影响下，中国的大气成分变化对全球气候变化的影响举足轻重。气候变化影响区域或局地大气污染的机制及程度也是百姓关注、政府污染防治决策高度关注的一个热点问题。

本章特别评估近几年中国温室气体浓度的时间变化与空间分布、气溶胶及其关键化学和光学 – 辐射特性的时间和空间变化，特别是 2012 年以来的变化特征；并从自然源气溶胶角度评估中国沙尘暴的时空变化特征。本章从年代际和年际这两个时间尺度总结了气候变化对我国重点地区大气污染的影响，评估了以全球变暖为特征的年代际气候变化对中国典型区域大气环境的影响，从而为气候平均状态变化对局地和区域大气成分与大气环境的影响机制提供新认识。本章还评估了 ENSO、北极海冰、东亚季风等气候年际变化对中国重点地区大气成分及其紧密联系的大气污染的影响，以及大气成分和大气污染年际预测方法的进展；此外，从中国应对气候变化和大气污染防治举措实施后中国大气成分可能变化的角度，评估了大气污染变化对气候变化以及区域极端天气气候事件的影响，特别关注短寿命气候强迫因子黑碳的作用，以及气候变化和环境的协同效应。

9.2　中国主要大气成分变化的观测事实

9.2.1　中国温室气体变化特征

自 2012 年以来，全球大气中均匀混合的温室气体浓度持续升高（WMO，2018），截至 2017 年，全球大气 CO_2、CH_4 和 N_2O 的浓度分别达到 405.5 ± 0.1ppm、1859 ± 2ppb、329.9 ± 0.1ppb（WMO，2018），2016~2017 年大气 CO_2 浓度增幅约为 2.2ppm，相比 2015~2016 明显降低（2016 年为 3.3ppm），2015~2016 年较高的 CO_2 增幅主要由厄尔尼诺现象导致的热带地区干旱及森林大火等引起（van der Werf et al.，2016）。2017 年全球大气 CH_4 和 N_2O 浓度也达到了新的高度，增幅分别达 7ppb 和 0.9ppb。

地面和卫星观测结果显示，中国大气温室气体浓度持续升高，且浓度一般高于全球或者北半球同期水平（Zhou et al.，2005；Fang et al.，2014）。例如，位于中国青藏高原的青海瓦里关站观测结果显示，该站 2017 年大气 CO_2 浓度为 407.0 ± 0.2ppm，观

测的 CH_4 和 N_2O 浓度分别为 1912 ± 2ppb 和 330.3 ± 0.1ppb，明显高于全球平均水平（Le Quéré et al.，2018）。表 9-1 为青海瓦里关站近 10 年观测的三种主要温室气体浓度与全球的比较情况。图 9-1 是青海瓦里关站近 10 年观测的 CO_2 浓度与纬度相近的美国夏威夷群岛莫纳罗亚火山（MLO）气象观测站观测结果的比较情况。可见，青海瓦里关站大气 CO_2 浓度逐年稳定上升，月平均浓度变化特征与同处于北半球中纬度高海拔地区的 MLO 全球本底站基本一致，很好地代表了北半球中纬度地区大气 CO_2 的平均状况，但是浓度整体明显偏高 1~2ppm（中国气象局气候变化中心，2018）。

表 9-1　青海瓦里关站大气主要温室气体浓度与全球的比较情况

统计项	CO_2		CH_4		N_2O	
	全球	瓦里关	全球	瓦里关	全球	瓦里关
2017 年的年平均浓度	405.5 ± 0.1ppm	407.0 ± 0.2ppm	1859 ± 2ppb	1912 ± 2ppb	329.9 ± 0.1ppb	330.3 ± 0.1ppb
2017 年相对于 1750 年的增长率 /%	146		257		122	
2016~2017 年的绝对增量	2.2ppm	2.6ppm	7ppb	5ppb	0.9ppb	0.6ppb
2016~2017 年的相对增量 /%	0.55	0.64	0.38	0.26	0.27	0.18
过去 10 年的年平均绝对增量	2.24ppm	2.28ppm	6.9ppb	7.0ppb	0.93ppb	0.92ppb

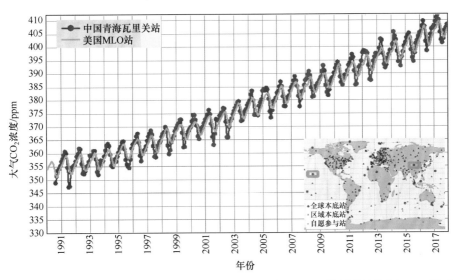

图 9-1　全球大气观测计划（GAW）——青海瓦里关站和美国 MLO 站观测到的大气 CO_2 浓度变化

资料来源：中国气象局大气成分观测网（CAWNET）

图 9-2 是 2006~2018 年在中国几个主要本底区域观测的大气 CO_2 浓度以及与青海瓦里关站的比较情况，整体而言，中国经济较发达区域观测的大气 CO_2 浓度明显高于青海瓦里关站，也明显高于同纬度观测结果（Liu et al.，2009）。受当地经济发展水平

影响较大，各站 CO_2 浓度存在较大差异（Fang et al.，2014）。例如，北京上甸子站和浙江临安站分别处于京津冀、长三角等经济发达区域，区域大气 CO_2 浓度较高，主要受周边工业和人为活动排放的影响（Fang et al.，2016a，2017），2017 年监测显示，北京上甸子站和浙江临安站的大气 CO_2 浓度分别为 416.0 ± 1.8ppm 和 419.5 ± 1.9ppm。而地处经济不发达区域的云南香格里拉站和新疆阿克达拉站大气 CO_2 浓度分别为 404.8 ± 0.9ppm 和 407.4 ± 2.9ppm（中国气象局气候变化中心，2018）。此外，浙江临安站、北京上甸子站等的 CH_4 和 CO_2 等浓度受人为排放的影响也明显高于偏远地区的青海瓦里关站、云南香格里拉站等浓度（Fang et al.，2016b；Liu et al.，2019）。从地面观测 CO_2 浓度增速来看，中国经济发达区域大气 CO_2 浓度增速明显高于北半球。例如，位于京津冀地区的北京上甸子站和长三角地区的浙江临安站地面 CO_2 浓度近 5 年增速约 3ppm/a（Fang et al.，2014），但整体呈下降趋势（图 9-3），北京上甸子站和浙江临安站近 5 年观测的地面 CO_2 增速分别下降大约 0.4ppm/a 和 0.3ppm/a，可能部分印证了中国在温室气体节能减排、应对气候变化方面所做出的努力。

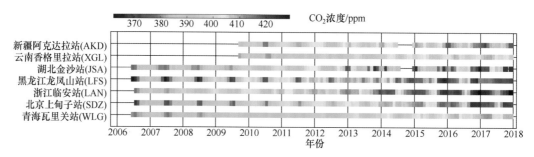

图 9-2　2006~2018 年中国本底区域大气 CO_2 浓度

资料来源：中国气象局大气成分观测网（CAWNET）

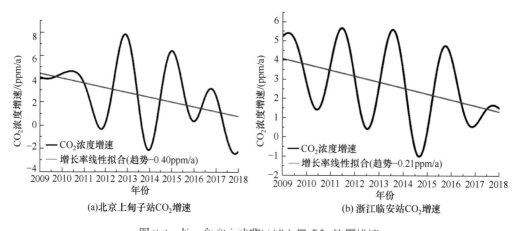

(a)北京上甸子站CO_2增速　　(b)浙江临安站CO_2增速

图 9-3　长三角和京津冀区域大气 CO_2 浓度增速

资料来源：中国气象局大气成分观测网（CAWNET）

中国碳卫星（Tan-Sat）遥感监测显示（图 9-4），2017 年全球和中国区域年平均 CO_2 浓度分别达 405.5±0.1ppm 和 405.0±3.0ppm，相比 2016 年，分别增长 2.2ppm 和 2.6ppm，与 2010~2017 年的全球和中国区域年平均绝对增量（2.2ppm 和 2.4ppm）基本持平。2017 年中国华北地区、华东地区、华南地区、华中地区、东北地区、西 部 地 区 的 CO_2 浓 度 分 别 达 404.0±2.7ppm、408.3±1.9ppm、406.1±2.0ppm、407.7±1.7ppm、403.5±2.7ppm、404.6±3.0ppm，其中华东、华南和华中地区的平均浓度超过全国平均值。

CH_4 是影响地球辐射平衡的另一个重要的温室气体，在全部长寿命温室气体浓度增加所产生的总辐射强迫中的贡献率约为 17%（Butler and Montzka，2018）。由于人类活动排放（采矿泄漏、水稻种植、反刍动物饲养等），全球大气 CH_4 浓度不断升高（Le Quéré et al.，2018）。2017 年全球大气 CH_4 的平均浓度达 1859±2ppb，过去 10 年的年平均绝对增量分别为 6.8ppb 和 7.0ppb（WMO，2018）。图 9-5 是中国几个主要本底区域地面观测的大气 CH_4 浓度情况，中国大气 CH_4 浓度变化趋势与北半球变化基本一致，但浓度相对较高（Fang et al.，2013）。

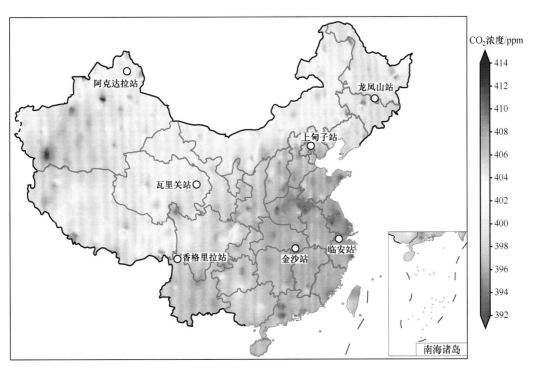

(a)

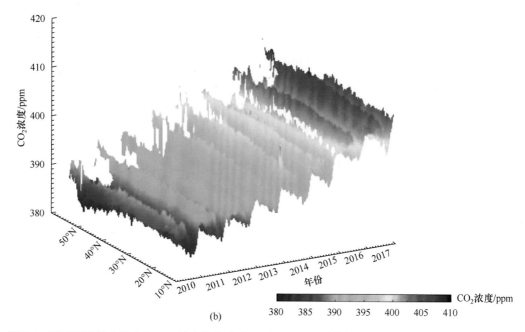

图 9-4　碳卫星监测中国大气 CO_2 浓度分布（a）；基于卫星遥感估算中国不同维度 CO_2 浓度变化（b）
[中国自主的碳卫星（Tan-Sat）遥感监测]

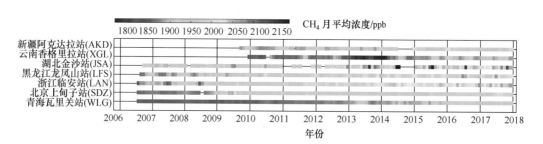

图 9-5　2006~2018 年中国本底区域大气 CH_4 浓度

资料来源：中国气象局大气成分观测网（CAWNET）

　　含卤温室气体是分子中含有卤族元素（氟、氯、溴等）的一类温室气体，主要包括《京都议定书》限排的 SF_6、PFCs、NF_3 等及《蒙特利尔议定书》限排的 CFCs、HCFCs 等以及两个议定书共同限排的 HFCs。含卤温室气体几乎完全由人工合成并排放（主要来源于制冷剂、发泡剂、喷雾剂、清洗剂、灭火剂、溶剂、绝缘材料等的生产和使用过程），其大气浓度变化对全部长寿命温室气体辐射强迫的贡献率约为 11%（Engel et al.，2018）。北京上甸子站的观测结果显示（图 9-6），中国进入禁排期的臭氧层耗损物质 CFC-11、CFC-12、CFC-113、CH_3CCl_3、CCl_4 的大气本底浓度呈下降趋势（Zhang et al.，2017），过渡替代物种 HCFC-22、HCFC-141b、HCFC-142b 本底浓度停止上升或上升速度变慢（Yao et al.，2012）、新替代物 HFC-134a 浓度呈上升趋势（Yao et al.，2012）。2017 年北京上甸子站大气 CFC-12 平均浓度为 515 ± 3ppt[①]。

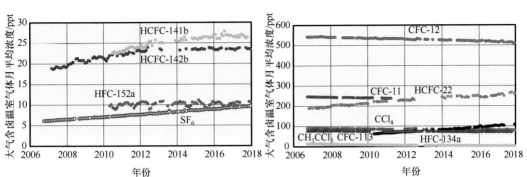

图 9-6　上甸子站含卤温室气体月平均浓度

资料来源：中国气象局大气成分观测网（CAWNET）

9.2.2　中国重点地区大气气溶胶化学组成变化特征

从卫星遥感反演的气溶胶光学厚度来看，中国大气中的细颗粒物浓度具有较高的面积载荷（Donkelaar and Villeneuve，2010）。在全球范围内，中国气溶胶颗粒物中 6 种主要化学成分的质量浓度低于南亚城市，但远高于欧洲和北美（Zhang X Y et al.，2012），且时空变化大（Zhang et al.，1993，2002a，2008a；He et al.，2001；Yao et al.，2002；Ye et al.，2003；Yin et al.，2012；Li et al.，2014；Xu et al.，2014）。中国的国土面积与美国或整个欧洲相当，中国人口约 14 亿人，美国仅 3 亿人、欧洲约 7 亿人，中国人类活动使用煤炭的强度在 2013 年约为美国的 9 倍（NBS-China，2014），大量人类活动排放和转化的气溶胶粒子不仅影响大气能见度（Watson，2002），还可以活化为云凝结核（CCN）或冰核（IN）形成云（雾）（Twomey，1977；Seinfeld and Pandis，1997），使得高浓度的气溶胶不仅影响气候变化（Forster et al.，2007；Boucher et al.，2013），也对天气有明显的影响（Pérez et al.，2006；Wang et al.，2010），并有助于雾 – 霾事件的发生，且不论是雾还是霾都被发现已经不是完全的自然现象，都受到当今气溶胶污染的严重影响（Zhang et al.，2013）。

为研究中国大气成分及其对气候变化的影响，中国已进行了多次大型科学试验与研究计划。2001 年中国气溶胶网络化观测就与亚洲太平洋区域气溶胶特性观测实验大气化学作用计划共同开展了气溶胶及其气候影响的观测实验（Zhang et al.，2002b，2003a）。2005 年和 2008 年先后开展了两次东亚地区气溶胶观测及区域气候影响国际合作试验（Li L et al.，2007；Li Z et al.，2007b；Pan et al.，2011），目前已陆续建立的长期业务化观测网站包括：中国气象局大气成分观测网（CAWNET）（Zhang et al.，2008a，2008b），以及中国气象局气溶胶遥感观测网（CARSNET）（Che et al.，2009，2015）和生态环境部用于 $PM_{2.5}$ 及其他气态污染物综合观测的全国站网。

[①]　1ppt=10^{-12}。

　　通过这些综合试验和站点观测，中国科学家已经获取了大量与气溶胶有关的综合观测数据，为研究气溶胶的气候效应奠定了良好的观测基础。基于这些实测基础，中国气溶胶化学成分及其时空分布特征被陆续揭示出来。中国东部一些大城市的部分气溶胶质量浓度在全球仅次于南亚城市，在中国 PM_{10} 质量浓度中矿物气溶胶（约 35%）、硫酸盐（约 16%）和有机碳（约 15%）的浓度均很高，具有相应的散射 – 冷却效应，有同等效应的硝酸盐和铵类气溶胶也分别占到约 7% 和 5%，且具有相对较高的浓度水平，黑碳约占 3.5%（Zhang X Y et al.，2012）。值得注意的是，中国有机碳气溶胶在碳气溶胶中占比明显高于欧美地区，其中二次有机碳在中国城市和城郊分别约占 55% 和 60%（Zhang X Y et al.，2012）。除矿物气溶胶外，中国华北、长三角和珠三角区域大城市各类气溶胶化学成分（硫酸盐、硝酸盐和碳类等）的质量浓度水平见表 9-2（Zhang X Y et al.，2012，2015）。

表 9-2　2012 年和 2013 年中国各重点区域近地面大气 PM_{10} 中气溶胶各化学成分年均浓度（摘译自 Zhang X Y et al.，2015）　（单位：$\mu g/m^3$）

台站	类型	区域	PM_{10}	矿物	SO_4^{2-}	OC	NO_3^-	NH_4^+	EC	样品数量
霾区 II（华北）										
固城（GC）-2013	半城市	北京以南的省份	196	74	21	45	17	10	10	52
GC-2012			203	84	20	36	17	10	8.1	101
郑州（ZZ）-2013	城市	北京以南的省份	235	110	35	26	20	13	6.6	103
ZZ-2012			221	107	34	24	21	13	7.0	105
西安（XA）-2013	城市	关中平原	293	138	31	34	20	11	11	81
XA-2011			268	123	28	26	16	6.2	9.9	74
北京（BJ）-2009-PM_{10}	城市	北京海淀区	174	ND	19	19	20	7.6	4.8	155
2009-$PM_{2.5}$			126	ND	17	16	16	8.0	4.1	153
霾区 III（长三角）										
临安（LA）-2013	城郊	长三角区域	88	38	16	12	7.3	5.0	2.5	100
LA-2012			94	32	16	11	8.4	5.4	3.3	102
金沙（JS）-2013	城郊	长江下游	78	28	19	8.5	5.8	5.4	2.2	52
JS-2012			86	33	21	8.7	6.5	5.7	2.2	52
常德（TYS）-2013	城郊	洞庭湖和鄱阳湖盆地	72	16	18	10	6.1	6.1	2.0	82
TYS-2012			87	16	21	11	7.0	7.1	1.9	86
霾区 V（珠三角）										
番禺（PY）-2013	城市	珠三角区域	97	40	16	18	11	4.2	3.9	37
PY-2012			97	39	16	14	10	4.9	4.0	33
南宁（NJ）-2013	城市	珠三角区域	90	30	17	14	5.2	4.6	3.4	103
NJ - 2010			91	44	18	14	4.3	4.1	3.3	111
霾区 VI（四川盆地）										
成都（CD）-2013	城市	四川盆地	166	79	24	25	14	11	6.6	94
CD-2012			141	64	23	21	12	9.0	5.7	100

续表

台站	类型	区域	PM$_{10}$	矿物	SO$_4^{2-}$	OC	NO$_3^-$	NH$_4^+$	EC	样品数量
					霾区 I（东北）					
大连（DL）-2013	城市	辽东半岛的最东端	101	58	13	11	8.5	4.0	3.2	69
DL-2012			89	52	14	10	8.8	4.2	2.8	89
					霾区 IX（西北）					
皋兰山（GLS）-2013	城郊	甘肃	247	184	16	17	8.9	4.0	3.2	103
GLS-2012			157	102	15	15	7.3	3.9	2.4	99
敦煌（DH）-2013	城郊	库木塔格沙漠北缘	240	201	9.1	24	2.5	0.65	2.5	68
DH-2012			198	162	6.6	20	2.5	0.81	2.3	70

注：ND 表示未检测到。

中国区域高浓度的气溶胶分布还体现在卫星反演的整层气溶胶光学厚度上。卫星观测分析（Luo et al.，2014）表明，中国受人类活动影响的气溶胶光学厚度大值区主要分布于华北平原、四川盆地、华中、长三角和珠三角地区，而且春夏季华北和长江中下游区域的气溶胶光学厚度高于其他地区；此外，中国东部区域的气溶胶光学厚度明显高于欧美地区（Shindell et al.，2013）。卫星气溶胶反演（Li et al.，2009）资料分析（Xia et al.，2013）还表明，在受沙尘等自然源气溶胶影响相对于西北区域较小的华北平原，卫星反演的气溶胶层厚度可以达到 2~3km，其中受城市和工业活动影响的细粒子气溶胶占有相当高的比重。同时，高浓度的人为源气溶胶也是造成近年来中国东部城市雾霾天气的重要原因（Ma et al.，2012；Sun et al.，2014a），需要特别关注。

1. 黑碳气溶胶变化特征

黑碳气溶胶、对流层臭氧、甲烷等大气成分被一些文章和联合国环境规划署（UNEP）称为"短寿命气候强迫因子"（SLCFs）。以对未来气溶胶排放削减的各种情景为基础，分析其导致的气候变化得出，未来随着大气污染的减弱，在对黑碳气溶胶排放削减的同时，也会同时削减那些具有气候冷却效应的气溶胶组分，这样会对全球气候系统带来额外的增温效应（Wang Z L et al.，2015）。基于对中国 14 个站点气溶胶中主要化学成分的分析得出，中国小于 10μm 大气气溶胶的质量浓度中黑碳仅约占3%，远低于亚洲的南亚地区和世界一些主要气溶胶污染区域的黑碳占比（Zhang X Y et al.，2012），表明黑碳问题在中国与全球其他地区相比作用较弱。即使在气溶胶吸收太阳辐射造成的增温效应中还有 7%~15% 来自矿物气溶胶的贡献（Zhang et al.，2008b），而这些矿物气溶胶主要来自自然源区（Zhang et al.，1996，2003b），而不应把气溶胶增温效应都算给主要来自人为源的黑碳（Cao et al.，2006）。另外，黑碳与云相互作用导致的对气候变化影响的半直接效应还需要进一步研究，其具有较大的不确定性。

仍然是基于 2006 年以来中国各重点区域代表性观测站对黑碳变化的观测与分析

（图 9-7），所有站点气溶胶吸收数据都根据不同地区矿物气溶胶影响程度定量剔除了其对吸收的影响，获得了吸收性黑碳的等效质量浓度（Zhang et al.，2008b）。研究发现，在珠三角地区（代表性站点番禺），黑碳气溶胶日均质量浓度中值相对于 2006~2015 年均值的变化，自 2006 年以来经历了三个不同的阶段：第一阶段是 2006~2010 年的总体下降趋势，第二阶段是 2010~2013 年的有所上升，第三阶段是 2013~2016 年的不断下降。由于黑碳基本不参与二次气溶胶的大气化学转化，其在大气中的浓度基本反映的是排放量的变化，故珠三角站点这三个阶段近地面层黑碳质量浓度的变化可视为我国经济发展导致污染排放变化的一个指标。2009 年持续走软的世界经济到达低谷。2009 年初，许多工厂关闭，由此导致排放下降的情况在 2006~2010 年珠三角黑碳排放的下滑走势中得到体现。随着中国政府出台了 4 万亿元的刺激经济政策，2009~2011 年中国对世界经济增长的贡献率大幅增加，已经超过 50%[①]。这种随中国经济发展污染排放相应增加的信号也反映在 2010~2013 年珠三角黑碳浓度的上升趋势上（图 9-7）。这之后的 2013~2017 年，中国政府实施了严格削减大气污染排放的《大气污染防治行动计划》大气污染控制措施，（简称"大气十条"），在定量剔除了气象条件影响综合评估中，发现中国重点地区污染物排放量的大幅削减对包括珠三角在内的中国重点地区 2013~2017 年 $PM_{2.5}$ 质量浓度的下降起到了控制性作用（Zhang et al.，2019），这种排放大幅削减的变化也较好地反映在珠三角第三阶段，即 2013~2017 年黑碳气溶胶浓度不断下降的趋势中（图 9-7）。而在图 9-7 中排放削减阶段，黑碳变幅的 25%~75% 分位范围也趋于收窄，而在排放增加阶段黑碳浓度变幅也会增加。

长三角地区（代表性站点临安）的变化与珠三角地区的基本一致（图 9-7），不同之处在于 2010~2013 年的第二阶段黑碳增加趋势不甚明显，显示出 2009 年中国 4 万亿元的刺激经济投入后，对长三角大气污染排放量上升的影响不如珠三角明显。还有一种可能是气象条件的变化对此阶段黑碳浓度的变化有比较明显的影响（Zhang et al.，2019），导致了这个阶段黑碳浓度变化与珠三角有差异。

在京津冀地区（代表性站点北京）黑碳浓度在第一阶段到达谷底的年份是 2011 年，比珠三角地区约晚一年，显示即使 2008 年全球金融危机、2009 年全球经济到达谷底，在中国污染物排放量最大的京津冀地区（Zhang Q et al.，2009），污染物排放量虽然较前几年有所降低，但仍然保持了一定的惯性，直到 2011 年进入谷底；与珠三角一样，在 2011~2013 年的第二阶段京津冀的污染排放继续攀升，黑碳浓度也随之上升；随着"大气十条"在 2013 年底开始实施，京津冀地区的黑碳浓度下降明显，但在 2015 年之后又有所增加，指示出京津冀地区黑碳排放源排放强度又有所反弹。当然不利气象条件也会较其他地区对黑碳浓度的年际变化影响更大，因为污染气象条件在京津冀区域对 $PM_{2.5}$ 变化的影响更为显著（Zhang et al.，2019）。最近几年，在世界经济普遍疲弱之中，中国仍以超过 30% 的贡献率稳居全球经济增长第一引擎，这在京津冀地区黑碳浓度的变化中有较明显的体现。

---

① http://www.gov.cn/xinwen/2017–01/21/content_5161842.htm。

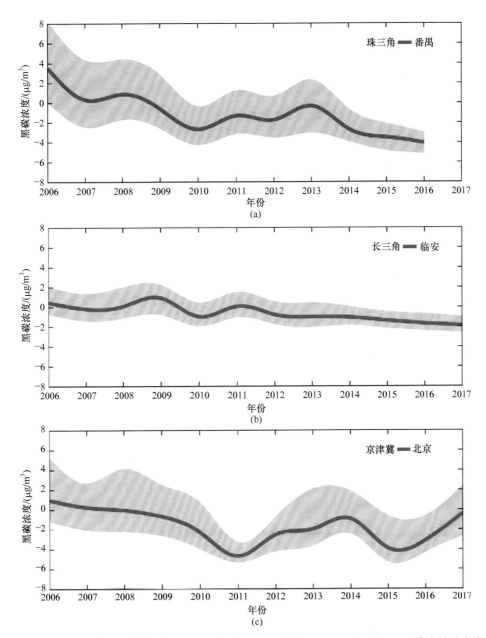

图 9-7　在 CAWNET 地基观测站点珠三角地区（代表性站点番禺）（a）、长三角地区（代表性站点临安）
（b）和京津冀地区（代表性站点北京）（c）观测到的 2006~2017 年黑碳气溶胶日均质量浓度中值相
对其年代际均值（2006~2015 年均值）[黑碳气溶胶浓度距平（相对于 2006~2015 年平均）] 变化图

资料来源：中国气象局大气成分观测网（CAWNET）；图中红线是各年黑碳的中值浓度距平，阴影是 25% 和 75% 值距平
的区域。三个站点 2006~2015 年黑碳气溶胶日均质量浓度的平均值分别是 7.3μg/m³、3.8μg/m³ 和 6.7μg/m³

2. 气溶胶主要化学成分变化特征

中国大气气溶胶粒子及其中主要化学成分的年均值变化通常小于冬季变化（尤其是在污染最严重的华北区域），冬季气象条件转差对污染物浓度的影响显著（Zhang et al., 2019）。从2012年和2013年中国不同区域 PM_{10} 及其中矿物尘、硫酸盐、有机碳、硝酸盐、铵盐和黑碳质量浓度年均值对比可以看出，其年均值的变化并不显著。尽管其年均值变化不大，但主要化学成分在冬季出现峰值，且冬季峰值月平均浓度变化明显。以中国大气颗粒物污染最重的华北平原（HPB）京津冀区域（代表性站点固城）为例，各污染物浓度峰值经常出现的1月，多数颗粒物化学成分的峰值是年均值的1~3倍，其在2006~2010年呈下降走势、2010~2013年不断上升（Zhang X Y et al., 2015）（图9-8）。其中，元素碳（EC）（通过热光法获得的黑碳）和有机碳气溶胶的上述变化特征更为显著，主要是因为其与排放变化的关系更为明显。元素碳在2015年冬季升高可能与散煤燃烧增加有关，有机碳（OC）气溶胶与元素碳气溶胶比值接近生物燃料的值说明存在城郊农村烧秸秆取暖的现象（Zhang X Y et al., 2015）。

从长三角地区（YRD）（代表性站点临安）的观测看，虽然冬季气溶胶中化学成分的浓度，如 OC、NO_3^- 和 NH_4^+ 自2010年以来有所增加（图9-9），但振幅小于华北平原（HBP）。2010~2013年在排放仍然增加的情况下，EC 和矿物气溶胶冬季的浓度略有下降，硫酸盐没有显著下降，并伴随着 PM_{10} 浓度自2010年以来也一直基本保持不变，这可能是由于气象因素起到重要作用。从同一地区冬季气溶胶污染气象条件指数（parameters linking air-quality to meteorological element, PLAM）的变化可以看出，总体上气象条件2006~2010年在长三角区域不断恶化，2010~2013年变化不大，而这样的一种与 PM 总浓度变化类似的变化特征显示出气象条件对冬季 PM 变化的影响显著。

冬季的污染–气象条件在珠三角地区（PRD）（代表性站点番禺）与京津冀相比要好得多，2010~2013年 PLAM 值为60~90（相应的京津冀区域这个值为110~150；在长三角为120~125）且呈下降趋势（图9-10）。PLAM 的减少趋势也与观测到的 PM_{10} 在此区域的变化非常相似，显示出气象因素对 PM_{10} 变化的可能影响。图9-10中几乎所有的主要气溶胶化学成分的冬季峰值自2010年以来在此区域都呈下降的走势，而硝酸盐的变化幅度不显著，这和黑碳全年变化的情况有所不同，显示冬季峰值变化与全年经济走势的联系不如全年浓度变化敏感。除了减排的贡献外，气象条件的影响也不容忽视。

所有上述三区域气溶胶中主要化学成分变化显示出，气象条件与污染变化之间的联系显著。

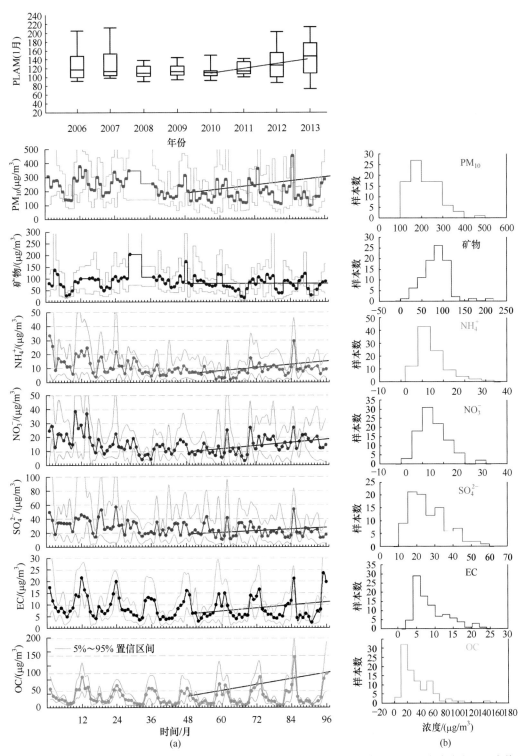

图 9-8　中国华北平原（HPB）– 京津冀（河北代表性站点固城）PM_{10} 中主要化学成分浓度的月中值
　　　　变化时间序列 (Zhang X Y et al.，2015)

（a）冬季数据用于 2010~2013 年线性趋势分析；（b）各种化学成分的直方图分析

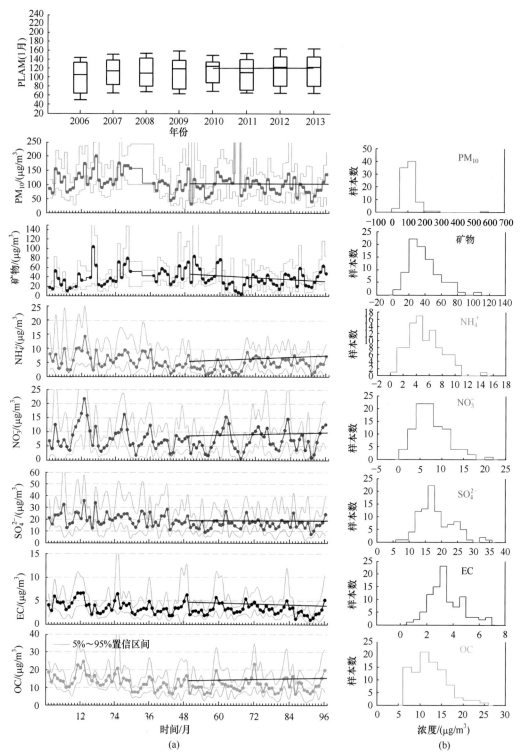

图 9-9　中国长三角地区（YRD）（代表性站点临安）PM$_{10}$中主要化学成分浓度的月中值变化时间序列（Zhang X Y et al.，2015）

（a）冬季数据用于2010~2013年线性趋势分析；（b）各种化学成分的直方图分析

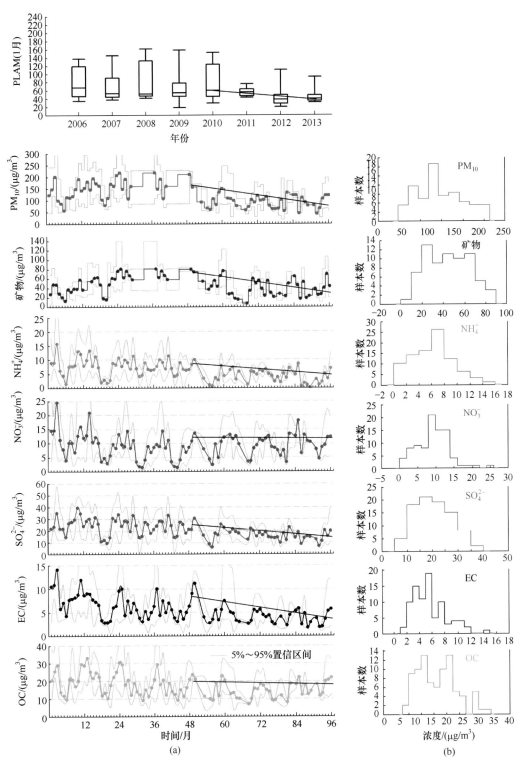

图 9-10　中国珠三角地区（PRD）（代表性站点番禺）PM$_{10}$ 中主要化学成分浓度的月中值变化时间
序列（Zhang X Y et al.，2015）

（a）冬季数据用于 2010~2013 年线性趋势分析；（b）各种化学成分的直方图分析

9.2.3 "大气十条"期间（2013~2017年）气溶胶污染变化及其主因

2013年中国出台"大气十条"，实施了系列污染减排措施，重点地区$PM_{2.5}$质量浓度五年来下降明显。主要通过各种气象因素对$PM_{2.5}$污染影响进行定量解析，发现2013~2017年影响中国重点地区大气气溶胶污染的气象条件年际波动较大，相比2013年，2014年和2015年仅因气象条件不利，$PM_{2.5}$年均浓度在京津冀地区分别上升了13%和8%，在长三角地区分别上升了3%和2%。但在气象条件不利的情况下，2014年和2015年实际观测的$PM_{2.5}$浓度仍有较大幅度下降，显示出污染减排等控制措施取得实质性进展，污染物排放量得到控制；相比2013年，2016年和2017年仅因气象条件有利，$PM_{2.5}$年均浓度在京津冀地区分别下降了9%和5%；在长三角地区分别下降了2%和7%。但2016年和2017年京津冀和长三角地区全年观测到的$PM_{2.5}$相较2013年分别下降约29.7%、39.6%和30%、34.3%，降幅远大于气象条件的改善做出的贡献，显示出"大气十条"实施五年后在京津冀和长三角地区减排贡献仍然起到了对$PM_{2.5}$污染改善的主导作用。在珠三角地区，气象条件对$PM_{2.5}$的影响较弱，其下降的成效主要来自减排的贡献。

冬季仅因气象条件不利，$PM_{2.5}$浓度较其他季节上升40%~100%（Zhang et al.，2018），这主要是因为冬季边界层高度较其他季节低，会限制污染水平扩散和垂直方向稀释的体积；冬季气象条件不利也与青藏高原大地形"背风坡"效应所导致的下沉气流和"弱风效应"有关（徐祥德等，2015），还与气候变暖导致的区域边界层结构日趋稳定有关（Zhang et al.，2018）。冬季还因增加了取暖因素，污染物排放量又有所增加，使中国的大气重污染通常发生在冬季，冬季气象条件变化在公众对大气气溶胶变化的感受中作用明显。同比2013年，2017年冬季气象条件在京津冀转好约20%，对此重点地区冬季$PM_{2.5}$污染的改善（$PM_{2.5}$浓度下降40.2%）起到了明显的"助推"作用，即气象条件转好贡献了冬季此地区$PM_{2.5}$浓度降幅中的约50%。2016年冬季（1月、2月和12月）气象条件好于2017年冬季约14%，但2017年冬季$PM_{2.5}$浓度的降幅仍大于2016年，显示更大力度的各项减排措施在2017年冬季$PM_{2.5}$浓度下降中发挥了重要作用。2016年冬季气象条件较好是因其1月、2月的气象条件在5年中最好，但其12月的气象条件同比2013年仍然转差约9%，2016年12月北京还出现了两次红色预警的重污染过程，加上直到2017年1月10日前气象条件也不好，形成了2016~2017年的跨年污染，严重影响了公众对$PM_{2.5}$污染改善的感觉。在北京冬季持续性重污染期间选择气象条件相同的过程对比也发现，减排导致的$PM_{2.5}$下降幅度逐年增加，特别是2016年和2017年下降的$PM_{2.5}$浓度幅度更为明显，表明"大气十条"实施5年后空气质量改善的根本原因还是在于各项控制措施取得了实质性进展，特别是2017年冬季污染物排放量得到了有效削减。

就某一年的冬季其本身的排放来看，其强度在冬季的几个月中可视为变化不大，而在冬季却出现一次次重污染过程，原因是区域出现停滞-静稳的不利气象条件（Zhang et al.，2019），其高空环流型主要可分为平直西风和高压脊型（Wu et al.，2017），地面不利气象条件可用PLAM指数量化，通常从污染初期的超过40，污染后期不断上升 2~3 倍（Zhong et al., 2017, 2018b）。有研究发现, 2013 年以来我国中东部冬季高空大气环流形势总体处于弱高压脊控制下的下沉区, 来自西南和东南方向的两条主要通道的水汽与来自北方的冷空气汇合, 易使得静稳环流下空气强烈辐合与下沉, 抑制污染物向上扩散与流出（Wu et al., 2017）。

以北京 2013 年以来所有重污染事件为例的分析表明, 冬季的重污染都是在区域出现上述停滞 – 静稳的不利气象条件下形成的, 污染形成后通常还分两个阶段: 一是前期的南风输送污染的阶段; 二是污染不断累积的阶段（Zhong et al., 2017）, 该阶段当 $PM_{2.5}$ 浓度积累到一定程度（通常超过 $100\mu g/m^3$）（Zhong et al., 2019a）时, 显著的逆温形成和边界层低层相对湿度增加, 使气象条件进一步转差, 形成显著的不利气象条件与累积到一定程度的 $PM_{2.5}$ 之间相互促进的"双向反馈"机制, 且发现因污染累积进一步转差的气象条件的反馈作用控制了 $PM_{2.5}$ 在数小时或十几小时浓度至少翻倍的"爆发性增长"现象（Zhong et al., 2017, 2019b; Zhang et al., 2018）。

这些表明在中国现今大气气溶胶污染程度仍然居高不下的情况下, 不利气象条件是持续性重污染形成、累积的必要外部条件（Zhang et al., 2019）。在重污染形成初期大幅降低区域污染排放是消除和减少持续性重污染事件的关键手段。即使在有利气象条件下, 也不宜无限制地允许排放, 因为当污染累积到一定程度后会显著改变边界层气象条件、会"关闭"污染扩散的"气象通道"（Zhang et al., 2019）。

9.2.4 中国沙尘气溶胶及沙尘暴变化特征

作为与自然源矿物气溶胶联系最为密切的沙尘天气变化, 中国气象局地面观测站对其有数十年的连续观测记录, 众多学者使用该观测对中国不同区域沙尘天气长期变化做出了研究。中国沙尘天气日数在 20 世纪 60~70 年代呈现波动增加的趋势。在 80~90 年代中期经历了长时间减少的过程（徐启运和胡敬松, 1996; 周自江, 2001; 钱正安等, 2002）, 90 年代末期至 21 世纪的最初几年, 随着中国经济迅猛增长而造成的人为沙尘源增加, 沙尘天气也随之快速变多（叶笃正等, 2000; 王式功等, 2003）, 对沙尘天气和沙尘气溶胶地基的研究也显著增加, 多样化的沙尘观测手段、起沙沉降传输等机理研究, 沙尘数值模拟系统以及防沙治沙技术方法等都取得了突破性的进展。中国气象局气溶胶遥感观测网以太阳光度计为主要观测设备, 实现了对中国北方地区沙尘气溶胶光学特性的连续观测（Che et al., 2015）。2011 年后中国北方平均沙尘日数一直位于较低的水平范围, 强沙尘天气日数逐年显著减少的趋势明显（图 9-11）。

2011~2018 年沙尘天气过程次数年均仅 10.8 次, 明显少于 2000~2010 年的年均 15.7 次, 沙尘暴和强沙尘暴的次数更是从 2000~2010 年的年均 8.5 次减少到 2011~2018 年的年均 2.6 次。2014 年仅有 7 次沙尘天气过程为历年最少; 除 2012 年外, 沙尘暴和强沙尘暴天气过程次数均不超过 3 次, 2017 年仅有 1 次为历年最少。2015 年与 2018 年的沙尘天气过程次数在 2011 年以来明显偏多, 说明在沙尘天气发生频次显著减少、强度减弱的大趋势下, 逐年气候的差异也会造成沙尘天气发生频次的显著波动（An et al., 2018）（图 9-12）。

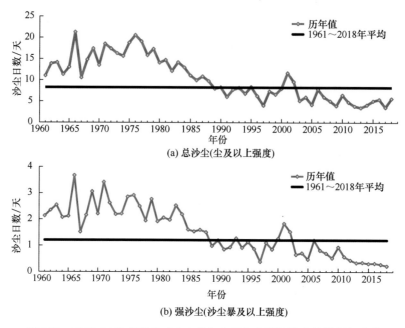

图 9-11　1961~2018 年春季（3~5 月）中国北方平均沙尘日数历年变化

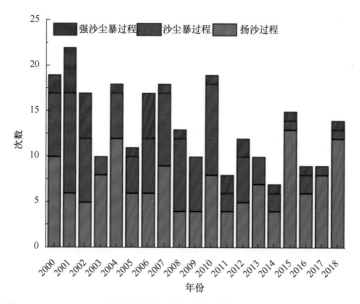

图 9-12　2000~2018 年沙尘天气过程次数（中国气象局气象观测网）

　　2000~2018 年沙尘天气主要发生在中国干旱（半干旱）的西北地区，中东部和南方地区主要受上游沙尘传输的影响，沙尘日数呈现出自西向东、自北向南逐渐递减的规律，其中，新疆南疆盆地为沙尘发生频率最高的地区，其次是内蒙古西部及甘肃河套以西地区。沙尘暴日数与沙尘天气日数分布情况基本一致。以 2018 年为例，中国西北地区、内蒙古、华北、东北、黄淮和江淮以及江南北部、四川盆地北部、西藏南

部等地的部分地区出现了沙尘天气，其中，华北、黄淮北部、东北地区西侧一般出现
3~10 天，西北地区东侧一般出现 10~50 天，新疆南疆盆地沙尘天气日数达 50~150 天，
其中，新疆民丰站沙尘天气日数达到 151 天（图 9-13）。

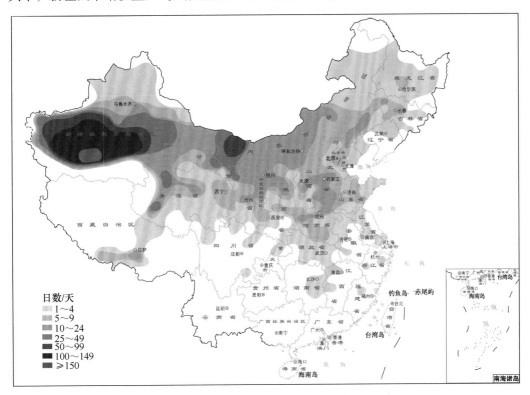

图 9-13　2018 年沙尘天气日数（中国气象观测网）

9.3　气候变化对中国重点地区大气成分变化的影响

9.3.1　气候年代际变化对气溶胶污染的影响

　　大气污染形成和累积也与气候变化密切相关。美国国家海洋和大气管理局的研究
发现，气候变化背景下的极端天气气候事件对空气质量有重要影响，如高温热浪会使
空气趋于稳定而不利于污染物扩散，而暴风雪期间电能增加的需求会导致更多的大气
污染问题（Peterson et al.，2014）。美国国家航空航天局、德国卡尔斯鲁厄气象与气候
研究所和日本筑波气象研究所的研究都指出，气候变化导致中纬度冷锋频次的减少，
从而引起大气污染频次和持续时间的增加（Mickley et al.，2004；Forkel and Knoche，
2006；Murazaki and Hess，2006）。国家气象信息中心和国家气候中心的研究认为，中
国雾日数减少趋势与冬季日最低温度的升高以及相对湿度的减小趋势有关（刘小宁等，
2005），霾日数的增加与人类活动导致的大气污染物排放量的增加趋势以及平均风速的
减少趋势有密切联系（高歌，2008）。还有一些研究分析了雾霾等与大气环流的联系，

将我国大范围发生的雾霾天气与环流型的分类对应起来（林建等，2008）。

东亚夏季风环流 20 世纪 70 年代末到 20 世纪末期间减弱，不仅表现为我国的近地面风速持续变小和降水时空异常（南涝北旱）（Hu，1997；Wang，2001；Yu et al.，2004；Zhou et al.，2009），也影响了大气边界层结构和地气交换，这些因素会对大气气溶胶的排放源、传输扩散、化学转化、沉降清除等产生影响（Niu et al.，2010；Liu et al.，2011；Zhu et al.，2012）。近年来，华北地区冬季重雾霾事件都与弱的冬季风大气环流有关。对于中国近几十年来气溶胶浓度的增加，前人的研究常归咎于经济高速发展带来的人为排放的增加，但也有研究发现季风的年代际变化对气溶胶浓度有显著影响。利用大气化学传输模式（GEOS-Chem）模拟研究表明，近几十年来中国东部地区较高的气溶胶浓度，部分是由东亚夏季风年代际减弱所导致的（Zhu et al.，2012）。研究结果表明，2012 年之前的过去 60 年间，即使在人为排放不增加的情况下，东亚夏季风的年代际减弱所导致的弱东亚夏季风年中国东部地区气溶胶的浓度也要较强东亚夏季风年高出约 20%。可见，近几十年东亚夏季风的减弱对中国区域气溶胶浓度的增加有贡献，这为重新认识中国区域的高气溶胶浓度特征提供了一个新的视角（Chin，2012）。Yan 等（2011）通过模式和资料分析发现，亚洲夏季风的年际变化对中国气溶胶分布有明显影响。在地表排放相近的情况下，弱夏季风年，气溶胶大气柱浓度和光学厚度高值区分布偏于中国南部，而之后的强季风年，分布位置则会扩展到中国北方。东亚季风还会伴随强的水汽输送，增强夏季中国东部区域的大气湿度。

冬季风的减弱造成了寒潮发生率和冷空气活动频率的减少，地面风速的减弱、地面风速和纬向水平风速的垂直切变小，不利于污染物水平方向的输送和垂直方向的扩散（Li et al.，2015；Wang and Chen，2016；Cai et al.，2017）。另外，一些研究也开始将中国东部的霾与青藏高原的增暖联系起来（Xu et al.，2016），认为在西风带背景下，高原大地形东侧背风坡可构成"避风港"，其是中国东部区域霾的重要影响因素之一（徐祥德等，2015）。利用全球大气化学传输模式，在再分析气象场的驱动下，对霾长期变化的模拟研究获得了气象场年代际变化对中国东部 $PM_{2.5}$ 浓度影响幅度的定量估算。大气化学传输模式的结果显示，过去 20 年中国东部 $PM_{2.5}$ 浓度增加了 80%，其中人为排放的增加和气象场的长期变化对 $PM_{2.5}$ 浓度增加的贡献分别为 83% 和 17%（Yang et al.，2016）。

强的局地气溶胶通过减弱入射地表太阳辐射，来增强区域大气层结稳定度，从而有利于气溶胶不断积聚、凝结和增长（Zhang et al.，2013），而弱的东亚冬季风非常不利于华北局地气溶胶的向外输送，直接导致华北地区强雾霾天气的持续（Zhao et al.，2013）。但气候变化还无法与大气污染，特别是重污染事件建立直接的联系，因为影响重污染累积的促发因子与天气过程的关系最为直接，还很难将反映气候平均态变化或异常的气候变化指标（例如，平均温度升高、平均降水变化、气候变化背景下厄尔尼诺现象在某年的异常等）与重污染事件建立起令人信服的联系。

一项试图认识北京地区气溶胶污染受年代际气候变暖影响的研究（Zhang et al.，2018）发现，自 20 世纪 60 年代以来，影响北京地区气溶胶污染的天气条件在年代际尺度上不断转差。这种转差在 2010 年之后更加显著，$PM_{2.5}$ 在中国的许多城市达到了前所未有的高水平,特别是在北京及其周边地区。气候变暖被认为与这种北京地区气象条件的年代际转差高度相关,主要是因为气候变暖的后果主导了边界层上层比下层变得更暖,使大气更加稳定,进而导致污染扩散条件进一步恶化;如果按照线性变化趋势分析,北京地区以 PLAM 为代表的不利气象条件指数在 1960~2017 年仅增加了约 20%,相当于气象条件不利会导致 $PM_{2.5}$ 相应升高约 20%,平均每年转差约 0.5%,其变幅要远小于实际观测到的 $PM_{2.5}$ 的涨幅,仅京津冀地区观测到的 2017 年相对于 2013 年 $PM_{2.5}$ 年均质量浓度的变幅就可达到 39.6%(孟晓艳等,2018),表明气候的年代际变化对大气气溶胶污染的长期变化趋势有影响,但没有起到控制性作用(Zhang et al.,2018)。PLAM 指数是用来综合衡量气象条件不利程度的一个指数,其与 $PM_{2.5}$ 变化之间基本呈线性关系(Zhang X Y et al.,2009;Wang et al.,2012)。虽然我国大气污染的年代际长期变化的主因不是气象而是排放因素,但是在排放变化不大的一段时间(如一年的冬季),为什么还会一次次出现持续性重污染事件? 这是因为区域出现了停滞静稳的不利气象条件,湍流减弱边界层高度下降,污染在垂直和水平方向扩散的空间被压缩,污染浓度升高(Zhong et al.,2017);且发现气溶胶污染累积到一定程度会显著改变气象条件,形成或加剧逆温、低层增湿、地表辐射减少、湍流进一步减弱(Wang L L et al.,2019)、边界层高度压缩到污染初期的约 1/3(Zhong et al.,2017;Xiang et al.,2019),导致 $PM_{2.5}$ 浓度进一步升高,甚至出现在短时间内爆发性增长(Zhong et al.,2017,2018a,2018b,2019a,2019b;Zhang et al.,2013,2018,2019),形成显著的不利气象条件与累积的 $PM_{2.5}$ 污染之间的双向反馈(Zhang et al.,2013,2018)(图 9-14)。

图 9-14　气候年代际变暖对局地气溶胶污染影响的概念图(Zhang et al.,2018)

气候变暖会形成更加不利的局部和区域天气条件,导致气溶胶污染进一步积累,累积的污染会进一步加剧不利的天气条件,反馈产生更多的污染,形成"恶性循环"

9.3.2 气候年际变化对气溶胶污染的影响

近年来越来越多的证据表明，北极海冰、太平洋海温、ENSO、大西洋海温、东亚季风等均与我国大气气溶胶存在年际尺度关联。而这些影响大气气溶胶气候变化的年际信号之间还可能相互影响。对近几十年来北极海冰年际变化对中国东部雾霾天气日数的影响问题的研究表明，东部冬季的雾霾天气总日数和北极秋季海冰范围指数呈显著负相关。海冰减少可以导致欧亚大陆中纬度海平面气压上升、中国北方气旋活动加强、中国40°N以南罗斯贝波活动减弱，从而使得中国东部低层温度偏低、大气稳定、风力变弱及低层大气水汽含量少，以至于更易于发生雾霾污染天气（Wang H J et al.，2015）。针对海温变化的研究表明，西太平洋海温年际变化与我国中东部冬季霾日数呈正相关，西太平洋暖池的热力异常对中国气溶胶污染变化具有气候调节作用，热力强迫较强时，大陆冷高压影响范围朝北缩小，华南和长三角地区近地面风速减小，中东部地区大气低层降温、高层增温、大气垂直热力结构趋于稳定（You et al.，2018）。前期秋季北太平洋海温也被发现与华北冬季霾日数呈显著的负相关，这种负相关在模式中也有稳定的体现，并能延续到冬季（Yin and Wang，2016）。也有研究指出，ENSO（Hui and Xiang，2015）以及伴随的更大尺度的海温变化也能对中国东部霾产生显著的调控效用。利用中国气象局新发布的国家标准《厄尔尼诺/拉尼娜事件判别方法》和观测的历史海温数据开展的气候模式研究指出（Yu et al.，2019），不同分布型和不同强度厄尔尼诺事件对中国冬季平均气溶胶浓度和重霾污染天数的影响具有明显差别。针对2013年和2014年华北冬季极端霾事件的综合诊断分析表明，海温、海冰和陆面能够通过在大气中激发遥相关或局地大气环流异常，进而影响华北局地的大气扩散条件（花丛等，2016；Yin et al.，2017）。还有研究指出，北极增温与中国地区冬季霾污染增强有着很好的正相关关系，尤其是夏季5~6月的北极增温（Chen Y Y et al.，2019）。也有研究分析了第五阶段模式试验计划（CMIP5）多模式逐日模拟的历史气候（1950~1999年）和未来高温室气体典型浓度路径情景8.5（RCP8.5）下强霾天气发生的频率，发现未来全球气候变暖背景下（2050~2099年），与2013年1月类似的强霾污染事件的发生频率相对于历史气候条件将增加50%（Chen et al.，2017）。

东亚季风作为气候系统的重要组成部分，其年际变化对气溶胶也有重要影响。例如，通过模式和资料分析发现，亚洲夏季风的年际变化对我国气溶胶分布有明显影响（Yan et al.，2011），在地表排放相近的情况下，弱夏季风年，气溶胶大气柱浓度和光学厚度高值区分布偏于中国南部，而之后的强季风年，分布位置则会扩展到中国北方。东亚季风还会伴随强的水汽输送，增强夏季中国东部区域的大气湿度。利用全球大气化学传输模式的研究表明（Zhang et al.，2010），亚洲夏季风不同系统和夏季风强弱对东亚气溶胶浓度的季节和年际变化有影响。他们的研究结果表明，季风的季节变化对气溶胶浓度的季节变化有重要作用，夏季风对气溶胶浓度的影响大于气溶胶季节排放变化的影响，导致东亚地区气溶胶浓度冬季高、夏季低的特征，这是中国东部和美国东部两个地区气溶胶浓度季节变化正好相反的原因，同时指出，东亚夏季风与中国东部气溶胶呈反相年际变化，在弱夏季风年（1998年）气溶胶浓度比强夏季风年（2002

年）显著偏高，且与季风风场有关的气溶胶通量输送比季风降水导致的气溶胶湿沉降的作用强。有研究表明，在春季中国东部地区 700hPa 以上大气中有 50%~70% 的有机碳是源于南亚地区大量生物质燃烧引起的有机碳排放（Zhang et al.，2010）。伴随着南亚夏季风的输送作用，南亚近地面大量的污染物向上输送到大气中高层，并在环流的作用下除了影响中国东部地区以外，甚至会影响北美地区（Wang et al.，2014）。

在数值模拟方面，在年际尺度上，假设人为排放量固定在某一年，气象场的年际变化导致华北和华南 $PM_{2.5}$ 浓度的平均年际变化幅度为 9%~17%（Mu and Liao，2014），与"大气十条"中京津冀、长三角、珠三角细颗粒物浓度 2012~2017 年分别减少 25%、20% 和 15% 的减排目标量级非常接近，表明在评估中国短期污染控制措施的有效性时需区分减排和气象场的影响。过程分析也发现，在华北地区，气相化学生成、气粒转化、输送分别是决定硫酸盐、硝酸盐、有机碳气溶胶年际变化的主导过程（Mu and Liao，2014）。

9.3.3　气候变化对中国重点地区对流层臭氧的影响

利用全球大气化学传输模式的高分辨率嵌套网格版本研究了中国地区 2004~2012 年对流层臭氧的年际变化（Lou et al.，2015）。研究表明，气象参数和排放同时变化时，模拟的华北地区（NC，32°~42°N，110°~120°E）地面臭氧浓度季节平均值在冬、春、夏、秋季年际变化幅度分别为 0.7%、3.2%、3.9%、2.1%，华南地区（SC，22°~32°N，110°~120°E）臭氧的年际变化幅度在冬、春、夏、秋季分别为 2.7%、3.7%、1.4%、2.6%，在四川盆地（SCB，27°~33°N，102°~110°E）臭氧的年际变化幅度为 2.7%~3.8%。对于 NC 和 SC 来说，气象场导致的地面臭氧年际变化大于人为排放变化的影响。而在 SCB 人为排放的变化也起着较为重要的作用。研究还利用过程分析方法来确定 NC、SC 和 SCB 地区影响臭氧年际变化的关键气象参数，发现风的变化对臭氧的年际变化具有最大影响，其后是温度和湿度变化的影响。

气象场及土地利用变化对中国臭氧和二次有机气溶胶的影响。基于历史调查及卫星遥感的中国土地覆盖及土地利用变化及再分析气象资料，利用全球大气化学传输模式定量分析了自 20 世纪 80 年代末（1986~1988 年）到 21 世纪初中（2004~2006 年）近 20 年中国地区土地覆盖和土地利用的变化对生物挥发性有机物（BVOCs）排放及近地面臭氧和二次有机气溶胶（SOA）浓度的影响（Fu and Liao，2014）。模拟结果表明，由于气象因素及土地覆盖的变化，中国 BVOCs 年排放总量从 20 世纪 80 年代末的 15.1Tg C/a 增加到 21 世纪初的 16.8Tg C/a（+11.3%），其中异戊二烯和单萜烯排放总量（臭氧和 SOA 形成的主要前体物）分别增加了 13.1% 和 4.6%。气象条件的变化是引起植被排放增加的主要因素，仅由于气候变化，21 世纪初期估算的异戊二烯和单萜烯的年排放总量相较于 20 世纪 80 年代末分别增加了 17% 和 8%。然而，植被变化的作用也不可忽视，近 20 年间中国土地覆盖和土地利用的变化使得异戊二烯和单萜烯排放总量相较于 20 世纪 80 年代末分别减少了 4% 和 3%。植被变化引起的植被排放总量减少主要由近 20 年间中国城市及农田面积扩张使得高排放潜力森林植被覆盖面积减少所致。在不考虑人为排放变化的情况下，由于气候与植被变化的共同作用，夏季中国地区近地面臭氧浓度相较于 20 世纪 80 年代末变化了 –4.0~+6.0ppb，SOA 浓度变化

了 $-0.4\sim+0.6\mu g/m^3$。若仅考虑过去 20 年人为排放的变化，夏季臭氧浓度及 SOA 浓度则分别增加了 10~21ppb 和 $0.2\mu g/m^3$。

目前，关于气候变化影响中国地表或边界层内臭氧的研究还很少。统计分析研究大多关注的是平流层臭氧或臭氧柱浓度（Zhang J et al.，2015），发现 ENSO 作为最强的热带海洋信号，能够对北半球中纬度臭氧造成显著的影响。数值模式获得了温度变化和相应 BVOCs 排放变化影响中国臭氧平均浓度的量级（Wang et al.，2013；Fu and Liao，2014），但缺乏对大尺度环流影响中国臭氧污染机制的系统认识。对流层臭氧的平均生命周期是 3 个星期，比气溶胶颗粒数天的生命周期长很多，也在更大程度上受到环流输送等的影响。

在气候变化影响污染物方面，全球模式模拟结果表明，在人为排放保持目前水平的情况下，气候变化导致的温度增高和水汽增加会减少对流层臭氧的总量（Brasseur et al.，2006；Liao et al.，2006；Murazaki and Hess，2006；Unger et al.，2006；IPCC，2013），但在人口密集地方臭氧浓度会增加（Hogrefe et al.，2004；Liao et al.，2006；Murazaki and Hess，2006；Wu et al.，2008）。气候增暖导致的大气传输减慢、植被 VOCs 排放增加、过氧乙酰硝酸酯（PAN）在高温下分解等因素都会导致臭氧堆积在排放源附近，加剧臭氧污染。在人口密集地区，气候变化导致的增高的臭氧和 H_2O_2 浓度会增加该地区硫酸盐的形成（Liao et al.，2006；Unger et al.，2006）。温度增加会让硝酸盐蒸发分解成气态 HNO_3，也会增加植被 VOCs 的排放，从而增加 SOA 浓度（Liao et al.，2006）。此外，未来降水变化大的区域气溶胶浓度的减少非常显著（Racherla and Adams，2007；Pye et al.，2009；Jiang H et al.，2013）。Jiang H 等（2013）模拟研究表明，即使在固定人为排放，IPCC A1B 情景下，2000~2050 年的气候变化将导致中国东部 $PM_{2.5}$ 浓度改变 10%~20%。若分别考虑长生命周期温室气体（CO_2、N_2O、CH_4）引起气候增暖、气溶胶直接气候效应、气溶胶间接气候效应对臭氧和气溶胶的影响，温室气体引起的气候增暖能减慢大气传播（Holzer and Boer，2001），让污染物堆积在排放源附近（人口密集地区）（Liao et al.，2006）。气溶胶的直接气候效应导致地面降温，减弱对流，减小边界层厚度，减少降雨（气溶胶湿沉降），也让污染物堆积在近地面层（Liao et al.，2006，2009）。从理论上讲，气溶胶间接气候效应也会减少降雨，更进一步减少气溶胶湿沉降和增加气溶胶在污染物排放源处的浓度，但到目前为止，国际上还未有定量的研究结果。

9.4 大气成分变化对气候变化的影响

温室气体和气溶胶是大气成分中两个最重要的气候强迫因子。温室气体浓度增加是全球变暖的主要贡献者，而人为气溶胶浓度增加产生的净冷却效应抵消了部分温室气体的增暖效应（Liao et al.，2015；Zhang et al.，2016）。多年来，世界各国在减缓温室气体排放、应对气候变化方面已取得了显著成效。温室气体在大气中的长寿命性使得其未来一段时间内浓度很可能会继续增加，从而持续地贡献全球变暖。

大气气溶胶的增加不仅影响气候变化，还会形成大气污染。2013 年 6 月 14 日，国务院召开常务会议，确定了大气污染防治十条措施，包括减少污染物排放；严控高耗能、高污染行业新增耗能；大力推行清洁生产；加快调整能源结构；强化节能环保指标约束；推行激励与约束并举的节能减排新机制；加大排污费征收力度；加大对大气污染防治的信贷支持等。"大气十条"明确了具体指标：到 2017 年，全国地级及以上城市可吸入颗粒物浓度比 2012 年下降 10% 以上，优良天数逐年提高；京津冀、长三角、珠三角等区域细颗粒物浓度分别下降 25%、20%、15% 左右，其中北京市细颗粒物年均浓度控制在 60μg/m³ 左右。最近的研究表明，从 2005 年开始中国大气中含量最高的人为气溶胶颗粒物硫酸盐的前体物二氧化硫的排放已在逐年下降（Li et al.，2017；Sun et al.，2018）。此外，值得注意的是，温室气体与气溶胶具有一些共同的排放源，如煤、石油等化石燃料燃烧的排放，在实施以减缓全球变暖为目的的减排措施时，也势必会造成气溶胶排放减少。

　　与温室气体不同，气溶胶在大气中寿命较短，一般为几天至十几天。气溶胶排放减少将会导致短期内大气中气溶胶浓度快速下降。历史时期气溶胶浓度增加导致的净冷却效应意味着相对于当前水平未来人为气溶胶浓度下降将会对地球气候系统施加额外的增暖效应，从而影响全球或区域气候变化（Wang Z L et al.，2015；Wang et al.，2016；Samset，2018）。

9.4.1　温室气体变化对未来气候变化及极端气候事件的影响

　　IPCC AR5 指出，1850~2011 年长寿命温室气体浓度增加产生的全球年平均辐射强迫约为 2.8W/m²，对全球变暖起了主要贡献。基于区域气候模式 RegCM4 的历史模拟和归因试验的对比研究显示，人为温室气体排放对 1961~2005 年观测中出现的中国各大水文流域气候变暖现象所产生的作用达到 80%（张冬峰等，2015）。基于观测资料和 CMIP5 多模式考虑所有驱动因子的历史试验结果以及单因子强迫气候归因试验结果的研究表明，温室气体强迫是 20 世纪 70 年代以后中国干旱半干旱区降水逐渐增加的主要贡献者（赵天保等，2016）。气候变化归因研究还表明，温室气体影响可能是观测到的 1961~2007 年中国极端温度增加的主要贡献者（Wen et al.，2013），温室气体增加对观测到的 20 世纪 60 年代以来中国日极端降水增加以及 1956~2005 年中国东部大雨频率增加和小雨频率减少均具有可检测的贡献（Chen and Sun，2017；Ma et al.，2017b）。

　　未来温室气体浓度增加将会造成温度持续升高，可能进一步加剧中国极端气候的频率和强度（郎咸梅和隋月，2013；吴佳等，2015；Jiang et al.，2016）。郎咸梅和隋月（2013）使用一个区域气候模式（RegCM3）在 IPCC 排放情景特别报告（SRES）A1B 温室气体排放情景下，对东亚地区进行的高分辨率数值模拟试验数据的研究表明，相对于工业革命前全球变暖 2℃情景下，中国年平均温度普遍上升而且幅度要高于同期全球平均值约 0.6℃，增温总体上由南向北加强并在青藏高原地区有所放大；年平均降水相对于 1986~2005 年平均增加 5.2%，季节降水增加 4.2%~8.5%；极端暖性温度事件普遍增加，极端冷性温度事件普遍减少，年平均的连续 5 天最大降水量、降水强度、极端降水贡献率和大雨日数均有所增加。基于 CMIP5 中 29 个气候模式预估结果的研究显示，相对于工业革命前 2℃全球增暖水平下，中国的暖气候极端比 1986~2005 年发生更频繁、持续时间更长、强度更大，尤其是中国南方夏季将面临严重的高温压力（Sui et al., 2018）。归因研究还表明，观测到的20世纪50年代以来中国夏季温度升高很大程度上归咎于以温室气体为主的人为强迫的影响，在温室气体引起的未来增暖情景下，中国夏季极端高温事件的发生频率很可能将显著增加（Sun et al., 2014b; Ma et al., 2017a）。

全球温室气体排放量持续增加将会导致全球干旱半干旱区面积加速扩张（Huang et al., 2016, 2017）。Huang等（2016）的研究指出，在温室气体高排放情景下，21世纪末干旱半干旱区面积相比1961~1990年的面积将增加23%，未来土地干旱化的程度将比之前预估的更加严重，而且78%的干旱半干旱区面积的扩张将主要发生在生态脆弱、人口集中的发展中国家。干旱半干旱区的增温趋势显著高于湿润区，气候变暖、干旱加剧和人口增长的共同作用将增大发展中国家发生荒漠化的风险，从而进一步扩大全球经济发展的区域差异。

未来温室气体增加造成的全球持续增暖通过影响环流和降水很可能会加剧中国区域空气污染（Xu and Lamarque, 2018）。基于RCP8.5情景下仅温室气体浓度变化的全球气候模式模拟研究（Chen H et al., 2019）表明，21世纪末温室气体浓度增加引起的全球增暖会导致中国东部平均的$PM_{2.5}$浓度和严重污染天数增加，尤其是在京津冀区域。全球增暖导致的停滞天气增加和小雨天数减少对中国东部污染增加起了主要作用。Han等（2017）基于区域气候模式RegCM4的预估结果和动力降尺度方法也指出，未来全球增暖会导致除了中国中部之外的中国大部分区域空气环境承载能力减弱，弱通风天数增加，从而导致中国霾污染潜力加剧。在全球变暖背景下，中国京津冀、长三角和珠三角地区很可能将具有更高的霾污染风险可能性。从年代际的尺度来看，20世纪60年代以来，全球变暖造成北京及周边地区冬季边界层上层增暖明显高于低层，来自贝加尔湖的北风减弱，从而导致有益于污染物扩散的天气条件变差（Zhang et al., 2018）。基于CIMP5中15个气候模式在RCP8.5情景下的预估结果表明，相对于1950~1999年，全球增暖将导致21世纪后半期北京高污染天气的发生频率增加50%（Cai et al., 2017）。

9.4.2 气溶胶变化对未来气候变化和极端气候事件的影响

诸多研究表明，东亚夏季风环流自20世纪70年代末到20世纪末期间减弱，使得中国东部降水出现南涝北旱的异常型（Hu, 1997; Wang, 2001; Yu et al., 2004; Yu and Zhou, 2007; 宇如聪等, 2008; Zhou et al., 2009）。东亚夏季风环流的减弱主要受与太平洋年代际变率位相转换相联系的热带大洋增暖的影响（Zhou et al., 2008）。也有研究认为，气溶胶也有一定的贡献（Niu et al., 2010）。Jiang Y等（2013）的气候模拟结果表明，人为气溶胶会抑制中国华北降水，并对中国东部云物理过程有明显作用。Li L等（2007）利用大气环流模式的数值试验指出，硫酸盐气溶胶对东亚夏季变冷和副热带西风急流的变化有显著贡献。He等（2013）的数值试验表明，温室气体、太阳辐照度、臭氧、黑碳和硫酸盐气溶胶等外强迫因子的年代际变化对东亚地区夏季变冷有明显的贡献，温室气体和气溶胶的直接效应是其中两个最主要的影响因子。Zhang H等（2009）的数值模拟研究显示，有机碳和黑碳的综合直接气候效应没有对中国的南涝北旱做出贡献；并且，Zhang H等（2012）利用更新的气溶胶排放资料和耦合有气溶胶过程的气候模式研究进一步证实了上述结果。Li H 等（2010）基于美国国家大气研究中心（NCAR）和地球物理流体动力学实验室（Geophysical Fluid Dynamics Laboratory，GFDL）的两个大气环流模式试验，指出各种气溶胶的综合效应使东亚夏季风环流有微弱的增强（而不是像观测那样变弱）。上述结果，与 Menon 等（2002）利用全球气候模式研究发现的黑碳气溶胶增加造成中国夏季南涝北旱降雨异常的结果有所不同。一个可能的原因是 Menon 等的模拟是基于一个重要假定：中国境内的气溶胶都是强吸收型（气溶胶单次散射反射率为 0.85），但根据卫星和地面观测推算，中国的气溶胶吸收特性有很强的时空变化。平均而言，气溶胶的吸收特性比他们假定的明显弱（全国平均气溶胶单次散射反射率为 0.90）（Lee et al.，2007），根据他们的敏感性试验，如果气溶胶单次散射反射率提高到 0.90，模式就不能模拟出南涝北旱的现象。但 Meehl 等（2008）指出，黑碳气溶胶对印度季风的影响比较显著，对东亚季风的影响相对较弱，观测的季风变化主要源自内部变率。

有研究认为，当今气溶胶的增加减弱了东亚季风并抑制了中国北纬 30° 左右区域对流发展，有助于区域大气稳定度增强（Liu et al.，2016；Zhang H et al.，2012）。Song 等（2014）利用最新的 CMIP5 模式结果与气候资料，比较了自然强迫（太阳活动和火山活动）和人为强迫（温室气体和气溶胶）对东亚夏季风年代际变化的影响。观测中的 1958~2001 年的东亚夏季风环流的减弱在全强迫试验中可以部分再现，但是响应的强度要远远弱于观测；并且尽管季风环流的变化呈减弱趋势，但是模式难以模拟出南涝北旱的降水距平型。分析不同的强迫试验发现，气溶胶对低层环流的减弱起着主要作用，而温室气体有利于低层环流的增强。东亚地区人为污染较为严重，使得气溶胶引起的地表冷却最为严重，这样就会导致海陆温差减弱和华北高压异常，从而使得东亚夏季风低层环流减弱。在高层，观测中东亚急流偏南的现象也可以在全强迫中得到部分再现。自然强迫主要对东亚急流东部的偏南有贡献，而气溶胶强迫主要对东亚急流西部的偏南有贡献。它们主要都是通过改变高层经向温度梯度来调制东亚急流（Song et al.，2014）。类似的气候模式模拟结果也显示，东亚冬季寒潮爆发次数的减少和西北盛行风风速的减弱也与气溶胶的增加有关（Niu et al.，2010）。最近的研究表明，气溶胶强迫不仅仅是影响表面海 – 陆热力对比，更重要的是通过影响对流层上层热力和动力结构来影响东亚夏季风环流（Wang Z L et al.，2019）。

气溶胶的分布具有很强的区域性，目前已有不少研究探讨气溶胶对亚洲季风气候的影响，特别是对南亚区域的影响（Lau et al.，2006；Bollasina et al.，2011）。但由于东亚季风气候的影响因子极为复杂，当前气候模式对于东亚区域长期气候变化的模拟仍存在很多困难。因此，气溶胶对于东亚气候影响的研究更多集中于对观测的定量分析和模式的定性诊断（Surabi et al.，2002；Li Z et al.，2007，2010；Niu et al.，2010；Song et al.，2014），尚无非常明确的结论。

9.4.3 大气气溶胶污染下降对气候平均状态变化的影响

卫星和地基观测均表明，2005~2015 年中国气溶胶光学厚度减小可能是该时期中国东部太阳辐射增加的原因（Li et al.，2018）。与当前水平相比，在不同的 RCPs 情景下，人为气溶胶减少在中国会造成明显的正辐射强迫（Li et al.，2016）。模拟研究显示，在 RCP8.5 情景下，到 21 世纪末气溶胶下降几乎贡献 1℃的全球增暖和一半的总降水增加（Lin et al.，2018）。结合 RCP4.5 情景，Wang 等（2016）的研究指出，2000~2100 年人为气溶胶减少通过直接减弱对太阳辐射的散射和吸收，以及对云微物理性质的影响，造成东亚季风区夏季海－陆热力对比增加，东亚夏季风环流增强，最终导致东亚季风区夏季平均降水增加。观测数据显示，在全球变暖背景下，20 世纪后半期夏季（7 月和 8 月）东亚（90°~130°E，30°~45°N）区域对流层上层（200~500hPa）出现显著的年代际冷却，这可能主导了东亚夏季风的减弱和中国东部的南涝北旱的降水异常现象（Yu et al.，2004）。Wang Z L 等（2019）利用耦合的地球系统模式，结合多套再分析数据的研究表明，气溶胶强迫造成 1951~2001 年东亚夏季对流层上层平均的温度趋势为 −0.14℃/10a，很大程度贡献了观测到的东亚夏季对流层上层年代际冷却（−0.2℃/10a），气溶胶强迫和观测得到的年代平均的温度距平具有显著的正相关（图 9-15）。因此，预估 21 世纪人为气溶胶柱含量持续下降（尤其是硫酸盐气溶胶）

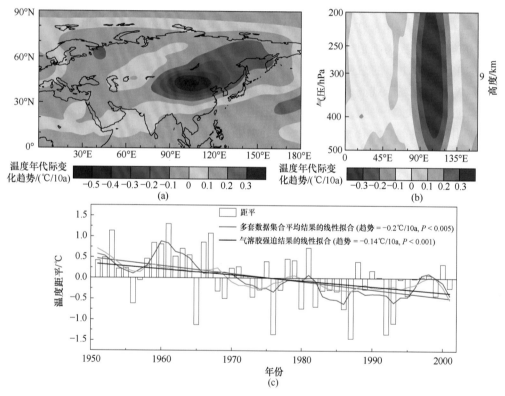

图 9-15　1951~2001 年夏季（7 月和 8 月）NCEP/NCAR、NCEP20C 和 CERA20C 三套再分析数据集合平均（MEM）的（a）对流层上层（200~500hPa）平均的温度年代际趋势的空间分布和（b）30°~45°N 平均的温度年代际趋势的经度－高度剖面以及（c）夏季东亚（90°~130°E，30°~45°N）区域平均的对流层上层温度距平的时间序列（改绘自 Wang Z L et al.，2019）

中红线和蓝线为再分析数据温度距平的十年平滑滤波值及线性拟合，绿线和黑线分别为气溶胶强迫造成的温度距平的十年平滑滤波值及线性拟合将会使得东亚夏季对流层上层温度年代际趋势发生反转，从而很可能会对将来东亚夏季风环流和降水的空间格局产生显著影响。Zhao 等（2015）的研究表明，21 世纪初东亚夏季对流层上层温度已经出现了反转，呈现增暖趋势，反转的时间点很可能发生在 2004/2005 年。与之相随地，东亚夏季风逐渐增强，中国夏季降水分布也发生了显著变化，即中国黄淮流域降水增加，南方降水减少。而从 2005 年开始中国 SO_2 的排放量已在逐步下降（Sun et al., 2018），从而影响全球总的 SO_2 排放量变化趋势（Klimont et al., 2013）。东亚夏季对流层上层温度年代际趋势与全球 SO_2 排放量变化反转时间点的一定程度吻合可能意味着气溶胶强迫在东亚夏季对流层上层温度年代际变化中起了一定的作用。

黑碳是大气气溶胶中比较特殊的成分，它对从红外到可见光波段的太阳辐射都具有强烈的吸收作用，从而会对地气系统起到明显的增暖作用。尤其是当黑碳与其他吸湿性气溶胶混合时，黑碳的吸收效应会明显增强，从而更大程度地减弱人为气溶胶的净冷却效应（Han et al., 2017）。Peng 等（2016）研究发现，在北京高的空气污染环境条件下排放到大气中的黑碳经过 2.3~4.6h 的老化过程后，其对太阳辐射的吸收能力能增强 2.4 倍。黑碳产生的强的正辐射强迫会对天气和气候造成显著影响。Jiang 等（2017）的模拟研究发现，总的人为气溶胶强迫造成冬季青藏高原表面温度明显升高，从而导致东亚冬季风北部模态明显增强以及中国北方温度降低，其中黑碳气溶胶在总的气溶胶强迫的影响中起了主导作用。Lou 等（2019）的研究表明，中国华北平原排放的黑碳气溶胶能够传输到下风方向的海洋上，改变洋面上的云特征和大尺度的海–陆热力对比，从而减弱华北平原冬季风风速，进一步加剧该地区的空气污染，因此指出减排黑碳可以间接地减缓华北平原的空气污染。从局地尺度来看，在中国一些大城市，黑碳气溶胶增加能直接加热上层边界层且减少表面热通量，从而抑制边界层的发展，增强极端霾污染现象（Ding et al., 2016）。

黑碳对太阳辐射具有强吸收性和在大气中具有较短的寿命，一些研究指出，可以通过减排黑碳来快速达到减缓全球变暖和改进空气质量的双赢目的。最近的研究表明，由于黑碳与其他气溶胶的同源性，减少黑碳排放的同时不可避免地会造成一些散射性气溶胶也随之减少，因此以减排黑碳为目的的气溶胶综合减排不仅不会起到减缓全球变暖的作用，甚至可能会对地球气候系统产生不被预期的增暖作用（Pietikäinen et al., 2015；Wang Z L et al., 2015）。此外，Stjern 等（2017）利用多模式集合结果的研究也表明，虽然黑碳对太阳辐射具有很强的吸收作用，但是气候对黑碳强迫的快速响应会造成低云量明显增加，从而抵消部分黑碳的直接增暖作用，因此黑碳排放较大的变化并不会对全球增暖有相当大的影响。

9.4.4　大气气溶胶污染减缓对未来极端天气–气候事件的影响

利用单个地球系统模式的集合模拟结果和 CMIP5 多模式的集合平均结果的研究均表明，人为气溶胶减排施加的额外增暖作用会明显加剧温室效应引起的极端气候的增加（Lin et al., 2016，2018）。对于不同的极端降水指数，未来人为气溶胶减排造成的陆地平均极端降水随全球平均表面增暖的增加率是温室气体强迫影响的 2~4 倍（图 9-16）。尤其是像中国东部的高污染区，气溶胶强迫造成的极端降水的增加率可

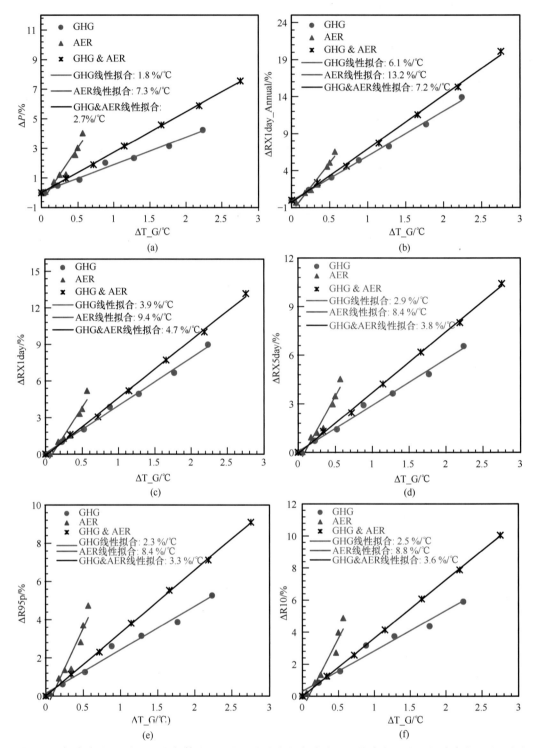

图 9-16 气溶胶（AER）和温室气体（GHG）强迫造成的全球陆地平均降水（a）和极端降水（b）～（f）指数相对变化（纵坐标）与全球平均表面温度变化（横坐标）的散点图（摘自 Lin et al., 2016）

P: 平均降水；RX1day_Annual: 年的最大一天降水量；RX1day: 月的最大一天降水量；RX5day: 月的最大连续 5 天降水量；R 95p: 年的日降水超过分布 95% 百分位天的总降水量；R10: 年的日降水超过 10mm 的天数

达到温室气体强迫影响的近十倍（Lin et al., 2016, 2018）。在 RCP8.5 情景下，在 2031~2050 年（2081~2100 年）气溶胶排放减少引起的中国区域平均的不同极端温度和极端降水指数的增加分别占到它们总增加的 23%（14%）和 32%（30%）以上（Lin et al., 2016）。如果未来采用较低的温室气体排放路径（RCP4.5 vs RCP8.5），气溶胶强迫将对极端降水的增加起到重要作用。

9.4.5　大气气溶胶污染减缓对 1.5℃或 2℃全球增暖影响

《巴黎协定》承诺较工业革命前水平，21 世纪末将全球平均表面温度升高控制在 2℃之内，并努力控制在 1.5℃之内，以降低人为气候变化的风险。为了达到这些低暖控制目标，世界各国必须显著地减少温室气体的排放。由于与温室气体的协同排放和改进空气质量措施的实施，人为气溶胶排放将随之下降。最近基于多个气候模式的模拟研究表明，移除目前水平的人为气溶胶排放将导致全球平均表面温度升高 0.5~1.1℃，全球平均降水增加 2%~4.6%，极端天气指数也明显增加（Samset, 2018）。气溶胶不会长时间滞留在大气中，这意味着它们不会像二氧化碳和其他温室气体一样在世界各地扩散，它们的影响往往是区域性的。尤其是像东亚这些空气污染最严重的地方，在污染消失之后其降水量和极端天气气候事件可能会大幅增加（Samset, 2018）。Wang 等（2017b）的模拟研究表明，当采用温室气体和气溶胶污染物协同变化情景与仅温室气体变化情景时，气候模式模拟得到的全球 0.5℃额外升温（1.5~2℃）导致的一些重污染区域极端降水增加的差别可高达几倍（图 9-17）。

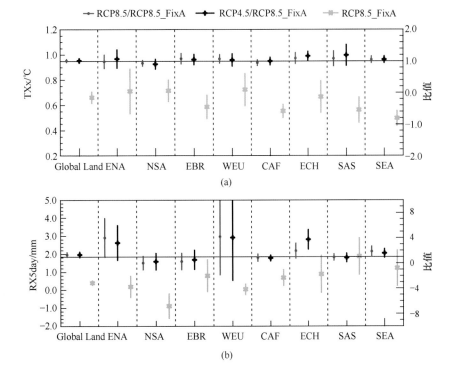

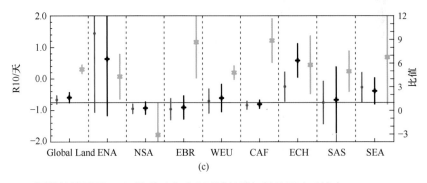

图 9-17　不同排放情景下 0.5℃增暖对全球和区域极端气候的影响（摘自 Wang et al.，2017b）

绿线代表 RCP8.5_FixA 情景下额外的 0.5℃增暖（1.5~2℃）造成的全球和区域陆地平均月的日最大温度的最大值（a）、月的最大连续 5 天降水量（b）和年的日降水超过 10mm 的天数（c）的变化（左边的 Y 轴）；红线代表 RCP8.5 情景、黑线代表 RCP4.5 情景下与 RCP8.5_FixA 情景下这些变化的比值（右边的 Y 轴）；竖线代表两倍标准差。Global Land，全球陆地地区；ENA，北美东部（30°~55°N，45°~100°W）；NSA，南美西北部（0°~12°N，47°~80°W）；EBR，巴西东部（30°~55°N，35°~50°W）；WEU，西欧（37°~69°N，10°~43°E）；CAF，非洲中部（18°S~12°N，15°W~50°E）；ECH，中国东部（20°~40°N，105°~125°E）；SAS，南亚（8°~29°N，70°~93°E）；SEA，东南亚（10°S~20°N，95°~153°E）。RCP8.5 和 RCP4.5：未来温室气体和气溶胶强迫共同变化，RCP8.5 为高温室气体排放情景，RCP4.5 为中低水平温室气体排放情景；RCP8.5_FixA：温室气体强迫遵循 8.5 情景中的变化，但是气溶胶排放固定在 2005 年水平

大量研究已经揭示了气溶胶排放变化对气候变化影响的重要作用。但是，需要指出的是，目前对气溶胶对气候影响的理解仍具有很大不确定性，尤其是气溶胶－云相互作用的影响。

9.5　小　　结

构成区域性或局地大气污染的大气成分同样也是气候变化的外部－人类活动驱动因子，大气污染与气候变化的相互作用同时影响空气质量和气候变化两个领域的变化及应对，是认识气候变化人为驱动力及其对人的健康和社会发展影响的一个交叉、新兴和日益重要的领域，也是气候变化领域认知相对不足的领域，主要的不足源于气溶胶－云相互作用、气溶胶－辐射－云相互作用的尺度与气候模式尺度的差异、人为源气溶胶和自然源气溶胶相对的气候效应等方面研究带来的不确定性。本章聚焦在 2012 年之后我国观测到的大气成分的变化、气候年代际和年际尺度变化对大气污染的影响，以及未来大气污染变化后的气候变化效应，具体的结论如下。

1）观测到的大气成分变化

（1）中国观测站观测到的均匀混合温室气体 CO_2、CH_4 和 N_2O 的年均浓度仍不断上升。截至 2017 年，中国青藏高原青海瓦里关站观测到的大气 CO_2 浓度为 407.0±0.2ppm，CH_4 和 N_2O 浓度分别为 1912±2ppb 和 330.3±0.1ppb，明显高于全球平均水平（高信度）。

（2）珠三角、长三角、京津冀代表性站点近地面黑碳气溶胶日均质量浓度中值相对于其年代际均值（2006~2015 年均值）的变化，自 2006 年以来基本经历了三个不同

的阶段：第一阶段是 2006~2010 年的总体下降走势；第二阶段是 2010~2013 年的有所上升；第三阶段是 2013~2016 年的不断下降，其反映的是我国 2009 年前后污染物排放量随不同经济发展走势的变化，以及 2013 年 "大气十条" 实施后的污染减排效果（高信度）。

（3）2006 年以来的观测显示，京津冀地区近地面气溶胶中主要化学成分冬季峰值浓度在 2006~2010 年总体呈下降走势，在 2010~2013 年不断上升。2013~2017 年随着 "大气十条" 的实施，$PM_{2.5}$ 质量浓度下降明显。剔除气象条件影响后发现，"大气十条" 实施五年减排发挥了 $PM_{2.5}$ 污染改善的主导作用；在 2013~2017 年长三角和珠三角区域的气溶胶浓度变化与京津冀地区基本一致（高信度）。

（4）值得注意的是，中国有机碳气溶胶在碳气溶胶中占比明显高于欧美地区，其中二次有机碳在中国城市和城郊分别约占 55% 和 60%；黑碳因其仅占 PM_{10} 的约 3.5%，远低于以南亚城市为代表的世界其他区域，在中国与全球其他地区相比，其对气候的影响较弱（中等信度）。

（5）观测到的中国境内沙尘天气日数延续了自 20 世纪 60 年代以来的减少趋势。2010 年后沙尘仍呈不断下降的特点，显示出自然源气溶胶受气候变化的影响非常显著（高信度）。

2）气候变化对大气污染的影响

（1）中国大气气溶胶污染长期变化的主因和内因是不断变化的污染物排放强度，气候年代际变暖对中国重点地区和局地大气气溶胶污染长期变化趋势有影响，但没有起到主导作用（中等信度）。

（2）在污染物排放变化不大的一段时间（如一年的冬季），不利气象条件是中国重点地区出现持续性气溶胶重污染的必要外部条件，污染形成累积后还会显著 "恶化" 边界层气象条件，形成不利气象条件 – 污染间显著的双向反馈（中等信度）。

（3）气候变化的年际变化信号，如北极海冰、太平洋海温、ENSO、大西洋海温、东亚季风等变化被发现非常可能会对我国重点地区冬季和夏季大气气溶胶污染有显著影响（中等信度）。

（4）主要基于模式敏感性试验发现，气象条件对华北和华南地面臭氧浓度年际变化的贡献大于人为排放变化的影响。而在四川盆地人为排放的变化起着较为重要的作用（低信度）。

3）大气污染对气候变化的影响

（1）温室气体强迫引起的增暖改变了中国极端温度的频率和强度（高信度），也改变了极端降水的频率和强度（中等信度）；人为气溶胶强迫是 20 世纪 50 年代以来东亚夏季风变化的重要驱动因素（中等信度）。

（2）以能源结构和产业结构调整为主的各项减排措施减排黑碳气溶胶的同时会减少对气候系统具有冷却效应的其他类型气溶胶在大气中的浓度，产生额外的增温效应（中等信度）。

（3）未来大气气溶胶污染程度下降造成的全球平均表面温度每度变化会对极端天气气候事件相较温室气体有数倍以上的影响，特别是对中国东部高污染区极端天气气候事件的影响更大（低信度）。

（4）未来大气气溶胶污染的下降程度对 1.5℃和 2℃全球增暖情景下极端天气气候事件的影响有显著差别（低信度）。

▪ 参考文献

高歌 . 2008. 1961—2005 年中国霾日气候特征及变化分析 . 地理学报，63（7）：761-768.

花丛，张恒德，张碧辉 . 2016. 2013—2014 冬半年北京重污染天气气象传输条件分析及预报指数初建 . 气象，42（3）：314-321.

郎咸梅，隋月 . 2013. 全球变暖 2℃情景下中国平均气候和极端气候事件变化预估 . 科学通报，58（8）：734-742.

林建，杨贵名，毛冬艳 . 2008. 我国大雾的时空分布特征及其发生的环流形势 . 气候与环境研究，13（2）：171-181.

刘小宁，张洪政，李庆祥，等 . 2005. 我国大雾的气候特征及变化初步解释 . 应用气象学报，16（2）：220-230.

孟晓艳，张霞，侯玉婧，等 . 2018. 2013—2017 年京津冀区域 $PM_{2.5}$ 浓度变化特征 . 中国环境监测，34（5）：10-16.

钱正安，宋敏红，李万元 . 2002. 近 50 年来中国北方沙尘暴的分布及变化趋势分析 . 中国沙漠，22（2）：106-111.

王式功，王金艳，周自江，等 . 2003. 中国沙尘天气的区域特征 . 地理学报，58（2）：193-200.

吴佳，周波涛，徐影 . 2015. 中国平均降水和极端降水对气候变暖的响应：CMIP5 模式模拟评估和预估 . 地球物理学报，58（9）：3048-3060.

徐启运，胡敬松 . 1996. 我国西北地区沙尘暴天气时空分布特征分析 . 中国减灾，7（3）：479-482.

徐祥德，王寅钧，赵天良，等 . 2015. 中国大地形东侧霾空间分布"避风港"效应及其"气候调节"影响下的年代际变异 . 科学通报，（12）：1132-1143.

叶笃正，丑纪范，刘纪远 . 2000. 关于我国华北沙尘天气的成因与治理对策 . 地球科学进展，15（4）：513-521.

宇如聪，周天军，李建，等 . 2008. 中国东部气候年代际变化三维特征的研究进展 . 大气科学，32（4）：893-905.

张冬峰，高学杰，罗勇，等 . 2015. RegCM4.0 对一个全球模式 20 世纪气候变化试验的中国区域降尺度：温室气体和自然变率的贡献 . 科学通报，（17）：1631-1642.

赵天保，李春香，左志燕 . 2016. 基于 CMIP5 多模式评估人为和自然因素外强迫在中国区域气候变化中的相对贡献 . 中国科学：地球科学，46：237-252.

中国气象局气候变化中心 . 2018. 中国温室气体公报 . 北京：中国气象局 .

周自江 . 2001. 近 45 年中国扬沙和沙尘暴天气 . 第四纪研究，21（1）：9-17.

An L，Che H，Xue M，et al. 2018. Temporal and spatial variations in sand and dust storm events in east asia from 2007 to 2016：relationships with surface conditions and climate change. Science of the Total

Environment，633，452-462.

Bollasina M A，Yi M，Ramaswamy V. 2011. Anthropogenic aerosols and the weakening of the south asian summer monsoon. Science，334（6055）：502-505.

Boucher O，Randall D，Artaxo P，et al. 2013. Clouds and aerosols//Climate Change 2013：the Physical Science Basis. Cambridge：Cambridge University Press：571-657.

Brasseur G P，Schultz M，Granier C，et al. 2006. Impact of climate change on the future chemical composition of the global troposphere. Journal of Climate，19（16）：3932-3951.

Butler J H，Montzka S A. 2018. The NOAA annual greenhouse gas index（AGGI）. http://www.esrl.noaa. gov/gmd/aggi/aggi.html. [2018-12-31].

Cai W，Ke L，Hong L，et al. 2017. Weather conditions conducive to Beijing severe haze more frequent under climate change. Nature Climate Change，7（4）：257-262.

Cao G，Zhang X，Zheng F. 2006. Inventory of black carbon and organic carbon emissions from China. Atmospheric Environment，40（34）：6516-6527.

Che H，Zhang X，Chen H，et al. 2009. Instrument calibration and aerosol optical depth validation of the china aerosol remote sensing network. Journal of Geophysical Research：Atmospheres，114（D3）：D03206.

Che H，Zhang X Y，Xia X，et al. 2015. Ground-based aerosol climatology of China：aerosol optical depths from the china aerosol remote sensing network（carsnet）2002—2013. Atmospheric Chemistry and Physics，15：7619-7652.

Chen H，Sun J. 2017. Contribution of human influence to increased daily precipitation extremes over China. Geophysical Research Letters，44（5）：2436-2444.

Chen H，Wang H，Sun J，et al. 2019. Anthropogenic fine particulate matter pollution will be exacerbated in eastern china due to 21st century GHG warming. Atmospheric Chemistry and Physics，19（1）：233-243.

Chen Y Y，Zhao C F，Yi M. 2019. Potential impacts of Arctic warming on Northern Hemisphere mid-latitude aerosol optical depth. Climate Dynamics，53（3）：1637-1651.

Chen Z Y，Cai J，Gao B B，et al. 2017. Detecting the causality influence of individual meteorological factors on local $PM_{2.5}$ concentration in the Jing-Jin-Ji region. Scientific Reports，7：40735.

Chin M. 2012. Dirtier air from a weaker monsoon. Nature Geoscience，5：449-450.

Ding A J，Huang X，Nie W，et al. 2016. Enhanced haze pollution by black carbon in megacities in China. Geophysical Research Letters，43（6）：2873-2879.

Donkelaar A V，Villeneuve P J. 2010. Global estimates of ambient fine particulate matter concentrations from satellite-based aerosol optical depth：development and application. Environmental Health Perspectives，118（6）：847-855.

Engel A，Rigby M，Burkholder J B，et al. 2018. Update on Ozone-Depleting Substances（ODSS）and Other Gases of Interest to the Montreal Protocol. Geneva：World Meteorological Organization.

Fang S X，Tans P P，Dong F，et al. 2016a. Characteristics of atmospheric CO_2 and CH_4 at the Shangdianzi regional background station in China. Atmospheric Environment，131：1-8.

Fang S X, Tans P P, Steinbacher M, et al. 2016b. Observation of atmospheric CO_2 and CH_4 at Shangri-La station: results from the only regional station located at southwestern China. Tellus B: Chemical and Physical Meteorology, 68 (1): 28506.

Fang S X, Tans P P, Yao B, et al. 2017. Study of atmospheric CO_2 and CH_4 at longfengshan WMO/GAW regional station: the variations, trends, influence of local sources/sinks, and transport. Science China Earth Sciences, 60 (10): 1886-1895.

Fang S X, Zhou L X, Masarie K A, et al. 2013. Study of atmospheric CH_4 mole fractions at three WMO/GAW stations in China. Journal of Geophysical Research: Atmospheres, 118 (10): 4874-4886.

Fang S X, Zhou L X, Tans P P, et al. 2014. In-situ measurement of atmospheric CO_2 at the four WMO/GAW stations in China. Atmospheric Chemistry & Physics Discussions, 14 (5): 27287-27326.

Forkel R, Knoche R. 2006. Regional climate change and its impact on photooxidant concentrations in southern Germany: simulations with a coupled regional climate-chemistry model. Journal of Geophysical Research: Atmospheres, 111 (D12): D12302.

Forster P, Ramaswamy V, Artaxo P, et al. 2007. Changes in atmospheric constituents and in radiative forcing//Solomon S, Qin D, Manning M. Climate Change 2007: the Physical Science Basis. Contribution of Working Group to the Fourth Assessment Report of the Intergovernmental Panel on Climate Change. Cambridge: Cambridge University Press: 129-234.

Fu Y, Liao H. 2014. Impacts of land use and land cover changes on biogenic emissions of volatile organic compounds in china from the late 1980s to the mid-2000s: implications for tropospheric ozone and secondary organic aerosol. Tellus Series B-chemical & Physical Meteorology, 66 (1): 24987.

Han Z, Zhou B, Ying X, et al. 2017. Projected changes in haze pollution potential in China: an ensemble of regional climate model simulations. Atmospheric Chemistry and Physics, 17 (16): 1-46.

He B, Bao Q, Li J, et al. 2013. Influences of external forcing changes on the summer cooling trend over East Asia. Climatic Change, 117 (4): 829-841.

He K, Yang F, Ma Y, et al. 2001. The characteristics of $PM_{2.5}$ in Beijing, China. Atmospheric Environment, 35: 4959-4970.

Hogrefe C, Lynn B, Civerolo K, et al. 2004. Simulating changes in regional air pollution over the eastern United States due to changes in global and regional climate and emissions. Journal of Geophysical Research: Atmospheres, 109 (D22): D22301.

Holzer M, Boer G J. 2001. Simulated changes in atmospheric transport climate. Journal of Climate, 14 (14): 4398-4420.

Hu Z Z. 1997. Interdecadal variability of summer climate over East Asia and its association with 500hPa height and global sea surface temperature. Journal of Geophysical Research: Atmospheres, 102 (D16): 19403-19412.

Huang J P, Yu H P, Dai A G, et al. 2017. Drylands face potential threat under 2℃ global warming target. Nature Climate Change, 7 (6): 417-422.

Huang J P, Yu H P, Guan X D, et al. 2016. Accelerated dryland expansion under climate change. Nature Climate Change, 6 (2): 166-171.

Hui G，Xiang L. 2015. Influences of El Niño southern oscillation events on haze frequency in eastern China during boreal winters. International Journal of Climatology，35（9）：2682-2688.

IPCC. 2013. Climate Change 2013：the Physical Science Basis. Cambridge：Cambridge University Press.

Jiang D，Sui Y，Lang X. 2016. Timing and associated climate change of a 2℃ global warming. International Journal of Climatology，36（14）：4512-4522.

Jiang H，Liao H，Pye H O T，et al. 2013. Projected effect of 2000—2050 changes in climate and emissions on aerosol levels in China and associated transboundary transport. Atmospheric Chemistry and Physics，13（16）：7937-7960.

Jiang Y，Liu X，Yang X Q，et al. 2013. A numerical study of the effect of different aerosol types on east Asian summer clouds and precipitation. Atmospheric Environment，70（4）：51-63.

Jiang Y，Yang X Q，Liu X，et al. 2017. Anthropogenic aerosol effects on east Asian winter monsoon：the role of black carbon-induced Tibetan Plateau warming. Journal of Geophysical Research：Atmospheres，122（11）：2016JD026237.

Klimont Z，Smith S J，Cofala J. 2013. The last decade of global anthropogenic sulfur dioxide：2000—2011 emissions. Environmental Research Letters，8（8）：1880-1885.

Lau K M，Kim M K，Kim K M. 2006. Asian summer monsoon anomalies induced by aerosol direct forcing：the role of the Tibetan Plateau. Climate Dynamics，26（7-8）：855-864.

Le Quéré C，Andrew R M，Friedlingstein P，et al. 2018. Global carbon budget 2017. Earth System Science Data，10（1）：405-448.

Lee K H，Li Z，Man S W，et al. 2007. Aerosol single scattering albedo estimated across China from a combination of ground and satellite measurements. Journal of Geophysical Research：Atmospheres，112（D22）：D22515.

Li C，Mclinden C，Fioletov V，et al. 2017. India is overtaking China as the world's largest emitter of anthropogenic sulfur dioxide. Scientific Reports，7（1）：14304.

Li H，Dai A，Zhou T，et al. 2010. Responses of east Asian summer monsoon to historical SST and atmospheric forcing during 1950—2000. Climate Dynamics，34（4）：501-514.

Li J，Jiang Y，Xia X，et al. 2018. Increase of surface solar irradiance across east China related to changes in aerosol properties during the past decade. Environmental Research Letters，13（3）：034006.

Li J，Wang G，Aggarwal S G，et al. 2014. Comparison of abundances，compositions and sources of elements，inorganic ions and organic compounds in atmospheric aerosols from Xi'an and New Delhi，two megacities in China and India. Science of the Total Environment，476：485-495.

Li K，Liao H，Zhu J，et al. 2016. Implications of RCP emissions on future $PM_{2.5}$ air quality and direct radiative forcing over China. Journal of Geophysical Research：Atmospheres，121（21）：12985-13008.

Li L，Wang B，Zhou T. 2007. Contributions of natural and anthropogenic forcings to the summer cooling over eastern China：an AGCM study. Geophysical Research Letters，34（18）：529-538.

Li Q，Zhang R，Wang Y. 2015. Interannual variation of the wintertime fog-haze days across central and eastern China and its relation with east Asian winter monsoon. International Journal of Climatology，36（1）：346-354.

Li Z, Chen H, Cribb M, et al. 2007. Preface to special section on east Asian studies of tropospheric aerosols: an international regional experiment (EAST-AIRE). Journal of Geophysical Research: Atmospheres, 112 (D22): D22S00.

Li Z, Lee K H, Wang Y, et al. 2010. First observation-based estimates of cloud-free aerosol radiative forcing across China. Journal of Geophysical Research: Atmospheres, 115 (D7): D00K18.

Li Z, Zhao X, Kahn R, et al. 2009. Uncertainties in satellite remote sensing of aerosols and impact on monitoring its long-term trend: a review and perspective. Annals of Geophysice, 27 (7): 2755-2770.

Liao H, Chang W, Yang Y. 2015. Climatic effects of air pollutants over China: a review. Advances in Atmospheric Sciences, 32 (1): 115-139.

Liao H, Chen W, Seinfeld J. 2006. Role of climate change in predictions of future tropospheric ozone and aerosols. Journal of Geophysical Research: Atmospheres, 111 (D12): D12304.

Liao H, Zhang Y, Chen W T, et al. 2009. Effect of chemistry-aerosol-climate coupling on predictions of future climate and future levels of tropospheric ozone and aerosols. Journal of Geophysical Research: Atmospheres, 114 (D10): D10306.

Lin L, Wang Z, Xu Y, et al. 2018. Larger sensitivity of precipitation extremes to aerosol than greenhouse gas forcing in CMIP5 models. Journal of Geophysical Research: Atmospheres, 123 (15): 8062-8073.

Lin L, Wang Z, Xu Y, et al. 2016. Sensitivity of precipitation extremes to radiative forcing of greenhouse gases and aerosols. Geophysical Research Letters, 43 (18): 9860-9868.

Liu L X, Zhou L X, Zhang X C, et al. 2009. The characteristics of atmospheric CO_2 concentration variation of four national background stations in China. Science China Earth Sciences, 52 (11): 1857-1863.

Liu S, Fang S, Liang M, et al. 2019. Temporal patterns and source regions of atmospheric carbon monoxide at two background stations in China. Atmospheric Research, 220: 169-180.

Liu X D, Hui Y, Yin Z Y, et al. 2016. Deteriorating haze situation and the severe haze episode during December 18—25 of 2013 in Xi'an, China, the worst event on record. Theoretical & Applied Climatology, 125:321-335.

Liu X D, Yan L B, Yang P, et al. 2011. Influence of indian summer monsoon on aerosol loading in East Asia. Journal of Applied Meteorology and Climatology, 50 (3): 523-533.

Lou S J, Liao H, Yang Y, et al. 2015. Simulation of the interannual variations of tropospheric ozone over China: roles of variations in meteorological parameters and anthropogenic emissions. Atmospheric Environment, 122: 839-851.

Lou S J, Yang Y, Wang H L, et al. 2019. Black carbon amplifies haze over the north China plain by weakening the East Asian winter monsoon. Geophysical Research Letters, 46 (1): 452-460.

Luo Y, Zheng X, Zhao T, et al. 2014. A climatology of aerosol optical depth over China from recent 10 years of modis remote sensing data. International Journal of Climatology, 34 (3): 863-870.

Ma J, Xu X, Zhao C, et al. 2012. A review of atmospheric chemistry research in China: photochemical smog, haze pollution, and gas-aerosol interactions. Advances in Atmospheric Sciences, 29 (5): 1006-1026.

Ma S，Zhou T，Stone D A，et al. 2017a. Attribution of the July-August 2013 heat event in central and eastern China to anthropogenic greenhouse gas emissions. Environmental Research Letters，12（5）：054020.

Ma S，Zhou T，Stone D A，et al. 2017b. Detectable anthropogenic shift toward heavy precipitation over eastern China. Journal of Climate，30（4）：1381-1396.

Meehl G A，Arblaster J M，Collins W D. 2008. Effects of black carbon aerosols on the indian monsoon. Journal of Climate，21（12）：2869-2882.

Menon S，Hansen J，Nazarenko L，et al. 2002. Climate effects of black carbon aerosols in China and India. Science，297（5590）：2250-2253.

Mickley L J，Jacob D J，Field B D，et al. 2004. Effects of future climate change on regional air pollution episodes in the United States. Geophysical Research Letters，31（24）：L24103.

Mu Q，Liao H. 2014. Simulation of the interannual variations of aerosols in China：role of variations in meteorological parameters. Atmospheric Chemistry and Physics，14（8）：11177-11219.

Murazaki K，Hess P. 2006. How does climate change contribute to surface ozone change over the United States? Journal of Geophysical Research Atmospheres，111（D5）：854-871.

NBS-China. 2014. China Statistical Yearbook. Beijing：China Statistics Press.

Niu F，Li Z，Li C，et al. 2010. Increase of wintertime fog in China：potential impacts of weakening of the eastern Asian monsoon circulation and increasing aerosol loading. Journal of Geophysical Research：Atmospheres，115（D7）：D00K20.

Pérez C，Nickovic S，Pejanovic G，et al. 2006. Interactive dust-radiation modeling：a step to improve weather forecasts. Journal of Geophysical Research，111（D16206）：1-17.

Pan X L，Kanaya Y，Wang Z F，et al. 2011. Correlation of black carbon aerosol and carbon monoxide in the high-altitude environment of Mt. Huang in eastern China. Atmospheric Chemistry and Physics，11（18）：9735-9747.

Peng J，Hu M，Guo S，et al. 2016. Markedly enhanced absorption and direct radiative forcing of black carbon under polluted urban environments. Proceedings of the National Academy of Sciences of the United States of America，113（16）：4266.

Peterson T C，Karl T R，Kossin J P，et al. 2014. Changes in weather and climate extremes：state of knowledge relevant to air and water quality in the United States. Journal of the Air & Waste Management Association，64（2）：184-197.

Pietikäinen J P，Kupiainen K，Klimont Z，et al. 2015. Impacts of emission reductions on aerosol radiative effects. Atmospheric Chemistry and Physics，15（10）：5501-5519.

Pye H，Liao H，Wu S J，et al. 2009. Effect of changes in climate and emissions on future sulfate-nitrate-ammonium aerosol levels in the United States. Journal of Geophysical Research，114：D01205.

Racherla P N，Adams P J. 2007. The response of surface ozone to climate change over the eastern United States. Atmospheric Chemistry and Physics Discussions，7（4）：9867-9897.

Samset B H. 2018. How cleaner air changes the climate. Science，360（6385）：148.

Seinfeld J H，Pandis S N. 1997. Atmospheric Chemistry and Physics：from Air follution to Climate Change.

New York：John Wiley & Sons，Inc.

Shindell D T，Lamarque J F，Schulz M，et al. 2013. Radiative forcing in the accmip historical and future climate simulations. Atmospheric Chemistry and Physics，13（6）：2939-2974.

Song F，Zhou T，Yun Q. 2014. Responses of east asian summer monsoon to natural and anthropogenic forcings in the 17 latest CMIP5 models. Geophysical Research Letters，41（2）：596-603.

Stjern C W，Samset B H，Myhre G，et al. 2017. Rapid adjustments cause weak surface temperature response to increased black carbon concentrations. Journal of Geophysical Research：Atmospheres，122（21）：11462-11481.

Sui Y，Lang X，Jiang D. 2018. Projected signals in climate extremes over China associated with a 2℃ global warming under two RCP scenarios. International Journal of Climatology，38：E678-E697.

Sun W，Shao M，Granier C，et al. 2018. Long-term trends of anthropogenic SO_2，NO_x，CO，and NMVOCs emissions in China. Earth's Future，6（8）：1112-1133.

Sun Y，Qi J，Wang Z，et al. 2014a. Investigation of the sources and evolution processes of severe haze pollution in Beijing in January 2013. Journal of Geophysical Research：Atmospheres，119（7）：4380-4398.

Sun Y，Zhang X，Zwiers F W，et al. 2014b. Rapid increase in the risk of extreme summer heat in Eastern China. Nature Climate Change，4（12）：1082-1085.

Surabi M，James H，Larissa N，et al. 2002. Climate effects of black carbon aerosols in China and India. Science，297（5590）：2250-2253.

Twomey S J. 1977. The influence of pollution on the shortwave albedo of clouds. Journal of the Atmospheric Sciences，34：1149-1152.

Unger N，Shindell D T，Koch D M，et al. 2006. Influences of man-made emissions and climate changes on tropospheric ozone，methane，and sulfate at 2030 from a broad range of possible futures. Journal of Geophysical Research：Atmospheres，111（D12）：D12313.

van der Werf G R，Randerson J T，Giglio L，et al. 2017. Global fire emissions estimates during 1997—2016. Earth System Science Data，9：697-720.

Wang H，Zhang X Y，Gong S L，et al. 2010. Radiative feedback of dust aerosols on the East Asian dust storms. Journal of Geophysical Research，115：D23214.

Wang H J. 2001. The weakening of the asian monsoon circulation after the end of 1970's. Advances in Atmospheric Sciences，18（3）：376-386.

Wang H J，Chen H P. 2016. Understanding the recent trend of haze pollution in eastern China：roles of climate change. Atmospheric Chemistry and Physics，16（6）：1-18.

Wang H J，Chen H P，Liu J. 2015. Arctic sea ice decline intensified haze pollution in eastern China. Atmospheric and Oceanic Science Letters，8（1）：1-9.

Wang J Z，Gong S，Zhang X Y，et al. 2012. A parameterized method for air-quality diagnosis and its applications. Advance of Meteorology，10：3181-3190.

Wang J Z，Wang Y Q，Liu H，et al. 2013. Diagnostic identification of the impact of meteorological conditions on $PM_{2.5}$ concentrations in Beijing. Atmospheric Environment，81：158-165.

Wang L L，Wang H，Liu J K，et al. 2019. Impacts of the near-surface urban boundary layer structure on $PM_{2.5}$ concentrations in Beijing during winter. Science of the Total Environment，669：493-504.

Wang Y，Zhang R Y，Saravanan R. 2014. Asian pollution climatically modulates mid-latitude cyclones following hierarchical modelling and observational analysis. Nature Communications，5：3098.

Wang Z L，Lin L，Yang M L，et al. 2019. The role of anthropogenic aerosol forcing in interdecadal variations of summertime upper-tropospheric temperature over East Asia. Earth's Future，7（2）：136-150.

Wang Z L，Lin L，Yang M L，et al. 2017a. Disentangling fast and slow responses of the East Asian summer monsoon to reflecting and absorbing aerosol forcings. Atmospheric Chemistry and Physics，17（18）：11075-11088.

Wang Z L，Lin L，Zhang X Y，et al. 2017b. Scenario dependence of future changes in climate extremes under 1.5 ℃ and 2 ℃ global warming. Scientific Reports，7：46432.

Wang Z L，Zhang H，Zhang X Y. 2015. Simultaneous reductions in emissions of black carbon and co-emitted species will weaken the aerosol net cooling effect. Atmospheric Chemistry and Physics，15（7）：3671-3685.

Wang Z L，Zhang H，Zhang X Y. 2016. Projected response of East Asian summer monsoon system to future reductions in emissions of anthropogenic aerosols and their precursors. Climate Dynamics，47（5）：1455-1468.

Watson J. 2002. Visibility：science and regulation. Journal of the Air & Waste Management，52：628-713.

Wen Q H，Zhang X，Xu Y，et al. 2013. Detecting human influence on extreme temperatures in China. Geophysical Research Letters，40（6）：1171-1176.

WMO. 2018. WMO Greenhouse Gas Bulletin (GHG Bulletin). No. 14. The State of Greenhouse Gases in the Atmosphere Based on Global Observations through 2017. Geneva：World Meteorological Organization.

Wu P，Ding Y H，Liu Y J. 2017. Atmospheric circulation and dynamic mechanism for persistent haze events in the Beijing-Tianjin-Hebei region. Advances in Atmospheric Sciences，34（4）：429-440.

Wu S，Mickley L J，Leibensperger E M，et al. 2008. Effects of 2000—2050 global change on ozone air quality in the United States. Journal of Geophysical Research：Atmospheres，113（D6）：D06302.

Xia X，Chen H，Goloub P，et al. 2013. Climatological aspects of aerosol optical properties in north China plain based on ground and satellite remote-sensing data. Journal of Quantitative Spectroscopy and Radiative Transfer，127：12-23.

Xiang Y，Zhang T，Liu J，et al. 2019. Atmosphere boundary layer height and its effect on air pollutants in Beijing during winter heavy pollution. Atmospheric Research，215：305-316.

Xu H，Bi X H，Zheng W W，et al. 2014. Particulate matter mass and chemical component concentrations over four chinese cities along the western pacific coast. Environmental Science and Pollution Research，22（3）：1940-1953.

Xu X，Zhao T，Liu F，et al. 2016. Climate modulation of the Tibetan Plateau on haze in China. Atmospheric Chemistry and Physics，16（3）：1365-1375.

Xu Y，Lamarque J F. 2018. Isolating the meteorological impact of 21st century GHG warming on the removal and atmospheric loading of anthropogenic fine particulate matter pollution at global scale. Earth's Future, 6 (3): 428-440.

Yan L, Liu X, Yang P, et al. 2011. Study of the impact of summer monsoon circulation on spatial distribution of aerosols in East Asia based on numerical simulations. Journal of Applied Meteorology & Climatology, 50 (11): 2270-2282.

Yang Y, Hong L, Lou S. 2016. Increase in winter haze over eastern China in recent decades: roles of variations in meteorological parameters and anthropogenic emissions: increase in winter haze in eastern China. Journal of Geophysical Research: Atmospheres, 121 (21): 13050-13065.

Yao B, Vollmer M K, Zhou L X, et al. 2012. In-situ measurements of atmospheric hydrofluorocarbons (HFCs) and perfluorocarbons (PFCs) at the Shangdianzi regional background station, China. Atmospheric Chemistry and Physics, 12 (21): 10181-10193.

Yao X, Chan C K, Fang M, et al. 2002. The water-soluble ionic composition of $PM_{2.5}$ in Shanghai and Beijing, China. Atmospheric Environment, 36: 4223-4234.

Ye B, Ji X, Yang H, et al. 2003. Concentration and chemical composition of $PM_{2.5}$ in Shanghai for a 1-year period. Atmospheric Environment, 37 (4): 499-510.

Yin L, Niu Z, Chen X, et al. 2012. Chemical compositions of $PM_{2.5}$ aerosol during haze periods in the mountainous city of Yong'an, China. Journal of Environmental Sciences, 24 (7): 1225-1233.

Yin Z, Wang H. 2016. The relationship between the subtropical western pacific sst and haze over north-central north China plain. International Journal of Climatology, 36 (10): 3479-3491.

Yin Z, Wang H, Chen H. 2017. Understanding severe winter haze events in the north China plain in 2014: roles of climate anomalies. Atmospheric Chemistry and Physics, 17 (3): 1641-1651.

You Y, Cheng X, Zhao T, et al. 2018. Variations of haze pollution in China modulated by thermal forcing of the western pacific warm pool. Atmosphere, 9 (8): 314.

Yu R, Wang B, Zhou T. 2004. Tropospheric cooling and summer monsoon weakening trend over East Asia. Geophysical Research Letters, 31 (22): 217-244.

Yu R, Zhou T. 2007. Seasonality and three-dimensional structure of interdecadal change in the East Asian monsoon. Journal of Climate, 20 (21): 5344-5355.

Yu X, Wang Z, Zhang H, et al. 2019. Impacts of different types and intensities of El Niño events on winter aerosols over China. Science of the Total Environment, 655: 766-780.

Zhang G, Yao B, Vollmer M K, et al. 2017. Ambient mixing ratios of atmospheric halogenated compounds at five background stations in China. Atmospheric Environment, 160: 55-69.

Zhang H, Wang Z, Guo P, et al. 2009. A modeling study of the effects of direct radiative forcing due to carbonaceous aerosol on the climate in East Asia. Advances in Atmospheric Sciences, 26 (1): 57-66.

Zhang H, Wang Z, Wang Z, et al. 2012. Simulation of direct radiative forcing of aerosols and their effects on East Asian climate using an interactive agcm-aerosol coupled system. Climate Dynamics, 38 (7): 1675-1693.

Zhang H, Zhao S, Wang Z, et al. 2016. The updated effective radiative forcing of major anthropogenic aerosols and their effects on global climate at present and in the future. International Journal of

Climatology，36（12）：4029-4044.

Zhang J，Tian W，Xie F，et al. 2015. Influence of the El Niño southern oscillation on the total ozone column and clear-sky ultraviolet radiation over China. Atmospheric Environment，120：205-216.

Zhang L，Henze D K，Grell G A，et al. 2012. Assessment of the Sources，Distribution and Climate Impacts of Black Carbon Aerosol over Asia Using GEOS-Chem and WRF-Chem. San Francisco：American Geophysical Union，Fall Meeting 2012.

Zhang L，Liao H，Li J. 2010. Impacts of Asian summer monsoon on seasonal and interannual variations of aerosols over eastern China. Journal of Geophysical Research：Atmospheres，115（D7）：D00K05.

Zhang Q，Streets D G，Carmichael G R，et al. 2009. Asian emissions in 2006 for the NSSA INTEX-B mission. Atmospheric Chemistry and Physics，9（14）：5131-5153.

Zhang X Y，Arimoto R，An Z S，et al. 1993. Atmospheric trace elements over source regions for Chinese dust：concentrations，sources and atmospheric deposition on the Loess plateau. Atmospheric Environment，27（A）：2051-2067.

Zhang X Y，Cao J J，Li L M，et al. 2002a. Characterization of atmospheric aerosol over Xi'an in the south margin of the Loess plateau，China. Atmospheric Environment，36：4189-4199.

Zhang X Y，Gong S L，Shen Z X，et al. 2003a. Characterization of soil dust aerosol in China and its transport and distribution during 2001 Ace-Asia：1. network observations. Journal of Geophysical Research：Atmospheres，108（D9）：4261.

Zhang X Y，Gong S L，Zhao T L，et al. 2003b. Sources of Asian dust and role of climate change versus desertification in Asian dust emission. Geophysical Research Letters，30（24）：12272.

Zhang X Y，Lu H Y，Arimoto R，et al. 2002b. Atmospheric dust loadings and their relationship to rapid oscillations of the Asian winter monsoon climate：two 250-kyr loess records. Earth & Planetary Science Letters，202（3-4）：637-643.

Zhang X Y，Sun J Y，Wang Y Q，et al. 2013. Factors contributing to haze and fog in China. Chinese Science Bulletin，58（13）：1178.

Zhang X Y，Wang J Z，Wang Y Q，et al. 2015. Changes in chemical components of aerosol particles in different haze regions in China from 2006 to 2013 and contribution of meteorological factors. Atmospheric Chemistry and Physics，15（22）：12935-12952.

Zhang X Y，Wang Y Q，Lin W L，et al. 2009. Changes of atmospheric composition and optical properties over Beijing-2008 Olympic monitoring campaign. Bulletin of the American Meteorological Society，90（11）：1633-1651.

Zhang X Y，Wang Y Q，Niu T，et al. 2012. Atmospheric aerosol compositions in China：spatial/temporal variability，chemical signature，regional haze distribution and comparisons with global aerosols. Atmospheric Chemistry and Physics，12：779-799.

Zhang X Y，Wang Y Q，Zhang X C，et al. 2008b. Aerosol monitoring at multiple locations in China：contributions of EC and dust to aerosol light absorption. Tellus B：Chemical and Physical Meteorology，60（4）：647-656.

Zhang X Y，Wang Y Q，Zhang X C，et al. 2008a. Carbonaceous aerosol composition over various regions of China during 2006. Journal of Geophysical Research，113：D14111.

Zhang X Y，Xu X D，Ding Y H，et al. 2019. The impact of meteorological changes from 2013 to 2017 on PM$_{2.5}$ mass reduction in key regions in China. Science China Earth Sciences，12：1885-1902.

Zhang X Y，Zhang G Y，Zhu G H，et al. 1996. Elemental tracers for Chinese source dust. Science China Earth Sciences，39（5）：512-521.

Zhang X Y，Zhong J T，Wang J Z，et al. 2018. The interdecadal worsening of weather conditions affecting aerosol pollution in the Beijing area in relation to climate warming. Atmospheric Chemistry and Physics，18（8）：5991-5999.

Zhao S，Jian L，Yu R，et al. 2015. Recent reversal of the upper-tropospheric temperature trend and its role in intensifying the East Asian summer monsoon. Scientific Reports，5：11847.

Zhao X J，Zhao P S，Xu J，et al. 2013. Analysis of a winter regional haze event and its formation mechanism in the north China plain. Atmospheric Chemistry & Physics，13（11）：5685-5696.

Zhong J T，Zhang X Y，Dong Y S，et al. 2018a. Feedback effects of boundary-layer meteorological factors on cumulative explosive growth of PM$_{2.5}$ during winter heavy pollution episodes in Beijing from 2013 to 2016. Atmospheric Chemistry and Physics，18（1）：247-258.

Zhong J T，Zhang X Y，Wang Y Q. 2019a. Reflections on the threshold for PM$_{2.5}$ explosive growth in the cumulative stage of winter heavy aerosol pollution episodes（HPEs）in Beijing. Tellus B：Chemical and Physical Meteorology，71（1）：1-7.

Zhong J T，Zhang X Y，Wang Y Q，et al. 2017. Relative contributions of boundary-layer meteorological factors to the explosive growth of PM$_{2.5}$ during the red-alert heavy pollution episodes in Beijing in December 2016. Journal of Meteorological Research，31（5）：809-819.

Zhong J T，Zhang X Y，Wang Y Q，et al. 2018b. Heavy aerosol pollution episodes in winter Beijing enhanced by radiative cooling effects of aerosols. Atmospheric Research，209：59-64.

Zhong J T，Zhang X Y，Wang Y Q，et al. 2019b. The two-way feedback mechanism between unfavorable meteorological conditions and cumulative aerosol pollution in various haze regions of China. Atmospheric Chemistry and Physics，19（5）：3287-3306.

Zhou L，Conway T J，White J W C，et al. 2005. Long-term record of atmospheric CO$_2$ and stable isotopic ratios at waliguan observatory：background features and possible drivers，1991—2002. Global Biogeochemical Cycles，19（3）：GB3021.

Zhou T，Gong D，Jian L，et al. 2009. Detecting and understanding the multi-decadal variability of the East Asian summer monsoon recent progress and state of affairs. Meteorologische Zeitschrift，18（4）：455-467.

Zhou T，Yu R，Li H，et al. 2008. Ocean forcing to changes in global monsoon precipitation over the recent half-century. Journal of Climate，21（15）：3833-3852.

Zhu J L，Hong L，Li J. 2012. Increases in aerosol concentrations over eastern China due to the decadal-scale weakening of the East Asian summer monsoon. Geophysical Research Letters，39（9）：9809.

第10章　极端天气气候事件变化

主要作者协调人：周波涛、孙建奇
编　　　　审：罗亚丽
主　要　作　者：高　荣、张耀存、黎伟标、尹志聪
贡　献　作　者：王朋岭

- **执行摘要**

　　本章评估了我国极端温度、极端降水、干旱、台风、强对流天气事件的变化规律，并从气候系统内部变率角度评估了影响机制。1961 年以来，我国极端高温发生频次增加，极端低温发生频次减少（高信度）。进入 21 世纪后，高温极值纪录站数显著增多，我国南方、华北和四川盆地等地区极端高温破纪录事件频繁发生，极端低温破纪录事件主要出现在华北和东北地区。1961 年以来，我国极端降水频率、累计暴雨站日数增加，极端降水强度趋于增强，干旱发生频次增加、强度增强、范围扩大，尤其是严重和极端干旱的增加趋势更为明显（高信度）。极端降水和干旱变化具有显著的区域差异。21 世纪以来，干旱与高温并发事件明显增多，长江中下游流域春旱、东北地区夏旱、华南地区秋旱形势加剧，华北和西南地区持续性干旱事件的发生频次增加。1961~2018 年，西北太平洋和南海生成台风个数呈减少趋势，登陆中国的台风个数和平均强度无明显的线性趋势，但登陆中国台风比例呈增加趋势（中等信度），2000~2010 年最为明显。21 世纪以来，影响我国的台风强度偏强。影响我国的台风降水总体呈减少趋势，但在沿海地区，台风引发的降水却呈上升趋势。雷暴、冰雹等强对流天气事件趋于减少（低信度）。

10.1　引　　言

极端天气气候事件（简称极端事件）被定义为天气或气候变量值高于（或低于）该变量观测值区间的上限（或下限）端某一阈值的事件。判定极端事件需要确定一个阈值。按照不同的方法，该阈值可以分为绝对阈值和相对阈值两类。以一个特定值为阈值判定极端事件，这个特定值称为绝对阈值；基于统计概率分析计算得到极端事件判定阈值，这个判定阈值称为相对阈值。这两种方法在当前的极端气候事件研究中都具有广泛的应用。

有多种极端事件的分类。IPCC SREX 报告（2012 年）把极端事件分为三类：①能够利用天气气候变量直接判定的极端事件；②能够影响天气气候变量极端性或者其本身就具有极端性的天气气候现象；③能够对自然环境产生重大影响的极端事件。翟盘茂和刘静（2012）基于影响极端事件的天气气候要素和现象，将极端事件分为单要素极端事件、多要素极端事件与天气气候现象有关的极端事件。单要素极端事件可以通过单一天气气候要素直接判别，如高温热浪、强降水等；多要素极端事件需要通过多种天气气候要素综合判别，如寒潮、低温冷冻、干旱等；与天气气候现象有关的极端事件包括热带气旋、雷暴、冰雹等。从空间范围和持续性等角度划分，极端事件又可分为单站极端事件和区域性极端事件（Ren et al.，2018）。

极端事件一般具有三个特征：一是发生频率小；二是强度较大；三是有较大的社会影响。极端事件的这种特点，特别是其对经济社会所造成的严重影响，使极端事件的变化受到科学家、决策者和社会公众的广泛关注。

极端事件与全球气候变化密切相关。全球气候变化影响极端事件的强度、发生频率、持续时间、空间范围等，并可能导致前所未有的极端事件。IPCC SREX 报告（2012 年）和 IPCC AR5 第一工作组报告（2013 年）的评估结论表明，自 1950 年以来已观测到许多极端事件的变化。观测到的极端事件变化的信度取决于资料的质量和数量以及对这些资料分析研究的可获得性。很可能的是，在全球尺度上，冷昼和冷夜的天数已减少，而暖昼和暖夜的天数已增加。在欧洲、亚洲和澳大利亚的大部分地区，热浪的发生频率可能已增加。与降水减少的区域相比，更多陆地区域出现强降水事件的数量可能已增加。在北美洲和欧洲，强降水事件的频率或强度可能均已增加。在其他各洲，强降水事件变化的信度最高为中等。具有中等信度的是，世界上某些区域已经历了更强和持续时间更长的干旱，特别是在欧洲南部和非洲西部，但在一些地区，干旱已经变得不太频繁、不太严重或持续时间较短，如在北美中部和澳大利亚西北部。热带气旋强度、频率和持续时间的长期（即 40 年或 40 年以上）增加趋势具有低信度。可以确定的是，1970 年以来，北大西洋强等级的热带气候频率和强度呈增加趋势。由于资料的非均一性和监测系统的不足，已观测到的小空间尺度现象（如龙卷风和冰雹等强对流事件）的趋势为低信度。在 IPCC AR6 中，首次单独设立一章系统评估极端事件的变化，包括观测的极端事件的变化，极端事件变化的归因、模拟评估和未来预估等方面。

我国极端事件类型较多，影响广泛，尤以高温干旱、低温冰冻、暴雨洪涝、台风和局地强对流等的影响更为突出。在全球变暖背景下，我国极端事件也发生了明显变化。《中国极端天气气候事件和灾害风险管理与适应国家评估报告》（秦大河，2015）指出，1950~2010 年，全国年平均最高气温增加明显，其中北方增加更明显，高温日数在中国西部的部分地区有所增加；年平均最低气温在全国范围内表现出较为一致的显著增加趋势，区域性极端低温事件的发生频次有明显的下降趋势，冰冻日数的减少趋势显著，全国性寒潮的发生频次明显下降。年平均降水强度极端偏强的区域呈现出扩大趋势，强降水日数的变化具有显著的空间差异；西北太平洋生成热带气旋和影响中国的热带气旋年频次都显著下降。全国尺度上干旱面积没有显著的变化趋势，但区域差异大。中国群发气候事件集中度高、频次和强度有上升趋势。

本章重点评估 1961 年以来我国极端温度（极端高温、极端低温）、极端强降水（降水极值、暴雨洪涝、城市内涝）、干旱、台风、强对流天气事件等的变化规律，并从气候系统内部变率角度评估我国极端事件变化的可能物理机制。有关人类活动等外强迫对极端事件变化的影响与贡献在第 12 章进行评估。

10.2　极端温度

10.2.1　极端高温

1961 年以来，中国极端高温事件发生频次的年代际变化特征明显，20 世纪 90 年代中期以来明显偏多。虽然我国极端高温事件发生频次存在地域性差别，但绝大部分地区极端高温事件发生频次呈现增长的趋势（Ren et al.，2018；Shi et al.，2018；Wang L et al.，2017；Zhou et al.，2016）。图 10-1 给出了 1961~2015 年我国极端高温事件发生频次的变化和高温极值纪录站数在不同年代的分布情况。1961~2015 年中国平均年极端高温事件发生频次增加趋势显著，平均增幅为 4.4 次 /10 年。高温极值纪录站数在 20 世纪 90 年代以后增多，影响范围扩大，持续时间增长，进入 21 世纪以来，高温极值纪录站数显著增多，2001~2010 年 10 年高温极值纪录站数已超过 20 世纪 70~80 年代的总数。

破纪录事件的发生也反映了极端事件的强度变化。通过分析不同时段的极端温度，揭示出极值纪录分布的时空差异，发现最高气温纪录主要分布在 21 世纪初，且有显著的区域差异。从极端高温破纪录事件发生频次在不同年代的分布来看（图 10-2），与 20 世纪 80 年代和 90 年代相比，最高气温破纪录事件发生频次在 21 世纪初显著增多，这与全球变暖一致；从空间分布上来看，80 年代极端高温破纪录事件发生频次在全国分布较为均匀，90年代极端高温破纪录事件主要发生在我国西北地区东部和华北地区南部，进入21世纪后，我国南方地区、华北和四川盆地等地区极端高温破纪录事件频繁发生。

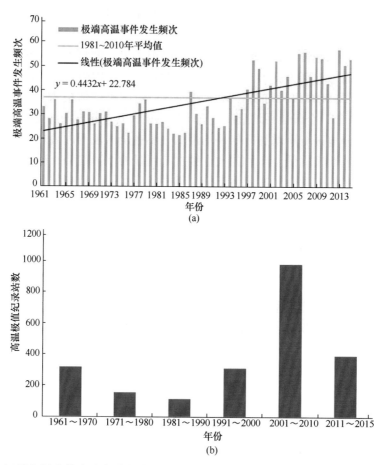

图 10-1 极端高温事件发生频次的变化（a）和高温极值纪录站数在不同年代的分布（b）

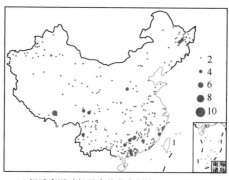

(a) 极端高温破纪录事件发生频次(1981~1990年)

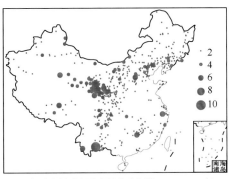

(b) 极端高温破纪录事件发生频次(1991~2000年)

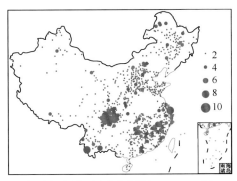

(c) 极端高温破纪录事件发生频次(2001~2010年)

图 10-2　极端高温破纪录事件发生频次在不同年代的空间分布特征

1961~2015 年，我国 35℃以上的高温日数平均每十年增加 0.5 天。2013 年夏季，我国南方遭受 1951 年以来最强高温热浪，主要表现在高温日数多（为 1951 年以来最多）、持续时间长（持续 62 天）、高温范围广（覆盖了江南、江淮、江汉及重庆等地的 19 个省），高温极端性突出（132 个站日最高气温突破 40℃，98 个站最高气温突破历史极值），并伴随着严重的干旱现象。1961~2015 年最热的 5 个夏天分别是 2013 年、2007 年、2000 年、2010 年和 2011 年（Sun et al.，2014）。利用群发性极端事件的识别方法（况雪源等，2014），对 1961~2015 年全国群发性极端高温事件进行了识别。表 10-1 给出综合强度排在前 10 位的群发性极端高温事件，从表 10-1 中可以看到，全国较强的群发性极端高温事件在 2000 年以来发生了 5 次，2013 年为 1961~2015 年最强的极端高温事件。由此可见，伴随着全球气候变化，我国大范围极端高温事件的强度增加、范围扩大。

表 10-1　1961~2015 年综合强度前 10 位的群发性极端高温事件（TH ≥ 35℃）

开始日期	结束日期	持续时间/天	最大影响范围/站数	平均强度/℃	综合强度（标准化值）
2013 年 6 月 29 日	2013 年 8 月 29 日	62	1456	1.85	3.22
2003 年 6 月 30 日	2003 年 8 月 11 日	43	1254	2.01	2.70
1967 年 7 月 10 日	1967 年 9 月 3 日	56	1278	1.51	2.44
1966 年 7 月 14 日	1966 年 8 月 18 日	36	1178	1.88	2.39

续表

开始日期	结束日期	持续时间 / 天	最大影响范围 / 站数	平均强度 /℃	综合强度（标准化值）
1978 年 6 月 25 日	1978 年 8 月 11 日	48	1383	1.55	2.20
2005 年 6 月 11 日	2005 年 7 月 21 日	41	1569	1.65	2.11
2001 年 6 月 26 日	2001 年 7 月 31 日	36	1588	1.52	1.97
2007 年 7 月 3 日	2007 年 8 月 11 日	40	1192	1.58	1.94
1961 年 7 月 11 日	1961 年 8 月 16 日	37	1049	1.53	1.61
1979 年 7 月 7 日	1979 年 8 月 17 日	42	1187	1.09	1.24

1961~2018 年，中国平均暖昼日数呈增多趋势，平均每 10 年增加 5.4 天，尤其在 20 世纪 90 年代中期以来增加更为明显 [图 10-3（a）]。

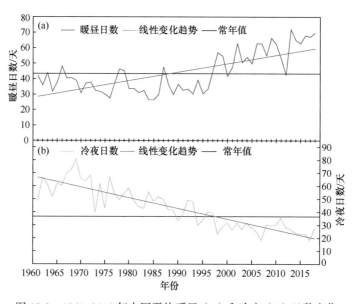

图 10-3　1961~2018 年中国平均暖昼（a）和冷夜（b）日数变化

当极端高温伴随少雨事件时，易发生复合型高温干旱事件。在过去几十年里，人类活动对我国高温干旱事件频率的增加有着重要的影响（Chen and Sun，2017）。对我国不同地区而言，高温干旱事件发生的机制有所区别。例如，20 世纪 90 年代末，AMO 转为正位相，北大西洋的暖异常有利于激发一条向东传播的 Rossby 波列和一条沿大圆路径经过极地传向东亚的波列，在东北上空引发反气旋环流异常和位势高度正异常，造成我国东北地区高温干旱事件的发生（Li et al.，2020）。2006 年我国西南地区高温干旱事件的发生与强西太平洋副热带高压以及菲律宾、孟加拉湾降水异常导致的加热异常密切相关（彭京备等，2007）。2014 年华北地区高温干旱的发生主要受丝绸之路遥相关、PJ 波列、欧亚遥相关型的调控（Wang and He，2015）。3 月巴伦支海海冰的减少对我国东北地区夏季高温干旱事件的发生具有重要的指示作用，并可以作为重要的前期预报因子（Li H X et al.，2018）。

10.2.2 极端低温

1961 年以来，我国极端低温事件发生频次（冷夜日数和霜冻日数）呈现显著的减少趋势（Shi et al.，2018；Zhou et al.，2016；王晓娟等，2012，2013）。图 10-4 给出了 1961~2015 年全国极端低温事件发生频次的变化和低温极值纪录站数在各年代的分布。可见，中国群发性极端低温事件在近 50 余年发生频次显著减少，平均减幅为 9.9 次 /10 年，低温极值纪录主要出现在 20 世纪 60~70 年代，之后显著减少。但值得注意的是，自 2007 年以来极端低温事件的发生频次有小幅增加，强度有所增强。同时，极端低温降雪事件也呈现增多、增强趋势，由此造成的雪灾也表现为显著增多趋势。

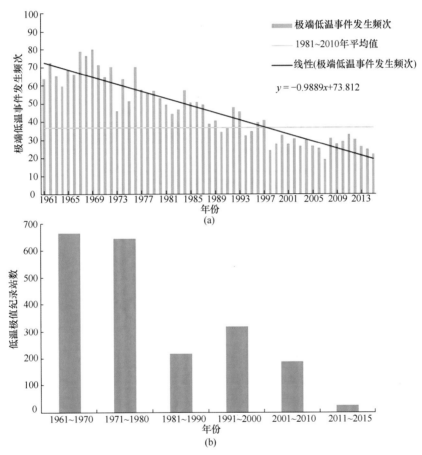

图 10-4 极端低温事件发生频次的变化（a）与低温极值纪录站数在各年代的分布（b）

从极端低温破纪录事件发生频次在不同年代的分布来看（图 10-5），20 世纪 80 年代极端低温破纪录事件发生频次较多，主要发生在华北和西南地区，90 年代极端低温破纪录事件主要出现在河套和南方地区，发生频次相对较少，进入 21 世纪后极端低温破纪录事件主要出现在华北和东北地区，发生频次明显增加，因而我国北方地区极端低温破纪录事件频繁发生已成为近年来全球变暖背景下我国气温变化的一个主要特征。

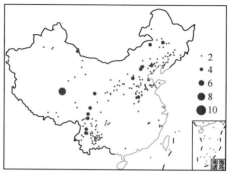

(a) 极端低温破纪录事件发生频次(1981~1990年)

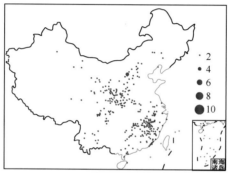

(b) 极端低温破纪录事件发生频次(1991~2000年)

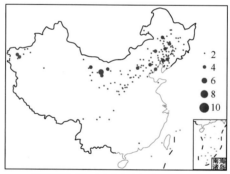

(c) 极端低温破纪录事件发生频次(2001~2010年)

图 10-5　极端低温破纪录事件发生频次在不同年代的空间分布特征

1961~2018 年，中国平均冷夜日数呈显著减少趋势，平均每 10 年减少 8.2 天，1998 年以来冷夜日数较常年值持续偏少 [图 10-3（b）]。

10.2.3　变化成因与物理机制

20 世纪 90 年代以来，极端低温和极端高温均呈现出与之前年代不同的变化特征。2000 年以后低温破纪录事件主要位于中国北方（图 10-5），该现象可能与北极涛动（AO）呈负位相、东亚冬季风的北方模态呈显著增强的特征有关（图 10-6）。2000 年后，与东亚冬季风北方模态加强和 AO 负位相相对应，西伯利亚高压及东亚大槽增强（梁苏洁等，2014），以经向输送为主的温带急流亦增强，导致西伯利亚冷气团侵入东亚地区，但受北移的副热带西风急流阻截（图 10-7）。因此，强冷空气聚集在东亚中高纬度地区，有利于这一区域的低温破纪录事件的发生。20 世纪 90 年代后，北极海冰范围迅速减少（Fetterer et al.，2017），欧亚大陆上环流发生了相应的变化。其中，乌拉尔山阻塞高压频发（Mori et al.，2014；Liu H W et al.，2012）、东亚大槽加深、对流层低层上的西伯利亚高压增强（梁苏洁等，2014），有利于引导极地冷空气侵入欧亚中纬度地区，并导致我国西北地区持续性低温事件的发生频次在 2000 年后有所增加（Shi et al.，2019a）。

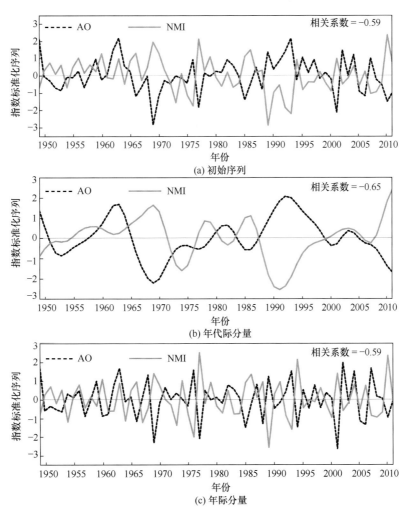

图 10-6　东亚冬季风北方模态（NMI）与 AO 指数的变化

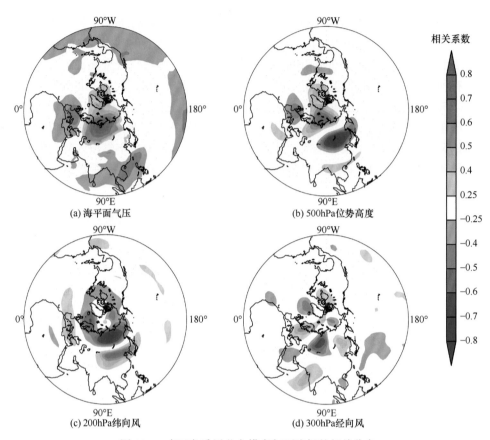

图 10-7　东亚冬季风北方模态与环流场的相关分布

　　人类活动引起的温室气体浓度增加是我国极端高温事件长期呈增加趋势的重要原因（Kang and Eltahir，2018；Zhou et al.，2014；Sun et al.，2014；Wen et al.，2013），土地利用的影响（如城市化）也不容忽视（Sun Y et al.，2016；Ren and Zhou，2014；Wen et al.，2013）。20 世纪 90 年代中期以后，我国北方地区的日最高气温、日最低气温、年最高日气温和年最暖夜间气温均呈现增加趋势。试验表明，年最高日气温的升高与欧洲地区的人为气溶胶排放减少所引起的直接影响有关（Dong et al.，2016）。除人类活动外，气候系统内部变率等自然强迫对极端高温事件的年际和年代际变率也有着显著的影响。太平洋年代际振荡可以改变东亚夏季风强度，从而导致我国东部夏季极端高温事件的发生（Zhou et al.，2014，2009）。我国北方地区的持续性高温事件的发生频次明显增多（Shi et al.，2019b），与夏季的丝绸之路遥相关型在 20 世纪 90 年代中后期由负位相转为正位相切相关（Shi et al.，2019b；Hong et al.，2017；Wang Y M et al.，2017；Chen and Huang，2012）。而丝绸之路遥相关型的年代际变化可能与大西洋多年代际振荡（Hong et al.，2017；Wang Y M et al.，2017）及北太平洋海温变化有关（Shi et al.，2019b）。

10.3　极端降水

10.3.1　极端降水量、发生频次和重现期

受全球变暖影响，大气持水能力增强，中国极端降水发生频次呈显著增加趋势。1961~2018 年，全国年累计暴雨（日降水量 ≥ 50mm）日数平均每十年增加 3.8%；极端降水事件发生频次平均每十年增加 17 站日（图 10-8）（中国气象局气候变化中心，2019）。总的暴雨日数以增加趋势为主，江南中东部、华南北部每十年增加 0.2 天以上，但华北和四川中部略有减少。1961~2008 年，中国极端降水发生频次南北方地区有相反的变化趋势，即在北方主要表现为减少的趋势，在南方则呈现一致增加的趋势；21 世纪以来，西北部分地区极端降水也有增加的趋势（王苗，2011）。1960~2009 年，中国南方、青

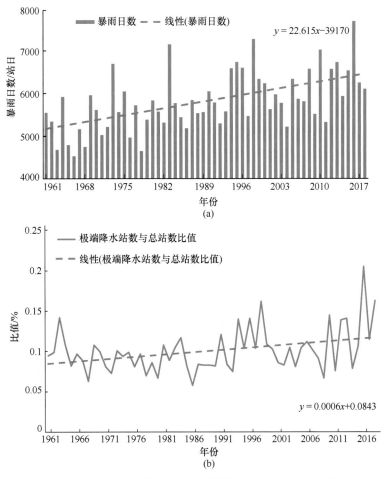

图 10-8　1961~2018 年中国平均暴雨日数（a）和极端降水站数与总站数比值（b）的年际变化

资料来源：国家气候中心

藏高原和西北西部大多数站点的极端降水发生频次呈现增长趋势，北方极端降水发生频次呈现减少趋势，大多数站点的变化趋势都是不显著的，青藏高原站点的变化最为显著。极端降水发生频次自 20 世纪 70 年代开始在青藏高原和南方增多；在全国、北方和西北波动变化，70 年代开始增长，2000 年开始减少（迟潇潇，2016）。1951~2014 年，中国极端降水发生频次具有显著的趋势性，西部干旱区、东部干旱区西部、西南北部、华中南部和华南东部极端降水发生频次呈显著上升趋势；东部干旱区东部、东北南部、华北北部及西南南部极端降水发生频次呈下降或显著下降趋势（顾西辉等，2016）。1956~2015 年，中国南部地区大雨、暴雨日数、日降水量的区域年均值递增；北部地区的小雨、大雨、暴雨日数、降水量年均值递减；长江中下游区降水量和暴雨日数在近 20 年（1996~2005 年、2006~2015 年）先降后增，特别是近 10 年增幅都远大于华南地区（熊敏诠，2017）。1961~2012 年，以 12h 降水 ≥ 100mm 定义极端降水事件，中国中东部暖季极端降水的年际变化整体上与总降水的年际变化相似，均呈现增长的趋势，但极端降水量变化幅度高于总体降水量，其中 20 世纪 60 年代末到 70 年代末极端降水较少，80 年代初期到 90 年代中期整体略低于平均值，90 年代后期至 2012 年，极端降水较为稳定，略高于平均值（公衍铎，2018）。1961~2000 年，除华北东部、黄土高原、四川盆地西部大部分地区有明显的下降趋势外，中国东部大部分地区暖季小时极端降水时数增加（张焕，2010）。总的来说，大部分研究均指出中国极端降水发生频次增加，江南、华南和西部地区极端降水增多，华北略有减少。

全球变暖同时也导致极端降水量增多，极端降水对总降水量贡献增大。1961~2003 年，西北、长江中下游、西南部分地区和华南沿海地区极端降水具有明显的增加趋势，而华北、四川盆地和东北部分地区则有明显的减少趋势（宁亮和钱永甫，2008）。1955~2004 年，中国的年极端降水在东北、西北东部和华北呈现减少趋势，在西北西部、长江中下游流域、华南和青藏地区呈现增加趋势（杨金虎等，2008）。1961~2008 年，中国极端降水量南北地区变化差异显著，华北大部分地区、东北西部、西南小范围地区呈减少趋势，西北小部分地区及江南大部分地区呈增加趋势，且长江中下游和两广地区增加趋势显著（王苗，2011）。1960~2009 年，南方、青藏地区和西北西部大多数站点的极端降水量呈现增加趋势，北方极端降水量呈现减少趋势（迟潇潇，2016）。1961~2010 年，北方半干旱区极端降水指数和年总降水量都表现为减少趋势（王炳钦等，2016）。1951~2010 年，中国年代际暴雨和大暴雨的雨量、雨日和雨强均呈现出动态增加的趋势，雨量和雨日空间范围有扩张趋势（孔锋等，2017a）。1960~2013 年，长江中下游、华南、西北的夏季极端降水事件呈增加趋势，东北、华北、西南部分地区的夏季极端降水事件呈减少趋势（龙妍妍等，2016）。1961~2016 年，中国大部分地区的极端降水量呈增多趋势，极端降水对总降水的贡献率趋于增加，但华北及西南地区极端降水量呈减少趋势（贺冰蕊和翟盘茂，2018）。1961~2014 年，京津冀暴雨雨量呈减少趋势，而长三角和珠三角暴雨雨量呈增加趋势（谭畅等，2018）。所有的研究结果都同时证实了南方地区极端降水量增多，而北方地区极端降水量减少。

中国极端降水强度也有变化。1961~2018 年，全国 2400 站出现极值降水的站数呈增加趋势，平均每十年增加 3.7 站，出现极值降水的频率越来越高，表明极端降水强度在增大（图 10-9）。从最大日降水量变化趋势来看，全国大部分地区日降水量表现为增大趋势，江南、华南中西部和海南地区每十年增加 2~10mm，而在内蒙古东南部、京津冀、山西北部、河南北部、甘肃东部、四川中部等地表现为减小趋势（图 10-10）。1961~2018 年，极端降水量、极端降水量占降水量比例、极端降水次数和极端降水强度的长期变化趋势在北方均主要表现为减小的趋势，而在南方四个要素却呈现一致增大的趋势。进入 21 世纪以来，中国极端降水主要分布在江淮地区和华南地区，相比 20 世纪后期，西北部分地区极端降水有增加的趋势（王苗，2011）。1960~2009 年，南方、青藏地区和西北西部大多数站点的极端降水强度呈现增大趋势，北方的极端降水强度呈现减小趋势。大多数站点的变化趋势都是不显著的，青藏地区站点的变化最为显著。1961~2014 年，京津冀暴雨雨强呈减小趋势，而长三角和珠三角暴雨雨强呈增大趋势（谭畅等，2018）。1961~2000 年，中国东部暖季小时极端降水强度的变化比日极端降水强度的变化更为显著，小时极端降水强度变化幅度较小，四川盆地和东北有显著增大趋势（张焕，2010）。1960~2014 年，极端降水事件相对强度呈不显著增大趋势，区域性极端降水事件的影响面积呈显著增大趋势，尤其在 1995 年以后影响面积较大的年份明显增多，极端降水事件中心点相对强度最大的区域性极端降水事件均发生在 2010 年以后（景丞等，2016）。但是，也有研究认为，1951~2010 年中国年代际暴雨和大暴雨的雨强变化不甚显著（孔锋等，2017a）。大部分的研究均表明中国极端降水强度总趋势是增强的，但区域差异大，华北等地呈减小趋势，南方地区则降水强度呈增大趋势。

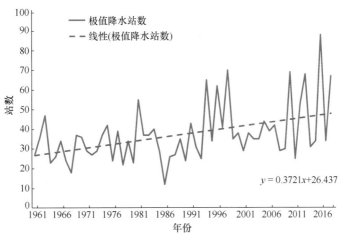

图 10-9　1961~2018 年中国每年出现极值降水站数变化

资料来源：国家气候中心

但是，用 1961~2000 年百年一遇降水量的阈值与 1961~2018 年的阈值进行对比，如果后一时段阈值更大则表明极端降水更频繁，反之则表明极端降水更不容易出现。全国 2000 多个气象观测台站中，无论是极端日降水量还是极端小时降水量，百年一遇极端降水变得更加频繁，仅占一半左右，而另一半则表现为百年一遇极端降水出现周期更长，在区域上也并未表现出明显的区域特征（图10-11）。

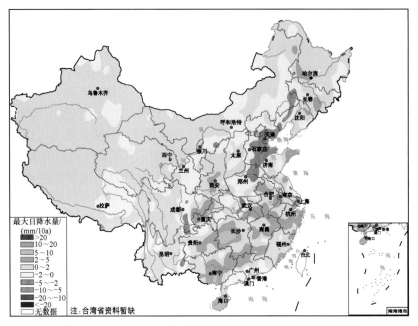

图 10-10　1961~2018 年全国最大日降水量变化趋势分布图

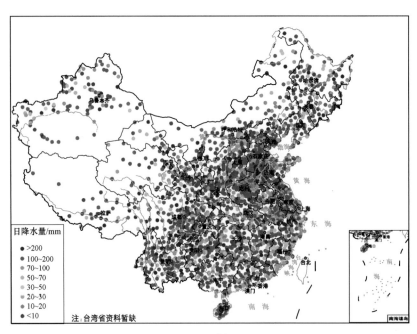

(a)

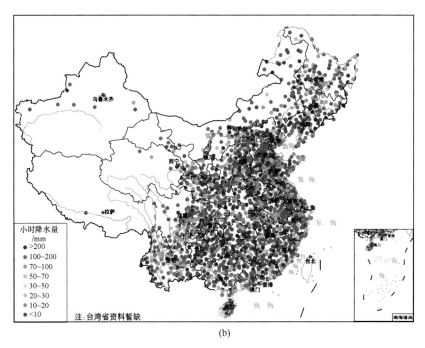

(b)

图 10-11　全国日降水量（a）和小时降水量（b）百年一遇重现期变化图

资料来源：国家气候中心；图例数字代表 1961~2000 年百年一遇极端降水阈值在 1961~2018 年的重现期

　　1961~2014 年，华北大部分地区极端降水指数均呈减小趋势，即极端降水事件在华北地区是减少的，而长江中下游地区以及华南大部分地区极端降水指数主要呈增大趋势（武文博，2017）。1954~2010 年，中国北部地区极端降水事件的持续时间较短，而沿海地区、长江流域和青藏高原东坡的平均持续时间较长，超过 12h（李建等，2013）。1961~2012 年，华北和黄河下游总降水相对较少，而极端小时降水相对较多，四川盆地附近地区和长江以南地区总降水相对较多而极端小时降水相对较少。中国中东部降水在 20 世纪 60 年代末期到 70 年代末增加较为显著，80 年代以后变化幅度较小（公衍铎，2018）。1961~2016 年，全国大部分地区的持续性和非持续性极端降水均呈增多趋势，只有华北、西南大部分地区呈减少趋势。近年来，华北和西南极端降水更趋向于以非持续性的形式出现；但江淮和华南一带，极端降水更趋向于以持续性的形式出现（贺冰蕊和翟盘茂，2018）。长江中下游、西北和西南西部极端降水呈现增加的趋势而华北呈现减少的趋势（邹用昌等，2009）。20 世纪 90 年代，我国经历了更为严重的区域性极端降水事件，长江中下游和华南北部是易受极端降水影响的区域，华北、华南南部区域性极端降水事件呈减少趋势（Zou and Ren，2015；Chen and Zhai，2013）。

10.3.2　暴雨洪涝

　　1984~2008 年中国暴雨洪涝灾害造成的直接经济损失呈增加趋势，但直接经济损失占当年 GDP 的比例则呈下降趋势，损失较高的地区主要集中在中国南方地区，但因灾死亡人口呈下降趋势，暴雨洪涝灾害对农作物受灾面积和绝收面积的影响均呈微弱上升趋势（於琍等，2018）。1978~2010 年，全国洪涝灾害使农业受灾面积具有显著的年际和年代际变化，总体呈逐年缓步增加趋势，20 世纪 90 年代暴雨洪涝灾害对农业的影响比较大。从成灾面积变化趋势来看，东北、西北呈减少趋势，其他地区呈增加趋势，其中长江中下游增加速率最大，其次为西南（林琳，2013）。1981~2010 年，中国洪水年际变幅大部呈现增加趋势，部分地区强降水频发、旱涝并重、突发洪涝、旱涝急转等现象日益突出。与 1951~1980 年相比，1981~2010 年珠江、长江、闽江等流域 10 年一遇以上的洪峰流量值有所增大。对于重现期为 50 年的特大洪水，珠江流域 70% 断面、淮河流域 32% 断面的设计洪峰值呈增加趋势。中小流域极端降水与洪涝事件的发生频次和强度总体呈现增加和增强态势，局部地区短历时强降水事件频发，中小河流洪水增多、增强（刘志雨和夏军，2016）。

2016 年汛期长江中下游和华北洪涝灾害南北并发，全国平均降水量为 1961 年以来历史同期最多，共有 140 站汛期降水量突破 1961 年以来历史同期极大值，有 112 站出现历史次极大值，分别比 1998 年偏多 54 站和 47 站。1998 年降水极值主要出现在东北和长江中上游地区，2016 年主要出现在华东地区，而且范围更加集中。共出现 6972 站次暴雨，其中大暴雨 1251 站次，为 1961 年以来最多。44 次大范围暴雨过程持续时间达 90 天，总体呈现"中间强、前后弱"的特征。有 417 站出现日降水量极端事件，其中 88 站突破历史纪录，创 1961 年以来新高；最大小时降水量共有 113 站突破历史极值，比 1998 年偏多 29 站。从空间分布来看，日降水量极端事件 2016 年主要位于华东和华北地区，1998 年集中在中部地区；破纪录小时降水 2016 年主要在西部地区，而 1998 年东部地区更为突出（高荣等，2018）。

10.3.3　城市内涝

城市内涝问题是由城市内的积水问题演变而来的。随着城市的快速发展，城市内涝问题也日益严重。首份中国城市内涝报告（吕宗恕和赵盼盼，2013）指出，2008~2010 年，国内 351 个城市有 62% 发生过不同程度的内涝，其中内涝灾害超过 3 次以上的城市有 137 个，在发生过内涝的城市中，57 个城市的最长积水时间超过 12h。其中，2010 年中国有 258 座城市被淹，其中大多数为暴雨内涝。2013 年，中国有 2266 个市（县、区）遭受洪涝灾害，其中，243 个城市发生严重内涝或进水受淹，相比 2011 年和 2012 年明显增多。2001~2012 年，中国东部季风区典型城市出现暴雨内涝次数逐年上升，且上升速度较快，平均每十年增加 49.7 次，未来极有可能呈增多、增强趋势（靳俊芳，2015）。20 世纪 80 年代中期以来，大城市和特大型城市暴雨内涝事件也呈增加趋势（刘志雨和夏军，2016）。沿海城市广州市城区最大 1 小时、最大 1 天降雨在过去 20 年间呈弱的上升态势，日降水量 ≥ 50mm 的暴雨日数有较为明显的上升趋势，且通过了信度为 90% 的显著性检验。珠江三角洲和长江三角洲大城市群地区极端小时降水（第 95 百分位阈值）频次呈显著上升趋势，上升幅度大于邻近郊区（Wu et al.，2019；Jiang et al.，2020）。对 1961~2018 年全国各站小时降水量分析可以发现，除河南中南部、湖北东部和贵州北部等地外，全国大部分地区小时降水量呈现增加态势，江南、华南、新疆、西藏西部等地每 10 年增加 1mm 以上（图 10-12）。

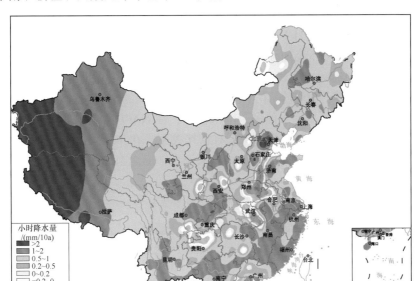

图 10-12　1961~2018 年全国小时降水量变化趋势分布图

近年来中国典型的城市暴雨有：2012 年 "7.21" 京津冀特大暴雨，2013 年 7 月上中旬四川成都等城市的特大暴雨，2014 年 9 月上中旬发生在陕西汉中等 10 市 50 个县（区）和四川广元等 7 市的暴雨，以及 2015 年入汛以来南京、上海、昆明等多个城市发生的强降雨过程。2012 年京津冀 "7.21" 特大暴雨事件中，北京 20 个气象观测站日平均降水量达到 190mm，城区平均降水量达 231.0mm，全市 86% 的地区出现大暴雨，11 个气象站实测降水量超历史纪录，最大降水量出现在房山区河北镇，降水量达460.0mm，单点降水强度和日平均降水量均为 1963 年 8 月以来最大值，城区形成积水点 426 个。此次灾害共造成 160.2 万人受灾，79 人死亡，直接经济损失超过 100 亿元。

10.3.4　变化成因与物理机制

极端降水时空格局变化的影响因子研究主要是研究全球环流因子、区域环流因子及遥相关等自然因子对极端降水时空格局变化的影响，温室气体排放、气溶胶、城市化等人文因子也对极端降水的阈值和强度的空间分布产生不同程度的影响，从而增大了极端降水的风险。人类活动已对极端降水产生了较大影响，尤其是土地利用变化和土壤湿度等强迫因子在模式中已产生了不可忽视的影响（孔锋等，2017b）。

在全球变暖背景下，东亚夏季风环流的加强和大气层结不稳定性的增加都为中国极端降水的增加提供了有利条件，南方地区降水强度增强，使冬季变得更加湿润（Zhang Q et al.，2013；Zou and Ren，2015）。长江流域是中国主要洪涝灾害区，其与热带海洋、南极涛动、北极涛动、印度夏季季风、北大西洋涛动和太平洋/北美型等均有较为密切的关系（陈活泼，2013）。中国极端降水事件更易发生在厄尔尼诺年的冬春季和拉尼娜年的夏季，多数地方 ENSO 暖位相出现后的半年左右发生极端降水事件（李威和翟盘茂，2009）。长江流域夏季极端降水与热带太平洋海表温度有显著的年际尺度相关性（Wang and Yan，2011）。20 世纪 80 年代以来华北地区强降水持续偏少与夏季亚洲中纬度 200hPa 西风环流加强和中国东部（110°~120°E）范围内 850hPa 偏南气流比气候平均状况偏弱有关，大气环流的异常是导致中国极端降水频率和强度发生变化的重要原因（张庆云等，2003）。在 NAO 强年份，中国的水汽输送通量增强，水汽辐合增强，造成中国北部极端降水偏多，南部偏少；在 NAO 弱年份，则与上述情形相反（龚道溢等，2004）。AO 与东亚夏季降水有密切关系，在年际尺度上，5 月 AO 指数偏高时，夏季长江中下游到日本南部的极端降水偏少，反之则偏多（New et al.，2001）。

10.4 干 旱

> **知识窗**
>
> ## 干 旱 指 数
>
> 干旱指数是描述干旱程度的量化指标，其在工农业生产、水资源管理、生态环境保护、防灾减灾等方面有着广泛的应用。但由于干旱变化特征及其影响的复杂性，很难定义一种适用于各个领域的通用干旱指数。对目前在国内干旱业务监测、预报预警和科学研究中应用最为广泛的几个指标优势与不足总结如下（表 10-2）。
>
> （1）降水距平百分率（PA）：降水距平百分率是表征某时段降水量相对常年平均值（一般为 30 年）偏多或偏少的指标，能直观反映月、季节以及年尺度的干湿状况。它意义明确、计算简单，但其反映的干湿状况在空间和季节上的可比性不强（Keyantash and Dracup，2002）。
>
> （2）标准化降水指数（SPI）/标准化降水蒸散发指数（SPEI）：标准化降水指数（SPI）是基于降水单个变量，但是考虑了降水服从偏态分布的特征，通过计算给定时间尺度内降水量的累积概率，可以表征不同时间尺度的干湿变化（McKee et al.，1993），其监测结果具有较好的空间和时间可比性。标准化降水蒸散发指数（SPEI）在 SPI 指数的基础上进一步考虑了蒸散发的贡献，具备了 SPI 的全部优势，而且弥补了 SPI 没有考虑蒸散发影响的不足（Beguería et al.，2014；Vicente-Serrano et al.，2010）。
>
> （3）干燥度指数（AI）：干燥度指数一般用某个地区年降水量与潜在蒸散发的比值来表示，其通常用于进行干湿气候区划。但 AI 的时间分辨率为年，无法描述月和季节尺度的干湿状况（杨庆等，2017）。
>
> （4）帕默尔干旱指数（PDSI）：帕默尔干旱指数是基于水分平衡原理的干旱指标（Wells et al.，2004；Palmer，1965）。它综合考虑了降水、蒸散发、地表径流、土壤含水量等的贡献，物理意义明确，但计算复杂，对资料要求高，无法监

测短期干旱事件。近期，亦有学者在该指数中考虑了用水灌溉等人类活动的作用（Yu et al.，2019）。

（5）综合气象干旱指数（CI）：综合气象干旱指数是利用近 30 天和近 90 天标准化降水指数以及近 30 天相对湿润指数综合得到的，其适合实时气象干旱监测（中华人民共和国国家质量监督检验检疫总局和中国国家标准化管理委员会，2017），目前已在国家气候中心实时业务运行。但由于该指数使用等权重累积的思想，因此监测结果中容易出现不合理的跳跃现象（李忆平和李耀辉，2017）

表 10-2　目前国内应用最为普遍的几个干旱指数比较

指数	考虑变量	时间尺度	原理	优点	缺点
降水距平百分率（PA）	降水	月至年	表征某时段降水量较常年偏多或偏少	意义明确、计算简单	季节、区域可比性差
标准化降水指数（SPI）/标准化降水蒸散发指数（SPEI）	降水 / 降水、蒸散发	多时间尺度	SPI 采用偏态概率分布计算降水量的异常；SPEI 类似，同时考虑了蒸散发的影响	具有多时间尺度、空间可比性强等优势；SPEI 也能够衡量蒸散发对干旱的影响	使用等权重累积过程，监测过程中容易出现不合理旱情加剧的情况
干燥度指数（AI）	降水、蒸散发	年	降水与蒸散发之间的比值	能够反映干湿的平均状况，可用于干湿气候区划	无法描述月和季节尺度干旱事件
帕默尔干旱指数（PDSI）	降水、蒸散发、径流、土壤含水量	9~12 个月	基于水分平衡原理，综合考虑了降水、蒸散发、地表径流、土壤含水量等影响	物理意义明确；综合考虑了地表状况对干旱的影响	计算复杂；对数据要求高；无法反映短期干旱状况
综合气象干旱指数（CI）	降水、蒸散发	日	基于近 30 天和近 90 天标准化降水指数以及近 30 天相对湿润指数综合计算	能够反映短时间尺度水分亏缺情况；适合实时气象干旱监测	基于等权重累积过程，监测结果中容易出现不合理的跳跃现象

由于各个干旱指数计算原理和考虑因素不同，且干旱变化特征和成因极为复杂，不同干旱指数在我国不同区域的适用性存在较大的差异。

东北地区：相比 PA、SPEI、PDSI 和 CI 指数，SPI 指数具有最好的适用性，尤其在辽宁和吉林地区，而 CI 指数在辽宁的适用性较差，不利于大范围干旱监测（王亚许等，2016）。

华北地区：对比 PA、SPI、PDSI 和 CI 指数对黄河流域的干旱监测可以发现，CI 指数对该地区干旱监测的结果与实际最为符合，其次分别为 SPI、PA 和 PDSI 指数（王劲松等，2013）。

西北地区：CI 指数在宁夏的监测比 PA 和 SPI 指数更接近实际情况（王素艳等，2012）；而 PDSI 指数与 12 个月时间尺度的 SPI 和 SPEI 指数对陕西干旱的监测效果相当，但 SPEI 指数考虑了温度变化的影响且具有多时间尺度特征，因此 SPEI 指数在该地区具有更广泛的适用性（Jiang et al.，2015）。

江淮地区：CI 和 SPEI 指数对该地区干旱的监测效果都较好，但在不同区域和不同季节有所差异：在长江以北地区，CI 指数监测效果优于 SPEI 指数；在以南地区，CI 指数在冷季效果更好，而 SPEI 指数在暖季效果更优（王文等，2015）。

华南地区：CI 指数对华南地区干旱的监测能力要强于 SPI 和 PDSI 指数（王素萍等，2015）；在广东地区，考虑了蒸散发的 SPEI 指数监测的干湿状况比未考虑蒸散发的 PA 和 SPI 指数与实际更为接近（刘占明等，2013）。

西南地区：SPI 指数对该地区干旱监测的结果偏轻，而 PDSI 指数对该地区干旱波动发展过程的刻画能力较弱，相比之下，CI 指数监测效果优于 SPI 和 PDSI 指数（王素萍等，2015）；考虑水分平衡的 SPEI 指数比 SPI 指数在这一地区的适用性更强（熊光洁等，2014）。

青藏高原地区：6 个月时间尺度的 SPI 和 SPEI 指数能较好地监测青藏高原东部高寒草地干旱，而 PA 指数相对较弱（赵新来等，2017），但 SPEI 指数考虑了蒸散发的影响，在该地区适用性更强；相比 PA 指数，SPI 指数能更合理地监测青海地区春旱和夏旱的发生区域、严重程度及其发生、发展过程（李红梅等，2018）。

10.4.1 干旱变化

20 世纪初以来，我国气候在波动中趋向变干，大部分区域呈现干旱加剧趋势（Chen and Sun，2015a；Zhang Q et al.，2018；郑景云等，2018）。近半个世纪，我国干旱发生频次增加、强度增强、干旱范围扩大、干旱面积整体呈增加趋势（图 10-13），每 10 年约增加 3.72%，尤其是严重和极端干旱，增加趋势更为明显；跨季节持续干旱事件也明显增多（韩兰英等，2019；Shao et al.，2018；Chen and Sun，2015b；Yu et

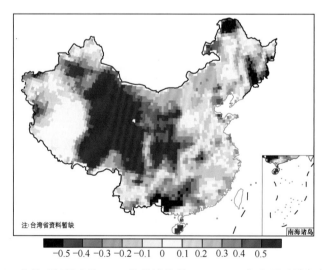

图 10-13　基于 3 个月时间尺度的 SPEI 指数计算的 1961~2013 年中国干旱发生频次变化趋势
（单位：月 /10 年）

al., 2014)。1961~2018 年, 我国共发生了 178 次区域性气象干旱事件, 其中极端干旱事件 16 次、严重干旱事件 37 次、中度干旱事件 73 次、轻度干旱事件 52 次。1961 年以来, 区域性干旱事件频次呈微弱上升趋势, 并且具有明显的年代际变化特征: 20 世纪 70 年代后期至 80 年代区域性气象干旱事件偏多, 90 年代偏少, 2003~2008 年阶段性偏多, 2009 年以来总体偏少 (图 10-14)。1961~2018 年, 我国发生高温干旱复合事件的频次趋于增加, 尤其是在西南、西北东部和东南沿海等地区 (Kong et al., 2020), 进入 21 世纪以来, 干旱与高温并发事件明显增多, 这种并发事件往往会对农作物造成严重的影响 (Wang et al., 2018)。

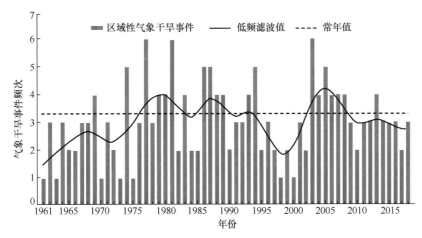

图 10-14　1961~2018 年中国区域性气象干旱事件频次 (中国气象局气候变化中心, 2019)

此外, 干旱在我国不同区域的变化特征具有明显的差异。下面将我国划分为东北、华北、西北、江淮、华南、西南和青藏高原地区, 分别对其干旱变化特征进行阐述, 并以目前应用较为广泛、可以描述多时间尺度干旱事件的 SPEI 指数为代表, 给出各地区的干旱变化曲线。

20 世纪 50 年代开始, 东北地区夏季平均降水持续减少, 由此导致东北地区夏季干旱发生频次增加、强度增强 (Li H X et al., 2018; Yu et al., 2014); 而且东北地区夏季降水在 20 世纪 90 年代末发生了年代际的减少 (Han et al., 2016), 导致东北地区干旱形势加剧 (Li H X et al., 2018)。2000 年以前严重干旱发生频次占干旱总频次的 13.6%~17.6%, 2000 年以后这一比例增加到 18.3%~34.5% (梁丰等, 2018)。在空间上, 除长白山外, 东北地区的干旱事件发生频次增加显著, 其中内蒙古东部和吉林省西部平均增幅最大 (李明等, 2018)。东北地区干旱具有明显的阶段性特征, 20 世纪 60 年代后半段、70 年代后半段和 90 年代后半段至 21 世纪初的 3 个时段发生了连续干旱 (图 10-15) (高蓓等, 2014)。

在华北地区, 山西和山东是华北地区极端干旱频发区域 (Chen and Yang, 2013; 周丹等, 2014)。近百年华北地区干旱强度持续加剧 (周丹等, 2014); 近 50 年来, 华北地区极端干旱和持续性干旱事件的发生频次也呈明显增加的趋势 (Li M X et al., 2018; Zhang L X et al., 2018; 胡顺起等, 2017)。而 2000 年之后, 降水观测数据及多个干旱指数均表明，华北地区降水有所增加（Zhai et al.，2017；马柱国等，2018），但遥感反演的陆地水储量资料显示，华北地区的干旱化仍在加剧（马柱国等，2018）。不同时间尺度的 SPEI 指数均显示，自 2000 年之后华北地区出现了严重的持续性干旱事件（图 10-16）。因此，华北地区水资源短缺形势依然严峻。

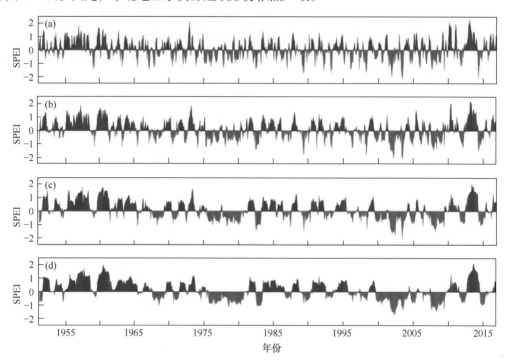

图 10-15　1951~2016 年东北地区平均的不同时间尺度的 SPEI 指数变化序列

（a）~（d）分别为 3 个月、6 个月、9 个月、12 个月尺度上的 SPEI 指数

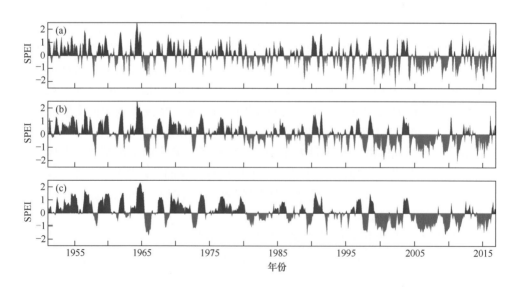

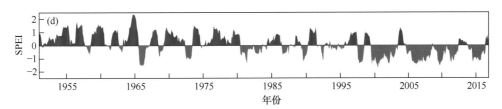

图 10-16　1951~2016 年华北地区平均的不同时间尺度的 SPEI 指数变化序列

（a）~（d）分别为 3 个月、6 个月、9 个月、12 个月尺度上的 SPEI 指数

西北地区在整个 20 世纪总体偏干（田沁花等，2012；王涛等，2004），但区域平均降水在 20 世纪 80 年代中期发生突变，降水量显著增加，由此西北地区干旱发生频次整体呈现出年代际的减少趋势（Huang et al.，2017；刘维成等，2017）；同时，西北地区降水变化也存在区域差异，即西部降水增加、东部有所减少（任国玉等，2016）。进入 21 世纪，西北全区降水量比 20 世纪 90 年代进一步增加，2010 年秋季和年总降水量达到 1961 年以来的最高值。尽管区域降水在增加，但 SPEI 指数却显示该地区干旱在 20 世纪 90 年代末重新加剧（图 10-17），归一化差值植被指数（NDVI）在 1998~2013 年比 1982~1997 年显著减小（Yao et al.，2018）。

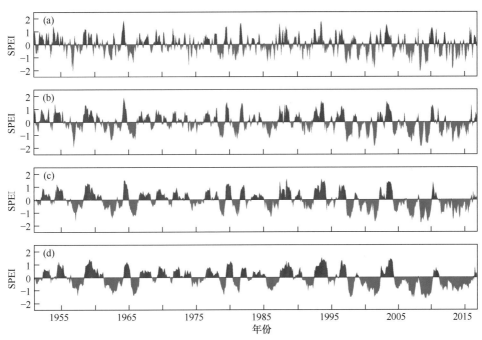

图 10-17　1951~2016 年西北地区平均的不同时间尺度的 SPEI 指数变化序列

（a）~（d）分别为 3 个月、6 个月、9 个月、12 个月尺度上的 SPEI 指数

江淮地区从 20 世纪 70 年代开始一直处于降水偏多时段。但从 2001 起，江淮地区降水开始减少，向干旱化趋势转变（马柱国等，2018），其中极端干旱事件发生频次显著增加、强度增强，且持续时间明显增长（图 10-18）。基于 1961~2015 年气象站点资

料计算的 SPEI 指数显示，长江中下游流域春季干旱化趋势最为显著，冬季干旱化趋势次之（曹博等，2018）；而夏季则以变湿趋势为主（李淑萍等，2015）。2011 年春季长江中下游流域遭遇了 50 年一遇的干旱，区域平均降水较同期减少 40%~60%，影响江苏、安徽、江西、湖南等多个省份（Lu et al.，2014）；2013 年夏季江南大部分地区遭遇了近 60 年一遇的严重高温干旱事件，造成大面积农作物绝收及巨大经济损失。

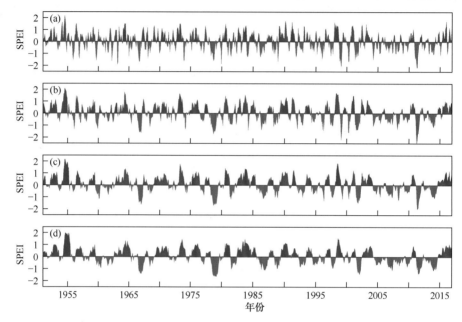

图 10-18　1951~2016 年江淮地区平均的不同时间尺度的 SPEI 指数变化序列

（a）~（d）分别为 3 个月、6 个月、9 个月、12 个月尺度上的 SPEI 指数

从 20 世纪 60 年代开始，华南地区年降水量整体呈现上升趋势，且华南东部地区降水上升趋势更大（23.21mm/10a），而中西部地区上升趋势较缓（14.39mm/10a）（王笃等，2017）。但是在全球变暖影响下，华南地区干旱趋于加剧，尤其从 2004 年开始，干旱日数明显增加、强度增强（图 10-19），且广西干旱程度总体重于广东（王春林等，2015）。华南地区秋季降水在近 50 年呈年代际的减少趋势，华南地区秋旱事件发生频次也因此呈现年代际的增加趋势，其中 20 世纪 70 年代华南地区秋季干旱和极端干旱事件较少，之后不断增多，90 年代初华南地区进入偏旱期、极端秋旱事件发生频次显著增加（Zhang et al.，2014；曾刚和高琳慧，2017；李伟光等，2012）。

西南地区从 20 世纪 50 年代开始干旱、持续性干旱事件发生频次显著增加、强度增强，且干旱灾害程度、影响范围也呈明显增加趋势（Wang L Y et al.，2016；韩兰英等，2014；姚玉璧等，2014）。尤其是 21 世纪以来，该地区处于持续性严重干旱频发时段（图 10-20），由干旱造成的农作物综合损失率在 2000 年以后平均达到了 7.3%，远高于多年平均的 3.9%（贾艳青等，2018；韩兰英等，2014）。近年来的异常干旱事件主要有 2005 年春季云南干旱、2006 年夏季川渝地区特大干旱，以及 2009 年秋至 2010 年春以云南、贵州为中心的 5 个省份的旱灾，特别是 2009~2010 年的干旱事件持续时间长、影响范围广、灾害程度重，是西南地区有气象记录以来最严重的干旱事件（尹晗和李耀辉，2013）。

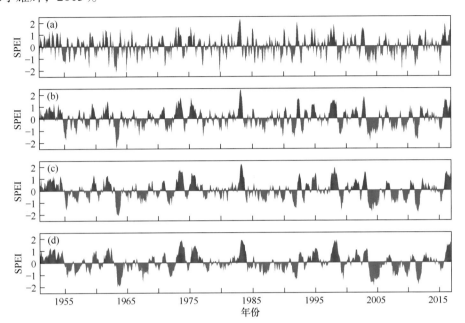

图 10-19　1951~2016 年华南地区平均的不同时间尺度的 SPEI 指数变化序列

（a）~（d）分别为 3 个月、6 个月、9 个月、12 个月尺度上的 SPEI 指数

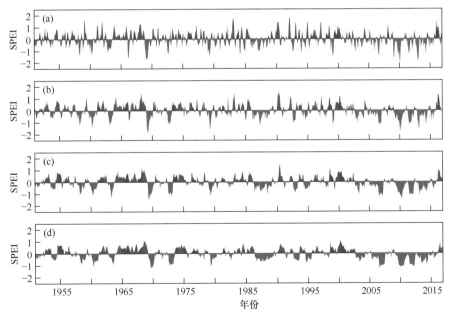

图 10-20　1951~2016 年西南地区平均的不同时间尺度的 SPEI 指数变化序列

（a）~（d）分别为 3 个月、6 个月、9 个月、12 个月尺度上的 SPEI 指数

青藏高原站点数据分析显示，近半个世纪以来，青藏高原地区气温持续升高、降水增加，年降水量和年最大日降水量分别以 6.59mm/10a 和 0.33mm/10a 的速率增加（冀钦等，2018），总体上呈现出暖湿化的趋势；在此背景下，除青藏高原东北部和南部较小的地区外，青藏高原大部分地区干旱强度减弱、持续时间变短、频次减少；青藏高原干湿界限向西北方向移动，干旱区面积减小，湿润区面积增大（梁晶晶等，2018；郑然和李栋梁，2016）。卫星遥感资料（MODIS）也显示，21 世纪初以来青藏高原大部分地区在变湿，干旱得到缓解。三江源地区干湿变化较为复杂，其中东南部干旱明显加剧，东北部有所减轻，西北部及西南部干旱加剧相对缓慢（白晓兰等，2017），三江源地区总体呈暖干化的趋势。但 SPEI 指数也显示，与之前 10 年相比，2005 年以来青藏高原地区干旱有所加剧（图 10-21）。

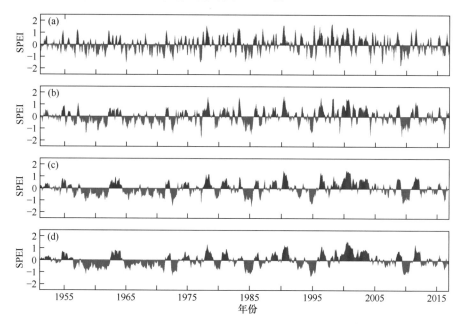

图 10-21　1951~2016 年青藏高原地区平均的不同时间尺度的 SPEI 指数变化序列

（a）~（d）分别为 3 个月、6 个月、9 个月、12 个月尺度上的 SPEI 指数

10.4.2　变化成因与物理机制

影响干旱变化的因素很多，包括局地降水、温度、太阳辐射、风速等，其中降水是最主要的因素，而温度异常往往会加剧干旱（李韵婕等，2014；翟盘茂和邹旭恺，2005）。随着全球增暖，温度异常对干旱的作用愈加重要，就中国平均而言，过去百年气温变化能够解释干旱发生频次变化的 50% 左右（Chen and Sun，2015a）。温度和降水对我国干旱的相对贡献存在明显的区域差异（Zhai et al.，2017；Chen and Sun，2015b），其中降水对南方地区干旱的影响更大，但在北方地区，气温和降水对干旱的变化都起着重要的作用（Chen and Sun，2015b；章大全等，2010）。除了温度与降水对我国干旱有直接调控作用外，大气环流模态、海温模态、海冰积雪等气候系统因子对

我国不同区域的干旱变化也具有重要的影响。

东北地区从在 20 世纪 90 年代末以来降水减少、干旱加剧，这主要是 PDO 位相转变导致东北亚夏季风环流减弱所致（Han et al.，2016）。此外，近期北极海冰的迅速消融对我国东北地区干旱也有贡献，冬春季北极海冰减少能够导致贝加尔湖高压异常，并造成欧亚大陆西部积雪加速融化，从而加剧东北地区夏季干旱（Wang et al.，2019；Li H X et al.，2018）。除了热带和北半球海温外，东南太平洋海温偏高可以通过激发遥相关波列使得西太平洋副热带高压偏东、东北冷涡偏弱，造成东北地区夏季降水减少，易引发干旱（高晶和高辉，2015）。

华北地区干旱呈现出显著的年代际变化特征，其中 20 世纪 70 年代末的干旱化与东亚夏季风减弱、西太平洋副热带高压东退、东亚西风急流增强并南移、PDO 位相由负转正、青藏高原冬春季积雪偏多等关系密切（Yu et al.，2018；Huang et al.，2015；Zhang and Zhou，2015；Ding et al.，2008a；Wang，2001；裴琳等，2015）。进入 21 世纪，PDO 位相由正转负、青藏高原积雪减少导致东亚夏季风强度恢复，东亚西风急流减弱、北移，华北地区降水、极端降水有所增加，从而使干旱在一定程度上得到缓解（Pei et al.，2017；Si and Ding，2013；Liu H W et al.，2012；Zhu et al.，2011）。

西北地区降水的年际变化主要受西风环流调控，NAO 正位相时西亚西风急流偏北偏强，新疆夏季降水偏少（Huang et al.，2017；杨莲梅和张庆云，2008）。青藏高原季风也对西北地区降水有显著影响，弱季风年青藏高原北部边缘水汽和抬升条件不利于西北地区降水（荀学义等，2018）。伴随着西北地区干旱在 20 世纪 80 年代末之后的年代际突变，影响其降水的海温关键区由 80 年代末之前的热带印度洋变为印度洋太平洋交汇区（Zhu et al.，2019）。虽然 21 世纪以来降水进一步增加（任国玉等，2016），但西北地区干旱在 20 世纪末之后重新加剧，这主要是温度增加引起蒸散发增强所致（Yao et al.，2018）。

对于江淮地区，PDO 和 AMO 不同位相组合对江淮地区降水和干旱的年代际变化有显著影响。当 PDO 为正位相、AMO 为负位相时，长江流域降水偏多、黄淮地区干旱少雨；当 PDO 和 AMO 同为负位相时，长江流域降水偏少，易引发干旱（Zhang Q et al.，2018）。研究显示，传统东部型厄尔尼诺发生时，长江中下游夏季降水将显著增多，而当中部型厄尔尼诺发生时，长江流域夏季降水偏少，易引发干旱（Yuan and Yang，2012）。此外，长江中下游干湿状况还受到中高纬环流系统的协同影响，其中，2011 年长江中下游极端干旱事件就是由较深的东亚大槽、偏弱的西太平洋副热带高压和偏强的高纬度高压系统等因素共同引发的（Lu et al.，2014）。

对于华南地区，热带太平洋海表温度异常是导致华南地区秋旱的主要原因之一，当海温负（正）异常的极值中心位于赤道东（中）太平洋时，华南地区秋季易发生干旱（简茂球和乔云亭，2012）。近年来研究显示，两类 ENSO 对华南降水同样具有不同影响，当中部型厄尔尼诺发生时，华南地区夏季降水通常偏少，其与东部型厄尔尼诺作用相反（Yuan and Yang，2012）。中部型厄尔尼诺事件频发是导致近 20 年华南地区极端秋旱事件显著增多的重要原因（Zhang et al.，2014）。同时，当热带印度洋热含量偏低时，华南地区秋季易发生干旱事件（曾刚和高琳慧，2017）。青藏高原热源变化对华南地区秋旱也有重要影响，当夏季青藏高原中部热源偏强时，秋季输送到华南地区的水汽将减少，进而导致华南地区秋旱（敖婷，2014）。

对于西南地区，当 AO 为负位相时，东亚冬季冷空气活动强且路径偏东，到达西南地区的冷空气偏弱，导致该地区冬季降水偏少，易发生干旱（黄荣辉等，2012）。热带西太平洋和热带印度洋海温同时偏暖时，西太平洋副热带高压偏强偏西（Yang et al.，2012），西南地区为槽后西北气流和下沉气流所控制，来自孟加拉湾的水汽受到抑制，西南地区降水偏少，易发生干旱（Wang et al.，2015；胡学平等，2014；黄荣辉等，2012）。2000 年以来西南地区的干旱加剧与 AO 由正位相向负位相的年代际转变以及频繁发生的中太平洋厄尔尼诺事件联系密切（Tan et al.，2017）。

在青藏高原地区，降水变化对于干旱的总体影响最为重要（Li et al.，2019），持续增加的降水是青藏高原地区干旱缓解的主要原因。但是对于三江源地区，虽然该地区降水也有所增加，但是气温升高是该地区暖干化的主要原因（白晓兰等，2017）。斯堪的纳维亚半岛地区的高压异常环流可以激发跨越欧亚大陆向南传播至亚洲东南部的波列，从而减弱从孟加拉湾向青藏高原地区输送的水汽，减少青藏高原地区的降水，引发干旱。另外，持续偏冷的热带北大西洋、正位相印度洋偶极子和厄尔尼诺事件也是造成高原干旱的重要原因（李耀辉和翟颖佳，2013）。研究显示，三江源地区的夏季旱涝与 AO/NAO、印度洋海温、ENSO 事件的联系在近 30 年显著增强（Sun and Wang，2019）。

10.5　台　　风

10.5.1　西太平洋生成台风及登陆台风

1961~2018 年，西北太平洋和南海生成台风（中心风力 ≥ 8 级）个数呈减少趋势，同时表现出明显的年代际变化特征，1995 年以来总体处于台风活动偏少的年代际背景下（图 10-22）。利用 Mann-Kendall 方法进行突变检验（图 10-23），UF 曲线从大于 0 逐渐变为小于 0，且与 UB 曲线的第一个交点位于 1995 年，因而热带气旋（TC）生成个数在 1995 年发生一次突变，此后 TC 生成个数减少。虽然西太平洋台风生成个数呈减少趋势，但它们的平均持续时间却呈现增加趋势。就台风的强度而言，图 10-24 显示了热带气旋年平均强度以及年最大强度的逐年变化，热带气旋的 2min 近中心最大风速的年平均值有缓慢增加趋势，年最大风速呈现减小趋势；热带气旋中心年平均最低气压有缓慢减小的趋势，而年最低气压有缓慢增加的趋势，尤其是从 1983 年以后显著升高。总的来说，平均中心气压减少证明低强度类型热带气旋呈现递减趋势；最大风速的显著减少趋势证明高强度类型热带气旋也呈现减少趋势，因此强热带气旋呈现递减趋势。

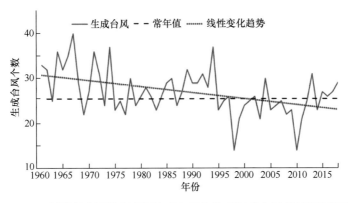

图 10-22　1961~2018 年西北太平洋和南海生成台风个数（据《中国气候变化蓝皮书》改绘）

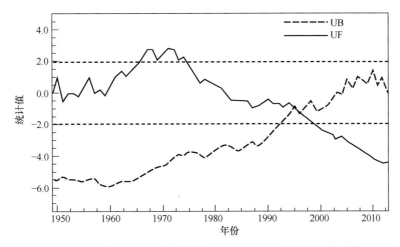

图 10-23　1949~2013 年的 TC 生成个数的 Mann-Kendall 突变（李德琳等，2015）

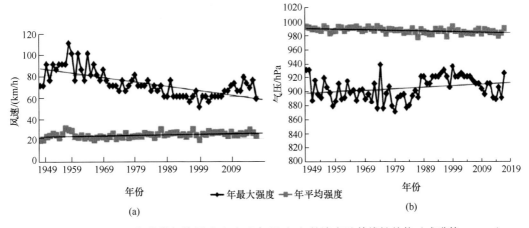

图 10-24　1949~2017 年热带气旋风速（a）和气压（b）的演变及其线性趋势（成晔等，2019）

1961~2018 年，登陆中国的台风（中心风力 ≥ 8 级）个数无明显的线性趋势（图 10-25）；年际变化大，最多年达 12 个（1971 年），最少年仅有 4 个（1982 年、1997 年和 1998 年）。1961~2018 年，登陆中国的台风比例呈增加趋势，尤其是 2000~2010 年最为明显，2010 年的台风登陆比例（50%）最高。2018 年登陆中国的台风有 10 个，登陆比例为 34%，较常年值（29%）偏高 5%。

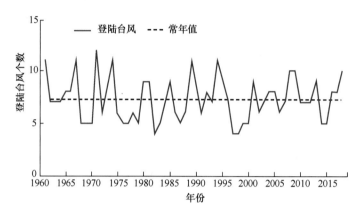

图 10-25　1961~2018 年登陆中国的台风个数（据《中国气候变化蓝皮书》改绘）

1961~2018 年，登陆中国的台风（中心风力 ≥ 8 级）的平均强度（以台风中心最大风速来表征）线性趋势不明显，主要表现出明显的年代际变化，其中 20 世纪 60~70 年代及 20 世纪 90 年代后期以来表现出明显偏强的特征（图 10-26）。

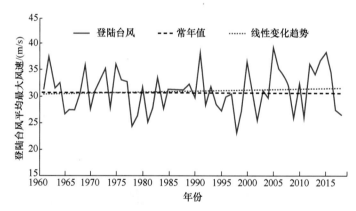

图 10-26　1961~2018 年登陆中国台风平均最大风速变化（据《中国气候变化蓝皮书》改绘）

最近几年，超强台风频繁登陆我国。例如，2017 年 8 月 23 日，超强台风"天鸽"在我国珠海南部沿海登陆（韩晶，2019），登陆时中心附近最大风力达 14 级（45m/s），广东珠三角及沿海地区出现 11~14 级大风，珠海、澳门、香港和珠江口等地阵风达 16~17 级，局地超过 17 级。受其影响，广东西南部和沿海地区、广西东南部、福建东南部等地累计降水量超过 100mm，其中广东江门和茂名、广西玉林局地达 250~361mm，珠江口沿海地区出现 50~310cm 的风暴潮。台风"天鸽"造成福建、广东、广西、贵州和云南等省受灾。截至 8 月 25 日 9 时统计，总共有 74.1 万人受灾，直接经济损失 121.8 亿元。此外，台风"天鸽"还重创澳门，导致 10 人遇难，244 人受伤，经济损失达 114.7 亿澳门元。2018 年超强台风"山竹"（王晓雅等，2019）于 9 月 16 日 17 时在广东台山海宴镇登陆，登陆时中心附近最大风力 14 级，中心最低气压 955hPa，造成广东、广西、海南、湖南、贵州 5 省（区）近 300 万人受灾，160.1 万人紧急避险转移和安置，直接经济损失 52 亿元。

10.5.2　台风降水

1961~2010 年 5~10 月中国台风降水量呈下降趋势（房永生等，2015），减幅为 1.7%/10a，台风降水频次呈显著下降趋势，减幅为 4.8%/10a，台风降水强度呈显著上升趋势，增幅为 3.1%/10a。因此，台风降水量减少主要是台风降水频次减少引起的，台风降水强度增幅小于台风降水频次的减少幅度。Ren 等（2006）统计了 1957~2004 年影响中国的台风年降水量和降水日数，指出中国台风年降水总量呈显著减少趋势，台风降水频次与降水量的时间序列比较类似，相关程度为 0.94。

然而，就沿海地区而言，台风引发的降水却呈上升趋势。图 10-27 给出我国东南沿海地区降水量变化的时间序列。从线性趋势上来看，总降水量、TC 降水量、非 TC 降水量均呈上升趋势，其增加值分别为 5.07mm/a、3.37mm/a 和 1.71mm/a，其中总降水量和 TC 降水量均显著增加，而非 TC 降水量增加趋势不明显。从降水量的年代际变化看，主要表现为 20 世纪 90 年代降水量突然增加，分别对上述序列做 Mann-Kendall 突变检测后证实：我国东南沿海地区平均降水量在 1994 年前后突然增加（两检验曲线相交，且交点位于 0 以上），TC 降水量呈一致增加趋势，90 年代 TC 降水量显著增加，但突变特征相比总降水量并不明显；而非 TC 降水量在 80 年代呈下降趋势，90 年代降水量上升，在 2000 年前后两统计曲线相交，且之后实线并未通过 95% 信度检验，表明无明显突变过程。

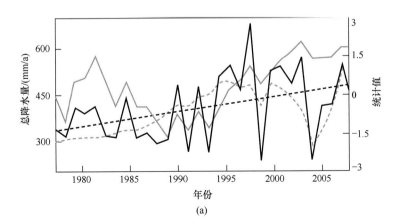

(a)

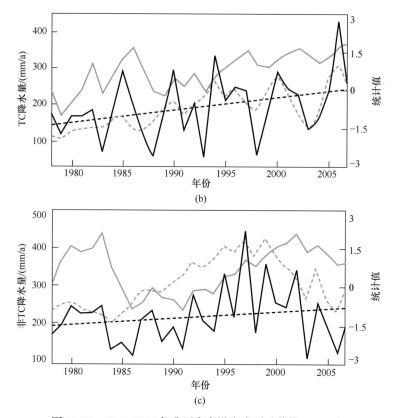

图 10-27　1978~2007 年我国东南沿海盛夏（黄伟，2013）

（a）总降水量、（b）TC 降水量、（c）非 TC 降水量的时间序列（实线）及线性趋势虚线。灰实线和灰虚线分别为
Mann-Kendall 突变检测中的 UF 和 UB 统计曲线，统计量通过 5% 信度检验

实际上，我国台风降水的变化有其独特的多样性和复杂性。研究结果显示（Ying et al.，2011），长江流域以南地区 TC 所造成的降水量以及 TC 期间的小时极值雨量都呈现增加趋势。TC 在我国东南沿海地区造成的极端降水在最近 60 年呈现增加趋势（Qiu et al.，2019；Zhang J Y et al.，2013），海南岛的情况则和我国东南沿海地区不同，总体而言，该区域极端降水呈现微弱的减少趋势（Jiang et al.，2018；刘通易等，2013）。TC 活动还造成东亚季风区降水变化变得更加复杂（Su et al.，2015；Chang et al.，2012），TC 活动造成的降水和季风降水有着不一样的变化趋势。并且，TC 降水的变化在我国东南地区呈现出显著的年代际特征（Li and Zhou，2015）。

10.5.3　变化成因与物理机制

影响西太平洋热带气旋活动的物理因子有很多。季风环流与西北太平洋热带气旋活动具有密切联系。在东亚夏季风偏强年份，西北太平洋地区热带气旋频次偏多，而在东亚夏季风偏弱年份，同期热带气旋频次异常偏少而后期趋于正常。南极涛动、北极涛动、亚洲－太平洋涛动、北太平洋涛动、PDO 等主要大气模态与热带气旋活动同样存在密切联系（蔡晓杰等，2013；Zhou et al.，2008；Wang and Fan，2007；Wang et al.，2007）。夏季北大西洋涛动与西北太平洋热带气旋频次之间的关系在 20 世纪 80 年代出现由弱转强的年代际变化特征（Zhou and Cui，2014）。热带 Hadley 环流同样影响着夏季西北太平洋热带气旋频次变化。春季 Hadley 环流偏强时，西北太平洋热带气旋频次偏少，呈现显著的负相关关系（Zhou and Cui，2008）。在全球变暖背景下，Hadley 环流的增强是导致夏季西北太平洋热带气旋偏少的原因之一。

ENSO 对西北太平洋热带气旋的生成位置和强度有重要的调制作用。El Niño 年，西北太平洋热带气旋生成位置异常偏东，强度较强且东北转向路径较多，而 La Niña 年则正好相反。这主要因为 El Niño 年，赤道西风加强，有利于季风槽东移和低层切变涡旋加强，同时日界线附近的垂直切变减小，这些动力条件导致西北太平洋热带气旋生成位置东移，强度偏强。虽然 ENSO 对西北太平洋热带气旋活动有重要影响，但是 ENSO 与该海域总的热带气旋生成频次却没有典型的相关性。其可能与 ENSO 的强度无关（Zhan et al.，2018），而与 ENSO 的不同增暖型有关（Wu et al.，2018；Chen and Tam，2010），即与 El Niño 是经典的东部增暖型还是中部增暖型（也称为 El Niño Modoki）有关。当 El Niño 为中部增暖型时，在副热带地区会激发出异常的反气旋，而在赤道中太平洋为异常的气旋，这种配置有利于西北太平洋地区热带气旋生成偏多。

印度洋海温，尤其是东印度洋海温对西北太平洋热带气旋生成频次也具有重要作用（陶丽和程守长，2012；Du et al.，2011；Zhan et al.，2011a，2011b）。当东印度洋海温偏暖（冷）时，西北太平洋热带气旋生成偏少（多）。当东印度洋偏暖时，一方面减小了海陆热力差异，导致东亚和西北太平洋夏季风偏弱，相应的季风槽偏弱；另一方面激发了一个东传的暖开尔文波，使得赤道西北太平洋地区表面气压下降，通过气流补偿，引起赤道外地区异常辐散运动和异常反气旋性涡度增加，导致下沉运动和中层偏干。季风槽减弱和赤道外地区动力条件的变化都不利于西北太平洋热带气旋生成（Zhan et al.，2011a，2011b）。大西洋海温与西北太平洋热带气旋生成频次之间存在显著的负相关（Yu et al.，2016；Huo et al.，2015）。大西洋海温主要通过两种途径影响热带气旋生成，其一是通过 Gill 型罗斯贝波西传，影响赤道中东太平洋海温，进而影响西北太平洋局地热动力条件；其二是通过 Gill 型开尔文波东传，影响印度洋海温，进而调控西北太平洋局地环流。

一些研究也揭示了南半球海温对西北太平洋热带气旋活动的作用。Zhou 和 Cui（2011）的工作表明，春季澳大利亚东侧海温与西北太平洋热带气旋生成频次之间存在显著的负相关。进一步，Zhan 等（2013）在研究中指出，春季太平洋南北半球海温梯度（西南太平洋和西北太平洋暖池之间的海温之差）对西北太平洋热带气旋的生成和强度都具有重要的影响，可以解释随后台风季节热带气旋生成频次总方差的近 53%，这可能与海气相互作用对局地环流的激发和影响有关。

海温对热带气旋年际变化的影响存在显著的年代际跃变。近 60 年来，东印度洋海温、春季南北半球海温梯度、中部型 ENSO、大西洋海温对西北太平洋热带气旋活动的影响存在加强的趋势（Liu and Chen，2018；Cao et al.，2016；Zhao et al.，2016；Zhan et al.，2014）。究其原因，其一方面与全球变暖下关键区海温增暖加剧同时范围迅速扩展有关，另一方面可能与近年来中部型 ENSO 明显增多有关。

近年来，对 1998 年以来西北太平洋热带气旋显著偏少的机理进行了深入研究，取得了一系列新的认识（Huangfu et al.，2018；Zhang W et al.，2018；Zhao et al.，2018b；Takahashi et al.，2017；He et al.，2015；Wu et al.，2015；Hsu et al.，2014）。这些研究一致认为，近年来热带气旋显著减少主要是由西北太平洋地区垂直风切变大、低层相对涡度减少导致的，然而对于引起西北太平洋地区局地热动力条件变化的机理存在明显分歧。一些研究认为，这可能与全球变暖和气溶胶等外强迫因子有关（Takahashi et al.，2017；Wu et al.，2015），而更多研究则认为，这应该由气候内部变率的影响所致，如太平洋年代际振荡或大西洋年代际振荡（Huangfu et al.，2018；Zhang W et al.，2018；Zhao et al.，2018b）。

西北太平洋热带气旋路径向西北移动的趋势造成影响东亚的热带气旋的强度明显加强（Zhao et al.，2018a；Zhan et al.，2017；Mei and Xie，2016；Mei et al.，2015）。在全球变化背景下，西北太平洋局地增暖加剧，范围北扩，相应的热带气旋最大潜势强度增加，有利于热带气旋强度加强（Zhan et al.，2017；Mei and Xie，2016；Mei et al.，2015）。近年来，太平洋海温呈拉尼娜型分布也对热带气旋路径向西北移动且东亚强台风增多有重要影响。这种海温分布（Zhao et al.，2018b；Zhan et al.，2017）可以加大西太平洋西部热带气旋最大潜势强度，抑制西太平洋东部动力作用，进而导致热带气旋活动在西部加强，而在东部受到抑制。

10.6　强对流天气事件

强对流天气是指伴随雷暴现象的对流性大风（≥17.2m/s）、冰雹、短时强降水。本节所述强对流天气事件包括雷暴、龙卷风和冰雹。结合长期变化和典型个例分析，评估雷暴、龙卷风和冰雹等强对流天气事件的变化及新特点，包括强度、频次、破坏力等。近些年，针对强对流天气事件长期变化的研究比较少，所以评估结论还有很大的不确定性。

10.6.1　雷暴

中国雷暴主要发生在暖季（4~9 月），尤以 6~9 月为盛，这些暖季月份的雷暴时间占全年总雷暴时间的 84%（Zhang et al.，2017）。从日变化来看，大部分的雷暴时间发生在本地时间的中午到日落之前，这主要是受到太阳短波辐射日变化的影响。中国的雷暴事件主要分布于青藏高原东部、云南中南部、四川、华南、长江中下游地区等地（中国气象局气候变化中心，2019）。华南地区是雷暴日数最多的区域，在一些站点每年有超过 80 天的雷暴天气。从南到北，雷暴日数逐渐减少。中国北方地区每年的雷暴日数不足 40 天，新疆、甘肃、宁夏等地的雷暴日数更少。值得注意的是，青藏高原东侧和东南侧的雷暴日数也比较多，在一些站点超过 60 天（Zhang et al.，2017）。

1961~2010 年，中国平均的雷暴事件和雷暴日数均表现出持续性下降的趋势

（Zhang et al.，2017）。20 世纪 60 年代，每年平均有 45 天雷暴日数；之后以每 10 年 2.82 天的递减率下降，2010 年的雷暴日数大概在 34 天。与此同时，雷暴事件也从 20 世纪 60 年代的 100 次减少到不如 50 次（2010 年），大约每 10 年减少 10 次（图 10-28）。

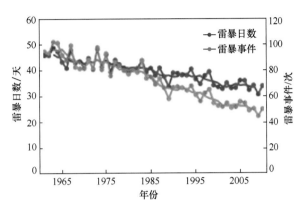

图 10-28　1961~2010 年中国雷暴日数和雷暴事件及其 5 年滑动平均（Zhang et al.，2017）

需要注意的是，在中国的不同区域，雷暴日数的长期变化趋势也表现出局地特征。华北地区以北京市观象台为例，1961~2018 年北京市观象台年雷暴日数呈显著下降趋势，平均每 10 年减少 1.5 天 [图 10-29（a）]。其中，2014~2016 年，北京雷暴日数有短暂的回升，但是 2017~2018 年又开始下降，2018 年的雷暴日数仅有 23 天，较常年值偏少 2.1 天。中国东北地区（哈尔滨市气象台）的年雷暴日数无明显的线性变化趋势，主要表现为年代际变化特征，20 世纪 70 年代雷暴日数以偏少为主，80 年代中期至 90 年代中期偏多，之后转为偏少 [图 10-29（b）]。从 20 世纪 90 年代开始，哈尔滨市气象台观测到的雷暴日数保持在 25~40 天，年际变化强度也比之前小。在华东地区，上海徐家汇观象台年雷暴日数表现为弱的减少趋势，但 2015 年以来异常偏多 [图 10-29（c）]。中国东南部地区雷暴和闪电活动显著增加（Yang and Li，2014），如香港天文台年雷暴日数呈显著增加趋势，平均每 10 年增多 2.8 天 [图 10-29（d）]。

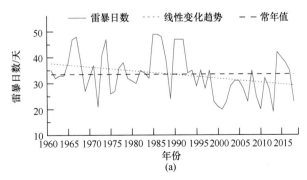

(a)

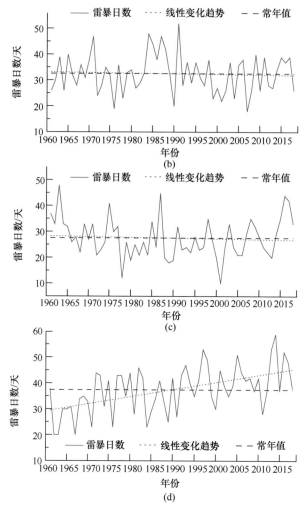

图 10-29　1961~2018 年北京市观象台（a）、哈尔滨市气象台（b）、上海徐家汇观象台（c）和香港天文台（d）雷暴日数（中国气象局气候变化中心，2019）

10.6.2　龙卷风

中国的龙卷风大多数发生在东北平原地区，包括长江流域、华北平原、东北平原以及东南部的一些省份。沿海和南部省份的龙卷风个数要明显偏多，其中江苏、上海是龙卷风发生频率最密集的区域，1948~2012 年大概发生过 50 个龙卷风（Chen et al.，2017）。珠三角，包括广东和海南，也是龙卷风频发的区域，1948~2012 年发生过超过 20 个龙卷风。东北平原在 1948~2012 年有超过 10 个龙卷风发生，也属于龙卷风发生较为频繁的区域。相反，在广阔的内陆区域，龙卷风很少。强龙卷风（F3 和 F4 级）集中在中国东部沿海的一个狭长的区域（包括江苏、浙江北部和上海）。仅有少数强龙卷风零星地分布在南部沿海（广东）和东北三省。在内陆地区，多年来没有强龙卷风发生。

　　从 1948~2012 年每年发生在中国的不同等级（F1、F2、F3 和 F4 级）的龙卷风个数来看，1948~1960 年，龙卷风的总个数快速增加，之后稳定增长（Chen et al.，2017）。在龙卷风最多的年份，有大约 200 个龙卷风发生。超过 F1 等级的龙卷风个数的变化趋势和总个数类似。20 世纪 80 年代之前，强度超过 F2 等级的龙卷风个数表现出缓慢增长的趋势，之后在每年 10 个左右波动。强度大于 F3 等级的龙卷风很少，一般每年不超过 4 个。长江中下游和东北地区的龙卷风个数明显多于其他区域。从逐月的变化来看，龙卷风一般多发于暖季，大约 80% 的龙卷风发生在 6~9 月，其中又以 7 月的龙卷风最多。在大部分区域，发生在 7 月的龙卷风能够占到全年的 30%~40%（Yao et al.，2015）。

10.6.3　冰雹

　　在中国，冰雹更容易发生在山地、丘陵区域，冰雹的发生频率在山地和平原交界处表现出很大的梯度。冰雹发生频率最高的地区在青藏高原中部被观测到，第二高值区在西北内陆。1980~2015 年，那曲站观测到了最高的冰雹发生频率（图 10-30），为每年 37.6 次（Li X F et al.，2018）。此外，冰雹在中国北方比在南方更加容易发生。冬季，冰雹灾害主要发生在长三角到云贵高原一线，冰雹直径比较小。春季，冰雹开始变得频发起来，尤其是在以南的中国区域。夏季，冰雹多发区随着雨带北移，到达华北和东北地区。秋季，冰雹减少，为数不多的冰雹发生在京津冀和甘肃东部。虽然，冰雹的发生频次从高地形向平原递减，但冰雹的平均直径却随着地形高度的抬升而减小。平均直径大于 20mm 的冰雹大多数发生于平原地区。在高原，冰雹的直径大都小于 10mm（Ni et al.，2016，2017）。

图 10-30　年平均（1980~2015 年）的冰雹发生频率（Li X F et al.，2018）

　　1960~1980 年，中国平均的冰雹日数较为稳定，但是在 20 世纪 80 年代之后冰雹日数表现为持续性的下降趋势（图 10-31）。从地理分布来看，在绝大部分站点（87%），冰雹日数是减少的。但在个别站点，能够观测到冰雹日数增加的情况，但增加的趋势并不显著。在中国东北、华北、西北和西南区域，冰雹日数的下降趋势是非常明显的，每 10 年分别下降 0.3 天、0.3 天、0.3 天、0.7 天，而在长江流域、华南地区的下降趋势则没有那么显著（Li et al.，2016）。冰雹的危害往往来自巨大的冰块颗粒。直径大于 20mm 的冰雹的平均直径也在下降，大约每 10 年缩小 1.7mm（Ni et al.，

2017）。冰雹直径缩小的趋势从 20 世纪 90 年代开始，1980~1997 年的平均直径为 31.9mm，而 1998~2015 年的平均直径仅有 28.4mm。直径大于 10mm 的冰雹的平均直径每 10 年的递减率为 0.7mm。对应 1980~1997 年和 1998~2015 年的平均直径分别为 18.7mm 和 17.2mm（Ni et al.，2017）。

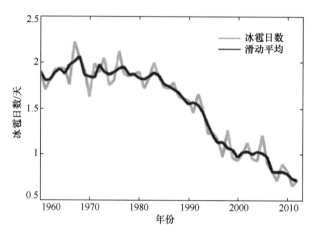

图 10-31　1961~2012 年中国平均冰雹日数及其 5 年滑动平均（Li et al.，2016）

▪ 参考文献

敖婷 . 2014. 青藏高原及周边区域热力特征与异常对东亚降水的影响 . 北京：中国气象科学研究院 .

白晓兰，魏加华，解宏伟 . 2017. 三江源区干湿变化特征及其影响 . 生态学报，37（24）：8397-8410.

蔡晓杰，姜华，王辉，等 . 2013. 西北太平洋热带气旋与上层海洋热含量的关系 . 海洋学报，35（3）：28-35.

曹博，张勃，马彬，等 . 2018. 基于 SPEI 指数的长江中下游流域干旱时空特征分析 . 生态学报，38（17）：280-289.

陈活泼 . 2013. CMIP5 模式对 21 世纪末中国极端降水事件变化的预估 . 科学通报，58（8）：743-752.

成晔，高尧，田敏，等 . 2019. 1949~2017 年间西北太平洋热带气旋变化特征初探 . 海洋湖沼通报，（1）：31-38.

迟潇潇 . 2016. 1960—2009 年中国极端降水时空特征及风险分析 . 上海：上海师范大学 .

房永生，黄菲，陈月亮，等 . 2015. 夏半年中国总降水、极端降水及台风降水的趋势分析 . 中国海洋大学学报（自然科学版），45（6）：12-18.

高蓓，姜彤，苏布达，等 . 2014. 基于 SPEI 的 1961—2012 年东北地区干旱演变特征分析 . 中国农业气象，35（6）：656-662.

高晶，高辉 . 2015. 副热带东南太平洋海温对东北夏季降水的影响及可能机制 . 大气科学，39（5）：967-977.

高荣，宋连春，钟海玲 . 2018. 2016 年汛期中国降水极端特征及与 1998 年对比 . 气象，44（5）：699-703.

公衍铎 . 2018. 中国中东部暖季降水与极端强降水时空分布特征研究 . 北京：中国气象科学研究院 .

龚道溢，王绍武，朱锦红 . 2004. 北极涛动对中国冬季日气温方差的显著影响 . 科学通报，49（5）：487-492.

顾西辉，张强，孔冬冬 . 2016. 中国极端降水事件时空特征及其对夏季温度响应 . 地理学报，71（5）：718-730.

韩晶 . 2019. 台风山竹和天鸽对珠海沿海风暴潮增水影响 . 吉林水利，（8）：47-49，53.

韩兰英，张强，贾建英，等 . 2019. 气候变暖背景下中国干旱强度、频次和持续时间及其南北差异性 . 中国沙漠，39（5）：1-10.

韩兰英，张强，姚玉璧，等 . 2014. 近 60 年中国西南地区干旱灾害规律与成因 . 地理学报，69（5）：632-639.

贺冰蕊，翟盘茂 . 2018. 中国 1961—2016 年夏季持续和非持续性极端降水的变化特征 . 气候变化研究进展，14（5）：437-444.

胡顺起，曹张弛，刘婷婷 . 2017. 华北地区极端干旱事件的变化特征 . 气象与环境科学，40（4）：121-125.

胡学平，王式功，徐平平，等 . 2014. 2009—2013 年中国西南地区连续干旱的成因分析 . 气象，40（10）：1216-1229.

黄荣辉，刘永，王林，等 . 2012. 2009 年秋至 2010 年春我国西南地区严重干旱的成因分析 . 大气科学，36（3）：443-457.

黄伟 . 2013. 近 30 年影响我国东南沿海的热带气旋降水强度变化特征分析 . 气候与环境研究，18（4）：507-516.

冀钦，杨建平，陈虹举 . 2018. 1961—2015 年青藏高原降水量变化综合分析 . 冰川冻土，40（6）：1090-1099.

贾艳青，张勃，马彬，等 . 2018. 1960—2015 年中国西南地区持续性干旱事件时空演变特征 . 干旱区资源与环境，32（5）：171-176.

简茂球，乔云亭 . 2012. 华南秋旱的大气环流异常特征 . 大气科学，36（1）：204-214.

靳俊芳 . 2015. 近 50a 来我国东部季风区典型城市极端气候事件与城市内涝研究 . 西安：陕西师范大学 .

景丞，姜彤，王艳君，等 . 2016. 中国区域性极端降水事件及人口经济暴露度研究 . 气象学报，74（4）：572-582.

孔锋，吕丽莉，方建，等 . 2017a. 中国不同强度暴雨年代际时空演变特征（1951—2010）. 首都师范大学学报（自然科学版），38（5）：75-85.

孔锋，史培军，方建，等 . 2017b. 全球变化背景下极端降水时空格局变化及其影响因素研究进展和展望 . 灾害学，32（2）：165-174.

况雪源，王遵娅，张耀存，等 . 2014. 中国 50 年来群发性高温事件的识别及统计特征 . 地球物理学报，57（6）：1782-1791.

李德琳，肖子牛，周秀华，等 . 2015. 西北太平洋热带气旋生成数在 1990 年代中期发生突变的气候环境特征分析 . 热带气象学报，31（3）：323-332.

李红梅，李林，李万志 . 2018. 气象干旱监测指标在青海高原的适用性分析 . 干旱区研究，35（1）：

114-121.

李建，宇如聪，孙微 . 2013. 从小时尺度考察中国中东部极端降水的持续性和季节特征 . 气象学报，71
（4）：652-659.

李明，胡炜霞，张莲芝，等 . 2018. 基于 SPEI 的东北地区气象干旱风险分析 . 干旱区资源与环境，32
（7）：134-139.

李淑萍，侯威，封泰晨 . 2015. 近 52 年长江中下游地区夏季年代际尺度干湿变化及其环流演变分析 .
大气科学，39（5）：885.

李威，翟盘茂 . 2009. 中国极端强降水日数与 ENSO 的关系 . 气候变化研究进展，5（6）：336-342.

李伟光，易雪，侯美亭，等 . 2012. 基于标准化降水蒸散指数的华南干旱趋势研究 . 自然灾害学报，21
（4）：84-90.

李耀辉，翟颖佳 . 2013. 青藏高原夏季旱涝与大尺度环流的关系 . 干旱气象，31（4）：845-858.

李忆平，李耀辉 . 2017. 气象干旱指数在中国的适应性研究进展 . 干旱气象，35（5）：709-723.

李韵婕，任福民，李忆平，等 . 2014. 1960—2010 年中国西南地区区域性气象干旱事件的特征分析 .
气象学报，72（2）：266-276.

梁丰，刘丹丹，徐红梅，等 . 2018. 不同干旱指数集对 1961—2009 年东北地区干旱描述的比较 . 水土
保持研究，25（1）：183-189.

梁晶晶，张勃，马彬，等 . 2018. 基于日值 SPEI 的青藏高原干旱演变特征 . 冰川冻土，40（6）：1100-
1109.

梁苏洁，丁一汇，赵南，等 . 2014. 近 50 年中国大陆冬季气温和区域环流的年代际变化研究 . 大气科
学，38（5）：974-992.

林琳 . 2013. 近年我国主要气象灾害影响特征分析 . 兰州：兰州大学 .

刘通易，吴立广，张娇艳，等 . 2013. 1965—2010 年 7—9 月影响中国的热带气旋降水变化趋势分析 .
气象学报，71（1）：63-75.

刘维成，张强，傅朝 . 2017. 近 55 年来中国西北地区降水变化特征及影响因素分析 . 高原气象，36
（6）：1533-1545.

刘占明，陈子燊，黄强，等 . 2013. 7 种干旱评估指标在广东北江流域应用中的对比分析 . 资源科学，
35（5）：1007-1015.

刘志雨，夏军 . 2016. 气候变化对中国洪涝灾害风险的影响 . 自然杂志，38（3）：177-181.

龙妍妍，范广洲，段炼，等 . 2016. 中国近 54 年来夏季极端降水事件特征研究 . 气候与环境研究，21
（4）：429-438.

吕宗恕，赵盼盼 . 2013. 首份中国城市内涝报告：170 城市不设防 340 城市不达标 . 中州建设，15：56-
57.

马柱国，符淙斌，杨庆，等 . 2018. 关于我国北方干旱化及其转折性变化 . 大气科学，42（4）：951-
961.

宁亮，钱永甫 . 2008. 中国年和季各等级日降水量的变化趋势分析 . 高原气象，27（5）：1010-1020.

裴琳，严中伟，杨辉 . 2015. 400 多年来中国东部旱涝型变化与太平洋年代际振荡关系 . 科学通报，60
（1）：97-108.

彭京备，张庆云，布和朝鲁 . 2007. 2006 年川渝地区高温干旱特征及其成因分析 . 气候与环境研究，

12（3）：464-474.

秦大河 . 2015. 中国极端天气气候事件和灾害风险管理与适应国家评估报告 . 北京：科学出版社 .

任国玉，袁玉江，柳艳菊，等 . 2016. 我国西北干燥区降水变化规律 . 干旱区研究，33（1）：1-19.

谭畅，孔锋，郭君，等 . 2018. 1961—2014 年中国不同城市化地区暴雨时空格局变化——以京津冀、
　　长三角和珠三角地区为例 . 灾害学，33（3）：132-139.

陶丽，程守长 . 2012. 印度洋海盆增暖及 ENSO 对西北太平洋热带气旋活动的影响 . 大气科学，36
　　（6）：1223-1235.

田沁花，周秀骥，勾晓华，等 . 2012. 祁连山中部近 500 年来降水重建序列分析 . 中国科学：地球科
　　学，42（4）：536-544.

王炳钦，江源，董满宇，等 . 2016. 1961—2010 年北方半干旱区极端降水时空变化 . 干旱区研究，33
　　（5）：913-920.

王春林，邹菊香，麦北坚，等 . 2015. 近 50 年华南气象干旱时空特征及其变化趋势 . 生态学报，35
　　（3）：595-602.

王劲松，李忆平，任余龙，等 . 2013. 多种干旱监测指标在黄河流域应用的比较 . 自然资源学报，28
　　（8）：1337-1349.

王苗 . 2011. 我国东部极端降水变化特征及成因分析 . 南京：南京信息工程大学 .

王耸，高西宁，肖瑶，等 . 2017. 1961—2010 年中国降水量变化分区及其区域特征 . 干旱地区农业研
　　究，35（6）：284-293.

王素萍，王劲松，张强，等 . 2015. 几种干旱指标对西南和华南区域月尺度干旱监测的适用性评价 . 高
　　原气象，34（6）：1616-1624.

王素艳，郑广芬，杨洁，等 . 2012. 几种干旱评估指标在宁夏的应用对比分析 . 中国沙漠，32（2）：
　　517-524.

王涛，杨保，Braeuning A，等 . 2004. 近 0.5ka 来中国北方干旱半干旱地区的降水变化分析 . 科学通
　　报，49（9）：883-887.

王文，李亮，蔡晓军 . 2015. CI 指数及 SPEI 指数在长江中下游地区的适用性分析 . 热带气象学报，31
　　（3）：403-416.

王晓娟，龚志强，任福民，等 . 2012. 1960—2009 年中国冬季区域性极端低温事件的时空特征 . 气候
　　变化研究进展，8（1）：8-15.

王晓娟，龚志强，沈柏竹，等 . 2013. 近 50 年中国区域性极端低温事件频发期的气候特征对比分析研
　　究 . 气象学报，71（6）：1061-1073.

王晓雅，蒋卫国，邓越，等 . 2019. "山竹"台风影响地区的小时降雨动态变化及危险性动态评估 . 灾
　　害学，34（3）：202-208.

王亚许，孙洪泉，吕娟，等 . 2016. 典型气象干旱指标在东北地区的适用性分析 . 中国水利水电科学研
　　究院学报，14（6）：425-430.

武文博 . 2017. 中国东部夏季极端降水事件及可能原因分析 . 南京：南京信息工程大学 .

熊光洁，王式功，李崇银，等 . 2014. 三种干旱指数对西南地区适用性分析 . 高原气象，33（3）：686-
　　697.

熊敏诠 . 2017. 近 60 年中国日降水量分区及气候特征 . 大气科学，41（5）：933-948.

荀学义，胡泽勇，崔桂凤，等 . 2018. 青藏高原季风对我国西北干旱区气候的影响 . 气候与环境研究，23（3）：311-320.

杨金虎，江志红，王鹏祥，等 . 2008. 中国年极端降水事件的时空分布特征 . 气候与环境研究，13（1）：75-83.

杨莲梅，张庆云 . 2008. 北大西洋涛动对新疆夏季降水异常的影响 . 大气科学，（5）：1187-1196.

杨庆，李明星，郑子彦，等 . 2017. 7 种气象干旱指数的中国区域适应性 . 中国科学：地球科学，47（3）：337-353.

姚玉璧，张强，王劲松，等 . 2014. 中国西南干旱对气候变暖的响应特征 . 生态环境学报，23（9）：1409-1417.

尹晗，李耀辉 . 2013. 我国西南干旱研究最新进展综述 . 干旱气象，31（1）：182-193.

於琍，徐影，张永香 . 2018. 近 25 a 中国暴雨及其引发的暴雨洪涝灾害影响的时空变化特征 . 暴雨灾害，37（1）：67-72.

曾刚，高琳慧 . 2017. 华南秋季干旱的年代际转折及其与热带印度洋热含量的关系 . 大气科学学报，40（5）：596-608.

翟盘茂，刘静 . 2012. 气候变暖背景下的极端天气气候事件与防灾减灾 . 中国工程科学，14（9）：55-63.

翟盘茂，邹旭恺 . 2005. 1951—2003 年中国气温和降水变化及其对干旱的影响 . 气候变化研究进展，1（1）：16-18.

章大全，张璐，杨杰，等 . 2010. 近 50 年中国降水及温度变化在干旱形成中的影响 . 物理学报，59（1）：655-663.

张焕 . 2010. 中国大陆东部小时降水气候学分布及其变化特征 . 北京：中国气象科学研究院 .

张庆云，卫捷，陶诗言 . 2003. 近 50 年华北干旱的年代际和年际变化及大气环流特征 . 气候与环境研究，8（3）：307-318.

赵新来，李文龙，Guo X L，等 . 2017. Pa、SPI 和 SPEI 干旱指数对青藏高原东部高寒草地干旱的响应比较 . 草业科学，34（2）：273-282.

郑景云，方修琦，吴绍洪 . 2018. 中国自然地理学中的气候变化研究前沿进展 . 地理科学进展，37（1）：16-27.

郑然，李栋梁 . 2016. 1971—2011 年青藏高原干湿气候区界线的年代际变化 . 中国沙漠，36（4）：1106-1115.

中国气象局气候变化中心 . 2019. 中国气候变化蓝皮书（2019）. 北京：中国气象局 .

中华人民共和国质量监督检验检疫总局，中国国家标准化管理委员会 . 2017. 气象干旱等级（GB/T 20481—2017）. 北京：中国标准出版社 .

周丹，张勃，罗静，等 . 2014. 基于 SPEI 的华北地区近 50 年干旱发生强度的特征及成因分析 . 自然灾害学报，23（4）：192-202.

邹用昌，杨修群，孙旭光，等 . 2009. 我国极端降水过程频数时空变化的季节差异 . 南京大学学报（自然科学版），45（1）：98-109.

Beguería S，Vicente-Serrano S M，Reig F，et al. 2014. Standardized precipitation evapotranspiration index（SPEI）revisited：parameter fitting，evapotranspiration models，tools，datasets and drought monitoring. International Journal of Climatology, 34（10）: 3001-3023.

Cao X, Chen S, Chen G, et al. 2016. Intensified impact of northern tropical Atlantic SST on tropical cyclogenesis frequency over the western North Pacific after the late 1980s. Advances in Atmospheric Sciences, 33（8）: 919-930.

Chang C P, Lei Y H, Sui C H, et al. 2012. Tropical cyclone and extreme rainfall trends in East Asian summer monsoon since mid-20th century. Geophysical Research Letters, 39（18）: L18702.

Chen G, Huang R. 2012. Excitation mechanisms of the teleconnection patterns affecting the July precipitation in Northwest China. Journal of Climate, 25（22）: 7834-7851.

Chen G, Tam C Y. 2010. Different impacts of two kinds of Pacific Ocean warming on tropical cyclone frequency over western North Pacific. Geophysical Research Letters, 37（1）: L01803.

Chen H, Sun J. 2015a. Drought response to air temperature change over China on the centennial scale. Atmospheric Oceanic Science Letters, 8（3）: 113-119.

Chen H, Sun J. 2015b. Changes in drought characteristics over China using the standardized precipitation evapotranspiration index. Journal of Climate, 28（13）: 5430-5447.

Chen H, Sun J. 2017. Anthropogenic warming has caused hot droughts more frequently in China. Journal of Hydrology, 544: 306-318.

Chen J, Cai X, Wang H Y, et al. 2017. Tornado Climatology of China. International Journal of Climatology, 38（7）: 2478-2489.

Chen Y, Zhai P. 2013. Persistent extreme precipitation events in China during 1951—2010. Climate Research, 57（2）: 143-155.

Chen Z, Yang G. 2013. Analysis of drought hazards in North China: distribution and interpretation. Natural Hazards, 65（1）: 279-294.

Ding Y, Wang Z, Song Y, et al. 2008b. The unprecedented freezing disaster in January 2008 in Southern China and its possible association with the global warming. Acta Meteorologica Sinica, 22（4）: 538-558.

Ding Y, Wang Z, Sun Y. 2008a. Inter-decadal variation of the summer precipitation in East China and its association with decreasing Asian summer monsoon. Part I: observed evidences. International Journal of Climatology, 28（9）: 1139-1161.

Dong B, Sutton R, Chen W, et al. 2016. Abrupt summer warming and changes in temperature extremes over Northeast Asia since the mid-1990s: drivers and physical processes. Advances in Atmospheric Sciences, 33（9）: 1005-1023.

Du Y, Yang L, Xie S. 2011. Tropical Indian ocean influence on Northwest Pacific Tropical Cyclones in summer following strong El Niño. Journal of Climate, 24（1）: 315-322.

Fetterer F, Knowles K, Meier W, et al. 2017. Sea Ice Index. Version 3. Boulder: National Snow and Ice Data Center.

Han T, Chen H, Wang H. 2016. Recent changes in summer precipitation in Northeast China and the background circulation. International Journal of Climatology, 35（14）: 4210-4219.

He H, Yang J, Gong D, et al. 2015. Decadal changes in tropical cyclone activity over the western North

Pacific in the late 1990s. Climate Dynamics, 45（11-12）: 3317-3329.

Hong X, Lu R, Li S. 2017. Amplified summer warming in Europe-West Asia and Northeast Asia after the mid-1990s. Environmental Research Letters, 12（9）: 094007.

Hsu P C, Chu P S, Murakami H, et al. 2014. An abrupt decrease in the late-season typhoon activity over the Western North Pacific. Journal of Climate, 27（11）: 4296-4312.

Huang Q, Qiang Z, Singh V P, et al. 2017. Variations of dryness/wetness across China: changing properties, drought risks, and causes. Global Planetary Change, 155: 1-12.

Huang Y, Wang H, Fan K, et al. 2015. The western Pacific subtropical high after the 1970s: westward or eastward shift? Climate Dynamics, 44（7-8）: 2035-2047.

Huangfu J L, Huang R H, Chen W. 2018. Interdecadal variation of tropical cyclone genesis and its relationship to the convective activities over the central Pacific. Climate Dynamics, 50（3-4）: 1439-1450.

Huo L, Guo P, Hameed S N, et al. 2015. The role of tropical Atlantic SST anomalies in modulating western North Pacific tropical cyclone genesis. Geophysical Research Letters, 42（7）: 2378-2384.

IPCC. 2012. Summary for Policymakers. Managing the Risks of Extreme Events and Disasters to Advance Climate Change Adaptation. Cambridge: Cambridge University Press.

IPCC. 2013. Climate Change 2013: the Physical Science Basis. Contribution of Working Group I to the Fifth Assessment Report of the Intergovernmental Panel on Climate Change. Cambridge: Cambridge University Press.

Jiang R, Xie J, He H, et al. 2015. Use of four drought indices for evaluating drought characteristics under climate change in Shaanxi, China: 1951—2012. Natural Hazards, 75（3）: 2885-2903.

Jiang X, Luo Y, Zhang D, et al. 2020. Urbanization enhanced summertime extreme hourly precipitation over the Yangtze River Delta. Journal of Climate, 33（13）: 5809-5826.

Jiang X, Ren F, Li Y J, et al. 2018. Characteristics and preliminary causes of tropical cyclone extreme rainfall events over Hainan Island. Advances in Atmospheric Sciences, 35（5）: 580-591.

Kang S, Eltahir E A B. 2018. North China Plain threatened by deadly heatwaves due to climate change and irrigation. Nature Communications, 9（1）: 897-909.

Keyantash J, Dracup J A. 2002. The quantification of drought: an evaluation of drought indices. Bulletin of the American Meteorological Society, 83（8）: 1167-1180.

Kong Q, Guerreiro S B, Blenkinsop S, et al. 2020. Increases in summertime concurrent drought and heatwave in Eastern China. Extreme Weather & Climate Change, 28: 100242.

Li H X, Chen H P, Wang H J, et al. 2018. Can Barents Sea ice decline in spring enhance summer hot drought events over northeastern China? Journal of Climate, 31（12）: 4705-4725.

Li H X, He S P, Gao Y Q, et al. 2020. North Atlantic modulation of interdecadal variations in hot drought events over northeastern China. Journal of Climate, 33: 4315-4332.

Li M X, Zhang D L, Sun J S, et al. 2018. A statistical analysis of hail events and their environmental conditions in China during 2008—2015. Journal of Applied Meteorology Climatology, 57（12）: 2817-2833.

Li M X, Zhang Q H, Zhang F Q. 2016. Hail day frequency trends and associated atmospheric circulation patterns over China during 1960—2012. Journal of Climate, 29 (19): 7027-7044.

Li R C Y, Zhou W. 2015. Interdecadal changes in summertime tropical cyclone precipitation over southeast China during 1960—2009. Journal of Climate, 28 (4): 1494-1509.

Li S S, Yao Z J, Liu Z F, et al. 2019. The spatio-temporal characteristics of drought across Tibet, China: derived from meteorological and agricultural drought indexes. Theoretical and Applied Climatology, 137 (3-4): 2409-2424.

Li W, Du Q, Chen S. 2010. Climatological relationships among the tropical cyclone frequency, duration, intensity and activity regions over the Western Pacific. Chinese Science Bulletin, 55 (33): 3818-3824.

Li X, Li D L, Li X, et al. 2018. Prolonged seasonal drought events over northern China and their possible causes. International Journal of Climatology, 38 (13): 4802-4817.

Li X F, Zhang Q H, Zou T, et al. 2018. Climatology of hail frequency and size in China, 1980—2015. Journal of Applied Meteorology Climatology, 57 (4): 875-887.

Liu H W, Zhou T J, Zhu Y X, et al. 2012. The strengthening East Asia summer monsoon since the early 1990s. Chinese Science Bulletin, 57 (13): 1553-1558.

Liu J P, Curry J A, Wang H J, et al. 2012. Impact of declining Arctic sea ice on winter snowfall. Proceedings of the National Academy of Sciences of the United States of America, 109 (11): 4074-4079.

Liu Y, Chen G. 2018. Intensified influence of the ENSO Modoki on boreal summer Tropical Cyclone genesis over the western North Pacific since the early 1990s. International Journal of Climatology, 38 (S1): E1258-E1268.

Lu E, Liu S, Luo Y L, et al. 2014. The atmospheric anomalies associated with the drought over the Yangtze in spring 2011. Journal of Geophysical Research: Atmospheres, 119 (10): 5881-5894.

McKee T B, Doesken N J, Kleist J. 1993. The Relationship of Drought Frequency and Duration to Time Scales. Anaheim, USA: Paper Presented at the Eighth Conference on Applied Climatology,

Mei W, Xie S. 2016. Intensification of landfalling typhoons over the northwest Pacific since the late 1970s. Nature Geoscience, 9 (9): 753-757.

Mei W, Xie S, Primeau F, et al. 2015. Northwestern Pacific typhoon intensity controlled by changes in ocean temperatures. Science Advances, 1 (4): e1500014.

Mori M, Watanabe M, Shiogama H, et al. 2014. Robust Arctic sea-ice influence on the frequent Eurasian cold winters in past decades. Nature Geoscience, 7 (12): 869-873.

New M, Todd M, Hulme M, et al. 2001. Precipitation measurements and trends in the Twentieth Century. International Journal of Climatology, 21 (15): 1889-1922.

Ni X, Liu C, Zhang Q, et al. 2016. Properties of hail storms over China and the United States from the tropical rainfall measuring mission. Journal of Geophysical Research: Atmospheres, 121 (20): 12031-12044.

Ni X, Zhang Q, Liu C, et al. 2017. Decreased hail size in China since 1980. Scientific Reports, 7 (1): 10913.

Palmer W C. 1965. Meteorological Drought. Washington，DC：US Department of Commerce.

Pei L，Xia J，Yan Z，et al. 2017. Assessment of the Pacific Decadal Oscillation's contribution to the occurrence of local torrential rainfall in North China. Climatic Change，144（3）：391-403.

Qiu W，Ren F，Wu L，et al. 2019. Characteristics of tropical cyclone extreme precipitation and its preliminary causes in China's Southeast Coast. Meteorology and Atmospheric Physics，131（3）：613-626.

Ren F M，Trewin B，Brunet M，et al. 2018. A research progress review on regional extreme events. Advances in Climate Change Research，9（3）：161-169.

Ren F M，Wu G X，Dong W J，et al. 2006. Changes in tropical cyclone precipitation over China. Geophysical Research Letters，33：L20702.

Ren G，Zhou Y. 2014. Urbanization effect on trends of extreme temperature indices of national stations over mainland China，1961—2008. Journal of Climate，27（6）：2340-2360.

Shao D，Chen S，Tan X，et al. 2018. Drought characteristics over China during 1980—2015. International Journal of Climatology，38（9）：3532-3545.

Shi J，Cui L，Ma Y，et al. 2018. Trends in temperature extremes and their association with circulation patterns in China during 1961—2015. Atmospheric Research，212：259-272.

Shi N，Wang X，Tian P. 2019a. Interdecadal variations in persistent anomalous cold events over Asian mid-latitudes. Climate Dynamics，52（5-6）：3729-3739.

Shi N，Wang Y，Wang X，et al. 2019b. Interdecadal variations in the frequency of persistent hot events in boreal summer over Midlatitude Eurasia. Journal of Climate，32（16）：5161-5177.

Si D，Ding Y. 2013. Decadal change in the correlation pattern between the Tibetan Plateau winter snow and the East Asian summer precipitation during 1979—2011. Journal of Climate，26（19）：7622-7634.

Su Z，Ren F，Wei J，et al. 2015. Changes in monsoon and tropical cyclone extreme precipitation in Southeast China from 1960 to 2012. Tropical Cyclone Research and Review，4（1）：12-17.

Sun B，Wang H. 2019. Enhanced connections between summer precipitation over the Three-River-Source region of China and the global climate system. Climate Dynamics，52（5-6）：3471-3488.

Sun C H，Yang S，Li W J，et al. 2016. Interannual variations of the dominant modes of East Asian winter monsoon and possible links to Arctic sea ice. Climate Dynamics，47（1-2）：481-496.

Sun Y，Zhang X B，Ren G Y，et al. 2016. Contribution of urbanization to warming in China. Nature Climate Change，6（7）：706-709.

Sun Y，Zhang X B，Zwiers F W，et al. 2014. Rapid increase in the risk of extreme summer heat in Eastern China. Nature Climate Change，4（12）：1082-1085.

Takahashi C，Watanabe M，Mori M. 2017. Significant aerosol influence on the recent decadal decrease in tropical cyclone activity over the western North Pacific. Geophysical Research Letters，44（18）：9496-9504.

Tan H，Cai R，Chen J，et al. 2017. Decadal winter drought in Southwest China since the late 1990s and its atmospheric teleconnection. International Journal of Climatology，37（1）：455-467.

Vicente-Serrano S M，Beguería S，López-Moreno J I. 2010. A multiscalar drought index sensitive to global warming: the standardized precipitation evapotranspiration index. Journal of Climate, 23 (7): 1696-1718.

Wang H J. 2001. The weakening of the Asian monsoon circulation after the end of 1970's. Advances in Atmospheric Sciences, 18 (3): 376-386.

Wang H J, Fan K. 2007. Relationship between the Antarctic oscillation in the western North Pacific typhoon frequency. Chinese Science Bulletin, 52 (4): 561-565.

Wang H J, He S P. 2015. The North China/Northeastern Asia severe summer drought in 2014. Journal of Climate, 28: 6667-6681.

Wang H J, Sun J, Fan K. 2007. Relationships between the North Pacific Oscillation and the typhoon/hurricane frequencies. Science China Earth Sciences, 50 (9): 1409-1416.

Wang L, Chen W, Zhou W, et al. 2016. Understanding and detecting super extreme droughts in Southwest China through an integrated approach and index. Quarterly Journal of the Royal Meteorological Society, 142 (694): 529-535.

Wang L, Xu P Q, Chen W, et al. 2017. Interdecadal variations of the silk road pattern. Journal of Climate, 30 (24): 9915-9932.

Wang L J, Liao S H, Huang S B, et al. 2018. Increasing concurrent drought and heat during the summer maize season in Huang-Huai-Hai Plain, China. International Journal of Climatology, 38 (7): 3177-3190.

Wang L Y, Yuan X, Xie Z H, et al. 2016. Increasing flash droughts over China during the recent global warming hiatus. Scientific Reports, 6: 30571.

Wang S, Yuan X, Wu R. 2019. Attribution of the persistent ppring-pummer hot and dry extremes over Northeast China in 2017. Bulletin of the American Meteorological Society, 100 (1): S85-S89.

Wang W, Zhu Y, Xu R, et al. 2015. Drought severity change in China during 1961—2012 indicated by SPI and SPEI. Natural Hazards, 75 (3): 2437-2451.

Wang Y, Yan Z W. 2011. Changes of frequency of summer precipitation extremes over the Yangtze River in association with large-scale oceanic-atmospheric conditions. Advances in Atmospheric Sciences, 28 (5): 1118-1128.

Wang Y M, Ren F M, Zhao Y L, et al. 2017. Comparison of two drought indices in studying regional meteorological drought events in China. Journal of Meteorological Research, 31 (1): 187-195.

Wells N, Goddard S, Hayes M J. 2004. A self-calibrating palmer drought severity index. Journal of Climate, 17 (12): 2335-2351.

Wen Q H, Zhang X, Xu Y, et al. 2013. Detecting human influence on extreme temperatures in China. Geophysical Research Letters, 40 (6): 1171-1176.

Wu L, Wang C, Wang B. 2015. Westward shift of Western North Pacific tropical cyclogenesis. Geophysical Research Letters, 42 (5): 1537-1542.

Wu L, Zhang H, Chen J, et al. 2018. Impact of two types of El Niño on tropical cyclones over the Western North Pacific: sensitivity to location and intensity of Pacific warming. Journal of Climate, 31 (5): 1725-1742.

Wu M, Luo Y, Chen F, et al. 2019. Observed link of extreme hourly precipitation changes to urbanization over coastal South China. Journal of Climate, 58: 1799-1819.

Yang J, Gong D, Wang W, et al. 2012. Extreme drought event of 2009/2010 over southwestern China. Meteorology and Atmospheric Physics, 115 (3-4): 173-184.

Yang X, Li Z. 2014. Increases in thunderstorm activity and relationships with air pollution in Southeast China. Journal of Geophysical Research: Atmospheres, 119 (4): 1835-1844.

Yao J, Zhao Y, Yu X. 2018. Spatial-temporal variation and impacts of drought in Xinjiang (Northwest China) during 1961—2015. PeerJ, 6: e4926.

Yao Y, Yu X, Zhang Y, et al. 2015. Climate analysis of tornadoes in China. Journal of Meteorological Research, 29 (3): 359-369.

Ying M, Chen B D, Wu G X. 2011. Climate trends in tropical cyclone-induced wind and precipitation over mainland China. Geophysical Research Letters, 38: L01702.

Yu E, King M P, Sobolowski S, et al. 2018. Asian droughts in the last millennium: a search for robust impacts of Pacific Ocean surface temperature variabilities. Climate Dynamics, 50 (11-12): 4671-4689.

Yu H, Zhang Q, Xu C, et al. 2019. Modified Palmer drought severity index: model improvement and application. Environmental International, 130: 104951.

Yu J, Li T, Tan Z, et al. 2016. Effects of tropical North Atlantic SST on tropical cyclone genesis in the western North Pacific. Climate Dynamics, 46 (3-4): 865-877.

Yu M, Li Q, Hayes M J, et al. 2014. Are droughts becoming more frequent or severe in China based on the standardized precipitation evapotranspiration index: 1951—2010? International Journal of Climatology, 34 (3): 545-558.

Yuan Y, Yang S. 2012. Impacts of different types of El Niño on the East Asian climate: focus on ENSO cycles. Journal of Climate, 25 (21): 7702-7722.

Zhai J, Huang J, Su B, et al. 2017. Intensity-area-duration analysis of droughts in China 1960—2013. Climate Dynamics, 48 (1-2): 151-168.

Zhan R, Chen B, Ding Y. 2018. Impacts of SST anomalies in the Indian-Pacific basin on Northwest Pacific tropical cyclone activities during three super El Niño years. Journal of Oceanology and Limnology, 36(1): 20-32.

Zhan R, Wang Y, Lei X. 2011b. Contributions of ENSO and East Indian Ocean SSTA to the interannual variability of Northwest Pacific tropical cyclone frequency. Journal of Climate, 24 (2): 509-521.

Zhan R, Wang Y, Tao L. 2014. Intensified impact of East Indian Ocean SST anomaly on tropical cyclone genesis frequency over the Western North Pacific. Journal of Climate, 27 (23): 8724-8739.

Zhan R, Wang Y, Wen M. 2013. The SST gradient between the Southwestern Pacific and the Western Pacific warm pool: a new factor controlling the Northwestern Pacific tropical cyclone genesis frequency. Journal of Climate, 26: 2408-2415.

Zhan R, Wang Y, Wu C C. 2011a. Impact of SSTA in the East Indian Ocean on the frequency of Northwest Pacific tropical cyclones: a regional atmospheric model study. Journal of Climate, 24 (23): 6227-6242.

Zhan R, Wang Y, Zhao J. 2017. Intensified mega-ENSO has increased the proportion of intense tropical cyclones over the western Northwest Pacific since the late 1970s. Geophysical Research Letters, 44 (23): 11959-11966.

Zhang J Y, Wu L G, Ren F M, et al. 2013. Changes in tropical cyclone rainfall in China. Journal of the Meteorological Society of Japan, 91 (5): 585-595.

Zhang L X, Wu P L, Zhou T J, et al. 2018. ENSO transition from La Niña to El Niño drives prolonged spring-summer drought over North China. Journal of Climate, 31 (9): 3509-3523.

Zhang L X, Zhou T J. 2015. Drought over East Asia: a review. Journal of Climate, 28 (8): 3375-3399.

Zhang Q, Li J F, Singh V P, et al. 2013. Spatio-temporal relations between temperature and precipitation regimes: implications for temperature-induced changes in the hydrological cycle. Global and Planetary Change, 111: 57-76.

Zhang Q, Li Q, Singh V P, et al. 2018. Nonparametric integrated agrometeorological drought monitoring: model development and application. Journal of Geophysical Research: Atmospheres, 123: 73-88.

Zhang Q H, Ni X, Zhang F Q. 2017. Decreasing trend in severe weather occurrence over China during the past 50 years. Scientific Reports, 7: 42310.

Zhang W, Vecchi G A, Murakami H, et al. 2018. Dominant role of Atlantic multi-decadal oscillation in the recent decadal changes in Western North Pacific tropical cyclone activity. Geophysical Research Letters, 45 (1): 354-362.

Zhang W J, Jin F F, Turner A. 2014. Increasing autumn drought over Southern China associated with ENSO regime shift. Geophysical Research Letters, 41 (11): 4020-4026.

Zhang Z Q, Sun X G, Yang X Q. 2018. Understanding the interdecadal variability of East Asian summer monsoon precipitation: joint influence of three oceanic signals. Journal of Climate, 31 (14): 5485-5506.

Zhao J, Zhan R, Wang Y. 2018a. Global warming hiatus contributed to the increased occurrence of intense tropical cyclones in the coastal regions along East Asia. Scientific Reports, 8 (1): 6023.

Zhao J, Zhan R, Wang Y, et al. 2018b. Contribution of the interdecadal Pacific oscillation to the recent abrupt decrease in tropical cyclone genesis frequency over the Western North Pacific since 1998. Journal of Climate, 31 (20): 8211-8224.

Zhao J, Zhan R, Wang Y, et al. 2016. Intensified interannual relationship between tropical cyclone genesis frequency over the Northwest Pacific and the SST gradient between the Southwest Pacific and the Western Pacific warm pool since the mid-1970s. Journal of Climate, 29 (10): 3811-3830.

Zhou B, Cui X. 2008. Hadley circulation signal in the tropical cyclone frequency over the western North Pacific. Journal of Geophysical Research: Atmosphere, 113: D16107.

Zhou B, Cui X. 2011. Sea surface temperature east of Australia: a predictor of tropical cyclone frequency over the western North Pacific? Chinese Science Bulletin, 56 (2): 196-201.

Zhou B, Cui X. 2014. Interdecadal change of the linkage between the North Atlantic Oscillation and the tropical cyclone frequency over the western North Pacific. Science China Earth Sciences, 57 (9): 2148-2155.

Zhou B, Cui X, Zhao P. 2008. Relationship between the Asian-Pacific oscillation and the tropical cyclone frequency in the western North Pacific. Science China Earth Sciences，51（3）：380-385.

Zhou B，Xu Y，Wu J，et al. 2016. Changes in temperature and precipitation extreme indices over China：analysis of a high-resolution grid dataset. International Journal of Climatology，36：1051-1066.

Zhou T，Gong D，Li J，et al. 2009. Detecting and understanding the multi-decadal variability of the East Asian summer monsoon recent progress and state of affairs. Meteorologische Zeitschrift，18（4）：455-467.

Zhou T，Ma S，Zou L. 2014. Understanding a hot summer in central eastern China：summer 2013 in context of multimodel trend analysis. Bulletin of the American Meteorological Society，95：S54-S57.

Zhu Y，Liu Y，Wang H，et al. 2019. Changes in the interannual summer drought variation along with the regime shift over Northwest China in the late 1980s. Journal of Geophysical Research：Atmospheres，124（6）：2868-2881.

Zhu Y，Wang H，Zhou W，et al. 2011. Recent changes in the summer precipitation pattern in East China and the background circulation. Climate Dynamics，36（7-8）：1463-1473.

Zou X，Ren F. 2015. Changes in regional heavy rainfall events in China during 1961—2012. Advances in Atmospheric Sciences，32（5）：704-714.

第 11 章 全球变暖背景下东亚季风变异及其与中国气候的关系

主要作者协调人：陈　文、左志燕

编　　　　审：张人禾

主 要 作 者：杨崧、刘　飞、贾晓静、冯　娟

贡 献 作 者：安　宁、魏　维、龚海楠、胡　鹏

■ **执行摘要**

东亚夏季风开始于南海夏季风的爆发，南海夏季风爆发日期在 1994 年之后，比 1980~1993 年提前了半个月左右；而南海夏季风的撤退在 1951~2016 年表现出偏晚的趋势，特别是在 2006 年以后呈现出明显偏晚的特征；爆发的提前和撤退的偏晚导致南海夏季风盛行期呈现出延长的趋势（高信度）。

东亚夏季风的强度自 20 世纪 70 年代以来表现出年代际减弱趋势，中国东部降水出现南涝北旱现象，气候系统内部变率，如太平洋年代际振荡的年代际位相变化和亚洲大陆及周边海洋非均匀热力变化是其主要的驱动因子（高信度），人为外强迫作用包括人为气溶胶排放增加、人为温室气体排放增加的热力和动力作用也在其中起着一定的作用（高信度）；20 世纪 90 年代后东亚夏季风强度有所增强（中等信度）；东亚夏季风和南海夏季风的关系自 20 世纪 70 年代后发生年代际转弱，该现象与大西洋多年代际涛动以及热带海温纬向梯度变化有关（中等信度）。

东亚冬季风的强度有显著的年代际变化，20 世纪 80 年代中期由强转弱，21 世纪初期又由弱转强，中国冬季气温在整体升高的趋势上也有类似的年代际波动；东亚冬季风季节内和年际变化也呈现出显著的年代际变化，其主要成因为气候系统内部变率（高信度）。

11.1 引　言

中国地处东亚，其气候受到东亚季风的显著影响，季风异常往往引起旱涝、热浪、持续性低温等极端气候灾害。在全球变暖背景下，东亚季风的演变出现显著的变化特征。《中国气候与环境演变：2012》主要采用东亚冬、夏季风指数评估了东亚冬、夏季风强度的变化。《中国气候与环境演变：2012》指出，东亚夏季风从 20 世纪 20 年代开始进入持续增强期，至 20 世纪 60 年代末又进入持续减弱期，从 20 世纪 80 年代开始显著偏弱；并认为模式模拟的人类活动引起的全球气候变暖情景下夏季风会增强，但在全球气候增暖最显著的 20 世纪后期东亚夏季风强度明显减弱，这是对全球气候变暖影响研究的一个挑战。本章拟在《中国气候与环境演变：2012》的基础上侧重于评估 2012 年以来有关东亚季风变异特征及其与中国气候变化关系的研究，特别聚焦于全球变暖背景下季风变异的新特征。

南海夏季风是东亚夏季风系统的一个重要组成部分，其爆发往往意味着东亚夏季风的建立和中国东部雨季的来临。南海夏季风爆发日期存在着非常显著的年际变化和年代际变化，其最早可以发生在 4 月中旬，而最晚可以到 6 月中旬才爆发。南海夏季风撤退有着与夏季风爆发截然不同的性质。相比于整个南海地区夏季风的迅速爆发，夏季风的撤退要明显缓慢得多，从南海北部撤退到南部需要两个月以上的时间，这使得该地的夏季风期自北向南逐渐增长。南海夏季风的撤退日期也存在明显的年际和年代际变化。南海夏季风的爆发和撤退与海温等外强迫因子有密切关系，因此，本章首先对南海夏季风的爆发和撤退的最新特征及可能的成因进行评估。

CMIP5 大多数数值模式预估，在温室气体增加的各种情景下东亚夏季风都会增强，其主要机制是全球变暖背景下海表的升温小于陆表，海陆温差增加，东亚夏季风增强。然而，与模式预估的不一样，东亚夏季风的强度自 20 世纪 70 年代以来总体出现明显偏弱的特征，国内外很多学者就此现象开展了一系列的研究工作，包括对东亚夏季风的年代际变化和长期趋势、季节内至年际时间尺度上变异的年代际变化等特征进行了详细的研究，并试图从人类活动、自然强迫因子和大气内部变率等方面来解释这一现象。因此，11.2 节针对以上关于东亚夏季风的最新研究工作进行详细的评估。另外，东亚夏季风与南亚夏季风都受到热带和热带外扰动的调制，两者既相互作用，同时又相互独立。在全球变暖背景下，东亚夏季风和南亚夏季风的关系在 70 年代后也发生了显著的变化，因此，本章还对东亚夏季风和南亚夏季风的关系的年代际变化及驱动因子进行详细的评估。

我国乃至整个东亚地区冬季气温的变化都与东亚冬季风（East Asian winter monsoon，EAWM）的变化密切相关。东亚冬季风是北半球冬季具有行星尺度的环流系统，其受到多种气候因子的影响，并且具有多种时间尺度的变化特征。在全球变暖背景下，从 20 世纪中期到现在，东亚冬季风强度发生了显著的年代际变化，同时东亚冬季风的季节内振荡和年际尺度的变异也表现出明显的年代际变化，许多研究聚焦于东亚冬季风的这些多时间尺度的变化特征及可能的驱动机制，11.3 节重点针对东亚冬季风的这些变化特征及驱动因子方面的研究进展进行了评估。最后，本章给出了关于东亚季风的知识窗和一些常见问题。

11.2　南海夏季风爆发和撤退的新特征及其驱动机制

南海夏季风的爆发在 1994 年以后，比 1980~1993 年大约提前半个月，其伴随有春季西太平洋上空增强的季节内振荡以及增多的西北太平洋热带气旋数量，这与1994 年后年代际的拉尼娜型的海温模态有关。南海夏季风的撤退也有明显的年际和年代际变化，特别是大约 2006 年后撤退出现显著偏晚，导致南海地区夏季风盛行期在1951~2016 年有延长的趋势。南海夏季风撤退在 2006 年左右的年代际变化出现在菲律宾海附近出现暖海温的背景下，并且同期有西北太平洋更多的热带气旋活动和南海菲律宾海附近季节内振荡的增强。

11.2.1　南海夏季风爆发

南海夏季风的爆发预示着东亚夏季风的开始和中国东部雨季的来临（Tao and Chen，1987；Kueh and Lin，2010）。南海夏季风的爆发通常是由向西北传播的 10~20天准双周和向东北传播的 30~60 天模态季节内振荡的位相锁定决定的（Mao and Chan，2005；Zhou and Chan，2005）。南海夏季风爆发后季节内振荡在 5~9 月有三次比较明显的活跃过程（琚建华等，2010），当 30~60 天季节内振荡处于活跃位相时，南海及其周围地区的低层大气为低频西南风，南海和菲律宾北部为低频气旋流场且为正的位涡度，对应着增强的南海夏季风槽（杨悦等，2016）。为了检测东亚夏季风的季节内变率，Lee 等（2013）提出两个实时指标：BSISO1 和 BSISO2，以便于夏季季节内振荡（boreal summer intra-seasonal oscillation，BSISO）的检测、监测和预测。他们发现 29个季风爆发年中有 19 年发生在 BSISO2 的 2~4 位相，此时对流位于菲律宾海和中国南海（South China Sea，SCS）地区。BSISO2 代表朝西北方向传播的夏季季节内振荡模态，用北半球夏季向外短波辐射（outgoing longwave radiation，OLR）和 850hPa 纬向风多变量 EOF 的第三和第四模态来表征。

南海夏季风爆发日期存在着非常显著的年际变化和年代际变化，其最早可以发生在 4 月中旬，而最晚可以到 6 月中旬才爆发，标准差在 15 天左右。南海夏季风爆发早晚存在诸多影响因素，西太平洋副热带高压位置偏东有利于南海夏季风的提前爆发，而偏西不利于南海夏季风的爆发（何金海等，2000）。前期暖池热含量偏高也有利于南海夏季风爆发提前，因为热带西太平洋上空对流偏强，西太平洋副热带高压偏弱且位置偏东，季风环流为正距平环流，有利于低空西 / 西南气流的加强（Chen and Hu，2003）。相反，春季 ENSO 暖事件（Zhou and Chan，2007）、热带印度洋的暖海温（Liu B et al.，2016）、孟加拉湾海表温度正异常（吴丹晖和曾刚，2016）、赤道西太平洋冷海温（Yuan and Chen，2013；Liang et al.，2013）、中国东部沿海地区和印度半岛冷地表温度 - 台湾海域暖海温（刘鹏等，2011）、冬季风偏弱、青藏高原积雪偏多、海洋大陆地区对流偏弱（陈隽和金祖辉，2001）、南海海温高于中南半岛气温（Liu et al.，

2010）、18个月前平流层准两年振荡东风位相（梁维亮等，2012），以及中亚大陆地表气温负异常（Luo et al.，2016）等情况都会使得南海夏季风爆发推迟。

南海夏季风爆发年份分成三类（爆发偏早年、爆发正常年和爆发偏晚年），南海夏季风爆发通常发生在季节内振荡的发展位相，南海夏季风爆发偏早年通常在发展位相对流活跃时爆发，而爆发偏晚年通常在发展位相而对流不活跃位相爆发（Shao et al.，2015）。南海夏季风爆发偏早年10~25天的季节内振荡比较活跃，而30~60天的季节内振荡则表现得不太活跃（Kajikawa and Yasunari，2005）。对于南海夏季风爆发早年，来自印度洋的季节内振荡湿位相向东传播到达西太平洋，然后通过罗斯贝波向西北传播，触发南海夏季风爆发。对于南海夏季风爆发正常年（偏晚年），当印度洋季节内振荡湿位相移动到孟加拉湾北部地区（印度季风区）时，10°N以北地区对流不能激发开尔文波和东风异常来抑制南海地区对流，在季节西风的背景场下，南海夏季风被天气尺度低层西风触发（Wang H et al.，2017）。

自1994年以来南海夏季风爆发提前半个月左右（Kajikawa and Wang，2012；Yuan and Chen，2013；Liu B et al.，2016），如图11-1所示，其主要是由1994~2008年春季西太平洋在季节内振荡增强，西北太平洋热带气旋的数量增多导致的（Kajikawa and Wang，2012）。而1994年后西北太平洋暖海温可能与年际（Liang et al.，2013）或年代际（Yuan and Chen，2013；Xiang and Wang，2013）拉尼娜型的海温模态有关。1994年之前东太平洋型海温异常对南海夏季风爆发的年代际影响较大，主要是通过抑制西北太平洋和孟加拉湾地区的对流，在西部激发出两个反气旋异常，使得越赤道气流建立偏晚、西北太平洋副热带高压增强，从而导致南海夏季风爆发偏晚。但是在1994年之后，两类ENSO海温型均影响了季风爆发，但南海夏季风爆发的年代际提前与中太平洋型海温异常的关系较大（丁硕毅等，2016）。南海夏季风爆发时间在近些年却又推迟（图11-1）。

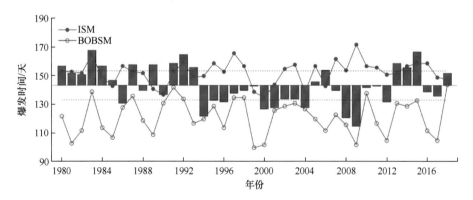

图11-1 亚洲夏季风爆发时间序列（Wang et al.，2018）

包含孟加拉湾夏季风（BOBSM）、中国南海夏季风（柱状图）以及印度夏季风（ISM）。虚线代表南海夏季风爆发时间的0.75倍标准差

南海夏季风爆发后，6月、7月和9月南海地区的准两周和30~50天振荡呈反相关关系（Yang and Wang，2008），当准双周振荡较强（弱）时，30~60天季节内振荡模态较弱（强）。而该区域季节内变率的频率和时空变化存在显著的年代际变化（Kajikawa et al., 2009），在 1994 年之前，南海地区的季节内振荡周期在 64 天左右，在西北太平洋地区，存在向北传播和向西传播季节内振荡的汇合过程；而在 1994 年之后，南海地区的季节内振荡周期变短，大概在 42 天，表现为热带大气季节内振荡（MJO）东传特征，南海及孟加拉湾地区表现为连续的倾斜雨带。

11.2.2　南海夏季风撤退

相比于已经被深入研究过的夏季风建立，夏季风撤退所受到的关注则少得多。但这并不意味着夏季风撤退没那么重要，一个典型的例子就是印度季风与 ENSO 的关系。一些研究指出，印度季风与同期 ENSO 的反相变化关系在近年来有所减弱（Kumar et al., 1999；Yun and Timmermann, 2018）。而 Xavier 等（2007）指出，如果考虑印度季风建立、撤退的年际变率，重新定义逐年变化的夏季风期之后，ENSO- 印度季风的关系实际上仍然保持稳定。

南海夏季风爆发预示着整个东亚地区雨季的来临（Lau and Yang, 1997；Wang et al., 2004），即使在气候态平均上，它也非常突然，而且表现为整个南海海域一致的变化（Wang et al., 2004；Wang B et al., 2009）。气候态的南海夏季风撤退则有着与夏季风爆发截然不同的性质（Wang L et al., 2009；Hu et al., 2019）。相比于整个南海地区夏季风的迅速爆发，夏季风的撤退要明显缓慢得多，从南海北部撤退到南部需要两个月以上的时间，这使得该地的夏季风期自北向南逐渐增长（Li and Zhang, 2009；Wang B et al., 2009；Wang and Wu, 1997）。相比于南海夏季风爆发时低空西南风和季风对流的同步建立，季风风场和雨季并非同步撤退（黄菲和张旭，2010；冯瑞权等，2007；Li and Zhang, 2009）。在西南季风撤退之后，较强的降水依然能维持一段时间，这是可能因为夏季风撤退之后，季风槽转变成信风槽，后者依然能维持一定的降水，此外，其也可能与早秋时节的热带气旋仍较为活跃有关（Hu et al., 2019）。

然而，仅依据气候平均的数据难以完整地描述季风的季节进程。例如，Drosdowsky（1996）在分析澳大利亚夏季风爆发时发现，基于日历数据（每年固定日期）合成的环流场是缓慢变化的；但基于季风爆发合成的环流场则显示出明显的突变，类似的现象也发生在南海夏季风撤退上。Hu 等（2019）基于国家气候中心给出的南海夏季风撤退日期，分析了伴随南海夏季风撤退的天气尺度转变。他们发现，基于季风撤退日期合成的环流和降水场也显示出突变的特征。南海夏季风撤退最主要的环流特征表现为西太平洋副热带高压西伸，占据华南 - 南海北部地区。副热带高压南侧的偏东风引起了南海地区纬向风的转变，并导致赤道辐合带南移、减弱。高层的环流变化则包括中南半岛 - 阿拉伯海地区的东风急流减弱，海洋性大陆附近出现异常的北风越赤道气流等。因而，在经圈方向上，出现了一个在南海南部上升、北部下沉的局地异常经圈环流。在南海夏季风撤退的过程中，有很多与南海夏季风爆发、季节内变率甚至年际变化（Wang et al., 2004；Wang L et al., 2009）相类似的现象（Hu et al., 2019），说明应该在统一的框架下来理解南海夏季风的季节循环及多尺度变率。

图 11-2 显示了国家气候中心提供的南海夏季风撤退日期。南海北部季风撤退的多年（1951~2016 年）平均值为 54.5 候，要早于南海中部（5°~15°N）的季风撤退时间

（第 59 候）（Kajikawa and Wang，2012；Luo and Lin，2017）。可以看到，南海夏季风撤退日期有着较强的年际变率和年代际变化。年代际变化包括一个 10~20 年的低频振荡，以及 2005/2006 年之后的年代际偏晚（Hu et al.，2018）。正是由于 2005/2006 年之后的年代际偏晚，南海夏季风撤退日期在 1951~2016 年出现了显著的增加趋势。一些研究指出，南海夏季风爆发在 20 世纪 90 年代中期经历了显著的年代际提前（Chen，2015；Wang and Kajikawa，2015；Feng and Hu，2014；Xiang and Wang，2013；Yuan and Chen，2013）。上述南海地区夏季风爆发和撤退的年代际变化共同造成了南海地区夏季风期的延长。

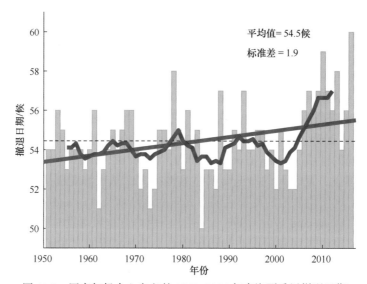

图 11-2 国家气候中心定义的 1951~2016 年南海夏季风撤退日期

黑色虚线为其均值（54.5 候），蓝线为 9 年滑动平均，红线为线性趋势。其判断标准是南海北部地区 850hPa 纬向风稳定地由西风转变为东风，且假相当位温稳定地低于 340K；同时，大尺度环流形势也被主观地考虑在内

南海夏季风撤退在 2005/2006 年之后的年代际偏晚，在南海地区的低层纬向风、对流活动、降水等要素上都有反映。对应南海夏季风撤退偏晚，南海 - 菲律宾海出现了异常西风和异常对流活动（Hu et al.，2018），且同时海南岛秋季降水也显示出年代际增加（Li et al.，2017）。相比于季风撤退年代际偏早的时段（1995~2005 年），在季风撤退偏晚的年份（2006~2016 年），西北太平洋出现了更多的热带气旋活动，而热带气旋带来的降水可能通过 Gill（1980）响应引起异常西风，从而有助于夏季风撤退偏晚（Hu et al.，2018）。另一个可能的贡献者是南海 - 菲律宾海附近的季节内振荡，如准双周振荡在 2005/2006 年之后表现出的年代际增强。值得一提的是，增强的热带气旋和季节内振荡活动同时也被认为是南海夏季风爆发在 1993/1994 年之后年代际提前的重要原因（Kajikawa and Wang，2012；Wang and Kajikawa，2015），因此季风爆发和季风撤退可能有着较为类似的动力学过程。

在年际尺度上，类似于夏季风的爆发，南海夏季风撤退也受到海温等外强迫因子的影响。Luo 和 Lin（2017）指出，当夏季出现厄尔尼诺型海温时，有利于夏季风提前撤退，厄尔尼诺型海温异常可能是通过调节西太平洋副热带高压的活动，来影响夏季风的撤退。而夏季风撤退在 2005/2006 年之后的年代际偏晚，其也发生在菲律宾海出现暖海温异常的背景下。这说明考虑太平洋地区的海温异常不但有助于理解南海夏季风撤退的动力过程，也可以作为一个潜在的预报因子。但到目前为止，相比于印度季风的撤退，分析南海夏季风撤退变率的研究仍十分有限。

11.3　东亚夏季风变化及与中国气候的关系

东亚夏季风的强度自 20 世纪 70 年代以来总体偏弱，90 年代后东亚夏季风强度有所增强，90 年代初的年代际变化对应中国东部雨带北移，淮河流域降水明显增多，长江以南降水有所增加。东亚夏季风变化的驱动因子主要包括太平洋年代际振荡的年代际位相转变、人为气溶胶排放的增加、人为温室气体排放增加的热力和动力作用及在此背景下亚洲大陆和周边海洋非均匀加热与北极海冰的快速消融等。中国东部地区热浪频次在 90 年代以后也有明显的增长趋势。

在不同的东亚夏季风年代际背景下，其季节内年际变化也出现显著的年代际变异特征。同时，受全球变暖的影响，南亚夏季风与东亚夏季风的相互作用也发生显著的年代际变化；印度季风、华北和日本南部夏季降水在 20 世纪 70 年代以前呈显著正相关关系，而在 70 年代之后两者关系较弱，该变化受到外强迫和气候系统内部变率的共同调制。

11.3.1　东亚夏季风年代际及趋势变化

20 世纪中期以来，东亚夏季风呈现出明显的年代际变化特征（姜大膀和田芝平，2013；丁一汇等，2018）。自 20 世纪 70 年代开始，东亚夏季风强度总体呈现显著减弱的趋势（Ding et al., 2008）。20 世纪 90 年代初期以来，东亚夏季风有所增强（刘海文等，2012；唐佳和武炳义，2012；丁一汇等，2013；Zhang and Zhou, 2015），但其强度仍比 1965~1980 年的平均强度偏弱（图 11-3）。

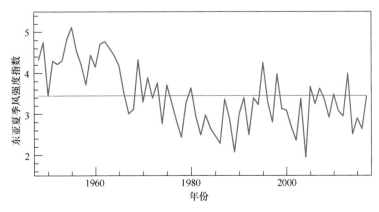

图 11-3　1948~2017 年东亚夏季风强度指数的变化

蓝线为气候平均值（丁一汇等，2018）。其中东亚夏季风强度指数依据 Zhang 等（1996）定义的（20°~40°N，110°~140°E）850hPa 经向风区域平均值计算得到

　　20 世纪 70 年代开始的东亚夏季风的年代际减弱对应中国东部雨带南移（图 11-4）、东亚对流层大气温度降低（Zuo et al.，2013）、西北太平洋副热带高压西进（Zhou et al.，2009b）、南亚高压的纬向扩张，以及东亚大陆与周边海洋热力差异减弱等特征（Zhou et al.，2009a；Hsu et al.，2014）。造成东亚夏季风在 70 年代年代际减弱这一变化的因子和驱动力是多方面的。已有很多研究从人类活动如温室气体、气溶胶和土地利用等变化以及气候系统内部变率如海表温度、积雪和北极海冰等方面对 20 世纪 70 年代末东亚夏季风转型的可能驱动机制进行了探讨。

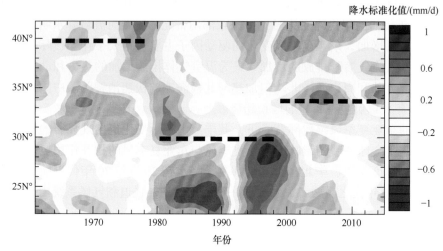

图 11-4　1961~2015 年中国东部（105°~120°E）年代际滤波后夏季降水标准化值的纬度 – 时间剖面图（丁一汇等，2018）

　　人类活动对地球气候影响非常显著（IPCC，2013）。东亚是全球人口密度最大的地区之一，并且在最近几十年经历了快速的经济发展。对于人类活动排放温室气体和气溶胶对东亚夏季风的影响有很多研究（Song et al.，2014；Tian et al.，2018）。Wang B 等（2013）等指出，温室气体的辐射强迫可能是影响 20 世纪 70 年代东亚夏季风变化的一个关键因素。快速增多的温室气体引起印度洋海温升高，造成西太平洋副热带高压西伸，东亚西风急流南移，从而造成长江流域降水增加，同时地表强对流、降水增加以及气溶胶排放增加造成的冷却效应减弱了陆地与海洋的热力差异，从而引起东亚夏季风的减弱。也有研究指出，热带太平洋海表温度对东亚季风的影响比印度洋更为显著（Fu and Li，2013）。人为温室气体强迫对东亚夏季风的影响过程复杂，一方面温室气体的增加可以增加海陆温差和南北半球之间的热力差异，从而导致东亚夏季风增强，但同时也可以通过减小对流层相对湿度令大气稳定度增加，使得 Hadley 环流下沉支扩大，Walker 环流减弱，最终导致季风环流减弱。目前，大部分对温室气体影响东亚夏季风的研究都基于模式模拟，其结果受到模式对温室气体敏感性的影响。因此，关于温室气体增加对东亚夏季风的热力和动力作用在贡献上孰强孰弱目前还没有定论。

　　人类活动排放气溶胶可能是 20 世纪 70 年代东亚夏季风显著减弱的重要因子之一（Wang et al.，2019）。亚洲上空夏季对流层温度在 20 世纪中期后有显著降低趋势，在

80 年代后降低趋势不明显，该观测时间的变化可以显著地归为气溶胶辐射强迫（Wang B et al.，2013）。人为气溶胶辐射强迫通过冷却东亚大陆、减弱海陆温差，从而引起东亚夏季风减弱。但也有研究认为气溶胶对东亚夏季风的影响并不显著（Jiang et al.，2013；Lau and Kim，2017），甚至认为气溶胶通过调节东亚西风急流能引起东亚夏季风的增强（Kim et al.，2016）。造成这种矛盾的原因在于目前对气溶胶影响东亚夏季风的研究多基于模式模拟，而现有模式在涉及气溶胶气候效应的物理处理上有很大的差异，如有的模式注重了气溶胶的阳伞效应，而有的模式更多地关注了吸光性气溶胶；有的模式只考虑气溶胶的直接辐射效应，少数模式则同时还考虑了气溶胶的间接辐射效应，因此模式里对气溶胶的气候辐射效应的结果存在较大的不确定性。人为气溶胶的辐射气候效应非常复杂，举例来说，吸光性气溶胶（如黑碳）既能通过局地辐射加热东亚大陆引起东亚夏季风环流增强，也能通过影响海温间接改变大尺度环流令东亚夏季风减弱（Jiang et al.，2013；Wang H et al.，2017）。

　　也有研究利用模式研究了城市化对东亚夏季风的影响。城市化通过改变陆面热力性质以及大气边界层动力特性而影响东亚夏季风的变化（Shao et al.，2013；Chen et al.，2015；Feng et al.，2015）。Ma 等（2016）认为，城市化集中在 29°~41°N、110°~122°E 区域内，会改变地表能量平衡并使地表增温，会增强 25°N 以南的西南气流以及 20°~30°N 对流层中层辐合，而在中国北方有异常高压阻止西南气流输送到北方，最终造成南涝北旱的降水形态，减弱东亚夏季风。由于地表覆盖类型在模式中不确定性很大，目前对于城市化过程会增强还是减弱东亚夏季风仍存在很大争议。综上可见，目前关于人为因子，如气溶胶、温室气体和土地利用对东亚夏季风的影响的研究结果存在一定的不确定性（Zhang，2015a）。

　　东亚夏季风受到气候内部变率的影响。越来越多的证据表明，热带海洋海表温度变化是造成东亚夏季风减弱的驱动因子之一（Ding et al.，2009；Li et al.，2010）。研究显示，东亚夏季风减弱与热带中东太平洋增温而中北太平洋降温这种太平洋海表温度的年代变化有关，即与太平洋年代际振荡（Pacific decadal oscillation/inter-decadal Pacific oscillation，PDO/IPO）的正位相结构有关（Zhou et al.，2017）。PDO/IPO 对东亚夏季风减弱的影响机制是通过缩小大尺度海陆热力差异以及通过太平洋 – 日本或东亚 – 太平洋的大气遥相关建立联系的（Qian and Zhou，2013）。Li 等（2010）的研究显示，用 PDO/IPO 的正位相的海表温度来驱动气候模式，能够很好地重现东亚季风减弱的观测事实。然而，由于东亚夏季风是一个海 – 陆 – 气相互作用复杂的耦合系统，其变化是气候内部变率和外强迫共同作用的结果，气候内部变率同时还受到外强迫的影响。Dong 和 Zhou（2014）研究表明，PDO/IPO 位相转变显著地受到外强迫包括温室气体和气溶胶排放在内的人类活动影响，我们不能把 PDO/IPO 认为是纯粹的气候系统内部变率，其具体在东亚夏季风变异中的作用还存在一定的不确定性，一方面 PDO/IPO 本身也受到外强迫的影响，目前的研究难以将外强迫信号剥离出来，另一方面 PDO/IPO 的周期为 20~30 年，我国成体系的器测资料的记录迄今也只有 60 多年，因此很难区分 60 年季风变率中的内部变率与外强迫信号。因此，现实中很难完全区分开外强迫和气候系统内部变率。已有的研究工作为了区分内部变率和外强迫的相对贡献，多首先假设气候系统内部变率和外强迫是相互独立的。可见，基于目前关于东亚夏季风 20 世纪 70 年代减弱的研究工作所得的结论还存在一定的不确定性。不过中国夏季降水的器测资料表明，东亚夏季风百年变化特征呈现明显的年代际变化周期（王绍武等，2000），模拟结果表明，在没有温室气体和气溶胶变化的强迫下，东亚夏季风同样存在年代际尺度的南涝北旱降水，说明气候系统内部变率对东亚夏季风起着重要的作用（Lei et al.，2014）。

基于以上内容，很多研究把人为温室气体增加作为一个变暖的背景，研究在变暖背景下气候系统内部发生的一些变化对东亚夏季风的重要作用。有研究指出，变暖背景下的亚洲大陆及其与周边区域的不均匀热力强迫会对东亚夏季风造成显著影响（Wu et al.，2012a，2012b；Zhang et al.，2012）。青藏高原热力强迫对东亚夏季风的影响很大（Zuo et al.，2011）。春季青藏高原感热通量的长期变化与东亚夏季风减弱和中国东部降水模态有很好的对应关系（Duan et al.，2013）。亚洲北部（45°~65°N，80°~130°E）贝加尔湖地区的增温，可以引发异常大气低层反气旋，使得东北风在东亚北部占主导地位，削弱了西南季风气流，造成夏季风的减弱（Zhu et al.，2012）。通过资料分析和数值模拟，Zuo 等（2012）发现，亚洲（15°~45°N，60°~120°E）区域的地表温度增暖趋势在 1951~2010 年比周围区域弱，这种亚洲大陆相对周边区域的"相对变冷"是亚洲夏季风减弱的一个重要原因。夏季亚洲大陆上空对流层温度显著的年代际变化和印度洋上空对流层温度持续增温导致海陆温差的变化，造成东亚夏季风 20 世纪 70 年代的年代际减弱。亚洲对流层温度的年代际变化与北大西洋多年代际涛动有密切关系，而印度洋上空对流层气温持续升高的这种变化特征则与印度洋 SST 基本一致（Zuo et al.，2013）（图 11-5）。印度洋相对周边地区更强的增温导致了亚洲夏季风 70 年代后的减弱趋势（Roxy et al.，2015）。

在全球变暖的背景下，北极增温与海冰的减少对东亚夏季风和中国夏季降水有重要影响（Zhao et al.，2004）。春季北极海冰密集度的年代际变化与东亚夏季风 20 世纪 70 年代末和 90 年代初的转变一致，春季海冰密集度在 1968~1978 年和 1993~2005 年为负位相，而在这两段时期中间为正位相。北极海冰对东亚夏季风的影响途径主要有

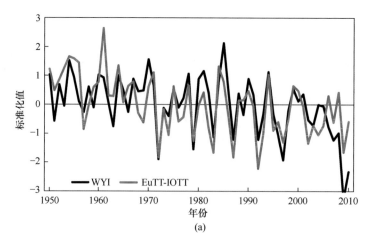

(a)

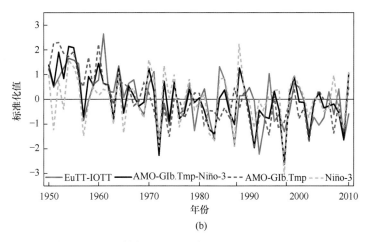

图 11-5　季风指数与对流层海陆温差（Zuo et al.，2013）

（a）标准化的夏季 Webster-Yang 季风指数（WYI，黑线）和欧亚大陆上空与印度洋上空对流层大气 850~200hPa 温度垂直积分之差（EuTT-IOTT，红实线）的时间序列，其中 Webster-Yang 季风指数定义为 0°~20°N，40°~110°E 区域上 850hPa 和 200hPa 纬向风垂直风切变的平均值；（b）标准化的夏季欧亚大陆与印度洋上空对流层温度垂直积分之差（EuTT-IOTT，红实线）、大西洋多年代际振荡指数与全球表面温度和 Niño-3 地区海表温度的差值（AMO-Glb. Tmp-Niño-3，黑实线）、大西洋多年代际振荡指数与全球表面温度的差值（AMO-Glb. Tmp，蓝虚线），以及 Niño-3 地区海表温度的负值（Niño-3，绿虚线）的时间序列

两种（丁一汇等，2018）：一是改变北半球经向气压和温度梯度。北极增暖使得北极与中纬度地区气压梯度和温度梯度被削弱，中纬度西风带风速整体减小，经向活动增强（Overland and Wang，2010），从而有利于欧亚地区尤其是贝加尔湖地区阻塞高压的发生，进而导致长江流域降水增多（Li and Leung，2013；Li Y et al.，2013）。二是激发遥相关波列。张若楠和武炳义（2011）发现，北极海冰密集度异常通过直接热力强迫过程改变表层热通量空间分布，而热通量异常通过与大气环流的相互作用激发出罗斯贝波，最后通过直接热力强迫和大气内部动力学相互作用引发的遥相关过程将能量频散到东亚地区，进而影响东亚地区的天气和气候。青藏高原的冬春积雪也是影响东亚夏季风年代际变化的重要强迫因子（Ding et al.，2009；Zhao et al.，2010）。青藏高原冬季积雪在 20 世纪 70 年代有由贫到丰的显著变化，与中国东部降水模态的转变相关很好（Chen and Wu，2000），但目前两者之间的作用过程仍不清楚（丁一汇等，2018）。

很多研究指出，20 世纪 90 年代初东亚夏季风发生了年代际变化，有所增强（刘海文等，2012；唐佳和武炳义，2012；丁一汇等，2013；黄荣辉等，2013；Zhang and Zhou，2015；丁一汇等，2018）。该年代际变化对应中国东部雨带北移（司东等，2010）、西太平洋副热带高压东退并北进（刘海文等，2012）、副热带西风急流减弱（Kwon et al.，2007）、对流层高层经向温度梯度减弱（Zhang and Zhou，2015）等特征。刘海文等（2012）使用以夏季平均 850hPa 经向风定义的季风指数分析了东亚夏季风的变化，发现东亚夏季风在 20 世纪 90 年代初有所增强，中国东部雨带北移，淮河流域降水偏多。唐佳和武炳义（2012）通过经验正交方法揭示了东亚地区夏季 850hPa 风场变率的优势模态，发现在 20 世纪 90 年代初存在年代际转型，并与我国夏季降水的年代际转型时间一致。黄荣辉等（2013）基于观测资料发现，中国东部降水在 20 世纪 90 年代末发生了年代际突变，淮河流域降水明显增多。Zhang 和 Zhou（2015）研究发现，20 世纪 90 年代初期以后，中国东部降水模态发生转变，并且对流层高层经向温度梯度出现了年代际变化，开始显著减弱。丁一汇等（2018）利用多种再分析资料计算的夏季风指数在 90 年代以后开始增强。

关于 20 世纪 90 年代初发生的东亚夏季风年代际变化驱动机制有以下观点：其一，认为与 PDO/IPO 位相转变造成的海陆热力差异的年代际变化有关（刘海文等，2012）。Zhu 等（2011）基于数值模式试验结果，指出 PDO/IPO 从正位相转为负位相会使得贝加尔湖增温，副热带西风急流减弱，最终造成淮河流域降雨增加，东亚夏季风强度有所恢复。其二，认为与人类活动排放温室气体的增暖效应有关。人为温室气体的增暖在陆地增温高于海洋，使得海陆热力差异变大，增强的亚洲夏季风和降水增强了东亚夏季风（Kitoh et al.，2013；Song et al.，2014）。另外，有研究认为，西北太平洋、北印度洋以及部分中高纬度的海温与欧亚大陆 – 青藏高原积雪和春季北极海冰在 20 世纪 90 年代初出现的显著变化可能是导致东亚夏季风增强的原因（唐佳和武炳义，2012）。春季北极海冰密集度在 90 年代由正位相变为负位相导致东亚夏季风增强。Si 和 Ding（2013）研究发现，青藏高原冬季降雪在 90 年代末以后显著减少，青藏高原显著增温，与此同时热带中东部太平洋海温有所下降，最终使得海陆热力差异在春夏季有所增强，造成北进且增强的东亚夏季风。但也有研究认为，东亚夏季风在 90 年代仍有减弱的趋势（张人禾等，2008），目前对于 20 世纪 90 年代东亚夏季风转型还存在争议。Zhang（2015b）总结了 20 世纪 70 年代以来东亚夏季风的变化研究，指出东亚夏季风降水更多地呈现一种年代际变化特征，而非趋势变化。气候系统内部变率，如欧亚大陆积雪、极冰、海表温度和陆表温度的变化等与东亚夏季风的年代际变化都有密切关系，而目前关于东亚夏季风的外部驱动因子的研究都是基于数值模式，由于模式设计的侧重点不同，我们应该慎重看待模式中关于温室气体和气溶胶排放以及土地利用等对东亚夏季风作用的研究结果（Zhang，2015a）。

11.3.2　东亚夏季风季节内变率的年代际变化

北半球夏季，东亚夏季风存在着全球最强的季节内振荡（Liu and Wang，2014），其主要表现为 12~25 天和 30~60 天两种模态（Lee et al.，2013），前者起源于赤道太平洋的向西北传播信号（Hsu and Weng，2000），而后者起源于赤道印度洋的东北传播信号（Yasunari，1979；Wang et al.，2006）。其中，30~60 天的模态表现为斜跨印度大陆—孟加拉湾—海洋性大陆—赤道西太平洋的带状降水正异常和西北太平洋—赤道印度洋的降水负异常；而 12~25 天模态表现为局地的东西雨带（Annamalai and Slingo，2001）。南海夏季风季节内振荡北传的起始时间要早于南亚夏季风（阙志萍和李崇银，2011）。

对于西北太平洋区域的季节内振荡，在夏季和该区域的季风槽形成海气相互作用的负反馈，激发正负位相的转换，从而形成振荡；而在冬季海气相互作用则为正反馈，有利于反气旋高压的形成（Liu and Wang，2014）。东亚夏季风区的季节内振荡以 30~60 天的周期振荡为主，其在东亚沿海呈波列的形式，并表现为随时间向北传播的季风涌（琚建华等，2005）；东亚降水的季节内变率主要受到 MJO 的影响，同时也会受到中纬度波列的影响（Li et al.，2017）。江淮区域降水季节内变率为正位相时，南海上空反气旋与日本上空气旋导致冷暖空气在江淮区域交汇，引起降水正异常（尹志聪等，2011）。而青藏高原东侧季风区的季节内变率存在 12~24 天和 8~11 天的周期，其中 12~24 天变率主要受到来自北欧波列的控制，而 8~11 天变率主要受到中纬度波列的控制（Yang et al.，2017）。

当前数值预报模式对于亚洲季风降水季节内变率的可预报性为 1~2 周，而风场的可预报性则高很多，为 3 周左右（Fu et al.，2013；Liu et al.，2014）。该模式对于季风季节内振荡干位相的可预报性也远高于对湿位相的可预报性（Waliser et al.，2010）。利用该模式对于东亚季风环流季节内变率的高可预报性，结合降水的统计预报，可以提高该季风降水季节内变率的可预报性（Wang B et al.，2013）。海气相互作用对于该模式中东亚季风季节内振荡的模拟具有重要的作用，真实的海气相互作用能够提高东亚季风季节内振荡的模拟，其关键过程为季节内变率降水对于海温降温模拟（Fang，2013）。当前数值模式的积云对流参数化在模拟东亚季风季节内变率时尚不完善，利用超级参数化（super parameterization）方案，数值模式对东亚季风的季节内振荡特别是其北传的模拟有较大的提高（Yan and Stan，2016）。在 APCC 和 DEMETER 模型中，季风季节内变率的可预报性在印度洋为 20 天，而在西太平洋则有较高的可预报性，为 25 天（Kim et al.，2006）。而有的模型中，西北太平洋可预报性比印度洋要差，因为西北太平洋季节内振荡同时包含了 12~25 天以及 30~60 天的振荡（Lee and Wang，2016）。

在年际尺度上，西北太平洋季风季节内振荡强度存在强的年际变化，其在厄尔尼诺发展年强，而在衰减年的夏季变弱（Liu F et al.，2016），因为季节内振荡的强度会随着季风槽的增强而加强（Ting et al.，2013）。南海夏季风季节内振荡变率的高频模态（10~25 天）与低频模态（30~60 天）在年际尺度上存在着显著的反相关，特别是在 6 月、7 月和 9 月（Yang and Wang，2008）。如果用夏季赤道东太平洋海温作为指标（图 11-6），偏暖年份南海降水主要存在 20~40 天周期振荡，其信号来源于赤道西太平洋，而在东太平洋偏冷年份，南海夏季降水存在 40~70 天周期振荡，其信号来源于印度洋（Liu F et al.，2016）。

南海夏季降水的季节内变率也存在年代际变率。实测资料诊断分析得到的 1948~2003 年偏暖阶段季节内振荡活跃区强度增强及范围扩大可能不是人类活动影响使温室气体增加所导致的，季节内变率自身存在强的年代际变化（俞永强等，2007）。20 世纪 70 年代末以前，ENSO 影响南海夏季风的北传主要在初夏，而在 70 年代末以后则转变为晚夏。1980~1999 年，赤道中太平洋季节内振荡强度减弱，而在中印度洋、孟加拉湾地区季节内振荡变得活跃（刘芸芸等，2006）。东太平洋型厄尔尼诺和季节内振荡的关系主要发生在 2000 年以前，其后由于中太平型厄尔尼诺增加而减弱，而中太平洋型厄尔尼诺主要对应于罗斯贝波的活动增强（Gushchina and Dewitte，2018）。90 年代中期之前，南海夏季风的季节内振荡主要由高频的 12~25 天的周期所控制，其发源于赤道太平洋的西北传播；而在近十几年，其由低频的 30~60 天的周期所控制，其从印度洋到西北太平洋的东北方向传播（Kajikawa et al., 2009；Kajikawa and Wang, 2012；Li et al., 2017）。

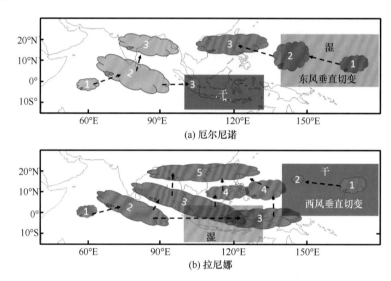

图 11-6　厄尔尼诺（El Niño）和拉尼娜（La Niña）影响西北太平洋季风季节内振荡示意图
（Liu F et al., 2016）

云状代表季节内振荡降水中心；红色代表可以影响西北太平洋夏季风而蓝色则不能；数字代表季节内振荡传播历程；矩形代表区域水汽和垂直东风切变的变化

11.3.3　东亚夏季风年际变异的年代际变化

随着 20 世纪后期以来全球变暖的加剧，我国气候在变暖过程中也发生着剧烈的变化，各种气象灾害频繁发生。然而我国地处东亚，由东亚季风尤其是夏季风异常所带来的旱涝灾害在气候灾害中占很大的比重，给国民经济带来了严重的损失。例如，1998 年夏季长江流域、松花江流域和嫩江流域发生的特大洪涝；2006 年夏季重庆地区遭受了百年不遇的酷暑和干旱（黄荣辉等，2008）。因此，预测东亚夏季风的年际变率就成为气候预测的重要问题，同时也是难点问题，因为东亚夏季风是整个亚洲季风系统中较为复杂的一个子系统，这种复杂性不仅表现在时间尺度上的多样性，同时也表现在空间尺度上的不均一性（丁一汇等，2013）。例如，描述东亚夏季风变化的指数有二十几种之多，而描述南亚（印度）夏季风变率的指数仅有几个，从侧面反映了东亚夏季风的复杂性。然而，东亚夏季风变异虽然复杂但也有规律可循，它具有显著的年际变化特征并且我们在一定程度上了解和掌握了影响这种变异的因子。东亚夏季风年际变异受多种因素影响，如 ENSO、热带印度洋海温、热带西太平洋海温、冬春青藏高原积雪和土壤湿度等因素（Chang et al., 2000；Xie et al., 2009；段安民等，2018）。其中，作为热带海洋最强的海气耦合现象 ENSO 以及热带印度洋和西太平洋海表温度异常在东亚夏季风年际变异中扮演着尤为重要的角色，同时也是预测东亚夏季风的重要因子。因此，下文将详细论述与热带海温相关的这几种因子在东亚夏季风年际演变中的作用及新近研究进展。ENSO 对东亚夏季风的影响一直是中国气象学界的重要研究课题。近年来，随着 ENSO 事件增暖位置的变化，ENSO 对东亚夏季风年际变化的影响呈现了新的特征。20 世纪 80 年代以来 ENSO 事件的增暖位置由原来的热带东太平洋向西移动到了热带中太平洋，即中太平洋增暖型 ENSO 事件发生频率显著增加（Ashok and Yamagata，2009；Kao and Yu，2009）。中太平洋型增暖事件与传统的东太平洋型增暖事件对东亚夏季风的影响呈现出显著的差异（Karori et al.，2013；Li et al.，2014），这使得 ENSO 与东亚夏季风的关系在近年来呈现了新的变化（Feng et al.，2011）。研究表明，东太平洋增暖型的 El Niño 衰减年的夏季，长江流域及以南区域降水偏多；中太平洋增暖型 El Niño 易造成江淮流域降水偏多，而中国南部地区降水偏少。造成这种降水分布的主要原因为中太平洋增暖型的 El Niño 易导致西北太平洋反气旋环流异常位置偏北，其西北侧的南风异常将丰沛的水汽向北输送到了江淮流域，造成江淮流域降水增多（Feng et al.，2011）。另外，El Niño 与东亚夏季风关系的这种变化是否与全球变暖有关目前还不确定，中太平洋型 El Niño 事件在近几十年发生频繁的原因还存在争议。一些研究表明中太平洋型 El Niño 的频繁出现与全球变暖有密切关系（Kim and Yu，2012；Taschetto et al.，2014），而另一些研究认为中太平洋型 El Niño 的出现是自然变率的结果（Xu et al.，2017）。另外，Cai 等（2018）研究指出，在全球变暖背景下，El Niño 如何变化并不清楚，但是东部型 El Niño 事件在全球变暖中将增加，该结论与在全球变暖背景下中太平洋型 El Niño 发生频繁的结论相反。因此，对两类 El Niño 与东亚夏季风关系的预估还存在很大的不确定性。

在年代际时间尺度上，ENSO 与东亚夏季风的年际关系存在显著的年代际变化。20 世纪 70 年代末期以后，ENSO 对东亚夏季风年际影响显著增强（Xie et al.，2010b）。El Niño 激发的西北太平洋反气旋环流在 70 年代末期以后强度变强、范围增大，导致东亚夏季降水异常显著。Wang 等（2008）将该年代际变化归因为 ENSO 振幅在 20 世纪 70 年代末期以后增强，从而导致大气响应增强。在未来全球变暖背景下，极端 El Niño 事件和极端 La Niña 事件发生频率将会增加（Cai et al.，2014，2015a），即 ENSO 振幅在全球变暖中将加强，这有利于 ENSO 与东亚夏季风关系的加强。根据 IPCC 的定义，这一预估在信度上处于"中等"水平，一方面这是由于极端 El Niño 和极端 La Niña 的出现要依赖于模式中东太平洋海温的增暖（Cai et al.，2015b；Zheng et al.，2016），这与观测中东太平洋海温在近几十年中变冷的趋势相悖；另一方面模式在模拟气候平均态，如东太平洋冷舌、赤道辐合带等方面普遍存在偏差，另外模式对 ENSO 及其遥相关的模拟也存在偏差（Cai et al.，2015b）。Xie 等（2010b）将 ENSO 与东亚夏季风关系的年代际变化归因为印度洋对 El Niño 的响应在次年夏季增强，从而使得印度洋电容器效应增强，导致东亚夏季风环流异常增强。另外，PDO 对 El Niño 与东亚夏季风关系有显著的调制作用（Feng et al.，2014；Song and Zhou，2015）。由图 11-7 可见，在 PDO 负位相下，ENSO 与东亚夏季风的相关性较弱，而在 PDO 正位相，两者相关关系增强。进一步研究表明，在 PDO 正位相背景下，El Niño 衰减期的夏季东亚地区受西北太平洋反气旋环流异常和日本附近的气旋环流异常共同控制，使得东亚夏季降水异常呈现三极型的分布。相反，在 PDO 负位相背景下，El Niño 衰减期的夏季东亚地区主要受一个范围较大的异常反气旋环流控制，东亚夏季降水异常呈现偶极型分布特征。PDO 对 El Niño 与东亚夏季风关系的调制主要是由于 PDO 影响了 El Niño 衰减的速度。El Niño 不同的衰减速度对次年夏季西北太平洋异常反气旋环流的强度和范围都有不同的影响（Feng et al.，2014）。

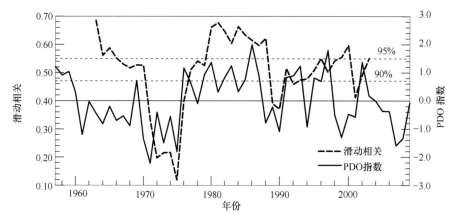

图 11-7　冬季平均的 Niño3.4 指数与东亚夏季风指数 13 年滑动相关（Feng et al.，2014）

热带西太平洋虽然只占全球海洋面积的很小一部分，但却是全球海表温度最高的海域，全年海温维持在 28℃以上。因此，西太平洋海域的海气相互作用相当剧烈，在其上空的大气中形成了全球最强大的热源，不仅对热带大气环流产生重大的影响，在中高纬环流的变化中也起着重要的作用。近年来，西太平洋暖池的热状况显著增强，其对东亚气候的影响也发生了显著的变化。暖池上空的对流活动所形成的强大热源能激发出东亚－太平洋型遥相关波列，通过该波列对东亚气候产生了强烈的影响（简茂球等，2004）。若西太平洋海表温度偏高，则菲律宾附近的对流活动增强，西太平洋副热带高压偏北，我国江淮流域夏季降水偏少，而华北和江南降水偏多。反之，若西太平洋海表温度偏低，则菲律宾附近的对流活动减弱，西太平洋副热带高压偏南，我国江淮流域夏季降水偏多，华北和江南地区降水偏少。20 世纪 90 年代末以来西太平洋海温偏暖，对流增强（黄荣辉等，2016），从而有利于江淮流域夏季降水减少，而华北和江南地区降水偏多。

除热带西太平洋外，热带印度洋的海表温度也较高，就其年平均而言，南北纬10℃之间的热带印度洋表层海温在 28℃以上，与西太平洋暖池连为一体。近年来的研究发现，热带印度洋表层海温一致增暖模态显著增强（Huang et al.，2010；Xie et al.，2010a），对东亚夏季风的年际变化的影响也变得更为显著。研究表明，印度洋一致增暖模态主要通过激发西北太平洋反气旋环流异常引起东亚夏季风异常，从而导致中国夏季华南气温偏高、东北气温偏低、长江流域降水偏多（Hu et al.，2011）。在夏季，印度洋的增暖能激发暖性的开尔文波向西传播到西太平洋，向热带伸展的低压导致了西北太平洋低层的风场流向赤道，造成了 Ekman 层的辐散，该辐散抑制了西太平洋对流的发展并进一步通过 Gill-Matsuno 响应在西北太平洋激发反气旋环流异常，而反气旋进一步抑制对流发展，也进一步加强低层反气旋的发展。这样由印度洋激发的开尔文波触发的局地对流 – 大尺度环流相互作用，导致了西北太平洋反气旋异常形成和维持（Xie et al.，2009）。20 世纪 70 年代后期以来，印度洋海盆　致增暖模态与 El Niño 有很好的关系，El Niño 通过大气桥过程、海洋动力和局地海气相互作用过程使得印度洋的暖海温从 El Niño 的盛起冬季一直持续到衰减期的夏季。在该过程中印度洋将 El Niño 信号存储起来并在夏季时影响东亚夏季风，因此被称为印度洋电容器效应（Yang et al.，2007；Xie et al.，2009）。El Niño 与印度洋增暖关系在最近几十年的加强使得 El Niño 与东亚夏季风关系随之加强（Xie et al.，2010b）。

11.3.4　南亚夏季风与东亚夏季风相互作用的变化

南亚夏季风和东亚夏季风是亚洲季风系统的重要组成部分。南亚夏季风和东亚夏季风之间既相互独立，又存在紧密的联系。一方面，它们都受到热带和热带外扰动的调制；另一方面，它们又会对全球不同地区的天气和气候产生影响。在不同年代际变化的背景下，尤其是最近几十年受全球变暖的影响，南亚夏季风与东亚夏季风的相互作用发生了显著的变异。

20 世纪 70 年代以前，印度、华北和日本南部夏季降水年际变异存在显著相关性。印度中部 – 西北部夏季降水的变化和华北降水变化趋势相同，和日本南部降水变化趋势相反。然而在 20 世纪 70 年代末之后，印度中部、华北和日本南部夏季降水年际变化关系较弱（Sun and Ming，2018）（图 11-8）。印度东北部和中国北部的夏季降水呈下降趋势，而长江中下游流域、韩国和日本等地区的夏季降水呈现出增加的趋势。南亚和东亚在最近 30 年的变化趋势不同，从而增加了两者之间的差别（Yun et al.，2014）。

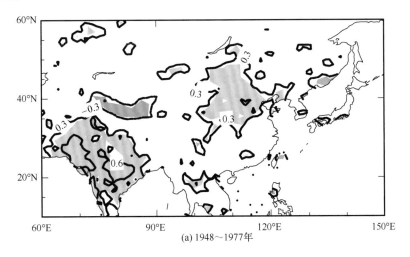

(a) 1948～1977年

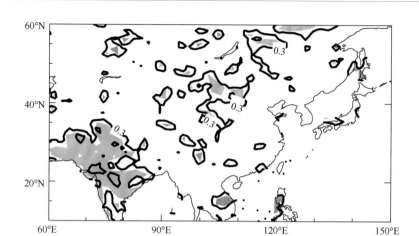

(b) 1981～2010年

图 11-8 印度夏季风指数 AIRI 与夏季降水（6~9 月）的相关系数（Sun and Ming，2018）

填色区通过 95% 显著性检验

印度和东亚夏季降水的相互作用有两种可能的途径：一是通过低纬度地区的大气环流变化（称为南部路径），二是通过亚洲中纬度地区的大气环流变化（称为北部路径）。南部路径指的是从印度洋到东亚的水汽输送，它受到印度夏季风异常的调制。北部路径指的是亚洲中纬度对流层中高层的纬向波列，它由沿中纬度西风急流的异常反气旋／高压和异常气旋／低压组成，是北半球绕球遥相关型（Ding and Wang，2005）的一部分。绕球遥相关是北半球夏季大气内部变率的一个主要模态，它受到印度夏季风降水的直接驱动，也受到 ENSO 的调制作用。当印度夏季风增强的时候，南亚上空增强的季风对流会激发出一个异常的罗斯贝波，该波向东北方向传播，引起高层系统南亚高压的东西振荡，给中国东部对流层上层带来异常的涡度平流和温度平流，导致华北—长江—华南上空经圈环流异常，形成中国东部的三极型降水异常分布（Wei et al.，2014，2015）。高层系统南亚高压的东西振荡在南亚和东亚夏季风降水的相互联系中起了重要的桥梁作用。南亚夏季风异常可以通过影响东亚大气环流场来影响东亚夏季风的强弱（Greatbatch et al.，2013；Preethi et al.，2017a）。

然而，中高纬环流异常存在显著的年代际变化，该年代际变化是造成东亚和南亚夏季风之间的关系在 20 世纪 70 年代之后发生年代际减弱的可能原因之一。从 20 世纪 70 年代末起，链接南亚季风和东亚季风的中纬度绕球遥相关型发生了突变。1958~1978 年，南亚和东亚上空的绕球遥相关活动中心较强；1979~2010 年，这种信号明显减弱。绕球遥相关在 1979~2010 年出现减弱的趋势，这是造成印度降水和华北降水之间的关系在 70 年代后期出现显著转变的原因（Wang et al.，2012a；Wu，2017）。而中高纬环流异常的年代际变化受到 AMO 的影响。20 世纪 70 年代以前，与东亚中部夏季降水相关的高层大气环流形态和与印度降水的相关高层环流场相似。此高层环流形态主要与区域印度季风区深对流降水释放的潜热有关。而在 20 世纪 70 年代以后，影响东亚中部夏季降水的高层环流场发生显著异常。贝加尔湖南侧的异常低压系统是影响东亚中部夏季降水的主要因子。将该低压系统与东亚中部降水的影响去除，20 世纪 70 年代以后，印度夏季风和东亚中部降水的关系显著提升（Sun and Ming，2018）。贝加尔湖南侧的异常低压系统受到 AMO 年代际变率的调控。去除 AMO 与该低压系统的关系后，该低压系统与东亚中部降水的关系显著减弱。因此，AMO 在 20 世纪 70 年代后期的年代际变化通过下游遥相关形态加强了对东亚中部降水的调控作用，并在一定程度上减弱了印度夏季风对东亚中部降水的影响，从而减弱了印度夏季风和东亚夏季风的关系。20 世纪 70 年代之后东亚和南亚季风关系减弱与赤道环流如 ENSO 和西太平洋 – 赤道印度洋海温纬向梯度的年代际变化有关。从 20 世纪 70 年代以来，印度夏季风与 ENSO 的相关关系开始减弱，然而东亚夏季风与 ENSO 的相关关系开始增强，这一方面可能与 NAO 激发的跨欧亚大陆遥相关型有关（Wu Z et al.，2012）。此外，PDO 在调节 ENSO 与印度季风以及东亚季风的关系中也起到了重要的作用。当 PDO 与 ENSO 同相（反相）时，ENSO 与亚洲季风的关系更为显著（不显著）。20 世纪 70 年代末之后，PDO 处于暖位相，夏季厄尔尼诺衰减较慢，菲律宾反气旋显著增强，对东亚夏季风的影响增大（Feng et al.，2014）；对于南亚季风而言，PDO 暖位相的影响可通过调节 Walker 环流的强弱，改变南亚季风区 Hadley 环流的变化，加强厄尔尼诺对南亚季风的影响，造成印度降水偏少（Krishnamurthy L and Krishnamurthy V，2014）。可见，南亚夏季风和东亚夏季风在不同年代际背景下，与 ENSO 的关系存在着显著的变异。但 ENSO 不能完全解释 70 年代末之后印度夏季风和东亚降水相关性的减弱。

此外，超级 ENSO（mega-ENSO）和"西太平洋 – 赤道印度洋海温纬向梯度"是造成南亚和东亚季风区对流性降水反相变化在 2000 年后加强的原因（Yun et al.，2014）。在年代际尺度上，西太平洋 – 赤道印度洋海温纬向梯度增强，赤道西太平洋增温，海洋性大陆深对流增强。深对流加强激发向西北传播的 Rossby 波，促进南亚季风区降水。南亚季风区降水引起局地 Hadley 环流加强，在高空形成经向"高度场偶极子"，促使南亚高压和西风急流北抬，减弱东亚夏季风区降水。因此，赤道印度洋 – 赤道太平洋海温纬向梯度的变化是引起南亚夏季风和东亚夏季风反位相年代际变化的主要原因。

综上所述，南亚季风和东亚季风的相关关系在 20 世纪 70 年代末减弱，这主要与 AMO 导致的亚欧大陆上对流层高层的中纬度波列（绕球遥相关型）的年代际减弱有关，也与 ENSO 与 PDO 的相互作用，以及热带西太平洋 – 印度洋海温纬向梯度的年代际变化有关。在未来全球增暖的情形下，南亚夏季风降水与大气的耦合作用将减弱，也将导致南亚夏季风和东亚夏季风相互作用减弱，两者的相互作用也表现出明显的年代际变化信号（Preethi et al.，2017b）。

11.3.5　东亚夏季风与中国夏季旱涝和极端高温热浪的关系

在中国东部的东亚季风区，降雨主要出现在夏季（Zhang，2015a）。东亚夏季风的进退伴随着雨带的移动。中国东部夏季气温也随着东亚夏季风推进和降水分布而改变。因此，东亚夏季风变化与中国夏季旱涝格局和极端高温热浪等气候异常联系密切（Ying and Ding，2010；贾蕾等，2015；陈金明等，2016）。受全球变暖的影响，水分循环加强，极端降水的强度和频率也显著增加（Sun and Ao，2013；Ma et al.，2015），同时极端高温事件风险加剧（Sun et al.，2014）。因此，评估在全球变化背景下东亚夏季风环流变化与对中国有重大影响的天气气候之间的联系很有意义。

干旱和洪涝灾害是我国对社会经济和环境影响最严重的自然灾害之一。我国洪涝灾害和干旱灾害严重的地区都主要分布在东部季风气候区。中国东部 60% 的降水量来自 5~8 月由东亚夏季风带来的降雨（Day et al.，2018）。受东亚夏季风环流强度变化的影响，中国东部季风雨带的移动也表现出明显的年代际变化，并呈现出相对湿润和相对干旱的波动状态（贾蕾等，2015；丁一汇等，2018）。20 世纪 50~70 年代，由于东亚夏季风异常偏强，中国东部雨带偏北，位于我国华北和东北地区，呈北涝南旱的分布特征。70 年代末东亚夏季风强度显著减弱，雨带南移到江淮地区，降水模态发生转变，呈南涝北旱的分布特征（Gong and Ho，2002；Zhai et al.，2005）。20 世纪 90 年代末以后，中国东部夏季降水模态发生转变（黄荣辉等，2013），东亚夏季风雨带北移到淮河流域一带，长江以南降水增加（姚惠明等，2013；Zhang，2015b）。而近 10 年来，中国东部夏季降水减少和增加的区域均在萎缩，南涝北旱现象趋于缓解（任国玉等，2015）。丁一汇等（2018）分析得到中国夏季降水量的主要周期，其中华南地区夏季降水量的周期以 30 年为主，长江中下游地区以 12~14 年和 40 年为主，而我国华北地区以 9 年和 18 年为主，因而 30~40 年是季风年代际振荡的主要周期，其次是 12~14 年。

中国东部一些典型的旱涝事件被认为与东亚夏季风异常有关。例如，Sun 等（2011）研究指出，1998 年特大洪水与减弱的夏季风、持续的环流异常以及偏强的高空急流有关。吴贤云等（2012）研究认为，位于长江中游的洞庭湖和鄱阳湖流域发生持续性干旱事件时，夏季风处于强周期，持续性干旱过程与弱的热带辐合带系统和强的副热带辐合带系统相对应。北京在 2012 年 7 月发生了非常严重的洪涝灾害，造成了严重的经济财产损失。有研究指出，该事件与东亚夏季风恢复有关，随着东亚夏季风的进一步恢复增强，类似北京"7.21"特大暴雨的事件在将来可能发生得更加频繁（Zhou et al.，2017）。东亚夏季风季节内变异也可能造成"旱涝并存，旱涝急转"这种同一季节内旱、涝事件交替出现的情形（吴志伟等，2006，2007；于群等，2011）。这种事件涉及的物理过程非常复杂，如有的年份为旱转涝年，有的年份为涝转旱年，相关物理机制还需进一步研究。

研究发现，东亚夏季风也可能影响到我国非季风区的降水。Wang 等（2004）指出，虽然西北地区受到青藏高原阻挡的影响，但东亚夏季风可以影响到西北东部地区的降水，强夏季风年，夏季风西北影响区汛期降水偏多，从而对西北偏东部汛期降水产生影响。Li 等（2007）提出了东亚夏季风对中国西北降水产生影响的机制，他们认为江淮流域的季风雨带可以作为桥梁将水分输送到西北地区，并且东亚夏季风对中国西北降水的影响主要在 7 月 10 日~8 月 20 日。

高温热浪对人类健康、生态环境和社会经济发展造成了严重威胁（王敏珍等，2012）。在全球变暖背景下，过去半个世纪以来，中国东部夏季气温整体呈显著增加趋势（Zhang，2015a）。中国东部地区极端高温天也显著增多（Gong et al.，2004），但不同区域变化不统一，北方极端高温日数增加趋势比南方大（You et al.，2011）。热浪过程，即持续多天的高温天气过程也呈现出显著增加的趋势（Chen Y et al.，2017），并且研究指出 20 世纪 80 年代末或 90 年代附近中国东部热浪频次变化存在年代际转折，在 90 年代以后增长趋势更为明显（Wang et al.，2014；Ding and Ke，2015；You et al.，2017）。

很多研究讨论了夏季风指数与中国平均气温的关系。例如，郭其蕴等（2003）研究发现，夏季风强时中国东部华北多雨，长江少雨，同时长江到淮河气温偏高，中国西部在夏季风强时降水南多北少，气温模态为北高南低，而夏季风弱时情况相反。钱维宏等（2012）研究发现，东亚夏季风干湿型指数与中国平均气温之间的异常气候事件有明显的对应关系，中国年平均气温的偏低与偏高取决于夏季风在年代际尺度上向北推进的程度。中国东部夏季气温变化与东亚夏季风推进和降水分布有关，弱的季风气流难以到达北方，北方降水偏少，中国气温偏高。

对东亚夏季风与中国东部极端高温天气关系的针对性研究相对较少，一些相关研究的结论也并不一致。有研究认为中国的雨日数和高温日数呈反比关系（Ding et al.，2009），因而受夏季风减弱的影响，雨带南移，中国北方太阳辐射增强，中国北方高温天和热浪呈增加趋势。Li 等（2012）研究显示，在 1980~1996 年中国东部北方高温日数偏少，南方高温日数偏多，而在 1997 年以后，长江流域以南和以北地区高温日数均有所减少，这与东亚夏季风的年代际变化有关。也有研究认为，极端高温天或热浪过程的环流形势常常由副热带高压或者大陆高压控制（Gong et al.，2004；史军等，2008）。西太平洋副热带高压偏西偏南时，伴随的下沉气流会在中国南方产生持续性高温，而西太平洋副热带高压也是东亚夏季风的重要组成部分，因而中国东部高温天气受到东亚夏季风的显著影响（Gong et al.，2004）。Ding 和 Ke（2015）将高温热浪事件分为干热浪事件和湿热浪事件，并认为湿热浪事件主要发生在中国东南的季风区，而干热浪事件主要发生在中国北部和西北部。当中国东南部季风区受到西太平洋副热带高压或大陆高压控制以及有来自南方的水汽输送时，容易发生湿热浪事件。Wang 等（2014）认为，20 世纪 80 年代末中国东南部极端高温天的年代际变化与南方涛动－东亚夏季风的气候转变有关。可以看到，东亚夏季风对中国东部极端高温热浪的影响比较复杂，还没有统一的结论，仍需进一步深入研究。

11.4 东亚冬季风变化及与中国气候的关系

东亚冬季风（EAWM）的强度自 20 世纪中期至今主要经历了 2 次比较显著的年代际变化，20 世纪 80 年代中期由强转弱，21 世纪初期又由弱转强，并且中国冬季气温在整体升高的趋势上也有类似的年代际波动；伴随东亚冬季风 21 世纪初的增强，东亚包括我国不少地区多次遭遇冷冬，并频繁受到寒潮、低温暴雪等极端事件的影响；同时，11 月西伯利亚高压强度与随后 12 月、1 月平均的西伯利亚高压强度的季节内反位相关系出现年代际变化，之前的显著相关变得不再显著；此外，西伯利亚高压强度的年际变率在 21 世纪初出现明显增强。

11.4.1 东亚冬季风年代际及趋势变化

东亚冬季风（EAWM）是北半球冬季具有行星尺度的环流系统，其受到多种气候因子的影响，并且具有多种时间尺度的变化特征。众多对 EAWM 变异的有关研究表明，从 20 世纪中期到现在，EAWM 主要经历了 3 次比较显著的年代际变化。从 20 世纪中期到 80 年代初是强的 EAWM 时期，20 世纪 80 年代中期之后转为弱 EAWM 时期（王会军和范可，2013；Ding et al.，2014）。Wang 和 Chen（2014）基于多种再分析和观测数据集指出，EAWM 在 21 世纪初期又发生了一次年代际增强。由图 11-9（a）和图 11-9（b）可以清楚地看到 EAWM 发生了几次年代际变化。1988 年左右 EAWM 从强变弱，21 世纪初 EAWM 又出现一次明显的增强。截至目前的数据资料显示，到 2018 年，EAWM 指数仍然维持在一个弱的正位相水平，但是东亚地区平均的气温指数则在最近几年开始慢慢进入暖异常，因此东亚冬季风最近的年代际增强是否已经结束值得进一步观察。

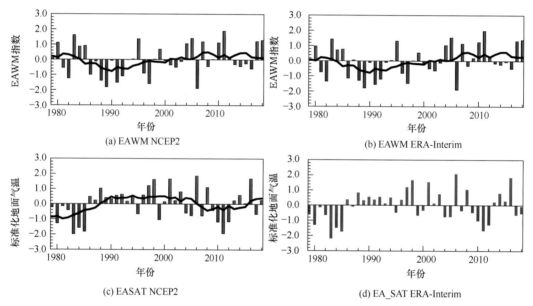

图 11-9 根据 NCEP2 和 ERA-Interim 资料计算的标准化 EAWM 指数和东亚区域平均的标准化地面气温

根据 NCEP2[（a）、（c）]和根据 ERA-Interim[（b）、（d）]1979~2018 年的资料计算的标准化的 EAWM 指数（柱状图）[（a）、（b）]和东亚（20°~50°N，100°~140°E）区域平均的标准化地面气温[（c）（d）]（黑色实线，9 点滑动平均）；EAWM 指数的计算公式见 Wang 和 Chen（2014）

我国乃至整个东亚地区冬季气温的变化是和 EAWM 的变化密切相关的。20 世纪中期至今，我国大陆上冬季气温在整体升高的趋势上叠加有显著的年代际波动特征（丁一汇等，2014）。伴随 EAWM 最近的 3 次变异，从 20 世纪中期到现在这段时期，我国的温度变化也可以划分为 3 个主要时期，第一个冷期（80 年代中期之前）、暖期（80 年代中期到 21 世纪初期）和第二个冷期（21 世纪初期之后的十几年）。20 世纪 80 年代后期到 21 世纪初，随着 EAWM 的年代际减弱，东亚和我国的气温在这个期间整体偏高，我国出现持续多年的暖冬。许多研究指出，EAWM 的这个年代际变化和全球变暖有着密切的关系。在这一段时间，我国平均地表气温呈现与全球变暖较为相似的变化趋势，但我国的温度变化大致落后于全球的温度变化 5~10 年（Wang and Chen，2014；Ding et al.，2014）。而第二个冷期可能是西伯利亚高压和阿留申低压的加强所致（黄荣辉等，2014）。此外，乌拉尔地区冬季阻塞频次的增加和北极秋季海冰的减少也可能对此次 EAWM 年代际增强有一定的贡献（Wang and Chen，2014）。有研究指出，气候系统内部变率导致近十多年东北冬季变冷（Qian and Zhang，2019）。伴随着这次 EAWM 的再一次增强，东亚包括我国许多地区多次遭遇冷冬，并频繁受到寒潮、低温暴雪等极端事件的影响。而在 21 世纪初到之后的十几年期间，全球地表平均温度处于停滞期（即全球变暖停滞期），目前的研究表明这次全球增暖停滞主要归因于气候系统内部变率的年代际振荡对温室气体造成全球增暖的调制（Kosaka and Xie，2013；Dai et al.，2015）。因此，20 世纪初以来的东亚冬季风强度的年代际增强很有可能也受到气候系统内部变率的影响。

值得注意的是，根据世界气象组织（WMO）《2015 年全球气候状况声明报告》表明，全球地表平均温度经过一个短暂的增暖停滞期后，最近几年又呈现快速上升趋势。这个温度的快速上升趋势，可能是由人类排放的温室气体造成全球气候变暖叠加 2015 年强厄尔尼诺现象的影响的结果。东亚地区平均地表温度能够清楚地反映这个显著的增温，但目前尚不清楚全球和东亚地区的升温是短暂的还是能够持续更长的时间。最近几年的 EAWM 指数处在一个弱的正位相期间，而全球最近几年的快速升温是否会引起 EAWM 出现新的变化也尚不确定。

东亚季风的本质是海陆热力差异的改变，因此海洋或陆地热力状况如果发生改变则往往会引起季风的变异。在年代际尺度上，除了欧亚大陆的陆面温度，太平洋海温，尤其是北太平洋海温是影响 EAWM 变化的重要因子之一（郭冬和孙照渤，2004）。北太平洋地区海温最主要的年代际变化模态为 PDO。资料表明，PDO 和 EAWM 存在明显的负相关关系（Zhou et al.，2007）。20 世纪 70 年代中后期之后 PDO 基本处于一个暖位相时期，PDO 的这个暖位相期一直持续到 20 世纪末期。在这个时期，EAWM 基本为弱 EAWM。此外，EAWM 和 AO 也有着紧密的联系。AO 可以通过调制西伯利亚高压或者影响准定常行星波的传播来影响 EAWM。AO 正位相时往往对应着 EAWM 偏弱（Gong et al.，2001）。从 20 世纪 80 年代中期到 21 世纪前十年，AO 基本上是处于一个正位相，和 EAWM 在 20 世纪 80 年代中期之后的减弱较为一致。另外，Wang L 等（2009）的研究发现，在年代际时间尺度上，平流层的准定常行星波活动异常对东亚冬季风也有着显著的影响。他们研究发现，1987 年之后，对流层沿着低纬波导的准静止行星波的水平传播增强和极地波导向上的波列传播减弱，Eliassen-Palm 通量在 35°N 附近异常辐合，导致附近的副热带急流减弱，进而导致 EAWM 减弱。

伴随着全球和东亚地面气温最近几年的快速增暖，资料显示，2014 年之后，PDO 指数出现明显增强，且转变为正位相。大约在同一时期，AO 指数也出现明显的增强趋势，且转变为正位相（Cheung et al.，2016）。目前，PDO 指数和 AO 指数的正位相能否继续维持或者只是一个短期的波动，还需要进一步观察。

11.4.2 东亚冬季风季节内变率的年代际变化

东亚冬季风除了显著的年代际变化以外，也存在明显的季节内变化特征（Chang and Lu，2012；韦玮等，2014）。研究不同年代际背景下东亚冬季风季节内变化有助于理解和提高东亚冬季风的季节预测水平。西伯利亚高压（反气旋）是东亚冬季风系统中一个非常重要的环流因子，由西伯利亚高压的移动引发的高纬度冷空气向南爆发，常常会造成我国以及整个东亚地区出现异常低温、冰冻雨雪等灾害性天气过程，同时冷空气继续南侵引发的冷涌事件也会在我国南海、中南半岛以及海洋大陆地区触发大范围对流性天气异常，容易导致当地出现暴雨、洪涝等灾害性事件。基于西伯利亚高压与东亚冬季风的这种密切联系，有学者直接采用西伯利亚高压强度来表征东亚冬季风的强度指数（Gong et al.，2001；Wu and Wang，2002）。因此，理解西伯利亚高压的季节内变化特征对于提高东亚冬季风的季节预测水平至关重要。有研究指出，西伯利亚高压的变化在1979~2008年存在明显的季节内位相改变，即11月西伯利亚高压强度与随后12月、1月西伯利亚高压强度存在显著的反位相变化关系。

进一步研究指出，西伯利亚高压的这种季节内反位相相关关系与ENSO无关，但是和乌拉尔山以及太平洋地区的阻塞高压活动频率的季节内反向变化有关（Wang and Lu，2017）。在1979~2008年这个时段中，相对更加低频的太平洋以及乌拉尔山地区的阻塞高压是引起西伯利亚高压季节内变化的重要因子。如果11月存在相对活跃而强的阻高事件，可能会导致随后12月、1月出现的阻高表现出相对不活跃的特征，进而导致西伯利亚高压异常出现季节内反向变化，而阻高的这种季节内变化则主要受AO指数正位相的调制。

截至2018的数据资料显示，与最近这一次东亚冬季风强度年代际增强相伴随的是，西伯利亚高压的这种季节内反向变化也出现了一次年代际变化。21世纪初（2005年），11月西伯利亚强度与随后12月、1月平均的西伯利亚高压强度的反相关关系出现了减弱趋势，变得不再显著（图11-10）。进一步地，我们通过计算整个冷季（11

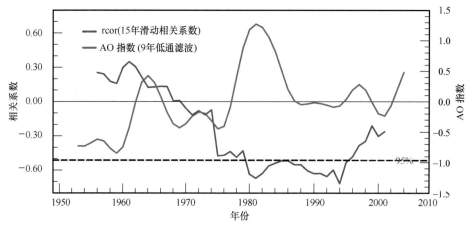

图11-10 11月西伯利亚高压强度与随后12月、1月平均的西伯利亚高压强度的15年滑动相关系数（rcor），以及9年低通滤波得到的北半球冷季（11月至次年3月）平均的AO指数

月至次年 3 月份）平均的 AO 指数，发现西伯利亚高压季节内反位相变化关系的减弱可能跟 AO 指数最近十几年间正位相强度减弱甚至转为负位相有关（图 11-10）。尽管最近十几年来西伯利亚高压的季节内反向变化关系似乎在减弱，但是有研究表明，AO 指数在未来全球变暖加剧的情景下，很大可能出现较多正位相情况（Cattiaux and Cassou，2013）。因此，如果全球变暖背景下 AO 指数正位相事件持续维持，那么未来西伯利亚高压的这种季节内反向变化关系也有可能将得到重现，这样在某种程度上有助于提高我们未来预测东亚冬季风季节内变化的水平。

11.4.3 东亚冬季风年际变异的年代际变化

在全球变暖大背景下，不仅东亚冬季风强度经历了显著的年代际变化，而且东亚冬季风的年际变率也发生了显著的改变，其中包括东亚冬季风年际变率的振幅的改变。贺圣平（2013）研究发现，进入 20 世纪 80 年代后东亚冬季风的年际变率出现明显减弱的特征，而东亚冬季风年际变率振幅的减弱与东亚冬季风强度的年代际减弱存在较好的位相对应关系。最近更新的数据资料显示，冬季（12 月、1 月、2 月）平均的西伯利亚高压强度的年际变率振幅在 1958~2018 年并不是随着时间一直减弱的，而是呈现出先减弱再增强的特征，西伯利亚高压年际变率强度在 21 世纪初再次恢复，这与最近十几年来东亚冬季风强度的年代际增强也存在较为一致的对应关系（黄荣辉等，2014；肖晓等，2016）。同时，最近十几年来，东亚冬季风年际变率振幅的年代际增强现象不仅出现在西伯利亚高压这个指标中，在其他东亚冬季风指数上也能得到较好的体现。东亚地区冬季海平面气压场以及经向风场的年际变率振幅在这次年代际变化前（1989~2003 年）后（2004~2018 年）差异的结果清楚地表明，相对于 1989~2003 年这个时段，西伯利亚高压年际变率在后一时期（2004~2018 年）明显增强，海平面气压变率的增强特征一直向南延伸到我国南方的大部分地区。在 1000hPa 经向风场上，东亚沿岸地区的经向风年际变率振幅明显比 1983~2003 年的大。这些结果表明，21 世纪初东亚冬季风年际变率振幅很有可能得到再次增强。

引起东亚冬季风年际变率出现年代际增强的原因是什么呢？其可能与全球变暖背景下东亚地区大尺度的海陆热力对比的变化有关。为了证实海陆热力对比的变化对最近东亚冬季风年际变率增强的影响，本书引用贺圣平（2013）给出的东亚地区海陆热力对比的定义，即将西北太平洋地区平均海表温度减去东亚大陆地区平均地表温度来表征东亚地区冬季的海陆热力差异指数。图 11-11 红色实线给出了 1958~2018 年东亚地区海陆热力差异指数的 15 年滑动标准差，结果显示，东亚地区冬季海陆热力差异指数的年际变率振幅和东亚冬季风（西伯利亚高压）年际变率振幅的位相变化非常一致，均表现出 1980~2000 年年际变率振幅减弱，而在 21 世纪初后年际变率振幅重新增强。海陆热力差异是季风形成的最根本、最直接的原因之一。1980~2000 年全球升温速度明显加快，在这种情况下由于海洋热容量大，西北太平洋海表温度的年际增温幅度小于东亚地区陆地的增温幅度，因此海陆热力梯度减少，从而导致东亚冬季风年际变率振幅减少。但是进入 21 世纪后，全球温度进入了长达十余年的变暖停滞阶段（Kosaka and Xie，2013），这段时间东亚地区陆地增暖放缓，但是热带东太平洋在年代际尺度上的变冷异常导致的信风增强，使得太平洋表层海水在西太平洋地区堆积，进而造成西北太平洋海洋上层增暖显著加速，增强了东亚地区海陆热力对比，从而可能导致东亚冬季风年际变率振幅增大。如果在未来10~20年里，气候系统内部变率与温室气体导致的全球变暖发生同位相叠加使得变暖重新进入加速阶段，则未来东亚冬季风年际变率的强度很有可能会再次减弱。

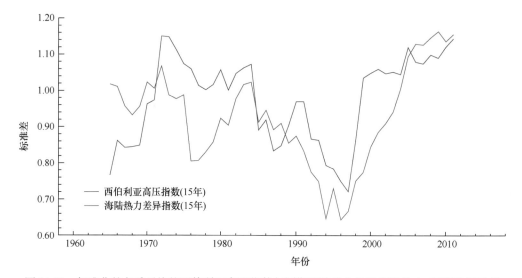

图 11-11　标准化的冬季平均的西伯利亚高压指数与同期海陆热力差异指数的 15 年滑动标准差

11.4.4　东亚冬季风与中国冬季寒潮和极端雨雪冰冻事件的关系

作为冬季北半球中高纬度最为活跃的大气环流系统之一，东亚冬季风一旦发生异常，不仅能够引起东亚地区的气候异常和灾害，还能对热带地区的大气和海洋状况产生影响，甚至能够引起全球的天气和气候异常（Huang et al.，2003；丁一汇等，2014）。强东亚冬季风年的冬季，东亚地区的冷空气活动往往活跃，有利于寒潮的爆发，易造成我国出现低温、严寒、暴雪、冷冻等灾害性天气。20 世纪中期以来，在全球变暖的调控下，东亚冬季风发生了 3 次显著的年代际变化，与此伴随的是我国寒潮、低温、冷冻等极端事件的发生强度和发生频率也发生了一定的变化。

东亚冬季风在经历了一个从 20 世纪中期开始的增强期之后，从 20 世纪 80 年代中期之后明显减弱。在这一弱东亚冬季风时期，来自高纬的冷空气活动偏弱，东亚寒潮的发生频率偏少。我国冬季气温普遍偏暖，特别是我国东部和北部地区经历了连续十几年的暖冬（贺圣平和王会军，2012；王会军和范可，2013；Wang and Chen，2014）。从 21 世纪初开始东亚冬季风出现重新增强的趋势，伴随着东亚冬季风的增强，我国冬季气温，特别是我国北方，从气温异常偏暖变成异常偏冷。此外，我国冬季气温变化模态也发生了变化，从 20 世纪中期到 20 世纪 80 年代期间的全国一致变化型模态为主导，转变成 21 世纪初期之后的南北振荡型偶极子气温分布形式，即我国东部和我国南方地区为相反的变化形式。也就是说，我国的冬季气温变化从我国冬季气温的第一经验正交模态（EOF1）变为第二经验正交模态（EOF2）（黄荣辉等，2014）。

21 世纪初期，随着东亚冬季风的增强，我国的低温、雪暴、冷冻等天气灾害频发，且强度增强，造成了严重的经济损失（黄荣辉等，2014；丁一汇等，2014）。例如，2005/2006 年冬季北半球从西欧经乌拉尔地区到西伯利亚以及东亚地区出现异常低温，并在日本和我国部分地区出现严重雪灾。有研究指出，此次低温和行星波的异常活动有关，2005 年冬季北半球准定常行星波在高纬度往平流层的传播加强，而在低纬度往对流层上层的传播减弱，结果是行星波 E-P 通量在高纬度地区对流层中、上层辐合加强，使得高纬度地区极锋急流减弱，有利于西伯利亚高压的发展，从而引起东亚冬季风增强（马晓青等，2008；黄荣辉等，2007）。2008 年 1 月中旬到 2 月上旬，中国南方发生百年一遇的历史罕见的低温雨雪冰冻灾害，此次灾害对我国南方电力、交通、农业、林业、人民生活等产生了重大影响（王遵娅等，2008；顾雷等，2008；李灿等，2010）。这次极端雨雪冷冻过程主要受强东亚冬季风的影响。1 月时，上游乌拉尔地区的阻塞高压和东亚大槽长时间的维持，导致北方强冷空气连续南下，一直影响到我国的华南地区，加上副热带高压偏北，大量暖湿空气沿副热带高压西侧北上遇到南下的冷气流，从而导致长时间的低温雨雪天气。此外，前期冬季北半球准定常行星波发生异常，其中向低纬度地区上空对流层上层传播的行星波的增强和平流层极涡的下传也可能对后期 1 月的雨雪冰冻有一定贡献（顾雷等，2008）。2011/2012 年冬季，我国北方又发生了低温雪冻灾害事件，我国大部地区气温异常偏低，为 1986 年以来最低值。而我国华南、华中和西南地区气温则偏高。这次冬季气温异常也是东亚冬季风异常偏强导致贝加尔湖上游阻塞增强，东亚大槽加深而冷空气易南下是影响此次低温的一个原因（孙丞虎等，2012）。

东亚季风系统是一个具有多尺度变化特征的复杂系统（Lau and Yang，1996；Li C and Li G，1997）。东亚上游的乌拉尔地区附近的阻塞高压活动与东亚寒潮和东亚冬季风的季节内时间尺度的变化密切相关。东亚寒潮爆发前，上游乌拉尔地区的阻塞高压往往会提前崩溃。当上游阻塞所伴随的对流层高层 Rossby 波列与西伯利亚地区的地面冷异常发生耦合时，往往会引起西伯利亚高压和东亚冬季风的显著加强，从而易使得来自高纬的冷空气活跃和东亚寒潮爆发（Takaya and Nakamura，2006）。例如，2008 年和 2011 年的低温事件均和上游的阻塞高压的异常活动有关。

还有些研究显示，强的东亚冬季风一直南下，能够影响中国南海和西太平洋的对流活动，其有利于菲律宾附近出现气旋环流异常，而对流加热反馈机制是产生与维持 MJO 的重要机制。因此，东亚冬季风和 MJO 在不同的时间尺度上都有密切的相关关系。东亚冬季风通过影响西太平洋地区的对流加热的反馈机制来影响 MJO 的强度和向东传播的速度。在强的东亚冬季风年，MJO 易偏强且具有更好的持续性（Chen et al.，2015）。MJO 是次季节时间尺度上全球气候变率的首要模态。它不仅显著影响热带地区的天气和气候异常，还能够通过传播和激发大气遥相关等方式对热带以外地区产生重要影响。MJO 活动强年，赤道海温呈 La Niña 型异常，在菲律宾东部有异常气旋式环流，中高纬度东亚冬季风易偏强。2008 年在我国冬季持续性的冷冻雨雪的过程中，MJO 和南支槽活动相配合，南方带来的水汽输送和北部的强东亚冬季风冷空气的共同作用，导致持续性的雨雪天气（吴俊杰等，2009）。但是 MJO 如何和东亚冬季风在不同的时间尺度上相互作用来影响我国冬季气温异常，目前还有很多问题并不明确，需要在未来进行进一步的深入探索。

此外，冬季 MJO 向东传播时，能够激发大气遥相关波列，从而影响中高纬度平流层的准定常行星波活动，即冬季 MJO 在特定位相的出现频率异常增加或减少时，能够影响中高纬度平流层的 E-P 通量异常，同时会伴随有极涡的变化。而平流层极涡出现异常时，又可以引起对流层 AO 的异常，导致西伯利亚高压和东亚冬季风的异常，从而影响东亚地区的温度异常。但目前 MJO 和平流层行星波活动以及和东亚冬季风之间的相互影响的详细机理还有许多问题尚不清楚，需要进行进一步的研究来揭示其中具体的物理过程和内在机理。

知识窗

东亚季风及季风多时间尺度的变化

东亚季风是全球气候系统中的一个重要成员，它的异常会造成干旱、洪涝、雨雪、冰冻等气象灾害，给人民生活和社会经济造成严重影响。准确预测东亚季风的异常是社会对大气科学研究提出的客观需求，而深刻理解东亚季风异常产生的机理是准确预测东亚季风的科学基础。以观测资料为主研究气候变化和异常（气候变异）时主要包含季节内、年际和年代际时间尺度的变化。同样地，东亚季风的变异具有清晰的多时间尺度特征，其中年代际、年际和季节内尺度上的变化最被气候研究学者所关注，同时也最与社会生活息息相关。在年代际尺度上，东亚季风的异常不仅决定了东亚气候的年代际基本态，而且还影响着东亚气候的年际变化。例如，东亚夏季风在 20 世纪 70 年代的减弱导致我国近几十年来呈现南涝北旱，并使我国夏季降水年际异常的模态由原本的三极子型变为偶极子型。当前，气候灾害对社会的影响不断加大，因此，准确预估东亚季风的年代际变化趋势对于未来 10~20 年我国社会和经济的发展具有重要的参考价值和战略意义。在国际上，季风研究一直是世界气候研究计划（WCRP）的重要内容，近年来 WCRP 又将气候的年代际预测研究列为其重点发展领域，这表明季风的年代际预测正成为国际大气科学研究的前沿和热点问题。在季节内尺度上，东亚季风的异常往往与灾害性气候事件的发生紧密联系，如 2008 年 1 月我国南方的持续性雨雪冰冻事件和 2003 年 6~7 月淮河流域的持续性暴雨事件等。这些极端气候事件与人们的日常生活联系最为紧密，因而是公众最为关心的问题，同时也是科学上认识相对不足的问题。此外，在季节内尺度上，季风的变化是构成季风年际变异的基础，因此认识季节内尺度上东亚季风的变异特征和机制对于理解东亚季风的年际变化也有重要的帮助。鉴于目前国际上对季节内变化机理认识的不足，WCRP 和世界天气研究计划（WWRP）于 2011 年底联合发起了季节内至季节（S2S）预测研究计划，其核心内容之一就是理解季风季节内变异的特征和机制。

> ### 名词解释
>
> 　　**亚洲季风**：亚洲大陆的东部和南部与太平洋和印度洋紧密相连，海洋和陆地的热力性质有明显差异。冬夏海陆热力差异导致季风风向产生有规律的季节转换，冬季盛行寒冷干燥的偏北风，夏季则盛行温暖潮湿的偏南风。因此，亚洲大陆的东部和南部是季风气候最显著的地区。在亚洲季风区内，一般认为主要包含东亚季风和南亚季风，影响中国气候的主要是东亚季风。但东亚季风和南亚季风之间既相互独立，又存在紧密的联系。
>
> 　　**新动态**：2000 年以来南海夏季风期延长、东亚夏季风强度有所增强、东亚冬季风进入强周期。

■ 参考文献

陈金明，陆桂华，吴志勇，等 . 2016. 1960—2009 年中国夏季极端降水事件与气温的变化及其环流特征 . 高原气象，35：675-684.

陈隽，金祖辉 . 2001. 影响南海夏季风爆发因子的诊断研究 . 气候与环境研究，6：19-32.

丁硕毅，温之平，陈文 . 2016. 南海夏季风爆发与热带太平洋两类海温型关系的年代际差异 . 大气科学，40：243-256.

丁一汇，柳艳菊，梁苏洁，等 . 2014. 东亚冬季风的年代际变化及其与全球气候变化的可能联系 . 气象学报，72（5）：835-852.

丁一汇，司东，柳艳菊，等 . 2018. 论东亚夏季风的特征、驱动力与年代际变化 . 大气科学，42：533-558.

丁一汇，孙颖，刘芸芸，等 . 2013. 亚洲夏季风的年际和年代际变化及其未来预测 . 大气科学，37：253-280.

段安民，肖志祥，王子谦 . 2018. 青藏高原冬春积雪和地表热源影响亚洲夏季风的研究进展 . 大气科学，42：755-766.

冯瑞权，王安宇，梁建茵，等 . 2007. 南海夏季风撤退期的气候特征——40 年平均 . 热带气象学报，23：7-13.

顾雷，魏科，黄荣辉 . 2008. 2008 年 1 月我国严重低温雨雪冰冻灾害与东亚季风系统异常的关系 . 气候与环境研究，13（7）：405-418.

郭冬，孙照渤 . 2004. 冬季北太平洋涛动异常与东亚冬季风和我国天气气候的关系 . 南京气象学院学报，27（4）：461-470.

郭其蕴，蔡静宁，邵雪梅，等 . 2003. 东亚夏季风的年代际变率对中国气候的影响 . 地理学报，58：569-576.

何金海，徐海明，周兵，等 . 2000. 关于南海夏季风建立的大尺度特征及其机制的讨论 . 气候与环境研究，5：333-344.

贺圣平 . 2013. 20 世纪 80 年代中期以来东亚冬季风年际变率的减弱及可能成因 . 科学通报，58（6）：

609-616.

贺圣平，王会军．2012．东亚冬季风综合指数及其表达的东亚冬季风年际变化特征．大气科学，36
（3）：523-538.

黄菲，张旭．2010．亚洲夏季风环流及雨季进退的非同步性．中国海洋大学学报（自然科学版），40：
9-18.

黄荣辉，顾雷，陈际龙，等．2008．东亚季风系统的时空变化及其对我国气候异常影响的最近研究进
展．大气科学，32（4）：691-719.

黄荣辉，皇甫静亮，刘永，等．2016．西太平洋暖池对西北太平洋季风槽和台风活动影响过程及其机
理的最近研究进展．大气科学，40（5）：877-896.

黄荣辉，刘永，冯涛．2013．20世纪90年代末中国东部夏季降水和环流的年代际变化特征及其内动力
成因．科学通报，58（8）：617-628.

黄荣辉，刘永，皇甫静亮，等．2014．20世纪90年代末东亚冬季风年代际变化特征及其内动力成
因．大气科学，38（4）：627-644.

黄荣辉，魏科，陈际龙，等．2007．东亚2005年和2006年冬季风异常及其与准定常行星波活动的关
系．大气科学，31（6）：1033-1048.

贾蕾，曾彪，杨太保，等．2015．近半个世纪以来中国季风区气温与降水变化及其时空差异．兰州大学
学报（自然科学版），51：186-192.

简茂球，罗会邦，乔云亭．2004．青藏高原东部和西太平洋暖池大气热源与中国夏季降水的关系．热带
气象学报，20：355-364.

姜大膀，田芝平．2013．21世纪东亚季风变化：CMIP3和CMIP5模式预估结果．科学通报：58（8）：
707-716.

琚建华，刘一伶，李汀．2010．南海夏季风季节内振荡的年际变化研究．大气科学，34：253-261.

琚建华，钱诚，曹杰．2005．东亚夏季风的季节内振荡研究．大气科学，29：187-194.

康丽华，陈文，魏科．2006．我国冬季气温年代际变化及其与大气环流异常变化的关系．气候与环境研
究，3：330-339.

李灿，张礼平，吴义城，等．2010．南方极端雨雪冰冻过程东亚冬季风环流特征及与El Niño/La Niña
事件的关系．暴雨灾害，29（2）：142-147.

梁建茵，吴尚森．2002．南海西南季风爆发日期及其影响因子．大气科学，26：829-844.

梁维亮，简茂球，乔云亭．2012．QBO与南海夏季风爆发的关系．热带气象学报，28：237-242.

刘海文，周天军，朱玉祥，等．2012．东亚夏季风自20世纪90年代初开始恢复增强．科学通报，57：
765-769.

刘鹏，钱永甫，严蜜．2011．东亚下垫面热力异常与南海夏季风爆发早晚和强弱的关系．热带气象学
报，27（2）：209-218.

刘芸芸，俞永强，何金海，等．2006．全球变暖背景下热带大气季节内振荡的变化特征及数值模拟．气
象学报，64：723-733.

马晓青，丁一汇，徐海明，等．2008．2004/2005年冬季强寒潮事件与大气低频波动关系的研究．大气
科学，32（2）：380-394.

穆明权，李崇银．2000．1998年南海夏季风的爆发与大气季节内振荡的活动．气候与环境研究，5：

375-387.

钱维宏，林祥，朱亚芬. 2012. 东亚夏季风年代际进退与中国和全球温度变化的联系. 科学通报，57：2516-2522.

阙志萍，李崇银. 2011. 亚洲两个季风区大气季节内振荡的比较分析. 大气科学，35：791-800.

任国玉，任玉玉，战云健，等. 2015. 中国大陆降水时空变异规律——Ⅱ. 现代变化趋势. 水科学进展，26：451-465.

史军，丁一汇，崔林丽. 2008. 华东地区夏季高温期的气候特征及其变化规律. 地理学报，63：237-246.

司东，丁一汇，柳艳菊. 2010. 中国梅雨雨带年代际尺度上的北移及其原因. 科学通报，55：68-73.

孙丞虎，任福民，周兵，等. 2012. 2011/2012 年冬季我国异常低温特征及可能成因分析. 气象，38（7）：884-889.

唐佳，武炳义. 2012. 20 世纪 90 年代初东亚夏季风的年代际转型. 应用气象学报，23：402-413.

王会军，范可. 2013. 东亚季风近几十年来的主要变化特征. 大气科学，37（2）：313-318.

王敏珍，郑山，王式功，等. 2012. 高温热浪对人类健康影响的研究进展. 环境与健康杂志，29：662-664.

王绍武，龚道溢，叶瑾琳，等. 2000. 1880 年以来中国东部四季降水量序列及其变率. 地理学报，55（3）：281-293.

王遵娅，张强，陈峪，等. 2008. 2008 年初我国低温雨雪冰冻灾害的气候特征. 气候变化研究进展，2：63-67.

韦玮，王林，陈权亮，等. 2014. 我国前冬和后冬气温年际变化的特征与联系. 大气科学，38：524-536.

温之平，黄荣辉，贺海晏，等. 2006. 中高纬大气环流异常和低纬 30~60 天低频对流活动对南海夏季风爆发的影响. 大气科学，30：952-964.

吴丹晖，曾刚. 2016. 近 20a 孟加拉湾海表温度变化对南海夏季风爆发早晚的影响. 气象科学，36：358-365.

吴俊杰，袁卓建，钱钰坤，等. 2009. 热带季节内振荡对 2008 年初南方持续性冰冻雨雪天气的影响. 热带气象学报，25（S1）：103-112.

吴贤云，丁一汇，叶成志. 2012. 两湖流域盛夏持续性旱涝过程诊断分析. 热带气象学报，28：12-22.

吴志伟，何金海，李建平，等. 2006. 长江中下游夏季旱涝并存及其异常年海气特征分析. 大气科学，30：570-577.

吴志伟，李建平，何金海，等. 2007. 正常季风年华南夏季"旱涝并存、旱涝急转"之气候统计特征. 自然科学进展，17：1665-1671.

肖晓，陈文，范广州，等. 2016. 20 世纪 90 年代末东亚冬季风年代际变化的外强迫因子分析. 气候与环境研究，21：197-209.

徐海明，何金海，周兵. 2001. 南海夏季风爆发过程合成分析. 热带气象学报，17：10-22.

杨悦，徐邦琪，何金海. 2016. 中国南海夏季风强、弱年多尺度相互作用能量学特征. 气象学报，74：556-571.

姚惠明，吴永祥，关铁生. 2013. 中国降水演变趋势诊断及其新事实. 水科学进展，24：1-10.

尹志聪，王亚非，袁东敏 . 2011. 梅雨准双周振荡的年际变化及其前期强信号分析 . 大气科学学报，34：297-304.

于群，黄菲，王启，等 . 2011. 山东雨季季内降水分型及旱涝并存与急转——气候特征 . 热带气象学报，27：690-696.

俞永强，蒋国荣，何金海 . 2007. 大气季节内振荡的数值模拟 Ⅱ . 全球变暖的影响 . 大气科学，31：577-585.

张人禾，武炳义，赵平，等 . 2008. 中国东部夏季气候 20 世纪 80 年代后期的年代际转型及其可能成因 . 气象学报，66：697-706.

张若楠，武炳义 . 2011. 北半球大气对春季北极海冰异常响应的数值模拟 . 大气科学，35：847-862.

Annamalai H，Slingo J M. 2001. Active/break cycles：diagnosis of the intraseasonal variability of the Asian summer monsoon. Climate Dynamics，18：85-102.

Ashok K，Yamagata T. 2009. Climate change：the El Niño with a difference. Nature，461（7263）：481.

Cai W J，Borlace S，Lengaigne M，et al. 2014. Increasing frequency of extreme El Niño events due to greenhouse warming. Nature Climate Change，4：111-116.

Cai W J，Wang G J，Santoso A，et al. 2015a. Increased frequency of extreme La Niña events under greenhouse warming. Nature Climate Change，5：132-137.

Cai W J，Santoso A，Wang G J，et al. 2015b. ENSO and greenhouse warming. Nature Climate Change，5：849-859.

Cai W J，Wang G J，Dewitte B，et al. 2018. Increased variability of eastern Pacific El Niño under greenhouse warming. Nature，564：201-206.

Cattiaux，J，Cassou C. 2013. Opposite CMIP3/CMIP5 trends in the wintertime Northern Annular mode explained by combined local sea ice and remote tropical influences. Geophysical Research Letters，40：3682-3687.

Chang C P，Ding Y H，Lau N C，et al. 2011. The Global Monsoon System：Research and Forecast. 3rd ed. Singapore：World Scientific.

Chang C P，Lu M. 2012. Intraseasonal predictability of Siberian High and East Asian winter monsoon in recent decades. Journal of Climate，25：1773-1778.

Chang C P，Wang Z，Hendon H. 2006. The Asian winter monsoon // Wang B. The Asian Monsoon. Berlin：Springer Press：89-127.

Chang C P，Zhang Y S，Li T. 2000. Interannual and interdecadal variations of the East Asian summer monsoon and tropical Pacific SSTs. Part I：roles of the subtropical ridge. Journal of Climate，13：4310-4325.

Chen G. 2015. Comments on "Interdecadal change of the South China Sea summer monsoon onset". Journal of Climate，28（22）：9029-9035.

Chen H，Ye Z，Miao Y，et al. 2015. Large-scale urbanization effects on Eastern Asian summer monsoon circulation and climate. Climate Dynamics，47：1-20.

Chen L，Wu R. 2000. Interannual and decadal variations of snow cover over Qinghai-Xizang Plateau and their relationships to summer monsoon rainfall in China. Advances in Atmospheric Sciences，17：18-30.

Chen X, Li C, Ling J, et al. 2017. Impact of East Asian winter monsoon on MJO over the equatorial western Pacific. Theoretical and Applied Climatology, 127 (3-4): 551-561.

Chen Y, Hu D. 2003. The relation between the South China Sea summer monsoon onset and the heat content variations in the tropical western Pacific warm pool region. Acta Oceanologica Sinica, 25: 20-31.

Chen Y, Hu Q, Yang Y, et al. 2017. Anomaly based analysis of extreme heat waves in Eastern China during 1981—2013. International Journal of Climatology, 37 (1): 509-523.

Cheng Q, Zhang X. 2019. Changes in temperature seasonality in China: human influences and internal variability. Journal of Climate, 32: 6237-6249.

Cheung H H N, Zhou W, Leung M Y T, et al. 2016. A strong phase reversal of the Arctic Oscillation in midwinter 2015/2016: role of the stratospheric polar vortex and tropospheric blocking. Journal of Geophysical Research: Atmospheres, 121 (22): 13443-13457.

Dai A, Fyfe J C, Xie S P, et al. 2015. Decadal modulation of global surface temperature by internal climate variability. Nature Climate Change, 5: 555-559.

Day J A, Fung I, Liu W. 2018. Changing character of rainfall in eastern China, 1951—2007. Proceedings of the National Academy of Sciences of the United States of America, 115 (9): 2016-2021.

Ding Q, Wang B. 2005. Circumglobal teleconnection in the Northern Hemisphere summer. Journal of Climate, 18: 3483-3505.

Ding T, Ke Z J. 2015. Characteristics and changes of regional wet and dry heat wave events in China during 1960—2013. Theoretical and Applied Climatology, 122: 651-665.

Ding Y H, Chan J C L. 2005. The East Asian summer monsoon: an overview. Meteorology and Atmospheric Physics, 89: 117-142.

Ding Y H, Liu Y J, Liang S J, et al. 2014. Interdecadal variability of the East Asian winter monsoon and its possible links to global climate change. Journal of Meteorological Research, 28 (5): 693-713.

Ding Y H, Liu Y J, Song Y F, et al. 2015. From MONEX to the global monsoon: a review of monsoon system research. Advances in Atmospheric Sciences, 32: 10-31.

Ding Y H, Sun Y, Wang Z Y, et al. 2009. Inter-decadal variation of the summer precipitation in China and its association with decreasing Asian summer monsoon Part II: possible causes. International Journal of Climatology, 29: 1926-1944.

Ding Y H, Wang Z Y, Sun Y. 2008. Inter-decadal variation of the summer precipitation in East China and its association with decreasing Asian summer monsoon. Part I: observed evidences. International Journal of Climatology, 28: 1139-1161.

Dong L, Zhou T J. 2014. The formation of the recent cooling in the eastern tropical Pacific Ocean and the associated climate impacts: a competition of global warming, IPO, and AMO. Journal of Geophysical Research: Atmospheres, 119 (19): 11272-11287.

Drosdowsky W. 1996. Variability of the Australian summer monsoon at Darwin: 1957—1992. Journal of Climate, 9: 85-96.

Duan A, Wang M, Lei Y, et al. 2013. Trends in summer rainfall over China associated with the Tibetan Plateau sensible heat source during 1980—2008. Journal of Climate, 26: 261-275.

Fang Y. 2013. Seasonal and intraseasonal variations of East Asian summer monsoon precipitation simulated by a regional air-sea coupled model. Advances in Atmospheric Sciences, 30: 315-329.

Feng J, Chen W, Tam C Y, et al. 2011. Different impacts of El Niño and El Niño Modoki on China rainfall in the decaying phases. International Journal of Climatology, 31: 2091-2101.

Feng J, Hu D. 2014. How much does heat content of the western tropical Pacific Ocean modulate the South China Sea summer monsoon onset in the last four decades? Journal of Geophysical Research: Oceans, 119: 4029-4044.

Feng J, Wang L, Chen W. 2014. How does the East Asian summer monsoon behave in the decaying phase of El Niño during different PDO phases? Journal of Climate, 27: 2682-2698.

Feng J, Wang Y, Ma Z. 2015. Long-term simulation of large-scale urbanization effect on the East Asian monsoon. Climatic Change, 129: 511-523.

Fu J, Li S. 2013. The influence of regional SSTs on the interdecadal shift of the East Asian summer monsoon. Advances in Atmospheric Sciences, 30: 330-340.

Fu X, Lee J Y, Wang B, et al. 2013. Intraseasonal forecasting of the Asian summer monsoon in four operational and research models. Journal of Climate, 26: 4186-4203.

Gill A E. 1980. Some simple solutions for heat-induced tropical motion. Quarterly Journal of the Royal Meteorological Society, 106: 447-462.

Gong D, Ho C H. 2002. Shift in the summer rainfall over the Yangtze River valley in the late 1970s. Geophysical Research Letters, 29: 78-71.

Gong D, Pan Y, Wang J A. 2004. Changes in extreme daily mean temperatures in summer in eastern China during 1955—2000. Theoretical and Applied Climatology, 77: 25-37.

Gong D, Wang S, Zhu J. 2001. East Asian winter monsoon and Arctic oscillation. Geophysical Research Letters, 28: 2073-2076.

Greatbatch R J, Sun X, Yang X. 2013. Impact of the variability in the Indian summer monsoon on the East Asian summer monsoon. Atmospheric Science Letters, 14: 14-19.

Gushchina D, Dewitte B. 2018. Decadal modulation of the relationship between intraseasonal tropical variability and ENSO. Climate Dynamics, 52 (3-4): 2091-2103.

Hsu H H, Weng C H. 2000. Northwestward propagation of the intraseasonal oscillation in the Western North Pacific during the boreal summer: structure and mechanism. Journal of Climate, 14: 3834-3850.

Hsu H H, Zhou T, Matsumoto J. 2014. East Asian, Indochina and Western North Pacific summer monsoon—an update. Asia-Pacific Journal of Atmospheric Sciences, 50: 45-68.

Hu K, Huang G, Huang R. 2011. The impact of tropical Indian Ocean variability on summer surface air temperature in China. Journal of Climate, 24: 5365-5377.

Hu P, Chen W, Chen S. 2018. Interdecadal change in the South China Sea summer monsoon withdrawal around the mid-2000s. Climate Dynamics, 52: 6053-6064.

Hu P, Chen W, Huang R, et al. 2019. Climatological characteristics of the synoptic changes accompanying South China Sea summer monsoon withdrawal. International Journal of Climatology, 39: 596-612.

Huang G, Hu K, Xie S P. 2010. Strengthening of tropical Indian Ocean teleconnection to the northwest

Pacific since the mid-1970s：an atmospheric GCM study. Journal of Climate，23：5294-5304.

Huang R，Zhou L，Chen W. 2003. The progresses of recent studies on the variabilities of the East Asian monsoon and their causes. Advances in Atmospheric Sciences，20（1）：55-69.

IPCC. 2013. Climate Change 2013：the Physical Science Basis. Contribution of Working Group I to the Fifth Assessment Report of the Intergovernmental Panel on Climate Change. Cambridge：Cambridge University Press.

Jiang Y Q，Liu X H，Yang X Q，et al. 2013. A numerical study of the effect of different aerosol types on East Asian summer clouds and precipitation. Atmospheric Environment，70：51-63.

Kajikawa Y，Wang B. 2012. Interdecadal change of the South China Sea summer monsoon onset. Journal of Climate，25：3207-3218.

Kajikawa Y，Yasunari T. 2005. Interannual variability of the 10-25- and 30-60-day variation over the South China Sea during boreal summer. Geophysical Research Letters，32：319-325.

Kajikawa Y，Yasunari T，Wang B. 2009. Decadal change in intraseasonal variability over the South China Sea. Geophysical Research Letters，36：150-164.

Kao H Y，Yu J Y. 2009. Contrasting eastern-Pacific and central-Pacific types of ENSO. Journal of Climate，22：615-632.

Karori M A，Li J，Jin F F. 2013. The asymmetric influence of the two types of El Niño and La Niña on summer rainfall over southeast China. Journal of Climate，26：4567-4582.

Kim H，Kang I，Kug J，et al. 2006. Intraseasonal variability associated with the Asian summer monsoon in climate prediction models. Climate Dynamics，21：423-446.

Kim M J，Yeh S W，Park R J. 2016. Effects of sulfate aerosol forcing on East Asian summer monsoon for 1985—2010. Geophysical Research Letters，43（3）：1364-1372.

Kim S T，Yu J Y. 2012. The two types of ENSO in CMIP5 models. Geophysical Research Letters，39: L11704.

Kitoh A，Endo H，Krishna Kumar K，et al. 2013. Monsoons in a changing world：a regional perspective in a global context. Journal of Geophysical Research：Atmospheres，118：3053-3065.

Kosaka Y，Xie S P. 2013. Recent global-warming hiatus tied to equatorial Pacific surface cooling. Nature，501：403-407.

Krishnamurthy L，Krishnamurthy V. 2014. Influence of PDO on South Asian summer monsoon and monsoon-ENSO relation. Climate Dynamics，42：2397-2410.

Kueh M T，Lin S C. 2010. A climatological study on the role of the South China Sea monsoon onset in the development of the East Asian summer monsoon. Theoretical and Applied Climatology，99：163-186.

Kumar K K，Rajagopalan B，Cane M A. 1999. On the weakening relationship between the Indian monsoon and ENSO. Science，284：2156-2159.

Kwon M H，Jhun J G，Ha K J. 2007. Decadal change in East Asian summer monsoon circulation in the mid-1990s. Geophysical Research Letters，34：377-390.

Lau K M，Kim K M. 2017. Competing influences of greenhouse warming and aerosols on Asian summer monsoon circulation and rainfall. Asia-Pacific Journal of Atmospheric Sciences，53（2）：181-194.

Lau K M，Yang S. 1996. Seasonal variation，abrupt transition，and intraseasonal variability associated with the Asian summer monsoon in the GLA GCM. Journal of Climate，9（5）：965-985.

Lau K M，Yang S. 1997. Climatology and interannual variability of the southeast Asian summer monsoon. Advances in Atmospheric Sciences，14：18-26.

Lee J，Wang B，Wheeler，et al. 2013. Real-time multivariate indices for the boreal summer intraseasonal oscillation over the Asian summer monsoon region. Climate Dynamics，40：493-509.

Lee S S，Wang B. 2016. Regional boreal summer intraseasonal oscillation over Indian Ocean and Western Pacific：comparison and predictability study. Climate Dynamics，46：2213-2229.

Lei Y H，Hoskins B，Slingo J. 2014. Natural variability of summer rainfall over China in HadCM3. Climate Dynamics，42（1-2）：417-432.

Li C，Li G. 1997. Evolution of intraseasonal oscillation over the tropical Western Pacific/South China Sea and its effect to the summer precipitation in southern China. Advances in Atmospheric Sciences，14（2）：246-254.

Li H，Dai A，Zhou T，et al. 2010. Responses of East Asian summer monsoon to historical SST and atmospheric forcing during 1950—2000. Climate Dynamics，34：501-514.

Li J，Dong W，Yan Z. 2012. Changes of climate extremes of temperature and precipitation in summer in eastern China associated with changes in atmospheric circulation in East Asia during 1960—2008. Chinese Science Bulletin，57：1856-1861.

Li J，Zhang L. 2009. Wind onset and withdrawal of Asian summer monsoon and their simulated performance in AMIP models. Climate Dynamics，32：935-968.

Li K，Li Z，Yang Y，et al. 2016. Strong modulations on the Bay of Bengal monsoon onset vortex by the first northward-propagating intra-seasonal oscillation. Climate Dynamics，47：1-9.

Li K，Yu W，Li T，et al. 2013. Structures and mechanisms of the first-branch northward-propagating intraseasonal oscillation over the tropical Indian Ocean. Climate Dynamics，40：1707-1720.

Li S，Shen B，Gao Z，et al. 2007. The impacts of moisture transport of East Asian monsoon on summer precipitation in Northeast China. Advances in Atmospheric Sciences，24：606-618.

Li T，Wang B. 1994. The influence of sea surface temperature on the tropical intraseasonal oscillation：a numerical study. Monthly Weather Review，122：2349.

Li T，Wang B. 2005. A review on the Western North Pacific monsoon：synoptic-to-interannual variabilities. Terrestrial，Atmospheric and Oceanic Sciences，16：285-314.

Li X，Gollan G，Greatbatch R J，et al. 2017. Intraseasonal variation of the East Asian summer monsoon associated with the Madden-Julian Oscillation. Atmospheric Science Letters，19：e794.

Li X，Zhou W，Chen D，et al. 2014. Water vapor transport and moisture budget over Eastern China remote forcing from the two types of El Niño. Journal of Climate，27：8778-8792.

Li Y，Leung L R，Xiao Z，et al. 2013. Interdecadal connection between Arctic temperature and summer precipitation over the Yangtze River valley in the CMIP5 historical simulations. Journal of Climate，26：7464-7488.

Li Y，Leung L Y R. 2013. Potential impacts of the Arctic on interannual and interdecadal summer precipitation over China. Journal of Climate，26：899-917.

Liang J，Chen Z，Peng J，et al. 2013. Characteristics of tropical sea surface temperature anomalies and their influences on the onset of South China Sea summer monsoon. Atmospheric and Oceanic Science Letters，6：266-272.

Liu B，Zhu C，Yuan Y，et al. 2016. Two types of interannual variability of South China Sea summer monsoon onset related to the SST anomalies before and after 1993/94. Journal of Climate，29：6957-6971.

Liu F，Li T，Wang H，et al. 2016. Modulation of boreal summer intraseasonal oscillation over the Western North Pacific by the ENSO. Journal of Climate，29：7189-7201.

Liu F，Wang B. 2014. A mechanism for explaining the maximum intraseasonal oscillation center over the Western North Pacific. Journal of Climate，27：958-968.

Liu X，Qing L，He J，et al. 2010. Effects of the thermal contrast between Indo-China Peninsula and South China Sea on the SCS monsoon onset. Journal of Meteorological Research，24：459-467.

Liu X，Wu T，Yang S，et al. 2014. Relationships between interannual and intraseasonal variations of the Asian-Western Pacific summer monsoon hindcasted by BCC_CSM1.1（m）. Advances in Atmospheric Sciences，31：1051-1064.

Luo M，Leung Y，Graf H F，et al. 2016. Interannual variability of the onset of the South China Sea summer monsoon. International Journal of Climatology，36：550-562.

Luo M，Lin L. 2017. Objective determination of the onset and withdrawal of the South China Sea summer monsoon：objective determination of monsoon onset and withdrawal. Atmospheric Science Letters，18：276-282.

Ma H，Jiang Z，Song J，et al. 2016. Effects of urban land-use change in East China on the East Asian summer monsoon based on the CAM5.1 model. Climate Dynamics，46：2977-2989.

Ma S，Zhou T，Dai A，et al. 2015. Observed changes in the distributions of daily precipitation frequency and amount over China from 1960—2013. Journal of Climate，28（17）：6960-6978.

Mao J，Chan J C L. 2005. Intraseasonal variability of the South China Sea summer monsoon. Journal of Climate，18：2388-2402.

Murakami T，Chen L，An X. 1986. Relationships between seasonal cycles，low-frequency oscillations，and transient disturbances as revealed from outgoing longwave radiation data. Monthly Weather Review，114：1456-1465.

Overland J E，Wang M. 2010. Large-scale atmospheric circulation changes are associated with the recent loss of Arctic sea ice. Tellus A：Dynamic Meteorology and Oceanography，62：1-9.

Prasad V S. 2005. Onset and withdrawal of Indian summer monsoon. Geophysical Research Letters，32：242-257.

Preethi B，Mujumdar M，Kripalani R H，et al. 2017a. Recent trends and tele-connections among South and East Asian summer monsoons in a warming environment. Climate Dynamics，48（7-8）：2489-2505.

Preethi B，Mujumdar M，Prabhu A，et al. 2017b. Variability and teleconnections of South and East Asian summer monsoons in present and future projections of CMIP5 climate models. Asia-Pacific Journal of

Atmospheric Sciences，53（2）：305-325.

Qian C，Zhang X. 2019. Changes in temperature seasonality in China：human influences and internal variability. Journal of Climate，32：6237-6249.

Qian C，Zhou T. 2013. Multidecadal variability of North China aridity and its relationship to PDO during 1900—2010. Journal of Climate，27：1210-1222.

Roxy，M，Ritika K，Terrey P，et al. 2015. Drying of Indian subcontinent by rapid Indian Ocean warming and a weakening land-sea thermal gradient. Nature Communications，6：7423.

Shao H，Song J，Hongyun M A. 2013. Sensitivity of the East Asian summer monsoon circulation and precipitation to an idealized large-scale urban expansion. Journal of the Meteorological Society of Japan，91：163-177.

Shao X，Huang P，Huang R H. 2015. Role of the phase transition of intraseasonal oscillation on the South China Sea summer monsoon onset. Climate Dynamics，45：125-137.

Si D，Ding Y. 2013. Decadal change in the correlation pattern between the Tibetan Plateau winter snow and the East Asian summer precipitation during 1979—2011. Journal of Climate，26：7622-7634.

Song F，Zhou T J. 2015. The crucial role of internal variability in modulating the decadal variation of the East Asian summer monsoon-ENSO relationship during the twentieth century. Journal of Climate，28：7093-7170.

Song F，Zhou T J，Yun Q. 2014. Responses of East Asian summer monsoon to natural and anthropogenic forcings in the 17 latest CMIP5 models. Geophysical Research Letters，41：596-603.

Sun J Q，Ao J. 2013. Changes in precipitation and extreme precipitation in a warming environment in China. Chinese Science Bulletin，58：1395-1401.

Sun J Q，Ming J. 2018. Possible mechanism for the weakening relationship between Indian and central East Asian summer rainfall after the late 1970s：role of the mid-to-high-latitude atmospheric circulation. Meteorology and Atmospheric Physics，131：517-524.

Sun W Y，Min K H，Chern J D. 2011. Numerical study of. 1998 late summer flood in East Asia. Asia-Pacific Journal of Atmospheric Sciences，47：123.

Sun Y，Zhang X B，Zwiers F W，et al. 2014. Rapid increase in the risk of extreme summer heat in Eastern China. Nature Climate Change，4：1082-1085.

Takaya K，Nakamura H. 2006. Mechanisms of intraseasonal amplification of the cold Siberian High. Journal of the Atmospheric Sciences，62（12）：4423-4440.

Tao S Y，Chen L X. 1987. A Review of Recent Research on the East Asian Summer Monsoon in China. Oxford：Oxford University Press.

Taschetto A S，Gupta A S，Jourdain N C，et al. 2014. Cold tongue and warm pool ENSO events in CMIP5：mean state and future projections. Journal of Climate，27：2861-2885.

Tian F，Dong B，Robson J，et al. 2018. Forced decadal changes in the East Asian summer monsoon：the roles of greenhouse gases and anthropogenic aerosols. Climate Dynamics，51（9-10）：3699-3715.

Ting L I，Yang X Q，Jianhua J U. 2013. Intraseasonal oscillation features of the South China Sea summer monsoon and its response to abnormal Madden and Julian Oscillation in the tropical Indian Ocean. Science

China Earth Sciences，56：866-877.

Waliser D E，Stern W，Schubert S，et al. 2010. Dynamic predictability of intraseasonal variability associated with the Asian summer monsoon. Quarterly Journal of the Royal Meteorological Society，129：2897-2925.

Wang B，Huang F，Wu Z，et al. 2009. Multi-scale climate variability of the South China Sea monsoon：a review. Dynamics of Atmospheres and Oceans，47：15-37.

Wang B，Jing Y，Zhou T J，et al. 2008. Interdecadal changes in the major modes of Asian Australian monsoon variability: strengthening relationship with ENSO since the late 1970s. Journal of Climate，21: 1771-1789.

Wang B，Kajikawa Y. 2015. Reply to "Comments on 'Interdecadal change of the South China Sea summer monsoon onset'" . Journal of Climate，28：9036-9039.

Wang B，Linho，Zhang Y，et al. 2004. Definition of South China Sea monsoon onset and commencement of the East Asia summer monsoon. Journal of Climate，17（4）：699-710.

Wang B，Xiang B，Lee J Y. 2013. Subtropical high predictability establishes a promising way for monsoon and tropical storm predictions. Proceedings of the National Academy of Sciences of the United States of America，110(8): 2718-2722.

Wang B，Webster P，Kikuchi K，et al. 2006. Boreal summer quasi-monthly oscillation in the global tropics. Climate Dynamics，27：661-675.

Wang B，Wu R. 1997. Peculiar temporal structure of the South China Sea summer monsoon. Advances in Atmospheric Sciences，14：177-194.

Wang B，Xie X. 1997. A model for the boreal summer intraseasonal oscillation. Journal of the Atmospheric Sciences，54（1）：72-86.

Wang B，Xu X. 1997. Northern hemisphere summer monsoon singularities and climatological intraseasonal oscillation. Journal of Climate，10：1071-1085.

Wang H，Liu F，Wang B，et al. 2018. Effects of intraseasonal oscillation on South China Sea summer monsoon onset. Climate Dynamics，51：2543-2558.

Wang H，Sun J，Chen H，et al. 2012b. Extreme climate in China：facts，simulation and projection. Meteorologische Zeitschrift，21（3）：279-304.

Wang H，Wang B，Huang F，et al. 2012a. Interdecadal change of the boreal summer circumglobal teleconnection（1958—2010）. Geophysical Research Letters，39（12）：L12704.

Wang H，Wei Y，Liu F. 2017. Effect of spatial variation of convective adjustment time on the Madden-Julian Oscillation：a theoretical model analysis. Atmosphere，8：204.

Wang L，Chen W. 2014. The East Asian winter monsoon：re-amplification in the mid-2000s. Chinese Science Bulletin，59（4）：430-436.

Wang L，Huang R，Gu L，et al. 2009. Interdecadal variations of the East Asian winter monsoon and their association with quasi-stationary planetary wave activity. Journal of Climate，22（18）：4860-4872.

Wang L，Lu M M. 2017. The East Asian winter monsoon// Chang C P. The Global Monsoon System：Research and Forecast. 3rd ed. Singapore：World Scientific：51-61.

Wang T，Wang H J，Otterå H Y，et al. 2013. Anthropogenic agent implicated as a prime driver of shift in precipitation in eastern China in the late 1970s. Atmospheric Chemistry and Physics，13：12433-12450.

Wang W，Zhou W，Chen D. 2014. Summer high temperature extremes in Southeast China：bonding with the El Niño-Southern Oscillation and East Asian summer monsoon coupled system. Journal of Climate，27：4122-4138.

Wang Z，Lin L，Yang M，et al. 2017. Disentangling fast and slow responses of the East Asian summer monsoon to reflecting and absorbing aerosol forcings. Atmospheric Chemistry and Physics，17：11075-11088.

Wang Z，Lin L，Yang M，et al. 2019. The role of anthropogenic aerosol forcing in inter-decadal variations of summertime upper-tropospheric temperature over East Asia. Earth's Future，7：136-150.

Webster P J，Yang S. 1992. Monsoon and ENSO：selectively interactive systems. Quarterly Journal of the Royal Meteorological Society，118：877-926.

Wei W，Zhang R，Wen M，et al. 2014. Impact of Indian summer monsoon on the South Asian high and its influence on summer rainfall over China. Climate Dynamics，43: 1257-1269.

Wei W，Zhang R，Wen M，et al. 2015. Interannual variation of the South Asian high and its relation with Indian and East Asian summer monsoon rainfall. Journal of Climate，28: 2623-2634.

Wu B，Wang J. 2002. Winter Arctic Oscillation，Siberian high and East Asian winter monsoon. Geophysical Research Letters，29(19): 31-34.

Wu G，Liu Y，Dong B，et al. 2012a. Revisiting Asian monsoon formation and change associated with Tibetan Plateau forcing：I. formation. Climate Dynamics，39：1169-1181.

Wu G，Liu Y，He B，et al. 2012b. Thermal controls on the Asian summer monsoon. Scientific Reports，2：404.

Wu L，Shao Y，Cheng A Y S. 2011. A diagnostic study of two heavy rainfall events in South China. Meteorology and Atmospheric Physics，111：13-25.

Wu R. 2017. Relationship between Indian and East Asian summer monsoon rainfall variation. Advances in Atmospheric Sciences，34: 4-15.

Wu Z，Li J，Jiang Z，et al. 2012. Possible effects of the North Atlantic Oscillation on the strengthening relationship between the East Asian summer monsoon and ENSO. International Journal of Climatology，32（5）：794-800.

Xavier P K，Marzin C，Goswami B N. 2007. An objective definition of the Indian summer monsoon season and a new perspective on ENSO-monsoon relationship. Quarterly Journal of the Royal Meteorological Society，133：749-764.

Xiang B，Wang B. 2013. Mechanisms for the advanced Asian summer monsoon onset since the mid-to-late 1990s. Journal of Climate，26：1993-2009.

Xie S P，Deser C，Vecchi G A，et al. 2010a. Global warming pattern formation：sea surface temperature and rainfall. Journal of Climate，23：966-986.

Xie S P，Du Y，Huang G，et al. 2010b. Decadal shift in El Niño influences on Indo-western Pacific and East Asian climate in the 1970s. Journal of Climate，23（12）：3352-3368.

Xie S P, Hu K, Hafner J, et al. 2009. Indian Ocean capacitor effect on Indo-western Pacific climate during the summer following El Niño. Journal of Climate, 22 (3): 730-747.

Xu K, Tam C Y, Zhu C, et al. 2017. CMIP5 projections of two types of El Niño and their related tropical precipitation in the twenty-first century. Journal of Climate, 30: 849-864.

Yan J, Stan C. 2016. Simulation of East Asian summer monsoon (EASM) in SP-CCSM4 -Part I: seasonal mean state and intraseasonal variability. Journal of Geophysical Research: Atmospheres, 121: 7801-7818.

Yang J, Bao Q, Wang B, et al. 2017. Characterizing two types of transient intraseasonal oscillations in the Eastern Tibetan Plateau summer rainfall. Climate Dynamics, 48: 1749-1768.

Yang J, Liu Q, Xie S P, et al. 2007. Impact of the Indian Ocean SST basin mode on the Asian summer monsoon. Geophysical Research Letters, 34 (2): L02708.

Yang J, Wang B. 2008. Anticorrelated intensity change of the quasi-biweekly and 30-50-day oscillations over the South China Sea. Geophysical Research Letters, 35: 797-801.

Yasunari T. 1979. Cloudiness fluctuations associated with the northern hemisphere summer monsoon. Journal of the Meteorological Society of Japan, 57: 227-242.

Ying S, Ding Y H. 2010. A projection of future changes in summer precipitation and monsoon in East Asia. Science China Earth Sciences, 53: 284-300.

You Q, Jiang Z, Lei K, et al. 2017. A comparison of heat wave climatologies and trends in China based on multiple definitions. Climate Dynamics, 48: 3975-3989.

You Q, Kang S, Aguilar E, et al. 2011. Changes in daily climate extremes in China and their connection to the large scale atmospheric circulation during 1961—2003. Climate Dynamics, 36: 2399-2417.

Yuan F, Chen W. 2013. Roles of the tropical convective activities over different regions in the earlier onset of the South China Sea summer monsoon after 1993. Theoretical and Applied Climatology, 113: 175-185.

Yun K S, Lee J Y, Ha K J. 2014. Recent intensification of the South and East Asian monsoon contrast associated with an increase in the zonal tropical SST gradient. Journal of Geophysical Research: Atmospheres, 119 (13): 8104-8116.

Yun K S, Timmermann A. 2018. Decadal monsoon-ENSO relationships reexamined. Geophysical Research Letters, 45: 2014-2021.

Zhai P, Zhang X, Wan H, et al. 2005. Trends in total precipitation and frequency of daily precipitation extremes over China. Journal of Climate, 18: 1096-1108.

Zhang L X, Zhou T J. 2015. Decadal change of East Asian summer tropospheric temperature meridional gradient around the early 1990s. Science China, 58: 1609-1622.

Zhang R H. 2015a. Natural and human-induced changes in summer climate over the East Asian monsoon region in the last half century: a review. Advances in Climate Change Research, 6: 131-140.

Zhang R H. 2015b. Changes in East Asian summer monsoon and summer rainfall over eastern China during recent decades. Science Bulletin, 60: 1222.

Zhang R H, Koike T, Xu X D, et al. 2012. A China-Japan cooperative JICA atmospheric observing network over the Tibetan Plateau（JICA/Tibet Project）：an overviews. Journal of the Meteorological Society of Japan，90：1-16.

Zhang R H，Sumi A，Kimoto M. 1996. Impact of El Niño on the East Asian monsoon：a diagnostic study of the '86/87' and '91/92' events. Journal of the Meteorological Society of Japan，74（1）：49-62.

Zhao P，Yang S，Yu R C. 2010. Long-term changes in rainfall over eastern China and large-scale atmospheric circulation associated with recent global warming. Journal of Climate，23：1544-1562.

Zhao P，Zhang X，Zhou X，et al. 2004. The sea ice extent anomaly in the North Pacific and its Impact on the East Asian summer monsoon rainfall. Journal of Climate，17：3434-3447.

Zheng X T，Xie S P，Lv L H，et al. 2016. Intermodel uncertainty in ENSO amplitude change tied to Pacific Ocean warming pattern. Journal of Climate，29：7265-7279.

Zhou T J，Gong D Y，Li J A，et al. 2009a. Detecting and understanding the multi-decadal variability of the East Asian summer monsoon-recent progress and state of affairs. Meteorologische Zeitschrift，18：455-467.

Zhou T J，Song F，Ha K J，et al. 2017. Decadal change of East Asian summer monsoon：contributions of internal variability and external forcing//Chang C P，Kuo H C，Lau N C，et al. The Global Monsoon System：Research and Forecast. 3rd ed. Singapore：World Scientific：327-338.

Zhou T J，Yu R C，Zhang J，et al. 2009b. Why the western Pacific subtropical high has extended westward since the late 1970s. Journal of Climate，22：2199-2215.

Zhou W，Chan J C L. 2005. Intraseasonal oscillations and the South China Sea summer monsoon onset. International Journal of Climatology，25：1585-1609.

Zhou W，Chan J C L. 2007. ENSO and the South China Sea summer monsoon onset. International Journal of Climatology，27：157-167.

Zhou W，Li C，Wang X. 2007. Possible connection between Pacific oceanic interdecadal pathway and East Asian winter monsoon. Geophysical Research Letters，34（1）：L01701.

Zhu C，Wang B，Qian W，et al. 2012. Recent weakening of northern East Asian summer monsoon：a possible response to global warming. Geophysical Research Letters，39：L09701.

Zhu Y，Wang H，Zhou W，et al. 2011. Recent changes in the summer precipitation pattern in East China and the background circulation. Climate Dynamics，36：1463-1473.

Zuo Z，Song Y，Kumar A，et al. 2012. Role of thermal condition over Asia in the weakening Asian summer monsoon under global warming background. Journal of Climate，25：3431-3436.

Zuo Z，Song Y，Zhang R，et al. 2013. Long-term variations of broad-scale Asian summer monsoon circulation and possible causes. Journal of Climate，26：8947-8961.

Zuo Z，Zhang R，Zhao P. 2011. The relation of vegetation over the Tibetan Plateau to rainfall in China during the boreal summer. Climate Dynamics，36：1207-1219.

第12章 人为驱动力及其对气候变化的影响

主要作者协调人：孙 颖、张 华
编　　　　审：周天军
主 要 作 者：董思言、缪驰远、王体健、谢 冰
贡 献 作 者：赵树云、王志立、安 琪、满文敏、刘 飞

▪ 执行摘要

1750~2020 年二氧化碳（CO_2）、甲烷（CH_4）和氧化亚氮（N_2O）浓度增加造成的全球平均有效辐射强迫分别为 2.15W/m²、0.48W/m² 和 0.21W/m²。1850~2013 年对流层臭氧（O_3）浓度变化的有效辐射强迫为 0.46W/m²。1850~2014 年气溶胶总的有效辐射强迫为 –1.04 ± 0.20W/m²，其较大的不确定性主要是气溶胶 – 云相互作用造成的；同期短寿命气候污染物（包括甲烷、对流层臭氧和黑碳气溶胶）的有效辐射强迫约为 0.9 ± 0.20W/m²。

20 世纪中期以来，中国区域快速变暖的主要原因是温室气体排放等人为强迫的增加（高信度）。温室气体等人类活动使得极端暖事件发生更为频繁、强度更强、持续时间更长；而极端冷事件发生频率减少、强度减弱、持续时间缩短（高信度）。人为强迫改变了高温热浪、低温寒潮、强降水等中国区域重大极端事件发生的频率（高信度）。对中国极端降水和季风环流长期变化归因仍然是低信度。

12.1　引　　言

随着工业化进程的加快，温室气体和气溶胶排放迅速增多，全球气温升高。伴随着全球变暖，气候系统变化明显，冰冻圈、水循环等发生了变化，极端天气气候事件频发，同时环境问题也日渐严重，对经济社会和人类生存环境的诸多方面产生了巨大影响。保护环境和减缓气候变化已经成为全社会共同的目标。

衡量温室气体和气溶胶气候效应的一个重要的物理量是辐射强迫（也称驱动力）。辐射强迫通常是指地气系统外部因子变化引起的大气层顶或对流层顶净辐射通量的变化，从早期的不包含任何反馈过程的"瞬时辐射强迫"，到允许平流层温度调整到辐射平衡的"调整的辐射强迫"，中国科学家已经对温室气体和气溶胶的辐射强迫及其气候效应进行了大量研究（张华和黄建平，2014；张华等，2013，2014；王志立等，2009；张华和王志立，2009；Zhang H et al.，2012a，2012b；庄炳亮等，2009；Zhuang et al.，2010）。IPCC AR5提出，包括对流层温度廓线、水汽和云调整在内的"有效辐射强迫"可以更好地指示温室气体和气溶胶变化造成的地面气温变化，并可以评估气溶胶–辐射相互作用和气溶胶–云相互作用对改变地气系统辐射收支平衡的贡献。同时，随着大气中温室气体浓度和气溶胶浓度的不断变化，有必要对温室气体和气溶胶的新的辐射强迫进行重新评估，来精确考虑它们对当前和未来气候变化的影响。

辐射强迫是引起气候变化的因素之一，另外的因素包括气候系统内部变率。理解气候变化的原因，其核心问题是区分外强迫和气候系统内部变率对观测到的气候变化的相对贡献。外强迫主要包括温室气体和气溶胶等人为外强迫和太阳以及火山等自然外强迫，气候系统内部变率包括气候系统内部各圈层的变化，如海洋和陆地等的内部变化。近几年中国科学家在理解气候变化原因等检测归因领域取得了重大进展（Sun et al.，2014；Zhao et al.，2016；Chen and Sun，2017），利用新一代观测资料和模式结果对气候长期变化和重大事件发生的外强迫原因进行了检测归因。在归因外强迫因子对20世纪中期以来观测到的平均气温、降水和极端事件等变化的影响方面，通过对CMIP5等多模式结果的使用，在最优指纹法分析等方法的基础上进行量化的检测归因，区分人类活动和自然变率对这些变化的贡献。在对重大极端事件的归因方面，可利用气候模式结果和多种统计方法，研究在有人为强迫和没有人为强迫背景下，极端事件的发生概率或者发生风险是否产生了变化。其中，气候模式的模拟性能差异、观测变量的选择以及极端事件发生的时间和空间尺度等均可能对最后的归因结果产生影响。

12.2　辐射强迫

12.2.1　辐射强迫的概念

辐射强迫主要用于对比和衡量不同人为因素对全球近地面气温变化的长期

影响。人们对辐射强迫的定义经历了一个发展过程，最早的定义为瞬时辐射强迫（instantaneous radiative forcing），即外因的引入造成的大气层顶或对流层顶净辐射通量的瞬时变化。在计算瞬时辐射强迫的过程中，大气和地表的状态需要保持不变。IPCC 在 IPCC AR3、IPCC AR4 中提出了平流层调整的辐射强迫，即在瞬时辐射强迫的基础上包含平流层调整造成的大气层顶净辐射通量变化。IPCC 在 2014 年发布的 IPCC AR5 又提出了有效辐射强迫（effective radiative forcing）的概念。有效辐射强迫不仅允许平流层调整，而且允许对流层甚至是陆地调整，但要保持海洋状态不变。

纵观瞬时辐射强迫到有效辐射强迫的发展，不难看出，人们是将原来划归到气候响应里的快速调整部分区分出来，重新划归到辐射强迫的范畴。之所以这样做，在于人们认为快速调整先于近地面气温变化而发生。将快速调整纳入强迫的范畴更有利于衡量和比较不同因素对近地面气温变化的长期影响，这也是辐射强迫作为一个指标的根本意义所在。

辐射强迫定义不断发展的一个重要推动力是气溶胶与气候相互作用的复杂性。气溶胶的成分本身很复杂，具有不同程度的散射和吸收性，可以直接影响大气辐射传输。亲水性的气溶胶可以作为云凝结核，改变云的反照率和生命时间，从而间接地影响大气辐射传输。另外，具有吸收性的气溶胶可以加热大气，改变大气温度廓线，促进云滴蒸发，这部分的辐射影响常被称为气溶胶的半直接效应。从时间尺度上来看，气溶胶的直接效应和云反照率效应可以归为瞬时辐射强迫，其他效应可以归为快速调整。不同气溶胶的快速调整对其瞬时辐射强迫有不同程度的放大或抵消作用。快速调整对瞬时辐射强迫的放大（抵消）作用越强，留给气候响应的空间就越大（小）。因此，对比一种因素的瞬时辐射强迫和快速调整可以大致了解气候适应该种因素的方式。

12.2.2　温室气体、气溶胶和短寿命气候污染物

对全球气候变化有贡献的以人为排放为主的物质可以分为两类：第一类是长寿命温室气体（LLGHGs），如二氧化碳和氧化亚氮；第二类是短寿命气候强迫因子（SLCFs），主要是由大气中寿命短于长寿命温室气体的化合物组成，包括甲烷、臭氧及其前体物、气溶胶和非均匀混合温室气体的卤化物。短寿命气候强迫因子在大气中的生命期从几天到十几年，其浓度变化对短期气候变化具有重要作用。部分短寿命气候强迫因子可以使全球变冷，如平流层臭氧和散射性气溶胶等；另一部分短寿命气候强迫因子会造成全球变暖，如甲烷、对流层臭氧、黑碳气溶胶和氢氟碳化合物（HFCs）等。这部分对全球变暖具有突出贡献的短寿命气候强迫因子又被称为短寿命气候污染物（SLCPs）。

IPCC AR5 评估了 1750~2011 年 3 种主要的温室气体（二氧化碳、甲烷和氧化亚氮）浓度增加导致的辐射强迫分别为 $1.82 \pm 0.19 W/m^2$、$0.48 \pm 0.05 W/m^2$ 和 $0.17 \pm 0.03 W/m^2$；而将二氧化碳、甲烷和氧化亚氮浓度变化拓展至 2015 年，并考虑甲烷对短波波段的吸收后，3 种温室气体的辐射强迫分别为 $1.95 W/m^2$、$0.62 W/m^2$ 和 $0.18 W/m^2$（Etminan et al.，2016）。由于二氧化碳、氧化亚氮和卤化碳等长寿命温室气

体在大气中的生命期较长，且在全球大气中混合较为均匀，因此对此类长寿命温室气体的辐射特性已有较全面的了解。近年来，研究者将注意力更多地转移到甲烷、对流层臭氧、气溶胶等短寿命气候强迫因子的辐射强迫的研究上。1750~2020 年，甲烷的有效辐射强迫约为 0.48W/m² （高信度），其空间不均匀性对有效辐射强迫的影响不大。1850~2013 年，对流层臭氧有效辐射强迫约为 0.46W/m² （中等信度）。1850~2010 年，3 种人为气溶胶有效辐射强迫为 –1.87W/m² （中等信度），其中硫酸盐气溶胶、黑碳气溶胶、有机碳气溶胶的有效辐射强迫分别为 –1.62W/m²、0.10W/m² 和 –0.25W/m²；而考虑了气溶胶的混合状态时，人为气溶胶的 ERF 为 –1.23W/m²。同时期短寿命气候污染物（本章涉及的短寿命气候污染物仅包括甲烷、对流层臭氧和黑碳气溶胶 3 种造成全球升温较重要的化合物）的有效辐射强迫约为 0.9W/m² （中等信度）。而在 RCP8.5/RCP4.5/RCP2.6 排放情景下，到 2050 年短寿命气候污染物浓度变化有效辐射强迫相对于 2010 年将产生 0.1W/m²、–0.3W/m² 和 –0.5W/m² 的变化（中等信度），其中对流层臭氧的辐射强迫将产生 –0.11W/m²、0.0W/m² 和 0.14W/m² 的变化。

1. 甲烷

甲烷能够强烈地吸收红外辐射并向外发射红外辐射，对大气具有增温作用，其全球增温潜能（global warming potential，GWP）是二氧化碳的 16 倍左右（张华等，2014）。甲烷在有云大气下的平流层调整和经大气寿命调整后的辐射效率分别为 4.142×10^{-4} W/（m²·ppb）和 3.732×10^{-4} W/（m²·ppb），由此可知平流层温度调整使其温度降低，导致平流层向对流层的辐射通量减少，从而造成甲烷的辐射效率减小 9.8%（张华等，2014）。IPCC AR5 根据 Myhre 等（1998）提出的公式，计算得出 1750~2011 年甲烷的浓度变化产生的辐射强迫为 0.48 [0.38~0.58]W/m²，甲烷排放造成的辐射强迫为 0.97[0.74~1.20]W/m²（IPCC，2013）。而在此基础上考虑甲烷对短波波段的吸收，1750~2011 年甲烷的浓度变化产生的辐射强迫约为 0.61W/m²，与 IPCC AR5 的结果相比增加了 25%（Etminan et al.，2016）。充分考虑平流层调整，并允许对流层温度与水汽等要素的调整以及地表温度的变化后，1750~2013 年甲烷浓度变化造成的全球年平均有效辐射强迫为 0.46W/m²（Xie X et al.，2016b）。甲烷在大气中的生命期可达 9 年以上，但其在全球范围内的分布仍存在着北多南少的不均匀性，然而甲烷空间分布不均匀性对有效辐射强迫的影响小于 0.02W/m²（Xie X et al.，2016b）。

2. 对流层臭氧

臭氧是地球大气系统重要的组成部分，虽然仅有约 10% 的臭氧分布在对流层内，但由于这部分臭氧对地气系统的长波辐射有较强烈的吸收作用，可以加热对流层大气，因此对流层臭氧浓度的变化对全球变暖有着重要意义。自工业革命以来，对流层臭氧浓度增加超过一倍，且在人为活动较密集的北半球中高纬度地区增加最明显（Xie B et al.，2016a）。在 IPCC AR5 中，对流层臭氧全球平均辐射强迫的最新估值为 0.40 [0.20~0.60]W/m²。而中国地区对流层臭氧浓度的增加量大于全球平均值，因此其辐射强迫大于全球平均值（Zhu and Liao，2016），并且在夏季晴空条件下对流层臭氧辐射强迫可达 0.68W/m²（Li S et al., 2018）。不久的未来（2050 年），在 RCP8.5/RCP6.0/RCP4.5/RCP2.6 排放情景下，对流层臭氧浓度变化造成的辐射强迫相对于 2000 年将分别增加 –0.11W/m²、0.0W/m²、0.01W/m² 和 0.14W/m²。参考有效辐射强迫的概念，充分考虑平流层、对流层和地表温度变化的调整，1850~2013 年，对流层臭氧浓度增加造成的全球年平均有效辐射强迫约为 0.46W/m²（Xie B et al., 2016a）。

3. 气溶胶

1）气溶胶的直接辐射强迫

气溶胶通过直接吸收和散射太阳短波辐射及长波辐射来影响地气系统的能量收支的现象称为气溶胶的直接效应。当前总气溶胶（不含硝酸盐）在大气层顶的直接辐射强迫（DRF）的全球平均值为 –2.03W/m²，其中硫酸盐、黑碳、有机碳、海盐和沙尘的全天（all-sky）直接辐射强迫（DRF_{all}）分别为 –0.19W/m²、0.1W/m²、–0.15W/m²、–0.83W/m² 和 –0.9W/m²，它们的晴空直接辐射强迫（DRF_{clear}）则分别为 –0.49W/m²、0.06W/m²、–0.33W/m²、–1.54W/m² 和 –1.42W/m²（Zhang H et al., 2012b）。 除上述 5 种主要气溶胶外，硝酸盐气溶胶也是大气中重要的辐射强迫因子，其直接辐射强迫为 –0.14W/m²（安琪，2017），区域上（东亚地区）的则为 0.88W/m²（Wang et al., 2010）。黑碳气溶胶对太阳短波辐射具有较强的吸收性，其可以加热大气，因此受到了广泛关注。在亚洲地区，黑碳气溶胶的 DRF_{all} 为 0.81W/m²（Zhuang et al., 2013b）。其中，居民生活和工业排放黑碳气溶胶的辐射强迫分别占了 56.14% 和 31.58%（Zhuang et al., 2019）。而在中国地区，2000 年全中国平均的黑碳气溶胶大气层顶的 DRF_{all} 为 1.22W/m²，到 2050 年在 RCP2.6、RCP4.5、RCP8.5 情景下中国东部气溶胶辐射强迫相对于 2000 年产生了 1.22W/m²、1.88W/m² 和 0.66W/m² 的变化（Li C X et al., 2016）。同时黑碳气溶胶与散射气溶胶不同的混合方式也会影响大气层顶的辐射强迫，造成亚洲地区大气层顶的辐射强迫值介于 –1.11~0.45W/m²（Zhuang et al., 2013a）。还有研究表明，中国地区与中国地区以外排放的黑碳气溶胶对于中国地区黑碳气溶胶 DRF_{all} 分别贡献了 75% 和 25%（Yang et al., 2017）。此外，大气中吸收性的气溶胶还能通过大气环流过程进行远距离传输，沉降到雪和冰的表面，从而降低雪和冰的反照率，增强其对太阳辐射的吸收，促使雪和冰温度升高，加速雪和冰的融化，这一过程被称为"雪盖效应"。黑碳气溶胶的雪盖效应产生的辐射强迫为 0.042W/m²，最大值出现在青藏高原，超过了 2.8W/m²（Wang et al., 2011）。Wang M 等（2015）利用青藏高原东南部的冰芯资料和 SNICAR 模式，估算出 1956~2006 年当地黑碳气溶胶雪盖效应引起的辐射强迫从 0.75W/m² 增加到 1.95W/m²，而雪中有机碳气溶胶引起的辐射强迫从 0.2W/m² 增加到 0.84W/m²。由于气溶胶在大气中的生命期较短，因此对局地地区辐射强迫的影响有明显的差异。近年来，关于典型地区气溶胶直接辐射强迫的研究得了一些进展。如图 12-1 所示，中国东部地区人口密集，工业较发达，人为排放的气溶胶较多，因此气溶胶直接效应对该地区辐射收支的影响较大，其次是中国南部，中国东北部与北部地区气溶胶对辐射的影响相当，中国西部地区受气溶胶直接效应的影响最小。关于不同地区和不同类型气溶胶直接辐射强迫的估算值可详见表 12-1 和表 12-2。

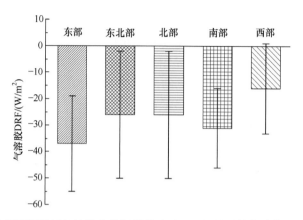

图 12-1　中国不同地区气溶胶直接辐射强迫（DRF）的最佳估计值及其不确定性

中国东部地区 DRF 出自 Xia 等（2016）、Fu 等（2017）和 Li 等（2015）；中国东北部地区 DRF 出自 Li S 等（2016）、Xia 等（2016）和 Wu 等（2015）；中国北部、西部和南部地区 DRF 均出自 Xia 等（2016）

表 12-1　不同地区和不同类型气溶胶的晴空与全天条件下的直接辐射强迫　　（单位：W/m²）

区域	总气溶胶	人为气溶胶	硫酸盐	硝酸盐	黑碳	有机碳	二次有机气溶胶	沙尘气溶胶	海盐
东亚地区		−0.55l（−1.54）[15]		−0.26~−1.7[7, 9]（−3.8）[9]				3.79（8.65）[6]	（−1.4）[5]
中国地区					1.02~2.20[9, 11, 16]（−2.21）[4]		（−1.12）[17]		
中国东部地区	−1.1~−55[3, 7, 14]	−6.95±1.20[2]	−2.0~−0.64[1, 15]（−0.93）[1]	−0.33（−0.46）[12]	0.29~2[1, 10]（0.29）[1]	−0.41（−0.65）[12]			
中国东北部地区	−3.7~−50[8, 13, 14]								
中国西部地区	−16±17[14]								
中国南部地区	−31±15[14]								
青藏高原地区					0.42~1.95[12, 18]				

① 李剑东等，2015；② Chang et al.，2015；③ Fu et al.，2017；④ Gao M et al.，2018；⑤ Guo et al.，2015；⑥ Guo and Yin，2015；⑦ Li et al.，2015；⑧ Li S et al.，2016；⑨ Li and Han，2016；⑩ Ma et al.，2016；⑪ Mao et al.，2016；⑫ Wang M et al.，2015；⑬ Wu et al.，2015；⑭ Xia et al.，2016；⑮ Xie et al.，2016a；⑯ Yang et al.，2016；⑰ Yin et al.，2015；⑱ Zhang et al.，2015。

注：括号表示全天条件下。

表 12-2　中国典型地区和城市总气溶胶的直接辐射强迫　　（单位：W/m²）

地区和城市	长三角地区	南京城区站	南京郊区	兰州	中国西北部的四个沙漠和半沙漠地区
总气溶胶	−40[2]	−10.69~−6.9[5, 6]	−29.5±3.8[3]	−17.03[1]	−39.1~−48.1[4]

① 衣娜娜等，2017；② Che et al.，2018；③ Kang et al.，2016；④ Xin et al.，2016；⑤ Zhuang et al.，2014；⑥ Zhuang et al.，2018b。

2）气溶胶的间接辐射强迫

气溶胶能作为云凝结核或冰核来改变云的微物理和辐射性质以及云的寿命，并间接影响气候系统的辐射收支。气溶胶的间接气候效应通常又分为两类：第一类是指当云中的液态水含量不变时，气溶胶粒子的增加会增加云滴数目，减小云滴的有效半径，导致云的反照率增加，或称为云的反照率效应；第二类是指气溶胶粒子增加所造成的云滴有效半径的减小将降低云的降水效率，增加云的寿命或云中的液态水含量，使区域平均的云反照率增加，或称为云的生命期效应。此外，处于云层处的吸收性气溶胶还能吸收太阳辐射，加热大气层，导致云量蒸发减少，这称为气溶胶的半直接效应，也是气溶胶影响气候系统的辐射收支的重要过程。由于缺乏相关的观测数据，对气溶胶间接辐射强迫的估算较之直接辐射强迫存在更大的不确定性，但近年来关于这方面的研究也取得了一些进展。气溶胶的直接和间接效应具有明显的空间差异，受云的影响，较之直接辐射强迫，气溶胶的间接辐射强迫分布更偏南（Zhuang et al.，2013a）。20 世纪 80 年代以来，东亚地区气溶胶浓度变化产生的有云全天总辐射强迫为 $-1.18W/m^2$，其中间接辐射强迫为 $-1.54W/m^2$（Wang Y et al.，2015）。东亚地区夏季硫酸盐气溶胶的直接辐射强迫和间接辐射强迫分别为 $-1.54W/m^2$ 和 $-3.92W/m^2$（Xie et al.，2016a）。相对于 19 世纪 50 年代中国东部区域人为活动产生的硫酸盐引起的年平均间接辐射强迫超过 $-4.0W/m^2$（李剑东等，2015）。东亚地区硝酸盐气溶胶第一间接辐射强迫为 $-2.47W/m^2$（Wang et al.，2010）。硫酸盐 – 硝酸盐 – 铵盐气溶胶在中国东北、华北、西北、西南、东南地区的第一间接辐射强迫分别为 $-2.38W/m^2$、$-1.93W/m^2$、$-1.89W/m^2$、$-0.73W/m^2$、$-3.47W/m^2$（Han et al.，2017）。在东亚地区，综合考虑夏季气溶胶的直接和间接效应引起的黑碳气溶胶和人为气溶胶的辐射强迫分别为 $-0.15W/m^2$ 和 $-3.46W/m^2$（Zhuang et al.，2013a；Wang Y et al.，2015）。而在中国地区大气层顶，黑碳气溶胶第一间接辐射强迫为 $-0.95W/m^2$（Zhuang et al.，2013a），云滴中的黑碳气溶胶造成的辐射强迫约为 $0.075W/m^2$（Zhuang et al.，2010；Wang et al.，2013b），而其半直接辐射强迫为 $0.213W/m^2$（Li et al.，2013）。

3）气溶胶的有效辐射强迫

研究气溶胶的有效辐射强迫主要包括研究气溶胶 – 辐射相互作用（ERFari）和气溶胶 – 云相互作用（ERFaci）两部分。IPCC AR5 给出的 1750~2011 年总气溶胶有效辐射强迫的最佳估计值为 -0.9（$-1.9 \sim -0.1$）W/m^2。1850~2010 年硫酸盐、黑碳和有机碳三种人为气溶胶的有效辐射强迫为 $-2.49W/m^2$，其中 ERFari 和 ERFaci 分别为 $-0.30W/m^2$ 和 $-2.19W/m^2$（Zhang et al.，2016）。硫酸盐气溶胶的有效辐射强迫为 $-2.37W/m^2$，是人为气溶胶有效辐射强迫最大的贡献因素；黑碳和有机碳气溶胶的有效辐射强迫分别为 $0.12W/m^2$ 和 $-0.31W/m^2$。值得注意的是，Zhang 等（2016）模拟的气溶胶 ERFaci 远大于 IPCC AR5 里所给的 $-0.9W/m^2$，但当考虑了云滴数浓度和气溶胶混合状态对气溶胶 – 云相互作用的影响时，ERFaci 为 $-1.01W/m^2$，更接近 IPCC AR5 的评估值，同时总的人为气溶胶有效辐射强迫为 $-1.23W/m^2$（Zhou et al.，2018）（图 12-2）。比较国际上的研究可以发现（表 12-3），气溶胶有效辐射强迫存在较大的不确定性，主要是由于气溶胶 – 云相互作用造成的。

表 12-3　2014 年以来全球气候模式的气溶胶有效辐射强迫的模拟结果　（单位：W/m²）

序号	模式	ERFari	ERFaci	ERFari+aci	参考文献
1	CMIP5[①]	−0.25 ± 0.22	−0.92 ± 0.34	−1.17 ± 0.30	Zelinka et al., 2014
2	CMIP6[②]	−0.23 ± 0.19	−0.81 ± 0.30	−1.04 ± 0.20	Smith et al., 2020
3	CAM5.3-MARC-ARG	−0.17 ± 0.01	−1.51 ± 0.05	−1.69 ± 0.05	Grandey et al., 2018
4	HadGEM3-GA4-UKCA	−0.03 ± 0.16	−1.42 ± 0.80	−1.46 ± 0.74	Regayre et al., 2018
5	BCC_AGCM2.0_CUACE/Aero	−0.23	−1.01	−1.23	Zhou et al., 2018
6	ECHAM6.3	−0.23	−0.8~−0.27	−1.03~−0.5	Fiedler et al., 2017

　① CMIP5 包括 IPSL-CM5A-LR、CanESM2、NorESM1-M、CSIRO-Mk3-6-0、HadGEM2-A、GFDL-CM3、MIROC5、MRI-CGCM3、CESM1-CAM5 九种模式。② CMIP6 包括 ACCESS-CM2、CanESM5、CESM2、CNRM-CM6-1、CNRM-ESM2-1、EC-Earth3、GFDL-CM4、GFDL-ESM4、GISS-E2-1-G p1、GISS-E2-1-G p3、HadGEM3-GC31-LL、IPSL-CM6A-LR、MIROC6、MRI-ESM2-0、NorESM2-LM、NorESM2-MM、UKESM1-0-LL 十七种模式。

　　1850~2000 年全球年平均的黑碳气溶胶在大气层顶的有效辐射强迫为 0.36W/m² （Wang et al.，2017b）。黑碳气溶胶在东亚、南亚、非洲中部等黑碳高排放区产生明显的正有效辐射强迫，其值基本为 2~6W/m²。黑碳气溶胶在亚洲地区的有效辐射强迫在夏季和冬季分别为 1.85W/m² 和 1.36W/m²（Zhuang et al.，2018a），夏季，中国大陆和印度黑碳气溶胶引起东亚地区大气顶的有效辐射强迫分别为：1.87W/m² 和 −0.51W/m²（Chen et al.，2020)。1850~2010 年全球年平均的大气层顶硝酸盐有效辐射强迫为 −0.21W/m²，并在中国东北部和青藏高原地区造成了明显的负有效辐射强迫，这主要是硝酸盐粒子吸湿增长，导致其消光能力增加，并造成负的有效辐射强迫（An et al.，2019）。

　　为了改善空气质量，近年来各国政府纷纷立法来减少人为气溶胶及其前体物的排放，这势必导致未来大气中人为气溶胶浓度下降。在 RCP4.5 情景下，2000~2100 年硫酸盐、黑碳和有机碳三种人为气溶胶浓度的下降在大气层顶造成明显的正有效辐射强迫（Wang et al.，2016a）。在东亚、西欧、北美等气溶胶高排放区域，有效辐射强迫值基本为 4~10W/m²。气溶胶浓度的减少会增加到达地表的太阳辐射通量，从而在地表产生明显的正辐射强迫。地表与大气层顶有效辐射强迫的分布基本一致。在 RCP4.5 情景下，2000~2100 年全球年平均的大气层顶和地表气溶胶有效辐射强迫分别为 1.45W/m² 和 1.67W/m²。与温室气体增加在大气中产生正的强迫不同，由于吸收性气溶胶的减少，人为气溶胶的减少在大气中产生负的有效辐射强迫（−0.22W/m²）。未来大气中硝酸盐气溶胶在总的人为气溶胶中的占比将增大，在 RCP4.5/RCP6.0/RCP8.5 情景下，到 2030 年，硝酸盐有效辐射强迫分别为 −0.17W/m²、−0.20W/m²、−0.24W/m²；而到 2050 年，其值将降低到 −0.07W/m²、−0.18W/m²、−0.19W/m²（An et al.，2019）。

　　气溶胶的混合状态会改变其有效辐射强迫（Zhuang et al.，2013b；Zhou et al.，2017，2018）。1850~2010 年人为气溶胶粒子的外混合和部分内混合状态造成的有效辐射强迫分别为 −1.87W/m² 和 −1.23W/m²（Zhou et al.，2018），它们所产生的气候效应也有很大不同。除此之外，气溶胶粒子的形状也会对有效辐射强迫分布产生影响（Wang et al.，2013a）。气溶胶 – 云相互作用产生的辐射强迫对云降水物理过程非常敏感。例如，提高云滴数浓度的下限可以迅速降低气溶胶的间接效应（Hoose et al.，2009）。降水对大气中气溶胶浓度具有重要影响，但与卫星观测相比，模式普遍存在降水过于频繁的问题，而改进这个问题又造成了模拟的气溶胶间接效应过大。这说明，许多模式即便模拟的气溶胶有效辐射强迫非常合理，通常也是多方面误差相互抵消的结果（Jing and Suzuki，2018）。我们对气溶胶 – 云相互作用的理解依然存在很大的不确定性。未来，我们既需要改进气候模式中的云降水过程，同时也需要调整气溶胶与云和降水的相互作用，如气溶胶的湿清除，从而更好地估计气溶胶的辐射强迫。

4. 短寿命气候污染物（SLCPs）

自工业革命以来，短寿命气候污染物在大气中的浓度均有不同程度的增加，并影响着地气系统的辐射平衡。1850~2010 年，对全球变暖有突出贡献的 3 种主要的气候强迫因子（对流层臭氧、甲烷、黑碳气溶胶）浓度均有所增加，从而造成全球大部分地区出现正的有效辐射强迫，最大的正的有效辐射强迫出现在中国中东部地区，其值超过 4.0W/m²；这主要是短寿命气候污染物浓度在中国中东部地区显著增加，并造成该地区低云量减少，使得到达地表的短波辐射通量明显增加，从而造成较大的正辐射强迫；而在短寿命气候污染物浓度同样增加显著的印度半岛地区，低云量的增加造成该地区产生负的有效辐射强迫（图 12-2）。1850~2010 年短寿命气候污染物浓度变化造成全球年平均有效辐射强迫为 0.9W/m²，相当于同时期二氧化碳造成的有效辐射强迫的 50%。2010~2050 年，在不同排放情景下（RCP8.5/RCP4.5/RCP2.6），短寿命气候污染物浓度变化对全球的辐射收支平衡存在不同程度的影响（Zhang et al.，2018）。在高排放情景下（RCP8.5），短寿命气候污染物浓度的增加造成中高纬度地区较大的正的有效辐射强迫，在亚洲中部正的有效辐射强迫达到最大值（13.8W/m²）；同时短寿命气候污染物浓度变化使

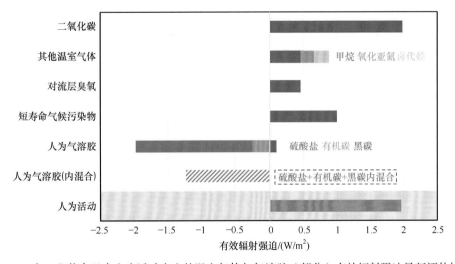

图 12-2　自工业革命以来人为活动产生的温室气体与气溶胶（部分）有效辐射强迫最新评估结果

二氧化碳、甲烷和氧化亚氮的辐射强迫是利用其辐射效率（Zhang et al.，2011，2013；张华等，2013，2011；石广玉，2007）与 1750~2020 年浓度变化 [来自 "全球监测实验室" 监测数据] 计算所得；卤化物的辐射强迫同样是利用其辐射效率与 1750~2018 年浓度变化 [来自 "改进的全球大气实验网" 监测数据] 计算所得；对流层臭氧浓度变化（1850~2013 年）、短寿命气候污染物浓度变化（1850~2010 年）和人为气溶胶浓度变化（1850~2010 年）的有效辐射强迫分别来自 Xie X 等（2016b）、谢冰（2016）和 Zhou 等（2018）

华北地区低云量显著增加，反射更多的短波辐射，从而造成该地区出现负的有效辐射强迫（$-14.9\mathrm{W/m^2}$）。而在中/低排放情景下（RCP4.5/RCP2.6），到 2050 年短寿命气候污染物浓度与排放的减少造成有效辐射强迫在全球大部分地区为负值；最显著的负的有效辐射强迫仍然出现在华北地区（$-15.2\mathrm{W/m^2}$、$-16.9\mathrm{W/m^2}$）。到 2050 年，在高/中/低排放情景下短寿命气候污染物浓度变化造成全球平均有效辐射强迫相对于 2010 年变化了 $0.1\mathrm{W/m^2}$、$-0.3\mathrm{W/m^2}$ 和 $-0.5\mathrm{W/m^2}$。

12.3 人为活动对气候的影响

人为活动排放到大气中的温室气体和气溶胶通过直接改变地气系统辐射收支来影响全球和区域气候变化。同时，人为气溶胶还可以通过参与云的微物理过程，间接地影响辐射平衡，并影响大气的热力和动力过程以及水循环。自工业革命以来，全球平均温度增加将近 1.0K。其中，二氧化碳是造成全球升温最主要的温室气体，由于其在大气中的生命期将近 100 年，减排二氧化碳无法在短期内减缓全球升温速率，因此越来越多的研究集中在短寿命气候强迫因子对全球气候的影响上。1850~2010 年，甲烷和对流层臭氧浓度增加造成全球平均温度增加 0.3K，同时全球平均降水量也有所增加。不同种类人为气溶胶浓度的变化对局地地区温度、降水以及环流均有不同程度的影响。工业革命以来，人为散射性气溶胶浓度的增加造成的冷却效应部分抵消了温室气体造成的全球和区域增暖效应。吸收性气溶胶（如黑碳）浓度的增加会使全球变暖加剧。人为气溶胶直接效应对降水的影响弱于间接效应，且全球气溶胶的增加可能会加重区域的干旱程度。

12.3.1 短寿命气候污染物对气候的影响

1. 工业革命至今

自工业革命以来，短寿命气候污染物（短寿命气候强迫因子中对全球变暖具有突出贡献的一类物质，主要包括甲烷、对流层臭氧和黑碳气溶胶）浓度的变化对全球气候，尤其是近地面气温（surface air temperature，SAT）的变化具有重要作用。对流层臭氧和甲烷是对全球变暖具有突出贡献的短寿命气候影响因子，利用观测资料与模式模拟相结合的方法，1850~2013 年，对流层臭氧变化造成全球年平均近地面气温增加 0.36K、全球平均降水量增加 0.02mm/d；而同时期甲烷浓度变化造成近地面气温增加 0.31K、全球平均降水量增加 0.02mm/d，并造成赤道辐合带（ITCZ）降水中心向北移动（Xie et al.，2016a，2016b）。当同时考虑对流层臭氧、甲烷、黑碳气溶胶 3 种主要的短寿命气候污染物对气候的影响时，1850~2010 年，其浓度的增加使中高纬度地区地表净辐射通量增加超过 $2.5\mathrm{W/m^2}$，进而造成近地面气温升高超过 1.0K[图 12-3（a）]。在华南和印度半岛，3 种短寿命气候污染物的浓度均有明显增加，但华南地区低云量减少了 1.5%，而印度半岛低云量约增加了 1.0%，最终造成华南地区近地面气温增量（+0.9K）明显高于印度半岛（+0.3K）[图 12-3（b）]。1850~2010 年，短寿命气候污染物浓度变化造成全球年平均近地面气温约增加 0.7K，相当于同时期二氧化碳增加导致全球变化的43%，而在中国地区短寿命气候污染物造成的增温相当于二氧化碳导致增温的 52%。工业革命以来短寿命气候污染物浓度的变化使得全球平均降水量增加了 0.02mm/d，同时赤道辐合带降水中心向北移动。短寿命气候污染物浓度变化对于全球平均云量没有明显的影响，但是却造成低云量在高纬度地区约增加 2.5%，高云量在非洲北部和印度洋地区增加超过 2.0%。

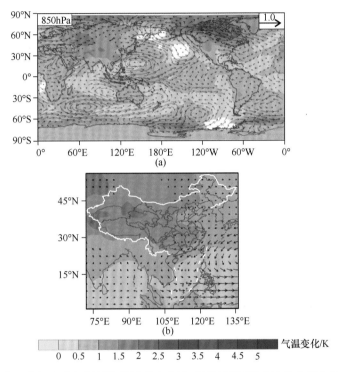

图 12-3　工业革命以来短寿命气候污染物浓度变化造成近地面气温变化的全球分布（谢冰，2016）

图中填色区域显著性检验均超过 95%

2. 未来

由于 CO_2 等长寿命温室气体在大气中的生命期近百年，因此未来在减排长寿命温室气体的同时减排短寿命气候污染物，对于减缓未来全球变暖的速率、控制全球平均升温与工业革命时期相比不超过 2.0℃的阈值十分重要。未来在不同的排放情景下（RCP8.5/RCP4.5/RCP2.6），2010~2050 年短寿命气候污染物浓度与排放变化将影响全球与区域的气候（Zhang et al.，2018）。当保持现有排放力度，即在高排放情景下（RCP8.5），短寿命气候污染物浓度变化造成北半球中高纬度地区近地面气温明显增加，印度半岛和赤道太平洋附近地区降水量明显减少，全球年平均近地面气温增加 0.13K，降水量增加 0.02mm/d。未来采取不同的力度减排短寿命气候强污染物，即在中等和低排放情景下（RCP4.5 和 RCP2.6），短寿命气候污染物的浓度和排放在 2010~2050 年不同程度地减少，从而造成北半球高纬度地区近地面气温显著减少，其中在西伯利亚中部地区和北美北部地区降温最为显著，降温超过 0.6K 和 0.8K。而在这两种排放情景下，降水量在大部分大陆地区略有增加，而在海洋上以减少为主，在赤道太平洋北部降水量约减少 0.5mm/d 和 0.7mm/d。在 RCP4.5 排放情景下，短寿命气候污染物浓度变化造成全球年平均温度减少 0.20K、降水量减少 0.02mm/d；在 RCP2.6 排放情景下，全球年平均温度减少 0.44K、降水量减少 0.03mm/d。综上所述，到 2050 年，短寿命气候污染物在中等排放情景下与保持现有排放相比可以避免全球升温 0.33K，而在低排放情景下可以避免全球升温 0.57K。

12.3.2 人为气溶胶对气候的影响

1. 气溶胶对温度的影响

观测发现，在全球变暖背景下，我国夏季华中 – 华东地区气温反而有下降趋势（冷池），主要表现在日最高气温降低，人们认为这与气溶胶的气候效应有关（Li B G et al.，2016；Zhao et al.，2016）。自工业革命以来，气溶胶使得东亚大陆气温降低（Wang Y et al.，2015，Deng and Xu，2016；Li B G et al，2016；Li C X et al.，2016；Liu et al.，2017；Lou et al.，2017；Zhao et al.，2017），并部分抵消了温室气体对该地区造成的变暖（Liu et al.，2017；王雁等，2018）。气溶胶的综合效应可使得东亚地区气温下降 0.31~1.05K（Wang Y et al.，2015；Liu et al.，2017）。不同气溶胶对气候的影响存在差异（表 12-4）。例如，黑碳气溶胶具有很强的增温效应，并且能够影响边界层的稳定度（Sadiq et al.，2015；Ding et al.，2016；Zhuang et al.，2018a），其直接效应造成东亚地区对流层低层大气平均气温上升 0.11~0.12K。区域大气温度对不同排放强度黑碳的响应存在很大的非线性，即使较低的黑碳排放也有可能引起较强的区域增暖；此外，当黑碳气溶胶空间分布越不均匀时，其效应越明显（Zhuang et al.，2019）。而冰雪上黑碳气溶胶升温效果比等量 CO_2 高 3 倍（黄观等，2015；吉振明，2018）。其他类型气溶胶主要使得东亚地区地表降温（Guo et al.，2018；黄文彦等，2015；李阳等，2015；Sun and Liu，2015；Han et al.，2019）。

表 12-4 气溶胶对不同时间尺度地表气温影响的统计

时段	气溶胶物种	气溶胶效应	地区	温度变化 /K	参考文献
1850~2005 年	硫酸盐、海盐、沙尘和黑碳气溶胶	综合	东亚地区	−1.05	Liu et al.，2017
1901~2005 年	人为源排放气溶胶	综合 直接 其他	中国	−0.86 ~ −0.76 −0.66 ~ −0.55 −0.31 ~ −0.11	Li C X et al.，2016
1986~2005 年	人为源排放气溶胶	综合	华东地区	−0.11	Deng and Xu，2016
1987~2009 年	黑碳气溶胶	直接	东亚地区	+0.11~+0.12[①]	Zhuang et al.，2018b

续表

时段	气溶胶物种	气溶胶效应	地区	温度变化 /K	参考文献
2000~2008 年	黑碳气溶胶	直接	南亚地区 东亚地区	−0.24（冬）/−0.30（夏） −0.18（冬）/ 0.03（夏）	黄文彦等，2015
2000~2009 年 冬季	沙尘气溶胶	直接	东亚地区	−1.5	Sun and Liu，2015
2008 年 12 月~ 2009 年 11 月	硫酸盐气溶胶	综合	中国	−0.09	李阳等，2015
2010 年	黑碳气溶胶	直接	中国南部 / 东北 / 北部 中部 / 西南部地区 西部干旱 / 半干旱地区 东部湿润 / 半湿润地区	−0.01/0.01 /0.04 0.03/−0.02 −0.004 −0.01	Ma et al.，2016
2008 年夏季	人为源排放气溶胶	综合	华北地区	−1.2 ~ −0.6	Gao et al.，2016
2001 年 1 月、4月、7 月、10 月	人为源排放气溶胶	综合	东亚地区	−0.83 ~ −0.34	Cai et al.，2016
2006 年 1 月、4 月、7 月、10 月	人为源排放气溶胶	综合	中国	−0.24 ~ −0.06	Chen et al.，2015
2006 年 1 月、4月、7 月、10 月	人为源排放气溶胶	综合	中国	−0.15	马欣等，2016
2008 年 1 月、4月、7 月、10 月	人为源排放气溶胶	综合	东亚地区	−0.8 ~ −0.5	Liu X Y et al.，2016
2010 年 1 月、4月、7 月、10 月	人为源排放气溶胶	综合	京津冀地区	−0.26/ −0.17/−0.09/−0.28	沈洪艳等，2015
2013 年 2 月15~17 日	一次颗粒物、无机气态和挥发性有机污染物	综合	华北地区	−0.14	杨雨灵等，2015
2013 年 1 月	所有气溶胶	综合	中国	−0.45	Hong et al.，2017

① 850hPa 以下气层平均温度。

2. 气溶胶对降水与干旱的影响

工业革命以来，我国区域尺度和季节尺度降水发生了巨大的变化（Liu et al.，2015；Li Z Q et al.，2016；赖鑫等，2016），表现在 20 世纪后半叶，华东和东北地区降水减少，华南地区降水增加，特别是长江中下游地区出现了著名的南涝北旱或者南湿北干的趋势。气溶胶主导了我国华东地区降水变化的空间分布型，导致我国湿润 - 半湿润地区的干旱化（Folini and Wild，2015；Grandey et al.，2016；Zhang and Li，2016；Zhao et al.，2016；Wang Q Y et al.，2017；Zhang et al.，2017），并有效抑制了温室效应导致的华东地区极端降水增加（Wang Y et al.，2016；Burke and Stott，2017）。气溶胶减弱了东亚夏季风，并减少了水汽输送，导致我国南方偏湿北方偏干（Li et al.，2015；Wang M et al.，2015；Zhang and Li，2016；Jiang Z H et al.，2017）。

近年来，关于气溶胶对降水的研究已开展了大量工作，研究发现，不同类型的气溶胶和气溶胶的不同气候效应对不同时空尺度、不同季节和不同类型的降水均有影响

（表 12-5）。气溶胶直接效应对降水的影响弱于间接效应；高污染情况下，我国大雨的频率增加、小雨的频率减少；人为排放的吸收性气溶胶对我国夏季华南地区降水的增加有一定的贡献；北方沙尘气溶胶可通过不同的途径影响我国降水；在不同区域气溶胶的类型不同，导致对降水的周、日变化影响不同，如在京津冀地区，气溶胶导致夏季降水除了午后，全时段都在增加（Gao et al.，2016；Wang Y et al.，2016；Yang et al.，2016）；气溶胶对对流降水具有重要影响（Fan et al.，2015；Guo et al.，2016，2018；Jiang et al.，2016；Wang and Zhang，2016；Yang et al.，2016，2018），我国华东地区，随着气溶胶光学厚度的增加，深对流性降水量呈现先增加后减少的变化趋势，其中减少的原因主要是气溶胶减少了地面的太阳短波辐射和对流有效位能（Jiang et al.，2016）。同时，"气溶胶增强条件不稳定"机制导致四川地区山区下游方向的洪涝灾害发生，该机制表现为吸收性气溶胶通过吸收太阳辐射造成地表降温，增加了盆地地区白天的大气稳定度，抑制了对流降水。这使得多余的潮湿空气被输送到山区，而后延地形抬升，并在夜间发生对流行强降水（Fan et al.，2015）。

表 12-5　气溶胶对降水影响的统计

时段	气溶胶物种	气溶胶效应	地区	降水变化	参考文献
1850~2010 年	硫酸盐、黑碳、有机碳	综合	全球	0.2mm/d	Zhang and Li，2016
2000 年夏季	人为源排放气溶胶	综合	华东地区	−0.34mm/d −0.31mm/d（对流性降水）	Deng and Xu，2016
2000 年春季	人为源排放气溶胶	综合	长江流域	+0.4mm/d	Deng and Xu，2016
1985~1995 年	硫酸盐和黑碳气溶胶	综合	长江和淮河流域	+2%	Tsai et al.，2016
2002~2006 年夏季	有机碳、黑碳、沙尘、海盐、硫酸盐气溶胶	直接	我国季风区	−0.05mm/d（对流性降水） −0.07mm/d（非对流性降水）	吴明轩等，2015
1987~2009 年	黑碳气溶胶	直接	长江流域以南地区	+3.73%	Zhuang et al.，2018b
1989 年 3 月~ 2010 年 2 月	沙尘气溶胶	直接	东亚地区	−4.46%	宿兴涛等，2016b
2000~2009 年	沙尘气溶胶	直接	华北地区 长江中游地区	−30%~−10%	Sun and Liu，2015
2001~2010 年夏季	人为气溶胶 黑碳气溶胶	综合 直接	东亚地区	−0.29mm/d −0.08mm/d	Wang T J et al.，2015
2010 年	黑碳气溶胶	直接	华南和华北地区	+0.40~+2.8mm/d	Ma et al.，2016
2008 年 7 月 1~20 日	人为源排放气溶胶	直接	华山地区	−40%	Yang et al.，2016
2008 年夏季	人为源排放气溶胶	综合	华南、华北地区 华中地区	−20~200mm（白天） +20~100mm（夜间）	Gao et al.，2016
2008 年 1 月、4 月、7 月、10 月	人为源排放气溶胶	综合	东亚地区	−18.6~−3.9mm/d	Liu X Y et al.，2016

对于多数以散射性为主的气溶胶来说，其在造成近地面气温降低的同时，也会造成全球平均降水的减少。1850~2010 年总人为气溶胶增加并未造成全球总体干旱程度的加重，因为总人为气溶胶在造成全球降水减少的同时，也造成地表蒸发潜能的降低，后者的降低抵消了前者减少造成的干旱增加（Zhao et al.，2017）。不过全球总人为气溶胶的增加会造成中国北部、美国西部和南亚干旱区的干旱程度增加；黑碳气溶胶会造成地中海地区的干旱程度增加（Zhao et al.，2017）。这也说明，虽然从全球总体来看，人为气溶胶不会加重干旱，但对于区域气候来说，全球气溶胶的增加仍然可能会加重干旱。

3. 气溶胶对环流与季风的影响

自 20 世纪 60 年代起，夏季的日均地面风和阵风有减小趋势，地面风速减少了28%。自 20 世纪 50 年代以来，东亚夏季风有减弱的趋势，研究发现，气溶胶可以使得东亚夏季海 - 陆热力差异减弱，从而影响季风环流。气溶胶对东亚大气环流及其年代际变化有重要影响（Wang T J et al.，2015；Wang Y et al.，2015，2016；Yan et al.，2015；Dong et al.，2016；Li S et al.，2016；Tsai et al.，2016；Jiang Y et al.，2017；郭增元等，2017；王东东等，2017；Sun and Liu，2015，2016；Zhuang et al.，2018b；马肖琳等，2018）。气溶胶影响东亚夏季风环流的主要机制表现在：气溶胶的冷却效应减小了夏季陆海间的热力对比，抑制了东亚夏季风环流的发展，850hPa 出现与夏季风相反的水平风场异常。其在冬季的影响机制表现在：气溶胶减少了到达地表的短波辐射通量，引起了陆地地表和对流层低层降温、海平面气压升高，增加了海陆间气压梯度，使得东亚冬季风增强。吸收性气溶胶效应的影响刚好与之相反，其对夏季风环流起到促进和加强的作用，对东亚冬季风环流起到抑制和减弱的作用，但沉降至青藏高原的黑碳气溶胶颗粒引起冰雪反照率降低，从而造成东亚北部冬季风增强。自然和人为气溶胶共同作用造成东亚夏季风指数约减小 5%，且除我国东南部地区外，气溶胶使整个季风区的季风爆发时间推迟了 1 候左右（沈新勇等，2015）。将东亚夏季风对气溶胶强迫的快响应（对辐射、云、陆表的直接影响而造成的气候响应）和慢响应（全球表面温度变化特别是海表温度的变化而造成的气候响应）分解后，将发现与以往研究不同的机制（Wang J et al.，2017）。通过海洋的慢响应，气溶胶强迫改变了局地环流强度和对流层上层热力结构，其在季风环流的长期变化中起到了关键作用。局地气候变化不仅受局地气溶胶强迫的影响，还受到遥远区域气溶胶强迫引起的大气环流变化的影响。与此同时，非东亚局地气溶胶强迫对东亚夏季风系统影响的也十分重要。东亚地区气溶胶排放增加造成东亚夏季风减弱，且东亚以外地区气溶胶排放的增加也明显加剧了上述影响。局地和非局地气溶胶变化造成中国东部夏季降水发生相反的变化（Wang Q Y et al.，2017）。气溶胶在不同的气候背景下，与东亚季风的相互作用也存在一定的差异，弱季风年间气溶胶与东亚季风的相互作用较强年强，弱季风年气溶胶导致的季风减弱强度为 9.8%，是强年时的 2 倍多（4.4%）（Xie et al.，2016b；Zhuang et al.，2018b）。

4. 预估不同变化情景下气溶胶变化对未来气候的影响

随着国家对污染控制的加强，未来污染物（气溶胶）浓度下降显著改变了局地大气的热力、动力和水循环过程，从而加强了东亚夏季风和降水（Wang et al.，2016b）。与目前水平相比，预期的气溶胶减排将对气候系统施加一个额外的增暖作用，从而可能加剧温室气体增暖效应引起的全球极端气候的增加（Wang Y et al.，2016；Wang Q Y et al.，2017），到2050年，人为气溶胶中的细颗粒物浓度（指环境空气中空气动力学等效直径小于等于2.5μm的颗粒物，又称为$PM_{2.5}$）在RCP4.5和RCP8.5排放情景下均有所减少，造成全球平均近地面气温分别增加了1.25K和1.22K（Yang et al.，2020）。气溶胶减排造成的全球平均近地面气温每增暖1℃条件下极端降水的增加是温室气体强迫影响的2~4倍，尤其是在一些高污染区域，二者的差别可高达10倍；如果未来采用较低的温室气体排放路径，气溶胶强迫将对极端降水的增加起到关键作用（Wang Y et al.，2016；Lin et al.，2018）。

由于极端降水对温室气体和气溶胶强迫存在不同敏感度，当考虑温室气体和气溶胶污染物的协同变化或仅考虑温室气体的变化时，与全球温度较工业革命时期升高2.0K与升高1.5K相比，一些重污染区域极端降水增加的差别可高达几倍（Wang Q Y et al.，2017）。单独减少SO_2的排放将使得东亚地区夏季平均降水强度减少（Xie et al.，2016a）。在IPCC的RCP4.5排放情景下，2010~2100年总人为气溶胶排放减少将影响全球地表干旱程度（Zhao et al.，2017）。总人为气溶胶排放的减少会带来一个总体更加温暖的气候，并增加全球平均的降水量，同时更大限度地增加地表的潜在蒸发需求，从而造成全球总体地表干旱程度增加与全球总的干旱和半干旱地区面积扩张，尤其是在中亚、北非和澳大利亚地区。不过，2010~2100年总人为气溶胶排放减少可以缓解中国北方、美国西部和南亚干旱地区的干旱程度和干旱、半干旱地区面积。同时期人为气溶胶排放减少也将对东亚季风产生影响（Wang et al.，2016b）。2010~2100年，减排气溶胶将造成东亚季风区夏季近地面气温平均增加1.7K，从而增强东亚夏季海－陆热力对比。在东亚季风区，气溶胶减少使得夏季850hPa风场产生明显的西南和南风距平，且引起东亚副热带急流位置北移，这反映了东亚夏季风环流的增强。季风环流的增强将造成东亚季风区夏季平均降水约增加10%。

12.4 长期气候变化的归因

12.4.1 平均温度

IPCC AR5表明，20世纪中期以来，全球气候变暖一半以上是由人类活动造成的，这一结论的信度达95%以上。中国经历了比全球平均更快速的变暖，这对水资源、农业和生态系统等部门造成了显著影响。现有的研究表明，中国区域变暖的原因和全球一样，人类活动特别是温室气体排放是中国气候变暖的主要原因。

在过去的20年间，中国科学家利用全球和区域气候模式研究了中国变暖的原因。多数研究的共识是，20 世纪中国的变暖人为作用占了很大的一部分，并且人类活动的影响在 50 年代以来更加明显。在这些研究中，通过最优指纹法（optimal fingerprinting）定量化识别人为信号的方法被广泛使用。该方法通过最大化信噪比来增强气候变化信号特征，使之排除低频自然变率噪声干扰。最优指纹法可以用多元回归来实现，即把观测的气候变化 y 看作是外部气候强迫 X 的线性结合，再加上内部气候变化 u，即 $y=XA+u$。其中 y 是经过滤波的观测资料，其能够充分反映观测气候的时空变化，矩阵 X 包括对外部强迫响应模态，A 为对应这些模态的回归系数（或者比例因子），矢量 u 为内部气候变率。矩阵 X 的信号来自海气耦合模式（CGCM）、大气环流模式（AGCM）或简化气候模式如能量平衡模式（EBM）。拟合多元回归模式，需要估计自然内部变率。观测资料序列太短，而且还包括外强迫因子的影响，因此不适合用来计算内部变率。通常用海气耦合模式的模拟控制试验来表征内部气候变率，并进行残差一致性检测。当比例因子（scaling factor）的最佳估计值及其不确定性范围显著大于 0，同时模式通过残差一致性检验时，则外强迫因子对观测变量的影响可以检测到。如果比例因子的最优值接近 1，则表明模拟的响应与观测变化一致。

针对中国区域 20 世纪中期以来的快速变暖，近年来的研究表明，温室气体是引起中国气候变化的主要原因。利用均一化观测资料和国际耦合气候模式比较计划 CMIP5 的资料，Sun 等（2016a）通过最优指纹法分离了温室气体和人为气溶胶强迫等因子对中国区域变暖的影响。该研究将温室气体、气溶胶等外强迫和城市热岛效应纳入最优指纹法中，对观测的平均气温和不同强迫因子进行回归分析。结果表明（图 12-4），1961~2013 年观测到中国变暖 1.44℃（90% 信度范围为 1.22~1.66℃），引起这一变暖的主要贡献因子为温室气体等人类活动。人为和自然外强迫的联合贡献为 0.93℃（0.61~1.24℃），其解释了大部分的变暖；城市热岛效应的贡献约解释了变暖的 1/3，为 0.49℃（0.12~0.86℃）。在人为强迫里，包括二氧化碳等在内的温室气体增加了中国的气温，其贡献为 1.24℃（0.75~1.76℃），而其他包括气溶胶在内的人为因子主要是冷却作用，降温贡献为 0.43℃（0.24~0.63℃）。如果不考虑城市热岛效应的影响，人为强迫导致的变暖和观测到的全球平均陆地变暖相近，说明外强迫对中国增暖的贡献和全球其他陆地区域相近，城市热岛效应显著地加剧了温室气体等外强迫导致的变暖，需要更多的适应措施来应对不同因子的多重变暖。考虑 CMIP5 模式中不同的人为强迫因子（温室气体、气溶胶和土地利用变化）对中国区域年平均温度的长期变化进行归因，其他研究也得到了相似的结论，即温室气体的影响要大于其他人为强迫和自然外强迫的作用（Xu et al.，2015；Zhao et al.，2016），气溶胶的作用主要为明显的冷却效应（Zhao et al.，2016）。同时，当前研究对城市化效应的估计仍然具有一定的不确定性，不同研究采用不同方法估计的城市化效应存在差异（Yan et al.，2016），如利用卫星观测估计的一些地区的城市化效应仅占气候增暖趋势的 4%（Wang J et al.，2017）。一些研究发现，珠三角城市化对不同季节气温变化有显著影响，冬夏季节贡献率高于11.8%。这说明，未来需要对城市化热岛效应对中国气候变化的影响方面进行进一步的研究（吴子璇等，2019）。

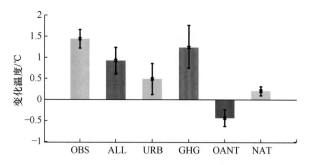

图 12-4 中国气温不同强迫因子的变暖贡献及其 5%~95% 的置信区间（Sun et al.，2016a）

OBS 为观测；ALL 为全强迫；URB 为城市热岛效应；GHG 为温室气体强迫；OANT 为包括气溶胶在内的其他人为强迫；
NAT 为自然强迫。下同

对于中国西部地区，使用中国区域均一化的观测资料和 CMIP5 模式资料对平均气温变化的检测归因分析表明，人类活动对气温变化的影响可以被清楚地检测到（Wang Y et al.，2018）。仅有自然强迫不能解释西部地区 20 世纪中期以来的长期增温变化。最优指纹法的定量分析显示（图 12-5），1958~2012 年平均气温变化中，全强迫和人类活动强迫可以被清晰地检测出来。双信号的检测分析表明，人类活动和自然强迫的信号可以被检测并彼此分离，从而进一步证实单信号检测的结果。通过观测约束的未来预估比传统多模式平均预估的增暖幅度要大。

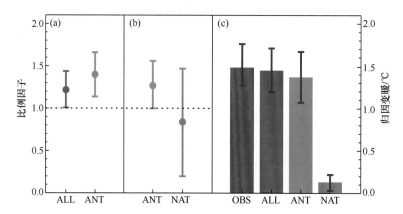

图 12-5 中国西部地区单信号（a）和双信号（ANT 和 NAT）检测归因的比例因子（b），以及不同强迫因子的归因变暖及其 5%~95% 的置信区间（c）（Wang Y et al.，2018）

另外，也有一些研究分析了其他强迫因子，如自然强迫 – 火山活动对中国气温变化的影响。研究表明，强火山爆发对过去千年全球和半球年平均温度的影响是显著的，可以使北半球平均温度下降约 0.3℃，持续时间可达 3~5 年（IPCC，2013）。在最近几十年的气候变化中，与热带东太平洋海温的变冷（Kosaka and Xie，2013）、大西洋多年代际振荡的负位相一起，中小规模火山活动被认为可能是影响过去 15 年全球变暖趋缓的原因之一（Santer et al.，2014）。在中国地区，火山喷发后中国冬季气温变化的分布主要依赖于喷发的纬度和季节（Sun D et al.，2019）。在 1~2 年尺度上，夏季热带火山喷发会导致中国东部冬季 0.4~1.6℃的增温，而冬季喷发会导致青藏高原增温。

　　基于上述的研究结果，我们可以做出如下评估：人类活动所产生的温室气体是中国地区快速变暖的首要影响因子（高信度），在中国西部，人类活动所产生的温室气体的贡献也是首要的因子（高信度）。

12.4.2　平均降水

　　中国平均降水变化的归因研究工作较少。这主要受到降水变化的不均匀性、自然变率噪声、资料质量和气候模式自身性能等因素的影响，较之温度变化的检测，对降水变化的检测一直是一个富有挑战性的问题。观测表明，近 60 年中国区域整体平均降水的趋势较弱，不同外强迫因子对中国区域降水长期非线性趋势的影响具有明显的区域差异，温室气体是 20 世纪 70 年代以后干旱半干旱区降水逐渐增加的主要贡献者，而气溶胶的主要影响使湿润半湿润区降水有较为明显的下降趋势，土地利用和自然因素外强迫也会造成降水呈减少趋势（Zhao et al.，2016）。但另一些研究发现，中国区域东部降水出现由小雨到强降水的趋势，而这种趋势中人为活动强迫有着重要的影响（Liu et al.，2015；Ma et al.，2017a）。Liu 等（2015）认为，全球变暖导致中国东部降水由小雨变成强降水。而 Ma 等（2017a）基于降水观测资料，结合 CMIP5 模式历史气候模拟分离强迫试验的集合模拟结果，并使用最优指纹法，研究发现，人类活动对近 50 年中国东部地区日降水量分布向更高日降水强度的偏移具有可检测和可归因的影响，并发现这是热力和动力共同作用的结果，其中人为气溶胶导致的地表冷却在一定程度上抵消了温室气体强迫导致的水汽输送的增强。而对于包含中国西北的中亚地区，基于"气候变率及可预测性研究计划"（CLIVAR）中"20 世纪气候变化检测归因"计划（C20C+ Detection and Attribution Project）的多集合分离强迫数值模拟试验数据，也能将夏季降水增加的趋势部分归因于人类活动的影响。该区域夏季降水显著增加了 20.78%，人为强迫对该区域近 50 年夏季降水的增加具有重要贡献，同时发现人为活动可以通过动力（即大气环流的变化）和热力作用（即伴随温度升高大气水汽含量的增加）令中亚夏季降水增加（Peng et al.，2018）。

　　围绕火山气溶胶对降水变化的影响，研究指出，强火山爆发导致东亚夏季风减弱、中国东部降水减少。火山气溶胶影响中国东部夏季降水主要通过两个方面：一是火山爆发导致海 - 陆热力对比减弱，东亚夏季风减弱，从热带海洋向东亚地区的水汽输送减弱；二是通过改变潜热通量，热带海洋上空的水汽减少，中国东部的水汽来源减少（Man and Zhou，2014；Man et al.，2014；Zhuo et al.，2014）。进一步研究发现，火山气溶胶会造成全球季风区降水减少，而位于季风区西侧和北侧的相邻干旱区降水增加。极端降水的变化表现为全球季风区连续干旱天数显著增多，连续湿润天数减少。与季风环流变化相联系的动力过程在降水响应中起着主导作用（Zuo et al.，2019a，2019b）。不同纬度喷发的强火山对东亚季风存在不同的作用，热带以及北半球喷发的火山都将在喷发后一到两年减少东亚季风降水，而南半球喷发的火山却增强东亚季风，其主要机制是通过南北半球温差增强东亚季风环流（Liu F et al.，2016；Zuo et al.，2019a）。火山喷发还通过激发厄尔尼诺的间接效应影响东亚季风。赤道以及北半球火山分别会在喷发后第一个以及第二个冬季激发厄尔尼诺，并在其后的衰减年增强江淮区域的降水（Gao C C and Gao Y J，2018；Liu et al.，2018a，2018b；Zuo et al.，2018）。对于城市化效应对降水的影响，最近也有研究者对其进行研究（Gu et al.，2019；Zhu et al.，2019），但是目前仍未有研究将其与其他主要人类活动贡献进行比较。

基于上述的研究结果，我们可以做出如下评估：中国区域降水长期变化的归因结果仍然存在差异和不确定性，人类活动对中国降水长期变化的影响仍然是低信度。

12.4.3 极端温度和极端降水

IPCC AR5 中人类对极端温度影响的证据进一步增强，其中指出人为影响很可能导致观测到的 20 世纪 50 年代以来日极端温度的频率和强度在全球范围内变化，并可能使一些地区热浪的概率加倍。在观测资料覆盖足以满足评估需求的陆地区域，人为强迫对 20 世纪 50 年代后期全球尺度的强降水增加有贡献。IPCC AR5 中对极端事件变化的归因，主要集中在人类活动作用的长期变化趋势的贡献方面，但是对于中国区域极端事件长期变化的研究，只有 Wen 等（2013）基于单一模式针对中国区域四个日极端指数的研究。该研究指出，人类活动对日极端温度包括最高温度最高值（TXx）、最高温度最低值（TXn）、最低温度最高值（TNx）和最低温度最低值（TNn）的影响可以被检测到，同时可以和自然强迫分离开来。

IPCC AR5 以来，中国科学家在极端事件归因研究领域取得了重大进展。从中国区域极端事件温度长期变化检测归因研究来看，利用不同的观测和模式资料，现有的研究发现人类活动对极端温度变化的各个方面产生了清晰的影响，在极端温度频率、强度和持续时间等方面的变化中都可以检测到人为因子的作用。极端暖事件的长期增加和冷事件的长期减少基本都与人类活动作用紧密相关。这些研究结果证实了人类活动很可能影响了中国极端温度事件变化。对于中国区域极端降水等极端事件长期变化的归因，一些研究发现人类活动对极端降水的影响可以分辨出来（Chen and Sun，2017；Li W et al.，2018）。而在亚洲地区，以频率指数定义的极端降水指数受人类活动作用的影响很大，在以中国区域为主体的亚洲中纬度地区能检测到人类活动信号（Dong et al.，2020）。但就目前这些研究来看，人类活动对中国区域极端降水是否产生清晰的影响仍然有不确定性，不同资料和方法得出的结论存在差异，结果一致性较低。

研究者系统地对亚洲和中国区域尺度极端温度各类指标，包括频率和强度等的变化规律进行了归因研究，从人为和自然外强迫的角度解释了这些变化的原因（Lu et al.，2016；Yin et al.，2017；Dong et al.，2018）。对中国区域以百分位定义的极端高温和逐年最高最低温度的变化做归因分析时，应用均一化数据和 CMIP5 数据，利用最优指纹法，发现人类活动对中国极端温度以及冷暖昼夜的频率有着明显的影响。对于日最低气温计算得出的暖夜和冷夜指数（TN90p 和 TN10p），以及由日最高气温计算得出的暖日和冷日指数（TX90p 和 TX10p）全强迫信号可以在这些指数的变化中检测出来，特别是暖日和冷日指数的模拟和观测结果吻合得很好。在双信号分析中人类活动和自然强迫的信号都可以被检测出来，并相互分离（图 12-6）。人类活动的影响可以解释极端温度频率变化超过 90% 的贡献，而自然外强迫的影响则很小（Lu et al.，2016）。TXx、

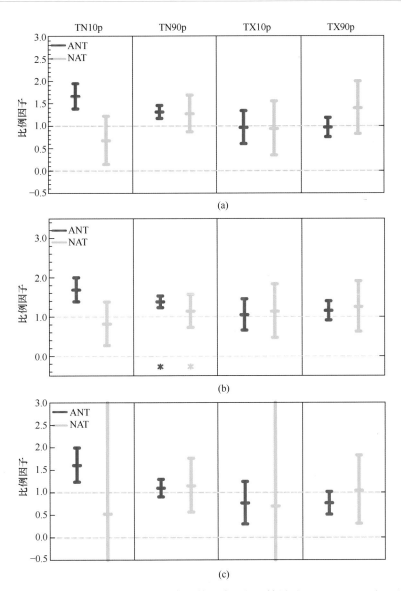

图 12-6　中国区域极端温度频率指数的检测归因结果（Lu et al., 2016）

（a）中国地区的人为强迫（ANT）和自然强迫（NAT）双信号分析，温度频率指数的比例因子及其 5%~95% 不确定性范围。
星号表示残差一致性检验失败。（b）和（c）中国西部和东部的检测归因结果

TXn、TNx 和 TNn 四个指数的趋势变化中均检测出了人类活动的影响（Yin et al., 2017），在双信号分析中，人类活动影响信号能够与自然强迫响应信号相区分，自然强迫信号只有在 TNx 指数变化中能被检测到（图 12-7），而人类活动信号影响同样能在中国东部和西部区域中被检测到。考虑中国在内的亚洲 15 个国家整合的新亚洲均一化的观测资料时，极端温度频率指数和强度指数在亚洲低纬度、中纬度和高纬度都表现出与增暖一致的趋势，基本表现为暖事件增加、冷事件减少这样的变化特征，高纬的变化要比低纬的变化明显。利用最优指纹法发现外强迫的信号可以在亚洲区域极端温度变化的大部分指数中检测到，人为和外强迫的影响可检测并分离，在相对较小的尺

度也可以检测到，但是自然变率的影响不明显（Dong et al.，2018）。

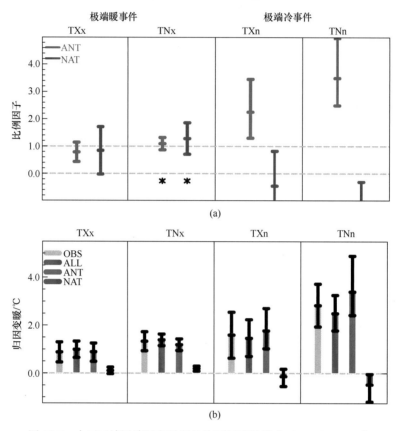

图 12-7 中国区域极端温度强度的检测归因结果（Yin et al.，2017）

（a）中国地区的 ANT-NAT 双信号分析，温度强度指数的比例因子及其 5%~95% 不确定性范围。* 表示没有通过残差一致性检验。（b）外强迫对极端温度强度影响归因的量化结果。四个极端温度指数的归因变暖及其 5%~95% 的置信区间

极端温度的阈值指数和持续性指数在中国同样也进行了检测归因研究（Wang J et al.，2018；Yin and Sun，2018；Lu et al.，2018）。使用 HadEX2 和中国站点观测资料进行最优指纹法分析后发现，极端温度阈值指数包括冰冻日数（ID）、热夜日数（TR）、霜冻日数（FD）和夏季日数（SU）的变化中，人类活动作用在中国区域是清晰和突出的（Yin and Sun，2018）。人类活动对 1960~2012 年中国东部四项极端温度阈值指数（FD、TR、ID 和 SU）的变化有明显影响，温室气体的变化可以使得这四项指数发生变化（Wang J et al.，2018）。在对中国区域的冷暖持续指数（WSDI 和 CSDI）进行归因后发现，中国区域人类活动作用对持续性极端温度指数的影响同样可以被检测到，而自然外强迫在中国不能被检测与分离出来。人类活动引起了更长的暖事件持续时间和更短的冷事件持续时间（Lu et al.，2018）。

这些证据都表明人为强迫改变了极端温度的强度、频率和持续时间。极端炎热的天气显然变得更热、更频繁、更持久，而极端寒冷的天气变冷了，不那么频繁而且更短暂。也有研究者单独从除温室气体外其他人为强迫的角度来分析人类活动对极端事

件长期变化的作用，发现对 1961~2008 年的城市热岛效应对中国逐日最低、最高气温的影响是显著的（Ren and Zhou，2014）。在快速发展的中国，城市化土地利用对极端气温变化有一定的影响。利用城乡对比方法在上海市区的极端高温变化中检测到明显的城市热岛效应（土地利用外强迫），估算出城市热岛效应对热浪趋势的贡献可达 1/3（Qian，2016）。人为活动作用和城市化信号在夜间极端温度上可以清楚地被检测到并可以彼此分离出来。城市热岛效应的影响可以解释观测到冷夜和暖夜的变化贡献的1/3，而在昼间极端事件下城市化信号却很弱。人为变化在 20 世纪 90 年代观测到极端冷事件和暖事件的年代际变化中起到了明显作用。温室效应增强，晴空长波辐射增加，使得中国的 TXx、TNx、TXn 和 TNn 升高，SU 和 TR 的频率升高，ID 和 FD 的频率降低，其在中国极端冷事件和暖事件的变化中起到主导作用。

中国区域尺度极端降水的归因仍然是一项挑战，主要是因为极端降水的趋势较弱，内部变率大，同时模式对极端降水的模拟仍然存在问题。由于亚洲观测极端降水资料的覆盖度和一致性问题，因此很难评估 CMIP5 模式是否能够准确地再现极端降水空间分布及其变化，观测数据中改善数据覆盖范围对于理解亚洲及中国降水极端变化具有重要意义。不同的观测资料数据集和 CMIP5 模式存在一定差异，特别是亚洲低纬度区和强度指数上差异更大（Dong and Sun，2018）。在 1 日最大降水量（RX1day）中也可以检测到与温室气体相关的强迫的影响，但其影响不能与在双信号分析中排除温室气体强迫的强迫组合的影响分开。利用 CMIP5 模式，采用最优指纹法归因，发现人类活动加剧了中国近几十年来的日降水极值，超过 99.9% 的降水量中可归因于人类活动的贡献约为 13%（Chen and Sun，2017）。而利用非平稳广义极值分布，结合显著性检验的新方法，对中国区域计算降水问题进行了研究。在中国整体区域上，1961~2012 年观测降水序列中尚无法检测到极端降水变化的显著趋势，也无法检测到人类活动对极端降水趋势的显著影响（Li W et al.，2018）。基于 CMIP5 模式的 RCP8.5 情景的 20 个模式模拟结果发现，到 2035 年左右所有模式中都可以检测到极端降水变化趋势中的人类活动信号，且极端降水事件发生的风险显著增大，历史时期 20 年和 100 年一遇的极端降水事件分别变为 15 年和 63 年一遇，中国西部地区受人类活动的影响尤为显著（图12-8）。在中国东南沿海地区上，气候自然变率极端降水的平均态的影响更大。而人类活动对极端降水变化的影响更大，并且人类活动在 1986~2012 年对极端降水变化的影响要比在 1960~1985 年更大（Gao L et al.，2018）。基于包括中国在内的 15 个亚洲国家观测数据集，使用最佳指纹法研究了 1958~2012 年亚洲中高纬度地区 6 个极端降水指数，发现整个亚洲中高纬度地区这些极端指数在 5% 显著性水平或略低于 5% 的水平可以检测到人为强迫的作用，而这些指数中没有一个可以检测到自然强迫的影响。而在较小的次区域（即亚洲中纬度和高纬度地区），一些频率指数仍可以检测到人类影响对极端事件的作用（Dong et al.，2020）。

人为气溶胶强迫会对极端降水变化和空间分布产生一定的影响。大气模式（CAM5.3）模拟发现，在中国东部，人为气溶胶的作用导致 20 世纪 50 年代以来观测中大部分小雨急剧增加。在温室气体引起的气候变暖的情况下，增强的上升运动主要导致小雨频率的降低与热带地区的中等和强降水频率的增加，但温室气体强迫导致中国东部的上升运动没有显著变化（Wang Y et al.，2016）。气溶胶强迫将会导致中国华北和华南区域极端降水空间分布的变化，而 CMIP5 模式中温室气体强迫和自然变率无法解释这两个区域极端降水趋势的变化，带有气溶胶强迫的模式能够更好地模拟出两个区域的增加趋势（Lin et al.，2018）。

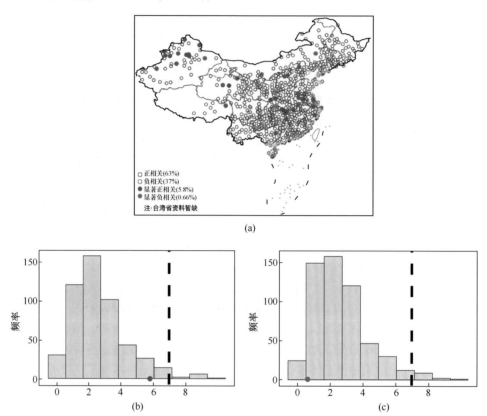

图 12-8　中国区域极端降水变化受人类活动影响的空间分布图（a），与全球地表气温存在显著正相关（b）和负相关（c）的站点百分比（Li W et al.，2018）

直方图是基于 500 次自取法得到的站点百分比，虚线表示随机分布的 95% 分位数；（b）中蓝点表示原始非置换数据集的结果，（c）中红点表示原始非置换数据集的结果

基于上述的研究结果，我们可以做出如下评估：温室气体等人类活动使得中国区域极端暖事件发生更为频繁、强度更强、持续时间更长；而极端冷事件发生频率减少、强度减弱、持续时间缩短（高信度）。但对于极端降水长期变化来说，人类活动对降水变化的影响仍然是低信度的。

12.4.4　环流变化

关于中国区域环流变化的外强迫原因也有一些新的研究。环流系统的变化以及变率的模态对于区域气候及其变率是至关重要的，因为环流的变化可以加强或抵消外强迫对局地的影响（Zhai et al.，2018）。CMIP5 模式模拟证明了增加温室气体和平流层臭氧消耗是使 Hadley 环流变宽的主要辐射强迫因子。辐射强迫改变大气热结构，导致极向撤退和温带斜压漩涡减弱。因此，它导致 Hadley 环流向极地扩大。CMIP5 模式历史模拟和未来预估模拟都证明了全球变暖下的 Hadley 环流变弱（Hu et al.，2018）。中国学者关注东亚夏季风的减弱问题。最近，中国学者利用 17 个 CMIP5 模式的分离强迫试验发现，全强迫（人为和自然强迫）试验中出现东亚夏季风低层环流的减弱现象，且这种减弱现象主要是由气溶胶强迫所致。由于中国东部在 20 世纪后半叶污染逐步严重，气溶胶的致冷效应使得中国东部成为变冷中心，减弱了海陆温差和季风环流。但是，外强迫只占到东亚夏季风年代际减弱的 25.6% 左右，这意味着气候系统的内部变率可能是东亚夏季风年代际变化的主导因素。这对理解东亚夏季风的年代际变化机制有重要意义（Song et al.，2014）。东亚夏季风强度及中国东部夏季降水的变化趋势并不明显，与升温之间的关系也仍不清楚，且与自然因子相比，东亚夏季风气候受人类活动的影响程度仍有较大争议（Zhang，2015）。从东亚夏季风影响下对中国东部的降水变化进行了人类活动影响的分析来看，人类活动引起的气候变化已导致过去 65 年来总的季风降水整体减少、干旱天数增加（Burke and Stott，2017）。

基于上述的研究结果，我们可以做出如下评估：目前对环流变化的归因研究仍然不足，研究结论之间还存在差异，对中国地区环流变化的归因研究仍然是低信度。

12.5　重大极端事件的归因

极端天气气候事件（简称极端事件）是指天气和气候的状态严重偏离其平均态，在统计意义上属于小概率事件，它可表征特定范围（单站点或某个区域）和不同时间尺度（日、月或年等）的某种极端天气气候现象。虽然极端事件的发生频率比较低，但却会给自然环境和人类社会带来较大的影响，是全球受关注度最高、影响最为巨大的自然灾害之一。统计资料表明，全球气候变化及相关的极端事件所造成的经济损失在过去 40 年平均上升了 10 倍，仅在中国由极端事件而引发的气象灾害就占整个自然灾害的 70% 以上。世界经济论坛（World Economic Forum，WEF）从 2006 年起，每年发布一份全球风险报告，其中 2017~2019 年连续三年将极端天气事件列为全球最高可能性风险因素。

极端事件有多种定义方法，如 Easterling 等（2000）指出极端事件可以从三个方面进行定义：①基于简单的气候统计来定义，如极端温度和极端降水量等；②从天气气候事件的发生与否来定义，如干旱和飓风等；③从天气气候事件对社会所造成的影响大小来判定。Beniston 等（2007）给出 3 个标准可以概括极端事件的基本特征：①事件具有相对较低的发生频率；②事件的强度值相对较大或者较小；③事件能导致严重的社会经济损失。在诸多极端事件中，重大极端事件主要指（参照《突发公共卫生事件分级标准》）：①暴雨、冰雹、龙卷风、大雪、寒潮、沙尘暴、大风和台风等造成 10 人以上、30 人以下死亡，或 1000 万元以上、5000 万元以下经济损失的气象灾害；②对社会、经济及群众生产生活造成严重影响的高温、热浪、干热风、干旱、大雾、低温、霜冻、雷电、下击暴流、雪崩等气象灾害；③各种气象原因，造成国家高速公路网线路连续封闭 12h 以上的。

关于极端事件的归因，是在给定的统计信度上评估多个因素对某一极端事件相对贡献的过程，其主导思想是利用不同工具，分辨各种因子对极端事件的作用，然后给出影响明显的因子（孙颖等，2013）。这些因子包括人为强迫因子（如工业排放导致的大气温室气体浓度增加和气溶胶变化、大规模土地利用）和自然强迫因子（如火山活动、太阳变率）（胡婷和胡永云，2014）。目前极端事件归因采用的方法可以分为以下两类：第一，依靠观测记录来确定事件的发生频率或强度的变化情况；第二，利用模型模拟，比较在有/无气候变化情况下极端事件的区别。大多数研究同时使用观测和模型两种方法。

极端事件已成为全球变化背景下气象和气候科学研究中的重点和热点（翟盘茂和刘静，2012）。在全球变暖影响下，各类重大极端事件发生的强度或频率可能发生显著变化，对经济、社会、生命安全和生态环境系统等诸多方面造成了巨大影响（Zhang Q et al.，2012），为此，重大极端事件的归因研究已经成为服务人类发展的重要研究方向。目前，国内相关学者围绕近年来中国区域的高温热浪、低温寒潮、强降水和极端干旱事件等一系列重大极端事件展开了大量研究，并取得了一系列成果。通过 Web of Science 数据库和中国知网数据库，对 2012 年以来的重大极端事件归因分析进行归纳与总结（表 12-6）。这些结果是气候风险分析的基础，在一定程度上可以作为未来可能变化的指示器，可以为决定是否采取以及采取何种减缓和适应措施提供重要的参考依据（苏布达等，2014）。

表 12-6　近年来中国区域极端事件归因

极端事件	时间	地区	极端性	数据及归因方法	结果小结	参考文献
高温热浪	2013 年夏季	中国中东部地区	1951 年以来最严重的高温事件	观测+CMIP5 模式+FAR 分析	人为气候变化使得发生此类事件的风险大大增加	Sun et al.，2014；Ma et al.，2017b
	2014 年春季	中国北方地区	20 世纪 50 年代末以来中国北方第三个最温暖的春天	观测+CMIP5 模式＋最优指纹法分析	人类活动使发生诸如此类高温事件的可能性约增加了 11 倍	Song et al.，2015
	2015 年 7 月	新疆	28 个县打破最高温历史纪录	观测+CMIP5 模式＋最优指纹法分析	人为气候变暖对此次事件的贡献约为 68%	Miao et al.，2016
	2015 年 6~8 月	中国西部地区	日最高温和日最低温的年最大值纪录	观测+CMIP5 模式＋最优指纹法+FAR 分析	人为气候变化使得此次日最高温和日最低温极值事件的发生概率分别增加了 3 倍和 42 倍	Sun et al.，2016b
	2017 年 7 月	中国中东部地区	部分站点打破了 7 月的高温纪录	观测+CMIP5 模式＋区域气候模式+FAR 分析	人为因素将使此类事件的发生概率增加 4.8 倍	Sparrow et al.，2018；Chen et al.，2019
	2017 年 7 月	长江三角洲	徐家汇观测站观测到 40.9℃的高温，打破 145 年的纪录	观测+CMIP5 模式＋再分析资料+FAR 分析	此次热浪事件 23% 归因于全球变暖，32% 归因于西太平副热带高压，58% 归因于城市热岛效应	Zhou et al.，2019

极端事件	时间	地区	极端性	数据及归因方法	结果小结	参考文献
低温寒潮	2015 年 12 月~2016 年 2 月	全国	全国多个观测站最低温度的纪录被打破	观测 +CMIP5 模式 + 最优指纹法 +FAR 分析	如果没有人为变暖的影响，2016 年 1 月 21~25 日东部地区超级寒潮强度将更加强烈	Sun et al.，2018
	2016 年 1 月	中国东部地区	东部区域平均的最低气温为 1960 年以来同期最低年份	观测 +HadGEM3 模式 +FAR 分析	人为影响使冬季最冷时段内类似极端冷事件的发生概率减少了 2/3	Qian et al.，2018
极端强降水	2012 年 7 月	中国华北地区	11 个观测站的观测值打破了历史纪录	观测 +CMIP5+ 再分析资料 +FAR 分析	无法确定人为气候变化在此极端强降雨事件中起的作用	Zhou et al.，2013
	2015 年汛期	中国华南地区	降水总量比 1971~2000 年平均水平高出 50% 以上	观测 +HadGEM3 模式 +FAR 分析	人为气候变化使得中国东南部地区发生类似此次强降水的概率增加了 20% 以上	Burke et al.，2016
	2016 年 6~7 月	长江中下游地区	超过 3100 万人受灾	观测 +CMIP5 模式 +FAR 分析	人为气候变暖对此次事件的贡献约为 35%	Sun and Miao，2018 Yuan et al.，2018
	2017 年 6 月	中国东南地区	总降水量打破 1961 年以来的最高纪录	观测 +CanESM2 模式 +FAR 分析	人为影响下此类极端强降水事件的发生概率增加了 2 倍	Sun Y et al.，2019b
干旱事件	2014 年夏	中国华北地区	部分省份的干旱程度甚至创下了近 60 年之最	观测 + 再分析资料 + 遥相关分析	由太平洋海温异常、北极海冰异常以及欧洲温度异常综合导致	Wang and He，2015
	2015 年夏、秋	中国华北、西北、西南等地区	受灾人数众多，经济损失严重	观测 + 再分析资料 + 海气交互作用分析	与 2015 年超强厄尔尼诺现象有关	王闪闪等，2016
	2017 年 3~7 月	中国东北地区	有记录以来第三个最温暖的年份	观测 +CMIP5 模式 + 再分析资料 +FAR 分析	由于人为气候变化，发生此类极端高温事件的概率约增加了 30%，发生此类干旱事件的可能性约增加了 75%，极端高温和干旱的并发事件的风险在近 30 年增加了 28%	Wang et al.，2019

12.5.1　高温热浪与低温寒潮

2013 年中国东部遭遇了有记录以来最热的夏季。严重的持续热浪影响了中国人口最稠密、经济最发达的地区，造成了巨大的经济损失和社会影响。特别是在长江流域，平均热浪日（日最高气温达到 35℃或以上）数达到了历史最高的 31 日，是 1955~1984 年长期平均值的两倍以上，影响了 9 个省 5 亿多人口。估计仅同期干旱的直接经济损失总数就达到 590 亿元。利用观测站点资料和 CMIP5 模式输出结果研究发现，自从 20

世纪 50 年代建立可靠观测以来，中国东部夏季的平均温度上升了 0.82℃，其中最热的 5 个夏季均发生在 21 世纪。过去 60 多年中国东部观测记录中最热的 5 个夏季均发生在 2000 年之后。归因分析的结果表明，人类活动排放的温室气体的增多是中国东部夏季极端高温事件出现频率增加的主要原因。人类活动使得 21 世纪出现连续极热夏季的概率和类似 2013 年夏季这样长时间热浪的概率有了很大的增加（Sun et al.，2014）。未来无论在怎样的排放情景假设下，这样的夏季极端高温事件在未来出现的概率都会大大增加。到 2024 年，至少有 50% 的夏季会像 2013 年一样热。使用两步归因的方法对有无人类活动影响下这类高温事件发生的概率变化的分析表明，中国东部 2013 年夏季的高温比 1955~1984 年的平均值高出了 1.1℃，其中 0.8℃ 是由气温的长期上升趋势所引起的，而另外的 0.3℃ 是气温的年际变率引起的。而这一 0.8℃ 的增温可以归因于人类活动的影响。随后 Ma 等（2017b）利用来自 756 个站点的 1951~2014 年的日最高温和月平均气度数据，国际气候变化和可预测性项目中 20 世纪检测与归因项目的 CAM5.1 和 MIROC5 模式，以及 17 个 CMIP5 模式在人为强迫和自然强迫的模拟结果，针对 7~8 月的高温事件计算风险指数（risk ratio，RR）和分步归因风险（fraction of attributable risk，FAR），以分析人为气候变化的影响。结果表明，人为气候变化使得发生此类事件的风险显著增加。这些研究结果在当研究时段和研究区域不同时，使用不同的气候模式，包括海气耦合模式和大气环流模式，但会因为研究对象和方法的不同而存在不同的研究结论。

2014 年春季是自 20 世纪 50 年代末以来中国北方第三个最温暖的春天。5 月下旬，中国北方地区有 12 个站点日观测到的日最高气温打破了历史纪录，许多地区超过 40℃。此次高温事件对农业和其他重要部门产生了严重影响。因此，人为气候变化是否会导致这种异常高温的发生，引发人们的极大关注。Song 等（2015）利用 2419 个站点在 1951~2014 年的日气温观测数据，以及 CMIP5 模式模拟数据，应用最优指纹法对此次高温事件进行归因分析，定量计算自然变率和人为强迫对此次高温事件的影响。结果表明，2014 年春季气温比 1961~1990 年平均值高 2.2℃，其中增加的 0.2℃ 可能是由于城市化的影响，增加的 1.5℃ 可能是由于外强迫的影响。人类活动使发生诸如 2014 年高温事件的可能性约增加了 11 倍。

2015 年 7 月，中国西北地区，尤其是新疆，遭遇破纪录极端热浪事件。新疆 55 个县的日最高温超过 40℃，28 个县的日最高温打破历史纪录。在吐鲁番，日最高温高达 47.7℃。热浪对农业和人类健康造成极大的影响。Miao 等（2016）利用新疆地区 53 个站点 1961~2015 年的日最高温数据以及 10 个 CMIP5 模式数据，利用最优指纹法等多种统计方法，分析人为气候变化和气候系统内部变率对此次极端高温的影响，结果表明，2015 年该地区最高温是有记录以来最高的，高于基准期 2.87℃，重现期为 166 年一遇。同时考虑此次事件的强度和持续时间，事件的重现期是 200 年一遇。人为气候变暖对此次极端事件的贡献约为 68%。2015 年夏季（6~8 月）是中国西部（105°E 以西）最热的年份，打破了该区域夏季日均温、日最高温和日最低温度的年最大值（TXx 和 TNx）纪录。在 2015 年 6 月 12 日~8 月 10 日，日最高温超过 38℃ 的面积约为 753000km^2。持久的极端高温事件对农业和其他部门产生了严重影响，导致玉米、小麦和果树等不同作物受到严重的损害。Sun 等（2016b）利用中国西部 492 个站点 1958~2015 年的日气温观测数据以及 CMIP5 模式在不同强迫实验（人为强迫和自然强迫）的数据，分别计算 TXx 和 TNx，利用最优指纹法和 FAR 对此次事件进行归因分析。结果表明，2015 年破纪录的夏季气温是气候系统自然内部变化与人类温室气体排放相结合的结果。自然内部变率可能与异常反气旋有关，从而导致中国西北地区异常高温。人为气候变化很可能使得发生类似于此次夏季极端气温事件的概率增加，TXx 和 TNx 分别增加了至少 3 倍和 42 倍（图 12-9）。

2015 年 12 月 ~2016 年 2 月冬季的超级寒潮席卷全国，带来强风和大幅度的突然降温。在寒潮期间，全国 80% 以上地区的气温下降 6℃，有超过 95% 的地区经历了寒冷的冬季。中国最南端省份之一广州，自气象观测站成立以来遭受首次降雪。寒潮带来的极端天气，如大雪、冻雨和霜冻，对运输和输电系统以及农业和人类健康造成了重大影响。相关部分统计，有超过 10 亿人遭受了此次寒潮的影响。Sun 等（2018）利用来自国家气象信息中心的日最低温格点数据和 16 个 CMIP5 模式的 62 个成员数据，应用最优指纹法和风险指数归因人为气候变化对此次事件的影响。结果表明，中国东部地区冬季寒潮的幅度并未增加，且因人为影响而减少。如果没有人为变暖的影响，2016 年 1 月 21~25 日东部地区超级寒潮强度将更加强烈。人为气候变化的影响可以使类似于 2015/2016 年寒潮事件的发生概率大大降低。然而，结果也可能因所选的模式不同而不同，信号估计的不确定性随着模拟次数的减少而变得增大。

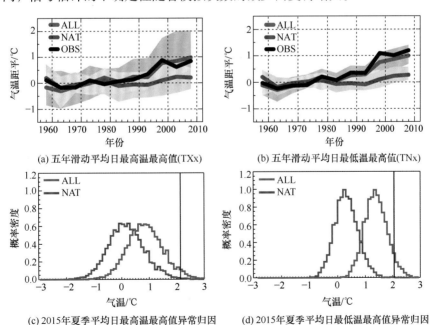

(a) 五年滑动平均日最高温最高值(TXx) (b) 五年滑动平均日最低温最高值(TNx)

(c) 2015年夏季平均日最高温最高值异常归因 (d) 2015年夏季平均日最低温最高值异常归因

图 12-9 全球气候模式模拟中国西北地区温度极值的能力及 2015 年夏季异常高温归因 ALL，全强迫模拟；NAT，自然强迫模拟；OBS，观测数据（Sun et al.，2016b）

　　在此基础上，Qian 等（2018）围绕中国东部地区（20°~44°N，100°~124°E），利用 744 个高质量的台站 1960~2016 年观测数据和英国气象局哈德来中心的数值模式（HadGEM3-GA6），在有和没有人为影响下进行大量模拟实验，分析这次极端冷事件中人为因素的作用，研究发现，这次极端冷事件是发生在冬季变暖趋势中，并且 2015/2016 年还是历史上最暖冬季的背景下；人为影响使冬季最冷时段内发生类似 2016 年"霸王级"强度极端冷事件的概率大幅减少（约减少了 2/3）[图 12-10（b）]。

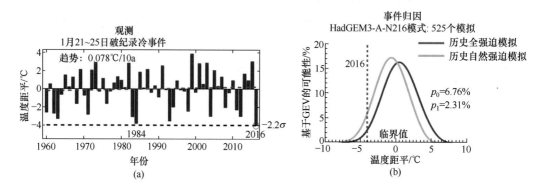

图 12-10　区域平均最低气温距平（a）；有、无人为影响下模拟的 2016 年最冷时段最低气温距平分布（b）（Qian et al.，2018）

　　2017 年 7 月，中国中东部地区发生了前所未有的热浪，部分气象站点打破了 7 月的高温观测纪录，导致人类发病率 / 死亡率急剧上升、电力和供水严重不足。Sparrow 等（2018）和 Chen 等（2019）利用来自 700 多个站点 1960~2017 年日最高温数据、英国气象局哈德来中心的 HadGEM3-GA6 模式结果和区域气候模式系统团队等自发创建 Weather@Home 系统中 HadAM3P 的模拟结果，来计算风险指数 RR。结果表明，由于人为变暖和 2017 年海温的影响，发生此类事件的风险提高了 10 倍，可能变为 5 年一遇事件（Chen et al.，2019），而人为因素将此类事件发生的概率增加 4.8 倍。随着地球一直在变暖，预计未来类似案例的风险指数会更高。

　　2017 年 7 月 11~28 日，长三角经历了创纪录的热浪。极端热浪造成 4 人死亡，许多老人和儿童中暑。徐家汇观测站观测到 40.9℃的高温，打破 145 年纪录。Zhou 等（2019）利用 1961~2017 年 2400 多个站点的日最高温数据，计算热浪指数，利用 4 个农村站点，分析城市热岛效应的影响，利用再分析数据（NOAA CIRES Twentieth Century Reanalysis 和 NCEP-R1），分析西太平洋副热带高压的影响；同时利用 CMIP5 模式模拟结果，计算风险指数和 FAR 值，分析人为气候变化的影响。结果表明，2017 年长三角热浪事件 23% 归因于全球变暖，32% 归因于西太平副热带高压，58% 归因于城市热岛效应。

12.5.2 极端强降水与干旱事件

2012 年的夏天中国华北地区遭遇极端强降水。以北京为例，7 月 21~22 日，北京平均总降水量达 190.3mm，降水事件中心为 460.0mm，北京城内 11 个观测站的观测值打破了历史纪录。极端强降水事件导致北京受灾人口约 190 万人，死亡 77 人，直接经济损失超过 100 亿元。Zhou 等（2013）利用 1951~2012 年地面观测站数据、NCEP/NCA 再分析数据和 39 个 CMIP5 模式数据，分析了此次极端强降水与夏季风、太平洋年代际涛动和气候变化的影响。结果表明，尽管 2012 年中国北方洪水造成的破坏很大，但对比过去 62 年来的降水量并不是前所未有的。自 20 世纪 70 年代后期以来，夏季总降水量明显减少，但华北地区单一事件的降雨强度增加，与东亚夏季风的减弱相关，部分原因可能是太平洋年代际涛动的相变。由于 CMIP5 模式无法准确模拟中国这一地区的观测结果，无法确定人为气候变化在 2012 年 7 月 21~22 日降雨事件中起的作用。

2014 年夏季，我国华北地区遭受严重干旱，部分省份的干旱程度甚至创下了近 60 年之最。Wang 和 He（2015）通过系统分析大气环流特征、海温和海冰的强迫作用，深入探讨了形成 2014 年华北干旱的物理成因。研究结果表明，此时华北干旱事件是由太平洋海温异常、北极海冰异常以及欧洲温度异常综合导致的。太平洋北部、暖池异常偏暖的海温所引起的太平洋 – 日本遥相关波列使得副热带高压位置偏南，东亚夏季风偏弱。此外，异常强的欧亚遥相关波列由北极海冰异常所激发；而丝绸之路遥相关则与欧洲大陆、里海夏季温度异常偏高有关。

2015 年，中国华南前汛期（定义为：广东、广西 3 月 1 日起，福建、海南 4 月 1 日起首次出现日降水量 ≥ 38mm 的时间）从 5 月初开始，比正常时间晚了一个月，雨带建成后，降雨强度前所未有，南部一些省份的降水总量比 1971~2000 年平均水平高出 50% 以上。一系列的暴雨导致许多城市遭受严重洪灾，以及严重的生命损失。Burke 等（2016）利用国家气候中心提供的 2419 个日降水数据和英国气象局哈德来中心的 HadGEM3-A-based 归因系统中 15 个集合成员在人为强迫和自然强迫实验下的结果，应用 FAR 估计人为气候变化对此区域极端降水事件概率的影响。结果表明，在 5 月，人为气候变化使得中国东南部地区发生类似此次强降水的概率增加，人为气候变化使得华南部分地区发生此类强度降水的可能性增加了 20% 以上。

2015 年夏、秋两季，我国华北、黄淮、西北地区东部、内蒙古、东北大部以及西南地区发生严重干旱。其中，北方旱区旱情主要发生在 7 月中旬到 10 月，此次旱灾共造成内蒙古 360.8 万人受灾，农作物受灾面积 195.6 × 10⁴hm²，直接经济损失 64.5 亿元；辽宁有 289.8 万人受灾，农作物受灾面积 81.5 × 10⁴hm²，直接经济损失 23.3 亿元；西南旱情主要发生在夏季，以云南为例，此次干旱至少导致云南全省 480.6 万人受灾，农作物受灾面积 49.9 × 10⁴hm²，造成直接经济损失 22.6 亿元以上。王闪闪等（2016）从大气环流异常、海气交互作用等方面分析了北方旱区和西南旱区旱情的原因。研究结果发现，2015年受超强厄尔尼诺现象影响，东亚－西北太平洋大气环流发生异常：5月、6月，高纬地区西风带相比气候平均振幅的波动较大，表现为经向环流型，东亚大槽偏东，我国北方位于槽后地区，盛行西北风；7月、8月，西太平洋副热带高压位置偏东，西南暖湿气流无法到达北方，导致我国北方连续多月降水偏小，干旱严重。而在西南地区，气压表现为大范围的正距平，从而导致西南涡减弱和高原地区的反气旋高压增强，造成干旱。

2016年6~7月，中国江淮地区，尤其是长江中下游地区遭遇特大暴雨。强降雨而引发的洪涝、风雹、滑坡、泥石流等灾害已造成多个省市3100.8万人受灾，其中以安徽和湖北两省受灾最为严重。Sun和Miao（2018）与Yuan等（2018）利用观测数据计算2016年6~7月发生的极端降水天数（日降水量≥20mm；R20mm）、最大5天降水量（RX5day）、最大十天降水量（RX10day），结果发现，相比于基准期，2016年的RX5day和R20mm分别增加了45.1%和47.9%。在此基础上，利用CMIP5模式和FAR，分析人为气候变化和自然变率对此次事件的影响。研究结果表明，人为气候变暖对此次事件的贡献约为35%，同时厄尔尼诺事件的发生会使得江淮地区发生极端降水事件的风险增大。

2017年3~7月，中国东北地区经历了长时间的高温干旱天气。这一高温干旱事件同时影响了$7.4 \times 10^5 km^2$的农作物和牧草，尤其是锡林郭勒和呼伦贝尔草原，造成直接经济损失约700亿元。Wang等（2019）利用839个站点的1951~2017年气温和降水观测数据、CMIP5模式数据和ERA-Interim再分析数据，计算FAR值，并分析人为气候变化对此次事件的影响。结果表明，由于人为气候变化，2017年中国东北极端高温的可能性约增加了30%，干旱事件的可能性约增加了75%，高温和干旱的极端事件的并发事件的风险在最近30年期间增加了28%（图12-11）。并且，2017年夏季持续的春夏高温和极端干旱与贝加尔湖高压有关，在气候变暖的情况下，此类贝加尔湖高压异常的发生概率增加了1倍。

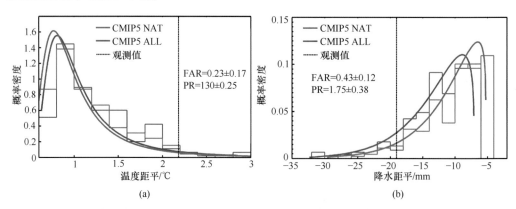

图12-11　CMIP5模式模拟不同强迫下中国东北地区3~7月极端高温均值（a）和极端降水均值（b）概率密度分布（Wang et al., 2019）

图中黑色虚线为2017年观测值

　　2017 年 6 月，中国东南地区经历了高强度且持续时间长的降水，总降水量打破自 1961 年以来的最高纪录，比该地区 6 月的 1961~1990 年平均水平约高 60%。此次极端强降雨影响了湖南 1223.8 万人，其中死亡或失踪 83 人，直接经济损失 381.5 亿元。Sun D 等（2019）利用 1961~2017 年降水日值数据，以及加拿大 CanESM2 模式的 50 个成员在人为强迫和自然强迫实验下的模拟数据，计算 FAR。结果表明，人为影响增加了 2 倍此类事件的发生概率，此外模型结果显示，随着未来持续变暖，区域平均降水将会增加，并且类似的极端事件概率将逐渐增加。

　　2012~2018 年，高温热浪、低温寒潮、强降水和干旱等极端事件频发，国内专家学者对此展开了一系列研究。其中，在极端事件研究方面，2012~2018 年我国发生的高温热浪事件较其他极端事件更为严重，为此国内外学者对高温热浪事件的归因研究最多。在研究方法上，对于高温热浪、低温寒潮和强降水事件，现有的研究主要是基于观测数据与全球气候模式数据，采用最优指纹法、RR 和 FAR 进行定量归因研究，部分研究还引入了再分析资料与区域气候模式数据；而对于极端干旱事件，现有的研究除量化人为强迫影响外，还考虑了大气环流特征、海温和海冰的强迫作用来分析造成极端干旱的原因。在归因结果方面，2012~2018 年重大极端事件的发生时间、影响区域以及极端事件形态不同，呈现归因结果的差异化，但其整体上均不同程度地检测到人为强迫对极端事件的影响。其中，人为强迫对高温热浪、低温寒潮的影响最为明显，而对于极端强降水事件有一定不确定性，对于极端干旱事件，除人为影响外，还受到海温、海冰等因素影响。

名词解释

　　辐射强迫：指在地球气候系统辐射能量收支平衡中外部强加的扰动，通常用对流层或者大气层顶净辐射通量的变化表示，单位为：W/m^2。

　　有效辐射强迫：指外部因子扰动地气系统后，在全球平均地表温度或者部分地面情况保持不变的情况下，允许大气温度、水汽和云调整时，大气层顶净辐射通量的变化，单位为：W/m^2。

　　检测与归因（detection and attribution）：检测是指揭示气候或被气候影响的系统是否已经发生变化的过程，而不解释这种变化的原因。归因是指评估气候系统多种外强迫影响对这种变化的相对贡献的过程。

　　外强迫（external forcing）：指在气候系统之外引起气候系统变化的强迫因素。火山爆发、太阳变化、人为改变大气成分以及土地利用变化都属于外强迫。

　　指纹（fingerprint）：在某种强迫作用下出现的空间和（或）时间上的气候响应形态，通常称为指纹。指纹用于检测观测结果中含有的响应，并且一般利用强迫条件下的气候模式模拟结果进行估算。

知识窗

气溶胶粒子是指悬浮在大气中的直径为 0.001~100μm 的固体和液体微粒。根据化学组成，大气中的气溶胶主要包括硫酸盐气溶胶、含碳气溶胶（黑碳和有机碳）、硝酸盐气溶胶、海盐气溶胶以及沙尘气溶胶等。

气溶胶影响气候的方式主要有四种：第一种是直接吸收或 / 和散射长 / 短波辐射，扰动地 – 气系统的能量收支；第二种是作为云凝结核或冰核，改变云的微物理和辐射性质以及云的生命时间，间接影响地 – 气系统的能量收支；第三种是吸收性气溶胶（黑碳）吸收太阳辐射，加热大气层，导致云滴蒸发、云量减少；第四种是大气中的吸收性气溶胶通过大气环流过程进行远距离传输，沉降到雪和冰的表面，从而降低雪和冰的反照率，增强其对太阳辐射的吸收，加速雪和冰的融化（图 12-12）。

图 12-12　气溶胶影响气候的方式

常见问题

1. 减排气溶胶会使全球变暖吗？

减排气溶胶主要是指减排人为气溶胶，包括硫酸盐、黑碳、有机碳、硝酸盐等。现有的研究成果表明，同时减排所有的人为气溶胶（包括散射性气溶胶与吸收性气溶胶）会加速全球变暖，而单独减排吸收性气溶胶（如黑碳气溶胶）则会抵消部分增温。实际情况下，人为气溶胶主要来源于化石燃料和生物质燃烧以及土地利用的变化，多种人为气溶胶通常是同时排放到大气中的，同时也伴随着其他气体（如二氧化碳、臭氧前体物）的排放。因此，减排人为气溶胶的同时也会直接或间接减少这些气体的排放。相应地，减排人为气溶胶对全球变暖的影响存在着复杂性和不确定性，还需要进一步的研究。需要指出的是，造成全球变暖的根本原因是温室气体的增加，而遏止全球变暖的途径仍是制定长期的温室气体排放控制政策。

2. 什么时候人类对气候的影响会在局地尺度上变得明显？

一般来说，与全球变化相关的变暖趋势在全球温度平均值上比局地温度时间序列更明显（"局地"在这里一般指单个地点，或小区域的平均值）。这是因为局地气候的大部分变率在全球平均值中取平均时平均掉了。在许多区域检测到多年代际增暖趋势超出了气候系统的自然内部变量范围，但这种趋势只有在局地平均气候从年变化的"噪声"中浮现出来时才变得明显。这种情况发生的速度取决于变暖趋势速率和局部变率量的大小两个因素。未来的变暖趋势无法准确预测，尤其是在局部尺度上，所以我们不能精确地估计未来变暖趋势的出现时间。

除了地表温度以外的变量，包括一些海洋区域的变量，也显示出长期变化速率与自然变率的不同。例如，北极海冰的范围正在迅速下降，并且已经显示出人类的影响。另外，因为在大多数地方降水的变率较大，所以局部降水量的趋势变化很难被检测到。夏季温度破纪录增暖的出现概率在北半球的大部分地区都有所增加。目前认为极端高温未来几十年将更接近常态。但其他极端事件的概率，包括一些寒潮已经减少了。

在目前的气候条件下，个别极端天气事件不能明确归因于气候变化，这是因为这种事件可能发生在不变的气候中。但是在特定位置发生这种事件的概率可能已经发生了显著变化。人为活动引起的温室气体增加被估计是对一些热浪出现的概率做出了重大贡献。同样，气候模式研究表明，增加的温室气体有助于在北半球部分地区观测强降水事件。但是，许多其他极端天气的概率事件可能没有实质性改变。因此，将每个出现新的天气纪录都归因于气候变化是不正确的。

如果要全面理解人类活动对局地气候的影响是否明显，需要依赖于是否有足够的证据去支持这些影响是明显的。对局地气候变化影响最令人信服的科学证据来自对全球图像的认识和分析，也来自气候系统的丰富证据，这样可以把许多观测到的变化和人类影响联系起来。

■ 参考文献

安琪.2017.硝酸盐气溶胶光学厚度和有效辐射强迫的模拟研究.北京：中国气象科学研究院.

郭增元，刘煜，李维亮.2017.气溶胶影响亚洲夏季风机理的数值模拟.气象学报，75（5）：797-810.

胡婷，胡永云.2014.对 IPCC 第五次评估报告检测归因结论的解读.气候变化研究进展，10（1）：51-55.

黄观，刘伟，刘志红，等.2015.黑碳气溶胶研究概况.灾害学，30（2）：205-214.

黄文彦，沈新勇，王勇，等.2015.亚洲地区碳气溶胶的时空特征及其直接气候效应.大气科学学报，38（4）：448-457.

吉振明.2018.青藏高原黑碳气溶胶外源传输及气候效应模拟研究进展与展望.地理科学进展，37（4）：465-475.

赖鑫，杨复沫，贺克斌.2016.大气气溶胶对天气与气候的影响.三峡生态环境监测，1（1）：2-8.

李剑东，毛江玉，王维强.2015.大气模式估算的东亚区域人为硫酸盐和黑碳气溶胶辐射强迫及其时间变化特征.地球物理学报，58（4）：1103-1120.

李阳，宋娟，孙磊.2015.我国硫酸盐气溶胶效应的数值模拟.气象研究与应用，36（3）：13-21.

马肖琳，高西宁，刘煜，等.2018.气溶胶对东亚冬季风影响的数值模拟.应用气象学报，29（3）：333-343.

马欣，陈东升，温维，等.2016.应用 WRF-chem 探究气溶胶污染对区域气象要素的影响.北京工业大学学报，42（2）：285-295.

沈洪艳，史华伟，师华定，等.2015.京津冀气溶胶污染对气象要素的影响模拟研究.安徽农业科学，43（25）：207-210.

沈新勇，黄文彦，陈宏波.2015.气溶胶对东亚夏季风指数和爆发的影响及其机理分析.热带气象学报，31（6）：733-743.

石广玉.2007.大气辐射学.北京：科学出版社.

苏布达，王腾飞，尹宜舟.2014.IPCC 第五次评估报告关于气候变化影响的检测和归因主要结论的解读.气候变化研究进展，10（3）：203-207.

宿兴涛，王宏，许丽人，等.2016a.沙尘气溶胶直接气候效应对东亚冬季风影响的模拟研究.大气科学，40（3）：551-562.

宿兴涛，许丽人，魏强，等.2016b.东亚地区沙尘气溶胶对降水的影响研究.高原气象，35（1）：211-219.

孙颖，尹红，田沁花，等.2013.全球和中国区域近 50 年气候变化检测归因研究进展.气候变化研究进展，9（4）：235-245.

王东东，朱彬，江志红，等.2017.人为气溶胶对中国东部冬季风影响的模拟研究.大气科学学报，40（4）：541-552.

王闪闪，王素萍，冯建英.2016.2015 年全国干旱状况及其影响与成因.干旱气象，34（2）：382-389.

王雁，郭伟，闫世明，等.2018.山西省气溶胶光学厚度时空变化特征及气候效应分析.生态环境学报，27（5）：900-907.

王志立，郭品文，张华 . 2009. 黑碳气溶胶直接辐射强迫及其对中国夏季降水影响的模拟研究 . 气候与环境研究，14（2）：161-171.

吴明轩，王体健，李树，等 . 2015. 气溶胶直接效应对中国夏季降水影响的数值模拟研究 . 南京大学学报：自然科学，51（3）：587-595.

吴子璇，张强，宋长青，等 . 2019. 珠三角城市化对气温时空差异性影响 . 地理学报，74：2342-2357.

谢冰 . 2016. 短寿命气候污染物（SLCPs）的有效辐射强迫及对全球气候的影响研究 . 兰州：兰州大学 .

杨雨灵，谭吉华，孙家仁，等 . 2015. 华北地区一次强灰霾污染的天气学效应 . 气候与环境研究，20（5）：555-570.

衣娜娜，张镭，刘卫平，等 . 2017. 西北地区气溶胶光学特性及辐射影响 . 大气科学，41（2）：409-420.

翟盘茂，刘静 . 2012. 气候变暖背景下的极端天气气候事件与防灾减灾 . 中国工程科学，14（9）：55-63.

张华，陈琪，谢冰，等 . 2014. 中国的 $PM_{2.5}$ 和对流层臭氧及其排放控制对策的综合分析 . 气候变化研究进展，10（4）：289-296.

张华，黄建平 . 2014. 对 IPCC 第五次评估报告关于人为和自然辐射强迫的解读 . 气候变化研究进展，10（1）：40-44.

张华，王志立 . 2009. 黑碳气溶胶气候效应的研究进展 . 气候变化研究进展，5（6）：311-317.

张华，吴金秀，沈钟平 . 2011. PFCs 和 SF6 的辐射强迫与全球增温潜能 . 中国科学：地球科学，2：225-233.

张华，张若玉，何金海，等 . 2013. CH_4 和 N_2O 的辐射强迫与全球增温潜能 . 大气科学，37（3）：743-754.

庄炳亮，王体健，李树 . 2009. 中国地区黑碳气溶胶的间接辐射强迫与气候效应 . 高原气象，8（5）：1095-1104.

An Q, Zhang H, Wang Z L, et al. 2019. The development of an atmospheric aerosol/chemistry-climate model, BCC_AGCM_CUACE2.0, and simulated effective radiative forcing of nitrate aerosols. Journal of Advances in Modeling Earth Systems, 11: 3816-3835.

Beniston M, Stephenson D, Christensen O, et al. 2007. Future extreme events in European climate: an exploration of regional climate model projections. Climatic Change, 81（1）：71-95.

Burke C, Stott P. 2017. Impact of anthropogenic climate change on the East Asian summer monsoon. Journal of Climate, 30：5205-5220.

Burke C, Stott P, Ciavarella A, et al. 2016. Attribution of extreme rainfall in Southeast China during May 2015. Bulletin of the American Meteorological Society, 97（12）：S92-S96.

Cai C J, Zhang X, Wang K, et al. 2016. Incorporation of new particle formation and early growth treatments into WRF/Chem: model improvement, evaluation, and impacts of anthropogenic aerosols over East Asia. Atmospheric Environment, 124：262-284.

Chang W Y, Liao H, Xin J Y, et al. 2015. Uncertainties in anthropogenic aerosol concentrations and direct radiative forcing induced by emission inventories in eastern China. Atmospheric Research, 166：129-140.

Che H Z, Qi B, Zhao H J, et al. 2018. Aerosol optical properties and direct radiative forcing based on measurements from the China Aerosol Remote Sensing Network (CARSNET) in eastern China. Atmospheric Chemistry and Physics, 18 (1): 405-425.

Chen D S, Ma X, Xie X, et al. 2015. Modelling the effect of aerosol feedbacks on the regional meteorology factors over China. Aerosol and Air Quality Research, 15: 1559-1579.

Chen H, Sun J. 2017. Contribution of human influence to increased daily precipitation extremes over China. Geophysical Research Letters, 44: 2436-2444.

Chen H M, Zhuang B L, Liu J, et al. 2020. Regional climate responses in East Asia to the black carbon aerosol direct effects from India and China in summer. Journal of Climate, 33: 9783-9800.

Chen Y, Chen W, Su Q, et al. 2019. Anthropogenic warming has substantially increased the likelihood of July 2017-like heat waves over central eastern China. Bulletin of the American Meteorological Society, 100 (1): S91-S95.

Deng J C, Xu H M. 2016. Nonlinear effect on the East Asian summer monsoon due to two coexisting anthropogenic forcing factors in eastern China: an AGCM study. Climate Dynamice, 46 (11-12): 3767-3784.

Ding A, Huang X, Nie W, et al. 2016. Enhanced haze pollution by black carbon in megacities in China. Geophysical Research Letters, 43 (6): 2873-2879.

Dong B W, Sutton R T, Highwood E J, et al. 2016. Preferred response of the East Asian summer monsoon to local and non local anthropogenic sulphur dioxide emissions. Climate Dynamice, 46 (5-6): 1733-1751.

Dong S Y, Sun Y. 2018. Comparisons of observational data sets for evaluating the CMIP5 precipitation extreme simulations over Asia. Climate Research, 76: 161-176.

Dong S Y, Sun Y, Aguilar E, et al. 2018. Observed changes in temperature extremes over Asia and their attribution. Climate Dynamics, 51: 339-353.

Dong S Y, Sun Y, Li C. 2020. Detection of human influence on precipitation extremes in Asia. Journal of Climate, 33: 5293-5304.

Easterling D, Meehl G, Parmesan C, et al. 2000. Climate extremes: observations, modeling, and impacts. Science, 289 (5487): 2068-2074.

Etminan M, Myhre G, Highwood E J, et al. 2016. Radiative forcing of carbon dioxide, methane, and nitrous oxide: a significant revision of the methane radiative forcing. Geophysical Research Letters, 43 (24): 12614-12623.

Fan J, Rosenfeld D, Yang Y, et al. 2015. Substantial contribution of anthropogenic air pollution to catastrophic floods in Southwest China. Geophysical Research Letters, 42 (14): 6066-6075.

Fiedler S, Stevens B, Mauritsen T. 2017. On the sensitivity of anthropogenic aerosol forcing to model-internal variability and parameterizing a Twomey effect. Journal of Advances in Modeling Earth Systems, 9: 1325-1341.

Folini D, Wild M. 2015. The effect of aerosols and sea surface temperature on China's climate in the late twentieth century from ensembles of global climate simulations. Journal of Geophysical Research, 120 (6): 2261-2279.

Fu Y F, Zhu J C, Yang Y J, et al. 2017. Grid-cell aerosol direct shortwave radiative forcing calculated using the SBDART model with MODIS and AERONET observations: an application in winter and summer in eastern China. Advances in Atmospheric Sciences, 34 (8): 952-964.

Gao C C, Gao Y J. 2018. Revisited Asian monsoon hydroclimate response to volcanic eruptions. Journal of Geophysical Research: Atmospheres, 123: 7883-7896.

Gao L, Huang J, Chen X, et al. 2018. Contributions of natural climate changes and human activities to the trend of extreme precipitation. Atmospheric Research, 205: 60-69.

Gao M, Ji D, Liang F, et al. 2018. Attribution of aerosol direct radiative forcing in China and India to emitting sectors. Atmospheric Environment, 190: 35-42.

Gao Y, Zhang M G, Liu X H, et al. 2016. Change in diurnal variations of meteorological variables induced by anthropogenic aerosols over the North China Plain in summer 2008. Theoretical and Applied Climatology, 124 (1-2): 103-118.

Grandey B S, Cheng H W, Wang C E. 2016. Transient climate impacts for scenarios of aerosol emissions from Asia: a story of coal versus gas. Journal of Climate, 29 (8): 2849-2867.

Grandey B S, Rothenberg D, Avramov A, et al. 2018. Effective radiative forcing in the aerosol-climate model CAM5.3-MARC-ARG. Atmospheric Chemistry and Physics, 18: 15783-15810.

Gu X, Zhang Q, Li J, et al. 2019. Impact of urbanization on nonstationarity of annual and seasonal precipitation extremes in China. Journal of Hydrology, 575: 638-655.

Guo J, Yin Y. 2015. Mineral dust impacts on regional precipitation and summer circulation in East Asia using a regional coupled climate system model. Journal of Geophysical Research: Atmospheres, 120 (19): 10378-10398.

Guo J, Yin Y, Wu J, et al. 2015. Numerical study of natural sea salt aerosol and its radiative effects on climate and sea surface temperature over East Asia. Atmospheric Environment, 106: 110-119.

Guo J P, Deng M, Lee S S, et al. 2016. Delaying precipitation and lightning by air pollution over the Pearl River Delta. Part I: observational analyses. Journal of Geophysical Research: Atmospheres, 121 (11): 6472-6488.

Guo J P, Liu H, Li Z Q, et al. 2018. Aerosol-induced changes in the vertical structure of precipitation: a perspective of TRMM precipitation radar. Atmospheric Chemistry and Physics, 18 (18): 13329-13343.

Han X, Zhang M G, Skorokhod A. 2017. Assessment of the first indirect radiative effect of ammonium-sulfate-nitrate aerosols in East Asia. Theoretical and Applied Climatology, 130 (3-4): 817-830.

Han Z W, Li J W, Yao X H, et al. 2019. A regional model study of the characteristics and indirect effects of marine primary organic aerosol in springtime over East Asia. Atmospheric Environment, 197: 22-35.

Hong C P, Zhang Q, Zhang Y, et al. 2017. Multi-year downscaling application of two-way coupled WRF v3.4 and CMAQ v5.0.2 over east Asia for regional climate and air quality modeling: model evaluation and aerosol direct effects. Geoscientific Model Development, 10 (6): 2447-2470.

Hoose C, Kristjnsson J E, Iversen T, et al. 2009. Constraining cloud droplet number concentration in GCMs suppresses the aerosol indirect effect. Geophysical Research Letters, 36 (12): L12807.

Hu Y, Huang H, Zhou C. 2018. Widening and weakening of the Hadley circulation under global warming.

Science Bulletin, 63：640-644.

IPCC. 2013. Climate Change 2013：the Physical Science Basis. Contribution of Working Group I to the Fifth Assessment Report of the Intergovernmental Panel on Climate Change. Cambridge：Cambridge University Press.

Jiang M, Li Z, Wan B, et al. 2016. Impact of aerosols on precipitation from deep convective clouds in eastern China. Journal of Geophysical Research：Atmospheres, 121（16）：9607-9620.

Jiang Y, Yang X Q, Liu X, et al. 2017. Anthropogenic aerosol effects on East Asian winter monsoon：the role of black carbon-induced Tibetan Plateau warming. Journal of Geophysical Research：Atmospheres, 122（11）：5883-5902.

Jiang Z H, Huo F, Ma H Y, et al. 2017. Impact of Chinese urbanization and aerosol emissions on the East Asian summer monsoon. Journal of Climate, 30（3）：1019-1039.

Jing X, Suzuki K. 2018. The impact of process-based warm rain constraintson the aerosol indirect effect. Geophysical Research Letters, 45（19）：10729-10737.

Kang N, Kumar K R, Yu X N, et al. 2016. Column-integrated aerosol optical properties and direct radiative forcing over the urban-industrial megacity Nanjing in the Yangtze River Delta, China. Environmental Science and Pollution Research, 23（17）：17532-17552.

Kosaka Y, Xie S P. 2013. Recent global-warming hiatus tied to equatorial Pacific surface cooling. Nature, 501：403.

Li B G, Thomas G, Philippe C, et al. 2016. The contribution of China's emissions to global climate forcing. Nature, 531（7594）：357-362.

Li C X, Zhao T B, Ying K R. 2016. Effects of anthropogenic aerosols on temperature changes in China during the twentieth century based on CMIP5 models. Theoretical and Applied Climatology, 125（3-4）：529-540.

Li J D, Wang W C, Liao H, et al. 2015. Past and future direct radiative forcing of nitrate aerosol in East Asia. Theoretical and Applied Climatology, 121（3-4）：445-458.

Li J W, Han Z W. 2016. Seasonal variation of nitrate concentration and its direct radiative forcing over East Asia. Atmosphere-Basel, 7（8）：105.

Li J W, Han Z W, Xie Z X. 2013. Model analysis of long-term trends of aerosol concentrations and direct radiative forcings over East Asia. Tellus B, 65（1）：20410.

Li S, Wang T, Solmon F, et al. 2016. Impact of aerosols on regional climate in southern and northern China during strong/weak East Asian summer monsoon years. Journal of Geophysical Research：Atmospheres, 121（8）：4069-4081.

Li S, Wang T, Zanis P, et al. 2018. Impact of tropospheric ozone on summer climate in china. Journal of Meteorological Research, 32（2）：279-287.

Li W, Jiang Z, Zhang X, et al. 2018. On the emergence of anthropogenic signal in extreme precipitation change over China. Geophysical Research Letters, 45：9179-9185.

Li Z Q, Lau W M, Ramanathan V, et al. 2016. Aerosol and monsoon climate interactions over Asia. Reviews of Geophysics, 54（4）：866-929.

Lin L, Xu Y Y, Wang Z L, et al. 2018. Changes in extreme rainfall over India and China attributed to regional aerosol-cloud interaction during the late 20th century rapid industrialization. Geophysical Research Letters, 45（15）: 7857-7865.

Liu C, Hu H B, Zhang Y, et al. 2017. The direct effects of aerosols and decadal variation of global sea surface temperature on the East Asian summer precipitation in CAM3.0. Journal of Tropical Meteorology, 23（2）: 217-228.

Liu F, Chai J, Wang B, et al. 2016. Global monsoon precipitation responses to large volcanic eruptions. Scientific Reports, 6: 24331.

Liu F, Li J B, Wang B, et al. 2018a. Divergent El Niño responses to volcanic eruptions at different latitudes over the past millennium. Climate Dynamics, 50: 3799-3812.

Liu F, Xing C, Sun L Y, et al. 2018b. How do tropical, Northern Hemispheric, and Southern Hemispheric volcanic eruptions affect ENSO under different initial ocean conditions? Geophysical Research Letters, 45: 13041-13049.

Liu R, Liu S C, Cicerone R J, et al. 2015. Trends of extreme precipitation in eastern China and their possible causes. Advances in Atmospheric Sciences, 32: 1027-1037.

Liu X Y, Zhang Y, Zhang Q, et al. 2016. Application of online-coupled WRF/Chem-MADRID in East Asia: model evaluation and climatic effects of anthropogenic aerosols. Journal of Geophysical Research: Atmospheres, 124: 321-336.

Lou S, Russell L M, Yang Y, et al. 2017. Impacts of interactive dust and its direct radiative forcing on interannual variations of temperature and precipitation in winter over East Asia. Journal of Geophysical Research: Atmospheres, 122（16）: 8761-8780.

Lu C H, Sun Y, Wan H, et al. 2016. Anthropogenic influence on the frequency of extreme temperatures in China. Geophysical Research Letters, 43: 6511-6518.

Lu C H, Sun Y, Zhang X B. 2018. Multimodel detection and attribution of changes in warm and cold spell durations. Environmental Research Letters, 13（7）: 74013.

Ma S, Zhou T, Stone D A, et al. 2017a. Detectable anthropogenic shift toward heavy precipitation over Eastern China. Journal of Climate, 30: 1381-1396.

Ma S, Zhou T, Stone D A, et al. 2017b. Attribution of the July—August 2013 heat event in Central and Eastern China to anthropogenic greenhouse gas emissions. Environmental Research Letters, 12（5）: 054020.

Ma X X, Liu H N, Wang X Y, et al. 2016. The radiative effects of anthropogenic aerosols over China and their sensitivity to source emission. Journal of Tropical Meteorology, 22（1）: 94-108.

Man W M, Zhou T J. 2014. Response of the East Asian summer monsoon to large volcanic eruptions during the last millennium. Chinese Science Bulletin, 59: 4123-4129.

Man W M, Zhou T J, Jungclaus J H. 2014. Effects of large volcanic eruptions on global summer climate and East Asian monsoon changes during the Last Millennium: analysis of MPI-ESM Simulations. Journal of Climate, 27: 7394-7409.

Mao Y H, Liao H, Han Y M, et al. 2016. Impacts of meteorological parameters and emissions on decadal and interannual variations of black carbon in China for 1980—2010. Journal of Geophysical Research Atmospheres, 121（4）: 1822-1843.

Miao C, Sun Q, Kong D, et al. 2016. Record-breaking heat in northwest China in July 2015: analysis of the severity and underlying causes. Bulletin of the American Meteorological Society, 97（12）: S97-S101.

Myhre G, Highwood E J, Shine K P, et al. 1998. New estimates ofradiative forcing due to well mixed greenhouse gases. Geophysical Research Letters, 25（14）: 2715-2718.

Peng D, Zhou T, Zhang L, et al. 2018. Human contribution to the increasing summer precipitation in Central Asia from 1961 to 2013. Journal of Climate, 31（19）: 8005-8021.

Qian C. 2016. On trend estimation and significance testing for non-Gaussian and serially dependent data: quantifying the urbanization effect on trends in hot extremes in the megacity of Shanghai. Climate Dynamics, 47: 329-344.

Qian C, Wang J, Dong S, et al. 2018. Human influence on the record-breaking cold event in January of 2016 in Eastern China. Bulletin of the American Meteorological Society, 99（1）: S118-S122.

Regayre L A, Johnson J S, Yoshioka M, et al. 2018. Aerosol and physical atmosphere model parameters are both important sources of uncertainty in aerosol ERF. Atmospheric Chemistry and Physics, 18: 9975-10006.

Ren G, Zhou Y. 2014. Urbanization effect on trends of extreme temperature indices of national stations over mainland China, 1961—2008. Journal of Climate, 27: 2340-2360.

Sadiq M, Tao W, Liu J F, et al. 2015. Air quality and climate responses to anthropogenic black carbon emission changes from East Asia, North America and Europe. Atmospheric Environment, 120: 262-276.

Santer B D, Bonfils C, Painter J F, et al. 2014. Volcanic contribution to decadal changes in tropospheric temperature. Nature Geoscience, 7: 185-189.

Smith J C, Kramer R J, Myhre G, et al. 2020. Effective radiative forcing and adjustments in CMIP6 models. Atmospheric Chemistry Physics, 20: 9591-9618.

Song F, Zhou T, Qian Y. 2014. Responses of East Asian summer monsoon to natural and anthropogenic forcings in the 17 latest CMIP5 models. Geophysical Research Letters, 41: 596-603.

Song L, Dong S, Sun Y, et al. 2015. Role of anthropogenic forcing in 2014 hot spring in northern China. Bulletin of the American Meteorological Society, 96（12）: S111-S114.

Sparrow S, Su Q, Tian F, et al. 2018. Attributing human influence on the July 2017 Chinese heatwave: the influence of sea-surface temperatures. Environmental Research Letters, 13（11）: 114004.

Sun D, Zheng J, Zhang X, et al. 2019. The relationship between large volcanic eruptions in different latitudinal zones and spatial patterns of winter temperature anomalies over China. Climate Dynamics: 53（9-10）: 6437-6452.

Sun H, Liu X D. 2015. Numerical simulation of the direct radiative effects of dust aerosol on the East Asian winter monsoon. Advances in Meteorology, 24: 1-15.

Sun H, Liu X D. 2016. Numerical modeling of topography-modulated dust aerosol distribution and its influence on the onset of East Asian summer monsoon. Advances in Meteorology, （4）: 1-15.

Sun Q, Miao C. 2018. Extreme rainfall (R20mm, RX5day) in Yangtze-Huai, China, in June—July 2016: the role of ENSO and anthropogenic climate change. Bulletin of the American Meteorological Society, 99 (1): S102-S106.

Sun Y, Dong S, Zhang X, et al. 2019b. Anthropogenic influence on the heaviest June precipitation in southeastern China since 1961. Bulletin of the American Meteorological Society, 100 (1): S79-S83.

Sun Y, Hu T, Zhang X, et al. 2018. Anthropogenic influence on the Eastern China 2016 super cold surge. Bulletin of the American Meteorological Society, 99 (1): S123-S127.

Sun Y, Hu T, Zhang X, et al. 2019a. Contribution of global warming and urbanization to changes in temperature extremes in eastern China. Geophysical Research Letters, 46: 11426-11434.

Sun Y, Song L, Yin H, et al. 2016b. Human influence on the 2015 extreme high temperature events in Western China. Bulletin of the American Meteorological Society, 97 (12): S102-S106.

Sun Y, Zhang X, Ren G, et al. 2016a. Contribution of urbanization to warming in China. Nature Climate Change, 6: 706-709.

Sun Y, Zhang X, Zwiers F W, et al. 2014. Rapid increase in the risk of extreme summer heat in Eastern China. Nature Climate Change, 4 (12): 1082-1085.

Tsai I C, Wang W C, Hsu H H, et al. 2016. Aerosol effects on summer monsoon over Asia during 1980s and 1990s. Journal of Geophysical Research: Atmospheres, 121 (19): 11761-11776.

Wang H J, He S P. 2015. The North China/Northeastern Asia severe summer drought in 2014. Journal of Climate, 28: 6667-6681.

Wang J, Tett S F B, Yan Z. 2017. Correcting urban bias in large-scale temperature records in China, 1980—2009. Geophysical Research Letters, 44: 401-408.

Wang J, Tett S F B, Yan Z, et al. 2018. Have human activities changed the frequencies of absolute extreme temperatures in eastern China? Environmental Research Letters, 13: 014012.

Wang M, Xu B, Cao J, et al. 2015. Carbonaceous aerosols recorded in a southeastern Tibetan glacier: analysis of temporal variations and model estimates of sources and radiative forcing. Atmospheric Chemistry and Physics, 15 (3): 1191-1204.

Wang Q Y, Wang Z L, Zhang H. 2017. Impact of anthropogenic aerosols from global, East Asian, and non-East Asian sources on East Asian summer monsoon system. Atmospheres Research, 183: 224-236.

Wang S, Yuan X, Wu R. 2019. Attribution of the persistent spring-summer hot and dry extremes over northeast China in 2017. Bulletin of the American Meteorological Society, 99 (1): S85-S89.

Wang T J, Li S, Shen F H, et al. 2010. Investigations on direct and indirect effect of nitrate on temperature and precipitation in China using a regional climate chemistry modeling system. Journal of Geophysical Research, 115: D00K26.

Wang T J, Zhuang B L, Li S, et al. 2015. The interactions between anthropogenic aerosols and the East Asian summer monsoon using RegCCMS. Journal of Geophysical Research: Atmospheres, 120 (11): 5602-5621.

Wang X Y, Zhang B. 2016. Modeling radiative effects of haze on summer-time convective precipitation over North China: a case study. Frontiers of Environmental Science & Engineering, 10 (4): 1.

Wang Y, Jiang J H, Su H. 2015. Atmospheric responses to the redistribution of anthropogenic aerosols. Journal of Geophysical Research：Atmospheres, 120（18）: 9625-9641.

Wang Y, Ma P L, Jiang J H, et al. 2016. Toward reconciling the influence of atmospheric aerosols and greenhouse gases on light precipitation changes in Eastern China. Journal of Geophysical Research：Atmospheres, 121（10）: 5878-5887.

Wang Y, Sun Y, Hu T, et al. 2018. Attribution of temperature changes in Western China. International Journal of Climatology, 38: 742-750.

Wang Z L, Lin L, Yang M L, et al. 2016b. The effect of future reduction in aerosol emissions on climate extremes in China. Climate Dynamics, 47（9-10）: 2885-2899.

Wang Z L, Lin L, Yang M L, et al. 2017a. Disentangling fast and slow responses of the East Asian summer monsoon to reflecting and absorbing aerosol forcings. Atmospheric Chemistry and Physics, 17（18）: 11075-11088.

Wang Z L, Lin L, Zhang X Y, et al. 2017b. Scenario dependence of future changes in climate extremes under 1.5℃ and 2℃ global warming. Scientific Reports, 7: 46432.

Wang Z L, Zhang H, Jing X, et al. 2013a. Effect of non-spherical dust aerosol on its direct radiative forcing. Atmospheres Research, 120: 112-126.

Wang Z L, Zhang H, Li J, et al. 2013b. Radiative forcing and climate response due to the presence of black carbon in cloud droplets. Journal of Geophysical Research：Atmospheres, 118（9）: 3662-3675.

Wang Z L, Zhang H, Shen X S. 2011. Radiative forcing and climate response due to black carbon in snow and ice. Advances in Atmospheric Sciences, 28（6）: 1336-1344.

Wang Z L, Zhang H, Zhang X Y. 2016a. Projected response of East Asian summer monsoon system to future reductions in emissions of anthropogenic aerosols and their precursors. Climate Dynamics, 47（5）: 1455-1468.

Wen Q H, Zhang X, Xu Y, et al. 2013. Detecting human influence on extreme temperatures in China. Geophysical Research Letters, 40: 1171-1176.

Wu Y F, Zhu J, Che H Z, et al. 2015. Column-integrated aerosol optical properties and direct radiative forcing based on sun photometer measurements at a semi-arid rural site in Northeast China. Atmospheric Research, 157: 56-65.

Xia X, Che H, Zhu J, et al. 2016. Ground-based remote sensing of aerosol climatology in China：aerosol optical properties, direct radiative effect and its parameterization. Atmospheric Environment, 124: 243-251.

Xie B, Zhang H, Wang Z, et al. 2016a. A modeling study of effective radiative forcing and climate response due to tropospheric ozone. Advances in Atmospheric Sciences, 33（7）: 819-828.

Xie B, Zhang H, Yang D D, et al. 2016b. A modeling study of effective radiative forcing and climate response due to increased methane concentration. Advances in Climate Change Research, 7: 241-246.

Xie X, Liu X D, Wang H L, et al. 2016a. Effects of aerosols on radiative forcing and climate over East Asia with different SO_2 emissions. Atmospheric, 7（8）: 99.

Xie X, Wang H, Liu X, et al. 2016b. Distinct effects of anthropogenic aerosols on the East Asian summer monsoon between multidecadal strong and weak monsoon stages. Journal of Geophysical Research：Atmospheres，121（12）：7026-7040.

Xin J Y，Gong C S，Wang S G，et al. 2016. Aerosol direct radiative forcing in desert and semi-desert regions of northwestern China. Atmospheric Research，171：56-65.

Xu Y，Gao X，Shi Y，et al. 2015. Detection and attribution analysis of annual mean temperature changes in China. Climate Research，63：61-71.

Yan H，Qian Y，Zhao C，et al. 2015. A new approach to modeling aerosol effects on East Asian climate：parametric uncertainties associated with emissions，cloud microphysics，and their interactions. Journal of Geophysical Research：Atmospheres，120（17）：8905-8924.

Yan Z W，Wang J，Xia J J，et al. 2016. Review of recent studies of the climatic effects of urbanization in China. Advances in Climate Change Research，7：154-168.

Yang D D，Zhang H，Li J N. 2020. Changes in anthropogenic $PM_{2.5}$ and the resulting global climate effects under the RCP4.5 and RCP8.5 scenarios by 2050. Earth's Future，8（1）：e2019EF001285.

Yang X，Zhou L J，Zhao C F，et al. 2018. Impact of aerosols on tropical cyclone-induced precipitation over the mainland of China. Climatic Change，148（1-2）：173-185.

Yang Y，Fan J W，Leung L R，et al. 2016. Mechanisms contributing to suppressed precipitation in Mt. Hua of Central China. Part I：mountain valley circulation. Journal Geophysical Research，73（3）：1351-1366.

Yang Y，Wang H L，Smith S J，et al. 2017. Source attribution of black carbon and its direct radiative forcing in China. Atmospheric Chemistry and Physics，17（6）：4319-4336.

Yin C Q，Wang T J，Solmon F，et al. 2015. Assessment of direct radiative forcing due to secondary organic aerosol over China with a regional climate model. Tellus Series B-Chemical and Physical Meteorology，67（1）：24634.

Yin H，Sun Y. 2018. Detection of anthropogenic influence on fixed threshold indices of extreme temperature. Journal of Climate，31：6341-6352.

Yin H，Sun Y，Wan H，et al. 2017. Detection of anthropogenic influence on the intensity of extreme temperatures in China. International Journal of Climatology，37：1229-1237.

Yuan X，Wang S，Hu Z Z. 2018. Do climate change and El Niño increase likelihood of Yangtze River extreme rainfall? Bulletin of the American Meteorological Society，99（1）：S113-S117.

Zelinka M D，Andrews T，Forster P M，et al. 2014. Quantifying components of aerosol-cloud-radiation interactions in climate models. Journal of Geophysical Research：Atmospheres，119：7599-7615.

Zhai P，Zhou B，Chen Y. 2018. A review of climate change attribution studies. Journal of Meteorological Research，32：671-692.

Zhang D F，Zakey A S，Gao X J，et al. 2009. Simulation of dust aerosol and its regional feedbacks over East Asia using a regional climate model. Atmospheric Chemistry and Physics，9：1095-1110.

Zhang H，Shen Z P，Wei X D，et al. 2012a.Comparison of optical properties of nitrate and sulfate aerosol and the direct radiative forcing due to nitrate in China. Research Atmospheres，113：113-125.

Zhang H，Wang Z，Wang Z，et al. 2012b. Simulation of direct radiative forcing of aerosols and their effects on East Asian climate using an interactive agcm-aerosol coupled system. Climate Dynamics, 38(7-8): 1675-1693.

Zhang H, Wu J, Lu P. 2011. A study of the radiative forcing and global warming potentials of hydrofluorocarbons. Journal of Quantitative Spectroscopy & Radiative Transfer, 112: 220-229.

Zhang H, Xie B, Wang Z. 2018. Effective radiative forcing and climate response to short-lived climate pollutants under different scenarios. Earths Future, 6 (6): 875-866.

Zhang H, Zhang R, Shi G. 2013. An updated estimation of radiative forcing due to CO_2 and its effect on global surface temperature change. Advances in Atmospheric Sciences, 30(4): 1017-1024.

Zhang H, Zhao S, Wang Z, et al. 2016. The updated effective radiative forcing of major anthropogenic aerosols and their effects on global climate at present and in the future. International Journal of Climatology, 36 (2): 4029-4044.

Zhang L, Li T. 2016. Relative roles of anthropogenic aerosols and greenhouse gases in land and oceanic monsoon changes during past 156 years in CMIP5 models. Geophysical Research Letters, 43 (10): 5295-5301.

Zhang L X, Wu P L, Zhou T J. 2017. Aerosol forcing of extreme summer drought over North China. Environmental Research Letters, 12 (3): 034020.

Zhang Q, Sun P, Singh V P, et al. 2012. Spatial- temporal precipitation changes (1956—2000) and their implications for agriculture in China. Global and Planetary Change, 82/83: 86-95.

Zhang R. 2015. Changes in East Asian summer monsoon and summer rainfall over eastern China during recent decades. Science Bulletin, 60: 1222-1224.

Zhang R, Wang H, Qian Y, et al. 2015. Quantifying sources, transport, deposition, and radiative forcing of black carbon over the Himalayas and Tibetan Plateau. Atmospheric Chemistry and Physics, 15 (11): 6205-6223.

Zhao B, Liou K N, Gu Y, et al. 2017. Enhanced $PM_{2.5}$ pollution in China due to aerosol-cloud interactions. Scientific Reports, 7 (1): 4453.

Zhao T, Li C, Zuo Z. 2016. Contributions of anthropogenic and external natural forcings to climate changes over China based on CMIP5 model simulations. Science China Earth Sciences, 59 (3): 503-517.

Zhou C, Wang K, Qi D, et al. 2019. Attribution of a record-breaking heatwave event in summer 2017 over the Yangtze River Delta. Bulletin of the American Meteorological Society, 100 (1): S97-S103.

Zhou C, Zhang H, Zhao S Y, et al. 2018. On effective radiative forcing of partial internally and externally mixed aerosols and their effects on global climate. Journal of Geophysical Research: Atmospheres, 123 (1): 401-423.

Zhou C, Zhang H, Zhao S Y, et al. 2017. Simulated effects of internal mixing of anthropogenic aerosols on the aerosol-radiation interactions and global temperature. International Journal of Climatology, 37: 972-986.

Zhou T, Song F, Lin R, et al. 2013. The 2012 North China floods: explaining an extreme rainfall event in the context of a longer-term drying tendency. Bulletin of the American Meteorological Society, 94 (9): S49-S51.

Zhu J，Liao H. 2016. Future ozone air quality and radiative forcing over China owing to future changes in emissions under the representative concentration pathways（RCPs）. Journal of Geophysical Research：Atmospheres，121（4）：1978-2001.

Zhu X，Zhang Q，Sun P，et al. 2019. Impact of urbanization on hourly precipitation in Beijing，China：spatiotemporal patterns and causes. Global and Planetary Change，172：307-324.

Zhuang B L，Chen H M，Li S，et al. 2019. The direct effects of black carbon aerosols from different source sectors in East Asia in summer. Climate Dynamics，53（9）：5293-5310.

Zhuang B L，Li S，Wang T J. 2013a. Direct radiative forcing and climate effects of anthropogenic aerosols with different mixing states over China. Atmospheric Environment，79：349-361.

Zhuang B L，Li S，Wang T J，et al. 2018a. Interaction between the black carbon aerosol warming effect and East Asian monsoon using RegCM4. Journal of Climate，31（22）：9367-9388.

Zhuang B L，Li S，Wang T J，et al. 2018b. The optical properties，physical properties and direct radiative forcing of urban columnar aerosols in the Yangtze River Delta，China. Atmospheric Chemistry and Physics，18（2）：1419-1436.

Zhuang B L，Liu L，Shen F H，et al. 2010. Semi-direct radiative forcing of internal mixed black carbon cloud droplet and its regional climatic effect over China. Journal of Geophysical Research，115：D00K19.

Zhuang B L，Liu Q，Wang T J，et al. 2013b. Investigation on semi-direct and indirect climate effects of fossil fuel black carbon aerosol over China. Theoretical and Applied Climatology，114（3-4）：651-672.

Zhuang B L，Wang T J，Li S，et al. 2014. Optical properties and radiative forcing of urban aerosols in Nanjing，China. Atmospheric Environment，83：43-52.

Zhuo Z，Gao C，Pan Y. 2014. Proxy evidence for China's monsoon precipitation response to volcanic aerosols over the past seven centuries. Journal of Geophysical Research：Atmospheres，119：6638-6652.

Zuo M，Man W M，Zhou T J，et al. 2018. Different impacts of northern，tropical，and southern volcanic eruptions on the tropical Pacific SST in the Last Millennium. Journal of Climate，31：6729-6744.

Zuo M，Zhou T J，Man W M. 2019a. Hydroclimate responses over global monsoon regions following volcanic eruptions at different latitudes. Journal of Climate，32：4367-4385.

Zuo M，Zhou T J，Man W M. 2019b. Wetter global arid regions driven by volcanic eruptions. Journal of Geophysical Research：Atmospheres，124：13648-13662.

第13章　未来气候系统变化的预估

主要作者协调人：高学杰、徐　影
编　　　　审：董文杰
主　要　作　者：陈海山、王淑瑜、韩振宇、邹立维
贡　献　作　者：吴　佳、华文剑、吴　婕

▪ 执行摘要

在全球变暖背景下，中国区域未来气温将继续升高，降水将有所增加，在高温室气体排放情景下，气温和降水的变化更大。最新 CMIP6 全球地球系统模式对中国气候的模拟效能较之 CMIP5 模式有一定程度的改进。相对于 1986~2005 年，在三种不同共享社会经济路径（SSPs）下，中国区域年平均气温的增加幅度明显大于全球，SSP126 情景下，21 世纪末（2081~2100 年）升温幅度将达到 1.8℃左右（0.7~3.0℃），中国区域年平均降水量将增加 7%（0%~17%）；SSP245 情景下，升温幅度将达到 3.2℃左右（1.4~3.9℃），区域年平均降水量将增加 9%（1%~25%）；SSP585 情景下，21 世纪末升温幅度将达到 6.5℃（3.2~8.7℃），区域年平均降水量将增加 18%（8%~43%），增加幅度大于全球。高分辨率区域气候模式动力降尺度集合预估结果则表明，区域气候模式所预估的青藏高原的增温较全球气候模式有明显的差异，存在显著增暖现象；年平均降水增加区域主要集中在中国西部，特别是西北地区，东北地区北部增加也较多，增幅可达 20%左右，冬季降水的增加比例相对更大。对极端事件的预估结果表明，整个中国地区目前 50 年一遇的极端高温事件在 21 世纪末将变为 1~2 年一遇，极端冷事件将逐渐消失。而目前 50 年一遇的极端降水事件到 21 世纪末期，在 RCP2.6、RCP4.5 和 RCP8.6 情景下将分别变为 17 年、13 年和 7 年一遇。多模式集合预估结果表明，东亚夏季风强度在 21 世纪可能没有明显变化，但年际变率有所增大。

13.1 引　　言

对未来气候变化的科学预估是应对气候变化的基础，是制定气候变化对策的科学依据。耦合多个圈层的地球/气候系统模式以及温室气体和气溶胶等排放情景的假设是目前用于气候变化预估研究的主要工具。但由于全球气候模式的分辨率较低，在获得区域精细化气候变化预估信息方面，常用的方法为统计/动力降尺度。东亚季风区有着复杂的地形和海陆分布特征，并受到热带和副热带季风的共同影响，其变率和变化机理较其他季风区更为复杂，使得对当前东亚地区气候变化的预估存在较大不确定性（周天军等，2018）。

《中国气候与环境演变：2012》评估报告指出，基于多全球气候模式的预估结果，中国区域平均气温将增加 2.3~4.2℃，降水量将增加 8%~10%，与高温热浪和强降水有关的极端事件将增加，同时干旱化将加重。有限的高分辨率区域气候模式结果得出类似的结论，但夏季降水可能会减少。

近年来，地球/气候系统模式的发展和新一代温室气体排放情景设计都取得了新的进展，世界气候研究计划（WCRP）发起了新一轮的国际耦合模式比较计划（CMIP6）。本章在简要介绍新一代温室气体排放情景和 CMIP6（特别是中国模式的贡献）的基础上，回顾了近年来针对东亚地区的统计降尺度和动力降尺度方法的进展，随后总结了 CMIP6 对中国地区气候的模拟性能，并给出了其在共享社会经济路径情景下预估的中国地区气候系统变化及其不确定性。作为对比，在高分辨率气候变化预估信息方面，本书给出了区域气候模式 RegCM4 针对东亚地区的集合动力降尺度结果。

13.2 气候系统变化的预估方法

13.2.1 温室气体排放情景和路径介绍

温室气体和气溶胶等排放情景是对未来气候变化进行预估的基础。随着气候变化情景的发展，对温室气体排放量估算的方法越来越先进和全面，相应的社会经济假设也从简单描述走向定量化，并纳入了人为减排等政策影响，对过去和未来温室气体排放状况、未来技术进步与新型能源的开发和使用对温室气体排放量的影响的不确定性也有了更多的考虑和假设，管理和政策对排放量的影响逐步纳入评估范围。为了更好地反映社会经济发展与气候情景的关联性，IPCC 气候变化影响评估情景工作组发布了新的社会经济情景—— 共享社会经济路径（SSPs）（O'Neill et al.，2017；Riahi et al.，2017）。SSPs情景主要组成要素包括人口和人力资源、经济发展、人类发展、技术、生活方式、坏境和自然资源禀赋、政策和机构管理 7 个方面的指标。CMIP6 的情景模式比较计划（ScenarioMIP）（O'Neill et al.，2016）中使用到其中 5 个基础的 SSPs（SSP1~SSP5）。

知识窗

5 个基础的 SSPs 的基本特征

（1）SSP1：考虑了可持续发展和千年发展目标的实现，同时降低资源利用强度和化石能源依赖度。低收入国家快速发展、全球和经济体内部均衡化，低收入国家经济的快速增长降低了贫困线以下人口的数量。技术进步，高度重视预防环境退化，这是一个实现可持续发展、气候变化挑战较低的情景。在该情景下，世界经济开放并全球化，技术转化相对高速，清洁能源和土地增产等技术加快了环境友好型社会的进程。消费趋向低的材料消耗和能源利用强度，动物性食物消费较低。人口增长率较低，教育水平提高，同时，政府和机构致力于实现发展目标和解决问题。

（2）SSP2：这是中等发展情景，面临中等气候变化挑战。其主要特征包括世界按照近几十年典型趋势继续发展，在实现发展目标方面取得一定的进展，一定程度上降低了资源和能源强度，逐渐减少对化石燃料的依赖。低收入国家的发展很不平衡，大多数经济体政治稳定，部分同全球市场联系加深。人均收入水平按照全球平均速度增长，发展中国家和工业化国家之间的收入差距慢慢缩小。随着国民收入的增加，区域内的收入分布略有改善，但在一些地区仍存在较大差距，特别是在低收入国家，教育投入跟不上人口增长的速度。

（3）SSP3：该情景下，世界局部发展或不一致发展，面临高的气候变化挑战。世界被分为极端贫穷国家、中等财富国家和努力保持新增人口生活标准的富裕国家。他们之间缺乏协调、区域分化明显。未能实现全球发展目标，对化石燃料高度依赖，在减少或解决当地的环境问题方面进展不大。在该情景下，人口增长较快，中低收入国家城市的增长没有良好的规划，在人口增长驱动下，本地能源资料的消耗及能源领域技术的缓慢变革带来大量的碳排放。国家管制和机构比较松散并缺乏合作和协商，缺乏有效的领导和解决问题的能力。人力资本投入低，高度不平衡。区域化的世界导致贸易量减少，对体制发展不利，致使大量人口容易受到气候变化的影响且适应能力低。政策趋向于自身安全，如采取贸易壁垒等措施。

（4）SSP4：在该情景下，国际和国内发展都高度不均衡，以适应挑战为主。人数相对少且富裕的群体产生了大部分的碳排放量。在工业化和发展中国家，大量贫困群体碳排放较少且容易受到气候变化的影响。在该情景下，全球能源企业通过对研发的投资来应对潜在的资源短缺或气候政策，开发应用低成本的替代技术，减缓的难度较低。世界管理和全球化被少数国家控制。由于收入较低，贫穷人口的受教育程度有限。政府管理效率低，面临很高的适应挑战。

（5）SSP5：常规发展的情景，以减缓挑战为主。强调传统的经济发展导向，通过强调自身利益实现的方式来解决社会和经济问题。偏好传统的快速发展，导致能源系统以化石燃料为主，带来大量温室气体排放，面临减缓挑战。强劲的经济增长和高度工程化的基础设施，使得社会环境适应的难度较低，能够努力防护极端事件，提高生态系统管理水平。

13.2.2 全球气候模式

知识窗

地球 / 气候系统模式

地球气候的变化包括由气候系统各圈层相互作用过程引起的内部变率、自然因子变化（包括地球轨道参数、太阳活动、火山活动）引起的自然变率、与人类活动相关的因子变化（温室气体和气溶胶等大气成分变化、土地利用变化等）造成的人为变化三部分。能够模拟上述地球气候变化过程，综合考虑了大气-海洋-陆面-海冰之间复杂相互作用的模型，通常称为"气候系统模式"。更进一步地，考虑碳、氮循环等生物地球化学过程的模型，称为"地球系统模式"（Flato et al.，2013）。

地球 / 气候系统模式是理解气候系统的变化规律、再现其过去演变过程、预测和预估其未来变化的重要工具。耦合模式比较计划（CMIP），其基础和雏形为大气环流模式比较计划（AMIP）（1989~1994年），由世界气候研究计划（WCRP）耦合模拟工作组（WGCM）于1995年发起和组织。随后，CMIP逐渐发展成为以"推动模式发展和增进对地球气候系统的科学理解"为目标的庞大计划。迄今为止，WGCM先后组织了6次模式比较计划。CMIP计划关于气候模式性能的评估、对当前气候变化的模拟以及未来气候变化的情景预估结果，被相应的、大致每隔五年出版一次的IPCC气候变化评估报告所引用。CMIP计划推动国际气候模式数据共享和各领域的国际合作。

中国的气候模式参与CMIP计划有很长的历史。2007年（对应CMIP3）之前，中国参加CMIP计划的耦合气候模式只有中国科学院大气物理研究所发展的模式系统。21世纪后，中国地球 / 气候系统模式研发有了相当大的进展，在CMIP5计划中，参与的模式有6个，机构有中国气象局国家气候中心（2个）、北京师范大学、中国科学院大气物理研究所大气科学和地球流体力学数值模拟国家重点实验室（LASG）及自然资源部第一海洋研究所等，反映了中国气候模式研发队伍的迅速发展和壮大（周天军等，2014）。

当前正在进行的CMIP6计划，参与模式研发的团队达到33个，而注册参加CMIP6计划的模式版本也创纪录地达到了112个[①]。较之CMIP5计划，参与CMIP6计划的模式有两个特点：一是考虑的过程更为复杂，以包含碳氮循环过程的地球系统模式为主，许多模式实现了大气化学过程的双向耦合，包含了与冰盖和多年冻土的耦合作用；二是大气和海洋模式的分辨率明显提高，大气模式的最高水平分辨率达到了全球25km。

我国有8家机构报名参加CMIP6计划，注册的地球 / 气候系统模式版本有13个（表13-1）。在这8家机构中，除了以往的传统模式研发机构外，清华大学、南京信息

---

① https://wcrp-cmip.github.io/CMIP6_CVs/docs/CMIP6_source_id.html。

工程大学、中国气象科学研究院和台北"中研院"为首次独立参加 CMIP6 计划，其模式水平分辨率较之 CMIP5 有一定提高，大气模式分辨率多在 100km 左右，海洋模式分辨率则 100km 与 50km 各占一半。

表 13-1　中国参与 CMIP6 计划的地球 / 气候系统模式及其参与的比较计划（周天军等，2019）

模式名称	所属机构	大气模式 分辨率 /km	海洋模式 分辨率 /km	参与的比较计划
BCC-CSM2-HR	BCC	50	50	CMIP，HighResMIP
BCC-CSM2-MR	BCC	100	50	CMIP，C4MIP，CFMIP，DAMIP，DCPP，GMMIP，LS3MIP，ScenarioMIP
BCC-ESM1	BCC	250	50	CMIP，AerChemMIP
BNU-ESM-1-1	BNU	250	100	CMIP，C4MIP，CDRMIP，CFMIP，GMMIP，GeoMIP，OMIP，RFMIP，ScenarioMIP
CAMS-CSM1-0	CAMS	100	100	CMIP，ScenarioMIP，CFMIP，GMMIP，HighResMIP
CAS-ESM1-0	CAS	100	100	AerChemMIP，C4MIP，CFMIP，CMIP，CORDEX，DAMIP，DynVarMIP，FAFMIP，GMMIP，GeoMIP，HighResMIP，LS3MIP，LUMIP，OMIP，PMIP，SIMIP，ScenarioMIP，VIACS AB，VolMIP
CIESM	THU	100	50	CFMIP，CMIP，GMMIP，HighResMIP，OMIP，SIMIP，ScenarioMIP
FGOALS-f3-H	CAS	25	10	CMIP，HighResMIP
FGOALS-f3-L	CAS	100	100	CMIP，DCPP，GMMIP，OMIP，SIMIP，ScenarioMIP
FGOALS-g3	CAS	250	100	CMIP，DAMIP，DCPP，GMMIP，LS3MIP，OMIP，PMIP，ScenarioMIP
FIO-ESM-2-0	FIO-QLNM	100	100	CMIP，C4MIP，DCPP，GMMIP，OMIP，ScenarioMIP，SIMIP
NESM3	NUIST	250	100	CMIP，DAMIP，DCPP，GMMIP，GeoMIP，PMIP，ScenarioMIP，VolMIP
TaiESM1	AS-RCEC	100	100	AerChemMIP，CFMIP，CMIP，GMMIP，LUMIP，PMIP，ScenarioMIP

注：BCC，国家气候中心；BNU，北京师范大学；CAMS，中国气象科学研究院；CAS，中国科学院；THU，清华大学；FIO-QLNM，自然资源部第一海洋研究所区域海洋动力学与数值模拟功能实验室；NUIST，南京信息工程大学；AS-RCEC，台北"中研院"环境变迁研究中心。

┌┄┄┄┄┄┄┄┄┄┄┄┄┄┄┄┄┄┄┄┄┄┄┄┄┄┄┄┄┄┄┄┄┄┄┄┄
　　知识窗

CMIP5 科学试验

　　CMIP5 的科学试验可概括为三大类（Taylor et al.，2012），具体如下：

　　第一类是长期模拟试验，积分时间在百年以上。其核心试验包括：①大气模式试验，观测海温驱动下的百年长度 AMIP 积分；②物理气候系统模式试验，包括有无外强迫变化的气候系统模式控制试验、气候系统模式20世纪气候模拟试验、气候系统模式RCP4.5和RCP8.5未来气候变化预估试验、年递增1%CO_2的气候增暖试验、突增4倍CO_2的气候增暖试验、固定1倍和4倍CO_2的气候增暖试验；③地球系统模式试验，包括长期控制积分、20世纪气候模拟试验、RCP8.5情景的气候预估试验。以上核心试验总积分时间为1718模式年。

第二类CMIP5试验是近期模拟试验，主要是年代际气候变化预测试验，即利用物理气候系统模式，通过同时考虑外强迫变化（温室气体、气溶胶、太阳辐射、火山气溶胶等）和海洋的年代际惯性作用（通过在海洋模式中考虑同化过程来加以实现），来进行10年和30年长度的气候预测试验。其核心试验包括以1960年、1965年……2005年为初值的10年长度回报和预测集合试验，以1960年、1980年和2005年为初值的30年长度回报和预测集合试验，每组试验要求至少有3个集合成员。第二类CMIP5试验的核心试验为480年，第一外围试验总积分长度超过1700年。

第三类CMIP5试验为高分辨率大气模式试验。这类试验是利用需要大量计算资源的高分辨率气候模式和数值预报模式的模拟试验。核心试验是1979~2008年的AMIP试验、未来气候变化的2026~2035年片段模拟试验。第一外围试验包括AMIP试验增加集合成员、未来气候变化片段模拟试验增加集合成员、考虑4倍CO_2的AMIP试验、分布不均匀的异常海温型驱动的试验、水球试验；第二外围试验包括均匀分布的异常海温驱动试验。第三类CMIP5试验的核心试验长度为40年，第一外围试验超过185年，第二外围试验为30年。

在当前正在执行的CMIP6计划中，为使得模式对比更加开放、灵活和自由，CMIP6计划的组织形式有了很大的变化（Eyring et al.，2016）。任何模式只要完成气候诊断、评估和描述（diagnostic，evaluation and characterization of klima，DECK）试验和历史模拟试验即可参加CMIP6计划。DECK试验包括：①国际大气环流模式比较计划（AMIP）模拟，模拟时段为1979~2014年；②工业化前参照试验（piControl），至少模拟500年；③CO_2浓度每年增加1%模拟试验，至少模拟150年（1%CO_2）；④CO_2浓度突然增加4倍试验（abrupt4×CO_2），至少模拟150年。历史模拟则是利用CMIP6计划强迫模拟1850~2014年气候变化（historical）。

除了DECK试验和历史气候模拟这些CMIP6必做的试验之外，针对一些全球性的科学热点和焦点问题，CMIP6计划还批准了23个由世界各国专家自行组织和设计的模式比较计划①（CMIP6-Endorsed MIPs），如气溶胶和化学模式比较计划（AerChemMIP）、耦合气候碳循环比较计划（C4MIP）、二氧化碳移除模式比较计划（CDRMIP）等。

另外，CMIP委员会还批准了以下4个侧重数据诊断的比较计划：国际区域气候降尺度试验（CORDEX），平流层和对流层的动力学和变率（DynVarMIP），海冰模式比较计划（SIMIP），脆弱性、影响和气候服务咨询委员会（VIACSAB）。这些计划并不

---

① https://www.wcrp-climate.org/modelling-wgcm-mip-catalogue/modelling-wgcm-cmip6-endorsed-mips。

要求全球气候模式再做额外的试验，仅需要全球气候模式提供额外的变量输出。

不同机构参与 MIPs 试验的策略选择有所不同，我国多数机构是结合自身研究需求和 MIPs 计划的国际影响力选择完成有限的数值试验（表 13-1）。多数中低分辨率的模式都将完成情景模式比较计划（ScenarioMIP）和全球季风模式比较计划（GMMIP）的核心科学试验。这两个 MIPs 计划也是 CMIP6 计划中参与模式数量最多的两个。

13.2.3　统计降尺度和误差订正

目前全球气候模式的分辨率仍然较低，难以满足区域和局地气候变化影响评估的要求，因此经常需要使用各种方法对其进行降尺度。其中，统计降尺度利用历史观测资料建立气候模式输出（或大尺度气候要素如环流等，或气候要素如气温降水等）和区域气候要素之间的统计关系，并经过独立的观测资料检验这种关系后，将这种关系应用于 GCM 输出的气候信息，预估所关心区域未来的气候变化情景，其所需的计算量相对较小。传统上，常用的统计降尺度方法可以分成三种：转换函数法、环流分型法和天气发生器；近年来有人将其划分为理想预报、模型输出统计（MOS）和天气发生器几种，其中前者包括传统上的转换函数和环流分型，模型输出统计为天气预报中常用方法在气候学中的应用（陈杰等，2016）。

此外，近年来经常被归于 MOS 方法中的误差订正（bias correction），在国内也进行了相关研究（刘绿柳和任国玉，2012；周林等，2014a，2014b；陶苏林等，2016）。对气候模式结果进行误差订正的方法有很多，目前较常用的是基于概率分布的订正，即分位数映射（quantile-mapping，QM）方法，在选定的参照时段内，分别计算观测值和模拟值的累积分布函数（cumulative distribution function，CDF），构建两者之间的传递函数（transfer function，TF）。然后利用传递函数，订正其他时段内模拟值的 CDF，最终达到降低模拟结果误差的目的。

利用 QM 方法对一个区域气候模式（RegCM4）的气温和降水的模拟结果进行订正，结果表明，经过订正后的模拟结果与观测的分布和数值均非常接近，可以为影响评估研究提供更好的支持数据（童尧等，2017；韩振宇等，2018）。但在对模式结果进行误差订正时，需要注意观测资料的不确定性引起的问题，如高山和缺乏台站观测的边远地区，误差订正可能会导致新偏差的出现；同时误差订正对气候模式本身所预估信号的改变也需要进一步加强研究。

13.2.4　区域气候模式

区域气候模式即动力降尺度，是使用全球气候模式的结果作为初始和侧边界场条件，用来驱动一个高分辨率的有限范围气候模式，得到区域和局地气候变化信息。相对于统计降尺度，区域气候模式有更明确的物理意义，并且对观测资料的依赖较小。

应用于东亚地区的区域气候模式包括 RegCM、RIMES、IPRC-RegCM、PRECIS、P-σ RCM、REMO、HIRAM、CCLM、MM5 及 WRF 等，其中 RegCM 作为最常用的模式之一，广泛应用于包括当代气候的模拟、气候变化预估、土地利用效应、气溶胶模拟及其效应、古气候模拟等各个方面。最近区域气候模式，如 RegCM 等逐步耦合区域海洋、大气化学和区域生物化学过程而拓展为区域地球系统模式，并逐渐完善与农业、水文等分量模式的耦合（Gao and Giorgi，2017）。此外，变网格的全球气候模式也是动力降尺度方法的一种，在国内也有一定应用，如 LMDZ 模式等（杨浩等，2016；Guo et al.，2018）。

近期利用区域气候模式开展了大量关于当代气候模拟和未来气候变化预估的工作，其中如中国科学院大气物理研究所和国家气候中心使用新版的 RegCM4（Giorgi et al.，2012），在对模式进行大量调试和完善的基础上，开展了在多个 CMIP5 全球气候模式驱动下的区域气候变化预估模拟（Gao et al.，2016，2017，2018）。模式的模拟范围为 CORDEX（国际区域气候降尺度试验计划）（Giorgi et al.，2009）的东亚区域，水平分辨率为 25km×25km。这些全球气候模式有 CSIRO-Mk3-6-0、EC-EARTH、HadGEM2-ES 和 MPI-ESM-MR 等，试验时段为 1971~2100 年，包括低、中、高多个排放情景（RCP2.6、RCP4.5 和 RCP8.5）。在本章中，该模拟的名称记为 ensR。

近年来，针对东亚地区的区域气候动力降尺度研究呈现两方面的新特点：其一是对流可分辨尺度（水平网格距等于或小于 4km）模拟。对流允许模式（convection-permitting models，CPMs）不再需要对深对流过程进行参数化，因此被认为可以减小模式模拟的不确定性和误差（Prein et al.，2015）。总体而言，目前针对东亚地区的对流分辨尺度的区域气候模拟，一般积分时段均较短。Li 等（2018）使用英国气象局统一模式（unified model）实现了覆盖东亚地区的 4.4km 分辨率的 2009 年 4~9 月连续模拟积分，并与应用对流参数化的 13.2km 模式进行比较。其二是区域地球系统模式模拟。针对东亚地区的区域气候模拟，已经从单纯的大气模式，逐渐拓展到区域海洋 – 大气耦合模式、区域气候模式与气溶胶/化学模块、动态植被模块、海浪模块、水文模块等的耦合（Wang et al.，2015；Zou et al.，2017）。

13.3　全球和区域气候模式对中国气候模拟能力的评估

13.3.1　全球气候模式

1. 气温和降水

CMIP5 模式对全球平均地表气温变化有很高的再现能力，能较好地模拟出 20 世纪的变暖趋势，尤其是 20 世纪后 50 年的显著增暖（IPCC，2013），与之前的 CMIP3 模式相比，分辨率增加后对于较小区域尺度的模拟能力有所提高。多模式集合平均在一定程度上减小了模式误差，相对于单个模式能更好地代表模式的模拟水平（Zhou and Yu，2006）。研究结果也表明，26 个 CMIP5 多模式集合平均结果的整体变化与观测有较好的   致性。中国参与比较计划的五个模式 [BCC-CSM1.1、BCC-CSM1.1（m）、BNU-ESM、FGOALS-g2 和 FGOALS-s2] 与观测的相关系数均超过了 0.80，并处于 CMIP5 多模式模拟范围内。因此，就全球平均气温年际变化而言，这五个中国的模式已经达到了较好的模拟效果。随着计算机能力的提高，全球多个国家参加了 CMIP6

气候模式比较计划，目前已经提供的 13 个全球气候模式对全球平均温度的模拟结果如图 13-1（a）所示，结果表明，13 个全球气候模式对于全球平均的温度变化趋势的模拟与观测相比具有较高的一致性，能够模拟出温度上升的整体趋势，各模式间的一致性较好，但与 CMIP5 相比，并没有明显的改进。

与 IPCC AR5 所使用的 CMIP5 模式的评估结果类似，CMIP6 模式对中国区域表面气温变化的再现能力低于全球平均结果。相对于全球平均而言，中国平均地表气温模拟序列间的离散度更大［图 13-1（b）］；CMIP6 模式对 20 世纪二三十年代中国地区的增暖基本没有再现能力。无论 CMIP5 还是 CMIP6，当今全球气候模式对 20 世纪中国地区地表温度变化的模拟能力仍亟待提高。

由于中国地区地形复杂，模式对中国降水的模拟能力还存在较大不足。模式物理参数化方案的选取对区域降水的模拟情况有很大影响，同时空间分辨率以及次网格尺度的提高能显著改进一些模式对降水的模拟结果（IPCC，2013）。相对于 CMIP3 模式，CMIP5 模式改进了对东亚夏季风的气候平均态、年循环、年际变率以及季节内变率等特征的模拟（Sperber et al.，2013）。但需要注意的是，不同模式对东亚夏季风的模拟能力存在较大差异（姜大膀和田芝平，2013）。CMIP5 模式同时提高了对中国春季持续性降水的模拟能力，但仍然存在降水中心数值偏大（高估）以及主雨带位置偏北的现象（Zhang et al.，2013）。

由 CMIP6 模式集合模拟与观测的年平均降水分布来看［图 13-2(a）和图 13-2(b)］，和 CMIP5 模式类似，CMIP6 模式能够模拟出中国降水由西北向东南递增的地理分布特征，但降水模拟值在中国大部分地区偏多，尤其是在西北及青藏高原地区，青藏高原东部地区存在虚假的降水中心，而在新疆北部及华南地区降水量模拟则偏少，反映出 CMIP6 模式对于中国降水的模拟改进有限。对于青藏高原、西北等地，90% 以上的模式模拟的降水偏多，对中国北方降水的模拟存在一致性系统高估，这可能与全球气候模式不能很好地描述复杂地形有很大关系；而对于东南沿海季风区，可能由于模式不能够很好地模拟季风变化特征，导致多数模式对降水的模拟存在系统性低估（陈晓晨等，2014）。

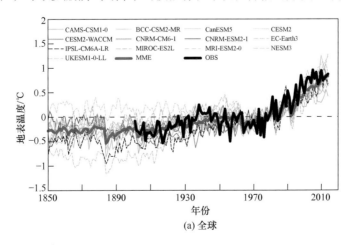

(a) 全球

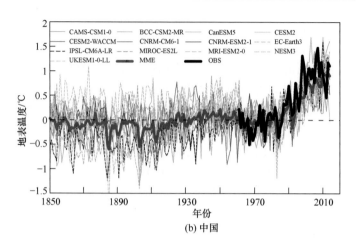

(b) 中国

图 13-1　全球平均地表温度相对于 1961~1990 年均值的异常序列（a）及中国区域平均地表温度相对于 1961~1990 年均值的异常序列（b）

中国观测资料为 CN05，黑色粗线为 HadCRUT3 全球平均观测序列（Brohan et al.，2006），红色粗线为 CMIP6 模式的历史实验集合平均结果

2. 极端气候事件

利用多个 CMIP5 模式对中国区域极端气温的模拟能力进行评估后发现，CMIP5 模式能够较好地模拟出各个极端气温指数时间变化趋势。从空间分布特征来看，各个极端气温指数模拟存在或多或少的偏差，如 TX10p（冷日）、TN10p（冷夜）、TN90p（暖夜）、FD（霜冻日数）、ID（冰冻日数）、CSDI（冷期）在全国范围或局地模拟结果偏高，TXn（最高温度最低值）、TNn（最低温度最低值）、TX90p（暖日）、GSL（生长季长度）、SU（最高气温超过 25℃的日数）、WSDI（暖期）模拟结果偏低等。CMIP5 模式对东部大部分地区极端气温指数的模拟能力优于西部地区，其中青藏高原模拟能力较差。与多模式集合平均结果相比，单个模式对极端气温指数的模拟能力有限。各气温相关的 20 年、50 年、100 年一遇的极值分布可以得到较好的再现。

评估发现，CMIP5 模式对中国地区极端降水的时间变化趋势模拟能力有限。除了连续干旱日数和极端强降水量之外，观测到的极端降水指数的变化趋势难以被多数模式模拟出来。观测到的极端降水空间分布特征与多模式集合平均结果较为相似，但对青藏高原存在高估、对东南地区存在低估的情况（Dong et al.，2015）。

以简单降水强度指数（降水距平百分比）代表的干旱面积、干旱频率的时空分布以及干旱分布型的变化为指标，对 CMIP5 模式模拟中国干旱的能力进行评估，结果表明，多全球气候模式集合对中国区域的干旱变化特征有一定的模拟能力，能较好地模拟出中国年平均干旱指数的时间变化趋势，但模拟的干旱强度偏弱；模拟的严重干旱面积与观测值的变化趋势基本一致，但长江以南干旱强度偏强，西北干旱强度偏弱；通过 EOF 的分析表明，多模式集合可以较好地模拟出西北与长江以南呈反位相及中国东部地区的"旱—涝—旱"或者"涝—旱—涝"的分布型（张冰等，2014）。

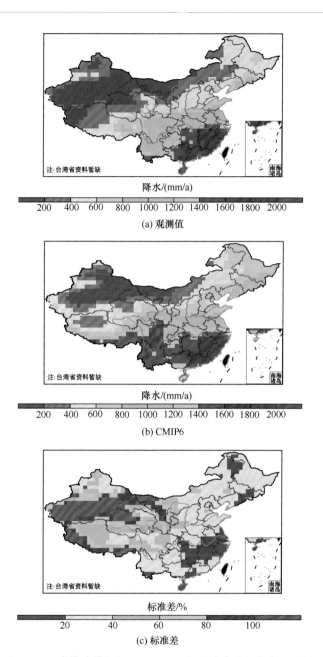

图 13-2　观测（a）和 CMIP6 多模式模拟的 1986~2005 年平均降水的集合平均结果（b）以及模式间
的标准差（c）（相对于观测值）

13.3.2　区域气候模式对中国气候模拟能力的评估

中国具有典型的季风气候，国土面积广阔，拥有复杂的地形、下垫面和漫长的海岸线。过去几十年间中国社会经济发展迅速，城市化范围程度不断增加，活跃的人类活动在改变下垫面的同时，增加了大气中气溶胶和痕量气体的浓度。与全球气候模式相比，当前的区域气候模式具有更高的分辨率和较完善的物理过程，能够改善对区域乃至局地尺度强迫要素的描述，从而较好地模拟出中国所处的东亚季风气候特征及其变化（Gao and Giorgi，2017）。较高的水平分辨率给区域气候模式模拟带来增值，这种增值在受地形、湖体等影响较大的中小尺度气候现象和极端事件的变化上尤其明显（Gao et al.，2012，2017；Koo and Hong，2010；Qin et al.，2014；Bao et al.，2015；Yu et al.，2015；孔祥慧和毕训强，2016）。目前区域气候模式的水平分辨率逐渐提高，由20世纪末的50km提高到25km左右，在中国对流可分辨尺度（<10^{4}km）的模拟工作也逐渐展开。高分辨率区域模拟能够更好地模拟气候极值的频率和强度，并能够很大程度上修正目前一些全球气候模式对中国和东亚地区降水时空变化的系统模拟偏差。

1. 气温

研究人员对不同区域气候模式所模拟的中国地区气温开展了检验，包括单个模式与观测的对比分析，以及多模式的协同比较等（Gao et al.，2012；Zou and Zhou，2013；Li Q et al.，2016；Tang et al.，2016；Zhou et al.，2016）。与全球气候模式相比，区域气候模式能很好地再现中国地区观测地面气温年均和季节平均气候态，并刻画其空间细节，一般而言，多年平均误差范围大多为–4~4℃（Tang et al.，2016）。大部分区域气候模式夏半年对地面气温气候态模拟较冬半年的好，但在冬季的高纬度和山区气温模拟偏低（冷偏差）较为明显（Bucchignani et al.，2014；董思言等，2014；Li Q et al.，2016）。

评估结果显示，区域气候模式对气温气候态的模拟受大尺度驱动场误差的影响。Gao等（2017）利用RegCM4对ERA-Interim再分析资料开展水平分辨率为25km的长期模拟（1990~2010年）试验，结果表明，RegCM4模式在冬季高纬度地区存在暖偏差（气温模拟偏高），而类似的气温偏差已存在于驱动模式的ERA-Interim再分析资料中。区域气候模式的系统偏差也与模式物理过程（如积云对流、边界层、陆面过程和云的辐射效应等）的选择和处理有关（Hui et al.，2015；Yang et al.，2016；Gao et al.，2017）。Yang等（2019）分析WRF模式物理过程的影响时发现，在东亚和中国地区，陆面过程和对流参数化是影响WRF模式气温模拟的关键控制因素，此外模式对辐射的计算也有一定影响。

图13-3给出ensR模拟中，全球和区域气候模式模拟集合与观测的气温偏差（Wu and Gao，2020）。全球气候模式除东北部和西北部山脉外，普遍表现为冷偏差。最大的冷偏差超过7.5℃，出现在青藏高原南[图13-3（a）]，注意到模式偏差也与大多数其他全球气候模式一致，区域平均值为–1.3℃，接近于Jiang等（2016）的结果（–1.1℃）。对于小规模地形复杂区域（如西北部的山脉和附近盆地），区域气候模式的改进明显[图13-3（b）]。值得注意的是，尽管全球气候模式的偏差数值及分布不同，但降尺度后RegCM4的偏差则表现出较好的一致性。这表明区域气候模式的偏差相对于驱动全球气候模式有一定的独立性。区域气候模式的主要偏差包括中国东北部和西北部的暖偏差、青藏高原和西南地区的冷偏差等。这也与以往RegCM版本模拟的结果一致（Gao and Giorgi，2017），表明该区域内模式内部的物理过程占主导地位。

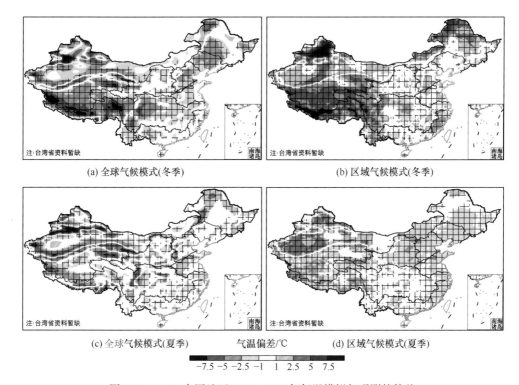

(a) 全球气候模式(冬季)　　　　　　　　(b) 区域气候模式(冬季)

(c) 全球气候模式(夏季)　　　气温偏差/℃　　　(d) 区域气候模式(夏季)

-7.5 -5 -2.5 -1　1　2.5　5　7.5

图 13-3　ensR 中国地区 1986~2005 年气温模拟与观测的偏差

图中的交叉线代表所有模式偏差一致的区域（改绘自 Wu and Gao，2020）

　　与冬季相比，ensR 夏季 [图 13-3（c）] 的模拟性能更好，偏差大多在 –5~+5℃。全球气候模式在山脉表现出普遍的暖偏差，在山坡和盆地则为冷偏差。各全球气候模式模拟偏差之间的空间一致性较差，导致全球气候模式集合的区域平均偏差值接近于 0。全球气候模式的一些偏差被引入区域气候模式中，如偏暖的全球气候模式驱动下的区域气候模式也趋向于偏暖。区域气候模式在中国北部、东部沿海地区和青藏高原，以及西北部沙漠表现出一致的冷偏差。同时，区域气候模式的区域平均偏差通常比驱动它的全球气候模式低 1℃左右。上述结果表明，区域气候模式本身性能（与动力框架和物理过程等相关）会对模拟产生较为重要的影响，多全球气候模式驱动多区域气候模式的集成模拟是提高区域尺度气候模拟和预估可靠性的有效方法。

　　2. 降水

　　中国降水受季风气候影响显著，春、夏季降水受东亚夏季风系统和西太平洋副热带高压的影响，雨带呈现逐次北进现象。区域气候模式是否能正确模拟季风雨带的北进和南撤，是影响模式模拟中国气候态降水和极端降水的关键因素之一，也是反映区域气候模式对东亚夏季风系统及其演变的模拟能力的重要指标之一。区域气候模式对东亚季风降水的模拟性能与模拟区域范围、季节和模式的物理参数化方案的选择等有关。

　　目前，现有的全球气候模式对东亚季风环流的模拟存在一定偏差（Xu et al.，

2016），这导致全球气候模式对东亚地区夏季风降水的模拟能力有限，对中国东部和东南部地区季风降水的模拟偏差较大。在驱动区域气候模式下，全球气候模式对亚洲季风区大尺度环流的模拟存在偏差，如西太平洋副热带高压的位置，以强迫场的形式传递到模拟区域，可能导致区域气候模式在中国东部和东南部模拟的水汽输送偏弱和降水量偏低。即便如此，采用区域气候模式进行动力降尺度能有效地修正全球气候模式的环流和降水带北推的误差（Niu et al.，2015；Gao et al.，2017），模拟结果与观测降水的空间相关性更高，均方根误差更小，总体能够再现观测的中国地区年总降水的空间分布，以及降水的季节变化，表明区域气候模式对于中小尺度区域过程的正确描述对中国夏季降水模拟的性能至关重要，即较高分辨率的区域气候模式对于夏季降水的空间分布、降水量和极端降水的模拟具有较为明显的优势。

和全球气候模式类似，区域气候模式倾向于高估中国北方及西北干旱–半干旱区和华南地区的降水（Gao et al.，2017），其对夏季降水空间分布的模拟较冬季的好。Niu等（2015）比较了多个区域气候模式对中国夏季风降水模拟，发现降水模拟的模式间差异比较明显。这种源于各个模式的物理过程的不确定性可能会对未来降水预估产生较大影响。

研究表明，在区域气候模式中耦合区域海气相互作用可以改善对东亚季风环流的模拟，从而更好地模拟季风降雨（Zou and Zhou，2012，2013；Cha et al.，2016；Zou et al.，2016）。Zou等（2016）利用区域海气耦合模式FROALS对东亚地区气候进行25年（1980~2005年）模拟，发现与非海气耦合区域气候模式相比，FROALS能修正模式对东亚和西北太平洋低层大气季风环流的空间模拟偏差，并在北太平洋西部模拟出较驱动场偏低的海表温度。这导致FROALS模拟的西太平洋副热带高压增强，并抑制海表蒸发，减弱海表温度的年际变化，改善对区域季风环流和底层水汽通量的模拟，从而改善对东亚地区夏季风降水量和降雨年际变化分布特征的模拟（图13-4）。

区域气候模式物理过程及其组合对中国降水模拟有较显著的影响。Gao等（2017）的模拟分析发现，RegCM4在耦合CLM陆面过程模式的情况下，较之Kain-Fristch和Tiedtke方案，可以使用Emanuel对流参数化方案提高地面气候场模拟性能。Yang等（2019）分析WRF模式物理过程对区域气候的影响时发现，积云对流参数化方案的选择对降水影响最为显著，其是东亚和中国地区的关键控制因素之一。另外，降水模拟结果对物理参数的敏感性显示出一定的区域依赖性。

与全球气候模式相比，区域气候模式对年均和季节平均降水的年际变率有明显的优越性，冬季降水年际变率的模拟更符合观测，对干旱区的模拟效果优于湿润地区（Zhao，2013；Zou and Zhou，2016；Zou et al.，2016）。

3. 极端气候事件

鉴于对社会发展和人类生命财产的重大影响，近年来人们对区域极端气候和变化的关注程度越来越高（IPCC，2012）。目前的研究结果表明，与全球气候模式比较，区域气候模式有更高的模拟当代中国气候极端气候的能力，能够更好地再现温度和降水极端指数的空间分布（Qin et al.，2014；Bao et al.，2015；Yu et al.，2015）。不同区域气候模式对表征极端温度、降水的变量模拟能力有所差别，如 Hui 等（2018b）利用两个全球气候模式驱动 WRF 和 RegCM4，发现在中国地区，区域气候模式在模拟极端气候上较全球气候模式具有不同程度的优势，如 WRF 对降水极端指数描述较好，而 RegCM4 可以更好地刻画温度极端指数。

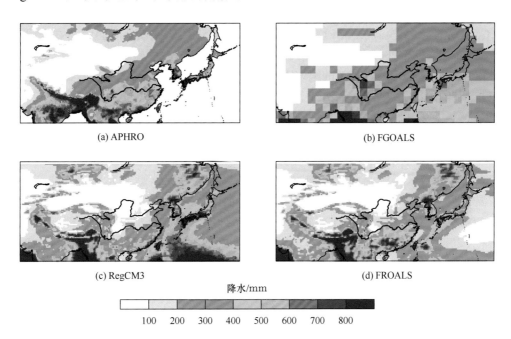

(a) APHRO

(b) FGOALS

(c) RegCM3

(d) FROALS

降水/mm

100 200 300 400 500 600 700 800

图 13-4 观测、全球气候模式、区域气候模式 RegCM3 和 FROALS 海气耦合区域气候模式模拟的 1981~2005 年夏季平均降水（改绘自 Zou et al., 2016）

区域尺度模拟的误差来源包括大尺度驱动场和模式物理过程的作用。在亚洲区域气候模式比较计划（RMIP III）的框架下，Niu 等（2018）分析六个区域气候模式对中国气候极端指数的模拟能力，表明所有模式均能合理地再现观测到的极端气候，然而对于极端低温事件和地形复杂地区的极端降水，模式存在偏冷 – 偏湿的误差；模式对于极端气候事件的增值与模拟季节和分析区域有关，基于性能的集合平均优于单个模型和参照气候的等权重平均。

Wu 等（2020）对 ensR 模拟的结果表明，区域气候模式对于中国地区极端气候具有较好的模拟能力，但模拟效果与驱动场的选取有关，全球气候模式对极端气候事件的模拟偏差会传递给区域气候模式。对于极端气温的模拟，区域气候模式相比全球气候模式有较为显著的改进，尤其在地形复杂的地区；同时，山区和盆地之间地形引起的降水差异在区域气候模式中得到了更好的再现；集合平均的模拟总体上优于单个模式。

13.4 全球气候模式对中国未来气候变化的预估

13.4.1 气温

CMIP6 的 13 个模式在 SSP126、SSP245 和 SSP585 三种共享社会经济情景下的结果表明，与 1986~2005 年相比，在 SSP126 情景下，中国区域的平均气温在 21 世纪中期升温会达到 2.0℃，到 21 世纪末升温幅度有所降低，在 1.8℃左右（0.7~3.0℃）；SSP245 情景下多模式集合结果 21 世纪末升温幅度将达到 3.22℃左右（1.4~3.9℃），SSP585 情景下 21 世纪末升温幅度将达到 6.5℃（3.2~8.7℃）（图 13-5）。

三种 SSPs 情景下中国地区平均温度变化的预估结果表明，相对于 1986~2005 年，中国各地区年均气温都表现为增加趋势，中国年均气温增幅总体上从东南向西北逐渐变大，北方地区增温幅度大于南方地区，青藏高原地区、新疆北部及东北部分地区增温较为明显，增温幅度具有一定区域性特征。SSP126 情景下，2021~2040 年和 2041~2060 年升温明显的区域主要在中国的西部地区、华中以及东北的东部，到了 21 世纪末（2080~2099 年）升温最明显的区域为华东和东北地区，最高升温可达到 2℃左右；在 SSP245 和 SSP585 情景下，整个升温的幅度逐渐增加，SSP585 情景下中国西部的青藏高原、新疆的北部地区以及东北的黑龙江升温幅度将达到 6℃以上（图 13-6）。

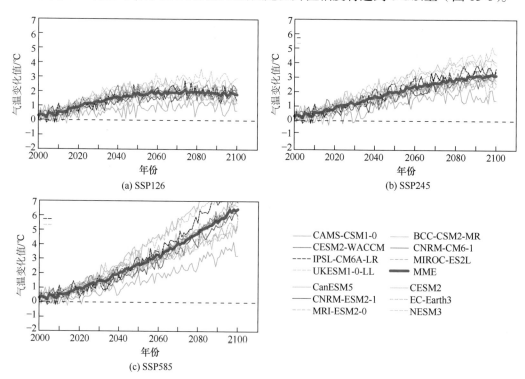

图 13-5 三种共享社会经济情景（SSPs）下 13 个 CMIP6 全球气候模式对中国区域年平均气温变化趋势预估

红色曲线为 13 个模式集合平均的结果

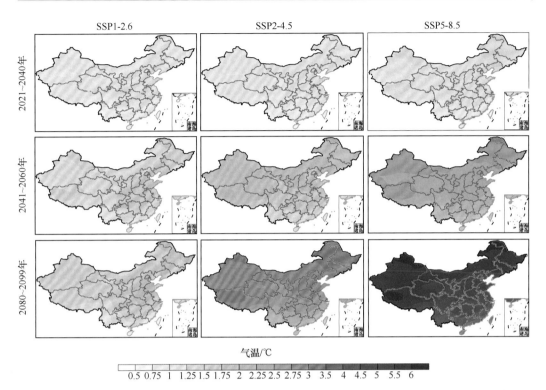

图 13-6　三种共享社会经济情景（SSPs）下 CMIP6 多模式对中国区域 21 世纪不同时期年平均气温变化预估

13.4.2　降水

CMIP6 模式在三种 SSPs 情景下的预估结果表明，在 SSP126、SSP245 和 SSP585 三种情景下，中国区域平均年降水量都呈现增加的趋势，与 1986~2005 年相比，在 SSP126 情景下，到 21 世纪末中国区域平均年降水量将增加 7%（0.2%~17%），在 SSP245 情景下增加 9%（1%~25%），在 SSP585 情景下增加 18%（8%~43%），与对气温的预估相比，对降水的预估模式间的差别更大。

就其空间分布而言，各时期内中国大部分地区降水都表现为增加，西北地区、华北地区、东北地区降水增加幅度相对较大。值得注意的是，21 世纪初，在 SSP245 情景下中国西南地区降水可能会减少，在 SSP585 情景下西部地区降水增加最明显，最大可达 30%（图 13-7）。

13.4.3　极端气温事件

相对于气候平均态，极端高温事件的变化常会对人类社会、经济和自然生态系统造成更大的影响。20 世纪以来，随着全球变暖趋势的进一步加剧，干旱、热浪等天气和气候极端事件更加频繁，给社会、经济和人类生活造成了严重的影响和损失。Zhou 等（2014）利用 24 个 CMIP5 模式对 21 世纪极端气温趋势进行预估，结果发现，到 21

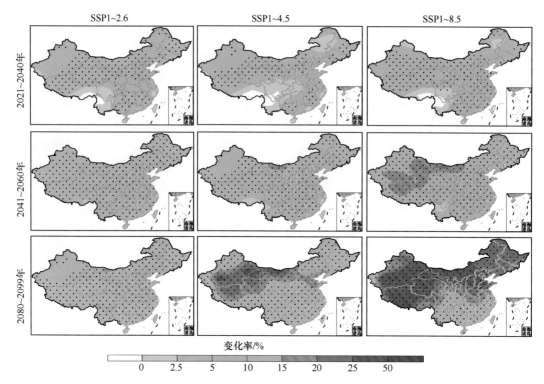

图 13-7　三种共享社会经济情景（SSPs）下 CMIP6 多模式对中国区域 21 世纪不同时期平均降水变化预估

世纪末期，在 RCP4.5（RCP8.5）情景下，多模式集合平均最低气温和最高气温分别增加 2.9℃（5.8℃）和 2.7℃（5.5℃）。沈雨辰（2014）利用 25 个 CMIP5 气候模式在 RCP4.5 情景下的模拟结果，对中国地区 21 世纪中期（2046~2065 年）和 21 世纪末期（2081~2100 年）的极端气温指数变化进行了预估，结果表明，21 世纪末期极端气温指数的变化相对于中期更为显著。在 21 世纪末期最高气温与最低气温升温明显，最低气温平均上升 3.15℃，极值中心位于西藏南部、新疆北部地区，增幅达到 4.5℃；中国地区最高气温平均上升 2.73℃；热浪日数平均增加 2.1 天；霜冻日数将减少 25 天，其中西藏地区减少幅度最大，达到 40 天。姚遥等（2012）利用 8 个 CMIP5 耦合模式结果，对未来中国极端气温变化进行了预估，发现 20 年一遇最高气温在中国地区呈现升高趋势，局部升温幅度达到 4℃。

Xu 等（2018）也利用 CMIP5 多个全球气候模式的模拟结果预估了 RCP2.6、RCP4.5 和 RCP8.5 温室气体排放情景下，不同时期中国地区 50 年一遇极端气温和降水的变化。结果表明，在三种温室气体排放情景下，整个中国地区 50 年一遇最高温度最高值（TXx）将增加，最低温度最低值（TNn）将减小，尤其在 RCP8.5 温室气体高排放情景下，目前 50 年一遇的极端高温事件在 21 世纪末将变为 1~2 年一遇，极端冷事件将逐渐消失。

大量研究结果表明，未来我国极端暖事件将继续增加，极端冷事件将继续减少。中国区域 TNn 和 TXx 的气温将增加，且 TNn 增加幅度大于 TXx 增加幅度。FD 和 ID 将减少。热夜日数（即最低气温超过 20℃的日数，TR）和夏季日数（即最高气温超过 25℃的日数，SU）将增加。WSDI 将增加，CSDI 将减少。暖日（TX90p）、暖夜（TN90p）频次将增加，冷日（TX10p）、冷夜（TN10p）频次将减少（如 Zhou et al., 2014）。

具体来讲，与 1986~2005 年相比，到 21 世纪末期，中国 TNn 和 TXx 在 RCP4.5 情景下分别升高 3.0℃和 2.8℃，在 RCP8.5 情景下分别升高 5.9℃和 5.6℃（图 13-8），其中，TNn 在东北、西北北部和西南南侧升温幅度最大，TXx 增幅最大的区域位于华东区域，且 TNn 的变化幅度略大于 TXx 的变化幅度。到 21 世纪末期，FD 和 ID 在 RCP4.5 情景下分别减少 21 天和 17 天，在 RCP8.5 情景下分别减少 43 天和 32 天，我国西部地区变化最为明显。TR 和 SU 在 RCP4.5 情景下分别增加 18 天和 25 天，在 RCP8.5 情景下分别增加 38 天和 44 天（部分图略）。WSDI 在 RCP4.5 和 RCP8.5 情景下分别增加 49 天和 136 天，CSDI 在 RCP4.5 和 RCP8.5 将分别减少 3 天和 4 天。WSDI 增加最明显的地区位于中国西部，CSDI 减少最大的区域位于新疆、青藏高原和华南地区。在 RCP4.5 情景下，到 21 世纪末期，TN10p 和 TX10p 分别由 1961~1990 年的 10%下降至 1.7%和 2.6%，TN90p 和 TX90p 分别由 1961~1990 年的 10%增加至 21 世纪末期的 41%和 36%，冷夜和暖夜（TN10p 和 TN90p）的变化要大于冷日和暖日（TX10p 和 TX90p）的变化。在 RCP8.5 情景下，暖日、暖夜、冷日和冷夜的变化更为显著。到 21 世纪末期，TN10p 和 TX10p 分别下降至 0.4%和 0.9%，意味着 20 世纪后期每 10 天一次的冷夜和冷日事件在 21 世纪末将分别变成每 200 天一次和每 100 天一次。TN90p 和 TX90p 分别增加至 67%和 59%，意味着 20 世纪后期每 10 天一次的暖日、暖夜事件在 21 世纪末期将会变为常态。

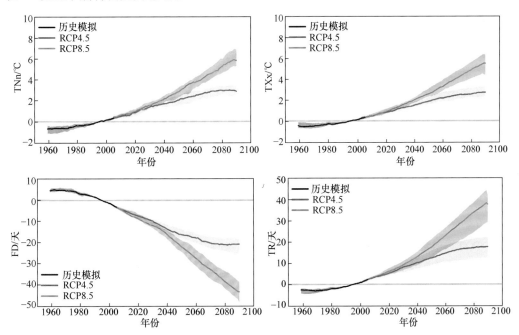

图 13-8　4 个气温极端指数 20 年滑动平均变化（相对 1986~2005 年）（改绘自 Zhou et al., 2014）

实线为多模式集合中值，阴影为第 25 和第 75 百分位区间

13.4.4 极端降水事件

根据 22 个 CMIP5 模式的模拟结果，对 21 世纪极端降水的趋势变化进行分析（Zhou et al.，2014），结果表明，极端降水量（R95p）和最大连续 5 天降水量（RX5day）在 21 世纪增加显著，在 RCP8.5（RCP4.5）情景下，到 21 世纪末 R95p 和 RX5day 分别增加 60%（25%）和 21%（11%），最大连续无降水日数（CDD）则在 21 世纪的后半期表现出显著减少的趋势。在 RCP4.5 排放情景下，21 世纪中期（2046~2065 年），R95p 贡献率和 RX5day 在全国范围内呈现一致增加的趋势，其中 RX5day 的增加更为显著，显著增加的区域主要集中在我国的西北东部及黄淮流域，增加幅度均超过 10%；最大连续干旱日在 30°N 以南增加，在 30°N 以北则减少，减少最大的地区在西北东部，达到 15%，说明未来该区域干旱形势可能会有所缓解；21 世纪末期，R95p 贡献率和 RX5day 增加的幅度远大于前期，其中在我国西北部和江淮流域增加最为显著，局部地区增幅超过 20%，而全国的连续干旱日数变化幅度较前期进一步加剧（Li W et al.，2016）。

至 21 世纪末期，降水有向极端化发展的趋势（陈活泼，2013），其中中雨、大雨和暴雨的发生频次显著增加，并且与气温的变化表现为正相关，分别以 1.5%/℃、6.0%/℃ 和 27.3%/℃ 的趋势增加，意味着未来中国遭遇洪涝灾害的风险将加大。东亚季风环流的增强以及中低层结不稳定地增强，为中国未来降水以及极端降水事件的增强提供了丰富的水汽来源和强大的动力条件。

CMIP5 模式集合预估在不同排放路径下，目前 50 年一遇的 RX5day 的量值在未来均会增加，同时目前 50 年一遇的极端降水事件在 21 世纪末将变为 10 年一遇；中国平均的 RX5day 重现期在 2016~2035 年将从 50 年一遇变为 20 年一遇，到 21 世纪末期，在 RCP2.6、RCP4.5 和 RCP8.6 情景下将分别变为 17 年一遇、13 年一遇和 7 年一遇（Xu et al.，2018）。CDD 重现期的变化比 RX5day 小，整个中国平均 CDD 的重现期在 2016~2035 年从目前的 50 年一遇变为 32 年一遇，到 21 世纪末三种情景下变为 38 年一遇、36 年一遇和 29 年一遇。从空间分布来看，CDD 在中国北方地区将减少，而在南方地区将增加。

但总体来说，虽然所有模式预估的未来中国区域年降水量和极端降水事件都呈增加趋势，但模式间预估的增加幅度有一定差异。

未来我国极端强降水将增多，强降水量占年降水量的比重将增大，而且 RCP8.5 情景下的变化幅度大于 RCP4.5 情景下的变化幅度。与 1986~2005 年相比，到 21 世纪末，PROPTOT、SDII 和 RX5day 在 RCP4.5 情景下将分别增加 8%、8% 和 11%，在 RCP8.5 情景下将相应地增加 14%、15% 和 21%。R95p 在全国范围内均明显增加，尤以我国西部和北部地区增加最为显著。此外，R1（日降水量超过 1mm 的天数）在我国 30°N 以北地区将增加，30°N 以南地区则减少；华北、西北和东北地区的 CDD 将减少，但模式间存在较大的差异（Zhou et al.，2014）。

13.4.5　1.5℃和 2℃阈值下的变化

基于 18 个 CMIP5 模式在 RCP 情景下的模拟结果，对全球升温 1.5~4℃阈值下亚洲地区平均温度和降水以及极端温度和降水的变化进行综合分析。相比工业化前（1861~1900 年），在全球升温 1.5℃、2℃、3℃和 4℃阈值下，整个亚洲地区的平均温度分别升高 2.3℃、3.0℃、4.6℃和 6.0℃，均高于全球平均水平；其中中国所在的东亚地区在 1.5℃升温阈值下温度将升高 2℃，在 2℃升温阈值下将升高 2.4℃（徐影等，2017）。

对于平均降水而言，在 1.5℃、2℃、3℃和 4℃升温阈值下，整个亚洲区域相比工业化前分别增加 4.4%、5.8%、10.2% 和 13.0%，具有显著的区域性特征。当全球平均温度升高 1.5℃时，东亚平均降水将增加 3%，在 2℃升温阈值下，东亚降水将增加 4%。

在 1.5℃、2℃、3℃和 4℃升温阈值下，亚洲不同区域的 TXx 概率密度曲线均向右移动，表明随着全球变暖加剧，TXx 的平均值都将增大，偏热天气出现的概率将增加，极热天气将会更频繁地发生；东亚（中国）的概率密度曲线变得更宽，揭示 TXx 的标准差变大，即 TXx 的变化幅度加大，出现破纪录天气的概率将会增大。TNn 变化的情况基本与 TXx 类似，不同升温阈值下 TNn 的概率密度曲线向右移动，表明 TNn 的平均值将升高，偏冷气候出现的概率将减少。

在 1.5℃和 2℃升温阈值下，中国地区 RX5day 的概率密度曲线变化不大，但变幅均增加，意味着中国地区的极端降水量的变率会增大，同时降水的极端性将增强，出现强降水的概率将增大。

对比 1.5℃和 2℃升温阈值下，亚洲地区平均温度和降水变化的结果表明，在全球升温 1.5℃背景下，相比 2℃升温阈值，整个亚洲区域的升温幅度都降低。对于降水，亚洲大部分地区的增幅会减少 5%~20%。极端温度和极端降水在 1.5℃和 2℃升温阈值下的差别如图 13-9 所示，与 2℃升温阈值相比，1.5℃升温阈值下亚洲大部分区域的 TXx 升温幅度降低 0.6℃以上，TNn 增温幅度的降低相比 TXx 更为明显，东亚（中国）的西部地区达到 1.6℃以上。对比 TXx 和 TNn 在 1.5℃和 2℃升温阈值时的升温情况还可以看出，亚洲区域 TXx 升温幅度的降低是均匀分布的，而 TNn 则不是。对于极端降水变化，相比 2℃，全球平均温度升高 1.5℃时，亚洲大部分区域的 RX5day 的增加都呈减弱趋势，R95p 的减弱在东南亚表现得更为明显，可达 50mm 以上（徐影等，2017）。

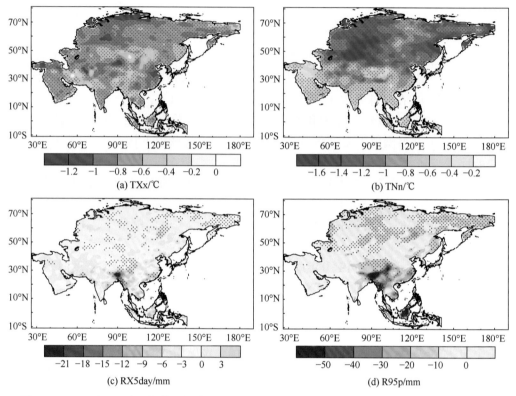

图 13-9　1.5℃和 2℃升温阈值下极端温度和极端降水变化的差值分布（改绘自徐影等，2017）

知识窗

1.5℃和 2℃的由来

　　自 20 世纪 50 年代以来，气候系统中观测到了许多在过去几十年乃至上千年时间里前所未有的变化，如大气和海洋变暖、积雪和冰量减少、海平面上升、温室气体浓度增加等。避免人类活动对气候系统的干扰是国际社会应对气候变化和国际气候谈判的目标。自 1992 年《联合国气候变化框架公约》（UNFCCC）签署以来，控制和减缓温室气体排放已成为国际社会应对气候变化的优先主题。IPCC 政策有关的评估主要集中在要将限制全球平均温度升高作为 UNFCCC 各种目标背景下的具体气候目标，其中讨论最广泛的是将全球变暖限制在相对于工业化前 2℃温升水平这一目标，该目标也逐步取得了国际社会的广泛共识。

　　IPCC 在 1995 年发布的 AR2 中提出，如果全球平均温度较工业化前增加 2℃，则气候变化产生严重影响的风险将显著增加。之后的科学研究，包括 2001 年、2007 年和 2014 年发布的 IPCC 系列评估报告等都进一步支持了将全球增温限制在 2℃以内这一共识。据此，欧盟于 1996 年首次提出了 2℃目标，2004 年又将 2℃目标确定为气候变化中长期战略目标。在欧盟等主要国家的推动下，2009 年底 UNFCCC 缔约方会议达成了《哥本哈根协议》，该协议接受了 2℃的目标。

2010 年底 UNFCCC 缔约方会议再次确认了 2℃目标，并指出必须从科学的角度出发，大幅度减少全球温室气体排放。2℃温升目标自此成为一个全球性的政治共识。

　　然而，对于较为脆弱及应对全球变暖能力欠缺的一些国家联盟，如小岛屿国家联盟（AOSIS）和最不发达国家（LDCs），全球增暖 2℃带来的影响可能远远超出了这些国家的应对能力。2015 年 12 月，UNFCCC 近 200 个缔约方一致同意通过《巴黎协定》，其中明确指出：为把全球平均增暖控制在较工业化前水平2℃以内，并为把增暖控制在 1.5℃以内而努力，以降低气候变化所引起的风险与影响。2015 年，UNFCCC 专门邀请 IPCC AR6 针对全球升温 1.5℃的影响及温室气体排放途径撰写特别报告，该特别报告于 2018 年 10 月发布（翟盘茂等，2017；张永香等，2017）。

13.4.6　大尺度环流

　　中国及邻近地区的地形复杂，海陆分布差异显著，所以该地区的天气、气候和生存环境的变化受季风系统等大尺度环流的影响较大（Trenberth et al.，2000；郝青振等，2016）。在未来全球变暖情景下，季风系统等大尺度环流将如何变化、其成因如何，是气候变化研究领域的议题之一（Eyring et al.，2016）。因此，对中国未来大尺度环流变化进行科学预估，能够使我们对地球气候系统的影响有更加合理的认识，进而进行评价。

　　就东亚冬季风而言，其强弱变化对于中国地区的天气气候有着重要影响。描述东亚冬季风强度的指数有很多，但是考虑到全球变暖情景下中国气候变化的复杂性很可能会导致一些间接定义的指数不再适用或者适用性减小，用经向风来定义东亚冬季风强度被广泛使用。通过对 CMIP5 全球气候模式的数值结果的分析发现，全球变暖背景下东亚冬季风强度变化存在明显的模式依赖性，而且与所选用的指数定义有关，即以往工作中用单个或者几个模式所得的冬季风减弱的结论存在局限性；通过分析 31 个气候模式中 21 世纪东亚冬季风强度变化，发现冬季风并无显著的变化趋势（姜大膀和田芝平，2013）。多模式集合预估结果表明，相对于 1980~1999 年的参照时段，阿留申低压系统减弱并北移（图 13-10），对应于 850hPa 风场，在北太平洋中高纬度地区出现了异常反气旋性环流，导致东北亚地区原有的偏北风减弱，而低纬度西北太平洋上的东北风加强，并在东亚约 25°N 以南地区与基本气流汇合南下，引起偏北风异常，从而加强了该地区的冬季风强度（图 13-10）。

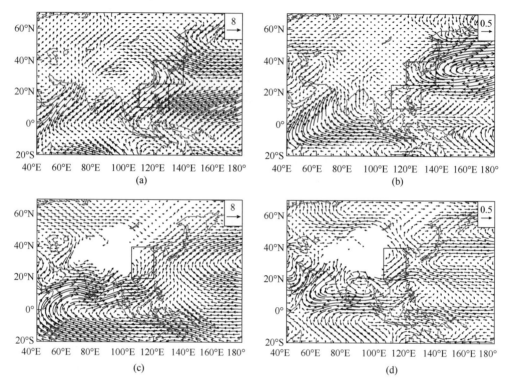

图 13-10 多个全球气候模式模拟的冬夏季风场（单位：m/s）（姜大膀和田芝平，2013）

（a）31 个气候模式模拟冬季近地面 10 m 风场的 1980~1999 年气候态；（b）相对于 1980~1999 年，2080~2099 年冬季近地面 10 m 风场的变化；（c）29 个气候模式模拟夏季 850 hPa 风场的 1980~1999 年气候态；（d）相对于 1980~1999 年，2080~2099 年夏季 850 hPa 风场的变化

　　具体而言，在低典型浓度路径（RCP2.6）情景下，在 500hPa 位势高度场中，整个东亚均表现为位势高度的增加，使得偏北风减弱；在 200hPa 纬向风场中，东亚区域表现为风速的增加，风速的高值中心与高空急流带位置相比要偏北。随着温室气体排放浓度至中和高等（RCP4.5 和 RCP8.5），500hPa 位势高度场的增幅随之增强，200hPa 纬向风的增幅也随之增强（王政琪，2017）。

　　对于东亚夏季风而言，季风环流带来的充沛降水会显著影响中国东部地区，而季风活动强弱的变化会引起区域的洪涝和干旱发生。东亚夏季风不仅仅受经向海陆温差的驱动，即与欧亚大陆（含青藏高原）和北太平洋间海陆热力差异相关联；而且还受到西太平洋副热带高压和亚洲低压之间的气压梯度的影响，夏季的南风和冬季的北风受压力梯度和地球自转共同驱动（Wang et al.，2017）。多模式集合预估结果表明，东亚夏季风强度在 21 世纪并无明显变化趋势，但与历史参照时段相比，未来情景下的季风强度年际变率有所增大，尤其体现在根据东西向海平面气压差定义的指数序列上。在对流层低层环流变化的空间分布场上（850hPa），在未来气候变化情景下，中国东部和东北地区均表现为系统性的偏南风异常，叠加在气候态上则使得季风环流小幅加强（图 13-10）。

从动力学机制上的解释就是，全球变暖导致东亚及临近地区的陆地气温普遍上升，从而引起海陆之间的变暖幅度的差异。一方面，东亚地区的升温幅度大于同纬度的西北太平洋地区，导致东西向热力对比加大，与此相对应的是夏季东亚大陆热带低压增加的幅度大于西北太平洋副热带高压减弱的幅度，从而使东西向的气压梯度力也加大，由此引起东亚地区偏南风气流异常。另一方面，中国东部的变暖幅度大于南海地区，对应的南北向海陆温差和气压差相应也加大，同样地，也会引起由南海吹向陆地的偏南风异常并向内陆延伸。由此可见，在全球变暖背景下，东亚地区的经向和纬向海陆热力差异同时加大，共同导致了东亚夏季风略有加强。但值得注意的是，变暖背景下东亚夏季风强度变化同样存在着对于所选模式和所选指数的依赖性。

当前的 CMIP5 以及正在开展的 CMIP6 模式相比过去的气候模式，在模式分辨率以及各种物理化学过程的参数化方面都有了较大的发展和进步，对东亚季风环流的模拟能力也有所提高，但是具体的模拟和预估结果仍存在着很大的不确定性（周天军等，2018）。首先，关于东亚季风环流强度的变化存在不一致性。当前关于季风环流变化的度量指标呈多样化趋势，少有研究关注基于不同指标的结果间的可比性。在东亚地区，南风强度是度量东亚夏季风环流强度的常用指标；但是在全球季风研究中，科学界多采用低层辐合或中层垂直上升运动的强度来度量季风环流的强度。其次，东亚夏季风环流预估的不确定性。其很大程度上来自西北太平洋副热带高压的预估不确定性；而冬季风环流预估中对海平面气压和对流层低层风场的模拟差异较大。另外，季风环流系统的变化也受制于全球平均增暖的程度，其反映了全球气候模式气候敏感度不同对预估结果的影响（Chen and Zhou，2015）。

13.5 区域气候模式对中国平均气候及极端事件预估

13.5.1 气温

以 ensR 为例，图 13-11 对比了模拟中 4 个全球气候模式及其驱动下的 RegCM4 区域气候模式对 21 世纪末期（2080~2099 年，相对于 1986~2005 年）中国地区冬、夏季平均气温变化的集合预估。所有的模式都表现出一致的增温，其中冬季全球气候模式的增温范围为 2.4~3.9℃ [图 13-11（a）]，区域平均值为 3.0℃。中国西部的变暖更为明显，西北部和青藏高原的部分地区增温最大值超过 3.6℃。不同全球气候模式增温的幅度和空间分布差异较大。中国增温的区域平均值为 2.0~3.8℃。区域气候模式的增温幅度在一定程度上受到其驱动场的影响，但相对来说增幅要小，区域平均增温值为 1.8~3.2℃，集合平均值为 2.5℃，比全球气候模式平均低 0.5℃。区域气候模式除了表现出更多的空间分布细节外，与全球气候模式相比，其对青藏高原的模拟表现出明显的差异，存在显著的增温现象 [图 13-11（b）]。

夏季增温与冬季相比总体上较弱，并且增温分布型也有明显差异 [图 13-11（c）和图 13-11（d）]。全球气候模式集合预估的结果显示，全国的增温值普遍大于 2.4℃，在华北和西北部出现的最大值超过3℃。不同的全球气候模式间区域平均气温增幅为1.9~3.3℃，全球气候模式集合平均增幅则为2.7℃。与冬季相似，全球气候模式之间的空间分布存在较大差异。在区域气候模式集合结果中，青藏高原东部和40°N一带增温的幅度最显著（2.4~3.0℃）。与冬季类似，区域气候模式增温的空间分布总体上与驱动它的全球气候模式一致，但与冬季不同的是区域气候模式之间的空间分布差异在夏季较大。

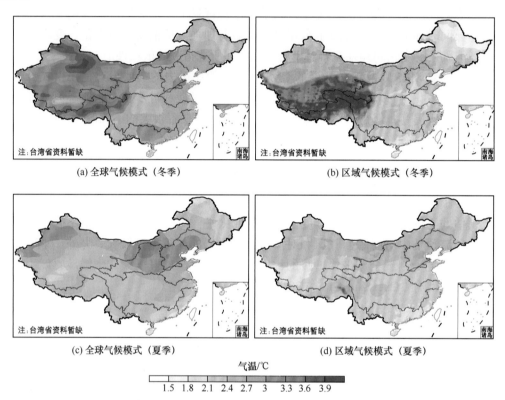

(a) 全球气候模式（冬季）　　　　　　　　(b) 区域气候模式（冬季）

(c) 全球气候模式（夏季）　　　　　　　　(d) 区域气候模式（夏季）

气温/℃

1.5　1.8　2.1　2.4　2.7　3　3.3　3.6　3.9

图 13-11　RCP4.5 情景下全球和区域气候模式集合预估的 21 世纪末期（2080~2099 年，相对于 1986~2005 年）中国地区冬、夏季平均气温变化（改绘自 Wu and Gao，2020）

13.5.2　降水

图 13-12 为 ensR 预估的 21 世纪中期（2041~2060 年）RCP4.5 和 RCP8.5 情景下年平均和冬夏季降水的变化（张冬峰和高学杰，2020）。21 世纪中期在 RCP4.5 情景下，ensR 预估的年平均降水在中国西部和东北北部以增加为主，其中西北干旱区增加10%~25%。RCP8.5 情景下降水增加范围扩大、幅度上升，如北方大部分地区以增加为主，西北干旱区部分地区增加幅度为 25%~50%，中国区域年平均降水增加由 4% 上升到 5%。

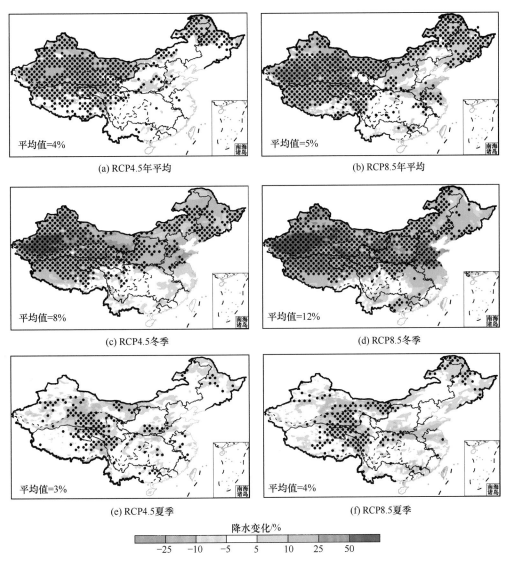

图 13-12　ensR 预估的 21 世纪中期（2041~2060 年）降水变化（相对于 1986~2005 年）
（改绘自张冬峰和高学杰，2020）

区域平均值同时在各图幅左下角给出

　　冬季北方大部分地区降水普遍增加，数值在 10% 以上，其中西北地区增加明显，
最大值出现在塔里木盆地（超过 50%）。RCP8.5 情景下，中国大部分地区降水增加，
北方增加幅度更大，西北干旱区降水增加中心数值超过 75%，另外云贵高原降水明显
减少。夏季 RCP4.5 情景下降水增加的地区集中在西北干旱区东部、青藏高原东部三
江源地区、东北北部和黄淮等地；RCP8.5 情景下的变化空间分布和 RCP4.5 情景类似，
但增加范围和幅度更大。

13.5.3 极端事件

IPCC AR5 使用 CMIP5 模拟结果，其未来气候各时段取 2016~2035 年、2046~2065 年和 2081~2100 年，对应 21 世纪近期、中期和末期，参照时段是 1986~2005 年。受到区域气候模式预估模拟试验长度的限制，以及不同学者的关注点不同，各个区域气候模式预估结果对 21 世纪近期、中期和末期的选择各不相同。该评估报告为了尽可能采纳更多区域气候模式的研究成果，将时段放宽为若干区间：20 世纪 80 年代至 21 世纪初、21 世纪 10~40 年代、40~60 年代、70~90 年代，20 年及以上平均位于对应区间内即认为是参照期、21 世纪近期、中期和末期。该报告关注 RCPs 情景下的未来变化预估。

1. 极端气温

未来近期，基于 5 个区域气候模式的集合预估表明，20 年一遇的夏季气温极值在中国东部都会增大（Park and Min，2018）。到 21 世纪中期，4 个区域气候模式的集合预估极端高温事件，包括 TXx 和暖期 WSDI 等在全国范围会增多、增强，且西部地区的增幅更大；极端低温事件，包括 TNn 和冷期 CSDI 等在全国范围会减弱、减少，不同模式预估结果的空间分布差异较大，西部地区没有像极端高温指数那样表现出较大的变幅（Hui et al.，2018a）。到 21 世纪末期，单个区域气候模式预估高温热浪指数（HWDI）和 FD 在全国范围内分别增加和减少，且变幅在西部较大（Ji and Kang，2015）。对于各个未来时段，在不同排放情景下极端气温指数预估结果的空间分布类似，在更高排放情景下的变幅更大（Ji and Kang，2015；Wu and Huang，2016；Bucchignani et al.，2017；Hui et al.，2018a）。

ensR 预估显示，相对于 1986~2005 年，全国平均的 TXx 在两种不同排放情景下均有明显的上升趋势，基本上在 2035 年之前，两种情景下的增幅较为一致，将上升 1.2℃左右，到 21 世纪末，RCP8.5 情景下 TXx 增幅较大，为 5.1±0.4℃，RCP4.5 情景下增幅为 2.6±0.4℃ [图 13-13（a）]。TXx 在全国范围内一致升高，且各集合成员都表现为一致的正负变化。在 RCP4.5 情景下，2046~2065 年，中国大部分地区升高 1.6~2.4℃，青藏高原东南部、黄淮地区和东北平原升高较大，最大增幅可超过 2.6℃，低值中心位于东南沿海、内蒙古东部和青藏高原北部；2080~2099 年，增幅升高到 2.0~3.0℃，空间差异变化不大 [图 13-14（a）]。在 RCP8.5 情景下，无论是中期还是末期，TXx 的增加幅度都大于 RCP4.5 情景，中期的增加幅度和空间分布与 RCP4.5 情景下的末期类似；到 2080~2099 年时，增幅升高到 4.0~5.6℃。

对于未来夏季气温变化的预估，极端高温变化的模式间的一致性要高于平均气温的变化，且极端高温的变化幅度要高于平均气温。未来夏季极端高温变化和平均气温变化在模式间存在显著关系，未来平均气温增幅较人的模式，其极端高温的增幅也较大，这种关系对于区域平均和多数模式格点上的未来预估都有显著的表现。夏季极端高温模拟误差和未来变化在模式间也存在显著关系，模拟误差偏暖的模式，其预估的夏季极端高温未来变幅倾向于更大，且这种关系在夏季极端高温方面的表现要强于夏季平均气温（Park and Min，2018）。

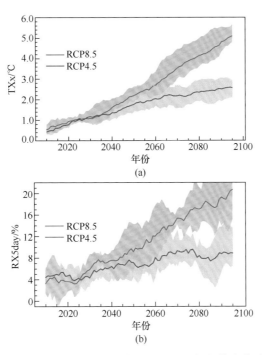

图 13-13　ensR 预估的 21 世纪中国平均 TXx（a）和 RX5day（b）的变化（相对于 1986~2005 年）

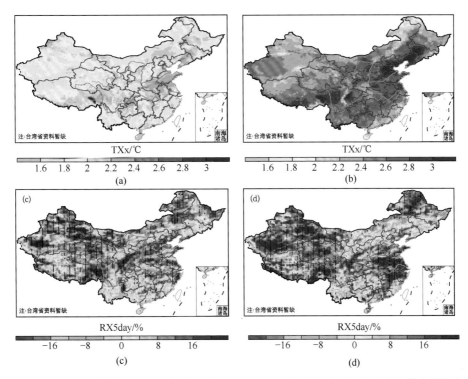

图 13-14　ensR 预估的 TXx[（a）和（b）] 和 RX5day[（c）和（d）] 未来变化的空间分布

（a）和（c）RCP4.5 情景下 21 世纪中期；（b）和（d）RCP4.5 情景下 21 世纪末期

2. 极端降水

21 世纪近期，在 RCP8.5 情景下，对于 20 年一遇的夏季降水极值，5 个区域气候模式集合预估，在中国东部都会增大，且其相对于局地平均气温的变化幅度基本符合克劳修斯 – 克拉伯龙（Clausius-Clapeyron，C-C）关系，约 7% /℃（Park and Min，2018）。对于 R95p，4 个区域气候模式集合预估，在中国大部分地区都会增多（Hui et al.，2018a）。单个区域气候模式对 RCP4.5 和 RCP8.5 情景下 21 世纪中期的预估结果显示，极端强降水量（R99p）也将在中国大部分地区增多（Bucchignani et al.，2017）。但也有其他区域气候模式在 RCP4.5 情景的 21 世纪近期预估结果中显示，R95p 将在中国东北、华北、青藏高原和华南地区增加，而在长江流域减少；极端降水频率（R95pF）变化的空间分布与 R95p 类似，而极端降水量占总降水的比例（R95pT）在中国多数地区都在增加。对于长江流域，R95pF 减小而 R95pT 增加，意味着虽然极端降水量减少，但极端降水的降水强度在增加（Bao et al.，2015）。这一预估结果与另外一个区域气候模式 RCP8.5 情景下的预估结果一致，且 21 世纪中期预估的 R95p 的空间分布与近期类似（Zou and Zhou，2013，2016）。长江流域和华南地区 R95p 未来的正负变化存在模式差异，这与不同模式预估的未来夏季环流变化不同有关（Qin and Xie，2016；Zou and Zhou，2016；Hui et al.，2018a；Park and Min，2018）。对于各个未来时段，在不同排放情景下极端强降水指数预估结果的空间分布类似，在更高排放情景下的变幅更大（Ji and Kang，2015；Wu and Huang，2016；Bucchignani et al.，2017；Hui et al.，2018a）。

ensR 集合预估显示，相对于 1986~2005 年，RX5day 在 RCP4.5 和 RCP8.5 两种不同排放情景下均有明显的增加趋势，在 2025 年之前，两种情景下的增幅较为一致，将增加 4% 左右，到 21 世纪末，RCP8.5 情景下 RX5day 增幅较大，为 21%±6.4%，RCP4.5 情景下增幅为 8.9%±3.5%[图 13-13（b）]。在未来两种情景下，不同时期的 RX5day 在中国各区域大都表现为增加。具体来说，在 RCP4.5 情景下，2046~2065 年，仅在东北东部、华北北部、云南等部分地区存在 RX5day 减小，但模式间一致性较差，其他区域的增加幅度普遍超过 12%；2080~2099 年，正负变化的空间格局变化不大，但增加幅度在明显变大，黄淮、江淮、东北北部和西北部分地区的增加值超过 20%[图 13-14（b）]。在 RCP8.5 情景下，无论是中期还是末期，RX5day 的增加幅度都大于 RCP4.5 情景，中期的增加幅度和空间分布与 RCP4.5 情景下的末期类似；到 2080~2099 年时，RX5day 减小的区域几乎消失，且增加幅度显著提速，大部分区域的增加值超过 20%，西北部分区域的增加值更是超过 40%。

总的来说，在 21 世纪近期和中期，无论在 RCP4.5 还是 RCP8.5 情景下，除长江流域和华南地区以外的中国大部分地区，极端强降水都在增多，且多模式间一致性很高；而长江流域和华南地区极端强降水的变化与模式预估的夏季环流变化有关，有模式和情景依赖性。

对于未来夏季降水变化的预估，极端强降水变化的模式间一致性要高于平均降水的变化，且极端强降水的变化幅度要高于平均降水。未来夏季极端强降水变化和平均降水变化在模式间存在显著关系，未来平均降水增幅较大的模式，其极端强降水的增幅也较大，这种关系对于区域平均和多数模式格点上的未来预估都有显著的表现，但相关性要比气温的类似关系低。夏季极端强降水模拟误差和未来变化在模式间也存在显著的联系，模拟误差偏大的模式，其预估的夏季极端强降水未来变幅倾向于更大，且这种关系在夏季极端强降水方面的表现要强于夏季平均降水。这可能与极端强降水和气温间的 C-C 关系有关，暖偏差的模式对应较大的强降水模拟误差，相应地，未来增暖幅度更大也对应强降水增幅较大（Park and Min，2018）。

CDD 的未来变化与降水变化有较好的相关性，这种相关性存在于相同季节统计的 CDD 和总降水之间，或者表现在年最长连续干旱日数与秋 / 冬季降水之间；或者表现在时间上（Qin and Xie，2016），或者表现在空间分布上（Bucchignani et al.，2014，2017；Ji and Kang，2015；Zou and Zhou，2016；Hui et al.，2018a）。

3. 复合型极端事件

复合型极端事件也越来越得到学者的关注，包括风暴潮和强降水、高温干旱、高温高湿等，但中国范围内相关复合极端事件未来变化的高分辨率预估的工作较少。以日最大湿球气温（TWmax）的 95th 分位数表征极端高温高湿，在 RCP8.5 情景下，3 个区域气候模式集合预估结果显示，到 21 世纪末，华北平原平均的极端高温高湿强度将增加 3~4℃，增幅大于波斯湾和南亚地区（2~3℃）；在 21 世纪末的 30 年内，中国东部的部分地区，如潍坊、青岛、上海和杭州等的个别天的 TWmax 可超过 35℃，达到人体对高温高湿的承受阈值，即使在中等排放情景 RCP4.5 下，仍存在超过 35℃阈值的概率（Kang and Eltahir，2018）。到 21 世纪末，即使在中等的 RCP4.5 排放情景下，中国区域的人体热感受指数"有效温度"（effective temperature）普遍升高，引起炎热天气的人口暴露度也将大幅度增加，其增加幅度可以达到 6 倍之多，相应地，凉、冷和寒冷天气的暴露度则减少（Gao et al.，2018）

13.6　不确定性分析

未来全球和区域气候变化趋势历来是人们关注的焦点问题。近年来，由于采用了改进的研究方案（如排放情景设定）、技术（多模式集成）和工具（如气候系统模式、地球系统模式等），在未来情景的假设下，对未来全球百年尺度的气候变化趋势有了更加清晰的认识。评估结果表明，20 世纪 90 年代以来对气候变化的近期预估结果，在已经经历的时间段内，与大尺度观测资料的综合分析结果具有较高的拟合度，说明从预估结果中提取的某些信号具有一定程度的可靠性。

但是，由于对未来气候变化趋势的判定依然有很多前提因素，对这些因素的了解程度又依赖于现有科技的发展水平，因此对气候变化预估还具有一定的不确定性。气候变化预估的不确定性主要有三大来源：外强迫场的不确定性、模式本身的不确定性和气候系统的内部变率（IPCC，2013）。

外强迫场的不确定性，即"排放情景不确定性"，它来源于影响气候系统的外部强迫因子，包括温室气体排放、气溶胶排放、平流层臭氧浓度、土地利用等。IPCC 在历次评估报告中先后发展和使用了 SA90、IS92、SRES、RCPs、SSPs 等排放情景。从气候情景的发展来看，排放情景的差异与人类行为和决策的不确定性相关，其取决于国际社会如何选择经济发展路径来控制温室气体排放、应对全球变暖的挑战，这更多的是一种发展途径选择上的不确定性而非气候系统内在的不确定性。

模式本身的不确定性主要来源于我们当前从理论上对气候系统的理解不够全面，同时由于观测的限制，我们发展的气候模式在物理过程、对各圈层初边值的描述、采用的参数化方案和时空分辨率等方面存在差异。不同模式对云反馈、大气对流过程、海洋混合过程等的处理方式存在差异，进而影响到模式的气候敏感度。因此，即便是在相同的排放情景下，不同模式对外强迫的响应也存在差别，模拟得到的区域气候变化也存在差异。

气候系统的内部变率是气候系统的固有变化，是指在没有任何辐射强迫变化情形下的自然振荡，包括大气、海洋以及海气耦合的非线性热力、动力过程，如厄尔尼诺 – 南方涛动、太平洋年代际振荡模态、大西洋多年代际振荡模态。气候系统的内部变率作为叠加在外强迫信号上随机扰动的气候噪声，对不同时间和空间尺度上的气候异常具有重要的影响。

对全球气候模式进行降尺度的区域气候模式，其不确定性来源还包括全球气候模式误差及所预估的气候变化信号对它的影响。例如，区域气候模式预估得到的中国区域升温，在总体一致的情况下，普遍较驱动全球气候模式低（Wu and Gao，2020）；而在降水方面，即使多个全球气候模式驱动场的变化信号一致，其驱动下的区域气候模式给出来的预估结果也存在较大差别，特别是在东部季风区（Gao et al.，2012）。

▪ 参考文献

曹丽格，方玉，姜彤，等 . 2012. IPCC 影响评估中的社会经济新情景（SSPs）进展 . 气候变化研究进展，8（1）：74-78.

陈活泼 . 2013. CMIP5 模式对 21 世纪末中国极端降水事件变化的预估 . 科学通报，58（8）：743-752.

陈杰，许崇育，郭生练，等 . 2016. 统计降尺度方法的研究进展与挑战 . 水资源研究，5（4）：299-313.

陈晓晨，徐影，许崇海，等 . 2014. CMIP5 全球气候模式对中国地区降水模拟能力的评估 . 气候变化研究进展，10（3）：217-225.

董思言，熊喆，延晓东 . 2014. RIEMS2.0 模式提高分辨率对中国气温模拟能力的影响 . 气候与环境研究，19（5）：627-635.

韩振宇，童尧，高学杰，等 . 2018. 分位数映射法在 RegCM4 中国气温模拟订正中的应用 . 气候变化研究进展，14（4）：331-340.

郝青振，张人禾，汪品先，等 . 2016. 全球季风的多尺度演化 . 地球科学进展，31（7）：689-699.

姜大膀，田芝平 . 2013. 21 世纪东亚季风变化：CMIP3 和 CMIP5 模式预估结果 . 科学通报，58（8）：707-716.

孔祥慧，毕训强 . 2016. 利用区域气候模式对我国南方百年气温和降水的动力降尺度模拟 . 气候与环境
　　研究，21（6）：711-724.

刘绿柳，任国玉 . 2012. 百分位统计降尺度方法及在 GCMs 日降水订正中的应用 . 高原气象，31（3）：
　　715-722.

沈雨辰 . 2014. CMIP5 模式对中国极端气温指数模拟的评估及其未来预估 . 南京：南京信息工程大学 .

唐国利，任国玉 . 2005. 近百年中国地表气温变化趋势的再分析 . 气候与环境研究，10（4）：791-798.

陶苏林，申双和，李雨鸿，等 . 2016. 气候模拟数据订正方法在作物气候生产潜力预估中的应用——
　　以江苏冬小麦为例 . 中国农业气象，37（2）：174-187.

童尧，高学杰，韩振宇，等 . 2017. 基于 RegCM4 模式的中国区域日尺度降水模拟误差订正 . 大气科
　　学，41（6）：1156-1166.

王政琪 . 2017. CMIP5 全球气候模式对东亚冬季气候特征模拟能力评估与未来变化预估 . 北京：中国
　　气象科学研究院 .

徐影，周波涛，吴婕，等 . 2017. 1.5~4℃升温阈值下亚洲地区气候变化预估 . 气候变化研究进展，13
　　（4）：306-315.

杨浩，江志红，李肇新 . 2016. 变网格模式 LMDZ4 对东亚夏季气候的模拟检验 . 大气科学学报，39
　　（4）：433-444.

姚遥，罗勇，黄建斌 . 2012. 8 个 CMIP5 模式对中国极端气温的模拟和预估 . 气候变化研究进展，8
　　（4）：250-256.

翟盘茂，余荣，周佰铨，等 . 2017. 1.5℃增暖对全球和区域影响的研究进展 . 气候变化研究进展，13
　　（5）：465-472.

张冰，巩远发，徐影，等 . 2014. CMIP5 全球气候模式对中国地区干旱变化模拟能力评估 . 干旱气象，
　　32（5）：694-700.

张冬峰，高学杰 . 2020. 中国 21 世纪气候变化的 RegCM4 多模拟集合预估 . 科学通报，23：2516-
　　2526.

张杰，曹丽格，李修仓，等 . 2013. IPCC AR5 中社会经济新情景（SSPs）研究的最新进展 . 气候变化
　　研究进展，9（3）：225-228.

张永香，黄磊，周波涛，等 . 2017. 1.5℃全球温控目标浅析 . 气候变化研究进展，13（4）：299-305.

周林，潘婕，张镭，等 . 2014a. 概率调整法在气候模式模拟降水量订正中的应用 . 应用气象学报，25
　　（3）：302-311.

周林，潘婕，张镭，等 . 2014b. 气候模拟日降水量的统计误差订正分析——以上海为例 . 热带气象学
　　报，30（1）：137-144.

周天军，吴波，郭准，等 . 2018. 东亚夏季风变化机理的模拟和未来变化的预估：成绩和问题、机遇
　　和挑战 . 大气科学，42（2）：902-934.

周天军，邹立维，陈晓龙 . 2019. 第六次国际耦合模式比较计划（CMIP6）评述 . 气候变化研究进展，
　　15（5）：445-456.

周天军，邹立维，吴波，等 . 2014. 中国地球气候系统模式研究进展：CMIP 计划实施近 20 年回顾 .
　　气象学报，72（5）：892-907.

Bao J W，Feng J M，Wang Y L. 2015. Dynamical downscaling simulation and future projection of precipitation over China. Journal of Geophysical Research：Atmospheres，120（16）：8227-8243.

Brohan P，Kennedy J J，Harris I，et al. 2006. Uncertainty estimates in regional and global observed temperature changes：a new data set from 1850. Journal of Geophysical Research：Atmospheres，111（D12）：D12106.

Bucchignani E，Montesarchio M，Cattaneo L，et al. 2014. Regional climate modeling over China with COSMO-CLM：performance assessment and climate projections. Journal of Geophysical Research：Atmospheres，119（21）：12151-12170.

Bucchignani E，Zollo A L，Cattaneo L，et al. 2017. Extreme weather events over China：assessment of COSMO-CLM simulations and future scenarios. International Journal of Climatology，37（3）：1578-1594.

Cha D H，Jin C S，Moon J H，et al. 2016. Improvement of regional climate simulation of East Asian summer monsoon by coupled air-sea interaction and large-scale nudging. International Journal of Climatology，36（1）：334-345.

Chen X L，Zhou T J. 2015. Distinct effects of global mean warming and regional sea surface warming pattern on projected uncertainty in the South Asian summer monsoon. Geophysical Research Letters，42（21）：9433-9439.

Dong S Y，Xu Y，Zhou B T，et al. 2015. Assessment of indices of temperature extremes simulated by multiple CMIP5 models over China. Advances in Atmospheric Sciences，32（8）：1077-1091.

Eyring V，Bony S，Meehl G A，et al. 2016. Overview of the coupled model intercomparison project phase 6（CMIP6）experimental design and organization. Geoscientific Model Development，9（5）：1937-1958.

Flato G，Marotzke J，Abiodun B，et al. 2013. Evaluation of climate models//Stocker T F，Qin D H，Plattner G K，et al. Climate Change 2013：the Physical Science Basis. Contribution of Working Group I to the Fifth Assessment Report of the Intergovernmental Panel on Climate Change. Cambridge：Cambridge University Press：741-866.

Gao X J，Giorgi F. 2017. Use of the RegCM system over East Asia：review and perspectives. Engineering，3（5）：766-772.

Gao X J，Shi Y，Giorgi F. 2016. Comparison of convective parameterizations in RegCM4 experiments over China with CLM as the land surface model. Atmospheric and Oceanic Science Letters，9（4）：246-254.

Gao X J，Shi Y，Han Z Y，et al. 2017. Performance of RegCM4 over major river basins in China. Advances in Atmospheric Sciences，34（4）：441-455.

Gao X J，Shi Y，Zhang D F，et al. 2012. Uncertainties in monsoon precipitation projections over China：results from two high-resolution RCM simulations. Climate Research，52（1）：213-226.

Gao X J，Wu J，Shi Y，et al. 2018. Future changes in thermal comfort conditions over China based on multi-RegCM4 simulations. Atmospheric and Oceanic Science Letters，11（4）：291-299.

Giorgi F，Coppola E，Solmon F，et al. 2012. RegCM4：model description and preliminary tests over multiple CORDEX domains. Climate Research，52：7-29.

Giorgi F，Jones C，Asrar G R. 2009. Addressing climate information needs at the regional level：the

CORDEX framework. WMO Bulletin，58（3）：175-183.

Guo L，Gao Q，Jiang Z，et al. 2018. Bias correction and projection of surface air temperature in LMDZ multiple simulation over Central and Eastern China. Advances in Climate Change Research，9（1）：81-92.

Hui P H，Tang J P，Wang S Y，et al. 2015. Sensitivity of simulated extreme precipitation and temperature to convective parameterization using RegCM3 in China. Theoretical and Applied Climatology，122(1-2)：315-335.

Hui P H，Tang J P，Wang S Y，et al. 2018a. Climate change projections over China using regional climate models forced by two CMIP5 global models. Part II：projections of future climate. International Journal of Climatology，38（S1）：E78-E94.

Hui P H，Tang J P，Wang S Y，et al. 2018b. Climate change projections over China using regional climate models forced by two CMIP5 global models. Part I：evaluation of historical simulations. International Journal of Climatology，38：E57-E77.

IPCC. 2012. Summary for policy makers//Field C B，Barros V，Stocker T F，et al. Climate Change 2012：Managing the Risks of Extreme Events and Disasters to Advance Climate Change Adaptation. Cambridge：Cambridge University Press：19.

IPCC. 2013. Summary for policy makers//Stocker T F，Qin D H，Plattner G K，et al. Climate Change 2013：the Physical Science Basis. Contribution of Working Group I to the Fifth Assessment Report of the Intergovernmental Panel on Climate Change. Cambridge：Cambridge University Press：29.

Ji Z M，Kang S C. 2015. Evaluation of extreme climate events using a regional climate model for China. International Journal of Climatology，35（6）：888-902.

Jiang D B，Tian Z P，Lang X M. 2016. Reliability of climate models for China through the IPCC third to fifth assessment report. International Journal of Climatology，36（3）：1114-1133.

Kang S，Eltahir E A B. 2018. North China plain threatened by deadly heatwaves due to climate change and irrigation. Nature Communications，9（1）：2894.

Koo M S，Hong S Y. 2010. Diurnal variations of simulated precipitation over East Asia in two regional climate models. Journal of Geophysical Research：Atmospheres，115：D05105.

Li P X，Furtado K，Zhou T J，et al. 2018. The diurnal cycle of East Asian summer monsoon precipitation simulated by the Met Office Unified Model at convection-permitting scales. Climate Dynamics，55：131-151.

Li Q，Wang S，Lee D K，et al. 2016. Building Asian climate change scenario by multi-regional climate models ensemble. Part II：mean precipitation. International Journal of Climatology，36（13）：4253-4264.

Li W，Jiang Z H，Xu J J，et al. 2016. Extreme precipitation indices over China in CMIP5 models. Part II：probabilistic projection. Journal of Climate，29（24）：8989-9004.

Niu X R，Wang S Y，Tang J P，et al. 2015. Multimodel ensemble projection of precipitation in Eastern China under A1B emission scenario. Journal of Geophysical Research：Atmospheres，120（19）：9965-9980.

Niu X R，Wang S Y，Tang J P，et al. 2018. Ensemble evaluation and projection of climate extremes in China using RMIP models. International Journal of Climatology，38（4）：2039-2055.

O'Neill B C, Kriegler E, Ebi K L, et al. 2017. The roads ahead: Narratives for shared socioeconomic pathways describing world futures in the 21st century. Global Environmental Change, 42: 169-180.

O'Neill B C, Tebaldi C, Vuuren D P V, et al. 2016. The scenario model intercomparison project (ScenarioMIP) for CMIP6. Geoscientific Model Development, 9 (9): 3461-3482.

Park C, Min S K. 2018. Multi-RCM near-term projections of summer climate extremes over East Asia. Climate Dynamics, 52 (7): 4937-4952.

Prein A F, Langhans W, Fosser G, et al. 2015. A review on regional convection-permitting climate modeling: demonstrations, prospects, and challenges. Reviews of Geophysics, 53 (2): 323-361.

Qin P H, Xie Z H. 2016. Detecting changes in future precipitation extremes over eight river basins in China using RegCM4 downscaling. Journal of Geophysical Research: Atmospheres, 121 (12): 6802-6821.

Qin P H, Xie Z H, Wang A W. 2014. Detecting changes in precipitation and temperature extremes over China using a regional climate model with water table dynamics considered. Atmospheric and Oceanic Science Letters, 7 (2): 103-109.

Riahi K, van Vuuren D P, Kriegler E, et al. 2017. The shared socioeconomic pathways and their energy, land use, and greenhouse gas emissions implications: an overview. Global Environmental Change, 42: 153-168.

Sperber K R, Annamalai H, Kang I S, et al. 2013. The Asian summer monsoon: an intercomparison of CMIP5 vs. CMIP3 simulations of the late 20th century. Climate Dynamics, 41 (9-10): 2711-2744.

Tang J P, Li Q, Wang S Y, et al. 2016. Building Asian climate change scenario by multi-regional climate models ensemble. Part I: surface air temperature. International Journal of Climatology, 36 (13): 4241-4252.

Taylor K E, Stouffer R J, Meehl G A. 2012. An overview of CMIP5 and the experiment design. Bulletin of the American Meteorological Society, 93 (4): 485-498.

Trenberth K E, Stepaniak D P, Caron J M. 2000. The global monsoon as seen through the divergent atmospheric circulation. Journal of Climate, 13 (22): 3969-3993.

Wang P X, Wang B, Cheng H, et al. 2017. The global monsoon across time scales: mechanisms and outstanding issues. Earth-Science Reviews, 174: 84-121.

Wang S, Fu C, Wei H, et al. 2015. Regional integrated environmental modeling system: development and application. Climatic Change, 129 (3-4): 499-510.

Wu C H, Huang G R. 2016. Projection of climate extremes in the Zhujiang River Basin using a regional climate model. International Journal of Climatology, 36 (3): 1184-1196.

Wu J, Gao X J. 2020. Present day bias and future change signal of temperature over China in a series of multi-GCM driven RCM simulations. Climate Dynamics, 54: 1113-1130.

Wu J, Han Z, Xu Y, et al. 2020. Changes in extreme climate events in China under 1.5℃—4℃ global warming targets: projections using an ensemble of regional climate model simulations. Journal of Geophysical Research: Atmospheres, 125 (2): e2019JD031057.

Xin X G, Zhang L, Zhang J, et al. 2013. Climate change projections over East Asia with BCC_CSM1.1 climate model under RCP scenarios. Journal of the Meteorological Society of Japan, 91 (4): 413-429.

Xu Y，Gao X J，Giorgi F，et al. 2018. Projected changes in temperature and precipitation extremes over China as measured by 50-yr return values and periods based on a CMIP5 ensemble. Advances in Atmospheric Sciences，35（4）：376-388.

Xu Z F，Hou Z L，Han Y，et al. 2016. A diagram for evaluating multiple aspects of model performance in simulating vector fields. Geoscientific Model Development，9（12）：4365-4380.

Yang H，Jiang Z H，Li L. 2016. Biases and improvements in three dynamical downscaling climate simulations over China. Climate Dynamics，47（9-10）：3235-3251.

Yang L Y，Wang S Y，Tang J P，et al. 2019. Evaluation of the effects of a multiphysics ensemble on the simulation of an extremely hot summer in 2003 over the CORDEX-EA-II region. International Journal of Climatology，39（8）：3413-3430.

Yu E T，Sun J Q，Chen H P，et al. 2015. Evaluation of a high-resolution historical simulation over China：climatology and extremes. Climate Dynamics，45（7-8）：2013-2031.

Zhang J，Li L，Zhou T J，et al. 2013. Evaluation of spring persistent rainfall over East Asia in CMIP3/CMIP5 AGCM simulations. Advances in Atmospheric Sciences，30（6）：1587-1600.

Zhao D M. 2013. Performance of regional integrated environment modeling system（RIEMS）in precipitation simulations over East Asia. Climate Dynamics，40（7-8）：1767-1787.

Zhou B T，Wen Q H，Xu Y，et al. 2014. Projected changes in temperature and precipitation extremes in China by the CMIP5 multimodel ensembles. Journal of Climate，27（17）：6591-6611.

Zhou T J，Yu R C. 2006. Twentieth-century surface air temperature over China and the globe simulated by coupled climate models. Journal of Climate，19（22）：5843-5858.

Zhou W D，Tang J P，Wang X Y，et al. 2016. Evaluation of regional climate simulations over the CORDEX-EA-II domain using the COSMO-CLM model. Asia-Pacific Journal of Atmospheric Sciences，52（2）：107-127.

Zou L W，Zhou T J. 2012. Development and evaluation of a regional ocean-atmosphere coupled model with focus on the Western North Pacific summer monsoon simulation：impacts of different atmospheric components. Science China Earth Sciences，55（5）：802-815.

Zou L W，Zhou T J. 2013. Near future（2016—40）summer precipitation changes over China as projected by a regional climate model（RCM）under the RCP8.5 emissions scenario：comparison between RCM downscaling and the driving GCM. Advances in Atmospheric Sciences，30（3）：806-818.

Zou L W，Zhou T J. 2016. Future summer precipitation changes over CORDEX-East Asia domain downscaled by a regional ocean-atmosphere coupled model：a comparison to the stand-alone RCM. Journal of Geophysical Research：Atmospheres，121（6）：2691-2704.

Zou L W，Zhou T J，Peng D D. 2016. Dynamical downscaling of historical climate over CORDEX East Asia domain：a comparison of regional oceanatmosphere coupled model to standalone RCM simulations. Journal of Geophysical Research：Atmospheres，121（4）：1442-1458.

Zou L W，Zhou T J，Qiao F，et al. 2017. Development of a regional ocean-atmosphere-wave coupled model and its preliminary evaluation over the CORDEX East Asia domain. International Journal of Climatology，37（12）：4478-4485.